DIE GEWERBLICHEN UND INDUSTRIELLEN ABWÄSSER

DIE GEWERBLICHEN UND INDUSTRIELLEN ABWÄSSER

ENTSTEHUNG · SCHÄDLICHKEIT · VERWERTUNG
REINIGUNG UND BESEITIGUNG

VON

FRIEDRICH SIERP
PROFESSOR DR. RER. NAT., DR.-ING. E. H.
ESSEN-STADTWALD

DRITTE NEUBEARBEITETE AUFLAGE

MIT 257 ABBILDUNGEN

SPRINGER-VERLAG
BERLIN / HEIDELBERG / NEW YORK
1967

ISBN-13: 978-3-642-49009-5 e-ISBN-13: 978-3-642-92952-6
DOI: 10.1007/978-3-642-92952-6

SOFTCOVER REPRINT OF THE HARDCOVER 3RD EDITION 1967
LIBRARY OF CONGRESS CATALOG CARD NUMBER: 66-29002

Titel-Nr. 0966

Vorwort zur dritten Auflage

Die Bedeutung des Wassers und Abwassers hat in den letzten Jahrzehnten, in denen sich große Teile Deutschlands von einer Agrarlandschaft in eine Industrielandschaft umgewandelt haben, immer mehr zugenommen. Die Wasser- und Abwasseraufgaben in der gesamten Industrie ändern sich laufend mit der Weiterentwicklung der Technik und der Verbesserung der Produktionsgüter, so daß es einer innigen Zusammenarbeit aller auf diesen Gebieten tätigen Kräfte und Wissenschaftler bedarf, damit die Wassergütewirtschaft und damit die Abwasserwirtschaft mit dieser Entwicklung Schritt halten können. Unsere heimischen Gewässer, die infolge des ständig steigenden Wasserverbrauchs immer mehr zur Wasserversorgung herangezogen werden müssen, sollten daher vielmehr, als dies bis jetzt geschieht, vor Verschmutzungen durch eine tatkräftigere Abwasserwirtschaft bewahrt werden. Wie der derzeitige Zustand aller Gewässer zeigt, reichen die großen Fortschritte auf dem Gebiete der Abwasserreinigung noch bei weitem nicht aus. Es geht auf keinen Fall an, die in einer Stadt oder einem gewerblichen oder industriellen Betriebe anfallenden Abwässer einfach in den nächsten Vorfluter abzustoßen und dadurch die sich hieraus ergebenden Schwierigkeiten dem Unterlieger aufzubürden. Nur dort, wo eine gute und tatkräftige Wasser- und Abwasserwirtschaft betrieben wird, kann sich auch eine gesunde Wirtschaft entwickeln. Außer den sich den neuesten Produktionsverfahren anpassenden Abwasserreinigungsverfahren muß auch die Meß- und Regeltechnik auf dem Wasser- und Abwassergebiet mehr Platz finden, da diese sehr gute Helfer bei der Überwindung der oft sehr großen Schwierigkeiten sind. Nach der Einführung der neuen Wasserhaushaltungsgesetze sollten diese auch zum Wohle unserer Industrie und unserer heimischen Wasser- und Abwasserwirtschaft und zum Schutze unserer Gewässer stärker als dies bisher der Fall war, durchgeführt werden. Mögen meine im Nachfolgenden gemachten Ausführungen helfen, die oft schwierigen Fragen der Reinigung der gewerblichen und industriellen Abwässer im Interesse der Reinhaltung unserer heimischen Gewässer zu lösen.

Essen-Stadtwald, im Sommer 1966

F. Sierp

Inhaltsverzeichnis

A. Allgemeines

Die Verschmutzung unserer heimischen Gewässer hat einerseits mit der Einführung der Spülklosetts und dem dadurch bedingten Ausbau der Kanalisationen und andererseits durch die verstärkte Betätigung der Industrie allmählich einen Grad erreicht, der mit Rücksicht auf die hygienischen Verhältnisse der Bevölkerung und die Notwendigkeit der Erhaltung eines guten Wasservorrates für Trink- und Brauchwasserzwecke nicht länger geduldet werden kann. Wenn heute schon Ströme, wie z. B. der Rhein, als stark verschmutzt bezeichnet werden müssen, so daß es erforderlich wurde, eine von der Schweiz, von Deutschland, Frankreich, Belgien, Luxemburg und Holland unter der Leitung von Prof. Dr. O. JAAG, Zürich, zusammengestellte Kommission zur Reinhaltung des Rheines einzusetzen, so ist das ein äußerst bedenkliches Zeichen dafür, daß die Behandlung der Abwasserfrage an vielen Stellen stark vernachlässigt ist. Der Gesamtwasserumsatz der Bevölkerung und der Industrie betrug nach KEHR[1] im Jahre 1955 in der Bundesrepublik Deutschland 8,4 Milliarden m^3. Hiervon entfielen auf die Bevölkerung 2,4 Milliarden und auf die Industrie 6 Milliarden m^3. Wenn schon die industrielle Abwassermenge die häusliche bei weitem übertrifft, so ist die Verschmutzung des Industrieabwassers oft ein Vielfaches der des häuslichen Abwassers. Daher muß mit einer Steigerung des Wasserbedarfs in beiden Fällen gerechnet werden. Die Verfahren zur mechanischen und biologischen Reinigung der häuslichen Abwasser sind in den letzten Jahrzehnten im In- und Ausland so vervollkommnet worden, daß die Reinigung der städtischen und häuslichen Abwässer kein Problem mehr darstellt. Es müssen daher im Interesse der öffentlichen Gesundheit für diese Abwässer überall Reinigungsanlagen gefordert werden. Bei empfindlichen Vorflutern wird heute bereits eine dritte Reinigungsstufe gefordert, die die Reststoffe aus dem häuslichen Abwassern entfernt.

Die Ausarbeitung der Reinigungsverfahren für gewerbliche und industrielle Abwässer hat mit der großen Entwicklung der Industrie nicht Schritt gehalten. Die Brauchwasserversorgungsanlagen sind von den Industrie- und Gewerbebetrieben stets als eine unbedingt zum Betriebe gehörende werbende Anlage angesehen worden, dagegen wurde lange Zeit die Schaffung von Reinigungsanlagen für die im Betriebe entstehenden Abwässer als lästige Aufgabe zur Erfüllung gesetzlicher Bestimmungen oder polizeilicher Verordnungen, die man nur ungern und meist nur auf besonderen Zwang erfüllte, angesehen. Im Gegensatz zu den Städten, bei denen sich die Kosten für die Reinigung der häuslichen Abwässer

[1] KEHR, D.: Zbl. Industriebau Bd. 6 (1960) S. 181.

auf die Gesamtheit der Einwohner verteilen, so daß die Belastung des einzelnen in mäßigen Grenzen bleibt, ist das industrielle Werk in den meisten Fällen gezwungen, seine Abwässer selbst zu reinigen, d. h. es muß die zur Reinigung notwendigen Anlagen aus eigenen Betriebsmitteln errichten und laufend betreiben. Die hierfür aufzubringenden Kosten sind oft sehr beachtlich und stellen daher eine dauernde Belastung der Produktion dar. Wenn auch die Industrie die Bedeutung der Reinhaltung der Gewässer durchaus nicht verkennt, da sie in sehr vielen Fällen selbst darauf angewiesen ist, ihr Brauchwasser aus einem Flußlauf, der durch oberhalb liegende Industrien belastet ist, zu entnehmen, so ließen sich die Werke doch oft außerordentlich lange zur Errichtung der notwendigsten Anlagen drängen. Sehr oft wurden die fertigen Anlagen nicht dauernd sachgemäß betrieben und unterhalten.

War früher für die Standortwahl des Industrieunternehmens nur die günstigste Verkehrslage oder die Lage zur Grundstoffindustrie und zum Verbraucher sowie die Anwesenheit von Arbeitskräften und nur in den seltensten Fällen die Größe und die Aufnahmefähigkeit des Vorfluters ausschlaggebend, so ist heute oft die Wahl des für die Wasserwirtschaft des Werkes geeigneten Vorfluters in sehr vielen Fällen entscheidend.

Um diesen Schwierigkeiten aus dem Wege zu gehen, hat man vor etwa 30 Jahren in Überschätzung der Selbstreinigungskraft unserer Gewässer die Parole herausgegeben: „Die großen Fabriken an die großen Flüsse". Obwohl von einsichtigen Abwasserchemikern, -ingenieuren und -biologen schon frühzeitig gegen diese sich schon jetzt als falsch und verhängnisvoll erweisende Ansicht Einspruch erhoben wurde, hörte man nicht auf sie, weil diese Fabriken den an kleinen Flüssen liegenden Werken mit hohen Reinigungsauflagen gegenüber konkurrenzfähiger waren.

Die immer wieder von den Aufsichtsbehörden und den Fachleuten erhobene Forderung, das Abwasser als einen Teil der Produktion zu betrachten, fand nur wenig Widerhall. Da selbst oft auch ein gereinigtes Abwasser noch Anforderungen an den Sauerstoffhaushalt des Vorfluters stellt, erhebt HAUPT[1] bei der „Prüfung der Frage der Flußverunreinigung und Standortfragen der Abwasser liefernden Industrie" besonders bei Neuanlagen die Forderung, daß zunächst die Abwassermenge und die chemische Zusammensetzung zu prüfen und hierbei unter Zugrundelegung des biochemischen Sauerstoffbedarfs (BSB) die Grenze der Aufnahmefähigkeit der Vorfluter festzulegen sei.

Die Möglichkeit der Einleitung von Abwässern in öffentliche Gewässer ist in allen westeuropäischen Staaten gesetzlich geregelt. So weist KUMPF[2] darauf hin, daß überall der gleiche Grundsatz herrsche, wonach die Gewässer vor Verunreinigungen und vor schädlichen Veränderungen weitestgehend zu schützen sind. Die früher gelegentlich vertretene Auffassung, die Gewässer seien von Natur aus zum Abtransport der Abwässer bestimmt, die Ableitung von Abwässern daher das natürliche Recht der An- und Oberlieger, findet in der modernen Gesetzgebung keine Grund-

---

[1] HAUPT: Gesundh.-Ing. Bd. 62 (1941) S. 567.
[2] KUMPF, W.: Neue Deliwa Zeitschr. (1963) H. 11.

lage. In dem am 27. 7. 1957 verkündeten Bundes-Rahmen-Gesetz zur Ordnung des Wasserhaushaltes (kurz WHG genannt) sind klare Grundbestimmungen enthalten. Alle Einzelheiten regeln die in den nachfolgenden Jahren (1960 bis 1963) verkündeten neuen Wasserhaushaltsgesetze der Länder. Das WHG stellt die Erlaubnis und Bewilligungspflicht für das Einbringen von Stoffen in oberirdische Gewässer und in das Grundwasser ausdrücklich fest (§ 3 Abs. 1 Nr. 4 und § 5). Diese Verpflichtung gilt auch (§ 3 (2) 2) für „Maßnahmen, die geeignet sind, dauernd oder in einem nicht nur unerheblichen Ausmaß schädliche Veränderungen der chemischen, physikalischen oder biologischen Beschaffenheit des Wassers herbeizuführen."

Nach § 4 können Erlaubnis und Bewilligung unter Festsetzung von Benutzungsbedingungen und Auflagen erteilt werden. Darüber hinaus bestätigt § 5 den Vorbehalt, daß auch nachträglich zusätzliche Anforderungen an die Beschaffenheit einzubringender oder einzuleitender Stoffe gestellt und besondere Maßnahmen angeordnet werden können.

Spezielle Reinhaltevorschriften enthalten § 26 für oberirdische Gewässer und § 34 für das Grundwasser. Nach § 27 können für oberirdische Gewässer und Teile von solchen sogenannte Reinhalteordnungen erlassen werden, die Bestimmungen über die Beschaffenheit des Wassers, über die Wasserentnahme, über die Beschaffenheit der zuzuführenden Stoffe usw. enthalten sollen. Nach § 36 sollen, „um die für die Entwicklung der Lebens- und Wirtschaftsverhältnisse notwendigen wasserwirtschaftlichen Voraussetzungen zu sichern, für Flußgebiete oder Wirtschaftsräume oder für Teile von solchen wasserwirtschaftliche Rahmenpläne aufgestellt werden, die der Entwicklung fortlaufend anzupassen sind". Auch ein solcher Rahmenplan muß die Reinhaltung der Gewässer berücksichtigen.

§ 22 des WHG enthält die Bestimmungen über die Schadenshaftung für Änderungen des Wassers. Während die früheren Bestimmungen die Verstöße gegen Anordnungen und Verbote im Interesse des Gewässerschutzes nur mit geringen Strafen bedrohten, enthalten die Straf- und Bußgeldbestimmungen des WHG viel schärfere Androhungen, die nicht nur abschreckend wirken werden, sondern, wie die Praxis in sehr vielen Fällen gezeigt hat, in ihren Anwendungen unbedingt erforderlich sind. Durch diese Wassergesetze konnte nun endlich Wandel geschaffen werden, weil diese der Reinhaltung der Gewässer dadurch einen größeren Schutz gewähren, indem sie bei auftretenden Verschmutzungen die Erfassung und Bestrafung des Verschmutzers erleichtern. Das Interesse an der Reinhaltung der Vorfluter wird aber meistens erst dann größer, wenn mehrere Werke an einem Vorfluter lagen, und die Unterlieger unter dem Abwasser der Oberlieger zu leiden hatten. Gegenseitige Störungen, oft hervorgerufen durch eine Überschätzung der Selbstreinigungskraft der Gewässer, geben Veranlassung zu sehr unerfreulichen Prozessen. In vielen Fällen gehen die Fischereiberechtigten gegen die verschmutzenden industriellen Werke vor. Die Werke kauften oder pachteten früher die gefährdeten Strecken, um von den Klagen abzukommen. Da aber jedes Gewässer im Interesse der Volksernährung fischereilich genutzt werden soll, zumal der Fisch in der biologischen Selbstreinigung des Wassers die letzte Stufe darstellt, haben die fischereilichen Aufsichtsbehörden den Verkauf oder die Verpachtung an abwasserabstoßende Betriebe für solche Zwecke verboten. An Flüssen und Bächen, die zur Wasserkraftausnutzung gebraucht werden, ist ein gewisser Reinheitsgrad des Wassers Vorbedingung. Säurehaltige, oder sonst dem Metall schädliche Abwässer können Turbinen und andere Wasserkraftanlagen stark gefährden.

Die Gemeinden sind gemäß § 12 des neuen Seuchengesetzes vom 18. 7. 1961 für die ordnungsmäßige Beseitigung der im Gemeindebezirk anfallenden Abwässer verantwortlich. Nicht nach der Gemeindeordnung, sondern nach § 12 des Bundesseuchengesetzes haben „die Gemeinden und Gemeindeverbände darauf hinzuwirken, daß die festen und flüssigen Abfall- und Schmutzstoffe so beseitigt werden, daß Gefahren für die menschliche Gesundheit durch Krankheitserreger nicht entstehen. Einrichtungen zur Beseitigung der genannten Stoffe unterliegen der Überwachung durch das Gesundheitsamt". Auf Grund dieser wassergesetzlichen Bestimmungen sind sie gehalten, das Abwasser vor seiner Ableitung in einen Vorfluter zu reinigen. Nach § 4 Kommunalabgabengesetz sind die Gemeinden verpflichtet, von den an die Kanalisation angeschlossenen Haus- und Werksbesitzern im Rahmen ihrer Leistungsfähigkeit zur Deckung der Ausgaben für die Abwasserbehandlung Gebühren zu erheben. Diese sind „in der Regel so zu bemessen, daß die Verwaltungs- und Unterhaltungskosten der Verwaltung sowie die Ausgaben für Verzinsung und Tilgung des aufgewendeten Kapitals gedeckt werden". Der Gesetzgeber hat also frühzeitig klargestellt, wer für die Beseitigung der durch Abwasser entstandenen Mißstände zu sorgen hat; er hat die Gemeinden ausreichend mit Befugnissen zu finanziellen Regelungen ausgestattet. Aufgabe der Gemeindevertretung ist es, von diesen Befugnissen verantwortungsbewußt Gebrauch zu machen. Nach der Bundes-Gewerbe-Ordnung von 1960 ist für die meisten in dieser Verordnung behandelten gewerblichen und industriellen Betriebe die Errichtung einer Kläranlage für die Behandlung der Abwässer genehmigungspflichtig. Diese Genehmigung wird allgemein nach § 16 der Gewerbeordnung im Zuge des gewerbepolizeilichen Genehmigungsverfahrens erteilt. Die dem Bergbau zugehörigen Anlagen, und zwar auch die unter § 16 der Gewerbeordnung fallenden Anlagen zur Bereitung von Braunkohlenteer, Steinkohlenteer, Erdöl, Preßkohlensteine, Koks usw. unterliegen, sofern sie an dem Gewinnungsorte des Materials errichtet und vom Bergwerksbesitzer zur Aufbereitung seiner eigenen Produktion betrieben werden, nicht den Bestimmungen des Genehmigungsverfahrens der Gewerbeordnung, sondern den landesrechtlichen Berggesetzgebungen.

In den Gesetzen anderer Rechtsbereiche finden sich Bestimmungen, die sich mit der Reinhaltung des Wassers beschäftigen. Wichtig sind die folgenden Gesetze:

Gesetz über Detergentien in Wasch- und Reinigungsmitteln vom 5. 9. 1961;

Gesetz über die Abbaubarkeit von Detergentien vom 1. 12. 1962;

Atomgesetz vom 23. 12. 1959 und die dazu gehörende erste Strahlenschutzverordnung vom 24. 6. 1960.

Die früher häufig vorgebrachten Einwände, daß es für das eine oder das andere industrielle Abwasser noch keine geeigneten Reinigungsmaßnahmen bzw. Klärvorrichtungen gebe, sind nach den großen Fortschritten, die die Abwassertechnik in den letzten Jahren gemacht hat, nicht mehr stichhaltig. Wie MEINCK[1] bereits darauf hinweist, stehen neben den Verbesserungen bekannter und der Entwicklung neuer Abwasserreinigungsverfahren noch andere Mittel zur Verfügung. In vielen Fällen sind Abwasserschwierigkeiten durch Änderung des Fabrikationsganges, Abwasserrücknahme im Kreislauf und Rückgewinnung verwertbarer Abwasserbestandteile behoben worden. In besonders ungünstigen Fällen muß sogar eine Abwasserfrage durch eine Verdampfung der verschmutzten Wässer radikal gelöst werden.

a) Abwasserprüfstationen

Die Wirtschaftlichkeit des eigenen Abwasserhaushaltes der Industrie und die Reinhaltung der Gewässer erfordern eine genaue Kenntnis der anfallenden und abgestoßenen Abwasserarten und Abwassermengen. Leider findet man in den größeren und kleineren Betrieben noch in den seltensten Fällen Vorrichtungen, die die gebrauchten Wassermengen und die im Betriebe anfallenden Abwassermengen messen, obwohl gerade diese Mengen nicht nur bei der Frage der Beurteilung der Abwassereinflüsse auf den Vorfluter, sondern auch bei der Lösung der Abwasserfragen selbst die allerbeste Hilfe ergeben. Ebenso wichtig wie die Überwachung des Kesselhausbetriebes und die Messung des Stromverbrauches der Motoren ist die laufende Überprüfung der Abwässer.

Der Minister für Ernährung, Landwirtschaft und Forsten des Landes Nordrhein-Westfalen[2] hat mit der am 1. Juni 1965 in Kraft getretenen[3] „Verordnung über die Bestimmung der Stoffe, die in ein Gewässer eingeleitet werden und der Untersuchungspflicht unterliegen" vom 12. April 1965[4] auf Grund der Ermächtigungen in § 81 Abs. 1 S. 1 des Wassergesetzes für das Land Nordrhein-Westfalen (LWG NW) vom 22. Mai 1962[5], Menge und Beschaffenheit der Stoffe näher bestimmt, die im Falle ihrer Einleitung in ein Gewässer der Einleiter auf seine Kosten physikalisch, chemisch und biologisch, in besonderen Fällen auch bakteriologisch untersuchen lassen muß.

Danach unterliegen grundsätzlich folgende Abwässer[6] der vorerwähnten Untersuchungspflicht:

a) Abwassereinleitungen in Gewässer erster oder zweiter Ordnung[7], wenn mit ihnen die häuslichen Abwässer von mehr als 300 Einwohnern eingeleitet werden.

---

[1] MEINCK, F.: Gesundh.-Ing. Bd. 70 (1949) S. 14.

[2] Oberste Wasserbehörde gemäß § 96 LWG NW.

[3] § 2 der genannten Verordnung.

[4] GV. NW. S. 117 = SGV. NW. 77; die Gesetzbl. beziehbar b. A.-Bagel-Verl. D'dorf.

[5] GV. NW. S. 235.

[6] Vgl. Begriffserklärung in DIN 4045 „Abwassertechnik, Fachausdrücke und Begriffserklärungen": Abwasser = nach häuslichem oder gewerblichem Gebrauch abfließendes, verändertes, insbesondere verunreinigtes [und von Niederschlägen stammendes und in die Kanalisation gelangendes] Wasser.

[7] Gewässer erster Ordnung sind in der Anlage zu § 2 Abs. 1 Nr. 1 LWG NW, Gewässer zweiter Ordnung in dem Verzeichnis zur Verordnung über die Gewässer zweiter Ordnung vom 18. Juli 1962 — GV. NW. S. 473 — aufgeführt.

b) Abwassereinleitungen in alle anderen Gewässer als die erster und zweiter Ordnung, wenn mit ihnen die häuslichen Abwässer von mehr als 100 Einwohnern eingeleitet werden.

In beiden Fällen spielt eine Vorbehandlung oder eine Vermischung mit Regen und Fremdwasser keine Rolle.

Andere Abwässer im Sinne der genannten Verordnung sind solche, in denen keine häuslichen Abwässer oder von weniger als 300 bzw. 100 Einwohnern enthalten sind. Diese anderen Abwässer unterliegen der Untersuchungspflicht nur dann, wenn einer der nachaufgeführten Grenzwerte überschritten wird und ihre Menge bei der Einleitung in Gewässer erster Ordnung 20 m^3 an einem Tag oder 2000 m^3 in einem Jahr, bei der Einleitung in andere Gewässer als solche erster Ordnung 5 m^3 an einem Tag oder 500 m^3 in einem Jahr überschreitet.

Diese Mengen anderer Abwässer unterliegen der Untersuchungspflicht, wenn sie wärmer als 30 °C sind, einen niedrigeren p_H-Wert als 6 oder einen höheren als 8,5 haben, einen Kaliumpermanganatverbrauch von mehr als 100 mg/l oder einen biochemischen Sauerstoffbedarf[1] von mehr als 30 mg/l haben, eine höhere Konzentration an radioaktiven Stoffen aufweisen, als in Anlage II zur Ersten Strahlenschutzverordnung[2] vorgesehen, oder mehr als 30 ml/l absetzbare Stoffe (nach zwei Stunden gemessen), 1,25 mg/l Ammonium-Ionen, 50 mg/l Nitrat-Ionen, 300 mg/l Sulfat-Ionen, 0,5 mg/l Sulfid-Ionen, 0,3 Sulfit-Ionen, 250 mg/l Chlorid-Ionen, 3 mg/l Eisen (Fe-Gesamteisen), 1 mg/l Mangan-Ionen, 3 mg/l Nickel-Ionen, 2 mg/l Zink-Ionen, 1 mg/l Kupfer-Ionen, 1 mg/l Blei-Ionen, 2 mg/l Fluorid-Ionen, 0,125 mg/l Aktivchlor, 2 mval/l Freie Säuren (Basenverbrauch, negativer m-Wert), 2 mg/l Detergentien, 5 mg/l petrolätherextrahierbare Stoffe, 1 mg/l Schwefelwasserstoff (H_2S) oder 0,5 mg/l wasserdampfflüchtige phenolartige Verbindungen enthalten.

Die konkrete und zu erfüllende Untersuchungspflicht werden nunmehr die Regierungspräsidenten[3] gemäß § 81 Abs. 1 S. 2 LWG NW durch die Bestimmung begründen, wie oft, in welchen Zeitabständen und durch wen die Proben zu entnehmen sind, und durch welche fachlich geeigneten Stellen und in welchem Umfange Untersuchungen vorzunehmen sind. Dabei können die Regierungspräsidenten sowohl allgemein geltende Rechtsverordnungen erlassen als auch durch Einzelverfügungen das einzelne Unternehmen speziell verpflichten. Der Abwassereinleiter hat sodann eine der als fachlich geeignet bezeichneten Stellen durch einen privatrechtlichen Vertrag mit den erforderlichen Untersuchungen zu beauftragen und die Untersuchungsergebnisse der allgemeinen Wasserbehörde[4] unaufgefordert zu übermitteln.

Die Abwässer in ein Gewässer einleitenden Betriebe des Landes Nordrhein-Westfalen sollten nunmehr prüfen, ob sie ein Abwasser einleiten, das oder dessen Inhaltsstoffe einen oder mehrere der vorgenannten Werte überschreiten. Das wird sich zum Teil bereits aus ihren wasserrechtlichen Zulassungen (Bewilligungen, Erlaubnissen, Verleihungen usw.) oder den Ergebnissen der betriebseigenen Untersuchungen ablesen lassen. Wesentlich häufiger werden jedoch hinsichtlich einzelner Inhaltsstoffe, die in der Anlage 2 zu der hier erörterten Verordnung aufgeführt und vorerwähnt sind, in den wasserrechtlichen Zulassungen noch keine Begrenzungen vorgeschrieben und damit auch keine Erfahrungen hinsichtlich der Einhaltung der Grenzwerte vorhanden sein. Ob ein Überschreiten der Grenzwerte zu erwarten ist, kann aus der Zugehörigkeit oder Nichtzugehörigkeit zu einer der vierzig Einleitergruppen vermutet werden, die in der Anlage 1 der Verordnung aufgezählt sind. Die dort vorgenommene Aufzählung ist aber weder abschließend, noch begründend die Zugehörigkeit zu einer der dort genannten Gruppen schon für sich allein die Untersuchungspflicht.

---

[1] Nach allgemeiner Übung dürfte der BSB_5 gemeint sein, also der biochemische Sauerstoffbedarf nach 5 Tagen.

[2] Erste Strahlenschutzverordnung vom 24. Juni 1960 (BGBl. I S. 430), geändert durch Verordnung v. 24. März 1964 (BGBl. I 233).

[3] Obere Wasserbehörde gemäß § 96 LWG NW.

[4] Vgl. § 97 LWG NW; zumeist der Landkreis oder die kreisfreie Stadt als untere Wasserbehörde.

Das Institut für gewerbliche Wasserwirtschaft und Luftreinhaltung e. V., Köln, Habsburgerring 2—12 bietet allen Betrieben, die sich vergewissern wollen, ob sie der Untersuchungspflicht unterliegen, die Möglichkeit, eine Abwasseranalyse zu erhalten, die mit Ausnahme der radioaktiven Stoffe alle vorerwähnten Werte erfaßt.

Die auf dem Gebiete der Wassermengenmeßtechnik tätigen Firmen wie J. C. Eckhardt A. G., Stuttgart-Bad Cannstatt, A. Ott, Kempten/Bayern, L. Grefe, Maschinenfabrik, Lüdenscheid, R. Fuess, Berlin-Steglitz, Hallwachs & Morkel, Bensheim / Bergstraße, H. Meinecke A.G., Hannover, Rotamesser, Dr. Hennig K. G., Oeflingen (Baden), Pollux GmbH., Ludwigshafen / Rhein, Bopp & Reuther GmbH., Mannheim-Waldhof bauen heute sehr gute, zum Teil auf der Messung des Differenzdruckes oder auf Schwimmermessungen usw. beruhende Apparate, die auch mit Registrier- und Fernmeldegeräten ausgestattet werden können. Diese Apparate stellen ein sehr wertvolles Hilfsmittel, besonders bei der Planung der notwendigen Kläranlagen, dar. Abb. 1 zeigt die schematische Darstellung eines Rohrpegels der Fa. R. Fuess, Berlin-Steglitz, der sowohl zur Wassermengenmessung an einem Überfallrohr wie auch an einem Gerinnequerschnitt benutzt werden kann.

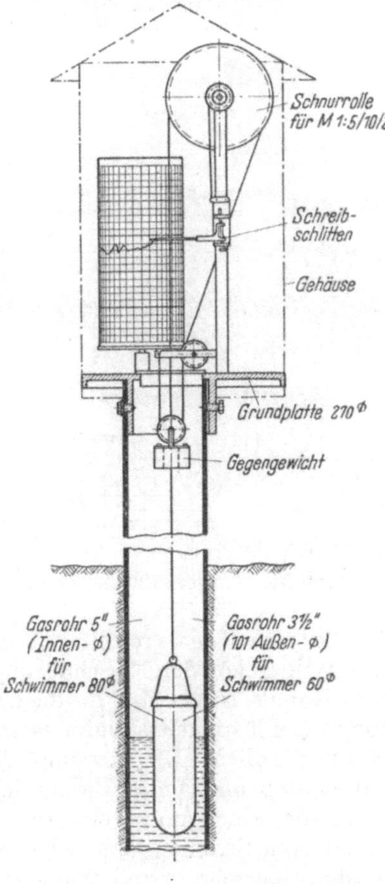

Abb. 1. Schematische Darstellung eines Rohrpegels (Fa. R. Fuess, Berlin-Steglitz)

Der hier dargestellte, unter anderem auch für Grundwasserbeobachtungen sehr oft angewandte Rohrpegel hat sich überall dort, wo zu Aufzeichnungen von Wasserstandsschwankungen ein leicht bedienbares und billiges Gerät gebraucht wird, gut bewährt. Das wetterfeste Metallgehäuse gestattet eine ungeschützte Aufstellung im Freien und kann durch ein Schloß gegen unbefugte Eingriffe geschützt werden. Die Schwankungen des Schwimmers von 60 oder 80 mm ⌀ werden durch einen Draht auf eine Schnurrolle übertragen, der durch ein Gegengewicht gespannt wird. Der auf einem Vierkantfeiler laufende Schreibschlitten wird durch eine kleine Schnurrolle, die auf der großen Schnurrolle aufsitzt, bewegt.

Bei einer Überprüfung der für die Wassermengenmessung im allgemeinen benutzten Meßvorrichtungen, wie Venturi-Messer, der Par-

SHALL-Klemme, der offenen KENNISON-Düse, dem Meßwehr, hat es sich nach den Untersuchungen von BROWN[1] gezeigt, daß sich am besten der VENTURI-Messer bewährt hat, da er die größte Genauigkeit gibt.

In Abb. 1a ist ein in gleicher Weise angeordneter VENTURI-Kanalmesser der Fa. Bopp & Reuther GmbH., Mannheim-Waldhof dargestellt. Das Meßverfahren stellt eine Übertragung des VENTURI-Prinzips in geschlossenen Leitungen auf offene Kanäle dar. Durch die Einschnürung des Kanalbettes wird eine Erhöhung der Strömungsgeschwindigkeit herbeigeführt, aus welcher ein Absinken des Wasserspiegels innerhalb

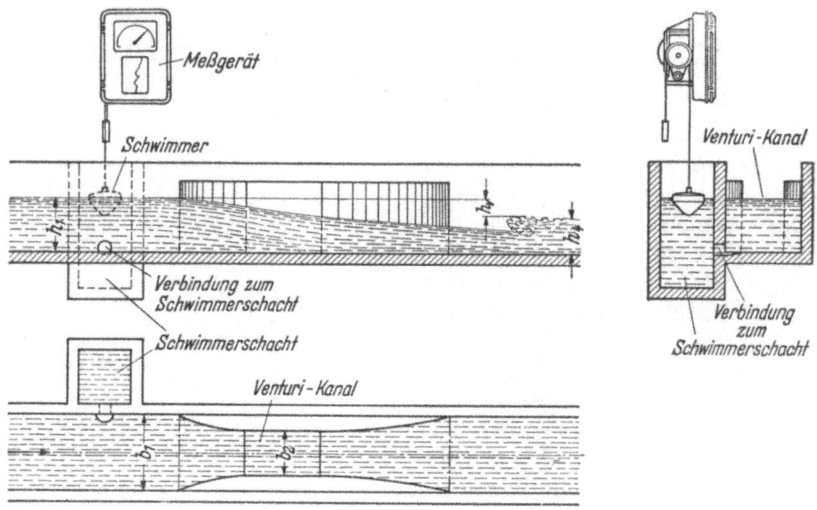

Abb. 1a. VENTURI-Kanalmesser (Fa. Bopp & Reuther, Waldhof-Mannheim)

des VENTURI-Kanals resultiert. Die Größe der Spiegeldifferenz, gemessen unmittelbar vor der Einschnürung und an der engsten Stelle des VENTURI-Kanals, ist ein Maß für die Größe des Durchflusses. Das Anbringen von zwei Flüssigkeitsstandmessern und die Bildung der Spiegeldifferenz ist umständlich. Die Messung wird dadurch wesentlich einfacher gestaltet, daß man unter Berücksichtigung von Ober- und Unterwasserstand die Einengungsbreite so wählt, daß das Wasser im VENTURI-Kanal vom Strömen zum Schießen kommt. Zwischen Wasserstand im engsten Querschnitt und Wasserstand vor dem VENTURI-Kanal besteht dann eine bestimmte mathematische Beziehung, die es gestattet, zur Ermittlung der Menge nur den Wasserstand vor dem VENTURI-Kanal zu messen. Strömen und Schießen sind bestimmte Fließzustände, die charakterisiert sind durch das Verhältnis von statischer bzw. kinetischer Energie zur Gesamtenergie. Bei Einhaltung des erwähnten Fließcharakteristikums gilt für die Berechnung des VENTURI-Kanals folgende Gleichung:

$$Q = k \cdot C \cdot b_2 \cdot \sqrt{g} \cdot \sqrt{h_1^3}\,.$$

[1] BROWN, W. H.: Sew. and Ind. Wastes Bd. 23 (1951) S. 269.

Hierin bedeuten:

Q = Durchflußmenge, k = Durchflußbeiwert, C = Faktor zur Berücksichtigung des Breitenverhältnisses $\frac{b_2}{b_1}$, b_2 = Breite des rechteckigen VENTURI-Kanals an der engsten Stelle, g = Erdbeschleunigung, h_1 = Wassertiefe vor der Einschnürung.

Ebenso wichtig ist aber auch die Kenntnis der anfallenden Abwasserarten, die man sich meistens nur durch laufende Probenahmen verschaffen kann.

In Abb. 2 ist die Anlage einer Abwasserprüfstation der Fa. A. Ott, Kempten (Bayern) im Hauptkanal einer großen Papierfabrik in einem Meßraum dargestellt. Diese Prüfstation gibt dem Betriebsleiter die Möglichkeit, eine Übersicht über die laufenden Verluste im Betrieb zu gewinnen und aus dieser Erkenntnis heraus die Ursachen aufzusuchen und zu beheben. Gleichzeitig schafft sie die Unterlagen für die zu errichtenden Reinigungsanlagen. Die Abwasserprüfstation besteht in der Hauptsache aus einem Probeentnahmegerät (Abb. 2a) mit Probenverteilgerät (Abb. 2b) und einem graphischen Mengenmesser (Abb. 2c), der in Verbindung mit einem Meßwehr die Durchflußmenge im Abwasser-

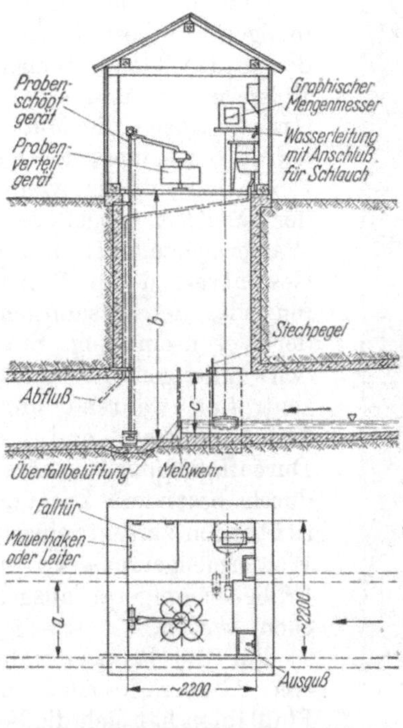

Abb. 2. Anlage einer Abwasserprüfstation am Hauptkanal einer großen Papierfabrik in einem besonderen Meßraum (Fa. A. Ott, Kempten)

Abb. 2a. Schöpfgerät zur laufenden Entnahme von Proben

Abb. 2 b. Probenverteilergerät über je 8 Stunden

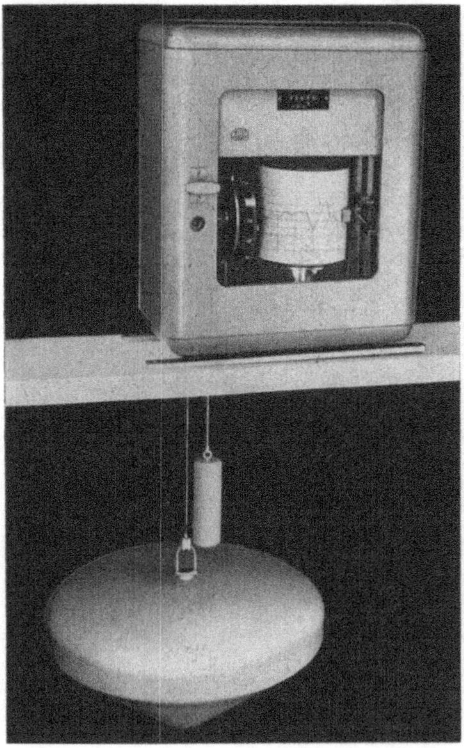

Abb. 2 c. Wassermengenmeßgerät in Verbindung mit der unter Abb. 2a und 2b beschriebenen Schöpfvorrichtung

kanal registriert. Mit dem Probenschöpfgerät Abb. 2a werden laufend Proben aus dem Abwasserkanal entnommen und durch ein Probenverteilgerät Abb. 2b über bestimmte Zeitabschnitte (meistens je 8 Stunden) Probebehältern aufeinanderfolgend so zugeleitet, daß die Konzentration der in den einzelnen Behältern enthaltenen Probemenge der Durchschnittskonzentration des Abwassers während dieses Zeitabschnittes entspricht. In den Fällen, wo die Konzentration der Abwässer stark schwankt, müssen kürzere Zeitabschnitte gewählt werden. In Abb. 2c ist das mit dem Probeschöpfgerät verbundene Wassermengenmeßgerät dargestellt, das die durch den Kanal fließende Wassermenge laufend registriert. Durch die Multiplikation der gemessenen Konzentration mit der während der Meßzeit abgeflossenen Wassermenge ergibt sich der Gesamtverlust an Rohstoffen oder der Gesamtgehalt der Verunreinigung. Starke Schwankungen in der Konzentration während kurzer Zeitabschnitte und der Durchflußmenge können durch besondere Zusatzeinrichtungen zum graphischen Wassermengenmesser und Probenschöpfgerät ausgeglichen werden.

Für die Probeentnahme aus Abwasserkanälen und Flußläufen hat sich die beim Ruhrverband benutzte in Abb. 3a dargestellte Probeentnahmeapparatur sehr gut bewährt.[1,2] Mit Hilfe eines besonderen T-Stückes, das in dem senkrechten Schenkel eine Schwimmkugel hat, ist es möglich, laufend Proben aus dem Vorfluter oder dem Abwasserkanal zu entnehmen (Lieferant Fa. W. Feddeler, Essen). Diese T-Stücke wer-

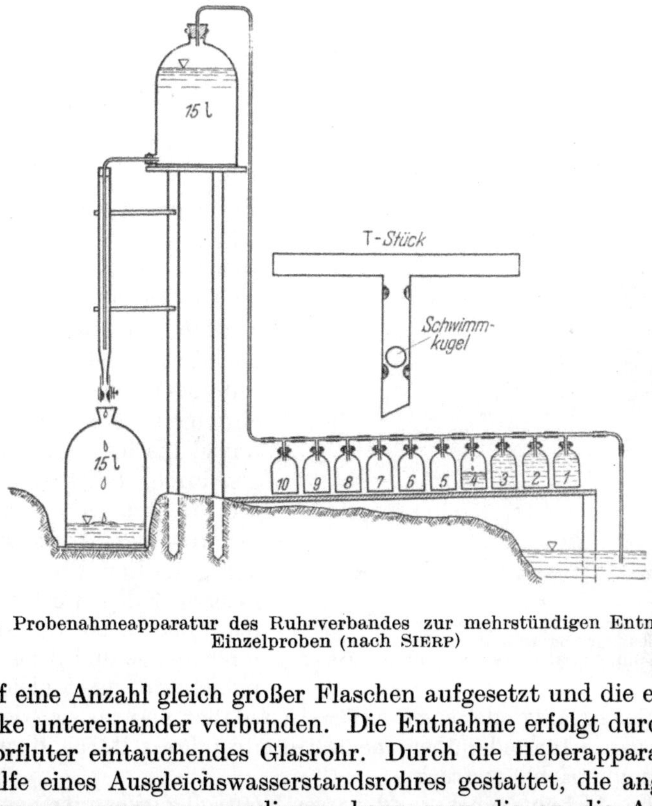

Abb. 3a. Probenahmeapparatur des Ruhrverbandes zur mehrstündigen Entnahme von Einzelproben (nach SIERP)

den auf eine Anzahl gleich großer Flaschen aufgesetzt und die einzelnen T-Stücke untereinander verbunden. Die Entnahme erfolgt durch ein in den Vorfluter eintauchendes Glasrohr. Durch die Heberapparatur, die mit Hilfe eines Ausgleichswasserstandsrohres gestattet, die angesaugte Wassermenge genau zu regulieren, kann man die an die Apparatur angeschlossenen Flaschen in der jeweils gewollten Zeit füllen. Nach Füllung einer Flasche hebt sich die Schwimmerkugel und legt sich gegen einen Glaswulst und schließt so diese Probe von der weiteren Beeinflussung durch das darüberfließende Abwasser bzw. Flußwasser ab. Durch Änderung der Flaschengröße oder auch der Durchflußgeschwindigkeit hat man es in der Hand, die Zeitabstände, in denen eine Flasche gefüllt sein soll, genauestens zu regulieren.

In Abb. 3b ist die gleiche Apparatur an einem Brückenpfeiler angeordnet, doch stehen die Probeentnahmeflaschen in einem besonderen Kasten, der untergetaucht wird. Durch eine Heberflasche wird auch hier die durchfließende Wassermenge genau geregelt.

---

[1] SIERP, F.: Die gewerblichen und industriellen Abwässer, 1. Aufl., S. 5. Berlin/Göttingen/Heidelberg: Springer 1953.

[2] HUSMANN, W.: Praxis der Abwasserreinigung, 2. Aufl., S. 114. Berlin/Göttingen/Heidelberg: Springer 1964.

Ein Abwasserdauerprobeentnehmer, Bauart Prof. Dr. SANDER, wird von der Fa. Riele K. G., Minden, hergestellt. Die chemische und physikalische Untersuchung der durch die verschiedenen Probenahmeverfahren gezogenen Wasser- oder Abwasserproben erfolgt grundsätzlich nach dem Deutschen Einheitsverfahren für Wasser, Abwasser- und Schlammuntersuchungen von der Fachgruppe Wasserchemie (Verlag Chemie). Nur auf diese Weise werden vergleichbare Untersuchungsergebnisse verschiedener Untersucher gewährleistet.

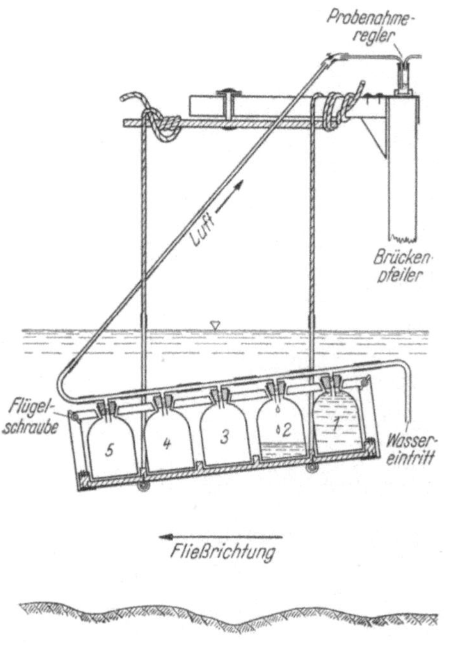

Abb. 3b. Probenahmeapparatur des Ruhrverbandes zur mehrstündigen Entnahme von Durchschnittsproben aus bestimmten Tiefen

Die so gezogenen Proben müssen dann möglichst bald chemisch und physikalisch untersucht werden. Welche einzelnen chemischen und physikalischen Untersuchungen durchgeführt werden müssen, richtet sich ganz nach der Art des Abwassers und der gestellten Frage. In den meisten Fällen wird man prüfen müssen, ob die Abwässer ihrer Menge und ihrer Zusammensetzung nach gleichmäßig oder ungleichmäßig oder sogar stoßweise anfallen und wie sich der Anfall über das ganze Jahr oder über eine bestimmte Jahreszeit (sog. Kampagne- oder Saisonbetriebe) erstreckt.

In Abb. 4 ist eine fahrbare Abwasser-Kontrollstation mit eingebautem Dauerprobeentnehmer und Registrier-Einrichtung nach SANDER dargestellt.

Eine selbstansaugende Schmutzwasser-Membranpumpe bzw. eine selbstansaugende Kreiselpumpe saugt von der Entnahmestelle eine relativ große Flüssigkeitsmenge an und drückt diese durch den Dauerprobenehmer. Die Pumpenleistungen und die Schlauchleitungen sind so aufeinander abgestimmt, daß während des Betriebes Absetzungen vermieden werden. Ein Teilstrom der von der Entnahmepumpe geförderten Flüssigkeit wird in regulierbarer Menge über die Ventilbatterie dem Schöpfwerk zugeleitet. Aus diesem ständigen Wasserdurchfluß wird ohne Qualitätsbeeinflussung eine kontinuierliche Menge laufend durch die Schöpfeinrichtung entnommen und über die Verteiler-Einrichtung in die jeweilige Probeflasche geleitet. Je nach Einstellung, ob Dauerbetrieb bis zu 72 Stunden oder 23 Proben, erfolgt die automatische Steuerung der gesamten Anlage einschließlich Förderpumpe und Schöpfwerk.

Die Probeentnahmezeit ist wie die Probemenge regulierbar. Sämtliche Teile, die mit dem Abwasser in Berührung kommen, sind aus Kunststoff-PVC gefertigt und daher säure- und laugenbeständig. Bei einer Temperatur des Fördermittels von 60 °C wird die Pumpe abgeschaltet

Abb. 4a. Fahrbare Abwasser-Kontrollstation mit eingebautem Dauerprobennehmer und Registrier-Einrichtung nach SANDER (Fa. Riele K.G., Minden)

Abb. 4b. Eingebaute Registrier-Einrichtungen in der Rückseite des VW-Großraumwagens für Leitfähigkeit, p_H-Wert, Temperatur 0 bis 80 °C und Niveau

und bei niedriger Temperatur automatisch wieder eingeschaltet. Der Abwasser-Dauerprobenehmer ist verschließbar und kann nur in geöffnetem Zustand von Hand in Betrieb gesetzt und eingestellt werden. Die 24 Probeflaschen sind sicher verschlossen aufbewahrt.

Eine ebenfalls als fahrbares Abwasserprüfgerät eingerichtete Apparatur wird von der Fa. Agfa A. G. Camera Werk, München, geliefert.

Black[1] weist auf verschiedene Schwierigkeiten, die bei Probenahmeschöpfgeräten bei sauren oder auch ölhaltigen Abwässern auftreten können, hin. U. a. beschreibt er auch Probeentnahmevorrichtungen, die z. T. unter Anwendung elektrischer Motoren eine gleichmäßige Probenahme gestatten. Die Messung größerer Abwassermengen mit Hilfe von Isotopen, deren Strahlungen mit Geiger-Zählern gemessen werden können, haben sich u. a. auch bei der Prüfung von Kläranlagen, z. B. bei Bestimmung der Aufenthaltszeiten, bewährt.

Bei einer Beschreibung von Instrumenten und ihrer Anwendung bei der Kontrolle von industriellen Abwässern weist Greer[2] nicht nur auf die Wichtigkeit der Kontrolle der Abwässer durch laufend betriebene Meßvorrichtungen hin, sondern er verlangt auch, daß diese Apparaturen mit Vorrichtungen gekuppelt werden, die laufend den p_H-Wert, das Redox-Potential und die elektrische Leitfähigkeit registrierend messen. In vielen Fällen wird es außerdem erwünscht sein, auch die Färbung bzw. Farbtiefe durch ein Durchflußkolorimeter und auch die Trübung durch ein Nephelometer registrierend messen zu können. Alle Apparate müssen sich schnell und leicht eichen lassen.

Auf dem Gebiete der Trübungsmessung sind eine Reihe neuer Apparate entwickelt worden. Husmann[3,4] hat den von den Askania-Werken, Berlin-Mariendorf hergestellten Trübungsmesser[5,6] verglichen mit dem Trübungsmeßgerät von Dr. Sigrist. Abb. 5a zeigt das Einbauschema des Askania-Trübungsmessers. Das in Abb. 5b dargestellte Meßgerät wird in das zu untersuchende Gewässer oder Abwasser eingeschaltet. Zur Sauberhaltung der Fenster vor der Lichtquelle und der Photozelle ist eine diskontinuierlich arbeitende

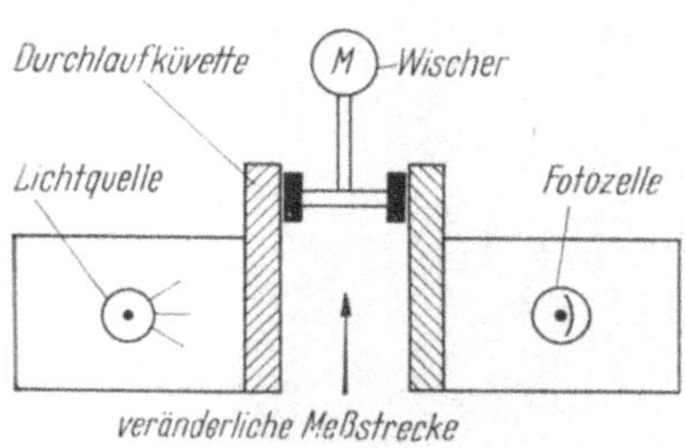

Abb. 5a. Schema des Trübungsmeßgerätes (Askania-Werke, Berlin-Mariendorf)

Abb. 5b. Trübungsmeßgerät mit Motor zum Reinigen der Küvettenfenster (Askania-Werke, Berlin-Mariendorf)

[1] Black, H. H.: Procedure for sampling and Measuring Industrial Wastes, Sew. and Ind. Wastes Bd. 24 (1952) S. 52.

[2] Greer, W. N.: Instruments and their Application in the Controle of Ind. Wastes, Sew. and Ind. Wastes Bd. 24 (1952) S. 300.

[3] Husmann, W.: Praxis der Abwasserreinigung, 2. Aufl., S. 90. Berlin/Göttingen/Heidelberg: Springer 1964.

[4] Husmann, W.: Die Wasserwirtschaft Bd. 46 (1956) H. 4.

[5] Veit, R.: Sonderdruck der Askania-Werke Bd. 49 (1956) Nr. 6486a.

[6] Brede, E.: Sonderdruck der Askania-Werke, Bd. 50 (1962) No. 6486c.

Wischvorrichtung eingebaut. Bei dem Trübungmeßgerät der Fa. Dr. Sigrist-Photometer A. G. Zürich (s. Abb. 6 u. 7) erfolgt die Messung ebenfalls im Durchsichtsverfahren, bei dem der Meßstrahl das aus einem Rohr frei ausfallende Wasser durchdringt und auf eine Photozelle fällt.

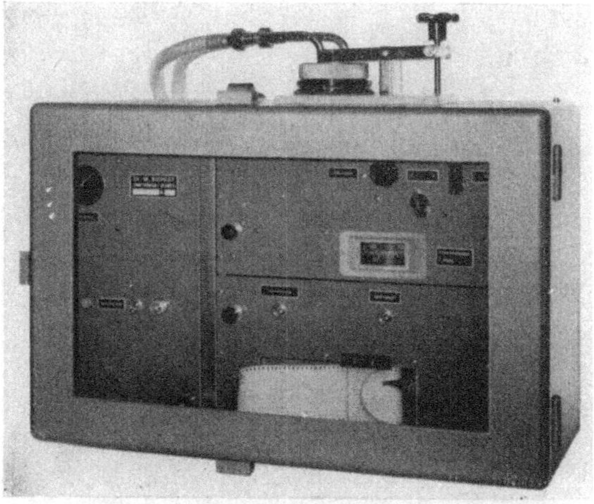

Abb. 6. Trübungsmeßgerät (Fa. Dr. SIGRIST)

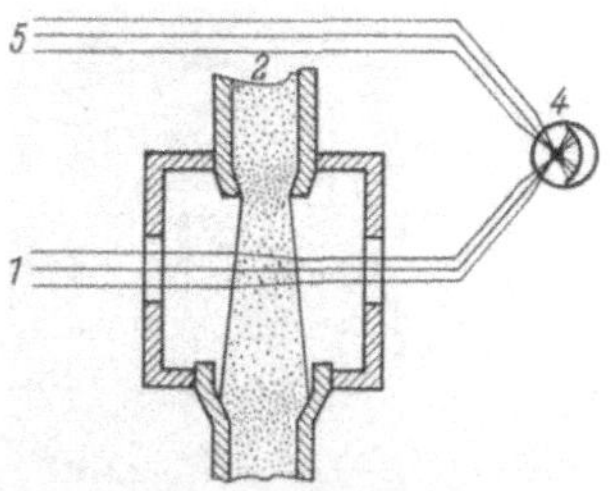

Abb. 7. Strahlengang beim Sigrist-Trübungsmesser. *1* Meßstrahl, *2* Durchlaufmeßzelle, *4* Photozelle, *5* Vergleichsstrahl

Der Vergleichsstrahl gelangt ungeschwächt direkt zur Meßzelle. In der Abb. 8 sind die Ergebnisse von Absorptionsmessungen mit den beiden Geräten bei der laufenden Kontrolle eines stark mit Schlammstoffen verschmutzten Gewässers aufgetragen.

Neben der lichtelektrischen Messung des Schlammgehaltes hat MÜLLER-NEUHAUS Versuche durchgeführt, eine direkte, kontinuierliche Bestimmung des Schlammgehaltes durch photographische Aufnahmen über einen Filmstreifen durchzuführen. Bei dem in Abb. 9 dargestellten Schlammgehaltmeßgerät fließt aus einem Sammelgefäß in gewissen Abständen eine Abwassermischprobe den Absetzgläsern zu, die an einem rotierenden Tische befestigt sind. Vom Einfüllen des Abwassers in das Absetzglas dauert es zwei Stunden, bis sich das betreffende Glas vor den Photoapparat vorn im Bild bewegt hat. Zu diesem Zeitpunkte, also genau nach zwei Stunden, wird die Kamera ausgelöst und der Schlammstand im Absetzglas auf den Film aufgenommen. Abb. 10 zeigt einen solchen Aufnahmestreifen, aus dem man ohne weiteres den schwankenden Schlammgehalt des Abwassers ablesen kann. Das photographierte Glas wandert weiter, wird durch eine Kippvorrichtung entleert, dabei gespült und steht wieder für die nächste Messung zur Verfügung.

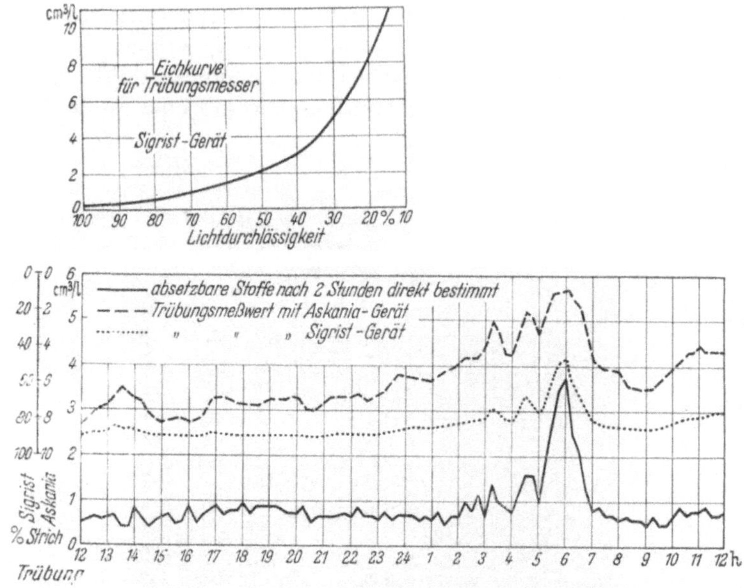

Abb. 8. Vergleichsmessungen zwischen Trübung und Schlammgehalt mit zwei verschiedenen Meßgeräten auf der Grundlage der Lichtabsorption. Die durch Schlammstoffe hervorgerufene Trübung des Wassers kann auf den Gehalt an absetzbaren Stoffen (mg/l) umgerechnet werden

Abb. 9. Schlammgehaltmeßgerät (nach MÜLLER-NEUHAUS)

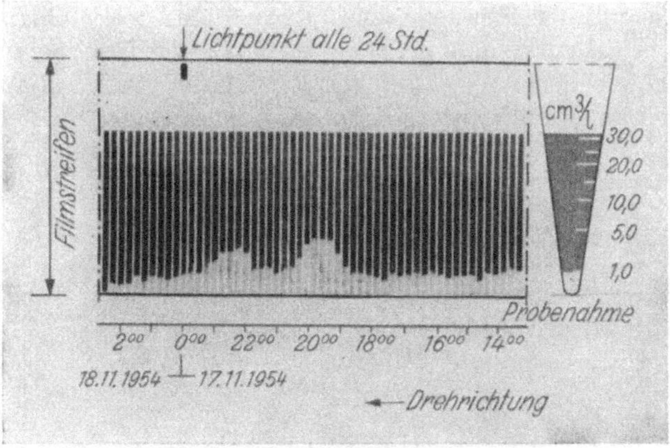

Abb. 10. Schlammgehaltsstreifen (nach MÜLLER-NEUHAUS)

b) Be- und Entwässerungspläne

Für jedes gewerbliche und industrielle Werk ist, wie in jeder kanalisierten Stadt, ein ordnungsmäßiger Be- und Entwässerungsplan aufzustellen, aus dem alle Wasserentnahme-, -verbrauchsstellen und alle Abwasseranfallstellen jederzeit ersichtlich sind. Außer den Haupt- und Nebenkanälen müssen alle Schächte, Pumpwerke, Ausgleichs- und Sammelbecken, alle Vor- und Nachreinigungsanlagen und Prüfstationen enthalten sein. Da derartige Pläne in sehr vielen Fällen fehlen, oder die vorhandenen durch zahlreiche Umbauten unbrauchbar geworden sind, sollte man sie durch erfahrene Ingenieurbüros entweder ganz neu aufstellen oder aber ergänzen und dann dauernd auf dem laufenden halten lassen.

B. Einwirkung gewerblicher und industrieller Abwässer auf die städtische Kanalisation

Liegt der industrielle Betrieb in einer kanalisierten Stadt, so wird es, abgesehen von wenigen Sonderfällen, richtig sein, zunächst zu prüfen, ob die entstehenden Abwässer nach einer sich nach der Art des industriellen Abwassers richtenden, mehr oder weniger weitgehenden Vorreinigung in das städtische Kanalnetz aufgenommen werden können. Hierbei ist Grundbedingung, daß diese Abwässer die Weiterbehandlung der städtischen und häuslichen Abwässer nicht stören oder gar unmöglich machen. Die meisten Städte nehmen gewerbliche und industrielle Abwässer auf Grund besonderer Ortsstatute für den Anschluß gewerblicher Abwässer nach einer genügenden Prüfung gegen Zahlung einer Gebühr, deren Höhe sich nach der Menge und dem Verschmutzungsgrad richtet, in ihre Kanalisation auf. Das Abwasser darf keine die Kanäle schädigenden Eigenschaften haben und die Reinigung der übrigen häuslichen Abwässer nicht erheblich erschweren. Es gibt infolgedessen schon sehr viele größere Industriestädte, deren Abwässer ganz erhebliche Beimengungen gewerblicher Abwässer enthalten, wodurch der Charakter des häuslichen Abwassers völlig geändert wird. Selbst dann, wenn die Beimischung gewerblicher Abwässer den Betrieb der Kanalisation und der Abwasserreinigungsanlagen verteuern wird, ist doch das Bestreben, auch die gewerblichen Abwässer der Kanalisation zuzuführen, soweit dies eben zulässig ist, in den meisten Fällen das richtige, da auf diese Weise

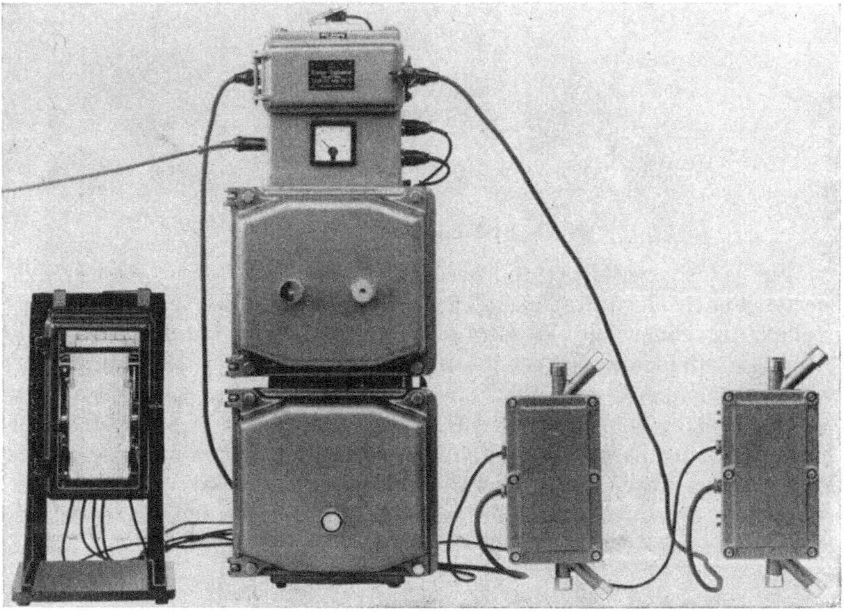

Abb. 11. Industrie-Dephimeter nach Dr. KLUTKE mit angeschlossenen Durchlauffühlern und Einfarbenschreiber (Pancontrol GmbH., Falkenstein/Taunus)

die größte Gewähr für eine weitere Reinigung der Abwässer und damit für die Reinhaltung der Vorfluter gegeben ist. Das Hauptaugenmerk bei größeren Kanalisationen muß auf eine gleichmäßige Verteilung der industriellen Abwässer gelegt werden. Auch durch eine hinreichende Verdünnung kann man oft ein industrielles Abwasser für die Aufnahme in die Kanalisation geeignet machen.

Bei der Einleitung gewerblicher Abwässer in das städtische Kanalnetz muß eine Reihe von Vorsichtsmaßregeln beachtet werden, die die Beschaffenheit des Rohrnetzes und die Weiterbehandlung des Abwassers durch Reinigungsverfahren, denen das städtische Abwasser unterzogen werden muß, berücksichtigen. Vor allem wird die Stadt oder Gemeinde verlangen müssen, daß kurz vor dem Anschluß des Rohrnetzes des Werkes an die städtische Kanalisation ein *Prüfschacht* eingebaut wird, der jederzeit gestattet, auch ohne Zustimmung des Werkes Abwasserproben zu entnehmen, um festzustellen, ob die dem Werk auferlegten

Anschlußbedingungen auch wirklich innegehalten werden, und ob nicht Änderungen im Betrieb oder in der Fabrikation eingetreten sind, die den bisherigen Anschluß unmöglich machen. In besonderen Fällen hat sich der Einbau von Prüfsteinen oder Prüfrohren auf aggressive Wässer sehr gut bewährt. In Werken, die mit Säuren oder Laugen arbeiten, wird heute fast stets der Einbau einer Neutralisationsanlage, kontrolliert durch ein registrierendes p_H-Meßgerät, vorgeschrieben (s. S. 32—36).

Das zur Überwachung von Abwasser herausgebrachte Dephimeter nach Dr. Klutke benutzt die elektrische Leitfähigkeit (s. Abb. 11) zur Überwachung der Gleichmäßigkeit von Flüssigkeiten. Es besteht aus Meßgerät, Schreibgerät und zwei Fühlern, die sich automatisch auf den entsprechenden Meßbereich einstellen. Da das spezifische Leitvermögen einer Flüssigkeit durch die Wärme verändert wird, ist eine Temperaturkompensationseinrichtung eingebaut.

Greer[1] empfiehlt als drittes auch den weiteren Einbau einer Elektrode zur Messung des Redox-Potentials, das häufiger durch Titration mit Natriumthiosulfat kontrolliert wird.

1. Einfluß gewerblicher Abwässer auf das städtische Rohrnetz

Frische häusliche Abwässer sind für die Kanalisationen meistens nicht schädlich. Ganz anders kann es aber bei den gewerblichen Abwässern sein. Abwässer mit schädlichen Stoffen für aus Zementrohren bestehende Kanalisationen liegen immer vor, wenn es sich um Abwässer aus Gerbereien, Papier- und Zellstoffabriken, Zuckerfabriken, Molkereien, Stärkefabriken, Sauerkrautfabriken, Beizereien und Pulverfabriken bzw. um Fabriken, die ähnliche Abwässer wie die oben aufgeführten Fabriken haben, handelt. Die Abwässer aus Wäschereien oder Zellstoffabriken können freies Chlor, Chlorkalk oder auch schweflige Säure enthalten. Die Abwässer von Montanwerken können wegen des Gehalts an freier Säure besonders gefährlich sein. In allen diesen Fällen wird es eine wichtige Aufgabe des Abwasserchemikers sein, die Unschädlichmachung dieser Abwässer, soweit dies möglich ist, schon auf dem Werk durchzuführen bzw. das zweckmäßige Material für die Abwasserableitung auszusuchen. Kokereien haben in ihren Abwässern die schädlichen Ammonsalze und die Phenole, Metallbeizereien und Galvanisierungsbetriebe haben freie Säuren und stark giftige Cyan- und Metallsalze, wie Cu-, Zn-, Cr-Verbindungen, Drahtziehereien liefern stark saure Abwässer mit hohem Gehalt an Eisensalzen. Gleich schädliche Abwässer weisen Acetylenanlagen, Braunkohlengruben, Kaliwerke, Dynamitfabriken, Sodafabriken sowie Gaswerke und Schwelereien auf.

a) Einflüsse auf Betonkanäle

Auf Grund der vorstehenden Ausführungen über den Gehalt der verschiedenen Abwässer an den verschiedensten Stoffen ist die Kenntnis der genauen Wasseranalyse die erste Vorbedingung, über die Möglich-

[1] Greer, W. N.: Sew. and Ind. Wastes Bd. 24 (1952) S. 300.

keit des Einsatzes von Zementen zu entscheiden. Es sei in diesem Zusammenhange auf die DIN-Vorschrift 4030 hingewiesen über „Beton in betonschädlichen Wässern". Diese Vorschriften enthalten Richtzahlen, innerhalb welcher Grenzen Beton überhaupt noch zu verwenden ist. Durch die Fortschritte auf dem Betongebiet sind neuartige Herstellungsverfahren eingeführt, die bessere Betonqualitäten ergeben. Es sei hier die Verwendung von Rüttelbeton bei der Rohrherstellung genannt, ferner das Vakuumverfahren, sowie Walz- und Schleuderbetonrohre. Neben der Verbesserung der Betonqualitäten durch besondere Herstellungsverfahren hat man heute aber auch neuartige Betonbehandlungsverfahren eingeführt, die den Beton widerstandsfähiger machen. Hier kommen u. a. in Frage das Okratverfahren, das Kanderkiesverfahren und schließlich auch das Dampfhärteverfahren unter Druck bei Verwendung von silikatischen Feinststoffen.

In jedem Einzelfalle muß man prüfen, welche schädlichen Stoffe vorliegen, wenn möglich auch den Zustand der Rohre vor der Verwendung feststellen. In der Tab. 1 ist eine Aufstellung über die Angriffsmöglichkeit bestimmter Chemikalien auf Portlandzement gegeben.

Tabelle 1

Einwirkung	Einwirkendes Mittel	Ursache der Einwirkung
Unschädlich	Übliche Leitungswässer, Natrium-, Kalium-, Calciumnitrat und -chlorid, Kali-, Natronlauge, Mineralöle, Ammoncarbonat-oxalat und -fluorid	
Lösend (zermürbend)	destilliertes Wasser (Kondenswässer) salzarmes Wasser (Moorwasser) Ammonium-, Magnesium-, Eisenchlorid Ammoniumnitrat Kohlensäure Schwefelwasserstoff Milchsäure Zucker Salz, Salpeter-, Schwefelsäure	Lösung von Kalkhydrat Bildung von löslichem Calciumchlorid Calciumnitrat Calciumbicarbonat Calciumsulfhydrat Calciumlactat Calciumsaccharat Auflösung der Zementbestandteile
Treibend	schwefelsaure Salze, schwefligsaure Salze, Sulfide, Schwefelsäure, schweflige Säure, Schwefelwasserstoff	Bildung von Gips und Calciumsulfoaluminat („sog. Eitringot oder Zementbazillus")
Erweichend und treibend	Pflanzliche und tierische Fette und Öle Milchsäure, leichtflüssige Öle	Bildung von Kalkseifen Calciumlactat, setzen Festigkeit herab, in dem sie den Beton völlig durchtränken

Aus der Tab. 1 ist aber auch ohne weiteres zu ersehen, in welchen Fällen man statt der allgemein angewandten Betonrohre Steinzeugrohre bzw. Tonrohre anwenden muß. Wenn auch zur Herstellung von Betonrohren nur Normenzement nach DIN 1164 und DIN 1167 verwandt werden soll, kommt es immer wieder vor, daß es in vielen Fällen zu Anfressungen der Betonrohre kommt. Es ist daher zu prüfen, ob diese Beeinträchtigung der Betonrohre auf die Abwässer eines bestimmten Werkes zurückzuführen ist, oder ob Fehler bei der Fabrikation vorliegen. Deshalb ist in Tab. 2 eine Aufstellung der Zusammensetzung der Zemente gegeben. Nachdem zunächst durch eine Löseanalyse das Verhältnis vom Zuschlagstoff zum Bindemittel festgestellt ist, kann dann die Veränderung der Zementzusammensetzung die Frage des Einflusses auf den Beton klären[1].

Tabelle 2. *Chemische Zusammensetzung der verschiedenen Zementarten* (Anhaltswerte)

	Portlandzement	Eisenportlandzement	Hochofenzement	Fraßzement 30/70	Tonerdeschmelzzement	Sulfathüttenzement
Kieselsäure SiO_2	19 — 24	21 — 27	24 — 30	21 — 27	6 — 9	26 — 30
Tonerde und Titandioxyd $Al_2O_3 + TiO_2$	4 — 9	6 — 10	7 — 16	7 — 10	46 — 50	12 — 24
Eisenoxyd(ul) Fe_2O_3 (FeO)	1,6 — 6	1 — 4	1 — 3	2 — 4	0,5 — 1,0	0,1 — 1,0
Kalk CaO	60 — 67	54 — 60	43 — 55	44 — 49	37 — 42	36 — 46
Magnesia MgO	0,6 — 3	1 — 4	2 — 6	1 — 3	1,5 — 2,0	—
Sulfat SO_3	1 — 3	1 — 3	1 — 4	1 — 3	0,4	—
Mangan Mn_2O_3 (MnO)	0,0 — 0,5	0,3 — 1,5	0,5 — 1,5	—	0,3	0,4 — 1,4

Der zur Herstellung der Rohre benutzte Beton soll eine Würfeldruckfestigkeit W. 28 = 300 kg/cm² nach DIN 1048 aufweisen. Werden die Werkstücke im Gebrauch stärkeren unmittelbaren chemischen Kräften (z. B. Beanspruchung aus Verkehrslasten) oder einer unmittelbaren Beanspruchung auf Biegung ausgesetzt, so müssen sie aus einem Beton mit einer Würfelfestigkeit W. 28 = 450 kg/cm² hergestellt sein. Die Prüfung auf Wasserdichtigkeit erfolgt nach den für Beton in DIN 4032, § 14 V. A. (Betonrohre, Bedingungen für die Lieferung und Prüfung) festgelegten Verfahren. Die Überdeckung der Stahleinlagen muß nach DIN 4035 mindestens 1,0 cm sein[2].

[1] KRÜGER: Gesundh.-Ing. Bd. 56 (1933) S. 521.

[2] BUJARD, W.: Betonstein-Ztg. Bd. 30 (1964) H. 10. — HUMMEL, A.: Das Beton-ABC, 12. Auflage. Berlin: Ernst & Sohn 1959. — ROSKE, K.: Betonrohr-Taschenbuch, Bonn: Bundesverband Betonind. 1956. — Zement-Taschenbuch, Wiesbaden: Bauverlag 1964/65 S. 219—234.

Der Laborausschuß des Vereins deutscher Zementwerke hat zur Ergänzung der zur Zeit gültigen DIN 4030 die in der Tabelle 3 angegebenen Grenzwerte zur Beurteilung des Angriffsvermögens von Wässern zusammengestellt:

Tabelle 3. *Grenzwerte zur Beurteilung des Angriffsvermögens von Wässern vorwiegend natürlicher Zusammensetzung*

	Angriffsvermögen		
	schwach	stark	sehr stark
1 p_H-Wert	6,5 bis 5,5	5,5 bis 4,5	unter 4,5
2 Kalklösende Kohlensäure (CO_2) nach HEYER mg/l	15 bis 30	30 bis 60	über 60
3 Ammonium (NH_4^+) mg/l	15 bis 30	30 bis 60	über 60
4 Magnesium (Mg^{2+}) mg/l	100 bis 300	300 bis 1500	über 1500
5 Sulfat (SO_4^{2-}) mg/l	200 bis 600	600 bis 2500	über 2500

Maßgebend für die Beurteilung des Wassers ist das jeweils größte Angriffsvermögen nach Tafel 1, auch wenn es nur von einem der Werte der Zeilen 1 bis 5 erreicht wird. Liegen zwei oder mehr Werte im oberen Viertel eines Bereiches (beim p_H-Wert im unteren Viertel), so erhöht sich das Angriffsvermögen um eine Stufe. Diese Erhöhung gilt jedoch nicht für Meerwasser und ähnlich zusammengesetzte chloridreiche, alkalische Wässer, da dichter Beton dem Meerwasser trotz seiner sehr hohen Mg- und SO_4-Gehalte (vgl. DIN 4030, Abschnitt 4.1) schon seit vielen Jahren ausreichend widersteht[1].

Nach der Schriftenreihe der Landesanstalt für Wasser-, Boden- und Lufthygiene für industrielle Abwässer und für die Entwässerungsleitungen sowie für die Bau- und Werkstoffe, die mit gewerblichen Abwässern in Berührung kommen, sind Schutzmaßnahmen gegen angreifende Bestandteile, insbesondere Säuren, Salze, Gase und manche organische Stoffe, notwendig. Als Schutzmaßnahmen kommen säurefeste Anstriche und Auskleidungen oder die Verwendung korrosionsbeständiger Materialien für die Herstellung der Anlagen gemäß Tab. 4 in Frage.

Zur Herstellung der Betonrohre werden heute nicht nur Portlandzement und normaler Hochofenzement verwendet. Die Zementindustrie ist dazu übergegangen, besonders widerstandsfähige Zemente herzustellen.

Als einen Portlandzement von hoher Sulfatbeständigkeit haben die Dyckerhoff-Zementwerke in Wiesbaden den *Dyckerhoff-Sulfadur*, einen C_3A-freien Portland auf den Markt gebracht, der sich vielen aggressiven Medien gegenüber, im besonderen aber gegen jeglichen Sulfatangriff als besonders widerstandsfähig erwiesen hat. Die C_3A-Freiheit verhindert die Bildung des Zementbazillus, wodurch er frei von Treiberscheinungen bei Anwesenheit von Sulfaten wird. Die Heidelberger Zementwerke A. G. entwickelten einen fast C_3A-freien Hochofenzement unter der Bezeich-

[1] BONZEL, I.: Beurteilungsgrundsätze und technol. Maßnahmen für Beton in angreifenden Wässern. Betonstein-Ztg. Bd. 29 (1963) Heft 11, S. 633.

Tabelle 4

Baustoffe	Verwendungszweck
Teer, Bitumen (mit und ohne Füllstoffe)	Anstriche, Auskleidungen
säurebeständige Metallegierungen, z. B. Eisen-, Blei-, Kupferlegierungen	Rohrleitungen, Pumpen, Rechen, Siebe, Behälter, Auskleidungen
Steinzeug	Rohre, Pumpen, Entwässerungsleitungen, Behälter
„Sonderbeton“-Mischungen, z. B. Asphaltbeton, säure-, laugen-, salzbeständige (meist kieselsäurehaltige) Klinker und künstliche Baustoffe säurefeste Natursteine, z. B. Quarzsandsteine, Basalt, Granit, Lava	Kanäle, Behälter, Neutralisations- und Sammelbecken
Holz mit Anstrichen und Imprägnierungen	Rohrleitungen, offene Gerinne (Gefluder), Behälter, Spund- und Tauchwände, Rührwerke usw.
Hartgummi, Kunstwerkstoffe	Rohre, Pumpen, Behälter usw.

nung *Heidelberger Antisulfat* und *Dur-Atherm Zement.* Er ist ebenfalls sulfatbeständig und widersteht auch den Einwirkungen schwacher Säuren. In neuerer Zeit ist auch die Herstellung von Betonrohren aus diesen Spezialzementen aufgenommen.

Außer den Maßnahmen gegen chemische Angriffe sollte man auch Schutzmaßnahmen gegen den mechanischen Abrieb durchführen. Durch eine gute mechanische Vorreinigung auf den Werken sollte man bereits vorher alle harten, den Abrieb bewirkenden Stoffe entfernen. Zum Schutz gegen Abrieb kann man Hartbetonschalen, die mit Sonderzement hergestellt sind, einlegen. Für diese Hartbetonschalen werden Zuschläge verwandt, die härter sind als das Material, das den Abrieb verursacht. Hier kommen Korunde und Siliciumkarborunde in Frage.

In vielen Fällen haben sich auch *Holzrohre* zur Ableitung von Abwässern bestens bewährt. Lieferant: Holzrohr- und Silobaugesellschaft Brannenburg/Obb. Hierbei muß man darauf achten, daß nur bestes harzhaltiges, aber ast- und splintfreies Holz verwandt wird (am besten österreichische Gebirgslärche). Holzrohre sind sehr flexibel und haben bei dauerndem Wasserdurchfluß eine sehr lange Lebensdauer.

In den letzten Jahren hat sich eine außergewöhnlich starke Anwendung von den auf Polyvinylchlorid basierenden Kunststoffen ergeben. *Rohre aus Kunststoffen* sind heute vor allem in der chemischen Industrie ein bekanntes und allgemein anerkanntes Bauelement, schon allein wegen ihrer guten Korrosionsbeständigkeit. *Polyvinylchlorid-Rohre* sind gegen alle im Boden und im Trinkwasser vorkommenden Salze, Säuren und Alkalien beständig. Von allen schwachen, starken Säuren und Alkalien, von Alkoholen, Benzin, Mineralien, tierischen und pflanzlichen Ölen sowie Terpentinölen werden sie nicht angegriffen. Nicht beständig ist Polyvinylchlorid gegen Ketone, Ester, Chlorkohlenwasserstoffe, Benzol und andere Aromaten, Treibstoffgemische und Äther. Polyvinylchloridrohre und Polyäthylenrohre sind im allgemeinen gegen Temperaturen bis +60 °C beständig. Hinzu kommen die leichte Verarbeitung und das geringe Gewicht der Rohre (Dynarohr-Werk GmbH., Mülheim/Ruhr).

Um Versickerungen schädlicher Stoffe aus den Abwässern durch Undichtigkeiten der Rohrleitungen usw. der gewerblichen Betriebe, die schon oft zu sehr üblen Verseuchungen des Untergrundes und zu Zerstörungen von Baugründungen geführt haben, zu verhindern, ist eine gute Abdichtung sämtlicher Teile einer Entwässerungsanlage durch Goudron, Asphalt, Teerletten, Metallzement, Asbest, Hartgummi, durch Anstriche mit Kunstharzlacken oder Epoxyharzlacken oder auch Lehmummantelung usw. sehr notwendig. Die erwähnten Lacke sind außerordentlich abriebfest und widerstandsfähig gegen alle in den Abwässern zu erwartenden Substanzen. Für die Muffendichtungen haben sich die Kunststoffdichtungen, z. B. das Tokband, sehr bewährt.

In den meisten Städten sind polizeiliche Vorschriften erlassen, die das Ablassen gewerblicher Abwässer in das städtische Kanalnetz regeln. In diesen Vorschriften ist das Ablassen von Öl und Fett, von saurem Abwasser, von freien Säuren, von stark alkalisch wirkenden Stoffen in größerer Menge, von bestimmten Salzen in hohen Konzentrationen, von festen Stoffen, die zu einer Versandung, Verschlammung oder gar Verstopfung führen können, von stark giftigen und zerknallfähigen Stoffen bzw. Gasen, die in der Mischung mit Kanalluft explosiv sind, und die das Leben der Arbeiter in den Kanälen und den Bestand der Kanäle selbst oder andere Betriebe gefährden können, und zu starken Geruchsbelästigungen führende Stoffe, verboten. Da eine Erwärmung der häuslichen Abwässer in den Kanälen mit Rücksicht auf Dichtungen und auf den schnelleren Verlauf der Zersetzungsvorgänge unerwünscht ist, soll die Temperatur des abgestoßenen Abwassers nicht über 30° liegen. Abwässer mit hohen Gehalten an Krankheitserregern müssen mit Rücksicht auf die im Kanal Arbeitenden sterilisiert werden.

b) Öl- und Fettabscheider

Fett-, öl- und teerhaltige Abwässer setzen sich an den Wandungen der Kanäle fest, verringern dadurch den Durchflußquerschnitt und führen so allmählich zu schlecht zu beseitigenden Verstopfungen. Öl- und fetthaltige Abwässer stören sehr stark die mechanische und biologische Weiterbehandlung des städtischen Abwassers, besonders auf Rieselfeldern, Tropfkörpern und bei der Schlammbelebung. Da es sich meist um mineralische Fette und Öle handelt, sind sie sehr schwer zersetzlich und verhindern den notwendigen freien Zutritt des Sauerstoffs zum Abwasser. Bei den Rieselfeldern setzen sie sich auf der Oberfläche der Böden fest und verhindern die Filterfähigkeit derselben. Solche Stoffe sind schon vorher in den Betrieben durch Fett- und Ölfänger bzw. Kondensatentöler zurückzuhalten und möglichst nach Reinigung im

Betriebe wieder zu verwenden. Auch in größeren Firmen der metallverarbeitenden Industrie, erst recht in den vielen kleinen Gewerbebetrieben und Werkstätten fallen insgesamt beträchtliche Mengen ölhaltiger Abwässer an, sei es in Form von Bohrölen oder Schneidwässern, sei es als verbrauchte Maschinenöle. Altöle aus Betrieben, Restöle aus Lagertanks oder aus den Bilgen der Schiffe, Öle aus den Ölabscheidern der Kommunen müssen auf irgendeine Weise beseitigt und unschädlich gemacht werden. Dazu kommt, daß ölgetränkter Boden, der bei Tankwagenunfällen oft ein ernstes Problem darstellt, ebenfalls so behandelt werden muß, daß dem Grundwasser kein Schaden erwächst. Die erdölverarbeitende Industrie ist mit beträchtlichem Erfolg dabei, Behandlungsmethoden für ihre Abfälle auszuarbeiten. (Über die zunehmende Verölung des Rheines siehe die Druckschrift in der Abwasser-Korrespondenz April 1965.) Die Wiedergewinnung von Fett und Öl sollte schon aus wirtschaftlichen Gründen auf dem Werke selbst erfolgen, da in den meisten Fällen ihre Wiedergewinnung einen erheblichen Teil der für die Abscheidung aufgewandten Kosten zu decken vermag.

Diese fett- und ölhaltigen Abwässer fallen an den verschiedensten Stellen im Betrieb, besonders aber in den Maschinenbetrieben usw., an. Es ist eine ganze Reihe teils guter, teils weniger brauchbarer Fettfänger im Handel. Fast alle beruhen auf dem Vorgang, daß sich das leichtere Öl bzw. Fett auf der Oberfläche des spezifisch schwereren Wassers abscheiden soll, von der es dann leicht abgeschöpft werden bzw. in einen Sammelbehälter abfließen kann, um in einer Reinigungsanlage gereinigt zu werden.

In den Baugrundsätzen für Fettabscheider (DIN 4040) wird verlangt, daß Fettabscheider bei einer Prüfung vermischt oder unvermischt zufließendes Leinöl zu 92% abscheiden. Die Aufenthaltsdauer des Wassers im Abscheideraum muß betragen

mindestens 3 min bei 0,5 bis 9 l/sek Zufluß,
mindestens 4 min bei 10 bis 19 l/sek Zufluß,
mindestens 5 min bis 20 l/sek Zufluß und darüber.

Für je 1 l/sek Zufluß müssen im Abscheideraum 0,25 m² Wasseroberfläche vorgesehen werden. Die abgeschiedenen Fette, Öle, Seifen (auch kurz Leichtstoffe genannt) dürfen in den Abscheidekammern nicht von neuem Wasserzufluß aufgerührt und fortgerissen werden. Die abgeschiedenen Leichtstoffe müssen leicht entfernt werden können. Die Fettabscheider müssen je 1 l/sek Zufluß mindestens 40 l Leichtstoffe aufspeichern können und dabei die volle Abscheidewirkung von 92% haben. Im übrigen gibt das Normenblatt DIN 4040 noch weitere Auskünfte über die Anbringung von einem Geruchsverschluß am Ablauf zum Entwässerungsnetz. Der Anbau an das Entwässerungsnetz darf nur so sein, daß ein Leersaugen und damit ein Abfließen in die Kanalisation ausgeschlossen ist. Auch über die verkehrssicheren Abdeckungen, Größe der Schlammsammelräume, Größe der Zu- und Abflußleitungen und die Größenbezeichnungen sind Angaben vorhanden.

Für den Einbau von Fettabscheidern, für die Größenbestimmung und für die Schlammfänger gelten die DIN-Vorschriften 4041. Diese verlangen, daß die Leitungen, die fetthaltiges Abwasser abführen, zur Verminderung des Fettansatzes ein Gefälle von wenigstens 1:30 haben und leicht zu reinigen sind. Mindestens eine Zuflußleitung zum Fettabscheider muß mit einem Lüftungsrohr versehen sein. Sink- oder feste Stoffe führende Abwasser sind vor dem Einführen in den Fettabscheider durch einen Schlammfänger, der unter Umständen mit Rechen versehen sein muß, zu leiten. Fettschlamm darf im Sandfang nicht zurückgehalten werden. Für 1 l/sek Abwasser sind 20 Liter Fassungsvermögen des Schlammfängers vorzusehen. Die Fettabscheider sollen möglichst außerhalb des Verkehrs, aber so nahe wie möglich an den Ablaufstellen angeordnet werden und möglichst frei, jedoch frostsicher und leicht zugänglich aufgestellt werden. Dem Fettabscheider dürfen nur Abwässer zugeführt werden, für die eine Fettabscheidung erforderlich ist, oder solche Abwässer, die die Fettscheidung begünstigen. Die Fettabscheider sind so rechtzeitig zu reinigen, daß ihre Abscheidewirkung nicht beeinträchtigt wird. In ölverarbeitenden Betrieben (Ölmühlen, Ölraffinerien, Margarinefabriken) dürfen fetthaltige Abwässer mit alkalischen Beimengungen dann nicht einem Fettabscheider zugeleitet werden, wenn gleichzeitig saure Abwässer zufließen. In diesem Falle müssen die alkalischen und sauren Wässer vorher neutralisiert werden.

ZUNKER[1] hat versucht, auf Grund der Gesetze der Strömungslehre, eine Theorie der Wasserbewegung im Fettabscheider zu entwickeln. Ausgehend von dem STOKESschen Gesetz, das für die Steigegeschwindigkeit der Fett- und Ölteilchen im Wasser gilt, kommt er zu dem Ergebnis, daß die Grundfläche des Abscheideraumes gleich der sekundlichen Abwassermenge geteilt durch die Steigegeschwindigkeit derjenigen kleinsten Fetteilchen ist, die noch zur Abscheidung kommen sollen. Die Grundfläche des Abscheideraumes ist demnach um so größer zu bemessen, je verschiedener die Strömungsgeschwindigkeit nach der Breite der Stromröhre hin ist. Auf Grund seiner in einem Glasmodell durchgeführten Untersuchungen hat er einen Fettabscheider konstruiert, wie er in der Abb. 12 dargestellt ist. Der Fettabscheider hat die Form eines langgestreckten, sich allmählich erweiternden Strömungsgerinnes. Die Oberfläche der Strömung ist durch die Unterkanten von Haupt- und Zwischentauchwänden gegen den Hauptsammelraum abgegrenzt. In den einzelnen Fettsammelstellen finden sich Tauchwände, die unerwünschte Strömungen verhindern.

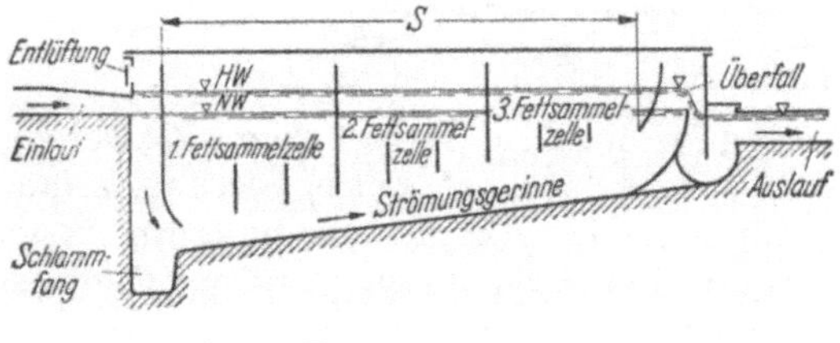

Abb. 12. Fettfänger (nach ZUNKER)

Um bei einer Temperatur von 14,5 °C eine Abscheidewirkung von mindestens 95% zu erzielen, ist es erforderlich, daß der Fettabscheider

[1] ZUNKER: Gesundh.-Ing. Bd. 61 (1938) S. 454.

der vorgenannten Bauart eine Grundfläche des Abscheideraums von rund 0,20 m^2/l/sek Zufluß hat. Da jedoch die abgelassenen Wässer in den meisten Fällen eine höhere Temperatur haben, empfiehlt er, die Grundfläche des Abscheideraums auf die in der DIN-Vorschrift vorgesehene Größe von 0,25 m^2/l/sek Zufluß zu erhöhen.

Zu den Ausführungen von Zunker nehmen Kusch, Reichle, Meinck und Kisker ausführlich Stellung. Während Kusch die Ansicht vertritt, daß die Ausbildung der Fettfänger nach der Tiefe (Brunnenklärung) mit zweckmäßiger Anordnung von Stoß- und Ablenkflächen eine gute Abscheidung sämtlicher im Abwasser enthaltenen Fette sichert, wenden Reichle und seine Mitarbeiter gegen die Versuche von Zunker ein, daß diese mit einer zu kleinen, zu lang gestreckten Apparatur und mit falschen Mitteln (Leinöl und Wasser) durchgeführt seien. Sie halten daher die alten brunnenförmigen Anordnungen nach wie vor für die richtigen.

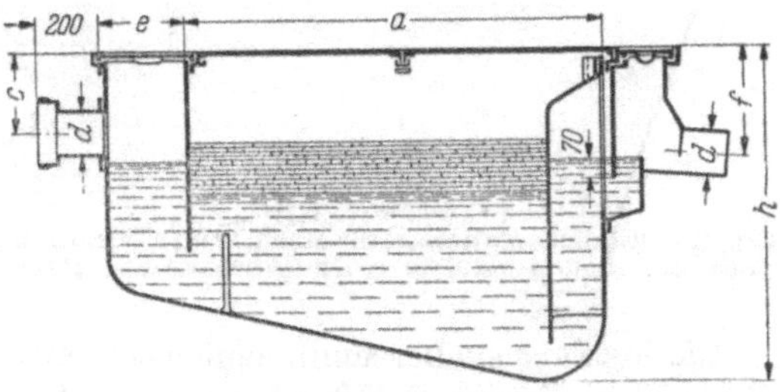

Abb. 13. Öl- und Fettabscheider System Passavant nach DIN 4040

Abb. 13 zeigt einen Fettfänger der Fa. Passavant, Michelbacher Hütte, Michelbach, der an vielen Stellen eingebaut ist und sich gut bewährt hat. Der Zulauf der Flüssigkeit ist zwischen Schlamm- und Fettraum angeordnet. Das Wasser muß stetig seine Richtung ändern. Dadurch wird vermieden, daß bei reichlichem Zufluß eine starke Strömung im Apparat entsteht, die eine wirksame Fettabscheidung unmöglich macht. Die Form der Trennwand in Verbindung mit der geneigten Bodenfläche der Fettzelle fördert den Auftrieb der spezifisch leichten Stoffe. Grundbedingung für die Wiederverwendung des Fettes ist, daß es in möglichst reiner Form zurückgewonnen wird und vor Zersetzung bewahrt bleibt. Bei vielen organisch verschmutzten Abwässern können bei der Fettabscheidung leicht die Sinkstoffe stören. Diese gehen bald in gasige Zersetzung über und können dann beim Auftreiben im abgeschiedenen Fett festgehalten werden, wenn sich der Absetzraum des Schlammes unmittelbar unter dem Fettschlammraum befindet. Bei dem in Abb. 14 dargestellten Fettfänger, System „Fettrekord“ der Essener Eisenwerke in Essen-Altenessen, ist ein Schlammsammeleimer mit eingebaut, der häufiger entleert werden muß.

Abb. 14. Öl- und Fettabscheider „Fettrekord“ (Essener Eisenwerke)

In Abb. 15 ist die Einbauanordnung eines Betonfettabscheiders, System „Wal“, der Buderusschen Eisenwerke, Wetzlar, mit vorgeschaltetem Schlammfang und Bodenablauf in einem geschlossenen Raum dargestellt. Dieser aus Betonformstücken hergestellte Fettabscheider kann durch Betonzwischenstücke auf beliebige Tiefe eingestellt werden.

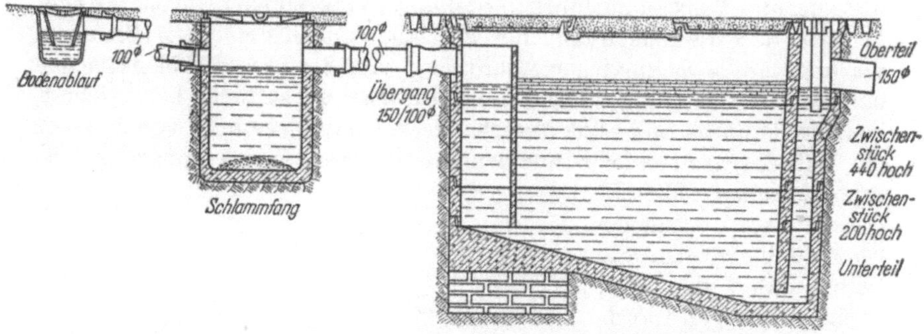

Abb. 15. Einbauanordnung für einen Fettabscheider mit vorgeschaltetem Schlammsandfang und Bodenablauf in einem geschlossenen Raum (Buderus Eisenwerke, Wetzlar)

Die Fettabscheider sind möglichst frostfrei einzubauen. Da den Fettabscheidern dauernd heißes Wasser zugeführt wird, und die Fettschicht meistens ein Abkühlen verhütet, entsteht bereits ein gewisser Frostschutz. In den seltensten Fällen wird es erforderlich sein, wegen der Frostgefahr die Fettabscheider tiefer als 1,00 m einzubauen. Bei größerem Abwasseranfall kann der Einbau von zwei nebeneinander angeordneten Fettabscheidern angebracht sein, damit bei der Reinigung des einen Abscheiders stets der zweite voll betriebsfertig ist.

Die Fettabscheider sind so rechtzeitig und gründlich zu reinigen, daß das Fett nicht in Zersetzung geht, und ihre Abscheidewirkung nicht beeinträchtigt wird. Im vorgebauten Schlammfänger abgeschiedener Grobschlamm ist ebenfalls so rechtzeitig zu entfernen, daß ein Übertreten von Schlamm in den Fettabscheidern verhindert wird. Das Abschöpfen des angesammelten Fettes im Abscheider ist je nach dessen Beschaffenheit öfter vorzunehmen. Nach Entnahme des Fettstoffes ist der Abscheider, vor allen Dingen auch die Wandungen im Abscheideraum, zu reinigen. Alsdann ist mit starkem Frischwasserzufluß zu spülen. Vorhandener Bodenschlamm muß mittels Wasserstrahl beseitigt werden.

Bei solchen Abwässern, in denen das Öl durch in Lösung befindliche Seifenteile in der Schwebe gehalten wird, haben sich die belüfteten Ölfänger Marke „Ruhrverband“ besonders gut bewährt. Bei diesem in Abb. 16 im Schnitt und in Abb. 17 im Bild dargestellten Ölfänger wird in dem ersten Drittel das von selbst aufsteigende Öl und Fett an der Oberfläche ausgeschieden. In dem zweiten Teile erfolgt eine intensive Belüftung des Abwassers, durch die eine starke Schaumbildung hervorgerufen wird. Der an der Oberfläche gebildete Schaum gelangt durch Lattenroste in die Seitenfächer, wo sich der fetthaltige Schaum vom Wasser trennt und leicht vom Wasser abgeschöpft oder in die Fettsammelschächte abgelassen werden kann. H. ULLRICH[1] hat zur kontinuierlichen Aufbereitung von ölhaltigem Abwasser ein mit Einflockung durch Aluminiumhydroxyd arbeitendes Aluminiumsulfat- a Kohle Verfahren ausgearbeitet.

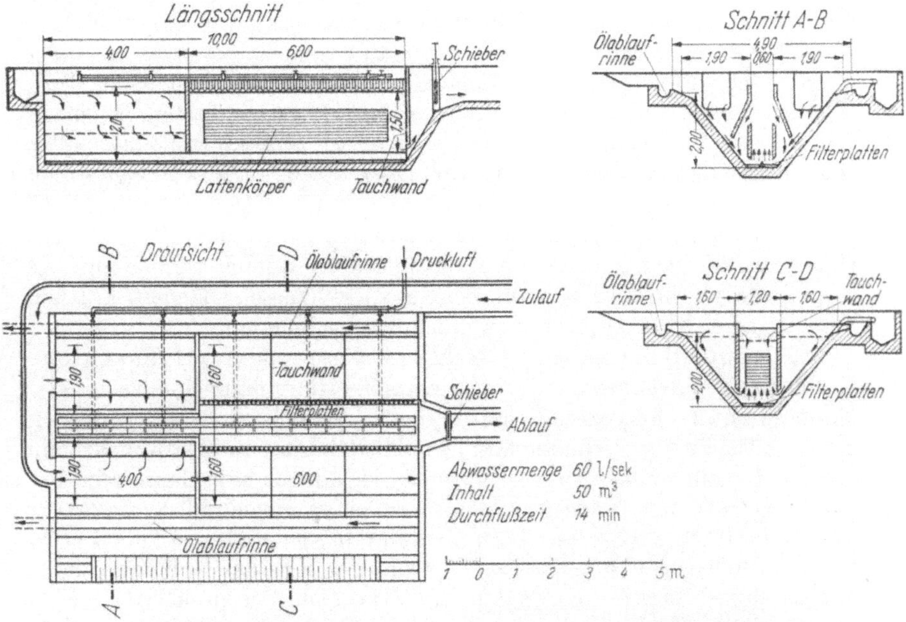

Abb. 16. Schema eines belüfteten Öl- und Fettfängers (System Ruhrverband)

Abb. 17. Belüfteter Öl- und Fettfänger der Kläranlage Menden des Ruhrverbandes

Der ständig zunehmende Ölverbrauch bedingt stets gesteigerte Transporte durch immer größer werdende Tanklastwagen und durch Tank-

[1] ULLRICH, H.: Vom Wasser Bd. 29 (1962) S. 178.

schiffe. Durch den zunehmenden Verkehr vermehren sich auch die Unfälle dieser Tankwagen, sodaß immer öfter Fälle vorkommen, in denen große Mengen Öl auf die Straßen und von hier aus in die Kanalisationen und Vorfluter und damit auch in die großen Flüsse kommen. Auch die Lecagen der Tankbehälter bei Ölfeuerungsanlagen stellen eine laufende und ständig zunehmende Gefahr der Ölverschmutzungen dar. Um diese Verschmutzungen zu verhindern, hat man versucht, verschüttetes oder ausgelaufenes Heizöl durch aufsaugende Stoffe wie Sand, Sägemehl, Torf, Ton usw. abzufangen und so dem Vorfluter fern zu halten. RASCHE[1] führt die Anforderungen auf, die an derartige Aufsaugstoffe zu stellen sind. Unter anderem verlangt er, daß diese Stoffe auch auf längere Zeit und bei starker Beanspruchung wasserabweisende Eigenschaften (Hydrphobie) haben und das einmal aufgenommene Öl dauerhaft festhalten (Oleophil). Ferner müssen diese Stoffe schwimmfähig sein, damit sie sowohl auf festem Untergrund aber auch auf Wasser (Bächen, Flüssen, Teichen oder Kläranlagen) verwendet werden können.

Als bestes Ölbindemittel empfehlen RASCHE und W. H. FRANK und K. SCHMIDT[2] zur Beseitigung von Mineralölverunreinigungen das von der Mannesmann-Konzerngesellschaft Eduard Michels in Essen auf den Markt gebrachte hydrophobe und oleophile Ölauffangmittel Ekoperl, ein glasiges Gestein vulkanischen Ursprungs, das durch eine thermische Behandlung zu feinen Körnern mit vielen kleinen Einzelzellen expandiert ist und dadurch sehr leicht und schwimmfähig ist und eine hohe natürliche Kapillarwirkung aufweist. Je nach der Art des aufzusaugenden Mineralölproduktes hat es ein Aufnahmevermögen bis zu 500% des eigenen Gewichtes und bis zu 60% des eigenen Volumens. Das mit Öl vollgesogene Material muß abgeschöpft und das aufgesaugte Öl verbrannt werden. Eine Wiedergewinnung des Öles ist leider nicht möglich.

Bei einigen in der letzten Zeit vorgekommenen Havarien von sehr großen Öltankschiffen, durch welche an den Küsten liegende internationale Seebäder stark gefährdet wurden, hat man durch Verteilung von Emulgatoren das Öl gebunden und dadurch zum Absinken gebracht. Hierbei bleibt aber immer noch die Gefahr, daß der absinkende Schlamm durch die Strömungen an die Ufer gespült wird und sich dann doch verheerend auswirken kann.

Über die Entfettung besonderer Abwässer, wie Kondenswässer, Schlachthofabwässer, Wollwaschwasser, Erdölraffinerieabwässer usw., siehe dort.

c) Entfernung sperriger Stoffe

Alle sperrigen Stoffe, wie Wolle, Lumpen, Holzabfälle, Drahtabfälle (z. B. Drahtbürstenteile von Flaschenspülmaschinen der Brauereien, Mineralwasserfabriken), Hochofenschlacke, Haare und Kalkschlamm aus Gerbereien, Cellulosefasern (Papierfabriken bringen oft mehrere Zentimeter starke Zellstoffschichten, die bei stärkerem Anwachsen zu Ver-

[1] RASCHE, H. O.: Österreichische Abwasser-Rundschau Bd. 11 (1966) S. 1.

[2] FRANK, H. W., u. K. SCHMIDT: Das Gas- und Wasserfach Bd. 105 (1964) S. 1043.

stopfungen führen), sind schon in der Fabrik durch Siebvorrichtungen oder Absetzbecken aus dem Abwasser zu entfernen. Gelangen die Stoffe in die Kanalisation, so ist die Entfernung aus den Kanälen oft mit den größten Schwierigkeiten verbunden. Alle leicht absetzbaren Stoffe, wie Sand und Kohle, z. B. aus Kohle- und Erzaufbereitungsanlagen, oder feiner Schleifsand aus Glasschleifereien, ferner Kaolin, verursachen Ablagerungen in den Kanälen, die immer mehr anwachsen und dadurch die Kanäle verstopfen; außerdem scheuern sie die Kanalwandungen durch. Sie müssen daher vorher durch Sandfänge oder Sandschöpfwerke oder

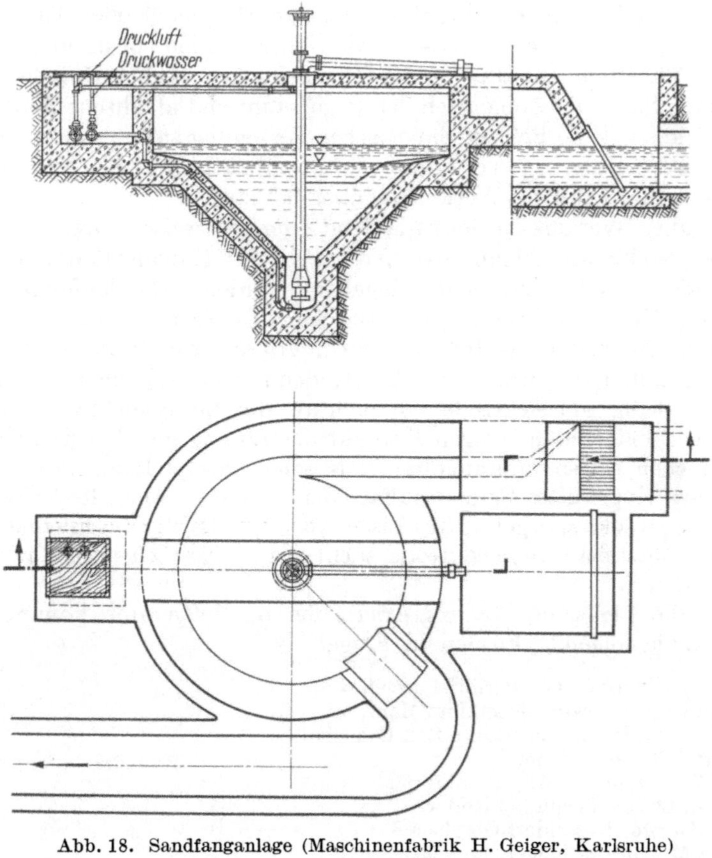

Abb. 18. Sandfanganlage (Maschinenfabrik H. Geiger, Karlsruhe)

Absetzbecken aus dem Abwasser entfernt werden. Abb. 18 zeigt den von der Fa. Geiger, Karlsruhe, gebauten Ringsandfang, der sich zum Abfangen der spez. schweren Sande besonders bewährt hat.

d) Einfluß saurer und alkalischer Abwässer

Saure Abwässer zerfressen die Betonwandungen der Kanäle und wirken auch auf die in der Abwassertechnik benutzten metallischen Werkstoffe korrodierend. Sie müssen daher der Kanalisation ganz ferngehalten oder vorher neutralisiert werden. Aus dem im Kanalnetz abgelagerten, faulenden Schlamm oder aus sulfidhaltigen Abwässern können sie giftige und deshalb besonders für Kanalarbeiter schädliche, schwefelwasserstoffhaltige Gase, aus cyanhaltigen Abwässern giftige Blausäure frei machen. Zur Neutralisation kann bei sehr geringen gewerblichen Abwassermengen und geringen Säurekonzentrationen das Säurebindungsvermögen der häuslichen Abwässer weitgehend ausgenutzt werden. Auch kann man die in den sauren Abwässern, z. B. den Beizereiwässern, enthaltenen Eisensalze soweit wie möglich zu einer chemischen Fällung der Abwässer ausnutzen. Auf den durch derartige Abwässer gefährdeten Strecken muß man den Kanal so lange in Steinzeug- oder Tonrohren ausführen, bis man sicher ist, daß die Neutralisation vollständig durchgeführt ist. Auch auf die als Schutzschicht sich in den Kanälen entwickelnde Sielhaut können sich derartige saure und alkalische Abwässer störend auswirken. Bei der biologischen Reinigung stören saure Abwässer, sobald sie den p_H-Wert unter 6,0 absinken lassen. Bei alkalischen Abwässern darf der p_H-Wert nicht über 8,5 steigen.

Bei allen Werken, in denen laufend oder stoßweise saure Abwässer anfallen, sollte am Ablauf des Werkes in die Kanalisation ein registrierendes *p_H-Wert-Meßgerät* eingebaut werden. Die laufende registrierende Kontrolle des p_H-Wertes ist heute kein Problem mehr. Schwierigkeiten können dann auftreten, wenn die Abwässer bestimmte Schwebestoffe enthalten, die sich auf den Elektroden festsetzen können, und zwar sowohl auf der Glaselektrode wie auch auf der Bezugselektrode. Diese Stoffe verhindern den innigen Kontakt der Lösung mit den Elektroden und machen sie so unbrauchbar. Als solche Stoffe können in Frage kommen: Öl, gefälltes Calciumsulfat oder andere feinverteilte Schwebestoffe, wie Kaolin, ausgeflocktes Eisenhydroxyd, Bakterienschleime usw. Bei der Bürstenantimonelektrode sucht man diese Schwierigkeiten zu überwinden.

Für die Lieferung von registrierenden p_H-Meßgeräten kommen in erster Linie folgende Firmen in Frage:

Askania-Werke AG., Berlin-Mariendorf
Hartmann & Braun, Frankfurt/Main
I. C. Eckardt AG., Stuttgart-Bad Cannstadt
Kurt Hillerkus, Krefeld
Dr. W. Ingold GmbH., Frankfurt/M.
Dr. B. Lange, Berlin-Zehlendorf
Dr. Kuntze, Düsseldorf-Oberkassel
F. & M. Lautenschlager, München
Deutsche Metrohm AG. Fuisting & Co. KG., Echterdingen
Polymetron GmbH., Düsseldorf
Ludwig Pusl, München
Wissenschaftliche-technische Werkstätten GmbH. Dr. Slevogt, Weilheim/Obb.

Die von diesen Firmen gelieferten Apparaturen können gleichzeitig als p_H-Regelanlagen dienen. Die Abb. 19 zeigt den prinzipiellen Aufbau einer durch den p_H-Wert gesteuerten Abwasserneutralisation. Die zu neutralisierende Flüssigkeit fließt bei *a* in die Anlage ein, durch *b* das Neutralisationsmittel, dessen Zufluß durch das Ventil *V* gesteuert wird.

Nach erfolgter Vermischung der beiden Flüssigkeitsströme wird der p_H-Wert mittels einer Glaselektrodenmeßkette und dem p_H-Meter *P* gemessen. Dieser Meßwert wird an den selbsttätigen Regler *R* weitergegeben, der das Ventil *V* über einen Stellmotor stets so verstellt, daß ein Flüssigkeitsgemisch des gewünschten p_H-Wertes resultiert. Der geregelte Wert kann durch einen Schreiber *S* kontinuierlich aufgezeichnet werden. Der Regler bewegt das Ventil, sobald an der Meßstelle eine Abweichung vom gewünschten Sollwert auftritt. Wenn sich die Meßstelle bei *c* befindet, so wird bei plötzlich auftretenden p_H-Wertänderungen des Zuflusses *a* eine gewisse Menge an Flüssigkeit weglaufen, die noch nicht den richtigen p_H-Wert aufweist, da jeder Regler eine gewisse Zeit zur Einstellung des neuen Betriebszustandes, d. h. zur Beseitigung der Störung braucht. Diesem Umstand kann begegnet werden, wenn zwischen Zugabe- und Meßstelle ein genügend

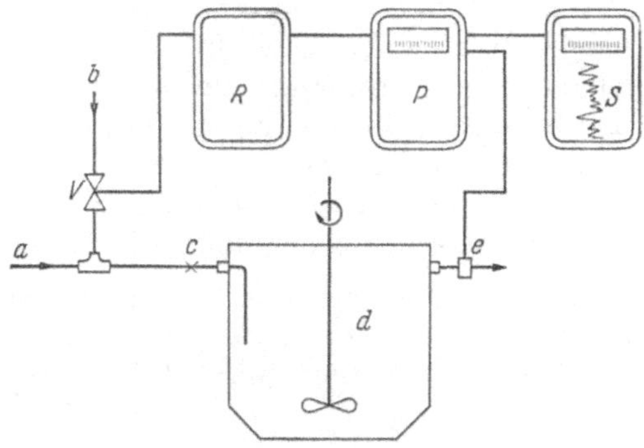

Abb. 19. Aufbau einer durch p_H-Wert gesteuerten Abwasserneutralisation

Abb. 20a. Eintauch-p_H-Meßkette Type E. A. 653 mit Schutzrohr aus säurefestem Stahl (Metrohm, Herisau)

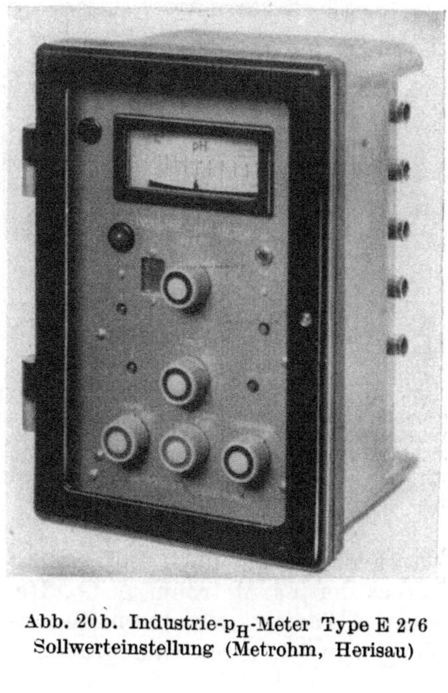

Abb. 20b. Industrie-p_H-Meter Type E 276 Sollwerteinstellung (Metrohm, Herisau)

großes Zwischengefäß *d* eingeschaltet wird. In diesem muß sich eine mechanische oder pneumatische Rührvorrichtung befinden, die dafür sorgt, daß die Flüssigkeit im Gefäß *d* stets homogen ist. Wenn nun durch *a* plötzlich ein großer Säureschub ankommt, so wird die Säure in Gefäß *d* vorerst verdünnt. Zufolge des logarithmischen Zusammenhanges zwischen Wasserstoffionenkonzentration und p_H-Wert wird der letztere trotz Verdünnung der Säure relativ rasch absinken, und die sich nun bei *e* befindliche Meßkette wird diesen Zustand sofort dem p_H-Meter und dieser dem Regler mitteilen. Der Regler tritt nun wie vorhin in Funktion, doch ist die durch die in *d* eintretende Verdünnung wegfließende Säuremenge bedeutend geringer als im vorliegend erwähnten Fall.

In Abb. 20a und b ist eine Eintauch-p_H-Meßkette Type E. A. 635 mit Schutzrohr aus säurefestem Stahl dargestellt, wohingegen Abb. 21a und Abb. 21b eine kombinierte Glaselektrodenmeßkette mit selbsttätiger

Abb. 21a. Kombinierte Glaselektroden-Meßkette mit selbsttätiger Wischvorrichtung. Schutzhaube und Schutzkorb sind entfernt (Metrohm, Herisau)

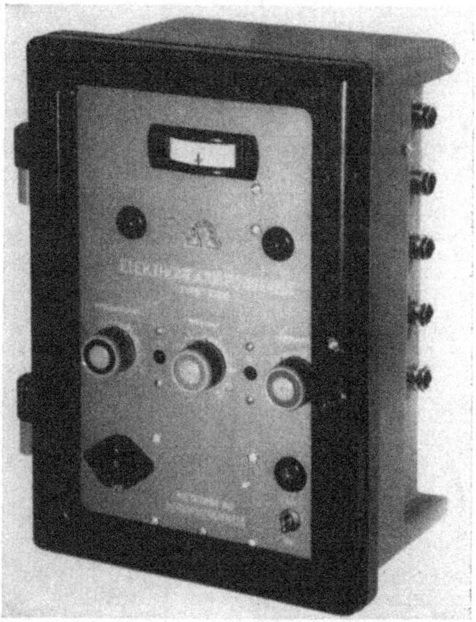

Abb. 21b. Elektronischer Regler zum Anschluß an p_H-Meter (s. Abb. 20). Er gibt an das Motorventil Steuerimpulse ab, deren Dauer eine in der Regel lineare Funktion der Sollabweichung ist. Zur Verbesserung der Reglergüte erhält es ein Differenzierglied (Metrohm, Herisau)

Wischvorrichtung nach Entfernung der Schutzhaube und des Schutzkorbes der Fa. Metrohm A. G., Herisau, darstellt. Die Neutralisation sauerer Wässer kann durch Zugabe von Kalkmilch bzw. bei größeren Mengen und höheren Säuregraden auch durch Kalkpulver erfolgen, das durch eine Telleraufgabeapparatur zugegeben wird. Um die auf der Oberfläche der Elektroden sich bildenden Ansätze zu verhindern, hat man verschiedene Vorrichtungen geschaffen. Außer den vorerwähnten Bürstenantimonelektroden zeigt die Abb. 22 eine Durchlaufmeßkette

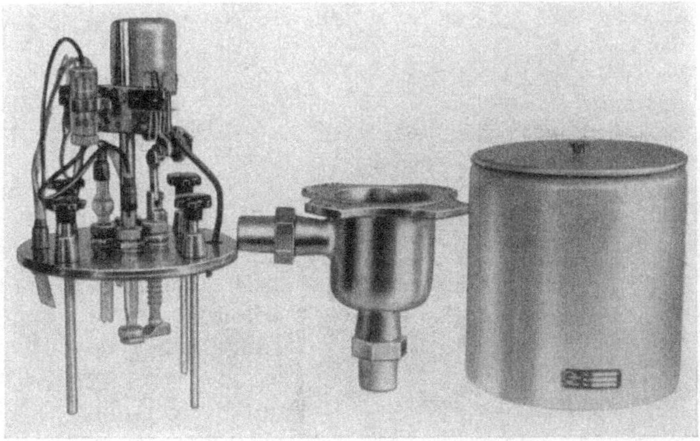

Abb. 22. Durchlaufmeßkette Typ 733-E in PVC oder V4A mit automatischer Elektrodenreinigung System Ingold

mit automatischer Elektrodenreinigung (System Ingold). Sie findet hauptsächlich Anwendung bei allen Meßlösungen im Nebenschluß, insbesondere solchen, die leicht sedimentierbare Schwebestoffe mitführen.

Die Fa. Hartmann & Braun stellt sehr stabile p_H-Geber aus V4A für hochohmige Elektroden mit den dazu gehörenden Betriebs-p_H-Metern her, die sich an verschiedenen Stellen bewährt haben. (s. Abb. 23). In Abb. 24 ist eine auf Schwimmer aufgebaute Elektrode mit dem dazu gehörenden Meßgerät der Fa. Wissenschaftlich-technische Werkstätten GmbH. dargestellt. Der Elektrodenschwimmer besteht aus PVC-umhüllten und armierten Styropor. Er ist unsinkbar und mit axial beweglichen, sich der Strömung anpassenden Elektrodenhalterung ausgerüstet.

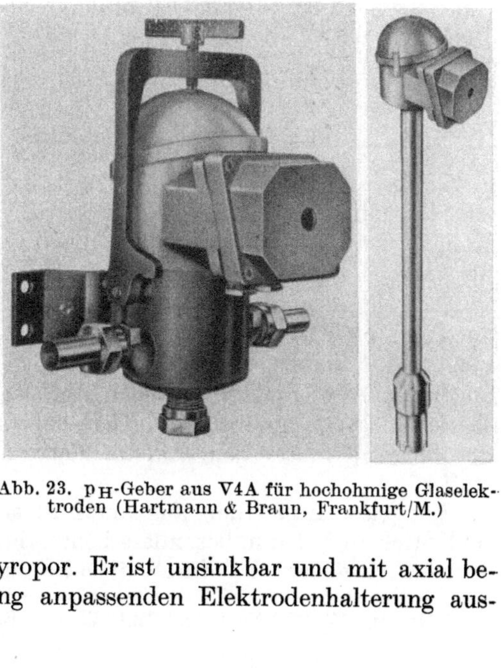

Abb. 23. p_H-Geber aus V4A für hochohmige Glaselektroden (Hartmann & Braun, Frankfurt/M.)

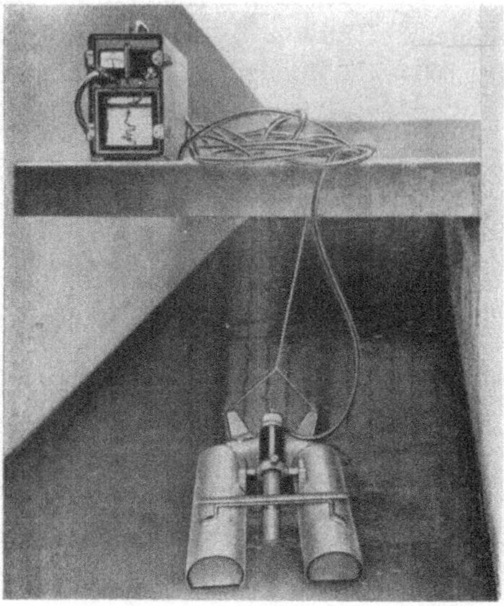

Abb. 24. Auf Schwimmer aufgebaute Elektrode (Wissenschaftliche technische Werkstätten GmbH., Weilheim/Obb.)

Nach GREER[1] können folgende Faktoren die automatische p_H-Kontrolle beeinflussen:

1. Fließgeschwindigkeit und Änderung der Fließgeschwindigkeit,
2. Säuregrad und Änderung des Säuregrades,
3. Aufenthaltszeit und Verteilung in dem Behandlungssystem,
4. Die Umwälzung und gute Durchmischung,
5. Die Anspruchsfähigkeit der Elektrode.

Da sich der Säuregrad oft sehr schnell, und zwar von Minute zu Minute ändern kann, spielt die Anspruchsfähigkeit der Apparatur, worunter man den Zeitabstand versteht, den die Apparatur benötigt, um auf eine Änderung anzusprechen, eine große Rolle. Bei automatischen Kontrollen sollte der Abstand nicht größer als eine Minute sein.

Was für die sauren Abwässer gesagt ist, gilt in analoger Weise für die stark *alkalischen Abwässer.* Eine zu starke Erhöhung des p_H-Wertes (über 8,5 p_H) in der Kanalisation kann das gesamte für die biologische Reinigung notwendige Leben im Abwasser und damit die Weiterbehandlung des städtischen Abwassers stören.

e) Giftige und zerknallfähige Stoffe und Gase

Giftige und zerknallfähige Stoffe wie Acetylen, Alkohol, Benzol, Benzin, Methan, Chlor, Schwefelwasserstoff, nitrose Gase, Äther, Carbid, Kohlenoxyd usw. dürfen nicht in die Kanäle abgelassen werden, da sie die Arbeiter und den Bestand der Kanäle gefährden. Alkoholhaltige Abwässer sollten nur nachts abgelassen werden, um eine Belästigung der am Tage die Kanäle reinigenden Arbeiter zu vermeiden. Beim Ablassen von an sich ungiftigen Stoffen muß aber auf die Tatsache, daß sie mit anderen in Abwässern enthaltenen Stoffen giftige Stoffe erzeugen können, Rücksicht genommen werden. (Gerberei- und Beizereiabwässer z. B. bilden beim gegenseitigen Aufeinanderwirken giftigen Schwefelwasserstoff.)

Knallgase. Außer den aus der Luft stammenden Gasen, Sauerstoff und Stickstoff, kann besonders beim Ablassen gewerblicher und industrieller Abwässer und durch die sich im Kanal abspielenden Zerset-

[1] GREER, W. W.: Sew. and Ind. Wastes Bd. 22 (1950) S. 1302.

zungsvorgänge die Kanalluft in geringen Mengen Kohlensäure, Methan, ferner Benzin, Benzol, Acetylen, eventuell auch niedere Fettsäuren wie Buttersäure, Schwefelwasserstoff und Ammoniak, vermengt mit Spuren von Aminosäuren, Mercaptan, Indol, Skatol, Thyrosin, enthalten. Wenn diese Stoffe infolge schlechter Lüftung sich anreichern, können sie zu Explosionen oder Unfällen bzw. Erkrankungen der Kanalarbeiter Anlaß geben. BATTA und LEECLERE[1] haben eine Reihenfolge aufgestellt, in der die Giftigkeit der sauren Gase abnimmt, und zwar H_2SO_4—HF—SO_2—CO—CO_2. Bei längerem Arbeiten in schlecht gelüfteten Kanälen kann es zu Kopfschmerzen, Bindehautentzündungen kommen. Außer diesen chronischen Erkrankungen kann es bei stärkerer Anreicherung zu akuten, meist zum Tode führenden Vergiftungen kommen. Die Todesursachen sind in den meisten Fällen ein zu hoher Kohlensäure- oder Schwefelwasserstoffgehalt. Infolge Schwefelwasserstoff-Hämoglobin-Bildung kommt es zu Erstickungen. Bei Schwefelwasserstoff und Sauerstoffschwund zwingt der rasche Verlauf ohne besondere Voranzeichen zu besonderer Vorsicht. Nach K. B. LEHMANN wird Schwefelwasserstoff schon in Mengen von 0,008‰ sehr unangenehm empfunden. 0,14‰ ruft bei empfindlichen Menschen schon eine Reizung der Schleimhäute, insbesondere die der Augen- und Nasenschleimhäute und der Atemwege hervor. In größerer Menge und bei längerer Einatmung (0,15—0,7‰ etwa eine halbe bis eine Stunde lang) verursacht Schwefelwasserstoff Bronchialkatarrh und Lungenaffektionen mit Oedembildung. Schwefelwasserstoff gehört zu den gasförmigen Giften, die schon, ehe sie Reizwirkungen ausüben, schwere resorptive Giftwirkungen entfalten können. Schwefelwasserstoff, der aus der Praxis technischer Körper als Katalysatorgift bekannt ist, führt auch in der Zelle zur Bindung des als Katalysator dienenden Eisens (Bildung von Schwefeleisen), damit zur Lähmung des Oxydationsfermentes und schließlich zur inneren Erstickung. Die Wirkung des Schwefelwasserstoffes gleicht sehr der Wirkung der Blausäure[2]. Dabei ist nach LIESEGANG[3] die Bildung von Sulfhämoglobin im Blute Lebender selten und gewöhnlich erst nach dem Eintritt des Todes nachweisbar. Die Empfindlichkeit gegen dieses Gift ist individuell verschieden. Bei wiederholter Einatmung ist vielfach zunehmende Empfindlichkeit festgestellt worden, andererseits soll auch Gewöhnung an Schwefelwasserstoff beobachtet worden sein. Eine Übersicht über die Giftwirkung verschiedener Konzentrationen gibt Tab. 5 (S. 38).

Der sich infolge Sauerstoffmangel durch anaerobe Zersetzung bildende Schwefelwasserstoff kann aber auch für das Gefüge von Betonkanälen von allergrößtem Schaden werden. Der sich im Scheitel des Kanals über der Wasseroberfläche ansammelnde Schwefelwasserstoff dringt in den Beton ein und wird dann später durch die Luft zu Schwefelsäure

---

1 BATTA u. LEECLERE: Bull. Soc. chem. Romania Bd. 15 (1933) S. 13.
2 KLAUER: Münch. med. Wschr. Bd. 83 (1936) S. 1590.
3 LIESEGANG: Kleine Mitteil. Landesanst. Wasser-, Boden- u. Lufthygiene Bd. 6 (1930) S. 216.

Tabelle 5

	H_2S-Gehalt der Luft mg/l	Liter ‰
6 Stunden eingeatmet ohne wesentliche Symptome	0,12 — 0,18	0,08 — 0,12
Mehrere Stunden eingeatmet, minimal wirkend	0,10 — 0,15	0,07 — 0,10
1/2—1 Std. eingeatmet ohne Folgen erträglich	0,24 — 0,36	0,16 — 0,24
1/2—1 Std. eingeatmet lebensgefährlich	0,50 — 0,70	0,33 — 0,46
1/2—1 Std. eingeatmet sofort oder später tödlich	0,60 — 0,84	0,39 — 0,56
Plötzlich tötend	1,2 und mehr	0,8 und mehr

oxydiert, die dann ihre zerstörende Wirkung auf den Beton schon sehr bald zu äußern beginnt.

Um die durch Schwefelwasserstoff hervorgerufenen Geruchsbelästigungen, die sich bei stärkerem Auftreten auch in den umliegenden Häusern bemerkbar machen und dann zu hohen Ersatzansprüchen führen können, zu beseitigen, ist eine Reihe Vorschläge gemacht worden. WILSON[1] empfiehlt zur Beseitigung von Geruch in Kanälen und Kläranlagen die Zugabe von Chlor, Thiosulfaten, Kaliumpermanganat, Chlorkalk. In einigen Fällen, wo es durch Aufnahme von Schlachthofabwasser in die Kanalisation oder durch Aufnahme von Wasser mit hohem Sulfidgehalt zur Bildung von Schwefelwasserstoff in der Kanalluft kam, hat er gute Erfolge durch Einblasen chlorgas- oder ozonhaltiger Luft gehabt. RIKER[2] gibt Eisensalze in Form von Eisenchlorid ($FeCl_3$) zu, wobei er einen nachteiligen Einfluß auf die Weiterbehandlung des Abwassers nicht feststellen konnte. In Fällen, wo man keine Gewißheit über die Einwandfreiheit der Kanalluft hat, sollte man durch genügend langes Absaugen mit dem GERLACHschen Kanalentgaser[3] oder anderen Ventilaren vor dem Betreten für gute Luft sorgen.

Mit Rücksicht auf die im Kanal arbeitenden Arbeiter muß auch das Ablassen von *explosiblen Flüssigkeiten und Gasen* wie Alkohol, Benzin, Benzol, Äther u. dgl., Acetylen, Methan, Kohlenoxyd, unbedingt vermieden werden. Die zu dem Zwecke in Garagen, Autowaschereien, Autowerkstätten usw. eingebauten Leichtstoffabscheider müssen von der Stadt bedient und scharf überwacht werden. Industrielle Werke dürfen, wenn eine andere Ableitung gar nicht möglich ist, derartige Stoffe nur in stark verdünntem Zustand und nur nachts ablassen, wenn keine Arbeiter im Kanal beschäftigt sind, und die Sicherheit besteht, daß ihr Einfluß bis zum Morgen wieder beseitigt ist. NICHTERLEIN und MOTZ[4]

---

[1] WILSON: J. roy. sanit. Inst. Bd. 55 (1935) S. 335.
[2] RIKER: Water Works and Sewerage Bd. 82 (1935) S. 172.
[3] GERLACH: Gesundh.-Ing. Bd. 52 (1929) S. 118.
[4] NICHTERLEIN u. MOTZ: Gesundh.-Ing. Bd. 58 (1935) S. 179.

berichten über den Kampf der Stadtverwaltung Berlin gegen den Einlauf von Flüssigkeiten, die feuergefährliche oder zerknallfähige Gase in das Entwässerungsnetz der Stadt Berlin entwickeln. DAU hat durch eine Rundfrage bei 57 größeren Städten über 100000 Einwohner festgestellt, daß 61% aller Unfälle in Kanälen auf die Dämpfe von Mineralölen, vornehmlich Benzin aus Kraftwagenhallen, zurückzuführen sind. Erst in weiterem Abstande folgen die Unfälle durch Methan und durch Leuchtgas.

Tabelle 6. *Ergebnis der Rundfrage über Unfälle in Kanälen* (nach DAU)

	Benzin	Methan	Leuchtgas	Schwefelwasserstoff	Acetylen	Verschiedenes
Gesamtzahl	78	11	15	4	4	16
Zerknallungen und Brände	74	9	15	1	4	10
Erkrankungen	4	2	—	3	—	6
Ohne Personenschäden	47	3	7	—	1	4
Leichtverletzte	19	3	4	—	—	6
Schwerverletzte	7	4	2	—	3	2
Tote	5	1	2	3	—	4

Mit Rücksicht auf den hohen Prozentsatz an Unfällen durch Benzin ist der Einbau zuverlässig arbeitender Benzinabscheider in Garagen, Autowäschereien, Autowerkstätten und ihre Kontrolle und Betrieb, vor allem regelmäßige Entleerung durch die Stadt, zu fördern.

Tabelle 7. *Explosionsgrenzen verschiedener Gas- und Dampf-Luft-Mischungen*[1]

Art des Gases	Prozentgehalt der Mischung an brennbaren Gasen			Explosionsbereich erstreckt sich über Prozente der möglichen Gasmischungen	Selbstentzündung bei Atm.-druck Temp. °C
	Keine Explosion (untere Explosionsgrenze)	Explosionsbereich im 19 mm Rohr	Keine Explosion (obere Explosionsgrenze)		
Kohlenoxyd	16,4	16,6 — 74,8	75,1	58,4	—
Wasserstoff	9,4	9,5 — 66,3	66,5	57,0	580—590
Wassergas	12,3	12,5 — 66,6	66,9	54,3	—
Acetylen	3,2	3,5 — 52,2	52,4	49,0	406—440
Leuchtgas	7,8	8,0 — 19,0	19,2	11,2	600
Äthylen	4,0	4,2 — 14,5	14,7	10,5	542—547
Alkohol	3,9	4,0 — 13,6	13,7	9,7	510
Methan	6,0	6,2 — 12,7	12,9	6,7	650—750
Äther	2,6	2,9 — 7,5	7,9	5,0	400
Benzol	2,6	2,7 — 6,3	6,7	3,9	520
Pentan	2,3	2,5 — 4,8	5,0	2,5	—
Benzin	2,3	2,5 — 4,8	5,0	2,5	415

Wie die in Tab. 7 enthaltenen Werte zeigen, haben die verschiedenen Gase in Mischung mit der Kanalluft auch ganz verschiedene Explosionsgrenzen. Am gefährlichsten sind Wasserstoff und Acetylen, da diese

[1] Aus LUNGE-BERL: Taschenbuch für die anorganisch-chemische Großindustrie. Berlin: Springer 1921.

unter Umständen auch die Ursache sein können für eine Initialzündung der anderen Gase. Aus dem gleichen Grunde ist auch das Ablassen von Karbidresten sehr gefährlich. Desgleichen dürfen magnesiumhaltige Salzschmelzen von Elrasal nicht in die städtischen Kanäle abgelassen werden. Diese entwickeln mit dem Kanalwasser große Mengen Wasserstoff, der dann sehr leicht gefährliche Explosionen auslösen kann.

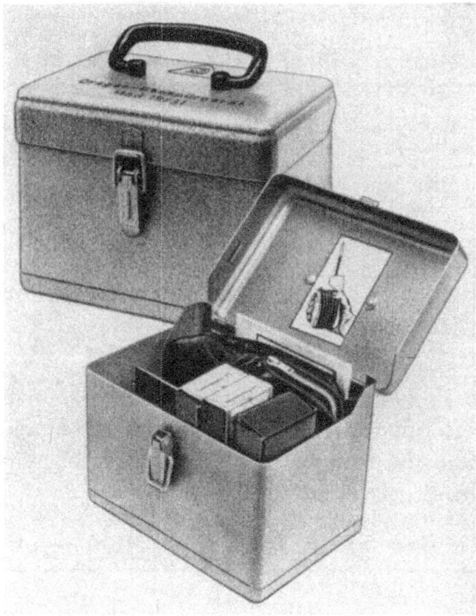

Abb. 25a. Dräger-Gasspürgerät

Messung von Gasen im Entwässerungsbetrieb. Zum Erkennen von Gasansammlungen allgemeiner Art gibt es verschiedene Geräte, die nach dem Diffusionsprinzip arbeiten. Ihre Handhabung und Wartung sind aber nicht ganz einfach. Außerdem ist es nicht möglich, Art und Konzentration der Gase mit diesen Geräten festzustellen, was wohl der Hauptgrund dafür sein dürfte, daß sie in der Praxis selten anzutreffen sind.

Bei der Berliner Stadtentwässerung wurde vor etwa 25 Jahren ein Apparat entwickelt, der zur quantitativen Bestimmung von Schwefelwasserstoff diente. Die zu untersuchende Kanalluft wurde durch wechselndes Auslaufenlassen zweier Literflaschen durch Cadmiumacetatlösung gesaugt. Die Methode war zwar etwas zeitraubend, doch konnten Mengen von 0,01 mg/l H_2S noch gut bestimmt werden.

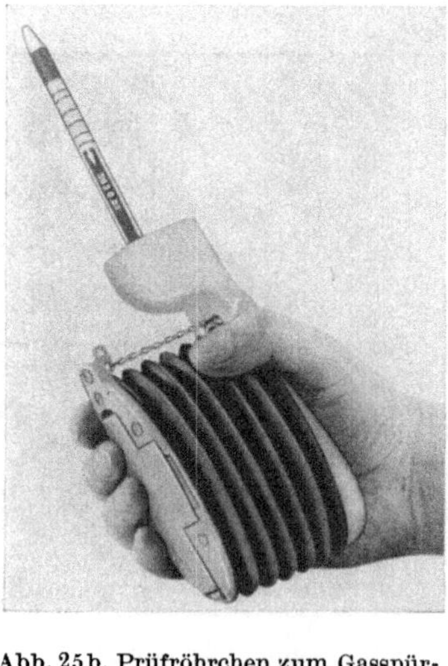

Abb. 25b. Prüfröhrchen zum Gasspürgerät (Drägerwerk, Lübeck)

Die klassischen Methoden der Gasanalyse sind bei Untersuchungen im Entwässerungsbetrieb nur in den seltensten Fällen anwendbar. Wegen der meist nur ganz geringen Gaskonzentrationen sind große Mengen an Untersuchungsluft und ein erheblicher zeitlicher und apparativer Aufwand erforderlich.

Für die Messung der verschiedensten Gase, die in Entwässerungseinrichtungen auftreten können, hat sich nach mehrjährigen Erfahrungen das Gasspürgerät des Drägerwerkes, Lübeck bewährt[1,2,3]. Zu dem Gerät werden z. Z. 40 verschiedene „Prüfröhrchen" hergestellt, von denen jedes für eine bestimmte Gasart weitestgehend spezifisch ist. Eine bestimmte Menge der Untersuchungsluft wird mittels einer Balgpumpe durch das Prüfröhrchen gesaugt, wobei das zu messende Gas eine charakteristische Färbung der Reaktionsschicht erzeugt. Die quantitative Auswertung erfolgt nach der Anzahl der Saughübe und der Länge der Verfärbungszone. Das Gerät, das an sich für die hygienische Überwachung gewerblicher Räume entwickelt wurde, ist sehr handlich, einfach in seiner Anwendung und kann auch von wenig geschultem Personal benutzt werden (s. Abb. 25a u. b).

Bei der Messung wird lediglich vorausgesetzt, daß die Art des zu untersuchenden Gases bekannt ist, um das entsprechende Prüfröhrchen einzusetzen. Die Gasart ergibt sich aber meist aus dem Geruch oder zumindest aus der Zusammensetzung des betreffenden Abwassers bzw. der örtlichen Gegebenheiten.

Beim Tiefbauamt der Stadt Dortmund wurde das Gasspürgerät in den letzten 2 Jahren in über 50 Fällen eingesetzt. Es handelte sich dabei zumeist um die Messung von Gasen, die durch die Ableitung industrieller Abwässer in den Entwässerungskanälen aufgetreten waren. Mit den Untersuchungen konnten u. a. die toxischen Konzentrationen einwandfrei ermittelt werden. Dies ist zum Schutze der Kanalarbeiter besonders wichtig. Beim Auftreten von Vergaserkraftstoffdämpfen wurde mit dem Gasspürgerät schnell und sicher festgestellt, ob eine Explosionsgefahr vorlag. Die quantitativen Meßergebnisse ergaben vor allem auch die notwendigen Beweise, um gegen denjenigen einschreiten zu können, der für die Verunreinigung verantwortlich war.

Von den vielen Fällen, in denen das Gasspürgerät erfolgreich eingesetzt wurde, sei hier ein Beispiel genannt. Das Abwasser einer Benzolgewinnungsanlage führte zu starken Geruchsbelästigungen, die sich in einigen Wohnhäusern bemerkbar machten. In der Kanalluft stellte man folgende Gaskonzentrationen fest:

Schwefelwasserstoff[4]	0,2 mg/l
Benzol[5]	0,6 mg/l
Toluol, Xylol	Spuren
Ammoniak	Spuren
Cyanwasserstoff[6]	0,07 mg/l

[1] Grosskopf, K.: Die Bedeutung der Prüfröhrchenmethode im Rahmen der werkärztlichen Tätigkeit. Zbl. f. Arbeitsmedizin u. Arbeitsschutz Bd. 11 (1961) S. 157.

[2] Grosskopf, K.: Chemiker-Ztg. — Chemische Apparatur Bd. 87 (1963) S. 270.

[3] Schremmer, H.: Dräger-Hefte No. 234, S. 5123.

[4] MAK-Zahl: 20 ppm $\sim$ 0,027 mg/l. 0,1 mg/l bei mehrstündiger Einatmung bereits schädlich.

[5] MAK-Zahl: 35 ppm $\sim$ 0,11 mg/l.

[6] MAK-Zahl: 10 ppm $\sim$ 0,01 mg/l. 0,06 mg/l bei $^1/_2$ bis 1 stündiger Einatmung noch erträglich.

In dem Badezimmer einer Wohnung, in das diese Gase aus dem Kanal eingedrungen waren, wurden in unmittelbarer Nähe des Abflußrohres der Badewanne ermittelt:

Schwefelwasserstoff[1]	0,1 mg/l
Benzol[2]	0,1 mg/l
Cyanwasserstoff[3]	0,005 mg/l

Eine sehr gute, umfassende Übersicht gibt auch die von den Drägerwerken zusammengestellte Liste für das Gasspürgerät „Multi-Gas-Detector"[4] zur Konzentrationsbestimmung von Gasen und Dämpfen mit Prüfröhrchen. Diese Tabelle enthält alle für die analytische Betriebskontrolle und für die hygienische Luftuntersuchung notwendigen physikalischen und toxikologischen Daten von Gasen und Dämpfen nach dem Stande vom November 1963.

Benzinabscheider. Die zum Zurückhalten von Leichtflüssigkeiten wie Benzin, Benzol usw. einzubauenden Abscheider sollen dem in Normenblatt DIN 1999 enthaltenen Bestimmungen entsprechen. Die Größe der zu verwendenden Abscheider ist nach der Menge des anfallenden Abwassers bzw. der anfallenden Leichtflüssigkeit zu bemessen. Im allgemeinen werden folgende Größen angewandt (s. Tab. 8a):

Tabelle 8a

Benzinabscheider von einer Leistungsfähigkeit l/sek	Zahl der Wagenunterstände	Bei einer angeschlossenen größten zulässigen Regenauffangfläche in m² und einer Regenspende von		
		100	150	200
		l/sek/ha		
1,0	5	100 m²	70 m²	50 m²
1,5	8	150 m²	100 m²	75 m²
2,0	12	200 m²	140 m²	100 m²
3,0	25	300 m²	200 m²	150 m²
4,0	40	400 m²	270 m²	200 m²
5,0	60	500 m²	340 m²	250 m²
6,0	100	600 m²	400 m²	300 m²

Sind Benzinabscheider über 6 l/sek erforderlich, so sollen sie nach der größtmöglichen Zapfwassermenge zuzüglich 0,5 l/sek je 100 m² der angeschlossenen Regenauffangfläche bemessen werden. Je nach den Bestimmungen der Aufsichtsbehörden sind Abscheider mit oder ohne selbsttätigen Abschluß einzubauen. Wo außergewöhnlich große Mengen Leichtflüssigkeit anfallen können, z. B. in Reparaturwerkstätten von Autogaragen, Prüfstationen von Benzin- und Benzolmotoren, Eisenbahnwerkstätten oder bei Ansammlung großer Mengen oberirdisch gelagerter Leichtflüssigkeit, für die das Speichervermögen von Abscheidern ohne Abschluß nicht ausreicht, sind Abscheider mit selbsttätigem Abschluß zu verwenden.

[1, 2, 3] s. Fußnoten [4, 5, 6] auf S. 41.

[4] Zu beziehen vom Drägerwerk, Lübeck.

Beim Herausnehmen der Leichtflüssigkeit darf kein Wasser durch die Entnahmeöffnung eintreten und keine Leichtflüssigkeit von selbst herausfließen. Müssen größere Abscheider in Ausnahmefällen bestiegen werden, so muß vor dem Besteigen außer der abgeschiedenen Leichtflüssigkeit das im Abscheider befindliche Dampf-Luft-Gemisch durch eine genügend lange intensive Belüftung entfernt werden. Außerdem empfiehlt es sich, die Arbeiter mit Atemschutzgeräten zu versehen (Lieferant: Drägerwerk, Lübeck).

Regenwässer der Dächer, Haus- und Klosettabwasser und nicht leichtstoffhaltige Wirtschaftswässer dürfen nicht durch die Abscheider geleitet werden. Den Abscheidern sind ausreichend große Sand- und Schlammfänge vorzuschalten. Über die erforderliche Größe des Schlammsammelraumes gibt die in den DIN 1999 vorgeschlagene Größenordnung Auskunft (s. Tab. 8b).

Tabelle 8b

Leistungsfähigkeit des Schlammfanges	Mindestdurchmesser für Einlaufmuffe und Auslaufstutzen	Abmessungen und Mindestinhalt des Schlammfanges ab Abfluß-Unterkante					
		A Runde Form		B. Rechteckige Form			
		Durchmesser	Liter	Länge	Breite	Tiefe	Liter
l/sek	mm	mm		mm	mm	mm	
1	100	600/650	240				
1,5	100	600/650	240				
	100	600/650	360	1000	800	650	520
3	100	800	650	1400	800	750	840
4	125	1000	1050	1750	1000	800	1400
5	125	1200	1550	2000	1000	900	1800
6	150	1500	2500	2500	1000	1000	2500

Maßgebend ist die jeweils neueste Ausgabe des Normblattes im Normformat A 4, das bei der Beuth-Vertrieb GmbH., Berlin 15 und Köln erhältlich ist.

Der in Abb. 26 dargestellte Benzinabscheider *Servator* der Passavant-Werke GmbH., Michelbacher Hütte, Michelbach (Nassau), hat eine große Abscheidekammer *1*. Um die Absaugegefahr zu beseitigen, ist ein Belüftungsschacht angebracht. Bei Inneneinbau wird der Benzinabscheider noch mit einem besonderen Entlüftungsanschluß versehen. Um bei zu weitgehender Anreicherung mit Leichtflüssigkeit ein Übertreten in den Kanal zu verhindern, ist der in Abb. 27 dargestellte Benzinabscheider *Curator* derselben Firma mit einem selbsttätigen Abschluß versehen. Neben der Abscheidekammer hat der Apparat eine besondere Schwimmerkammer, in der nach Ansammlung der höchst

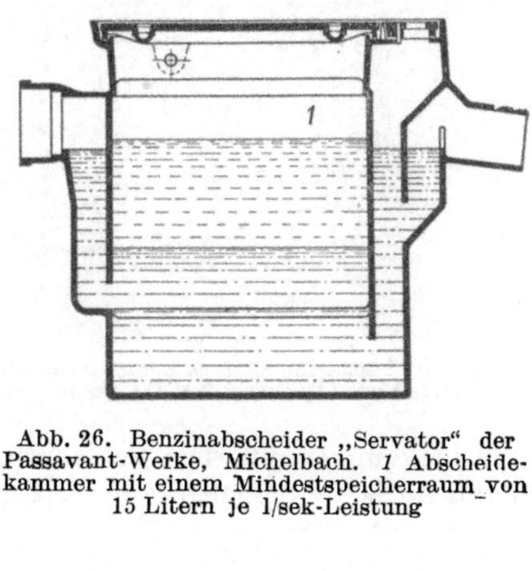

Abb. 26. Benzinabscheider „Servator" der Passavant-Werke, Michelbach. *1* Abscheidekammer mit einem Mindestspeicherraum von 15 Litern je l/sek-Leistung

zulässigen Menge Leichtflüssigkeit in der Abscheidekammer der weitere Durchfluß durch einen Schwimmer geschlossen wird (DRP 716754). Solche mit selbsttätigem Abschluß versehene Benzinabscheider sind in allen den Fällen anzuordnen, wo bei oberirdischer Lagerung von Leichtflüssigkeiten mit dem Abfluß so großer Mengen Leichtflüssigkeit gerechnet werden muß, daß das Speichervermögen des Abscheiders nicht ausreicht.

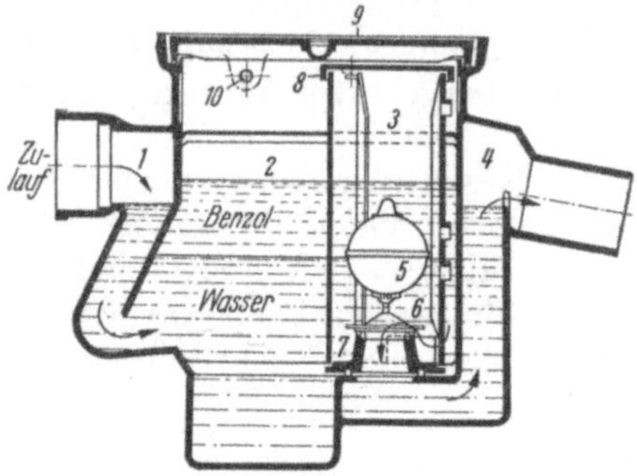

Abb. 27. Benzinabscheider „Curator“. Bestandteile: *1* Einlaufkammer, *2* Abscheidekammer, *3* Schwimmerkammer, *4* Auslauf, *5* Schwimmer, *6* Ventilteller, *7* Ventilsitz, *8* Schwimmerkammerdeckel, *9* Abdeckung, *10* Entlüftungsstutzen (Passavant-Werke, Michelbach)

Einen runden Benzinabscheider nach DIN 1999 in verschiedenen Größen stellt die Fa. Dyckerhoff & Widmann K. G., Neuß her. Abb. 28a u. b zeigt einen derartigen Benzinabscheider im Längs- und Querschnitt.

Der in Abb. 29 dargestellte Benzin- und Ölabscheider *Solus* der Essener Eisenwerke in Altenessen besitzt eine besondere Schwimmerkammer, in der ein besonderer Schwimmer den Abfluß selbsttätig schließt, nachdem sich in der Abscheidekammer die Höchstmenge an Benzin usw. angesammelt hat. Das Bild zeigt einen Abscheider, bei dem der Schwimmer selbsttätig den Abfluß geschlossen hat, nachdem sich die Höchstmenge Benzin usw. angesammelt hatte.

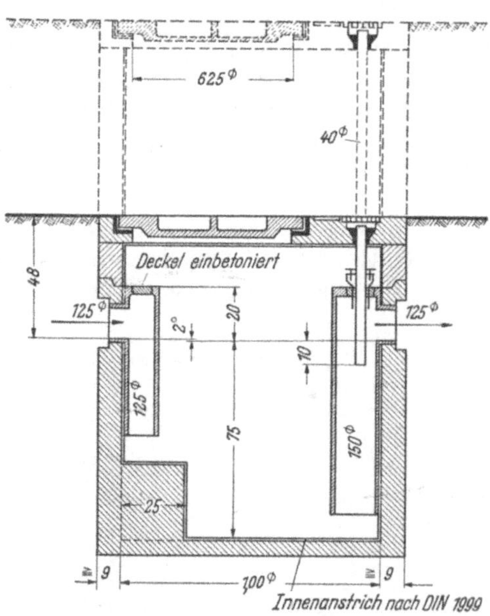

Abb. 28a. Längsschnitt eines Benzinabscheiders nach DIN 1999 (Dyckerhoff & Widmann, Neuß)

Für besonders große Betriebe sind Großbenzinabscheider erforderlich, wie sie in Abb. 30 dargestellt sind, und wie sie von den Firmen Passavant-Werke, Michelbach (Nassau) oder Buderus-Werke, Wetzlar in bester Ausführung gebaut werden. Abb. 30 zeigt eine derartige Anlage in Schnitt und Aufriß. Sie besteht aus dem Sandfang, der durch einen Rechen von der Abscheidekammer mit dem Schlammfang getrennt ist. Hinter diesem ist dann noch die Schieberkammer angeordnet. Die Großbenzinabscheider mit Schwimmerabschluß und Ölüberlaufrinne ermöglichen einen Ölüberlauf in der Abscheidekammer während des Betriebes, besonders in Betrieben, in denen große Mengen an Leichtflüssigkeit bei nur geringen Wassermengen anfallen. Dies ist z. B. der Fall, wenn das zur Reinigung verwendete Waschbenzin und Altöle nicht immer ordnungsgemäß

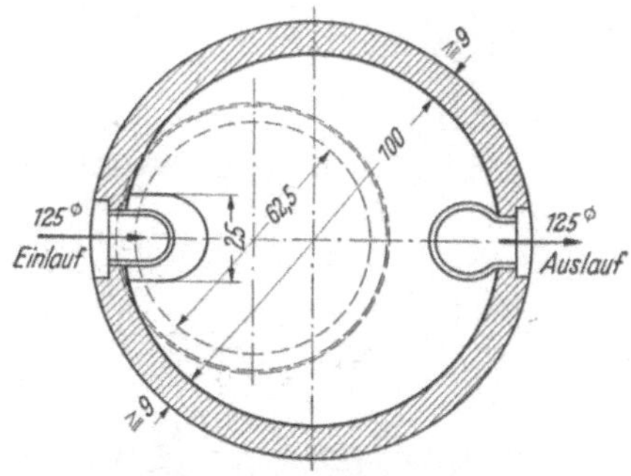

Abb. 28b. Querschnitt eines Benzinabscheiders nach DIN 1999 (Dyckerhoff & Widmann, Neuß)

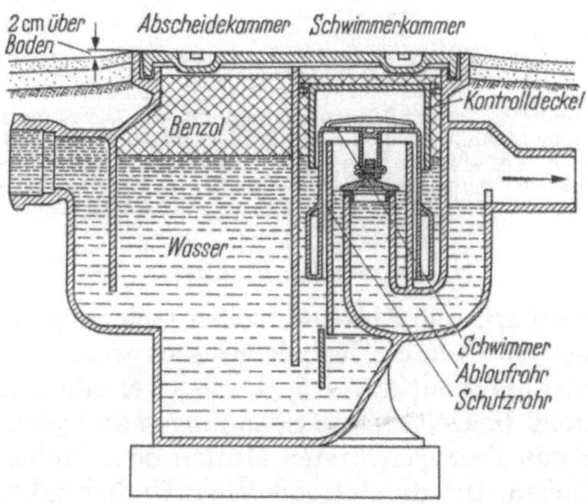

Abb. 29. Benzin- und Ölabscheider „Solus" (Essener Eisenwerke, Altenessen)

aufgefangen werden und in die Entwässerungsanlage gelangen. Für derartige Einbaustellen fordert die DIN-Norm 1999 Benzinabscheider mit Schwimmerabschluß. Der automatische Ölüberlauf ist so eingerichtet, daß er wirksam wird, ehe der selbsttätige Schwimmerabschluß zur Sperrung des Abflusses zum Kanal eintritt und Rückstau in der gesamten Anlage verursachen würde.

Die Ölüberlaufrinne kann in Großbenzinabscheideranlagen von 10 bis 80 l/sek Leistung eingesetzt werden. Die besondere Ausbildung der Auslaufpartie hält die Spiegelschwankung im Abscheider minimal, im Überlauf fließt nur Leichtflüssigkeit ab. Es gelangt kein Wasser in die Rinne und damit in den Auffangbehälter. Die Rinne wird in der Abscheidekammer angeordnet und ist drehbar gelagert.

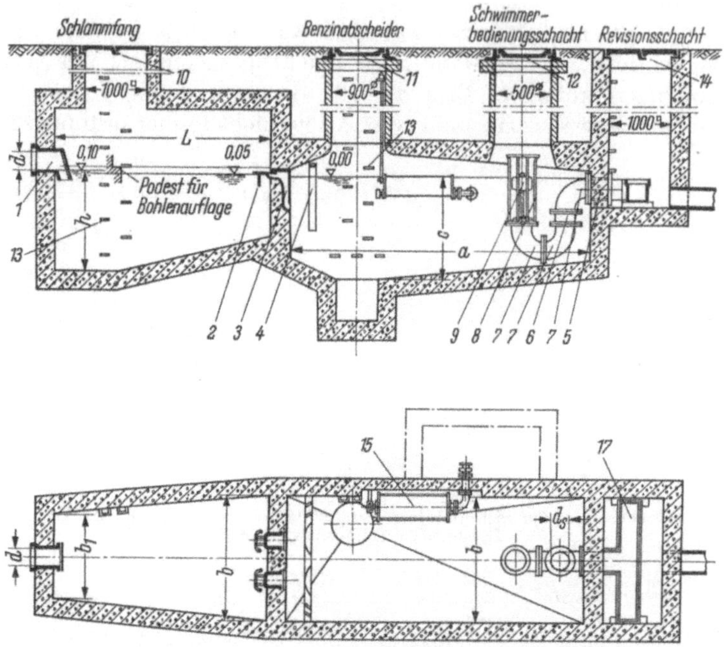

Abb. 30. Großbenzinabscheider mit Schwimmerabschluß und Ölauffangrinne System Passavant. *1* Schlammfangeinlauf, *2* Rechen, *3* Abscheidereinlauf, *4* Verteilerrost, *5* Flanschrohr, *6* Flanschrohr (kurz), *7* Krümmer, *8* Ventilsitz mit Käfig, *9* Schwimmer, *10* Abdeckung, *12* Spez. Abdeckung für Schwimmer, *13* Steigeisen, *14* Abdeckung, *15* Ölauffangrinne, *16* Keilflachschieber, *17* Ablaufrinne

f) Sonstige Einflüsse

Temperatureinfluß. Die Abwässer sollen nicht mit zu hoher Temperatur (nicht über 30 °C) in die Kanäle gelassen werden. In den meisten Vorschriften wird die Temperatur noch niedriger eingesetzt. Bei heißen Abwässern besteht die Gefahr, daß Spannungen auftreten und die in den meisten Fällen mit Teer gedichteten Muffen oder Stoßenden erweichen und dann ausfließen. Hierdurch treten leicht Undichtigkeiten auf. Durch zu warmes Abwasser werden fernerhin die im Kanal sich abspielenden Zersetzungsvorgänge in den organisch verschmutzten häuslichen Abwässern zu stark gefördert und damit die Gefahr, daß die in möglichst frischem Zustande in den Kanal abgelassenen Abwässer im Kanal faul werden, vergrößert.

Abkühlung derartiger heißer Abwässer kann durch vorgeschaltete Kühltürme, Kühlteiche oder Ausgleichsbecken, in denen eine Vermischung mit anderen, aber kälteren Wässern erfolgt, geschehen. Abzulassendes Kondenswasser muß nicht nur gekühlt, sondern, wenn es nicht im Kreislauf benutzt wird, vor dem Ablassen in die Kanalisation oder in den Vorfluter entölt werden. (Über Kondensatentölung s. S. 92.)

Die in einzelnen gewerblichen Abwässern enthaltenen schädlichen *Krankheitskeime,* z. B. Milzbrandkeime und -sporen in Gerbereiwässern oder in Abwasser von Tierkadaververwertungsanstalten, können das Leben der Kanalarbeiter stark gefährden und müssen daher vor dem Abstoßen in die Kanalisation abgetötet werden, was am besten durch Erhitzen unter Druck geschieht. Auch die Abwässer von Seuchenschlachthöfen, Haarzubereitungsanstalten, Tierkörpervernichtungsanstalten können unter Umständen als stark seuchenverdächtig gelten und müssen daher vor ihrem Ablassen in die Kanalisation so behandelt werden, daß sie bei der Vermischung mit dem häuslichen Abwasser keine Gefahr für die Kanalisationsarbeiter und für die Arbeiter auf den Kläranlagen darstellen. Eine ständige Überwachung der gefährdenden Betriebe, der Kanalisation, der Kläranlage und des aufnehmenden Vorfluters ist vom hygienischen Gesichtspunkt dringendst zu fordern. Eine landwirtschaftliche Verwertung auch der geklärten Abwässer kann auf keinen Fall in Frage kommen.

Radioaktive Stoffe. Die ständige Entwicklung der Kernenergie kann sich auch in der Abwassertechnik sehr nachteilig auswirken, wenn derartige radioaktive Abwässer in die Kanalisationen gelangen. Auf keinen Fall dürfen die radioaktiven Ab- und Kühlwasser in die städtischen Kanalisationen und Kläranlagen aufgenommen werden. Auch bei Krankenhäusern und industriellen Werken, die radioaktives Material verwenden, sind größte Vorsicht und ständige Überwachung geboten.

2. Einfluß der gewerblichen und industriellen Abwässer auf die Weiterbehandlung der häuslichen und städtischen Abwässer

Man kann die gewerblichen Abwässer nach ihrer Zusammensetzung und den dadurch bedingten Einfluß auf die Kanalisationsabwässer wie folgt einteilen:

Klasse 1 enthält solche Abwässer, die ohne jede weitere Vorbehandlung dem häuslichen Abwasser beigefügt werden können, d. h. solche Abwässer, die sich in ihrer Zusammensetzung nur wenig von häuslichem Abwasser unterscheiden.

Klasse 2 enthält solche rein organischen Abwässer, die nach Abflußregelung dem häuslichen Abwasser zugefügt werden können. Das sind Abwässer mit organischer Verschmutzung, die aber bei stoßweisem Ablassen infolge ihrer hohen Konzentration das häusliche Abwasser zu stark beeinflussen würden. Eine stoßweise Belastung kann aber durch Zwischenschaltung eines Ausgleichsbeckens und Verteilung auf einen längeren Zeitraum vermieden werden.

Klasse 3 enthält solche Abwässer, die erst nach Vorbehandlung abgelassen werden können, z. B. nach Abfangen von sperrigen und absetzbaren Schwebestoffen, von Fett und Öl. Saure oder alkalische Abwässer müssen vor dem Ablassen neutralisiert werden.

Klasse 4 enthält solche Abwässer, die überhaupt nicht in die Kanalisation abgelassen werden sollten, wie heiße Flüssigkeiten, Benzin und Öle, übelriechende Abwässer, die durch die Lüftungsschächte oft sehr unangenehme Gerüche in den Straßen verbreiten können. Hierhin gehören unter anderen Kokereiabwässer (Naphthalin bzw. Phenolgerüche), Gerbereiabwässer und Abwasser von Fischmehlfabriken (faulige Gerüche).

Alle anderen meist anorganisch verschmutzten Abwässer, wie Beizerei-, Galvanisierungs-Grubenwässer, die durch ihren Gehalt an Säuren und Metallgiften sehr schädlich wirken können, müssen unbedingt der Kanalisation und den städtischen Kläranlagen ferngehalten werden.

Zur Klasse 1 oder 2, d. h. zu den den häuslichen Abwässern sehr nahestehenden Abwässern gehören vorwiegend organisch verschmutzte Abwässer von Schlachthäusern, Abdeckereien, Lederfabriken und Krankenhäusern. Sie sind aber viel konzentrierter und unterliegen besonders in Vermischung mit häuslichem Abwasser viel stärker der fauligen Zersetzung. Die Abläufe von Molkereien, Käsereien, Zucker- und Stärkefabriken, Brennereien, Brauereien, Sauerkraut- und Preßhefefabriken gehen nach kurzer Zeit in saure Gärung über, wobei als Endprodukt organische Säuren, in der Hauptsache Milch-, Essig- und Buttersäure auftreten. Die Menge dieser letzteren Abwässer darf einen bestimmten Prozentsatz nicht überschreiten. Wird nämlich der Gehalt des städtischen Abwassers an diesen Stoffen zu hoch, so kann der Fall eintreten, daß sich die städtischen Abwässer nicht mehr mit den allgemeinen Verfahren reinigen lassen. In einem solchen Falle müssen die industriellen Abwässer entweder ganz für sich gereinigt oder durch besondere Verfahren vorbehandelt werden, ehe sie mit den häuslichen und städtischen Abwässern gemischt werden. Dies kann z. B. bei Brennerei-, Strohpappenabwasser, Molkereiabwasser und ähnlichen stark organisch verschmutzten Abwässern durch eine mehrtätige Ausfaulung der Abwässer geschehen. In ganz besonderen Fällen kann man durch eine hinreichende Verdünnung derartige Abwässer aufnahmefähig für die Kanalisation und damit für die Behandlung in der städtischen Kläranlage machen, wobei man aber nicht aus dem Auge lassen darf, daß mit der starken Verdünnung auch eine entsprechende Vergrößerung der städtischen Kläranlage verbunden sein wird. Im allgemeinen kann man sagen, daß bei großen Kanalisationen kleinere Mengen der vorerwähnten Abwässer ohne weiteres aufgenommen werden können, besonders dann, wenn der biochemische Sauerstoffbedarf des industriellen Abwassers den Wert des biochemischen Sauerstoffbedarfs des städtischen Abwassers nicht erreicht. Wo aber der Einwohnergleichwert des industriellen Abwassers dem des häuslichen Abwassers gleichkommt oder um ein Vielfaches überschreitet, können sich Unterschiede in der Behandlungsart ergeben. In einem solchen Falle wird man prüfen müssen, ob man durch eine besondere Vorbehandlung der industriellen Abwasser, sei es durch Verdünnung, Absetzbecken mit oder ohne chemische Vorbehandlung, oder sogar durch eine biologische Vorbehandlung Abhilfe schaffen kann.

Zur 3. und 4. Klasse gehören alle die fäulnisunfähigen Abwasserarten, wie sie in den verschiedenen Betrieben des Kohle-, Erz- und Salzbergbaues, der chemischen und der Metallindustrie, der Gaswerke, der Kokereien, der Kunstseide- und der Sulfitzellstoffabriken anfallen.

Die Zuflüsse gewerblicher Abwässer müssen möglichst schon bei der Aufstellung des Planes für die Kanalisation, auf alle Fälle aber beim Entwurf der Kläranlage, weitestgehend berücksichtigt werden. Abwässer mit hohem Gehalt an mineralischem Schlamm, z. B. hohem Gehalt an feinem Sand oder Lehm, beeinträchtigen sehr stark die Fäulnisfähigkeit und die Konsistenz und Fließfähigkeit des häuslichen Schlammes. Abwässer aus Kohlen- und Erzwäschen enthalten viel Kohlen- und mineralischen Schlamm, der die Absetzbecken schnell füllt und dadurch den Klärraum und die Klärwirkung beeinträchtigt. In den Faulräumen verursacht derartiger Schlamm leicht Trichterbildungen mit all seinen unangenehmen Begleiterscheinungen, wie Verstopfungen der Ablaßrohre, Verminderung des Faulraumes usw. Auch bei der Weiterbehandlung des Schlammes macht sich der hohe Gehalt an mineralischen Stoffen unangenehm bemerkbar. Der Schlamm wird schwer pumpbar, er fault viel schlechter, und die Mineralstoffe behindern die Weiterverwendung des Schlammes. Solche Abwässer müssen demnach auf dem Werk vor dem Ablassen in die Kanalisation durch geeignete Absetzbecken, Klärteiche usw. von diesen Stoffen befreit werden; dabei muß die Aufenthaltszeit so bemessen werden, daß sie wohl eine gute Entschlammung, nicht aber eine Anfaulung des Abwassers zuläßt.

Saure Abwässer von Beizereien mit hohem Eisengehalt können in kleinen Mengen dem häuslichen Abwasser zugesetzt, eine starke Ausscheidung von kolloiden Stoffen, also eine chemische Ausflockung des Abwassers ergeben. Durch diese gegenseitige Ausflockung tritt eine sehr starke Vermehrung der Gesamtmenge des Schlammes ein. Wenn sie in bestimmten Grenzen bleibt, kann sie in den meisten Fällen eine erwünschte stärkere Reinigung des häuslichen Abwassers zur Folge haben. Während normales häusliches Abwasser etwa 5 bis 6 cm^3/l absetzbare Stoffe hat, kann dieser Gehalt durch die Aufnahme gewerblicher Abwässer auf 20 bis 30 cm^3/l, oft sogar noch höher (250 cm^3/l) gesteigert werden. Mit der Ausscheidung der kolloiden Stoffe und des Eisenhydroxydschlammes ist eine starke Erhöhung des Wassergehaltes des Schlammes verbunden. Normaler häuslicher Frischschlamm hat etwa 95% Wasser, wohingegen ein durch Eisen ausgeschiedener Schlamm 98 bis 99% Wasser aufweisen kann. Beizereiabwässer und Galvanisierungsabwässer aus Kupfer, Nickel oder Chrom verarbeitenden Werken enthalten giftige Metallsalze und sind von bestimmten oft sehr geringen Mengen an für die Weiterbehandlung des Abwassers und Schlammes sehr schädlich, da sie unter Umständen die ganze biologische Zersetzung stillegen können. Dasselbe gilt auch von mineralölhaltigen Abwässern.

Bei der gemeinsamen Behandlung des gewerblichen Abwassers zusammen mit dem häuslichen Abwasser in mechanischen und auch biologischen Anlagen ist demnach zu beachten, daß die vermehrte Wassermenge und die stärkere Konzentration des Abwassers auch eine größere Bemessung der Kläranlagen bedingt. In vielen Fällen ergibt die Vermischung der gewerblichen Abwässer, daß man mit Rücksicht auf den Vorfluter noch über die gewöhnliche, d. h. über die für häusliche Abwässer üblichen Bemessungen hinausgehen muß, weil man größere Aufenthaltszeiten, als sie bei häuslichem Abwasser nötig sind, anwenden muß. Manche gewerblichen Abwässer mit großem Gehalt an sehr fein verteilten Schwebestoffen verlangen viel längere Aufenthaltszeiten (4 bis 6 Std.) als häusliches Abwasser, für das durchschnittlich eine Absetzzeit von $1^1/_2$ bis 2 Std. genügt. Auch die gegenseitigen chemischen Einwirkungen, wie sie z. B. beim Zusammentreffen säurehaltiger Abwässer mit häuslichem Abwasser vorkommen, bedingen unter Umständen längere Zeit, da sich in den Absetzbecken zwei Vorgänge abspielen müssen, das Ausfällen der verschiedenen gelösten Stoffe und das Absetzen der Flocken. Solche stärkeren zusätzlichen Belastungen bedingen dann auch höhere Kosten, die von den gewerblichen Betrieben übernommen werden müssen. Wie weit man diese Verhältnisse durch ein zwischen- oder vorgeschaltetes Flockungsbecken mit langsam laufendem Rührwerk oder mit eingeblasener Luft mildern kann, muß für den jeweiligen Fall für sich gesondert geprüft werden.

Besonders störend ist für den Betrieb einer mechanischen und vor allem einer biologischen Anlage das stoßweise Ablassen gewerblicher Abwässer, wie dies leider meistens der Fall ist. Hierdurch kommt es zu plötzlichen Überlastungen, die oft die Wirkung der Kläranlage ganz stillegen oder mindestens auf längere Zeit die Reinigungswirkung der Kläranlage stark beeinträchtigen können. Diese plötzlichen Abwasserstöße müssen durch die Zwischenschaltung eines Ausgleichsbeckens ausgeglichen werden. In diesen Becken muß die gesamte, stoßweise anfallende Abwassermenge abgefangen werden können. Durch eine genau einzustellende Abflußöffnung wird dann diese Wassermenge im gleichmäßigen Strom auf den ganzen Tagesdurchschnitt verteilt und so die Wirkung der stoßweise in konzentrierter Form anfallenden Abwässer gemildert. Grundsätzlich muß daher bei der Berechnung der biologischen Anlage das meist viel dickere Gesamtabwasser nach seiner chemischen Analyse, vor allem nach seinem biochemischen Sauerstoffbedarf in Beziehung zu einer entsprechend großen Menge rein häuslichen Abwassers gesetzt werden, wenn man die für den Entwurf üblichen Zahlenwerte benutzen will. In gleicher Weise wie auf die mechanische Reinigung ist oft die Wirkung gewerblicher Abwässer auf die Weiterbehandlung des in den Kläranlagen anfallenden Schlammes. Die Folge ist sehr häufig ein stark vergrößerter Ausbau der Faulräume. Während für häusliches Abwasser pro Kopf 30 bis 110 l Faulraum genügen, können durch den Zufluß gewerblicher Abwässer die Verhältnisse so verändert werden, daß oft die Faulraumgröße auf das Doppelte und mehr gesteigert werden muß. Wenn hiermit ein vielfacher Gasanfall verbunden ist, können die erhöhten Baukosten durch erhöhte Betriebseinnahmen ausgeglichen werden.

Von besonders starkem Einfluß können gewerbliche Abwässer bei der landwirtschaftlichen Verwertung der Abwässer sein. Alle öl- und fetthaltigen Abwässer begünstigen auf den Rieselfeldern sehr stark die Bildung der schädlichen Ortsteinschichtbildung. Handelt es sich um nicht abbaubare Mineralöle, so reichern sie sich im Boden an und beeinträchtigen die Bodendurchlässigkeit und Fruchtbarkeit sehr stark. Faserstoffhaltige Abwässer, z. B. aus der Papier- oder Textilindustrie, erschweren sehr die biologische Reinigung auf Rieselfeldern oder Tropfkörpern, da sie bei ungenügender mechanischer Vorreinigung leicht die Oberflächen verfilzen und so die biologische Reinigung stillegen. Durch stark organisch verschmutzte Abwässer wird die Belastungsgrenze stark herabgesetzt. MEYER[1] berichtet über den Stand der landwirtschaftlichen Abwasserverwertung gewerblicher Betriebe in Schlesien. Bei der Prüfung der Frage der landwirtschaftlichen Verwertung müssen neben den gewerblichen Unternehmern die Landwirte, denen die landwirtschaftliche Verwertung zugute kommen soll, auch die Wasserwirtschaftsämter und die zuständigen landwirtschaftlichen Organisationen gehört werden. In einer Tab. 9 stellt MEYER[1] den Dungstoffgehalt verschiedener gewerblicher Abwässer im Vergleich mit häuslichem Abwasser zusammen.

Tabelle 9. *Dungstoffgehalt verschiedener gewerblicher Abwässer im Vergleich mit häuslichem Abwasser*

	Gesamt-N mg/l	P_2O_5 mg/l	K_2O mg/l	CaO mg/l	BSB in 48 h mg/l
Häusliches Abwasser . . .	109	42	68	116	250
Textilabwasser.	32	6	100	61	234
Flachsröstabwasser	40	60	350	160	1340
Stärkefabrikwasser	319	175	604	—	1610

Von ganz besonderem Einfluß auf die Verrieselung und Verregnung sind die metallsalzhaltigen Abwässer. In geringen Spuren können bestimmte Metallsalze, z. B. Kupfer, einen günstigen Einfluß auf die Ergiebigkeit haben. Bekannt ist die Bekämpfung der Bodenmüdigkeit durch Zugabe sehr kleiner Kupfermengen. Gibt man aber laufend die Metallgifte auf den Boden, so reichern sie sich in der Ackerkrume an und können diesen dann allmählich völlig unfruchtbar machen.

In einem Schlußwort zur Diskussion der landwirtschaftlichen und gärtnerischen Verwertung städtischer Abwässer kommt KEHR[2] zu dem Ergebnis, daß die Entwicklung der industriellen Produktion in Deutschland mit ihren vielfältigen biologisch hemmenden Beimengungen im allgemeinen die landwirtschaftliche Abwasserverwertung heute als ungeeignet erscheinen lassen.

Das für die landwirtschaftliche Verwertung bezüglich der Metallgifte Gesagte gilt analog für den Einfluß auf die Ausfaulung des häuslichen Schlammes und die biologische Weiterbehandlung des Abwassers auf Tropfkörpern oder durch Schlammbelebung.

Die gemeinsame biologische Reinigung läßt sich ohne weiteres durchführen, wenn das gewerbliche Abwasser nur solche Stoffe enthält, die als Nahrung für Bakterien, Protozoen usw. in Frage kommen. Als solche Abwässer kommen in erster Linie die organisch verschmutzten Abwässer aus Schlachthöfen, Abdeckereien, Gerbereien, Molkereien, Käsereien, Brauereien und Brennereien in Betracht. Die ebenfalls stark organisch verschmutzten Abwässer aus Sulfitzellulosefabriken stellen eine zu einseitige, schwer biologisch abbaubare Kost für die Mikroorganismen dar, so daß man sie auch nur sehr schwer in Vermischung mit häuslichem

[1] ME ER, H. J.: Vom Wasser, Bd. 13 (1939) S. 110.
[2] KEHR, D.: Städtehygiene H. 5 (1965).

Abwasser biologisch behandeln kann. Um günstigere Voraussetzungen bei den erstgenannten Abwässern für die biologische Reinigung zu schaffen, dürfen sie nur in beschränkten Mengen dem häuslichen Abwasser zugesetzt werden. MERKEL[1] verlangt daher, daß hochkonzentrierte gewerbliche Abwässer, die bei einem ausreichenden Verdünnungsverhältnis mit häuslichen Abwässern eine störungsfreie biologische Reinigung erwarten lassen, bei Mischkanalisationen erst hinter dem letzten Regenauslaß in den Hauptkanal eingeleitet werden dürfen. Unter Umständen muß durch einen verstärkten Ausbau des städtischen Entwässerungsnetzes ein besseres Mischungsverhältnis angestrebt werden. Auch an und für sich giftige Stoffe, wie Kokereiabwässer, Gaswaschwässer, schaden nicht, wenn für eine hinreichende Verdünnung auf das 10fache durch häusliches Abwasser gesorgt ist. Beim Sulfitabwasser muß das Mischungsverhältnis mindestens 1 : 20-30 sein, während man bei Gerbereiabwasser je nach der Art der Gerbung schon mit einem Verhältnis 1 : 3 auskommt. Am schädlichsten wirken alle stark sauren und stark alkalischen, sowie alle Giftstoffe enthaltenden Abwässer. Diese töten alle den biologischen Abbau der häuslichen Abwässer durchführenden Organismen ab und heben die Wirkung der biologischen Verfahren auf. Besonders schädlich sind kupfer-, zink- und nickelhaltige Abwässer aus Metallwarenfabriken, Kupfer- und Messingwerken, Kunstseidefabriken, Nickelwerken usw. Diese Giftstoffe sind oft auch bei sehr kleinen Gehalten schädlich, da sie sich im biologischen Schlamm des Belebtschlammes anreichern und nach Erreichung bestimmter Konzentrationen die biologischen Vorgänge stillegen können. Enthält das Abwasser außerdem auch viel Eisen, so kann es bei Tropfkörpern sehr leicht zu einer erheblichen Verschlammung durch Bildung von Eisenoxydschlamm kommen, der dann alle Ecken und Poren verstopft.

3. Bewertung des industriellen Abwassers bei der Aufnahme in die städtische Kanalisation und Kläranlage

Bei der Einleitung des Abwassers in die städtische Kanalisation und damit auch in die Kläranlage muß sich das industrielle Werk anteilmäßig an den Kosten beteiligen, die die Abführung seiner Abwässer und ihre Reinigung erfordern. Nun geht es aber nicht, die Abwässer nur nach ihrer Gesamtmenge zu beurteilen, sondern man muß auch ihre Gesamtschmutzmenge zugrunde legen. Letztere ist aber abhängig von a) der Art des Betriebes, b) der Größe des Betriebes, c) dem Wirkungsgrad der Abwasserbehandlung (Abwasserkreislauf) auf dem Werk. Man kann auch nicht einfach die im Betriebe benutzte Brauchwassermenge gleich der anfallenden Abwassermenge setzen.

Während man früher fast ausschließlich den Kaliumpermanganatverbrauch als Grad der organischen Verschmutzung eines Abwassers benutzte, haben die neueren Untersuchungen gezeigt, daß es viele Stoffe

[1] MERKEL: Österr. Abwasserwirtschaft Bd. 15 (1963) S. 160.

gibt, die nicht auf den Kaliumpermanganatverbrauch ansprechen, während es andere Stoffe gibt, die einen hohen Kaliumpermanganatverbrauch, aber einen geringen BSB haben. Wenn man auch die Permanganatverbrauchszahl heute immer noch anwendet, da sie innerhalb kurzer Zeit bestimmt werden kann und vergleichbare Werte ergibt, so wird doch zur Beurteilung des Einflusses eines Abwassers auf die städtischen Abwässer und vor allem auf den Vorfluter heute allgemein der biochemische Sauerstoff angewandt. Unter dem biochemischen Sauerstoffbedarf (BSB) versteht man die Sauerstoffmenge in mg/l, die nötig ist, um die organischen Stoffe des Abwassers mit Hilfe von Bakterien innerhalb einer bestimmten Zeit abzubauen. Gewöhnlich ist der Abbau in 20 Tagen so weit beendet, daß seine weitere Bestimmung kaum noch lohnt. Da aber die Zeit zu lange ist, ehe die Resultate vorliegen, bestimmt man heute allgemein den fünftägigen biochemischen Sauerstoffbedarf (BSB_5), aus dem man dann nach den Angaben von Imhoff[1] den zwanzigtägigen berechnen kann. Schulze-Forster und Gad[2] haben bei einer Anzahl von diesen in Abwässern vorkommenden chemischen Stoffen den Kaliumpermanganatverbrauch und den biochemischen Sauerstoffbedarf bestimmt und hierüber folgende Tab. 10 aufgestellt.

Von verschiedenen Forschern ist vorgeschlagen worden, die Bebrütungszeit nur auf zwei Tage festzusetzen und daraus dann den zwanzigtägigen BSB_{20} zu berechnen. Bei der verschiedenen Zusammensetzung der Abwässer und der Tatsache, daß es sich um eine biologische Untersuchungsmethode handelt, reicht aber diese kurze Bebrütungszeit nicht aus, so daß sich dieser Vorschlag nicht hat durchsetzen können.

Eine sehr umfangreiche Zusammenstellung über die von den verschiedensten Verfassern nach den verschiedensten Verfahren gewonnenen Werte für den BSB von einer sehr großen Anzahl chemischer Verbindungen bringen Heukelekian und Rand[3].

Mit Rücksicht auf die Tatsache, daß man mit der Methode des Kaliumpermanganatverbrauchs und des biochemischen Sauerstoffbedarfs in vielen Fällen sehr voneinander abweichende Werte erhält, wendet man neuerdings in Amerika an Stelle der Kaliumpermanganatmethode zur Bestimmung des chemischen Sauerstoffbedarfs die Kaliumdichromatmethode an. Nach den amerikanischen Untersuchungen sollen die Ergebnisse der Kaliumdichromatmethode sehr nahe bei den Ergebnissen des 20tägigen BSB liegen. Porges und seine Mitarbeiter haben die von E. F. Eldridge ausgearbeitete chemische Schnellmethode mit dem biochemischen Sauerstoffbedarf eines durch Verdünnung von Milch hergestellten künstlichen Abwassers einer Molkerei verglichen und hierbei festgestellt, daß sich die Ergebnisse mit den bei der Bestimmung des biochemischen Sauerstoffbedarfs gefundenen Zahlenwerten nahezu decken. Bei dieser Methode des chemischen Sauerstoffbedarfs wird eine schwefelsaure und phosphorsaure Dichromatlösung zur Oxydation be-

[1] Imhoff, K.: Taschenbuch der Stadtentwässerung, 21. Aufl. 1966. S. 95.
[2] Schulze-Forster u. Ga : Kl. Mitteil. d. Landesanstalt Bd. 14 (1938) S. 221.
[3] Heukelekian, H., u. M. C. Rand: Sew. and Ind. Wastes Bd. 27 (1955) S. 1040.

Tabelle 10. *Vergleich der Kaliumpermanganatverbrauche mit dem biochemischen Sauerstoffbedarf* (nach SCHULZE-FORSTER und GAD)

Chemische Verbindungen	Kaliumpermanganatverbrauch von 1000 mg Sbst. nach Dr. R. SCHMIDT(1)	Aus dem Kaliumpermanganatverbrauch berechnete Oxydierbarkeit	Theoretischer Sauerstoffbedarf von 1000 mg bei völliger Verbrennung zu CO_2 u. H_2O	Biochemischer Sauerstoffbedarf von 1000 mg			Verdünnung ausgedrückt in mg Subst. in einem Liter Verdünnungswasser	Biochemischer Sauerstoffbedarf in Prozenten des aus der Verbrennungsformel berechneten theoretischen Sauerstoffbedarfs		
				in 2 Tagen	in 5 Tagen	in 20 Tagen		in 2 Tagen	in 5 Tagen	in 20 Tag.
	1	2	3	4	5	6	7	8	9	10
Ameisensäure	126	32	250	47	86	250	15	19	34(41)[1]	100(69)[1]
Essigsäure	5	1	1066	540	700	900	5	51	66(34)[1]	84(63)[1]
Propionsäure	14	4	1513	950	1300	1400	2	63	86(31)[1]	93(56)[1]
Buttersäure	6	2	1818	950(804)	1150(1100)	1450	2	52	63(28)[1]	80(50)[1]
Baldriansäure	4	1	2039	1150	1400	1900	2	56	69(29)[1]	93(53)[1]
Kaliumpalmitat	11	3	2503	1134	1464	1601	1,5	45	59(24)[1]	64(54)[1]
Kaliumstearat	4	1	2584	467	1001	1401	1,5	18	39(18)[1]	54(47)[1]
Oxalsäure	493	125	178	30	100	115	20	17	56	65
Bernsteinsäure	4	1	949	520	640	840	5	55	67	89
Milchsäure	1015	257	1067	280(500)[4]	540(700)[4]	960	5	26	51	90
Zitronensäure	1822	461	686	320	420	610	10	47	61	89
Weinsäure	1492	377	533	250	350	460	10	47	66	86
Methylalkohol	58	15	1500	570	960	1260	3,33	38	64	84
Äthylalkohol	65	16	2090	950	1350	1800	2	46	65	86
Amylalkohol	70	18	2727	0	1265	1732	1,5	0	47	63
Glycerin	1013	256	1217	500	720	940	5	41	59	77
Mannit	2851	721	1143	440	680	940	5	39	60	83
Traubenzucker	2355	596	970	380	580(482)[2]	860	5	39	60	89
Milchzucker	1544	391	1066	340	580(600)[3]	860	5	32	54	80
Dextrin	846	214	1185	100	520	840	5	8	44	71
Stärke	461	117	1185	360	680	900	5	30	57	76
Phenol	9666	2445	2383	1450	1700	2000	2	61	71	84
o-Kresol	6166	1560	2519	1250(1300)[4]	1600(1700)[4]	1800	2	50	64	71
Benzylalkohol	381	96	2519	1250	1550	1950	2	50	62	77
α-Naphthol	2652	671	2542	0	932	1598	1,5	0	38	63
Brenzcatechin	6166	1560	1890	800	900	900	2	42	48	48
Benzoesäure	32	8	1967	1200	1250	1450	2	61	63	74
Salicylsäure	5253	1329	1623	800	950	1250	2	50	59	77

[1] SYMONS u. BUSWELL. Die Werte beziehen sich auf die Natriumsalze der entsprechenden Säuren. — [2] LEF u. NICHOLS. — [3] ELDRIDGE. — [4] MEYER. Statt o-Kresol m-Kresol.

nutzt, die 2,5 g Kaliumdichromat in einer Mischung von je 500 cm^3 konzentrierter Schwefelsäure und 85% Phosphorsäure enthält. Über die von der Fachgruppe Wasserchemie in Zusammenarbeit mit dem Ausschuß „Wasserchemie" bei der Abwassertechnischen Vereinigung e. V. durchgeführten Nachprüfungen siehe im Wiesbadener Heft der Berichte der Abwassertechnischen Vereinigung. München: Oldenbourg 1953. Diese Bestimmungsmethode ist in neuerer Zeit durch die Methode von MOORE abgeändert. Letzterer vermeidet durch das Kochen am Rückflußkühler die bei dem PORGES-Verfahren oft schwierige 5—6 Minuten lange Innehaltung der Temperatur von 165°—170° C.

Für wissenschaftliche Untersuchungen und dort, wo ein gut eingerichtetes Laboratorium zur Verfügung steht, hat sich die von SIERP eingeführte direkte BSB-Bestimmungsmethode sehr gut bewährt. Der Vorteil dieser manometrischen Methode liegt auch darin, daß man die Untersuchungsflüssigkeit am Ende der Untersuchung noch für alle anderen Untersuchungszwecke, wie $KMnO_4$-, p_H-Wert, Sulfate usw. benutzen kann.

Da man den mittleren biochemischen Sauerstoffbedarf eines Einwohners kennt, kann man ihn in ein Verhältnis zum Abwasserverbrauch eines Werkes setzen, wobei man entweder den so errechneten Einwohnergleichwert auf das Rohprodukt, das Fertigprodukt oder unter Umständen auch auf die Abwassermenge beziehen kann. In Deutschland rechnet man mit einem mittleren BSB_5 von 54 g je Kopf und Tag im Rohabwasser bzw. 35 g/K/Tg im abgesetzten Abwasser. In Amerika mit einem höheren Lebensstandard legt man 75 g BSB_5 je Kopf und Tag zugrunde. Kennt man nun den Abwasseranfall eines Werkes und seinen BSB_5, so läßt sich der Einwohnergleichwert leicht aus der Formel

Tabelle 11. *Einwohnergleichwert der verschiedenen Gewerbebetriebe mit organischen Abwässern* (nach IMHOFF)

Gewerbebetrieb	Zugrunde gelegte Einheit	E.-Gleichwert
Molkerei ohne Käserei	1000 l Milch	30— 80
Molkerei mit Käserei	1000 l Milch	100— 250
Brennerei	1000 l Getreide	1500—2000
Brauerei	1000 l Bier	300—2000
Stärkefabrik	1 t Mais	800
	1 t Weizenmehl	1000
Schlachthof	1 Ochse = $2^1/_2$ Schweine	70— 200
Zuckerfabrik	1 t Rüben	0.3— 250
Bleicherei	1 t Ware	250— 350
Färberei mit Schwefelfarbe	1 t Ware	2000—3500
Papierfabrik	1 t Papier	100— 300
Holzschleiferei	1 t Holzschliff	50— 80
Sulfitzellstoffwerk	1 t Zellstoff	4000—6000
Flachsrösterei	1 t Flachsstroh	750—1150
Wollwäscherei	1 t Wolle	2000—5000
Gerberei	1 t Häute	1000—4000
Lohgerberei	1 t Häute	2500—4500
Wäscherei	1 t Wäsche	700—2300
Zellwollfabrik	1 t Zellwolle	500— 700

BSB_5 × Abwassermenge im Tag, geteilt durch 54 berechnen. IMHOFF[1] gibt die in Tab. 11 aufgeführten Einwohnergleichwerte an.

Diese Einwohnergleichwerte sagen, daß z. B. eine Stärkefabrik, die täglich 1 t Mais verarbeitet, gemessen am Sauerstoffbedarf des Abwassers eine Kläranlage oder einen Vorfluter ebenso stark belastet wie 800 Einwohner.

Nach der von der Bundesanstalt für Gewässerkunde unter Mitwirkung des Arbeitsausschusses „Reinhaltung der Gewässer" bei der Abwassertechnischen Vereinigung[2] aufgestellten vorläufigen Anleitung für die Bewertung von Abwassereinleitungen dienen am besten die Produktionszahlen, und zwar entweder die Menge der verarbeiteten Rohstoffe oder die Menge der erzeugten Ware. In den Fällen, wo sich die Produktion weniger als einheitlicher Bewertungsmaßstab eignet, wendet man die Beschäftigtenzahl an.

a) Bewertung der Betriebsart

Die Art des Betriebs wird durch die Verwendung von sog. „Schmutzbeiwerten" berücksichtigt. Diese gelten als Maßstab der durch den betreffenden Gewerbebetrieb verursachten besonderen Verschmutzung und deren Schädlichkeit. Sie werden auf die Produktion oder die Beschäftigtenzahl bezogen (s. Absatz b), S. 60).

Tabelle 12. *Schmutzbeiwerte für gewerbliches und industrielles Abwasser*

Art des Betriebes	Schmutzbeiwerte je		
	Beschäftigten	Rohstoffmenge	Produktionsmenge
1. Nahrungsmittelgewerbe			
Brotfabriken, Kaffeeröstereien, Nährmittelfabriken	1,5	—	—
Kakao-, Schokoladen-, Zuckerwaren- und Marmeladefabriken	3	—	—
Metzgereien	15	—	—
Schlachthöfe, Fleisch- u. Wurstfabriken mit eigener Schlachtanlage	—	200/Stck Großvieh 100/Stck Kleinvieh	—
Frischmilchmolkereien	—	3/100 kg Milch	
zusätzlich bei Butterherstellung	—	—	100/100 kg Butter
zusätzlich bei Käserei	—	—	100/100 kg Käse
zusätzlich bei Molkenablauf	—	—	300/100 kg Käse
Kondensmilchfabriken	—	—	10/100 kg Milch
Fischkonservenfabriken u. Räuchereien	—	50/100 kg Fisch	—

[1] IMHOFF, K.: Taschenbuch der Stadtentwässerung, 20. Aufl. München: Oldenbourg 1963, S. 233.

[2] WAGNER, H.: Gesundh.-Ing. Bd. 71 (1950) S. 73.

Tabelle 12 (Fortsetzung)

Art des Betriebes	Schmutzbeiwerte je Beschäftigten	Rohstoffmenge	Produktionsmenge
Gemüsekonservenfabriken, Sauerkraut- und Gurkeneinlegereien, Obstmostereien	—	50/100 kg	—
Margarine-, Speisefett- u. Ölfabriken	—	—	50/100 kg Ware
Zuckerfabriken	—	70/100 kg Rüben	—
Sirupfabriken	—	25/100 kg Rüben	—
Brauereien ohne Mälzereien	—	—	100/hl Bier
Malzfabriken	—	10/100 kg Getreide	—
Kartoffelbrennereien	—	150/100 kg Kartoffeln	—
Kornbrennereien	—	200/100 kg Getreide	—
Melassebrennereien u. Preßhefefabriken	—	600/hl Melasse	
Holzverzuckerungswerke	—	—	700/hl Alkohol (100proz.)
Stärkefabriken	—	50/100 kg Kartoffeln oder Getreide	—
Kartoffelflockenfabriken	—	50/100 kg Kartoffeln	—
2. Häute- und Lederindustrie, Verwertung tierischer Stoffe und dergleichen			
Gerbereien	—	500/100 kg Haut	—
Lederwaren, Schuhe	1	—	—
Rauchwarenfabriken	50	—	—
Abdeckereien, Tierkörperbeseitigungsanstalten	—	300/Stück Großvieh	—
	—	150/Stück Kleinvieh	—
Fischmehlfabriken	—	20/100 kg Fisch	—
Leimfabriken	—	—	100/100 kg Leim
3. Textilindustrie			
Haspeleien, Spinnereien, Spulereien, Webereien, Wirkereien, Zwirnereien, Kleiderfabriken, Trockenappreturen, Plättereien, Tuchfabriken (soweit Trockenbetriebe) u. ä.	0,5	—	—
Chemische Reinigung	4	—	—
Lüstriererereien, Schlichtereien, Appretieren mit Hilfsstoffen	10	—	—
Seidenbeschwerung	10	—	—

Tabelle 12 (Fortsetzung)

Art des Betriebes	Schmutzbeiwert je		
	Beschäftigten	Rohstoffmenge	Produktionsmenge
Stoffdruckereien	40	—	—
Kleidernaßreinigung, Weißwäscherei, Kleiderfärberei	40	—	—
Bleichereien, Mercerisierereien	50	—	—
Färbereien, Walkereien, Stückwäschereien	80	—	—
Wollwäschereien	100	—	—
Wollwäschereien	—	300/100 kg Wolle	—
Flachsröstereien	—	300/100 kg Flachsstroh	—
4. Papierindustrie und Graphische Gewerbe			
Holzschliff weiß	—	10/100 kg Holz	—
Holzschliff braun	—	30/100 kg	—
Natron- und Strohzellstoffabriken	—	—	50/100 kg Zellstoff
Sulfitzellstoffabriken	—	—	500/100 kg Zellstoff
Schrenzpappenfabriken	—	—	100/100 kg Pappe
Lumpenhalbstoffgewinnung, Strohpappenfabriken	—	—	250/100 kg Ware
Papierfabrikation aus Zellstoff und Holzschliff	—	—	20/100 kg
aus anderen Ausgangsstoffen	1	—	—
Papierwaren	1	—	—
5. Gemischte Industrie			
Parfüm- u. Kosmetikafabriken	10	—	—
Lack- u. Farbenwerke	20	—	—
Kunstseiden- und Zellwollefabriken	—	—	70/100 kg Ware
Seifenfabriken	—	—	1000/100 kg
Leimfabriken	—	—	100/100 kg
6. Steine und Erden, Kohlen- und Erdölindustrie			
Kokslöschanlagen	—	10/t Kohle	} mindestens 5/kg Feststoff in der Trübe
Braunkohlenbrikettwerke	—	50/t Kohle	
Erz-, Gesteins-, Kies- und Sandwäschen, Steinschleifereien	40	—	
Erzaufbereitungen	40	—	} mindestens 10/kg Feststoff in der Trübe
Kohlenwäschen	—	100/t Kohle	
Gaswäschen für Steinkohlen-Generatorgas	—	300/t Kohle	—
Braunkohlen-Generatorgas und Gichtgas	—	500/t Kohle	—

Tabelle 12 (Fortsetzung)

Art des Betriebes	Schmutzbeiwert je Beschäftigten	Schmutzbeiwert je Rohstoffmenge	Schmutzbeiwert je Produktionsmenge
Nebenproduktgewinnung bei Kokereien und Gaswerken	—	300/t Kohle	—
Braunkohlen-Schwelwerke	—	500/t Kohle	—
Holzverkohlungsanlagen	—	—	200/100 kg Holzkohle
7. Metall- und Eisenindustrie			
Eisen- und Metallwerke ohne säurehaltig. Abwasser, Walzwerke, Maschinenfabriken	1	—	—
Eisenbeizereien, Verzinkereien und sonstige Eisenwerke mit säurehaltigem[1] Abwasser	10	—	—
Metallbeizereien mit säurehaltigem Abwasser[1]	15	—	—
Aluminium- und Leichtmetallbeizereien[2]	10	—	—
Galvanisierwerke	100	—	—

8. Salzhaltiges Abwasser

Als durchschnittlicher Anfall kann angenommen werden:

aus Salzbergwerken

je t verarbeitetes Carnallit	0,5 m³ Endlauge mit 200 kg Salz (Chlormagnesium und Kochsalz)
je t verarbeitetes Hartsalz oder Sylvinit	0,15 m³ Endlauge mit 50 kg Salz
je t hergestellte Soda	15 m³ Endlauge mit 2000 kg Salz (Chlorcalcium und Kochsalz)

aus Salinen (Solen) . . . .

Art des Betriebes	Schmutzbeiwerte je Beschäftigten	Schmutzbeiwerte je Rohstoffmenge	Schmutzbeiwerte je Produktionsmenge
9. Sonstiges Abwasser			
Dampfkraftwerke	3	—	—
Werkstätten der Straßen- und Eisenbahn	10	—	—
Glasschleifereien und -ätzereien .	400	—	—
Krankenhäuser, Kliniken, Heilanstalten, Heime usw.	1,5fache Belegstärke	—	—

[1] Für jede in dem für die Bewertung maßgebenden Monat (s. Abschn. b) verbrauchte Tonne Salz- oder Salpetersäure handelsüblicher Konzentration ist mindestens eine Grundzahl von 2, für jede Tonne verbrauchte Schwefel- oder Flußsäure eine Grundzahl von 4 zu rechnen, wenn sich dadurch eine höhere Bewertung ergibt. Wird nachweislich Beizflüssigkeit zur Aufbereitung aufgefangen, und so aus dem Abwasser entfernt, so ermäßigen sich die Bewertungszahlen entsprechend.

[2] Für jede wie vor verbrauchte Tonne Natronlauge und übrige Chemikalien ist mindestens eine Grundzahl von 4 zu rechnen.

Aus Salzbergwerken, Erdölsonden und Steinkohlengruben fallen außerdem mitunter recht erhebliche Mengen salzhaltigen Schachtwassers an, deren Menge und Art nach den örtlichen Verhältnissen verschieden sind.

Das Salz kann aus dem Abwasser durch die üblichen Klär- und Reinigungsverfahren nicht entfernt werden. Die Beseitigung salzhaltigen Abwassers durch Eindampfen ist wegen der hohen Kosten in der Regel nicht durchführbar. Es bleibt daher nur die Einleitung in einen leistungsfähigen Vorfluter (Verdünnung) oder die in ihren Wirkungen unkontrollierbare Versenkung in den Untergrund übrig.

Wegen seiner Eigenart kann das salzhaltige Abwasser nicht in der gleichen Weise wie das übrige Abwasser bewertet werden. Die Versalzung eines Wasserlaufes ist daher unabhängig von seiner sonstigen Verschmutzung besonders zu behandeln.

Ein Schmutzbeiwert von 500 je Tonne erzeugte Ware (500/t) bedeutet z. B., daß die Schädlichkeit der durch das betreffende Betriebsabwasser verursachten Verschmutzung für jede Tonne erzeugte Ware mit der Wertzahl 500 eingeschätzt ist. In gleicher Weise kann die Bewertung auch auf die verarbeitete Rohstoffmenge oder die Beschäftigungszahl abgestellt sein. Die Schädlichkeit wird dabei je nach Art und Zusammensetzung des gewerblichen Abwassers nach dem biochemischen Sauerstoffbedarf, nach dem chemischen Sauerstoffbedarf, dem Gehalt an absetzbaren Schwebestoffen oder anderen Faktoren und durch Vergleich mit ähnlichen Abwasserarten einzuschätzen sein. Als beste Vergleichsgrundlage wird bei organisch verschmutzten gewerblichen Abwässern soweit wie möglich das häusliche Abwasser zu benutzen sein, dessen Schädlichkeit 1 für die von einem Einwohner am Tage herrührende Verschmutzung bewertet ist. In diesem Falle entspricht also der Schmutzbeiwert dem bekannten Begriffe des „Einwohnergleichwertes".

Streng genommen hat jeder Betrieb seinen eigenen Schmutzbeiwert. Wie aber die Erfahrungen der Abwasserverbände zeigen, ist bei der Vielzahl der Betriebe und bei der schwankenden Menge und Beschaffenheit des gewerblichen Abwassers praktisch nicht durchführbar, etwa für jeden einzelnen Betrieb den zugehörigen Schädlichkeitswert durch Untersuchungen oder Analysen besonders festzustellen. Gleichartige Betriebe erhalten deshalb vereinfachend einen einheitlichen Schmutzbeiwert. Dieser muß so bemessen sein, daß er für die meisten Fälle ausreicht, und deshalb einen gewissen Sicherheitszuschlag enthalten.

Für besondere Betriebsverhältnisse, für Sonderfälle, die größere Abweichungen vom Normalwert wahrscheinlich machen, oder für Werke, für die noch keine Vergleichszahlen bekannt sind, sind die Schmutzbeiwerte besonders zu ermitteln.

Für eine größere Menge von Industriearten und Fabrikationsbetrieben konnten aus der Arbeit der Verbände sowie sonstiger Fachstellen Erfahrungswerte zusammengestellt werden. Sie sind in der von Wagner zusammengestellten Tab. 12 enthalten.

b) Bewertung der Betriebsgröße

Die Größe des Betriebes wird durch die verarbeitete Rohstoffmenge, die Produktionshöhe oder die Beschäftigtenzahl bestimmt. Als maßgebende Produktionszahl ist bei Dauerbetrieben das Tagesmittel der höchsten Monatsproduktion des vorhergehenden Kalenderjahres, bei Saisonbetrieben das Tagesmittel der höchsten Monatsproduktion der letzten Saison anzusetzen.

Bei einer Reihe von Betrieben eignet sich die Produktion als einheitlicher Bewertungsmaßstab weniger oder sie kann unbedenklich der Beschäftigungszahl gleichgesetzt werden. Man bewertet in diesen Fällen einfacher und bequemer nach der Beschäftigtenzahl des betreffenden Betriebes, und zwar ebenso wie bei der Produktion nach dem Tagesmittel des Monats mit der größten Beschäftigtenzahl.

Als Beschäftigte rechnen dabei nicht nur die eigentlichen Facharbeiter, sondern auch die zu dem Fabrikationsbetrieb gehörenden technischen und kaufmännischen Angestellten, Handwerker und sonstigen Hilfskräfte. Bei zusammengesetzten Betrieben mit verschiedenartigen Fabrikationsabteilungen werden diese am besten einzeln bewertet, wobei die Zahl der Beschäftigten entsprechend aufzuteilen ist.

Als normale Arbeitszeit gilt der 8-Stunden-Tag bei 250 Arbeitstagen/Jahr. Bei abweichender Beschäftigungsdauer (Kurz- oder Langarbeit, Feierschichten usw.) ist für je 2400 Arbeitsstunden/Jahr oder 200 Stunden/Monat ein Gefolgschaftsmitglied zu rechnen. Bei durcharbeitenden Betrieben müssen unter Umständen drei Schichten à 8 Stunden je Tag und im Jahr 300 bzw. 365 Arbeitstage angesetzt werden.

Der für die Bewertung maßgebende Monat, z. B. Juli 19.., ist anzugeben. Bei ausgesprochenen Saisonbetrieben, z. B. Zuckerfabriken, Konservenfabriken u. dgl., empfiehlt es sich, den Dauerbetrieb und die Saison getrennt zu bewerten und die Zeit der Saison, z. B. Anfang Oktober bis Ende Dezember, als die Hauptbelastungszeit des Vorfluters zu vermerken.

c) Bewertung der Abwasserbehandlung

Soweit gewerbliches Abwasser ohne nennenswerte Vorreinigung oder Vorbehandlung in eine städtische Entwässerungsanlage eingeleitet und mit häuslichem Abwasser zusammen geklärt werden, wird nur die Leistung der gemeinsamen Kläranlage bewertet.

Wird das Abwasser eines Betriebes unmittelbar in einen Vorfluter eingeleitet, aber vorher geklärt oder anderweitig behandelt (Ausgleichsbecken, Rücknahme usw.), so wird die Abwasserbehandlung durch einen Betriebsbeiwert berücksichtigt. Der Betriebsbeiwert ist von Fall zu Fall festzustellen oder nötigenfalls von einer sachverständigen Stelle ermitteln zu lassen. Allgemein brauchbare einheitliche Betriebsbeiwerte, etwa wie beim häuslichen Abwasser, lassen sich für gewerbliches Abwasser wegen der Verschiedenheit der Klärverfahren und Behandlungsverfahren und ihrer Leistungen nicht angeben.

Bei der Schätzung der Betriebsbeiwerte ist nicht von der theoretischen, sondern von der wirklichen Leistung auszugehen, die durch die Abwasserbehandlung im praktischen Betrieb bei der zugrunde gelegten Höchstproduktion durchschnittlich erreicht wird. Es ist also nötigenfalls auch Zustand und Wartung der Anlagen zur Abwasserbehandlung zu berücksichtigen. Da naturgemäß nur mit begrenzter Genauigkeit geschätzt werden kann und erfahrungsgemäß die durch Untersuchungen und Analysen gewonnenen Ergebnisse ständig schwanken, ist es zwecklos, die Leistung einer gewerblichen Abwasserbehandlung allzu genau ermitteln zu wollen. Grundsätzlich soll daher die Bewertung einer gewerblichen Abwasserbehandlung nur in nebenstehende Leistungsstufen unterteilt werden.

Tabelle 13

Leistungsstufe	Wirkungsgrad der Abwasserbehandlung %	Betriebsbeiwert
0	0	1,0
1	1—19	0,9
2	20—39	0,7
3	40—59	0,5
4	60—79	0,3
5	80—99	0,1

Der Forschungsausschuß „Giftigkeit" der amerikanischen Federation of Sewage Works Association[1] hat unter Leitung von W. RUDOLFS einen Unterausschuß gebildet, der neben der Zusammenstellung der gesamten Literatur über die verschiedenen Giftigkeiten der verschiedenen Stoffe auf die Schlammfaulung, auf die Belebtschlammanlagen, auf die Tropfkörper und schließlich auch auf die Flora und Fauna der Flüsse gemacht und gleichzeitig selbst Versuche über die Giftigkeit der verschiedenen Stoffe durchgeführt hat. Die dritte Aufgabe bestand in der Entwicklung von Verfahren zur Beseitigung der Giftigkeit der industriellen Abwässer für Fische, Fischnährtiere usw. Das Ergebnis der Sichtung des gesamten Materials ist in einer umfassenden Tabelle zusammengetragen. Aus den Zahlen der noch unvollständigen Tabelle kann man schon jetzt die Abwässer erkennen, die nicht in eine Kläranlage bzw. in einen Vorfluter eingeleitet werden dürfen, da sie den Betrieb der Anlage stören oder ganz zum Erliegen bringen können.

C. Einfluß gewerblicher und industrieller Abwässer auf den Vorfluter

1. Einfluß in hygienischer und ästhetischer Beziehung

Stark organisch verschmutzte Abwässer, z. B. die Abwässer aus Schlachthäusern, Molkereien, Gerbereien, Lederfabriken, Leimsiedereien, Margarinefabriken, Brauereien, Brennereien, Hefe-, Stärke- und Zuckerfabriken, stellen oft mit ihrem hohen Gehalt an organischen Stoffen, wie Eiweißverbindungen, Kohlehydraten und Nährsalzen, einen vorzüglichen Nährboden für alle im häuslichen Abwasser vorkommenden Keime und damit auch für die pathogenen Keime dar, so daß sie eine starke Entwicklung der pathogenen Keime im Vorfluter begünstigen und dadurch direkt oder indirekt in gesundheitlicher Beziehung für Menschen und Tiere schädlich wirken können. Am schädlichsten wirken

[1] Sewage and Ind. Wastes Bd. 22 (1950) S. 1157.

die Abwässer aus Gerbereien, Abdeckereien, Felltrocknereien, Lederfabriken, Lederfärbereien und Leimfabriken durch den möglichen Gehalt an Milzbrandsporen, insbesondere dann, wenn in den genannten gewerblichen Betrieben ausländische Häute (Südamerika, Indien oder überhaupt aus Ländern, in denen keine viehseuchenhygienischen Gesetze bestehen) verarbeitet werden. Die Milzbrandsporen sind außerordentlich widerstandsfähig. Sie gelangen bei Überschwemmungen auf die Grasflächen am Ufer und im Überschwemmungsgebiet auf die Wiesen. Vieh, das auf solchen Flächen weidet oder mit Futter, das auf derartigen Wiesen gewachsen ist, gefüttert wird, erkrankt sehr häufig an Milzbrand.

Schiffer, die oft längere Zeit nicht von ihrem Schiff, Kahn oder Floß herunterkommen, benutzen das Flußwasser nicht nur zu Haushaltszwecken, sondern entgegen den gesetzlichen Bestimmungen aus alter Gewohnheit und Bequemlichkeit auch vielfach als Trinkwasser. Infektionskrankheiten sind häufig die Folge dieses Leichtsinns. Die in Amerika gemachten Beobachtungen, daß sich der Erreger der Kinderlähmung besonders lange in häuslichen und städtischen Abwässern hält und daher auch auf das Flußwasser übertragen werden kann, zeigt, wie große Vorsicht man beim Ablassen von Abwässern in einen Vorfluter, der noch für irgendwelche menschlichen Zwecke benutzt wird, walten lassen muß.

Daß gewerbliche und industrielle Abwässer, die an größeren Vorflutern liegen, die zentralen Wasserversorgungsanlagen stark beeinträchtigen können, zeigen die Schwierigkeiten, welche die am Rhein und an der Ruhr (starke Geschmacksbelästigungen), an der Weser und an der Elbe (salzhaltige Abwässer) liegenden Wasserwerke haben. Die Ruhr muß mit den gewerblichen Abwässern große Mengen Kokereiabwasser aufnehmen, die zu bestimmten Zeiten dem Trinkwasser einen sehr üblen

Abb. 31. Starke Ölverschmutzung eines Flusses durch ein industrielles Werk

Geschmack verleihen (Jodoform- oder „Apothekengeschmack" beim Chloren des Trinkwassers).

Das Baden in den öffentlichen Gewässern zur Sommerzeit kann nicht nur durch häusliche, sondern auch durch gewerbliche und industrielle Abwässer sehr stark beeinträchtigt werden. In erster Linie kommen hier die sehr unästhetisch wirkenden öl-, fett- und teerhaltigen Abwässer in Frage (s. Abb. 31).

Diese sich in feiner Schicht auf der Oberfläche ausbreitenden Verunreinigungen fangen auf der Oberfläche allen aus der Luft niederfallenden Staub, Ruß, Flugasche usw. ab und bilden damit sehr häßliche, ekelerregende und die Badenden stark belästigende Schäume. Die feinen Öl- und Fetthäute schließen die Oberfläche des Flusses von der notwendigen Sauerstoffzufuhr ab und beeinträchtigen so das Selbstreinigungsvermögen des Flusses. Außer den Abwässern der Mineralölindustrie, den Raffinerieanlagen bringen die großen Wassermengen der Hochöfen und Walzwerke von den Walzenstraßen große Öl- und Fettmengen in die Flüsse. Ferner sind es die Öl- und Fettspaltereien, Schlachthäuser, Molkereien, die immer wieder Anlaß zur Klage geben. Bei den Walzwerken ist man in der Lage, durch eine sinnvolle Verwendung des Wassers im Kreislauf die Ölschäden sehr stark herunterzudrücken. Durch die im zunehmenden Maße erfolgende Umstellung vom langsamen Schleppzugbetrieb mit Kohlenfeuerung auf schnellfahrende Einzelfahrer, die mit immer stärkeren Ölmotoren ausgerüstet werden, steigert sich der Ölbedarf und damit auch der Tankverkehr immer mehr. Eine Überprüfung der durch den Schiffsverkehr bedingten Ölquellen ergab nach Lancht[1] folgende Anfallstellen: 1. Tankwaschwasser, 2. ölverschmutztes Ballastwasser aus Ladungs- und Heizöltanks, 3. ölverschmutztes Bilgewasser, 4. Schlamm aus Ladungs- und Heizöltanks, 5. Leckagen, 6. ölige Rückstände aus Pumpen, Filtergeräten und Separatoren usw., 7. Ölverluste beim Laden und Löschen von Ölladungen, 8. Ölverluste beim Bunkern oder beim Umladen des Öls von einem Schiffstank in einen anderen. Dieselölhaltiges Waschwasser fällt an, wenn ein Tankschiff, das vorher Dieselöl geladen hat, ein anderes neues Produkt (Benzin usw.) aufnehmen soll. Das Schiff muß dann vorher gereinigt werden. Das geschieht durch Ausspritzen der Laderäume mit Wasser vermittels einer unter 5 atü stehenden Druckspritze. Das hierbei anfallende dieselölhaltige Waschwasser wird zunächst in einen Absetztank gepumpt.

Die mit der Reinhaltung der Gewässer beauftragten Wasser- und Schiffahrtsdirektionen haben in enger Zusammenarbeit mit den in Frage kommenden Industrien, besonders der Erdölindustrie, mit der Schiffahrt nach Mitteln und Wegen gesucht, diese ständig zunehmenden Verschmutzungen zu verhindern. Über die in diesem Zusammenhange durchgeführten „Hamburger Versuche" berichtet Mitteilung Nr. 72 der Bundesanstalt für Gewässerkunde in Koblenz vom 1. 12. 1955, ferner sei auf die Arbeiten von Wagner[2], Lancht, l. c. hingewiesen.

[1] Lancht, H.: Hansa 1953, H. 42—45.

[2] Wagner, H.: Die Verölung der Flüsse. Deutsche gewässerkundliche Mitteilungen Bd. 1 (1957) S. 41.

Auf Veranlassung der für die Reinhaltung unserer Gewässer verantwortlichen Aufsichtsbehörden haben sich verschiedene Werke mit Versuchen über die Reinigung der auf den Schiffen anfallenden Bilgewässer befaßt. Für die von diesen Werken entwickelten Bilgewasserreiniger sind in den verschiedenen Häfen „Slopanlagen“ errichtet, in denen das in den Bilgewasserentölern gesammelte Öl zusammengefaßt und dann gereinigt und den Betrieben wieder zugeführt wird. W. HUNSCHEIDT[1] beschreibt den auf einem Schleppboot eingebauten Bilgewasserentöler (s. Abb. 32a). Nach einer im Juli 1957 vom Bundesverkehrsministerium

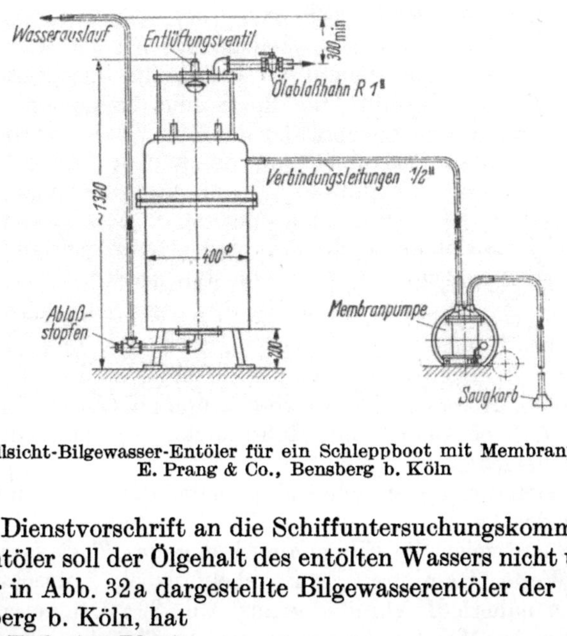

Abb. 32a. Allsicht-Bilgewasser-Entöler für ein Schleppboot mit Membranpumpe der Fa. E. Prang & Co., Bensberg b. Köln

erlassenen Dienstvorschrift an die Schiffuntersuchungskommissionen für die Bilgeentöler soll der Ölgehalt des entölten Wassers nicht über 20 mg/l liegen. Der in Abb. 32a dargestellte Bilgewasserentöler der Fa. Prang & Co., Bensberg b. Köln, hat im oberen Teil eine Plexiglashaube, die als Ölsammler dient und gleichzeitig eine gute Kontrolle gestattet.

Der „*Fram-Bilgewasser-Entöler*“ (s. Abb. 32b) ist ein liegender Zylinder mit aufgeschweißter Ölsammelhaube. Der Entöler enthält besondere Einsätze, die von Zeit zu Zeit zu reinigen bzw. durch neue zu ersetzen sind.

Der FRAM-Entöler besteht aus einem liegend

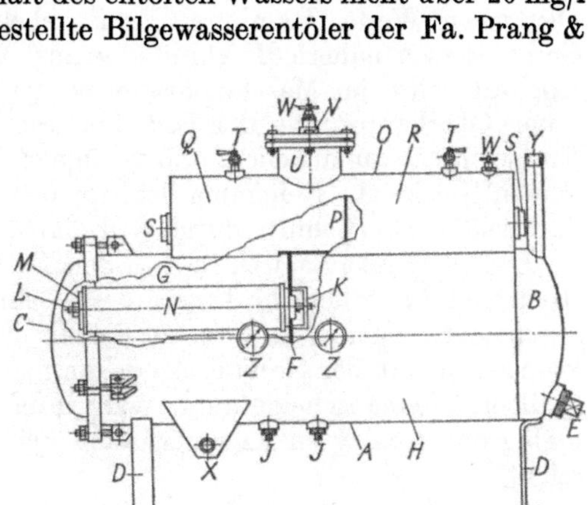

Abb. 32b. FRAM Bilgewasser-Entöler (Deutsche Filtergesellschaft Wuest & Co. KG., Frankfurt/M.-Rödelheim)

[1] HUNSCHEIDT, W.: Gas- und Wasserfach Bd. 99 (1958) S. 573.

einzubauenden, zylindrischen Stahlblechbehälter (*A*) mit einerseits vorgeschweißtem Boden (*B*) und andererseits vorgeschraubtem (Augenklappschrauben und Knebelmuttern) Deckel (*C*). Drei angeschweißte Füße (*D*) dienen zur Befestigung des Gerätes. An der Unterseite des Bodens (*B*) ist ein mit Stopfen verschlossener Stutzen (*E*) für Reinigungszwecke angeschweißt.

Eine angeschweißte Stahlblechplatte (*F*) trennt den Behälter (*A*) in Vor- (*G*) und Abscheidekammer (*H*). Jede Kammer ist mit einem Entleerungs-Stutzen (*J*) mit Stopfen versehen. Die Stahlblechplatte (*F*) trägt die Aufnahmeeinrichtungen, bestehend im einzelnen aus Haltebügel (*K*) Schraubenbolzen (*L*) und Endscheiben (*M*); und hat Bohrungen zur Aufnahme der FRAM-Entöler-Spezialeinsätze CO-1 (*N*).

Auf der Oberseite des Behälters (*A*) ist eine durchgehende Stahlblechhaube (*O*) angeschweißt, die durch eine Trennwand (*P*) in den vorderen Ölsammelraum (*Q*) und den hinteren Ölsammelraum (*R*) aufgeteilt ist. Der vordere Ölsammelraum (*Q*) steht in Verbindung mit der Vorkammer (*G*), und der hintere (*R*) mit der Abscheidekammer (*H*). An den Stirnseiten jedes Ölsammelraumes ($Q + R$) sitzen Ölschaugläser (*S*), obenauf je ein Ölablaßhahn (*T*). Der vordere Ölsammelraum (*Q*) trägt einen aufgeschweißten Dom (*U*) mit Flanschdeckel und eingebauter automatischer Entlüftungseinrichtung (*V*), die zusätzlich mit einem manuellen Entlüftungsventil (*W*) gesichert ist. Der hintere Ölsammelraum (*R*) ist mit einem manuellen Entlüftungsventil (*W*) ausgerüstet.

Der Entölereintritt erfolgt mit Rohrkrümmer (*X*) von unten in die Vorkammer (*G*), der Austritt mit Rohrstutzen (*Y*) senkrecht nach oben aus der Abscheidekammer (*H*).

Zwei am Behälter angebrachte Manometer (*Z*) dienen zur Kontrolle des Differenzdrucks.

Abb. 32c u. d zeigt die Einbauanordnung des *Turbulo-Entölers* der Deutschen Werft, Hamburg. Er ist ebenfalls ein aufrecht stehendes Gerät, dessen nähere Beschreibung aus Abb. 32c u. d hervorgeht. Der Apparat sollte im Maschinenraum so tief wie möglich, und zwar mit seiner Oberkante unter der Ladelinie angebracht werden. Der Turbulo-Entöler ist so aufzustellen, daß genügend Raum für die Entfernung der oberen Glocke zur Reinigung des Apparat-Inneren vorhanden ist. Abb. 32d zeigt einen Schnitt durch den Turbulo-Entöler.

Das Öl-Wassergemisch tritt in den Turbulo-Entöler bei dem Stutzen *A* ein und durchfließt im Innern des Apparates nacheinander eine Grobabscheidekammer *H* und einen Feinabscheideraum *I*. Das Öl-Wassergemisch wird in der Grobabscheidekammer vorgereinigt. Im darunterbefindlichen Feinabscheideraum *I* wird in besonders abgestimmten, gleichmäßig beaufschlagten Kammern eine Feinstentölung des Gemisches erreicht.

An der Unterseite der Platten, die die Feinabscheidekammern bilden, sammelt sich dieses Öl in großen Tropfen am äußeren Rande an und löst sich in großen Tropfen von dem äußeren Rande der Platten ab. Es wird von dem Trennblech *K* zwischen Grob- und Feinabscheideraum aufgefangen und durch die Steigerohre *L* in den Ölsammelraum abgeleitet, von wo es dann gemeinsam mit dem in der Großabscheidekammer angesammelten Öl durch den Ölablaufhahn *C* abgelassen wird. Das entölte Wasser verläßt durch den Stutzen *B* den Apparat. Die von den Pumpen mitgeförderte Luft wird durch das oben auf dem Entöler anzubringende

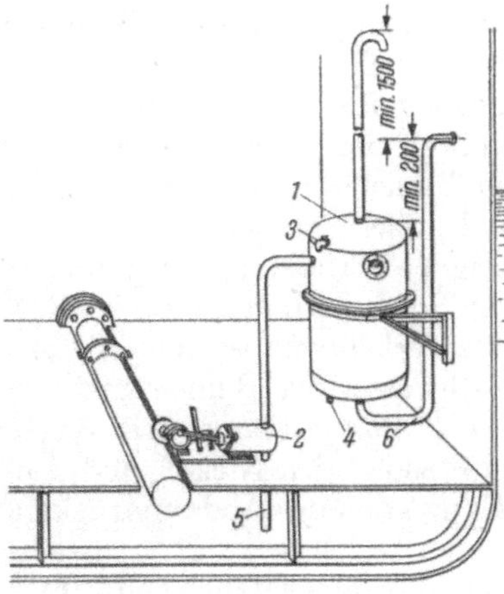

Abb. 32c. Anordnung eines Turbulo-Entölers für Binnen- und Küstenschiffe (Deutsche Werft, Hamburg)

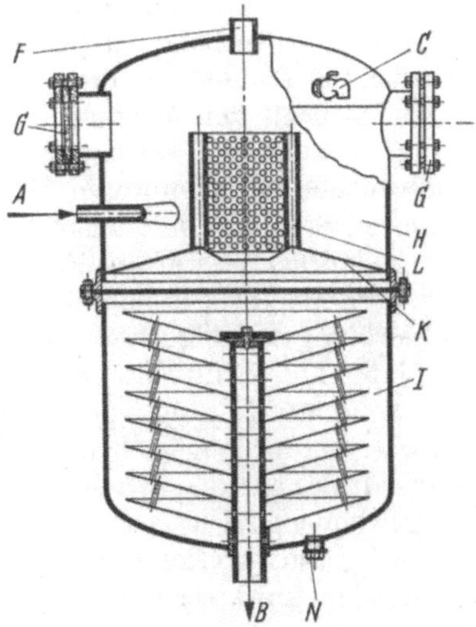

Abb. 32d. Schnitt durch einen Turbulo-Entöler für Binnen- und Küstenschiffe (Deutsche Werft, Hamburg)

Entlüftungsrohr *F* abgeführt. Das Ablassen des Öles erfolgt durch Öffnen des Ölablaßhahnes. Die Höhe der Ölschicht kann durch die beiden Schaugläser *G* beobachtet werden. Die Entwässerung wird durch die Verschlußschraube *N* vorgenommen. Das Austrittswasser ist praktisch ölfrei und entspricht den Anforderungen der Hafenbehörden in aller Welt und den Bestimmungen für die deutschen Binnengewässer. Für Dauerbetrieb empfiehlt die Deutsche Werft, Hamburg, den Einbau eines Vegators zur elektronischen Steuerung von Entölern.

Die Atlantik-Gerätebau GmbH., Stadt Allendorf (Kreis Marburg), baut ebenfalls Bilgewasser-Entöler. In diesem Apparat wird das in einer Vorstufe vorentölte Wasser durch einen Entemulgatorelement geleitet, in dem die fein dispergierten Öltropfen vergrößert und die Emulsionen zerstört werden. Die auf diese Weise frei gewordenen Öltropfen werden in dem um das Element gebauten Ringkanal nach oben in den Ölraum geleitet.

Als Hersteller und Lieferanten von Geräten zur Bilgewasser-Entölung sind dem Verfasser bekannt:

Deutsche Werft, Hamburg,
Atlantik-Metallwerke, Allendorf (Kreis Marburg),
Ingenieurbüro Gasler, Bremen,
Deutsche Filtergesellschaft Wuest & Co., Frankfurt/M.-Rödelheim,
E. Prang & Co. KG., Bensberg-Frankenforst.

Die Wichtigkeit der Bilgewasser-Entölung für unsere Gewässer geht auch aus der Tatsache hervor, daß sich am 9. 2. 1965 mit wesentlicher Unterstützung des Ministeriums für Landwirtschaft und Forsten des Landes Nord-Rhein-Westfalen in Düsseldorf zwischen dem Verein zur Wahrung der Rheinschiffahrtsinteressen in Duisburg-Ruhrort und der Arbeitsgemeinschaft der Rheinwasser-Werke in Düsseldorf ein Bilgen-Entwässerungsverband auf privater Grundlage gebildet hat (Deutscher Arbeitskreis Wasserforschung 1965, Heft Nr. 5, S. 7).

Da es nach den Versuchen gut möglich ist, einen Restgehalt von 20 mg/l einzuhalten, wird zur Bekämpfung der Ölpest die Forderung erhoben, alle mit Ölmotoren fahrenden Binnenschiffe bis zu einem bestimmten Stichtage mit ausreichenden Entölern auszurüsten und diese dann ordentlich zu warten. Für eine geeignete Erfassung des in den Entölern gesammelten Altöls muß frühzeitig Sorge getragen werden. Neben der Entölung der Bilgewässer arbeitet das Verkehrsministerium die Frage der Maßnahmen zur Entölung der Waschwasser der Binnentanker aus.

Zur Identifizierung von Heizölen, die unsere Flüsse und Küstengewässer verunreinigen, benutzt JOHANNESSON[1] den Nickel- und Vanadingehalt des aus den Wassern durch Extraktion des Abdampfrückstandes gewonnenen Öles.

Die bei den Chrysler-Werken[2] pro Sekunde in einer Menge von 30 Litern anfallenden Abwasser mit einem hohen Ölgehalt wurden zunächst durch Separatoren mit oder ohne Zusatz einer chemischen Fällung gereinigt. Auf Grund langer Versuche wird heute eine Druckluftflotation angewandt. Zur Zerstörung der Ölemulsionen werden Aluminiumsalze zugegeben und die Ausfällung und Adsorption später durch Zugabe von Natriumsilikatlösung vervollständigt. Das ausgefällte Aluminiumhydroxyd und das Silikagel schließen das Öl in ihren Mizellen ein. Sie werden durch Filterpressen, die mit Diatomeenerde gefüllt sind, aus dem Abwasser entfernt, nachdem man die größere Menge der Flocken durch Absetzbecken abgetrennt hat. Der Reinigungserfolg wird von BEEBE[2] als hervorragend bezeichnet.

Auch die von einzelnen Industrien besonders an Abstürzen oder nach Durchgang durch Turbinen abgestoßenen Schäume, z. B. von Sulfitzellstoffabriken und Gerbereien, von Abwässern mit hohem Gehalt an Detergentien wirken sehr nachteilig. Sie rufen nicht nur Ekel hervor, sondern können auch die Ursache von Krankheiten sein, da das Eindringen von Wasser in Nase und Mund nie ganz zu vermeiden ist.

Abwässer mit hohem Gehalt an Kohlehydraten und abbaubaren organischen Stoffen sind in vielen Fällen die Ursache der starken Entwicklung von den häßlichen Abwasserbakterien Sphärotilus oder Leptomitus. Diese Bakterien überziehen die im Fluß stehenden Steine, Pflanzen und Sträucher mit einem schafpelzartigen Überzug. Wenn dieser eine genügende Stärke erreicht hat oder die Witterungsverhältnisse sich ändern, so reißt er sich los und kann in den unterhalb liegenden

---

[1] JOHANNESSON, J. K.: Analyst Bd. 80 (1955) S. 840.
[2] BEEBE, A. H.: Sew. and Ind. Wastes Bd. 25 (1953) S. 1314.

Badeanstalten oder Buhnen sehr häßliche, unästhetisch wirkende schwarze Schlammablagerungen bilden, die sehr oft auch an großen Flüssen das Baden vollständig verhindern können (s. Abb. 33).

Abb. 33. Starke Sphärotilusbildung in einem Vorfluter, hervorgerufen durch die Abwässer einer Zellstoffabrik

Der als „Abwasserpilz“ bekannte Sphärotilus natans braucht zum Wachstum nur geringe Mengen Sauerstoff. Wichtiger als der Sauerstoffgehalt ist nach DEMOLL und LIEBMANN[1] der Gehalt des Wassers an Aminosäuren, die in die Flüsse aus den städtischen und häuslichen Abwässern gelangen. Er ist nicht unbedingt an bestimmte Temperaturen gebunden. Er kann noch bei Temperaturen um 4 °C üppig gedeihen. Das Auftreten bei niederer Temperatur wird dadurch begünstigt, daß bei den niederen Temperaturen die Wechselbeziehungen zwischen anderen Wasserbakterien und Kolloiden herabgeetzt sind, und hierdurch der Abwasserpilz weniger Nahrungskonkurrenten hat. Die Fließgeschwindigkeit im Fluß muß mindestens 20 cm/sek betragen.

Eine ausgezeichnete Übersicht über die Ökologie und Physiologie des Sphärotilus natans geben SCHEURING und HÖHNLE in ihrem im Verlag des Vereins Zellcheming in Darmstadt 1956 erschienenen Buch. Darnach ist Massenentwicklung von Sphärotilus nur möglich bei reichlichem Nahrungsangebot, bei relativ guter Sauerstoffversorgung, bei einem p_H-Intervall von 6—9 und bei Temperaturen von 5—20 °C. Außer sehr interessanten Nahrungsversuchen haben die Verfasser des Buches eine große Reihe von Verdünnungsversuchen durchgeführt, bei denen Sphärotilus bei Fichtenlaugen (bei 1 : 50—700000), in Buchenlaugen (bei 1 : 50—1000000), in Hefeschlempen (bei 1 : 40—500000), in Spritschlempen (bei 1 : 100—350000) und in Brüdenkondensat von 1 : 0—25000 wächst.

Die Messung der Menge der im Flusse treibenden „Pilze“ kann entweder durch den Flockenfänger von KOLKWITZ oder durch das POTONIÉ-

[1] DEMOLL, R., u. H. LIEBMANN: Schweiz. Z. Hydrologie Bd. 14 (1952) S. 289.

sche Pilzmeßgerät[1] erfolgen, das aus einem quadratischen Netzrahmen von 50×50 cm besteht, in dem sich ein Netzstück mit 2,5 mm Maschenweite aus Hanfgarn befindet. Das Gerät wird, je nach der Stärke des Pilztreibens, 2 bis 10 min lang quer zur Stromrichtung mittels einer an diesem Rahmen angeschraubten Stange aufrecht ins Wasser gehalten. Die Differenz der Wägungen vor und nach Eintauchen ergibt das Maß des Pilzes von 0,25 m² Netzfläche in Gramm. Gleichzeitig werden Messungen der Strömungsgeschwindigkeit mit Hilfe des Meßflügels durchgeführt. Über die sich aus diesen Messungen ergebende „Pilzdichte" hat BANDT[2] die nebenstehende Erfahrungstabelle aufgestellt.

Pilztreiben	Pilzmenge (Pilzdichte)
Schwaches	< 2 g/m³
Mittleres	2—4 g/m³
Starkes	4—6 g/m³
sehr starkes	>6 g/m³

Da die Messungen mit dem POTONIÉschen Meßgerät infolge Stauungen nicht immer befriedigten, hat LIEBMANN eine besondere Apparatur zur Messung von „Abwasserpilztreiben" in verschiedenen Flußtiefen zusammengestellt. Mittels einer Flügelpumpe wird durch einen Saugschlauch, an dessen anderem Ende sich ein Blechtrichter befindet, der in bestimmte Tiefen abgelassen werden kann, eine bestimmte Menge Flußwasser durch einen trichterförmigen, aus Igelit bestehenden Auffangrahmen, an dessen Ende sich ein mit Bajonettverschluß versehener Messingrahmen von 8 cm Durchmesser befindet, geleitet. In diesen Rahmen werden die einzelnen Messingsiebe mit Hilfe des Bajonettverschlusses angebracht, Bei geringem Pilztreiben benutzt man ein Sieb von 0,25 mm Maschenweite, sonst ein Sieb von 0,5 mm Maschenweite.

Außer den Fadenbakterien Sphärotilus natans und Leptomitus lacteus finden wir noch in den verschmutzten Wassern Crenothrix polyspora, Cladothrix sowie Zoogloea ramigera. Von den Protozoen bilden Carchesium spectabile und Carchesium lachmanii ähnliche Kolonien wie Sphärotilus und werden daher häufig bei grober Betrachtung verwechselt. Fusarium wird in Flüssen gefunden, die schwach saure Abwasser aufnehmen mußten. Er enthält ein Carotinpigment und wächst in Licht und bildet roten Farbstoff. Der weit verbreitete Mucor racemosus wurde allgemein in Abwasserabläufen, die noch organische Substanz enthalten, gefunden.

Obige Übelstände durch stark verschmutzte Gewässer können an Wassermühlen stärker in Erscheinung treten. Beim Betrieb der Wasserräder wird das Wasser nicht nur aufgerührt, sondern auch zerstäubt. Der durch gewerbliche Beeinträchtigung erzeugte ekelhafte Geruch (Fäulnis, stark riechende Abwässer, z. B. Phenol, Naphthalin usw.) verbreitet sich in der ganzen Mühle und gefährdet hierdurch nicht nur die Bewohner und Arbeiter im Hause und in der Nachbarschaft, sondern beeinflußt auch die Güte des Mahlgutes.

---

[1] POTONIÉ, u. H. H. WUNDSCH: Fischerei Bd. 31 (1933).

[2] BANDT, H. J.: Beiträge zur Wasser-, Abwasser- und Fischereichemie aus dem Flußuntersuchungsamt Magdeburg 1947.

Sehr bedauerlich ist es vom ästhetischen Standpunkt aus, daß sich mit dem Vordringen der Industrie in die sonst der Erholung der Bevölkerung dienenden Gebirgsgegenden eine stärkere Verschmutzung der Gewässer dieser Gegenden bemerkbar macht. Ein durch häusliche oder industrielle Abwässer verschmutzter Waldbach, dessen Wasser schmutzig trüb ist und dessen Steine mit einer dicken Schlamm- oder Pilzschicht überzogen sind, können in den Bergtälern wegen des Aussehens und des Geruchs oft die Ursache sein, daß solche Täler gänzlich gemieden werden. Wo zwei oder mehr Schädigungen eines Vorfluters in Frage kommen, muß in erster Linie für die Beseitigung etwaiger, für Mensch und Tier gesundheitsschädlicher Zustände gesorgt werden.

2. Einfluß auf Landwirtschaft und Viehhaltung

Die Landwirtschaft benutzt die öffentlichen Gewässer stellenweise zu Viehtränken und zum Berieseln der Wiesen. Stark versalztes Wasser, z. B. mit Salzgehalten von 3 bis 4 g Kochsalz im Liter, wird vom Vieh zwar noch vertragen, doch sollte man darauf Rücksicht nehmen, daß es in manchen Fällen, besonders für trächtiges Vieh, bei dem salzreiches Wasser bei gleichzeitigem Vorhandensein von Magnesiumsalzen leicht Durchfall und Abortus bewirken kann, schädlich ist. Man sollte daher den Salzgehalt nicht über 1 g/l ansteigen lassen, zumal dieser Salzgehalt auch die für Süßwasserfische zulässige Grenze bedeutet. Wird das Wasser zum Wiesenflößen benutzt, so wirken saure Abwässer und salzhaltige Abwässer schon bei Gehalten von 1 g/l Kochsalz auf die Bodennährstoffe auflösend und führen dieselben mit hinweg. Faulige Abwässer wirken für das Vieh schädlich, können dagegen bei der Berieselung gute Dienste leisten. Lingelbach und Mai vom Hygienischen Institut in Chemnitz[1] haben den Einfluß verschmutzten Tränkwassers aus Vorflutern eingehend untersucht und als Ergebnis ihrer Untersuchungen die in Tab. 13 angegebenen allgemeinen chemischen Grenzwerte für Tränkwasser aus Vorflutern aufgestellt:

p_H-Wert	4—9	
Kaliumpermanganatverbrauch	30	mg/l
Ammoniak (NH_3)	1	,,
Nitrit (NO_2)	0,5	,,
Nitrat (NO_3)	100,0	,,
Phenole	0,1	,,
Sauerstoffzehrung	3,0	,,
Toxische Stoffe nicht nachweisbar		

Faserige Ablagerungen aus Holz-, Zellulose-, Textilfabriken, Eisenschlamm und ähnliche Stoffe aus Steinkohlenbergwerken, geben dagegen zu Belästigungen Anlaß. Desgleichen wirken alle gifthaltigen Abwässer, z. B. aus Blei- und Zinkerzgruben, schädlich. Sie können sich beim Berieseln der Wiesen auf den als Futterstoffe dienenden Gräsern anreichern und dann zu Koliken, oft sogar zum Tode (Bleiflüsse) führen. Zinkhaltige Abwässer haben ferner die üble Eigenschaft, daß sie auf die

[1] Lingelbach, H., u. R. Mai: Hygiene auf dem Lande, Heft 9 (1965).

Fortpflanzung der Tiere besonders schädlich wirken, ja sogar diese z. B. bei Hühnern vollständig unterbinden können.

Cyanhaltige Abwässer aus Galvanisierungsanlagen mit ihrem Gehalt an giftigen Cyan- und Metallsalzen sind schon sehr oft die Ursache für das Verenden von Weidevieh, Kühen, Ziegen, Gänsen, Schweinen, Enten und Hunden gewesen und haben manchen sehr unliebsamen Prozeß mit sehr hohen Ersatzforderungen ausgelöst.

Durch Metallsalze vergiftete Abwässer sollten nicht ohne Reinigung in die Vorfluter abgelassen werden. Diese Metallsalze, so vor allem Kupfer, Nickel und Zink reichern sich durch Basenaustausch allmählich im Boden an und können ihn so bei längerer Berieselung vollständig steril und unbrauchbar machen, wobei besonders zu beachten ist, daß sich diese Schädigung des Bodens nicht wieder beseitigen läßt.

3. Einfluß auf die Entnahme von Trink- und Brauchwasser für die am Vorfluter liegenden Städte und Industrien

Die an einem Vorfluter liegenden Städte und Industrien können in den Fällen, wo sie ihren Wasserbedarf aus dem Vorfluter direkt decken, oft sehr stark unter den Abwässern der oberhalb liegenden industriellen Werke leiden. Unter dem Einfluß gewerblicher, stark organisch verschmutzter Abwässer, wie besonders Brennerei- und Sulfitzelluloseabwässer, kann es, wie bereits S. 69 angegeben, oft in sehr starkem Maße im Vorfluter zur Entwicklung von Abwasserpilzen kommen. Die sehr häßlichen und unästhetisch wirkenden Ansätze reißen sich von Zeit zu Zeit los und verstopfen die Rechen der Kraftwerke und die Filter der Wasserwerke und Industrien. Solche Pilzflocken erhöhen den Schlammgehalt im Kesselspeisewasser und können in den Betrieben oft zu sehr unangenehmen Belästigungen führen, z. B. zu Fleckenbildungen und Geruchsschäden in den Fertigwaren der Papier- und Textilfabriken.

In gleicher Weise schaden säure- und schwefelwasserstoffhaltige Abwässer den Wasserkraftanlagen durch verstärkte Anfressungen und auch bei Verwendung als Kesselspeisewasser. Durch Umwandlung der Carbonathärte in Mineralhärte wird oft die Enthärtung des Kesselspeisewassers oder des Waschwassers der Wäschereien usw. stark erschwert und daher auch die Kesselsteinbildung stark erhöht. Eine Vermehrung des Kesselsteins bringt aber, abgesehen von den Gefahren der Kesselexplosionen, auch einen erhöhten Brennstoffbedarf im Betrieb mit sich. Die Verunreinigungen durch gewerbliche Abwässer heben oft die guten Eigenschaften, die ein Oberflächenwasser meist zur Kesselspeisung besonders geeignet machen, vollständig auf.

Verheerend wirken Fette und Zucker im Kesselspeisewasser, welche oft schon in sehr geringen Konzentrationen zu gefährlichen Überhitzungen der Bleche führen. In solchen Fällen bleibt nichts anderes übrig, als das Oberflächenwasser durch eine sorgfältige Aufbereitungsanlage, wie Filter, Enthärtungs- und Entsäuerungsanlagen, unter Umständen durch eine chemische Fällungsanlage vor dem Gebrauch so weit zu reinigen, daß diese Stoffe nicht mehr schädlich wirken.

Auch durch die gegenseitige Beeinflussung gewerblicher Abwässer können starke Schädigungen auftreten. Gerbereiabwässer und Sulfitzelluloseabwässer ergeben beim Zusammentreffen mit eisensalzhaltigen Abwässern starke Tintenfärbung und meistens auch einen hohen Sauerstoffschwund. Da die eisenhaltigen Beizereiabwässer meistens noch freie Säuren haben, machen sie aus sulfidhaltigen Abwässern Schwefelwasserstoff frei, der zu Geruchsbelästigungen und starkem Sauerstoffschwund führt. Berücksichtigt man die an Trink- und Brauchwasser zu stellenden Bedingungen, so ist es bei vorkommenden Schädigungen meist nicht schwer, die Frage, ob die Abwässer eines oberhalb liegenden Werkes der Wassergewinnung eines Werkes schaden oder nicht, zu beantworten. Bestimmte Abwässer können dadurch in einem Vorfluter sehr schädlich wirken, daß sie durch die in ihnen enthaltenen Stoffe als Schutzkolloide wirken und so die Enthärtung des Vorflutwassers für Kühl- oder Kesselspeisewasserzwecke bzw. Brauchwasserzwecke unmöglich machen. Zellstoffabwässer z. B. enthalten ligninsulfosaure Kalkverbindungen, die als Schutzkolloide die Ausfällung der Eisen- und Kalksalze verhindern.

4. Einfluß auf die Selbstreinigungskraft der Gewässer

Die durch biologische Oxydation im Fluß abbaubaren, organisch verschmutzten Abwässer haben einen bestimmten Sauerstoffverbrauch, den man in gleicher Weise wie beim häuslichen Abwasser als den biochemischen Sauerstoffbedarf bezeichnet. Aus diesen Tatsachen und dem von der Temperatur abhängigen Sauerstoffgehalt ergibt sich, daß zur Aufnahme einer gegebenen Abwassermenge ein bestimmtes Mindestmischungsverhältnis mit dem sauerstoffreichen Vorflutwasser erforderlich ist. Wird dieses Mischungsverhältnis unterschritten, so kann es durch die biologischen Vorgänge zum Sauerstoffschwund kommen. Die Wiederaufnahme des verbrauchten Sauerstoffs im Vorfluter hängt unter anderem von der Oberfläche des Wassers, dem Bewegungszustand des Wassers, der Temperatur, dem Sauerstoffdefizit, den klimatischen und biologischen Verhältnissen ab, so daß es nicht immer leicht ist, das richtige Verdünnungsverhältnis anzugeben. Die Selbstreinigung des Flusses erfordert auch eine bestimmte Zeit. Aus allem geht hervor, daß die Größe des Vorfluters, sein Selbstreinigungszustand und damit seine bisherige Inanspruchnahme, sein Sauerstoffaufnahmevermögen mitbestimmen werden: einerseits für die Menge des gewerblichen Abwassers, das er ohne Schädigung aufnehmen kann, und andererseits für die Anforderungen, die man an die Reinigungsanlagen des gewerblichen Abwassers vor dem Ablassen in den Vorfluter stellen muß. Bei einem Vorfluter mit großen Wassermengen und einer starken Strömungsgeschwindigkeit braucht die Reinigung unter sonst gleichen Verhältnissen nicht so weit getrieben zu werden wie bei einem kleineren Vorfluter mit wenig Wasser und trägem Lauf vorausgesetzt, daß nicht direkt ober- oder unterhalb eine größere Anzahl Fabriken stark verschmutzende Wässer in den großen Vorfluter ablassen. Im gegebenen Falle muß man den Nutzungszweck des das Abwasser aufnehmenden Vorfluters mit in Betracht ziehen. Auch die Art der Einleitung ist von ausschlaggebender Bedeutung. Je inniger die Vermischung ist, desto besser kann die Selbstreinigung eingeleitet werden. Am besten ist die Einleitung durch ein unter Wasser in der Mitte des Stromstrichs liegendes Rohr.

Während man früher die Forderung stellte, daß der Abbau des Kaliumpermanganatverbrauches mindestens 65% und des biochemischen Sauerstoffbedarfs eines organisch verschmutzten Abwassers mindestens 80% betragen müsse, hat man heute erkannt, daß es notwendig ist, die Größe des Abbaues nach der bisherigen Inanspruchnahme des Vorfluters, d. h. nach dem vorhandenen Sauerstoffgehalt und seiner Zehrung oberhalb des Kläranlageneinlaufs, zu richten. In den Fällen, wo z. B. der Sauerstoffgehalt unter 5 mg/l sinkt, sollte auf eine verstärkte Reinigung, d. h. bei organisch verschmutzten Abwässern auch auf eine biologische Reinigung vor dem Ablassen in den Vorfluter Wert gelegt werden.

Nach den von der Indiana-Flußverunreinigungskontrollabteilung[1] herausgegebenen 5 Kriterien wird eine Verschmutzung angezeigt:

1. Durch alles schädliche schwebende Material und Öl.
2. durch feststellbare Schlammbänke im Vorfluter,
3. durch alle die Stoffe, die öffentliche Gesundheit, das Fischleben, die Tiere und das Pflanzenleben beeinträchtigen.
4. Eine nur 50%ige Sättigung des gelösten Sauerstoffs zeigt eine erhebliche Verschmutzung an, zumal dieser Prozentsatz bereits das Fischleben erheblich schädigen kann. Nur ganz vorübergehend darf der Sättigungswert des gelösten Sauerstoffs auf 25% herabsinken.
5. Coliforme Bakterien in Mengen von 10000 je cm^3 zeigen ganz besonders in Wässern, die zum Baden benutzt werden, eine erhebliche Verschmutzung an.

Zur Beurteilung des Einflusses gewerblicher Abwässer auf einen Vorfluter hat man ähnlich wie bei häuslichem Abwasser den biochemischen Sauerstoffbedarf herangezogen.

Drückt man für einen gegebenen Vorfluter dessen Belastbarkeit auf den einzelnen Flußstrecken während der verschiedenen Monate eines Jahres in Einwohnergleichwerten aus, so erhält man einen recht anschaulichen und übersichtlichen Maßstab für den Zustand des Vorfluters. Man ist hierdurch in der Lage, das für das gewerbliche Abwasser erforderliche Abwasserreinigungsverfahren besser auf die Aufnahmefähigkeit des Vorfluters abzustimmen. Um einen besseren Maßstab für die Verschmutzung eines Vorfluters zu bekommen, bei dem auch die im Vorfluter sich auf einer gegebenen Strecke abspielenden Selbstreinigungsvorgänge und damit auch die bisherige Belastung des Vorfluters berücksichtigt werden, hat IMHOFF den Begriff der „Abwasserlast“ geprägt. Darunter wird nach IMHOFF die Zahl der an Ortsentwässerungen angeschlossenen Einwohner verstanden, die auf 1 l/sek des Niederwassers des Flusses kommen. Zu den Einwohnern werden die Einwohnergleichwerte der Industrie zugezählt. Bei den Einwohnern der oberhalb liegenden Gebiete werden Abzüge entsprechend der sich nach der Flußstrecke richtenden inzwischen eingetretenen Selbstreinigung gemacht. Die Zahlen der Abwasserlast geben bis jetzt das klarste Bild über die Belastung jedes einzelnen Gewässers.

[1] LE BOSQUET: Sew. and Ind. Wastes Bd. 22 (1950) S. 1459.

Die Abwasserlastpläne eignen sich daher sehr gut zum Aufstellen von „Reinhaltungsplänen“ oder Reinhaltungsordnungen für ganze Flußgebiete. Abb. 34 zeigt die Aufstellung eines Abwasserlastplanes für einen Fluß von 50 km Länge mit vier Städten und zwei Industriebetrieben. Über die Berechnung der Abwasserlasten siehe IMHOFF[1]. Es ist eine Reihe von Abwasserlastplänen auch unserer großen Flüsse wie dem Rhein aufgestellt worden (s. 1. Aufl. S. 47). JORDAN[2] hat vier Güteprofile des Neckars in der von ihm entwickelten, auf den Sauerstoffwerten aufbauenden Darstellungsweise zusammengestellt und kommt hierbei zu dem Ergebnis, daß der Mittellauf des Flusses bei einer Wasserführung von 10 m^3/sek eine besorgniserregende Verunreinigung aufweist und daß die Selbstreinigungskraft des Wassers stellenweise zum Erliegen gekommen ist. Erst bei einer Wasserführung von 40 m^3/sek beginnen sich erträgliche Verhältnisse zu entwickeln.

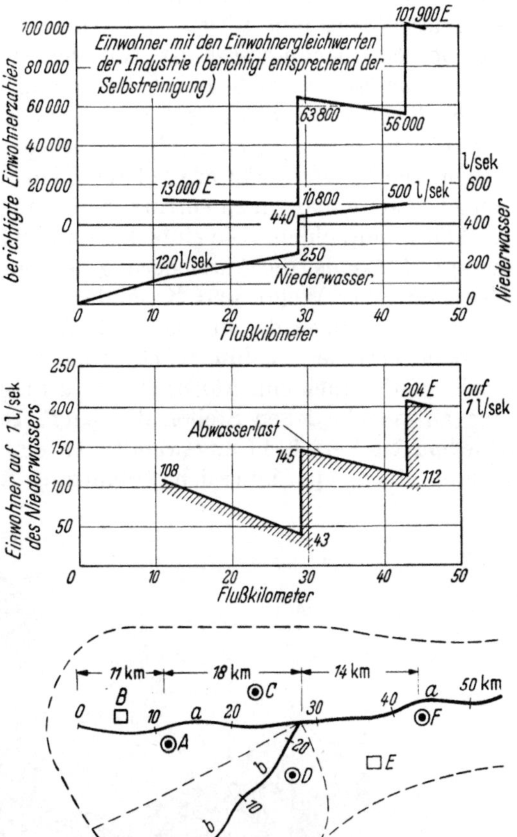

Abb. 34. Aufzeichnen der Abwasserlastlinie für einen Fluß *a* von 50 km Länge und einem Seitenfluß *b* mit vier Städten *A*, *C*, *D*, *F* und zwei Industriebetrieben *B*, *E* (nach IMHOFF)

Zur Kartierung der Wassergüte von Flüssen, Flußstauen und Seen hat LIEBMANN[3] eine sich auf Untersuchungen nach dem Saprobiensystem richtende Güteeinteilung der Gewässer in vier Güteklassen eingerichtet. Durch eine farbige Auftragung der festgestellten Güteklassen geben die Bilder sofort ein klares Übersichtsbild über den Zustand des Flusses bzw. Sees.

Die in einem Vorfluter bei dem biologischen Abbau der zugeführten Stoffe sich abspielenden Vorgänge hängen sehr stark mit der Aufnahme-

[1] IMHOFF: Taschenbuch der Stadtentwässerung, 21. Aufl., 1966 S. 329.

[2] JORDAN, G.: Die Abwasserlast des mittleren Neckars. Wasserwirtschaft Bd. 42 (1952) S. 372.

[3] LIEBMANN, H.: Die Kartierung der Wassergüte. A. T. V. Mitteilungen Bd. 6 (1955) S. 62.

fähigkeit des Vorfluters an Sauerstoff aus der Luft zusammen. Außer von dem im Wasser enthaltenen Sauerstoffdefizit hängt die Aufnahme von der Temperatur und von der Oberfläche ab. Eine bewegte Oberfläche, bei welcher der Oberflächenfilm, der die Sauerstoffaufnahme bewirkt, stets erneuert wird, nimmt mehr Sauerstoff auf als ein völlig ruhendes Wasser mit stillstehender Oberfläche. Diese starke Abhängigkeit der Selbstreinigungskraft von der Wiederaufnahmefähigkeit des Wassers an Sauerstoff bedingt, daß alle öl- und fetthaltigen Abwässer, welche die Oberfläche des Vorfluters von der so sehr notwendigen Sauerstoffzufuhr absperren, sich sehr schädlich auswirken müssen.

Um den in den Vorflutern auftretenden Sauerstoffschwund unterhalb von Abwassereinläufen zu verringern, hat man eine künstliche Belüftung der Flüsse empfohlen. Die einfachste und natürlichste Belüftungsart für gestaute Flüsse ist die Anreicherung des Sauerstoffes des Wassers durch Abstürzen über Wehre und Kaskaden. Die Belüftungswirkung ist um so besser, je inniger das überlaufende Wasser durch Zerstäuben, Umwälzen oder Verteilen in dünne Schichten mit der Luft in Berührung gebracht wird. Auch eine künstliche Belüftung ist zur Sauerstoffaufbesserung an verschiedenen Stellen durchgeführt. Man hat hierzu die verschiedensten Verfahren angewandt. In einer umfassenden Zusammenstellung über „die künstliche Belüftung kanalisierter Flüsse“ gibt

Abb. 35. Sauerstofflot für Durchflußmessungen mit Schreibgerät (HUSMANN-STRACKE)

WAGNER[1] eine Übersicht über die Grundlagen und verschiedenen Verfahren der künstlichen Belüftung der Flüsse durch Röhrenbelüfter, Wehrbelüftung, Filterplatten, Verdüsung, Wurfradbelüfter nach SCHULZE, Pista Belüfter u. dgl. Als einfachstes und billigstes Verfahren empfiehlt er die Ausnutzung des Unterdruckes in den Turbinen der Wasserkraftwerke zum Ansaugen von Luft und Einbringen von Sauerstoff. Diese von

[1] WAGNER, H.: Mitteilungen zum Deutschen Gewässerkundlichen Jahrbuch Nr. 15. Koblenz 1956.

WAGNER erfundene Belüftungsanlage besteht aus einem Ringspalt im Turbinensaugrohr und den Luftzuleitungen. Der Arbeitsaufwand ist mit 0,6–0,7 PS h/kg O_2 als sehr gering zu bezeichnen.

Zur kontinuierlichen Sauerstoffmessung empfiehlt HUSMANN[1] das von Prof. Dr. TÖDT und seinen Mitarbeitern entwickelte und von HUSMANN und STRACKE verbesserte Sauerstofflot (s. Abb. 35). Während Dr. TÖDT eine Goldelektrode von bestimmter Größe und Oberflächenbeschaffenheit bzw. Quecksilber- und Amalgamelektroden anwendet, hat die Chlorator AG., Grötzlingen, unter Anwendung einer Platin- und Cadmium-Elektrode ebenfalls ein Sauerstoffmeßgerät entwickelt. In einem nach einem neuartigen, gänzlich anderen Prinzip arbeitenden Apparat vermischt die Chlorator das zu untersuchende Wasser zunächst mit einem sauerstoffreiem Hilfsgas; normalerweise Propan. Das mit Sauerstoff beladene Hilfsgas wird zu dem thermomagnetischen Hilfsgerät dem Sauerstoffanalysator, (*Magnos* der Fa. Hartmann & Braun) geleitet und hier gemessen (s. Abb. 36).

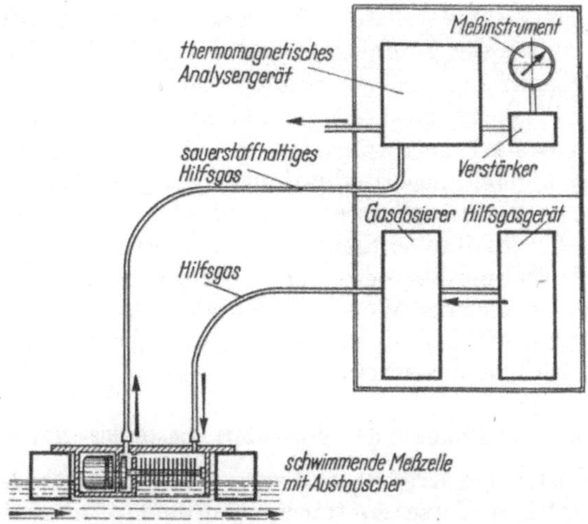

Abb. 36. Schematische Darstellung des Phasenaustauschers B zur kontinuierlichen Messung von Sauerstoff im Wasser (Chlorator, Groetzingen)

Gewerbliche Abwässer können auch durch ihre einseitige Zusammensetzung bzw. durch Giftstoffe die Selbstreinigungskraft im Vorfluter stören besonders dann, wenn ihnen die für die Erhaltung der Selbstreinigungskraft notwendigen Dungstoffe fehlen. Doch kann man in den meisten Fällen dieses Fehlen durch Zumischung von häuslichem Abwasser ausgleichen.

Bei der Einleitung ungereinigter oder nicht weitgehend genug gereinigter gewerblicher Abwässer in die öffentlichen Gewässer kann der Gehalt der Abwässer an Schwebestoffen zu Verschlammungen führen, die um so mehr in die Erscheinung treten, je geringer die Strömungs-

[1] HUSMANN, W.: Wasserwirtschaft Bd. 46 (1956) H. 4.

geschwindigkeiten in dem Gewässer sind und je mehr durch künstliche Aufstauungen zum Zwecke der Ausnutzung der Wasserkraft Gelegenheit zum Absetzen gegeben ist. Sind diese Stoffe lediglich mineralischer Natur, wie z. B. Erde, Sand, Kohle, Kaolin, so unterliegen sie keiner weiteren Zersetzung, bewirken aber oft sehr unangenehme Versandungen und Verschlickungen, die oft den Stauraum sehr stark beeinträchtigen und die im oder am Flußbett liegenden, auf Uferfiltration angewiesenen Wasserversorgungsanlagen vollständig zum Erliegen bringen können. Auf die für die Selbstreinigung des Gewässers in Frage kommende Tier- und Pflanzenwelt wirken sie in mehr oder weniger starkem Grade schädigend, da sie diese Organismen beim Absetzen zu Boden reißen und so ihren Aufgaben entziehen. In solchen oft mit Giftstoffen durchsetzten Böden kann sich dann keine weitere Bodenfauna entwickeln.

Sind die zur Ablagerung kommenden Schlammstoffe organischer Natur, so unterliegen sie einer allmählichen Zersetzung. Es entwickeln sich Gase, Schlammfladen steigen an die Wasseroberfläche, treiben mit dem fließenden Wasser ab und rufen dann manchmal weit unterhalb der eigentlichen Einleitungsstelle der Abwässer von neuem Mißstände aller Art hervor. Durch die Fäulnisgase und durch die im Abwasser enthaltenen zersetzbaren organischen Stoffe wird der ursprüngliche für die Erhaltung des Lebens der höheren und niederen Tierwelt notwendige Sauerstoffgehalt stark beeinträchtigt. Bei übermäßiger Verschmutzung des Gewässers können diese Reduktionsvorgänge bis zur völligen Sauerstofffreiheit des Wassers führen, wodurch dann eine vollständige Abtötung fast aller in ihm enthaltenen Lebewesen, vor allem auch der Fische, mit Ausnahme der besonderen anaeroben Abwasserorganismen, bewirkt wird. In gleicher Weise können alle Abwässer, die den für die Selbstreinigungskraft des Wassers günstigen p_H-Wert stark beeinträchtigen, sich schädlich auswirken.

5. Einfluß auf die Biologie des Vorfluters, besonders auf die Fischerei

Die in industriellen Kreisen vertretene Meinung, es müsse unbedingt genügen, ein giftiges Wasser so weit zu verdünnen, daß es nicht unmittelbar zu einem Fischsterben kommt und die Giftmenge unterhalb der Schädlichkeitsgrenze für die im Vorfluter lebenden Fische liegt, entspricht in keiner Weise den Anforderungen, die an ein einwandfreies Fischwasser zu stellen sind.

Die Literatur, die sich mit der Giftigkeit industrieller Abwässer und dem Einfluß der in diesen enthaltenen Verbindungen auf das Fischleben befaßt, ist sehr mannigfaltig. Nur wenige Zusammenfassungen sind so ausgiebig, daß sie überall angewandt werden können. Die Zusammenstellung von Helfer[1] beschränkt sich auf die deutsche Literatur. Die sehr eingehende Betrachtung über die Toxikologie der Fische von Steinmann[2] umfaßt hauptsächlich die europäische Literatur. Die von

[1] Helfer, H.: Kleine Mitteilungen des Vereins für Wasser-, Boden- und Lufthygiene Bd. 12 (1926) S. 126.

[2] Steinmann: Handbuch der Binnenfischerei Mitteleuropas Bd. 6 (1928) S. 289.

ELLIS[1] gebrachte Zusammenfassung entspricht den amerikanischen Verhältnissen. DOUDOROFF und KATZ[2] haben die gesamte Literatur berücksichtigt und kommen zu folgenden Ergebnissen:

Als besondere Gifte kommen starke Alkalien, wie Kali-, Natronlauge und Kalk, in Frage. Dann wurde der Einfluß von Ammoniak und Ammonsalzen geprüft. Der nächste Absatz umfaßt den Einfluß von Säuren, wobei der Einfluß der Kohlensäure für sich behandelt wird. Nachdem noch der Einfluß des Chlors, Cyans und der chlorierten Cyanverbindungen erörtert ist, beschließen die Giftigkeit von Schwefelwasserstoff und anderen Gasen die sehr interessante Zusammenstellung, der sie noch eine sehr umfassende Aufstellung über die Giftigkeitsgrenze für aerobe und anaerobe Reinigung, für Tropfkörper und schließlich auch für Flora und Fauna im Vorfluter anschließen.

INGOLS[3] kommt bei seinen Untersuchungen über die Giftigkeit der verschiedenen Stoffe auf die Abwasserreinigungsprozesse zu dem Ergebnis, daß es zwei Arten von toxischen Substanzen gibt, und zwar solche, die der normalen Zellsubstanz ähnlich sind und „Metaboliten" genannt werden, und solche, die dem biologischen Leben fremd sind. Letztere können auf den ganzen Lebensprozeß in immer fortschreitender Weise Einfluß nehmen, besonders wenn auch die Umweltfaktoren dieses Fortschreiten noch begünstigen.

Im allgemeinen wird ein Abwasser mit einem p_H-Wert zwischen 6,0 bis 8,0 noch vertragen, doch können auch Fälle eintreten, wo diese Grenze viel enger gezogen werden muß. Solche Änderungen des p_H-Wertes beeinflussen auch den für die Selbstreinigungsvorgänge wichtigen Bakteriophagengehalt. In alkalisch reagierenden gewerblichen Abwässern konnten stets Bakteriophagen für verschiedene pathogene Bakterienarten nachgewiesen werden. In einem Wasser mit einem p_H-Wert von 5,2 fand MARGINESCU[4] die Lysine gegen Bact. coli und Staphylokokken, nicht aber gegen Typhus- und Ruhrbazillen. Im Wasser mit p_H-Wert 3,5 dagegen fehlten alle Lysine, ein Zeichen, daß die Bakteriophagen im sauren Wasser verschwinden. Bei Lösungen von Ammoniak und Ammonsalzen ist der p_H-Wert nicht immer ausschlaggebend, zumal das Wasser in keinem Falle den p_H-Wert von 8,5 erreichen darf. Eine Konzentration des nicht ionisierten freien Ammoniaks oder der Ammonsalze von 1,2 bis 3 mg/l (als NH_3) gilt allgemein als giftig. Bei Beizereiabwässern kann diese Schädigung oft bis zur Sterilisation des Flußwassers führen. Dies hat zur Folge, daß sich die auf einer längeren Strecke zugeführten Schmutzstoffe summieren und nach erfolgter Neutralisation und Neuimpfung durch Zufluß anderer Wässer oft eine verstärkte Sauerstoffzehrung mit den üblichen Nebenerscheinungen, wie Sauerstoffschwund usw., hervorrufen. In gleicher Weise wirken sich, wie schon erwähnt, gifthaltige Abwässer, wie kupfer-, nickel-, cyan- und rhodanhaltige Abwässer, aus. Gelöste Eisenoxydulsalze, wie sie

[1] ELLIS: Bulletin 22 Bureau of Fisheries Bd. 48 (1937) S. 365.
[2] DOUDOROFF, P., u. M. KATZ: Sewage and Ind. Wastes Bd. 22 (1950) S. 1432.
[3] INGOLS, R. S.: Sewage and Ind. Wastes Bd. 27 (1955) S. 26.
[4] MARGINESCU: Igiene mod. Bd. 22 (1929) S. 201.

mit den Beizereiabwässern abgestoßen werden, beeinflussen den Sauerstoffgehalt sehr stark. Sie benutzen den Sauerstoff des Vorfluters zur Oxydation des ausgeschiedenen Eisenoxyduls zu Eisenoxyd.

Nach BANDT[1] liegt im alkalischen Bereich der tödliche p_H-Wert für Forellen und Barsche bei 9,2, für Plötze bei 10,4, für Hechte bei 10,7, für Karpfen und Schleien bei 10,8 und für Krebse bei etwa 10,2. Für größere Fische kann man diese Werte um etwa 0,2 höher nehmen. Die Schädigung durch hohe p_H-Werte, die durch Fabrikabwässer oder aber auch auf natürlichem Wege als Folge von Kohlensäureentzug bei der Assimilation der Wasserpflanzen hervorgerufen werden kann, ist in gleicher Weise wie die durch niedere p_H-Werte (zwischen 4,5 bis 5, in Gegenwart größerer Eisenmengen etwa 5,5) keine eigentliche Giftwirkung, sondern eine Überschußwirkung der OH- bzw. H-Ionen, deren Angriffspunkte die Oberhaut und besonders die Kiemen der Fische (Verätzungen mit nachfolgender Erstickung) sind. Bei manchen Abwässern, z. B. den stark organisch verschmutzten, können die eigentlichen Schädigungen auf den Fischbestand oft viele Kilometer unterhalb der Einlaufstelle auftreten[2]. Die Empfindlichkeit verschiedener Fischarten gegen die schädlichen Wirkungen von freiem Kohlendioxyd schwankt sehr. Kohlensäure, die durch die Reaktion der freien Säuren aus Industrieabwässern mit den im Wasser vorhandenen Karbonaten entsteht, kann tödlich wirken. Lösungen von Schwefelwasserstoff und anderen Sulfiden, freies Chlor, Cyan- und Chlorcyanverbindungen, Kohlenoxyd und Ozon werden auch in schwachen Konzentrationen als sehr giftig für die Fische bezeichnet. Die schwächeren organischen Säuren wie etwa Milch-, Zitronen- und Oxalsäure können unmittelbar tödlich auf ausgewachsene Fische wirken, wenn der p_H-Wert um 5 oder niedriger liegt. Kalzium, in Konzentrationen, wie sie häufig in Flüssen

Tabelle 14. *Metallkonzentrationen, in denen große Stichlinge verschieden lange Zeit am Leben blieben*

Metall	Konzentration der Metalle in mg/l für eine durchschnittliche Überlebensdauer von		
	1 Tag	2 Tagen	10 Tagen
Natrium	3,000	1,500	0,500
Kalzium	4,500	3,000	0,800
Magnesium	2,000	1,500	0,300
Barium	3,000	2,500	0,400
Kalium	0,500	0,200	0,050
Chrom	0,005	0,002	0,0012
Nickel	0,010	0,003	0,0008
Zink	0,0015	0,0009	0,0003
Aluminium	0,0003	0,0002	0,00007
Gold	0,0015	0,0014	0,0004
Kadmium	0,007	0,003	0,002
Blei	0,001	0,0007	0,0001
Kupfer	0,0003	0,0001	0,000015
Quecksilber	0,0006	0,00045	0,000008
Silber	0,0001	0,00002	0,000003

[1] BANDT, H. J.: Z. Fischerei Bd. 34 (1936) S. 359.
[2] SCHIEMENZ, P.: Fischerei-Ztg. Bd. 39 (1936) S. 377.

vorkommen, wirkt merklich der Giftigkeit von Natrium-, Magnesium- und Kaliumionen sowie einigen schweren Metallionen wie Blei- und Kupfer entgegen. Andererseits verstärkten sich die Giftigkeit einiger Metallionen wie Zink und Kupfer. Wenn die Giftigkeit einiger Metallsalze intrazellularen Vorgängen beigemessen wird, so kann die der schweren Metallsalze auch äußeren Wirkungen zugeschrieben werden. So hemmt das Gerinnen des Schleimes auf den Fischkiemen, das bei Anwesenheit von schweren Metallsalzen eintritt, den Atmungsvorgang. MURDOCK[1] hat umfangreiche Versuche mit Stichlingen durchgeführt und die vorstehende Tab. 14 über die Schädlichkeit der Metallionen für die Fischerei aufgestellt.

BALLINGER und HARTLAGE[2], geben als Letalitätsgrenzen für Fische folgende Werte an:

	Konzentration mg/l
Kupfer . . .	0,004–0,02
Cadmium . .	0,1 –0,5
Blei	0,1 –0,5
Zink	0,1 –0,5

Sie empfehlen zur Bestimmung der Metalle die polarographische Methode zu verwenden, nachdem diese sich auch in den Laboratorien der Metallindustrie besonders bewährt habe.

Bei der Prüfung der Frage der Wirkung arsenhaltiger Abwässer auf Fische und Krebse, die aus den Forstbestäubungsmitteln stammten, stellte THIEMANN[3] fest, daß die Zander am empfindlichsten waren, dann folgten die Plötze und die Karpfen. Die Krebse waren am widerstandsfähigsten. Zander besitzen kein Speicherungsvermögen für Arsen. Karpfen wiesen die höchsten Arsenwerte auf. Die Krebse enthielten auffallend große Arsenmengen. Je geringer das Speicherungsvermögen ist, desto größer ist die Empfindlichkeit für Arsen. Während bei den Landtieren die Vergiftungen in der Hauptsache durch den Verdauungskanal stattfinden und daher bei der Untersuchung solcher Tiere die Reste der Giftstoffe meist im Magen festzustellen sind, nehmen im Gegensatz hierzu die Fische die Giftstoffe nie durch das Maul, vielmehr in der Regel durch die Kiemen oder die Haut auf. Aus diesem Grunde ist die Auffindung der Giftstoffe bzw. die Feststellung der Vergiftungsart in den meisten Fällen stark erschwert.

R. CZENSNY macht auf die großen Schwierigkeiten, die die Verölungen der Vorfluter der Fischerei durch die Schiffahrt einerseits und durch ölhaltige Abwässer, die z. B. aus Erdölraffinerien, Tankanlagen kommen, bringen, aufmerksam. Nicht nur, daß die Fische einen üblen Geschmack annehmen, es verhindert die Verölung die freie Sauerstoffaufnahme aus der Oberfläche und bringt einen Rückgang der Fischnahrung und damit eine Verödung der Gewässer hervor.

---

[1] MURDOCK, H. R.: Industr. and Eng. chem. Bd. 45 (1953) S. 99; Ref. im Gas- und Wasserfach Bd. 96 (1955) H. 4.

[2] BALLINGER, D. G., u. T. A. HARTLAGE: Water and Sewage Works Bd. 109 (1962) S. 338.

[3] THIEMANN, M. E.: Z. Fischerei Bd. 38 (1940) S. 659.

Auch der das Fischsterben hervorrufende Sauerstoffschwund kann oft noch andere Ursachen als das Ablassen gewerblicher Abwässer haben, wie z. B. zu starke Entwicklung der grünen Pflanzen, übermäßiges Algenwachstum, ferner die Entwicklung giftiger Gase (Schwefelwasserstoff) aus dem am Boden liegenden Schlamm, die besonders bei Gewittern zu plötzlichem Sauerstoffschwund führen können.

In seinem Buch „Industrieabwässer" bringt MEINCK[1] eine alphabetisch geordnete Zusammenstellung über die Giftwirkung der verschiedenen Abwasserbestandteile auf Pflanzen und Tiere. Für die Kennzeichnung der Giftigkeit eines Stoffes gegenüber Fischen sind seine Konzentration und die Einwirkungszeit von Bedeutung. Innerhalb der Einwirkungszeit werden folgende Phasen unterschieden:

Eintrittszeit	= Zeitdauer bis zum ersten Sichtbarwerden einer Giftwirkung.
Manifestationszeit	= Widerstandsdauer = Zeitdauer bis zum Eintritt des Gleichgewichts- oder Bewegungsverlustes.
Letalzeit	= Zeitdauer, innerhalb der die Fische so weit geschädigt werden, daß sie sich nach Wiedereinbringen in frisches Wasser nicht mehr erholen.
Todeszeit	= Zeitdauer vom Beginn der Giftwirkung bis zum Tode des Tieres.

Die Tödlichkeitsgrenze entspricht allgemein der letalen Dosis, womit man die Konzentration, bei der das Gift noch eine tödliche Wirkung ausübt, bezeichnet.

Ist ein Fischsterben aufgetreten, so kommt für die Feststellung, ob eine Vergiftung mit schädlichen Abwässern vorliegt, in erster Linie die biologische Untersuchung des Vorfluters in Frage. Bei dieser Untersuchung stellt der Biologe die Wirkung eines Abwassers auf die niedere Tier- und Pflanzenwelt des Vorfluters fest, indem er die im Plankton des Flusses und vor allem an den Ufern und Böschungen des Flusses vorkommenden Mikroorganismen oberhalb und unterhalb der Stelle, wo der Beginn des Fischsterbens festgestellt worden ist, vergleicht. Auf Grund des von KOLKWITZ und MARSSON festgelegten Saprobiersystems kann man die Einwirkungsstelle und auch den Einwirkungsgrad feststellen. Die Polysaprobier sind Organismen, die in stark verschmutzten Gewässern vorkommen. Die Mesosaprobier leben in mittelmäßig verschmutzten Gewässern. Je nachdem sich diese Zone mehr zur reinen oder zur schmutzigen Seite neigt, unterscheidet man α- und β-Mesosaprobier. Oligosaprobier können nur in Reinwasser leben. Die genaue Kenntnis all dieser verschiedenen Tier- und Pflanzenformen ist Grundbedingung für die Durchführung der biologischen Untersuchung. Neben der Formenkenntnis ist von größter Wichtigkeit, den Grad der Empfindlichkeit dieser Tierarten gegen die verschiedenen im Abwasser vorkommenden Stoffe, z. B. gegen Säuren, zu kennen, um aus dem gefundenen Leichenfeld Schlüsse auf die Konzentration und den Wirkungsgrad der abgelassenen Abwässer zu ziehen. Man kennt heute Tierformen, deren Reaktionsvermögen gegen Verunreinigungen weit feiner ausgebildet ist

[1] MEINCK: Industrieabwasser, 2. Aufl., S. 469. Stuttgart: G. Fischer 1956.

als die chemische Analyse. Unter Umständen ist man imstande, aus dem Wachstumsstand der vorgefundenen Organismen Schlüsse darüber zu ziehen, wann die schädigende Abwasserwelle den Vorfluter heruntergewandert ist. Bei Fischsterben, wie sie häufig nach dem Ablassen von Säuren infolge zu starker Erniedrigung des p_H-Wertes beobachtet werden, findet man an den Stellen, die von der Säurewelle erfaßt wurden, im Vergleich mit dem oberhalb liegenden normalen Zustand meist die gesamte Tierwelt vernichtet. Bestimmte Metallgifte, die oft in sehr stark verdünnten Zuständen abgestoßen werden, z. B. kupferhaltige Abwässer, werden von den Pflanzen und Tieren gespeichert und führen so auch zu einer immer mehr fortschreitenden Verödung, schließlich sogar zur Sterilität der Vorfluter. Blei, Kadmium, Aluminium, Zink, Nickel und das dreiwertige Chrom und ebenso auch Zinn und Eisen, ebenso wie die seltenen Metalle wie Gold, Cer, Platin, Thorium und Palladium gehören zu den Metallen, die von hoher Giftigkeit auf Fische sind. Desgleichen sind Kupfer-, Quecksilber- und Silbersalze stark giftig für Fische. Nickel und Chrom haben unter 1 mg/l keine Giftigkeit gezeigt[1].

Scheuring[2] hat den Einfluß verschiedener gewerblicher Abwässer auf die Perlmuschelbestände untersucht und hierbei festgestellt, daß feine Quarz- und Tonteilchen aus Abwässern von Hartsteinfabriken, Sand- und Schotterwäschereien, aus Porzellan- und Tonwerken die Muscheln vertreiben. Abwässer aus Hohlglasschleifereien sind weniger gefährlich, dagegen sind aber Abwässer aus Poté-Werken, aus Erzaufbereitungsanlagen, aus Glasschleifereien für optische Gläser durch ihren feinen Eisenoxydschlamm, sehr schädlich. Die Perlmuschelbestände sind demnach durch anorganisch verschmutzte Abwässer viel mehr gefährdet als durch organisch verschmutzte Abwässer.

Trembley[3] weist auf das in der letzten Zeit sehr stark vernachlässigte Problem der Wärmeverschmutzung hin. Er befürchtet, daß sich die Aufwärmung mit der Zeit so stark auswirken kann, daß es zu den größten Schwierigkeiten im Fluß kommen kann. Im besonderen sind es die im zunehmenden Maße errichteten Kraftwerke, die sich an den Flüssen schädlich auswirken müssen, wenn nicht rechtzeitig für eine Abkühlung der Kühlwässer gesorgt wird. Für die Herstellung eines kW wird 1,82 m^3 Wasser erforderlich sein.

Man hat immer wieder, besonders in Prozessen wegen Fischsterben versucht, den Wert der Fischerei eines Vorfluters in ein Verhältnis zu der die Fischerei durch ihre Abwässer schädigenden Industrie zu setzen. Schon allein der große Anteil, den die Binnenfischerei an der Sicherstellung der Volksernährung hat, sollte diese Berechnungen unterbinden. Die Fischerei stellt gerade für die Minderbemittelten neben einem Nahrungszuschuß die beliebteste Art der Erholung dar. Verständnisvolle gegenseitige Rücksichtnahme ist hier sehr am Platze, zumal auch die älteren Rechte auf seiten der Fischerei liegen.

---

[1] Doudoroff, P., u. M. Katz: Sewage and Ind. Wastes Bd. 25 (1953) S. 802.

[2] Scheuring, L.: Natur u. Volk Bd. 69 (1939) S. 68. — Ref. Wasser u. Abw. Bd. 37 (1939) S. 132.

[3] Trembley, F. J.: Consulting Engineer, Oktoberheft (1960) S. 150.

Beim Ablassen von gewerblichen Abwässern können für den Fischbestand folgende nachteilige Abwasserwirkungen auftreten:

1. *Direkt tötende (also Gift-)Wirkungen.* Die akuten Fischvergiftungen, die infolge ihrer sichtbaren Wirkungen von Außenstehenden meist viel schwerer beurteilt werden als vom Fischpraktiker und Fachmann, sind weniger bedeutungsvoll als die periodischen und chronischen Vergiftungen, weil diese jede Neubesetzung illusorisch machen und ein Fischgewässer unter Umständen vollständig entwerten. Genaue zahlenmäßige Angaben über die für Fische schädlichen Mengen der verschiedenen Fischgifte lassen sich schwer machen, da diese oft von ganz verschiedenen Verhältnissen und Bedingungen abhängig sind. Oft kann auch kombinierte Wirkung in Frage kommen; zwei Abwässer, von denen jedes für sich unbedenklich ist, können ein großes Fischsterben verursachen, wenn sie im Vorfluter zusammentreffen.

2. *Vertreibende Wirkung* ist heute wohl die häufigste Folge des dauernden Ablassens gewerblicher Abwässer. Sie erfolgt oft sogar für den Fischer unmerklich. Solche die Fische vertreibenden Abwässer stellen in den meisten Fällen an den Sauerstoffvorrat zu starke Anforderungen. Der Sauerstoffvorrat liegt dann zu nahe an den Grenzzahlen, die die Fische noch vertragen können. Hierdurch werden ihre Lebensbedingungen beeinträchtigt, und die Fische wandern ab.

3. *Krankheitserregende Wirkungen* liegen häufig bei periodischen Abwassereinleitungen vor, wenn geschwächte Fische den häufigen Einwirkungen allmählich erliegen. In diesen Fällen kann es allmählich zu einer 100%igen Schädigung des Fischbestandes kommen.

4. *Eine Schädigung der Fortpflanzung* kann dadurch erfolgen, daß entweder die Laichablage in einem Revier überhaupt unterbleibt, oder daß der abgelegte Laich in seiner Entwicklung gestört oder sogar vernichtet wird (Einfluß von Fett, Teer, stark säure- und laugenhaltige Abwässer, Uferausbauten bzw. -befestigungen). Zahlenmäßige Feststellungen sind in diesem Falle nicht möglich.

5. *Eine die Ernährung verschlechternde Wirkung* haben fast alle giftstoffhaltigen Abwässer und solche Abwässer, bei denen durch den Abbau Giftstoffe entstehen. Bei einseitiger Überproduktion von scheinbaren Futtermitteln und bei deren mangelhaften Verwertbarkeit kann ein Massensterben unter den Nährtieren eintreten, wodurch wieder infolge Verwesung und Abbau organischer Substanz die Giftstoffe sich bilden können, die vertreibend oder sogar tödlich wirken.

6. *Zu den wertmindernden Einflüssen* gehören die Beeinträchtigungen der Fische durch Aufnahme von Gerüchen aus dem umgebenden Medium (z. B. öl- und phenolhaltige Abwässer).

7. *Eine Erschwerung des Fischfanges* kann durch einen Gehalt des Abwassers an flockigen, faserigen Stoffen (aus Papier- oder Textilfabriken) oder durch die unter dem Einfluß des Abwassers entstandenen

Pilzflocken (Sulfitablaugen, Zuckerfabrikabwässer) eintreten. Auch die Netze selbst leiden unter diesen Stoffen durch das verstärkte Waschen und starke Reiben und durch die Erschwerung der Trocknung.

Zur Vermeidung von Schädigungen werden von den fischereilich interessierten Kreisen daher stets an den Reinheitsgrad der Abwässer große Anforderungen gestellt werden, welche WUNDSCH wie folgt festlegt:

Das Wasser darf nicht in einer Weise verändert werden, daß die von Natur darin befindliche Fischwelt dauernd oder zeitweise verhindert wird, zu leben, sich ausreichend zu ernähren und sich fortzupflanzen oder daß der technische Betrieb der Fischereiwirtschaft gestört wird.

Der Altmeister der Fischerei, Geheimrat Dr. P. SCHIEMENZ, hat nach den Angaben von WUNDSCH[1] in bezug auf die Beeinträchtigung der Fischerei durch gewerbliche Abwässer stets den folgenden Standpunkt vertreten:

1. Grundsätzlich soll in der Abwasserfrage nicht auf eine Abgeltung, sondern auf eine Erhaltung der fischereilichen Produktionswerte hingearbeitet werden.

2. Es muß verhindert werden, daß durch Abwässer zunächst eine Fischerei entwertet und dann als wertlos und nicht mehr erhaltungsbedürftig hingestellt wird.

3. Die Fischer sollen sich keine Beeinträchtigungen stillschweigend gefallen lassen, sondern auch kleine und allmählich auftretende Schäden stets von vornherein bekämpfen. Andererseits dürfen sie aber ihren Kredit bei den Behörden durch ungerechtfertigte oder auch maßlose Forderungen nicht untergraben.

4. Der Auffassung der Industrie, daß sie infolge ihres viel höheren realen und sozialen Wertes die Fischerei einfach beiseite schieben könne, muß im Interesse der Erhaltung jeder Produktionsfähigkeit des deutschen Bodens entgegengetreten werden, vor allem auch unter Hinweis auf den hohen Gesamtwert der Fischerei.

Nicht jedes in einem Vorfluter auftretende Fischsterben ist auf den Einfluß schädlicher gewerblicher Abwässer zurückzuführen. Man muß daher einen grundsätzlichen Unterschied machen zwischen 1. *Fischsterben durch Abwasser* und 2. *Fischsterben durch Krankheiten.* Der Verdacht, daß ein *Fischsterben durch Abwasser* verursacht ist, besteht dann, wenn

a) alle Fischarten oder nur alle Grundfische oder alle Oberflächenfische sterben,
b) das Sterben bei allen Fischen ziemlich gleich rasch erfolgt,
c) bei dem Fischsterben die gegen Wasserverschlechterung empfindlicheren Fischarten (z. B. Salmoniden, Zander) vor den unempfindlicheren Fischarten (Plötzen, Karpfen, Karauschen, Schleien, Aale) eingehen,
d) die Fische ohne Unterschied des Alters und Geschlechts eingehen,
e) die biologische Untersuchung des Vorfluters ergibt, daß mit den Fischen auch alle Fischnährtiere abgestorben sind.

[1] WUNDSCH: Z. Fischerei Bd. 25 (1927) S. 31.

Demgegenüber liegt der Verdacht für ein *Fischsterben durch Krankheit* vor, wenn

a) nur wenige, unter Umständen nahe verwandte Arten oder nur eine Fischart stirbt,

b) die Fische allmählich absterben, meist unter Auftreten äußerer Kennzeichen (Geschwüre, Wurmbefall usw.),

c) die Fische unabhängig von ihrer Empfindlichkeit gegen Wasserverschlechterung absterben,

d) meist nur eine Altersklasse eingeht.

6. Einfluß auf Bauwerke im Vorfluter

Die mit den industriellen Abwässern abgestoßenen Schmutzstoffe können in vielen Fällen auf die im Vorfluter errichteten Bauwerke, wie Brücken, Wehre, Uferbefestigungen, Turbinen, Schiffahrtsanlagen usw., von sehr nachteiligem Einfluß sein. Von ungelösten Stoffen sind es die feinen scharfkantigen Sande, wie sie u. a. in den Schleifereien und bei der Granulation der Hochofenschlacke anfallen, die durch ihre Schleifwirkung einen üblen Einfluß auf die Wasserbauten haben können. Saure Abwässer ergeben sehr häßliche Anfressungen an den Kunstbauten und haben schon öfter zu Zerstörungen von wichtigen Bauten im Vorfluter geführt, ganz abgesehen von der Tatsache, daß sie die Standfestigkeit dieser Bauten stark gefährden können.

Ganz besonders schädlich wirken auf Betonbauten sulfathaltige Abwässer. Diese dringen in das Gefüge des Betons ein und bilden dann den sogenannten Zementbazillus, der allmählich durch Gefügeerweiterungen Sprengungen im Beton und damit allmählichen aber sicheren Verfall ergibt. Bekannt sind die durch sulfathaltige Kaliabwässer bedingten Zerstörungen der Brücken über die Elbe. Gelingt es nicht, die sulfathaltigen Abwässer, die bereits bei einem Gehalt von 300 mg/l schädlich wirken können, ganz fernzuhalten, dann muß das Bauwerk durch besonders gute Anstrichmittel oder Zuschlagstoffe zum Beton geschützt werden (s. S. 19: Einfluß gewerblicher Abwässer auf das städtische Rohrnetz).

D. Entwurf und Vorarbeiten für Kläranlagen für gewerbliche und industrielle Abwässer

Für jeden Abwasserfachmann, der eine Kläranlage für einen gewerblichen Betrieb entwerfen soll, ist eine genaue Kenntnis des Betriebes Grundbedingung. Jeder Abwassertechniker und -chemiker sollte allein aus diesem Grunde ein guter Technologe sein. Nur wer die im Betrieb angewandten Herstellungsverfahren kennt, kann sich ein richtiges Bild über die Art und Menge der in einem Betrieb anfallenden Abwässer machen. Je offener eine Betriebsleitung dem Bearbeiter der Abwasserfrage seinen Betrieb zeigt und erklärt, um so besser wird dieser alle Abwasserquellen erfassen und nach geeigneten Vorversuchen eine brauchbare Kläranlage vorschlagen können. In den meisten Fällen lassen sich hierdurch auch Verbesserungen im Betriebe erzielen, die auf eine stärkere Ausnutzung des Wassers und damit eine bessere Wirtschaftlichkeit des Betriebes hinauskommen und oft die Art und Menge der anfallenden Abwässer beeinflussen. Vor allem wird man vor der endgültigen Aufstellung des Entwurfs folgende drei grundlegende Fragen beantworten:

1. Können aus dem Abwasser noch irgendwelche Stoffe im Betrieb zurückgewonnen und dann dem Betriebe wieder zugeführt oder sonst nutzbringend verwertet werden?

2. Wie weit kann das von geringeren Verunreinigungen befreite Abwasser bzw. welche Abwässer können durch eine geeignete Behandlung gereinigt und wieder in den Kreislauf des Betriebes als Reinwasser zurückgeführt werden?

3. Besteht die Möglichkeit, das von den gröberen Verunreinigungen befreite Wasser in demselben oder einem anderen Nebenbetriebe öfter zu benutzen, oder muß mit Rücksicht auf die Art der Produktion von vornherein auf die Möglichkeit einer Wiederverwendung verzichtet werden? Verzichtet der Betrieb auf Rückgewinnung von Stoffen und auf die Wiederverwendung des gereinigten Abwassers, so muß die Frage geprüft werden, ob und wieweit, die Reinigung der Abwässer durchgeführt werden muß, ehe man das Wasser in die örtliche Kanalisation bzw. in den Vorfluter ablassen kann.

Sollten diese vorgenannten Verfahren nicht zum Ziele führen, so hat in vielen Fällen eine Überprüfung der Betriebe ergeben, daß man auch durch innerbetriebliche Maßnahmen oft imstande ist, die Abwasserfrage günstig zu beeinflussen. Bei chemischen Fabriken hat man durch Herausnahme bestimmter, besonders schädlicher bzw. schwer zu reinigender Abwasser und Verlegung der Produktion an einen weniger empfindlichen Vorfluter Abhilfe geschaffen.

Schon bei der Errichtung einer Fabrik müssen nicht nur die Entwässerungsanlagen, wie Kanalisation usw., sorgfältig mit projektiert werden, sondern es sollte auch bereits bei der allgemeinen Bauplanung auf die chemische, physikalische und biologische Beschaffenheit des Vorfluters vor allem auf seine Wassergüte weitgehendst Rücksicht genommen werden. Auf Grund der eingeleiteten Abwässer verändern sich von der Quelle bis zur Mündung eines Flusses die Salz- und Kalkgehalte und damit die Härtegrade, so daß derselbe Fluß im Laufe der Strecke von verschiedener Brauchbarkeit werden kann. Mehrjährige chemische und biologische sowie bakteriologische Untersuchungen müssen hier noch viele Unterlagen schaffen. Besonders bei neuen Industrien ist eine völlige Klarheit und genaue Kenntnis der chemischen Zusammensetzung des Abwassers nötig. Man muß in Zukunft alle Abwasserreinigungsmaßnahmen auf die ungünstigen Vorflutverhältnisse, d. h. auf die im Laufe eines Jahres auftretende niedrigste Wasserführung abstellen.

Je kleiner der Vorfluter und je mehr er bereits in Anspruch genommen ist, und je größer seine Gesamtaufgaben sind, um so größer und weitgehender müssen auch die Reinigungsmaßnahmen jedes einzelnen Werkes sein. Die schwachen Stellen in einem Vorfluter lassen sich auf

Grund regelmäßiger chemischer und biologischer Untersuchungen erkennen[1]. Nur so wird man diejenigen Flußstrecken mit Sicherheit begrenzen können, innerhalb deren das Gewässer auf keinen Fall mit Abwasser belastet werden darf, oder wo man nur völlig gereinigte Abwasser abstoßen darf. Eine verschärfte Kontrolle und Reinigung der Abwässer läßt in sehr vielen Fällen oft helfen, Fehler im Betrieb oder Nachlässigkeiten der Belegschaft aufzudecken, um so wertvolle Stoffe dem Betrieb wieder zuzuführen.

Bei dem Entwurf für die Reinigungsanlagen wird man besonders bei den Werken, die verschiedene Produkte herstellen, die Frage prüfen müssen, ob es besser ist, eine einheitliche Kläranlage für die gesamten anfallenden Abwässer zu schaffen, oder ob es richtiger und wirtschaftlicher ist, die in den einzelnen Betrieben anfallenden Abwässer für sich zu behandeln, zumal letzteres bei der Wiedergewinnung von Stoffen von Vorteil sein kann. Auf alle Fälle sollten bei dem Werk alle ungelösten, besonders aber die absetzbaren Stoffe, die in den Vorflutern die üblen Schlammablagerungen bilden, aus den Abwässern entfernt werden. Außer den in der Abwassertechnik für diese Zwecke viel angewandten viereckigen oder Rundbecken mit Unterwasserschlammentfernung mit 2—3stündiger Aufenthaltszeit, wendet man in neuerer Zeit Zykloneindicker zur Entfernung von Schwebestoffen an, die eine Art hydraulische Zentrifuge darstellen. Besonders fein verteilte Lehmpartikelchen können oft eine elektrische Umwandlung in den Wässern hervorrufen und hierdurch das Absetzen und die Flockung der Stoffe verhindern. In diesem Falle kann man durch Zugabe von anderen Fällungsmitteln eine bessere Absetzwirkung erreichen, so daß das Wasser dann in den meisten Fällen im Kreislauf verwandt werden kann.

1. Wiedergewinnung von wertvollen Stoffen aus den Abwässern

Es gibt eine Reihe von Abwässern, die wertvolle Stoffe enthalten, die im Interesse der Wirtschaft wiedergewonnen werden sollten. Zu dem Zwecke ist es in den meisten Betrieben üblich, bestimmte Abwasserarten eines Betriebes für sich abzuleiten und für sich zu behandeln. Grundbedingung für die Gewinnung ist, daß die aus dem Abwasser zurückzugewinnenden Stoffe in einer solchen Menge vorhanden sind und die Möglichkeit der Wiedergewinnung so ist, daß die Wirtschaftlichkeit des Rückgewinnungsverfahrens gewährleistet ist. In manchen Fällen kann eine derartige Rückgewinnungsanlage sogar zu einer werbenden Anlage des Betriebes werden. Bei der Beurteilung der Wirtschaftlichkeit muß man sich unter Umständen vor Augen halten, daß der Zustand vieler öffentlicher Gewässer durch die sich ständig erweiternde Industrie eine bessere Abwasserreinigung als bisher unbedingt erfordert und daß hierfür gewisse Opfer von der Industrie verlangt werden müssen. Berücksichtigt man weiterhin, daß derartige Rückgewinnungsanlagen unangenehme Prozesse und Beiträge zu Reinigungsgenossenschaften ver-

[1] LIEBMANN, H.: Handbuch der Frischwasser- und Abwasserbiologie. Bd. II. München: Oldenbourg 1960.

meiden, so kann hierdurch bei sonst nicht erbrachter Rentabilität sogar auch die Wirtschaftlichkeit gegeben sein.

In allen Zeiten, wo die Industrie unter Rohstoffmangel zu leiden hat, werden viele Industrien versuchen, die bisher nicht beachteten und mit den Abwässern abgestoßenen Nebenprodukte wiederzugewinnen und im Betriebe zu verwerten bzw. die Abfälle wieder aufzuarbeiten. Jeder Betrieb ist gezwungen, viel schärfer als früher die Rentabilität zu überwachen und darauf zu achten, daß nicht wertvolle Stoffe mit den Abwässern verlorengehen. Eine Wiedergewinnung von Stoffen aus den Abwässern kommt z. B. in Frage bei Nickel und Kupfer aus Beizereiabwässern, bei Kupfer aus den Abwässern der Kunstseidefabrikation, bei Chrom aus Abläufen galvanischer Bäder und aus Gerbereiabwässern, bei Zinn aus den Waschwässern der Seidenbeschwerung, bei Zink aus den verbrauchten zinkchloridhaltigen Tauchbädern der Vulkanfiberfabriken, bei Fett aus häuslichen und Nahrungsmittelbetrieben, das dann für Seifenfabriken verwandt wird, bei Kondensatorölen, bei Faserstoffen in Papier- und Textilfabriken, bei Wollfett aus den Wollwaschwässern, bei Eisensalzen und Schwefelsäure aus den Beizereiabwässern der Eisenindustrie, bei Phenol aus den Kokereinebenproduktenabwässern, für die verschiedenartigen Verwendungen von Sulfitablaugen als Staubbindemittel auf Straßen, als Ersatz für Gerbextrakte, zur Brikettierung, für die Pottaschegewinnung aus Hefefabrikabwässern. Aus den Zellstoffabwässern können Alkohol, Zucker, Furfurol, Hefen für Futterzwecke gewonnen werden. Bekannt ist die Verwendung der mit Chlor gebleichten Sulfitablaugen in der Seifenindustrie als Zusatz für sogenannte Industrieseifen, ferner die Gewinnung von Eiweiß und Milchzucker aus Molken, die Schwefelgewinnung aus industriellen Gasen und Abwässern, die Verwertung des im Kohlenwaschwasser enthaltenen feinen Kohlenschlammes als Brennstoff, bei dem Natronzellstoffverfahren die Rücknahme des in den Kocherlaugen enthaltenen Natrons usw. Durch Vervollkommnung der betrieblichen Apparaturen, Zwischenschalten von Vakuum- oder Filterpressen, Zyklone, Eindampfanlagen lassen sich heute oft mühelos mit sehr geringen Kosten viele wertvolle Stoffe wiedergewinnen, die bisher dem Betriebe verlorengingen und unnötig den Vorfluter belasteten.

Nach den Vorschlägen von Imhoff[1], Buswell[2], Pöpel[3], Reinhold[4], Viehl[5] eignen sich eine ganze Reihe von organischen Abfallstoffen zu einer Gasgewinnung durch Ausfaulenlassen. Besonders viele organisch verschmutzte Abwässer, deren Reinigung auf aerobem Wege oder mit den sonst üblichen Reinigungsverfahren Schwierigkeiten bereitet, lassen sich oft in einer anaeroben Vorbehandlung durch eine Ausfaulung sehr gut zu einer Gasgewinnung ausnutzen; hierfür kommen in erster Linie in

---

[1] Imhoff, K.: Taschenbuch der Stadtentwässerung, 16. Aufl., S. 189. München 1956; Ges. Ing. Bd. 68 (1947) S. 3.

[2] Buswell: State Water Survey Bulletin No. 32, Urbana 1939.

[3] Pöpel: Ges. Ing. Bd. 68 (1947) S. 85.

[4] Reinhold: Ges. Ing. Bd. 70 (1949) S. 309; G. W. F. Bd. 96 (1955) S. 176.

[5] Viehl: Ges. Ing. Bd. 71 (1950) Heft 13/14.

Frage die Abwässer der Brennereien, Strohpappenfabriken, Stärkefabriken, Molkereien, die oft für je 1 kg gesamte Trockensubstanz bis zu 500 bis 600 cm^3 Gas ergeben. Die so vorbehandelten Abwässer lassen sich dann anschließend in einer aeroben Anlage viel leichter vollständig reinigen.

2. Wiederverwendung des Abwassers im Kreislauf

Große Mengen im Betriebe gebrauchten Wassers werden im Fabrikationsgang gar nicht (Kühlwässer) oder nur teilweise durch ungelöste mineralische Stoffe, die sich leicht durch Absetzbecken oder Filter abscheiden lassen, verschmutzt. Es bestehen in solchen Fällen keine Bedenken, das Wasser zur Entlastung der Wasserförderung in den Betrieb zurückzunehmen und direkt wiederzuverwenden. Dies trifft vor allen Dingen für die oft großen Mengen Kühlwasser zu, die lediglich einer Kühlung in Plattenapparaten, in Kühltürmen oder in Kühlteichen bedürfen. Die hierbei durch Verdunstung auftretenden Verluste sorgen dafür, daß stets eine allmähliche Erneuerung durch die zuzusetzende Frischwassermenge eintritt.

In einer Stellungnahme „zur Abwasserfrage in der Industrie" weist Meinck[1] auf die Möglichkeit hin, durch eine Wiedergewinnung von verwertbaren Stoffen die Lösung der Abwasserfrage zu vereinfachen. Er führt hier von der Fabrikationsseite folgende Maßnahmen an:

1. Änderung des Fabrikationsganges, wie z. B. Einführung des Chlorüberschußverfahrens, oder die Einführung der Gegenstromwäsche in den Diffuseuren der Zellstoffindustrie. Einführung der indirekten Kühlung unter vermindertem Druck in der Mineralölraffinerie und bei Generatorabwässern. Anwendung der Apparatefärberei in der Textilindustrie.

2. Abwasserrücknahme bzw. Verwendung des Betriebswassers im Kreislauf. Hierdurch kann der Gesamtverbrauch in den Fabriken oft ganz erheblich gesenkt werden. In vielen Fällen läßt sich durch zwischengeschaltete Kläranlagen oft eine viel bessere Reinigung bzw. eine leichtere Aufarbeitung erreichen. Große Fortschritte sind in dieser Beziehung in der Zellstoff- und Zuckerindustrie, bei der Erzaufbereitung und vielen anderen Betrieben erzielt.

3. Rückgewinnung von verwertbaren Abwasserbestandteilen an der Anfallstelle, wie z. B. Phenol aus den Gas-, Schwel- und Hydrierwässern, der Säuren bei der Raffination der Säureharze, von Nickel-, Kupfer-, Zinksalzen, Chromsäure in der Galvanotechnik, von Eisensalzen und Säuren in der Beizerei.

Eine Wiederverwendung nach Reinigung in Absetzbecken oder Teichen wird angewandt bei den Erzaufbereitungsanlagen, bei der Kohlenwäsche, bei den Papierfabrikabwässern, bei denen neben dem Abwasser selbst auch noch die abgefangenen Faserstoffe und das Kaolin zur Herstellung minderwertiger Papiersorten weiterverwandt werden können, bei den Holzschleifereien usw. Große Wassermengen werden in Zucker-

[1] Meinck: Ges. Ing. Bd. 70 (1949) S. 14.

fabriken durch das Rücknahmeverfahren gespart, seitdem man gelernt hat, durch eine genügend starke Chlorung die organisch verschmutzten Abwässer längere Zeit frisch zu erhalten. Durch derartige Wiederverwendung werden nicht nur die Mengen und damit die Kosten für das zu fördernde oder aus dem Leitungsnetz zu entnehmende Gebrauchswasser geringer, es werden auch die später für das gesamte Werk anfallenden Abwassermengen ganz bedeutend kleiner und ihre Reinigung viel leichter. Jedes Werk sollte daher vor Errichtung einer Kläranlage zunächst die Frage prüfen, ob es nicht möglich ist, durch Änderungen im Betrieb oder durch Wiederverwendung die Gesamtabwassermenge zu verkleinern, oder welche Stoffe noch mit wirtschaftlichen Mitteln aus den Abwässern wiedergewonnen werden können. Um der mit der Anwendung des Kreislaufes verbundenen Gefahr einer zu starken Versalzung des Wassers zu begegnen, empfiehlt es sich, stets einen bestimmten Prozentsatz an Frischwasser dem Umlaufwasser zuzusetzen.

Mit Rücksicht auf den stets zunehmenden Verbrauch an Wasser hat Wolman[1] die Frage der Möglichkeit der Verwendung des Ablaufs einer städtischen Kläranlage für industrielle Brauchwasserzwecke untersucht. Das städtische Abwasser der Stadt Baltimore, das durch Rechen, Sandfang, Absetzbecken, Tropfkörper und Schlammbelebungsanlage gereinigt wird, wird nach Chlorung mit 5 mg/l Chlor direkt in einem Stahlwerk in einer Menge von 50000 m^3/Tag benutzt. Der Ablauf der Tropfkörper wird zunächst noch durch eine chemische Fällung mit 60—70 mg/l Alaun weiter behandelt, ehe es in einer Menge von 150000 m^3/Tag im Betrieb benutzt wird. Die für die Verwendung der städtischen gereinigten Abwasser einzuhaltenden Bedingungen werden wie folgt angegeben:

1. Temperatur unter 25 °C
2. Chloridgehalt unter 175 mg/l
3. p_H-Wert zwischen 6,8—7,0
4. Härte unter 4° DH
5. Schwebestoffe unter 25 mg/l
6. Möglichst niedriger Gehalt an organischen Stoffen
7. Möglichst niedriges Korrosionspotential

Hauptabnehmer des gereinigten Ablaufes der Kläranlage Baltimore ist nach Connell und Berg[2] die Bethlehem Steel Co., die mit 285000 bis 450000 m^3/Tag etwa 90 % des insgesamt verwerteten Abwassers verbraucht. Weitere 6 % werden als Kesselspeise- und Kühlwasser in 4 Raffinerien und in einer Butadien- und Styrenanlage genutzt.

Die Bethlehem Steel Co. zahlt etwa 2,65 $ für 1000 m^3 des in der Kläranlage Baltimore gereinigten Abwassers. Die Kosten für städtisches Leitungswasser würden etwa das 10fache betragen. Die Stadt Baltimore kann durch den Verkauf des Abwassers etwa 30 % der Betriebskosten der Kläranlage bestreiten.

Es hat sich gezeigt, daß die zusätzliche Aufbereitung des gereinigten Abwassers für seine industrielle Nutzung sich nur wenig von derjenigen

[1] Wolman, A.: Sew. Works Journal Bd. 20 (1948) S. 15.
[2] Connell, C. H., u. E. J. M. Berg: Sew. and Ind. Wastes, Bd. 31 (1959) S. 212.

des Trinkwassers unterscheidet. Eine stärkere Chlorung ist notwendig, ebenso müssen meist Schaumbekämpfungsmittel zugegeben werden. Wird das Abwasser als Kesselspeisewasser verwendet, so sind Enthärtung, Alkalisierung und Einstellung des p_H-Wertes erforderlich. Aus dem Bericht geht hervor, daß durch die industrielle Verwendung des Abwassers keine wesentlichen Schwierigkeiten eingetreten sind.

E. Verschiedene Abwässerarten

Die Abwässer der Fabriken lassen sich in drei Gruppen unterteilen:

1. Abort-, Küchen-, Wasch- und Badewässer. — 2. Kondens-, Kühl- und Waschwässer der Betriebe. — 3. die eigentlichen Fabrikationsabwässer.

Die Abwässer der ersten Gruppe haben gleiche Zusammensetzung wie die üblichen häuslichen Abwässer und können daher auch wie andere häusliche Abwässer behandelt oder am einfachsten der Kanalisation zugeführt werden. Können sie nicht an die Kanalisation angeschlossen werden, so müssen sie auf dem Werk durch Kleinkläranlagen mit mindestens 14tägiger Ausfaulzeit (DIN 4261) gereinigt werden.

Die unter 2. genannten Abwasserarten sind meistens wenig verschmutzt. Es empfiehlt sich, dieselben nach einer ihrem Verschmutzungsgrad entsprechenden Behandlung so weit wie möglich im Betriebe wiederzuverwenden. Falls dies nicht möglich ist, sollte man sie für sich ableiten und nicht mit den eigentlichen Fabrikabwässern der dritten Gruppe vermischen, da hier auch die Menge der meist viel stärker verschmutzten Fabrikabwässer unnötig vergrößert wird, so daß deren Reinigung viel größere Schwierigkeiten macht. Dies trifft besonders dann zu, wenn die Wässer der zweiten Gruppe gegenüber denen der dritten Gruppe an Menge bei weitem überwiegen. Die Kühl- und Kondenswässer von Oberflächenkondensatoren sind vielfach so rein, daß sie in den meisten Fällen direkt im Betriebe oft unter Ausnutzung der aufgenommenen Wärme verwandt werden. Bei Einspritzkondensatoren müssen die Kühlwässer nach einer Reinigung in einem Absetzbecken, dem man unter Umständen zum Abfangen des Öls ein Koksfilter anschließt, dem Vorfluter übergeben bzw. im Betrieb für andere Zwecke im Kreislauf benutzt werden können. Eine Umstellung von Einspritzkondensatoren auf Oberflächenkondensatoren erleichtert die Reinigung und Wiederverwendung erheblich. Bei der Verwendung im Betriebe nehmen die Kühlwässer oft große Wärmemengen auf, die sich in den Kanälen, in den Kläranlagen und den Vorflutern oft sehr unangenehm bemerkbar machen. Daher ist die Forderung, daß die Abwässer keine höhere Temperatur als $+30\,^{\circ}C$ haben dürfen, voll und ganz berechtigt. Bei höheren Temperaturen können sonst reine Kühlwässer mit Rücksicht auf die üblen Folgen selbst Abwassercharakter annehmen. In diesen Fällen ist die Zwischenschaltung eines Wärmeaustauschers bzw. eines Kühlturmes unvermeidlich.

Die von vielen Werken abgestoßenen Kühl- und Kondenswässer sind in den meisten Fällen so rein, daß sie, wenn sie nicht im Betrieb zu anderen Zwecken als Wasch- oder Spülwässer benutzt werden, direkt in die Vorfluter abgelassen werden können. In den Fällen, wo jedoch noch Einspritzkondensatoren vorhanden sind oder auch bei Walzenkühlwässern haben sie einen üblen Öl- oder Fettgehalt, der vor dem Ablassen in den Vorfluter unbedingt entfernt werden muß, da sich sonst schon sehr kleine Mengen auf der Oberfläche sehr weit ausdehnen und so den ungehinderten freien Sauerstoffzutritt aus der Luft verhindern, was zur Folge haben kann, daß die durch die biologischen Selbstreinigungsvorgänge bedingte Sauerstoffabnahme nicht mehr genügend ergänzt wird. Bei der Weiterverwendung als Kesselspeisewasser können bereits geringe Mengen von Öl zu erheblichen Betriebsstörungen führen. Diese Öl- und Fettmengen müssen daher unbedingt zurückgehalten werden, was am besten durch Öl- bzw. Fettabscheider mit nachgeschaltetem Koksfilter geschieht. Soll das Kondensat zur Kesselspeisung benutzt werden, benutzt man am besten Filteranlagen, die mit aktiver Kohle gefüllt sind. Die Lurgi-Gesellschaft für Wärmetechnik mbH., Abteilung Aktivkohle,

Abb. 37. Hydraffin-Kondensatentölungsanlage für 800 m³ Tagesleistung (Lurgi-Ges. für Wärmetechnik, Frankfurt a. M.)

Frankfurt/M. hat für diese Zwecke eine besondere Aktivkohle „Hydraffin“ entwickelt, mit der sie auch die letzten Reste Öl aus den Kondenswässern entfernt. In Abb. 37 ist eine von dieser Gesellschaft gebaute Anlage zur Kondensatentölung mit Aktivkohle Hydraffin für eine Tagesleistung von 800 m^3 dargestellt. Abb. 38 zeigt einen Hydraffinentöler mit Koksvorentöler geschlossener Bauweise der gleichen Firma.

Der Ölgehalt wurde von 6 bis 10 g/m^3 bis auf unter 1 g/m^3 entfernt. Die Ölbeladung konnte bis auf 35 Gew.-% gesteigert werden, wobei die Reinigungskosten rund 0,6 Pfg./m^3 betrugen. Hat das Kondensat niedere Temperatur, z. B. 70 bis 90 °C, so ist die Ölbeladung kleiner und beträgt nur 15 bis 25% des Gewichtes der Kohle; dadurch sind die Kosten etwas höher.

Um die in den Kondenswässern enthaltenen Ölmengen möglichst niedrig zu halten, schaltet man bei Kolbendampfmaschinen, Kolbenkompressoren, Kolbenpumpen eine Abdampfentölung ein, in der der

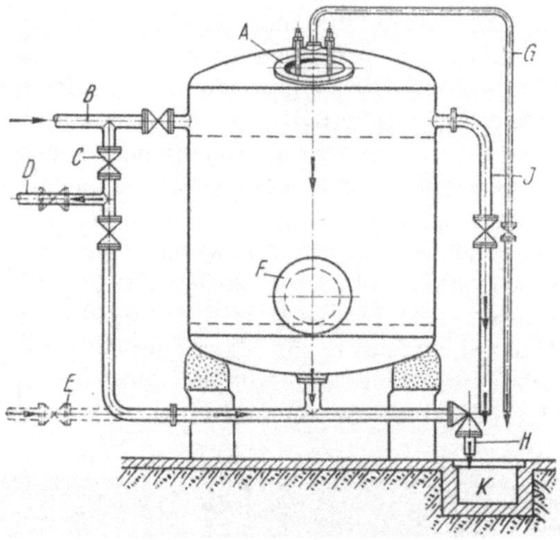

Abb. 38. Hydraffinentöler mit Koksvorentöler geschlossener Bauart (Lurgi-Ges. für Wärme technik, Frankfurt a. M.)
A Mannloch zum Einfüllen der Aktivkohle, *B* Rohkondensateintritt, *C* Umführung, *D* Reinkondensataustritt, *E* Spülwasseranschluß, *F* Handloch zum Auspacken der Aktivkohle, *G* Entlüftung, *H* Entleerung, *J* Spülwasseraustritt, *K* Spülwasserabfluß

Abdampf möglichst weit von den mitgenommenen Zylinderölen befreit wird, so daß der in nachgeschalteten Heiz- und Trockenelementen anfallende Niederschlag als Kesselspeisewasser wieder verwandt werden kann. Die Luther-Werke, Luther & Jordan, Braunschweig bauen nach dem Patent Dempewolf seit 50 Jahren Abdampfentöler, in denen der Dampf durch jalousieartige Aufteilung des Endes des Zuleitungsrohres gleichmäßig in dem mit vibrierenden Kettensystemen (s. Abb. 39a und b) gefüllten Kammern ein- und durchgeleitet wird und hierbei das Öl an die Ketten abgibt, das langsam herunterfließt und sich am Boden sammelt, von dem es laufend abgezogen wird, um nach einer Reinigung im Betrieb wieder verwandt zu werden. Abb. 39a zeigt einen derartigen Abdampfentöler im Schnitt. In dem in Abb. 39c dargestellten Brunsviga-Abdampfentöler wird aus dem Niederdruckzylinder einer Tandem-Dampfmaschine stündlich 10 t Abdampf zugeführt. Nach dem Durchgang durch den Entöler wird der Dampf in einem Oberflächenkondensator unter 85% Vakuum niedergeschlagen. Das Kondensat enthält noch 1,5 mg/l Öl und kann entweder sofort oder nach Durchgang durch einen vorstehend beschriebenen Lurgi-Hydraffinentöler direkt als Kesselspeisewasser verwandt werden.

Viele Fabriken verwenden in ihren Betrieben das Vorflutwasser, nachdem sie es in großen Schnellfiltern von den im Vorflutwasser enthaltenen Schwebestoffen weitgehendst befreit haben. Leider ist es noch an vielen Stellen üblich, das bei der Rückspülung der Filter anfallende, viel stärker mit Schwebestoffen durchsetzte Abwasser dem Vor-

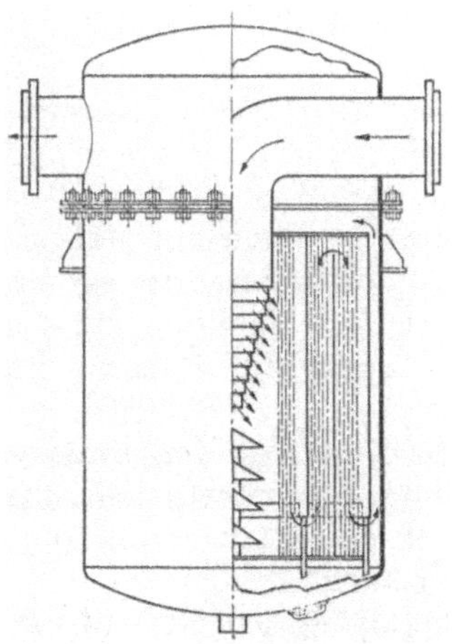

Abb. 39a. Brunsviga Abdampfentöler, System Dempewolf (Luther-Werke, Braunschweig)

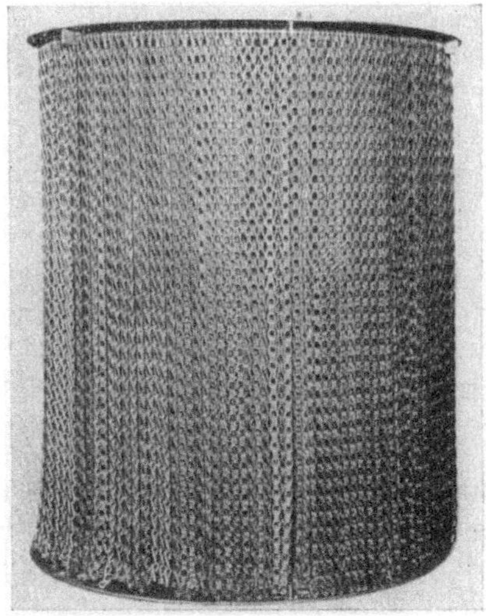

Abb. 39b. Besonders geformte Kettensysteme zum Einsatz in den Abdampfentöler (Luther-Werke, Braunschweig)

Abb. 39c. Eingebauter Brunsviga-Abdampfentöler, System Dempewolf, für eine Leistung von 10 t Dampf/Std. (Luther-Werke, Braunschweig)

fluter zuzuleiten. Man geht hierbei von der Ansicht aus, daß man berechtigt sei, diese Abfallstoffe dem Vorfluter wieder zuzuleiten, da sie ja auch aus ihm gekommen seien. Ganz abgesehen davon, daß es nach dem Wassergesetz verboten ist, dem Vorfluter verschmutzende Stoffe zuzuführen, wobei das Gesetz keinerlei Unterschied zwischen den aus dem Vorfluter stammenden Stoffen und den auf andere Weise in das Abwasser gelangenden Stoffen macht, muß man aber auch berücksichtigen, daß die feinen Schwebestoffe, die z. T. aus Lebewesen, aus ausgeflockten Kolloiden und sonstigen Schwebestoffen bestehen, durch den Aufenthalt im Filter sich z. T. sehr stark verändert haben und jetzt ganz andere Wirkungen auf den Vorfluter äußern werden als vorher. Als erschwerend kommt hinzu, daß der nächste Unterlieger sie in der gleichen Weise auch wieder aus dem Vorflutwasser entfernen muß, so daß es auf diese Weise vorkommt, daß ein und dieselben Schmutzstoffe verschiedene Male aus dem Wasser herausgeholt werden müssen. Am einfachsten ist es, man leitet diese Spülwasser durch genügend große Absetzbecken und verwendet die anfallenden Schlammengen, wenn möglich, zu Düngezwecken oder fault sie aus.

Auch der aus den Wasserenthärtungs- bzw. -aufbereitungsanlagen anfallende, durch seine weiße Farbe im Vorfluter sehr unästhetisch wirkende Schlamm sollte am besten in Absetzbecken abgefangen und dann zu Dünge- oder zu Neutralisationszwecken benutzt werden.

Bei der Regenerierung der zur Enthärtung dienenden Basenaustauscher fallen stoßweise Abwässer mit einem hohen Gehalt an Calcium- und Natriumchlorid an, die den Chloridgehalt im städtischen Abwasser bzw. im Vorfluter oft unerlaubt hoch anschwellen lassen. Bei Wasserwerken mit uferfiltriertem Grundwasser kann dies dadurch sehr unangenehm werden, daß der Chloridgehalt die Geschmacksgrenze für längere oder kürzere Zeit überschreitet, und daß es im Untergrund allmählich zu einem dauernden Anstieg des Chloridgehalts kommt.

Die unter 3. aufgeführten Fabrikationsabwässer verlangen eine den einzelnen Betrieben entsprechende Weiterbehandlung. Es ist in jedem Falle vorher zu prüfen, ob man die in den einzelnen Betrieben anfallenden verschiedenen Abwasserarten mischen und dann gemeinsam aufarbeiten kann, oder ob man die einzelnen Abwasserarten für sich gesondert behandeln muß. In sehr vielen Fällen wird man auch bei den gewerblichen Abwässern die bei häuslichen Abwässern angewandten Verfahren benutzen können.

I. Abwässer mit vorwiegend organischen Verschmutzungen

1. Abwässer aus Schlachthäusern und verwandten Betrieben, z. B. Fleisch- und Wurstfabriken, Konservenfabriken, Metzgereien

a) Art der anfallenden Abwässer und Abfallstoffe

Man muß unterscheiden zwischen den kleineren handwerklich betriebenen Anlagen einzelner Besitzer, wie sie in Dörfern und kleineren Städten ohne Schlachthäuser vorkommen, und den Schlachthäusern der Städte und größeren Gemeinden, in denen seit dem vorigen Jahrhundert ein „Schlachthofzwang" besteht. Während die größeren Schlachthöfe und die Fleischwarenbetriebe an allen Wochentagen mit mehr oder weniger großen Schwankungen arbeiten, beschränkt sich der Betrieb bei Einzelschlächtereien und kleineren Schlachthöfen auf einzelne Wochentage.

Die zum Antransport des Schlachtviehes benutzten Wagen müssen in gleicher Weise wie die zum Viehtransport gebrauchten Wagen und Seefischwagen auf den Umladebahnhöfen und auf den Schlachthöfen sofort nach der Entladung einer intensiven Reinigung unterzogen werden, da sie sonst zu leicht Überträger infektiöser Krankheiten werden können. Die Reinigung erfolgt in den sog. Wagenwäschen. Wenn die Tiere mit Rücksicht auf die Sauberkeit der Schlachtung nach ihrer Ankunft im Schlachthof abgebraust oder gebadet werden, fallen hier die mit erdigen und gelösten Schmutzteilen behafteten Abwässer an. Der in den Wagen enthaltene Dünger und Strohteile werden auf einen Düngerwagen geladen und verwertet. Dann werden die Wagen gründlich mit etwa 60 °C heißem Wasser abgespritzt. Nach dem gründlichen Auswaschen werden die Wagen mit Sodawasser und schließlich durch Versprühen eines geeigneten Desinfektionsmittels, am besten einer Mischung von 1% Kresol, 2% Schwefelsäure und 97% Wasser desinfiziert. Die zur Reinigung eines Waggons benutzte Wassermenge beträgt rund 1 m^3. Zu diesen Abwässern kommen noch die Abwässer aus den Stallungen, die Spülwässer von den Höfen, Straßen und Betriebsräumen.

Unter „Schlachthofabwasser" ist Abwasser zu verstehen, das bei dem Betrieb von Schlacht- und Viehhöfen sowie Schlachthäusern ohne Fleischverarbeitung anfällt.

Es entsteht insbesondere beim Entbluten und Ausschlachten der Schlachttiere, beim Brühen und Abspülen der Tierkörper und Tierkörperteile, beim Reinigen der Innereien, beim Leeren und Reinigen der Mägen und Därme sowie bei der Reinigung und Desinfektion der Stallungen und der gesamten Schlachthofanlage mit Kühlräumen einschließlich der benutzten Schlachtgeräte und Einrichtungen.

Schlachthofabwasser enthält Schlachtabfälle aller Art, soweit sie nicht von den Abdeckrosten der Ablaufstellen in den Betriebsanlagen zurückgehalten werden.

Die Schweine werden nach Heiss[1] von der Wartebucht aus mittels Wechselstrom (elektrische Zange) elektrisch betäubt. Anschließend

[1] Heiss, R.: Lebensmitteltechnologie. München: J. F. Bergmann 1950.

werden sie an den Füßen hochgezogen, entblutet und gleiten nach 6—10 Minuten in einen tiefer gelegenen Brühbottich, der mit einer Entnebelungsanlage versehen ist. Das Entbluten erfolgt mittels eines Hohlmessers in ein mit Rührwerk versehenes Gefäß (hygienisch einwandfreie Absaugung). Über die Verwertung des Blutes s. S. 106. Die Dauer des Brühens soll 4 bis 6 Minuten bei 56 bis 62°, möglichst in weichem Wasser betragen. Bei einer längeren Verweilzeit kann das Fett zu schmelzen beginnen. Nach dem Abbrühen in dem Brühbottich werden die Haare mit Hilfe von Schabern auf Schabetischen oder mit Hilfe von Enthaarungsmaschinen entfernt. Die feineren Haare werden mit Schabemessern entfernt. Bei zu langem Brühen löst sich die Schwarte, so daß ein maschinelles Enthaaren nicht mehr möglich ist. Die Haare bzw. Borsten werden gesammelt und in Bürsten- und Pinselfabriken verwandt. Die bei den sonstigen Tieren anfallenden Häute gehen in die Lederfabriken (s. dort).

Nach dem Abbrausen beginnt die eigentliche Ausschlachtarbeit. Vom Ausschlachtplatz gelangen die Hälften zum Abhängeplatz und dann zum Vorkühlraum und zum Kaltlagerraum, in dem eine Zwischenlagerung bei —0,5° und einer relativen Feuchtigkeit von 80% bis zum Verkauf stattfindet. Die Abkühlung auf 0 bis 2 °C sollte in 18 bis 24 Stunden beendet sein.

Beim Schlachten fallen als Nebenprodukt Blut, Innereien, Därme, Haare, Fett, neuerdings eventuell die Häute der Schweine an, die der Ledergewinnung zugeführt werden. Schlechte Borsten können für Polsterzwecke verwendet werden. Die Kaldaunen werden in der ebenfalls mit einer Entnebelungsanlage ausgerüsteten Schweinekuttelei zunächst von Fetteilen gereinigt, der Inhalt der Eingeweide in den Düngerraum entleert, die Därme von Hand in Wasser umgestülpt und durch Schaben und Spülen in kaltem und heißem Wasser von Hand oder mit Darmentschleimungsmaschinen vom Darmschleim gesäubert. Ohne Maschine kann der Darmschleim nicht genügend gelöst werden, es sei denn, daß man einen Fäulnisprozeß von 18 bis 24 Stunden bei 24 °C zuläßt, wodurch sich ein qualitativ schlechteres Produkt ergibt.

Nach dem Sortieren werden die Därme eingesalzen.

Die entleerten Mägen werden in einen Brühbottich gebracht und auf Schabetischen von den Zotten befreit. Die Därme werden in gesalzenem Zustand in Fässer verpackt. Auch die behaarten Köpfe und die abgeschlagenen Klauen werden in einem Brühbottich gereinigt. Die Schweineblase wird ebenfalls umgestülpt, gereinigt, von Fett befreit und entweder aufgeblasen getrocknet oder eingesalzen.

Der Dünger wird in Bunkern gesammelt, mittels Transportschnecke zwischen Walzen gebracht, dann abgepreßt; während der abgepreßte Dünger mit etwa 70% Wassergehalt nach Lagerbunkern befördert wird, läuft das Abpreßwasser in die Kanalisation. Der Magen- und Darminhalt, der in der Kuttelei entfernt wird, wird in die Düngergrube oder noch besser in einen dichten Tonnenwagen entleert, der dann aufs Feld gefahren wird, wo er unter Zugabe von Kalk kompostiert wird.

Es entstehen in der Hauptsache als Abwasser die Spülwässer vom Reinigen der gesamten Räume und der Geräte nach der Schlachtung. In diesen Spülwässern sind Reste von Blut, Fett, Fleischstücke, Harn, Kot und Futter, sowie Reste von Wurstbrühen usw. enthalten. Die Menge der entstehenden Abwässer schwankt je nach der Art des geschlachteten Viehes und der Art des Betriebes zwischen 300 bis 2000 l für jede Schlachtung. Schon das Abwasser von den Viehhöfen, das die flüssigen und festen Abgänge der Schlachttiere und das Waschwasser der Hürden enthält, ist stark verschmutzt. Seine Menge und Konzentration ist sehr starken Schwankungen unterworfen.

Nach Liebmann[1] kommen in der Millionenstadt München in der Woche 2000 Rinder, 2600 Kälber, 600 Schafe und 5000 Schweine zur Schlachtung. Die Abwassermenge wird mit nur 400 bis 500 l je Großvieh und Schlachtung angegeben. Diese geringe Wassermenge wird durch die Verwendung der Kühlwässer als Spülwässer erreicht.

Mohlmann[2] hat die Verhältnisse in den großen Schlachthöfen von Chikago untersucht. Der Wasserverbrauch je Tonne Schlachtvieh beträgt im Mittel 15 m^3 in 24 Stunden. Die je Tonne Schlachtvieh anfallenden Verluste betragen 13 kg BSB_5, 10,7 kg Schwebestoffe, 1,2 kg Fett und 1,6 kg Stickstoff. Halverson[3] gibt den Wasserverbrauch wie folgt an: Je Tonne Lebendgewicht 21 m^3, wovon 19 m^3 relativ reine Kühlwässer sind. Die Verluste werden mit 23 kg BSB_5 je 1 Tonne Lebendgewicht angegeben. Die zum Teil mit höheren Temperaturen anfallenden Abwässer sind infolge ihres hohen Gehaltes an gelösten und ungelösten organischen Stoffen sehr leicht zersetzungs- und daher fäulnisfähig und können in der Umgebung der Betriebe manche hygienischen Übelstände hervorrufen und durch starke Geruchsbelästigungen und Fliegen- und Rattenplagen sehr lästig werden. Besonders in kleinen Vorflutern rufen sie arge Übelstände, wie Geruchsbelästigungen, Sauerstoffschwund sowie Pilz- und Schlammbildung hervor. Da sich diese Übelstände bei Einzelbetrieben in den meist eng bebauten kleineren Städten stärker fühlbar machen als auf dem freien Lande, so gingen schon frühzeitig viele Städte dazu über, gemeinschaftliche Schlachthäuser mit Anschlußzwang für alle in der Gemeinde erfolgenden Schlachtungen zu erbauen. Durch die Anlage eines Schlachthauses, das meistens außerhalb der Stadt errichtet wird, werden die Abgänge zwar aus der Stadt herausgelegt; es findet hierdurch wohl eine Verlegung, aber keine Beseitigung des Übels statt. Denn die an sich sehr leicht zur Zersetzung und Fäulnis neigenden Abfälle fallen darum in derselben Menge den örtlichen Wasserläufen und den unterhalb liegenden Ortschaften zur Last, wenn nicht für eine Unschädlichmachung Sorge getragen wird. Die unterhalb von Schlachthäusern ohne Reinigungsanlagen meist zu beobachtenden Ansätze von Fleisch- und Fetteilchen von den Innereien, sowie Reste von Darmstücken wirken sehr unästhetisch. Sie gehen leicht in Fäulnis

[1] Liebmann, H.: Die Reinigung von Abwässern aus Schlachthöfen und Krankenhäusern. München: Oldenbourg 1961, S. 52.

[2] Mohlmann, F. W.: Ind. Eng. Chem. 2. Edition, Bd. 39 (1947) S. 637.

[3] Halverson, H. O.: Sew. and Ind. Wastes Bd. 25 (1953) S. 170.

über und bilden sehr häßliche übelriechende Schlammbänke, die infolge ihres hohen Gehaltes an Bakteriennährstoffen leicht als Nährlösungen wirken und dann die Ursache von Krankheitsübertragungen sein können. Über den Einfluß der Schlachthofabwässer auf kleinere und mittlere Vorfluter berichtet LÜSSEM in LIEBMANNS[1] Buch „Die Reinigung der Abwasser von Schlachthäusern und Krankenhäusern".

Wenn auch der Schlächter gezwungen ist, in dem gemeinsamen Schlachthaus zu schlachten, so geschieht die weitere Verarbeitung, das Zerteilen des Fleisches, vor allem die Wurstherstellung und das Räuchern im eigenen Betrieb. Die Hauptmenge an Abwasser wird zwar im Schlachthaus anfallen, doch bringt die Weiterverarbeitung in den Eigenbetrieben große Mengen Abwasser, so die Spülwässer, die mit Wurstbrühen, Fett und Fleischteilen belastet sind. Sie sind der Menge nach zwar geringer, aber bedenkliche Abwässer. Aus diesem Grunde sind auch die in den Wurst- und Fleischkonservenfabriken anfallenden Abwässer den Schlachthausabwässern gleichzusetzen.

Die in den Schlachtbetrieben anfallenden Abwässer können durch ihren hohen Gehalt an Fettstoffen, Fleisch- und Darmresten in den Kanalisationen leicht zu Verstopfungen führen, eine Gefahr, die durch mitabgelassene Haare, Gedärme, Sehnen usw. noch erhöht wird. Beim Ablassen in eine Kanalisation sollten daher diese Abwässer erst durch einen Rechen vorgereinigt und dann durch einen Fettfänger, der häufiger zu reinigen ist, vom Fett befreit werden. Bei der Entscheidung der Frage, ob eine Stadt zuerst eine Kanalisation mit Kläranlage oder zuerst ein Schlachthaus errichten soll, halte ich aus hygienischen Gründen die Kanalisation und die Kläranlage für das wichtigere Bauwerk. In modernen gemeinschaftlichen Schlachthäusern ist peinliche Sauberkeit eine Grundbedingung; das hat zur Folge, daß hier besonders große Wassermengen benutzt werden.

Die in den großen Schlachthöfen anfallenden eigentlichen Schlachthofabwässer setzen sich zusammen aus den Abwässern der Viehhöfe, der Schlachthallen, der Kuttelei, der Darmschleimerei, aus den Abwässern der Stallungen und Viehrampen, sowie aus den Spülwässern der Höfe und Straßen.

Die Abgänge aus Schlachthäusern bestehen vorwiegend aus dem Inhalt der Eingeweide und dem Blut, welches bis auf das Schweineblut wenig als Nahrungsmittel verwandt wird. Das bei den Schlachtungen anfallende Blut wird, soweit es nicht zu Genußzwecken (Blutwurst usw.) benutzt wird, gewerblich auf Blutalbumin verarbeitet. Etwa die Hälfte des Blutes gelangt trotzdem in das Abwasser und verleiht ihm seine eigene Farbe. Der Magen- und Darminhalt der Kälber und Rinder wird als sog. Wampendünger zu Düngezwecken benutzt, dagegen wird aber der Darminhalt der Schweine in das Entwässerungsnetz gegeben. Der Darmschleim und die Eingeweidereste können leicht zu Störungen in der Kanalisation führen, da diese sich leicht an den Schiebern festsetzen und

[1] LIEBMANN, H.: München: R. Oldenbourg 1961, S. 39—52.

dann zu Verstopfungen und Fäulniserscheinungen führen. Vom Schlachthofabwasser weitgehend abzutrennen sind:

1. feste Bestandteile wie Knochen, Hörner, Klauen und Schweineborsten,
2. Blut und Fett in größeren Mengen und
3. unzureichend zerkleinerte Därme und sonstige Weichteile.

Da die Beseitigung der Abfallstoffe oft zu großen Schwierigkeiten und Verstopfungen in der Kanalisation führte, läßt man heute die gesamten Abwässer mit den Abfällen durch eine Zerkleinerungsmaschine

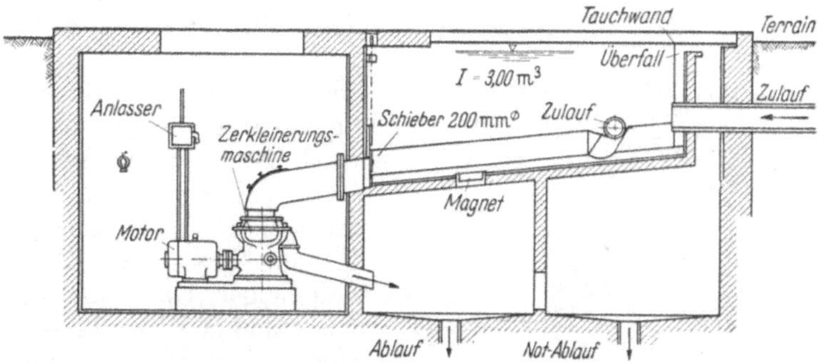

Abb. 40a. Schema einer Zerkleinerungsmaschine für Schlachthofabfälle (Condux-Werk, Wolfgang bei Hanau)

gehen. Eine besonders für Schlachthofabfälle geeignete Zerkleinerungsmaschine haben die Condux-Werk in Wolfgang bei Hanau konstruiert. Sie ist zum ersten

Abb. 40b. Condux-Zerkleinerungsanlage mit Condux-Zahnscheibenmühle im Schlachthof Hanau

Abb. 40c. Condux-„Kanalhai" Typ CKH 25 für die Zerkleinerung von Schlachtabfällen (Durchflußzerkleinerung)

Male auf dem Schlachthof in Hanau[1] eingebaut. Die Abwässer laufen unter Ausschaltung der früher üblichen Sinkkästen, wie in Abb. 40a dargestellt, zunächst in einen 3 m³ fassenden Auffangraum und dann in die im Maschinenraum stehende Zerkleinerungsmaschine, die durch einen 15-PS-Motor angetrieben wird. Die Auffanggrube ist mit Tonschalen ausgelegt und die ganze Anlage, wie Abb. 40b zeigt, der besseren Reinigung wegen mit Wandplatten belegt. Der in Abb. 40c dargestellte Condux-Kanalhai CKH 25 wird vorzugsweise für die Zerkleinerung von Schlachthofabfällen angewandt. Auch die in städtischen Kläranlagen vorgeschalteten Grobstoffzerkleinerer[2], wie sie von den Firmen Passavant, Michelbach und Geiger, Karlsruhe und auch vom Condux-Werk, Wolfgang bei Hanau[3] in der Form der allgemein bekannten Komminutoren gebaut werden, finden Anwendung. In Abb. 41 ist das Schema einer derartigen Zerkleinerungspumpe eingebaut. Der dadurch stark gesteigerte Anfall an Schlamm kann nach den Untersuchungen von REINHOLD[4] durch Ausfaulen beseitigt werden, wobei eine erhebliche Menge an Faulgas anfällt. Wird diese Ausfaulung in einer Biogasanlage durchgeführt, so kann man bei einer Faultemperatur von 30 °C und 25tägiger Faulzeit für 1 Tonne Panseninhalt mit 43 m³ rechnen. Zurück bleibt ein wertvoller Dünger.

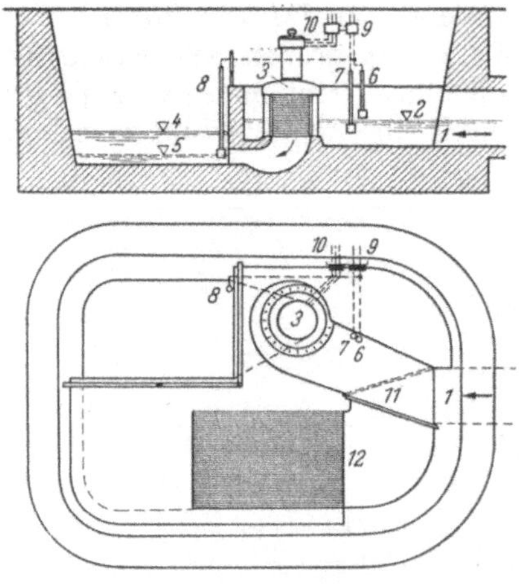

Abb. 41. Planbeispiel für die Aufstellung eines Condux-Komminutors im Kanal vor der Pumpstation in Draufsicht und Querschnitt

1 Zulaufkanal, *2* Oberwasserspiegel, *3* Komminutor, *4* Unterwasserspiegel, *5* Minimal-Unterwasserspiegel, *6* Einschaltkontakt bei steigendem Oberwasserspiegel, *7* Ausschaltkontakt bei fallendem Oberwasserspiegel, *8* Einschaltkontakt bei fallendem Unterwasserspiegel, *9* Steuergerät, *10* Automatischer Stern-Dreieckschalter, *11* u. *12* Spundwand und Stabrechen für Notumlauf

Die Menge der Schlachtabgänge beträgt je nach den Tieren und dem Mästungszustand in Prozenten der Körpergewichte:

Inhalt von Magen und Darm	5 –18%
Blut	3,2– 7,3%
Haut und Hörner	6,0– 8,4%
Beine bis zu den Sprunggelenken	1,6– 1,9%
Wollschmutz	3,2– 4,8%
Sonstige kleine Abfälle	0,4– 1,0%

Als weitere Abfälle der Schlachthöfe kommen in Frage die Abgänge aus der Kuttelei, Hallenkehricht, Darmschleim, Klärschlamm, sowie der

[1] MOHR: Deutsche Schlacht und Viehhofzeitung Bd. 53 (1953) Nr. 12.

[2] HORNUNG, H.: Die Fleischwirtschaft Bd. 7 (1955) S. 500.

[3] WAGNER, G.: Bauamt u. Gemeindebau Bd. 27 (1954). — IMHOFF, K.: Taschenbuch der Stadtentwässerung, 16. Aufl., S. 94. München 1956.

[4] REINHOLD, F.: Die Fleischwirtschaft Bd. 6 (1954) H. 10.

Inhalt von Pansen, Magen und Darm der Schlachttiere. Solche Schlachthofabwässer sind durch die Blutfarbe, durch Fett- und Fleischreste und durch den Geruch ekelerregend. Durch den Gehalt an Blut, Fett, Fleischresten, Kotteilen, Darminhalt, Haaren, Harn, Futterresten und den übrigen Schlachthofabfällen sind sie sehr konzentriert und stark fäulnisfähig und wirken daher in den Vorflutern sehr schädlich. Die Zusammensetzung der Schlachthausabwässer ist großen Schwankungen unterworfen. Dies hängt einmal damit zusammen, daß die Abgänge bald mehr und bald weniger Magen- und Darminhalt, Blut oder Harn einschließen, und andererseits mit der wechselnden Menge der zum Spülen angewandten Wassermengen.

Wenn man auch die Verhältnisse amerikanischer und englischer Schlachthöfe nicht ohne weiteres auf deutsche Verhältnisse übertragen kann, so gibt doch die von ELDRIDGE in seinem Buch „Industrial Waste Treatment Practice" enthaltene Aufstellung (s. Tab. 15) gute Vergleichsmöglichkeiten.

Tabelle 15. *Zusammensetzung verschiedener Abwasserarten von Schlachthäusern* (nach ELDRIDGE)

Abwasserquelle	Gesamtschwebestoffe mg/l	Organischer Stickstoff mg/l	BSB_5 mg/l
Schlachthalle	220	134	825
Blutauffangwasser	3690	5400	32000
Abbrühwasser	8360	1290	4600
Fleischzerteilung	610	33	520
Darmwäscherei	15120	643	13200
Wurstküche	560	136	800
Schmalzkocherei	180	84	180
Nebenprodukte	1380	186	2200

Eine Analyse der Zusammensetzung von den Münchener Schlachthofabwässern bringen STECHER und RUPRECHT[1]:

Absetzbare Stoffe	cm^3/l	10,75	Glühverlust	mg/l	934
p_H-Wert		7,4	Fett	mg/l	108,0
ungelöste Stoffe	mg/l	580	Stickstoff N	mg/l	145,0
Glührückstand	mg/l	82	Phosphorsäure P_2O_5	mg/l	18,7
Glühverlust	mg/l	498	Kali (K_2O)	mg/l	28,7
gelöste Stoffe	mg/l	1206	$KMnO_4$-Verbrauch	mg/l	154
Glührückstand	mg/l	272	BSB_5		838

Bei Fleischwarenfabriken, die gepökelte Waren herstellen, fallen die Abwässer mit einem stark gesteigerten Chloridgehalt an, der oft 1 g/l übersteigen kann.

Läßt man Schlachthofabfälle nur kurze Zeit lagern, so werden besonders in der wärmeren Jahreszeit Schwärme von Insekten, Ratten usw. angelockt. Diese Lagerstätten wimmeln nach kürzester Zeit von Ungeziefer. Die gesundheitsschädlichen Bedenken sind sehr groß. Die Abwässer sind stark bakterienhaltig und können unter Umständen auch

[1] STECHER, E., u. G. RUPRECHT: Ges. Ing. Bd. 63 (1940) S. 151.

pathogene Keime enthalten, wenn mit Infektionskrankheiten behaftete Tiere zur Schlachtung gelangen.

Während Haut und Knochen, Fett, Hörner gute Verwendung finden, bietet die Beseitigung der flüssigen und breiigen Bestandteile große Schwierigkeiten. Die leicht zur Zersetzung und Fäulnis neigenden Abwässer stellen ohne eine Reinigung große Anforderungen an die Vorfluter und können in den öffentlichen Wasserläufen unterhalb liegenden Ortschaften sehr lästig fallen.

b) Abfallverwertung

α) *Fett*

Wie bei allen anderen Abwässern sollte auch bei den Schlachthausabwässern die Abfallverwertung vor der Abfallvernichtung versucht werden. In erster Linie kommt für eine Abfallverwertung die Gewinnung des in den Schlachthausabwässern enthaltenen Fettes in Frage. KELLER[1] hat auf dem Schlachthof in Gießen noch in den Vorkriegszeiten den Fettanfall untersucht und kommt hierbei zu folgenden Feststellungen: Fast das gesamte in die Abwässer gehende Fett fällt bei dem sog. „Entmickern der Rinder- und Schweinedärme“ in den Kutteleien oder Darmwäschereien als Rohfett an. Die chemisch festgestellte Reinfettausbeute betrug je Rind 0,36 kg und je Schwein 0,12 kg. Der Fettschlammanfall beträgt je Rind 1,2 bis 1,8 kg und je Schwein 0,4 bis 0,6 kg. MÜLLER[2] gibt den durchschnittlichen Fettanfall je 100 kg Schlachtgewicht mit 0,443 kg an, wobei er den Fettgehalt des Abwassers bei Rindern mit 1,24 kg, je Schwein mit 0,3 bis 0,36 kg, je Kalb mit 0,25 kg, je Schaf und Ziege mit 0,1 kg angibt. Nach den Ergebnissen der Fa. Rheinschill, Köln-Lindenthal, hat der Fettschlamm aus Schlachthöfen 20 bis 30% Reinfett.

MOHLMAN[3], der die Verhältnisse der großen Schlachthäuser in Chikago genau untersucht hat, kommt zu dem Ergebnis, daß Fettfänger im Betrieb an den einzelnen Anfallstellen, wie Wurstküche, in den Kochanlagen und im Fettschmelzraum, jedenfalls bevor das Abwasser den Kanal erreicht, eingerichtet werden sollen. Er fordert, daß die Fettfänger 60 bis 120 cm tief sein sollen, daß das Abwasser eine Aufenthaltszeit von $^1/_2$ bis 1 Stunde haben soll, und daß sie so eingerichtet sind, daß sich das abgeschiedene Fett leicht abschöpfen läßt.

In Deutschland erfolgt die Fettabscheidung besonders in den kleinen Betrieben durch die auf S. 24—30 beschriebenen und in den Abb. 12 bis 17 dargestellten Fettabscheider nach DIN 4040 bis 4042. Die Größe der Fettabscheider richtet sich nach dem Schlacht- oder Verteilungskontingent, wobei die einzelnen Größennummern der durchflossenen sekundlichen Wassermenge entsprechen. BERGOLD[4] setzt die Abwassermenge bzw.

---

[1] KELLER: Berechnung des Abwasserfettes aus Schlachthöfen. Fleischwirtschaft Bd. 23 (1943) S. 47.

[2] MÜLLER: Fettgewinnung aus Fettabscheidern. Die Städtereinigung Bd. 34 (1942) S. 138.

[3] MOHLMAN, F. W.: Ind. and Engin. Chem. Sec. Edition Bd. 39 (1947) S. 637.

[4] BERGOLD, F.: Ges. Ing. Bd. 64 (1941) S. 500.

die ihr entsprechende Fettfängergröße in eine Beziehung zur Zahl der wöchentlichen Schlachtungen. Nach diesen Feststellungen soll bei einem Wochenkontingent von

5—20	Schweinen	— Größe	3 l/sek,
20—45	„	„	5 l/sek,
45—70	„	„	7 l/sek,
über 70	„	„	9 l/sek eingebaut werden.

Ist die Wassermenge größer als 9 l/sek, so müssen zwei möglichst gleich große Fettfänger eingebaut werden, was dann den Vorteil hat, daß bei der Reinigung des einen Fettabscheiders stets der zweite voll betriebsfertig ist. Bei Gaststätten, Militärküchen, Krankenanstalten und sonstigen Verpflegungsstätten richtet sich die Größe der Fettabscheider nach der Anzahl der ausgegebenen Mittagsportionen. Beim Anschluß von Geschirrspülmaschinen und ähnlichen Maschinen müssen die Fettabscheider doppelt so groß gewählt werden. Vor dem Durchfluß durch den Fettabscheider soll sich das Abwasser nicht zu stark abkühlen.

Das in dem Fettabscheider gewonnene Fett wird an Seifenfabriken, Fettspaltereien oder ähnliche Fabriken abgegeben, die technische Fette (Schmierfette) herstellen. Durch den Verkauf des Fettes macht sich meist der Einbau eines Fettfängers schnell bezahlt.

Die Abscheidung des Fettes durch Einblasen von Luft zu fördern, ist schon lange bekannt und hat sich an vielen Stellen bewährt. ELDRIDGE beschreibt einen Fettfänger (s. Abb. 42), bei dem im ersten Raum durch ein Verteilungssystem von gelochten Rohren am Boden Luft eingeblasen wird. In den nachfolgenden Abteilungen sind an der Oberfläche ange-

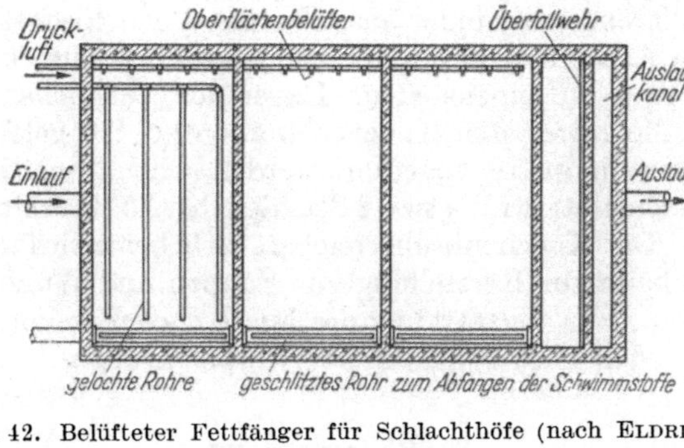

Abb. 42. Belüfteter Fettfänger für Schlachthöfe (nach ELDRIDGE)

brachte gelochte Rohre, die die Aufgabe haben, das sich an der Oberfläche ansammelnde Fett zu einer auf der gegenüberliegenden Seite liegenden Fettabflußrinne zu schaffen. Die geringste Aufenthaltszeit sind 30 Minuten, doch sollte die Aufenthaltszeit 1 Stunde nicht überschreiten. Die Geschwindigkeit der Luftblasen soll nicht zu groß bemessen werden, damit die Geschwindigkeit des Wassers unter den Luftblasen nicht größer wird als 7,5 cm/sek.

Schon heute sind die meisten Schlachthäuser, Fleisch- und Wurstfabriken, Großhotels und Großküchen mit solchen, früher nur zum

Schutz der Kanalisation eingebauten Fettfängern ausgerüstet. Da man durch die Fettfänger aber nur einen Teil des in den Schlachthofabfällen enthaltenen Fettes herausholt, kann man die Fettausbeute noch dadurch erhöhen, daß man die Rückstände in einem Digestor mit gespannten Dämpfen 6 Stunden lang kocht. Hierbei scheidet sich das Fett auf der sich bildenden Brühe ab. Die Knochen und Gewebe zerfallen bei dieser intensiven Behandlung, so daß auch das in ihnen enthaltene Fett frei wird. Das Fett läßt sich leicht abschöpfen. In gleicher Weise wird auch das Fett in einzelnen Schlachthäusern aus an verdächtigen Krankheiten verendetem Vieh gewonnen. Die nebenbei entstehende übelriechende Brühe ist sehr stark fäulnisfähig. Sie kann eingedampft und direkt als Düngemittel verwandt werden. Besser ist es aber, man vermischt sie mit saurem Kalkphosphat und Schwefelsäure und dampft die entstehende Masse zur Trockne ein. Sie stellt dann einen geruchlosen, gut streufähigen Dünger dar. Man kann auch das in den Abfällen enthaltene Fett durch Benzinextraktion gewinnen. Hierbei entstehen als Abwässer in der Hauptsache Kühlwässer. Die sonst noch entstehenden Abwässer sind unbedenklicherer Art. Das auf vorstehende Art gewonnene Fett findet in vielen Betrieben, vorwiegend in Seifenfabriken, gute Verwendung.

Knochenentfettung. Durch die Entfettung der Frischknochen soll nach HEISS[1] der durchschnittliche Restfettgehalt unter 3% gesenkt werden. Fett aus frischen Knochen ist für die menschliche Ernährung gut geeignet. Die Knochen passieren einen Knochenbrecher, gelangen von dort in einen Vorentfetter, in welchem sie der Einwirkung von Dampf ausgesetzt sind (6 h bei 92 °C), und in den Nachentfetter, der z. B. aus einem rotierenden Zylinder aus scharfkantigen Eisenstäben besteht und in dessen Achse Dampf und Wärme zugeführt wird, um eine Temperatur von etwa 65° einzustellen. Dauer der Nachbehandlung 30 bis 35 Minuten. Die entfetteten Knochen werden bei 30° getrocknet, wenn sie der Beinwarenindustrie zugeführt werden sollen, sonst bei höchstens 45°. Das Knochenfett wird etwa 2 Stunden bei 75 °C erhitzt und dann zentrifugiert. Die Knochenbrühe reichert sich bei mehrfacher Verwendung an und kann zur Herstellung von Suppen und Würzen weiterverwendet werden. Zur Verstärkung des aus Knochen gekochten „Fond" dienen Hefe- oder Fleischextrakt oder Suppenwürzen.

β) Blutverwertung

Bei ihren Untersuchungen über den Einfluß von Schlachtblut auf mechanische und biologische Kläranlagen kleiner und mittlerer Städte geben LIEBMANN und SCHERB[2] den Blutanfall von Großtieren mit 15 bis 35 l und bei Schweinen mit 6 bis 8 l an. Der BSB_5 beträgt bei Rinderblut 167000 mg/l und bei Schweinen 207000 mg/l. Der $KMnO_4$-Verbrauch

---

[1] HEISS, R.: Zit. S. 241.

[2] LIEBMANN, H., u. SCHERB: Beiträge zur Abwasser-, Fischerei- und Flußbiologie Bd. 10 (1963) S. 312.

wird bei Rinderblut mit 104000 mg/l und bei Schweineblut mit 126000 mg/l angegeben.

Das bei der Schlachtung in größeren Mengen anfallende Blut wird in einer Schale aufgefangen, in der ein Gerinnungsverhütungsmittel z. B. Phosphatfibrisol, eingebracht ist. Das anfallende Blut wird nur in der geringsten Menge zur menschlichen Ernährung (meistens nur das Schweineblut) direkt verwandt. Die größte Blutmenge wird schon in mittleren Schlachthäusern auf Albumin, Trockenblut oder Blutmehl, letzteres oft in Verbindung mit der Fleischmehlherstellung, auf Fibrin oder auf Blutserum verarbeitet. Zur Herstellung von Blutmehl, das als Düngemittel gute Verwendung findet, wird das Blut in besonderen Verdampfern eingedampft. Die anderweitig angewandten Verfahren zur Trocknung, wie Walzentrockner und Heißlufttrockner, kommen nur bei ganz großen Schlachthäusern in Frage, sind aber in den meisten Fällen wegen zu hoher Kosten oder schlechter Beschaffenheit der Erzeugnisse wieder verlassen worden.

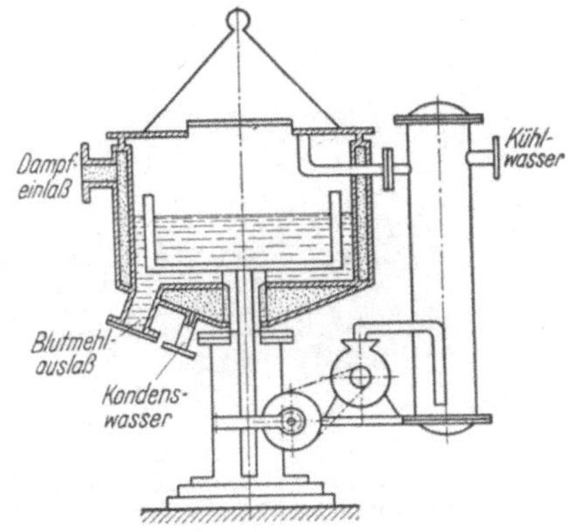

Abb. 43. Kleinvakuumbluttrockner [nach VAN DER LEEDEN: Vom Wasser Bd. 9 (1935) S. 85]

VAN DER LEEDEN beschreibt einen in der Praxis erprobten Kleinvakuumbluttrockner zur Gewinnung von Blutmehl, der aus einem dampfbeheizten Kessel mit besonders gestaltetem Rührwerk, in welchem das Blut einer Temperatur von 65° ausgesetzt wird, besteht (Abb. 43).

Das Blut wird in einer Zisterne vorrätig gehalten, aus der es dann unter vermindertem Druck in den Kessel eingesaugt wird. Die Verdampfung geht selbsttätig vor sich, sobald das Rührwerk und die Heizung eingestellt ist. Man muß darauf achten, daß die Temperatur im Kessel nicht über 60 °C steigt. Bei 80 °C verändert sich die Eiweißsubstanz, die besonders dann, wenn sie mit heißem Eisen längere Zeit in Berührung kommt, leicht leimig wird. Durch einen Verdauungsversuch kann man leicht feststellen, ob Blutmehl überhitzt ist oder nicht. Ein überhitztes Blutmehl zeigt beim Verdauungsversuch einen üblen leimigen Geruch, während ein vorsichtig unter Vakuum eingedampftes Blutmehl einen angenehmen, frischen Geruch hat. In einem Kleinvakuumtrockner vorbeschriebener Art können täglich 1000 bis 1500 l Blut verarbeitet werden. Gegenüber dem bisher aus dem Ausland (Argentinien) bezogenen Trockenblut zeigt das auf diese Weise gewonnene Erzeugnis viel hellere Farbe. VAN DER LEEDEN schätzt die Menge der im ganzen Reich zu gewinnenden tierischen Eiweißmenge aus Abfallblut auf 9000 bis 10000 t im Jahr.

Das Bluttrocknungsverfahren von Dr. SGALITZER[1] beruht darauf, daß das Blut zunächst zum Gefrieren gebracht wird. Hierdurch wird das die roten Blutkörperchen umgebende Stroma gesprengt, was die Vorbedingung zur Erzielung von geruchlosen und im Wasser löslichen Bluttrockenprodukten ist. Nach dem Auftauen wird es dann auf erhitzten Walzen zur Trocknung gebracht.

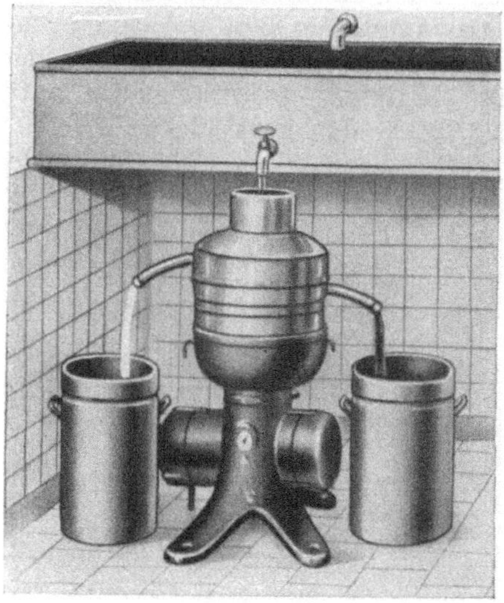

Abb. 44. Zentrifuge zur Trennung des Blutserums (Westfalia Separator, Oelde, Westfalen)

Zur Verwendung des Abfallblutes als Futtermittel kann man es zusammen mit Kleie oder Melasse eintrocknen. Derartige Futtermittel sind bei einem Proteingehalt von über 30% unter verschiedenen Namen als Blutmelasse, Pferdekraftfutter usw. im Handel.

Da die Verwendung des Blutes zu Futter- und Düngemehl eine große Verschwendung darstellt, sucht man immer wieder, das Blut einer besseren Verwertung zuzuführen. In den meisten Fällen wird das auf sorgfältige Weise von sauberen und gesunden Tieren gewonnene, mit einem Gerinnungsverhütungsmittel, z. B. Phosphatfibrisol versetzte, Blut in einer Tellerzentrifuge (Abb. 44) zentrifugiert, wobei aus dem oberen Auslaufrohr des Separators das helle Plasma und aus dem unteren Teil das Serum mit den dunklen Blutkörperchen abläuft. Rinder- und Pferdeblut läßt sich leichter separieren als Schweineblut, frisches Blut leichter als nach einiger Lagerung (Hämolyse). Man rechnet mit 60 bis 70% Plasma und 30 bis 40% Blutkörperchen. Das Plasma wird z. B. zu Brühwurst gegeben. Man kann aber auch das Blut gerinnen lassen, wobei sich das Blut in Blutkuchen und Serum scheidet. In den Serumabscheidern werden beide voneinander getrennt, indem man in einem Rührwerk das Fibrin ausscheidet. Das Serum selbst wird in einer Zentrifuge in Hell- und Schwarzserum getrennt. Aus dem Hellserum wird Albumin gewonnen, das ein wichtiges Ausgangsprodukt für verschiedene pharmazeutische Erzeugnisse darstellt. Bei der Sperrholz- und Furnierverleimung wandte man früher neben dem Tierleim vor allem Kasein an. Heute benutzt man gern das aus dem Blut gewonnene Albumin wegen seiner besseren Verleimungseigenschaften. Auch in der Leder-, Papier- und Textilindustrie findet es immer stärkere Anwendung. Komplette Blutverwertungsanlagen werden von den verschiedensten Firmen erbaut, u. a. von der AG. A. Hering, Nürnberg; Lurgi-Wärme, Frankfurt

[1] MESSNER, H.: Z. Fleisch- u. Milchh. Bd. 30 (1920) S. 237.

a. M.; Gebr. Becker, Beckum; Zahn & Co., Hameln; Gebr. Herrmann, Köln-Ehrenfeld, Westfalia-Separator AG., Ölde i. Westfalen.

Das Pferde- und Rinderblut wird heute nur zum Teil ausgenutzt. Es findet Verwendung für Arzneipräparate, Kunsthornknöpfe, Futtermittel, Blutalbuminherstellung als Dickungsmittel für Süßwaren und als Klebstoff.

Bluteiweiß (Eiaustauschstoff) wird aus dem Blut hergestellt, indem man es mit 1% Natriumzitrat mischt und dann zentrifugiert. Nach dem Kühlen auf 0°C wird das Plasma im Zerstäubungstrockner bei 160°C Eintrittstemperatur und 60 bis 65°C Austrittstemperatur getrocknet. Aus dem weißen Plasma werden unter Zugabe von Stärke, Johannesbrotmehl Eiaustauschmittel gewonnen.

γ) Lab- und Drüsenverwertung

Alle Labgewinnungsverfahren beruhen nach R. Heiss darauf, den schleimfreien Extrakt mit Kochsalz zu sättigen. Am gehaltreichsten sind die Mägen ganz junger Gangkälber. Die frischen Mägen werden nach Entleerung und Reinigung getrocknet, wodurch sie ihr Quellungsvermögen einbüßen, so daß bei der nachfolgenden Extraktion nur noch wenig in Lösung geht. Die Mägen werden aufgetrennt, die Fundusdrüsenzone herausgeschnitten und, soweit Normlab hergestellt werden soll, in 1 cm breite Streifen geschnitten und diese mit Kochsalz gemischt. Nun wird saure Molke, die in bestimmter Weise beimpft wird, zugegeben und die notwendige Menge zu Kugeln geballt und diese langsam getrocknet. Bei Herstellung von Labextrakt mit bestimmter gegebener Labstärke werden die gereinigten, getrockneten Fundusdrüsen fein zerschnitzelt mit dem halben Gewicht Kochsalz und Borsäure oder einem anderen Antisepticum versetzt und dieses Gemisch bei 28° 4 bis 8 Tage ständig gerührt. Das Rührwerk kann sich mit den Schnitzeln innerhalb eines Diaphragmas befinden. Die Schnitzel werden zentrifugiert, die Extraktflüssigkeit wird durch Erhöhung des Salzgehaltes auf 10% und durch Zugabe von Salzsäure ($p_H = 4{,}8$) geklärt, worauf eine Nachbehandlung in Filterpressen erfolgt. Nach Chemnitus[1] erfolgt die Fällung der Schleimstoffe durch Zugabe von Chlorcalcium, das man durch eintägiges Rühren auflöst und durch Zugabe der stöchiometrischen Menge Natriumsulfat in Calciumsulfat überführt. Durch Bildung von Calciumsulfat im statu nascendi werden die Schleimstoffe abgeschieden. Eine nachträgliche Abstumpfung der Lablösung auf p_H 5,3 bis 6,3 wird empfohlen; Labpulver wird dadurch hergestellt, daß man die schleimfreie Lösung mit Kochsalz sättigt und bei 28° $1^1/_2$ bis 2 Tage rührt. Der kochsalzhaltige Niederschlag wird mittels Filtrierpapier abgefiltert, mit Hornspateln abgekratzt, auf Tonhorden ausgebreitet, bei 30° getrocknet, in Kugelmühlen fein gemahlen und durch Zusatz von Kochsalz in der Mischmaschine auf die gewünschte Stärke eingestellt. Die Verwendung von Eisen ist in Labgewinnungsanlagen nicht möglich.

---

[1] Chemnitus, F.: Chem.-Ztg. Bd. 53 (1920) S. 705.

Aus den *Drüsen* und sonstigen Abfällen können folgende Hormonpräparate hergestellt werden:

Aus der Bauchspeicheldrüse von Säugetieren und Fischen: das Insulin (Regelung des Zuckerstoffwechsels).

Aus der Schilddrüse: Thyroxin (Regelung von Herztätigkeit und Stoffwechsel).

Aus der Nebenschilddrüse (Epithelkörperchen): Parathormon (Regelung des Kalkstoffwechsels und der Nervenerregbarkeit).

Aus der Nebenniere von Rindern: aus dem Mark: Adrenalin (Steigerung des Blutdruckes; außerdem: Extrakte der Nebennierenrinde (Kohlehydrat- und Mineralstoffwechsel).

Aus dem Hypophysenvorderlappen: Hormone zur Förderung der Lactation (Prolaktin), zur Steigerung der Keimdrüsentätigkeit (Prolan A und B) und zur Steuerung der Schilddrüse.

Aus Hypophysenhinterlappen: Oxytocin als Geburtswehen auslösendes Hormon. Hormone zur Steigerung des Blutdrucks und zur Regelung der Konzentrationstätigkeit der Niere. Stierhoden, Ovarien von Rind und Schwein (Sexualhormone).

Das Einbringen in die Gefrierräume muß spätestens 3 Stunden nach der Entnahme der Drüsen erfolgen. Das Gefrieren erfolgt in nichtrostenden Metallpfannen. Der Transport darf nur in gefrorenem Zustand erfolgen.

δ) Komposterzeugung aus Schlachthausabwässern

Böhm empfiehlt, die Schlachthausabwässer mit dem im Ort anfallenden Straßenkehricht zu mischen und zu kompostieren. In einem kleinen Landstädtchen wurde der Straßenkehricht durch einen Unternehmer auf einen Haufen geschüttet und das gesamte Abwasser aus dem Schlachthof darübergeleitet. Der Müll saugt das Abwasser schwammartig auf und wird so mit Dungstoffen angereichert. Es entsteht allmählich ein stichfester Kompost, welcher als hochwertiger Dünger aufs Feld gebracht wird. Durch die große Aufsaugfähigkeit des Kehrichts treten Übelstände durch Jaucheanhäufung, Geruchsbelästigung oder Fliegen nicht auf. Trotzdem muß die Kompostierung in genügender Entfernung vom Schlachthaus erfolgen. An Stelle des Straßenkehrichts hat man an anderen Stellen die mit Kalk versetzten Abwässer in Torfmull aufgesaugt und dann kompostiert und hierdurch mit billigen Mitteln ein geruchloses, schnell trocknendes Gemisch erhalten. Wichtig ist bei der Aufarbeitung als Kompost, daß die Abwässer vorher gut vom Fett befreit worden sind.

Entwässerungsverfahren nach Frank. Bei diesem Verfahren[1] werden die gesamten Schlachthausabfälle, bestehend aus den Abgängen der Kuttelei, dem Hallenkehricht, Darmschleim und Klärschlamm, Pansen-, Magen- und Darminhalt mit gebranntem Kalk versetzt, der die freie Feuchtigkeit bindet und durch Strukturzerstörung auch das kapillar und adsorptiv gebundene Wasser frei macht und entweder chemisch bindet oder verdampft. Bei der Ablöschung des Kalkes entsteht eine sehr hohe Temperatur — 1 kg Kalk entwickelt 1550 kcal —, die zur Verdampfung des in den Abfallstoffen enthaltenen Wassers benutzt wird.

---

[1] Frank: Gesundh.-Ing. Bd. 57 (1934) S. 262.

In der Trocknungsanlage werden die Abfälle mit 12 bis 15% gebranntem Kalk innigst gemischt und dann sofort einer Trockentrommel, durch die man warme Rauchgase leitet, zugeführt. Die mit einer Temperatur von 100 bis 140 °C abziehenden Rauchgase enthalten das verdampfte Wasser. Aus der Trockentrommel kommt ein streufähiges Pulver mit 20 bis 40% CaO, das als Dünger verwandt werden kann. Das Verfahren hat sich auf dem Schlachthof der Stadt Hagen sehr gut bewährt. Das gewonnene Trockengut hat etwa folgende Zusammensetzung:

a) Wassergehalt: Feuchtigkeit	23%	b) Stickstoffgehalt	1% N_2
Hydratwasser	12%	Phosphorsäuregehalt	0,2% P_2O_5
organische Stoffe	14%	Kalk (gesamt)	42% CaO
Asche	48%	zumeist als Kalkhydrat	

c) Schüttgewicht 760—875 g/l.

Auf dem Schlachthof in Stuttgart fallen jährlich 500 t Schlachthofkehricht an. Nach den Vorschlägen von WEBER[1] ist eine maschinelle Verwertungsanlage im Stuttgarter Schlachthof gebaut worden, die sich sehr gut bewährt hat. Die Anlage arbeitet nach dem Trockenverfahren. In einem Aufschluß- und Trockenapparat wird aus dem Rohstoff durch Dampfbeheizung eines Doppelmantels das Wasser durch Verdampfung entfernt, während ein Rührwerk den Inhalt kräftig durcharbeitet und zerkleinert. Beim Erhitzen bis auf etwa 140° lösen sich die Gewebe und geben das Fett frei. Die beim Erwärmen eintretende Quellung der leimgebenden Stoffe wird gleichzeitig mit dem Entfernen des Wassers rückgängig gemacht. So wird in einem Apparat gekocht und getrocknet. Weder der breiige noch der getrocknete Stoff wird durch Siebbleche oder Rohrleitungen geführt, so daß Verstopfungen nicht zu befürchten sind. Die mechanische Trennung des Fettes vom festen Anteil in Pressen, deren hydraulischer Druck bis zu 260 atü ansteigt, bereitet keine Schwierigkeiten. Die Verarbeitung des Kehrichts liefert nach vorheriger Trennung der Bestandteile in einen fett- und eiweißreichen und in einen düngerartigen Anteil ein ausgezeichnetes Futtermittel mit einem Proteingehalt von 55 bis 60% und Fett für technische Zwecke mit einer Verseifbarkeit von 98 bis 99%. Die Ausbeute an Futtermehl beträgt etwa 19% (95 t) und an Fett etwa 8,3% (42 t). Die Verarbeitung ist wirtschaftlich. Für 1 t Rohstoff sind etwa 930 kg Dampf und eine elektrische Energie von 18 kWh nötig.

Entwässerung und Verbrennung von Panseninhalt. Die bisher angewandten Verfahren zur Panseninhaltsbeseitigung wie a) Abschwemmung in die Kanalisation, b) Landwirtschaftliche Verwertung, c) Ausfaulung und Kompostierung (Heißvergärung), d) Verklappung im Meer, e) chemische Behandlung mit Ätzkalk lehnen LIEBMANN und HUBER[2] wegen der verfahrenstechnischen als auch veterinär- und humanhygienischen

---

[1] WEBER, L.: Z. VDI Bd. 84 (1940) S. 283.

[2] LIEBMANN, H., u. L. HUBER: Tierärztliche Wochenschrift Bd. 76 (1963) S. 346.

Nachteile ab, schon allein aus dem Grunde, weil die Schlachthofabwässer einen hohen Gehalt an Wurmeiern haben. Sie schlagen daher vor, den Panseninhalt mechanisch zu entwässern und dann in einem Brennkegelofen zu verbrennen. In der Schemazeichnung Abb. 45 ist eine Schneckenpresse mit Schüttelsieb zur Entwässerung von Panseninhalt dargestellt.

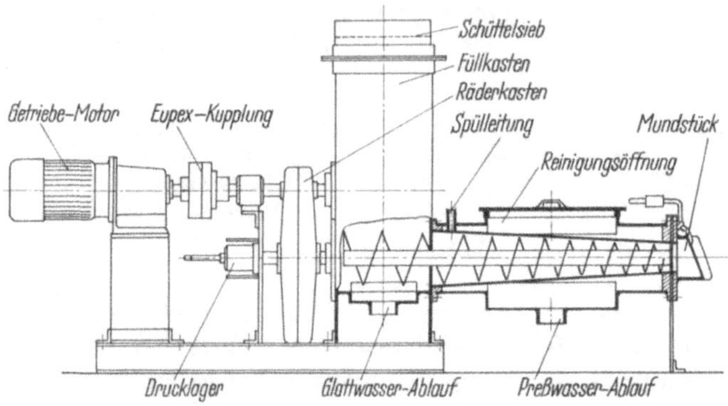

Abb. 45. Schneckenpresse mit Schüttelsieb zur Entwässerung von Panseninhalt

Abb. 46. Brennkegelofen Bk 500 (Fa. Semler)

In der von der Fa. Kraus-Maffei-Imperial, München, gelieferten Apparatur konnte der Pansen bis auf einen Wassergehalt von 35 bis 40% entwässert werden. Das Filtrat aus der Schneckenpresse hatte einen Schwebestoffgehalt von 4,7% und konnte daher ohne Bedenken in die städtische Kanalisation abgelassen werden. Die Verbrennung erfolgt dann in einem in Abb. 46 dargestellten Brennkegelofen. Der Aschenanteil betrug 6 bis 8% der eingebrachten Trockenmasse.

c) Reinigung von Schlachthofabwässern

Dort, wo die Möglichkeit besteht, sollte man die in einer Stadt anfallenden Schlachthausabwässer nach möglichst weitgehender Entfettung und nach Absieben der in der Kanalisation störenden Darm-, Fleisch- und Sehnenteile und Hautfetzen unter Zwischenschaltung einer Zerkleinerungsmaschine bzw. eines Komminutors in das städtische Kanalnetz geben und zusammen mit den häuslichen Abwässern reinigen. Knechtges und seine Mitarbeiter[1] haben untersucht, in welchem Ver-

[1] Knechtges, Dawson u. Nichols: Sew. Works J. Bd. 7 (1935) S. 3.

hältnis Schlachthofabwasser unbeschadet häuslichem Abwasser zugemischt werden kann. Selbst bei einem Mischungsverhältnis von 50% Schlachthausabwasserschlamm zu 50% häuslichem Schlamm wurde die Ausfaulung nicht gestört; es trat nur eine geringe Verlängerung der sauren Phase ein. Die im Schlachthausschlamm enthaltenen Fettstoffe faulen vollständiger aus als die anderen Schwebestoffe, weil sie abbaufähige Glyceride sind, eine Tatsache, die durch die Arbeiten von SIERP[1] bestätigt worden ist. Heiße Abwässer sind weitgehend abzukühlen, da diese die faulige Zersetzung der Abwässer in der Kanalisation und bei der chemischen Reinigung zu stark beeinflussen.

Die Abwassertechnische Vereinigung in Bonn hat Richtlinien für „das Ableiten von Schlachthofabwasser in ein öffentliches Kanalnetz" zusammengestellt. Das von einem sehr vielseitigen Gremium verschiedener Wissenschaftler und Praktiker zusammengestellte Merkblatt kann von der Abwassertechnischen Vereinigung e. V. in Bonn bezogen werden. Durch das amerikanische Gesundheitsamt wurde bereits 1954 in einer Neuausgabe ein „Leitfaden für die Fleischindustrie" veröffentlicht, in dem die in den letzten 10 Jahren durchgeführten Versuche zur Reinigung von Schlachthofabwässern beschrieben sind. In Band 8 der Münchener Beiträge zur Abwasser-, Fischerei- und Flußbiologie behandelt LIEBMANN[2] die Frage der Reinigung der Abwässer aus Schlachthöfen und Krankenhäusern. In diesem Buche, das jedem, der sich mit der Behandlung von Abwasserfragen aus Schlachthöfen befassen muß, behandeln verschiedene Praktiker zunächst die Frage der Entstehung der Abwässer wobei sie zunächst die sich im Schlachthof vollziehenden Vorgänge eingehend beschreiben. Bei der Behandlung der veterinärhygienischen und parasitologischen Probleme wird auch die Frage der Wurmeier in den Schlachthofabwässern behandelt. Da es bei der Abführung und Einleitung von diesen Abwässern sowohl in den Leitungen als auch in den Vorflutern durch Massenentwicklungen von Mikroorganismen leicht zu Schäden kommen kann, die durch die Einseitigkeit des Milieus besondere günstige Lebensbedingungen vorfinden, so wird auch auf Leitungsschäden durch Mikroorganismen, auf die Verhinderung der Algenansiedelung durch Schutzanstriche und auf das Sphärotilus-Problem ganz besonders hingewiesen.

α) Mechanische Behandlung

Vor jede mechanische Reinigunsanlage sollte ein Fettfänger nach DIN 4040–4042 eingeschaltet werden, der das in den Schlachthöfen abgestoßene Fett nicht nur abfängt, sondern auch gestattet, es der Wirtschaft zur Wiederverwendung zuzuführen. Für die mechanische Reinigung hat man in Paderborn und Swinemünde den automatisch arbeitenden MARTENS-Kessel angewandt. SEEGERT[3] baute nach dem Vorbild des Dres-

[1] SIERP, F.: Vom Wasser Bd. 11 (1936) S. 9.

[2] LIEBMANN, H.: Die Reinigung von Abwässern von Schlachthöfen und Krankenhäusern. München: Oldenbourg 1961.

[3] SEEGERT: Gesundh.-Ing. Bd. 55 (1932) H. 14/15.

dener Schlachthofes in Duisburg eine RIENSCH-WURLsche Scheibe ein. Durch ihre Neigung und die rotierende Bewegung hebt dieses Sieb alle weichen Abfälle aus dem Abwasser heraus. Die vom Sieb zurückgehaltenen Stoffe üben dann sogar noch eine Filterwirkung aus und fischen Fett und kleinere Schwebestoffe ab. Bei einer Abwassermenge von 50 bis 70 l in der Sekunde hat die Separatorscheibe einen Durchmesser von 2,5 m, eine Neigung von 15°, während die Schlitze eine Größe von $1{,}5 \times 3$ mm haben. Man kann auch die Vorreinigung durch rotierende Rechen, die eine Schlitzbreite von 0,3 cm haben, durchführen. Das auf diesen Rechen anfallende Rechengut wird zunächst in Absetzbecken und dann in Zentrifugen entwässert. Von dort wird es zu den Faulräumen gepumpt und mit dem übrigen anfallenden Schlamm ausgefault. Wenn der Fettgehalt durch eingebaute Fettfänger sehr niedrig gehalten wird und die Rechen gut arbeiten, gelingt es durch die mechanische Vorreinigung, 60 bis 70% der gesamten Schwebestoffe und 45 bis 50% des BSB_5 zu entfernen. So vorbereitetes Abwasser bleibt frisch und kann dann in die städtische Kläranlage eingeleitet werden. Die Aufenthaltszeit in den Absetzbecken sollte mit Rücksicht auf den Gehalt des Schlachthofabwassers an Wurmeiern mindestens 2 Stunden betragen.

Nach MOHLMAN[1] soll die Reinigung der Schlachthof- und Fleischkonservenfabrik-Abwässer, außer aus den vorgenannten Grob- und Feinrechen, aus Absetzbecken, chemischer Fällung, Hochleitungsstropfkörpern oder Schlammbelebung, Chlorierung und Verdünnung bestehen.

β) Chemische Fällung

Für die chemische Fällung ist eine große Anzahl verschiedener Verfahren vorgeschlagen worden. G. HEPPE setzt zu den bluthaltigen Schlachthausabwässern zunächst Aluminiumsulfat für sich allein und dann Kalkmilch zu. Er erreicht hierdurch eine vollständige Fällung des Bluteiweißes und erhält eine klar erscheinende Flüssigkeit, die dann in größere Vorfluter direkt eingeleitet werden kann. Bei kleineren Vorflutern empfiehlt es sich, eine Berieselung oder biologische Behandlung auf Tropfkörpern anzuschließen. Der anfallende Schlamm muß dann ausgefault oder kompostiert werden und kann als Düngemittel benutzt werden.

An Stelle von Aluminiumsulfat kann auch Ferrosulfat und Kalk benutzt werden. So schlägt BÖHM die Zugabe von 1 kg Kalk auf 1 m³ Abwasser und Eisenvitriol oder Aluminiumsulfat vor. Das in einem Absetzbecken gereinigte Abwasser wird durch ein Koksfilter geleitet. Dieses Filter wird, wenn es verschlammt ist, herausgeworfen, getrocknet und dann verbrannt. Als Kalk soll der in den Gaswerken in den Abtreibekolonnen anfallende Kalkschlamm benutzt werden. Durch vorherige Zugabe von Chlor, das die Fäulnisvorgänge hemmt, kann man die Ausflockung beschleunigen oder vervollständigen und zugleich eine Desinfektion erreichen, wodurch ein stärkeres Anfaulen in den Absetzbecken verhindert wird. KÖNIG und seine Mitarbeiter erreichten bei der chemi-

[1] MOHLMAN, F. W.: Ind. Eng. Chem. Bd. 39 (1947) S. 637.

schen Fällung mit Ferrosulfat und Kalk in gleicher Weise wie bei dem elektrischen Verfahren nach WEBSTER im günstigsten Falle einen Reinigungserfolg von 33% der Gesamtschmutzstoffe. PROSKAUER hat deshalb bei einer Gabe von 0,4 bis 0,5 g/l Ferrosulfat noch je 1 g Kohle als Kohlebrei zugefügt und konnte dadurch etwas bessere Erfolge erzielen.

Außerdem ist die Anwendung von Ferrisulfat unter Zugabe von Schwefelsäure, Ferrichlorid, Ferrisalz mit Kalk, Chlorierung allein empfohlen worden. Das bei den verschiedensten Abwässern zur Ausflockung der Kolloide angewandte Pista-Eisenungsverfahren beruht in gleicher Weise wie das Niersverfahren, bei denen Eisenspäne durch eine intensive Umwälzung in innige Berührung mit Luft und dem Abwasser gebracht werden, auf einer Eisenhydroxydfällung. BETTELS[1] verwendet zur chemischen Fällung der Abwässer aus Großschlächtereien den Zusatz von 1,5 Teilen Kali-Endlauge und 3 Teilen Kalkmilch auf 1000 Teile Abwasser. Eine Anlage nach diesem Verfahren ist bei der westfälischen Fleischereifabrik Wiltmann, Peckoloh, Kreis Halle, errichtet worden. Zur Abscheidung des bei der chemischen Fällung anfallenden Schlammes sowie zur mechanischen Reinigung der entfetteten Schlachthofabwässer haben sich neben Emscherbrunnen mit einer Durchflußzeit von mindestens 2 Stunden die von der Mitte aus durchflossenen Rundkratzerbecken mit getrennten Faulräumen bewährt. Der am Boden sich ansammelnde Schlamm ist stark fäulnisfähig und muß daher häufig in die Faulräume entleert werden, da es sonst zu unangenehmen Geruchsbelästigungen kommen kann.

HANSEN und HILL[2] berichten über die Schwierigkeiten, die in der Stadt Austin durch die Abwässer einer Fleischkonservenfabrik auftraten. In Austin beträgt die Einwohnerzahl 18000, während der Einwohnergleichwert der Fleischwarenfabriken 195000 beträgt. Durch diese Abwässer wurde die städtische Kläranlage so überlastet, daß die Abwässer der Fleischwarenfabriken vor ihrer Aufnahme in die Kanalisation vorbehandelt werden mußten. Durch eine Absetzanlage und eine Hochchlorung wurde der BSB der Abwässer der Fleischwarenfabriken von 1900 mg/l auf 200 mg/l herabgesetzt. Der hierbei in Absetzbecken anfallende Schlamm wird in Faulräumen ausgefault, Die Zugabe von Chlor erfolgt am besten bei einem p_H-Wert von 4,2, da hierbei die größte Menge des natürlichen Eiweißes ausgefällt wird. Der durch Chlor ausgefällte Schlamm ist durch die Chloreiweißverbindung giftig für Tiere und darf daher auf keinen Fall für Fütterungszwecke benutzt werden. Aus diesem Grunde schon allein hat man daher in Amerika in vielen Fällen das Hochchlorungsverfahren wieder aufgegeben. Nur bei kleineren Anlagen findet man die Hochchlorung in Verbindung mit der Fällung mit Ferrichlorid. Das gesamte Abwasser wird in Tanks, die mit Rührwerken versehen sind, gesammelt. Eine Stunde vor Schluß des Betriebes wird so viel Chlor unter ständigem Umrühren zugegeben, bis ein schwacher Chlorgeruch von der Oberfläche ausgeht. Es bilden sich schnell gut absetzbare Flok-

[1] BETTELS, Kl.: Mitt. Land-, Wasser-, Boden-, Lufthygiene Bd. 7 (1931) S. 44.
[2] HANSEN, P., u. K. V. HILL: Packinghouse Wastes and Sewage Treatment at Austin. Sew. Works J. Bd. 11 (1939) S. 1045.

ken, während die Flüssigkeit eine strohgelbe Farbe annimmt. Dann gibt man noch Ferrichlorid in einer Menge von 180 g/m^3 zu und rührt die Mischung 15 min. Die Mischung bleibt über Nacht zum Absetzen stehen. Am anderen Morgen wird die klare Flüssigkeit abgelassen und der Schlamm, der etwa 8% der gesamten Wassermenge ausmacht, nach den örtlichen Bedingungen weiterbehandelt, und zwar entweder als Düngemittel aufs Land oder auf Trockenbeete zum Trocknen.

Wegen der hohen Chlorkosten hat die Fleischwarenfabrik in Austin eine neue Anlage erstellt, die aus einem Stabrechen mit Rechengutzerkleinerer, einem Ausgleichsbehälter zum Ausgleich der stündlichen Abwasserschwankungen, einer Vorrichtung zur Ausflockung, einer Vorkläranlage, überdeckten Hochleistungstropfkörpern, Zwischenklärbecken, Nachfiltern, Nachklärbecken und einer nachträglichen Chlorungsanlage besteht. Welche Teile dieser Gesamtanlage in Betrieb gesetzt werden, richtet sich nach der jeweiligen Wasserführung des Vorfluters.

γ) Natürliche und künstliche biologische Reinigung

Kleinbetriebe. Bei Einzelbetrieben beschränkt sich die Unschädlichmachung des Abwassers auf die Sammlung in einer dicht am Schlachthaus angelegten Jauchegrube, in welche das Spülwasser von dem mit Gefälle versehenen Schlachthausfußboden durch einen als Geruchsverschluß dienenden Fettfänger in die Abflußleitung gelangt. Der Fettfänger soll alle Fettbestandteile abfangen, damit sie der Wirtschaft wieder zugeführt werden und die biologische Weiterbehandlung nicht stören. Die Jauchegrube soll für jedes am Tage geschlachtete Stück (Großvieh) 5 m^3 Inhalt haben. Boden und Wände der Grube müssen wasserdicht gemauert sein, damit eine Verseuchung des Untergrundes vermieden wird. Oben muß die Grube durch einen dichten Bohlenbelag mit übergreifendem Rande abgedeckt sein, um Belästigungen durch Fliegen und Geruch zu vermeiden. Durch eine eingebaute Jauchepumpe ist der Inhalt nach Bedarf, spätestens allwöchentlich, bei warmem Wetter möglichst nach jeder Schlachtung, zu entleeren und aufs Feld zu fahren. Schließt sich an den Schlachthof ein Garten oder Feld an, was auf dem Lande meist der Fall ist, so wird man bei geeigneten Bodenverhältnissen das Überlaufwasser der Grube durch eine geschlossene Tonrohrleitung durch eine Untergrundverrieselung beseitigen. Die in der Grube sich ansammelnden Schlammstoffe werden von Zeit zu Zeit als Düngemittel aufs Land gefahren.

Die bei kleineren Schlachthäusern angewandten Abwasserfischteiche verlangen eine genügend große Menge Verdünnungswasser, eine möglichst große Oberfläche, um die Sauerstoffaufnahme aus der Luft recht günstig zu gestalten, weshalb die Wassertiefe meist sehr gering (höchstens 1 m) sein muß. Der Inhalt der Teiche soll so groß bemessen sein, daß er einen mehrmonatlichen Aufenthalt des Abwassers im Teiche sicherstellt. Um jegliche Geruchsbelästigungen zu vermeiden, sollten den Abwässern möglichst so viel Salpeter zugesetzt werden, daß mindestens 20% des BSB_5 abgesättigt werden.

Dort, wo sandiger, landwirtschaftlich nicht genutzter Boden zur Verfügung steht, kann man bei kleineren Schlachtbetrieben die wenig empfindlichen, aber sehr betriebssicheren Bodenfilter anwenden. Ihre Belastung sollte aber bei gutem sandigen Boden nicht mher als 50 m^3/ha/Tag betragen.

Größere Betriebe. Bei den gemeinschaftlichen Schlachthäusern kleinerer Städte, in denen noch keine Kanalisation vorhanden ist, wird das gesamte Abwasser nach vorheriger Entfettung und mechanischer Klärung im Emscherbrunnen oder in Absetzbecken mit oder ohne chemische Fällung mit getrennten Faulräumen den bekannten biologischen Verfahren unterworfen. In den Absetzbecken wird das Abwasser gesammelt und nach mindestens 2stündiger Absetzzeit von absetzbaren Stoffen und vor allem durch Tauchwände von den restlichen Fettstoffen befreit. Steht in der Nähe des Schlachthauses für Rieselzwecke geeignetes Garten- oder Ackerland zur Verfügung, so kann man auch bei großen Mengen das mechanisch gut vorgereinigte Abwasser durch Rieseln beseitigen und seine Dungwerte ausnutzen. Auf eine am Schlachttage anfallende Wassermenge von je 3 m^3 rechnet man 0,5 bis 0,75 ha Land. In größeren Städten entstehen am Schlachttage große Abwassermengen. In den meisten Fällen werden aber auch zentrale Entwässerungsanlagen und eine Kläranlage vorhanden sein, in denen das entfettete und eventuell vorgereinigte Abwasser mit dem häuslichen Abwasser zusammen weiter gereinigt werden kann. Sind Rieselfelder oder andere biologische Anlagen vorhanden, so werden diese durch die Konzentrierung des Abwassers eine entsprechende Vergrößerung erfahren müssen.

Das mechanisch vorgereinigte Abwasser kann auch auf Tropfkörper geleitet werden. Diese dürfen aber bei den stark verschmutzten Abwässern nur gering belastet werden. In diesem Falle kann man, wie NICHOLS und MAEKIN[1] berichten, eine 90%ige Reinigung erzielen. Derartige Anlagen, die den Vorteil der einfacheren Bedienung haben, müssen aber wegen der möglichen Geruchs- und Fliegenplagen als geschlossene, von oben belüftete Tropfkörper oder in genügender Entfernung von den Schlachthäusern errichtet werden. Wegen der starken Konzentration der Abwässer empfiehlt es sich, die mechanisch gereinigten Abwässer durch den Ablauf der Tropfkörper so weit zu verdünnen, daß sie in ihrer Konzentration etwa häuslichem Abwasser entsprechen.

Im Anschluß an die chemische Fällung kann man die biologische Reinigung sehr gut auf mehrstufigen Hochleistungstropfkörpern, von denen der erste mit Rückspülung versehen ist, durchführen. Je nach der Konzentration wird das chemisch vorbehandelte Abwasser mit der gleichen Menge gereinigten Abwassers gemischt. Um eine möglichst vollständige Entfettung zu erzielen und das Abwasser weitgehendst mit Sauerstoff gesättigt auf die Tropfkörper zu bringen, hat GROSS[2] zwischen Absetzbecken und Tropfkörper ein besonderes Lüftungs- und Flotationsbecken geschaltet. Erst dann hat er das Abwasser mit der gleichen

[1] NICHOLS u. MAEKIN: Sew. Works J. Bd. 2 (1930) S. 435.
[2] GROSS, C. E.: Sew. and Ind. Wastes Bd. 28 (1957) S. 165.

Menge Rücklaufwasser vom Tropfkörper verdünnt. Die Belastung des Tropfkörpers mit BSB_5 betrug 2093 g/m³. Der BSB wurde von 2200 mg/l auf 40 mg/l abgebaut.

Besteht die Möglichkeit, die Schlachthofabwässer mit häuslichem Abwasser in genügendem Verhältnis zu verdünnen, indem man sie in die städtische Kanalisation aufnimmt, so gibt das Schlammbelebungsverfahren recht gute Ergebnisse.

KESSENER[1] hat dieses Verfahren bei verschiedenen Schlachthäusern mit gutem Erfolg angewandt. Von den verschiedenen Arten des Belebtschlammverfahrens benutzt er das von ihm erfundene Verfahren der Oberflächenbelüftung mit rotierenden Bürsten. Die an einem Schlachttage anfallenden Abwässer werden in einem Absetzbecken von absetzbaren Stoffen befreit. Nach Verdünnung mit dem gereinigten Ablauf wird das Abwasser in den Belebungsbecken belüftet. Für ein Schlachthaus, in dem an 5 Tagen der Woche im ganzen etwa 150 Schweine, 50 Kühe und 25 Stück Kleinvieh geschlachtet werden, fallen 250 m³ Abwasser an. Das ankommende Abwasser durchfließt zunächst ein Absetzbecken (Dortmundbrunnen), dem ein einfaches Faulbecken angeschlossen ist, oder einen Emscherbrunnen und dann ein KESSENERsches Belüftungsbecken und zum Schluß ein Nachklärbecken (Dortmundbrunnen). Die Aufenthaltszeit des Abwassers beträgt bei 40 m³ pro Tag Zufluß im

Vorklärbecken	10 Std.	Belüftungsbecken	54 Std.
Faulbecken	30 Std.	Nachklärbecken.	8 Std.

Der Überschußschlamm wird über Speicherbecken in die Emscherbrunnen der Vorreinigung gebracht und mit dem Schlamm aus der Vorreinigung alle 14 Tage einem getrennten Faulraum vom 20 m³ zugeführt. Die Rückführung des Rücklaufschlammes erfolgt durch ein holländisches Schöpfrad, das durch Kettenübertragung mit der KESSENER-Bürste verbunden ist und durch einen gemeinsamen Motor angetrieben wird. Die Bürsten machen 70 Umdrehungen in der Minute und tauchen bei einem Durchmesser von 60 cm nur etwa 4 mm in das Wasser ein. Das Schöpfrad für den Rücklaufschlamm hat 1,50 m Durchmesser, macht 4 Umdrehungen in der Minute und besteht aus 6 einzelnen Segmenten hintereinander angeordneter Hohlräume. Die Förderhöhe ist mit 50 cm sehr gering. Das Schöpfrad befördert mit dem Rücklaufschlamm eine verhältnismäßig große Wassermenge in das Belüftungsbecken zurück, so daß schätzungsweise eine 3- bis 4fache Verdünnung mit gereinigtem Abwasser erfolgt. Die Vorteile der Anlage sind geringe Baukosten und sehr geringer Kraftbedarf; außerdem braucht sie nur sehr wenig Bedienung.

Auch an anderen Stellen hat sich das Belebtschlammverfahren für Schlachthofabwässer bei Anwendung anderer Belüftungsarten, besonders in Amerika, sehr gut bewährt. Die Reinigungswirkung ist trotz der hohen Konzentration sehr gut. Die Belüftungszeit wird mit 8 Stunden

[1] KESSENER: Commissie Inzake Watervoreutreinigung en Rijksinstitut vor Zuivering van Afvalwater. s'Gravenhage: Allgemeene Landsdrukkerij 1936. — Sew. Works J. Bd. 5 (1933) S. 346.

angegeben. Während man im Sommer etwa das 30fache der Wassermenge an Luft durchleitet, muß man im Winter fast die 40fache Luftmenge anwenden. Im Sommer tritt Nitratbildung im Ablauf auf, die im Winter nicht zu beobachten ist. In Indiana wird das Abwasser einer großen Fleischkonservenfabrik zunächst mit dem Überschußschlamm der Belebtschlammanlage gut gemischt und dann vorbelüftet.

	Sommer	Winter
Vorbelüftung	1 Std.	1 Std.
Mechanische Reinigung	2,5 Std.	2,4 Std.
Belüftungsbecken	11,2 Std.	21,7 Std.
Nachklärbecken	2,5 Std.	2,5 Std.

Nachdem es dann durch die mechanische Absetzanlage gegangen ist, fließt es in die eigentlichen Belebungsbecken, wobei sich die Aufenthaltszeit und die Menge der zuzusetzenden Luft nach der Konzentration des Abwassers und der Jahreszeit richtet. Die Aufenthaltszeiten sind in der vorstehende Tabelle angegeben.

In den immer mehr Verwendung findenden neuartigen Anlagen, den sog. Schreiber-Klärwerken sind eine mechanische und vollbiologische Abwasserreinigungsanlage mittels Hochleistungstropfkörper mit allen erforderlichen Klärräumen und das Pumpwerk in einem Bauwerke untergebracht. Alle Klärräume werden unabhängig vom Zufluß stets gleichmäßig belastet. In der Abb. 47 ist das Klärwerk der Stadt Satrup/Holstein dargestellt. An diese Kläranlage sind das Abwasser von 2200

Abb. 47. Schreiber-Klärwerk in Satrup/Holstein, in dem das Abwasser der größten deutschen Fleischkonservenfabrik zusammen mit Molkereiabwasser gereinigt wird

Einwohnern sowie die Abwässer der größten Fleischkonservenfabrik der Bundesrepublik mit 750 m^3/Tag und das Abwasser einer Molkerei mit 40 m^3/Tag angeschlossen. Die derzeitige Belastung beträgt 26000 E und EGW. Der BSB_5 im Ablauf liegt im Mittel bei 20 mg/l. Durch diese Anlage ist es möglich geworden, auch bei einem hohen Gehalt an industriellen Abwässern stets einen guten gleichmäßigen Ablauf zu erzielen.

Durch Zugabe von Reinwasser hat man es in der Hand, die Konzentration des Abwassers herabzusetzen. Doch sollen diese Verdünnungen nicht zu plötzlich durchgeführt werden, da sie sonst die Ursache von Blähschlammbildungen sein können. Tritt Blähschlammbildung auf, so wird folgendes Verfahren empfohlen: Der Zulauf zum Nachklärbecken wird unterbunden und der Wasserspiegel im Becken verschiedene Zentimeter (10 cm) gesenkt und dann der Inhalt 10 Minuten mit fein verteilter Luft belüftet. Dieser Vorgang wird alle 2 Stunden wiederholt, bis der Schlamm wieder in Ordnung ist.

Das die Anlage verlassende Wasser ist fäulnisunfähig, riecht schwach erdig und hat als kleinen Schönheitsfehler eine schwach gelbe Farbe, die man aber in besonderen Fällen durch eine chemische Fällung entfernen konnte. Der große Vorteil des Verfahrens gegenüber offenen Tropfkörpern und Rieselfeldern ist der, daß selbst das aus den Absetzbecken mehr oder weniger stark angefaulte, zum Belebungsbecken kommende Abwasser völlig geruchlos verarbeitet wird und das Fehlen jeglicher Fliegenplage. Der anfallende Überschußschlamm kann entweder ausgefault oder direkt als Düngemittel aufs Land gefahren werden. Er stellt ein hochwertiges Düngemittel dar.

δ) *Oxydationsteiche*

Da die Fleischkonservenfabriken meist in städtischen Umgebungen liegen, wo die Landpreise sehr hoch sind, und die Abwässer selbst sich sehr gut durch die üblichen aeroben Verfahren reinigen lassen, hat diese Industrie von der Einrichtung der Oxydationsteiche nur sehr wenig Gebrauch gemacht. Trotzdem gewinnen die Oxydationsteiche immer mehr und mehr an Interesse, besonders dort, wo eine Vorreinigung für die volle und Teilreinigung von Fleischkonservenabwasser, bereits vorhanden ist, zumal die anaeroben Vorbehandlungsverfahren immer mehr an Boden gewinnen. Es sind verschiedene Arten von Systemen im Gebrauch, so daß der Versuch einer Verallgemeinerung sehr schwierig und unsicher sein wird. Änderungen in dem Charakter des Abwassers, in dem Grad der Vorbehandlung, in den Betriebseinrichtungen, in den klimatischen Verhältnissen und in den Untergrundverhältnissen beeinflussen alle die Vorentwürfe für die Behandlung.

Die *Belastung von aeroben Oxydationsteichen* schwankt nach A. E. STEFFEN[1] von 5,6 g/T/m² zur Behandlung von rohem Fleischkonservenabwasser in Süd-Dakota bis zu 24,25 g/T/m² für verhältnismäßig dünnes Abwasser in Delaware (BSB 175 mg/l), das bereits in einer mechanischen Reinigung und in Ausgleichbecken vorbehandelt ist. In dem letzteren Falle sind zwei parallelgeschaltete Teiche vorhanden mit einer Aufenthaltszeit von 2,89 Tagen. Die Abnahme des BSB beträgt im Sommer 96% und im Winter 70%.

Bei den Abwässern von Fleischkonservenfabriken werden nach VOEGE und STANLES[2], Kanada die Oxydationsteiche besonders in Al-

---

[1] STEFFEN, A. E.: J. wat. Poll. Contr. Foder. Bd. 35 (1963) S. 440.

[2] VOEGE, F. A. u. D. R. STANLES: J. Wat. Poll. Contr. Feder. Bd. 35 (1963) S. 1019.

berta angewandt. Die bei dieser Industrie anfallenden Abwässer schwanken sehr nach der Menge und der Konzentration. Für *Entwurfsunterlagen* wird eine Belastung von 9,1 kg BSB_5 je 4047 m^2 und Tag angegeben. Da bei einigen Teichen sich anaerobe Verhältnisse einstellen, ist die Gefahr der Geruchsbelästigungen naheliegend. Bei der Anwendung der Oxydationsteiche für Hühnerkonservenabwässer traten zunächst größere Schwierigkeiten auf. Die Belastung wird mit 2,2 bis 6,9 g BSB_5 je Tag und m^2 angegeben, wobei ein Abbau des BSB von 94% erreicht wurde. Bei einer Vermischung von Geflügelkonservenabwasser mit Molkerei- und häuslichem Abwasser konnte die Belastung bis auf 4,5 bis 12,1 g/T/m- gesteigert werden. Geruchsbelästigungen traten nur während einer kurzen Zeit im Frühjahr auf. Bei 12 Konservenfabriken in Ontario waren die meisten Teiche überlastet, was bei einer Beladung mit 112 g/T/m^2 verständlich ist. Das durch Rechen vorgereinigte Abwasser hatte eine Temperatur zwischen 14 und 22 °C. Der p_H-Wert schwankte zwischen 6,5 und 8. Unter Umständen wurde er durch Zugabe von Kalk auf diesen Wert eingestellt. Da der Ablauf noch einen BSB-Wert von 100 mg/l hatte, wurde er auf Land verrieselt.

ε) *Anaerobe Behandlung von Schlachthofabwässern*

An Stelle der aeroben Behandlung durch Tropfkörper oder Belebtschlammverfahren ist von den verschiedenen Forschern auch die anaerobe Behandlung, die sog. Schnellfaulung, und zwar sowohl die mesophile wie auch die thermophile entweder allein oder als Vorbehandlung vor der aeroben Behandlung empfohlen.

In einer Versuchsanlage[1] in Amerika wurde nachgewiesen, daß bei einer Faulzeit von 24 Stunden, bei einer Temperatur von 33° und bei ständigem Umwälzen eine Gasmenge von 562 bis 624 l je kg eingebrachte Substanz und eine Abnahme von 90% des BSB erzielt wurde, wobei ein verhältnismäßig geruchloser Schlamm erhalten wurde.

In gleicher Weise hat FULLEN[2] durch Laboratoriumsversuche gezeigt, daß Schlachthofabwässer mit einem BSB von 1200 mg/l bis 2000 mg/l und einem p_H-Wert von 6,6 bis 7,2 sowohl in der mesophilen wie auch in der thermophilen Zone ausgefault werden können. Wenn das Abwasser genügend geimpft wurde, konnte er in 1—2 Tagen eine Abnahme von 95% des BSB erzielen. Schwierigkeiten bereitete nur die Innehaltung der richtigen Temperaturen bei der mesophilen Faulung.

RUDOLFS und DEL GUERCIO[3] wenden bei der anaeroben Zersetzung von Schlachthofabwässern eine 24-stündige Faulzeit an. Wird die anaerobe Behandlung als Vorbehandlung vor der aeroben Behandlung benutzt, so kann man nach den Feststellungen von SCHRÖPFER[4] und

[1] High-rate anaerobic Digestion of Meat Packing Wastes. Publ. Works Bd. 82 (1951) S. 44.

[2] FULLEN, W. J.: Chem. Abstracts Bd. 5 (1951) S. 19.

[3] RUDOLFS u. DEL GUERCIO: Water and Sewage Works Bd. 100 (1953) S. 60.

[4] SCHRÖPFER, G. J.: Treatment Proc. 5th Research Conf. Council on Research Amer. Meat. Inst. 1953, S. 45.

FULLEN[1] bei genauer Innehaltung der Temperatur von +32 bis +35 °C mit einer 12—15stündigen Faulzeit auskommen. Der CO_2-Gehalt des Faulgases soll in den amerikanischen Anlagen sehr gering sein und nur 4—7% betragen. Auch Fleischkonservenfabrikabwasser, dessen Konzentration sehr stark schwankt, kann nach diesen Untersuchungen bei einer Temperatur von +34 °C und einer Aufenthaltszeit von 24 Stunden bis zu einer Abnahme von 95% des BSB_5 ausgefault werden. Die Beladung des Faulraumes mit Schwebestoffen schwankte zwischen 977—1260 g/m³, während die Belastung mit dem BSB von 1100—1350 g/m³ schwankte. STEFFEN[2] konnte die Belastung bis auf 2,4 kg BSB_5 m³ bzw. mit 2,4 kg flüchtigen Stoffen je m³/Tag steigern. Er reinigte dann aber das ausgefaulte Abwasser auf einer Tropfkörperanlage nach, die er mit 980 g BSB/m³/Tag belastet. Auf einer Anlage in Albert Lea in Minnesota hat STEFFEN[3] zwei Teiche von 15000 m² und einer Tiefe von 90 bis 120 cm hintereinandergeschaltet. Die Belastung betrug im Jahre 1960 48 g/T/m² bei einem Abwasser mit einem BSB-Gehalt von 129 mg/l und einem Gehalt an Schwebestoffen von 198 mg/l. Bei einer mittleren Abwassermenge von 5700 m³ am Tage trat in den Teichen durch Versickerung und Verdunstung ein Verlust von 45% auf. Durch die Abdichtung des Bodens ging dieser Verlust später bis auf 31% herunter. Da die Abwässer sehr warm sind und eine hohe Konzentration an wertvollen organischen Nährstoffen haben, so eignen sie sich besonders für die anaerobe Behandlung. REINHOLD[4] hat die in einem Schlachthof anfallenden Abfälle wie Panseninhalt, Schweinemageninhalt, Eingeweideteile, Rinderblut und Kot für sich auf ihre anaerobe Abbaufähigkeit untersucht. Er benötigt jedoch, um die hohen Prozentzahlen des Abbaues zu erreichen, längere Aufenthaltszeiten als sie in der ausländischen Literatur angegeben sind. Hierbei weist er auf die hygienische Seite des Verfahrens hin, wohingegen die Gasgewinnung nur Nebenzweck sei.

ζ) *Schlammbehandlung*

Die bei der mechanischen, chemischen und biologischen Reinigung von Schlachthausabwässern anfallenden Schlammengen sind verhältnismäßig groß. Ihre Beseitigung durch Ausfaulenlassen in genügend großen, mit Heizung und Umwälzung versehenen Faulräumen bereitet, abgesehen von gelegentlichen Schwimmschlammdecken und Schaumbildungen, keine Schwierigkeit. Die durch Schaumbildungen auftretenden Schwierigkeiten lassen sich nach BRADNEY, NELSON und BRAGSTAD[5] durch den Einbau von Umwälzvorrichtungen beseitigen. Das Fett im Schlamm wird zum größten Teil abgebaut. Obwohl der Schlamm bis zu 45% durch Petroläther extrahierbares Fett enthält, wird dieses Fett bis auf 5% abgebaut. Die je kg eingebrachte organische Substanz anfallende Gas-

---

[1] FULLEN, W. J.: Sew. and Ind. Wastes Bd. 25 (1953) S. 576.
[2] STEFFEN, A. E.: Sew. and Ind. Wastes Bd. 27 (1955) S. 1364.
[3] STEFFEN, A. E.: J. Wat. Poll. Contr. Feder. Bd. 35 (1963) S. 440.
[4] REINHOLD, F.: Die Fleischwirtschaft Bd. 6 (1954) H. 10.
[5] BRADNEY, L., W. NELSON and R. E. BRAGSTAD: Sew. and Ind. Wastes Bd. 22 (1950) S. 807.

menge wird mit 500 l Gas angegeben. Als beste Faultemperaturen werden 26 bis 29,5 °C angegeben, wohingegen die thermophile Zersetzung bis 54,5 °C nicht so günstige Ergebnisse gezeigt hat.

d) Trocknen und Einsalzen der ungegerbten Tierfelle

Die bei den Schlachtungen anfallenden Tierhäute müssen für die Weiterbehandlung oder Lagerung vorbereitet werden. Zu dem Zweck sind bei den Schlachthäusern Räume zum Trocknen und Einsalzen ungegerbter Tierfelle vorhanden, in denen die Häute behandelt werden. Diese Anlagen zum Trocknen und Einsalzen ungegerbter Tierfelle sind im Deutschen Reich nach § 16 der Gewerbeordnung genehmigungspflichtig. Die „Technische Anleitung" sagt hierüber:

„Die Räume zum Trocknen der Häute müssen hoch gelegen und möglichst luftig sein. Der Fußboden ist wasserdicht herzustellen. Abgeflossene Blutteile, das Reinigungswasser und andere Abgänge sind wie die Abwässer der Schlächtereien zu beseitigen."

Gesalzen werden die Tierhäute, indem man sie auf der Fleischseite mit Salz bestreut und nach kurzem Lagern aufrollt und aufeinanderstapelt. Hierbei fließt eine bluthaltige Salzlake ab, die in gleicher Weise wie das Schlachthausabwasser zu behandeln ist. Aus diesem Grunde muß der Fußboden wasserdicht sein und eine genügende Neigung besitzen, damit die Salzlake gut abfließen kann. Wegen des hohen Salzgehaltes wird man sie praktisch mit dem Abwasser des übrigen Schlachthofes oder sonst mit genügendem häuslichen Abwasser verdünnen. Für die Abwässer der Felltrocknereien gelten die mit Bezug auf die Milzbrandgefahr bei den Gerbereiabwässern (s. S. 46 u. 63) gemachten Ausführungen in entsprechender Weise.

Bei Zugabe dieser Abwässer zu den übrigen Abwässern des Schlachthofes sollte die Konzentration des gesamten Abwassers an Natriumchlorid 1200 bis 2500 mg/l nicht übersteigen, wenn auch andere Forscher angeben, daß gelegentliche Steigerungen des Kochsalzgehaltes bis auf 20000 mg/l nicht schädlich seien.

e) Seuchenschlachthaus

Allen größeren Schlachthöfen ist nach Meinck[1] ein Seuchenschlachthaus (Polizeischlachthaus) für die unschädliche Beseitigung seuchenerkrankten oder seuchenverdächtigen Schlachtviehes oder deren Teile (Konfiskate) angegliedert. Hierzu gehören ein Schlachtraum, ferner ein Verbrennungsofen oder eine Apparatur zur Verwertung der Tierkörper. Dieses Seuchenschlachthaus, einschließlich Hof und Stall, muß durch eine Mauer abgeschlossen, getrennt von den übrigen Betriebshallen liegen. Die dort anfallenden Abwässer sind unter hygienischen Gesichtspunkten zu betrachten und zu desinfizieren (s. Abschnitt Abdeckereien und Kadaververwertungsanlagen, S. 128). In seuchengefährdeten Gebieten werden nach Meinck z. B. zur Bekämpfung der Schweinelähme

[1] Meinck, F.: Industr. Abwasser. 2. Aufl., S. 285. Stuttgart: G. Fischer.

für erkranktes und verdächtiges Vieh besondere Seuchenschlachthäuser, die dann nur stoßweise arbeiten, errichtet. Konfiskate dürfen nicht mit dem Schlachthofabwasser abgeschwemmt, sondern müssen nach den veterinärhygienischen Bestimmungen unschädlich beseitigt werden. Abwasser aus Seuchenschlachthäusern ist vor Einleitung in das öffentliche Kanalnetz nach den gesetzlichen Vorschriften zu entseuchen.

Bei Seuchenschlachtungen werden auf einzelnen Schlachthöfen folgende Schutzmaßnahmen angewandt:

a) Laufende Desinfektion des Schlachtraumes und der Abwässer während der Schlachtungen.

b) Meldung über Beginn und Ende der Seuchenschlachtungen an die Kläranlage mit dem Ersuchen um Einstellung der landwirtschaftlichen Verwertung während dieser Zeit.

2. Abwässer der fischverarbeitenden Industrie, insbesondere Marinadenfabriken, Fischräuchereien usw.

a) Allgemeines

Für die Verarbeitung zu Fischkonserven kommt in erster Linie der Hering in Frage, doch werden auch andere Fische, wie Schellfische, Aale, Sardinen, Kabeljau, sowie Muscheln und Krebse (Garnelen) verarbeitet. Bei verschiedenen Konserven werden die Marinaden unter Zugabe bestimmter Gemüse, vor allem Rote Beete, verarbeitet, so daß neben den bei der Fischverarbeitung anfallenden Abwässern auch noch die Abwässer der Gemüseverarbeitung kommen.

Der angelieferte Hering wird in einer schwach geneigten, in Wasser tauchenden Trommel mit Schlitzen, in welche zentral eingebaute Bürsten eingesetzt sind, um das Waschwasser und die Fische bei der Drehung in schaukelnder Bewegung zu halten, durch Aneinanderreiben der Fische entschuppt. Durch eine gesteuerte Klappe werden die Fische schubweise entleert. Schon an dieser Stelle fallen kochsalzhaltige Abwässer an, die an ungelösten Stoffen außer den verhältnismäßig geringen Schmutzstoffen von der Oberfläche vor allem die Schuppen und abgeriebene Fleischfetzen, Flossenstückchen usw. enthalten. Da die Aufenthaltszeit gering ist, treten kaum Auslaugungen auf.

In besonderen Maschinen werden die Fische geköpft, von den Eingeweiden befreit und entgrätet, wobei ein dünner Bauchlappen und die Bauchflossen abgeschnitten werden. Nachdem noch durch eine weitere Maschine die Mittelgräte entfernt ist und durch eine besondere Putzmaschine mit Hilfe einer Schmirgelscheibe das Innere gereinigt ist, geht er in die eigentliche Verarbeitung. Die bei dieser Vorbehandlung anfallenden Abfälle wie Kopf, Bauchlappen, Flossen, Gräten, werden sorgfältig gesammelt und an die Fischmehlfabriken abgegeben, die diese Abfälle auf Fischmehl verarbeiten. Das in dieser Abteilung anfallende Abwasser enthält sehr viele feine Fleischfetzen, ist schon etwas fetthaltig und neigt infolge seines Gehaltes an organischen Stoffen sehr stark zur Fäulnis. Das Abwasser mischt sich mit den Abwässern, die von der meist im gleichen Raum untergebrachten Wäsche der Konservierungsfässer kommen. Die Fische werden bis zu ihrer Weiterverarbeitung in Fässer eingepackt, die mit einer essigsäurehaltigen Kochsalzlösung beschickt sind. In diesem sog. „Entblutungsbad" ist meistens eine 10%ige (bei Schellfisch eine 15%ige, bei Salm nur eine 6- bis 8%ige) Salzlösung. Von hier aus gehen die Fische in die Räuchereien oder eigentlichen Marinadefabriken. In den Kalt- und Heißräuchereien fällt kein Abwasser an, zumal man heute allgemein bestrebt ist, das bei der Räucherei anfallende Fischöl aufzufangen und der Wirtschaft wiederzuzuführen.

Anders ist es aber bei den Marinaden, und zwar sowohl den Kalt- wie den Kochmarinaden. Nach dem Waschen, Köpfen, Ausweiden, Entgräten kommt der Hering zunächst in das „Entblutungsbad". Dieses enthält neben Essigsäure noch Kochsalz und dient zur Nachreinigung, zur Lösung des Blutfarbstoffes und zur Festigung des Fleisches. Zum Entblutungsbad werden auf 100 l 60 bis 80 g 30% Wasserstoffsuperoxyd zugegeben. Außerdem gibt man auf 8 Teile Salz 6 Teile Essigsäure hinzu, wobei die Badmenge zur Fischmenge am besten wie 1:1 gehalten werden soll. Der Wasserverlust und damit auch der Proteinverlust liegen bei 10 bis 20%. In den meisten Fällen werden die verbrauchten Bäder in die Kanalisation abgelassen. Im Interesse der Reinhaltung unserer Flüsse und im wirtschaftlichen Interesse des Werkes sollten aber diese Bäder durch Behandeln mit Wasserstoffsuperoxyd, Zentrifugieren und Filtrieren über aktive Kohle wieder verwendungsfähig gemacht werden.

Bei den Kochmarinaden werden die aus dem Entblutungsbad kommenden gargemachten Fische in viereckigen Körben mit Sieben verpackt und durchwandern dann mit Hilfe endloser Rollenketten 10 bis 20 min lang ein 80 bis 85 °C heißes Wasserbad, dem 4% Essig und 6 bis 8% Salz zugesetzt sind. Nach dem Verlassen des Heißwasserbades werden sie durch Abbrausen abgekühlt und dann in Dosen verpackt, wobei sie mit Geleeaufguß oder den verschiedenen Saucen übergossen werden. Die hier anfallenden Abwässer und die Abtropfwässer von den Heißwasserbädern und dem Abbrausen enthalten neben den ungelösten Fischresten Fett und Eiweißstoffe. Die mit übergetretener Sauce beschmutzten Dosen werden in einer Waschtrommel (nach Art der Kochschnecke) mit Warmwasser abgewaschen und dann in einem Überdruckautoklaven sterilisiert und zum Schluß nochmals nachgewaschen. Die mit einem Waschmittel (meistens P_3) versetzten Waschwässer enthalten Reste der Aufgußflüssigkeit und der Saucen.

b) Zusammensetzung und Reinigung der Abwässer

Die in den fischverarbeitenden Fabriken, besonders in den Marinadenfabriken anfallenden Abwässer sind, wie HUSMANN[1] zeigen konnte, in ihrer Konzentration und Zusammensetzung sehr starken Schwankungen unterworfen. Je nachdem, ob jahreszeitlich bedingt Fische oder

[1] HUSMANN. W.: Gesundh.-Ing. Bd. 70 (1949) S. 301.

Gemüse verarbeitet werden, fällt ein stark unterschiedliches Abwasser an. Ein ungefähres Bild über die Zusammensetzung eines Abwassers von der Fischverarbeitung und der Gemüseverarbeitung (Rote Rüben) gibt die folgende von HUSMANN gebrachte Zusammenstellung.

Tabelle 16. *Abwasser von Konservenfabriken*

	Fischverarbeitung	Gemüseverarbeitung
Aussehen	schmutzig grau getrübt	rot gefärbt und trübe
Geruch	stark nach Essig	stark nach Essig
Reaktion	stark sauer	stark sauer
Permanganatverbrauch	17813 mg/l	7571 mg/l
Schwebestoffe, gesamt	1145 mg/l	2090 mg/l
davon mineralisch	193 mg/l	1375 mg/l
davon organisch	952 mg/l	715 mg/l
gebundenes Chlor	26000 mg/l	1696 mg/l
bezogen auf Kochsalz	42861 mg/l	2796 mg/l
Essigsäure (CH_3COOH)	17709 mg/l	720 mg/l
Absetzbare Stoffe nach 1 Std.	10,5 cm^3/l	17,0 cm^3/l
Absetzbare Stoffe nach 2 Std.	13,5 cm^3/l	17,0 cm^3/l

Außerdem enthalten diese Abwässer größere Mengen Fett, von dem sie vor ihrem Ablassen in die Kanalisation befreit werden müssen, da einmal das Fett in der Kanalisation stört, und es andererseits noch für die verschiedensten Zwecke Verwendung finden kann. Zum Entfetten können die auf S. 24 bis 30 beschriebenen Fettfänger benutzt werden.

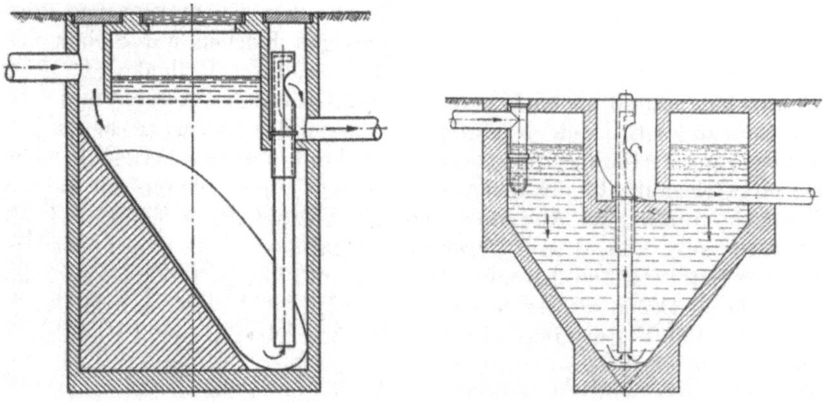

Abb. 48a u. b. Fett- und Ölabscheider für fäulnisfähige Abwässer (nach SCHREIBER-GANSLOSER)

Da aber das Abwasser große Mengen absetzbare Stoffe enthält, die beim Stehen im Fettfänger schnell in Fäulnis übergehen und dann das Abfallfett beeinträchtigen und das darüber fließende Abwasser infizieren, haben in den Fällen, wo die Abwässer in die städtische Kanalisation abgelassen werden, SCHREIBER und GANSLOSER die in Abb. 48a u. b dargestellten Fettfänger konstruiert. Diese Fettfänger haben einen genügend großen Fettabscheideraum, aus dem täglich das Fett abgeschöpft werden kann. Der Absetzraum für Schlamm fehlt fast vollständig, so daß der eigentliche Schlamm bzw. die absetzbaren Stoffe laufend frisch in die Kanalisation abgestoßen werden. Durch dieses laufende Abstoßen der sonst auf dem Werk zurückzuhaltenden Abfallstoffe tritt eine stärkere Belastung der Kanalisation und der städtischen Kläranlage auf; es hat aber den Vorteil, daß die Abwässer frisch in die Kanalisation gelangen, wodurch üble Geruchsbelästigungen in der Kanalisation vermieden werden.

Der ATV-Arbeitskreis für Schlachthofabwasser, der in Zukunft auch die Abwässer der fischverarbeitenden Betriebe und die der Tierkörperbeseitigung, der Blut-, Darm- und Knochenverarbeitung, ferner der Tierkörpermehl- und Fischmehlfabriken bearbeiten wird, stellt an die Wirkungsweise der Fettabscheider in fleisch- und fischverarbeitenden Betrieben die Forderung, daß Verarbeitungsabfälle aller Art aus dem Abwasser dieser Betriebe vor dem Fettabscheider zurückgehalten werden müssen (s. Abwasser-Korrespondenz Heft 8 (1964) S. 13).

In den Fällen, wo die Abwässer nicht in die städtische Kanalisation abgestoßen werden können, ist die Frage der Weiterbehandlung der Abwässer sehr schwierig. Infolge ihres hohen Gehaltes an Eiweißverbindungen gehen sie leicht in faulige Zersetzung über, während andererseits ihr hoher Salzgehalt der biologischen Reinigung große Schwierigkeiten in den Weg legt. Wegen des hohen Gehaltes an freier Essigsäure müssen die Abwässer zunächst mit Kalk oder sonstigen alkalischen Mitteln neutralisiert werden, damit Schäden an den Bauteilen der mechanischen Reinigungsanlage vermieden werden. Bei dieser Neutralisation mit Kalk tritt gleichzeitig eine starke Ausflockung ein, wobei sich die Flocken ziemlich schnell absetzen. Steigert man die Zugabe von Kalk bis zur Neutralisation, so kann eine bis zu 48% gehende Abnahme des Kaliumpermanganatverbrauches erzielt werden. Auch durch Zugabe von Eisensalzen ließ sich kein größerer Reinigungseffekt erzielen. Zur Vermeidung von Anfaulungen muß man überlegen, ob man mit der Zugabe der Neutralisations- und Fällungsmittel eine Belüftung verbindet oder ob man die Anfaulung durch Zugabe von Nitrat oder durch eine Chlorung verzögern will.

Husmann schlägt vor, die Entschlammung des gekalkten Marinadeabwassers in wechselweise zu betreibenden Erdbecken vorzunehmen, die einen mehrtägigen Aufenthalt des neutralisierten Abwassers garantieren. Diese Becken sollen mit ausreichender Drainage versehen werden, damit bis zur Füllung der ausgeschiedene Schlamm schnell entwässern kann, und man ihn dann leicht ausfahren kann. Eine landwirtschaftliche Nutzung des Schlammes ist möglich besonders dann, wenn man ihn nach einer genügenden Kalkung entweder allein oder in Mischung mit anderen geeigneten Stoffen kompostiert.

Schwieriger ist die Frage der Weiterbehandlung der Abwässer, zumal die mechanische und chemische Reinigung nur einen Teil der Schmutzstoffe entfernt. Eine landwirtschaftliche Verwertung kommt trotz des hohen Gehaltes an Dungstoffen auch bei gutem sandigen Boden wegen des hohen Salzgehaltes trotz ausreichender Kalkung nicht in Frage. Dort, wo Verdünnungswasser — sei es in Form häuslicher Abwässer — zur Verfügung steht, müßte durch Versuche die biologische Reinigung durch die künstlichen biologischen Verfahren geprüft werden. Die Aufnahme der neutralisierten und wenn möglich auch entschlammten Abwässer in eine städtische Kanalisation stellt, solange das Abwasser noch frisch ist, immer noch das billigste Reinigungsverfahren dar.

PAESSLER und DAVIS[1] vertreten die Ansicht, daß es am richtigsten sei, die anfallenden Abwässer durch eine Verdampferanlage zu mindestens 93% zu beseitigen, wobei dann nachher nur noch 7% des Verschmutzungsproblems zu behandeln sein werde. SCHULZ[2] beschreibt die chemische Fällung einer Fett-Eiweißemulsion bei Fischkonservenabwässern, wobei er Aluminiumhydroxyd, Kalk und Ferrichlorid anwendet.

3. Abwässer von Abdeckereien, Kadaververwertungsanlagen und Leimfabriken

a) Abdeckereien

Früher wurden die ganzen Kadaver der an Krankheiten oder bei Unfällen eingegangenen Tiere bzw. alle Tierabfälle in Öfen verbrannt. In seuchenhygienischer Beziehung war dies die radikalste und beste Beseitigung infektionsverdächtiger Stoffe. In wirtschaftlicher Beziehung war diese Behandlung jedoch sehr nachteilig, denn es fand hierbei keinerlei Verwertung statt. Nach dem Tierkörperbeseitigungsgesetz vom 1. 2. 1939 ist die unschädliche Beseitigung der Tierkörper durch hohe Hitzegrade so vorzunehmen, daß die Erreger übertragbarer Krankheiten abgetötet werden. Um die für die Wirtschaft verwertbaren Erzeugnisse zu gewinnen, hat man Apparate geschaffen, in denen der Aufschluß der Stoffe auf thermo-chemischem Wege oder durch Hochdruckwasserdampf erfolgt.

An die Stelle der früheren Kadaververnichtungsanstalten sind die Tierkörperbeseitigungsanstalten getreten. Diese befördern die gefallenen oder tot geborenen Einhufer, Rinder, Schweine, Schafe, Ziegen und Hunde, ebenso das Konfiskat der Schlachthäuser in besonders dichten ausgeschlagenen und leicht zu desinfizierenden Wagen zu den Anstalten. Die wirtschaftliche Transportgrenze — meistens 50 km — begrenzt die Größe des „Befahrungsgebietes“, wohingegen die Viehdichte die Größe der zu errichtenden Anlagen bestimmt (nicht unter 50000 Stück Großvieh). Nur in den ganz großen Städten findet man Großbetriebe, wohingegen man meistens kleinere Betriebe mit einer Leistungsfähigkeit bis zu 5000 kg am Tage anfallenden Rohmaterials vorfindet. Da in den Anstalten ein für Menschen und Tiere seuchenhygienisch äußerst gefährliches Material verarbeitet wird, sind gegen die Verbreitung der Seuchen durch die Abwässer ganz besonders scharfe Maßnahmen durchzuführen. Das Tier-

[1] PAESSLER, A. H., u. R. V. DAVIS: Proc. 11th Ind. Waste Confer., Purdue Univ. Bd. 91 (1957) S. 371.

[2] SCHULZ, G.: Wasserwirtschaft und Technik Bd. 6 (1956) S. 314.

körperbeseitigungsgesetz vom 1. Februar 1939 verlangt daher die unschädliche Beseitigung der Tierkörper durch so hohe Hitzegrade in einem Sterilisator, daß die Erreger übertragbarer Krankheiten völlig abgetötet werden, wobei die für die Wirtschaft verwertbaren Erzeugnisse, wie technische Fette, hoch eiweißhaltiges Tiermehl neben den Häuten und Fellen, zu gewinnen sind. In der Regel dürfen aus seuchenhygienischen Gründen nur Tiermehl und technisches Fett (Tierkörperfett) hergestellt werden. Die technischen Verfahren für die Gewinnung von technischem Fett und Tiermehl unterscheiden sich nur durch die Art der Entfettung des aufgeschlossenen Materials. Bisher wurde der rein physikalische Weg vorgezogen, indem das Fett entweder durch Abtrennung in einem Fettabscheider oder durch Zentrifugieren des gesamten Materials gewonnen wurde. Am weitesten verbreitet ist aber bisher die Entfettung des dehydrierten Materials in einer hydraulischen Presse, welche eine Entfettung bis auf 6 bis 8% zuläßt. Die hierbei zurückbleibenden meist runden Preßkuchen mit einem Durchschnittsgewicht von 10 kg werden gemahlen und kommen dann als Tierkörpermehl als ein sehr wertvolles Eiweißfuttermehl in den Handel. Die Benzinextraktion hat sich nicht bewährt. Neuerdings scheint die Extraktion mit Perchloräthylen gute Ergebnisse sicherzustellen.

Bei dem thermo-chemischen Verfahren werden die Kadaver bzw. Abfallstoffe mit Schwefelsäure so lange erhitzt, bis alles zu einem gleichmäßigen, ziemlich dickflüssigen Brei zerfallen ist. Das bei längerem Stehen auf dem Brei schwimmende Fett wird abgeschöpft und kann in Seifenfabriken und als Schmiermittel Verwendung finden. Der untenstehende Brei wird mit einer entsprechenden Menge unentleimten, gedämpften Knochenmehles versetzt und gut gemischt. Nach einiger Zeit läßt sich diese Menge durch Darren gut trocknen und kann dann als streufähiger Dünger verwandt werden.

Bei den anderen, mit gespanntem Dampf arbeitenden Naßverfahren werden die Kadaver in besonderen Trommeln mit Dampf von 3 bis 10 atü etwa 2 Std. lang ausgedämpft.

Mit Ausnahme von milzbrandverdächtigem Material, das nicht abgehäutet und direkt unzerlegt verarbeitet wird, werden die Tierkörper enthäutet und zerlegt. Die Häute werden eingesalzen und für sich gelagert. Der Magen- und Darminhalt wird in gleicher Weise, wie dies bei den Schlachthofabfällen geschieht, entweder allein oder mit Torf gemischt mit Kalk kompostiert. Nach einer mehrmonatigen Lagerung gibt es einen guten Dünger. Von der „unreinen" Seite gelangen jetzt die Tierkörper durch eine Einwurföffnung in der Trennwand zur „reinen" Seite direkt in den mit Rührwerk versehenen Kochkessel.

Bei dieser Ausdämpfung bildet sich eine aus Fett, Leimbrühe und Fleischwasser bestehende breiige Flüssigkeit. Das Fett wird vom Leimwasser getrennt und das Leimwasser eingedampft. Der hierbei entstehende Dampf wird zur weiteren Einwirkung auf die Kadaver benutzt. Nach 5- bis 6stündiger Einwirkung des Dampfes auf den Kadaver ist dieser vollständig zerfallen. Die Masse wird getrocknet, wobei als Abwasser leimhaltige Kondenswässer auftreten. Es hinterbleibt ein Tierkörper- oder Fleischmehl, das mit oder ohne Zusatz von Leimbrühe oder auch Melasse zur Fütterung von Fischen und Schweinen benutzt werden kann. Die Ausbeute aus dem Rohmaterial beträgt im Durchschnitt 8—12% Fett und 25—30% Futtermehl mit rund 92% Trockensubstanz. Bei dem in England und Amerika unter der Bezeichnung „Dry rendering" und System „Iwel Laabs" bekannten Trockenverfahren werden die Kessel von außen beheizt, wodurch man ein besseres Futtermehl und durch Mitverdampfen der Leimbrühe auch eine größere Ausbeute erzielt. Abdeckereien werden wegen der starken Geruchsbelästigungen und der entstehenden Abwässer am besten fern von menschlichen Wohnungen und vom Verkehr, am besten auf Ödländereien angelegt.

α) Die Abwasserarten[1]

a) In den Tierkörperbeseitigungsanstalten entstehen nach dem Runderlaß des MdI. vom 16. September 1943 folgende Abwasserarten:

1. Das Brüdenkondensat des Kochkessels, 2. Spül-, Wasch-, Abort- und Sickerwässer, 3. Kühlwässer, 4. Regenwässer.

b) Bei der Anwendung eines Einspritzkondensators fallen das Brüdenkondensat und die Kühlwässer zusammengemischt an; bei dem Oberflächenkondensator bleiben die beiden Abwasserarten getrennt, so daß die Kühlwässer bis auf die Erwärmung unverändert bleiben.

β) Die Menge der Abwässer

Die Abwassermengen sind abhängig von der Menge des verarbeiteten Rohmaterials. Auf je 1000 kg tägliche Rohmaterialverarbeitung fallen im Durchschnitt unabhängig von der Art der Kondensation an:

1. 0,6 m^3 Brüdenkondensat,
2. 0,6 bis 1,0 m^3 Spül-, Wasch- und Abortwässer,
3. 30 bis 40 m^3 Kühlwässer.

Man erhält demnach bei dem Einspritzkondensator und einem Kessel für 1000 kg Kochgut insgesamt etwa rund 20 bis 30 m^3 Abwasser/Tag, bei dem Oberflächenkondensator etwa 1,5 m^3/Tag. Dazu kommen gegebenenfalls die häuslichen Abwässer der Wohngebäude. Da bei Aufstellung nur eines Kessels zwei Chargen im Tag gefahren werden können. sind als Tageshöchstmengen die doppelten Werte einzusetzen.

γ) Art des Anfalls

Auf den stoßweisen Anfall der drei Abwasserarten ist besonders hinzuweisen. Die Brüden bzw. das Brüden-Kühlwassergemisch kommen während der Entspannung innerhalb von 2 bis 4 Stunden bei jeder Kochung zum Ablauf, also 1- bis 2mal am Tag. Ebenso erhalten die Spül-, Wasch- und Abortwässer durch den Sterilisatorablauf, der inner-

[1] Richtlinien für die Abwasserbeseitigung bei Tierkörperbeseitigungsanstalten. RdErl. d. RMdI. vom 16. Sept. 1943.

halb weniger Minuten erfolgt und je nach Größe des Sterilisationskessels 0,8 bis 1,3 m³ beträgt, einen starken Abwasserausstoß.

Da die früher große Unannehmlichkeiten verursachenden Leimbrühen jetzt in den Kochern zu Tiermehl verarbeitet werden, fallen sie als Abwasser nunmehr in Fortfall.

Die in den Betrieben anfallenden Abwässer, nämlich die durch Eiweiß und Fett stark verunreinigten Kondens- und Kühlwässer sowie die Wagenwaschwässer und Schlachtraumspülwässer, ähneln sehr in der Zusammensetzung und Menge den in Schlachthäusern anfallenden Abwässern, die sie oft in der Konzentration übertreffen. Die direkte Ableitung in einen Vorfluter ist wegen der Gefahr der Verbreitung ansteckender Krankheiten unstatthaft, denn es werden alle an Krankheiten, unter anderem auch an Milzbrand verendeten Tiere verarbeitet. Aus letzterem Grunde ist bei der Weiterbehandlung der Abwässer und Abfallstoffe besondere Vorsicht geboten.

Die „technische Anleitung" zu § 16 GO sagt bezüglich der Abdeckereien:

Im allgemeinen finden hier die für die Schlächtereien gegebenen Vorschriften sinngemäße Anwendung. Außerdem ist noch zu bemerken, daß die nicht zur Verwertung gelangenden Abfälle innerhalb 24 Std. (mit Ausnahme bei Frostwetter) mindestens 1 m tief, jedoch nicht bis ins Grundwasser hinein, mit Kalk bedeckt, vergraben werden müssen.

Bei den Kadaververwertungs- und -vernichtungsanlagen entstehen außer den Schlachtraumspülwässern auch Kondenswässer der beim Trocknen der extrahierten Fleischteile und bei der Weiterverarbeitung der Leimbrühe entstehenden Dämpfe. Diese Abwässer sind infolge ihres hohen Gehaltes an gelösten, fäulnisfähigen Stoffen als sehr konzentriert zu bezeichnen. Sie besitzen einen äußerst unangenehmen, penetranten Geruch. Zur Verhinderung der Entstehung dieser Abwässer verarbeiten neuere Apparate, wie die von PODEWILS, die konzentrierten Abwässer wie die Leimbrühen und Schlachtraumspülwässer mit im Betriebe, so daß nur die Kondensate durch chemische oder biologische Methoden zu reinigen sind.

Die von der Preußischen Landesanstalt für Wasser-, Boden- und Lufthygiene im Jahre 1941 aufgestellten vorläufigen Richtlinien für die Beseitigung der Abwässer aus Tierkörperverwertungsanstalten, wobei sie einerseits die Abwasserbeseitigung bei Einspritzkondensatoren und andererseits die mit Oberflächenkondensation arbeitenden Betriebe berücksichtigt, sind durch die allgemeinen Richtlinien vom 16. September 1943 ergänzt worden. Sie sehen folgende Abwasserbehandlung vor:

Aus der Beschaffenheit, Menge und Art des Anfalls ergeben sich folgende Abwasserbehandlungsweisen:

Vorbehandlung auf dem Anstaltsgrundstück:

1. Die Gestaltung der Vorbehandlung richtet sich nach der Art des zur Anwendung kommenden Kondensators (Einspritz- oder Oberflächenkondensator).

a) Einspritzkondensator. α) Es entstehen bei je 1000 kg verarbeiteten Rohmaterials 20 bis 30 m³ des durch die Brüden verunreinigten Kühlwassers und rund 1 bis 2 m³ Spül-, Wasch- und Abortwasser.

β) Das Brüdenkühlwassergemisch ist in jedem Fall in einen größeren Schacht oder Kammer zu leiten, in den das Ablaufrohr unter Wasser einmündet. Er dient zur Nachkondensation und Abscheidung mitgerissener fester Stoffe und gelöster Gase. Zweckmäßig erfolgt der Ablauf in einen Absturzschacht, an dessen Sohle das Ableitungsrohr einmündet. Da hier übelriechende Dünste frei werden, sind Kammer und Absturzschacht geruchsicher abzudecken und gut zu entlüften.

γ) Die Spül-, Wasch- und Abortwässer sind durch eine dreikammerige Faulgrube zu leiten. Damit die Wirkung der Faulgrube durch den stoßweisen Anfall des sehr heißen Sterilisationsablaufes nicht beeinträchtigt oder aufgehoben wird, ist für den Sterilisationsablauf eine besondere zweiteilige Vorkammer anzuordnen, die zur Abkühlung, zum Ausgleich des Stoßes und gegebenenfalls zur Abscheidung von Fett dient und mit der Faulkammer in einem Bauwerk zu verbinden ist. Sohle und Wasserspiegel dieser Kammer sind entsprechend höher zu legen. Die Faulgrube soll für einen mindestens 10tägigen Aufenthalt bemessen sein.

b) Oberflächenkondensator. α) Es fallen für je 1000 kg verarbeitetes Rohmaterial rund 0,6 m³ Brüdenkondensat- und außerdem etwa 1,5 m³ Spül-, Wasch- und Abortwasser an; daneben entstehen 20 bis 30 m³ nicht verunreinigtes Kühlwasser, das keiner weiteren Behandlung bedarf.

β) Die gesamten Abwässer — also einschließlich der Brüden — (etwa 2 m³) sind durch eine Faulkammer mit 10tägigem Aufenthalt zu leiten. Hierbei ist wegen der Abwasserstöße gleichfalls eine Vorkammer notwendig, in die der Sterilisator- und Kondensatorablauf — beide unter dem Wasserspiegel — einmünden. Da erfahrungsgemäß die kalten Abwässer häufig nicht ausreichen, um unter der für die Faulung zulässigen Höchsttemperatur von höchstens 35° im Faulraum zu bleiben, ist die unter Ziffer 1a, γ) vorgeschriebene zweiteilige Vorkammer vorzuschalten. Zur Förderung des Faulprozesses ist in diese Vorkammer zusammen mit dem Kondensat selbsttätig etwa die gleiche Menge Frischwasser einzuleiten.

γ) Das Kühlwasser kann gegebenenfalls dem Ablauf der Faulkammer zur Verdünnung zugemischt werden.

2. Die vorstehend unter a) und b) angegebenen Vorbehandlungsanlagen sind — ganz unabhängig davon, ob die Abwässer vor ihrer Ableitung in den Vorfluter noch einer weiteren Behandlung unterzogen werden müssen oder unmittelbar abgeleitet werden können — in jedem Fall notwendig und als zur Apparatur gehörige Anlagen anzusehen; sie werden auf dem Anstaltsgrundstück in unmittelbarer Nähe des Betriebsgeländes errichtet. Sie sind auch erforderlich, um die bei dem Abwasseranfall im Betriebe entstehenden übelriechenden Dünste unschädlich abzuleiten und damit Geruchsbelästigungen durch die Anstalt zu unterbinden. Schächte und Faulkammern sind gut abzudecken; ihre Entlüftung hat bei in Gang befindlicher Feuerung über den Rost, sonst in den Schornstein, falls erforderlich, durch ein besonderes, hochgeführtes Entlüftungsrohr zu erfolgen. Die Entlüftungsleitung ist ausreichend weit, mindestens mit 20 cm Durchmesser, zu bemessen. Über dem Spiegel der Faulkammer ist ein einheitlicher Luftraum zu schaffen, so daß eine unbehinderte Be- und Entlüftung aller Kammern gewährleistet ist. Dies ist auch zur Herabsetzung der Temperatur im Faulraum durch Nutzung der Verdunstungskälte notwendig.

δ) Die Beschaffenheit der Abwässer

Das Brüdenkondensat enthält wasserdampfflüchtige Abbauprodukte des Tierkörpers in starker Konzentration. Es sind dies die Abbaustoffe des Eiweißes, in erster Linie Ammoniak, ferner Fette in kolloider Lösung sowie andere, mit Wasserdampf flüchtige organische Stoffe. Das Kondensat ist dem alkalischen Medium des Kochvorganges entsprechend stark alkalisch; der p_H-Wert liegt um den Wert 9 und steigt bis 9,5. Der Gehalt der genannten Stoffe hängt von dem Kochgut sowie dem Betrieb der Anstalt, insbesondere auch von der Art der Entspannung des Kochers, ab und schwankt in weiten Grenzen. Der Ammoniakgehalt beträgt beim Vakuumkondensator 600 bis 900 mg/l und erreicht den dreifachen Wert bei offener Entspannung. Das Fett ist im Kondensat stark emulgiert und läßt sich auf mechanischem Wege nach Abkühlung nicht abscheiden. Der Stickstoffgehalt liegt beim Vakuumtrockner bei 600—900 mg/l und bei den Apparaten mit freier Entspannung bei 1500—3000 mg/l. Ein eindeutiges Verhalten gegenüber der Faulung liegt nicht vor; teilweise faulen die Proben überhaupt nicht, teilweise erst nach 2 bis 3 Tagen, wobei die Faulung nur einige Tage anhält. Der biochemische Sauerstoffbedarf, der einen Maßstab für den Gehalt an abbaufähigen organischen Stoffen und damit für die Beurteilung der Einwirkung auf den Vorfluter abgibt, ist beträchtlich; er beträgt bei der Vakuumkondensation 3000—5000 mg/l und erreicht den doppelten und dreifachen Wert bei freier Entspannung 6000—9000 mg/l. Das Kondensat hat demnach eine 10- bis 30fach stärkere Konzentration als häusliches Abwasser, wobei ungelöste Stoffe in beiden Fällen nicht berücksichtigt sind. Das Kondensat ist im Gegensatz zum häuslichen Abwasser praktisch frei von ungelösten Stoffen; lediglich bei freier Entspannung können infolge unachtsamer Bedienung feste Teile aus dem Kochkessel mitgerissen werden.

Die Spül-, Wasch- und Abortwässer, die sich aus dem Sterilisatorablauf und den übrigen Spül- und Waschwässern des Betriebes, gegebenenfalls dem Ablauf der Dunganlage und des Häutekellers und auch der Wohnhäuser zusammensetzen, enthalten im Gegensatz zum Kondensat sehr viele ungelöste Stoffe; es sind dies, neben den Schlammstoffen aus Abort- und Waschanlagen sowie Sand, die aus dem Schlachtraum abgespülten Tierkörperbestandteile: Blut, Haare, Fleisch- und Gewebeteile u. a. Diese Abwässer erfordern in jedem Falle eine mechanische Reinigung.

Etwa die Hälfte bis ein Drittel dieser Abwässer besteht aus dem Sterilisatorablauf (Spülwässer der unreinen Seite), der eine Temperatur bis 100° aufweist und bei Zusammenführung mit den übrigen Abwässern eine entsprechende Temperaturerhöhung des Gesamtablaufs bedingt. Im Gegensatz zum Brüdenkondensat enthält der Sterilisatorablauf sehr viel ungelöste Stoffe, und zwar Sand- und Erdbeimengungen und die aus dem Schlachtraum abgespülten Tierkörperbestandteile: Blut, Haare, Reste von Magen- und Darminhalt, Fleisch- und Gewebeteile. Der Ablauf ähnelt einem stark konzentrierten Schlachthofabwasser. Der Gesamtablauf ist neutral und geht nach Abkühlung schnell in Fäulnis über. Der Gehalt an Stickstoff — vorwiegend Ammoniak — entspricht etwa dem eines normalen häuslichen Abwassers, der biochemische Sauerstoffbedarf liegt etwas höher.

Für das Gesamtabwasser bei einem Oberflächenkondensator gibt Meinck[1] folgende Zusammensetzung an:

---

[1] Meinck, Stoof u. Kohlschütter: Industrieabwässer, 3. Aufl. Stuttgart: G. Fischer 1960.

	Trocknung	
	im Vacuum	bei freier Entspannung
Klarheit	klar	trübe
Farbe	gelblich-schwarz	grau-gelblich
Geruch	nach Tierkörper	nach Tierkörper
p_H-Wert	8,5—9,5	8,5—9,5
Chloride (Cl)	10 mg/l	20 mg/l
Gesamtstickstoff (N)	600— 900 mg/l	1500—3000 mg/l
Fett	100— 200 mg/l	300—1000 mg/l
$KMnO_4$	300— 600 mg/l	1000—2000 mg/l
BSB_5	3000—5000 mg/l	6000—9000 mg/l
Einwohnergleichwert	30—35	70—100

Zusammenfassend ergibt sich, daß die Abwässer einer Tierkörperbeseitigungsanstalt im jährlichen Durchschnitt insgesamt den gleichen Gehalt an abbaufähigen organischen Stoffen aufweisen wie die Abwässer einer Siedlung von etwa 500 bis 800 Einwohnern.

Die Kühlwässer, an die besondere hygienische Anforderungen nicht zu stellen sind, wirken beim Einspritzkondensator lediglich als Verdünnungswasser; das Brüden-Kühlwasser hat eine mittlere Temperatur von 30 bis 50°; nach dem biochemischen Sauerstoffbedarf beurteilt, hat es im Mittelwert etwa die Konzentration eines häuslichen Abwassers, wobei zu beachten ist, daß die Anfangswerte sehr hoch sind und gegen Ende der Kondensation stark abfallen.

ε) Ableitung der Abwässer

1. Die Ableitung der vorbehandelten Abwässer kann ohne weitere Nachbehandlung erfolgen, wenn die Vorflutverhältnisse es gestatten, insbesondere wenn unterhalb der Einleitungsstelle eine besondere Wassernutzung (Entnahme von Trinkwasser, Wirtschaftswasser u. dgl.) nicht erfolgt.

2. Da der stoßweise Anfall des Abwassers eine starke Belastung des Vorfluters mit sich bringt, kann der Einspritzkondensator nur dann eine breitere Anwendung finden, wenn die Ableitung der aus dem Kondensator und Sterilisator stoßweise anfallenden Abwässer auf einen längeren Zeitraum verteilt wird. Die Wasserstöße können durch ein Ausgleichsbecken (Durchmischungsgrube) aufgehoben werden, aus dem der Kondensator- und Faulgrubenablauf nach selbsttätiger Speicherung langsam abfließen. Dieses Becken ist gut abzudecken und mit der Entlüftung der Nachkondensationskammer oder der Faulgrube zu verbinden. Die Größe des Ausgleichsbeckens richtet sich nach der Leistungsfähigkeit des Vorfluters sowie nach der Zahl der im Durchschnitt arbeitstäglich zu leistenden Kochungen. Für eine Verarbeitung von 1000 kg Rohmaterial täglich ist ein Ausgleichsbecken von 25 m^3 vorzusehen. Der Abfluß ist so zu regeln, daß etwa 1 l/sek abfließt. Falls die Möglichkeit besteht, einen Teich mit Frischwasserdurchfluß anzulegen, kann hierdurch ebenfalls ein gleichmäßiger Abfluß des Abwasseranteils im Mischwasser erreicht werden. Die Verdünnung mit Frischwasser ist notwendig, um eine Faulung und Geruchsbelästigung zu verhindern.

3. Steht ein nur wenig leistungsfähiger Vorfluter zur Verfügung, so kann die Nachbehandlung in Klärteichen erfolgen.

4. Die Größe der Teiche beträgt bei einer durchschnittlichen Tiefe von 1 m mindestens 500 m^2; der Durchfluß muß so ausreichend bemessen sein, daß keine Geruchsbelästigungen und schädlichen Folgen entstehen. Die Möglichkeit einer ausreichenden Entschlammung ist vorzusehen. Doch sind alle gegebenen Möglichkeiten zur Anlage größerer Teiche — auch im Hinblick auf fischereiliche Nutzung — zu verwerten.

5. Ist infolge örtlicher Verhältnisse die unmittelbare Ableitung der vorbehandelten Abwässer nicht zulässig und scheidet die Anlage von Fischteichen aus, so kommt die Verwendung eines Oberflächenkondensators in Betracht. Da hierbei die kondensierten Brüden mit den übrigen Abwässern in einer gemeinsamen Faulkammer behandelt werden, erfahren sie neben der mechanischen Klärung eine teilweise biologische Reinigung. Da die Menge nur 3 bis 5 m^3 je Tag beträgt, können diese Abwässer hinterher, gegebenenfalls durch die Kühlwässer verdünnt, unmittelbar abgeleitet oder unverdünnt in unterirdisch verlegten Strängen versickert werden.

Abwasserbeseitigung bei Einspritzkondensatoren. Die vorläufigen Richtlinien[1] unterscheiden bei der Möglichkeit der Abwasserbeseitigung von Einspritzkondensatoren noch zwischen der Einleitung in einen wasserreichen und wenig vorbelasteten Vorfluter und der Einleitung in einen wasserarmen und wenig zu belastenden Vorfluter.

Einleitung in einen wasserreichen und wenig vorbelasteten Vorfluter. Hierbei wird vorausgesetzt, daß dem Vorfluter im Hinblick auf seine sonstige Nutzung die weitere Reinigung der eingeleiteten Abwässer unbedenklich überlassen werden kann.

Die Betriebswässer (Spülwässer aus dem Apparateraum, ferner die sterilisierten Spülwässer aus dem Schlachtraum und das Wagenwaschwasser), das Hausabwasser und die Sickerwässer der Dunggrube und des Häutekellers sind in einer Faulgrube mit einem Nutzinhalt von mindestens 30 m^3 (s. Abb. 49a u. b) zu behandeln. Der Ablauf ist nach Belüftung zusammen mit dem Regenwasser einer Misch- und Ausgleichsgrube zuzuführen, welcher auch das Kühlwasser vom Einspritzkondensator zugeleitet wird. Aus der Misch- und Ausgleichsgrube wird dann das Abwasser tunlichst unter dem Niederwasserstand in den Vorfluter eingeleitet.

Einleitung in einen weniger wasserreichen oder weniger stark zu belastenden Vorfluter. Die Betriebs- und Hausabwässer müssen in einer für den mindestens 20tägigen Aufenthalt bemessenen Faulgrube mechanisch geklärt und weitgehend ausgefault werden. Alsdann sind sie nach Entgasung und Belüftung wieder in einer Misch- und Ausgleichsgrube mit dem Kühlwasser zusammenzuführen und wenn

a) Reinwasser zur weiteren Verdünnung in genügender Menge in einfacher Weise mit Freigefälle begleitet werden kann, in 2 hintereinander

[1] Zeitschrift für die ges. Tierkörperverwertung Bd. 34 (1940) S. 92.

geschalteten Teichen, von denen der zweite als Abwasserfischteich bewirtschaftet wird, nachzureinigen.

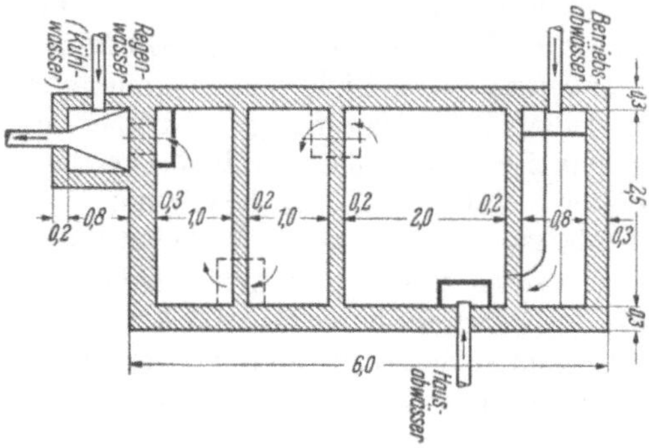

Abb. 49a. Grundriß der Faulgrube für die Betriebsabwässer bei Einspritzkondensation und günstigem Vorfluter

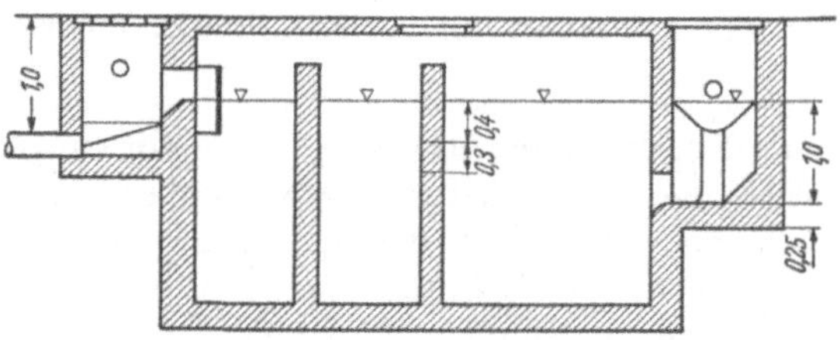

Abb. 49b. Anordnung des Zu- und Ablaufs

b) Bei fehlendem Reinwasser ist der Ablauf der Faulgrube über einen kleinen Tropfkörper oder ein Sickerbeet mit Drainrohren zu leiten. Dieser Ablauf wird zusammen mit dem Kühl- und Regenwasser in einem Nachklärbecken nachgereinigt. Die Nutzfläche der Teichanlage darf in beiden Fällen in der Regel nicht weniger als 600 m² betragen.

Ableitung in eine städtische oder gemeindliche Entwässerung. Die Vorbehandlung der Abwässer ist von Fall zu Fall im Einvernehmen mit den zuständigen Behörden festzulegen.

In diesem Falle müssen die Abwässer zunächst durch einen genügend großen Fettfänger völlig entfettet und durch den Aufenthalt in einer Ausgleichskammer so weit abgekühlt werden, daß sie in der städtischen Kanalisation nicht mehr stören können. Ob man durch eine Zwischenbelüftung oder Zugabe von Nitraten für eine Frischerhaltung des Abwassers sorgen muß, hängt von den örtlichen Verhältnissen ab und muß von Fall zu Fall geprüft werden. Auf alle Fälle müssen faulige Zersetzungen vermieden werden, da diese zu Schwierigkeiten in der Kanalisation führen, die man in den seltensten Fällen durch eine Chlorung verhindern kann.

Möglichkeiten der Abwasserbeseitigung bei Oberflächenkondensation. Hier ist voranzustellen, daß an Stelle der betriebstechnisch und wirtschaftlich vorteilhafteren Einspritzkondensation (Mischkondensation) die Oberflächenkondensation nur in jenen Fällen vorzusehen ist, in denen ungenügende Wasserversorgung zu einer Rücknahme des Kühlwassers in den Betrieb zwingen oder ein genügend aufnahmefähiger Vorfluter nicht vorhanden ist.

Zu den bisher genannten Betriebswässern kommt dann noch das Kondenswasser aus dem Kochkessel mit rund 2 m³/Tag hinzu, während das Kühlwasser nun nicht mehr verschmutzt wird.

Da die bisher besprochenen Möglichkeiten der Abwasserbeseitigung eine ungenügende Wasserversorgung ausschließen, weil die Gewinnung oder die Entnahme von Trink- und Wirtschaftswasser aus dem Grundwasser oder dem Vorfluter oder aus einer gemeindlichen Wasserleitung in der Regel möglich sein wird, kommt die Oberflächenkondensation im Hinblick auf die Rücknahme des Kühlwassers nur in Ausnahmefällen in Frage. Die Vorbehandlung der Betriebsabwässer einschließlich des Hausabwassers unterscheidet sich in diesen Fällen von den bereits angegebenen nur in folgenden Punkten:

1. Fall: Die Misch- und Ausgleichsgrube entfällt. Dafür ist nunmehr das Kühlwasser nach entsprechender Abkühlung und Verdünnung des geklärten Abwassers in den Ablaufschacht der Faulgrube einzuführen.

2. Fall: Auch hier kann die Misch- und Ausgleichsgrube fortfallen, wenn das Kühlwasser wie vorstehend mit dem Abwasser zusammengeführt und vermischt wird.

3. Fall: Keine Änderung. Ist zwar genügend Reinwasser, dagegen ein leistungsfähiger Vorfluter nicht vorhanden, so ergeben sich folgende Möglichkeiten:

1. Untergrundverrieselung. Die verschmutzten Betriebs- und Hausabwässer (3 bis 5 m³/Tag) sind in einer Faulgrube mit etwa 20tägiger Aufenthaltsdauer zu behandeln und dann der Untergrundverrieselung zuzuführen. Ist mittelschwerer Boden oder schwer durchlässiger Untergrund vorhanden, so sind Dränstränge mit Lüftungsrohren vorzusehen.

2. Beetverrieselung. Die Betriebs- und Hausabwasser werden wie zu 1. behandelt und auf einem unterteilten Sickerbeet von 100 m² Fläche wechselweise zur Versickerung gebracht. Bei schwer durchlässigem Boden kann das Sickerbeet künstlich angelegt werden. Die Kühlwässer können bei 1. und 2. nach Abkühlung in Teich oder Grube unbedenklich in jeden Abzugsgraben eingeleitet werden.

3. Nachklärteich. Die wie zu 1. behandelten Betriebs- und Hausabwässer werden über einen niedrigen Tropfkörper (etwa 2 m³ Körperinhalt) geleitet und mit dem Kühl- und Regenwasser zunächst in einen kleinen Vorteich, dann in den eigentlichen Nachklärteich von mindestens 600 m² Oberfläche geleitet.

Landwirtschaftliche Abwasserverwertung. Wegen der hohen Konzentration der Betriebsabwässer sind sowohl bei der Einspritzkondensation wie bei der Oberflächenkondensation die Kühlwässer in der Regel zur Verdünnung des Abwassers zu verwenden, also auch zu verrieseln oder zu verregnen. Wenn jedoch im Winter oder bei unvermeidlichen Unterbrechungen der Verrieselung oder Verregnung das Abwasser auf einem Bodenfilter untergebracht wird, ist das reine Kühlwasser von der Oberflächenkondensation tunlichst sonstwie abzuleiten.

Die Vorbehandlung des Abwassers bei der landwirtschaftlichen oder gärtnerischen Verwertung kann sich neben der Sterilisation der seuchenhygienisch bedenklichen Betriebsabwässer durch Chlor — Chlordioxydlösungen auf eine grobe Entschlammung beschränken. Im allgemeinen macht man die Beobachtung, daß die landwirtschaftliche Verwertung dieser Abwässer durch Verrieseln oder Verregnen von den Landwirten nicht nur wegen der starken Geruchsbelästigungen sondern auch aus ästhetischen Gründen abgelehnt wird. In Bayern ist die landwirtschaftliche Verwertung dieser Abwässer auf Grund der Richtlinien für die Abwasserverwertung verboten (s. LIEBMANN[1]).

Da in vielen Fällen die Vorflutverhältnisse sehr schlecht sind, so daß die Abwässer eine weitergehende Reinigung verlangen, so kann diese am einfachsten und sichersten in Fischteichen von genügender Größe erfolgen. Das Fischteichverfahren erfordert aber die Zugabe einer genügenden Menge Frischwasser, die mit der zehnfachen Abwassermenge nicht zu hoch angesetzt sein dürfte. Bei einer Teichgröße von mindestens 5000 m^2 und einer Tiefe bis zu einem Meter ist für eine gute fischereiliche Verwertung der Abwässer Sorge getragen. Ein Vorteich zum Schutze der Fischteiche hat sich in verschiedenen Fällen bewährt.

Die übrigen künstlichen biologischen Reinigungsverfahren sind bisher wegen der geringen Menge der Abwässer, des stoßweisen Anfalls und der Gefahr der Geruchsbelästigung nicht angewandt worden. Auch bei der Vermischung mit häuslichem Abwasser sollte der stoßweise Anfall der Abwässer durch Ausgleichsbecken ausgeglichen werden.

KEHR[2] führte Versuche mit dem Abwasser einer Kläranlage durch, an der 800 Einwohner und eine Tierkörperverwertungsanlage angeschlossen waren. Die bisherige, durch Tropfkörper durchgeführte Reinigung war unbefriedigend, da der BSB_5 des Ablaufs der Nachklärbecken noch bei 168 mg/l lag. Diese biologische Stufe entfernte nur 35% des BSB_5. Der Ablauf hatte einen starken Geruch und führte im Vorfluter mehrere Kilometer unterhalb zu starken Geruchsbelästigungen. In einer Versuchsanlage, die nach dem Belebtschlammverfahren arbeitete, wurde ein Abbau von 90% bei dreistündiger Belüftung erzielt. Nach den Versuchsergebnissen kommt daher KEHR zu dem Ergebnis, daß sich Tierkörperverwertungsabwasser in Verbindung mit häuslichem Abwasser gut durch das Belebtschlammverfahren reinigen lasse.

b) Leimfabriken

Leim wird entweder aus den Hautabfällen und Sehnen, die aus Gerbereien, Schlachthäusern und Abdeckereien (Hautfetzen, Kalbs- und Hammelfüße, Glieder- und Gelenkpfannen) stammen, hergestellt und

[1] LIEBMANN, H.: Die Reinigung von Abwässern aus Schlachthöfen und Krankenhäusern. München: Oldenbourg 1961. S. 110.

[2] KEHR, D.: Jahresbericht des Institutes für Siedlungswasserbau der TH Hannover 1959.

heißt dann Haut- oder Lederleim, oder aus Knochen und heißt dann Knochenleim. Es werden auch Haarleime aus enthaarten Hasen- oder Kaninchenfellen bereitet. Aus Fischabfällen hergestellter Leim heißt Fischleim.

α) *Abwässer aus Haut- und Lederleimfabriken*

In den Haut- und Lederleimfabriken wird das aus Schlachthäusern, Gerbereien, Tierkörperbeseitigungsanstalten stammende Rohmaterial, das sog. „Leimleder", neuerdings auch entgerbtes Chromleder, zunächst 4 Wochen lang mit 5%iger Kalkmilch in zementierten Gruben oder kürzere Zeit in Drehtrommeln behandelt, um die Fette zu verseifen und die Fleisch- und Blutteile von dem Leimgut zu trennen. Nach einer gründlichen Spülung, um den Kalk zu entfernen und einer kurzen Behandlung mit verdünnter Salzsäure oder schwefliger Säure und nochmaligem gründlichen Spülen mit Wasser wird in vernickelten Kesseln unter Zugabe von Wasser und Chemikalien (Zinkvitriol u. a.) und unter Einhaltung eines bestimmten p_H-Wertes (6,9—7,3) 2 Stunden lang auf 70° erwärmt. Die sich bildende 10%ige Lösung wird abgegossen und auf Gelatine verarbeitet. Dann wird langsam mit neuen Wassermengen auf 80°, später auf 90° erwärmt und schließlich bei 100° gekocht. Die erhaltenen Sude werden auf Leimtischen in 10 mm hoher Schicht ausgegossen und von unten gekühlt.

Die hierbei anfallenden Abwässer sowie die Waschwässer der Spülkessel enthalten außer reichlich Kalk und Blut Abfälle von tierischen Häuten, Haaren, Leder und Fleischteilchen sowie bei Zersetzungsvorgängen gebildetes buttersaures, baldriansaures und propionsaures Calcium. Das Macerationswasser nimmt ferner eine Menge tierischer Stoffe aller Art auf, die bis zu 1,5% desselben ausmachen. Diese hoch konzentrierten Abwässer sind stark fäulnisfähig und rufen im Vorfluter meist sehr üble Zustände hervor. Die Abwässer erzeugen starke Ablagerungen von kalkhaltigem Schlamm, der mit den Resten vieler tierischer Gewebe durchsetzt ist. Durch die im Betriebe anfallenden großen Mengen Waschwasser, die aber meist harmloser Natur sind, wird die Gesamtabwassermenge stark vermehrt. Erfolgt die Reinigung des im Betrieb anfallenden Fettes durch Schwefelsäure, so fallen außerdem noch säurehaltige Abwässer an, die aber an Menge meist gering sind und daher durch die stark kalkhaltigen Abwässer leicht neutralisiert werden können. Die Menge der anfallenden Abwässer ist großen Schwankungen je nach der Art der Vorbehandlung des angewandten Leimleders unterworfen. In westdeutschen Leimfabriken rechnet man je Tonne nassen Leimleders mit 30—140 m^3, bzw. je Tonne fertigen Hautleimes mit 300—1200 m^3 Wasser.

Durch zweckmäßig vor den Absetzbecken angeordnete Rechen und Siebe lassen sich die mitgeführten Haut- und Haarteile in befriedigender Weise zurückhalten. Solche Siebe und Rechen sollten auch bei den kleinsten, an großen Vorflutern liegenden Betrieben, die auf eine biologische Reinigung verzichten können, schon aus ästhetischen Gründen gefordert werden.

Die Abwässer werden dann zur Abscheidung der ungelösten Stoffe durch genügend große Klärbecken geleitet. Um diese wirksam genug zu gestalten, wird man die viel dünneren Waschwässer getrennt von den konzentrierten Abwässern behandeln. Zur besseren Abscheidung und Neutralisation der zum Aufschluß benutzten Kalkmilch leitet man vor der Einleitung in die Absetzbecken Kohlensäure enthaltende Abfallgase, wie z. B. Rauchgase, in das Abwasser ein. Das sich bildende Calciumcarbonat unterstützt die Reinigung des Abwassers. Der in den Becken abgefangene Schlamm kann dann sehr gut als Düngemittel verwandt werden. Nach guter mechanischer Reinigung werden die konzentrierten und dünnen Abwässer gemischt. Dann läßt man sie zur besseren Entfernung der organischen Stoffe und des Kalkes durch ein System von Schlängelgräben laufen. Diese Schlängelgräben müssen mit geeigneten Pflanzen, am besten mit Weiden, besetzt werden. Richtig angelegte Weidenkulturen, mit diesem Abwasser gedüngt, ergeben recht gute Erträge, aus denen die ganze Anlage rentabel gestaltet werden kann. Stehen genügend große Rieselflächen zur Verfügung, die einen häufigeren Wechsel gestatten, so kann die Reinigung auch durch Verrieselung erfolgen. Ein häufiger Wechsel der Flächen ist aber notwendig, um ein Verkrusten des Bodens durch die kalkhaltigen Abwässer zu verhindern. Am besten ist ein guter Ackerboden, der laufend in Kultur ist und beim Umbruch eine gute Ausnutzung der Dungstoffe gewährleistet, da dann die Stoffe auch abgebaut werden.

Nach HUBELE[1] fallen bei einer Hautleimfabrik, die Tag und Nacht durcharbeitet, laufend 50—60 l/sek Abwässer oder 4000—5000 m^3/Tag an. Die zur Zeit nur mechanische Reinigung der Abwässer erfolgt in einem unterteilten Absetzbecken mit zweistündiger Aufenthaltszeit. Der aus Kalk, Hautfetzen bestehende Schlamm wird mit einem Greifer entfernt, entwässert und als Dünger abgefahren. Die Zusammensetzung des Abwassers schwankt sehr stark. Der $KMnO_4$-Verbrauch beträgt

im Zulauf 650—1700 mg/l, im Ablauf 250—500 mg/l.

Sehr unangenehm wirkt sich auch der zwischen 10 und 11,5 liegende p_H-Wert aus, der im Vorfluter sekundäre Flockungen ergibt und auch den Vorfluter in seinem natürlichen Zustand schädigt, wie die biologischen Untersuchungen ergeben haben. Als billigstes Neutralisationsmittel wird eine Begasung der Abläufe der mechanischen Reinigung mit Rauchgasen aus der Kesselanlage empfohlen. Für die 10 Minuten dauernde Begasungszeit hat sich das von der Fa. Passavant nach dem System KESSENER-PASVEER gebaute Belüftungsgerät bewährt. Der Raum unter der Haube wurde durch eine Leitung mit dem Fuchs des Kamins verbunden und die Rauchgase durch ein Gebläse unter die Haube gedrückt. Die Bürste bringt das Rauchgas in feinen Blasen in das Abwasser hinein, so daß die im Betrieb anfallende Kohlensäuremenge aus den Abgasen ausreichend ist, das ganze Abwasser zu neutralisieren.

Mit dem durch die Neutralisation ausfallenden Calciumcarbonat werden auch Teile der vorher in kolloider Form vorliegenden Eiweißstoffe

[1] HUBELE: Ber. d. A. T. V. H. 8, 1957, S. 278.

ausgeflockt und ausgefällt, wodurch der $KMnO_4$-Verbrauch um weitere 25% gesenkt wird. Die Bau- und Betriebskosten einer derartigen Anlage sind als gering zu betrachten. Mit Rücksicht auf die oft nur sehr kleinen zur Verfügung stehenden leistungsschwachen Vorfluter muß man damit rechnen, daß die Abwässer neben den starken mit organischen Stoffen durchsetzten Kalkablagerungen in den Vorflutern leicht Sauerstoffschwund, Pilztreiben und Schädigung der Selbstreinigungskräfte und damit auch oft des Fischlebens, häufig auch Geruchsbelästigungen hervorrufen.

β) Abwasser von Knochenleimfabriken

In den Knochenleimfabriken richtet sich die Art der anfallenden Abwässer nach dem zur Herstellung benutzten Verfahren. Die Knochen sind je nach der Herkunft aus Schlachthäusern, aus dem Müll, von Abdeckereien usw., auch nach Art und Alter der Tiere und ihrem Sitz im Knochengerüst sehr verschiedenartig. Röhrenknochen sind für die Leimbereitung wenig geeignet, um so mehr die sog. Peddige oder Hornschläuche (Stirnknochen mit Stirnzapfen, auf denen sich die Hörner befinden). Das Material wird meist in geschrotetem Zustand durch Einblasen von schwefliger Säure in den Lagerraum vor der Fäulnis geschützt.

Zunächst werden die Knochen entfettet. Je nachdem sie auf Gelatine und den hellgelben Gelatineleim oder auf den dunklen Tischlerleim verarbeitet werden, werden sie in großen, etwa 10 t fassenden Extraktionsapparaten entweder warm oder siedend mit Benzin (Sp. 80 bis 110°) extrahiert, wobei etwa 5 bis 10% des Knochengewichts an Knochenfett gewonnen wird. Das rohe Knochen- oder Leimfett wird an Seifen- oder Stearinfabriken verkauft.

Die früher angewandte Entfettung mit heißem Wasser hat man ganz verlassen. Je nachdem die Knochen mit Wasser oder durch Extraktion mit Lösungsmitteln entfettet werden, entstehen bereits organisch verschmutzte Abwässer oder die bei der Destillation der Lösungsmittel anfallenden Kühlwässer. Bei der Reinigung des gewonnenen Fettes mit Schwefelsäure fallen schwefelsäurehaltige Abwässer an.

Wird das bei der Extraktion anfallende Fett im Betriebe gleich gereinigt oder gebleicht, so fallen hier die stark verschmutzten Waschwässer an, die in gleicher Weise wie die Abwässer aus anderen Fettgewinnungs- und Fettspaltungsanlagen behandelt werden müssen.

Der entfettete und polierte Knochenschrot wird mit schwefligsäurehaltigem Wasser gewaschen. Die hierbei anfallenden Abwässer enthalten stets schweflige Säure. In den Betrieben, in denen die so vorbehandelten Knochen zur Lösung des phosphorsauren Kalkes und zur Isolierung des Knochenknorpels vor der Verkochung auf Leim mit Säuren aufgeschlossen werden, fallen je nach der Art der angewandten Säuren schwefelsäure- oder salzsäurehaltige Schmutzwässer an. Unter Umständen können noch bei den Siede- und Trockenvorgängen organisch verschmutzte Kondenswässer anfallen.

Zur Gewinnung des hellgelben Gelatineleims befreit man das Gut zur Gewinnung des Osseins, der organischen Knochensubstanz, durch systematische Mazeration mit kalter 3 bis 4%iger Salzsäure von den Mineralstoffen im Gegenstrom in der Weise, daß die frische Säure auf ausgelaugte Knochen einwirkt, oder auch in gleicher Weise mit schwefliger Säure (die gleichzeitig bleichend wirkt). Die in Gruben gesammelten und geklärten Mazerationslaugen fällt man zur Abscheidung des Monokalziumphosphates als Präcipitat (Dicalciumphosphat) bei Anwendung von Salzsäure mit Kalkmilch, bei Anwendung von schwefliger Säure mit Superphosphat. Der anfallende Schlamm wird in Filterpressen filtriert, gewaschen und getrocknet und stellt dann ein wertvolles Düngemittel dar, das bis zu 45% citratlösliche Phosphorsäure enthält.

Die Mazerationslösungen werden dann nach einer längeren Behandlung mit Natronlauge und anschließend mit schwefliger Säure im Vakuum eingedampft.

Will man den dunklen gewöhnlichen Tischlerleim gewinnen, so wird das entfettete Knochengut nicht entmineralisiert, sondern nach mehrtägigem Bleichen mit 1% SO_2-Lösung dem eigentlichen Dampfprozeß unterworfen. In aus 3 bis 5 stehenden Einzelkesseln von etwa 2000 l Fassungsraum bestehenden Dampfbatterien werden die Knochen kontinuierlich mit eingeleitetem Dampf von etwa 0,5 atü Spannung abwechselnd verleimt und folgend mit heißem Wasser ausgelaugt. Die auf die erste Brühe folgenden Laugen dienen, da ihr Eindampfen unwirtschaftlich ist, zur Laugung frisch gedämpfter Knochen, bis schließlich eine 18 bis 20%ige Leimlösung erhalten wird, die dann in besonderen Kesselverdampfern auf dicke Lösungen von 30% eingedampft wird und dann auf Leimtischen weiter behandelt werden kann. Das extrahierte, meist künstlich getrocknete Knochengut wird gemahlen und kommt dann mit 1% Stickstoff und 30% Phosphorsäure (P_2O_5) als Knochenmehl in den Handel.

Die Abwässer sind demnach je nach der Art des Betriebes sehr verschieden. Die Menge der anfallenden Abwässer wird zu 8 m^3 je t in 24 Std. verarbeiteter Knochen angegeben. Die Abwässer aus Knochenleimfabriken sind reich an fäulnisfähigen organischen Stoffen. Sie enthalten neben geringen Mengen freier, hauptsächlich gebundene schweflige Säure. Im Gegensatz zu den durch ihren Gehalt an freien Mineralsäuren stark sauren Abwässern haben die mehr organisch verschmutzten, sehr viel Stickstoffverbindungen, freies und gebundenes Ammoniak enthaltenden Abwässer oft alkalische Reaktion. Bei einem hohen Gehalt an Mineralsäure kann die Reaktion oft nach guter Vermischung mit den alkalischen Abwässern trotzdem noch sauer sein. Die Art des Abwassers ist demnach je nach der Art des Betriebes und der jeweiligen Betriebsweise verschieden. Dies hat auch zur Folge, daß der Einfluß auf den Vorfluter je nach dem Überwiegen des einen oder anderen Bestandteiles verschieden ist.

In gleicher Weise muß sich auch die Behandlung der Wässer ganz nach dem Gehalt an den einzelnen Stoffen richten. Durch eine gegenseitige Vermischung der stark alkalischen Abwässer mit den säurehaltigen Abwässern sucht man eine gute Neutralisation zu erzielen, die gegebenenfalls noch durch Zugabe von Kalkmilch bis zur vollständigen Neutralisation unterstützt werden muß. Um eine vollständige Neutralisation zu erreichen, hat sich die Einleitung von kohlensäurehaltigen Abfallgasen gut bewährt. Hierbei tritt oft schon durch eine chemische Ausfällung eine Ausflockung verschiedener Stoffe ein, die unter Umständen noch durch weitere chemische Fällungsmittel, wie Eisen- oder Aluminiumsulfat, unterstützt werden kann. Die so vorbereiteten Abwässer werden dann in genügend großen Absetzbecken von den ausgeschiedenen Stoffen befreit und zur Entfernung der gelösten organischen und Stickstoffverbindungen durch ein System von Schlängelgräben oder auf Rieselfeldern oder durch intermittierende Bodenfiltration biologisch weiter gereinigt. Bei sehr großen Vorflutern mit sehr gutem Selbstreinigungsvermögen kann bei kleineren Betrieben nach guter mechanischer Vorreinigung mit Rücksicht auf das Säurebindungsvermögen des Vorfluters auf eine weitere Behandlung dann verzichtet werden, wenn eine so starke Verdünnung erfolgt, daß der Vorfluter die Abwässer gut verarbeiten kann, und der Einfluß dieser Abwässer bis zum nächsten Unterlieger durch die Selbstreinigung wieder aufgehoben ist.

Gegen eine Aufnahme der gut neutralisierten und mechanisch gut vorgereinigten Abwässer in eine städtische Kanalisation mit genügender Wasserführung bestehen keine Bedenken.

γ) Abwasser von Fischleimfabriken

In den nordwestdeutschen Küstenstädten werden seit einiger Zeit aus frischen oder ungesalzenen Fischhäuten und sonstigen in der Fischindustrie anfallenden Fischabfällen größere Mengen Fischleim hergestellt. Vor allem werden Haut und andere Abfälle vom Dorsch, Kabeljau und Schellfisch verwandt. In ähnlicher Weise wie unter α) und β) angegeben, werden auch diese Abfälle möglichst frisch 24 Stunden mit Kalkmilch behandelt und anschließend mit großen Wassermengen kalkfrei bzw. salzfrei gewaschen. Das so vorbehandelte Gut wird unter Zugabe geringer Säuremengen (Salz- oder schweflige Säure) mit 50 °C warmem Wasser behandelt, wobei eine etwa 5—7% Leim enthaltende Dünnbrühe erhalten wird, die anschließend im Vakuum auf 40—50% Trockengehalt eingedampft wird. Die nach der Entleimung übrig bleibenden Abfälle werden an die Fischmehlfabriken abgegeben. Fischleim ist flüssig.

Die bei der Herstellung von Fischleim anfallenden Abwässer gleichen nach Menge, Zusammensetzung und Eigenschaften dem bei der Gewinnung von Hautleim bzw. Knochenleim anfallenden Abwasser. Auch hier sind es die verbrauchten Kalkbrühen, die großen Mengen Waschwasser, sowie die Kühl- und Kondenswässer, für deren Reinigung die unter α) und β) angegebenen Verfahren sinngemäß angewandt werden können. Vor allem kommt nach genügender Vorbehandlung wie völlige Neutralisation, Absetzbecken usw., so daß keine Schwierigkeiten mehr in der Kanalisation auftreten können, die Einleitung in die städtische Kanalisation und damit in die städtischen Reinigungsanlagen in Betracht.

δ) *Abwässer von Gelatinefabriken*

Gelatine findet eine ausgedehnte Anwendung in der Medizin (Gelatinekapseln), in der Photographie, als Appreturmittel, ferner in der Lebensmittelindustrie für Fisch- und Fleischwarengalerten, ferner für Konditorwaren. Eine von allen fremden Beimengungen befreite Gelatine wird Gluten genannt. Wie auf S. 139 angegeben, stellt die Gelatine ein besonders reines Vorprodukt des Leimes dar. Mit Rücksicht auf seine Verwendung darf zur Herstellung von Gelatine nur bestes Rohmaterial verwandt werden. Milzbrandverdächtiges Material aus Staaten ohne Tierseuchengesetze sollte von vornherein ausgeschaltet sein.

Nach vorheriger Entfettung legt man die Knochen in verdünnte kalte Salz- oder schweflige Säure, wodurch die eigentlichen Knochen als Tricalciumphosphat herausgelöst werden. In den im Gegenstrom arbeitenden mehrteiligen Anlagen fallen laufend, je Tonne Knochen etwa 5—6 m^3 Mazerationslösung an. Diese sauren Mazerationsbrühen enthalten neben Calciumchlorid bzw. Calciumsulfat, Monocalciumphosphat und andere anorganische Salze, etwas freie Salzsäure und Eiweißstoffe mit seinen Abbauprodukten. Durch Fällen mit Kalkmilch können sie auf Futterkalk (Dicalciumphosphat) verarbeitet werden.

Der zurückbleibende Knorpel wird in gleicher Weise wie die Hautabfälle gründlich mit Wasser gewaschen und dann mit Kalkmilch oder verdünnter Natronlauge behandelt, wieder mit Wasser gewaschen und dann mit schwach saurer Reaktion in heißem Wasser in offenen Kesseln mit indirekter Dampfheizung bei 35—60 °C gelöst. Die durch Absetzenlassen geklärten und durch Filterpressen gereinigten Lösungen werden im Vakuum auf 15% Trockensubstanz eingedampft und in ähnlicher Weise wie bei der Leimherstellung weiterverarbeitet.

Als Abwässer fallen neben den verschiedenen sauren und alkalischen Reinigungs- und Waschwässern, die Kondenswässer von der Eindampfung der Gelatinelösungen, sowie die Kühl- bzw. Kondenswässer von den bei der Knochenentfettung wiedergewonnenen Lösungsmitteln an. Die teils schwach sauren, teils schwach alkalischen Abwässer enthalten gelöste und ungelöste Bestandteile organischer und anorganischer Natur und können dadurch besonders in leistungsschwachen Vorflutern oft üble Zustände durch Sauerstoffschwund, Pilztreiben, Schlammbildungen hervorrufen.

Zur Behandlung bzw. Beseitigung der Abwässer wendet man die gleichen Verfahren an, wie sie bei den vorher angegebenen Abwässern von Leimabwässern angewandt werden. Gegen eine Einleitung der sorgfältig mechanisch gereinigten Abwässer in die städtischen Kanalisationen bestehen im allgemeinen keine Bedenken.

4. Abwässer von Fischmehlfabriken

Fische und Fischabfälle können zu den verschiedensten Produkten[1] verarbeitet werden. Die trypsinartigen Enzyme der Pankreas von Schellfisch, Kabeljau und Makrelen dienen zur Herstellung von Leder-

[1] Heiss, R.: Zit. S. 233.

beizen. Depotinsulin wird aus dem Pankreas von Heilbutt und Hai gewonnen. Aus der Milch verschiedener Fische, insbesondere Salm, werden Protamine gewonnen, die z. B. für die Penicillinherstellung wichtig sind. Salmin, das Protamin der Salmmilch, hat bakterizide Eigenschaften und wirkt blutstillend. Fischrogen und Fischmilch sind reich an Leucin und Isoleucin. Der antiperniciöse Anämiefaktor kann aus Lebern von Schellfischen, Kabeljau, Weißfischen dadurch gewonnen werden, daß man den wäßrigen Extrakt bei p_H 4,5 auf 70° erhitzt, filtriert, im Vakuum konzentriert und die aktiven Körper mittels 96% Alkohol ausfällt und trocknet. Aus Heringsschuppen kann Perlenessenz hergestellt werden. Großflächige Häute frischer Fische dienen zur Lederherstellung. Die auf den großen Fischmärkten nicht abgesetzten, oft sehr großen Fischmengen wandern, wie die in den fischverarbeitenden Fabriken anfallenden Abfallstoffe, zum größten Teil in die Fischmehlfabriken, wo sie zu einem Futtermittel für Vieh und auch zur Düngemitteln verarbeitet werden. Nachdem das Fischmehl für die Aufzucht von Jungvieh und für die Schnellmast von großer Bedeutung geworden ist, ist die Fischmehlfabrikation ein wesentlicher Teil der Fischindustrie geworden. Bei der Verarbeitung der anfallenden Fische auf Fischmehl unterscheidet man zwischen den fettreichen (Fettfisch) und den fettarmen Fischen (Magerfisch). Aus diesem Grunde sind in den Fischmehlfabriken getrennte Bunker für die beiden Fischarten vorhanden. Wenn auch die meisten Fischmehlfabriken im Zusammenhang mit der Seefischerei am Unterlauf oder nahe der Mündung der großen Flüsse errichtet werden, haben sich doch infolge der hohen Konzentration der Abwässer an den verschiedensten Stellen größere Schwierigkeiten, z. T. schon durch Geruchsbelästigungen, ergeben.

Bei der Herstellung des Fischmehls nach dem Koch-Preßverfahren werden die in den gekachelten Bunkern gestapelten Fische mittels Elevator oder Transportschnecke zu den Aufschlußtrommeln befördert, wo sie mit heißem Dampf (bei 0,35 bis 0,7 atü) so lange (15 bis 20 Minuten) gekocht werden, bis sie zerfallen. Zur Erleichterung des Aufschlusses und zur Verbesserung der Güte des endgültigen Fabrikates setzt man heute vielfach Chemikalien zu. Auf einer Schneckenpresse wird dann das Fischfleisch von dem Preßwasser befreit. Die ablaufende Flüssigkeit wird durch Rüttelsiebe filtriert und dann durch Großraumzentrifugen vom Schlamm befreit, und der hierbei anfallende Preßkuchen mit dem Preßkuchen aus der Schneckenpresse gemischt und in stufenweise arbeitenden Trommeltrocknern getrocknet. Während man bei den Magerfischen die Preßwässer in den Trockentrommeln, nachdem man sie weitgehend durch Absetzbecken und Fettzentrifugen entfettet hat, eindampfen kann, was mit Rücksicht auf den hohen Gehalt an Trockensubstanz unter Umständen wirtschaftlich ist, müssen bei den Fettfischen zunächst die Preßwässer weitgehend entfettet werden. Ein zu hoher Fettgehalt im Fischmehl wirkt sich bei der Verwendung als Futtermittel insofern ungünstig aus, als der hohe Fettgehalt die Ursache ist, daß das Fleisch des Masttieres einen unangenehmen Fischgeschmack annimmt. Um das Endprodukt möglichst fettarm zu machen, hat man in älteren

Fabriken für Magerfischverarbeitung das gemahlene und gesiebte Fischmehl noch durch eine Extraktionsanlage mit Benzin, Trichloräthylen oder anderen Lösungsmitteln vom Tran befreit. Wenn auch die Lösungsmittel weitgehendst im Kreislauf gehalten werden, so gelangen doch immer kleinere Restmengen von Lösungsmitteln in die Abläufe der Destillationseinrichtungen zur Wiedergewinnung der Lösungsmittel. In Absetzbecken oder -zylindern wird das Abwasser bei der Fettfischverarbeitung durch Wärmeschlangen so lange warm gehalten, daß sich der größte Teil des Fettes auf der Oberfläche absetzt. Es wird abgeschöpft und in Spezialzentrifugen mit hoher Drehzahl von den begleitenden Schmutzstoffen befreit. Der zunächst anfallende Preßtran wird bei 90 bis 100° mit heißem Wasser in der Zentrifuge gewaschen, wobei erhebliche Mengen an Zentrifugenwasser anfallen, die durch Fettfänger nochmals entfettet werden müssen. Das anfallende Fischöl stellt dann ein klares, je nach Gewinnung hell bis dunkelgelb gefärbtes Öl dar, das zu den verschiedensten Zwecken Verwendung finden kann. Fischöl wird als Anstrichmittel für Holz, welches Seewasser ausgesetzt ist, ferner zur Herstellung von Linoleum, Ölkleidern, Patentleder, Ölseide, Drucktinten usw. benutzt. Durch Kondensation mit Phenol entstehen Substanzen, welche mit leicht alkalischen Abwässern stabile Emulsionen ergeben.

Die aus den Absetzbecken kommende Flüssigkeit wird, nachdem sie zur Abscheidung von Schlamm durch eine Schälzentrifuge gegangen ist, ebenfalls durch hochtourige Zentrifugen (15000 Umdrehungen in der Minute) geschickt und weitgehendst von dem Fett befreit.

Das aus der Presse ablaufende Wasser-Tran-Gemisch läuft über ein Vibrationssieb, das das Öl abzentrifugiert. Die zentrifugierte Preßflüssigkeit wird in Vakuumverdampfern auf 50% Trockensubstanz eingedickt. Das Konzentrat wird vor der Trocknung wieder zugefügt. Im Gegensatz zum Fettfisch wird der Magerfisch in vielen Fabriken überhaupt nicht gepreßt, sondern sofort im ganzen eingedampft, um die hohen Verluste an Eiweiß und wertvollen löslichen Stoffen zu vermeiden.

a) Anfallende Abwässer

Bei der Verarbeitung von Fischen und Fischereiabfällen auf Fischmehl fallen außer großen Mengen Kühlwasser, die meist weniger verschmutzt sind, nach Jordan[1] folgende verschiedene Arten von Abwässern an:

α) Leichen- oder Blutwässer

Die in Bunkern gestapelten Fische scheiden ein Sickerwasser ab, das noch durch die Spülwässer bei der Reinigung der Räume vermehrt wird. Dieses Abwasser ist eine Mischung von Blut, Laich, Rogen in Seewasser. Es ist stark fetthaltig, hat hohen Gehalt an Schwebestoffen, hohen Abdampfrückstand, hohen Chlor- und Stickstoffgehalt. Der Kaliumpermanganatverbrauch schwankt zwischen 30 bis 40000 mg/l.

[1] Jordan, G.: Kl. Mitteil. d. Vereins für Wasser-Boden-Lufthygiene Bd. 13 (1937) S. 308.

Die Leichenwässer sind ihrer äußeren Beschaffenheit nach dickflüssige, schleimige Abwässer von rötlicher bis braungelbgrauer Farbe und verbreiten einen fischig-jauchigen Geruch. Sie gehen sehr schnell in lebhafte Zersetzung über und entwickeln dann starken Schwefelwasserstoffgeruch. Der Anfall wird mit 50 bis 100 je $m^3/100$ t Rohfisch angegeben. In den meisten Werken werden sie nach Verdünnung mit anfallenden Kühlwässern direkt in die Kanalisation abgestoßen, wo sie dann infolge ihres üblen fischig-jauchigen Geruchs zu schweren Belästigungen führen können.

β) *Kondenswässer*

Bei der Aufschließung des Rohmaterials fallen Kondenswässer bzw. die Kühlwässer aus der Fettextraktion und der Einspritzkondensation für die Magerfisch-Vakuumkocher an, die ebenfalls üblen Geruch besitzen. Der Geruch dieser Brüden ist so unangenehm, daß er bei empfindlichen Personen ekelerregend wirkt und zu vielfachen Beschwerden und Klagen in der Umgebung der Fabrik führt. Bei modernen Anlagen werden daher grundsätzlich geschlossene Trommeln bei der Beseitigung der Brüden angewandt. Die Brüden werden in diesem Falle einer Kondensationsvorrichtung zugeführt, wobei eine Verbrennung der Brüdengase stattfindet. Hierbei ist es wichtig, die Brüdengase im Verbrennungsofen durch und nicht über die glühende Brennstoffschicht zu leiten.

γ) *Preßwässer*

Preßwässer fallen bei der Auspressung der Fische an und sind wegen ihres hohen Gehaltes an Fettstoffen, Schwebestoffen, an gelösten organischen und anorganischen Stoffen konzentrierte Abwässer. Sie sind stark getrübt, von weißgrauer Farbe, haben fischigen, tranig-faecesartigen Geruch und bestimmen durch ihre Zusammensetzung den Gesamtcharakter des Abwassers der Fischmehlfabriken. Sie gehen schon während der Abkühlung sehr schnell in faulige Zersetzung über und verbreiten dann sehr üble Gerüche. Ihre Konzentration hängt von der mehr oder weniger weit getriebenen Rückgewinnung des in ihnen enthaltenen Eiweißes und Tranes ab. Bei einem zwischen 10000 und 40000 mg/l schwankenden Kaliumpermanganatverbrauch sind sie durch die faulige Zersetzung schwach sauer (p_H 6,0 bis 6,5). Sie werden zunächst durch Tranabscheider und danach durch hochtourige Zentrifugen geleitet und fallen dann mit einer Temperatur von 35 °C an und sind ein idealer Nährboden für Bakterienwachstum. Wegen ihres hohen Gehaltes an wertvollsten Nährstoffen sollten sie eingedampft und verwertet werden. Der Anfall an Preßwasser entspricht je nach der Größe der Fabrik 0,6 bis 1 m^3 je t Ausgangsmaterial.

δ) *Zentrifugenabwässer*

Zentrifugenabwässer entstehen beim Zentrifugieren des vom Preßwasser abgeschiedenen Preßtrans mit 95 bis 100 °C heißem Wasser. Sie haben ein milchiges Aussehen und stellen eine sehr stabile Fettemulsion dar, deren Schutzkolloid nach KURMEIER[1] geringe Eiweißmengen bildet. Je t Rohmaterial muß man mit 0,1 m³ Zentrifugenabwasser rechnen.

Über die Beseitigung der Fischabfälle in Fleetwood berichtet PILKINGTON[2]. Die Fischabfälle werden auf dem Markt in Holzkästen gesammelt und zur Aufbereitungsanlage gefahren. Die Holzkästen werden nach der Entleerung und nach sorgfältiger mechanischer Reinigung mit verdünnter Natronlauge behandelt. Die Abfälle selbst werden auf Fischmehl verarbeitet. Die Abfälle passieren zuerst eine Zerkleinerungsmaschine, gelangen dann in einen mit Dampf geheizten Sterilisierraum, wo sie 15 bis 20 min bei 105 °C gehalten werden. Transportschnecken sorgen dabei für gründliches Umschichten und für die Weiterbeförderung in eine ebenfalls mit Dampf auf 60 °C geheizte Trockenkammer, in welcher der Abfallmasse Heißluft entgegenströmt. Nach erfolgter Abkühlung in einer dritten Kammer wird das Material einem 2 bis 3 Stunden dauernden Mahlprozeß unterworfen. Aufsteigende übelriechende Dämpfe werden durch Exhaustoren abgesaugt und in Rieseltürmen mit Wasser niedergeschlagen. Für die geruchlose Beseitigung der Abfälle ist es wichtig, daß diese in frischem Zustande in die Aufbereitungsanlage kommen. Auch die Güte des gewonnenen Fischmehls hängt davon ab.

b) Verwertung der Fischabwässer

Der Gesamtanfall an Abwasser beträgt rund 3,5 bis 4 m³ Abwasser je t Rohmaterial. Die Menge kann durch Kühl- und Reinigungswässer bis auf 30 bis 50 m³ steigen. Da die in den Fischmehlfabriken anfallenden Abwässer den normalen Abwasserreinigungsverfahren sehr schwer zugänglich sind, empfiehlt es sich, diese gesamten Abwässer in einer Vakuumeindickanlage einzudampfen, wodurch erreicht wird, daß nicht nur die Leichenwässer, sondern auch die Preßwässer restlos in Fortfall kommen. Die dann noch entstehenden Abwässer entsprechen den Kondenswässern. Die Abwässer müssen wegen ihres Fettgehaltes zunächst durch einen gut wirkenden Fettabscheider von den Fettmengen nach Möglichkeit befreit werden. Das Schema einer nach dem Preßverfahren mit Eindickung der Preßwässer arbeitenden Fabrik ist in Abb. 50 dargestellt. Dieses von JORDAN[3] empfohlene Verfahren ist auch in technischem Maßstabe durchgeführt, aber später wieder verlassen worden, weil die Mischung Blutwasser-Preßwasser beim Erhitzen derart koagulierte, daß sich die Heizrohre des Verdampfers nach kurzer Zeit verstopften. Durch Änderung an den Verdampfern bzw. Einführung von Verstäubungsverdampfern konnten diese Schwierigkeiten behoben werden. In Abb. 51 ist eine 4stufige 5-Körper-Eindampfanlage für Fischpreßwasser der Fa. Körting AG., Hannover dargestellt. Hierdurch kann die früher höchstens 16% betragende Ausbeute um weitere 8% ge-

---

[1] KURMEIER, K.: Seifen, Öle, Fette und Wachse Bd. 76 (1950) S. 401.

[2] PILKINGTON: The Surveyor Bd. 79 (1931) S. 595. — Ref. Wasser u. Abw. Bd. 29 (1931) S. 158.

[3] JORDAN: Kl. Mitt. d. Land. f. Wasser-, Boden- u. Lufthygiene Bd. 13 (1937) S. 308.

steigert werden. Da sich die einzelnen Abwässer der verschiedenen Fischarten ganz verschieden verhalten, so setzt die Eindampfung von Fischkochwasser große Erfahrung voraus. Bei der Wahl der Temperaturen

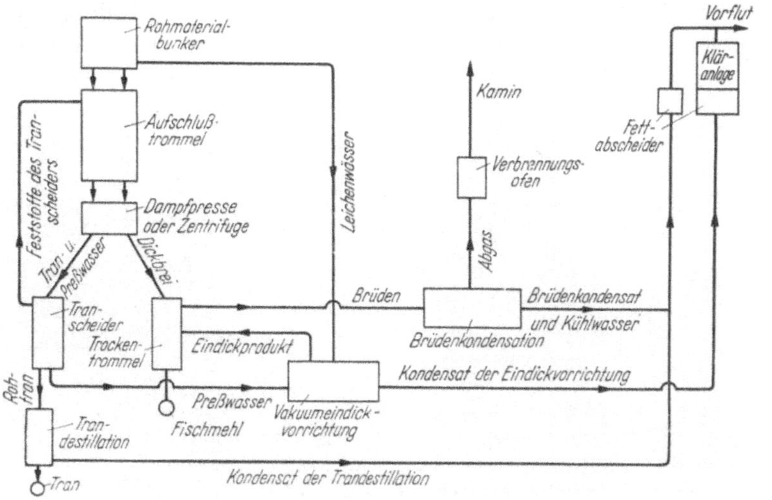

Abb. 50. Schema einer Verwertungsanlage für Fischereiabwasser nach dem Preßverfahren mit Eindickung der Preßwässer

Abb. 51. 4stufige 5-Körper-Eindampfanlage für Fischpreßwasser (Fa. Körting, Hannover)

ist zu berücksichtigen, daß Eiweiß und Leim sehr zum Ansetzen und Anbrennen neigen. Starker Leistungsabfall oder gar völliges Versagen der Anlage können die Folgen sein. Wird gesalzener Hering verarbeitet, so muß für eine vorherige einwandfreie Abführung des Salzes bis auf mindestens 5% der Trockensubstanz gesorgt werden, da sonst das hergestellte Futtermehl unbrauchbar wird.

Wie aus dem in Abb. 51a dargestelltem Diagramm hervorgeht werden aus 1 t Rohfisch 173 kg Fischmehl neben 50 kg Fischöl gewonnen. Werden die Fischpreßwasser eingedampft, wodurch gleichzeitig die ge-

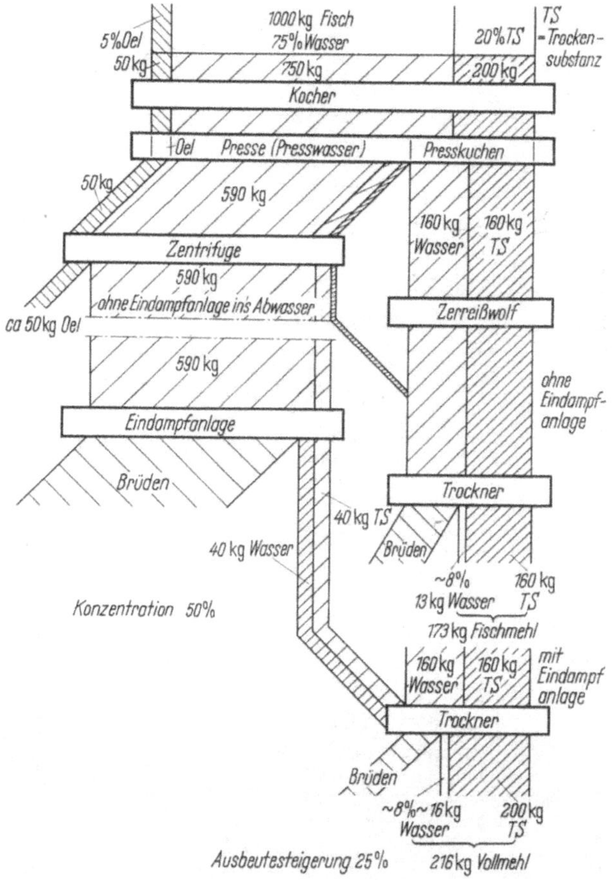

Abb. 51a. Steigerung der Fischmehlausbeute durch Eindampfen der Preßwässer

samte Abwasserfrage stark verringert wird, so wird die Produktion an Fischmehl auf 216 kg gesteigert. Durch diese 25% Mehrausbeute können die Kosten der Eindampfanlage reichlich getragen werden.

Die bei der Eindampfung auftretenden Geruchsbelästigungen sind in der Hauptsache auf den Gehalt der Wrasen an Ammoniak, primären und sekundären Aminen, Trimethylamin, Aminosäuren und geringen Mengen niedere Fettsäuren zurückzuführen. Die übliche nachgeschaltete

Wrasenwäsche entfernt nach KURMEIER[1] etwa 40% der Geruchstoffe. Durch gechlortes Waschwasser und zusätzlich eingeblasenes Chlor kann der Effekt auf 90% gesteigert werden. Für die am sichersten wirkenden Wäschen mit verdünnten Säuren sind komplizierte kostspielige, korrosionsfeste Apparaturen erforderlich. An Stelle der verdünnten Säuren empfiehlt KURMEIER die Anwendung CO_2- und SO_2-haltiger Rauchgase. Die anderen zur Beseitigung der Geruchsbelästigungen angewandten Verfahren wie Geruchsüberdeckung mit Komplementärstoffen, durch UV-Strahlen, durch Ozon oder Aktivkohle haben sich als zu teuer erwiesen. Die bei diesen Verdampfern anfallenden Abwässer werden durch eine mechanische Kläranlage von den Schwebestoffen befreit und können dann mit den Kühlwässern in gleichmäßigem Strome in den Vorfluter oder in die Kanalisation gegeben werden.

Es hat auch nicht an Vorschlägen gefehlt, noch andere wertvolle Stoffe aus dem Abwasser zu gewinnen. Das DRP 673311 von E. SCHWARTKE behandelt ein Verfahren zur Klärung von Fischabwasser zur Proteingewinnung, dadurch gekennzeichnet, daß die heißen Abwässer in eine Siebtrommel eingeleitet werden, wobei die Öffnungen des Filters von der anderen Seite her mit kaltem Wasser angespritzt werden. Durch die Eindampfung der Kochwässer werden hochwertige und leicht verdauliche Eiweißstoffe und das für das Wachstum wichtige Vitamin B_{12} gewonnen. Um das Vitamin B_{12} zu gewinnen und zur Schonung der Proteine, muß bei möglichst niedriger Temperatur, also unter Vakuum, eingedampft werden. Will man das Vitamin gewinnen, so muß die Anlage aus Edelstahl sein, da das Eisen das Produkt verfärbt.

c) Behandlung der Fischmehlabwässer

Die Gesamtabwässer haben einen hohen Kaliumpermanganatverbrauch (2500 mg/l) und hohen biochemischen Sauerstoffbedarf ($BSB_5 =$ 8000 mg/l). JAEGERS[2] hat Fällungsversuche mit verschiedenen Fällungsmitteln gemacht. Die günstigsten Ergebnisse erzielte er durch Ausflockung mit 100 mg/l Ferrichlorid und 2,5 g Kalk je l, doch stellt die chemische Fällung keine genügende Reinigung dar. Die Herabsetzung beträgt 50% des BSB_5. Es fallen große Mengen eines stark wasserhaltigen Schlammes an. KURMEIER[3] hat Versuche zur Entgeruchung des Abwassers mit Chlor durchgeführt. Durch Zugabe von 50—150 g Chlor je m^3 Gesamtabwasser kann man für kurze Zeit die Faulung des Abwassers unterbinden. Durch die in Spezialgeräten durchgeführte Chlor-Luftbehandlung wird gleichzeitig der intensive Fischgeruch stark gemildert. In besonders hartnäckigen Fällen empfiehlt KURMEIER an Stelle des Chlors das bedeutend wirksamere Chlordioxyd anzuwenden. Ein neues Verfahren zur Beseitigung des Fischgeruches aus den Brüden

---

[1] KURMEIER, H. H.: Wasser, Luft und Betrieb Bd. 1 (1957) S. 37.
[2] JAEGERS, K., u. J. HASCHKE: Städtehygiene Bd. 2 (1950) S. 77.
[3] KURMEIER, H. H.: Wasser, Luft und Betrieb Bd. 1 (1957) S. 37.

der Fischmehlindustrie entwickelte die Fa. F. Füngel, Hamburg[1]. Die Brüden des Fischkochers werden einer Kondensation in Edelstahl-Kondensatoren und einem katalytischen Crack-Prozeß mit Kupfer-Katalysatoren bei 500 °C unterworfen. Dabei zerfallen die für den Geruch verantwortlichen Amine in H_2O, N_2 und CO_2. Bei etwa 400 °C erhält man Ameisensäure und Blausäure. Die Trockenbrüden werden ebenfalls durch Kondensatoren geleitet und dann einem mehrfachen Waschprozeß unterworfen, wobei die Gase mit durch elektrische Hochspannung aufgeladenen Wasserstaub besprüht werden, der Netzmittel enthält.

Bei den von Lüneburg[2] durchgeführten Versuchen zur Entgeruchung zeigte es sich, daß Tierkohle vor Bleicherde und besonders vor der handelsüblichen Aktivkohle wirkungsvoller und deshalb vorteilhafter ist, weil sie das Abwasser weitgehend entfärbt und gleichzeitig vom Geruch befreit. Doch dürfte die Anwendung der Tierkohle in der Praxis zu kostspielig werden. Da die Fischmehlfabriken meistens in der Nähe der See oder an großen Flüssen liegen, wird im allgemeinen die mechanische Reinigung als ausreichend angesehen. Da bisher Erfahrungen über biologische Reinigungsverfahren nicht vorliegen, schlägt Meinck[3] als Vorbehandlung vor Tropfkörpern die auch bei anderen stark organisch verschmutzten Abwässern mit Erfolg angewandte Schnellfaulung in Faulräumen, die zu einem Drittel mit Faulschlamm aus einer städtischen Kläranlage gefüllt sind, vor. Bei der mit Rücklaufwasser betriebenen aeroben Weiterbehandlung dürfen aber wegen der starken Geruchsbelästigungen nur geschlossene belüftete Tropfkörper oder das Belebtschlammverfahren angewandt werden. Da der Chloridgehalt des gesamten Abwassers unter der Schädlichkeitsgrenze bleibt, hält er mit Rücksicht auf den hohen Gehalt an Pflanzen- und Bodendüngemitteln mit einem günstigen Ausnutzungswert, wie sich durch die Relation zwischen Stickstoffgehalt und BSB_5 ergibt, auch die landwirtschaftliche Verwertung bei Vorhandensein von genügend großen und geeigneten Böden für anwendbar.

Ist auf dem Gelände der Fabrik kein Platz für eine Anlage zum Behandeln der Abwässer, so daß sie in die städtische Kanalisation eingelassen werden müssen, so müssen die Abwässer zunächst durch Fettfänger geleitet werden, wie sie S. 24 bis 30 und 126 in Abb. 12 bis 17 und 48a u. b dargestellt sind. Schwierig werden die Verhältnisse in der Kanalisation, wenn diese Abwässer in der Kanalisation mit bereits faulendem häuslichem Abwasser zusammentreffen. Um die dann schnell fortschreitende Anfaulung des Fischwassers zu verhindern, hat man fäulnisverhindernde Stoffe wie Retardan oder andere fäulnishemmende Stoffe wie chlorierte Kohlenwasserstoffe zugegeben oder dem Abwasser Chlormangan von 50 bis 150 mg/l zugesetzt. Geruchsbelästigungen treten auch leicht auf, wenn durch andere Betriebe saure Abwässer in den städtischen Sammler eingeleitet werden.

---

[1] Nachrichten aus Chemie und Technik Bd. 5 (1957) S. 135.
[2] Lüneburg, H.: Z. Fischerei Bd. 40 (1942) S. 103.
[3] Meinck: Zit. 3. Aufl., S. 336.

5. Abwässer aus Lederfabriken und -färbereien

In den Lederfabriken unterscheidet man als Hauptgruppen die Produktion von Sohlen- (Boden-) Leder, wofür im wesentlichen Rindshäute, u. U. auch Pferdehäute, verwendet werden, und andererseits Oberleder für Schuhe, Feinleder für Handtaschen und Handschuhe, wofür Kleintierhäute verwendet werden. Als dritte Hauptgruppe ist noch die Pelzveredlung zu nennen.

Die Lösung der Abwasserfrage ist bei den Lederfabriken wegen der verschiedenen Fabrikationsmöglichkeiten nicht immer einfach und leicht. Eine genaue Kenntnis der betreffenden Lederfabrik ist vordringlich, um durch innerbetriebliche Regelungen schon gewisse Verbesserungen oder Vorarbeiten zu schaffen. Die anfallenden Regenwässer sollten möglichst abgetrennt und für sich abgeführt werden. In bestimmten Fällen kann eine Abtrennung der konzentrierten Äscher- oder der Gerbbrühen zweckmäßig sein. Bei gesonderter Behandlung der konzentrierten Brühen ist wegen der geringen Menge ein Tagesspeicher nötig. Wenn nur das gemischte Gesamtabwasser behandelt wird, muß ein größeres Puffer- und Mischbecken zwischengeschaltet werden, das in sehr großen Fabriken wenigstens den Anfall von drei Tagesstunden fassen muß.

a) Abwässer aus der Wasserwerkstatt

Die auf Leder zu verarbeitenden Häute werden in der Wasserwerkstatt für den eigentlichen Gerbprozeß vorbereitet und dann in der Gerbwerkstatt dem eigentlichen Gerbprozeß unterworfen.

In der Wasserwerkstatt sind die Arbeiten bei fast allen Gerbereien die gleichen. Die stark gesalzenen Felle werden zunächst aufgeweicht und gewässert. Es fallen hierbei die stark salzhaltigen *Einweichwässer* vom Einweichen und Entsalzen der grünen oder gesalzenen Rohhäute an. Für getrocknete Häute werden dem Einweichwasser Ätznatron, Netzmittel oder Milchsäure zugesetzt. Die Weichwässer sind reich an Schmutz, Kot, Blutserum und an organischen zersetzbaren Substanzen, an Kochsalz und an Phosphaten. An Mikroorganismen enthalten diese meist blutig braunrot gefärbten Wässer echte Fäulnisbakterien (Proteusarten), gasbildende Bakterien und Bact. liquefaciens. Die beim Einweichen der trockenen Häute entstehenden Weichwässer enthalten Peptone und die dieses Nährsubstrat bevorzugenden Bakterien, wie Bact. subtilis, Bact. gasoformans, Bact. liodermes. Ferner fallen beim Enthaaren der Häute die stark alkalischen Äscherwässer und die Waschwässer vom Entkalten, Entfleischen, Flößen und Streichen der Häute an. Der BSB_5 wird mit 1100 mg/l abgegeben.

Anschließend werden die Felle in den zementierten oft auch gekachelten *Äschergruben* 2 bis 4 Wochen mit Kalkmilch behandelt und dabei von den Haaren und anhaftenden Fleischresten befreit. Die stoßweise in einer Menge von 15 bis 20 m^3 anfallenden *Äscherwässer*, kenntlich an ihrer hohen Alkalität (p_H-Wert > 11), enthalten neben Calciumhydroxyd und Calciumcarbonat unverbrauchtes Natriumsulfid, das zur Verstärkung der Kalkbrühen zugegeben wurde, ferner die in der alkalischen Sulfidlösung gelösten Haarsubstanzen. Durch Zersetzen des Natriumsulfids an der Luft bildet sich Schwefelwasserstoff. Die Äscherwässer enthalten demnach neben einem sehr hohen Gehalt an Kochsalz, unverbrauchtem Natriumsulfid und Kalkverbindungen die in Lösung gegangenen Haarteile, verseifte und emulgierte Fette, ferner stark fäulnisfähige organische Stoffe sowie die auf der Enthaarungsmaschine anfallenden Fleischreste, Eiweißgerinnsel, hydrolysierte Eiweißproteine usw. Bei längerer Lagerung unter Luftabschluß, z. B. in schlecht gelüfteten Klär- oder Faulgruben, gehen diese Wässer in stinkende Fäulnis über. Der $KMnO_4$-Verbrauch ist sehr hoch (8000 mg/l). Sehr störend wirken sich auf die Kleinlebewesen im Vorfluter die giftigen in den Äscherwässern enthaltenen Sulfide (Natriumsulfid) durch die Entwicklung von Schwefelwasserstoff aus. Der BSB_5 wird mit 6000 bis 7000 mg/l angegeben.

Bei dem *Enthaaren und Entfleischen* wird auf mechanischem Wege auf dem Schabebaum erst die Oberhaut, dann die Fetthaut abgelöst. Hierbei fallen die sog. *Spülwasser* an, die durch ungelöste Stoffe stark verschmutzt sind.

Bei dem nachfolgenden *Entkalken und Schwellen*, bzw. Beizen genannt, wird der an Fettsäuren gebundene Kalk aus der „Blösse“ entfernt und hierdurch die Haut durch Quellen aufnahmefähiger gemacht. Die hierbei anfallenden Abwässer sind nach MERKEL[1] meist wenig verschmutzt und haben einen p_H-Wert zwischen 7 und 9. Sie enthalten vorwiegend Calcium- und Ammoniumsalze anorganischer oder organischer Säuren (Salzsäure, Schwefelsäure, Ameisensäure, Essig-, Milch- oder Buttersäure), außerdem die bei der weiteren Reinigung der Haut anfallenden Epidermis-, Haar- und Fettreste. Bei Oberledergerbereien fallen ferner verschiedene Abwässer an, die beim Entkalken und Schwellen der Häute durch die sog. Beizen, Säurebäder (Milchsäurebäder), Kleiebäder, die schwach sauren Kotbäder und Ersatzbäder (Fermente, die aus der Bauchspeicheldrüse unter dem Namen Oropon oder Erodin in den Handel kommen) entstehen.

b) Abwässer aus der Gerberei

α) Pflanzliche und synthetische Gerbung

In der Gerbwerkstatt wird der eigentliche Gerbprozeß durchgeführt. Man unterscheidet in der Hauptsache die vegetabilische und die Mineralgerberei. Bei der vegetabilischen Gerbung wird die entfleischte und enthaarte Haut mit Lohe oder Gerbbrühen behandelt. Zu den ersteren gehören Lohen aus Eichen- oder Fichtenrinde; als Ersatzstoffe und zur Schnellgerbung werden auch ausländische Gerbstoffextrakte (Quebracho, Sumach u. a.), ferner Gallen und andere tanninhaltige Gerbstoffe, neuerdings auch künstliche Gerbstoffe, die durch Kondensation von Formaldehyd mit Phenol, Kresolen, Anthracen und deren Sulfosäuren gewonnen werden, ferner aus Sulfitablauge hergestellte Gerbextrakte verwendet. Bei der Lohgerbung fallen die verbrauchten dunkelbraun gefärbten,

[1] MERKEL, W.: Handbuch der Gerbereichemie und Lederfabrikation Bd. III, 1. u. 2. Aufl., S. 878. Wien: Springer 1955.

lederartig riechenden Lohen bzw. Gerbbrühen von Eichenrinde, Gerbextrakten, Quebrachoholz usw. an. Sie enthalten Pyrogallol-Gerbstoffe oder Catechin, Gallussäure, organische Säuren und peptonisierte Hautbestandteile. Der früher in Gruben durchgeführte und oft mehrere Jahre dauernde Gerbprozeß ist heute durch die Schnellgerbung in Gerb- oder Walkfässern ersetzt. Hierbei werden die Blößen in ständiger Bewegung gehalten und kommen dadurch mit den konzentrierteren Brühen in viel innigere Verbindung. An Mikroorganismen kommen Spalt- und Sproßpilze sowie Bakterien verschiedener Art vor.

β) Mineralgerbereien

In den Mineralgerbereien, auch einfach Chromgerbereien genannt, wird die in der Wasserwerkstatt vorbereitete Haut der Einwirkung verschiedener Chemikalien unterworfen. Je nach der Art der Gerbung enthalten dann die Abwässer Eisen- und Chromsalze, Arsenverbindungen, Soda, Alaun, Kochsalz, Pottasche. Wasserlösliche Chromsalze (Chromalaun) oder Chromsäure können in stärkerer Konzentration Gifterscheinungen auslösen, vermögen aber auch andererseits fäulnishemmend oder fäulnisverhütend auf organische Substanzen (z. B. die Abwässer der Wasserwerkstatt) zu wirken.

Das im Abwasser in Mengen von 5 bis 6 g/l enthaltene Chrom wird bei der vorstehenden Behandlung zum größten Teil mit abgeschieden. Mit Rücksicht auf unsere Chromvorräte in Deutschland und die Preise der Chromsalze dürfte aber bei größeren Chromgerbereien ein Eindampfen der Lösungen oder eine Fällung der Chromsalze durch besondere chemische Zuschläge zwecks Wiedergewinnung des Chroms angebracht und in vielen Fällen auch lohnend sein. In den Restbrühen nach dem Gerben sind nach Dohogne[1] noch etwa 50% des ursprünglich angewandten Chroms enthalten. Das Chrom wird mit calcinierter Soda ausgefällt und abfiltriert und zur Wiederverwendung im Betrieb aufgearbeitet.

Bei der Chromgerbung beschreibt Benrud[2] ein Chromsparverfahren für die Haspelgerbung, bei der mit verhältnismäßig dünnen Brühen gearbeitet wird. Nach dem Herausnehmen und Neutralisieren der Häute wird die Restbrühe auf Chromgehalt und Basizität untersucht. Die Brühe wird entsprechend verstärkt und eine neue Partie eingearbeitet. Auf diese Weise können 7 Partien hintereinander gegerbt werden. Die Brühe wird noch zum Nachgerben von Spalten benutzt und dann abgelassen. Es gelangen auf diese Weise nur 2 kg Cr_2O_3 je 1000 kg Blößengewicht in das Abwasser.

Für die Wiedergewinnung von Chrom empfiehlt Harnly[3] das folgende Verfahren: Die Restbrühen (55—75 m^3/Tag) werden in ein Absetzbecken gepumpt und so viel Natronlauge zugegeben, bis ein p_H-Wert von 8 erreicht ist. Nach dem Absetzen des Chromhydroxyds wird

[1] Dohogne: Cuir techn. Bd. 30 (1942) S. 204.
[2] Symposium über Abwasserfragen: Jalca Bd. 46 (1951) S. 156—184.
[3] Harnly, J. W.: Tanneries. Ind. and Eng. Chem. Bd. 44 (1952) S. 520.

die über dem Niederschlag stehende chromfreie Flüssigkeit abgelassen und eine neue Menge Chrombrühe zugeleitet. Nach gründlicher Durchmischung läßt man wieder absetzen und leitet die überstehende chromfreie Flüssigkeit ab. Dies kann unter genauer Einstellung des p_H-Wertes noch einige Male wiederholt werden. Dann wird der Schlamm zur Entfernung der löslichen Salze mit kaltem Wasser mehrere Male gewaschen und schließlich dekantiert. Der erhaltene Chromschlamm wird zum Ansetzen neuer Chrombrühen benutzt. Man setzt die stöchiometrische Menge Schwefelsäure, in der sich das Chromhydroxyd leicht auflöst, und die noch fehlende Menge Chromsalze zu.

c) Sämischgerberei

Bei der Sämischgerberei werden die Blößen durch mehrmaliges Kneten mit fetten Ölen (Tran) in Leder umgewandelt und später die als Gerbmittel überschüssig auf die Häute gestrichenen Fette, z. B. Tran, mit lauwarmer Pottaschelösung abgewaschen. Aus den Abfällen, die man mit Dégras bezeichnet, wird das Fett (Tran) wiedergewonnenen. Man erhält ein milchig trübes, nach Tran riechendes Abwasser, das reich an leicht faulenden organischen Stoffen ist, und zwar an emulgierten Fetten, Netzmitteln und Emulgatoren, anorganischen Salzen, organischen Säuren und Hautbestandteilen.

d) Lederfärbereien und Zurichtereien

In den Betrieben, in denen die Leder nach der Fertigstellung noch gefärbt werden, werden saure, basische und substantive Anilinfarbstoffe, seltener Schwefelsfarben (für Sämischleder) und Farbhölzer wie Blauholz, Rotholz, Gelbholz (für Glacéleder) benutzt. Auf diese Weise gelangen auch Farbstoffreste, meist in geringen Mengen, da die Farben mit der Bürste aufgetragen werden, in das Abwasser. Zu den Farbbrühen kommt ein Vielfaches an Spülwässern. Der p_H-Wert des Wassers liegt bei 5—7. Der $KMnO_4$-Verbrauch ist etwa 500 mg/l. Diese Abwässer können durch eine Filtration durch unverbrauchte Lohe entfärbt werden. Wegen ihres Gehaltes an anorganischen Säuren muß eine Neutralisation mit Kalk durchgeführt werden. Arbeiten die Pelzfärbereien mit Oxydationsfarbstoffen, so gelangen nach Scholz[1] erhebliche Mengen Bichromat in das Abwasser. Dieses muß erst reduziert werden (durch Eisensulfat oder Bisulfat), bevor man das Chrom durch Kalk ausfällen und dann in einem Absetzbecken den Chromschlamm abfangen kann.

e) Sonstige Abwässer

Bei allen Betrieben kommen große Mengen von Abwässern aus Aborten, Werksküchen, von Kühlwässern und von Waschwässern aus den einzelnen Räumen zum Ablauf, die zwischen den einzelnen Behandlungsweisen zum Reinigen der Räume, der Maschinen, der Fässer und Gruben, der Geräte usw. benutzt werden. Ihre Menge wird mit 100—150 l/Kopf des beschäftigten Arbeiters und Angestellten und Tag angegeben.

[1] Scholz, H.: Berichte der A. T. V. Bd. 8 (1957) S. 88.

f) Verwertung der Abfallstoffe

Als weitere Abfallstoffe fallen in den Gerbereien die von den Häuten entfernten Haare und unter Umständen die verbrauchten Lohen an. Die Haare können nach genügender Reinigung und eventuell Sortierung an Bürsten- und Pinselfabriken abgegeben werden. In größeren Gerbereien geht man dazu über, die Haare vorher durch Haarschneidemaschinen zu gewinnen. Sie lassen sich leichter sortieren und reinigen.

Um die im Abwasser enthaltenen Haare, die sich durch Rechen und Siebe nicht vollständig entfernen lassen, zu gewinnen, flotiert man das Abwasser. Sehr fein verteilte Luft wird eingeblasen. Diese setzt sich an den Haaren fest und bringt sie als Schwimmschlamm an die Oberfläche, von wo sie dann leicht abgeschöpft werden können. Auch die im Abwasser der Sämischgerbereien enthalten Fettkolloide lassen sich mit dieser Flotation aus dem Abwasser entfernen.

Die verbrauchte Lohe kann nach Neutralisation mit Kalk und Mischung mit Stalldung und den bei Behandlung der frischen Häute mit Kalk gewonnenen tierischen Abfällen durch 2 bis 3 Monate langes Stehen im Haufen kompostiert und dann als Dünger verwandt werden. Hautabfälle werden auf Leim und Gelatine verarbeitet, wobei Fette und Dünger als Nebenprodukte anfallen. Durch Säureaufschluß der Rückstände können Eiweißpräparate hergestellt werden. Lederabfälle werden heute zu den verschiedensten Kunstprodukten verarbeitet. Mit Kalk aufgequellt, werden sie auf Seide aufgetragen und dienen dann als Wurstdärme. Die heute viel als Darmersatz benutzten Naturindärme sind ebenfalls aus Lederabfällen gewonnen. Als vollwertiger Ersatz für das zu den verschiedensten Zwecken benutzte Pferdehaar (Bürsten, Pinsel usw.) wird aus Lederabfällen ein künstliches Pferdehaar hergestellt.

g) Menge und Art der anfallenden Abwässer

Die Menge und Art des anfallenden Abwassers ist je nach Art des Betriebes und dem Verfahren verschieden. Während man bei kleineren Betrieben für Oberleder und Farbleder für jede größere Haut 0,8 bis 1,4 m³ Wasser, im Mittel also rund 1 bis 1,2 m³, und beim Sohl- und Vacheleder 1,4 m³ Wasser je Haut gebraucht, schwankt nach neueren Feststellungen in Großbetrieben der Wasserverbrauch je Haut zwischen 2,0 bis 3,0 m³. In einer Gerberei, die täglich 100 Häute verarbeitet, wurden gemessen:

1. In der Werkstatt	
a) Einweichwasser	60 m³
b) Enthaarungswasser	100 m³
c) Spülwasser der Entfleischmaschinen	4 m³
d) Beizbrühe (Oropon)	33 m³
	197 m³
2. Abgänge aus der Farbwerkstatt	16 m³
3. Abgänge aus der Lohpresse	2 m³
	215 m³

Da man in vielen Betrieben nicht die Anzahl, sondern das Gewicht zugrunde legt, rechnet man im Durchschnitt für eine Großhaut (Pferd) (Rind) je 25 bis 26 kg und je Kleinhaut (Kalb und Ziege) 3 kg. Nach ELDRIDGE ist das mittlere Gewicht einer Kuhhaut 27 kg, die 1,364 m³ Abwasser ergibt. W. ACKERMANN gibt für je 100 kg Häute einen Wasserverbrauch von 6 m³ an, hierbei ist das Gewicht des fertigen Leders gleich zwei Drittel, also mit 66% der rohen Haut einzusetzen. Die von R. KELLER veranstaltete Rundfrage ergab einen Abwasseranfall von 425 bis 1260 m³ je Kopf und Jahr des beschäftigten Arbeiters und Angestellten. Der Abwasseranfall ist sehr ungleichmäßig, was auch die Reinigung sehr erschwert.

Der Abwasseranfall einer mit Chrom- und Lohgerbung arbeitenden Gerberei verteilt sich nach SUTHERLAND[1] auf die folgenden Arbeitsgänge:

Einweichen und Waschen	22,5%	Schwellen und Beizen	19,0%
Äschern	17,5%	Chromgerbung	2,0%
Entkalken	5,5%	Lohgerbung	2,0%
		Waschen und Walken	31,5%

Gerbereiabwässer gehören mit zu den am stärksten verschmutzten, daher dem Vorfluter sehr schädlichen und am schwierigsten zu reinigenden gewerblichen Abwässern. Infolge längeren Aufenthalts in den Bädern oder Gruben befinden sie sich meistens schon in starker Fäulnis oder gehen leicht darin über. Die Abwässer der Wasserwerkstatt haben einen Kalkgehalt von 2000 bis 3000 mg/l (als $CaCO_3$ gerechnet), der p_H-Wert liegt bei 11,5 bis 12,0. Der Sulfidschwefelgehalt schwankt zwischen 25 bis 75 mg/l. Die vegetabilischen Gerbbrühen haben einen biochemischen Sauerstoffbedarf von 10000 bis 45000 mg/l. Bei den gemischten Abwässern einer großen Lederfabrik muß man mit einem BSB von 1000

Tabelle 17. *Zusammensetzung von Gerbereiabwasser*

	Gerberei-Abwasser I	Gerberei-Abwasser II	Städtisches Abwasser mit Gerberei-Abwasser
Äußeres	braun undurchsicht. trübe	braun undurchsicht. trübe	braun undurchsicht. trübe
p_H-Wert	6,6	12,3	8,7
Abdampfrückstand (filtriert)	2023 mg/l	5320 mg/l	3437 mg/l
davon: organisch	860 mg/l	1265 mg/l	1057 mg/l
mineralisch	1163 mg/l	4055 mg/l	2380 mg/l
Kaliumpermanganat-Verbrauch	2512 mg/l	2498 mg/l	1959 mg/l
Biochemischer Sauerstoffbedarf (BSB_5)	296 mg/l	622 mg/l	740 mg/l
Chloride (Cl)	430 mg/l	732 mg/l	910 mg/l
Organischer Stickstoff	31 mg/l	51 mg/l	60 mg/l
Ammoniak (NH_3)	26 mg/l	—	30 mg/l
Schmutzwert	7 mg/l	7 mg/l	5 mg/l

[1] SUTHERLAND, R.: Ind. and Engin. Chem. Bd. 39 (1947) S. 628.

bis 4000 mg/l rechnen. Der hohe p_H-Wert der Abwässer aus der Wasserwerkstatt wird durch die innige Vermischung mit den übrigen Abwässern vor allem aus der Gerbwerkstatt nicht genügend erniedrigt. Er muß daher in den meisten Fällen durch Zugabe von Säure oder Kohlensäure aus Abgasen auf den Neutralpunkt gebracht werden. IMHOFF gibt für 1 t Häute einen Einwohnergleichwert von 1000 bis 4000 an. ELDRIDGE gibt den BSB_5 mit 1200 mg/l an, wobei er im Laufe des Tages zwischen 800 und 2500 mg/l schwankt. Der Gehalt an Schwebestoffen wird mit 3000 mg/l angegeben. JUNG[1] gibt in Tab. 17 die Zusammensetzung von Gerbereiabwasser allein und in Mischung mit häuslichem Abwasser an.

R. SUTHERLAND gibt von einer Rindlederfabrik nachstehende Zahlen als typisch für Gerbereiabwässer an:

Tabelle 18. *Typische Eigenschaften von Gerbereiabwässern*

Herkunft	Gesamter Trockenrückstand	Gelöste Stoffe	Schwebestoffe	Glühverlust	Asche	BSB	p_H
	mg/l			%		mg/l	
Weiche	15000	13510	1490	1,23	0,27	1200	6,6
Äscher	26000	18840	7160	1,20	1,40	2770	11,6
Beize	4410	4300	110	0,32	0,12	410	8,2
Pickel	61200	59960	1240	0,59	5,53	790	2,4
Pflanzliche Gerbung	18400	17110	1290	1,50	0,34	5500	5,0
Chromgerbung	76800	74810	1990	1,58	6,10	618	3,2
Färbung und Fettung	2460	2010	450	0,06	0,18	472	3,9

Eine andere Zusammenstellung gibt das Tannery Waste Disposal Comm. of Pennsylvania von der Gerberei in Emporium (s. Tab. 19):

Tabelle 19

Abwasserart	Menge in m^3/Tag	Menge in %	Anteil des BSB %
Weiche	40	12	5
Äscher	13	4	10
Spülwässer	32	10	5
Enthaarungsmaschine	6	2	1
Spülwässer	96	30	15
Nachspülung	4	1	0
Beize	36	11	1
Haarwäsche	56	17	5
Fußbodenreinigung	9	3	1
Vegetabilische Gerbbrühe	19	6	50
Sodableiche	2	1	3
Schwachsaure Bleichbrühe	5	2	2
Starksaure Bleichbrühe	2	1	2
Insgesamt	320	100	100
Anteil der stoßweise anfallenden Abwässer		36	77
Anteil der ständig anfallenden Abwässer		64	23

[1] JUNG: Berichte der Abw. techn. Vereinigung, Essener Heft 1951, S. 99.

In den Städten, wie Backnang, Offenbach, Elmshorn und Neumünster, wo viele Gerbereien vorhanden sind, bestimmt das Gerbereiabwasser den gesamten Charakter des in der Kanalisation vorhandenen Abwassers. So berichtet WIMMER[1] von der Gerberstadt Backnang, daß bei 11000 Einwohnern mit 8000 m³ Abwasser durch den Zufluß von Gerbereiabwasser das Abwasser etwa 60000 Einwohnern entspricht. Der in IMHOFF-Gläsern bestimmte Schlammanfall, der in häuslichem Abwasser 5,7 cm³/l ausmacht, beträgt in diesem Falle 85 bis 90 cm³/l, er kann bis auf 200 cm³/l ansteigen. In der Trockensubstanz sind 55% organischer und 45% mineralischer Anteil. Nach den Untersuchungen von WARRICK und BEATTY[2] kann man derartigen Gerbereischlamm, wenn er zu 40% dem häuslichen Schlamm zugemischt wird, gut ausfaulen. Über die bei der Untersuchung von Gerbereiabwasser zu beachtenden Sonderheiten berichtet FURKERT[3].

In Chikago verlangt die Stadtverwaltung, daß die in das städtische Kanalnetz abfließenden Gerbereiabwässer frei sind von Fett, Haaren, Hautresten, Kalkschlamm und Mineralsäuren. BOLDE und ROSENTHAL[4] stellten in einer Kanalisation für häusliche Abwässer starke Inkrustationen bis zu mehreren Zentimetern fest. Die Untersuchungen ergaben, daß diese auf den Zufluß von unbehandeltem Gerbereiabwasser zurückzuführen seien. Erst nachdem die Abwässer der Gerberei vorher mit Rauchgasen behandelt waren und dadurch der p_H-Wert von 9 auf 7 gesenkt wurde, blieben die Inkrustationen aus.

h) Einfluß der Abwässer auf den Vorfluter

Beim Ablassen in nicht genügend große Vorfluter können die Gerbereiwässer durch ihren hohen Gehalt an fäulnisfähigen und auch giftig wirkenden Stoffen (Ätzkalk, Chrom- oder Arsenverbindungen, Schwefelnatrium) und durch die Entwicklung von Schwefelwasserstoff verheerend wirken und das Wasser für die meisten Nutzzwecke unbrauchbar machen. Sie stellen an den Sauerstoffvorrat und damit an die Selbstreinigungskraft der Vorfluter außergewöhnlich große Anforderungen. Es kommt in kleinen Vorflutern durch völligen Sauerstoffschwund oder unter dem Einfluß der giftigen Salze oder durch die zu starke Beeinflussung des p_H-Wertes leicht zu Fischsterben. Infolge der p_H-Verschiebung treten Fäulniserscheinungen im Vorfluter oft erst weit unterhalb auf. Durch die gegenseitige Beeinflussung der Abwässer tritt starke Schlammbildung im Vorfluter auf. Die Abwässer der Gerbereiwerkstatt geben wegen des hohen Gehaltes an kolloiden Stoffen zu starken Schaumentwicklungen (die berüchtigten „Schwäne") und Geruchsbelästigungen an Abstürzen, Wehren usw. Veranlassung. Deshalb wird das Abwasser am besten durch eine unter Wasser ausmündende Rohrleitung dem Vorfluter zugeführt. Ferner verursachen sie durch die Umsetzung der in

[1] WIMMER: Die Städtereinigung Bd. 28 (1936) S. 494.
[2] WARRICK u. BEATTY: Sewage Works J. Bd. 8 (1936) S. 122.
[3] FURKERT: Die Städtereinigung Bd. 29 (1937) S. 58.
[4] BOLDE, A., u. B. ROSENTHAL: Wastes Engng. Bd. 31 (1960) S. 150.

ihnen enthaltenen Gerbsäure mit den eisenhaltigen Verbindungen des Vorfluters durch Bildung tintenähnlicher Stoffe starke Schwarzfärbung. Das Schwefelnatrium der Äscherwässer gibt mit dem eisenhaltigen Vorflutwasser durch entstehendes Schwefeleisen Schwarzfärbung. Diese Schwarzfärbungen sind besonders bei solchen Vorflutern zu beobachten, die aus oberhalb liegenden Industrien stark eisenhaltige Abwässer, z. B. Beizereiabwässer, aufnehmen müssen.

Entscheidend für das Ausmaß und den Grad der Vorflutbeeinträchtigung ist neben der Zusammensetzung der Abwässer, neben dem Verdünnungsverhältnis, das von der jeweiligen Wasserführung des Vorfluters abhängig ist, vor allem auch der biologische Zustand des Vorfluters. Nach STUNDL[1] werden die Gefahrenmomente für den Vorfluter sehr groß, wenn der Vorfluter Niedrigwasser führt, weil dann der Zustand eintreten kann, daß die Selbstreinigungskräfte der Vorflut nicht mehr ausreichen, und die Sauerstoffaufnahmegeschwindigkeit aus der Oberfläche nicht groß genug ist, so daß es bis zum völligen Sauerstoffschwund kommt. Die sich absetzenden Schwebestoffe bilden Schlammbänke, in denen die sauerstoffzehrenden Umsetzungen weitergehen. Sogar in größeren Vorflutern können unbehandelte Gerbereiabwässer Belästigungen hervorrufen, vor allem dann, wenn sich gröbere Sinkstoffe, wie Hautreste, Haare und andere Abfälle unterhalb des Abwassereinlaufs am Ufer vor allen in den *Buhnen* ablagern und dort faulen und dann Ungeziefer, wie Ratten oder Fliegen, anlocken.

JANSKI[2] untersuchte die verschiedenen Behandlungsmethoden für Lederabwasser, den toxischen Einfluß auf Fische und auf den Vorfluter. Er kommt zu dem Ergebnis, daß mindestens ein Abbau des BSB_5 um 90% und eine 25fache Verdünnung des Ablaufes nötig sei, um eine 50%-Abnahme der Toxizität der Chromverbindungen und auch der vegetabilen Gerbereiabwässer zu erreichen. Für das mechanisch und chemisch vorgereinigte Abwasser erzielte er mit dem Belebtschlammverfahren nach einer 25fachen Verdünnung die besten Ergebnisse.

Über die Wirkung der Gerbstoffe im Wasser und Abwasser als Fischgift berichtet BANDT[3]. Nachdem er zunächst den Einfluß der verschiedenen Gerbstoffe und Gerbstoffextrakte auf den p_H-Wert und die Härte untersucht hat, stellt er fest, daß der Gerbstoff durch die Härte abgebunden und zum Teil auch ausgefällt wird. Trotzdem behält sowohl der gelöste wie der ausgeflockte Gerbstoff seinen großen Einfluß auf den Sauerstoffhaushalt des Vorfluters. Während bei Quebracho-Extrakt der Sauerstoffgehalt in 2 Std. von 9,1 mg/l auf 4,3 mg/l herabsank, fiel er bei der gleichen Menge von Eichengerbextrakt auf 1,9 mg/l. Hinzu kommt, daß bestimmte Alkaloide in den Gerbextrakten direkte Giftwirkungen äußern können. Auf Grund zahlreicher Fischversuche mit den verschiedensten Gerbextrakten und Alkaloiden kommt er zu dem Er-

---

[1] STUNDL, K.: Österr. Wasserwirtsch. Bd. 3 (1951) S. 100.

[2] JANSKI, K.: Kozarsti Bd. 11 (1961) S. 327 u. 335; Ref. in J. Water Poll. Contr. Feder. Bd. 36 (1964) S. 687.

[3] BANDT, H. J.: Wasser-, Abwasser- u. Fischereichemie aus dem Flußwasseruntersuchungsamt Magdeburg Bd. 3 (1948).

gebnis, daß schon Mengen von 25 mg/l Gerbextrakt bei ungenügender Verdünnung besonders in ungepuffertem Vorflutwasser Fischsterben hervorrufen können. Besonders eindringlich warnt er vor dem stoßweisen Ablassen von Gerbbrühen (Abwasserwellen). Bei chromhaltigen Abwässern hält er die Giftigkeit nicht für so hoch, da es abwassertechnisch die günstige Eigenschaft habe, von den Schlämmen stark absorbiert zu werden. Auch in diesem Falle fordert er, daß die Äscherwässer mit den Gerbbrühen gemischt werden, damit sie sich gegenseitig ausflocken und die stark alkalische Reaktion der Lederabwässer gemildert wird. ORLITA und SVEC[1] führten Versuche mit drei Flußorganismen durch, um festzustellen, bei welcher Verdünnung Gerbereiabwasser letal, toxisch oder harmlos wirkt. Die Kalkflüssigkeiten erfordern eine Verdünnung von 1 : 200, die vegetabilen Gerblösungen und Waschwässer eine Verdünnung von 1 : 800, um auf die Testorganismen harmlos zu wirken.

i) Milzbrandgefahr

Wenn in der Gerberei ausländische Häute verarbeitet werden, besonders aus Ländern, in denen eine planmäßig und straff geregelte Seuchenbekämpfung nicht durchgeführt wird, wie China, Indien, Mittel- und Südamerika, Nordafrika, den Balkanländern u. a., muß damit gerechnet werden, daß das Rohmaterial äußerst widerstandsfähige Milzbrandkeime und Sporen enthält. Milzbrand ist für Mensch und Tier gleich gefährlich. Beim Aufweichen und weiteren Verarbeiten der Häute gelangen diese Keime in das Abwasser bzw. in den abgesetzten Schlamm. Nach KOCH[2] sind außer den an der Körperoberfläche vermittelten Infektionen die Milzbrandfälle auf eine Infektion durch Wasser zurückzuführen. Die Sporen des Milzbranderregers zeichnen sich durch außerordentliche Virulenz und Widerstandsfähigkeit gegenüber chemischen und physikalischen Einflüssen aus. Sie vertragen Temperaturen über 100 °C mehrere Minuten lang. Durch die üblichen Desinfektionsmittel, wie Chlor, Chlorpräparate, Ätzkalk, Formaldehyd, Säure, Sublimat, werden sie nur nach sehr langer Einwirkungszeit und bei Anwendung in großen Konzentrationen abgetötet. In Schlamm und Erde behalten die Milzbrandsporen noch nach jahrelanger Lagerung ihre Virulenz. Milzbrand verläuft in 20—25% der Fälle mit tödlichem Ausgang. Die Milzbrandsporen gelangen auf zahlreichen Pflanzen zur Entwicklung und zur erneuten Sporenbildung; so können den Winter überstehende Keime sich am Rande der Sümpfe und Flüsse bzw. in deren Schlamm ablagern. Bei höheren Wasserständen, z. B. bei Hochwasser und stärkerer Strömung des Wassers, werden dieselben mit den Schlammassen fortgespült und an den überfluteten Weideplätzen auf den Futterstoffen abgesetzt. Sie werden hier beim Tränken des Viehes und mit dem Futter von dem Weidevieh aufgenommen. Auch bei der Aufbringung des mit Milzbrandsporen durchsetzten Abwasserschlammes auf den Feldern als Dünger kann sich das Vieh wegen der langen Haltbarkeit der

[1] ORLITA, A., u. J. SVEC: Chem. Abstracts Bd. 54 (1960) S. 12. 12437.
[2] KOCH, R.: Mitt. Kaiserl. Gesundh.-Amt (1881) S. 49.

Sporen noch lange hinterher infizieren. Wenn auch durch entsprechende Maßnahmen zum Abfangen und Vernichten der Sporen sowie durch eine verschärfte Kontrolle der verdächtigen in- und ausländischen Sendungen, z. B. durch das Ascoliverfahren oder durch Anwendung des Ara-Äscherverfahrens der Fa. Röhm & Haas oder durch das Natronlaugeverfahren, die Milzbranderkrankungen zurückgegangen sind, sind sie immer noch nicht genug vermindert.

Im Runderlaß des Preußischen Landwirtschaftsministeriums vom 1. Dezember 1934 (III. Pr. 7177) ist eine viehseuchenpolizeiliche Anordnung zur Verhütung der Einschleppung des Milzbrandes durch eingeführte, getrocknete Rinderhäute erlassen. Dieser Erlaß schreibt das Ascoliverfahren vor, nach dem alle Proben im Staatlichen Veterinäruntersuchungsamt in Potsdam zu untersuchen sind. Versuche zur Desinfektion der Felle sind mehrfach gemacht worden. Auch das vom Reichsgesundheitsamt und vom Veterinäruntersuchungsamt in Potsdam vor der Gerbung empfohlene Pickelverfahren (vierzigstündige Lagerung in einer 10% Kochsalzlösung und 1—2% Salzsäurelösung) hatte nicht den gewünschten Erfolg. Die völlige Abtötung der pathogenen Keime ist aber mit den größten Schwierigkeiten verknüpft, weil einmal die Keime eine sehr lange Lebensdauer und -zähigkeit besitzen, weiterhin sind die Milzbrandkeime Sporenbildner, die häufig in kleineren oder größeren Ballen oder Klumpen eingeschlossen sind, in die die Desinfektionsmittel nicht genügend einzudringen vermögen. Behandlung mit überhitztem Wasserdampf, Ameisensäure, Eisenchlorid u. dgl. haben nicht zum Ziele geführt. Auch andere Desinfektionsmittel, wie Formalin, Carbolsäure, Kresole, Kresolseifenlösungen, brachten keine völlige Abtötung der Keime bzw. Sporen.

In der USA-Literatur sind nach Smyth und Pike[1] bisher vier Verfahren angegeben, um Felle und Häute milzbrandfrei zu machen. Sie finden aber wegen der hohen Kosten und der zu geringen Wirksamkeiten keine Anwendung.

Smyth und Pike suchten ein Desinfektionsmittel, welches allen Eigenschaften (sichere Abtötung der Keime, Unschädlichkeit für die zu gerbenden Felle, mechanische Durchführbarkeit, Billigkeit) genügte. Sie versuchten die Wirksamkeit von Chlor, Brom, Jod, Salzsäure, Schwefeldioxyd, Ammoniak, Trichloräthylen und Tetrachlorkohlenstoff. In dem Jod fanden sie ein überlegenes Desinfektionsmittel für milzbrandverseuchte Felle und Häute, welches für den praktischen Gerbereibetrieb brauchbar ist. Es wird in Form von Jodwasserdämpfen oder mittels einer wäßrigen oder leicht flüchtigen Lösung von Jod in Tetrachlorkohlenstoff angewandt.

Bei der Desinfektion der Abwässer kommt ferner Chlorkalk in Betracht. Dieser soll in einer Menge von 8 g auf 1 l Abgänge die Bakterien in 7 Std. töten. Nach Vincent muß der Sicherheit halber aber die doppelte Menge, also 16 g/l Chlorkalk, zugesetzt werden. Für 1 m^3 Abwasser sind demnach 16 kg oder für 100 m^3 32 Ztr. Chlorkalk erforderlich. Das

[1] Smyth and Pike: Amer. J. Hygiene Bd. 3, H. 3, S. 224. — Ref. Gesundh.-Ing. (1924) S. 13.

sind aber so große Mengen, daß es unmöglich ist, sie den Abwässern und mit diesen den Vorflutern zuzuführen, denn nach WEIGELT tötet bereits 5 g/m³ Chlor Schleien und 0,8 g/m³ Chlor Forellen. HEIKEN[1] empfiehlt zur Desinfektion der milzbrandverdächtigen Felle eine Lösung von 20 mg/l Chlor bei einer einstündigen Einwirkungszeit.

Wegen der großen Widerstandsfähigkeit der Sporen kommen daher einfache Chlorkalk- oder Chlorgasbehandlung der Gerbereiabwässer und das gewöhnliche Ausfaulen des Lederfabrikabwasserschlammes nicht in Frage. PRITZKOW empfiehlt daher, den in den Absetzanlagen anfallenden Schlamm bei dem Verdacht der Verarbeitung milzbrandverdächtigen Rohmaterials vor seiner landwirtschaftlichen Verwendung unter reichlichem Zusatz von Ätzkalk (mindestens 10 bis 20%) in Komposthaufen etwa 5 bis 6 Monate zu lagern, um eine Abtötung der Milzbrandsporen zu bewirken. BÜRGER und NEHRING[2] halten dagegen zwecks Abtötung der Milzbrandsporen des aus den Absetzbecken gewonnenen Schlammes im Falle seiner Verwendung als Dünger bei Zusatz von 10% Ätzkalk eine Kompostierung von etwa 8 Wochen und bei 5% Ätzkalk von 5 bis 6 Monaten für ausreichend.

Der aus milzbrandverdächtigen Abwässern ausgeschiedene Schlamm kann hochinfektiös sein und bedarf deshalb besonderer Behandlung. Als geeignete Verfahren kommen in Betracht:

Die Entwässerung auf Saugzellenfiltern mit nachfolgender Verbrennung. Die Kompostierung mit Ätzkalk. Bei Zusatz von 10% Ätzkalk muß der Schlamm 8 Wochen, bei Zusatz von nur 5% dagegen 5 bis 6 Monate lagern. Nach dieser Behandlung ist der Schlamm als Düngemittel in der Landwirtschaft, nicht aber für Gemüsebeete, verwendbar.

Einleitung in die Ortskanalisation

a) Milzbrandverdächtige Abwässer sollten von der Einleitung in ein nach dem Mischsystem angelegtes Kanalisationsnetz ausgeschlossen werden. Ist aber bei Vorliegen einer Mischkanalisation eine gemeinsame Reinigung solcher Abwässer mit städtischen Abwässern vorgesehen, so sollten die Gerbereiabwässer erst hinter etwaigen Regenauslässen den städtischen Abwässern beigemischt werden.

b) Die Mitreinigung milzbrandverdächtigen Abwassers in einer Gemeindekläranlage hat in seuchenhygienischer Hinsicht zur Voraussetzung, daß das Mischabwasser außer der mechanischen Reinigung auch einer chemischen oder biologischen Nachbehandlung unterzogen wird.

c) Für die Schlammbehandlung erscheinen in diesem Falle geheizte Faulräume besonders geeignet.

Neben den gesetzlich festgelegten Bekämpfungsmaßnahmen spielt in der Praxis der Seuchenbekämpfung des Milzbrandes der Tiere die Immunisierung mit abgeschwächten Milzbrandbazillen nach PASTEUR eine große Rolle. Bei augenblicklicher Gefährdung kann auch die passive Immunisierung mit Milzbrandserum in Betracht gezogen werden.

[1] HEIKEN, H.: Zbl. f. Bakt. Bd. 165 (1956) S. 156.

[2] BÜRGER u. NEHRING: Veröff. d. Medizinalverwaltung Bd. 19 (1925) S. 557.

Beim Menschen ist nach GUNDEL-SCHÜRMANN[1] die Serumbehandlung die Methode der Wahl. Allerdings wird sie in Deutschland beim Milzbrandkarbunkel nicht in jedem Falle durchgeführt. Es sei aber auf die spezifische Therapie hingewiesen, da man im Einzelfall und im Beginn nicht weiß, wie der Ausgang der Erkrankung sein wird. Eine breite Anwendung hat neben dem Milzbrandserum die Chemotherapie mit Salvarsan gefunden, das als Neosalvarsan in zweitägigen Abständen und in der Menge von etwa 0,6 g intravenös verabfolgt wird. Als aussichtsreich ist die kombinierte Chemo-Serumtherapie zu bevorzugen.

k) Reinigung der Gerbereiabwässer

Mit Rücksicht auf die Schwierigkeiten, die durch Gerbereien hervorgerufen werden können, hat ein Preußischer Ministerialerlaß vom 15. Mai 1895 die Gerbereien und die Fellzurichtereien genehmigungspflichtig gemacht. Wenn auch der Erlaß die heutigen Verhältnisse in den Gerbereien nicht mehr voll erfaßt, zeigt er doch die Schwierigkeit der Behandlung der Gerbereiabwässer.

Da die Reinigung der Gerbereiabwässer sehr schwierig und kostspielig ist, hat man immer wieder in den Fällen, wo der Vorfluter noch ein gutes Aufnahmevermögen hat, vorgeschlagen, die nur ganz schwach verunreinigten Abwässer von den konzentrierten zu trennen und dann die konzentrierteren einer völligen Reinigung zu unterziehen. In einer Gerberei in Holland (Mich.) konnte auf diese Weise nach ELDRIDGE[2] der Abwasseranfall von 800 m^3 auf 270 m^3 gesenkt werden.

Wer gezwungen ist, die Frage der Abwasserreinigung einer Gerberei zu lösen, muß nach MERKEL[3] zunächst die Frage prüfen, ob man durch Sonderabführung reiner Wässer die Gesamtmenge der eigentlichen Abwässer niedriger halten kann. Die dann zu behandelnden Mengen sind möglichst genau festzulegen. Durch zahlreiche Reihenversuche muß man sich genaue Kenntnis über die Zusammensetzung und Beschaffenheit der Abwässer verschaffen. Diese Untersuchungen sollen sich auch auf die Leistungsfähigkeit und Wasserführung des zur Verfügung stehenden Vorfluters richten.

In den ebenfalls unter dem Vorsitz von MERKEL vom Arbeitsausschuß „Gewerbliche Abwässer“ der Abwassertechnischen Vereinigung zusammengestellten „vorläufigen Richtlinien für die Reinigung von Gerbereiabwasser“ machen die Verfasser insofern einen Unterschied, ob die Abwässer in ein öffentliches Gewässer oder in eine Ortskanalisation (s. S. 17 u. 164) abgelassen werden. Sie geben ferner an, wie weit die Reinigung durch Grobrechen, Misch- und Absetzbecken, durch chemische und biologische Reinigung, durch Bodenfilter und Sickerbeete oder durch Abwasserteiche bei den Gerbereien verschiedener Größe erfolgen muß. Für das Ablassen in eine Ortskanalisation wird die Ortsbehörde

[1] GUNDEL, M., u. W. SCHÜRMANN: Lehrbuch der Mikrobiologie und Immunbiologie, 2. Aufl., S. 234. Berlin: Springer 1939.
[2] ELDRIDGE, E. F.: Ind. Waste Treatement Bd. 5 (1952) S. 178.
[3] MERKEL, W.: Leder- u. Häutemarkt Bd. 3 (1951). — Gerbereiwissensch. Beilage S. 38.

sich vorbehalten, ob die auf dem Werk vorzunehmende Reinigung sich lediglich auf Rechen und Siebe, oder auch auf Mischbecken, Ausgleichs- und Absetzbecken oder sogar auf die chemische oder biologische Reinigung erstrecken muß.

Für die Behandlung der Gerbereiabwässer, für die verschiedene Verfahren je nach der Größe des Vorfluters und der anfallenden Abwassermenge anwendbar sind, sollten zunächst die Verfahren den Vorzug haben, die noch mit wirtschaftlichen Mitteln wertvolle Stoffe aus dem Abwasser herausholen. McKee und Camp[1] empfehlen folgende Verfahren:

1. Absetzenlassen nach gründlicher gegenseitiger Vermischung der einzelnen Abwasserarten und dadurch bedingte Ausflockung,
2. Chemische Fällung,
3. Biologische Behandlung auf Tropfkörpern,
4. Intermittierende Sandfiltration,
5. Gleichmäßiger Abstoß über 24 Std.,
6. Verdampfung der konzentrierten Abwässer, besonders bei Gerbbrühen,
7. Aufstauen des Abwassers in Teichen während der Zeit der Niedrigwasserführung und gleichmäßiges Ablassen bei hohen Wasserständen.

Grobreinigung. Die Reinigung der Gerbereiabwässer muß sich zunächst auf die Entfernung der gröberen suspendierten organischen Stoffe, wie abgelöste Haut- und Fleischreste, verfilzte Haarreste u. a., insbesondere vor Pumpen und vor der Einleitung in städtische Kanäle erstrecken. Dies erfolgt am besten durch Siebe oder Rechen, wie sie in den Spülsieben nach Dorr oder Hurd oder in den Riensch-Wurlschen Separatorscheiben oder in den verschiedenen automatisch betriebenen Rechen oder Sieben der verschiedenen Firmen, wie Passavant-Werke, Michelbach, Geigersche Maschinenfabrik, Karlsruhe usw., sehr viel in der Abwassertechnik angewandt werden. Für die Rechen haben sich Schlitzweiten von 10 mm und für die Siebe eine kleinste Maschenweite von 2—3 mm eingebürgert. Die abgefangenen Stoffe werden nach Vermischen mit Kalk kompostiert und dann als Düngemittel verwandt. In Abb. 52 ist ein Bogenrechen der Passavant-Werke, Michelbach dargestellt, dessen Rechen jede gewünschte Stabweite erhalten kann und dessen Abstreifvorrichtung in bestimmten Zeitabständen oder in Abhängigkeit von dem durch angelagerte Schmutzstoffe erzeugten Rückstau betätigt werden kann. Mathis[2] bestimmte den Einfluß von Rechen, Absetzbecken und Zentrifugen für die Behandlung

Abb. 52. Passavant-Bogenrechen, dahinter Sandfang mit Sandwaschrinne (Passavant-Werke, Michelbach)

[1] McKee, J. E., and Th. R. Camp: Sew. and Ind. Wastes Bd. 2 (1950) S. 803.
[2] Mathis, M.: Bull. Centre Belge Etude et Doenment. Eaux. Bd. 5 (1954) S. 87.

von Abwässern, die bei der Wässerung, der Enthaarung und Entfleischung von Häuten anfallen. Die Zentrifugen ergaben den besten Erfolg, waren aber bei der großen Menge der Abwässer nicht sehr ergiebig.

Feinreinigung. Außer dieser, nur die groben Stoffe erfassenden Reinigungsmaßnahme sollte eine mechanische Behandlung, welche die absetzbaren Stoffe erfaßt, in allen Fällen gefordert werden.

Um die schädliche Wirkung der stark alkalischen Abwässer aus der Wasserwerkstatt einerseits und der sauren Abwässer aus den Beizbädern in der Gerbwerkstatt andererseits zu mildern, werden die beiden Abwasserarten durch zweckmäßiges Zusammenleiten und gutes Durchmischen in Mischrinnen oder Mischbehältern neutralisiert. Zu dem Zweck werden die Abwasserarten in abgestimmter Menge in gleichmäßigem Strome entweder aus den Gruben, oder falls dieses nicht möglich ist, aus einem Ausgleichsbecken abgelassen. Die bei der Vermischung stattfindende Neutralisation hat eine starke Ausfällung der in den Abwässern enthaltenen organischen Stoffe zur Folge. Diese ausgeschiedenen Stoffe werden dann in den Absetzbecken bekannter Bauart, wie Emscherbrunnen, Neustädter oder Leipziger Becken, DORR-Becken, Rund- oder Längsbecken mit Kratzerband und laufender Entfernung des am Boden abgesetzten Schlammes usw., abgefangen. Die Aufenthaltszeit in den Becken richtet sich nach den Sinkzeiten der Schwebestoffe. Sie sollte 2 Std. nicht unter- und 8 Std. nicht überschreiten. Die möglichst häufige und schnelle Entfernung, Wegschaffung und Trocknung des in den Absetzbecken abgefangenen Schlammes durch moderne Schlammbeseitigungsanlagen, wie Trockenbeete, Vakuumfiltration oder durch Ausfaulen usw., ist dringend geboten, damit die Abwässer auf diese Weise möglichst frisch zur Ableitung kommen.

Bei Kleinstbetrieben, in denen nur 1 bis 2mal wöchentlich ein Äscher- oder Gerbfaß entleert wird, kann bei wasserarmen Vorflutern ein Ausgleich über mehrere Tage nach MERKEL verlangt werden. In Kleinbetrieben bis etwa 100 m³ täglichen Wasserverbrauchs ist meist die Speicherung und Mischung eines vollen Tagesanfalls notwendig. Die Verteilung über 24 statt über 8 Std. hat eine dreifach bessere Verdünnung im Vorfluter zur Folge, wodurch das Selbstreinigungsvermögen der Bäche wesentlich geschont wird und auch die Schäden für die Unterlieger sich vermindern.

Bei Betrieben mit über 100 m³ täglicher Abwassermenge kann es von Vorteil sein, die Äscherbrühen, die den Hauptanteil an der Verschmutzung enthalten, einer Vorbehandlung zu unterziehen, um die Hauptmasse des Schlammes abzuscheiden und eine nachträgliche Auflösung des Kalküberschusses zu vermeiden. MERKEL empfiehlt, zwei oder mehr Becken zu bauen in der Weise, daß hinter einem Großentschlammungsbecken ein kombiniertes Becken mit Misch-, Flockungs- und Feinklärraum geschaltet wird. Für die Mischung und Flockung sollte eine Aufenthaltszeit von 60 min zur Verfügung stehen. Auf alle Fälle muß eine gegenseitige Neutralisation unbedingt erreicht werden. Durch diese Bedingung kann auch bei größeren Betrieben die Speicherung eines gesamten oder wenigstens eines halben Tagesanfalls nötig werden.

Die Entschlammung muß soweit getrieben werden, daß hinter dem Absetzbecken in einem Einliter-Spitzglas (IMHOFF-Glas) innerhalb 2 Std. sich nicht mehr als 25 mg/l an Trockensubstanz oder 0,25 cm³ Naßschlamm abscheiden. Der p_H-Wert muß zwischen 6 und 8 liegen. Der Einbau von registrierenden Kontrollgeräten ist erwünscht.

In den Fällen, wo eine weitere Behandlung des mechanisch gut vorgereinigten Abwassers nicht erforderlich und der Vorfluter groß genug ist, daß er die so weit gereinigten Abwässer verdauen kann, können die Abwässer durch ein unter Wasser mündendes Rohr abgelassen werden. Besser läßt man sie zur weiteren Behandlung in die Kanalisation abfließen. Hierbei sind verschiedene Vorsichtsmaßregeln zu beachten. Beim Ablassen sulfidhaltiger Gerbereiabwässer in die Kanalisation besteht beim Zusammentreffen mit anderen sauren Abwässern, z. B. Beizerei- oder Brauereiabwässern, die große Gefahr einer starken Entwicklung von Schwefelwasserstoff, der schon öfter die Ursache von Unglücksfällen bei der Reinigung der Kanalisation gewesen ist (Nürnberg und Olpe).

Chemische Reinigung. Wenn die natürliche Ausflockung nicht ausreicht, kann man durch Zugabe von Fällungsmitteln eine verstärkte Abscheidung der Schmutzstoffe und damit eine größere Reinigung erzielen. Aus den Äscherwässern läßt sich der freie Ätzkalk durch Einblasen von Rauchgasen aus den Fabrikschornsteinen entfernen. Da die in den Gerbereiabwässern enthaltenen Schmutzstoffe vorwiegend kolloider Natur sind, so ist von verschiedenen Seiten die Anwendung chemischer Fällungsmittel mit Erfolg empfohlen worden. Als chemische Fällungsmittel sind Eisen- und Tonerdesalze im Gebrauch. Eisensalze werden vornehmlich für arsen- und schwefelnatriumhaltige Abwässer angewandt. Die Ausscheidung des Schwefels und die Adsorption der kolloiden Stoffe an das ausgeschiedene Eisen kann man durch eine Belüftung der Abwässer nach Zugabe des Eisensalzes sehr stark unterstützen. Das Eisenhydroxydul und das Schwefeleisen werden hierbei in Eisenhydroxyd übergeführt, das sowohl für Schwefel als auch für organische Kolloide eine viel stärkere Adsorptionskraft hat.

Wenn man auch bei Verwendung von Aluminiumsalzen die Bildung der schwarzen Gallustinten vermeidet, scheidet jedoch in den meisten Fällen die Anwendung wegen der hohen Kosten aus, so daß man zur Zeit nur noch Ferrosulfat ($FeSO_4 \cdot 7\,H_2O$), das zu sehr billigen Preisen als Abfallprodukt der Beizereien zu haben ist, oder Ferrichlorid ($FeCl_3 \cdot 6\,H_2O$), das teurer ist, anwendet. Durch die Zugabe der Eisensalze wird das in den Äscherwässern enthaltene Natriumsulfid als schwarzes Schwefeleisen niedergeschlagen, wobei gleichzeitig die Eiweißkolloide koaguliert und an das ausgeschiedene Eisen adsorbiert werden. Um an Eisensalzen zu sparen, kann man durch eine Zuführung von Luft das Eisensulfid zu Eisenhydroxyd und Schwefel oxydieren. In mehreren Betrieben haben sich für diese Oxydation die von den Passavant-Werken, Michelbach gebauten TNO-Bürsten, die auf dem Prinzip der zur biologischen Reinigung benutzten KESSENER-Bürsten beruhen, sehr bewährt. Außer der wirtschaftlichen Ersparnis an Eisensalzen ergibt sich auch eine Verbesserung der Schlammqualität. In dem in Abb. 53 dargestellten Schema zeigt SCHOLZ[1] den Aufbau einer derartigen Anlage, unter Benutzung der TNO-Bürsten von Passavant an.

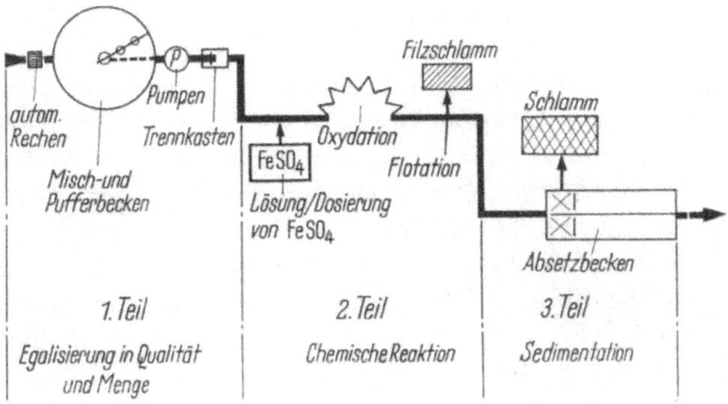

Abb. 53.

In der Stadt Neumünster haben sich vier große Fabriken mit einem Gesamttagesanfall von 11000 m^3 Abwasser zusammengeschlossen und eine große Gemeinschaftskläranlage nach dem von SCHOLZ angegebenen Verfahren errichtet. An die Anlage sind zwei Chromlederfabriken, eine Bodenlederfabrik und eine nach gemischten Verfahren arbeitende Fabrik angeschlossen. Nach dem in der Abb. 53 dargestellten Verfahren arbeitet die Anlage in drei Stufen. In der ersten Stufe ist ein automatisch arbeitender Rechen innerhalb des Einlaufskanal in Tätigkeit. Die Tatsache, daß hier nur täglich 0,5 m^3 Feststoffe anfallen ist ein Beweis dafür, daß an den angeschlossenen Fabriken die Leimledergewinnung mit größter Sorgfalt betrieben wird. Das Abwasser wird dann in ein etwa 50% des Tagesanfalls fassendes rundes Mischbecken geleitet. Die eingebaute Räumerbrücke läuft mit erhöhter Geschwindigkeit gegen den Einlaufstrom, um eine Sedimentation zu verhindern. Am Morgen jeden Tages erreicht der Äscherstoß die Anlage, der auf diese Weise stark verdünnt wird. In dem 5000 m^3 fassenden Mischbecken ist es wegen der verschiedenen spezifischen Gewichte der Abwässer oft nicht einfach, eine gute Durchmischung zu erzielen. Es wurden daher neue Mischaggregate in Form horizontaler Paddel und vertikaler Rührkörbe unter der verhältnismäßig schnell laufenden Räumerbrücke angebracht. Aus der Mitte des Beckens wird am Boden das Abwasser ständig abgepumpt und hier von etwa 25 % in das Rundbecken tangential zurückgeleitet, um eine bessere Durchmischung zu erzielen. 480 m^3/h des egalisierten Abwassers werden gleichbleibend weitergeleitet. Das Abwasser hat einen p_H-Wert von 9,2 bis 9,5, eine H_2S-Konzentration von 68 mg/l und einen $KMnO_4$-Verbrauch von 1600 bis 1700 mg/l.

[1] SCHOLZ, H.: Berichte der Abwassertechnischen Vereinigung Bd. 8 (1957) S. 88.

Der chemische Teil der Anlage besteht aus einer Dosieranlage für Eisensulfat-Lösung, der Oxydation und der Flotationseinrichtung für den Filzschlamm. Die Eisenzugabe beträgt 556 mg/l. Das Eisensulfat wird in einem besonderen Gebäude gelöst, wobei die mit schwankender Temperatur wechselnde Löslichkeit des Salzes in Wasser berücksichtigt ist. Diese Lösung wird dem Abwasser in konstantem Strome vor den Oxydationsbecken zugefügt. Die Oxydation erfolgt in einem mit TNO-Passavant-Stabwalzen ausgestatteten Becken, in dem die Abwässer eine vierstündige Aufenthaltszeit haben. Nach der Oxydation wird das Abwasser flotiert, um die in dem Abwasser enthaltenen Haare und Kolloidteilchen abzusondern, da diese die Weiterbehandlung des Schlammes aus den anschließenden Absetzbecken stören. Der sich auf dem Flotationsbecken in einer Höhe von 20 bis 30 cm bildende Schaum wird abgestreift und entwässert dann sehr schnell zu einer ziemlich kompakten Filzschicht. In der dritten Stufe erfolgt in viereckigen, mit Räumern ausgestatteten Längsbecken, in denen das Abwasser eine vierstündige Aufenthaltszeit hat, die Sedimentation. Der hierbei anfallende Schlamm ist nicht fäulnisfähig. Er entwässert sehr gut und bildet auf Trockenbeeten schnell eine stichfeste Masse.

Bei Zugabe von 200 bis 500 mg/l wasserfreiem sublimierten Eisenchlorid 96 bis 98% je m³ erzielte KÜNZEL-MEHNER[1] einen schwefelfreien Abfluß bei einem p_H-Wert von 5 bis 7. Wenn er durch Zugabe von Abfallsäure den p_H-Wert des Abwassers schon vor der Zugabe des Eisenchlorids erniedrigte, konnte er die Kosten je m³ von 5 bis 10 Pfennig auf 1,5 Pfennig senken. Als günstigste Mischung empfiehlt er die Zugabe von 50 bis 100 g Salzsäure und 50 g Ferrichlorid je m³. Der anfallende Schlamm soll auf Vakuumfiltern abgeschieden und verbrannt werden. Besser dürfte es aber nach dem Vorschlag von STRELL[2] sein, den Schlamm unter Gewinnung brennbarer Gase auszufaulen, wobei nach STRELL selbst ein Chromgehalt von 3% in der Trockensubstanz nicht schaden soll. Die Zugabe von Fällungsmitteln kommt nach MERKEL in der Regel nur bei Werken mit über 100 m³ täglichem Wasserverbrauch und bei solchen mit sehr wasserarmen Vorflutern in Frage, und zwar dann:

a) wenn Sulfide in einer für das Leben im Vorfluter gefährlichen Konzentration vorhanden sind;

b) wenn durch die Ausflockung auf Grund von Vorversuchen im Durchschnitt eine weitere Verminderung des $KMnO_4$-Verbrauches um mindestens 25% zu erwarten ist;

c) wenn der Zustand und die Wasserführung des Vorfluters dies wegen der Sauerstoffzehrung unbedingt dauernd oder zeitweise erforderlich machen.

An Stelle der Zugabe von Säure und Eisenchlorid will MASKEY[3] die Herabsetzung des p_H-Wertes durch Einblasen von Kohlensäure er-

[1] KÜNZEL-MEHNER, A.: Gesundh.-Ing. Bd. 67 (1944) S. 73.
[2] STRELL, M.: Städtereinigung Bd. 34 (1942) S. 79.
[3] MASKEY, F.: J. Amer. Leather Chem. Assoc. Bd. 36 (1942) S. 121.

wirken, ehe er die eigentliche Fällung durch Zugabe von Ferrichlorid durchführt. Zur Durchführung der chemischen Fällung haben sich kombinierte Flockungs- und Absetzbecken bewährt. In den Flockungsbecken bleibt der Schlamm durch langsam laufende Rührwerke ziemlich lange (bis 30 min) mit dem Abwasser in Berührung, so daß die sich immer mehr vergrößernden Eisenhydroxydflocken gut ihre adsorptiven Kräfte äußern können. Das in Abb. 54 dargestellte, durchflossene Misch- und Klärbecken für mittlere Abwassermengen hat sich nach MERKEL gut bewährt.

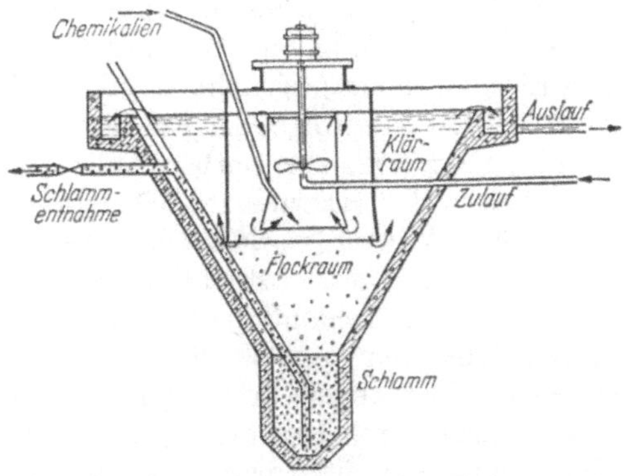

Abb. 54. Durchflossenes Misch- und Klärbecken für mittlere Abwassermengen [nach MERKEL: Das Leder Bd. 3 (1952) S. 11]

Die Infilco-Gesellschaft in New York (Deutsche Vertretung: Lurgi, Gesellschaft für Chemotechnik, Frankfurt am Main) hat in dem Aero-Accelator ein kombiniertes Misch-Flockungs- und Absetzbecken geschaffen, das auch für die chemische Reinigung von Gerbereiabwasser benutzt werden kann, zumal es den Vorteil hat, daß ein Teil des gebildeten Flockenschlammes längere Zeit im Kreislauf bleibt und hier seine adsorptiven Kräfte äußert. In Abb. 55 ist der Aero-Accelator im Schnitt dargestellt, und die Betriebsweise leicht ersichtlich. Die Rührflügel

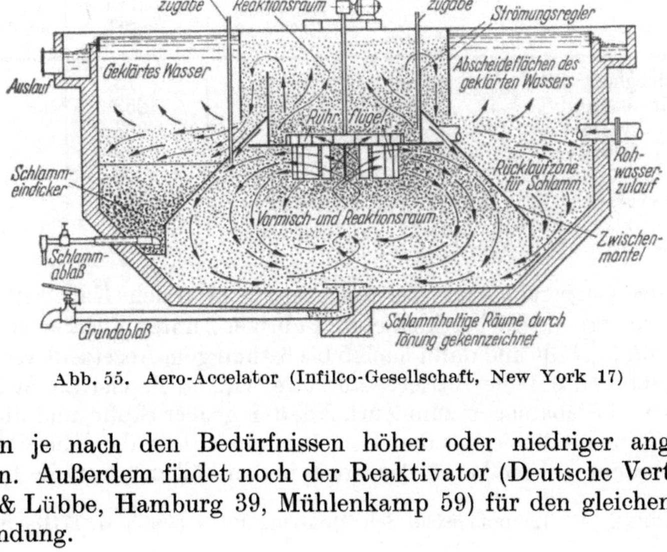

Abb. 55. Aero-Accelator (Infilco-Gesellschaft, New York 17)

können je nach den Bedürfnissen höher oder niedriger angeordnet werden. Außerdem findet noch der Reaktivator (Deutsche Vertretung: Bran & Lübbe, Hamburg 39, Mühlenkamp 59) für den gleichen Zweck Anwendung.

Bei arsenhaltigen Abwässern tritt bei Zugabe von Kalk und Magnesia keine vollständige Fällung des Arsens ein, da das Arsen durch das bei der Fäulnis gebildete Ammoniak immer wieder gelöst wird. Restlos wird das Arsen durch Eisenchlorid und Kalk ausgefällt und durch 24stündiges Stehen in Absetzbecken abgeschieden.

An Stelle der Zugabe von Eisensalzen kann man aber auch metallisches Eisen verwenden, wie dies beim Niers-Verfahren unter Bildung von Eisenkarbonat geschieht, das dann eine besonders gute Adsorptionskraft bei der Hydrolyse zu Eisenhydroxyd besitzt. In Tab. 20 ist der Reinigungserfolg eines Gerbereiabwassers, das mit $^1/_3$ häuslichem Abwasser von der Kläranlage Backnang verdünnt ist, nachdem es 1:1 mit reinem Wasser verdünnt und nach dem Niers-Verfahren behandelt ist, dargestellt. Die Konstruktion und der Betrieb einer großen Versuchsanlage für die Behandlung von 200 m^3 häuslichem Abwasser, 120 m^3 Molkereiabwasser und 300 m^3 Gerbereiabwasser ist von BRUHNE[1] beschrieben. Die Anlage arbeitet nach dem Niers-Verfahren, bei dem die Ausflockung durch Eisenhydroxyd in dem Wasser durch Belüftung und Umwälzung von Eisenspänen in einem Trichterbecken erreicht wird. Die Anlage umfaßt auch ein erstes Absetzbecken und ein Ausgleichsbecken, ferner ein Fällungsbecken, ein Absetzbecken, Tropfkörper und Schlammbecken. Die Methode zur Behandlung gab befriedigende Ergebnisse, wenn der p_H-Wert im alkalischen Bereich gehalten wird. Die chemische Behandlung bewirkt eine Abnahme von 79% des Permanganates und 93% des BSB, während der Rest durch die biologische Behandlung beseitigt wird. Die besten Ergebnisse wurden erhalten, wenn eine Aufenthaltszeit von einer Stunde in dem Fällungsbecken und $2^1/_2$ Stunden in dem Absetzbecken gebraucht wurden.

Tabelle 20. *Reinigung von Gerbereiabwasser*

		Rohwasser (Backnang)	Ausgeflocktes Wasser, verdünnt	Reinigungsgrad auf d. urspr. Konz. bezogen
Durchsichtigkeit, filtr. . . .	cm	1	18	
Abdampfrückstand	mg/l	3437	1258	
davon Glühverlust	mg/l	1057	328	
Organ. Stickstoff	mg/l	60	13	
Ammoniak	mg/l	30	9	
$KMnO_4$-Verbrauch, filtr.		1959	271	70%
BSB_5		740	157	58%

Da die Gerbereiwässer meistens genügend freien Kalk enthalten, werden sie, besonders bei kleineren Fabriken, unter Zugabe von Aluminumsulfat gefällt und dann nach 5 bis 6stündigem Absetzenlassen noch durch gebrauchte Lohe filtriert. Letztere wird auch viel an Stelle der Rechen- und Siebanlagen zum Zurückhalten grober Stoffe und auch der Farbstoffe benutzt. Sie hat den Vorteil, daß sie nach dem Zusetzen einfach verbrannt werden kann. Besonders in den Fällen, wo an die Lederfa-

[1] BRUHNE, A.: Limnologische Schriftenreihe Bd. 4 (1957) H. 17/18, S. 97.

brik eine Lederfärberei angeschlossen ist, hat sich nach der mechanischen Behandlung und der chemischen Fällung, welche die Farbstoffe schon durch Adsorption weitgehend beseitigt, die Filtration durch verbrauchte und getrocknete Lohe bewährt. An Stelle von Lohe kann man auch Torfmullfilter anwenden, die von unten nach oben durchflossen und in einem Verhältnis von 15 l zu 2 kg Torfmull angewandt werden.

Zur Reinigung der vornehmlich in der Wasserwerkstatt anfallenden Natriumsulfid und Natriumhydrosulfid enthaltenden Äscherbrühen empfiehlt THUAU[1] die Zugabe von Chlorkalk, da dieser nicht nur die Sulfide zersetzt und den Schwefel ausscheidet, sondern auch noch antiseptisch wirkt und die in der Brühe enthaltene organische Substanz oxydiert.

Wiedergewinnung von Schwefel aus den Abwässern. Zahlreich sind die vielen Versuche, die in den Abwässern enthaltenen Stoffe wiederzugewinnen und wieder in den Betrieb zurückzuführen. Auf der Kläranlage Olpe wurden die Abwässer einer Gerberei vor der Vermischung mit dem häuslichen Abwasser entschwefelt. Die zur Nachtzeit abgelassenen, Natriumsulfid enthaltenden Äscherwässer wurden in einem geschlossenen Behälter gesammelt und mit Säure versetzt. Der in Freiheit gesetzte Schwefelwasserstoff wurde zusammen mit im Kreislauf benutzter, sauerstofffreier Luft in Natronlauge geleitet, die dann nach Absättigung mit Schwefelwasserstoff in den Betrieb zurückwandern konnte. Das Abfangen des Schwefelwasserstoffs kann aber auch in bekannter Weise durch ein Raseneisenerzfilter u. dgl. geschehen. Die entschwefelten Äscherbrühen wurden dann durch die kalkhaltigen Abwässer neutralisiert und mit den übrigen Gerbereiabwässern und den häuslichen Abwässern gemischt und nach zweistündigem Absetzenlassen auf Wiesen verrieselt.

Nach dem DRP 358105 der Lederfabrik in Lingolsheim erfolgt die Behandlung der Abwässer in einzelnen Beschickungen von etwa 20 m³, die etwa 180 kg Natriumsulfid enthalten. Aus diesen werden durch Zusatz von 554 kg Natriumbisulfat (650 kg) in bekannter Weise etwa 98 kg Schwefelwasserstoff freigemacht:

$$Na_2S + 2\,NaHSO_4 = H_2S + 2\,Na_2SO_4.$$

Die Ausbeute an Schwefelwasserstoff ist um 5% geringer, da ein Teil im Abwasser gelöst bleibt. Der gewonnene Schwefelwasserstoff wird teils durch Kalkmilch geleitet und so in Calciumhydrosulfid übergeführt, teils zu Schwefeldioxyd verbrannt, das in einem Rieselturm mit Wasser aufgefangen wird. Mit dieser wäßrigen schwefligen Säure wird der im Abwasser verbliebene Rest von Schwefelwasserstoff zersetzt und so das Abwasser von schlechtem Geruch befreit. Gleichzeitig fördert die schweflige Säure schon in geringer Menge das Ausfallen gelöster bzw. emulgierter Hautsubstanzen in flockiger Form, so daß sich das Wasser nach kurzer Zeit völlig klärt. Die nicht zu Zersetzungszwecken benutzte Sulfitlösung kann zu Bleichzwecken im Betrieb Verwendung finden.

---

[1] THUAU, U. J.: Rev. techn. Ind. Cuir Bd. 42 (1950) S. 1.

Das Verfahren der Courtaulds Limited, London (Patentanmeldung 85 c 2 C 9.30 vom 4. März 1932), unterstützt die Abscheidung des Schwefels, indem es zu der neutralen oder schwach sauren Lösung das zur völligen Umsetzung nötige Schwefeldioxyd und dann nach Ansäuern Mangan- oder Zinkverbindungen zusetzt. Die Austreibung des Schwefelwasserstoffs kann aber auch durch kohlensaure Rauchgase erfolgen, die dazu noch die Vorteile haben, daß sie sauerstoffarm sind und billig zur Verfügung stehen.

Biologische Reinigung. Für die biologische Reinigung des mechanisch gut vorgereinigten Gerbereiwassers kommt bei Vorhandensein geeigneter Bodenverhältnisse die intermittierende Boden- oder Sandfiltration oder auch die Bodenberieselung in Betracht. Mit Rücksicht auf die große Konzentration der Abwässer werden eine gute Vorreinigung und sehr große Flächen gebraucht.

Wegen der Gefahr der Anwesenheit ansteckender Keime muß man auf eine landwirtschaftliche Nutzung der berieselten Flächen verzichten. Mit Rücksicht auf die Milzbrandkeime empfehlen BÜRGER und NEHRING[1] sogar bei den Rieselfeldern, das durch die Verrieselung weitgehendst gereinigte Drainwasser der Rieselfelder nochmals einer weiteren Verrieselung auf unterhalb, d. h. tiefer gelegenem Gelände durchzuführen. Sie denken dabei unter anderem an lang gestreckte, flache Infiltrationsteiche, deren geringster Abstand vom Fluß eine Mindestsicherheitsfilterlänge von 30 m haben muß und deren Wasserspiegel mindestens $1^1/_2$ m über dem Flußspiegel liegen muß, damit sie zwecks Reinigung ausgeschaltet und trockengelegt werden können. Die Belastung gewöhnlicher Rieselfelder kann bei gut vorgereinigtem Abwasser 10 m^3 Abwasser je ha betragen. Intermittierende Bodenfilter (Streufilter) können mit 100 m^3 auf 1 ha bei guter Bodenkorngröße belastet werden.

Die Reinigung auf Bodenfiltern, die ja auch auf der Tätigkeit der Mikroorganismen beruht, ist in den seltensten Fällen auf die Dauer befriedigend. In Neumünster genügte eine Erholungspause von 20 bis 30 Tagen zwischen den einzelnen Beschickungen nicht, um ein allmähliches Verschlammen zu verhindern. Bei Abwasserteichen tritt zwar bei mehr als einmonatigem Aufenthalt eine fühlbare Verminderung der sauerstoffzehrenden organischen Stoffe ein, doch ist diese in den seltensten Fällen ausreichend, um ohne eine zusätzliche mechanische und chemische Vorreinigung alle Schäden im Vorfluter zu vermeiden.

SCHLECHTE[2] beschreibt die Kläranlage einer großen Gerberei und Lederfabrik in der Tschechoslowakei mit täglich 1400 m^3 Gerbereiabwasser. Die alte, aus 4 einfachen Absetzbecken mit 15 Kammern bestehende Anlage und 5 großen Desinfektionsgruben mit nachfolgenden 15 hintereinander geschalteten Klärteichen hat sich nicht bewährt, da von den Klärteichen immer ein stark braun gefärbtes Abwasser in den Vorfluter abgelassen wurde. In der neuen Anlage wird das Abwasser

---

[1] BÜRGER, B., u. E. NEHRING: Veröffentlichungen d. Mediz.-Verwaltung Bd. 19 (1925) S. 551.

[2] SCHLECHTE, F. M.: Städtereinigung Bd. 28 (1936) S. 14.

zunächst zur Beseitigung der Milzbrandgefahr mit 2 kg Chlorkalk/m³ behandelt. Dann wird das Abwasser durch Siebtrommeln, durch moderne Absetzbecken, aus denen der Schlamm laufend auf hochgelegene Trockenbeete gepumpt wird, dann durch die schon vorhandenen Klärteiche gereinigt und anschließend auf Rieselfeldern verrieselt.

Das DRP 601489 sieht ein Verfahren zur Vorbereitung gerbstoffhaltiger Abwässer für die biologische Reinigung vor, dadurch gekennzeichnet, daß die Abwässer mit zerkleinerten Abfällen mineralgegerbter Häute bzw. Leder unter Bewegung behandelt werden. KONDRATJEV behandelt die Gerbereiabwässer nach guter Ausflockung durch Ferrosulfat durch längeres Belüften in Aerotanks, in denen sie dann unter Bildung biologischen Schlammes gereinigt werden.

Versuche, gut vorgereinigte Gerbereiabwässer auch durch das Belebtschlammverfahren zu reinigen, sind schon seit längerer Zeit in USA und später auch in Deutschland, und zwar zuerst auf der Kläranlage in Elmshorn[1], mit besten Erfolgen durchgeführt worden. Die Versuche ergaben, daß sich Gerbereiabwässer nach Vermischung mit häuslichem Abwasser im Verhältnis 1 Teil Gerbereiabwasser zu 2 Teilen häuslichem Abwasser, unter Umständen sogar bei einem Verhältnis 1:1, gut biologisch reinigen lassen. Die oft vorher infolge der hohen Konzentration fäulnisunfähigen Abwässer werden durch die Vermischung mit häuslichem Abwasser fäulnisfähig und daher der biologischen Zersetzung zugänglich. WARRICK und BEATTEY lassen das Gerbereiabwasser aus dem als Absetzbecken dienenden Ausgleichbehälter über 24 Std. verteilt in das häusliche Abwasser in gleichmäßigem Strome abfließen. Die biologische Reinigung des häuslichen Abwassers wurde nicht gestört, wenn der Gehalt an Gerbereiabwasser 40% nicht überstieg. Um bessere Wirkungen zu erzielen, empfiehlt ELDRIDGE, die kalkhaltigen Abwässer zunächst für sich zu behandeln, indem man sie ausflockt und durch Absetzenlassen vorreinigt, ehe man sie mit den übrigen Abwässern mischt. Das Mischungsverhältnis ist in erster Linie davon abhängig, ob durch die Zugabe der häuslichen Abwässer der meist im Übermaße vorhandene Ätzkalk ausgeglichen wird.

MOHLMAN[2] stellte fest, daß es unmöglich ist, einen geeigneten Belebtschlamm oder ein reifes Filter, z. B. bei Rieselfeldern, Tropfkörpern usw. zu erzielen, wenn nicht die von den Bakterien erzeugte Kohlensäure schon ausreicht, den überschüssigen Ätzkalk zu neutralisieren. Bei der hohen Konzentration sind lange Belüftungszeiten von 12 Stunden erforderlich. Die von FURKERT[3] in Elmshorn durchgeführten Versuche bestätigen die gute Ausfaulbarkeit des in der Belebtschlammanlage anfallenden Schlammes. Beim Pumpen des Überschußschlammes in die Vorreinigung mußte aber die Absetzzeit stark verlängert werden. Tropfkörper haben sich bei den in Elmshorn durchgeführten Versuchen nicht bewährt, wohingegen VROOMANN und EHLE[4] in Gloversville gute Erfolge

---

[1] PAUSCHARDT u. FURKERT: Städtereinigung Bd. 28 (1936) S. 411.
[2] MOHLMAN: Ind. Engin. Chem. Bd. 18 (1926) S. 1076.
[3] FURKERT: Techn. Gemeindebl. Bd. 40 (1937) S. 36.
[4] VROOMANN u. EHLE: Sew. and Ind. Wastes Bd. 22 (1950) S. 94.

mit Tropfkörpern erzielten, wenn sie das Abwasser mehrere Male umpumpten.

Nach den von BRUNS und SIERP durchgeführten Versuchen über den Einfluß der Schlammbelebung auf pathogene Keime zeigt es sich, daß der belebte Schlamm nur etwa 55% der sehr widerstandsfähigen Milzbrandsporen und Keime vernichtet, weshalb auch bei den biologisch gereinigten Abläufen immer noch große Vorsicht geboten ist.

Mit Rücksicht auf die Milzbrandgefahr können Abwasserteiche eine chemische Ausflockung oder biologische Reinigung nicht ganz ersetzen. Nur wenn durch sorgfältige Regelung der Strömung eine Aufenthaltszeit von mindestens vier Wochen sichergestellt ist, läßt sich infolge Sauerstoffaufnahme aus der Luft eine mäßige Verminderung des $KMnO_4$-Verbrauches feststellen.

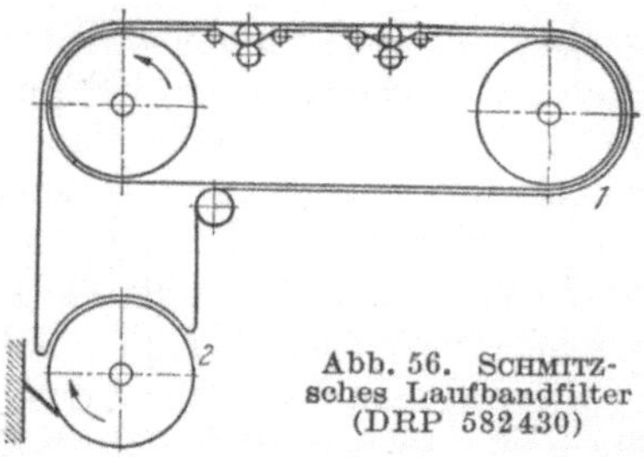

Abb. 56. SCHMITZsches Laufbandfilter (DRP 582430)

Beseitigung des Schlammes. Wichtig ist auch die Weiterbehandlung des in den Becken anfallenden Schlammes. Der beim Absetzenlassen von Gerbereiabwasser allgemein erhaltene Schlamm ist ein stark voluminöser Schlamm mit einem Wassergehalt von 95—98% Wasser. Ohne Einstellung des p_H-Wertes kann er nicht biologisch ausgefault werden. Das DRP 691528 der Stadt Stuttgart behandelt ein Verfahren zum Ausfaulen von Gerbereischlamm, dadurch gekennzeichnet, daß der Schlamm mit Kohlensäure oder kohlensäurehaltigen Gasen vorbehandelt und dann in bekannter Weise mit gut faulendem städtischen Klärschlamm weiter behandelt wird. Als Kohlensäurequelle wird das anfallende Faulgas verwendet. Durch das Verfahren wurde der p_H-Wert von 8,5 bis 10 auf 7,7 bis 7,8 herabgesetzt. VAN DER LEEDEN[1] empfiehlt, den bei der mechanischen Reinigung anfallenden Schlamm mit Rücksicht auf die Milzbrandgefahr zu verbrennen. Zu dem Zwecke wird der Schlamm auf einem SCHMITZschen Laufbandfilter DRP 582430 entwässert und dann verbrannt.

Von MERKEL[2] wird vorgeschlagen, den Schlamm nach vorheriger Ausflockung auf Saugzellenfiltern zu entwässern und zu verfestigen, damit man ihn dann auf Halden schicken könne. Leider gelingt aber nur in sehr wenigen Fällen die Entwässerung dieses meist schmierigen Schlammes. Wie die Versuche in Backnang, Neersen, Heilbronn und Elsmhorn zeigen, kann man den Schlamm bei ausreichender Mischung mit häuslichem Schlamm ausfaulen, wobei allerdings der Gasanfall bei Gerbereiabschlamm nur einen Bruchteil des im häuslichen Schlamm enthaltenen ausmacht. Nach der Ausfaulung gibt man den auf Trockenbeeten getrockneten Schlamm am besten in verlassene Kiesgruben oder Steinbrüche. Man kann ihn aber auch auf drainierten Trockenbeeten, die nicht höher als 45 bis 50 cm hoch aufgestaut sein sollen, trocknen

[1] Vom Wasser Bd. 11 (1935) S. 87.
[2] MERKEL: Gerbereiwissenschaftliche Beilage 1951, S. 39.

und dann zum Geländeauffüllen benutzen. STRELL[1] berichtet über ausführliche Versuche zur Ausfaulung von Gerbereischlamm mit häuslichem Schlamm, und zwar sowohl mit altem abgelagertem Gerbereischlamm wie auch mit frischem. Bei einem Verhältnis von 2 Teilen Gerbereischlamm zu 3 Teilen Faulschlamm aus der städtischen Kläranlage München erhielt er eine gute Ausfaulung mit befriedigender Gasausbeute. Den so ausgefaulten Schlamm konnte er im Verhältnis 1:1 mit frischem Gerbereischlamm mischen. Ein Chromgehalt von 3% der Trockensubstanz des Gerbereischlammes störte bei diesen Faulversuchen nicht. Auf der Kläranlage *Elmshorn*, wo ein Gemisch von häuslichem und Gerbereischlamm anfällt, wurden Versuche mit der Heißvergärung erfolgreich durchgeführt. Die Gärvorgänge können beschleunigt werden, wenn man dem Schlamm auf Trockenbeeten entwässerten Schlamm und andere wasseraufsaugende organische Abfallstoffe beimischt, ehe man das Gemisch zu Gärhaufen aufschichtet.

6. Abwässer aus Darmsaitenfabriken, Darmzubereitungsanstalten und Fabriken zur Herstellung von Kunstdärmen

Während die großkalibrigen Därme hauptsächlich für Würste verwendet werden, werden die kleinkalibrigen Därme (Schaf-, Hunde-, Katzendärme) zur Herstellung von Darmsaiten benutzt. Die feinsten Därme werden auf Catgut (Wundnähfäden) verarbeitet. Die getrockneten, steifen 1,2 mm dicken Darmstränge werden in verdünnten Ätzalkalien, Soda- oder Pottaschelösungen 24 Std. geweicht. Beim „Schleimen“ werden die durch das Weichen gelockerten äußeren Gewebe von der Muskelschicht abgestreift. Dies geschieht auf einer Reihe von Walzen. Dann werden die Därme gesponnen und mit Schwefeldioxyddämpfen entkeimt und entbleicht. Durch Behandeln mit Bimsstein und Öl werden sie dann geglättet. Bei der Herstellung von Catgut aus feinsten Schaf- und Ziegendärmen werden die Därme noch zwischendurch in einer Desinfektionslösung behandelt.

Bei der Herstellung von Kunstdärmen werden Lederabfälle mit Kalkmilch eingeweicht und dann mit Salzsäure aufgeschlossen. Es bildet sich eine gelatinöse Masse, die auf Seidenschläuche aufgetragen und getrocknet wird. Die anfallenden alkalischen Abwässer müssen durch Zugabe von Säuren oder Rauchgasen neutralisiert werden und dann in Absetzbecken, denen zum Abfangen der Haare und Fleischrestchen Siebe vorgeschaltet sind, von dem abgesetzten, aus Kalksalzen bestehenden Schlamm befreit werden.

Die bei der Herstellung der Därme entstehenden Abwässer ähneln stark den Schlachthausabwässern, können aber unter Umständen wie Gerbereiabwässer seuchenverdächtig sein. Es sind daher die beim Gerbereiabwasser angegebenen Vorsichtsmaßregeln zu beachten. Die Technischen Anlagen zum § 16 GO empfehlen daher, dem Unternehmer zur Bedingung zu machen, nur frisches (d. h. inländisches) Material zu verarbeiten.

[1] STRELL, M.: Städtereinigung Bd. 34 (1942) S. 79.

Die in einer Darmzubereitungsanstalt bzw. in einer Darmsaitenfabrik anfallenden Abwässer sind an Menge meist gering und können nach mechanischer Reinigung (durch Rechen, Siebe und Absetzbecken) in die städtische Kanalisation abgelassen werden. Wo dies nicht möglich ist, werden sie am besten in der gleichen Weise wie Schlachthausabwässer behandelt und nach mechanischer Reinigung verrieselt.

Bei der auf der Verwendung vegetabilischer Pergamente und geformter Kollodiumwolle beruhenden Kunstdarmfabrikation nach dem abgeänderten Chardonnet-Verfahren, das auf der Rückbildung von geformter Kollodiumwolle zu Cellulose durch Denitrierung mit Natriumsulfid (in Natronlauge) und nachfolgender Wäsche besteht, entstehen verdünnte alkalische Ablaugen mit einem Gehalt an Natriumpolysulfiden, -hydrosulfid, Natriumnitrit und Ammoniak. Die am stärksten störenden Schwefelverbindungen werden nach WEINGANG[1] durch Einblasen kohlensäurehaltiger Abgase oder Vermischen mit anderen säurehaltigen Betriebsabwässern unter möglichst weitgehender Schwefelgewinnung entschwefelt.

7. Abwässer aus Zubereitungsanstalten für Tierhaare und Federn

Man unterscheidet gewerblich:

A. Borsten, das sind die dicken und steifen Haare des Haus- und Wildschweines;

B. Roßhaar, das sind die Schweif- und Mähnehaare der Pferde;

C. die beim Gerbprozeß anfallenden Haare. Sie finden in den Pelz-, Polster-, Matratzen-, Filz-, Teppich-, Hut-, Bürsten- und Pinselfabriken Anwendung;

D. die feinen bei der Hasenhaarschneiderei gewonnenen Haare.

Die Haare werden unter Zugabe von Seifen gewaschen und gekocht und unter Umständen gefärbt. Die bei der Reinigung anfallenden Abwässer bestehen aus den stark organisch verschmutzten Abwässern und den verschieden gefärbten Farbwässern. Nach Entfernung der feinen Haarreste durch Feinsiebe und Vorreinigung mit oder ohne chemische Fällung in Absetzbecken können sie entweder nach eventueller Entseuchung in die städtische Kanalisation abgelassen oder auf Tropfkörpern oder Rieselfeldern, wenn geeigneter Sandboden zur Verfügung steht, gereinigt werden. Da sie einen hohen Gehalt an teils feinst verteilten, teils mehr oder weniger kolloid gelösten organischen Stoffen mit hohem Gehalt an Bakterien haben, können sie auch durch Ausfaulenlassen gereinigt werden. Ob im letzteren Falle die Farbwasser mit zerstört werden, richtet sich ganz nach der Art der angewandten Farbstoffe. Im übrigen können sie in gleicher Weise wie die Abwässer von Leimfabriken oder von Gerbereien behandelt werden, wobei man mit Rücksicht auf die Milzbrandgefahr unter Umständen auch die für Gerbereibetriebe maßgebenden seuchenhygienischen Gesichtspunkte beachten muß.

---

[1] WEINGANG, R: Chem. Ztg. Bd. 62 (1938) S. 7.

In Bettfederfabriken werden die durch Windsichter gereinigten Federn einer gründlichen Wäsche unter Zusatz von Seifen und Seifenersatzstoffen unterzogen, und dann durch Warmluft getrocknet. Die hierbei anfallenden Abwässer enthalten außer Staub und Kotteilchen vor allem die in Lösung gegangenen organischen Verschmutzungen. Die in ihnen enthaltenen ungelösten Teile werden durch Feinsiebe entfernt. Bei kleineren Betrieben kann das anfallende Abwasser dann in die städtische Kanalisation abgelassen werden. Ist eine größere Reinigung erforderlich so können die für Tierhaare angegebenen Verfahren angewandt werden.

8. Abwässer von Malzfabriken und Brauereien

a) Malzfabrikation

Die Rohstoffe für die Bierherstellung sind neben dem geeigneten Brauwasser und Hefe, Malz und Hopfen. Für die Malzbereitung kommt hauptsächlich die Gerste in Betracht. Nur für Spezialbiere verwendet man Weizen (obergärige Biere), doch tritt der Weizenverbrauch weit hinter dem der Gerste zurück. Zur Herstellung des Malzes wird die im Windsichter vom Staub und Schmutz befreite Sommergerste eingeweicht, wobei sie ihren Wassergehalt von 13 bis 15% auf 45% erhöht. In einem sich nach unten verjüngenden Behälter (Quellstock) wird die Gerste mit Brunnenwasser von 12 bis 15 °C von unten her versetzt. Nach 2 Stunden wird nach Abschöpfen der schwimmenden Bestandteile zur Entfernung des gelösten Schmutzes, von Staubkörnern u. dgl. das Wasser erneuert und darauf 2 bis 4 Tage bei täglich ein- bis zweimaligem Wasserwechsel eingeweicht je nach Korngröße (normale Weichdauer 70 Std. für helle Malze und 90 bis 120 Std. für dunkle Malze). Durch Einblasen von Luft wird für eine innige Durchmischung und für den Zutritt des zur normalen Atmung des Gerstenkorns erforderlichen Sauerstoffs gesorgt. Die Temperatur soll 12 bis 15 °C nicht überschreiten. Je nach der Länge der sich auf der Malztenne bildenden Keime unterscheidet man zwischen *Kurzmalz* für Brauereien und *Langmalz* für Brennereien. Dieses Verfahren kann wegen der Einhaltung der Temperaturen nur in den kälteren Monaten (Oktober bis April) durchgeführt werden. 100 kg Gerste verbrauchen bei siebenmaligem Wasserwechsel 0,8 m^3 Wasser.

Bei der *pneumatischen Mälzerei*, die auch im Sommer angewandt werden kann, wird die Keimung der vorher eingeweichten Gerste unter Regelung der Temperatur und der Luftzufuhr mittels feuchter Luft herbeigeführt. Die keimende Gerste wird in langen Kästen mit Schnecken oder in sich langsam drehenden Trommeln gemischt.

Bei dem Einweichen der Gerste entstehen als Abwässer die *Wasch-, Einweich- und Quellwässer*, die neben Gummi und Zucker stickstoffhaltige Substanzen in Form von löslichen Eiweißstoffen und Pflanzenfibrin und von den anorganischen Stoffen vorwiegend Kali-, Kalk- und Magnesia-Salze, gebunden an Kieselsäure, Schwefelsäure und Phosphorsäure, enthalten. Die in den Abwässern suspendierten Stoffe sind vorwiegend Staub, erdige Bestandteile, Getreideteilchen und Spelzenreste. Bei der weiteren Bearbeitung der Gerste, dem Darren und Keimen, treten keine Abwässer auf, so daß man in einer Mälzerei außer mit dem vorbeschriebenen Einweichwasser nur noch mit dem zur Anfeuchtung der Luft dienenden Wasser und dem Spülwasser der Weichen und der Betriebsräume zu rechnen hat.

Das in einer Menge von rund 400 l je Ztr. anfallende Abwasser hat einen durchschnittlichen biochemischen Sauerstoffbedarf (BSB_5) von rund 400 mg/l und einen durchschnittlichen Schwebestoffgehalt von 75 mg/l. Die Abwässer gehen bei der Aufbewahrung rasch in saure Gärung über, wobei sie Milch-, Butter- und Ameisensäure bilden. Anschließend setzt schnell die Fäulnis ein.

Die Analyse einer Mischprobe der Weich- und Quellstockwässer einer größeren Berliner Brauerei ergab nach MEINCK[1] folgende Werte:

p_H	7,7	Gesamtstickstoff	29 mg/l
Abdampfrückstand	1804 mg/l	Nitratstickstoff	Spuren
davon Glühverlust	899 mg/l	Nitritstickstoff	n. n.
Schwebestoffe	220 mg/l	Ammoniakstickstoff	n. n.
davon Glühverlust	184 mg/l	organ. Stickstoff	29 mg/l
$KMnO_4$-Verbrauch	1156 mg/l	Phosphorsäure	30 mg/l
BSB_5	1621 mg/l	Faulprobe	positiv

Die Weichwassermenge betrug in diesem Falle 3,6 m³ je t Gerste. Der Einwohnergleichwert wird von MEINCK mit 110 je t Gerste angegeben. Nach anderen Angaben rechnet man bei einem Abwasseranfall von 8 m³ je t Gerste und einen BSB_5-Wert von 400 bis 1600 mit einem EGW von 90 bis 370 je t Gerste.

Die anfallenden Abwässer werden durch Siebe vorgereinigt. Da Maschensiebe sehr oft gereinigt werden müssen, wendet man besser zum Absieben rotierende Siebe mit maschineller Reinigung durch Spritzwasser an. Für die weitere Reinigung haben sich Absetzbecken mit einstündiger Aufenthaltszeit und anschließend eine Behandlung auf Tropfkörpern von 2,4 m Höhe und 2,7 m Durchmesser, gefüllt mit groben Kalksteinen von 1 bis 2″ Durchmesser, die durch Drehsprenger beschickt wurden, bewährt. Bei einer Belastung der Tropfkörper mit 3 m³ Abwasser auf 2 m³ Körpermaterial in 24 Std. wurde eine 90%ige Abnahme der organischen Stoffe festgestellt. Der p_H-Wert stieg dabei von 6,7 auf 7,7 bis 7,9 im Abfluß. Die Tropfkörper arbeiteten auch im Winter bei Frost sehr gut, da sich das Wasser nur wenig abkühlt.

Versuche, die Abwässer durch eine Vorfaulung einer besseren aeroben Behandlung zugänglich zu machen, haben sich nicht bewährt. Stehen genügend geeignete Landflächen zur Verfügung, so kann nach einer guten mechanischen Reinigung, die durch Zugabe von Kalk unterstützt wird, eine Verrieselung auf Land oder Wiesen durchgeführt werden. Nach einer guten mechanischen Vorreinigung kann das Abwasser, wenn es noch nicht in saure Gärung übergegangen ist, auch in die städtische Kanalisation gegeben werden.

Bei der Einleitung in einen leistungsschwachen Vorfluter können die Mälzereiabwässer wegen ihres hohen Gehaltes an organischen

---

[1] MEINCK: Zit. 3. Aufl. (1960) S. 291.

Schmutzstoffen und ihrer leichten Zersetzlichkeit leicht große Schwierigkeiten durch Pilzwachstum, Sauerstoffschwund, Geruchsbelästigungen, durch Schwefelwasserstoffbildung hervorrufen. Bei leistungsstarken Vorflutern sollten die Abwässer vor dem Ablassen zumindesten mechanisch gereinigt werden.

Für die Herstellung von Malzextrakten muß das Malz zunächst geschrotet und dann in besonderen mit Rührwerken versehenen Maischbottichen nach einem besonderen System bei verschiedenen, sich langsam steigernden Temperaturen ausgelaugt werden. Die Führung des Maischprozesses hängt davon ab, ob man den Malzextrakt als Nährmittel verwendet, wobei möglichst viel Maltose entstehen und der Vitamingehalt nicht beeinträchtigt werden soll, oder ob man Backextrakt erzeugen will. In Filterpressen, die besser als Läuterbottiche sind, werden die Extrakte abgepreßt.

Das Eindampfen erfolgt im Vakuum bei 45 °C, so daß die Brüdenwässer verhältnismäßig sauber sind. Es fallen aber noch die Spül- und Waschwässer der Filterpressen, Maischbottiche, Geräte und Arbeitsräume an. Ihre Reinigung kann in gleicher Weise, wie dies vorher für Mälzereiabwasser angegeben ist, geschehen, während der abgepreßte Treber als Viehfutter Verwendung findet.

b) Abwasser der Bierbereitung

Während das Malz in der Mälzerei hergestellt wird, erfolgt die Gewinnung des Bieres in der Brauerei. Nur die größeren Brauereien haben eine eigene Mälzerei, die meistens mit der Brauerei verbunden ist. Die kleineren Brauereien verarbeiten vorwiegend das von Mälzereien bezogene Malz. Auf diese Tatsache muß man bei der Bearbeitung der Abwasserfrage besondere Rücksicht nehmen.

Das von den Malzsilos kommende Malz wird in Schrotmühlen gemahlen und nach Durchgang durch den Vormaischer in großen Maischbottichen nach einem besonderen System zunächst mit kaltem (35 bis 37°) Wasser, später bei steigenden Temperaturen (65 bis 70°) und schließlich bei Kochtemperatur extrahiert. Zweck des Maischens ist, die unlöslichen Bestandteile (Stärke) durch die während des Keimens gebildete Diastase in lösliche Verbindungen (Zucker, Dextrine) überzuführen, die hochmolekularen Eiweißverbindungen abzubauen und die so entstandenen löslichen Stoffe möglichst weitgehend zu extrahieren und quantitativ zu erfassen. In den Läuterbottichen und den nachfolgenden Filterpressen werden die unlöslichen Rückstände als sog. Treber abgeschieden. Hierbei treten die ersten Schmutzstoffe in den beim Maischprozeß ungelöst bleibenden Bestandteilen der Gerste (Treber) auf, die aber als begehrtes Viehfutter für die Milchkühe wertvolle Verwendung finden. Können die Treber nicht frisch verfüttert werden, so müssen sie durch eine Trocknung haltbar gemacht werden, wobei dann als Abwässer die nur schwach verschmutzten Kondenswässer anfallen.

Nach Zugabe des Hopfens kommt die klare Würze in die Braupfanne. Hier wird sie gekocht, um sie zu konzentrieren, zu sterilisieren, um die Enzyme abzutöten, um die Bitterstoffe des Hopfens zu extrahieren und sie in Verkochungsprodukte umzuwandeln. Während der $1^1/_2$- bis $2^1/_2$stündigen Kochdauer werden die durch die Hitze koagulierten Eiweißstoffe möglichst grobflockig ausgefällt. Die heiße Würze mitsamt dem Hopfentreber wird im Hopfenseiher vom ausgekochten Hopfen, der einige Male ausgewaschen wird, befreit. Im Kühlschiff erfolgt durch die Abkühlung die Abscheidung des Trubes. Beim Abkühlen der mit Hopfen gekochten Würze in den Kühlpfannen bzw. im Kühlschiff scheiden sich weitere Schmutzstoffe aus. Eine fertig gekochte Würze soll nach Beendigung des Siedens die Erscheinung des Bruches zeigen; zwischen den Hopfenblättern und den in Flocken koagulierten Eiweißteilchen leuchtet die Würze feurig und blank durch. Außer den in der kochenden Würze enthaltenen Hopfenblättern und Stielen werden beim Filtrieren der Würze vor der Vergärung im Hopfenseiher auch geronnene Eiweißstoffe, die sich während des Abkühlens in Form des Trubes abscheiden, abgefangen. Im Trub werden auch erhebliche Mengen an Bitterstoffen (bis zu 30%) und Eiweiß-Gerbstoffverbindungen ausgeschieden. Nach den in den meisten Brauereien üblichen Verfahren werden diese im Hopfenseiher abgefangenen Schmutzstoffe durch Spritzwasser in das Abwasser abgeführt, anstatt sie direkt ihrer besseren Verwendung als Futter- oder Düngemittel zuzuführen. Neuerdings ist vorgeschlagen worden, die Hopfentreber als Zusatz bei der Herstellung von Pappen zu verwenden. In das städtische Abwasser übergeführt müssen sie später das Absetzverfahren unnötig belasten. Man kann aber auch den im Kühlschiff verbleibenden Trub, der 60 bis 70% Eiweiß enthält, durch eine Trubpresse oder eine Trubwürzezentrifuge entfernen.

Die Vergärung der abgekühlten Würze erfolgt unter Zugabe von Reinzuchthefen im Gärkeller in offenen Gärbottichen. Die Dauer der Gärung richtet sich nach der Art der zugegebenen Hefe, die ihrerseits wieder die Art des zu gewinnenden Bieres bestimmt. Nach Beendigung des Gärprozesses wird das Bier auf die Lagerfässer abgelassen; dabei bleibt am Boden die sich in verschiedenen Schichten absetzende Hefe zurück. Die unterste Schicht besteht aus toten Hefezellen und Trubbestandteilen, die sich schon vor der Gärung abgesetzt hatten. Die mittlere größte Schicht bildet die Kernhefe: gesunde kräftige Hefezellen, die zur weiteren Biererzeugung in den Betrieb zurückwandern. Die oberste Schicht, die Oberhefe, besteht aus leichteren Zellen, vermischt mit wilden Hefen, Hopfenharzen und Eiweißstoffen. Aus der oberen und unteren Hefeschicht wird in Filterpressen das in ihnen befindliche Bier gewonnen. Die Preßrückstände gehen in den meisten Fällen mit dem Reinigungswasser der Pressen mit dem Abwasser ab, anstatt sie zu gewinnen und für Futterzwecke zu verwerten. Die nicht in den Betrieb zurückwandernde Kernhefe wird in Filterpressen zunächst vom Biere getrennt und dann zur Gewinnung von Hefepräparaten gewaschen. Die Hefen und eiweißhaltigen Stoffe werden entwässert und an Lebensmittelfabriken abgegeben, die daraus Vitamine gewinnen und Fleischbrühen auf Hefebasis erzeugen.

Die bei der Feinklärung des Bieres anfallenden *Bierfilterkuchen*, die gewöhnlich aus Diatomeenerde bestehen, enthalten eine Mischung von

Eiweißstoffen, Hefezellen, Hopfenharzen. Sie fallen in einer Menge von 4 kg je m^3 erzeugtes Bier an. Die als Filterstoff benutzte Diatomeenerde wird am besten für sich gereinigt und im Betrieb wieder verwandt.

Außer diesen bei der Bereitung des Bieres sich ergebenden Abwässern fällt eine sehr große Menge *Spül- und Schwankwasser* beim Reinigen der Gärbottiche, Kühlpfannen, Sudpfannen, Filterpressen, Lagerfässer, besonders aber in der Flaschenspülerei, beim Reinigen der Bierfässer, und in den Abziehräumen an. Diese Abwässer enthalten feste Treber und Hopfenteile, Papier und Stärke der Flaschenetiketten, Borsten der Flaschenspülbürsten, Flaschenverschlüsse sowie andere gelöste organische Stoffe und Bierreste.

STECHER fand in den Kanälen Münchens unterhalb der Einläufe größerer Brauereien mit Drahtabfällen von den Bürsten der Flaschenspülmaschinen stark durchsetzte Schlammablagerungen. In vielen Brauereien gibt man den ersten Spülwässern der Flaschenspülmaschinen Zusätze von schmutzlösenden Stoffen zu, wie sie als synthetische Waschmittel unter verschiedenen Namen im Handel bekannt sind.

Nach ihrer Zusammensetzung zählen die *Mälzereiabwässer* sowie die *Abläufe der Treber und Hopfenrückstände*, das *Abspülwasser der Filterpressen* aus der Läuterei zu den konzentriertesten Abwässern. Infolge ihres Gehaltes an Restwürzen, an gelösten Stickstoffverbindungen, an Hefezellen und Fäulnisbakterien aller Art gehen sie sehr schnell in Fäulnis über und neigen sehr zur Bildung organischer Säuren (Milch-, Butter- und Essigsäure). Nur die Tatsache, daß die Menge der vorstehenden Abwässer gegenüber den übrigen Abwässern gering ist, und daß sie neben den zwar unreinen, aber schwächer verschmutzten Spül- und Schwankwässern noch durch eine weit größere Menge reinen Wassers verdünnt werden, bewirkt, daß diese an und für sich sehr schlechten Abwässer nur dort zu Beschwerden Anlaß geben, wo sie in einen kleinen Vorfluter abgelassen werden, dessen Wasserführung in einem schlechten Verhältnis zu den Mengen der Brauereiabwässer steht, und in dem es sehr leicht zur Bildung der üblen Abwasserpilze und zu starken Sauerstoffzehrungen, wenn nicht gar zum Sauerstoffschwund kommen kann.

Zu den bisher beschriebenen Abwässern kommen in den meisten Brauereien noch aus den Maschinen- und Apparateräumen und aus der Eisfabrik oft größere Mengen der oft durch Öl verschmutzten *Kühl- und Kondenswässer*. Diese an und für sich reinen Abwässer können nach Beseitigung der Ölverschmutzung durch Beruhigungsbecken mit nachgeschaltetem Aktiv-Kohlefilter (s. S. 93) wieder im Betrieb verwandt oder direkt in den Vorfluter abgelassen werden. Es empfiehlt sich aber, sie zur Verdünnung der übrigen Schmutzwässer zur besseren Aufbereitung bzw. Reinigung zu benutzen.

Muß das Brauwasser wegen seiner Härte aufgearbeitet werden, so fallen bei einer Enthärtungsanlage nach dem Kalk-Soda-Verfahren von Zeit zu Zeit die kalkhaltigen *Abwässer der Enthärtungsanlage* an, die beim richtigen, gleichmäßigen Ablassen gut zum Neutralisieren der an sich sauren Abwässer dienen können.

α) Menge der Abwässer

Die Menge der anfallenden Abwässer ist sehr starken Schwankungen unterworfen. Sie richtet sich nach dem Betrieb und darnach, ob die Brauerei ihr Wasser aus eigenen Brunnen oder aus der städtischen Wasserleitung bezieht. Im allgemeinen schwanken die Angaben über den Anfall zwischen der 5- bis 8fachen Menge des zum Ausstoß gelangenden Bieres. Von anderen Fachleuten wird dies Verhältnis als zu niedrig angesehen. Nach amerikanischen Veröffentlichungen beträgt der Abwasseranfall bei Brauereien ohne Mälzereien das 13,3- bis 16,6fache des Ausstoßes. Die Landeanstalt für Wasserhygiene gibt die 17—24fache Abwassermenge der Erzeugung an. So beträgt nach Angabe einer Brauereischule von Dr. Dömens und Dr. Heller der Wasserverbrauch das 20fache des Bierausstoßes. Stecher[1] hat den Einfluß der Münchener Brauereiabwässer auf das städtische Abwasser untersucht und schätzt die Abwassermenge sogar auf das 30- bis 40fache des Bierausstoßes. Bei einem Anteil der Brauereiabwässer von 6 bis 7% der Gesamtmenge des städtischen Abwassers beträgt der Anteil an der Gesamtverschmutzung 20%, wobei Stecher ausdrücklich darauf hinweist, daß die hohen Ausbeuten bei der Faulgasgewinnung zum Teil auf diesen hohen Gehalt an Brauereiabwasser zurückzuführen sind. Imhoff gibt den Einwohnergleichwert des Abwassers von 1000 l Bier mit 300 bis 2000, Wagner mit 1000, Kaes mit 900, Stecher mit 350 und Mohlmann mit 165 an.

Bei einer Brauerei mit einer Jahresproduktion von 100000 hl Bier, entsprechend einer Tagesproduktion von 333 hl im Tag, werden im Jahr 240000 m³ Wasser = 800 m³/Tag gebraucht. Von dieser Wassermenge verbleiben im Betrieb zur Würzebereitung 40 m³ und zur Eisherstellung 20 m³, während 30 m³ durch Verdampfung verlorengehen. Von der übrigen Wassermenge verläßt die Hauptmenge, wie vor allen Dingen das zur Kühlung benutzte Wasser, in reinem Zustand die Brauerei, und zwar kann man rechnen, daß etwa im Kühlschiff 12 m³, im Bierkühler 100 m³ und für die Eismaschinen 412 m³, insgesamt 524 m³ Wasser = 65,25% der Gesamtwassermenge als reines Wasser direkt in den Vorfluter abgelassen werden können. Als stark verschmutzte Abwässer fallen an:

1. Im Sudhaus:
   Reinigungswasser für die Maischbottiche, Maischpfannen, Läuterbottiche, Hopfenpfannen, Hopfenseiher, Treberpressen bzw. Zentrifugen . . . . 16 m³
2. Im Gärkeller:
   Bottichreinigung . . . . . 4 m³
   Hefewaschwässer . . . . . 1 m³
3. Im Lagerkeller:
   Faß- u. Tankreinig. usw. . 30 m³
   Filtertücherreinigung . . . 5 m³
4. In der Schwankhalle:
   Faßwäsche . . . . 80 m³
   Flaschenreinigung . . . . . 40 m³
5. Im Abfüllkeller:
   Filterspülung . . . . 10 m³

zusammen 186 m³

= 23,5%. Dies entspricht einem Verhältnis von 1:5,65 bzw. auf den Gesamtwasserverbrauch bezogen von 1:24.

---

[1] Stecher: Gesundh.-Ing. Bd. 62 (1939) S. 394.

β) *Schädlichkeit der Abwässer*

Die Schädlichkeit der Abwässer richtet sich einmal nach der Konzentration, d. h. ob eine Mälzerei angeschlossen ist oder nicht, nach der Art des hergestellten Bieres und ganz besonders nach der Größe des Vorfluters. Nach den Untersuchungen von MOHLMAN[1] von 28 Chikagoer Brauereiabwässern wird der BSB_5 des Brauereiabwassers mit 890 mg/l, der Eiweißgehalt mit 460 mg/l und der Gehalt an reduzierbaren Zuckern mit 280 mg/l angegeben. In einem einigermaßen wasserreichen Vorfluter mit einem guten Verdünnungsverhältnis für das Brauereiabwasser kann es kaum zu Mißständen kommen, wenn durch geeignete Absiebapparate mit nachgeschalteten Absetzbecken zum Abfangen von Eiweißstoffen, Hefen, Papierfetzen, Bürstenhaar von der Flaschenspülmaschine vorher die schlammbildenden organischen Schwebestoffe entfernt und eine gute Vermischung und Verdünnung mit den vom Öl befreiten Kondens- und Kühlwässern erfolgt ist.

Bei kleineren wasserarmen Vorflutern und vor allem dann, wenn die im Sudhaus in den Filterpressen schon in konzentrierter Form anfallenden Schmutzstoffe wieder nach Verdünnung mit dem übrigen Spülwasser in das Abwasser abgelassen werden, sind jedoch an vielen Stellen starke Belästigungen für die Anlieger und Unterlieger beobachtet worden. Die an sich sauren Abwässer verbreiten in der Umgebung einen im frischen Zustand nicht direkt unangenehmen, schwach säuerlichen Geruch. Diese Wässer gehen aber sehr schnell in Fäulnis über und können dann einen sehr unangenehmen Geruch in der Umgebung des Baches verbreiten und das Wohnen in der Nähe, besonders an warmen Sommertagen und an Abstürzen, z. B. von Mühlen, unmöglich machen. Im Bachbett kommt es durch die mitgerissenen Schwebestoffe, wie Treber, Hopfen, Hefen, Eiweißprodukte, zu schnell in Fäulnis übergehenden Schlammablagerungen, die rasch den vorhandenen Sauerstoff verbrauchen und zusammen mit dem faulenden Abwasser zu großen Unzuträglichkeiten besonders in Stauweihern führen können. Der hohe Gehalt an organischen Stoffen bedingt im Vorfluter ein intensives Wachstum der Abwasserpilze Sphaerotilus bzw. Leptomitus. Kleinere Bäche und Flüsse können durch die Einleitung von Brauereiabwässern derart verunreinigt werden, daß der gesamte Fischbestand vernichtet und das Wasser für verschiedene technische Zwecke unbrauchbar wird.

γ) *Reinigung und Beseitigung der Brauereiabwässer*

Wie andere, vorwiegend organisch verschmutzte Abwässer, lassen sich auch Brauereiabwässer, wenn sie in Mengen von 3 bis 5% dem häuslichen Abwasser in der Kanalisation beigemengt werden, mit diesem zusammen gut reinigen, ohne den Betrieb der mechanischen und biologischen Kläranlage zu stören. Eine Grundbedingung für die Aufnahme der Brauereiabwässer in die städtische Kanalisation ist aber, daß sie möglichst frisch sind. Sie dürfen noch nicht zu stark in saure Gärung

[1] HALE: Sew. and Ind. Wastes Bd. 25 (1953) S. 1187.

übergegangen sein. In diesem Falle besteht die Gefahr, daß sie in der Kanalisation und in der Kläranlage den Kalk aus dem Mörtel bzw. aus dem Zement herauslösen und durch die starken Verschiebungen des p_H-Wertes auch die biologischen Abwasserreinigungsverfahren stören.

Zur Vorsicht wird man daher die schon an und für sich sauren Brauereiabwässer, nachdem man sie vorher durch Absiebvorrichtungen oder durch Absetzbecken von den gröberen, d. h. absetzbaren Stoffen befreit hat, durch eine schwache Kalkung neutralisieren. Nach den Untersuchungen von MUHIDIN[1] kann gut neutralisiertes Brauereiwasser in jedem Mischungsverhältnis mit häuslichem Abwasser zusammen biologisch durch das Belebtschlammverfahren gereinigt werden. Ein Beispiel für die Möglichkeit der gemeinsamen Reinigung der Brauereiabwässer mit den städtischen Abwässern ist die Stadt München. Hier machen die Brauereiabwässer einen erheblichen Teil der gesamten Abwässer aus. Die Abwässer der Stadt München werden nach mechanischer Reinigung in zweistöckigen Absetzbecken und der fünffachen Verdünnung mit Isarwasser in Fischteichen mit gutem Erfolg und reichen Erträgen an Fischfleisch (Karpfen, Schleien und Forellen) gereinigt.

Wenn die Abwässer solcher Brauereien nicht zusammen mit den städtischen Abwässern gereinigt werden können, muß man bestrebt sein, schon unmittelbar an der Entstehungsstelle im Betriebe möglichst viele der verwertbaren Nebenprodukte vom Abwasser fernzuhalten. Die Treber und Hopfenrückstände, die Hefen, der eiweißhaltige Trub, sowie überhaupt alle festen Bestandteile müssen von vornherein so weit als nur irgend möglich zurückgehalten werden, um sie für Futter- und Düngungszwecke nutzbar zu machen und damit zugleich die Beschaffenheit des Abwassers zu verbessern.

BODE empfiehlt, das Brauereiabwasser vor dem Ablassen in die Kanalisation oder den Vorfluter durch den MERTENschen Kessel zu entschlammen. Die Beseitigung der Schwebestoffe kann man durch eine zusätzliche chemische Fällung mit Ferrosulfat und Kalk mit kurzer feinblasiger Belüftung unterstützen. ELDER und STAHL[2] haben Versuche zur Reinigung von Brauereiabwässern mit Ferrichlorid und Kalk durchgeführt und hierbei keine befriedigenden Ergebnisse erzielt. Bessere Reinigung erreichten sie bei Anwendung von Natriumsilikatlösung ($Na_2Si_2O_3$). Diese chemische Fällung ist auch dann von Vorteil, wenn die zur Verrieselung zur Verfügung stehende Fläche sehr klein ist.

Für eine durchgreifende Reinigung der Brauereiabwässer, die auch die gelösten Stoffe so weit beeinflußt, daß eine Nachfaulung der gereinigten Abwässer nicht mehr eintritt, kommt dann noch in erster Linie eine Verrieselung auf geeigneten Landflächen oder eine Behandlung auf biologischen Körpern in Frage. In beiden Fällen ist, wie schon für das Belebtschlammverfahren angegeben, eine weitgehende Vorreinigung von ihren suspendierten Stoffen zu empfehlen. KAES[3] gibt den Nährstoffgehalt

---

[1] MUBIDIN, A.: Techn. Gemeindebl. Bd. 33 (1930) S. 291.
[2] ELDER u. STAHL: Ind. Eng. Chem. Bd. 31 (1939) S. 925.
[3] KAES, A.: Brauwelt Bd. 96 (1956) Ausg. D, S. 913.

der Düsseldorfer Brauereiabwasser wie folgt an:

	Maximalwerte	Minimalwerte
Gesamtstickstoff mg/l	263	7,7
Phosphorsäure (P_2O_5) mg/l. .	117	10,0
Kali (K_2O) mg/l	94	13,0

Weiterhin ist auch hierbei Grundbedingung, daß die Abwässer genügend frisch und nicht durch Gärung zu stark milch- und buttersauer geworden sind, denn nur in frischem Zustande fördern sie den Graswuchs auf drainierten Rieselwiesen erheblich, ohne daß rasche Übersättigung des Bodens eintritt. Ist schon eine starke Säuerung eingetreten, so muß diese durch eine sorgfältige Kalkung des Abwassers vor der Rieselung und vor den übrigen biologischen Verfahren beseitigt werden. An Stelle besonderer chemischer Zuschläge kann auch eine Beimischung häuslichen Abwassers für die Erhaltung einer alkalischen Reaktion von Vorteil sein. Vor der Aufstellung einer größeren biologischen Anlage empfiehlt es sich, durch eine gute Versuchsanlage die Reinigungsmöglichkeit der Abwässer durch das anzuwendende Verfahren zu prüfen.

Wo irgendwie geeignetes Rieselland für die Behandlung der Brauereiabwässer vorhanden ist, sollte dieses Verfahren vor jeder anderen Reinigung gewählt werden. Der Betrieb gestaltet sich einfacher als bei den künstlichen biologischen Verfahren, wie Tropfkörper, Belebtschlammverfahren. Die mit den Abwässern in zweckentsprechender und sachgemäßer Weise berieselten Landflächen werfen bei dem verhältnismäßig hohen Gehalt der Brauereiabwässer an für die Pflanzen leicht aufnehmbaren Nährstoffen recht gute Erträge ab.

Die Flaschenreinigungswässer bzw. die alkalischen Waschwässer der Flaschenreinigungs- und Sterilisationsmaschinen werden am besten in einem besonderen Behälter gesammelt, und damit sie die biologischen Verhältnisse in der Kläranlage nicht stören können, vor dem Vermischen mit den übrigen Abwässern neutralisiert.

Kraus[1] beschreibt das Ausfaulen der Bierschlempe in dem Faulraum der städtischen Kläranlage von Peoria mit thermophiler Faulung bei 56 °C in einem Faulraum von 25 m ⌀. Der BSB_5 wurde in 9 Tagen von 11500 auf 2500 mg/l reduziert. Je kg organische Substanz wurden 830 l Gas mit 58% Methan erzeugt.

Für eine Brauerei in Houston (Tex.)[2] ist nach Ausführung von Versuchen eine Reinigungsanlage erbaut worden, in der die Brauereiabwässer durch Tropfkörper gereinigt werden. Die tägliche Abwassermenge beträgt im Durchschnitt 2080 m³. Der eintägige biochemische Sauerstoffbedarf des Abwassers, der im Laufe des Tages stark schwankt, beträgt 349 mg/l. Für die beiden Reinigungsstufen sind zwei Absetzbecken und zwei Tropfkörper vorhanden. Die Absetzbecken haben rechteckige Grundfläche und sind mit Schlammkratzern versehen. Jedes

[1] Kraus, L. S.: Sew. Works J. 1933.
[2] Siehe Ref. in Wasser und Abwasser Bd. 37 (1939) S. 316.

Becken ist 12,8 m lang, 3,7 m breit und 2,75 m tief. Die Aufenthaltszeit des Abwassers ist daher 1,5 Std. Die Tropfkörper sind kreisrund, besitzen einen Durchmesser von 30,5 m und eine Körperhöhe von rund 2 m. Das Abwasser wird durch Drehsprenger auf die Körper verteilt. Es besteht die Möglichkeit, jedes Becken und jeden Körper als 1. oder 2. Stufe zu betreiben. Zur Entschlammung der Tropfkörperabflüsse ist ein Nachreinigungsbecken von 15,3 m Länge, 5,2 m Breite und 2,1 m Tiefe mit etwa 1,95 Std. Aufenthaltszeit vorhanden. Zur Ausfaulung des Schlammes dient ein kreisrunder Faulraum mit 9,8 m Durchmesser und 5,5 m Tiefe; er hat einen Inhalt von 400 m³.

Der ausgefaulte Schlamm wird auf Beeten getrocknet. Das gereinigte Abwasser hat noch einen eintägigen biochemischen Sauerstoffbedarf von 35 mg/l. Die Schwebestoffe werden durch die Reinigung von 370 auf 67 mg/l vermindert.

Eine gleiche Anlage beschreibt SCHNEIDER[1] für eine große Brauerei in der Stadt Azusa. Die Anlage besteht aus einem rotierenden Feinrechen mit einer besonderen Abnahmevorrichtung für das Rechengut, zwei runden Kratzerbecken mit einer Aufenthaltszeit von 2,5 Std. Der Ablauf der Kratzerbecken geht auf zwei Hochleistungstropfkörper von 20 m ∅ und 2 m Tiefe, die mit Granitkies von 6 bis 10 cm ∅ gefüllt sind, und die nebeneinander und hintereinander betrieben werden können. Die Belastung ist mit 1000 g BSB_5/m^3 Tropfkörpermaterial angegeben. Eine Rücklaufpumpe gestattet die Verdünnung des ankommenden mechanisch vorgereinigten Abwassers mit biologisch gereinigtem Abwasser. Nachdem der Ablauf der Tropfkörper in einem Absetzbecken geklärt ist, wird er auf 3000 m² große Bodenfilter geleitet. Die ständig durch einen Laboranten überwachte Anlage ergab folgende Reinigungserfolge:

		Einlauf	Ablauf	Abnahme %
BSB_5	mg/l	445	65	88
Ges. Abdampfrückstand	mg/l	770	379	51
Schwebestoff	mg/l	200	25	88
Gelöste Stoffe	mg/l	570	354	38
p_H-Wert		7,4	7,6	—
Gelöster Sauerstoff	mg/l	1,0	3,3	

Der bei der mechanischen und biologischen Reinigung anfallende Schlamm wird in einem Faulraum von 12 m ∅ und 7 m Tiefe ausgefault und nach der Ausfaulung auf 3 Schlammtrockenbeeten getrocknet.

W. ECKENFELDER[2] hat eingehende Untersuchungen über die biologische Oxydation von Brauereiabwasser durchgeführt. Er stellte 13 verschiedene Anfallstellen mit einer Gesamtwassermenge von 14 l je 1 Liter erzeugtes Bier fest. Die Zersetzungsmöglichkeiten unter dem Einfluß des p_H-Wertes auf die biologische Oxydation wurden genau untersucht. Der BSB-Abbau kann bis zu 90% bei einer Belüftungszeit von drei bis sechs

[1] SCHNEIDER, H.: Sew. and Ind. Wastes Bd. 22 (1950) S. 1307.
[2] ECKENFELDER, W.: Public Works Bd. 91 (1960) Nr. 3, S. 184.

Stunden betrieben werden, wobei sich die Oxydation noch über einen sehr weiten Bereich der p_H-Wertschwankungen erstreckt. Er empfiehlt, eine mechanische Reinigung vor der biologischen Reinigung durchzuführen.

9. Abwässer von Brennereien und Hefefabriken

Die wirtschaftliche Bedeutung der Spiritusbrennereien liegt nicht nur in der Herstellung des Alkohols, sondern auch in der Gewinnung der Hefe und im Rahmen des landwirtschaftlichen Brennereigewerbes vornehmlich in der Gewinnung billigen und wertvollen Futters, der Schlempe, als Abfallstoff. Bei der Gärung werden nur die Kohlehydrate der verwandten Rohstoffe ausgenutzt; die übrigen Bestandteile gelangen in die Schlempe, die einem Kraftfutter von hohem Nährwert entspricht. Die Schlempefütterung ermöglicht ausgedehnte Viehhaltung und reichliche Düngererzeugung, die wieder dem Boden zugute kommt. Aus diesem Grunde ist die in Verbindung mit dem landwirtschaftlichen Betrieb arbeitende Brennerei von hohem Wert für die Hebung der Bodenkultur, weil sie die Roh- und Abfallstoffe am Erzeugungsort verwertet. Ein weiterer Vorteil ist der, daß in der Brennerei auch minderwertige, selbst teilweise verdorbene Rohstoffe noch eine lohnende, oft sogar die einzige Verwertungsmöglichkeit finden. Gerade von der Kartoffelernte, von der etwa 5% für Brennereizwecke verwandt werden, wird der Brennerei vorzugsweise das Material zugeführt, das man in anderer Weise nicht verwerten kann. Als Rohstoffe für die Spirituserzeugung werden benutzt:

1. Stärkehaltige Rohstoffe, und zwar: a) Kartoffeln in den Kartoffelbrennereien; b) Getreide, wie Mais, Gerste, Roggen, Weizen, Hirse, Reis, Mohrenhirse und dgl. in den Getreidebrennereien;
2. zuckerhaltige Rohstoffe, wie Zuckerrüben, Zuckerrohr, süße Früchte (Obst, Beeren) und deren Abfälle; ferner die Melassen der Rüben- und Rohrzuckerfabriken und Holzzucker;
3. Wein und Abfälle der Weinbereitung;
4. Ablaugen der Sulfitzellstoffabriken (s. dort).

Durch die Brennereiheferassen werden Glucose, Fructose, Saccharose und Maltose, dagegen nicht Dextrine, Lactose und Raffinose vergoren. Aus einem Mol Malzzucker entstehen 4 Mole Alkohol. Aus einem Mol Traubenzucker entstehen 2 Mole Alkohol und Kohlendioxyd. Die stärkehaltigen Rohstoffe enthalten im allgemeinen die zur Ernährung der Hefe erforderlichen Stickstoffsubstanzen und Mineralstoffe.

a) Kartoffelbrennereien

Die Kartoffelbrennereien sind in den seltensten Fällen industrielle Betriebe, sondern meist als Nebenbetriebe den landwirtschaftlichen Betrieben angeschlossen, oder sie werden als Genossenschaftsbrennereien betrieben. Die landwirtschaftlichen Kartoffelbrennereien, die in vielen Fällen Jahreszeitenbetriebe sind, überwiegen bei weitem die industriellen Großbetriebe. Bei einer Durchschnittskartoffelernte wurden vor dem letzten Kriege rund 5% zu Brennzwecken verwendet, das sind bei 100% Ausnutzung des Brennrechts = 2,15 Millionen Tonnen. Die Kartoffeln wurden durch eine sorgfältige Reinigung in einer Kartoffelwaschmaschine oder im Schwemmkanal oder in den üblichen Trogwäschern vom anhaftenden Schmutz und der Erde befreit. Bei den von der Fa. R. Przillas, Brieg in Schl., hergestellten Kartoffel-Spiral-Elevatoren werden die trocken angelieferten Kartoffeln in einen mit Siebboden versehenen Trog gefüllt, in dem der Elevator steht. In diesem Elevator befindet sich eine senkrechte Schnecke, die die Kartoffeln nach oben befördert. Auf diesem Wege werden die Kartoffeln durch einen von oben kommenden Wasserstrahl gewaschen. Die anfallenden Abwässer fließen durch den am Boden des Troges befindlichen Ablauf ab. Die dabei entstehenden *Waschwässer* enthalten außer den von der Oberfläche abgewaschenen erdigen Bestandteilen abgerissene Kartoffelteile, kleine Kartoffeln, ausgewachsene Keimsprossen und geringe Mengen organischer Stoffe, die schon auf eine Auslaugung der Kartoffeln zurückzuführen sind. Die Kartoffeln werden dann nach dem Hochdruckdämpfverfahren im HENZE-Dämpfer durch Dämpfen unter hohem Druck zur Verkleisterung der Stärke aufgeschlossen. Die in der Kartoffel enthaltene Stärke wird in eine leicht angreifbare Form übergeführt. Nach dem Andampfen und Ablaufenlassen des Fruchtwassers bei gewöhnlichem Druck steigert man diesen auf $2^1/_2$ bis 3 at. Hierbei entstehen als Abwässer die sog. *Frucht- oder Kochwässer.* Sie enthalten die aus den Kartoffeln beim Aufschließen aufgenommenen Stoffe, wie Dextrine, Gummi, Zucker, Stärkemehl und auch das giftige Solanin der Kartoffelschale. Das Fruchtwasser ist ein sehr konzentriertes Abwasser (etwa 7500 mg/l $KMnO_4$-Verbrauch) und hat einen unangenehmen kratzenden Geschmack. Durch seinen hohen Gehalt an organischen, zersetzbaren Stoffen geht es leicht in Fäulnis über und wirkt im Vorfluter durch seinen großen Sauerstoffverbrauch und durch die pilzbildenden Stoffe sehr unangenehm.

Die durch Dämpfen aufgeschlossene, teilweise verflüssigte Stärke wird im Maischprozeß in vergärbaren Zucker übergeführt. Hierzu wird in den kleineren Betrieben bezogenes Malz verwandt. Nur größere Betriebe haben eigene Mälzereien, in denen dann auch die Weich- und Quellwässer der Gerste (s. Brauereiabwässer) anfallen. Es werden etwa 50—60 kg Grünmalz je t Kartoffeln in 3 bis 4 Portionen zugegeben. Gegen Ende der Vermaischung steigert man die Temperatur auf 60 °C, um die vegetativen Formen der Bakterienarten, die durch das unsterilisierte Malz hereingekommen sind, abzutöten. Man kann auch Formalin zugeben oder das Grünmalz in formalinhaltigem Wasser einweichen.

Nach der 1 bis $1^1/_2$ Std. dauernden Verzuckerung muß der Inhalt des Maischbottichs durch Kühlwasser oder durch einen Gegenstromkühler möglichst rasch abgekühlt werden, damit die für die Entwicklung der Bakterien optimale Temperaturzone möglichst rasch durchschritten wird. Bei 25 bis 30 °C wird die Hefe zugegeben, die beim weiteren Kühlen mit der Maische gut vermischt wird.

Die verzuckerte Maische wird durch die Hefe vergoren. Nach der Vergärung der Maische wird der gebildete Alkohol abdestilliert, wobei außer *Wasch- und Spülwässern* der Gärbottiche, der Destillierblasen und der Räume auch größere Mengen *Kühlwasser* anfallen. Der Destillationsrückstand findet als Schlempe ausgedehnte Anwendung als wertvolles Futtermittel in der Landwirtschaft. Die Schlempe wandert einschließlich der Hefe möglichst restlos in den Viehstall der Brennereigüter oder wird an die Genossen zur Verfütterung abgegeben. Sie wird in heißem Zustand nicht unter 50 °C verfüttert. Gelegentlich wird die Schlempe auch separiert und auf Walzentrocknern unter Zugabe von Kartoffelreibseln zu Schlempeflocken getrocknet. Kartoffelschlempe enthält etwa 1,2% Rohprotein, 0,1% Fett und 3,1% stickstofffreie Extraktstoffe bei 94,3% Wasser.

In Kartoffelbrennereien fallen folgende Abwässer an:

1. Reinigungswässer der Kartoffeln;
2. die beim Dämpfen der Kartoffeln erhaltenen Frucht- oder Kochwässer;
3. kleine Mengen aus der Herstellung bzw. Einweichung des Grünmalzes;
4. reine Kühlwässer und die Wasch- und Spülwasser der Brennereigeräte und -räume;
5. die Abwässer aus der Hefereinzucht;
6. die Kühlwässer bei der Rektifikation des Rohsprits.

Die Gesamtabwassermenge, einschließlich der Kühlwässer, wird mit 25 m³ je t Kartoffeln angegeben.

Beim *Amyloverfahren* werden die Kartoffeln gewaschen, auf einer Sägeblattreibe zerrieben, mit Wasser von 60 °C und 0,5 bis 1% Grünmalz versetzt, rasch auf 73 °C aufgewärmt, 30 min lang verflüssigt, gedämpft, woran sich das Einleiten in den Gärkessel anschließt. Bei 38 bis 39° erfolgt dann das Vergären mit den Amylase liefernden Schimmelpilzen, 24stündiges Belüften und daraufhin Vergärung mittels Hefe unter Belüften. Die Alkoholausbeute beträgt 66 l je 100 kg Stärke. Der Vorteil liegt in dem Fortfall der Fruchtwässer. Doch wird das Verfahren heute fast nur noch in Mais- und Reisbrennereien angewandt.

Die Beseitigung der in Kartoffelbrennereien ziemlich gleichmäßig und überwiegend nur im Spätherbst und Winter anfallenden Abwässer macht bei den Brennereien, die landwirtschaftlichen Betrieben angeschlossen sind, keine Schwierigkeiten. Durch Siebanlagen werden die festen organischen Stoffe, wie Kartoffelreste usw., abgefangen. Sie können mit der Schlempe verfüttert werden. Die von der Kartoffelwäsche kommenden, an erdigen Bestandteilen, wie Sand und Lehm, mehr oder weniger reichen Abwässer werden hiervon und von den durch Siebe nicht zurückgehaltenen Stoffen in genügend großen Erdbecken befreit. Steht ein sehr großer Vorfluter zur Verfügung, so kann man die Kartoffelwaschwässer nach dieser Reinigung direkt ablassen. Bei kleineren Vorflutern wird man sie nach der Vorreinigung mit den übrigen Abwässern, den Frucht- und den Spülwässern, bei geeigneten Bodenverhältnissen durch Verrieselung reinigen. Bei den oft geringen Abwassermengen sind meist kleine Flächen (1 bis 2 ha) ausreichend. Unter Umständen kann man sogar eine Untergrundberieselung durchführen.

Steht geeignetes Rieselland nicht in genügendem Ausmaß zur Verfügung, so reinigt man das Abwasser nach genügender mechanischer

Reinigung durch intermittierende Bodenfiltration, durch Verdunstung oder Versickerung in ausgehobenen Grüben oder Erdbecken, die aber wegen der Geruchs- und Fliegenbelästigungen in genügender Entfernung von bewohnten Häusern angelegt werden müssen. Je t Kartoffeln rechnet man mit einem Einwohnergleichwert von 1500.

b) Kornbranntweinbrennereien

In den Kornbranntweinbrennereien wird als Rohstoff Roggen, Reis, Gerste, Weizen, Hirse, Mohrenhirse und Mais verwandt. Diese Rohmaterialien werden gewaschen. Die hierbei entstehenden Abwässer, die sog. *Waschwässer*, enthalten neben erdigen Bestandteilen kleine Mengen organischer Bestandteile in Form losgelöster Schalenreste und Kornteilchen. Sie können meist nach Durchgang durch eine Sieb- oder Rechenanlage und Absetzenlassen in Absetzbecken zusammen mit den Kühl- und Kondenswässern, ohne Schaden zu verursachen, in die öffentlichen Gewässer abgelassen oder nach Chlorung auch im Kreislauf verwandt werden. Das fein geschrotene Korn wird dann mit der 2- bis 3fachen Menge Wasser eingeweicht, nach Zugabe von etwas Schwefelsäure auf 62 bis 65 °C erwärmt und zur Verzuckerung wie bei den Kartoffelbrennereien mit fein geschrotenem Malz versetzt. Roggen kann wegen seines Gehaltes an Rohkorndiastase auch unter Selbstverzuckerung ohne Malz verarbeitet werden. Die weitere Verarbeitung gleicht der der Kartoffelbrennereien.

Nach der Destillation des Alkohols aus der vergorenen Maische bleibt eine Schlempe zurück. Die nach Abtrennung der eigentlichen Schlempe, ein in der Landwirtschaft sehr gesuchtes Futtermittel, anfallenden Abwässer können infolge ihres hohen Gehaltes an organischen Stoffen im Vorfluter schwere Schädigungen durch Bildung von Abwasserpilzen, Ablagerungen fäulnisfähiger Schlammassen, durch Geruchsbelästigungen, und vor allem völligen Sauerstoffschwund hervorrufen. Letzterer ist schon in sehr vielen Fällen die Ursache größerer Fischsterben unterhalb von Brennereien gewesen. Die konzentrierte Schlempe geht sehr leicht in saure Gärung über und ist stark fäulnisfähig. Über die weitere Behandlung dieser Abwässer siehe unter Melassebrennereien. Die anfallende Schlempe kann entweder direkt verfüttert oder auch nach der Separation auf Walzentrocknern zu Schlempeflocken getrocknet werden. Die beim Abpressen der Treber, die für sich getrocknet werden, anfallenden Preßwässer werden in einer Verdampferanlage vollständig zur Trockne verdampft, wobei ein stark Riboflavin enthaltendes Trokkenfutter anfällt, das sich besonders in der Hühnerzucht bewährt hat. Eine große Brennerei in Päoria (Illinois), die vorwiegend Mais verarbeitet, stellt aus 85% der Schlempe Trockenfutter her. Der Rest wird als Naßfutter verwendet. Das Trockenfutter hat einen hohen Riboflavingehalt und 22 bis 33% Rohprotein. Durch Zusatz von Kalziumcarbonat bleibt es streufähig.

Dieses Verfahren hat besonders bei dem Amyloverfahren Bedeutung, wenn als Rohstoff Mais oder Reis angewandt wurde. Getreideschlem-

Zusammensetzung der Riboflavinkonzentrate

	a Treber	b Abwasser
Rohprotein	33,0%	15,0%
Rohfett	3,0%	5,0%
Rohfaser	3,0%	1,5%
Stickstofffreie Extraktstoffe .	30,0%	41,0%
Wassergehalt	5,0%	8,0%

pen, insbesondere Maisschlempen, sind nährstoffreicher als Kartoffelschlempen. Der Einwohnergleichwert wird von WAGNER mit 2000, von BORUFF und BLAINE[1] mit 1400 je t Getreide angegeben. Wird jedoch die völlige Verdampfung durchgeführt, so sinkt der Einwohnergleichwert auf 30 bis 80 je t Korn. Ohne Eindampfung müssen die Abwässer erst stark verdünnt werden, ehe man sie auf Hochleistungstropfkörpern weiter behandeln kann. Von verschiedenen amerikanischen Kornbrennereien gibt ELDRIDGE[2] für verschiedene Untersucher folgende Werte an:

Tabelle 21. *Analysen von verschiedenen Brennereiabwässern*

	BUSWELL u. LE BOSQUET mg/l	BORUFF u. BUSWELL mg/l	HATFIELD mg/l	BURR u. HOOVER mg/l
Gesamt-Abdampfrückstand. .	30—40000	28—40000	11200	47350
Mineralisch	6— 8000			4050
Organisch	24—32000			43300
Gesamtstickstoff	1900	1400—1900	590	—
BSB_5	15—16000	17000	12000	34100
Kaliumpermanganatverbrauch		10—20000	5700	14280
Schwebestoffe	—	4170	24800	—

c) Melassebrennereien und Hefefabriken

In den Melassebrennereien wird die in den Rohzuckerfabriken als Restprodukt anfallende Melasse, die etwa 50% Zucker enthält, verwandt. In der Melasse finden sich die bei der Zuckergewinnung aus Rüben, Rohrzucker usw. nicht ausfällbaren Eiweißstoffe und sonstigen organischen Nichtzuckerstoffe, die Salze und die „Humin"-Verbindungen, die der Melasse die dunkle Farbe verleihen, angereichert. Die Verarbeitung der Melasse geschieht durchweg in industriellen Betrieben, besonders dort, wo man größeren Wert auf die Hefeherstellung legt, in den sog. Hefefabriken. Während die Spiritusbrennereien mit verhältnismäßig hohen Würzekonzentrationen arbeiten (18 bis 24% Extrakt), benutzen die Hefefabriken sehr dünne Würzelösungen mit Konzentrationen von 3 bis 4%. Die Melasse wird je nach dem Fabrikationsziel (Sprit oder Hefe) mit der 3- bis 25fachen Menge Wasser verdünnt und geklärt. Die sterilisierte Maische wird unter Zugabe von Ammonsalzen

[1] BORUFF, C. S., u. R. K. BLAINE: Sew. and Ind. Wastes Bd. 25 (1953) S. 1179.
[2] ELDRIDGE, E. F.: Zit. S. 325.

und Phosphaten vergoren. Die 48—72 Stunden dauernde Gärung bedarf der Kühlung, wobei nicht verschmutzte Kühlwässer anfallen. Bei dem alten Verfahren (Wiener Abschöpfverfahren) wird mit konzentrierten Maischen gearbeitet, um die übrigbleibende Schlempe zur Viehfütterung verwenden zu können. Bei dem neuen Lufthefeverfahren, bei dem größere Hefeausbeuten erzielt werden und der Sprit Nebenerzeugnis ist, arbeitet man mit stark verdünnten Maischen. In verschiedenen Brennereien werden zum Ansetzen Mischungen von Melasse mit beträchtlichen Mengen Malz und Korn angewandt, wohingegen andere Brennereien nur ganz wenig Zerealien benutzen. Nach der Art des Betriebes richtet sich auch ganz die Zusammensetzung des Abwassers. Ist die Hefebildung zu Ende, wird die Hefe zum Absetzen gebracht, darauf die vergorene Maische abgehebert und zur Gewinnung des Alkohols abdestilliert. Die Hefe wird in Filterpressen abgetrennt, dann mit Wasser gewaschen und in den Formpressen verpackt. Statt der Filterpressen wendet man vielfach Zentrifugen (Separatoren) an. Der Hefebrei wird mit reichlich Wasser verdünnt und wiederholt ausgeschleudert. Es fallen erhebliche Mengen eines sehr dünnen Abwassers an.

α) *Anfallende Abwässer*

Außer den im Betrieb anfallenden reichlichen Wasch- und Spülwässern fallen als Abwässer an:

1. Die stoßweise anfallende *abgebrannte Würzeschlempe*, welche unverbrauchte Stoffe der Melasse und Reste der zugesetzten Nährsalze, meist auch etwas Hefe enthält und stets mehr oder weniger sauer ist. Charakteristisch für die Würze ist ihr hoher Gehalt an schwefelhaltigen Eiweißverbindungen, die in erster Linie die Ursache der starken Geruchsbelästigungen bei der Fäulnis sind;

2. die *Hefewaschwässer*, welche ebenso wie die übrigen Waschwässer von den Gärbottichen usw. Anteile von Würze und etwas Hefereste enthalten;

3. die großen Mengen reiner *Kühlwässer*, die nicht mit dem anderen Abwasser vermischt werden sollten, sondern entweder nach genügender Abkühlung in Plattenkühlern oder Kühlteichen in den Betrieb zurückwandern oder in den Vorfluter abgelassen werden können.

β) *Menge des Abwassers und Einfluß auf den Vorfluter*

Die Menge der anfallenden Würze beträgt je nach der Arbeitsweise bis zu etwa dem 15—80fachen der verarbeiteten Melasse. Durch die Wasch-, Scheuer- und Hefewaschwässer wird diese Menge noch erheblich vermehrt. Die Fallwässer stellen verhältnismäßig reine Kondensate dar, die nach Abkühlung im Betrieb wieder verwandt werden können. Je nach der Wiederverwendung derselben im Betriebe schwankt die Gesamtabwassermenge sehr stark.

SCHMIDT[1] berichtet über den Einfluß der Abwässer einer Branntweinbrennerei auf einen kleinen Fluß, dessen Wasser 1 km unterhalb in einer Pergamentfabrik als Spülwasser benutzt wurde. Durch die starke Entwicklung von Sphaerotilus kam die Pergamentfabrik zum Erliegen. Nach Fernhaltung der Schlempen durch Absetzenlassen in einer Grube und Abfuhr aufs Land ging das Pilzwachstum sehr schnell zurück, und die Störungen im Betrieb waren behoben. Da das Abwasser der Brennereien nach vollkommener Abtrennung der Schlempe nur noch geringe Mengen an gelösten Stoffen enthält, so kann man zu seiner Reinigung mit mechanischen Klärrvorichtungen nicht viel erreichen. Auch die Anwendung chemischer Fällung führt zu keinem Erfolg, da es sich um echt gelöste Stoffe handelt.

γ) *Eigenschaften des Abwassers*

Die vom Alkohol befreite (abgebrannte) Würze (Schlempe) fällt zunächst steril an. Es findet jedoch sehr bald eine Infektion durch Bakterien statt, sobald sich die Flüssigkeit im Abschwemmkanal abkühlt und mit anderem Abwasser oder Flußwasser vermischt hat. Die Schlempe ist durch organische Säuren verhältnismäßig stark sauer, von mehr oder weniger brauner Farbe, durch feinst verteilte, kolloide Stoffe schwach getrübt und enthält stets auch eine geringe Menge absetzbarer Schwebestoffe. Der größte Teil der Stoffe befindet sich in echter Lösung, so daß auf mechanischem Wege (durch Filtration oder Absetzbecken) die Schmutzstoffe nicht entfernt werden können. Die Schlempe hat einen hohen Gehalt an organischen Stoffen, die nach einer gewissen Verdünnung leicht in Fäulnis übergehen, wie Dextrine, Melanoidine, Zucker, und zuckerähnliche Stoffe, Harze, Gummi, Stärke, organische Säuren, wie Amino-, Milch-, Butter- und Essigsäure. Gegenüber häuslichem Abwasser zeigen die Hefefabrikabwässer, gemessen am Kaliumpermanganatverbrauch, eine 30- bis 50fache Konzentration. Ihr Schwefelgehalt kann sogar 100fach größer als in häuslichem Abwasser sein. Die Konzentration derartiger Wässer kann wie folgt schwanken:

Tabelle 22. *Zusammensetzung von Schlempeabwässern*

		Nach HOOVER und BURR mg/l	Nach FRANCIS mg/l
Gesamtabdampfrückstand	10—40000	71050	70200
Gelöste Stoffe	9850—39500	—	—
Gelöste organ. Stoffe	8500—33000	45690	—
Säuregehalt	1000— 5000	4500	4760
Kaliumpermanganatverbrauch	6000—16000	29750	15350
Biochemischer Sauerstoffbedarf	5000—10000	28700	—

1 m^3 Preßhefefabrikabwasser hat demnach einen Einwohnergleichwert von 100 bis 200. Auf angewandtes Getreide gerechnet gibt IMHOFF für 1000 l Getreide einen Einwohnergleichwert von 1500 bis 2000 an.

[1] SCHMIDT, B.: Ges. Ing. Bd. 62 (1939) S. 115.

d) Obst-, Beerenbranntwein, Weinbrand usw.

Zur Gewinnung von Obstbranntweinen werden meist Äpfel und Birnen, für Beerenbranntweine fast alle Beerenfrüchte, vorwiegend aber Kirschen, Zwetschen und Pflaumen, für Weinbrand wird Traubenmaische oder aufgespritete Brennweine, für Rum Rohrzuckermelasse benutzt. Die Vergärung ist aber erheblich einfacher, da Dämpfen und Vormaischen fortfällt. Man überläßt die zerquetschten, vollreifen Früchte meistens der Selbstvergärung. Oft werden auch Reinhefen (Weinhefen), z. B. bei Kirschen- und Zwetschenbranntweinen zugesetzt. Da Hefe gegen luftbedürftige Essigbakterien sehr empfindlich ist und die Vermehrung der Hefe auf Kosten der Alkoholausbeute vor sich geht, muß die Vergärung unter Luftabschluß durchgeführt werden. Vergorene Wein- und Obsttrester werden am besten abgepreßt und nur der Saft gebrannt. Günstige Gärungstemperatur 20 bis 25°, günstiger p_H-Wert 4,5, Dauer der Gärung 1 bis 4 Wochen. Bei der Vergärung von Heidelbeeren, gerbstoffreichen Birnen, bei Vogelbeeren und bei Wacholder muß Ammoniumsalz als Hefenährstoff zugesetzt werden. Wacholderbranntwein wird durch Vergären der etwa 30% Invertzucker enthaltenden zerquetschten Beeren mittels Reinzuchthefen gewonnen.

Es wird mehrmals destilliert, bis der Branntwein die gewünschte Stärke hat. Eine Maische mit 10% Alkohol ergibt einen 28%igen Rauhbrand, nach der zweiten Destillation einen solchen von 50% (Feinbrand). Die geschmacklich schlechteren Vor- und Nachlaufanteile werden vom zweiten Destillat abgeschieden. Im Vorlauf findet sich Azetaldehyd und Ester und auch Methylalkohol. Diese Anteile werden verworfen und gelangen ins Abwasser. In größeren Brennereien kann man sie noch weiter aufarbeiten. Der Vorlauf schmeckt scharf, der Nachlauf fuselig. Bei der Herstellung von Kognak aus feinen Weinen wird nur einmal destilliert.

Die bei der Vergärung von Kirschen und Zwetschen anfallenden, meist aus den Kernen bestehenden Schlempen werden auf Haufen geschüttet und im Winter nach der Trocknung verbrannt. Die bei der Weindestillation und Obstrestern anfallenden Schlempen werden als Dungstoff auf die Felder gefahren. VAUGHN und MARSH[1] berichten eingehend über die Abwässer der Weinbrennereien in den Weinbaugebieten in Kalifornien. Je Tonne Trauben fallen 750 l Schlempe an. Während der 90tägigen Kampagne werden rd. 1,5 Millionen t Trauben verarbeitet. Sie geben die Zusammensetzung der Weinbrennereiabwässer wie folgt an:

Abdampfrückstand .	20000 mg/l	p_H-Wert	3,5—4,1
Glühverlust	16000 mg/l	K-Bitartrat	1250—7250 mg/l
BSB_5	20000 mg/l		

e) Reinigung der Brennerei- und Preßhefefabrikabwässer

Werden die in einer Brennerei oder Hefefabrik anfallenden Abwässer in einen Vorfluter abgelassen, so können sie zu den größten Unannehm-

[1] VAUGHN, R. H., u. G. L. MARSH: Industr. Engng. Chem. Bd. 45 (1953) S. 2686.

lichkeiten Veranlassung geben. Schon auf dem Wege zum Vorfluter verbreiten diese sehr leicht in stinkende Fäulnis übergehenden Abwässer in offenen Gräben arge Geruchsbelästigungen. Im Vorfluter rufen sie durch ihren sehr großen biochemischen Sauerstoffbedarf sehr schnell Sauerstoffschwund hervor und sind dann sehr häufig die Ursache großer Fischsterben. Ferner begünstigen sie stark das Wachstum der Abwasserbakterien Sphaerotilus und Leptomitus, die dann ihrerseits wieder stark belästigend auf die Unterlieger wirken (Zusetzen der Rechen vor Turbinen, Schlammablagerungen, die sehr stark sauerstoffzehrend sind und daher oft noch weit unterhalb der Anfallstelle sekundäre Fischsterben hervorrufen können). Bei kleinen Vorflutern setzen sich die Geruchsbelästigungen noch auf sehr weite Strecken fort.

Durch den hohen Gehalt an leicht zersetzlichen organischen Stoffen gehen die aus dem Maischbottich oder der Destillierblase kommenden Abfälle und die Hefewaschwässer zunächst sehr schnell in saure Gärung über. Hat diese saure Gärung einen bestimmten Grad überschritten, so wird oft die weitere aerobe biologische Reinigung erschwert. Bei kleineren auf dem Lande liegenden Brennereien hat man die bei dem alten (Wiener) Verfahren anfallenden Abwässer (in der Hauptsache die Schlempe) nach guter mechanischer Reinigung allein oder in Mischung mit anderen Futterstoffen, wie Kleie, Häcksel, an das Vieh verfüttert. In der Zeit erschwerten Absatzes der Schlempe wurden diese Abwässer auch in Trocknungsanlagen eingedampft und hierauf auf Futtermittel verarbeitet. Bei dem zur Zeit fast ausschließlich angewandten Lufthefeverfahren, bei dem außer den üblichen Abwässern stark verdünnte Schlempen anfallen, werden nur noch die anfallenden Treber (bei Verarbeitung von Getreide) für Futterzwecke verwendet. Die abgebrannte und entgeistete Schlempe ist hierfür zu stark verdünnt.

Rudolfs und Trubnik[1] haben Versuche mit der Elektrodialyse unter gleichzeitiger Anwendung der chemischen Fällung durchgeführt. Die Elektrodialyse eignet sich aber nicht zum Entfernen der gelösten organischen Verbindungen. Es ergab sich nur eine Abnahme von höchstens 40%. Von den verschiedenen Elektroden haben sich in einem dreizelligen Dialysator mit Asbestmembranen als Kathode Eisen und als Anode Kohle oder Aluminium bei einer Stromquelle von 24 V bewährt.

Für die Reinigung kommen in erster Linie biologische Verfahren in Frage, und zwar die natürlichen wie auch die künstlichen Verfahren.

α) Natürliche biologische Verfahren. Rieselverfahren

Wegen des Gehaltes der Abwässer an Dungstoffen hat man besonders in den Fällen, wo die Brennereien einem landwirtschaftlichen Betrieb angeschlossen sind und bei diesem genügend große Flächen mit geeigneten Bodenverhältnissen zur Verfügung stehen, gern das Rieselverfahren angewandt. Die vor der Verrieselung durch Kühl- und Spülwässer weitgehend verdünnten und durch Kalk oder ein gleichwertiges Neutralisationsmittel neutralisierten Abwässer ergeben auf den Rieselfeldern und

[1] Rudolfs, U., and E. H. Trubnik: Sew. Works J. Bd. 30 (1948) S. 1084.

Rieselwiesen eine gute Steigerung der Ernteerträge. Leider ist infolge der Konzentration der Abwässer der Bedarf an geeigneten Flächen sehr groß. Hinzu kommt als weiterer Nachteil, daß die gärenden und faulenden Abwässer in der Nachbarschaft starke Geruchsbelästigungen verursachen. Steht genügend geeignetes Rieselland zur Verfügung, so wird man am zweckmäßigsten, zumal in weniger bebauten Gegenden, die Verregnung anwenden. Dies ist besonders dann der Fall, wenn das Wasser ohnehin gepumpt werden muß.

Bei beschränkteren Flächen dagegen kann man die intermittierende Bodenfiltration benutzen, die aber eine sehr begrenzte Wirksamkeit hat. Staufilter leiden sehr unter der sehr schnellen Verstopfung, wodurch ihre Wirksamkeit sehr schnell nachläßt. Auch drainierte Staubecken verstopfen sich sehr schnell. ZWINKAU[1] beschreibt den Bau einer Großfeldberegnungsanlage zur landwirtschaftlichen Verwertung der gewerblichen Abwässer von Konstadt, die in der Hauptsache aus Brennereiabwasser bestehen. Die jährlich anfallenden 160000 bis 180000 m³ Abwasser einer Preßhefefabrik werden auf einer 100 ha großen Fläche verrieselt oder verregnet in der Weise, daß die jährliche durchschnittliche Regenhöhe von 650 mm um weitere 160 bis 180 mm ergänzt wird. Beim Verregnen der Hefeabwässer wurden besonders günstige Ergebnisse bei Grasland, Rüben, Mais und Hanf erzielt. Bei Kartoffeln konnte nur bei besonderer Sortenauswahl und wenn ein Saatgut verwandt wurde, das auf unberegneten Flächen gezogen war, ein Erfolg verzeichnet werden. Um Pflanzenschäden zu vermeiden, muß man die Konzentration der Abwässer besonders an warmen Sommertagen sehr niedrig halten. BEINERT[2] erzielte auf einer 65 ha großen Fläche in Giesmannsdorf mit Hefeabwasser, wenn es im Verhältnis 1:2 mit gutem Wasser (wozu man unter Umständen Kühlwasser benutzen kann) verdünnt auf Rieselwiesen gebracht wurde, recht gute Erträge, besonders dann, wenn er die Hefeabwässer vor dem Verrieseln kalkte. ACKLIN[3] und seine Mitarbeiter haben Versuche mit den Abwässern einer Obstsaftbrennerei gemacht. Eine vorhandene Klärgrube wurde in eine Mischkammer für die Kalkung der gesamten sauren Abwässer umgebaut und das Abwasser auf einem intermittierend betriebenen Staufilter behandelt. Die Zugabe der Kalklösung in die Mischkammer erfolgte durch einen Niederdruckwasserschieber, der die notwendige Feineinstellung zur Regulierung des Zuflusses der Kalklösung sicherte. Die drainierte Staufilteranlage hatte 4 Kammern, die aus einem 30 cm starken Kies- und Sandfilter bestehen. Jede Staukammer war mit einem Sickerschacht mit Kiesfüllung ausgerüstet. War eine weitere Vorbehandlung des mechanisch vorgeklärten Abwassers erforderlich, so wurde ein Torffilter vorgeschaltet.

Für die Hefefabrikabwässer empfiehlt STRELL[4] die Trennung der schwefelsauren Abwässer von den übrigen Abwässern, die durch Oberflächenberieselung oder Bodenfilter nach guter mechanischer Vorklärung

---

[1] ZWINKAU: Die Bautechnik Bd. 15 (1937) S. 601.
[2] BEINERT, FR. K.: Der Kulturtechn. 1940, S. 35.
[3] ACKLIN, BRÄM u. ZURCHER: Techn. Hygiene Bd. 33 (1933) S. 38.
[4] STRELL: Gesundh.-Ing. Bd. 37 (1934) S. 664.

in einer Frischwasserkläranlage gereinigt werden sollen. STRELL zählt hierbei außer den Brennereien und Melassespritfabriken zu den in Frage kommenden Betrieben auch die Malz-, Malzextrakt- und Sulfitspritfabriken, die Obst- und Weinkellereien und -keltereien. Die gut vorgereinigten Abwässer dieser Betriebe sollen durch Verrieselung auf Äckern, Wiesen und Gärten, auf Feldern oder durch Untergrundberieselung gereinigt werden. Bei Sulfitspritabwässern hat jedoch die Verrieselung in Königsberg nur einen Teilerfolg gehabt, was bei dem hohen Gehalt dieser Abwässer an sehr schwer abbaubarem ligninsulfosaurem Kalk auch nicht anders zu erwarten war (Weiteres s. unter Sulfitablauge).

β) Künstliche biologische Verfahren

Bei der Anwendung der biologischen Verfahren muß man Rücksicht auf die in den Betrieben oft verwandten Desinfektionsmittel (Bekämpfung der Entwicklung schädlicher wilder Hefen) nehmen. In manchen Fällen wird das Versagen des einen oder anderen Verfahrens zur biologischen Reinigung auf den Zufluß dieser starken Desinfektionsmittel zurückzuführen sein. Außer Soda und Kalkmilch als Reinigungsmittel werden hauptsächlich Montanin (Kieselfluorwasserstoffsäure), Fluorammonium, Antiformin, Antifermentin (alkalische Hypochloritlösung) als Desinfektionsmittel angewandt.

Tropfkörper. SANDER[1] hat umfangreiche Vergleichsversuche über die Möglichkeit der Anwendung von Tropfkörpern, Emscherfiltern, Belebtschlammverfahren und belüfteten Tropfkörpern gemacht. Bei seinen Versuchen wandte SANDER einen 4,5 m^3 großen Lattentropfkörper an, weil dieser die beste Luftzufuhr gewährleistet.

Die abgebrannte, noch warme Schlempe wurde zunächst zur Abkühlung über ein Gradierwerk gegeben. Dies hatte den großen Vorteil, daß sich das Abwasser beim Versprühen reich mit Sauerstoff sättigen konnte, so daß eine längere Frischhaltung gewährleistet wurde. Die gekühlte Schlempe war sauer und mußte vor der Weiterbehandlung neutralisiert werden. Ein Versuch, diese Entsäuerung durch ein mit haselnußgroßen Marmorstücken beschicktes Filter durchzuführen, führte nicht zum Ziel, weil die mit kolloiden Stoffen beladenen und Sulfat enthaltenden Würzen die Oberfläche der Marmorstückchen bald mit einem feinen Häutchen überzogen. Besser bewährte sich die direkte Zugabe von Kalk. Auf 1 m^3 Würze wurden 650 g gesiebter, gelöschter Kalk zugegeben. Nach Zugabe des Kalkes wurde 15 min lang gut durchgerührt. Nach einstündigem Absetzen wurde die Flüssigkeit, die jetzt einen p_H-Wert von 7,9 hatte, abgezogen.

Der Tropfkörper wurde zunächst mit häuslichem Abwasser eingearbeitet, ein Verfahren, das leider nicht in allen Fällen anwendbar sein wird. Nach der Einarbeitung wurde er mit Schlempe, die mit 3 Teilen

---

[1] SANDER: Kl. Mitt. Landesanst. Wasser-, Boden-, Lufthygiene Bd. 9 (1933) S. 56.

Leitungswasser verdünnt war, beschickt. Der Tropfkörper konnte mit 200 l je m^3 Tropfkörpermaterial in 24 Std. belastet werden. Bei stärkerer Belastung zeigte der Tropfkörper zwar noch einen fäulnisunfähigen Abfluß, es trat aber eine starke Verschleimung des Tropfkörpers ein, und außerdem verbreitete er einen sehr unangenehmen Geruch. Weil die die Reinigung bewirkenden Bakterienrasen allmählich zerfallen, mußten sie laufend ausgespült und in Nachklärbecken herausgefangen werden.

RUDOLFS und TRUBNIK[1] erzielten auf Tropfkörpern bei einer Belastung von 4,5 kg BSB_5 auf 1 m^3 Tropfkörpermaterial einen Abbau von 50% des BSB_5, wenn sie das Hefeabwasser genügend mit Kühlwasser verdünnten und stets den p_H-Wert 7,0 einhielten. Bei einem p_H-Wert unter 6,0 bilden sich wilde Hefen, die das Tropfkörpermaterial verstopfen.

Die günstigsten Wirkungen wurden bei einem p_H-Wert von 7,5 bis 7,7 und bei einer Belastung von 200 l Schlempe, die mit 660 Teilen Leitungswasser oder Rücklaufwasser verdünnt worden waren, auf 1 m^3 Tropfkörpermaterial in 24 Std. erzielt. Offene Tropfkörper haben bei dieser geringen Belastungsmöglichkeit den Nachteil großer Baukosten; außerdem können sie wegen der starken Geruchsbelästigungen und wegen der Fliegenplagen nicht in der Nähe menschlicher Siedlungen errichtet werden. Überalkalisierungen müssen peinlichst vermieden werden, da sonst die Bakterienhäute abgetötet werden. HOOVER und BUTT versuchten, durch eine vorgeschaltete chemische Fällung die Tropfkörper zu entlasten. Sie hatten hiermit aber keine befriedigenden Ergebnisse.

Bei den von PRÜSS und BLUNK eingeführten geschlossenen und belüfteten Tropfkörpern können die üblen Gerüche und die durch die Fliegenplage bedingten Belästigungen weitgehendst vermieden werden. Wieweit sie eine stärkere Belastung der Tropfkörper zulassen, wird in jedem Falle von der Konzentration der Abwässer abhängen und muß nachgeprüft werden.

In Crystal Lake (II) ist eine Reinigungsanlage für die Abwässer einer Hefefabrik errichtet worden, die aus einem großen Teich, einem Tropfkörper und einem Nachklärbecken besteht. Die Abwässer kommen mit einem BSB_5 von 4500 mg/l von der Fabrik und gehen in den Teich, in dem sie mit dem Tropfkörperabfluß reichlich verdünnt werden. Das genügend verdünnte Abwasser wird am Ablauf des Teiches auf die Tropfkörper gepumpt, die mit 12 m^3 Abwasser je m^3 Tropfkörpermaterial beschickt werden. Der Ablauf der Teiche hat noch einen BSB_5 von 200 bis 250 mg/l. FISCHER[2] reinigt Hefeabwasser auf einer zweistufigen Tropfkörperanlage. Das rohe Abwasser hat einen BSB_5 von 18700 bis 19500 mg/l und wird mit dem endgültigen Ablauf der zweiten Stufe verdünnt. Der Ablauf der ersten Stufe hat noch einen BSB_5 von 1610 mg/l und von der zweiten Stufe von 1100 mg/l.

---

[1] RUDOLFS, W., u. E. TRUBNICK: Sew. Works J. Bd. 21 (1949) S. 451.
[2] FISCHER, A. J.: Water Works and Sewerage Bd. 87 (1940) S. 481.

Belebtschlammverfahren. Die Anwendung des Belebtschlammverfahrens für die abgebrannten Schlempen der Brennereien stößt auf Schwierigkeiten, da diese mit ihrem sehr hohen Gehalt an organischen Stoffen, vor allem aus der Gruppe der Kohlehydrate und Eiweißstoffe, bei ungenügender Verdünnung leicht Blähschlammbildung hervorrufen. Selbst bei Verdünnungen von 1 Teil Schlempe mit 3 Teilen Leitungswasser ist es schwer, einen geeigneten Flockenschlamm zu erhalten. Bei diesen Verdünnungen sind außerdem lange Belüftungszeiten bis zu 24 Std. erforderlich. Selbst nach Alkalisierung der Würzen mit Kalk sind reichlichere Verdünnungen (1:10) mit Rücklaufwasser oder am besten mit häuslichem Abwasser notwendig. Weiter ist wichtig, möglichst frische Schlempen anzuwenden. Bei genügender Verdünnung durch häusliches Abwasser kann die Gefahr der Blähschlammbildung durch Zugabe kleiner Mengen von Eisensalzen vermindert werden. Sollte es im Belebungsbecken zu Pilzbildungen kommen, so können diese durch zwischengeschaltete Spülsiebe beseitigt werden. Diese Anordnung ist besonders einfach beim HAWORTH-Verfahren anzubringen.

Nachdem seine Versuche mit Emscherfiltern zur Reinigung von Brennereiabwasser versagt hatten, führte FURKERT[1] Versuche mit einer Schlammbelebungsanlage durch. Diese verliefen günstig, wenn er dafür sorgte, daß der p_H-Wert zwischen 7,5 und 8,1 blieb. Bei einer Verdünnung des Abwassers bis auf einen Kaliumpermanganatverbrauch von rund 2000 mg/l wurde ein Abbau bis auf 680 mg/l erreicht.

NOLTE und BANDT[2] haben Versuche zur Reinigung von Brennereiabwasser mit Hilfe des Magdeburger P-Verfahrens durchgeführt. Nach genügender Verdünnung erzielten sie bei einer Belastung der Belebtschlammanlage mit 1,6 kg BSB_5 je m^3 sehr befriedigende Erfolge.

Aerobe Behandlung in Teichen. BODE[3] leitete die ziemlich stark konzentrierten Abwässer einer Melassespritfabrik zwecks „oxydativ biologischen Abbaus“ in drei nebeneinanderliegende Becken von je 7 m Breite und 50 m Länge. Der Wasserstand betrug 0,5 m. Zwischen jedem Becken war ein Überfall angebracht, über den das Abwasser 25 cm tief in dünnen Schleier herabfiel. In einem vierten, nachgeschalteten kleineren Becken sollen die mitgerissenen Schlamm- und Schwimmstoffe zurückgehalten werden. Infolge der großen Oberfläche und geringen Wassertiefe konnte der Luftsauerstoff gut in die Flüssigkeit eindringen. Verstärkt wurde die Sauerstoffzufuhr noch durch den freien Fall des Abwassers von Becken zu Becken. Das Abwasser wurde durch Pumpe und Druckrohrleitung durch ein sich über die ganze Breite erstreckendes gelochtes Verteilungsrohr am Kopfende des ersten Beckens 25 cm über der Oberfläche in feinem Strahl zwecks guter Belüftung zugeführt. Die mit 70° steril ankommenden Abwässer kühlten sich nur langsam ab, so daß in der Mitte des ersten Beckens noch eine Temperatur

---

[1] FURKERT: Vom Wasser Bd. 11 (1936) S. 167.

[2] NOLTE, E., u. H. J. BANDT: Beitrag aus dem Flußwasseruntersuchungsamt Magdeburg 1947, H. 2, S. 32.

[3] BODE: Vom Wasser Bd. 7 (1933) S. 259.

von 30° herrschte. Die Anlage zeigte wohl einen etwas säuerlichen, an Melasse erinnernden Geruch, aber keinen Schwefelwasserstoff oder sonstige Fäulniserscheinungen, so daß die vorsorglich eingebaute Chlorgasanlage gar nicht in Tätigkeit treten brauchte. Die Anlage ist in Abb. 57 dargestellt.

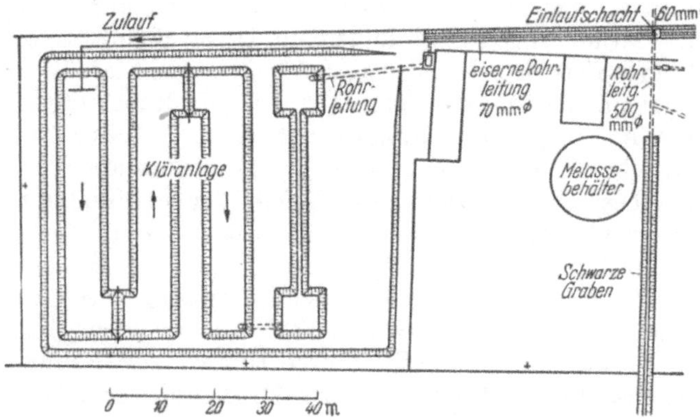

Abb. 57. Kläranlage zum oxydativ biologischen Abbau von Abwässern einer Melassespritfabrik (nach Bode)

Die Wirkung der Anlage zeigte sich in einer Abnahme

des Glühverlustes	41—63%
des Stickstoffs	13—40%
des Permanganatverbrauchs	27—72%

Anaerobe Zersetzung der Brennereiabwässer. Die anaerobe Zersetzung von Abwässern von Brennereien und Preßhefefabriken hat in den letzten Jahren immer mehr Eingang gefunden. Jensen[1] berichtet über einen 85% Abbau und Schlenz[2] sogar über einen 90% Abbau des BSB. Symes[3] benutzt das bei der Ausfaulung anfallende Gas zur Stromerzeugung. Bei einer Produktion von 7500 l Sprit gewinnt er 175 kWh.

Bei seinen Versuchen zur anaeroben Zersetzung von Brennereiabwasser benutzt Buswell[4] zur Neutralisation der sauren Abwässer bereits ausgefaulte Abwässer, die einen genügend hohen p_H-Wert haben, um die ankommende Würze zu neutralisieren. Er führt diese Ausfaulung in zwei getrennten gleichgroßen Behältern, die mit Heizrohren in der Mitte des Bodens ausgerüstet sind, durch. Der Auslauf des zweiten Behälters ist für eine ausreichende Neutralisation des ankommenden Abwassers genügend alkalisch. Bei richtiger Neutralisation können die Faulräume zur Ausfaulung von Brennereiabwasser mit 1660 g BSB je

[1] Jensen, K. E.: Trans. Chem. Congr. of World Power Conf. Bd. 3 (1937) S. 253.

[2] Schlenz, H. E.: Sew. Works J. Bd. 16 (1944) S. 514.

[3] Symes, E. L.: Mem. Conf. Anual Assoc. Techn. Azucar, Cuba. Bd. 19 (1945) S. 373.

[4] Buswell: Water Works and Sewerage Bd. 82 (1935) S. 135.

m^3 Faulrauminhalt täglich belastet werden. Bei diesen hohen Belastungen werden je m^3 Faulrauminhalt 3 m^3 Gas am Tag erzielt. Der Reinigungserfolg beträgt 75 bis 90%, d. h. ein Abwasser mit einem biochemischen Sauerstoffbedarf von 15000 bis 30000 mg/l hatte im Ablauf noch 1500 bis 3000 mg/l. Ist der Gehalt an organischen Stoffen höher als 2%, so muß das Abwasser auf 2% verdünnt werden. Eine derartige in Abb. 58 dargestellte Ausfaulanlage besteht aus einem Ausgleichsbehälter, der den gesamten Tagesanfall an Abwasser aufnehmen kann, zwei gleichgroßen Faulräumen, die auf einer Temperatur von 54 °C gehalten werden, und deren Inhalt insgesamt dem 10fachen Tagesanfall entspricht. Bei

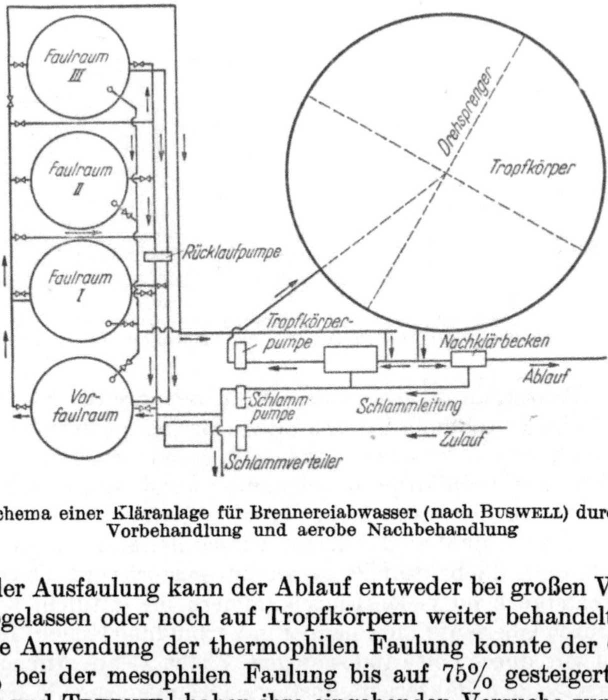

Abb. 58. Schema einer Kläranlage für Brennereiabwasser (nach BUSWELL) durch anaerobe Vorbehandlung und aerobe Nachbehandlung

genügender Ausfaulung kann der Ablauf entweder bei großen Vorflutern direkt abgelassen oder noch auf Tropfkörpern weiter behandelt werden. Durch die Anwendung der thermophilen Faulung konnte der Gasanfall von 58% bei der mesophilen Faulung bis auf 75% gesteigert werden. RUDOLFS und TRUBNIK[1] haben ihre eingehenden Versuche zum anaeroben Abbau der organischen Substanz in Brennereiabwasser laufend fortgesetzt. Bei einer ein- oder auch zweistufigen Faulanlage und einer Faultemperatur von 30 °C konnte der Faulraum je m^3 nutzbarer Raum belastet werden mit 7,2 kg gelösten Stoffen bzw. 5,44 kg organischen Stoffen bzw. 2,05 kg BSB_5 bzw. 0,27 kg organischen Stickstoffverbindungen.

In diesem Falle zeigen die gelösten Stoffe einen Abbau von 68%, der BSB einen Abbau von 85%, der organische Stickstoff einen Abbau von 74%.

Je kg organische Substanz wurde 0,465 m^3 Gas erzeugt. Das Gas hatte einen Kohlensäuregehalt von 25% neben 2,5% Schwefelwasserstoff. Dieser hohe Gehalt an Schwefelwasserstoff ist zum Teil darauf

[1] RUDOLFS u. TRUBNICK: Sewage Works J. Bd. 21 (1949) S. 294.

zurückzuführen, daß als Stickstoffquelle Ammonsulfat bei der Gärung zugegeben wird. Ersetzt man das Ammonsulfat durch Ammonchlorid, so geht der Gehalt an Schwefelwasserstoff und damit die Geruchsbelästigung stark zurück. Sollen die so vorbereiteten Wässer hinterher auf Tropfkörpern weiter aerob abgebaut werden, so müssen sie unter Umständen mit Kühlwasser oder gereinigtem Ablauf verdünnt werden. (Anwendung geschlossener Tropfkörper.)

Verfahren der „Dänischen Gärungsindustrie“. In ähnlicher Weise wie Buswell behandelt die „Dänische Gärungsindustrie“ das Abwasser in drei Stufen. In der ersten Stufe (s. Abb. 59) wird das Abwasser mittels

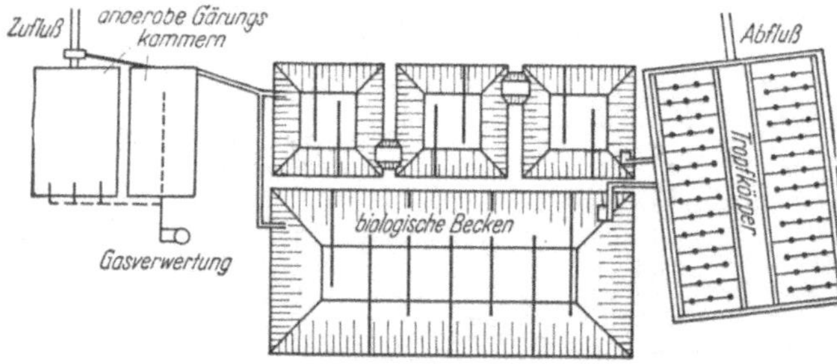

Abb. 59. Schematische Darstellung des Verfahrens der „Dänischen Gärungsindustrie“ zur anaerob-aeroben Behandlung von Melassespritabwässern

geeigneter Bakterien anaerob zersetzt, in der zweiten Stufe wird das Abwasser beim Durchfließen durch offene Becken in Berührung mit der Luft gebracht und so auf den aeroben Zustand umgestellt, um in der dritten Stufe auf Tropfkörpern vollständig aerob abgebaut zu werden.

Die Zufuhr zu der Stufe 1, in der die Abwässer anaerob abgebaut werden, muß gleichmäßig durch ein vorgeschaltetes Ausgleichsbecken erfolgen, da sonst die bakterielle Zersetzung gestört wird. Die Stufe 1 besteht aus entsprechend vielen Einzelkammern, die luftdicht verschlossen sind und durch Überläufe miteinander in Verbindung stehen. Der Flüssigkeitsstrom wird durch Leitwände geregelt. Wichtig ist die Innehaltung der für die zersetzenden Bakterien günstigsten Temperatur. Je besser es gelingt, die für die Bakterien günstigste Temperatur einzuhalten, um so besser geht die Zersetzung vor sich, und um so größer ist die Gasmenge, die gebildet wird. Bei 350 m³ Abwasser können täglich 1000 bis 1500 m³ Gas mit etwa 30 bis 40% Kohlensäure erzeugt werden. Die Gassammelleitung wird mit Manometer, Sicherheitsventil und Wasserabscheider versehen. Die entwickelte Gasmenge ergibt eine sehr gute Kontrolle der Arbeit der zersetzenden Bakterien. Bei Weiterverwendung des Gases muß der im Gas reichlich enthaltene Schwefelwasserstoff durch einen Gasreiniger entfernt werden. Für die Entschwefelung der Faulgase haben sich die von der Fa. Eisenbau Heilbronn Paul Gentsch, Heilbronn/Neckar, in raumsparender Turmform mit Zugabe und Abzug der kugelförmigen Reinigungsmasse ohne Betriebsunterbrechung bewährt. Um die zu starke Schwefelwasserstoffentwicklung zu verhindern, ist auch in diesem Falle empfohlen worden, an Stelle der schwefelsauren salzsaure Nährsalze im Betrieb zu verwenden.

In der zweiten Stufe wird in einer Reihe von offenen Becken die Umwandlung der anaeroben in eine aerobe Zersetzung eingeleitet. In diesen Kammern setzt sich aus der ersten Stufe mitgerissener Schlamm ab.

In der dritten Stufe wird die Reinigung durch eine aerobe Behandlung auf Berieselungs- oder Tropfkörpern abgeschlossen. Der Gesamtplatzbedarf für eine Fabrikanlage mit einer täglichen Verarbeitungsmenge von 20000 kg Melasse und rund 350 m^3 Abwasser erfordert eine Grundfläche von 7000 bis 9000 m^2.

Die Wirkung der Anlage beträgt, auf den Kaliumpermanganatverbrauch berechnet, 84%, auf die Abnahme des biochemischen Sauerstoffbedarfs bezogen, sogar 96%, wodurch eine sehr große Entlastung der Vorfluter erreicht wird.

B. P. SEN und T. R. BHASKARAN[1] haben in Indien Versuche mit der anaeroben Ausfaulung von Melassebrennereiabwasser durchgeführt. Als Impfstoff benutzten sie Kuhdung. Die Fauläume konnten sie mit einem BSB von 3 kg/m^3/Tag belasten. Die Faulraumzeit wird mit 10 Tagen angegeben. Je Volumen Abwasser wurden 25 Volumen Gas mit 60% Methan erzeugt. Der Ablauf zeigte einen Abbau von 90% des BSB.

Nach eingehenden Versuchen, die der Ruhrverband durchführte, bestätigen sich die von BUSWELL und BORUFF, RUDOLFS und TRUBNIK und von der Dänischen Gärungsindustrie gemachten Erfahrungen. Für eine Brennerei mit täglich 360 m^3 Abwasser = 15 m^3/h = 4,2 l/sek, das einen BSB_5 von 6000 mg/l = 2160 kg/Tag hat, bei einem Trockensubstanzgehalt von 10000 mg/l = 3600 kg/Tag und einem p_H-Wert von 5,5 ergeben sich folgende Größen der einzelnen Bauwerke. Das Abwasser fällt mit einer Temperatur von 60 bis 70 °C an.

Wenn der bei anaeroben Behandlung der Faulraum mit 1600 g BSB_5 je m^3 Faulraum/Tag belastet werden soll, ergibt sich ein Gesamtfaulraum von 1350 m^3, den man am besten in zwei Aggregate zu je 675 m^3 Inhalt auflöst. Die beiden Faulräume können hintereinander und parallel betrieben werden, wobei der Betrieb der hintereinander geschalteten Faulräume den Vorteil hat, daß man im zweiten Faulraum stets guten ausgefaulten, alkalischen Schlamm hat, der zum Impfen und Einstellen des p_H-Wertes im ersten Faulraum dienen kann. Um sich von den hohen Pumpkosten frei zu machen, baut die Kremer-Klärgesellschaft, Bonn einen Druckgas-Faulraum (s. Abb. 60), in dem sie die kostenlos vorhandene Energie des Gases zum zwangsläufigen Umwälzen des Schlammes benutzen will. Das bei der anaeroben Zersetzung abgespaltene Gas steigt nach oben, sammelt sich in einer Haube und komprimiert sich hier, selbst wenn die Gasleitung geschlossen ist. Mit steigendem Gasdruck wird der Schwimmschlamm bei der angegebenen Schieberstellung zwangsweise in den zweiten Faulraum gedrückt. Hier

[1] SEN, B. P., u. T. R. BHASKARAN: J. Wat. Poll. Contr. Feder. Bd. 34 (1962) S. 1015.

sinkt er durch Entgasung nach unten. Nach dem Druckausgleich kann man dann durch entsprechende Änderung des Gashahns und der Schieber den Schwimmschlamm aus dem zweiten Faulraum in den ersten

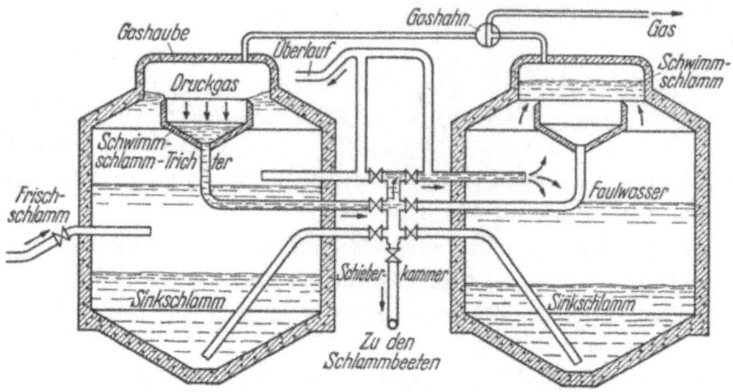

Abb. 60. Druckgas-Faulbehälter (Kremer-Klär-Ges., Bonn)

Faulraum drücken. Schwimmschlamm oder Faulraumwasser können so beliebig hin und her gepumpt werden, wobei lediglich Hahn und Schieber zu bedienen sind. Man spart auf diese Weise die Kosten für die Umwälzpumpen und den Strom.

Gut bewährt haben sich die vom Ruhrverband erbauten Faulräume (Abb. 61). Bei einer täglich anfallenden Abwassermenge von 360 m³ wird man bei einer Gasmenge von 460 l/kg organischer Substanz mit 1650 m³ Gas rechnen können. Während man bei Parallelschaltung mit

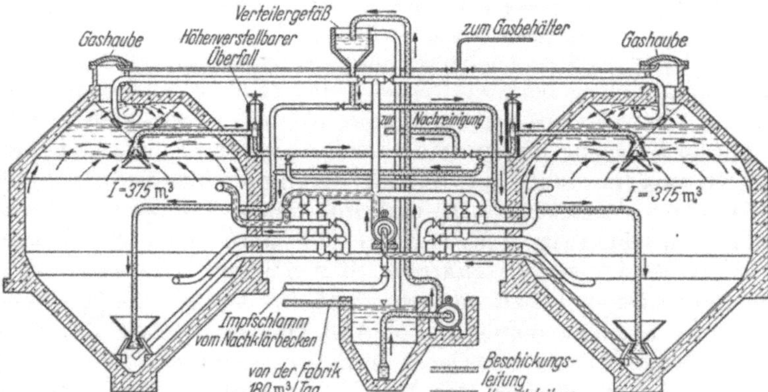

Abb. 61. Zwei hintereinander geschaltete bzw. nebeneinander geschaltete Faulräume mit Schlammumwälzung durch Umwälzpumpen (Ruhrverband)

einem 55%igen Abbau des BSB_5 rechnen kann, wird er bei Hintereinanderschaltung 80% betragen. Die Aufenthaltszeit beträgt 90 Std. = $3^3/_4$ Tage. Die Einleitung des Abwassers erfolgt an der Sohle, wodurch eine gute Vermischung und Impfung des ankommenden Abwassers mit dem abgelagerten Schlamm sichergestellt ist. Für die Nachreinigung wird ein Dortmundbrunnen mit einer Absetzzeit von 1 Std. = 15 m³ Inhalt benutzt. Der hier abgesetzte Schlamm wandert in den Faulraum zurück.

Bei einem 80%igen Abbau des BSB_5 müssen noch 1200 mg/l = 432 kg/Tag aerob abgebaut werden. Bei einer zulässigen Belastung der Hochleistungstropfkörper mit 1850 g BSB_5/m^3/Tag muß ein geschlossener, belüfteter Tropfkörper bekannter Bauweise von 235 m³ vorhanden sein. (∅ 11 m und 2,50 m Höhe, Oberfläche 95 m².)

Da die Oberflächenbelastung nach IMHOFF mindestens 0,50 m^3/m^2/Tag betragen muß, muß die stündlich anfallende Wassermenge von 15 m³ mit 32,5 m³/Std. Tropfkörperablauf auf 47,5 m³ verdünnt werden. Der voraussichtliche Abbau im Tropfkörper beträgt 67,5%, so daß auf das Rohwasser bezogen ein Gesamtabbau des BSB_5 von 93,5% zu erwarten sein wird.

Für die Nachreinigung hinter dem Tropfkörper muß wieder ein Absetzbecken mit einstündiger Aufenthaltszeit = 47,5 m³, am besten ein Dortmundbrunnen von rund 50 m³ zur Verfügung stehen. Der gesamte Schlammanfall ist nach den Untersuchungen von RUDOLFS und TRUBNIK sehr gering. Man wird mit 150 bis 160 m³ Schlamm rechnen können, der auf Ländereien als Dünger untergebracht wird.

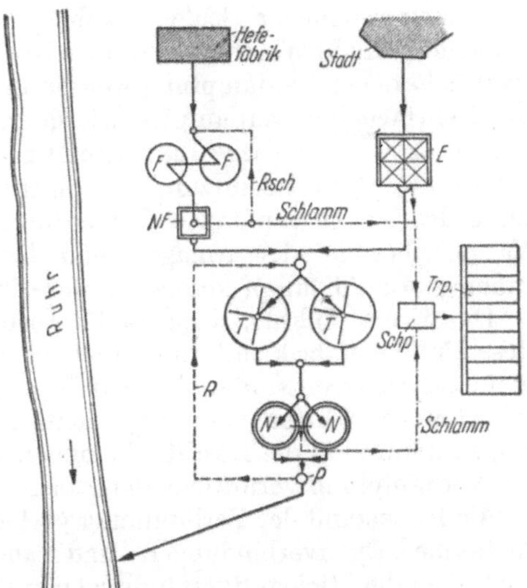

Abb. 62. Kläranlage für die anaerobe Behandlung von Abwasser einer Hefefabrik mit anschließender Nachreinigung gemeinsam mit häuslichem Abwasser
Anlagen nur für Abwasser der Hefefabrik, *F* geschlossene Faulbehälter für Hefeabwasser, *NF* Nachklärbecken für Hefeabwasser, *Rsch* Rücklaufschlamm, Anlagen nur für häusliches Abwasser, *E* Emscherbrunnen, Anlage für gemeinsame biologische Nachbehandlung des Hefefabrik- und häuslichen Abwassers, *T* Tropfkörper, *N* Nachklärbecken, *P* Pumpwerk für Rücklaufwasser, *R* Rücklaufwasserleitung, Schlammbehandlung, *Schp* Schlammpumpwerk, *Trp* Trockenplätze

In Abb. 62 ist das Schema einer gemeinsamen Anlage zur Reinigung der Abwässer einer Preßhefefabrik mit einem Anfall von 250 m³, die in einer kleinen Stadt von 8000 Einwohnern liegt, mit den Abwässern der kleinen Stadt enthalten. Die etwa 250 m³ betragende Abwassermenge einer Melassebrennerei wird zunächst in zwei Faulräumen bei 35 °C mit Umwälzung 4 Tage lang ausgefault und im Nachklärbecken von den absetzbaren Stoffen befreit. Dann werden die Abwässer mit den in Emscherbrunnen mechanisch vorgereinigten städtischen Abwässern von 8000 Einwohnern gemischt. Die Mischung der beiden Abwässer wird nach Verdünnung mit reinem Bachwasser oder gereinigtem Ablauf verdünnt und dann auf geschlossenen, belüfteten Tropfkörpern biologisch gereinigt. Das dann noch in Nachklärbecken nach der Art der Dortmundbecken vom biologischen Schlamm befreite Abwasser ist dann so weit gereinigt, daß es dem Vorfluter, wo es früher stets Fischsterben durch völligen Sauerstoffschwund und sehr starkes Sphaerotiluswachstum hervorrief, übergeben werden kann. Wenn es unbedingt erforderlich ist, die im Abwasser verbleibende hellgelbliche Färbung zu beseitigen, so kann dies noch durch eine chemische Fällung oder Hochchlorung erfolgen. Die zunächst auftretenden hohen Gehalte an Schwefelwasserstoff im Gas und im ausgefaulten Abwasser konnten dadurch erheblich verringert werden, daß man das bei der Vergärung früher als Düngesalz benutzte Ammonsulfat durch Ammonchlorid ersetzte.

γ) *Verdampfen von Brennereiabwasser*

Das gründlichste Verfahren der Reinigung ist die Beseitigung durch Verdampfung und Veraschung der Brennereiabwässer und die Verarbeitung der gewonnenen Schlempekohle auf Pottasche, wie es eine große Preßhefefabrik in Westfalen mit über 1000 m³ Abwasser lange Zeit durchgeführt hat. Zur Verdampfung werden in erster Linie Stufenverdampfer, sog. Mehrfacheffektverdampfer, wie sie in großer Anzahl und guter Vollendung für die chemische Industrie in großem Maßstab im Betrieb sind, angewandt. Gute Ausnutzung der zugeführten Wärme, z. B. die Anwärmung des einzudampfenden Gutes durch die Kondenswässer und gute Wärmeisolierung der Anlage, sind Grundbedingungen. Durch Benutzung von Abdampf können weitere Ersparnisse gemacht werden.

Die Firma Kühnle, Kopp und Kausch, Frankenthal (Pfalz) hat für diese Preßhefefabrik mit rund 1000 m³ Abwasser im Tag einen Hocheffekt-Schnellstromverdampfer mit Brüdendampfkondensation nach den Patenten von Vogelbusch eingerichtet. Nach den neuesten Verbesserungen kann man die Destillierkolonnen mit den Verdampfern koppeln. Die Verdampfung verursacht dann bedeutend geringere Betriebskosten.

Als Rückstand der Verbrennung verbleibt die Schlempekohle, die auf Pottasche, Cyanverbindungen und andere Chemikalien verarbeitet wird. Um die Stickstoffverbindungen zusammen mit den Kaliumverbindungen für Düngezwecke nutzbar zu machen, wird die eingedickte Schlempe heute vielfach nicht mehr verbrannt, sondern unter Zusatz der fehlenden Phosphate auf einen streufähigen Dünger verarbeitet. So lohnend die Eindampfung für Spritbrennereiabwässer ist, so unkaufmännisch ist es, dieses Verfahren für Preßhefefabrikabwässer anzuwenden.

Das DRP 669962 der Chemischen Werke Albert beschreibt ein Verfahren zur Überführung von Schlempekohle in ein einwandfreies, lagerbeständiges, streufähiges und neutrales Düngemittel. Die feingemahlene Schlempekohle wird mit solchen Torfaufschlußmassen innig gemischt, welche durch Behandlung von Torf mit sauren P_2O_5 und NH_4 bzw. Phosphorsäure und Ammonsulfat enthaltenden Lösungen hergestellt worden sind.

Sind die besonders stark verschmutzten Schlempen beseitigt, so macht die Reinigung der übrigen Abwässer, z. B. durch Verrieselung, keine Schwierigkeiten mehr.

DAVIDSON[1] schätzt, daß das Abwasser von 60 Whiskybrennereien in Kentucky einem Einwohnergleichwert von 7,8 Millionen Einwohnern entspricht, gegenüber der normalen Einwohnerzahl von 2,8 Millionen. Zu ihrer Reinigung verdampft er die Brennereiabwässer in einer vierstufigen Eindampfanlage und führt so die gelösten Stoffe in ein gutes Viehfutter über. Hierdurch werden bereits 98% des BSB beseitigt. Die anfallenden Kondenswässer haben noch einen BSB_5 von 3210 mg/l. Hinzu kommt noch, daß auch die übrigen, bei diesem Verfahren anfallenden Abwässer einen bestimmten Verschmutzungsgrad haben. Um auch diese letzten Reste zu beseitigen, gibt er die gemischten Abwässer über Hochleistungstropfkörper, auf denen der größte Teil der restlichen Schmutzstoffe bis auf einen Rest von 50 mg/l BSB_5 entfernt wurde, so daß der Gesamtreinigungseffekt 99,9% betrug. Der Ablauf der Hochleitungsstropfkörper geht durch ein Nachklärbecken mit $1^1/_2$ Std. Aufenthaltszeit. Der hier abgefangene Schlamm wird in einem besonderen Faulraum ausgefault und auf Trockenbeeten getrocknet. Da die Kondenswässer 6 bis 25 mg/l Kupfer enthielten, ließen sie sich in einer Schlammbelebungsanlage nicht behandeln, wohingegen bei den Hochleistungstropfkörpern der Kupfergehalt nicht störte.

Die Maschinenfabrik Gebr. Hartmann, Köln-Ehrenfeld, benutzt das Verfahren von LEFRANÇOIS, um aus der abgebrannten Schlempe nach der Abkühlung durch eine zweite Vergärung eine wertvolle Futterhefe zu gewinnen. Die auf den richtigen p_H-Wert und den richtigen Nährstoffgehalt eingestellte Schlempe wird in einem Vorgärbottich und in einem

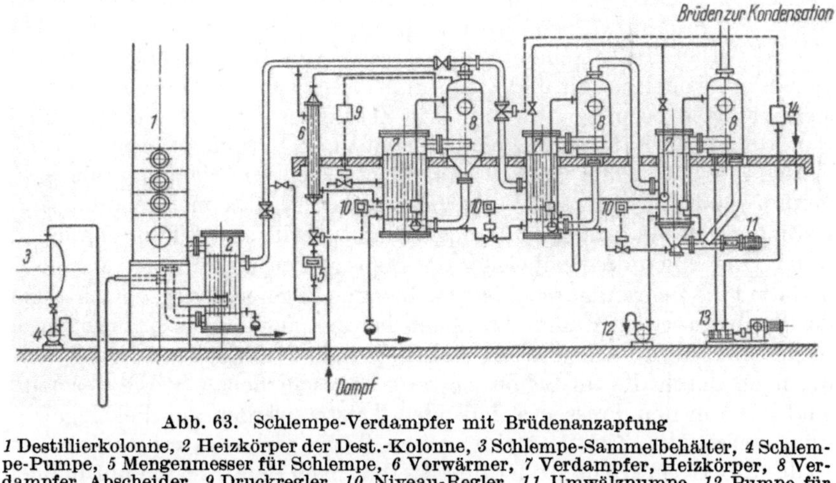

Abb. 63. Schlempe-Verdampfer mit Brüdenanzapfung
1 Destillierkolonne, *2* Heizkörper der Dest.-Kolonne, *3* Schlempe-Sammelbehälter, *4* Schlempe-Pumpe, *5* Mengenmesser für Schlempe, *6* Vorwärmer, *7* Verdampfer, Heizkörper, *8* Verdampfer, Abscheider, *9* Druckregler, *10* Niveau-Regler, *11* Umwälzpumpe, *12* Pumpe für Kondensat, *13* Pumpe für Konzentrat, *14* Dichtemesser und Regler

[1] DAVIDSON, A. B.: Sew. and Ind. Wastes Bd. 22 (1950) S. 654. — Water and Sew. Works J. Bd. 97 (1950) S. 33.

Gärbottich nach Zuspeisung der Impfhefen vergoren. Die vergorene Lösung wird in einem Entschäumungsbehälter entemulgiert und die Hefesahne der ersten Separation dann in einem Behälter aufgefangen und mit einer angemessenen Wassermenge verdünnt. Diese zweite Hefesahne wird auf einem Walzentrockner getrocknet. Die in dieser Futterhefefabrik anfallenden Abwässer werden mit den Abwässern aus der Melassebrennerei vereinigt und in einer dreistufigen Verdampferanlage mit Brüdenanzapfung (s. Abb. 63) eingedampft. Die Schlempe wird hierbei bis auf einen Trockensubstanzgehalt von 70% eingedampft und dann an andere Fabriken für verschiedene Verwendungszwecke weiterverkauft. Durch die zweite Verhefung findet eine weitere Abnahme des BSB_5 statt und durch die Eindampfungsanlage eine erhebliche Ersparnis an Wärme und eine starke Entlastung des Vorfluters statt. W. MERKEL[1] hatte mit dem Belebtschlammverfahren nach der Verwendung der Brennereiabwasser zur Herstellung von Futterhefe gute Erfolge.

10. Abwässer der Süßmost-, Apfelwein- und Pektinherstellung

a) Süßmoste

Das aus den Obstsilos kommende Kellerobst (Apfel, Birne, Quitte) kommt zunächst in eine Vorwäsche und über ein Abtropf- oder Verleseband in die Nachwäsche. Gelegentlich findet man auch in den Betrieben Schwemmrinnen an Stelle der sonst üblichen Siebwässer. Für Kernobst kann man auch eine Waschmaschine benutzen, die aus einer rotierenden Schnecke besteht, in der das Wasser im Gegenstrom zur Schubrichtung strömt. Spritzrückstände, wie Bleiarsenat, lassen sich durch Wasser allein nicht entfernen. In diesem Falle muß man eine 1,5% Salzsäure verwenden. Beim maschinellen Entroppen der Früchte werden die Stiele und Blütenreste entfernt und gelangen meist mit in das Abwasser. Die so vorbereiteten reinen Früchte werden in Hammermühlen u. dgl. gemahlen, wobei sie mit 0,3‰ Ascorbinsäurelösung zur Vermeidung von Verfärbungen bespritzt werden. Die Zerkleinerung darf nicht zu klein sein, damit die Filtertücher nicht zerreißen. Hier fallen vorwiegend die Waschwässer von den Pressen bzw. Zentrifugen an. Nachdem die Säfte dann noch über Separator, Vorwärmer und den Entkeimer gelaufen sind, werden sie in die sauber gewaschenen und sterilisierten Flaschen eingefüllt. Hier fallen die Spülwässer der Separatoren, der übrigen Apparate und die Flaschenreinigungswässer neben den allgemeinen, großen Mengen der Spülwässer der Räume an Auch bei den nach dem Kaltverfahren nach SEITZ-BOHI arbeitenden Fabriken fallen ähnliche Abwässer an, die noch durch die im Schönungstank abgeschiedenen Stoffe vermehrt sind. Die in den Pressen anfallenden Trester werden zur Pektingewinnung verwandt. Zur Vermeidung von Pektinverlusten müssen sie entweder direkt verarbeitet oder unmittelbar nach dem Pressen auf billigen Plandarren oder Trommeltrocknern getrocknet werden.

[1] MERKEL, W.: Berichte der Abwassertechnischen Vereinigung, Stuttgart, Heft 10 (1958) S. 249.

Die bei der Obstweinbereitung anfallenden Abwässer setzen sich demnach aus den Wasch- und Schwemmwässern, die die Schmutzstoffe sowie die Stengel-, Blattreste, ferner Obstteile von den beschädigten Früchten enthalten, zusammen. Je nach der Kontaktzeit mit den Früchten können sie bei einem größeren Prozentsatz beschädigter Früchte Fruchtsäure und kohlehydrathaltige Auslaugungen des Fruchtfleisches enthalten. Bei 1,5% Salzsäure enthaltenden Waschwässern geht das etwa anwesende Bleiarsenat in Bleichlorid und Arsensäure über. Die Waschwässer aus der Presse enthalten größere Mengen Trester und vom Auswaschen der Filtertücher einen bestimmten Prozentsatz Most. Bei der Schönung der Moste fallen bei der Tannin-Gelatine-Schönung eiweißhaltige kolloide Schlämme an, die auch die Trübstoffe der Moste enthalten. Zur Entfernung von Metallverbindungen (Blei) und von hartnäckigen Eiweißtrübungen aus Most wird gelbes Blutlaugensalz verwendet. Zur Entfernung von Arsen verwendet man Eisenoxyd unter gründlichem Rühren oder unter Verwendung von Kohlensäure. Die in den Zentrifugen, Pressen usw. anfallenden Schlämme gelangen mit den Klärmitteln (Kieselgur, a-Kohle usw.) mit ins Abwasser und erhöhen so dessen Verschmutzungsgrad. Zusammen mit den Waschwässern der Zentrifugen und den bei der Schönung anfallenden Schlämmen, den Flaschenspülwässern und den Reinigungswässern der Räume, Geräte, Apparate stellen die Abwässer je nach Art der verwandten Früchte ein schwach saures, aromatisch riechendes Gemisch mit mehr oder weniger hohem Gehalt an Schwebestoffen dar, von denen sich ein Teil gut durch Absetzenlassen abtrennen läßt. Durch Auslaugungen der Trester usw. haben sie einen mehr oder minder hohen Gehalt an Fruchtsäure, Kohlehydraten und Eiweißstoffen. Ferner fallen noch je nach der Größe des Betriebes die häuslichen Abwässer an.

Die Reinigung erfolgt am besten durch einen Sandfang zum Abfangen von gröberen Verunreinigungen, Obstkernen usw., dann durch Absetzbecken mit kontiniuerlicher Schlammausräumung, nachdem vorher durch Zugabe von Kalkwasser eine Neutralisation und gegebenenfalls auch eine Ausflockung durchgeführt worden ist. Der in den Absetzbecken abgefangene Schlamm wird am besten zusammen mit häuslichem Schlamm ausgefault.

Ist eine biologische Reinigung der Abwässer erforderlich, so mischt man sie am besten mit der mehrfachen Menge an häuslichem Abwasser (bis zur fünffachen Menge) und reinigt sie dann auf zweistufigen Tropfkörpern. In Mischung mit häuslichem Abwasser konnte Jones[1] bei einem BSB_5 des Abwassers von 650 mg/l die Tropfkörper mit 360 g BSB je m^3 Tropfkörpermaterial im Tag belasten. Stieg der BSB_5 des Abwassers auf 800 mg/l oder wurde eine höhere Belastung angewandt, so war die Reinigung unzureichend. Nach den Untersuchungen von Hodgson und Johnston[2] eignet sich das Belebtschlammverfahren nicht so gut zur biologischen Reinigung.

---

[1] Jones, E. E.: J. Proc. Inst. Sew. Purif. 1949, S. 212.
[2] Hodgson, H. J. N., u. Johnston: Sew. Works J. Bd. 12 (1940) S. 321.

b) Abwässer aus der Mineralbrunnen-Industrie und aus Wasserabfüllbetrieben

Bei einer großen Anzahl der westdeutschen Brauereien erfolgt die Bierabgabe zu fast 65% in Flaschen. In gleicher Weise hat sich nach GREVEMEYER[1] die Wirtschaftslage auf die Abfüllbetriebe dahin ausgewirkt, daß sich neben gesteigertem Umsatz auch der Einsatz von Fruchtsäften in allen Formen und den verschiedensten Mischungen sehr stark erhöht hat. Durch die Zurücknahme der Flaschen und die dadurch bedingte Reinigung der Flaschen entsteht nicht nur in den Brauereien, sondern auch in den Mineralwasserbetrieben und in den Wasserabfüllbetrieben ein stark verschmutztes Abwasser, daß auf keinen Fall ohne eine vorherige Reinigung in die Flüsse abgelassen werden darf. VIEHL[2] hat bei der Firma Harzer-Grauhof-Brunnen, Grauhof bei Goslar, die anfallenden Abwässer eingehend untersucht. Es müssen täglich bis zu 225000 Flaschen gereinigt werden. Zu etwa 2/3 sind es Limonaden- und zu 1/3 Tafelwasserflaschen. Rund 85% sind gebrauchte Flaschen, die noch Reste des früheren Inhalts enthalten. Gewaschen wird mit einer Natronlauge, die einen Zusatz von synthetischen Waschmitteln erhält. Die in einer Menge von 30 m³ in der Woche anfallende Lauge wird einmal in der Woche erneuert. Sie wird einem Sammelbehälter zugeführt und dann mit Hilfe einer Dosierpumpe möglichst gleichmäßig der Kläranlage zugeführt. Die Menge der anfallenden Abwässer wird wie folgt angegeben:

Laugenabwässer	rd. 6 m³/Tag
Wasch- und Spülwasser	rd. 314 m³/Tag
Häusliche Abwässer	rd. 15 m³/Tag
	rd. 350 m³/Tag

VIEHL stellte einen Abwasseranfall von 1900 l je 1000 Flaschen fest; das entspricht bei 225000 Flaschen einem Abwasseranfall von 425 m³/Tag. Der BSB_5 des abgesetzten Abwassers schwankt nach VIEHL zwischen 280 und 3100 mg/l und beträgt im Mittel 650 mg/l. Der Gehalt an absetzbaren Stoffen betrug im Mittel 6 ml/l. Der p_H-Wert des Abwassers liegt im Mittel bei 8,5. Dieser hohe Wert ist auf den Zufluß der Waschlauge, die einen p_H-Wert von 11 hat, zurückzuführen. Für den maximalen von 650 mg/l Abwasseranfall von 425 m³/Tag errechnet sich bei einem mittleren BSB_5 ein BSB-Anfall von 275 kg, was einem Einwohnergleichwert von 4600 entspricht.

Beim Abdrücken der gefüllten Flaschen mit Kohlensäure platzt ein kleiner Prozentsatz der Flaschen, deren Inhalt in das Abwasser gelangt. Außer durch Glasscherben und den Inhalt der Flaschen ist das Abwasser durch Kleister und Papierreste der Flaschenetiketten verunreinigt. Die Papierreste und die gröberen Scherben werden durch Siebe zurückgehalten. Die gelösten Stoffe bestehen zum größten Teil aus Zucker, Limonadenessenzen (Zitronensäure) und Leimstoffen. Die im hohen Maße

---

[1] GREVEMEYER, M.: Wasser, Luft und Betrieb Bd. 9 (1965) Heft 1.

[2] VIEHL, K.: Das Gas- und Wasserfach Bd. 106 (1965) S. 37. — VIEHL, K.: Österr. Abwasser-Rundschau Bd. 10 (1965) S. 47.

organisch verschmutzten Abwässer führen zu starken Verpilzungen und im Sommer zu Geruchsbelästigungen.

Die von VIEHL zunächst in einer Laboratoriumsanlage durchgeführten Versuche ergaben, daß sich das Abwasser bei einer längeren Belüftung gut durch das Belebtschlammverfahren reinigen läßt. Auf Grund dieser Versuche und Untersuchungen und der mit dem Belebungsgraben an anderer Stelle gemachten Erfahrungen wurde von GREVEMEYER die in Abb. 64 dargestellte Kläranlage entwickelt. Das Abwasser wird zunächst

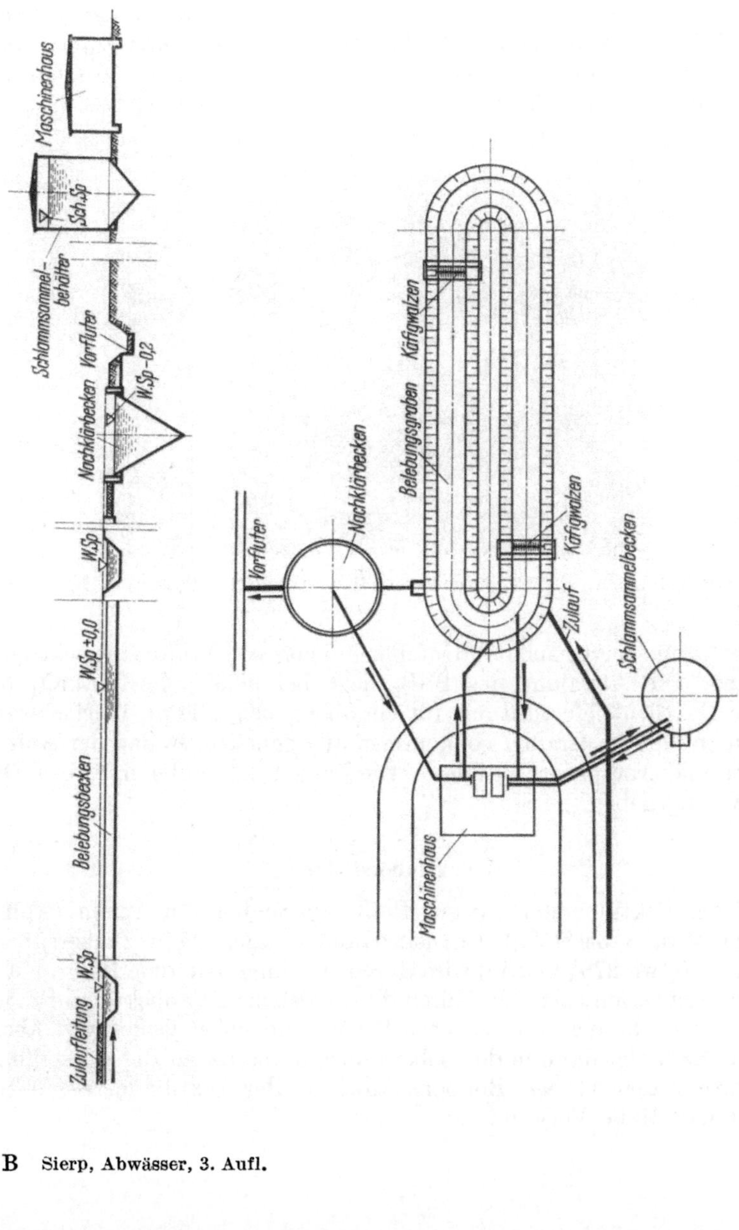

Abb. 64. Schema eines Belebungsgrabens (nach K. VIEHL)

durch einen Rechen, Sandfang und Venturimesser geleitet. Es gelangt von dort zu dem Belebungsgraben, der einen Inhalt von 250 m^3 hat. Die Belüftung erfolgt durch zwei Käfigwalzen von je 2,50 m Breite der Firma Passavant, die bei einer maximalen Eintauchtiefe von 18 cm je Walze einen Sauerstoffeintrag von 240 kg/Tag haben. Über Nacht und am Wochenende läuft nur eine Walze. Der Belebtschlammgehalt im Belebungsgraben beträgt im Mittel 6 g/l. Die Aufenthaltszeit im Belebungsgraben wird mit 6 Stunden angegeben. Das Nachklärbecken ist als Trichterbecken (Dortmundbrunnen) ausgebildet und hat einen nutzbaren Inhalt von 100 m^3 mit einer Aufenthaltszeit von 2,5 Std. Für die anfallende Waschlauge steht ein Sammelraum von 80 m^3 Inhalt und für den aus dem Nachklärbecken kommenden Belebtschlamm ein Schlammsammel- und Eindickbehälter von ebenfalls 80 m^3 zur Verfügung. Abb. 65 stellt den Belebtschlammgraben im Grauhofbrunnen in Goslar dar.

Abb. 65. Belebtgraben im Grauhofbrunnen in Goslar/Harz (Fa. Passavant, Michelbach)

Die Anlage zeigt nach den Untersuchungen von VIEHL eine sehr gute Wirkung. Die Abnahme des BSB_5 liegt bei 98,8%, des $KMnO_4$ bei 98,2%. Die Sichttiefe wird mit 120 cm angegeben. Die p_H-Wertschwankungen werden im Graben vollkommen ausgeglichen, so daß der Ablauf immer annähernd neutral reagierte. Die Baukosten werden mit 67,— DM je EGW angegeben.

c) Pektinherstellung

Bei der Pektinherstellung aus Preßrückständen von Äpfeln (Apfeltrestern etwa 8 bis 16%), Citrusfrüchten, ausgelaugten Zuckerrübenschnitzeln (etwa 27% Pektin) wird durch eine kurz dauernde Heißwasserhydrolyse in Gegenwart von Säuren das unlösliche Protopektin auf möglichst schonende Weise in lösliches Pektin von hoher Gelierkraft übergeführt. Es findet dann in der Lebensmittelindustrie für die Herstellung von Marmeladen, Gelees, Bonbons, sowie in der Textilindustrie in zunehmendem Maße Verwendung.

Bei der Pektinherstellung fallen außer den kalten Waschwässern der von der Obstweinherstellung kommenden Trester, in der Hauptsache die Waschwässer der Apparate und Filtertücher, die neben Tresterresten, lösliche Extraktstoffe, wie Zucker, Stärke, Gerb- und Farbstoffe, sowie bereits abgebaute, nicht mehr gelierfähige Pektine enthalten, auch die zum Klären der Hydrolysate benutzten Schönungs- bzw. Entfärbungsmittel und Kieselgur enthalten, ferner die häuslichen Abwässer und in großen Mengen Kühlwasser bei der mehrstufigen Verdampfung der Dünnsäfte auf 8 bis 10% Pektin enthaltende Konzentrate an. Diese Kühlwässer können als Spül- und Waschwasser im Betrieb benutzt werden. Anschließend werden die Pektinkonzentrate unter Zugabe von Weinsäure und der 3—6fachen Menge Zucker in Zerstäubungs- oder Walzentrocknern getrocknet. Bei den Zerstäubungstrocknern sind die anfallenden Fallwässer den übrigen Abwässern gleichzusetzen. Rübenpektin kann aus dem Dünnsaft auch mit Ammoniak und Aluminiumsulfat ausgeflockt werden.

Die vom Pektin befreiten Trester dienen als Futtermittel oder können durch Vergärung nach Zusatz von anorganischen Stickstoffsalzen in einen wertvollen Dünger übergeführt werden. Da sie noch einen mehr oder minder großen Gehalt an Kohlehydraten, vorwiegend Stärke, besitzen, kann man sie auch in Faulräumen ausfaulen lassen, wobei man nach Imhoff bei Apfeltrestern mit einem Gasanfall von 160 l je kg Trockenrückstand rechnen kann.

Die bei der Pektinherstellung anfallenden Abwässer können, wenn ihre Menge 20% der städtischen Abwässer nicht überschreitet, unter Umständen sogar mit den Trestern in die städtische Kanalisation gegeben und dann mit den städtischen Abwässern sowohl mechanisch als auch biologisch gereinigt werden. Im anderen Falle kann ihre Reinigung auf die bei den Abwässern der Obstweinherstellung angegebene Art erfolgen, wobei man durch Rücknahmewasser von der biologischen Reinigung oder durch Zugabe von Kühlwasser dafür sorgt, daß der BSB_5 eine bestimmte Höhe nicht überschreitet.

11. Abwässer der Holzzucker verarbeitenden Industrie

Zu den verschiedenen Verfahren zur Herstellung von Alkoholen und Hefen gehört noch das Verfahren der Holzverzuckerung. Bei diesen Verfahren wird die Cellulose des Holzes in Zucker übergeführt. Allen Verfahren der Holzverzuckerung ist die Säurehydrolyse des Holzes gemeinsam, nur Art und Konzentration der verwendeten Säure sind verschieden. Beim ältesten Verfahren, dem Bergius-Verfahren, wird Fichtenholz mit 50 bis 80% Cellulose in Form von Sägespänen bei gewöhnlicher Temperatur in säurefesten Apparaten mit höchstkonzentrierter Salzsäure (40%) behandelt. Bei dem zweiten Verfahren, dem Scholler-Verfahren, dem sog. *Perkolationsverfahren*, das zum ersten Male in Tornesch (Holstein) ausgeführt wurde, werden Holzabfälle jeglicher Art in geraspelter Form in ungetrocknetem Zustand verzuckert, indem man das Holz mit verdünnter, etwa 0,5%iger Schwefelsäure bei höherer Temperatur (160°

bis 190 °C) und unter Druck bei 8 atü behandelt. Das sog. *Madisonverfahren* benutzt im kontinuierlichen Betriebe ebenfalls eine 0,5 bis 0,6% Schwefelsäure bei 150 bis 180 °C. Um den gebildeten Zucker der zersetzenden Wirkung der heißen Säure möglichst rasch zu entziehen, wird die Hydrolysierflüssigkeit durch das in einem hohen Turm aufgeschichtete Holzmaterial hindurchgedrückt. Die austretende Flüssigkeit hat 5% Zucker. Aus 100 kg getrockneten Nadelholzabfällen entstehen beim SCHOLLER-Verfahren 50 bis 55 kg reduzierter bzw. 40 kg vergärbarer Zucker. Die Lösung eignet sich besonders gut zur Weiterverarbeitung auf Alkohol bzw. Futterhefe auf dem Wege der Vergärung, wobei auf 100 kg trockenes Holz 24 l Alkohol anfallen bzw. 18 l Alkohol beim MADISON-Verfahren. Die nach dem BERGIUS-Verfahren gewonnenen Lösungen werden meist auf Zucker und nur die bei der Auskristallisation anfallenden

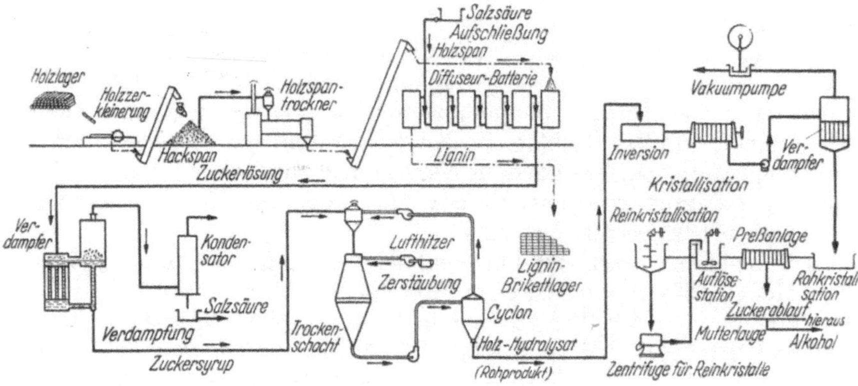

Abb 65a. Rheinau-Verfahren zur Holzverzuckerung (nach BERGIUS). (Aus E. Hägglund: Holzchemie, Leipzig: Akad. Verlagsges. 1938)

Melassen auf Alkohol verarbeitet. Die bei den Verfahren gewonnenen Futterhefen ergaben auf 100 kg Holz 24 kg Hefe mit 50% Eiweiß. Aus dem Schema Abb. 65a ist das Verfahren der Holzverzuckerung nach dem BERGIUS-Verfahren ersichtlich.

Nach einem dritten von HOCK und BOHNNECK ausgearbeiteten Verfahren wird zum Aufschluß des bis auf 2 bis 3% Wassergehalt getrockneten und zerkleinerten Holzes 95 bis 100% Fluorwasserstoffgas zugegeben, wobei zum Aufschluß von 100 kg getrockneten Holzes 40 kg Fluorwasserstoff benötigt werden. Da der nicht verbrauchte Fluorwasserstoff immer weiter im Betrieb verwandt wird, werden als Vorzug dieses Verfahrens genannt — neben der verhältnismäßig großen Einfachheit —, daß es auch den Betrieb kleinerer Holzverzuckerungsanlagen in abgelegenen Gegenden mit einem Tagesdurchsatz von 10 bis 15 t Holztrockensubstanz ermöglicht. Die bei der Weiterverarbeitung nach diesem Verfahren anfallende Lösung kann wie bei den anderen Verfahren auf festen Holzzucker weiterverarbeitet werden oder dient direkt zur Vergärung auf Alkohol und Hefe.

Das bei der Verzuckerung übrigbleibende Lignin wird zu Feuerungszwecken benutzt. Das Lignin kann aber auch mit billigen Bindemitteln gemischt zu Mehl vermahlen und zu einem plastischen Produkt gepreßt werden. Nach Erwärmen und Pressen erhält das Material eine schwarze Farbe, kann gesägt oder abgedreht werden. Es hat ausreichende Zug- und Druckfestigkeit und ist ein ausgezeichnetes elektrisches Isoliermaterial. Man kann das Material auch auf Metall, an dem es vorzüglich haftet, aufpressen.

Neben der Gewinnung von Alkoholen dienen die verzuckerten Flüssigkeiten auch noch zur Heranzucht von schnellwüchsigen Torulahefen zwecks Herstellung von Futtereiweiß. In beiden Fällen wird die Hefe durch Zentrifugieren aus der Zuckerlösung entfernt.

Während bei der Herstellung von reinem Holzzucker beim Verdampfen der Lösungen nur reine Kondenswässer anfallen, erhält man bei der Vergärung der Holzzuckerlösung den Brennereiabwässern ähnliche, aber weitgehender verdünnte Abwässer, die bei einem p_H-Wert von 4 bis 5 noch einen Kaliumpermanganatverbrauch von 20000 mg/l haben. Sie enthalten nach BODE nur wenig Nährsalze und wenig organische Stoffe, so daß sie sich für eine landwirtschaftliche Verwertung weniger eignen.

Da bei dem BERGIUS-Verfahren die Salzsäure abgetrieben und wiedergewonnen wird, ist es abwassertechnisch günstiger als das SCHOLLER-Verfahren, bei dem außerdem mehr Holzauslaugeprodukte in das Abwasser übergehen. Bei einer Jahresleistung von 10000 t Futterhefe fallen täglich 2000 bis 3000 m³ Abwasser an mit einem biochemischen Sauerstoffbedarf von 7500 bis 8000 mg/l und einem Einwohnergleichwert von 140 bis 150 je m³ Abwasser. LIEBMANN[1] schätzt den Anfall einer Fabrik mit einer jährlichen Produktion von 5000 t Futterhefe täglich auf 850 m³ Hefeabwasser mit einer Temperatur von 30° und einem BSB_5 von über 7000 mg/l. Außerdem fallen weitere 4800 m³ salzsäurehaltige Abwässer mit einem Salzsäuregehalt von 0,5 bis 1,0% und 7200 m³ Kühlwasser an.

In ihrer Zusammensetzung gleichen die Abwässer weder ganz den gärungsgewerblichen noch ganz den Zuckerfabrikabwässern, sondern sind am besten zwischen die Abwässer der Holzschleifereien und die der Sulfitzellulosefabriken einzuordnen. Sie sind gekennzeichnet durch ihren hohen Gehalt an Spaltprodukten der Kohlehydrate und enthalten weiter-

Tabelle 23. *Chemische Analyse von Hefeabwasser* [nach BERGIUS u. SCHOLLER (LIEBMANN)]

	Hefeabwasser nach BERGIUS	Hefeabwasser nach SCHOLLER
Kaliumpermanganatverbrauch . . . mg/l	21526	19200
Biochemischer Sauerstoffbedarf (nach 5 Tagen) . . . . mg/l	7955	7500
Wasserstoffionenkonzentration	4,4	4,71

[1] LIEBMANN, H.: Städtereinigung Bd. 31 (1939) S. 359.

hin gelöste nicht vergärbare Pentosen, Zersetzungsprodukte verschiedener Zuckerarten, Mineralstoffe des Holzes, Harze und Gerbstoffe sowie deren Zersetzungsprodukte. Nach LÜRS sind in den SCHOLLER-Würzen gärungs- und wachstumshemmende Stoffe. Neben Furfurol (0,015 bis 0,04%) konnte er Spaltprodukte von Gerbstoffen, Pyrogallol, Phloroglucin und Spaltprodukte von Harzen, wie Pinen, Menthol, Borneol, Terpineol usw., nachweisen. Der Gehalt an Zuckerarten einschließlich Pentosen wird mit Gehalten bis zu 3 g/l angegeben. Von den bei der Vergärung zugesetzten Nährsalzen werden Ammoniakstickstoff und Phosphorsäure im Gegensatz zum Kali nur unvollkommen ausgenutzt. Infolge des hohen Gehaltes an Ammoniakstickstoff (706, 715 und 699 mg/l) und an Phosphorsäure (560 bis 650 mg/l) ist die Reinigung sehr erschwert. Die Kühlwässer sind durch ihren Gehalt an freier Salzsäure stark aggressiv und enthalten daher oft Eisen, das aus der Apparatur stammt. Der Einwohnergleichwert für Holzverzuckerungsbetriebe mit Alkohol- und Hefegewinnung beträgt nach WAGNER 700 je hl Alkohol.

a) Einfluß der Abwässer auf den Vorfluter und die Fischerei

Bei der hohen Konzentration der Abwässer und dem hohen Gehalt an giftigen Stoffen, zu denen sich die im Gärungsgewerbe üblichen stoßweise anfallenden Desinfektionsmittel zugesellen, wie Montanin, Fluorammonium, Antiformin usw., können die Abwässer direkt giftig wirken. Eine indirekte Schädigung der Fischerei kann durch Sauerstoffschwund, Faulschlammbildung, Schwefelwasserstoffentwicklung, sowie durch Pilzbildung mit ihren üblen Folgeerscheinungen entstehen. Auf Grund eingehender Versuche hat LIEBMANN[1] folgende Tab. 24 über die Schädlichkeit der Holzverzuckerungsabwässer aufgestellt.

Tabelle 24. *Schädlichkeit der Holzverzuckerungsabwässer auf Fische* (nach LIEBMANN)

	Karpfen	Barsch	Forelle
Letalitätsgrenze:			
BERGIUS-Verfahren	1:7	1:10	1:40
SCHOLLER-Verfahren	1:10	1:15	1:50
Schädlichkeitsgrenze:			
BERGIUS-Verfahren	1:10	1:30	1:60
SCHOLLER-Verfahren	1:15	1:40	1:80
Empfindlichkeitsgrenze:			
BERGIUS-Verfahren	1:40	1:60	1:100
SCHOLLER-Verfahren	1:60	1:90	1:140

b) Reinigung der Holzverzuckerungsabwässer

Eine landwirtschaftliche Verwertung der in den Abwässern der Holzverzuckerung enthaltenen gelösten Stoffe ist wegen ihrer sauren Reaktion und ihres geringen Gehaltes an Pflanzennährstoffen bis jetzt nicht möglich. In neutralisiertem Zustande und nach genügender Verdünnung

[1] LIEBMANN, H.: Z. Fischerei Bd. 34 (1941) S. 285.

mit häuslichem Abwasser oder mit reinem Wasser können sie bei Vorhandensein genügend großer Flächen auf geeigneten Boden verrieselt werden. Wenn man weiterhin dafür sorgt, daß das Verhältnis Kohlenstoff:Stickstoff:Phosphorsäure durch Zugabe von Düngesalzen richtig eingestellt wird, wird man auch die sonst bei Brennereiabwässern üblichen aeroben bzw. anaeroben Verfahren anwenden können. BODE[1] empfiehlt deshalb, das Abwasser in ähnlicher Weise wie Brennereiabwasser durch Organismen, die durch natürliche Zuchtwahl erhalten wurden, in Flachbecken oxydativ abzubauen (s. S. 201). Wichtig ist hierbei eine sehr gute Sauerstoffzuführung. Da nicht alle Stoffe abgebaut werden, so soll der letzte Rest durch die Bakterien des Vorfluters abgebaut werden. Durch eine Zugabe von Düngesalzen wird man aber auch hier bessere Ergebnisse erzielen. In besonders schwierigen Fällen kann man das Abwasser, wie bei dem Abwasser der Melassespritfabriken angegeben ist, durch Eindampfen und Verbrennen beseitigen. LIEBMANN[2] schlägt auf Grund der mit dem Hefeabwasser einer BERGIUS-Anlage gemachten Versuche vor, die Hefeabwasser von den übrigen Fabrikabwässern zu trennen und wie folgt für sich zu behandeln. Durch Zugabe von 4 g/l Kalk in Form von Kalkmilch mit nachfolgendem Aufenthalt von 20 min in einem Flockungsbecken werden etwa 50% der durch den Kaliumpermanganatverbrauch feststellbaren Schmutzstoffe ausgefällt. Die ausgeflockten Stoffe werden in Absetzbecken mit zweistündiger Absetzzeit abgeschieden. Die biologische Reinigung erfolgt in Belüftungsbecken mit sechsstündiger Aufenthaltszeit unter Zugabe von 5% häuslichem Frischschlamm. Nach Durchfluß durch das Nachklärbecken mit zweistündiger Aufenthaltszeit wird das Abwasser in Belüftungsteiche mit 0,50 m Tiefe geleitet, in denen es sich drei Tage aufhält.

12. Abwässer von Fabriken für Antibiotica, pharmazeutische Präparate und Feinchemikalien

a) Antibiotica

In den letzten Jahren ist eine Reihe sehr wertvoller Antibiotica, wie Penicillin, Aureomycin, Streptomycin usw., entwickelt worden. Infolge der guten Erfolge bei der medizinischen Anwendung dieser Stoffe ist es erklärlich, daß immer mehr neue Werke zur Herstellung dieser Stoffe entstehen.

Bei der Penicillinherstellung verfährt man ähnlich wie bei der Hefeerzeugung. In einer, in ihrer Zusammensetzung dem jeweiligen Antibiotikum angepaßten Nährlösung, die aus Kornauslaugungen bzw. Kornmaischen unter Zugabe von Milchzucker und Mineralsalzen oder aus *Maisquellwasser* mit Laktose und Mineralsalzen besteht, und die durch Erhitzen sterilisiert worden ist, werden nach dem Abkühlen Reinkulturen von Penicillium chrysogenum gezüchtet. Die Fermentierung wird unter ständigem Einblasen von steriler Luft und ständiger Kühlung,

---

[1] BODE: Chemiker-Ztg. Bd. 61 (1937) S. 633. — Vom Wasser Bd. 12 (1937) S. 260.

[2] LIEBMANN, H.: Zeitschrift für Fischerei Bd. 34 (1941) S. 285

um die Fermentierungswärme abzuleiten, mehrere Tage unterhalten. Nach dieser Zeit wird die Gärung durch Zugabe von Formalin unterbrochen und das Mycel des Pilzes abfiltriert und beseitigt. Aus der klaren Nährlösung wird dann das Penicillin durch organische Lösungsmittel, meistens Amylacetat oder Chloroform, extrahiert und durch Umkristallisieren gereinigt. Die Nährlösung selbst wird zur Wiedergewinnung des Lösungsmittels nach der Neutralisation erhitzt und fällt dann als Abwasser an. Abb. 66 zeigt das Schema der Herstellung von Penicillin und die Entstehung des Abwassers nach PÖPEL[1].

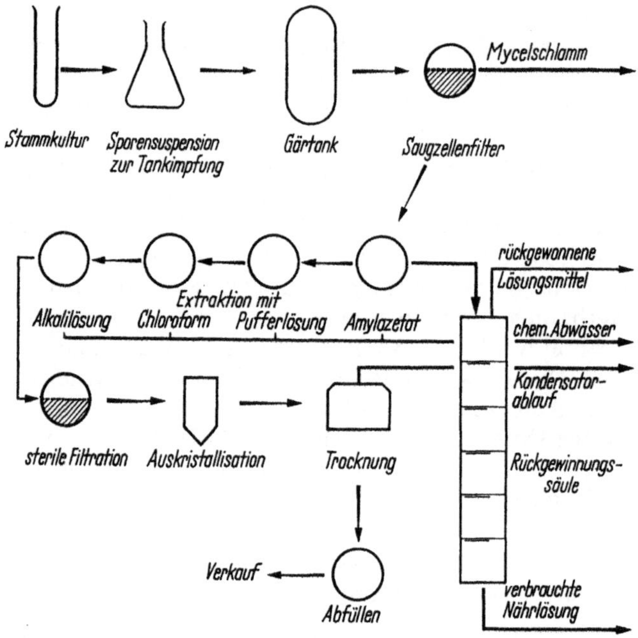

Abb. 66. Herstellung von Penicillin und Entstehung der Abwässer

Um die Abwassermenge möglichst niedrig zu halten ist es weiterhin erforderlich, die bei der Abdestillation und Wiedergewinnung der Lösungsmittel angewandten großen Mengen Kühlwasser wiederzugewinnen. Man hat daher auf den Anlagen heute große Kühlaggregate geschaffen, die gestatten, das Kühlwasser gleich an Ort und Stelle so weit herunterzukühlen, daß es wieder im Kreislauf verwandt werden kann. Auf diese Weise ist es möglich, die Abwässermengen verhältnismäßig gering zu erhalten.

In einer Penicillinfabrik fallen demnach neben dem Mycelschlamm folgende Abwasserarten an: Verbrauchte Nährlösung 59% des BSB, Waschwasser 40% und sanitäre Abwässer 1% des BSB. Die *Nährlösungen* enthalten hauptsächlich Eiweißverbindungen, Zuckerarten und organische Säuren, wohingegen die Waschwässer Säuren und Alkalien

[1] PÖPEL, J.: Gas- und Wasserfach Bd. 103 (1962) S. 335.

und Reste des nicht wiedergewonnenen Lösungsmittels enthalten. Die Nährlösungen haben einen Abdampfrückstand von 20000 mg/l und einen BSB_5 von 7500 mg/l. Die *Waschwässer*, die in der 0,7fachen Menge der Nährlösung anfallen, haben einen Abdampfrückstand von 8000 mg/l und einen BSB_5 von 3000 mg/l. Das Mycel hat eine Trockensubstanz von 150 g/l und einen BSB von 47000 mg/l. Je Liter Nährlösung werden 110 bis 120 g Mycel erzeugt. Der aus dem Mycel bestehende Filterkuchen hat etwa 70% Wasser. Er unterliegt stark der Autolyse und bildet dann eine übelriechende Masse. Er sollte möglichst schnell verbrannt werden.

MUSS[1] gibt folgende Zusammensetzung des Abwassers einer Penicillinfabrik an (s. Tabelle 25).

Tabelle 25. *Zusammensetzung von Penicillinfabrikabwasser*

	Rohabwasser mg/l	Nach Entfernen der Schwebestoffe mg/l
BSB_5	4030	2110
$KMnO_4$-Verbrauch	4050	1430
Abdampfrückstand	12400	4300
Organische Stoffe	7150	1630
Schwebestoffe	1390	1170
Gesamtstickstoff	400	95
Gesamtschwefel	429	82
Reduzierbare Zucker	943	187
Ammoniak-Stickstoff	131	70

Versuche, diese stark verschmutzten Abwässer durch eine Untergrundverrieselung zu beseitigen, schlugen fehl, da der Boden sich zu schnell zusetzte. Auch längere Aufenthaltszeiten in großen Teichen führten zu keinem Ergebnis. Während man das Mycel und die übrigen Schwebestoffe durch Ausfaulen behandeln konnte, war das Verfahren, die Nährlösungen durch Ausfaulenlassen, wie dies bei Hefeabwasser geschieht, zu beseitigen, zu unwirtschaftlich. Auf Grund seiner sehr ausgedehnten Versuche kommt MUSS zu dem Ergebnis, daß in den Fällen, wo nur eine Teilreinigung erforderlich ist, um das Abwasser in die städtische Kanalisation einleiten zu können, eine kurze intensive Belüftung des Abwassers ausreicht. In allen anderen Fällen, in denen eine völlige Reinigung nötig ist, hält er die Stufenreinigung nach der Neutralisation durch Schlammbelebung (24 Stunden Belüftungszeit) dann auf Hochleistungstropfkörpern bei einer Belastung von 900 g/m³, dann auf schwachbelasteten Tropfkörper (90 g/m³) und schließlich auf Sandfiltern für am besten. Der Ablauf der Tropfkörper wird dann noch durch eine Hochchlorung entfärbt. Das anfallende Mycel kann entweder getrocknet und dann verbrannt oder auch durch eine Ausfaulung beseitigt werden.

Die besten Ergebnisse bei der Behandlung der bei der Gewinnung der Antibiotica anfallenden Abwässer erzielte MOHLMAN[2], wenn er das

[1] MUSS, D. L.: Sew. and Ind. Wastes Bd. 23 (1951) S. 486.
[2] HILGART, A. A.: Sew. and Ind. Wastes Bd. 22 (1950) S. 207.

frisch anfallende Abwasser zunächst vier Stunden belüftete und nach einer vierfachen Verdünnung auf Tropfkörpern behandelte. Bei einer Belastung von 533 g BSB/m³ wurde ein 98% Abbau erzielt. Störend wirkten von Zeit zu Zeit die bei der Fermentierung als Schaumbekämpfungsmittel zugegebenen Ölemulsionen. Für eine Höchstwassermenge von 2650 m³ einschließlich der sanitären Abwasser von 1500 Arbeitern und 2550 Einwohnern empfiehlt er eine Anlage aus:

1. 2 je 100 m³ großen Ausgleichsbecken für das Penicillin- und für das Waschwasser, die mit einer Belüftung versehen sind und in denen das Abwasser eine Aufenthaltszeit von 10 Stunden hat.
2. 2 drei m tiefe Absetzbecken von 15 m Länge und 3 m Breite und 270 m³ Inhalt.
3. 2 Tropfkörpern von 27 m ∅ und 1,80 m Tiefe, die mit 550 g BSB/m³ belastet werden. Sie können hintereinander und nebeneinander betrieben werden. Als Verdünnungswasser wird der Rücklauf benutzt.
4. Die beiden 2,5 m tiefen Nachklärbecken haben eine Aufenthaltszeit von 2 Stunden.
5. Ein Chlorbehandlungsbecken mit einer Aufenthaltszeit von 20 Minuten.
6. Ein Faulraum von 450 m³ Inhalt.
7. Die offenen Schlammtrockenplätze haben eine Fläche von 300 m².

Im Gegensatz zu diesen Befunden stellen KNOEDLER und BABCOCK[1] fest, daß sich die Abwässer von der Penicillingewinnung wegen ihres hohen BSB nur sehr schwer aufoxydieren und nur schlecht in einer städtischen Kläranlage behandeln lassen. Das Abwasser störe die Tropfkörper, beeinflusse die Faulung und Gasbildung. Es gehe schon bei gewöhnlicher Temperatur in Fäulnis über. Sie empfehlen, das Abwasser einzudampfen, wobei ein feines, hygroskopisches gelbes Pulver übrig bleibt, das dann verbrannt wird. Um die Lösungsmittelreste zu beseitigen, belüftet BROWN[2,3] das Abwasser 4,5 Std. lang. Dann gibt er das Abwasser auf Hochleistungs-Tropfkörper, die er mit 560 bis 784 g/m³ belastet. Bei einem Rücklaufverhältnis von 4:1 konnte er im Sommer eine Abnahme von 80% und im Winter von 50% erzielen. Hierbei zeigte es sich, daß die Vorbelüftung besonders wichtig ist.

Bei der Herstellung der anderen Antibiotica, die unter Anwendung ähnlicher Pilzarten hergestellt werden, entstehen gleiche Abwässer, die aber meist nicht so konzentriert wie die Penicillinabwasser sind und ebenso behandelt werden können.

b) Abwässer von Fabriken für Pharmazeutika und Feinchemikalien

Zahlreiche Fabriken, die Antibiotika herstellen, fabrizieren eine große Anzahl anderer Feinchemikalien und pharmazeutischer Produkte. So berichtet C. G. MAURIELLO[4] über die Abwässer einer großen Fabrik der amerikanischen Cyanamid Company, die außer Antibiotika pharmazeutische Präparate verschiedenster Art herstellt. Die Fabrik hat eine Beleg-

[1] KNOEDLER, K., u. S. H. BABCOCK: Ind. Engin. Chem. Bd. 39 (1947) S. 578.
[2] BROWN: Sew. and Ind. Wastes Bd. 23 (1951) S. 1017.
[3] BROWN u. NIEDERCORN: Ind. Eng. Chem. Bd. 44 (1952) S. 468.
[4] MAURIELLO, C. G.: Sew. and Ind. Wastes Bd. 30 (1958) S. 1397.

schaft von 4500 Personen. Die häuslichen Abwässer werden mit den industriellen Abwässern vor der gemeinsamen Behandlung gemischt. Schwierigkeiten bereitet der zeitlich sehr unterschiedliche Anfall der Abwässer. 50% der Abwässer fallen zwischen 8 und 16 Uhr, 30% zwischen 16 und 0 Uhr an und der Rest von 20% zwischen 0 und 8 Uhr. Da hierdurch Schwierigkeiten auftraten, hat man durch Zwischenschaltung von Ausgleichsbecken für eine gleichmäßigere Verteilung der Abwässer gesorgt.

Es fallen folgende Abwässer an:

1. Antibiotische Abwässer von den Fermentierungsanlagen, anorganische, chemische Abwässer, Reinigungs- und Spülabwässer,
2. Abwässer von der Wiedergewinnung der Lösungsmittel einschließlich der Waschwässer,
3. tierische Abwässer,
4. Abwasser von Leberprodukten,
5. Abortabwässer.

Nachdem man zunächst Versuche mit einer Belebungsanlage gemacht hatte, entschied man sich nach weiteren Versuchen für folgende Kläranlage für die täglich anfallende Abwassermenge von 9500 bis 11000 m^3, die eine Gesamtbelastung von 3200 bis 3600 kg BSB_5 darstellten:

1. p_H-Wert-Kontrollgerät,
2. verschiedene Sammel- und Vorbelüftungsbecken mit insgesamt 379 m^3 Inhalt,
3. drei mechanische Klärbecken von je 12 m ∅,
4. drei Tropfkörperanlagen von 30 m ∅ und einer Belastung von 1100 g/m^3,
5. für die zweite Stufe nochmals zwei Tropfkörper von 45 m ∅,
6. ein Nachklärbecken von 12 m ∅,
7. eine Vakuumfiltration.

Bei auftretenden Geruchsbelästigungen wird Frischwasser zugesetzt. Als besonders wichtig hat sich hierbei nach vorhergehender Einstellung des p_H-Wertes eine gute Vorbelüftung des Abwassers erwiesen.

Die Abwasser einer Fabrik, die nach Horne und seinen Mitarbeitern[1] in ihrem Betriebe organische Säuren, Vergärungen, Extraktionen und die Wiedergewinnung von Lösungsmitteln bei der Herstellung von Vitamin B-1, Vitamin B-2, Vitamin B-12, dem Antibiotikum Streptomyzin, der Aminosäure Lysin ferner Sulfaquinoxalin, Nicarbasin und Amprolium betreiben, wird das Abwasser in drei getrennten Leitungen gesammelt. Es fallen an:

1. 22400 bis 265000 m^3 unverschmutztes Kühlwasser, sie werden direkt ohne Behandlung in den Fluß geleitet.
2. Häusliche Abwässer. 76 m^3/Tag werden in einer besonderen Kanalisation gesammelt und nach mechanischer und biologischer Reinigung abgeleitet.
3. Chemische Abwässer: 4700 bis 5700 m^3/Tag haben folgende Zusammensetzung: Chemischer Sauerstoffbedarf 4000 mg/l, Biochemischer Sauerstoffbedarf 1700 bis 2300 mg/l, Gesamtschwebestoffe 500 bis 1200 mg/l. Der p_H-Wert schwankt zwischen 1,0 bis 11,0.

Um die Korrosion in den Kanälen zu verhindern, werden die stark sauren Abwässer an verschiedenen Zentralpunkten in hölzernen Gefäßen

[1] Horne, W. R., H. E. Hartmann, U. S. Rinacaund u. R. L. Clair: J. Wat. Poll. Contr. Feder. Bd. 34 (1962) S. 833.

gesammelt und automatisch neutralisiert mit alkalischen Abwässern, und wenn diese nicht ausreichen, mit frischem Ammoniakwasser. Nachdem dann die Abwasser in einem Sandfang vom Sand und gröberen Stoffen befreit sind, gelangen die chemischen Abwässer in ein 1200 m^3 fassendes Ausgleichs- und Absetzbecken, in dem es 5 bis 6 Stunden verbleibt. Der Ablauf dieses Beckens hat einen endgültigen p_H-Wert von 7 bis 8. Die *sanitären Abwässer* von der Vorbehandlung und die Faulraumabwässer werden mit dem Abwasser des Ausgleichsbeckens gemischt und zunächst nach dem Belebtschlammverfahren behandelt. Nachdem die Abwässer in zwei Rechteckbecken einer Turbinenbelüftung unterworfen sind, werden sie in einem besonderen Becken flotiert. Durch das *Belebtschlammverfahren* wird der BSB um 65% verringert. Das Belüftungssystem ist entworfen für ein Respirationsverhältnis von 106 mg/l O_2/h. Das mit einem Tropfen Quecksilber-Kalomel Polarograph gemessene Aufnahmevermögen beträgt aber 190 mg/l O_2/h. Aus diesem Grunde soll noch ein zweiter Turbinenbelüfter eingebaut werden.

Die schon im Jahre 1953 zunächst eingerichtete biologische Anlage war eine *Hochleistungstropfkörperanlage.* Die Temperatur des zwischen 18 und 34 °C schwankenden Abwassers hatte einen großen Einfluß auf den Reinigungseffekt.

Der bei den *drei Reinigungsverfahren anfallende Schlamm* wird aerob weiter behandelt. Zu dem Zweck wird der Belebtschlamm mit den übrigen Schlämmen gemischt und durch Turbinenbelüfter weiterbehandelt. Nach ausreichender Belüftung wird dann der Schlamm auf bebauten Feldern als Düngemittel verwandt. Die Anlage gestattet durch ihren guten Reinigungseffekt, daß das Werk noch erweitert werden konnte.

In seinem Bericht über die Abwasserbehandlung in einem Werk der chemisch-pharmazeutischen Großindustrie weist ALTHOFF[1] auf die großen Schwierigkeiten hin, die sich aus der Mannigfaltigkeit der verschiedenen Produkte in diesen Fabriken ergeben. Beim Bau des Werkes wurden die Abwässer des Werkes auf Grund eines Vertrages mit der Stadt einer Rieselgenossenschaft zugeführt und von dieser dann verrieselt. Nachdem sich aber auf dem Gelände der Rieselfelder große Schäden zeigten, die zu sehr großen Schadenersatzansprüchen führten, wurde die Verrieselung aufgegeben und das Abwasser zunächst nur in den zwei einfachen Kläranlagen des Werkes behandelt. Um die weiteren Unterlagen für die Behandlung der Abwässer zu schaffen, wurde ein besonderes Abwasserlaboratorium geschaffen und an Hand von chemischen, physikalischen und biologischen Untersuchungen die verschiedenen Charaktere der Abwässer an den einzelnen Anfallstellen festgelegt. Vor allem wurden durch p_H-Wert-Meßgeräte gesteuerte Neutralisations- und Belüftungsanlagen an verschiedenen Anfallstellen errichtet. So haben die Pflanzenschutzmittelbetriebe eine besondere Kläranlage erhalten, in der die Abwässer zunächst abgesetzt, abgekühlt, innig vermischt und dann belüftet werden. Durch eine chemische Fällung mit Eisenchlorid und Zugabe von

[1] ALTHOFF, F. W.: Münchner Beiträge zur Abwasser-, Fischerei- und Flußbiologie, Bd. 7. München: Oldenbourg 1960.

Chlor wird eine Ausfällung der giftigen Stoffe erreicht. die in einem besonderen Absetzbecken abgefangen werden. Zur Sicherheit sind noch zwei Kiesfilter nachgeschaltet. Nach einer weitgehenden Verdünnung durch Kühlwasser kann dann das Abwasser in den Vorfluter abgelassen werden. Im Jahre 1956 wurde eine zweite Kläranlage errichtet. Zur Zeit ist eine Großkläranlage in der Planung, in der die mechanisch vorgereinigten Abwässer vollbiologisch gereinigt werden sollen.

In der Land- und Forstwirtschaft werden neuerdings im steigenden Maße Herbizide verwandt, die schon in einigen Fällen zu schweren Schäden in der Wasserversorgung geführt haben. Zu den Totalherbiziden zählen Natrium- und Kaliumchlorat, während Dinitroorthokresol und gechlorte Phenylessigsäure selektiv wirken. KÜHN und LINGELBACH[1] beschreiben eine derartige Verschmutzung einer Wasserversorgung durch Herbizide. Die Vereinigung Deutscher Gewässerschutz[2] hat einen von dem wissenschaftlichen Beratungsausschuß des Präsidenten der Vereinigten Staaten von Amerika herausgegeben Bericht „Der Gebrauch von Pestiziden" veröffentlicht, dessen Studium an dieser Stelle empfohlen werden kann.

13. Abwässer von Molkereien, Käsereien, Kondensmilch- und Trockenmilchfabriken

Bei den Milch verarbeitenden Betrieben unterscheidet man heute zwischen

1. *Milchstationen.* Diese nehmen die Milch von den Erzeugern, reinigen sie von Schmutz, erhitzen sie und kühlen sie ab, um sie dann an die anderen Milchwerke abzugeben.

2. *Molkereien,* die ebenfalls die Milch direkt oder über Zwischenstationen sammeln, von Schmutz reinigen, erhitzen und abkühlen und dann entweder als Trinkmilch verkaufen oder den Rest auf Butter, Rahm und Käse verarbeiten.

3. *Milchverwertungsunternehmen* ähnlich wie 1. und 2. Sie erzeugen aber außerdem noch Milchgetränke, Speiseeis, Frischmilch, Buttermilch, Joghurt, Käse und verarbeiten die Molke zu Futterzwecken.

4. *Milchwerke* beziehen Milch, Frischmilch oder Magermilch, Sahne und auch Molke. Herstellung von Kondensmilch, Milchzucker und Molkeneiweiß oder Molkenkleie aus Molke.

Hierin gehören auch die in den Großstädten zur einheitlichen Zusammenfassung der Milchversorgung geschaffene Milchhöfe bzw. Milchzentralen, von denen aus die Verteilung der von auswärts angelieferten Milch an die Bevölkerung erfolgt. Entscheidend für den Abwasseranfall ist außer der Bearbeitung der Milch auch die Größe des Durchsatzes. Abgesehen von den kleinen Gutsmolkereien, die oft nur bis 500 l durchsetzen, sind die meisten Molkereien für eine Verarbeitung von 10000 bis 40000 l Milch am Tag eingerichtet. In Großmolkereien werden bis zu 100000 l Milch am Tage verarbeitet.

---

[1] KÜHN, H., u. H. LINGELBACH: Z. für die gesamte Hygiene und ihre Grenzgebiete Bd. 10 (1964) Heft 7, S. 433.

[2] Herausgeber der deutschen Übersetzung ist die Interparlamentarische Arbeitsgemeinschaft in Bonn, Bundeshaus (1963.

a) Art und Menge der anfallenden Abwässer

In den Molkereien wird die Milch gereinigt, entkeimt und dann auf Butter, Rahm (Sahne) und Käse aus Voll- oder Magermilch (Fettkäse verschiedenen Fettgehaltes, Magerkäse) bzw. Quark, in vielen Fällen nur auf Butter und die anfallende Molke auf Milchzucker, Molkeneiweiß, Molkenkleie verarbeitet. Die bei der Entrahmung (Buttermolkereien) erhaltene Magermilch geht meistens an die Milchlieferanten zurück. In den Frischmilchmolkereien wird die Milch zur Verteilung vorbereitet (Entschmutzung, Erhitzung, Kühlung, Abfüllung), ohne sonstige Änderungen an der Milch vorzunehmen. Die zur Molkerei kommende Milch wird zwecks Entfernung der Schmutzanteile durch eine Reinigungszentrifuge geschickt und dann entweder durch eine Hocherhitzung auf 85° oder durch eine Kurzzeiterhitzung auf 71 bis 73° mit anschließender Heißhaltung für eine Zeitdauer von 40 sek, je nach Apparatetyp, oder durch eine Dauererhitzung auf 63 bis 65 °C während 30 min haltbarer gemacht. Da sich der Betrieb in den Molkereien hauptsächlich in den Vormittagsstunden zwischen 6 bis 14 Uhr abspielt, fallen auch die wesentlichen Abwässer in einer verhältnismäßig kurzen Zeit, dafür aber täglich, d. h. auch sonntags, an.

Die durchschnittliche Zusammensetzung der Milch wird wie folgt angegeben:

Wasser	88%	Fett	3,5%
Eiweißstoffe	3,2%	Milchzucker	4,5%
		Asche	0,8%

Der biochemische Sauerstoffbedarf der Vollmilch beträgt nach Meinck 110000 bis 115000 mg/l BSB_5. Er schätzt die Milchverluste auf 0 bis 2% der verarbeiteten Milch.

Die in den Molkereien anfallenden Abwässer setzen sich zusammen aus den Abflüssen:

a) des Milchablieferungsraumes mit den Kühlwässern von den Milchkühlern und der Kälteanlage, den Abwässern der Kannenwäscherei und der Flaschenspülmaschinen,

b) des Separatorenraumes,

c) der Butterei,

d) der Käserei,

e) gegebenenfalls der Nebenbetriebe, Kondensmilch, Molkenverwertung, Milchzuckerfabrikation u. ä.,

f) häusliche Abwässer von den zur Molkerei gehörenden Wohn-, Wasch- und Abortanlagen, die aber am besten in einer gesonderten Kläranlage behandelt werden.

Die anfallenden Abwässer bestehen in der Hauptsache aus der Tropfmilch, aus den Spül- und Waschwässern der Betriebsräume, der Milchkannen, der Flaschen und der verschiedenen Geräte. Alle Abwasserarten sollten möglichst getrennt abgeleitet werden. Die Konzentration der ersteren Abwässer richtet sich sehr stark nach dem Gehalt an Tropfmilch beim Umfüllen der Kannen. Nachdem die Kannen umgekehrt auf dem Auslaufgestell den größten Teil der Milch abgegeben haben, wobei stets eine beachtliche Menge Tropfmilch anfällt, werden die

Kannen mit heißer Lauge oder neuerdings in Amerika mit schwachen Säuren mit geringer Korrosionsneigung gewaschen und mit Heißwasser gründlich nachgespült und dann mit Heißluft getrocknet. Trotz des guten Auslaufenlassens der Kannen und des sorgfältigen Auffangens der Tropfmilch schätzt ELDRIDGE den Anteil an Milch in den Abwässern noch auf $^1/_2$ l je 10 Kannen, so daß man allein in der Aufnahmestation bei 40000 l Milch mit einem Verlust von 100 l rechnen kann, der restlos ins Abwasser geht. Die in Holland und Amerika[1] durchgeführten Versuche haben gezeigt, daß die Abtropfzeit mindestens 20 sek betragen muß, um eine 85 bis 95% Erfassung und Verwertung der in den Kannen verbleibenden Milch sicherzustellen. Bei dem in Abb. 67 dargestellten Enzinger Kannenwäscher Type AWS der Enzinger Union Werke in Mannheim wird zunächst die Tropfmilch aufgefangen und in den Betrieb zurückgegeben. Dann werden die Kannen mit einem feinen Wasser-

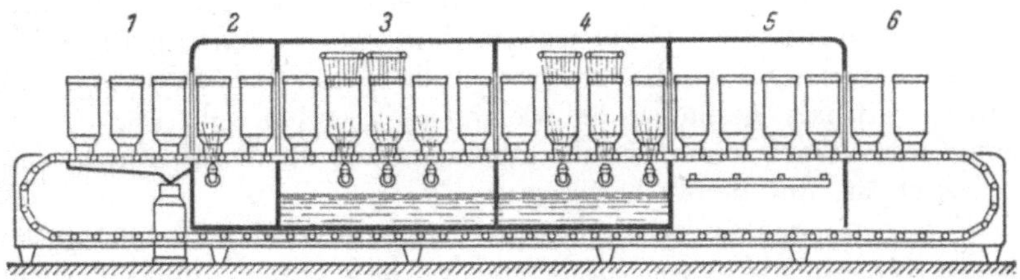

Abb. 67. Enzinger Kannenwäscher, Type AWS (Enzinger Union-Werke, Mannheim)

schleier und anschließend außen und innen mit Lauge von 65 °C behandelt und nach einer Abspritzung durch Heißluft getrocknet. Die *Molkereiabwässer* enthalten die sämtlichen Bestandteile der Milch in wechselnden Mengen, und zwar als ungelöste Bestandteile Eiweißflocken, Fetteilchen und als gelöste Stoffe Eiweiß, Milchsalze, Milchzucker, ferner die verschiedenen im Betrieb benutzten Reinigungs- (Detergenien) und Desinfektionsmittel.

Bei dem Durchseihen der Milch bleiben auf dem Seihtuche gröbere Schmutzstoffe zurück. Der feinere Schmutz wird in Schmutzzentrifugen, den sog. Schlammseparatoren, abgesondert. Beim Waschen und Spülen der Seihtücher und der Zentrifugen gelangt dieser aus Staub, Stallschmutz, Sand u. dgl. bestehende Schlamm in das Abwasser. Der Zentrifugenschlamm kann die Krankheitserreger der Maul- und Klauenseuche und Tuberkelbazillen enthalten. Bei der Herstellung der Butter fallen die Buttermilch, die in den meisten Fällen für Speisezwecke bzw. für Futterzwecke benutzt wird, und das erste und zweite *Butterwaschwasser*, sowie die *Spülwasser der Butterfässer* an. Wird die Butter gesalzen, so sind die anfallenden Abwässer kochsalzhaltig. Die bei der Butterbereitung anfallende Buttermilch wird zum Teil als Nahrungsmittel verzehrt, zum großen Teil zur Aufzucht von Haustieren, insbesondere von Schweinen, benutzt.

---

[1] SCHWARZKOPF, V.: Sew. and Ind. Wastes Bd. 24 (1952) S. 1489.

In den modernen Molkereien erfolgt die Butterherstellung in den FRITZschen Buttermaschinen. Der hochkonzentrierte Rahm von 48 bis 50% Fett wird bei 90° pasteurisiert und dann auf 6 bis 7 °C abgekühlt. Nachdem man ihn 2 bis 3 Std. hat reifen lassen, geht er in die kontinuierlich arbeitende Buttermaschine nach Dr. FRITZ, in der in einem Zylinder mit einem Triebwerk von 3000 Umdrehungen in der Minute die augenblickliche Verbutterung und Abtrennung des Butterfettes von der Buttermilch erfolgt. Die Butter wird sofort in fertige $^1/_2$-Pfund-Pakete verpackt. Die anfallende süße Buttermilch kann als Trinkmilch benutzt werden. Ein Butterwaschwasser fällt im Gegensatz zu den bisher bekannten älteren Verfahren nicht an.

Die in der Käserei anfallende *Molke* stellt für den Vorfluter eine außergewöhnlich große Belastung, andererseits aber ein wertvolles Futtermittel dar und sollte daher grundsätzlich nicht in das Abwasser abgeleitet sondern zurückgewonnen werden. Sie kann auf Milchzucker und Molkeneiweiß, auf Molkensirup oder Molkenkleie, auf Kindernährmittel unter Molkenzusatz, zu Molkensuppen und verschiedenen anderen Produkten verarbeitet oder als Beifutter für die Mast von Schweinen benutzt werden. Oftmals, besonders bei kleineren Käsereien, geht sie, wenn der genügende Absatz fehlt oder die Rücklieferung an die Milchlieferanten erschwert ist, mit dem Abwasser ab.

Zu diesen eigentlichen Molkereiabwässern kommt noch eine größere Menge *Kühl- und Kondenswasser* von Milchkühlern, Rahmkühlern und Kältemaschinen, die wohl eine etwas höhere Temperatur haben, aber meistens wenig oder gar nicht verunreinigt sind und daher auch dem Vorfluter zugeleitet werden können, nachdem sie gegebenenfalls vorher entölt worden sind. Sie können aber auch über den Lauwasserbehälter zu Reinigungszwecken verwendet oder in den Betrieb zurückgenommen werden. Die Gesamtmenge dieser Kühlwässer beträgt, je nachdem die Milch ausschließlich verbuttert oder teilweise als Trinkmilch geliefert wird, das 2- bis 4fache der Milchanlieferung.

Nach Beendigung des Betriebes werden alle Räume und Apparate mit reichlichen Wassermengen gereinigt. Die gesamten Abwässer enthalten neben erdigen Schmutzteilen Milchreste, Fett, Salze, Eiweiß und Milchzucker. Sie werden durch Kühl- und Kondenswässer weiter stark verdünnt. Die Menge der anfallenden Abwässer schwankt sehr stark und richtet sich nach der Eigenheit des Betriebes.

Die häuslichen Abwässer, die *Fäkal- und Waschwässer*, aus den zur Molkerei gehörenden Wohn-, Wasch- und Abortanlagen, die in einer Menge bis zu 100 l/Kopf und Tag anfallen, werden gegebenenfalls in einer besonderen Anlage nach den Richtlinien für Kleinkläranlagen behandelt.

In den verunreinigten Betriebsabwässern können auch Krankheitserreger sein. Außer der aus den Kannen abtropfenden Rohmilch haben die Spülwasser aus den Milchannahmebehältern, den Milchwagen und den Rohrleitungen auch einen Anteil an der Infektion. Nach WAGNER[1]

---

[1] WAGNER, K.: Molkerei- und Käsereizeitung 1955, S. 208.

kommen zu den seit langem bekannten Erregern der Maul- und Klauenseuche, der Tuberkulose, der Brucellose, der Streptokokken Mastitis und anderer Euterinfektionserreger neuerdings noch die Erreger des A-Fiebers hinzu.

Nach PRITZKOW fällt an Abwässern die $1^1/_2$ bis 2fache Menge der verarbeiteten Milch an. Das Abwasser von 45 m^3 Milch entspricht nach PARKER[1] dem Abwasser von 1000 Einwohnern. MEINCK gibt einen Mittelwert von 40 bis 50 Einwohnern je 1000 l Milch an. Nach IMHOFF muß man den Einwohnergleichwert für eine Molkerei mit Käserei mit 100 bis 250 Einwohnern je 1000 l Milch und für eine Molkerei ohne Käserei mit 30 bis 80 Einwohnern je 1000 l Milch ansetzen. SCHULZ-FALKENHAIN[2] schätzt die Gesamtmenge der milchhaltigen Abwässer je nach Art des Betriebes einer Molkerei auf das 0,8fache (bei größeren Molkereien), bis auf das 1,5fache (bei kleineren Molkereien) der Milchanlieferung. Hierin sind die Kühlwässer von den Milchkühlern und der Kälteanlage, die die 2- bis 4fache Menge der Milchanlieferung ausmachen und die zum Teil im Betriebe wieder verwendet werden, nicht enthalten.

In dem Bericht über die Tätigkeit des Landwirtschaftlichen Abwasserdienstes während der Jahre 1959 bis 1964 gibt H. SCHELTINGA[3] folgende Einwohnergleichwerte je 1000 kg/Jahr (54g BSB_5/Tag) in den einzelnen Stationen an

	Einwohner-gleichwert
Milchaufnahme	0,05
Butterei	1,70
Käserei	1,30
Milchpulver	1,30
Kondensmilch	0,33
Konsum- und Flaschenmilch	0,27

Die Mittelwerte des Wasserverbrauchs wurden (für je 1 l behandelte Milch) wie folgt angegeben:

Buttereien	8,7 l
Buttereien und Käsereien	10,7 l
Konsum- und Flaschenmilch	17,3 l
Milchpulver- und Konservenmilchfabriken	10—12 l

Die *Zusammensetzung des Molkereiabwassers* ist starken Schwankungen unterworfen. So schwankt nach WALKER
der Gesamtabdampfrückstand zwischen 4000—50000 mg/l,
der Rückstand an organischen Stoffen von 3000—33000 mg/l,
der Rückstand an mineralischen Stoffen von 1200—28000 mg/l.

Nach TEWES[4] haben auf Grund der Angaben von KIEFERLE die in den einzelnen Stationen anfallende Abwasserarten die in der Tab. 26

[1] PARKER: Eng. News-Rec. Bd. 116 (1936) S. 125.

[2] SCHULZ-FALKENHAIN: Die Reinigung von Molkereiabwasser. Molkerei-Ztg. 1947.

[3] SCHELTINGA, H.: Rijks Zuivel-Agrarische Afvalwaterdienst, Arnheim 1965, S. 69.

[4] TEWES: Süddeutsche Molkerei-Ztg. 1949 (Kempen im Allgäu).

wiedergegebene verschiedene Zusammensetzung:

Tabelle 26. *Zusammensetzung von Molkereiabwässern*
(Angaben in g/l)

Abwasserart	Abdampfrückstand Gesamtmenge	Glührückstand	Eiweiß	Fett	Milchzucker	p_H	$KMnO_4$-Verbrauch
Aus der Milchannahme	1,5— 4,6	0,5—1,7	0,2 —1,0	0,3 —1,1	0,2 —1,4	8,3—10,1	2,0 — 7,2
Aus der Butterei	0,4— 7,5	0,3—2,1	0,02—2,9	0,1 —0,6	0,02—1,6	6,5— 9,7	0,08—13,5
Aus der Käserei	1,2—16,2	0,4—2,9	0,4 —2,0	0,3 —0,5	0,1 —9,4	4,3— 7,9	4,0 —20,1
Gesamtabwasser	1,2— 3,1	0,7—1,8	0,34—0,38	0,24—0,35	0,35—0,92	7,4— 9,4	1,3 — 3,7

ELDRIDGE[1] gibt für die einzelnen Stationen in den Molkereien die in der Tab. 27 wiedergegebene Zusammensetzung der verschiedenen Abwasserarten an.

Tabelle 27
Zusammensetzung der in den verschiedenen Stationen anfallenden Abwässer

	Gesamte Milchstoffe mg/l	BSB_5 mg/l
Kondensation	1200	800
Rahmgewinnung einschl. Butterwaschwasser ohne Buttermilch	1550	1000
Aufnahmestation	700	600
Flaschenfüllstation	600	500
Käserei ohne Molke	3000	2000

STUNDL[2] gibt eine Gegenüberstellung der Molkereiabwässer gegenüber dem Molkenabwasser (s. Tab. 28).

Tabelle 28
Gegenüberstellung der Zusammensetzung von Molkerei- und Molkenabwasser

		Molkereiabwasser	Molkenabwasser
p_H-Wert		6,6—7,8	4,5—4,7
Stickstoff	mg/l	18— 160	300— 900
Phosphor	mg/l	3— 4	—
$KMnO_4$-Verbrauch	mg/l	120—1500	3000— 6000
Organische Substanz aus Glühverlust	mg/l	110— 890	20000—30000
Schwebestoffe	mg/l	75— 290	1700— 2000
Milchsäure	mg/l	2— 10	3000— 4000
Milchzucker	mg/l	Spur—1000	8000—50000

[1] ELDRIDGE, E. F. u. ZIMMER: Sew. Works J. Bd. 3 (1931) S. 199.
[2] STUNDL, E.: Österr. Bau-Ztschr. Bd. 4 (1949) S. 53.

Schulz-Falkenhain gibt unter der Annahme, daß die Gesamtabwässer das 4fache der Milchanlieferung ausmachen (also einschließlich der Kühlwässer), für die Verschmutzung des Molkereiabwassers folgende Werte an:

BSB_5	400 mg/l	Phosphorsäure	20 mg/l
$KMnO_4$-Verbrauch	1000 mg/l	Kali	30 mg/l
Gesamtstickstoff	40 mg/l	Kalk	150 mg/l

Durch die bei der sauren Gärung in den Molkereiabwässern gebildete Milchsäure können beim Ablassen in die städtische Kanalisation und bei der biologischen Reinigung häuslicher Abwässer Schwierigkeiten entstehen. Während Eldridge und Zimmer[1] angeben, daß ein durch Absetzbecken gut vorgereinigtes Molkereiabwasser im Verhältnis 1:1 mit häuslichem Abwasser ohne Schaden für die biologische Weiterbehandlung gemischt werden könne, kommt Haase[2] zu dem Ergebnis, daß der Anteil des Molkereiabwassers bei der Vermischung mit häuslichem Abwasser nicht mehr als 10 bis 15% betragen solle. Um eine Säuerung zu verhindern, schlägt er eine zusätzliche, im Betrieb selbst vorzunehmende Kalkung der Molkereiabwässer vor. In gleicher Weise hält Sander[3] ein Verhältnis von 10 Teilen häuslichem Abwasser zu 1 Teil Molkereiabwasser für das niedrigste Verdünnungsverhältnis. Viehl[4] kommt auf Grund seiner Untersuchungen zur Reinigung von Molkereiabwasser zu dem Ergebnis, daß sich Molkereiabwasser in jedem Mischungsverhältnis mit häuslichem und auch ohne dieses biologisch reinigen lasse. Er sieht die Vorteile der Vermischung mit häuslichem Abwasser darin, daß die Konzentrationsschwankungen und die etwas einseitige Zusammensetzung des Molkereiabwassers mehr oder weniger ausgeglichen und die Reinigung so erleichtert werde.

b) Verwertung der Molkereiabwässer

Um die in den Molkereien anfallenden Abwasser der Menge und Konzentration nach zu verringern, sollte man zunächst im Betriebe die Milchverluste selbst weitgehendst einschränken, dann aber auch durch Verwendung neuzeitlicher Apparate und innerbetriebliche Maßnahmen, wie gutes, genügend langes Abtropfenlassen der Milchkannen und Schläuche, Vermeidung undichter Abfüllhähne der verschiedenen Lagerbehälter, weiterhin hindern, daß wertvolle Milch in das Abwasser kommt. In Molkereien mit Käsereien kann man durch Abtropfbänke oder Abtropftische für Quarkbeutel, sowie durch Aufstellen von Quarkwannen auf Podesten mit Kantenumrandung und Entwässerung dieser Einrichtungen in einen Molkensammeltank eine starke Verminderung der Abwasserkonzentration erreichen, wenn man die in diesen Tank gesammelte Molke auch aufarbeitet oder an die Milchlieferanten zurückgibt.

---

[1] Eldridge, E. F., u. Zimmer: Sew. Works J. Bd. 3 (1931) S. 199.
[2] Haase: Kl. Mitt. Bd. 11 (1935) S. 37.
[3] Sander, P.: Berichte der A. T. V. Bd. 8 (1957) S. 146.
[4] Viehl, K.: Molkerei- und Käse-Ztg. Bd. 12 (1961) Heft 12.

Die in den Molkereibetrieben anfallende *Magermilch* sollte weitestgehend aufgearbeitet und der menschlichen und tierischen Ernährung zugeführt werden. Als Verwendung für die Magermilch kommt nach EBERLEIN[1] in Frage die Herstellung von Magermilchpulver, Mischgetränken mit Magermilch, wie sie sich besonders im Sommer für Schulen, Sportplätze, Arbeitslager, Jugendherbergen, z. B. als Trinkkakao, bewährt haben.

Nach ELDRIDGE hat die Molke aus der Käserei folgende Zusammensetzung:

Gesamt gelöste Stoffe	72000 mg/l	Milchzucker	44000 mg/l
Organ. gelöste Stoffe	64000 mg/l	Eiweiß (Casein)	8000 mg/l
Fett	4000 mg/l	BSB_5	32000 mg/l
Asche	8000 mg/l	$KMnO_4$-Verbrauch	25900 mg/l

1000 l Molke enthalten rund 10 kg Eiweiß und 50 kg Zucker. Außer zu Fütterungszwecken kann *die Molke* zur Gewinnung von Milchzucker, Milchsäure und Molkeneiweiß und neuerdings auch zur Herstellung von Kraftfutter benutzt werden. Durch Aufkochen der Molke unter Kalkzusatz werden die Eiweißverbindungen, das sog. Molkeneiweiß, ausgefällt. Es wird abfiltriert und diente im Kriege und in der ersten Nachkriegszeit der menschlichen Ernährung.

Neuerdings wird es nur noch zur Schweinemästung benutzt. Bewährt hat sich das unter dem Namen *Molkenveredelungsverfahren* der Chemischen Werke Albert, Wiesbaden-Bieberich bekannte Verfahren, bei dem die Eiweißstoffe durch ein Fällungsmittel ausgefällt werden. Auf 1000 l Molke werden 17 kg Trockensubstanz erhalten.

Molke hat nach SCOTT[2] einen Trockensubstanzgehalt von 5 bis 6%, einen BSB-Wert von 30000 bis 35000 mg/l und einen p_H-Wert von 4 bis 6. Die *Käsemolke* besteht aus etwa 0,9% Protein, 0,2% Fett, 4,8% Milchzucker, 0,6% Milchsäure und 0,5% Asche. Der Milchzuckergehalt, der den Hauptanteil an dem BSB-Gehalt von 30000 bis 35000 mg/l ausmacht, wird am leichtesten oxydiert. Für je 100 kg Milch fallen 90 kg Molke an. Von den 11 bis 12% Abdampfrückstand in der Milch gehen rd. die Hälfte in die Molke.

Nach EBACH[3] haben die Molken einen hohen Gehalt an Vitamin B_2 (70 mg in 1000 l Molke), das in die gewonnenen Trockenpulver übergeht. Durch Ausfällen des Caseins mit Calciumlactat gewinnt man eine Säuglingsnahrung, die sog. *Calciamolke*, die sich besonders bei kränklichen Kindern gut bewährt haben soll.

Wegen des hohen Gehaltes der Molke an Milchzucker (rund 4,5 bis 6%) wird die Molke vorzugsweise in der Schweiz und im Allgäu auf *Milchzucker* verarbeitet. Aus 100 l Milch werden nach vorheriger Abscheidung des Albumins 3,5 kg Milchzucker gewonnen. Aus vergorener Molke läßt sich nach verschiedenen Verfahren auch Milchsäure gewinnen.

Da bei der Ausfällung der Molken nur die Hälfte der Gesamtstoffe entfernt wird, hat sich vom wirtschaftlichen Standpunkte aus die Ein-

---

1 EBERLEIN: Chemiker-Ztg. Bd. 60 (1936) S. 825.
2 SCOTT, R. H.: J. Wat. Poll. Contr. Feder. Bd. 34 (1962) S. 932.
3 EBACH, R.: Chemiker-Ztg. Bd. 67 (1954) S. 321.

dampfung der Molken bis auf einen Sirup von $^1/_7$ der Molkenmenge, Vermischen mit Kleie und Verfütterung dieser Molkenkleie als sehr vorteilhaft erwiesen. Das erste Verfahren von Apotheker WURM in Oldenburg führte die Eindampfung auf einem Schaufelrad durch. Besser und wirtschaftlicher scheint aber das vom Molkereidirektor WITTE in Börry, Kreis Hameln, angewandte Verfahren der Apparatebaugesellschaft Wilhelm Wiegand, Karlsruhe zu sein, die die Molke bei etwa 65 °C restlos zur Trockne verdampfen. Aus 1000 kg Molke werden 80 bis 90 kg Trockensubstanz gewonnen, die 10% Eiweiß, 55% Milchzucker und 10% Salze enthalten. Sehr bewährt hat sich zum Eindampfen von Molkeabwässern die Eindampfanlage mit KÖRTING-Strahlapparaten, wie sie in Abb. 68 dargestellt ist. Aus dem Heizkörper werden Flüssigkeit und Brüdendampf schon getrennt nach dem Abscheider geführt. Die Flüssigkeit fließt unten, der Dampf strömt oben mit großer Geschwindigkeit tangential in die Abscheider. Dadurch wird eine gute Abscheidung er-

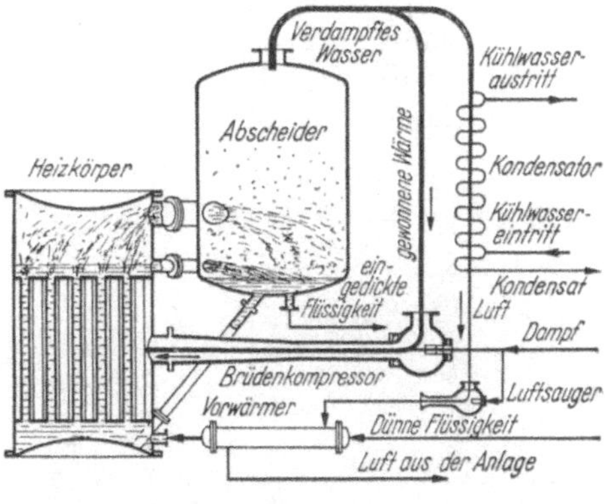

Abb. 68. Schema einer Einkörpervakuum-Verdampferanlage mit Brüdenkompression (Fa. Körting, Hannover-Linden)

Abb. 69. In eine Molkerei eingebaute Molkeneindampfanlage (Fa. Körting, Hannover-Linden)

reicht. Schäumt die Flüssigkeit, dann nimmt der Brüdendampf den Schaum mit, zerreißt den Schaum infolge der hohen Brüdengeschwindigkeit und scheidet ihn an der Wand ab. Durch die Anwendung des KÖRTING-Brüdenkompressors ist eine sehr weitgehende Ausnutzung der Wärme gegeben, so daß die sonst zum Verdampfen von 1 kg Wasser benötigte Dampfmenge auf 0,3 kg Dampf gesenkt werden kann. In Abb. 68 u. 69 ist eine Mehrkörpervakuum-Verdampfanlage mit Brüdenkompression der Fa. Körting, Maschinen- und Apparatebau-AG., Hannover-Linden, dargestellt. Sind größere Mengen zu verdampfen, so können die Verdampfanlagen auch mehrstufig betrieben werden.

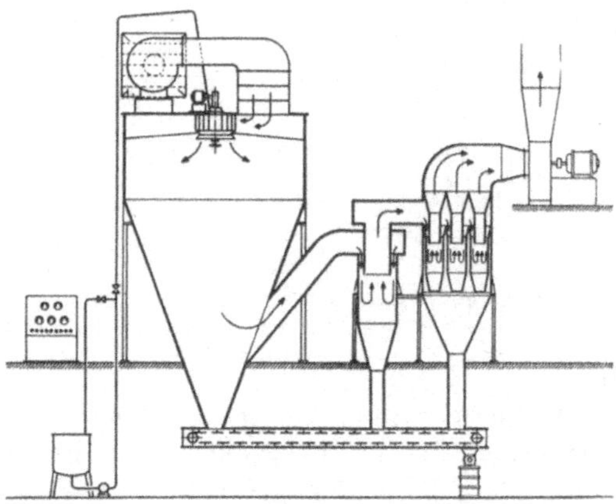

Abb. 70. Düsenzerstäubungsverfahren nach der Bauart des KRAUSE-Trockners (Fa. Lurgi, Frankfurt a. M.)

In vielen Fällen hat sich zum Verdampfen von Molke das Düsenzerstäubungsverfahren der Lurgi, Frankfurt/M., nach dem KRAUSE-Verfahren bewährt. Aus Abb. 70 ist das KRAUSE-Verfahren erkenntlich. Die Zerstäubung erfolgt durch eine schnellaufende Scheibe, die in betrieblich einfacher Weise größte Durchsätze gestattet. — Bei der Herstellung der *Molkenkleie* können an Stelle von Kleie auch Kartoffeln und Kartoffelflocken verwandt werden. Die Molkenkleie wird unter sinnreicher Ausnutzung der vorhandenen Wärme weiter getrocknet und dann in Säcke verpackt. Aus 13000 l Milch werden 9 bis 10 Ztr. Molkenkleie hergestellt. Um 1000 l Molke auf 110 bis 120 l Sirup einzudampfen, sind 85 bis 90 kg Steinkohle nötig. Die Kleie nimmt durch die Aufnahme der Molkenbestandteile um $^1/_4$ bis $^1/_2$ ihres Gewichtes zu. Der Futterwert der Molkenkleie ist ein sehr hoher. Die Molkenkleie hat sich gut eingeführt; sie wird nicht nur von Schweinen, sondern auch von Rindern, Schafen und sogar von Pferden gern genommen. Wo derartige Eindampfanlagen vorhanden sind, kann man auch Magermilch in ähnlicher Weise eindampfen und auf Kraftfutter- bzw. Kückenfutter verarbeiten.

Um in den USA besser verkäufliche Produkte aus den 4 Millionen m³ Molke zu schaffen, haben WASSERMANN, HOPKINS und PORGES[1] die Bedingungen untersucht, unter denen die Hefe Sacharomyces fragilis am besten auf Molke gedeiht. Sie haben diese Hefe benutzt, da sie auch als tierisches Futtermittel in Frage kommt. Um ein gutes Wachstum der Hefe zu erzeugen, mußten 0,5% Ammonsulfat, 0,5% K_2HPO_4 und 0,1%

[1] WASSERMANN, A. E., W. J. HOPKINS u. N. PORGES: Sew. and Ind. Wastes Bd. 30 (1958) S. 913.

Hefeextrakt zugegeben werden. Bei einer Einstellung der Molke auf einen p_H-Wert zwischen 5,0 und 5,7 wurde das beste Wachstum erzielt. Bei einer starken Impfung mit etwa 2 Millionen Hefezellen je ml kann die Wachstumsperiode bis auf 3 bis 4 Stunden verringert werden. Nicht sterile Molke gibt ein ebenso gutes Wachstum wie sterile Molke.

In Kriegs- und Nachkriegszeiten, wenn die Einfuhren von Getreide knapp werden, wird Molke gern zur Herstellung von Erfrischungsgetränken in Form der *Molkenbiere* benutzt. Nach dem von RÖDER und verschiedenen anderen ausgearbeiteten Brauverfahren wird $^1/_3$ bis $^1/_2$ des normalen Brauwassers durch enteiweißte, fettfreie Lab- bzw. Sauermolke ersetzt. In der Fleisch- und Gemüsekonservierung wird sie als Konservierungsmittel benutzt. Beim teilweisen Eindampfen entsteht eine Molkenpaste, die mit Weizen- oder Kartoffelmehl oder -stärke versetzt in der Form des Migetti als menschliches Nahrungsmittel oder zur Herstellung von Schmelzkäse Verwendung findet. Auch zur Herstellung von Brotaufstrich ist sie oft verwandt worden.

c) Reinigung von Molkereiabwässern

α) Direktes Einlassen in den Vorfluter

Molkereiabwässer sind stark verschmutzt und gehen sehr schnell in Fäulnis über. Während in den größeren Molkereien auf die restlose Gewinnung aller Stoffe aus der Milch durch Verringerung der Tropfverluste, durch Ein- oder Verdampfen geeigneter Abwasser allergrößter Wert gelegt wird, gibt es noch genügend kleinere Molkereien, in denen große Mengen stark verschmutzter Abwässer anfallen und die zum großen Nachteil an oft sehr kleinen Vorflutern liegen. Das Abwasser der ersteren Molkereien hat nur einen BSB_5 von 120 bis 350 mg/l, ähnlich dem städtischen Abwasser, dagegen fallen in den schlecht arbeitenden Molkereien Abwasser mit einem BSB_5 von 3000 mg/l an. Aus diesem Grunde ist es erforderlich, zunächst einmal im Betrieb selbst Ordnung zu schaffen. Nachdem zunächst sorgfältig geprüft worden ist, von welchen Stellen das Abwasser zuläuft, gelingt es meistens, die Abwassermenge ganz bedeutend einzuschränken und vor allem den Abfluß im Laufe der Betriebsstunden gleichmäßig zu gestalten.

Gelangen Molkenabwässer in einen kleinen Vorfluter, so können sie große Belästigungen hervorrufen. Infolge ihres Gehaltes an Milchzucker und Eiweiß gehen sie sehr schnell in saure Gärung und dann in Fäulnis über und können zu argen Geruchsbelästigungen, zu Pilzbildungen, Schlammablagerungen und vor allem zu Sauerstoffschwund im Vorfluter führen, dessen Folgen schon in vielen Fällen größere Fischsterben gewesen sind. Nach KIMBERLEY kann unter gewissen Bedingungen von einer weitergehenden Reinigung der Molkereiabwässer abgesehen werden, wenn die Wasserführung des Vorfluters mindestens 30mal größer ist als die Menge des gesamten, abzulassenden Molkereiabwassers. Dieses wird aber nur in ganz besonderen Fällen zutreffen, und zwar nur dann, wenn es sich um sehr dünne Abwässer handelt, der Vorfluter groß genug ist, vorher noch nicht durch andere Abwässer beeinträchtigt ist und eine besonders gute Sauerstoffaufnahme und Selbstreinigungskraft hat. Aus dem Abwasser müssen vorher im Betriebe möglichst viele verwertbare Stoffe, wie Eiweiß, entfernt sein. Im allgemeinen wird man ein Verdünnungsverhältnis von 1:150 bis 200 fordern müssen, wenn man den Vorfluter vor Schaden schützen will. Das abzulassende Abwasser muß frisch sein und darf noch nicht in Fäulnis übergegangen sein. Die Schwierigkeiten durch Fäulnis und Gärung sind im Sommer gewöhnlich größer als in den kälteren Wintermonaten. Eine mechanische Reinigung, welche die Fett- und Eiweißbröckchen zurückhält, sollte auch beim Ablassen in den Vorfluter zwischengeschaltet werden. Bei genügend großen Vorflutern, in denen die Molkereiabwässer so reichlich verdünnt werden, daß sie keinerlei Schaden mehr anrichten können, dürfen die Abwässer erst nach vorheriger Entfettung in einem nach den DIN-Vorschriften richtig konstruierten und dimensionierten Fettabscheider in möglichst frischem Zustand abgelassen werden, wobei für eine gute gleichmäßige Vermischung mit dem Vorflutwasser Sorge getragen werden muß. Die Fettabscheider sollen, wenn möglich, täglich entfettet werden, um Anfaulungen zu verhindern. Molken und Buttermilch sowie Abflüsse aus der Käserei, wie Käsewaschwasser, Salzlaken, dürfen nicht mit abgestoßen werden.

Wo die entfetteten Molkereiabwässer, bevor sie in den genügend großen Vorfluter abgestoßen werden, noch einen mehr oder weniger langen offenen Wiesengraben, einen Dorfgraben oder Dorfbach zu durchlaufen haben, verlangt STRELL[1], daß für eine Frischerhaltung des Abwassers durch eine Chlorung in Mengen von 30 bis 40 mg/l in einem Ausgleichs- oder Kontaktbecken oder durch Zugabe von sauerstoffreichem Verdünnungswasser gesorgt wird.

β) *Mechanische Reinigung mit und ohne chemische Fällung*

Genügt mit Rücksicht auf die Größe des Vorfluters eine mechanische Reinigung, so erfolgt diese am besten in einer *Frischwasserkläranlage* der bekannten Systeme mit zwei- bis höchstens vierstündiger Aufenthaltszeit. In dieser sollen die gröberen Sinkstoffe und vor allem auch durch Tauchbretter die Fettstoffe zurückgehalten werden. Der Schlamm kann dann ausgefault werden. Das im ersten Becken sich bei der beginnenden Säuerung abscheidende Fett muß recht oft abgeschöpft oder automatisch entfernt werden und kann dann als Rohfett in Seifenfabriken verwandt werden. Will man die Zersetzungserscheinungen in der mechanischen Kläranlage verhindern oder wenigstens verzögern, so kann dies durch Zugabe von Chlorkalk, Caporit oder Hypochloritlauge geschehen. In diesem Falle ist aber die durch die Säuerung der Milch geförderte Abscheidung der Fett- und Eiweißstoffe geringer.

Verlangt der Vorfluter eine weitergehende Reinigung, so kann diese durch die Zugabe von Fällungsmitteln, wie Kalk, Eisen- und Aluminiumsalze, durchgeführt werden. Zur Zugabe dieser Stoffe müssen geeignete Mischvorrichtungen, wie Mischrinnen, oder mit Rührwerk ausgerüstete

[1] STRELL, M.: Die Städtereinigung Bd. 30 (1940) S. 85.

Behälter vorgesehen werden. DIENERT[1] fällt durch Zugabe von 100 bis 1000 g/m³ Kalk, je nach dem Grad der Säuerung, und von 50 bis 200 g/m³ Eisen- oder Aluminiumsulfat. WARRIK gibt 390 mg/l Ferrosulfat ($FeSO_4 \cdot 7\,H_2O$) und 900 mg/l Kalk zu und erreicht dadurch eine Abnahme von 50 bis 70% des BSB. BURROUGH flockt die im Abwasser enthaltenen Milcheiweißstoffe durch Zugabe von Schwefelsäure bis zum p_H-Wert 4,5 bis 4,9 aus. Das abgesetzte Eiweiß wird getrocknet und verbrannt oder im Boden vergraben oder auch an Schweine verfüttert.

Sehr eingehende Versuche zur Anwendung des Ferrichlorids zur Reinigung von Molkereiabwasser hat STRELL[2] auf einer kleinen Molkerei, die täglich 10000 l Milch verarbeitet, gemacht. Um eine gute Ausflockung mit fast scharfem Bruch zu erzielen, mußte er 200 bis 250 mg/l $FeCl_3$ zugeben. Nach der Ausflockung und einstündiger Absetzzeit erhöhte sich die Durchsichtigkeit der geklärten Flüssigkeit auf 2,7 bis 4,3 cm. Der ausgeflockte Bodensatz betrug nach 2 Std. 5 cm³. Er wird nach längerem Stehen infolge Bildung von Schwefeleisen schwarz, ein Zeichen, daß er noch fäulnisfähig ist. Auch die geklärte Flüssigkeit ist, wie die Methylenblauprobe zeigt, noch fäulnisfähig. In einer zweiten größeren Molkerei, die 20000 l Frischmilch verarbeitet, benötigte er die Zugabe von 500 mg $FeCl_3$ je Liter Abwasser. Er erzielte auch hier einen scharfen Bruch, so daß die geklärte Flüssigkeit eine Durchsichtigkeit von 11 cm hatte. Nicht in allen Fällen genügt die Zugabe von Eisenchlorid allein. Dort, wo die Säuerung des Abwassers schon zu weit vorgeschritten war, mußte neben dem Eisenchlorid auch eine ausreichende Menge Natronlauge oder Ätzkalk zugegeben werden. Auf 200 mg/l Eisenchlorid mußten 300 mg Natronlauge ($NaOH$) oder 1250 mg Ätzkalk 80% je Liter Abwasser zugegeben werden. Um einen guten Reinigungserfolg zu erzielen, schreibt ELDRIDGE vor, daß das Abwasser möglichst schnell der chemischen Fällung zugeführt oder vorher nochmals belüftet wird. Durch Zugabe von genügend Kalk stellt er den p_H-Wert auf 7,4 bis 7,8 ein und gibt dann 30 mg/l Eisenchlorid hinzu. Anschließend belüftet er nochmals 4 Std. lang mit der 20fachen Luftmenge. Die von FINZENHAGEN, DAMM und BLOCK[3] empfohlene Anwendung von 130 mg/l Kupfersulfat mit der nachfolgenden Filtration über Magnofilter dürfte mit Rücksicht auf die hohen Kosten des Kupfersulfates auch dann keinen Anklang finden, wenn das in das Abwasser gebrachte Kupfersulfat durch das Magnofilter wieder beseitigt wird, zumal der Milchzuckergehalt unverändert bleibt.

Auch das Trix-Dura-Verfahren, das zum Fällen ein Komplexsalz „Aquadur" verwendet, hat sich nicht bewährt.

γ) Gärfaulanlagen

Bei dem Gärfaulverfahren werden die Abwässer durch ein System einer mehr oder weniger großen Anzahl von einzelnen Kammern geleitet.

[1] DIENERT: Lait Bd. 5 (1925) S. 873.

[2] STRELL, M.: Vom Wasser Bd. 15 (1942) S. 234.

[3] FINZENHAGEN, DAMM u. BLOCK: Hildesheimer Molkerei-Ztg. Bd. 50 (1936) S. 1279—1282.

Durch Bakterien werden die Kohlehydrate in organische Säuren übergeführt, wodurch der p_H-Wert bis auf 4,5 bis 5,6 absinken kann. Durch den Eiweißabbau wird dann Ammoniak gebildet, das den p_H-Wert wieder bis auf 7,2 ansteigen läßt. Die günstigste Temperatur wird mit +25 bis +28 °C angegeben. Unter +6 °C hört die Zersetzung auf. Um den p_H-Wert nicht zu weit absinken zu lassen, gab REINHOLD[1] bei seinen Versuchen zum Ausfaulen von Molkereiabwasser von Zeit zu Zeit Kalkmilch zu. LEMBKE[2] hat eingehende Studien über die Beteiligung der Mikroben an Abbauvorgängen, die sich bei der Behandlung von Molkereiabwasser in einer Faulkammeranlage abspielen, durchgeführt. Die Versuche wurden in einer Faulkammeranlage von 145 m³ Fassungsraum, die durch Zwischenwände in 24 Einzelkammern aufgeteilt ist, durchgeführt. In den ersten Kammern sind typische Vertreter der Milchflora, dagegen in den späteren Kammern Vertreter der Saprobier. Die Kernflora ist so vielseitig, daß ein vollständiger Abbau von Eiweiß- und Fettstoffen sowie von Milchzucker sichergestellt ist. Die Milchsäurebaktieren bauen nicht nur Milchzucker zu Milchsäure ab, sie haben auch Anteil am Eiweißabbau. Der Kaliumpermanganatverbrauch soll nicht über 1500 mg/l liegen. Eiweiß wird in 2 Tagen bis zu Ammoniak abgebaut, wobei etwas Schwefelwasserstoff entsteht. Der Ablauf ist etwas gefärbt. Die Temperatur im Faulraum beträgt 20 °C.

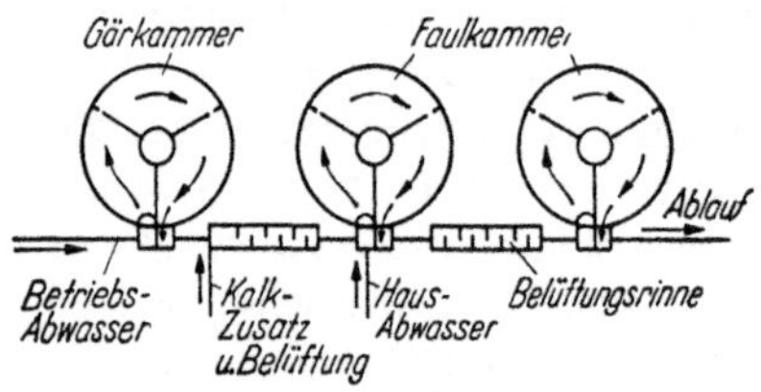

Abb. 70a. Schema einer Gärfaulkammeranlage für Molkereiabwässer

In Abb. 70a ist das Schema einer dreikammerigen Gärfaulkammeranlage für Molkereiabwasser dargestellt. In der ersten dreiteiligen Kammer fängt das frische Abwasser an zu gären. Der am Ablauf sich absetzende Schlamm wird in den Zulauf zurückgegeben. Dann wird das Abwasser gekalkt und gut durchgelüftet. In den beiden nachfolgenden Kammern, zwischen denen nochmals eine kurze Belüftungsrinne liegt, fault dann das Abwasser restlos aus. In den Zulauf zur zweiten Kammer kann man auch die häuslichen Abwässer des Betriebes geben. Der von Zeit zu Zeit aus den Gärfaulkammern abzulassende Schlamm kann entweder auf Trockenbeeten getrocknet oder nach Vermischung mit Müll kompostiert und dann zu Düngezwecken gebraucht werden. Die in der Gärfaulkammeranlage anfallenden Gase können im Betriebe zu Brennzwecken benutzt werden.

Die Aufenthaltszeit in den Gärfaulanlagen wird von den verschiedenen Bearbeitern mit 4 bis zu 12 Tagen angegeben. Die Reinigungswirkung ist aber selbst bei Gärfaulanlagen mit langer Aufenthaltszeit nicht sehr befriedigend, so daß man in günstigsten Fall einen 75%igen Abbau des Kaliumpermanganatverbrauchs erzielt. Es wird daher empfohlen, den Ablauf für landwirtschaftliche Zwecke zum Ver- oder Berie-

---

[1] REINHOLD, F.: Gesundh.-Ing. Bd. 76 (1955) S. 15.
[2] LEMBKE: Z. Bakt. Bd. 39 (1939) II, Abt. 1.

seln oder für Beregnungsanlagen zu benutzen oder ihn auf Tropfkörpern weiterzubehandeln.

Levine[1] lehnt die an verschiedenen Stellen mit Erfolg angewandte anaerobe Vorbehandlung ab, weil hierbei der Milchzucker in Milchsäure übergeführt wird und diese dann aus dem Abwasser die Eiweißstoffe fällt. Der Quark steigt als Schaum an die Oberfläche. Bei zu hohem Säuregehalt werden auch die eiweißspaltenden Bakterien abgetötet. Das hat zur Folge, daß der Quark in solchen sauren Wässern 6 bis 9 Monate liegenbleibt, ohne sich zu zersetzen.

Backmeyer[2] berichtet über die Schlammbelebungsanlage zu Marion, Indiana, in die auch die Molkereiabwässer gelangten. Da diese Abwässer aber nach kurzer Zeit in der Schlammbelebungsanlage große Veränderungen hervorriefen, entschloß man sich, die Molken mit dem Feinmüll der Stadt in die Faulräume der städtischen Kläranlage zu geben. Um die Abwasserkanäle zu entlasten, wurde die Käsemolke in den zum Abtransport des ausgefaulten Schlammes benutzten Tankwagen von der Molkerei abgeholt und auf der Kläranlage zum Einschleusen des Mülls in die Faulräume benutzt, wozu sie sich durch ihre hohe Temperatur von 30—60 °C und ihre schleimige Beschaffenheit ganz besonders gut eignen. Das Verfahren hat sich besonders in den Wintermonaten gut bewährt. Die Mischung hat 5,0—7,5% Schwebestoffe und sorgt nicht nur für eine gute Aufrechterhaltung einer guten Faulraumtemperatur, sondern ergab auch eine erhebliche Steigerung der Gasausbeute. Durch die Zugabe der Molke stieg die schon durch die Vermischung mit Feinmüll bis auf 67 l/Kopf und Tag vermehrte Gasmenge bis auf 124 l/Kopf und Tag an, wobei der Kohlensäuregehalt des Gases bei 33—38% lag.

δ) *Gärfaulverfahren mit Tropfkörper*

Schaltet man hinter die Gärfaulanlage zur weiteren biologischen Reinigung eine Tropfkörperanlage, so kann man sich meist mit einer kürzeren Aufenthaltszeit von 4 bis 6 Tagen begnügen, besonders dann, wenn man für die Ausfaulung der Molkereiabwässer einen modernen Faulraum mit Schlammumwälzung, Gasgewinnung und einer Faulraumtemperatur von 28—35 °C anwendet. Für die aerobe Nachbehandlung müssen schon mit Rücksicht auf die Tatsache, daß der Ablauf der Gärfaulanlage starken Schwefelwasserstoffgeruch besitzt, belüftete geschlossene Tropfkörper bzw. Hochleistungstropfkörper benutzt werden. Der BSB_5 des von der Gärfaulanlage kommenden Abwassers soll 500 mg/l nicht überschreiten. Im anderen Falle muß das Abwasser mit Rücklauf- oder reinem Wasser verdünnt werden. Bei normalen Tropfkörpern beträgt die Belastung je m^3 Tropfkörpermaterial 150 g, und bei Hochleistungstropfkörpern kann sie bis auf 750 g je m^3 Tropfkörpermaterial gesteigert werden. In Amerika sind mit derartigen kombinierten Anlagen recht günstige Ergebnisse erzielt worden.

---

[1] Levine: Sew. Works J. Bd. 4 (1932) S. 322.
[2] Backmeyer: Sew. Works J. Bd. 20 (1948) S. 1115.

ε) *Stauberieselung, Grünlandhangberieselung und Verregnung*

Stehen große Flächen geeigneten Sandbodens zur Verfügung, so wird man die Abwässer durch eine Bodenberieselung unschädlich machen. Dieses Verfahren wird hauptsächlich bei kleinen, auf dem Lande liegenden Molkereien in Frage kommen. Die durch eine chemische Fällung mit Ferrosulfat und Kalk weit vorgereinigten und entfetteten Abwässer werden, wie bei häuslichem Abwasser üblich, auf Weiden und Wiesen verrieselt.

Für die möglichst fettfreien und nicht sauren Molkereiabwässer — eventuell Zugabe von Kalk — braucht man bei einfacher intermittierender Sand- oder Bodenfiltration für je 25 l 1 m^2 Filterfläche bei 1,2 m Tiefe. Vorbedingung ist ein gut durchlässiger Sandboden in natürlicher Lagerung oder sonst künstlicher Schüttung, wobei die unteren Lagen aus Kies bestehen können.

Mehrere ungefähr quadratische Flächen oder lange rechteckige Gruben werden gut eingeebnet, mit Dämmen umgeben und etwa 30 cm mit Abwasser überstaut, welches dann versickert und verdunstet. Ist der Boden nicht durchlässig genug, so müssen die Flächen auch drainiert werden. Nachdem die einzelnen Filterflächen eine Zeitlang betrieben worden sind, werden sie zum Austrocknen und Ausdunsten außer Betrieb gesetzt. Der sich auf der Oberfläche absetzende Schlamm wird, sobald er stichfest ist, herausgestochen und wegen seines hohen Düngerwertes auf anderen Ackerflächen verwandt. Nach dieser Reinigung ist das Filter wieder zur Aufnahme neuer Abwassermengen bereit.

Minotto[1] beschreibt eine Molkerei, in der 30000 l Milch auf pasteurisierte Milch, Rahm, Butter, Buttermilch, Käse, kondensierte Milch und Eiskrem bearbeitet werden. Es fallen täglich 270 m^3 Abwasser an, die mit Chlorgas behandelt und dann auf 40000 m^2 große Felder gepumpt werden. Der Boden ist sehr gleichmäßig und hat eine Grundwassertiefe von 9 m. Die Abflüsse der *Rieselfelder* werden zur Vorsicht nochmals gechlort.

Bei der *Stauberieselung* werden die Abwässer frisch auf die besonders hergerichteten Stauflächen aufgeteilt. Dort versickern sie, und die in ihnen enthaltenen Stoffe werden im Boden festgehalten. Die im Boden festgehaltenen organischen Stoffe werden durch die Mikroorganismen des Bodens unter dem Einfluß des Luftsauerstoffs abgebaut. Die versickerten Abwässer werden durch Drains oder Gräben abgefangen und dem nächsten Vorfluter zugeführt. Von Zeit zu Zeit muß aber die Staufläche gewechselt werden. In der Zwischenzeit werden die Flächen landwirtschaftlich durch Anbau von Hackfrüchten, besonders auch Rhabarber, ausgenutzt, wodurch die dem Boden zugeführten Nährstoffe verbraucht werden und der Boden gelockert wird. In den Sommermonaten macht die Stauberieselung wegen der damit verbundenen Geruchsbelästigungen Schwierigkeiten, doch war in der kälteren Jahreszeit der Reinigungserfolg zufriedenstellend.

---

[1] Minotto: Municipal Sanitation 1930, S. 406.

Der Zuleiter zur Staufläche soll nach SCHULZ-FALKENHAIN[1], soweit angängig, als offener Kanal angelegt werden, der mit Sohlschalen oder -platten auszulegen ist, damit sich keine Fäulnisherde bilden können. Für eine Molkerei mit einer Milchanlieferung von 10000 l im Tag und bei einer Benutzung der Stauflächen nur während zweier Monate im Jahr wird eine Fläche von 2–5 ha benötigt.

Bei der *Grünlandhangberieselung* werden die möglichst frischen Molkereiabwässer durch die Zuleiter und Rieselrinnen auf hängige Grünflächen (Wiesen und Weiden) aufgebracht. Die Vegetation und der Boden entziehen dem Molkereiabwasser beim Herabfließen auf den Hängen die organischen Stoffe und Nährsalze und bauen sie ab. Mit Ausnahme der Frostzeit kann die Grünlandhangberieselung das ganze Jahr über betrieben werden. In dieser Zeit soll dann die Stauberieselung die Reinigung übernehmen. Bei der Grünlandhangberieselung dürfen auf keinen Fall die Flächen zu niedrig bemessen werden. Für eine Molkerei mit einer Milchanlieferung von 10000 l im Tag sollte mindestens eine Fläche von 5 ha zur Verfügung stehen. Grundbedingung ist weiter, daß die Anlage fach- und sachgemäß eingerichtet, ordnungsmäßig bedient und laufend gut unterhalten wird.

Bei der *Verregnung* müssen die frischen Abwässer zunächst in einem Sammelbecken gesammelt werden. Aus diesem Becken gelangen sie durch eine Hochdruckpumpe in eine Druckrohrleitung zu den einzelnen Regnern, die dann das Abwasser fein verteilt auf das Land versprühen. Am besten eignen sich auch hier ein guter sandiger Boden und Wiesen und Weiden für die Aufnahme der Abwässer. Grünland kann zu jeder Zeit, auch bei Frostzeit, beregnet werden, wenn es sich nicht gerade um frisch angesäte Flächen handelt; es hat einen großen Wasserbedarf und kann jederzeit, ohne Schaden anzurichten, begangen werden.

Bei dem größten Teil der Molkereiabwässer-Verregnungsanlagen erfolgt die Verwertung auf Umtriebweiden. Hierdurch ist die Möglichkeit gegeben, daß den einzelnen Flächen nach der Beregnung einige Tage für den Abbau und die Mineralisation der Abwässer im Boden verbleibt. Bei der Verregnung nehmen die einzelnen Wasserteilchen Sauerstoff aus der Luft auf, die Nährstoffe werden bei dem biologischen Abbau im Boden frei und stehen den Pflanzen als Dünger zur Verfügung. Durch den hohen Gehalt an Milchzucker und Eiweiß kommt es zur Bildung freier organischer Säure (Milchsäure), die den Boden auslaugt, so daß bei der Beregnung ab und zu eine ausreichende Kalkung des Bodens nötig ist. Der ausnutzbare Gesamtwert des Abwassers allgemein wird nach KUHLEWIND[2] zu 13—21 DPf/m³ angegeben. HÜDIG[3] rechnet mit einem Mehrertrag von 60 dz Heu/ha, entsprechend einem Mehrerlös von 300 DM/ha.

Das Sammelbecken soll so groß bemessen sein, daß es den ganzen Tagesanfall an Abwässern aufnehmen kann, und so beschaffen sein, daß keine Ecken und Winkel, in denen sich Fäulnisherde bilden können, vorhanden sind. Macht man es zu groß, dann besteht die Gefahr, daß die Ab-

[1] SCHULZ-FALKENHAIN, H.: Molkerei Ztg. 1947.
[2] KUHLEWIND, C.: Kommunalwirtschaft 1954, S. 263—376.
[3] HÜDIG, H.: Die Molkerei Ztg. Bd. 1951, H. 3.

wässer zu lange gestapelt werden und hierbei dann zu stark anfaulen, wodurch dann bei der Beregnung Geruchsbelästigungen in der Nachbarschaft auftreten. Der Boden des Sammelbeckens muß so eingerichtet sein, daß aller Schlamm zum Pumpensumpf gelangt und mit Sicherheit abgeführt wird. Das Sammelbecken soll möglichst offen sein, und wenn es in nächster Nähe der Molkerei ist, einen Warmwasseranschluß haben, damit es leicht gereinigt werden kann. Die Wände und der Boden werden am besten mit glatten Fliesen ausgelegt, damit sich kein Eiweißgerinnsel oder Fett an den Wänden ansetzen bzw. glatt abgespült werden kann.

Die Zuführungsleitungen können unter- oder auch oberirdisch verlegt werden. Im ersteren Falle wendet man gern gußeiserne Schraubmuffenrohre an. Zur Erfassung des Beregnungsgeländes werden in die gußeiserne Schraubmuffenrohrleitung Unterflurhydranten eingebaut, die durch ebenfalls angebrachte Absperrschieber bedient werden können. Für die oberirdischen Leitungen haben sich die Schnellkupplungs-Gelenkrohrleitungen, bestehend aus feuerverzinkten Bandstahlrohren oder aus Aluminium, bestens bewährt. Die Verregnung erfolgt durch die Weitstrahlkreisregner, wie sie von den verschiedenen Firmen heute schon in sehr guter Ausführung hergestellt werden. In Abb. 71 ist eine oberirdische Gelenkrohrleitung mit zwei Weitstrahlregnern dargestellt. Die neuesten Regner sind ohne Getriebe mit auswechselbaren Düsen, damit alle Schwemmstoffe ohne jede Verstopfungsgefahr auf große Wurfweiten gut verteilt werden.

Abb. 71. Oberirdische Gelenkrohrleitung mit zwei Weitstrahlregnern (Fa. Lanninger-Regner, Frankfurt-Rödelheim)

Infolge der gleichmäßig feinen Verteilung werden die Nährstoffe in dem Abwasser sehr vollkommen ausgenutzt. Hess und von Meer[1] beschreiben eine in Millingen (Niederrhein) für eine Molkerei von durchschnittlich 20000 l Milchanlieferung im Tag, von denen 10% als Frischmilch abgegeben, 50% zu Butter und 40% zu Käse verarbeitet werden, errichtete Anlage. Im Sommer fallen einschließlich des Kühlwassers 80 m³, im

[1] Hess, F., u. F. von Meer: Wasser und Boden Bd. 10 (1952).

Winter 40 m^3 Abwasser an. Davon sind 30 m^3 eigentliche Schmutzwassermenge, entsprechend 1,5 l Abwasser auf 1 l Milch. Das Schmutzwasser wird in einem 25 m^3 großen Behälter gesammelt, s. Abb. 72, der mit säurefesten Platten ausgekleidet ist, die durch eine besondere Reinwasserpumpe mit den am oberen Rand angebrachten Spritzdüsen sauber gehalten werden. Die auf Grünlandkoppeln aufgebrachte Abwassergabe

Abb. 72. Sammelbecken der Molkerei Millingen, Krs. Rees

beträgt 300 mm gegenüber einer jährlichen Regenmenge von durchschnittlich 740 mm. Die Baukosten werden mit 35000 DM und die Betriebskosten einschließlich Verzinsung und Amortisation des Kapitaldienstes mit $^1/_7$ Pf je Liter Milch angegeben.

Die für die Beregnung erforderlichen Flächen richten sich u. a. auch nach der Bodenart und dem Bewuchs. Auf Grund des Stickstoff-Einwohnergleichwertes von 20 je 1000 l/Tag Milchverarbeitung errechnet SCHULZ-FALKENHAIN einen Flächenbedarf von 2,5 ha für eine Molkerei mit einer Tagesverarbeitung von 10000 l im Tag und einer Verregnungsdauer von 10 Monaten. Da aber der BSB-Einwohnergleichwert bis zu 80 Einwohnern je 1000 l geht, empfiehlt es sich, auch die vierfache Fläche, entsprechend 10 ha, zur Verfügung zu stellen.

SCHULZ-FALKENHAIN[1] beschreibt die Reinigung der Abwässer der Molkerei Grevenbrück. Die Molkerei Grevenbrück hat eine Kapazität von 40000 und einen Jahresdurchschnitt von 20000 kg Milch/Tag. Davon werden 30% zu Frischmilch, das übrige zu Butter und Käse verarbeitet. Größere Mengen Molke fließen mit dem Abwasser ab. Die 1944 zur Entlastung des Elspebaches — eines kleinen Vorfluters der Ruhr — gebaute Kläranlage bestand aus einem trichterförmigen Absetzbecken von 15 m^3 Inhalt (bemessen für 2 stündige Absetzzeit), 24 m^3 großem Schlammtrockenplatz und 3200 m^2 großer Rieselfläche. Die Wirkung dieser offensichtlich fehlerhaft geplanten Anlage war so mangelhaft, daß sie 1948 ersetzt werden mußte. Neuerdings wird das durchschnitt-

[1] SCHULZ-FALKENHAIN, H.: Deutsche Molkerei-Ztg., 19. Folge, 1951.

lich in einer Menge von 100 m³/Tag anfallende Abwasser aus einem rechteckigen, 50 m³ fassenden Sammelbecken mit einer Pumpenleistung von 40 m³/Std. zu einer ortsfesten Regenanlage gedrückt (s. Abb. 73). Die beregnete bäuerliche Grünlandfläche ist 8,6 ha groß. Die Regengabe beträgt im Mittel 20 mm, für einen Umlauf von etwa 17 Tagen. In Frostzeiten wird das Abwasser auf eine drainierte, sonst als Garten genutzte

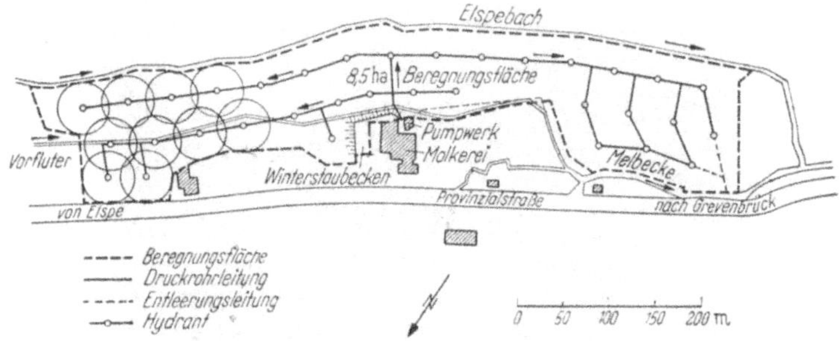

Abb. 73. Plan der Verregnungsanlage der Molkerei Grevenbrück

Staufläche (0,1 ha) geleitet. Das leer gepumpte Sammelbecken, die Rohrleitungen und die beregnete Fläche werden regelmäßig mit Klarwasser durchgespült bzw. nachberegnet. Die reinen Baukosten betrugen 48000 DM. Für Kapitaldienst und Unterhaltung werden 3840 DM und für Betrieb 300 DM/Jahr gerechnet. Dazu kommen 900 DM für Strom (0,08 DM/kWh). Insgesamt betragen die Kosten rund 0,14 DM je m³ Abwasser oder 0,07 DM je 100 kg Milch. Dabei steht das Grünland kostenlos zur Verfügung. Bisher hat sich die Anlage bewährt.

Für die *landwirtschaftliche Verwertung* sind von der früheren Landesanstalt für Wasser-, Boden- und Lufthygiene, der Hauptstelle für Landwirtschaftliche Abwasserverwertung, dem Reichskuratorium für Technik in der Landwirtschaft und der Hauptvereinigung der Deutschen Milch- und Fettwirtschaft im Jahre 1942 Richtlinien[1] aufgestellt worden, die hier im Auszug wiedergegeben werden.

Richtlinien für die landwirtschaftliche Verwertung, insbesondere Verregnung von Molkereiabwässern

1. Die *landwirtschaftliche Verwertung* der Abwässer ist dort anzustreben, wo die gesamten Verhältnisse dazu drängen, d. h. Lage der Molkerei auf dem Lande inmitten oder angrenzend an landwirtschaftliche Nutzflächen, günstige Beschaffenheit des Untergrundes, geeignetes Klima und entsprechende Niederschlagsverhältnisse. Weiterhin müssen die betriebswirtschaftlichen Verhältnisse der zu beteiligenden Bauern oder Landwirte für die Abwasserverwertung geeignet sein.

2. Kühlwässer. Die Kühlwässer sind bei der landwirtschaftlichen Verwertung der Abwässer hin und wieder erwünscht, um bei Bedarf eine zusätzliche Frischwasserversorgung der Flächen durchzuführen, und zum Teil notwendig zur täglichen Säuberung des Abwassersammelbehälters. Im übrigen können sie ohne weiteres jedem Graben oder Wasserlauf übergeben werden.

[1] Kleine Mitteilungen d. Ver. f. Wasser-Boden-Lufthygiene Bd. 18 (1942) S. 142—146.

3. *Speicherung und Vorreinigung der Abwässer.* Die Verwertung der Abwässer durch Verregnung und Verrieselung muß täglich erfolgen, und zwar sofort nach Beendigung der Milchverarbeitung. Die Speicherung hat deshalb nicht länger als 5 bis 6 Std. zu dauern. Die Mitverwertung der häuslichen Abwässer ist erwünscht; diese sind jedoch zuvor in geeigneter Weise (gewöhnliche Mehrkammergruben mit Tauchrohren oder Tauchwänden) vorzubehandeln.

Die *Vorbehandlung* der Betriebsabwässer ist auf den Durchgang durch einen Stabrechen zu beschränken. Der Stababstand darf dabei höchstens das Ausmaß des Durchganges der verwendeten Pumpe und der Lichtweite etwa verwendeter Regnerdüsen haben. Im allgemeinen darf ein Abstand von 10 mm nicht überschritten werden.

Das *Sammelbecken* muß zur Aufnahme des gesamten Tagesanfalles an Schmutzwasser ausreichen. Bei der Projektierung des Beckens sind Ecken und Winkel, in welchem Abwasserreste Fäulnisherde bilden könnten, zu vermeiden. Zum Aufrühren des Abwassers und zum Nachspülen des Beckens mit Frischwasser sind entsprechende Spüleinrichtungen in das Becken einzubauen. Die Pumpe soll tief gesetzt sein; sie muß wahlweise auf die Rückspülung des Beckens oder auf den Verregnungs- oder Verrieselungsbetrieb geschaltet werden können. Das Becken erhält Sohlengefälle nach dem Pumpensumpf und wird der besseren Reinhaltung wegen zweckmäßigerweise ausgekachelt.

4. *Verwertungsfläche und Beschickungshöhe.* Das Verwertungsgelände (Wiese oder Weide) muß im allgemeinen in nächster Nähe der Molkerei liegen und grundsätzlich für die Abwasserverwertung geeignet sein. Um den angestrebten Erfolg zu sichern, muß das Abwasser durch den Boden sickern; eine Überrieslung genügt bei Molkereiabwasser nicht. Wenn die Verwertung durch Verregnung der Abwässer erfolgt, ist eine Drainung nicht erforderlich, sofern nicht die Bodenverhältnisse an sich eine Drainung notwendig machen.

Die jährliche Beschickungshöhe kann nicht allgemein festgelegt werden. Als Näherungswerte seien genannt bei der Verrieselung des Abwassers 400 bis 800 mm/Jahr, bei der Verregnung 150 bis 400 mm/Jahr. Für die Verwertung von 20 m^3 Abwasser täglich müssen also Flächen von 1 bis 5 ha zur Verfügung stehen.

5. *Leistung der Anlage.* Bei Verrieselung der Abwässer ist die Beschickungszeit auf eine halbe Stunde je Tag zu beschränken, um mit einer genügend großen Abwassermenge die jeweils zur Bewässerung vorgesehene Fläche stoßartig beschicken zu können. In der Praxis wird die kurze Beschickungszeit keine Schwierigkeiten bereiten, weil in der überwiegenden Zahl der Fälle das Abwasser aus dem Sammelbecken herausgepumpt werden muß und eine entsprechend leistungsfähige Pumpe von vornherein vorgesehen werden kann. Bei dem Ausbau der Rieselanlage ist auf eine Auskleidung der Zuleitungs- und Verteilungsgräben mit Tonschalen oder säurefest gestrichenen Zementschalen Wert zu legen, damit von der geringen Wassermenge nicht zuviel verloren geht und fäulnisfähige Stoffe nicht an der rauhen Grabenwand oder in toten Winkeln haften bleiben.

Die Form der Rieselanlage richtet sich nach den gegebenen örtlichen Verhältnissen. Ist genügend gleichmäßiges Gefälle vorhanden, d. h. wenigstens 0,5%, so wird auf Dauergrünland die Hangverrieselung durchzuführen sein. Fehlt es an Gefälle, so wird der Verregnung der Vorrang zu geben sein.

Bei der Verregnung ist die Verteilung der Tagesabwassermenge auf die Verwertungsflächen in 1 bis höchstens 2 Std. täglich durchzuführen. Die stündliche Leistung der Druckpumpe und der Regner wird deshalb unter Zugrundelegung der oben genannten Abwasseranfallzahlen für eine mittlere Molkerei auf etwa 15 m^3 bemessen.

6. *Betrieb der Anlage.* Der Betrieb beginnt grundsätzlich mit dem Durchrühren des Beckeninhaltes (durch Rückspülung), damit die gelösten und ungelösten Stoffe sich gleichmäßig im Abwasser verteilen. Nach der Verrieselung oder Verregnung des Abwassers ist aus einem vorhandenen oder zu erbauenden Lauwasserbehälter eine zur Nachspülung ausreichende Wassermenge in den Abwasserbehälter einzuspritzen und anschließend sofort auf den mit dem Abwasser beschickten Flächen zu verrieseln oder zu verregnen. Als sicher ausreichende Frischwassermenge kann $^1/_3$ der täglichen Abwassermenge angesehen werden. Durch das Spülwasser wird

eine einwandfreie Reinigung des Speicherbehälters und gleichzeitig eine Abspülung der Gräser auf den bewässerten Flächen erreicht.

Nach Beendigung des Bewässerungsvorganges ist an jedem einzelnen Tage die Einstellung der Rieselung für den nächsten Tag bzw. die neue Regneraufstellung vorzunehmen.

7. *Entlastung der Anlage.* Bei Einrichtung jeder Molkereiabwässerverwertungsanlage ist eine Entlastungsfläche in Form einer kleinen Staurieselanlage vorzusehen. Die Belastung soll 100 mm/Tag nicht überschreiten. Für eine mittelgroße Molkerei mit einem täglichen Abwasseranfall von 20 m^3 muß also die Staufläche mindestens 200 m^2 betragen. Die Fläche ist eng zu drainieren (6 bis 8 m Strangentfernung), um den Abfluß bei allen Witterungsverhältnissen zu sichern. Die Entlastungsfläche soll nur ausnahmsweise mit Abwasser beschickt werden, z. B. an Tagen starken Frostes, wenn aus irgendwelchen Gründen eine Bewässerung der landwirtschaftlich genutzten Flächen sich verbietet, und in besonderen Fällen, z. B. an Feiertagen.

8. *Vertragliche Regelung.* Zwischen der Molkerei und den Abwasserabnehmern empfiehlt es sich, einen Vertrag über die beiderseitigen Rechte und Pflichten zu schließen.

Im Land Nordrhein-Westfalen ist im Jahre 1952 bei der Behandlung von Abwasser auf Landflächen für die Verregnung folgendes vorgeschrieben:

1. Großflächenregner mit einem hohen Betriebsdruck (über 3,5 atü) und damit einer großen Wurfweite sind grundsätzlich zu vermeiden. Flachstrahl- bzw. Niederdruckregner sind besonders in der Nähe von Häusern zu empfehlen.
2. der zeitliche Zwischenraum zwischen der Beregnung und der Nutzung des Grünlandes soll mindestens 7 Tage — möglichst mehr — betragen.
3. Zum Schutz gegen ungünstigen Wind sind je nach Lage des Behandlungsgebietes geeignete Windschutzeinrichtungen anzulegen.

Die Kosten der Abwasserbeseitigung der Verregnungsanlagen betragen nach Meinck[1] 12—16 DPfg. je m^3.

ζ) *Fischteiche*

Eine wirtschaftliche Verwertung liegt auch dann vor, wenn Molkereiabwässer nach mechanischer Reinigung in Fischteiche zur Schaffung von Fischfleisch eingeleitet werden. Diese Fischteiche müssen aber groß genug sein und einen genügenden Zufluß von Frischwasser haben, um die aufgenommenen Abwässer aerob abbauen zu können. Die Abwässer müssen einer kurzen Vorreinigung unterzogen werden. Die in einer Vorreinigung abgefangenen Sink- und Schwimmstoffe sowie das Fett können nach der Ausfaulung als Düngemittel verwandt werden. Die so vorgereinigten Abwässer werden dann durch Bach- oder Frischwasser stark verdünnt in Teiche eingeleitet, die mit Karpfen und Schleien besetzt sind. Die Verdünnung muß so groß sein, daß später die Sauerstoffaufnahme aus der Oberfläche ausreicht, den beim aeroben biologischen Abbau auftretenden Sauerstoffschwund zu ersetzen.

Die Anlage der Fischteiche ähnelt den auch zum biologischen Abbau bei häuslichen Abwässern benutzten Fischteichen. Die Wassertiefe soll 1 m nicht überschreiten, doch soll die Dammkrone 50 cm über dem Wasserspiegel liegen. Die Wassertiefe kann zum Ablauf hin bis auf 50 cm

---

[1] Meinck, F.: Zit. 3. Aufl., S. 267.

abnehmen. Die Zuleitung der mit Frischwasser (1:10 bis 12) verdünnten vorgereinigten Abwässer soll an der Zulaufseite an mehreren Stellen in Abständen von 20 m wenn möglich durch Prallflächen erfolgen. Die Teiche sollen möglichst durch einen Mönch ablaßbar sein und einen Fanggraben mit Gefälle nach der Fanggrube haben.

Für eine Milchanlieferung von 10000 l/Tag muß die Teichgröße unter Berücksichtigung der großen Verdünnung mit Frischwasser mindestens 2 bis 5 ha groß sein. Die Teiche werden am besten mit Schleien und Karpfen besetzt. Je ha sollen nach KREUZ 300 zweisömmrige Karpfen und 350 einsömmrige Karpfen je ha, dazu etwa 10% Schleien ausgesetzt werden. Im letzteren Falle hat man gleich den Besatz für das nächste Jahr und braucht dann laufend nur die einsömmrigen Karpfen einzusetzen. SCHULZ-FALKENHAIN rechnet bei bedeutend kleineren Teichen mit einem Nettoertrag von 350 kg/ha Fischfleisch, wohingegen SCHIEMENZ[1] und CLODIUS[2] 500 kg Zuwachs je ha angeben.

η) *Künstliche biologische Verfahren*

Von den anderen künstlichen aeroben biologischen Verfahren kommt außer dem vorbeschriebenen Fischteichverfahren noch das Tropfkörperverfahren und das Belebtschlammverfahren in Frage. Wichtig ist bei Anwendung dieser biologischen Verfahren die Vorbehandlung des Abwassers. Außer der chemisch-mechanischen Behandlung hat man noch eine anaerobe Vorbehandlung durch Ausfaulen vorgeschlagen (s. Gärfaulverfahren). Durch die Ausfaulung soll die Menge der abzubauenden Eiweißstoffe verringert und vor allem das Fett entfernt werden. Fette lassen sich durch Oxydation auf den Tropfkörpern nur sehr langsam zersetzen, sie verstopfen daher leicht die Tropfkörper. Seifen sind dagegen auf dem Tropfkörper leichter zersetzbar. Vorgefaultes Abwasser sollte aber vorher durch eine Belüftung wieder auf den aeroben Zustand gebracht werden.

Wichtig für die vollständige biologische Reinigung sowohl nach dem Tropfkörperverfahren wie nach dem Belebtschlammverfahren ist, daß zunächst die Molken dem Abwasser möglichst vollständig ferngehalten werden, was bei den vielseitigen Verwendungsmöglichkeiten keinerlei Schwierigkeiten bereitet. Welchem Verfahren der Vorbehandlung, ob chemischer Fällung mit Kalk oder Eisensalzen, oder dem Gärfaulverfahren der Vorzug zu geben ist, hängt von den örtlichen Bedingungen ab.

Versuche, Molkereiabwässer durch Hefe zu entzuckern, wobei Alkohol und eiweißhaltige Hefe gewonnen werden, hat ROBERTS[3] gemacht. PORGES und seine Mitarbeiter[4] haben mit 4 verschiedenen Hefen Versuche durchgeführt, und zwar wandten sie 2 Milchzucker vergärende Hefen, Saccharomyces fragilis und Torula cremoris, sowie noch zwei

---

[1] SCHIEMENZ, F.: Wasser und Boden Bd. 7 (1955) S. 9.
[2] CLODIUS, G.: Wasser und Boden Bd. 7 (1955) S. 8.
[3] ROBERTS: Sew. Works J. Bd. 8 (1936) S. 489.
[4] PORGES, N., J. B. PEPINSKY, N. C. HEBNDLER and S. R. HOOVER: Sew. and Ind. Wastes Bd. 22 (1950) S. 888.

auch sonst zur Futterhefeerzeugung benutzte Hefearten, Candida hypolytica und Torula utilis, an. Um die Wirkung der Hefen zu verstärken, wurden verschiedene Nährsalze angewandt. Die besten Ergebnisse wurden durch Zugabe von Ammonsulfat erzielt, da dieses beim Absinken des p_H-Wertes regulierend wirkte. Von allen Hefen hat sich Saccharomyces fragilis am besten bewährt, da sie sowohl Lactose wie auch Casein verwerten kann. Da nur der im Wasser gelöste Sauerstoff biologische Wirksamkeit besitzt, kommt man oft mit $^1/_4$ Volumen Luft auf 1 Volumen Abwasser aus, jedoch ist es immer sicherer, auf 1 m^3 Abwasser 1 m^3 Luft zuzugeben. Durch die Behandlung mit Saccharomyces konnte ein 80%iger Abbau des BSB erzielt werden.

Tropfkörperverfahren. Die Molkereiabwässer müssen in möglichst frischem Zustand den Tropfkörpern zugeführt werden. Voraussetzung für die gute Reinigung der Abwässer durch das Tropfkörperverfahren ist nach PLOCK und BOCK[1] und nach RUMPF[2], daß die in einem Ausgleichsbecken gesammelten, stoßweise anfallenden Abwässer wechselnder Konzentration so weit durch Zusatz von Frischwasser von den Kühlern oder den Kältemaschinen verdünnt werden, daß das verdünnte Abwasser keinen höheren Kaliumpermanganatverbrauch als 1000 mg/l hat. Bei dem Betriebe sind folgende Punkte genauestens zu beachten:

1. Das Abwasser aus dem Ausgleichsbecken darf erst dann dem Tropfkörper zugeführt werden, wenn es durch Frischwasser weitgehendst verdünnt worden ist. Am besten wird der Tropfkörper erst nach Schluß der Hauptbetriebszeit mit dem entfetteten und darum verdünnten und gut durchgemischten Abwasser beschickt.
2. Die anfallenden und verdünnten Abwässer sollen in 13 bis 14 Std. in gleichmäßigem Strome dem Tropfkörper zugeschickt werden.
3. Konzentriertere Abwässer, wie Molke und das erste Butterwaschwasser, dürfen der Kläranlage nicht zugeführt werden, da diese die Klärwirkung auf längere Zeit stillegen. In diesem Falle dürfte der Säuregehalt, der durch Kalk leicht zu beseitigen ist, die größere Rolle spielen.
4. Die auf der Oberfläche des Vorklärbeckens sich bildende Schaumschicht muß täglich entfernt werden, da auch sie den Betrieb des Tropfkörpers stört.
5. Die auf der Oberfläche des Tropfkörpers sich bildende gallertartige Schicht muß alle 2 bis 3 Wochen entfernt werden, da sie den freien Durchtritt von Luft und Wasser stört.

RUF und WARRIK[3] sammeln die Abwässer in einem Vorratsbehälter, dessen Fassungsvermögen einem Tagesanfall an Abwässern entspricht. Die in 8 bis 10 Std. anfallenden Abwässer werden dann im Laufe des Tages gleichmäßig auf die Tropfkörper gebracht. Diese bestehen aus Steinbrocken von 25 bis 30 mm Korngröße und haben eine Höhe von 1,8 bis 2,4 m. Die Menge und Konzentration der Abwässer ist sehr verschieden, sowohl bei gleichartigen als auch bei verschiedenartigen Mol-

---

[1] PLOCK u. BOCK: Molkerei-Ztg. 1936, Nr. 16.
[2] RUMPF, A.: Gesundh.-Ing. Bd. 74 (1953) S. 281.
[3] RUF u. WARRIK: Sew. Works J. Bd. 6 (1934) S. 314.

kereibetrieben. Die Belastung richtet sich nach der Konzentration der Abwässer. Als Maßstab wird der Kaliumpermanganatverbrauch und der 5-tägige biochemische Sauerstoffbedarf empfohlen. In den meisten Fällen muß das auf die Tropfkörper zu gebende Abwasser mit reinem Wasser oder mit Ablauf verdünnt werden, und zwar je nach der Konzentration bis zu einem Verhältnis von 1:7, wodurch dann gleichzeitig eine Spülwirkung wie bei Hochleistungstropfkörpern erreicht wird.

In diesem Falle spielt dann auch eine schwache Säuerung des Wassers keine große Rolle. Um die Tropfkörper möglichst gleichmäßig zu belasten, empfiehlt ROBERTS, die Absetzbecken als Ausgleichsbecken zu benutzen. Der Zufluß zu den Tropfkörpern soll frisch sein. Er wird mit gereinigtem Ablauf so weit verdünnt, bis der biochemische Sauerstoffbedarf 1000 bis 1200 mg/l beträgt. Zur Verteilung des Abwassers auf den Tropfkörpern benutzt er Drehsprenger. Bei einer biologischen Untersuchung fand er auf dem Tropfkörper dieselben Organismen wie bei einem mit häuslichem Abwasser betriebenen Tropfkörper. Von anderen Forschern wurden 18 verschiedene aerobe Bakterienarten festgestellt, von denen die einen Milchsäure erzeugen und die anderen die erzeugte Milchsäure oxydieren.

VIEHL[1] berichtet über eine Tropfkörperanlage in Holstein, bei der der Drehsprenger durch einen Motor in ganz langsame Umdrehung versetzt wird. Außerdem sind die Austrittsöffnungen bei einem von den vier Sprengerarmen erweitert, so daß durch sie mehr Abwasser austritt. Durch diese Maßnahme soll die Spülwirkung verstärkt werden.

ELDRIDGE hat verschiedenes Körpermaterial für Tropfkörper untersucht. An der Abnahme des Kaliumpermanganatverbrauchs gemessen fand er bei

Lattentropfkörper	75%	Abnahme
Schlackentropfkörpern	85,7%	„
Kiesfiltertropfkörpern	88,4%	„
Spiralringtropfkörpern	72,5%	„

Wenn auch der Schlackentropfkörper eine sehr gute Wirkung hatte, so verstopfte er sich zu bald. Am besten waren Tropfkörper aus Kies oder Steinschlag, weil sie wegen der glatten Oberfläche keinen Sand zurückhielten und deshalb nicht so leicht verschlammten. Nach WISELY[2] können Tropfkörper je 3,7 m^3 Körpermaterial mit 1 kg/Tag Milchstoffe belastet werden.

DAMM und BOCK lehnen die offenen Tropfkörper wegen der Fliegenplagen und Geruchsbelästigungen im Sommer ab. Sie haben daher Versuche mit einem geschlossenen Tropfkörper mit zusätzlicher Belüftung von oben her durchgeführt. Der in der Mitte der Decke eingebaute SIEMENS-BETZ-Hochleistungsbelüfter drückt bei einer Stundenleistung von 1500 m^3 die Luft mit einem Druck von 15 mm Wassersäule in den Tropfkörper. Die Verteilung des Abwassers erfolgt ebenfalls durch den Belüfter selbst. Wie aus Abb. 74 ersichtlich, wird das Abwasser auf die

[1] VIEHL, K.: Molkerei- und Käserei-Ztg. Bd. 12 (1961) Heft 12.
[2] WISELY: Sew. Works J. Bd. 8 (1936) S. 489.

an dem Belüfter angebrachten Verteilerscheiben geleitet. Diese schleudern das Wasser bei der schnellen Umdrehung der Scheibe (2900 Umdrehungen in der Minute) nach außen und verteilen es schleierartig über die ganze Oberfläche des Tropfkörpers.

In Ellesmere wird das Abwasser einer Molkerei seit mehreren Jahren auf einer zweistufigen Tropfkörperanlage mit bestem Erfolg gereinigt, bei der die Reihenfolge der hintereinandergeschalteten Tropfkörper in regelmäßigen Zwischenräumen gewechselt wurde. BARRIT[1] hatte bei einer zweistufigen Tropfkörperanlage für Molkereiabwasser nicht so günstige Ergebnisse, da er die Verschlammung trotz verhältnismäßig geringer Konzentration der Abwässer (BSB 200 bis 300 mg/l) nicht verhindern konnte. Den zweiten Tropfkörper wertet er lediglich als Reserve-Tropfkörper.

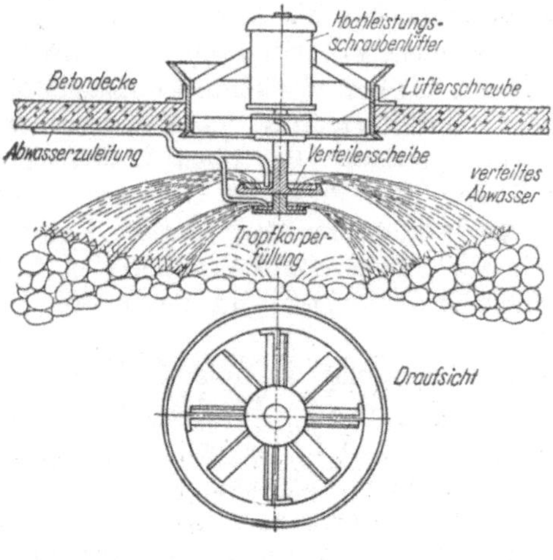

Abb. 74. Schematische Lüfter- und Verteileranordnung für Molkereiabwasser auf geschlossenen, belüfteten Tropfkörpern (nach DAMM und BOCK)

In England wendet man heute sehr viel die sog. 2stufigen *Wechseltropfkörper* an. Das Abwasser wird in einem für mehrstündigen Aufenthalte berechneten, belüfteten Sammelbecken aufgefangen und dann über zwei hintereinandergeschaltete Tropfkörper mit dazwischenangeordneten Absetzbecken geschickt. Die Reihenfolge der Tropfkörper kann beliebig gewechselt werden. Zeigen sich bei dem ersten Tropfkörper Verschlammungen, so wird mit Hilfe zweier Vierwegeschütze umgeschaltet, so daß der zweite Tropfkörper jetzt erster und der bisher erste Tropfkörper zweiter wird. Das hat zur Folge, daß sich der bisher erste Tropfkörper, da er bereits vorgereinigtes Abwasser bekommt, reinigen und entschlammen kann, so daß er nach einiger Zeit wieder als erster Tropfkörper geschaltet werden kann. Bei einem BSB_5 des Zulaufs von 200—300 mg/l können die Tropfkörper mit 1 m^3 Abwasser je m^3 Tropfkörpermaterial am Tag belastet werden. Der Nachteil des Verfahrens liegt in der Tatsache, daß das Abwasser zweimal gepumpt werden muß (s. Abb. 75). Einen eingehenden Bericht über die Reinigung von Molkereiabwasser mit Hilfe von Wechseltropfkörpern bringt WIESELBERGER[2].

IMHOFF[3] beschreibt eine amerikanische Tropfkörperanlage für Molkereiabwasser, deren Wirkung zunächst zu wünschen übrig ließ. Durch

---

[1] BARRIT: Sew. Purification Bd. 1 (1939) S. 221.
[2] WIESELBERGER, F.: Berichte der A. T. V. Essener Tagung 1959 Bd. 11 (1960) S. 264.
[3] IMHOFF, K.: Gesundh.-Ing. Bd. 64 (1941) S. 367.

eine gesteigerte Verdünnung der ankommenden Abwässer mit gereinigtem Rücklauf wurde die Anlage auf Rücklaufbetrieb mit vollem Erfolg umgestellt.

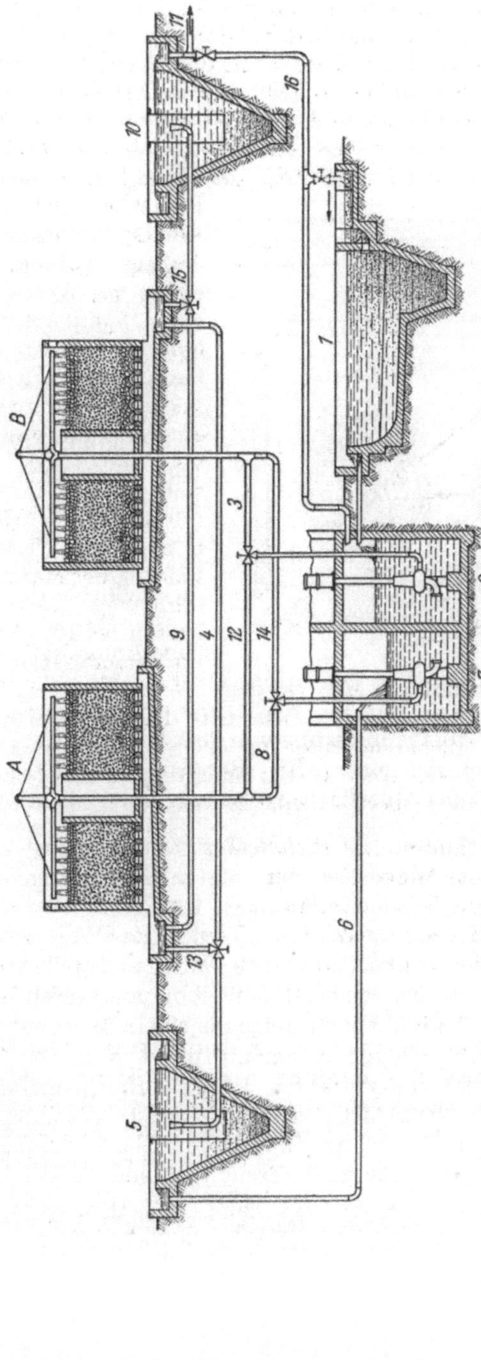

Abb. 75. Wechseltropfkörper für gewerbliche (besonders Molkerei-) Abwässer. Das im Absetzbecken *1* mechanisch vorgereinigte Abwasser kann durch die beiden Pumpenanlagen *2* und *7* sowohl zu dem Tropfkörper *A* wie auch *B* gedrückt werden und umgekehrt, und zwar durch die Rohrleitungen *3, 4, 8, 9, 12* und *14*. Die Nachreinigung erfolgt in den beiden Nachklärbecken *5* und *10*, von denen das Abwasser entweder zu den beiden Pumpenanlagen oder zum Ablauf gelangt. *6* und *16* sind Rücklaufleitungen zu den Pumpenanlagen, bei *11* erfolgt der Ablauf zum Vorfluter, durch *13* und 15 wird das Abwasser zu den beiden Nachklärbecken geleitet (Passavant-Werke, Michelbach)

Für die Abwässer der Molkerei in Harbarnsen bei Hildesheim mit 20000 l Milchanlieferung und 30 m³ Abwasser beschreibt SCHNOOR[1] das von Dr. H. JUNG ausgearbeitete „biochemische Verfahren zur Klärung von Molkereiabwasser", auch „Ferrobion-Verfahren" genannt. In einem Speicherbecken von 60 m³ Inhalt gibt man zu dem Abwasser von 1000 l Milch 1 kg Eisensulfat und belüftet dann das Abwasser nach Verdünnung mit dem Tropfkörperablauf nach dem Niers-Verfahren. Nach dem Abtrennen des Schlammes schickt er das Abwasser über einen Tropfkörper von 150 m³ Inhalt und ein Nachklärbecken von 20 m³ und erzielte durch die gesamte Anlage eine Abnahme von 95% des Kaliumpermanganatverbrauchs und 90% des BSB_5. Der durchschnittlich 2000 mg/l betragende $KMnO_4$-Verbrauch geht auf 100 mg/l zurück. Der mit einem p_H-Wert von 8 in einer Menge von 0,5 m³ täglich anfallende Schlamm kann landwirtschaftlich verwertet werden. Bei einem Herstellungspreis von 50000 DM belaufen sich die Kosten für Strom (10 Pf./kWh), Eisensulfat (2 Pf./kg ab Werk), Unterhaltung der Maschinen einschließlich der Kapitalkosten bei 10% Verzinsung und Amortisation auf $^1/_{13}$ Pf. je l Milch, was unbedingt als eine tragbare Belastung der Molkereien anzusehen ist. Abb. 76 zeigt den Grundriß der Molkerei-Kläranlage Harbarnsen, die eine Milchanlieferung von 20000 kg/Tag hat. Der Abbau des BSB beträgt 92% bei einer BSB_5 Belastung von 470 g/m³ Tropfkörpermaterial und einer Oberflächenbelastung von 0,28 m³/h/m².

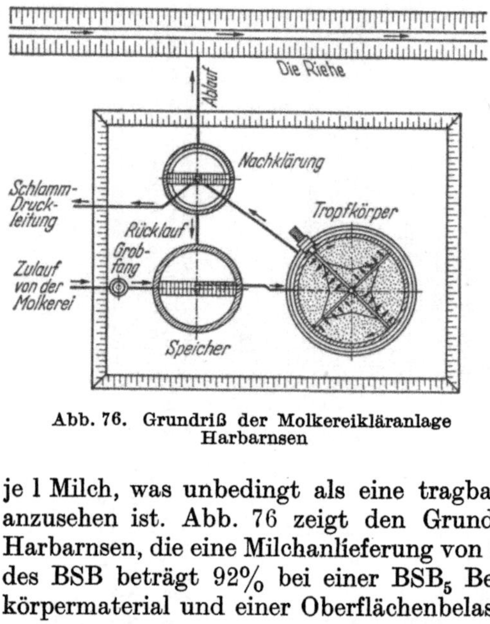

Abb. 76. Grundriß der Molkereikläranlage Harbarnsen

Belebtschlammverfahren. Das *Belebtschlammverfahren* ist von KESSENER[2] bei verschiedenen Molkereien mit bestem Erfolg angewandt worden, so unter anderem bei der Kläranlage der Nestle-Werke, Hamoir, Belgien, bei dem die KESSENER-Walzen 1,5 cm in das Wasser eintauchen.

Der Betrieb verarbeitet in 8 Std. 25000 l Milch und stellt kondensierte Milch, Butter und Käse her, wobei 160 m³ Abwasser anfallen. Die nur für 90 m³ berechnete Kläranlage besteht aus einem Mischbecken, einem Absetzbecken von 80 m³ Inhalt, einem Lüftungsbecken von 600 m³ Inhalt nach dem KESSENER-Verfahren der Oberflächenbelüftung mit Bürstenwalzen, einem Nachklärbecken von 40 m³ Inhalt und getrennten Schlammfaulbehältern von 90 m³ Inhalt. Bei der Belebtschlammanlage der Nestle-Werke, Boué (Frankreich) entspricht der Nutzraum

[1] SCHNOOR: Molkerei- und Käserei-Ztg. Bd. 3 (1952) H. 4.
[2] KESSENER u. RUDOLFS: Sew. Works J. Bd. 6 (1934) S. 318.

etwa 400% der täglich anfallenden Abwassermenge. Im Staate Ohio/USA rechnet man mit 150% des Abwasseranfalls.

Im Mischbecken werden im Sommer 18 kg gelöschter Kalk zugesetzt, damit der p_H-Wert laufend auf 8 gehalten wird. Im Winter erfolgt kein Kalkzusatz. Nach der mechanischen Reinigung im Absetzbecken erfolgt Belüftung im KESSENER-Belüftungsbecken. Die Bürste ist 18,5 m lang und hat einen Durchmesser von 66 cm. Bei 1,5 cm Eintauchtiefe macht die Bürste in der Minute 65 bis 70 Umdrehungen. Der Kraftbedarf wird durch einen 4,5 PS-Motor gedeckt. Die Menge des Rücklaufschlammes wird durch ein teleskopartiges Ventil automatisch reguliert. Der Überschußschlamm geht mit dem Schlamm der Vorreinigung in die getrennten Faulräume, die mit Rührwerk versehen sind. Das Rührwerk zerstört die stark fetthaltige Schwimmdecke und impft auch den ankommenden Schlamm. Der BSB_5 wird von 825 mg/l auf 9 mg/l herabgesenkt, während der Kaliumpermanganatverbrauch von 2400 mg/l auf 94 mg/l sinkt. Die tägliche Trockenmasse an Schlamm beträgt 250 kg mit 3,7% Stickstoff, 0,36 %Kali und 1,5% Phosphorsäure.

Das Belebtschlammverfahren ist auch von anderen Stellen zur Reinigung von Molkereiabwasser sowohl allein als auch in Verbindung mit chemischer Fällung, Vorfaulung, Vorbelüftung usw. mit den besten Erfolgen angewandt worden.

MONTAGNA[1] stellte fest, daß sich das Molkereiabwasser nach dem Belebtschlammverfahren gut reinigen läßt, wenn genügend Kalkmilch in der Vorreinigung, zum Fällen des Casein, zum Neutralisieren der Milchsäure und zur Unterhaltung bzw. Einstellung des p_H-Wertes von 7,6 bis 7,8 im Belüftungsbecken zugegeben wird. Ein Teil der im ersten Becken niedergeschlagenen Schlammenge geht in das erste Belüftungsbecken und wird im Kreislauf gehalten. Die Vermischung des Kalkes mit dem Abwasser erfolgt durch Lufteinblasen. Das Abwasser bleibt in dem Belüftungsbecken 24 Std., wobei man durch eine gute Belüftung dafür sorgen muß, daß der Sauerstoffgehalt im Belebungsbecken über 2 mg/l liegt, da es sonst leicht zu Fäulniserscheinungen kommen kann. Der Überschußschlamm wird mit dem Schlamm der Kalkfällung in Faulräumen unter Gasgewinnung ausgefault. Bei Innehalten eines p_H-Wertes von 7,4 bis 7,8 schwankte der Reinigungseffekt zwischen 98,4 und 99,7% Abnahme des BSB_5.

ELDRIDGE[2] fängt das Abwasser einer Molkerei, die im Tage 115 m^3 Abwasser mit einem BSB_5 von 936 mg/l abstößt, in einem belüfteten Sammelbecken von 47 m^3 Inhalt auf. In zwei Belüftungsbecken von zusammen 90 m^3 Inhalt wird das Abwasser mit der 6- bis 7fachen Menge Rücklaufwasser versetzt, wodurch sich die Aufenthaltszeit der Abwässer von 20 Std. auf 5 Std. ermäßigt. Die Belüftung erfolgt durch Düsen. Zwei Nachklärbecken haben einen Inhalt von 91 m^3, während der Schlammfaulraum nur 43 m^3 hat. Der Luftverbrauch im Lüftungsbecken ist 60 bis 70 m^3 auf 1 kg des zugeführten biochemischen Sauerstoffbedarfs. Dazu kommen noch 30 m^3 je kg als Luftbedarf im Sammel-

[1] MONTAGNA, S. D.: Sew. Works J. Bd. 12 (1940) S. 108.
[2] ELDRIDGE, E. F.: Sew. Works J. Bd. 21 (1949) S. 668.

becken, damit das Abwasser auf alle Fälle frisch erhalten wird. Der Schlammgehalt im Lüftungsbecken ist mit 5000 bis 6000 mg/l außerordentlich hoch. Der belebte Schlamm ist in der Regel sehr leicht und blähig, aus welchem Grunde die Nachklärbecken sehr reichlich bemessen sind. Der täglich anfallende Überschußschlamm von 12,5 m³ wird in einem kleinen Behälter auf 5 m³/Tag eingedickt und kommt in den Faulraum von 43 m³, der auf 30 °C geheizt wird. Da der Schlamm fast völlig verflüssigt wird, fällt nur sehr wenig Faulschlamm an. Das Faulwasser wird in das Abwasser zurückgeführt. Der gereinigte Ablauf besitzt nur einen BSB_5 von 11 mg/l, so daß man die Reinigungswirkung als gut bezeichnen kann.

NOLTE[1] hat ausgedehnte erfolgreiche Versuche zur Anwendung des *Magdeburger P-Verfahrens* zur Reinigung von Molkereiabwasser durchgeführt. Auf Grund dieser Versuche hat die Aquapura, Berlin-Charlottenburg, eine besondere Ausführungsform für das Belebtschlammverfahren für Molkereiabwasser geschaffen. Für die Berechnung einer Anlage gibt NOLTE folgende Größen für ein Molkereiabwasser mit einem

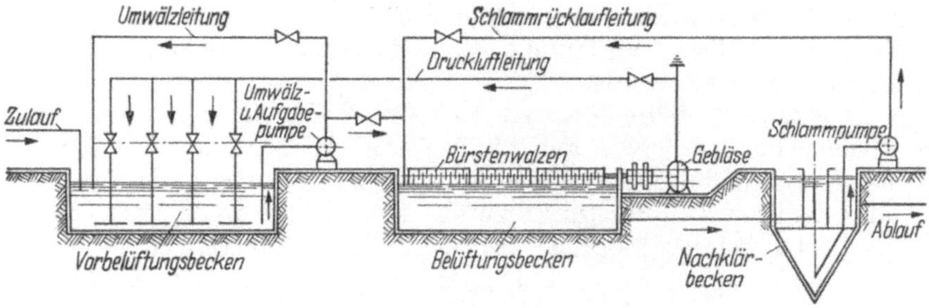

Abb. 77. Prinzipschema einer Kläranlage für Molkerei- und Käsereiabwasser (Fa. Aquapura, Berlin-Charlottenburg)

$KMnO_4$-Verbrauch von 1500 mg/l, was einem Gehalt von etwa 1% Milch im Abwasser entspricht, und einem BSB_5 von 600 mg/l bzw. BSB_{20} von 900 mg/l ab. Bei einer Molkerei mit 10000 l Milchverarbeitung täglich fallen etwa 20 m³ Abwasser obiger Stärke an. Die gesamte Sauerstoffmenge für den Abbau beträgt demnach $20 \times 900 = 18$ kg/Tag. Bei einer Raumbelastung von 2 kg/m³ Belüftungsraum wären 9 m³ Belüftungsraum erforderlich. Für den Luftbedarf stellt er folgende Berechnung auf: 18 kg Sauerstoff sind in $18:0{,}3 = 60$ m³ Luft vorhanden. Bei 10% Ausnutzung der Luft werden 600 m³ Luft benötigt, d. h. bei einem 12stündigen Abwasserzufluß müssen stündlich 50 m³ Luft zur Verfügung stehen, da man in der übrigen Zeit mit einer bedeutend geringeren Luftmenge auskommt. Für den guten Betrieb der Anlage nach dem Magdeburger P-Verfahren ist es aber erforderlich, daß die Molken dem Abwasser ferngehalten werden.

[1] NOLTE, E.: Beiträge zur Wasser-, Abwasser- u. Fischereichemie des Flußwasseruntersuchungsamtes Magdeburg Bd. 3 (1948) S. 9. — Gesundh.-Ing. Bd. 72 (1951) S. 291.

In Abb. 77 ist eine Kläranlage zur Reinigung von Molkereiabwässern nach dem Magdeburger P-Verfahren der Aquapura, Berlin-Charlottenburg, dargestellt. Die Anlage hat eine Leistung von 180 kg Sauerstoffbedarf im Tag. Nachdem das Molkereiabwasser in einem Sammelbecken von 75 m³, in dem es durch ein Belüftungssystem von gelochten Rohren belüftet wird, gesammelt ist, gelangt das Abwasser in das mit KESSENER-Bürsten ausgestattet Belüftungsbecken von 100 m³ Inhalt. Dieses Becken ist mit einer zusätzlichen Druckbelüftung am Boden ausgestattet. Von dort gelangt das Abwasser in das nach dem Prinzip der Dortmundbrunnen errichtete Nachklärbecken. Der hier abgesetzte Belebtschlamm geht laufend als Rücklaufschlamm in den Zulauf zu den Belüftungsbecken.

SCHAAFSMA[1] hat in einem Haworth-Becken die sonst zur Umwälzung benutzten Paddel durch KESSENER-Bürsten ersetzt, die jetzt die Intensivbelüftung durchführen. Bei dem hohen Schlammindex war die Selbstverzehrung des Schlammes so groß, daß kein Schlamm abgelassen werden brauchte. Bei einem Abwasseranfall von 30 m³ hatte der Belüftungsraum auch einen Inhalt von 30 m³ (30×1 m×1 m). In gleicher Weise berichtet SIEBERT[2] über die pensylvanischen Verfahren zur Behandlung der Molkereiabwässer, die eine möglichst vollständige Oxydation der Schlämme zu Wasser und Kohlendioxyd durch lange Belüftungszeiten anstreben, jedoch liegen diese Verfahren oft außerhalb der wirtschaftlichen Anwendbarkeit. Nach den Angaben von MEINCK[3] kann eine Molkerei, deren Milchverluste 0,5% nicht überschreiten, die Reinigung ihrer Abwässer nach dem Belebtschlammverfahren ohne Überschußschlamm in einer Anlage, die für eine Verweilzeit von 1,5 Tagen bemessen ist, durchführen.

BARRITT[4] schaltet vor das Belebtschlammverfahren durchflossene Faulräume mit ein- oder mehrtägiger Aufenthaltszeit. Dann wird der Ablauf stark mit Rücklaufwasser verdünnt und ein Zwischenfilter mit sog. Kolloidoren oder ein Grobkiesfilter zwischengeschaltet und dann das Abwasser in einer Belebungsanlage weiterbehandelt. Die vom Water Pollution Research Board durchgeführten Vergleichsversuche zwischen dem Belebtschlammverfahren und den zweistufigen Wechseltropfkörpern haben nach SOUTHGATE[5] unter gleichen Versuchsbedingungen ergeben, daß die zweistufigen Wechseltropfkörper betriebssicherer als das Belebtschlammverfahren sind. Der BSB_5 ging je nach der Temperatur und der Konzentration bei Wechseltropfkörpern auf 3 bis 10 mg/l zurück, wohingegen der BSB_5 im Ablauf des Belebtschlammverfahrens zwischen 6 und 34 mg/l schwankte. Wie aber die von NOLTE mit dem Magdeburger P-Verfahren durchgeführten Versuche zeigen, kann man diese Mängel durch die Zugabe von Nährstoffen, durch günstige Becken-

---

[1] SCHAAFSMA, I. A. H.: Allg. Zuivelblad Bd. 50 (1957) S. 306.
[2] SIEBERT, C. L.: Sew. and Ind. Wastes Bd. 29 (1957) S. 1038.
[3] MEINCK, F.: Berichte der A. T. V. Bd. 8 (1957) S. 155.
[4] BARRITT: Sew. Purification Bd. 1 (1939) S. 118.
[5] SOUTHGATE, B. A.: Treatment and Disposal of Industrial Wastes. London 1948.

formen und vollkommenere Ausnutzung des verfügbaren Beckeninhaltes sowie Einschränkung des Kraftbedarfes weitgehendst ausmerzen.

Das im Auslande zur Behandlung von industriellen organisch verschmutzten Abwässern angewandte Aero-Accelator-Verfahren, das in Deutschland von der Lurgi Gesellschaft für Chemotechnik, Frankfurt am Main gebaut wird, hat sich in neuerer Zeit auch mit gutem Erfolg für die Behandlung von Molkereiabwasser und für die Abwässer von Fabriken zur Herstellung von Kondensmilch und Kindernährpräparaten an verschiedenen Stellen bestens bewährt.

Bei dem Aero-Accelator handelt es sich um eine Belebtschlammanlage, bei der das Nachklärbecken um den Belebungsraum in einem Bauwerk angeordnet ist. Die Belüftung erfolgt durch Preßluft mittels eines Düsenringes. Mir Hilfe eines über dem Düsenring angebrachten Rührwerkes wird die eingebrachte Luft fein verteilt, so daß die Belüftung sehr intensiv ist. Die Molkerei Meerdorf (Braunschweig) mit einer Milchanlieferung von 12000 l/Tag, von denen etwa 60% zu Trinkmilch, 40% zu Butter und 10% zu Käse verarbeitet werden, hat eine solche Anlage mit einem Gesamtinhalt von 21 m^3, von denen 8,5 m^3 auf den Belüftungsraum entfallen. Das Abwasser wird der Anlage innerhalb 8 bis 10 Stunden aus dem oberhalb der Anlage angeordneten 85 m^3 fassenden Sammelbecken zugeführt, so daß die Belüftungszeit im Mittel nur knapp $1^1/_2$ Stunden beträgt. Die Steuerung erfolgt automatisch durch zwei Photozellen. Bei einem mittleren BSB_5 von 516 mg/l wird ein Abbau von 92% erzielt. In neuerer Zeit ist eine Aero-Accelator-Anlage für die große Kondensmilchfabrik „Bärenmarke" in Biesenhofen errichtet. Diese Anlage arbeitet seit mehreren Jahren störungsfrei mit bestem Erfolg.

Seit einiger Zeit wird für die Reinigung von Molkereiabwasser bei verschiedenen Molkereien der Oxydationsgraben, auch wohl Belebungs-

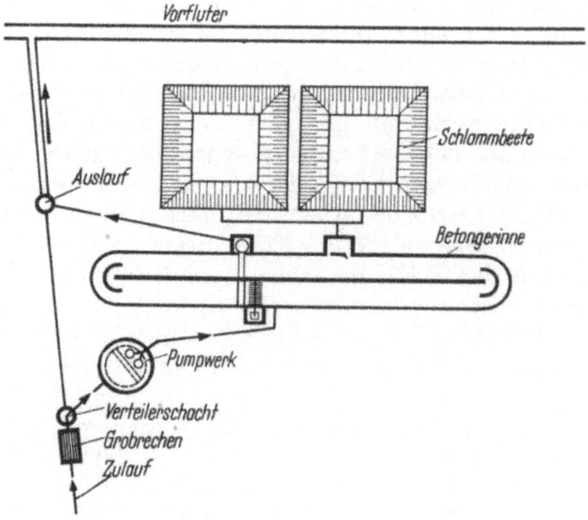

Abb. 78. Oxydationsgraben der Molkerei Roxel

graben genannt, mit bestem Erfolg angewandt. Er hat gegenüber anderen Belebtschlammanlagen den Vorteil, daß durch die ringförmige Anordnung der Belebtschlamm mit einem geringen Energieaufwand in der Schwebe gehalten werden kann und dadurch mit geringen Kosten hohe Aufenthaltszeiten erreicht werden. Die von VIEHL[1] an dem Belebungsgraben in Großdüngen durchgeführten Untersuchungen zeigen, daß sich als günstiges Verhältnis von Stickstoff zu BSB_5 1 : 20 herausgestellt hat und daß sich der Stickstoffmangel außer auf die Abbauleistung auch auf die Struktur des Schlammes auswirkt. In Abb. 78 ist ein Lageplan des Belebungsgrabens von Großdüngen dargestellt.

WÖSTE und NEHRKORN[2] kommen auf Grund ihrer Untersuchungen des Belebungsgrabens der Molkerei in Roxel (s. Abb. 78) zu dem Ergebnis, daß der Oxydationsgraben weitere Vorteile gegenüber anderen Verfahren durch geringe Wartung, Fehlen von Überschußschlamm, relativ geringe Bau- und Betriebskosten biete. Die Kläranlage besteht aus Grobrechen, Verteilerschacht, Pumpwerk, Betongerinne mit Passavant-Käfigwalze, Kipprinne, Schlammfang im Nebenschluß und Grundablaß sowie den Schlammbeeten.

Da die Bestimmung des BSB_5 lange Zeit in Anspruch nimmt, empfehlen PORGES und HOOVER[3], die Stärke des Molkereiabwassers durch das Untersuchungsverfahren des chemischen Sauerstoffbedarfes (COD = Chemical Oxygen Demand) festzustellen. 5 cm^3 Abwasser werden mit 50 cm^3 einer Dichromatlösung versetzt und langsam erwärmt, so daß die Temperatur der Mischung in 6 min 165—170° erreicht. Dann wird die Lösung abgekühlt, mit 200 cm^3 Wasser verdünnt und mit 0,05 n Thiosulfatlösung titriert. Der Unterschied in der Titration zwischen dem erhaltenen Wert und einem Blindversuch mit destilliertem Wasser, multipliziert mit 80, ergibt den chemischen Sauerstoffbedarf, der etwa dem 20tägigen BSB entsprechen soll.

14. Abwässer aus Margarinefabriken und von der Speisefett- und Ölgewinnung

Die Margarine wird durch inniges Vermischen des geschmolzenen Fettgemisches mit durch Milchsäurebazillen gesäuerter Milch hergestellt und stellt eine Wasser-Öl-Emulsion dar. Ein großer Teil der in der Margarinefabrikation verwandten Öle und Fette muß zunächst einem umständlichen Reinigungsverfahren bzw. Härtungsverfahren unterworfen werden.

a) Abwässer der Speisefett- und Ölgewinnung

Die durch Ausschmelzen, Auspressen, Schlagen oder Extraktion gewonnenen rohen Öle und Fette enthalten stets mehr oder weniger Ver-

[1] VIEHL, K.: Gas- und Wasserfach Bd. 101 (1960) S. 443; Molkerei- und Käserei-Ztg. Bd. 12 (1961) Heft 12.
[2] WÖSTE, H., u. A. NEHRKORN: Wasser und Boden Bd. 13 (1961) S. 316.
[3] PORGES, N., u. R. HOOVER: Engin. Bull Proceed. of the 15th Ind. Wastes Conference Bd. 34 (1950) S. 130.

unreinigungen. Die unlöslichen Verunreinigungen der pflanzlichen Öle bestehen aus Saatteilchen, welche fettspaltende Enzyme (Lipasen), Staub u. dgl. enthalten. Die Stoffe lassen sich leicht durch Kammerfilterpressen entfernen. Die löslichen Verunreinigungen bestehen aus Fettsäuren, Schleimstoffen, phosphatischen Farbstoffen, Harzen u. dgl. Die bitteren Schleimstoffe werden mit den Fettsäuren durch eine Laugenwaschung entfernt. Hierbei bilden die Fettsäuren im Wasser lösliche Seifen, die auch einen Teil der Farbstoffe mitreißen. Nach der Laugenraffination mit verdünnter Lauge (5° Bé) werden die Laugen ausgewaschen. Dann setzt man unter tüchtigem Mischen $^1/_2$ bis 1% konzentrierte Schwefelsäure zu. Nach 24 Std. wird bis auf 75 °C erwärmtes Wasser in einer Menge, die etwa $^2/_3$ der Fettmenge entspricht, zugegeben. Das Ganze wird eine Zeitlang tüchtig durchgemischt. Dann läßt man die Mischung an einem etwa 30° warmen Ort so lange stehen, bis sich das Fett (Öl) vom Wasser, das jetzt alle Verunreinigungen und die Schwefelsäure aufgenommen hat, getrennt hat.

Zum *Entfärben der Öle* werden Bleicherden (Fullererde, aktivierte Bleicherden) oder auch Kohle verwendet. Die in denselben Apparaten zugemischte Bleicherde oder auch Aktivkohle wird in Filterpressen wieder ausgeschieden. Die Filterpressen werden mittels Dampf oder Druckluft ausgeblasen. Der in der Fullererde verbleibende Ölrest wird durch Extraktion gewonnen, wobei Kühlwasser anfällt. Die in den neutralisierten und gebleichten Ölen noch enthaltenen Geruchstoffe werden durch Durchleiten von überhitztem Wasserdampf bei hohem Vakuum (bis 6 mm Hg) entfernt. Bei den verwendeten hohen Temperaturen, etwa 250 °C, verflüchtigen sich die Aromastoffe (Aldehyde, Ketone, flüchtige Öle). Die Brüden werden abgekühlt und fallen dann als Abwasser an.

Zur Reinigung müssen die Abwässer, die aus den Abwässern der Laugenraffination mit den Waschwässern, der Säurebehandlung mit den Waschwässern, den Abwässern aus der Bleicherei und den Brüden der Desodorierung bestehen, durch gegenseitiges Mischen weitgehend neutralisiert werden, wobei meist der Säuregehalt überwiegt. Abgesehen von dem Säuregehalt enthalten diese Abwässer erhebliche Mengen stickstoffhaltiger, organischer, nach der Neutralisation der Säure leicht fäulnisfähiger Stoffe. Die Abwässer aus Fabriken der Speisefettgewinnung können daher den Vorfluter in gleicher Weise schädlich beeinflussen wie die Abwässer der Molkereien oder Margarinefabriken. Für ihre Reinigung kommen ähnliche Verfahren, wie sie für Molkereien angewandt werden, in Frage. In der Hauptsache muß auf eine restlose Neutralisation und gute Entfettung Wert gelegt werden. Auf die Wiedergewinnung der in der Entfettung anfallenden, wertvollen fetthaltigen Stoffe ist der größte Wert zu legen, damit diese in der Seifenfabrikation ausgenutzt werden. Die an anderen Stellen beschriebenen Fettfänger können, wenn sie genügend groß hergestellt werden, sinngemäß verwandt werden.

Bei der mit Schwefelsäure durchgeführten *Spaltung der Fette* fallen meist stark schwefelsäurehaltige Abwässer an, die schon sehr häufig in städtischen Kanalisationen durch Anfressen der Zementrohre und der Zementfugen große Schäden angerichtet haben. Diese Abwässer müssen daher vor dem Ablassen in die städtische Leitung unbedingt neutralisiert werden, was am besten durch Kalk geschieht. Bei der Härtung der flüssigen Pflanzenfette durch Wasserstoffanlagerung unter Zugabe von Nickelkatalysatoren fallen sehr heiße Waschwässer an, welche mit den sauren Wässern die in Zementkanälen auftretenden, auf Calcium-Aluminiumsulfatbildung zurückzuführenden Schädigungen begünstigen. Die warme Temperatur fördert stark die im Kanal stattfindenden Faulungsvorgänge und die Reduktion der Sulfate zu Sulfiden und verursacht hierdurch das lästige Auftreten von Schwefelwasserstoff.

Bei der *Fettsäurerückgewinnung* fallen schwefelsaure Abwässer an, die neben größeren Mengen Fett auch noch durch einen höheren Gehalt an freier Schwefelsäure stark sauer sind (p_H unter 4). Die Kondenswässer der Vacuumdestillation haben noch geringe Mengen freie Fettsäuren und müssen wegen ihrer hohen Temperatur vorher abgekühlt werden. Der zur Fetthärtung benutzte Wasserstoff muß vorher gewaschen werden, wobei die heißen Gaswaschwässer (über 80 °C) mit einem Gehalt an gelösten Gasen anfallen.

Die in der *Fetthärtung* als Katalysatoren benutzten Nickelsalze müssen möglichst restlos wiedergewonnen werden, damit sie in Spezialfabriken auf neue Nickelsalze verarbeitet werden können. Für die in der Fettspaltung, Fetthärtung und Fettreinigung auftretenden Abwässer empfiehlt GLASER[1] folgende Maßnahmen:

1. Verhinderung des Abfließens von Säure durch ausreichende Abstumpfung mit Kalk.
2. Abkühlung der heißen Wässer zur Verhinderung der Bildung von Schwefelwasserstoff.
3. Schnellste Entfernung von Dämpfen und Gasen durch ausreichende Lüftung.

Wird die Raffination des Öles durch Chlorzink bewirkt, so sollte zunächst eine Wiedergewinnung des Zinks erfolgen, ehe die Abwässer nach Beseitigung der übrigen fäulnisfähigen Stoffe in den Vorfluter abgelassen werden.

Beim Ausschmelzen von Talg entstehen in den *Talgschmelzen* Abwässer nur in geringer Menge, und zwar hauptsächlich beim Reinigen der Gefäße. Da das Fett sehr schnell erstarrt, so ist die Wiedergewinnung des Abfallfettes, das den Seifenfabriken zugeführt werden kann, sehr leicht. Während man früher die Abwässer von Fettschmelzen durch eine einfache Vorbehandlung, die aus Feinrechen, Absetzbecken, Senkkasten oder Faulbehälter bestand, reinigte, wendet man heute gern das *Druckflotationsverfahren* an. Bei diesem Verfahren werden dem Abwasser Koagulierungsmittel zugegeben. Bei der dann folgenden Flotation wird das Abwasser möglichst bei einer Temperatur von +25 °C innigst mit Luft gemischt, wodurch die fett- und eiweißhaltigen Stoffe an die Oberfläche gebracht werden, von wo sie in bekannter Weise durch Abstreichen entfernt werden können. Nach den Untersuchungen von FARRELL[2]

[1] GLASER: Gesundh.-Ing. Bd. 58 (1935) S. 254.
[2] FARRELL, L. S.: Water and Sew. Works Bd. 100 (1953) S. 172.

wird durch die Flotation rund 96% des Fettes und 93% der sonstigen Schwebestoffe entfernt.

b) Abwässer der Margarinefabriken

Die entsäuerten, gebleichten und desodorierten Fette und Öle werden in einem mit Wassermantel und Rührwerk versehenen Emulgierapparat, der sog. Kirne, mit der berechneten Menge durch Milchsäure angesäuerte Milch versetzt und eine homogene Emulsion hergestellt, die man zum schnellen Abkühlen über eine Kühltrommel laufen läßt, auf der sich das Wasser von dem Margarinefett trennt. Mit den Margarinefabriken sind oft größere oder kleinere Molkereien oder Milchsammelstellen verbunden, in denen dann die üblichen Spül- und Reinigungswasser anfallen.

Abgesehen von der Reinigung der Fette fallen bei der Säuerung der Milch große Mengen Waschwasser bei der Herstellung der Reinkulturen an. Zum Säuern der entrahmten Frischmilch werden Symbiosen von Milchsäure- und Aromabildnern angewandt. die der Margarine den Buttergeschmak verleihen. Im Milchraum muß stets größte Sauberkeit herrschen, damit die Kulturen rein erhalten werden und sich eine gute Sauermilch von sämiger, feinflockiger Konsistenz ergibt; denn nur mit einer solchen Milch kann man eine dauerhafte Emulsion von Fett und Milch in der Kirne erhalten.

In älteren Margarinefabriken ließ man die so hergestellte Emulsion in dünner Schicht auf Blechen auslaufen, auf denen sie mit Eiswasser abgespritzt wurde. Heute verwendet man innen bis auf —16 °C gekühlte, langsam rotierende Kühltrommeln, auf denen die Emulsion nach einer Umdrehung erstarrt ist, so daß sie an der anderen Seite abgestreift werden kann. Im ersteren Falle entstehen große Menge Auswaschwasser, die aus der Emulsion Nähr- und Aromastoffe aufgenommen haben.

Die von der Kühltrommel abgeschabten Margarineschuppen kommen in einen Butterwagen zum weiteren Reifen. Nachdem zur Konservierung noch 0,2% Benzoesäure oder Natriumbenzoat und zur Verbesserung des Geschmacks noch Salz (1%) und Farbstoffe (fettlösliche Butterfarben), Eigelb und Zucker oder Glycerin, auch Lecithin (zum Schäumen und Bräunen beim Erhitzen) hinzugegeben wurde, wird die Masse auf Knetmaschinen behandelt.

Die Abwässer entstehen demnach in einer Margarinefabrik in der Milchsäuerungsanlage und bei der Abkühlung, dem Abschrecken der Emulsion mit kaltem Wasser. Das Abschreckwasser kann nach vorheriger Klärung in der Ölraffinerie wieder verwandt werden, bevor es endgültig abgelassen wird. In der Milchsammelstelle entstehen die Schwenk- und Spülwässer der Kannen und Apparate.

Nach einer Untersuchung der Landesanstalt für Wasser-, Boden- und Lufthygiene hatte das Abwasser einer mittelgroßen Margarinefabrik folgende Zusammensetzung:

Ungelöste Stoffe	230 mg/l	Gesamtfett (Ätherextrakt)	130 mg/l
Gelöste Stoffe	6400 mg/l	Stickstoff	7 mg/l
Chloride	1500 mg/l	p_H-Wert	5—6
Kaliumpermanganatverbrauch	1800 mg/l		

Wegen ihres hohen Gehaltes an zersetzungsfähigen Stoffen gehen die Abwässer sehr schnell in saure Gärung und bald in eine faulige Zersetzung über. Sie dürfen daher erst nach weitgehender Reinigung in leistungsschwache Vorfluter abgelassen werden, da sie sonst Abwasserpilzwachstum, Sauerstoffschwund und sehr üble Schlammablagerungen hervorrufen. Durch ihren Fett- und Ölgehalt können sie unterhalb der Einleitungen weit sichtbare und auffallende Ablagerungen verursachen, die die biologischen Selbstreinigungsverhältnisse im Vorfluter sehr ungünstig beeinflussen, einen ranzigen Geruch haben und auch den Fischen schaden, sowie den Gemeingebrauch des Vorflutwassers, vor allem zum Baden, sehr stark beeinträchtigen.

Die in einer Margarinefabrik anfallenden Abwässer ähneln in ihrer Zusammensetzung den Abwässern aus einer Molkerei. DELKESKAMP[1] gibt die Menge der in einer Margarinefabrik mit einer Tagesproduktion von 1200 bis 1500 Ztr. Margarine anfallenden Abwässer zu 120 m^3 je Stunde als Trockenwetterabfluß an, das sind 30 bis 48 m^3 je Zentner. (Nach anderen Angaben fallen je t Margarine 20 m^3 Abwasser an.) Der auf freie Fettsäuren oder auf minderwertige Rohfette zurückzuführende schlechte Geruch des Abwassers wird durch eine Kalkung nicht beseitigt. Der Gehalt des unfiltrierten Abwassers an Fett schwankt zwischen 1 bis 4 g/l. Die Beseitigung des oft in großen Mengen im Abwasser vorhandenen Fettes ist eine Vorbedingung für die weitere Reinigung. Die Anwendung der gewöhnlich benutzten Fettfänger zum Abfangen des Fettes führt in den meisten Fällen wegen der sehr feinen Verteilung des Fettes nicht zum Ziele. Da in vielen Fällen die Entfettung und mechanische Reinigung nicht ausreichen wird, sollte man besonders in den Fällen, wo man gezwungen ist, nachträglich noch künstliche biologische Verfahren anzuwenden, die Entfettung und mechanische Reinigung durch chemische Fällungsmittel fördern.

Für die weitere Behandlung der gut neutralisierten und entfetteten Abwässer, die beim Stehen leicht in stinkende Fäulnis übergehen, sind verschiedene Verfahren, wie Berieselung, Tropfkörper, belüftete Tauchkörper und Belebtschlammverfahren angewandt worden. Wo in der Nähe der Fabrik sehr große Flächen zur Verfügung stehen, ist Verrieselung auf gutem sandigem Boden am einfachsten. Die Belastung sollte aber nicht stärker als 20 bis 25 m^3/ha Rieselfläche sein. Es wird in den meisten Fällen bei der Größe der Margarinefabriken schwer fallen, die genügenden Flächen zur Verfügung zu stellen.

Die von DELKESKAMP angewandte Reinigung der durch belüftete Fettfänger und Absetzbecken vorbehandelten Abwasser in belüfteten Tauchkörpern mit einer nachfolgenden Chlorung mit 2 mg Chlor je Liter führten zu keinem befriedigenden Ergebnis. KEHR[2] hat daraufhin die chemischen und physikalischen Verfahren wie chemische Fällung, Flotation und Filtration und die zur Zeit bekannten künstlichen biologischen Verfahren nebeneinander sowohl einstufig wie mehrstufig in den

[1] DELKESKAMP: Städtereinigung Bd. 26 (1934) S. 361.
[2] KEHR, D.: Zbl. für Industriebau Bd. 6 (1960) S. 181.

verschiedensten Kombinationen verglichen. Auf Grund der sehr eingehenden Versuche wird jetzt das Abwasser der Stadt (zur Zeit 600 m³/Tag) mit den 1200 m³/Tag der Magarinefabrik gemeinsam gereinigt. Abb. 79 zeigt einen schematischen Lageplan der Kläranlage einer Margarinefabrik. Die dunkel angelegten Bauteile wurden der alten Kläranlage entnommen und durch entsprechende Ein- oder Umbauten verbessert oder den neuen Zwecken angepaßt. Die neue Anlage besteht jetzt aus einem handbedienten Grobrechen von 4 cm Stababstand. Hinter dem Rechen wird Abwasser durch zwei Schöpfräder, die sich sehr bewährt haben, um

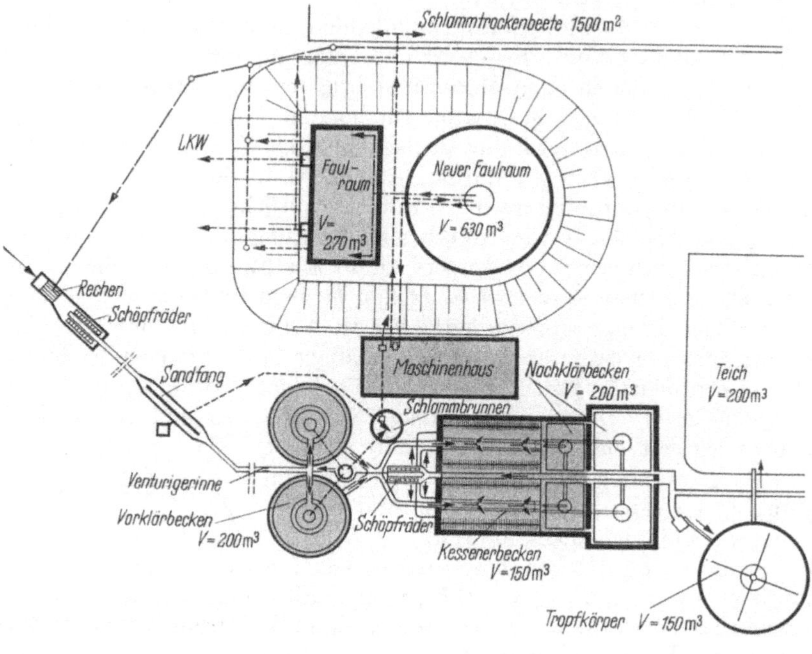

Abb. 79. Schematischer Lageplan der Kläranlage der Margarinefabrik Fritz Homann AG, Dissen; die dunkel angelegten Bauteile wurden von der alten Anlage übernommen und durch entsprechende Ein- oder Umbauten verbessert oder den neuen Zwecken angepaßt (nach KEHR)

0,7 m gehoben. Der Sandfang ist ein üblicher Langsandfang Essener Bauart. Ein Venturigerinne gestattet eine gute Messung der durch die Anlage geschickten Wassermengen. Die beiden Vorklärbecken sind als Trichterbecken mit aufsteigender Wasserbewegung ausgebildet. Die Aufenthaltszeit beträgt im Mittel 2 Stunden. Die alte Tauchköperanlage wurde in ein Belebungsbecken mit 150 m³ Inhalt umgebaut und mit Kessener Bürsten und Pasveerscher Haube (Bauart Passavant) ausgerüstet. Der Zulauf erfolgt auf der ganzen Beckenlänge. Der Überschuß wird in einer Menge von 4% der Schmutzwassermenge in das Vorklärbecken geleitet. 100 bis 140% des Schmutzwasserzulaufes werden zusammen mit dem Rücklaufschlamm in den Anfang des Belebungsbeckens zurückgegeben.

Die mittlere BSB_5-Raumbelastung beträgt 4,2 kg/m³/Tag. Die vorhandenen, als Dortmundbrunnen ausgestatteten Nachklärbecken von 75 m³ Inhalt wurden durch zwei weitere Nachklärbecken mit 125 m³ Inhalt erweitert. Für die zweite Stufe der biologischen Reinigung ist ein Tropfkörper mit 150 m³ Inhalt errichtet worden. Der Tropfkörperablauf hat im Mittel einen BSB_5 von 17 mg/l. Als Nachklärung für den Tropfkörper wird ein 200 m³ fassender Fischteich benutzt, der sich sehr gut bewährt hat. Der Teichablauf hat eine Durchsichtigkeit von 100 cm.

NOLTE und BANDT[1] haben in gleicher Weise wie bei Molkereiabwasser auch bei Margarinefabrikabwasser das Magdeburger P-Verfahren angewandt und hierbei recht befriedigende Ergebnisse erzielt.

15. Abwässer der Stärkeindustrie

Je nach dem Ausgangsstoff unterscheidet man *Kartoffel-*, *Weizen-*, *Reis- oder Maisstärke.* Die meisten Kartoffelstärkefabriken in Deutschland sind landwirtschaftliche Betriebe (etwa 90%). Es gibt Fabriken für Trockenstärke und solche für Naßstärke. Dazu kommen die Glukosefabriken (Stärkezucker) und die Fabriken für Dextrin, lösliche Stärke, Stärkegummi und Kartoffelflocken. Dem steht in Deutschland eine viel kleinere Zahl von Mais-, Reis- und Weizenstärkefabriken gegenüber, die Maisstärkepulver (Puddingpulver), Reisstärke (Wäschestärke) und Weizenstärke herstellen.

a) Kartoffelstärkefabriken

Für die Verwendung der Kartoffeln zur Herstellung von Kartoffelstärke spielt der Gehalt der Kartoffeln an Stärke sowie die Größe der Stärkekörner eine ausschlaggebende Rolle. Je größer das Stärkekorn ist, um so weißer und glänzender wird die Stärke. Die Eigenschaften hängen von den einzelnen Kartoffelsorten ab. Um eine möglichst große Ausbeute zu erzielen, muß eine möglichst vollständige Zerreißung der einzelnen Zellen und Auswaschung der Stärke aus den Zellen erreicht werden.

Die Kartoffel liefert nur etwa $^1/_5$ ihres Gewichtes an Stärke. Für 1 t Kartoffeln sind 15—25 m³ reines, eisenfreies Wasser erforderlich. Nach trockener Vorreinigung auf Schüttelsieben werden die Kartoffeln auf dem Schwemmtransport vom Lager zur Fabrik, der besonders bei Kartoffeln, die aus schwerem Boden stammen, nötig ist, schon weitgehend gewaschen. Die Wäsche wird dann noch in der *Trogwäsche,* die in mehrere Felder unterteilt ist, die im Gegenstrom jeweils mit Frischwasser beschickt werden, durch schräg gestellte Kartoffelharken und Abspritzen in der Fabrik unterstützt. In anderen Fabriken läßt man die Kartoffeln durch mehrere hintereinander geschaltete *Knüppel-* oder *Trommelwäscher* laufen. Die beim Waschen der Kartoffeln entstehenden

[1] NOLTE, E., u. H. J. BANDT: Mitt. aus dem Flußwasseruntersuchungsamt Magdeburg Bd. 2 (1947) S. 33.

Schwemm- und Waschwässer enthalten neben den ursprünglich den Kartoffeln in einer Menge von etwa 5 bis 6%, höchstens bis etwa 20% des Kartoffelgewichtes anhaftetenden erdigen Bestandteilen wie Erde, Sand und Lehm nicht selten Strohreste aus den Kartoffelmieten, daneben auch noch kleine Kartoffeln, Kartoffelstückchen, losgelöste Keimsprossen und Wurzelfasern, die beim Transport angeschlagen werden, und noch gelöste Auslaugungsstoffe. Da diese Abwässer in der Hauptsache durch leicht abscheidbare Schwebestoffe verschmutzt sind, sollten sie unter möglichster Frischerhaltung mechanisch gereinigt und dann möglichst lange im Kreislauf gehalten werden. Bei diesem Kreislauf und vor allem vor dem Ablauf in den Vorfluter sind sie schwach zu chloren, um Zersetzungserscheinungen zu verhindern. Der Wasserbedarf in der Schwemmanlage wird mit 4,5 bis 5 m^3 je t Kartoffeln angegeben.

Nach der Wäsche werden die Kartoffeln auf rotierenden Reibmaschinen, den sog. Sägeblattreiben, in zwei bis drei Stufen zu einem feinen Brei zerrieben. In Amerika benutzt man hierzu Hammermühlen. Je besser die Zerkleinerung ist, um so größer ist die Ausbeute.

Aus einer im Gehäuse der Reibe befindlichen Brause wird eine große Wassermenge, etwa 10—12 m^3/t Kartoffeln, auf das Reibsel gespritzt und in die Reibselgrube übergeführt. Der aus Stärkekörnern, Fasern, Schalen, aus nicht zerrissenen Kartoffelzellen und dem Fruchtwasser bestehende Brei wird auf Schüttelsieben, Siebapparaten, Plansieben, rotierenden Siebtrommeln bzw. Bürstenbottichen ausgewaschen. In den Fällen, in denen die Gewinnung von Eiweiß beabsichtigt ist, gelangt das Reibsel aus der Reibselgrube mit der zwei- bis dreifachen Wassermenge in eine Reibselschleuder, eine Zentrifuge mit horizontaler Achse, in der der Saft von der Stärke mit den Faserteilen getrennt wird. Der ablaufende Kartoffelsaft, 70 bis 80% des anfallenden Fruchtwassers, wird nach der Reinigung in einem Absetzbecken und Durchgang durch das Fruchtwassersieb in einer Eindampfanlage mit Nachtrockner auf Eiweißpülpe verarbeitet. Das Fruchtwasser wird bis auf 50% Trockensubstanz eingedampft. Bei 55 °C scheidet sich ein 70%iges Eiweiß aus, das wegen seiner schleimigen Beschaffenheit in den üblichen Filtriereinrichtungen nur schwer abtrennbar ist. Der Dicksaft mit 45% Trockensubstanz hat 40% Eiweiß und wird zur Gewinnung von Würze, Eiweißfutter oder Eiweißpulver benutzt. Ein von HEYNS und GRÄFE[1] beschriebenes Verfahren besteht darin, daß man das Fruchtwasser in zwei hintereinander geschalteten Vakuumverdampfern auf 10 bis 12° Bé eindampft und dann die Eiweißstoffe durch Erwärmen ausscheidet. Die leicht abfiltrierbaren Produkte haben einen Eiweißgehalt von 60%. Das Kartoffeleiweiß kommt in ernährungsphysiologischer Beziehung dem Fleischeiweiß sehr nahe.

Die anfallenden verdünnten Fruchtwässer gehören infolge ihres hohen Gehaltes an fäulnisfähigen Stoffen, die neben einigen mineralischen Bestandteilen eine große Menge organisch verschmutzter fäulnisfähiger Stoffe enthalten, zu den für Vorfluter gefährlichen Abwässern.

---

[1] HEYNS u. GRÄFE: Z. Lebensm.-Unters. u. Forschg. Bd. 89 (1949) S. 255.

Nach dem Bericht der holländischen Kommission zur Reinigung von Kartoffelmehlfabrikabwässern hat das Fruchtwasser etwa folgende Zusammensetzung (s. Tab. 29).

Tabelle 29. *Zusammensetzung eines Fruchtwassers einer Kartoffelmehlfabrik*

	Ungelöst mg/l	Gelöst mg/l	Gesamt mg/l
Abdampfrückstand	1290	7055	8345
davon anorganisch	185	1910	2095
davon organisch	1105	5145	6250
Kaliumpermanganatverbrauch			9449,0
freies Ammoniak			36,5
Stickstoff als NH_3			30,0
Organischer Stickstoff			528,5
Gesamtstickstoff			558,5
Kali (K_2O)			1114,0
Phosphorsäure (P_2O_5)			322,0
Kalk (CaO)			96,0

Nach O. SAARE enthält 1 m^3 Fruchtwasser 2,37 kg Zucker, 0,256 kg Stickstoff, 0,88 kg Eiweiß mit 2% Schwefel, 1,16 kg gummiartige Stoffe, ferner kleine Stärkekörner, feinste Faserteilchen, Eiweißflocken, Schaum- und Farbstoffe und feinste Tonteilchen, aus denen bei der Gärung 1,15 kg Kohlensäure, 0,25 kg Ammoniak und 0,009 kg Schwefelwasserstoff entstehen. Infolge des hohen Gehaltes an Kohlehydraten gehen sie leicht in saure Gärung unter Bildung von Milch- und Buttersäure über. Später, nach Abschluß der Gärung, treten unter Zersetzung der eiweißartigen Stoffe Fäulniserscheinungen auf, bei denen Schwefelwasserstoff entwickelt wird.

Der erhebliche Dungwert des Fruchtwassers sollte unbedingt auf gut drainiertem Rieselgelände — das ja in der Nähe der Kartoffelstärkefabriken in den meisten Fällen zur Verfügung steht — ausgenutzt werden, zumal die Verrieselung das billigste und ein in der Praxis bewährtes Reinigungsverfahren ist. Man kann für Wiesen mit Stauberieselung auf terrassenförmig angelegten Flächen nach ELSÄSSER auf 1 ha Land in 100 Tagen 15000 m^3 des gut mechanisch vorgeklärten Abwassers aufbringen. Eine kleine landwirtschaftliche Stärkefabrik (Naßstärke) mit 300 bis 600 Ztr. Verarbeitung würde demnach eine Rieselfläche von 2 bis 4 ha Rieselland, eine Trockenstärkefabrik mit gleicher Verarbeitung etwa die doppelte Landfläche benötigen. KÖNIG hält diese Belastung von 150 m^3/ha und Tag für reichlich hoch und gibt bei 365 Rieseltagen eine Belastung von 20 m^3/ha und Tag an. Als Anbaufrüchte, welche die mit Kali und Phosphorsäure reichlich durchsetzten Abwässer gut ausnutzen können, gibt er außer Kartoffeln, Gras und Wiesen und Weiden an. Nach neueren Vorschlägen (BECK, ALTDAMM) soll man das Fruchtwasser nach vorherigem Eindicken an Kartoffeln antrocknen, um so ein an zusätzlichem Eiweiß und anderen Nährstoffen reicheres Futtermittel herzustellen.

Die auf den Sieben als Pülpe zurückbleibende Kartoffelfaser wird entweder warm verfüttert oder in gemauerten Gruben oder Erdbassins gelagert, wobei das in denselben noch enthaltene Pülpewasser in milchsaure Gärung übergeht, so daß die Pülpe später verfüttert werden kann. Die Pülpe wird auch abgepreßt. Das ablaufende Pülpewasser gelangt in einer Menge von 0,5—0,6 m^3/t Kartoffeln mit den übrigen Abwässern zum Abfluß; es muß möglichst bald von der Pülpe befreit werden. Dies kann in den auch in Zuckerfabriken angewandten, in Abb. 80a u. b dargestellten Pülpefängern geschehen.

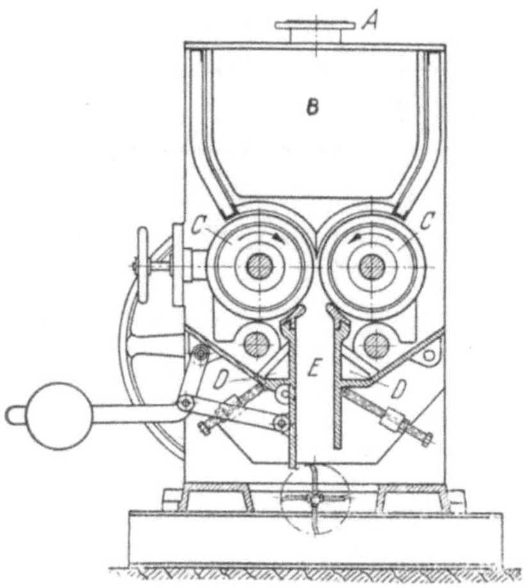

Abb. 80a. Büttner-Walzen-Pülpepressen für Stärke- und Zuckerfabriken (Büttner-Werke, Krefeld-Uerdingen)

Die Pülpe gelangt mit 90 bis 95% Wasser von einem Sammelgefäß unter Druck durch den Einlaufstutzen *A* in den Füllschacht *B*, von wo sie unter ständigem Umdrehen den Preßwalzen *C* zuläuft. Bei langsamer Umdrehung wird die Pülpe langsam entwässert. Das Preßwasser läuft durch die Wasserfänger *D* ab. Die entwässerte Pülpe wird durch die Preßwalzen in den Preßschacht *E* gedrückt. Die mit 93,3% Wassergehalt anfallende Frischpülpe wird hierbei auf 68,5% abgepreßt.

Abb. 80b. Büttner-Walzen-Pülpepresse (Büttner-Werke, Krefeld-Uerdingen)

In diesem Zustand kann sie in einem Schnellumlauftrockner oder in einem Trommeltrockner bis auf einen Wassergehalt von 10% getrocknet werden. Bei Vorhandensein einer Fruchtwassereindampfanlage kann das aus dem Pülpefänger kommende Konzentrat dem Fruchtwasser zugemischt und mit diesem gemeinsam fertig getrocknet werden. Der bei der Hitzebehandlung des Fruchtwassers erhaltene Dickschlamm wird mit Pülpepreßkuchen vor dem Pülpetrockner gemischt. Das Preßwasser der Pülpen enthält 0,3 kg Stickstoff, 0,5 kg Kali und 0,09 kg Phosphorsäure. Es fällt in einer Menge von 1 m³ je 100 kg Kartoffeln an.

Das Abfallprodukt, die Pülpe, enthält die Korkrinde und Zellulose der Kartoffeln neben geringen Mengen noch anhaftender Stärke. Sie wird naß oder getrocknet als Viehfutter benutzt. Die Pülpenausbeute beträgt für je 100 kg verarbeitete Kartoffeln:

nasse Pülpe (90% Wasser)	50 kg
gepreßte Pülpe (ungefähr 80% Wasser)	25 kg
trockene Pülpe (ungefähr 10% Wasser)	5 kg

Man muß bestrebt sein, alle Verluste an futterfähigem Reibsel und Stärkeabfällen möglichst zu vermindern und Sorge tragen, daß sie nicht in Fäulnis übergehen. Die allgemeine Verwendung von geeigneten Konservierungsmitteln, wie Chlor oder schweflige Säure (0,4%ige Lösung) dürfte auch bei den Kartoffelstärkefabriken vermehrte Ausbeute und besseres Abwasser bringen.

Aus der Stärkemilch von 1,0 bis 1,5° Bé wird die Rohstärke auf mechanischem Wege abgetrennt, wozu man sich entweder der Absetzgefäße bzw. Staufluten bedient oder neuerdings Trennschleudern und Hydrozyklone gebraucht, die eine rasche und ununterbrochene Abtrennung ermöglichen. Die in den Absetzbecken abgesetzte Rohstärke, eine gelbliche Masse, wird zur Reinigung in die Waschbottiche übergeführt (Quirlbottiche). Sie muß dann so lange gewaschen werden, bis alle Nebenstoffe entfernt sind. Die hierbei entstehenden Stärkewaschwässer können als verdünnte Fruchtwässer angesehen werden. Ihre Menge beträgt 5 bis 10 m³ je t Kartoffeln. Die gereinigte Stärke verläßt entweder als sog. Feuchtstärke (Naßstärke) mit ungefähr 50% Wasser die Fabrik, oder sie wird nach vorherigem Ausschleudern in Horden und Kanaltrocknern oder in Vakuumtrockenapparaten getrocknet. Sie gelangt mit einem Wassergehalt von 20% entweder als Brocken, als Krümelstärke oder als Kartoffelmehl in den Handel.

Bei der Veredelung der Stärke zu Pudding- oder Speisestärke oder bei der Weiterverarbeitung zu löslicher Stärke u. a. können schwach chlorhaltige, schwach saure oder schwach alkalische Abwässer anfallen, Als Säuren kommen hauptsächlich organische Säuren, wie Essigsäure. Oxalsäure, Weinsäure und Borsäure in Frage. Als Oxydationsmittel bei der Herstellung der löslichen Stärke werden neben Chlor und Chloramin, Perborate, Persulfate, Wasserstoffperoxyd und Permanganat angewandt.

b) Weizenstärkefabriken

Die Fabrikation dieser Stärkesorten unterscheidet sich grundsätzlich von der der Kartoffelstärke. Beim Weizen muß eine möglichst vollständige Trennung der Stärke von dem Kleber erfolgen. in der Weise, daß von dem wertvollen Kleber nichts verlorengeht. Nach den früher allgemein angewandten Verfahren wurde der Weizen geschrotet, eingeweicht, zerquetscht und die zerquetschte Masse unter Zugabe von Wasser der Gärung überlassen (im Sommer 10 bis 12, im Winter bis zu 20 Tagen).

Bei der Gärung wird der im Weizenmehl in Mengen von 10 bis 14% enthaltene Kleber durch Essig- und Milchsäure in lösliche Form übergeführt; er kann dann leichter ausgewaschen werden. Durch einen Säurezusatz kann diese Auflösung gefördert werden. Die Abwässer von der Stärkewäsche sind daher stark sauer. Das Gärverfahren liefert zwei Produkte, die reine Stärke und die saure Kleberstärke oder Schlichte und als Abfall den sauren Kleber. Nach dem neueren ELSÄSSER- oder deutschen Süßverfahren wäscht man die Weizenstärke aus geschrotenen, eingeweichten und zerquetschten Körnern oder aus Weizenmehl direkt durch Druckwasser aus. Da aber bei der Anwendung von Körnern erhebliche Rückstände an Schalen und Keimen erhalten werden, hat man dies Verfahren ganz verlassen und geht heute vom Weizenmehl aus, vorzugsweise Type 550 oder Hartweizenmehl Type 812. SCHOLZ[1] gibt den Gang der Stärkefabrikation in dem in Abb. 81 wiedergegebenen Schema an. Das Mehl wird in einer Teigknetmaschine in einen Teig

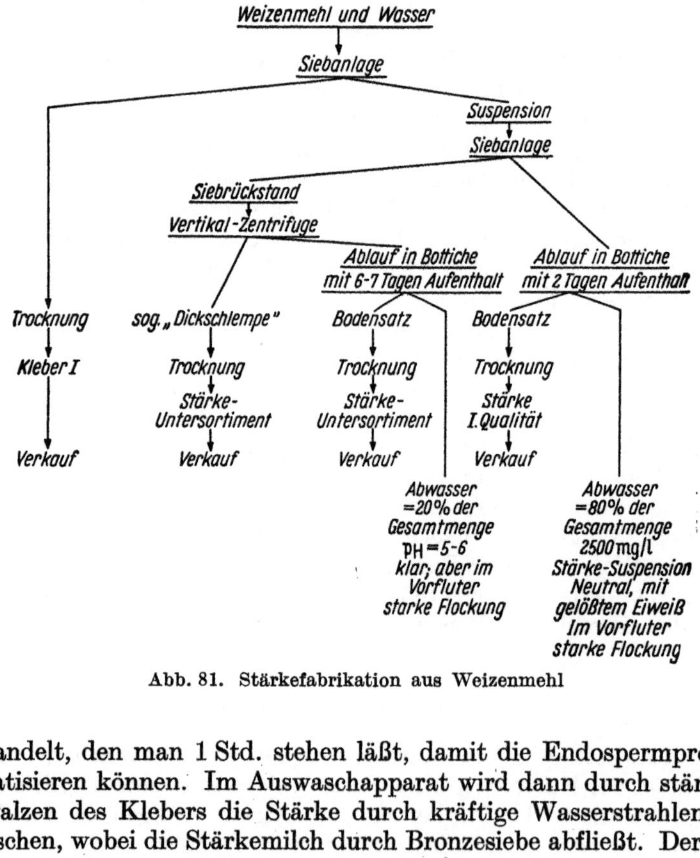

Abb. 81. Stärkefabrikation aus Weizenmehl

verwandelt, den man 1 Std. stehen läßt, damit die Endospermproteine hydratisieren können. Im Auswaschapparat wird dann durch ständiges Auswalzen des Klebers die Stärke durch kräftige Wasserstrahlen ausgewaschen, wobei die Stärkemilch durch Bronzesiebe abfließt. Der reine Kleber (Mischung von Glutamin und Glyadin mit Beimengungen von

[1] SCHOLZ, H.: Berichte der A. T. V. Bd. 8 (1957) S. 98.

Fett, Lecithin, Cholesterin) bleibt in Form eines zähen plastischen Teiges mit 60 bis 65% Wasser zurück. Das deutsche Verfahren ähnelt dem in Amerika unter der Bezeichnung „Batterprocess" bekannten Verfahren. Hierbei gewinnt man fast quantitativ den frischen Kleber in gummöser Form. Dieser wird in dünner Form auf dampfgeheizten Walzentrocknern getrocknet. Der Kleber kann aber auch noch weiter gewaschen werden. Wenn er Nahrungszwecken dienen soll, wird er in besonderen Kleberraffinierapparaten gereinigt. Unter Zusatz von Persalzen wird er auch nach verschiedenen Verfahren löslich gemacht und dann in der Appreturtechnik verwandt.

Die Stärkemilch mit etwa 4° Bé fließt über ein Schüttelsieb in Bassins mit Rührwerk. Die festen Teile setzen sich entweder ab oder werden in Zentrifugen ausgeschleudert. Das abfließende Wasser enthält noch feine Stärketeilchen, die durch Stehenlassen in großen Becken als Sekunda- oder saure Stärke gewonnen werden. Das dann abfließende Wasser stellt die Hauptmenge der sehr stark verschmutzten Abwässer dar. Weitere Abwässer fallen bei den nachfolgenden Wäschen der einzelnen Stärkeklassen an. Bei Anwendung von Filterpressen fallen nach MÜLLER-MANGOLD[1] die mit Stärkeresten und den gelösten Bestandteilen verschmutzten Waschwässer der Filtertücher an (s. Abb. 82). Während bei dem ersten, mit Gärung arbeitenden Verfahren sofort saure Abwässer anfielen, sind bei diesem Verfahren die Abwässer zunächst neutral. Außer Kleberrestchen und feinen Stärkekörnchen enthalten sie alle die Stoffe des Weizenmehls, die im Wasser löslich sind, vor allem Kohlehydrate und Eiweißverbindungen.

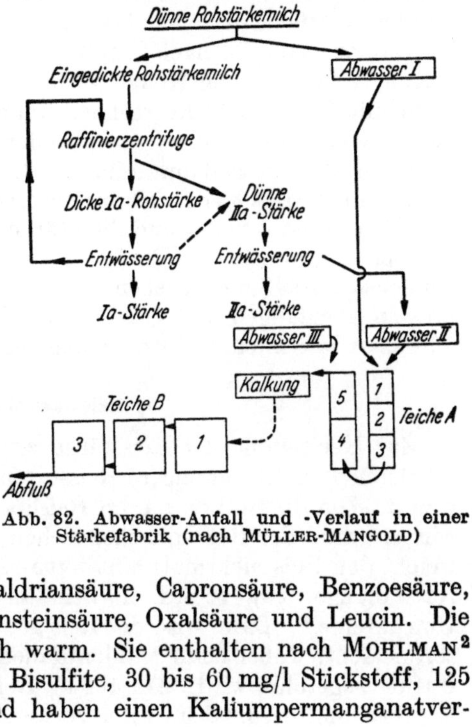

Abb. 82. Abwasser-Anfall und -Verlauf in einer Stärkefabrik (nach MÜLLER-MANGOLD)

Nach verschiedenen Untersuchungen enthalten die Abwässer außer Ammoniak noch Äthylamin, Triäthylamin, Propylamin, Amylamin, Butylamin, Essigsäure, Propionsäure, Buttersäure, Baldriansäure, Capronsäure, Benzoesäure, Ameisensäure, Milchsäure, Bernsteinsäure, Oxalsäure und Leucin. Die gemischten Abwässer sind noch warm. Sie enthalten nach MOHLMAN[2] 50 mg/l oder weniger SO_2 oder Bisulfite, 30 bis 60 mg/l Stickstoff, 125 bis 300 mg/l Schwebestoffe und haben einen Kaliumpermanganatverbrauch von 300 bis 600 mg/l.

---

[1] MÜLLER-MANGOLD, D.: Die Stärke Bd. 4 (1952) S. 173.
[2] MOHLMAN, F. W.: Ind. and Eng. Chem. Bd. 18 (1926) S. 1076.

Nach den von MÜLLER-MANGOLD[1] durchgeführten Versuchen bei einem Wassergehalt von 15,7% des Weizenmehls gehen 6,45% der Trockensubstanz in das Abwasser über. Für die Zusammensetzung der Trockensubstanz eines Abwassers einer Weizenstärkefabrik nach Klärung durch Absetzenlassen gibt er folgende Werte an:

Nichteiweißstoffe	67%
Rohprotein	25%
Mineralstoffe	8%

Da die Schwebestoffe in der Hauptsache aus feinen Stärkebestandteilen bestehen, setzen sie schnell ab. Die Abwasser gehen sehr schnell in saure Gärung über, wobei sie aus den Kohlehydraten die vorstehend aufgeführten Säuren und aus den Eiweißstoffen neben Ammoniak und Aminverbindungen auch Schwefelwasserstoff bilden. Sie können einen Vorfluter sehr stark belasten. Zu ihrer Verminderung hat man vorgeschlagen, die Abwässer zusammen mit der verzuckerten Sekundastärke zu vergären und auf Alkohol zu verarbeiten. Diese technisch mögliche und an verschiedenen Stellen angewandte Lösung stellt aber in abwassertechnischer Beziehung keinen Fortschritt dar, da in diesem Falle die gleichen Abwässer wie in Brennereibetrieben anfallen.

Beim weiteren Trocknen der Kleber und der Stärke können noch Brüden anfallen, die aber das Abwasser nicht stärker belasten.

Die Ausbeute ist nach HEISS[2] an Primastärke 50—60%, an Kleberstärke 12 bis 18%, an Kleber 10 bis 15%, so daß man bei Hartweizenmehl mit 90% Ausbeute rechnen kann. Der hier angegebene Wasserbedarf von etwa 1:10 soll nach anderen Angaben 1:20 betragen.

Beim Alkaliprozeß nutzt man die Löslichkeit der Eiweiße in verdünnten Alkalien. Das Mehl wird mit der zwölfeinhalbfachen Menge verdünnte Natronlauge versetzt und die Stärke durch Fluten oder durch Hydrozyklone ausgewaschen. Nach der Neutralisation wird die Stärkemilch zunächst durch Siebe gegeben und schließlich in Zentrifugen oder Filterpressen abgefangen und getrocknet. Es fallen hier stark eiweißhaltige Abwässer mit einem mehr oder weniger großen Gehalt an Reststärke an.

c) Reisstärkefabriken

Zur Herstellung der Reisstärke werden Bruchreis, der in den Reisschälereien anfällt, geringere Reissorten oder auch havarierter Reis verwandt. Um die Stärke, die im Reiskorn sehr innig verkittet ist, zu gewinnen, muß der Reis mit chemischen Mitteln behandelt werden. Man weicht den Reis mehrmals hintereinander mit schwacher $^1/_4$ bis $^1/_2$%iger Natronlauge etwa 18 Std. in Behältern mit Siebboden unter öfterem Umrühren ein. Dann wird der Reis gewaschen und in Doppelreismühlen zerquetscht, wobei beim Mahlen dauernd eine Lauge gleicher Konzentration zugeführt wird. Auf 100 kg Reis werden 200 l Wasser mit 3 bis 5 g Natriumhydroxyd im Liter verwandt. Das Reibsel kommt in Quirlbottiche, in denen das Gemisch 6 Std. gerührt wird. Dann wird es mit

---

[1] MÜLLER-MANGOLD, D.: Die Stärke Bd. 4 (1952) S. 173.

[2] HEISS, R.: Lebensmitteltechnologie. München: Bergmann 1950, S. 151.

Wasser verdünnt und zum Absetzen gebracht. In der Ruhe setzt sich der Kleber mit etwas Stärke und Geweberesten ab, während die Stärkemilch durch feine Zylindersiebe in Setzkästen abfließt. Die bei der Reisfabrikation anfallenden Abfälle werden zweckmäßig verfüttert. Man kann aber auch nach E. POTT durch Vermischen getrockneter Reisschlempe und Reiskleber mit Kleie ein Futtermittel herstellen. Aus den Einweichwässern kann man durch Zugabe von verdünnter Schwefelsäure die Eiweißstoffe, die als Viehfutter verwandt werden, ausfällen.

d) Maisstärkefabriken

In gleicher Weise wie beim Reis muß beim Mais der Aufschluß durch Säure oder Alkalien erfolgen oder auch durch eine Mischung von Milch- und schwefliger Säure, weil die Stärke des Maiskorns mit dem Zellplasma fest verkittet ist. Man läßt die geputzten Körner 1 bis 2 Tage in verdünnter 0,25% schwefliger Säure oder in Natronlauge bei 46 bis 52 °C 36 bis 60 Std. unter täglich mehrmaligem Umrühren einweichen. Bei der aus neuzeitlichen, amerikanischen Maisstärkefabriken übernommenen Arbeitsweise werden Zersetzungen des Rohmaterials während des Fabrikationsganges, die bei einem bakteriell leicht angreifbaren Rohmaterial, wie es die gequollenen Maiskörner sind, leicht eintreten würden, durch das Einweichen in 0,4%iger Lösung von schwefliger Säure hinangehalten. Der p_H-Wert soll am Ende der Weiche 3,5 bis 4,5 betragen. Durch das Weichen werden die Schalen gelöst, das Klebereiweiß erweicht und lösliche Mineralstoffe sowie lösliche Kohlehydrate, Aminosäuren und andere Eiweißstoffe gelöst.

Die Abwässer, mit denen früher noch 2,5 bis 3% des gemahlenen Maiskornes in gelöster, kolloider oder allerfeinst suspendierter Form verlorengingen, werden jetzt nach entsprechender Zwischenreinigung zu 87% in den Kreislauf geführt. Heutzutage betragen daher die Verluste an Maisstärke — bezogen auf das gereinigte, gemahlene Korn — weniger als 0,5%. Ein Teil der besonders gehaltreichen Abwässer, besonders die Weichwässer, können eingedickt und in dieser Form, gemischt mit anderen Abfällen, noch als Futter nutzbar gemacht werden. Durch diese Verwendung im Kreislauf und die Eindampfung der Abwässer hat man die Flußverunreinigungen durch die Abwässer von Maismehlfabriken um mehr als 95% gegenüber dem früheren Zustand verringern können. In Abb. 83, die der „Lebensmitteltechnologie" von R. HEISS entnommen ist, wird ein Schema der Herstellung von Maisstärke mit den Nebengewinnungsanlagen gezeigt. Aus der Abbildung geht aber auch hervor, daß man bei Anwendung von Oberflächenkondensatoren die Möglichkeit hat, ein einwandfreies Abwasser abzustoßen.

Auch eine Verarbeitung der Einweichwässer zu Penicillin und Hefe kommt in Betracht. Das Einweichwasser des Maises enthält eine Substanz, welche das Wachstum von Penicillin besonders stark anregt.

In der Mühle werden die Schalen gelöst und das Endosperm abgetrennt. Im Maisentkeimer, einer halbkreisförmigen Wanne mit Rührer, werden die Keime abgetrennt, die, weil sie ölhaltig sind, auf der Stärke-

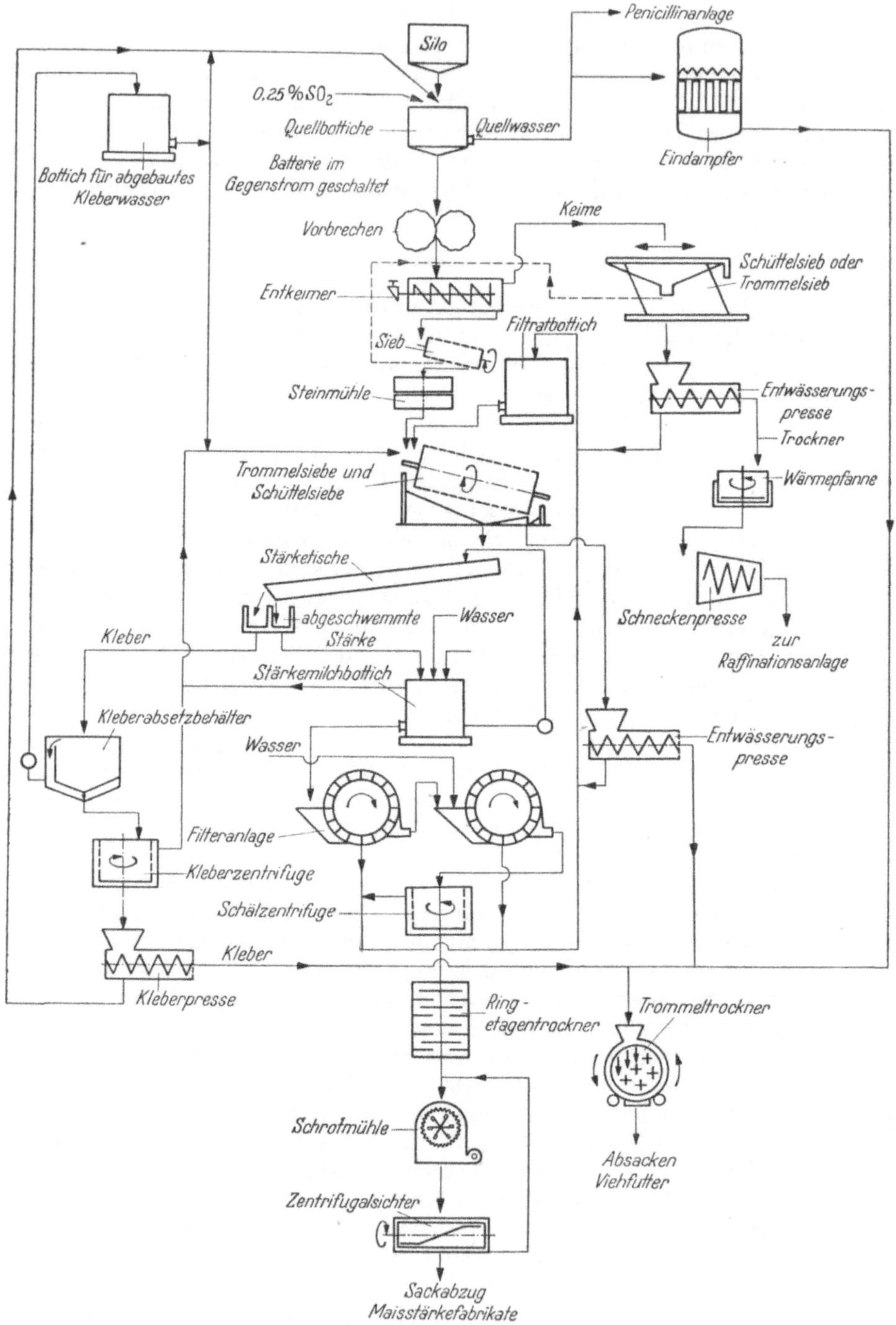

Abb. 83. Herstellung von Maisstärke[1]

[1] aus HEISS, R.: Lebensmitteltechnologie, München: Bergmann 1950, S. 154.

milch schwimmen. In besonderen Trommelwäschern wird die Stärke von den Keimen abgetrennt und die Keime nach Durchgang durch eine Entwässerungspresse bei 80° bis auf 4% Wassergehalt getrocknet und aus ihnen ein Glutenmehl hergestellt, das für Futterzwecke verwandt wird. Hier fallen die Keimwaschwässer an, die ein stark verdünntes Einweichwasser darstellen.

Aus der Stärkemilch wird die Stärke und der Kleber gewonnen, indem man auf Stärketischen die schwerere Stärke von dem leichteren Kleber trennt, den man dann in Kleberabsetzbehältern gewinnt. Hier gibt man bei Einweichwässern mit schwefliger Säure gern verdünnte Natronlauge in das Waschwasser, um die schweflige Säure zu neutralisieren. Der Wasserbedarf wird in Maisfabriken mit der 7,5- bis 10fachen Menge des verarbeiteten Maises angegeben.

e) Einfluß der Abwässer auf die Kanalisation und den Vorfluter

Der Einfluß der Stärkefabrikabwässer auf den Vorfluter richtet sich ganz nach dem angewandten Verfahren und der daraus sich ergebenden Art und Menge der Abwässer und der Größe der Vorfluter. Große Vorfluter werden mit kleineren Mengen Abwasser, wenn sie frisch abgelassen werden und noch keine Gärungs- und Fäulniserscheinungen zeigen, ohne besondere Schwierigkeiten fertig, wenn auch die weißen Ablagerungen von Reststärke sehr unästhetisch wirken. Anders ist es aber mit kleinen Vorflutern. Hier kann ein träger Wasserlauf schon durch die ungelösten Stoffe stark verschlammen. Der BSB_5 schwankt zwischen 3000 und 10000 mg/l. Nach der Säuerung tritt Buttersäure in Mengen über 1000 mg/l auf. Die gelösten Stoffe wirken schädlich, wenn bereits Zersetzung eingetreten ist, da sich dann sofort eine stark vermehrte Sauerstoffzehrung einstellt. Bei Zuführung größerer Mengen Stärkeabwässer mit hohem Gehalt an organischen Stoffen tritt starke Pilzbildung ein. Die Pilze sterben nach der Kampagne (bei Kartoffelstärke nach der Ernte etwa 120 Tage im Herbst u. Winter) infolge Nährstoffmangels ab. Sie gehen in stinkende Fäulnis mit starker Schwefelwasserstoffentwicklung über und verwandeln den Flußlauf oft auf eine lange Strecke in eine schwarze Brühe, in der kein organisches Leben bestehen kann. Die Flüsse und Bäche fallen in den meisten Fällen für Bade- und Brauchwasserzwecke aus. Auf die im Vorfluter errichteten Betonbauten wirken diese sauren Abwässer stark zerstörend, da die in ihnen enthaltenen organischen Säuren den Kalk aus dem Zement herauslösen, wodurch es zu einem völligen Zerfall der Bauten kommen kann.

Wie stark das Abwasser einer Stärkefabrik eine Kanalisation und damit zusammenhängend eine Kläranlage beeinflussen kann, zeigt das Beispiel der Stadt Decatur. Die Stadt hat 45000 Einwohner und eine Kläranlage für 60000 Einwohner, bestehend aus Sandfang, Emscherbrunnen, Tropfkörper mit Nachklärbecken. Durch einen stark vergrößerten Ausbau einer kleineren Stärkefabrik stieg der gesamte Einwohnergleichwert plötzlich auf über 300000 an. Bei dem starken Zufluß von warmem Kondenswasser faulte das Abwasser sehr stark an und gab zu ernsten Belästigungen in der Kanalisation und auch auf der Kläranlage Veranlassung. Der bei der Faulung entstehende Schwefelwasserstoff mußte abgesaugt und verbrannt werden. Zur Entlastung der Tropfkörper wurde eine Schlammbelebungsanlage vorgeschaltet.

Der Einwohnergleichwert beträgt nach Imhoff je t Mais oder Weizen 800 bis 1000. Nach Meinck wird der Einwohnergleichwert für Kartoffel- und Getreidestärkefabriken auf 500 je t Kartoffel- oder Getreideverarbeitung geschätzt.

f) Reinigung der Stärkefabrikabwässer

Für die Behandlung der Abwässer aus Kartoffelstärkefabriken empfiehlt sich zunächst eine weitgehende mechanische Vorbehandlung durch Drahtgitter, Gazesiebe und ähnliche Apparate, wie sie unter anderem in Zuckerfabriken zum Abfangen der Rübenschwänze in Gebrauch sind (s. dort). Zum Abfangen der erdigen Bestandteile läßt man die Wässer in Schlammteichen absetzen. Vorher sollte man aber genau prüfen, ob man nicht die gesamte Abwassermenge durch Wiederverwendung bestimmter Abwässer im Kreislauf erheblich herabsetzen kann, ohne die Qualität der erzeugten Ware zu gefährden. Auf alle Fälle muß man auf Grund praktischer Erfahrungen ständig 30% Frischwasser zusetzen. Alle irgendwie für die menschliche oder tierische Ernährung brauchbaren Stoffe sollten auf alle Fälle gewonnen und der Wirtschaft wieder zugeführt werden. Die Stärkewaschwässer können in den meisten Fällen zum Einweichen, für die Mühlenwäsche und die Mühlenseparation benutzt werden, wenn sie auch schon etwas an Kleber angereichert sind. Die Einweichwässer haben einen hohen Gehalt an wertvollen Futterstoffen und sollten daher überall eingedampft und für Futterzwecke benutzt werden.

Die Eiweißgewinnung aus dem Abwasser der Stärkefabriken kann auf drei verschiedene Weisen geschehen, und zwar: 1. durch Zerschäumung, 2. durch Safteindickung und 3. durch Hitzekoagulation. Das erste Verfahren der Zerschäumung gibt selbst, wenn man es durch Quirlen und Rühren unterstützt, kein gutes Ergebnis. Die stärkste Ausbeute erhält man bei der Eindampfung, da man hier auch die übrigen Stoffe mitgewinnt, dagegen ist die Hitzekoagulation am wirtschaftlichsten. Bei 1000 t Kartoffelverarbeitung kann man 7 t hitzekoaguliertes Eiweiß gewinnen.

Dort, wo geeigneter, möglichst guter Sandboden in genügender Fläche zur Verfügung steht, soll die Entfernung der gelösten Bestandteile am besten und am zweckmäßigsten durch das Beregnungs- bzw. durch das Berieselungsverfahren erfolgen, da hierdurch die dem Ackerboden entzogenen wertvollen Dungstoffe dem Boden wieder zugeführt werden. Nolte[1] hat die Abwässer einer sehr großen Kartoffelstärkefabrik durch Verregnung auf einer größeren landwirtschaftlich genutzten Fläche verwertet. Hierbei werden die Fruchtwässer in einer Menge von

[1] Nolte, E.: Fischerei-Ztg. Bd. 38 (1935) S. 342.

120 m^3/Std. aus Sammelbecken in eine unterirdische Rohrleitung gepumpt, die durch zahlreiche Hydranten Verbindung zu oberirdisch liegenden Leitungen erhält. Letztere aus 6 m langen Rohren zusammengesetzt, können durch Schnellkuppelungen jederzeit schnell verlegt werden. An diese Oberleitungen sind Weitstrahlregner angeschlossen, die unter kreisenden Bewegungen das Abwasser im hohen Bogen auf das Gelände verspritzen. Beim Aufschlagen des Abwassers auf den Boden wird durch Ausflocken des Eiweißes ein weißer Schaum erzeugt, der mechanisch zurückgehalten wird. Das Drainwasser ist praktisch frei von organischen Bestandteilen.

Nach GREVEMEYER[1] dürfen bei Anwendung von Verrieselungs- oder Verregnungsverfahren höchstens 2000 m^3 der gemischten und durch die Kühlwässer verdünnten Abwässer auf 1 ha guten geeigneten Ackerboden aufgebracht werden. Auf den Rieselflächen empfiehlt er, Hafer, Zuckerrüben, Kartoffeln und auch Roggen anzubauen. Von einer holländischen Kartoffelstärkefabrik mit einem Abwasseranfall von 70000 m^3 in der Woche berichtet er, daß die Kartoffelwaschwässer zunächst über Absetzteiche geleitet werden und dann zusammen mit den landwirtschaftlich auf den 180 ha großen Rieselflächen nicht ausgenutzten Fruchtwässern in einem 56 ha großen Speicherteich ausgefault werden. Nach 3—5 monatlicher Ausfaulzeit werden sie langsam in einen Kanal abgelassen, wobei man genau darauf achtet, daß der Sauerstoffgehalt im Kanalwasser nicht unter 5 mg/l sinkt.

Nach REINWALD[2] reagieren beim Verregnen von Stärkefabrikabwässern Kartoffeln am besten auf das Abwasser. Wenn er eine Zusatzdüngung gab, erzielte er auch bei anderen Pflanzen gute Erträgnisse. Nur bei Hafer, Roggen, Gerste konnte er keine guten Erfolge erzielen. Für Fruchtwasser hält NOLTE die natürliche biologische Reinigung durch dreifache Berieselung nicht drainierter Flächen am besten. Steht nicht genügend Ackerland zur Verfügung, so können auch die bekannten künstlichen biologischen Verfahren, denen man am besten eine gute chemische Fällung vorschaltet, angewandt werden. Die Abwässer müssen in möglichst frischem, jedenfalls nicht in angegorenem Zustand der biologischen Reinigung zugeführt werden. Die bei den Getreidestärken anfallenden sauren oder alkalischen Abwässer müssen vor ihrer Weiterbehandlung durch das Zusammenleiten der sauren Abwässer (vom Einweichprozeß und von der Kleberausfällung) und der alkalischen Abwässer vom Aufschließen der Rohstoffe mit Natronlauge eventuell durch Zugabe von Kalk bzw. Kohlensäure neutralisiert werden.

Eine größere Stärkefabrik verrieselte bisher ihre Werkabwässer auf einem über 90 ha großen Wiesengelände. Infolge der Eigenart der hochbelasteten ($KMnO_4$-Verbrauch 3000 mg/l, BSB_5 2000 mg/l) und durch Betriebsausweitung ständig vermehrten Abwässer reichten diese Flächen nicht mehr aus, so daß sich Überlastungen durch Geruchsbelästigungen

---

[1] GREVEMEYER, M.: Die Stärke Bd. 3 (1951) S. 221. — Wasser, Luft und Betrieb Bd. 1 (1957) S. 45.

[2] REINWALD: Der Kulturtechniker Bd. 41 (1938) S. 146.

und ungenügenden Abbau der Schmutzstoffe im Boden zeigten. KEHR[1] hat nach Durchführung von Kreisläufen und verschiedenen Fällungsversuchen eine Versuchsanlage zur Teilreinigung des Abwassers betrieben. Dem reinen Stärkeabwasser (50%) wurden später die Abläufe des Kesselhauses, einer Pappenfabrik, einer Glukosefabrik und anderer Teilbetriebe sowie häusliches Abwasser beigefügt. Als brauchbarste und wirtschaftlichste Lösung ergab sich die, nach einer angemessenen mechanischen Vorreinigung das neutralisierte Gesamtabwasser in einer Belebungsanlage mit 6 Stunden Aufenthaltszeit zu behandeln. Dabei wird die Belastung um 40 bis 45% gesenkt und der Ablauf hat einen frischen Geruch angenommen, so daß er, ohne daß Nachteile zu befürchten waren, auf dem gegebenen Gelände verrieselt werden konnte.

Um die biologischen Anlagen nicht zu groß bauen zu müssen, empfiehlt es sich, das Abwasser durch Zugabe von chemischen Fällungsmitteln vorzubehandeln. Hierzu eignet sich Kalk in Verbindung mit Wasserglas oder Ferro- und Aluminiumsulfat. Die sofortige Zugabe von Kalk allein hat sich nicht bewährt, da er einen Teil der ausgefällten Stoffe wieder löslich macht. Es ist daher besser, erst die Schwebestoffe absetzen zu lassen und dann Kalk zuzugeben. Die besten Ergebnisse erzielt man, wenn man die Kalkfällung bei Temperaturen von 55° bis höchstens 70° durchführt.

Bei der Anwendung von Eisensalzen mit und ohne Kalk oder einem anderen Alkali empfiehlt es sich, die Abwässer zur möglichsten Frischerhaltung und Verhinderung der Säuerung gut vorzubelüften. Die Menge der zuzusetzenden Eisenmengen richtet sich nach der jeweiligen Konzentration der Abwässer und sollte durch Versuche in Standzylindern vorher festgelegt werden. Bei Anwendung von Eisensulfat ($FeSO_4 \cdot 7\,H_2O$), das zur Zeit als das billigste Fällungsmittel gilt, kann mit Zusatzmengen bis zu 250 mg/l (entsprechend 50 mg/l Fe) gerechnet werden. Die Zugabe von Kalk soll bis zu einem p_H-Wert von 7,5 bis 7,8 erfolgen. Nach der Ausflockung wird das Abwasser so lange belüftet,, bis sich alles Ferrohydroxyd in Ferrihydroxyd umgewandelt hat. In einem nachfolgenden Flockungsbecken mit langsam laufendem Rührwerk gibt man dann den Flocken Gelegenheit, allmählich zu wachsen, damit sie hierbei ihre größte Adsorptionskraft äußern können. In einem Dortmund-Brunnen mit etwa einstündiger Aufenthaltszeit wird der Flockenschlamm abgetrennt, der dann mit dem bei der anschließenden biologischen Reinigung anfallenden Schlamm zusammen ausgefault werden kann. In Abb. 83a ist das Schema einer chemisch-biologischen Kläranlage für Stärkefabriken der Fa. Starcosa GmbH., Wunstorf/Hann. gezeigt. Nach der chemischen Fällung durch Zugabe von 250 mg/l Eisensulfat (50 mg/l Fe) und Abscheidung des Flockenschlammes in einem Dortmundbrunnen erfolgt die biologische Reinigung in einem Belebungsbecken mit Nachklärbecken. Der Überschußschlamm wird im Dortmundbecken abgeschieden und kommt mit dem Flockenschlamm auf die Schlammtrockenbeete. Der

---

[1] KEHR, D.: Jahresbericht 1963 des Institutes für Siedlungswasserwirtschaft der TH Hannover, S. 9.

Schlamm gelangt auf die Halde oder kann verbrannt werden. Auch eine Verwendung als Düngemittel dürfte in Frage kommen.

Bei seinen Untersuchungen über die Ablaufverwertung und die Abwasserreinigung bei Stärkefabriken kommt DIETRICH[1] zu dem Ergebnis, daß der beste Weg in der anaeroben Vergärung der Abwässer mit Vitamin B_{12} bildenden Organismen sei, da man auf diese Weise ein hochwertiges Beifutter gewinnen könne.

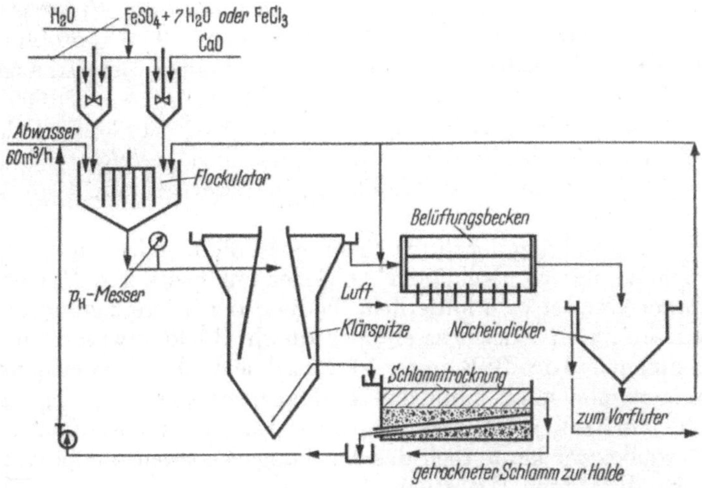

Abb. 83a. Schema einer Abwasserreinigungsanlage für Stärkefabriken

C. ZAHN hat eingehende Versuche über die Reinigungsmöglichkeiten von Stärkefabrikabwässern durch biologische Verfahren durchgeführt. Er stellte hierbei fest, daß es keinen Zweck hat, statt des Absetzverfahrens mit chemischer Fällung das Faulverfahren als Vorreinigung anzuwenden. Die für die biologische Reinigung erforderliche Neutralisation erreichte er dadurch, daß er die sauren Abwässer mit alkalisch reagierenden, gefaulten Wässern mischte oder durch Einlegen von Marmor in die Tropfkörper. Für den Aufbau der Tropfkörper empfiehlt es sich, eisenfreies Material zu verwenden. Trotz eines Abbaues von 80%, gemessen an der Oxydierbarkeit, fault das Abwasser auch nach der biologischen Reinigung. Dies ist darauf zurückzuführen, daß die Reinigung nur scheinbar 80% ist, denn bei der Bestimmung der Oxydierbarkeit wird die im Abwasser enthaltene Buttersäure usw. nicht mit erfaßt.

HUSMANN[2] wendet zur Vorreinigung der Stärkefabrikabwasser das elektrische Fällungsverfahren mit Eisenelektroden an. Für 1 m³ Abwasser werden bei 0,14 m² Elektrodenfläche, die aus Eisenblech von 4,5 mm Wandstärke besteht, 222 Watt gebraucht; dadurch werden 65% der Schmutzstoffe entfernt. Für 180 m³ Abwasser wird ein Elektro-

[1] DIETRICH, K. R.: Stärke Bd. 13 (1961) S. 11.
[2] HUSMANN, W.: Gesundh.-Ing. Bd. 56 (1933) S. 332.

lyseur von 1 m^3 Inhalt mit 25 m^2 Elektrodenfläche = 840 kg Eisen und 40 kWh im Tag benötigt. Hinter die elektrische Reinigung schaltet er einen belüfteten Tropfkörper mit Nachklärbecken. Bei einer Belastung des unbelüfteten Tropfkörpers ohne elektrische Vorreinigung mit 1 m^3 Abwasser auf 5 m^3 Tropfkörpermaterial wird das Abwasser so weit gereinigt, daß der Ablauf nicht mehr nachfault. Der p_H-Wert steigt bis auf 8,0 an. Für 180 m^3 Abwasser sind demnach 900 m^3 Tropfkörper erforderlich.

Bei Anwendung geschlossener Tropfkörper und Intensivierung der biologischen Reinigung durch Lufteinblasen stieg die Wirkung so stark an, daß der Tropfkörper für 180 m^3 nur noch 360 m^3 groß sein mußte, wodurch das Verhältnis schon auf 1:2 herabsank. Der Exhaustor zum Lufteinblasen besaß eine Leistung von 14 m^3/Minute = 20000 m^3/Tag. Bei der elektrischen Vorreinigung der Abwässer wurde die Belastungsmöglichkeit des belüfteten Tropfkörpers noch gesteigert, so daß auf 2 m^3 Abwasser nur 1 m^3 Tropfkörpermaterial gebraucht wurde (also 1:0,5).

Zur Behandlung der durch chemische Fällung oder durch elektrische Vorbehandlung vorgereinigten Abwässer auf belüfteten Hochleistungs-Tropfkörpern, ist es erforderlich, das von der Vorreinigung kommende Abwasser durch Frischwasser oder durch Rücklaufwasser so weit zu verdünnen, daß der BSB_5 unter 1000 mg/l liegt. Je nach dem geforderten Reinheitsgrade kann dann das Tropfkörpermaterial im Tag mit 500 bis 1000 g BSB_5 je m^3 Tropfkörpermaterial belastet werden. An Stelle der Tropfkörper kann auch das Belebungsverfahren mit bestem Erfolg angewandt werden (Decatur).

In besonders schwierigen Fällen kann auch eine Verdampfung der Abwässer in modernen Vierstufenverdampfern durchgeführt werden. Da aber diese Abwässer stark zum Schäumen neigen, dürfte die Verdampfung am besten nach dem Düsenverstäubungsverfahren erfolgen. Wie weit man den anfallenden Sirup noch in der Lebensmittelindustrie verwendet oder ob man ihn unter Zumischung von Kleie als Futtermittel benutzt, müssen die örtlichen Verhältnisse entscheiden.

16. Abwässer aus Stärkezucker- und Stärkesirupfabriken

In vielen Fällen wird die in den Stärkefabriken gewonnene Stärke direkt auf Stärkesirup bzw. Stärkezucker weiter verarbeitet. Die Stärke wird dabei durch Inversion mit verdünnter Schwefelsäure bzw. Salzsäure im wesentlichen in Dextrine und in Stärkezucker (Glucose, Dextrose) umgewandelt. Die zur Inversion benutzte Schwefelsäure wird durch Kreide oder Soda neutralisiert. Der sich hierbei bildende Gips wird in Filterpressen abgefangen. Bei der Inversion treten Dunkelfärbungen durch Einwirken der Schwefelsäure auf die in der Stärke enthaltenen Fremdstoffe auf. Um diese zu beseitigen, wird der Stärkesirup mit Holz-, Knochen- oder besser mit a-Kohle behandelt. Da auch beim Eindampfen sich leicht Ansätze von Gips bilden, die den Wärmeübergang beeinträchtigen, wendet man heute statt der Schwefelsäure lieber Salzsäure und Natronlauge an, weil sich bei der Neutralisierung lösliches Kochsalz bildet.

Ausgangspunkt ist Kartoffel- oder Maisstärke, die möglichst frei von Stickstoffverbindungen sein sollen. Wenn auch 1,6% Protein die eigentliche Hydrolyse nicht stören, so verursachen sie jedoch Schäumen, Trübung und Bitterkeit. Es entstehen zunächst Dextrine, dann Maltose und schließlich Glucose bzw. Dextrose. Je nachdem, ob man Sirup oder Stärkezucker herstellen will, wird die zu einer Milch angerührte Stärke auf 18 bis 24° Bé (Sirup) oder 10 bis 12° Bé (kristallisierter Stärkezucker) in einem Konverter unter Zugabe von 2 l Salzsäure auf 1000 l Stärkemilch bei 2 atü hydrolysiert. Nach erfolgter Hydrolyse, die durch die Erythrodextrinreaktion kontrolliert wird, wird bei Anwendung von Salzsäure mit einer Lösung von 8° Bé kalzinierte Soda neutralisiert bis auf p_H 4,8 bis 5,2. Beim Neutralisieren fällt ein erheblicher Teil des Eiweißes und Fettes (Fettsäuren) aus, die meist bei der a-Kohlebehandlung mit abgeschieden werden. An Stelle der Neutralisation mit Natriumcarbonat wendet man in Amerika bei der Herstellung von Dextrose 3 Anionenaustauscher und 1 Kationenaustauscher mit einer abschließenden Kohlebehandlung an. Hierdurch sinkt der Gehalt an Eiweiß und an Hydroxymethylfurol. Die verbrauchte a-Kohle wird mit Koksabrieb zu Briketts verpreßt und verfeuert. Da man auf 1 t Zucker etwa 1 t Entfärbungskohle benötigt, so ist ihre Regenerierung durch Auswaschen mit Wasser, Säurewaschung, Sodawaschung und Erhitzung auf 500° vorgeschlagen worden.

Der Stärkesirup wird in einem Zerstäubungstrockner in ein Pulver mit 50% Dextrin, 30% Maltose und 20% Glucose verwandelt. Kristallisierter Stärkezucker enthält in der Trockensubstanz 99,9% Dextrose.

Bei der Stärkezuckerfabrikation treten außer den erheblichen Waschwässern von den Apparaten, Filterpressen und Filtertüchern, Kohleregenerierung, vorwiegend Kondens- und Kühlwässer in den Verdampfern auf. Bei der Reinigung der Kohle fallen durch mitgerissene feine Kohleteilchen gefärbte saure Wässer mit einem geringen Gehalt an Stärkezucker an. Das Abwasser wird in Absetzbecken und Sandfiltern von den feinen Kohleteilchen befreit, die, nachdem sie geglüht wurden, wieder als Adsorptionskohle im Betrieb verwandt werden können. Die Abwässer werden durch Kalk oder Soda neutralisiert und dann durch Behandlung auf Bodenfiltern oder durch andere biologische Verfahren gereinigt. Da sie entfernt den bei der Zuckerreinigung anfallenden Abwässern gleichen, werden sie auch wie diese behandelt (s. dort).

17. Abwässer aus Kartoffelflocken- und Kartoffelscheibenfabriken

In Deutschland werden größere Mengen von Kartoffeln als Kartoffelflocken oder Kartoffelwalzmehl haltbar gemacht. In den Kartoffelflockenfabriken werden die Kartoffeln in gleicher Weise wie bei der Gewinnung von Kartoffelstärke gewaschen, wobei die gleichen Schwemm- und Waschwässer anfallen. Sie werden bei Anlagen mit Kreislaufführung gleichzeitig als Schwemmwasser für den Abtransport der Kartoffeln benutzt. Anschließend werden die Kartoffeln vor der Weiterverarbeitung in drehbaren Karborundum-Maschinen geschält, wobei sehr stark verschmutzte Abwässer anfallen, die sich besonders auf kleine Vorfluter außergewöhnlich stark auswirken müssen. Nach dem Schälen werden die Kartoffeln gewaschen und gereinigt und genau untersucht und hierbei Augen und defekte Stellen beseitigt. Das Schälwasser der Kartoffeln enthält Schalen, Stärke und Eiweiß. Beim Stehen setzen sich die Schalen schnell ab; auf ihnen bildet sich eine Schicht Stärke, während die suspendierten Eiweißstoffe erst bei Zugabe von Fällungsmitteln niedergeschlagen werden. Das Abwasser von frischen Kartoffeln ist leichter zu behandeln als das Abwasser von älteren Kartoffeln. Gegenüber dem älteren kalten Kartoffelschälverfahren wird heute viel das aus Amerika übernommene Heißschälverfahren angewandt, bei dem die Kartoffeln einige

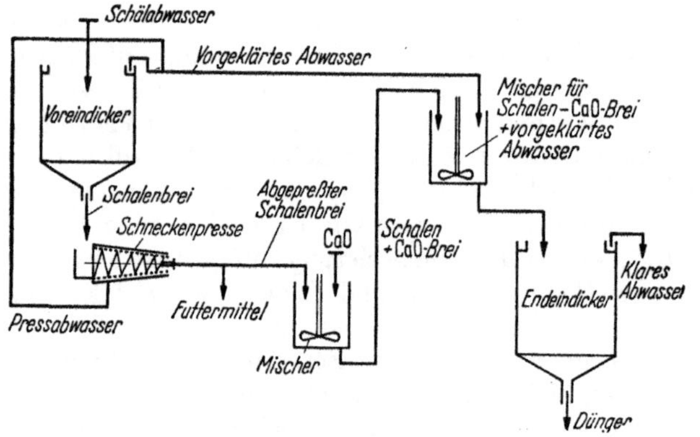

Abb. 84. Schema einer Aufbereitungsanlage für Kartoffelschälwasser nach dem DRP 710784 von Rumpelt

Sekunden bis Minuten je nach Temperatur, in einem Raum, der auf 500 bis 1000 °C erhitzt wurde, gebracht werden. Dabei löst sich die Schale, so daß sie leicht abgespritzt oder abgerieben werden kann. Das Abwasser enthält im Gegensatz zu dem Abwasser von der Kaltschälerei weniger Eiweiß und Stärke. Auch sind die Schälverluste geringer. Andere Fabriken behandeln die in einer Strahlwäsche vorgewaschenen Kartoffeln in einem Laugenbad, um die Haut zu entfernen. Der einfachste Weg zur Beseitigung der Abwässer ist die Einleitung in die städtische Kanalisation nach einer genügenden mechanischen Vorreinigung[1]. Rumpelt[2] beschreibt ein Verfahren zur Behandlung der Kartoffelschälwasser, nachdem er durch eine große Zahl von Reihenversuchen die Ausfällbarkeit der Stoffe durch Kalk gezeigt hat. Wie aus dem beigefügten Schema (Abb. 84) hervorgeht, werden bei diesem nach DRP 710784 geschützten Verfahren die Abwässer zunächst in einem Voreindicker in Schalenwässer und stärke- und eiweißhaltige Abwässer getrennt. Der sich am Boden absetzende

[1] Kindin, E., u. G. H. Dumean: J. Wat. Poll. Contr. Feder. Bd. 35 (1963) S. 486. — Francis, R. L.: J. Wat. Poll. Contr. Feder. Bd. 34 (1962) S. 291.
[2] Rumpelt, H.: Die Chemische Fabrik Bd. 14 (1941) S. 359.

Schalenbrei wird in einer Schneckenpresse vom Preßwasser, das in den Ablauf des Voreindickers gelangt, befreit. Der abgepreßte Schalenbrei wird in einem Mischer mit 0,06% Kalk versetzt, bezogen auf das Gesamtabwasser. Feuchte abgepreßte Schalen mit 10% ihres Gewichtes an CaO versetzt, weisen einen p_H-Wert von 10,8 auf. Bringt man 3,2% dieser Schalen, bezogen auf das Abwasser, in das vorgeklärte Abwasser, so steigt dessen p_H-Wert fast augenblicklich von 5,5 auf 9. Erst nach einstündigem Mischen stellt sich der endgültige p_H-Wert von 10 ein. Von hier aus fließt das Abwasser in einen Endeindicker von derselben Größe wie der Voreindicker. Der sich hier schnell abscheidende Schlamm kann als Düngemittel verwandt werden. Der nicht zum Fällen benutzte und daher nicht mit Kalk versetzte abgepreßte Schalenbrei kann getrocknet oder naß direkt als Futtermittel benutzt werden.

Bei der Weiterverarbeitung werden die Kartoffeln unter Druck in einem Dampffaß gekocht und der erhaltene Brei auf bzw. zwischen erhitzten Walzen zu Fladen gewalzt und getrocknet. Hierbei entstehen außer wenig verschmutzten Kondenswässern noch die Spülwässer vom Reinigen der Dampfkocher. Diese sind aber der Menge nach verhältnismäßig gering, so daß sie am besten mit den Waschwässern durch Verrieseln gereinigt werden.

Bei der Herstellung der heute in immer stärkerem Maße auf dem Markt erscheinenden, für die menschliche Ernährung bestimmten Kartoffel-Präparate (zur Herstellung von Kartoffelpuffer, -puree und -klößen) werden die geschälten Kartoffeln und u. U. zerkleinerten Kartoffeln in Horden gestapelt oder in einer Drehtrommel oder einem Trocknungskanal einem erwärmten Luftstrom entgegengeführt.

Zur Herstellung von Kartoffelscheiben (Kartoffelchips) werden die Kartoffeln zunächst gepellt, gewaschen und dann in besonderen Schneidemaschinen in dicke Scheiben geschnitten. Hierbei muß die Kartoffel dauernd feucht gehalten werden, um Mißbildungen und Verfärbungen zu vermeiden. Durch eine anschließende nochmalige Wäsche wird die anhangende Stärke möglichst von der Oberfläche entfernt. Das Wasser wird dann in einer Zentrifuge entfernt und die getrockneten Scheiben in Öl gekocht. Nach dem Abkühlen wird das Öl durch Zentrifugen entfernt.

Es fallen bei der Herstellung der Kartoffelscheiben zunächst Waschwässer, dann die Schälwässer, anschließend nochmals Waschwässer an. Die Gesamtmenge wird mit 4,5 m^3/t Kartoffeln angegeben. Der Einwohnergleichwert beträgt 180 je t verarbeitete Kartoffeln.

Dort, wo geeigneter guter sandiger Boden in genügender Größe und in genügender Entfernung von Grundwassergewinnungsanlagen zur Verfügung steht, wird man die Abwässer nach einer kurzen mechanischen Reinigung verrieseln oder verregnen. Über die Versickerung auf Ödland ohne landwirtschaftliche Nutzung berichteten VIEHL und MUDRACK[1].

---

[1] VIEHL, K., u. K. MUDRACK: Die Molkerei-Zeitung — Welt der Milch (1961) Heft 51/52.

Wo dies nicht möglich ist, und die Größe des Vorfluters eine größere Reinigung verlangt, kann man sie in ähnlicher Weise wie die Abwässer der Kartoffelstärkefabriken in Abwasserteichen oder am besten zusammen mit häuslichem Abwasser auf Tropfkörpern oder durch das Schlammbelebungsverfahren reinigen.

18. Abwässer aus Sauerkrautfabriken

In den Sauerkrautfabriken wird der Kohl von schlechten Blättern und Stellen befreit und der Strunk maschinell herausgebohrt. Der mit Wasser gereinigte Kohl wird durch rotierende Messer gehobelt und unter Zusatz von 2 bis $2^1/_4\%$ Salz in großen, mit Platten ausgelegten Bassins eingestampft, wobei das Salz lagenweise eingestreut wird. Wesentlich ist ein guter Luftabschluß, der durch Beschweren mit großen Steinen erreicht wird. Auf die oberste Lage schüttet man zusätzlich eine dicke Lage Salz. Durch den guten Luftabschluß verhindert man die Bildung von Schimmelpilzen und Kahmhefen, die zu ihrer Bildung Sauerstoff benötigen. Bei der bald einsetzenden Milchsäuregärung scheidet sich das Fruchtwasser ab. Nach 3- bis 4wöchiger Milchsäuregärung ist bei einem p_H-Wert von 4,3 die Konservierung erreicht. Um ein Fortschreiten der Säuerung zu unterbinden, kann nach Erreichung des gewünschten Säuregrades der Sickersaft, das sog. Fruchtwasser, abgelassen und durch Leitungswasser, dem irgendein Konservierungsmittel beigegeben werden kann, ersetzt werden, das von Zeit zu Zeit, besonders aber vor dem Verpacken des Sauerkrauts in die Versandfässer, abgelassen wird. Die anfallenden Abwässer enthalten neben freier Milchsäure und Kochsalz große Mengen fäulnisfähiger Stoffe, wie Kohlehydrate und vor allem Eiweißverbindungen, die durch ihren Schwefelgehalt zur Bildung von Schwefelwasserstoff und anderen flüchtigen Schwefelverbindungen (z. B. organische Sulfide) Veranlassung geben.

HUBELE[1] gibt für das graugelbe, milchig trübe Fruchtwasser der Sauerkrautherstellung folgende Zusammensetzung an:

p_H-Wert	4,1
Chloride (Cl)	9840 mg/l
$KMnO_4$-Verbrauch	132 g/l
absetzbare Stoffe	1 ml/l

Die direkte Einleitung dieser milchsauren und sehr schnell faulenden Abwässer in die Kanalisation kann aber nicht nur durch die Verbreitung der sehr üblen Gerüche, sondern auch durch die Anfressung der Zementrohre und Fugen bedenklich sein. Durch ihre hohe Konzentration und ihren hohen Säuregehalt können sie auch später auf der Kläranlage die gute Reinigung der häuslichen Abwässer beeinträchtigen. Sind Tropfkörper vorhanden, so werden die schon bestehenden Geruchsbelästigungen oft so stark gesteigert, daß sie unerträglich werden können, besonders dann, wenn der Weg von der Fabrik bis zur Kläranlage weit ist, und das

[1] HUBELE: Berichte der A. T. V. Bd. 8 (1957) S. 277.

Wasser Zeit hat, stark anzufaulen. Nach den Untersuchungen von HUBELE kann man diese starken Geruchsbelästigungen dadurch verhindern, daß man durch eine Neutralisation den p_H-Wert von 4,1 auf 7 ansteigen läßt. Zur Neutralisation von 1 m^3 Fruchtwasser werden 3,5 kg Branntkalk benötigt. Der Branntkalk wird mit Hilfe einer Telleraufgabeapparatur der Fa. Westfalia-Dinnendahl-Gröppel A.G., Bochum, zugegeben. Hierdurch konnte der p_H-Wert ohne Schwierigkeiten zwischen 7—7,5 gehalten und damit die Geruchsbelästigungen beseitigt werden.

Liegt die Sauerkrautfabrik auf dem Lande und steht genügend Rieselfeldgelände zur Verfügung, so empfiehlt es sich, die Abwässer durch eine genügende, aber sorgfältige Kalkung zu neutralisieren und dann entweder durch tiefe Versickerungsgräben zu reinigen, oder, wenn noch eine Verdünnung mit Bachwasser oder anderem häuslichen Abwasser möglich ist, zu verrieseln.

Kann das Sauerkrautfabrikabwasser mit häuslichem Abwasser oder anderem reinen Wasser, eventuell mit Kläranlagenablauf, verdünnt werden, in einem Verhältnis von 1:5 bis 10, so kann die Reinigung der neutralisierten Abwässer auch in belüfteten Emscherfiltern durchgeführt werden. Zur Unterstützung der Neutralisation kann man in diese Tauchkörper lagenweise Kalksteine oder wenigstens in das obere Drittel des Tauchkörpers Kalksteinbrocken einbauen.

Werden Sauerkrautfabrikabwässer in die städtische Kläranlage mit einer biologischen Reinigung auf Tropfkörpern eingeleitet, so empfiehlt es sich, in gleicher Weise wie bei Emscherfiltern, die Tropfkörper mit einer sich nach dem Verdünnungsverhältnis richtenden Schicht Kalksteinsplitt abzudecken, um Schädigungen durch die Milchsäure zu verhindern.

Als Vorbehandlung vor der biologischen Reinigung kann auch eine gute Ausfaulung des neutralisierten Abwasser mit Aufenthaltszeiten von 10 bis 15 Tagen bei Temperaturen von 30 °C im Faulbecken angewandt werden. Das so vorbehandelte Wasser ist dann ziemlich geruchlos und kann für Rieselzwecke oder jedes andere biologische Verfahren verwendet werden. Steht kein Rieselgelände zur Verfügung, so kann je nach dem zur Verfügung stehenden Vorfluter an Stelle der Rieselung eine chemische Fällung des ausgefaulten Abwassers mit Aluminiumsulfat und Kalk oder eine Filterung mit Sandfiltern angewandt werden. Treten Geruchsbelästigungen auf, so können diese durch eine Chlorung des Ablaufs bekämpft werden. Bei großen Vorflutern, die ein gutes Säurebindungsvermögen besitzen und auf ihrem bisherigen Verlauf keine größeren Abwassermengen aufgenommen haben, so daß ihre Selbstreinigungskraft nicht gestört ist, ist die direkte Einleitung des Abwassers nach mechanischer Absiebung mitgerissener Sauerkrautteile in dünnem, gleichmäßigem Strahl durch ein unter Wasser mündendes Rohr mit Erfolg ohne Schaden für den Vorfluter angewandt worden, wenn die abgelassene Menge nur so groß ist, daß das Säurebindungsvermögen des Vorfluters nicht überschritten wird.

19. Abwässer aus Gemüse- und Obstkonservenfabriken

So mannigfaltig wie die Stoffe, die konserviert werden, so verschieden sind auch die in den einzelnen Konservenfabriken anfallenden Abwässer. Die in den Fleischkonservenfabriken anfallenden Abwässer entsprechen im allgemeinen den in Schlachthäusern und Wurstfabriken anfallenden Abwässern und können auch wie diese gereinigt werden. Während einzelne Fabriken auf bestimmte Früchte und Gemüse spezialisiert sind, verarbeiten andere Fabriken die verschiedensten Produkte. Aus diesem Grunde schwanken auch die Art und Menge der Abwässer sehr stark. Die meisten Fabriken für die Obstkonservierung sind auf reine Saisonarbeit eingestellt, Die eigentliche Konservierung kann auf die verschiedenste Art, und zwar durch Sterilisieren unter Luftabschluß, Gefrieren oder Trocknen, geschehen. In den beiden letzteren Fällen kommt es auf eine Inaktivierung der Enzyme an. In fast allen Fällen muß aber vor der eigentlichen Konservierung eine Reinigung des zu konservierenden Obstes oder Gemüses erfolgen. Die ankommenden Gemüse bzw. das Obst werden auf einem Verlesetisch, nachdem vorher durch einen Windsichter oder durch Siebe Blätter, Strünke, Stiele beseitigt sind, verlesen, wobei fleckiges und beschädigtes Gemüse und Obst entfernt werden müssen. Nach Durchgang durch eine Trommel läuft das Obst oder Gemüse nochmals über einen Sortiertisch und von da gegebenenfalls in die Schneidemaschinen. In den Blanchiermaschinen, das sind mit Heißwasser gefüllte Wannen, durch die das Gemüse durch einen Schneckengang mit gelochten Trommeln bei verschiedenen Temperaturen gedrückt wird, wird das Gemüse für die eigentliche Konservierung vorbereitet und dann entweder in die Dosen eingefüllt und nach Zugabe von 1 bis $1^1/_2\%$ Salzwasser luftdicht verschlossen und durch längeres Erhitzen konserviert oder durch Gefrierenlassen in innen gewachsten Kartons eingefroren.

In Obstkonservenfabriken müssen das Abfallobst und sonstige Abfallstoffe recht bald aus dem Betrieb entfernt werden, da sie durch die auf dem Obst sitzenden Mikroorganismen sehr schnell in Zersetzung übergehen. Sie werden am besten in Wagen gesammelt und auf Äckern als Dung verwandt. Man kann sie aber auch allein oder mit Torf gemischt unter Zugabe von Kalk kompostieren und dann als Dungstoff verwerten.

In den Gemüsekonservenfabriken fallen als feste Abfallstoffe die verschiedenen, für die Konservierung unbrauchbaren Teile, wie z. B. die Schoten der Hülsenfrüchte, Obstschalen und dgl. an. Im frischen Zustande können sie oft noch zur Viehfütterung verwandt werden. In anderen Fällen werden diese festen Abfallstoffe kompostiert und als Dungstoff verwandt.

Die Menge der Abfallstoffe ist oft recht beträchtlich, und es sollte daher auf die Abfallverwertung der größte Wert gelegt werden. Nach Heiss[1] beträgt die Kernausbeute bei Erbsen nur 30 bis 40%. Die Schalen

---

[1] Heiss, R.: Lebensmitteltechnologie. München: J. F. Bergmann 1950, S. 218.

können getrocknet und an die Nährmittelindustrie abgegeben werden. Bei Mangel an Trockenanlagen kommt eine Verwertung als Viehfutter in Frage. Dies gilt auch für die Dreschabfälle, die ein ausgezeichnetes Silagefutter ergeben, insbesondere wenn man sie mit Maisabfällen mischt.

Bei Spargel sind die Schälverluste zunehmend mit abfallender Sortierung 18% (bei 1. Sorte), bis 45% (bei 2. Sorte). Die Spargelschalen werden nach gründlicher Waschung getrocknet und als Spargelschalen oder in gemahlenem und gesiebtem Zustand (Sieb 0,3 mm) als Spargelschalenmehl an die Nährmittelindustrie verkauft. Die verholzten Stiele können ausgekocht und aus dem gewonnenen Extrakt durch Vakuumeindicker oder Ausfrieren ein Konzentrat hergestellt werden, das einen vorzüglichen Nährboden für Antibiotica darstellt.

Bei Möhren betragen die Abfälle (Schalen, Köpfe, Spitzen) 20 bis 30%. Es kommt nur eine Verwertung als Viehfutter in Frage. Holzhaltige Kohlrabischalen, der innere Strunk und junge Kohlrabiblätter können zu Kohlrabibrei verarbeitet werden. Bei Blumenkohl beträgt der verwertbare Abfall 30%. Der Abfall kann siliert oder eingesalzen oder am einfachsten als Viehfutter verkauft werden. Die Abfälle enthalten 3 bis 9% Kohlehydrate, 1 bis 3% Eiweiß bei 85 bis 94% Wassergehalt. Aus den Abfällen lassen sich auch Futtermehle mit Eiweißgehalten bis 43% (Spargelkohl) herstellen. Vitamin E findet man bis 1240 γ/g im Rhabarber. In neuerer Zeit wendet man in Obst- und Gemüsekonservenfabriken die chemische Schälung an. Bei alkalischer Schälung müssen innen mit Kupfer überzogene, emaillierte oder Eisenkessel, bei saurer Schälung emaillierte Kessel verwandt werden. Das Obst wird in Eisen-, Kupfer-, Messing- oder Holzgefäßen in die Schällösung getaucht, die abgelöste Schale durch kalten Wasserstrahl oder durch die Reibung der Früchte aneinander bzw. an Carborundumscheiben entfernt, das Obst abgespült und neutralisiert (Birnen, Äpfel, Sellerie, Mirabellen, Pfirsiche).

Die weitere Behandlung der Abwasserfrage ist oft sehr kompliziert, da jedes Produkt ein eigenes Abwasser erzeugt. Die Menge und die Konzentration der Abwässer der verschiedenen Gemüse und Früchte zeigen erhebliche Schwankungen an. So ist der BSB_5 bei Wachsbohnenabwasser 240 mg/l und bei Erbsenkonservenabwasser 35000 mg/l.

Abb. 85. Russel-Sieb-Schwingmaschine zur Entfernung von Feststoffen aus Konservenabwasser

Zur Entfernung der in den Konservenfabrikabwässern enthaltenen Verunreinigungen zur nochmaligen Verwendung empfiehlt FUHRMANN[1] die Russell-Schwing-Siebmaschinen. Bei der in Abb. 85 dargestellten Maschine wird das Schmutzwasser aus einem Sammelbehälter durch eine zentrale Öffnung in der Haube in die Maschine geleitet. Das Wasser läuft durch ein Sieb unterhalb seitlich ab, während die Austragung der Feststoffe durch die Drehschwingung der Maschine mit Hilfe einer festen Leitwand ohne besondere Betätigungseinrichtung erzielt wird. Das Ausscheiden der Feststoffe bzw. der Rückstände erfolgt kontinuierlich und fast trocken. Die anfallenden Feststoffe fallen seitlich aus der Maschine heraus. Sie können leicht abgefangen werden und finden dann als Viehfutter oder Dünger Verwendung.

Wie stark die Abwassermengen schwanken können, zeigen die Aufstellungen von ELDRIDGE[2], der für die verschiedenen Konservenarten bei einer Produktion von 1000 Büchsen von 570 g Inhalt folgende Abwassermengen angibt:

Grüne Bohnen	rd. 6,6 m^3	Tomaten (ganze Früchte)	rd. 2,4 m^3
Rote Beete	„ 3,9 m^3	Tomatenmark	„ 1,2 m^3
Karotten	„ 3,6 m^3	Kirschen	„ 6,2 m^3
Erbsen	„ 3,9 m^3	Aprikosen	„ 8,6 m^3
Spinat	„ 3,1 m^3	Birnen	„ 8,0 m^3

Daß auch die Zusammensetzung der verschiedenen Abwässer stark schwankt, geht aus der von MEINCK[3] auf Grund einer Arbeit von RYAN[4] zusammengestellten Tabelle über die Zusammensetzung des Gesamtabwassers verschiedener Konservenfabriken deutlich hervor:

Zusammensetzung des Gesamtabwassers von Konservenfabriken

Fruchtart	Suspend. Stoffe mg/l	Glührückstand mg/l	gelöste Bestandteile mg/l	Glührückstand mg/l	p_H	$KMnO_4$-Verbrauch mg/l	BSB_5 mg/l
Tomaten	450	80	2500	580	4,9	1100	1150
Erbsen	300	25	6000	3360	4,7	2150	2710
Wachsbohnen	60	10	1670	970	7,6	—	240
Spinat	580	150	1700	950	7,0	40	280
Karotten	1830	170	5800	1900	7,1	—	1110
Rote Rüben	1600	220	5000	800	6,0	2700	1500
Sauerkraut	60	5	3300	1600	5,6	800	1400
Kirschen	20	4	4100	1700	6,2	—	750

Weil es sich meistens um Saisonbetriebe handelt, ist die Aufnahme der Abwässer in die städtische Kanalisation sehr schwierig. Durch ihre hohe Konzentration können sie leicht eine starke Überlastung der städtischen Kläranlage mit sich bringen, was dann leicht zu unangenehmen Auseinandersetzungen zwischen der Stadt und dem Werk führen kann.

[1] FUHRMANN, O.: Die industrielle Obst- und Gemüseverwertung Bd. 48 (1963) S. 238.
[2] ELDRIDGE, E. F.: Ind. Engin. Chem. Bd. 39 (1947) S. 619.
[3] MEINCK u. a.: Industrielle Abwässer 3. Aufl., S. 292.
[4] RYAN, W. A.: Sew. Works J. Bd. 12 (1940) S. 99.

Zu der Frage der gemeinsamen Behandlung der Konservenabwässer mit den städtischen Abwässern vertritt O'CONNELL[1] die Ansicht, daß, wenn das gemischte Abwasser einer Konservenfabrik und einer Stadt einen größeren BSB als 450 bis 600 mg/l aufweist, eine getrennte Behandlung der beiden Abwässer durchzuführen sei. Trotzdem sollte man in allen Fällen, wo die Menge des Abwassers nur einen kleinen Bruchteil des städtischen Abwassers ausmacht, die Abwässer der Konservenfabriken nach Entfernung aller sperrigen Stoffe durch Rechen oder Siebe, am besten durch Rund- oder Spülsiebe oder Siebscheiben, in die städtische Kanalisation aufnehmen. Die Siebe sollten 16 Maschen haben. Beim direkten Ablassen in einen genügend großen Vorfluter muß man außer den gröberen, durch Siebe leicht zu entfernenden Stoffen auch noch alle absetzbaren Stoffe durch Absatzbecken aus dem Abwasser entfernen. Die

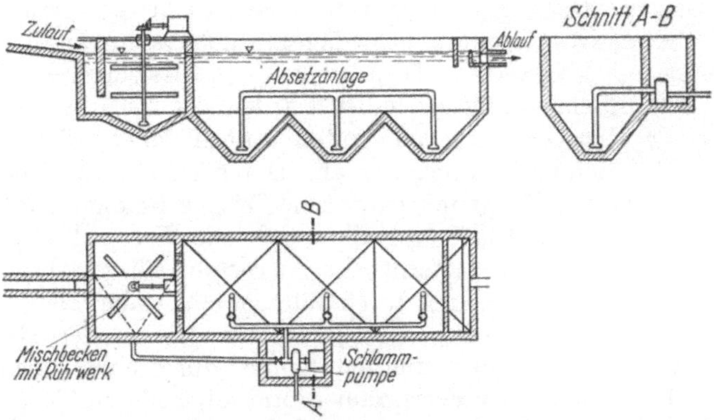

Abb. 86. Anlage für kontinuierlichen Betrieb der chemischen Behandlung von Abwässern der Konservenindustrie (nach ELDRIDGE)

Verrieselung der Abwässer entweder allein oder in Mischung mit Bachwasser oder häuslichem Abwasser kann nur in den Fällen erfolgen, wo ein guter geeigneter Boden zur Verfügung steht. Doch muß auch hier eine Vorbehandlung in Absetzbecken oder Teichen und unter Umständen eine Neutralisation saurer Abwasser durch eine genügende Kalkzugabe erfolgen. In den meisten Fällen wird man die Ausscheidung der absetzbaren Stoffe durch eine chemische Fällung unterstützen müssen (s. Abb. 86).

Im Winter 1935/36 wurde durch eine besondere Kommission die Klärung von Konservenfabrikationsabwasser in den Vereinigten Staaten sorgfältig geprüft. Man stellte hierbei fest, daß man bei den an Flüssen gelegenen Betrieben durch Siebe und chemische Ausfällung gute Ergebnisse erzielte. In anderen Fällen ließ man auf die Klärung durch einfaches oder von chemischer Ausfällung unterstütztes Absetzenlassen ein Filtern folgen, doch waren die Anlagekosten für die vielfach nur während einiger Monate in Betrieb befindlichen Anlagen zu hoch. Aus diesem Grunde wurde mit geldlicher Unterstützung der Indiana Canners

[1] O'CONNELL: Sew. and Ind. Wastes Sci. Bd. 29 (1957) 3, S. 268.

Association eine aus zwei kreisförmigen Absetzbecken von je 11,4 m^3, zwei Tropfkörpern von 3,05 m Durchmesser und einem Nachklärbecken von 18,9 m^3 bestehende Versuchsanlage errichtet. Zunächst pumpte man das durch Rechen von den groben Sinkstoffen befreite Abwasser in einer Menge von 76 l/min in die Absetzbecken, in denen es $2^1/_2$ Std. zurückgehalten wurde, worauf das in einem Sumpf sich ansammelnde, bereits gereinigte Überlaufwasser mit dem aus dem letzten Absetzbecken kommenden Abwasser vermischt und das Ganze nach dem Durchgang durch die Filter etwa 2 Std. in dem Nachklärbecken belassen wurde. Dieses Verfahren war unbefriedigend. Man setzte daher später dem rohen Abwasser auf 3790 l 2,27 kg Kalk und auch kleine Mengen (340 g) Ferrosulfat zu. Beobachtungen ergaben, daß Tomatenabwasser ohne Chemikalien nicht richtig geklärt werden kann. Kleine Zusätze von Chemikalien verbesserten dagegen wesentlich den Wirkungsgrad der Absetzbecken. Der mit Steinen von 6,3 bis 10,2 cm ∅ gefüllte Tropfkörper erwies sich als untauglich, dagegen konnte der aus Steinen von 2,5 bis 6,3 cm ∅ bestehende Tropfkörper ohne Unterbrechung betrieben werden. Die Behandlung erwies sich jedenfalls als aussichtsreich.

Bei der Konservierung von roten Rüben fallen Abwässer beim Waschen, Schälen und Blanchieren an. Durch Zugabe von 1,68 kg Kalk und 0,54 kg Ferrosulfat je m^3 wurde eine 96%ige Reinigung erzielt. Bei Mohrrüben wurden mit 0,78 kg Kalk und 0,39 kg Ferrosulfat je m^3 sogar 98% der Schmutzstoffe entfernt. Die bernsteingelb gefärbten Abläufe wurden einer Nachbehandlung durch Chlorgas oder Chlorkalk unterzogen. Die Abwässer von Erbsenkonservenfabriken, die in der Hauptsache kolloide Verunreinigungen enthalten, können durch eine chemische Fällung mit Ferrosulfat oder Ferrisulfatchlorid mit Kalk zu 75% von ihren Schmutzstoffen befreit werden. Der anfallende Schlamm wird in Absetzbecken abgefangen und möglichst bald auf Trockenbeeten getrocknet.

Die nationale Vereinigung der Konservenfabriken in Amerika[1] arbeitet an der Entwicklung der Frage der Behandlung der Abwässer durch Verrieselung und Aufstauen in Teichen. Von den verschiedenen zur Behandlung empfohlenen Verfahren benutzen alle gute Rechen, um die groben ungelösten Schwebestoffe möglichst weitgehend aus dem Abwasser zu entfernen. Die weitere Behandlung kann erfolgen durch chemische Fällung allein oder in Verbindung mit Sandfiltern oder Stauteichen, durch biologische Filtration durch Tropfkörper oder Schlammbelebung mit oder ohne nachfolgende Behandlung in Stauteichen. Da die Abwässer leicht in faulende Zersetzung übergehen und die Behandlung in Stauteichen zu sehr üblen Geruchsbelästigungen führen kann, so daß die Teiche mindestens 1,5 km von den menschlichen Wohnungen entfernt sein müssen, hat man zur Verhinderung von Geruchsbelästigungen Natronsalpeter mit 54,7% verfügbarem Sauerstoff zugegeben in einer Menge, die genügt, 20% des fünftägigen biochemischen Sauerstoffbedarfs abzudecken. Diese Menge erfordert aber, daß laufend die gleiche Menge an Salpeter, etwa 0,5—0,6 kg/m^3, zugesetzt wird. Erbsenkonser-

[1] ELDRIDGE, E. F.: Industr. Engng. Chem. Bd. 39 (1947) S. 619.

venabwässer haben etwa den doppelten Nitratverbrauch wie Maisabwässer. Die Teiche sollen mindestens die $1^1/_2$fache in der Saison anfallende Wassermenge aufnehmen können und höchstens 1 bis $1^1/_2$ m tief sein. 25% des Abwassers der letzten Saison sollen zur Verdünnung und Impfung in den Teichen verbleiben. Wenn eben möglich, sollen die Stauteiche in dichtem Tonboden angelegt werden. Das Verhältnis Kohlenstoff: Stickstoff bedarf bei Anwendung von Nitraten keiner Korrektur.

Gegen die Anwendung des Natriumnitrats zur Verhinderung von Geruchsbelästigungen und zur Frischerhaltung eines Abwassers wendet AGAR[1] ein, daß das Natriumnitrat durch Reduktionserscheinungen in Ammoniak übergeführt werden und das Abwasser hierdurch für Fische giftige Eigenschaften bekommen könne, da schon verhältnismäßig geringe Konzentrationen von Ammoniak (2 mg/l bei p_H-Wert 8,2) für Fische tödlich wirken.

CANHAM[2] berichtet über die anaerobe Behandlung von Konservenfabrikabwasser. Bei der Stockely-Fabrik, Greenwood, bei der Tomaten, Tomatenpuree und Bohnenkonserven hergestellt werden, dauert die eigentliche Kampagne 52 Tage. Alle Abwässer werden zuerst durch Schüttelsiebe und dann in einen Teich von 58 m Länge, 29 m Breite und 1 m Tiefe mit 1680 m^3 Inhalt geleitet. Vor dem Beginn der Versuche hatte sich in diesem als Absetzbecken benutzten Teich von der Verarbeitung von Erbsen und verschiedenen anderen Früchten eine 60 cm tiefe Schlammschicht gebildet. Im ersten Teil des Teiches ist ein Rührer mit einem 3 PS-Motor eingebaut, der das Abwasser im Teich umwälzt und mit dem Faulschlamm mischt. Die tägliche Abwassermenge schwankt zwischen 43 und 1450 m^3 und beträgt im Mittel 600 m^3, entsprechend 7 l/sek. Die Faulraumtemperatur liegt zwischen 15 und 25 °C. Diese Temperatur wird mehr durch die Temperatur des Wassers als durch die Lufttemperatur beeinflußt. Der p_H-Wert des Zulaufs schwankt von 6,3 bis 7,5 und beträgt im Mittel 6,9. Im Ablauf liegen die p_H-Werte zwischen 5,4 und 7,2 mit einem Mittel von 6,5.

Der Ablauf der Faulteiche wird in vier Seen mit einem Fassungsvermögen von 43000 m^3, die hintereinander betrieben werden, geleitet. Der BSB_5 des Zulaufs liegt im Mittel bei 982 mg/l und geht in den Faulteichen auf 599 herunter. Die BSB-Belastung des Faulteiches liegt zwischen 50 und 1820 kg im Tag und beträgt im Mittel 900 kg, bzw. auf den Teilinhalt des Teiches gerechnet, im Mittel bis 540 g/m^3. Die Abnahme des BSB beträgt 39,8%, entsprechend 215 g/m^3. Der Ablauf der Faulanlage kann nun nicht in den Fluß, wohl aber ohne Geruchsbelästigungen in die aerob wirkenden Seen abgelassen werden. Der Ablauf der Seen hatte noch einen BSB von 57 mg/l.

Auch TEMPLETON[3] berichtet über günstig verlaufende Versuche mit der anaeroben Vorbehandlung von Konservenfabrikabwasser. In offenen Erdbecken oder Teichen von 24 m Breite, 90 m Länge und $2^1/_2$ m Tiefe wird dem Abwasser Faulschlamm von der städtischen Kläranlage zuge-

---

[1] AGAR, CH.: Sew. and Ind. Wastes Bd. 22 (1950) S. 776.
[2] CANHAM, R. A.: Eng. Bull. Bd. 34 (1950) S. 145.
[3] TEMPLETON, C. W.: Sewage and Ind. Wastes Bd. 23 (1951) S. 1540.

mischt. Die Aufenthaltszeit in den Teichen schwankt zwischen 2,34 bis 12,6 Tagen. Der BSB, der im Zulauf zwischen 245 bis 1690 mg/l schwankte und im Mittel 790 mg/l betrug, ging bis auf einen mittleren BSB von 183 mg/l herunter. Der p_H-Wert im Rohabwasser lag im Mittel bei 7,5 und zeigte im Ablauf einen Wert zwischen 6 und 7.

Olivier und Dunstan[1] haben gezeigt, daß die konzentrierten Erbsenbleichwässer mit einen BSB von 19000 mg/l mit gut ausgefaultem häuslichem Schlamm behandelt werden können, wenn eine mindestens 9-tägige Ausfaulzeit sichergestellt wird. Nelson[2] empfiehlt bei kohlehydrathaltigen Abwässern von Konservenfabriken durch eine kurze Vakuumflotation einen großen Teil der Schwebestoffe zu entfernen, dann die Abwasser in einfachen Becken während 6—10 Tagen auszufaulen, ehe man sie dann aerob durch Tropfkörper oder Schlammbelebung weiter behandelt.

Man kann aber auch die durch chemische Fällung vorbereiteten Abwässer durch die künstliche biologische Reinigung weiter abbauen. Wichtig ist aber hierfür, daß die Abwässer möglichst frisch sind, da die Konservenabwässer im frischen Zustand auf die chemische Fällung sowohl wie auch auf die biologische Reinigung am besten reagieren. Bei angefaulten und deshalb Geruchsbelästigungen verbreitenden Abwässern eignet sich auch Kohle zur Geruchsverminderung der festen Abfallstoffe und bei konservierten Grünfuttersäften. Bei Siebrückständen wendet man Chlorkalk und bei Tropfkörperabläufen Chlorgas an.

Rademacher[3] beschreibt eine Abwasserreinigungsanlage mit Schlammbelebung für ein großes Werk, das neben Suppenwürze auch Gemüsekonserven in großem Umfange herstellt. Die Hauptkampagne zur Herstellung der Gemüsekonserven ist im Herbst. Die Abwassermenge, die zu gewöhnlicher Zeit durchschnittlich 1200 m^3/Tag beträgt, steigt in der Kampagne bis auf 2700 m^3. Diese Abwässer enthalten sehr viel Kohlehydrate und Eiweißstoffe, wobei die Zusammensetzung im Laufe des Tages sehr starken Schwankungen unterworfen ist. Die Temperatur der Abwässer schwankt zwischen 14 bis 40 °C. Solche Abwässer rufen besonders in kleinen Vorflutern starke Sauerstoffzehrung und Sphaerotilusbildungen hervor. Die Abwasserreinigungsanlage besteht aus einem kleinen Sandfang mit Rechen, zwei zweistöckigen Frischwasserklärbrunnen und einer Schlammbelebungsanlage mit Nachklärbecken. In der zentral beschickten Frischwasserkläranlage wird auch das aus Kondenswässern stammende Öl zurückgehalten. Der in den Faulräumen anfallende Schlamm fault sehr gut aus und wird als Dünger verwertet.

Die Belüftung des mechanisch gut vorgereinigten Abwassers in den Schlammbelebungsbecken dauert 4 Std. Die Farbe des Belebtschlammes wechselt stark mit der Farbe des ankommenden Abwassers. So ist der Belebtschlamm, der in Anlagen mit häuslichem Abwasser goldig-braun sein soll, in der Gemüsekampagne hellbraun bis dunkelbraun, bei grün-

[1] Olivier, G. E., u. G. H. Dunstan: Sew. and Ind. Wastes Bd. 27 (1955) S. 1171.
[2] Nelson, F. F.: Sew. Works J. Bd. 20 (1948) S. 530.
[3] Rademacher, W.: Städtereinigung 1936, S. 357.

lich gefärbtem Abwasser aber grün gefärbt. In der kälteren Jahreszeit geht die dunkelbraune Farbe oft in Schwarz über. Die Luftverteilung erfolgt durch Filterplatten. Die Zurückführung des Überschußschlammes erfolgt im allgemeinen in den Nachtstunden. Die Reinigung wird als sehr gut bezeichnet. Vor allem sollen die bisher so lästigen Sphaerotiluspilze aus dem an sich kleinen Vorfluter verschwunden sein.

RYAN[1] weist darauf hin, daß sich das Schlammbelebungsverfahren wegen des hohen Gehaltes der Abwasser an Kohlehydraten und der dadurch bedingten Neigung des belebten Schlammes zu Blähschlammbildung nicht so gut eigne wie das Tropfkörperverfahren. In diesem Falle haben sich die Hochleistungstropfkörper mit Verwendung von Rücklaufwasser zur Herabsetzung der hohen Konzentration ganz besonders bewährt. LEVINE[2] wandte bei der Reinigung von Konservenfabrikabwasser mehrstufige Tropfkörper mit zwischengeschalteten Absetzbecken mit bestem Erfolge an. Da der erste Tropfkörper die Hauptarbeit übernahm, so konnte er Abwasser mit einem BSB_5 von 3000 mg/l auf den Tropfkörpern behandeln. Für die bei den verschiedenen Verfahren anfallenden Schlämme hat auch die Kompostierung zusammen mit Müll recht gute Ergebnisse erzielt.

LACKEY und seine Mitarbeiter[3] beschreiben das Problem der Behandlung der Zitrusabwässer. In einer Diskussion über den gegenwärtigen Stand der Kenntnis der Behandlung von Abwässern weisen sie auf die Anwendung des Schlammbelebungsverfahrens hin. Es wird nachgewiesen, daß bei Zitrusabwässern, die einen BSB von 6000 mg/l haben, ein Abbau des BSB um 90 bis 95% erreicht werden kann, wenn

1. der p_H-Wert zwischen 7,0 und 8,0 gehalten wird,
2. eine gleichmäßige Versorgung von Stickstoff (30 bis 50 mg/Nitrate) und Phosphor (5 bis 10 mg/l Phosphate) sichergestellt wird,
3. die Belüftung mindestens sechs Stunden dauert, um auch die toxischen Öle zu entfernen,
4. eine sehr hohe Menge Rücklaufschlamm dauernd zugegeben wird,
5. das Abwasser so stark verdünnt wird, daß das zu behandelnde Abwasser nur noch einen BSB_5 von 3500 mg/l hat,
6. die Abscheidung des Belebtschlammes am besten auf Tropfkörpern oder in Oxydationsteichen erfolgen kann, falls eine weitere Behandlung erforderlich ist.

Einleitende Laboratoriums- und Versuchsanlagen sind von DOUGHERTY und MCNARY[4] über den Vitamingehalt von aktiviertem Zitrusbelebtschlamm durchgeführt worden und haben gezeigt, daß eine maximale Vitaminproduktion erreicht werden kann, wenn der Schlamm in einer guten Belebtschlammanlage unter normalen Bedingungen gewon-

---

[1] RYAN, W. A.: Sew. Works J. Bd. 12 (1940) S. 99.

[2] LEVINE, M.: Sew. Works J. Bd. 12 (1940) S. 1062.

[3] LACKEY, I., G. B. MORGAN u. W. T. CALAWAY: Proc. 11th Ind. Waste Conf., Purdue Univ. Bd. 91 (1957) S. 179. — LACKEY, I. D., W. CALAWAY u. G. B. MORGAN: Sew. and Ind. Wastes Bd. 28 (1956) S. 538.

[4] DOUGHERTY, M. H., u. R. R. MCNARY: Sew. and Ind. Wastes Bd. 30 (1958) S. 1151.

nen ist. Eine Versuchsanlage für die Behandlung von Zitrusabwässern durch das Belebtschlammverfahren wurde leicht überlastet, wenn die Temperatur außergewöhnlich anstieg und sich schädliche Mikroorganismen entwickelten. DOUGHERTY und MCNARY[1,2] bringen die Ergebnisse von Versuchen, um den Einfluß der zunehmenden Temperatur auf die Belebtschlammkulturen festzustellen, ohne hierbei Überlastungsbedingungen zu haben.

20. Abwässer von Zuckerfabriken

a) Entstehung der Abwasserarten

Während in den Tropen der Schwerpunkt der Zuckergewinnung auf dem Zuckerrohr liegt, wird heute in Europa die Hauptmenge des Zuckers aus Zuckerrüben gewonnen. In der Kampagnen 1955/56 wurden nach MEINCK[3] in rund 140 Zuckerfabriken und Raffinieren 1,52 Millionen t Zucker gewonnen. In der Zuckerindustrie unterscheidet man Rohzuckerfabriken, Zuckerraffinerien und Melasse-Entzuckerungsfabriken. Als Nebenbetriebe können noch den Zuckerfabriken Rübenblatt- und Schnitzeltrocknungsanlagen sowie Rübenkrautfabriken (s. S. 320) angegleidert sein.

Die Frage der Wasserversorgung und der Abwasserbeseitigung ist eine der wichtigsten Fragen, da die meisten Zuckerfabriken auf dem flachen Lande inmitten der Rübenanbaugebiete oft an sehr kleinen Vorflutern liegen. Hinzu kommt, daß der Wasserverbrauch sehr groß und daher die Menge der in einer Zuckerfabrik anfallenden Abwässer ganz bedeutend ist. Die Angaben über den Wasserverbrauch und damit über den Abwasseranfall sind sehr verschieden. Die Angaben schwanken zwischen 10 bis 30 m^3 Abwasser je 1 t Rüben. Die Folge davon ist, daß die Fragen der Wasserversorgung und auch der Abwasserbeseitigung in vielen Fällen oft ganz besonders schwierig sind. Es gibt Fälle, wo das in der Fabrik während der Kampagne benutzte Betriebswasser während der übrigen Zeit des Jahres durch besondere Teichsysteme aufgespeichert werden muß und während der Kampagne nur durch Regenwasser ergänzt wird. Schon seit Jahrzehnten versucht man, das Wasser mehrmals zu benutzen und ist bestrebt, einen möglichst vollendeten Kreislauf durchzuführen, um zu einem geregelten Wasserhaushalt zu kommen.

Bei den Zuckerfabriken handelt es sich um einen reinen Saisonbetrieb. Die Saison ist von Anfang Oktober an meist in vollem Gange und zieht sich bis Ende Dezember hin. Die auf den Feldern geköpften Rüben werden zu den Stapelplätzen der Fabrik gefahren. Vom Stapelplatz werden sie mit Wasserstrahl in die Schwemmrinnen befördert. Beim Transport der Rüben vom Lager in die Wäsche fallen die Rübenschwemmwässer an. Zum Schwemmen kann unter Umständen das Fallwasser der Kondensatoren benutzt werden. Die Menge des auf den Rüben sitzenden

---

[1] DOUGHERTY, M. H., u. N. N. MCNARY: Sew. and Ind. Wastes Bd. 30 (1958) S. 1263.

[2] DAUGHERTY, M. H.: J. Wat. Poll. Contr. Feder. Bd. 36 (1964) S. 72.

[3] MEINCK, F.: Zit., 3. Aufl., S. 238.

Schmutzes richtet sich nach der Art des Bodens, in denen die Rüben gewachsen sind und nach der Witterung bei der Ernte. Leichte sandige Böden und trockenes Erntewetter im Herbst ergeben wenig Schmutz, etwa bis zu 10% des Rübengewichtes. Schwere, lehmige Böden oder schwarze Mergelerde, durchnäßter Ackerboden und nasses Erntewetter ergeben etwa doppelt soviel Schmutz, in Ausnahmefällen bis zu 75% des Rübengewichtes. In den Schwemmrinnen werden die Rüben durch den starken Wasserstrom vorwärts getrieben, wobei ein großer Teil des Schmutzes abgespült wird.

Aus der Schwemmrinne werden die Rüben in die Wäsche gehoben, was zur Schonung der Rüben meistens mit dem Rübenhubrad geschieht. Die Wäsche besteht aus einem muldenförmigen, mit Wasser gefüllten Trog, in dessen Achse eine mit Armen besetzte Welle gelagert ist. Die Rüben werden durch die Arme allmählich von einem Ende der Wäsche zum anderen vorgetrieben und hierbei sauber gewaschen. Zugleich werden hier die Wurzelenden der Rüben, die sog. Rübenschwänze, abgeschlagen, die zusammen mit dem abgelösten Schmutz in dem Schwemm- und Waschwasser verbleiben.

Da die Hauptmenge des in Zuckerfabriken gebrauchten Wassers aus Wasch- und Schwemmwasser (60%) besteht, wendet BELANI[1] zur Ersparnis an Wasser eine Trockenreinigung der Rübe zur Entfernung der Hauptschmutzmenge an. Dieses Verfahren besteht in folgenden Operationen:

1. Köpfen und Abschwänzen der Rüben mittels Rübenmesser auf dem Felde.

2. Feststellung der Schmutzprozente.

3. Abtrocken der anhaftenden Erde und des Sandes in Trockenrohren mit gleichzeitiger Absiebung und pneumatischer Abbeförderung von Erde und Sand. In den Trockenrohren erfolgt nur ein Abtrockenen von Erde und Sand, nicht aber ein Antrocknen der Rübe selbst.

Die sich langsam drehenden Trockenrohre erhalten einen Drall aus gelochten Wellblechen und eine so starke Neigung, daß die abzutrocknenden Rüben eine umwälzende Bewegung im Heißluftstrom und dadurch eine Vorreinigung bei gleichzeitiger Absiebung des Grobschmutzes erfahren. Auftretender Staub wird von dem abziehenden Warmluftstrom mit fortgenommen und in Staubkammern abgefangen.

4. Abmahlen der vorgereinigten Rüben in Abmahltrommeln durch gegenseitiges Abscheuern des Schmutzes. Diese Abmahltrommeln besitzen Holzlattengitter auf ihrem ganzen Umfang und eine schwache Neigung. Die Rüben werden über eine Schurre eingeführt und mahlen bei langsamer Drehung der Trommeln (u — 12) sich gegenseitig die noch anhaftenden Schmutzteile ab, welche durch die Holzlattengitter in eine Förderrinne fallen und abgeführt werden, um einer Klassiertrommel zuzugehen.

5. Bürsten der Rüben. Die gereinigten Rüben verlassen die Abmahltrommeln am tiefsten Punkt und werden auf einem Förderband einer

[1] BELANI: Die Städtereinigung Bd. 30 (1938) S. 186.

Rüben-Bürstmaschine zugebracht. Diese besteht aus einer Aufeinanderfolge von Trommeln schräger Lage aus grob gelochten Blechen, auf welchen Leisten mit Borsten aus Piassava oder ähnlichem Material angebracht sind. In den sich rasch drehenden Trommeln werden die gereinigten Rüben von letzten Schmutzresten befreit und rein gebürstet. Schmutz und Sand fallen durch die Löcher in ein Förderelement, während der feine Staub abgesaugt wird. Die rein gebrüsteten Rüben verlassen die Trommeln der Bürstmaschine, um über ein Förderband der Schnitzelwaage zugeleitet zu werden. Die einzelnen Reiniger sind so aufeinander einzuspielen und zu bemessen, daß keinerlei Stauung oder Stockung im ununterbrochenen Betrieb eintreten kann.

Aus der Wäsche gelangen die Rüben in die Schnitzelmaschinen, aus denen die Schnitzel durch Transportbänder, Schurren, Gurte, Schnecken oder Förderrechen den Diffuseuren zugeführt werden. In diesen werden sie durch langsam durchgedrücktes, etwa 60° warmes Wasser ausgelaugt. Ist der Auslaugeprozeß nach etwa 70 bis 90 min beendet, wird der Diffuseur aus der Batterie ausgeschaltet und sein Inhalt, bestehend aus den ausgelaugten Schnitzeln und dem letzten Druckwasser, abgelassen. Die Temperaturen dürfen hier nicht zu hoch steigen, da sonst der p_H-Wert auf 6 herabsinkt, wodurch die Gefahr der störenden Bildung von Invertzucker besteht.

Die nassen Rübenschnitzel werden zunächst in entsprechend konstruierten Pressen entwässert, wobei ihr Gehalt von 5% auf 10% Trockensubstanz ansteigt. Das ablaufende Preßwasser, etwa 50 kg je 100 kg verarbeitete Rüben, enthält ungefähr 0,3% Zucker. Die abgepreßten Schnitzel können in frischem und angesäuertem Zustand verfüttert werden.

Wo genügend Absatz fehlt, werden sie getrocknet. Um dabei an Brennmaterial zu sparen, werden sie zunächst noch weiter abgepreßt, wobei eine getrübte Flüssigkeit, das *Schnitzelpreßwasser*, anfällt.

In vielen Zuckerfabriken hat man, um die Wirkung der schädlichen Bestandteile der Diffusionswässer zu umgehen, das Diffusionsverfahren ganz verlassen. An seiner Stelle wendet man das STEFFENsche Brühverfahren oder das Rapidverfahren an. Die Einführung dieser Brühverfahren bedingt eine sehr wesentliche und mit hohen Kosten verknüpfte Umstellung der Einrichtungen. Hinzu kommt noch, daß nach SPRUCK[1] die Wirtschaftlichkeit dieser Brühverfahren schlechter ist als die des Diffusionsverfahrens. Bei dem Brühverfahren fällt weniger Zucker für die Fertigstellung an, dafür bleibt aber mehr Zucker in den Schnitzeln, die zwar als Viehfutter bessere Verwendung finden, aber einen verhältnismäßig geringen Erlös liefern. Trotz dieser wirtschaftlichen Nachteile ist das Brühverfahren in einer ganzen Reihe von Zuckerfabriken in den letzten Jahren eingeführt worden.

Bei dem STEFFENschen Brühverfahren werden die zerkleinerten Rüben mit fast kochendem Saft in einem Brühtrog ausgelaugt und dann in Schnitzelpressen scharf abgepreßt. In den *Turmdiffuseuren* der

---

[1] SPRUCK: Städtereinigung Bd. 28 (1936) S. 609.

Braunschweigischen Maschinenbauanstalt in Braunschweig erfolgt die Saftgewinnung in einem einzigen Gerät. Die Schnitzel, die durch Brühen oder Rückdampf auf 85 bis 90° erwärmt werden, gelangen in einem mittleren Schacht in den unteren Teil des Apparates und werden von dort durch mechanische Transportvorrichtungen nach und nach dem Saftstrom entgegen in den oberen Teil des Apparates befördert. Die im oberen Teil des Apparates ausgestoßenen Schnitzel werden gesondert abgepreßt und getrocknet. Das Schnitzelpreßwasser wird durch Pülpefänger gereinigt und noch heiß sofort wieder dem Gerät zur Vermischung mit dem Frischwasser zugeführt. Die Diffusionstürme arbeiten mit sehr geringen Zuckerverlusten.

Den Vorteilen bei den verschiedenen Brühverfahren, wie reinere Säfte, höhere Konzentration, einfache Anlage, Ersparnis an Kohle, größere zu verarbeitende Menge, kein Abfallwasser der Diffusion (Zuckerverluste), stehen aber die bereits oben erwähnten Nachteile der schlechteren Ausbeute entgegen, die aber durch Kombination mit dem Diffusionsverfahren ausgeglichen werden können. Diese kommbinierten Anlagen sind je nach der Marktlage (hohe Futtermittelpreise oder hohe Zuckerpreise) sehr anpassungsfähig.

Bei diesen neuen Saftgewinnungsverfahren fallen Diffusionsabwässer überhaupt nicht an, und die Schnitzelpressewässer gehen restlos in den Betrieb zurück.

Der von den Diffuseuren kommende *Rohsaft* mit etwa 12% Zucker ist eine trübe, nach Rüben riechende, dunkelgraue bis braunschwarze Flüssigkeit, die sich schlecht filtrieren läßt. Durch Erhitzen auf 75 bis 80° und Zugabe von Kalk bis zu 2% der verarbeiteten Rüben werden die Eiweißstoffe ausgeschieden und die Säuren des Rohsaftes gebunden. Der Saft wird hierdurch hell und leicht filtrierbar. Bei diesem unter dem Namen „Scheidung“ bekannten Vorgang werden die Amide und ähnliche Stoffe zersetzt, die Phosphorsäure und die Fettsäuren als Phosphate bzw. Kalkseifen gefällt. Der Zucker bleibt als Calciumsaccharat in Lösung. Der dabei anfallende hochwertige Scheideschlamm wird zur Ackerdüngung oder zur Neutralisation saurer Abwässer verwandt. Bei der nachfolgenden „Saturation“ wird der zugesetzte Kalk durch Kohlensäure vom Zucker getrennt und als Calciumcarbonat ausgeschieden. Der nach der vollständigen Reinigung anfallende *Dünnsaft* (120 bis 125 kg je 100 kg verarbeitete Rüben) wird eingedampft, wobei rund 110 kg Wasser zu verdampfen sind.

Hierbei fallen die warmen *Fallwässer* sowie die *Kondenswasser* an, die verhältnismäßig harmlos sind. Sie enthalten geringe Mengen der durch Dampf mitgerissenen Zucker- und Stickstoffverbindungen. Dabei ist angenommen, daß für die Fallwassererzeugung nur reines Wasser Verwendung findet. Nimmt man dagegen für die Kondensation unter Umständen bereits gebrauchte Wässer, etwa Schwemmwässer, so hat das Fallwasser eine diesen Abwässern entsprechende Zusammensetzung. In den meisten Fällen können diese Abwässer bei einigermaßen großen Vorflutern abgelassen werden, nachdem sie genügend abgekühlt wurden.

Aus dem *Dicksaft* wird der Zucker als *Rohzucker* durch Zentrifugen abgeschieden. Der Rohzucker wird noch in den Zuckerraffinerien gereinigt (*Weißzucker, Verbrauchszucker*). Nach dem Abscheiden des Rohzuckers bleibt die Melasse übrig, die noch weiter auf Zucker, Rübenkraut und Futtermittel verarbeitet wird oder als Rohstoff in die Melassebrennereien und andere Gärungsbetriebe geht.

b) Menge und Art der Abwässer und ihre Verminderung durch Verwendung im Kreislauf

In den Zuckerfabriken fallen Abwässer verschiedener Art und Menge an, und zwar die *Rübenschwemm- und Waschwässer, Diffusionsablauf-* und *Schnitzelpreßwässer, Fall- und Kondenswässer, Sack- und Tücherwaschwässer, Scheuer-* und andere *Waschwässer.* Weitere Wassermengen werden im Kesselhaus, in der Wassereinigung, und für den Kalkofen gebraucht. Ohne Benutzung der Abwässer im Kreislauf fallen auf 1 t Rüben an:

Tabelle 30

Zusammensetzung der verschiedenen Abwasserarten in einer Zuckerfabrik

	m^3	BSB_5 mg/l	Einwohnergleichwert je t Rüben
In der Rübenschwemme	7 —8	200	22
In der Rübenwäsche	1,5—2		
Diffusions- u. Schnitzelwässer	1,5—2	1230	40
Kalkschlammwasser		1420	4
Fall- und Kondenswasser	4 —5		8
Übrige Abwässer	1,5		
Steffens-Anlage		10000	60

Der Einwohnergleichwert des Abwassers von 1 t Rüben entspricht nach Imhoff 102 bis 400. Bei 20000 dz entspricht das Abwasser 240000 bis 800000 Einwohnern. Nolte gibt den Einwohnergleichwert mit 280 je t verarbeitete Rüben an. Wenn schon aus diesen Zahlen die Schwierigkeiten der Reinigung der Zuckerfabrikabwässer durch bekannte Reinigungsverfahren hervorgehen, so kommt noch erschwerend hinzu, daß die Zuckerkampagne in die Monate Oktober bis Dezember fällt, in diesen Monaten ist aber die Wirksamkeit der Rieselfelder durch das Aufhören des Pflanzenwuchses, durch die geringere Adsorptionskraft des Bodens, durch die bei den niedrigen Temperaturen geringere Verdunstungsmöglichkeit und wegen der erhöhten Niederschläge außerdem noch stark herabgesetzt. Am stärksten verschmutzt sind die in den Raffinerien anfallenden Melasseabläufe. Sie stellen ein vom Zucker weitgehend befreites Konzentrat des Pflanzensaftes der Rübe dar. Der Verschmutzungsgrad ist 40 bis 50mal größer als der von häuslichem Abwasser.

Die *Rübenschwemm- und -waschwässer* enthalten große Mengen ungelöster Bestandteile in Form von erdigen Schlammteilen, Ton und Sand, je nach der Bodenart, auf der die Rübe gewachsen ist, neben losgelösten

Rübenblättern, Rübenschwänzen, Rübenstückchen und Unkraut. Je nach der Dauer der Wäsche enthalten die Abwässer an gelösten Stoffen 30 bis 500 mg/l Zucker, ferner Saponine, die dem Rübenwaschwasser eine starke Schaumkraft verleihen. Das zur Schaumbekämpfung benutzte Antispumin ist im Betriebe sehr teuer. Die Größe des Zuckergehaltes in den Waschwässern hängt von den Verletzungen ab. Frostrüben geben an warmes Wasser in den Schwemmen bis zu 0,5% Zucker ab. Die Auslaugungsvorgänge werden bei Verwendung wärmeren Wassers, z. B. von Fallwasser, gefördert. Der Kaliumpermanganatverbrauch der Rübenschwemm- und -waschwässer beträgt 500 bis 700 mg/l.

Vor der Ableitung dieser Abwässer in die Klärteiche müssen sie weitgehend von den gröberen ungelösten organischen Stoffen, wie Rübenblättern, Rübenschwänzen und Rübenstückchen durch Schwanzfänger, Rechen oder Siebe befreit werden. Die abgefangenen Stoffe können unbedenklich zu Fütterungszwecken benutzt werden.

Um eine stärkere Zersetzung des Wassers zu verhindern, kann man dem Wasser am Zulauf zu den großen Absetzteichen eine kleine Menge Chlor zufügen. Bei dem großen Wasserbedarf der Zuckerfabriken und dem häufig herrschenden Mangel an Frischwasser ist eine Wiederverwendung des Wassers im Kreislauf erforderlich. Zu diesem Zweck werden die Schwemm- und Waschwässer, nachdem sie die Schwebestoffe in dem Sandfang, Krautfänger und Kläranlage abgesetzt haben, zum größten Teil nach einer Chlorung in den Betrieb zur Wiederbenutzung als Rübenschwemm- und Waschwasser genommen (s. Abb. 87). Da stets ein Teil Frischwasser zugesetzt wird, gelangt nur der Überschuß direkt in den Vorfluter.

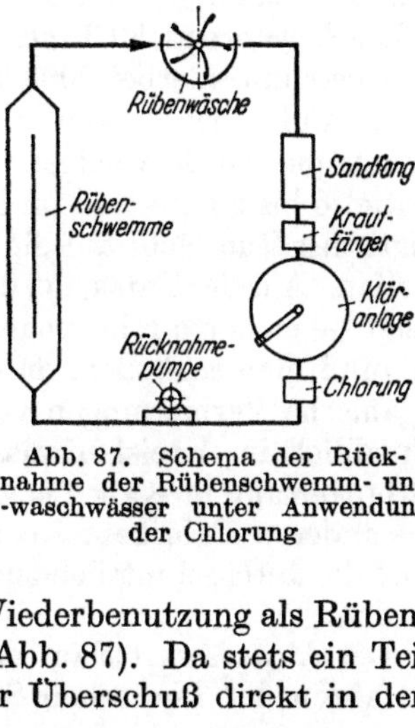

Abb. 87. Schema der Rücknahme der Rübenschwemm- und -waschwässer unter Anwendung der Chlorung

Für die Wiederverwendung im Kreislauf gibt es mehrere Rücknahmeverfahren:

1. Anwendung von kaltem Wasser zum Schwemmen und Waschen, wobei man in möglichst kurzem Teichdurchlauf das Abwasser reinigt und dann wieder in den Betrieb nimmt. Die für die Rücknahme zum Absetzen der Schwemmabwässer benutzten Teiche dürfen nicht zu groß bemessen werden, da sonst durch die Bakterientätigkeit die Frischerhaltung der Schwemmwässer Schwierigkeiten bereitet.

2. Durch Zugabe von Kalk vor dem Absetzbecken in solchen Mengen, daß eine bakterientötende Alkalität vorhanden ist, wird die Zersetzung des im Kreislauf befindlichen Wassers verhindert.

3. Das *Magdeburger Verfahren* arbeitet mit einer intermittierenden Chlorung. Die Chlorzugabe erfolgt nach NOLTE in der Rinne hinter dem Kraut- und Rübenschwanzfänger, durch welche die schlammhaltigen Schwemmwässer in die Klärteiche abgelassen werden. Die Chlorung des Altwassers durch Chlorgas mit Hilfe eines der bekannten Chlorgasappa-

rate wie von der Chlorator AG., Grötzingen, Bamag-Meguin, Gießen, Bran & Lübbe, Hamburg, usw. oder mit Chlorsodalauge nach dem Solvay-Verfahren erfolgen.

Über die Anwendung des letzteren Verfahrens berichtet ebenfalls NOLTE[1] bezüglich einer Zuckerfabrik, die wegen Wassermangel die Rücknahme des Schwemm- und Waschwassers vornehmen mußte und bisher unter so unerträglichen Schwefelwasserstoffbelästigungen gelitten hatte, daß Erkrankungen unter den Arbeitern auftraten.

Die Apparatur zur Herstellung der Chlorsodalauge nach dem DRP 306193 besteht aus einem Steinzeugturm mit einer Füllung aus besonderen Füllkörpern, der von oben mit einer 1,87%igen Sodalösung berieselt wird. Das aus einem Behälter entnommene Chlor wird von unten her in den Turm geleitet. Die Chlorsodalauge enthält neben Kochsalz unterchlorige Säure. Während der Betriebszeit wurden täglich 3600 m³, während 80 Tagen also 288000 m³ Wasser durch den Betrieb geschickt und hierbei 2000 kg Chlor zugegeben, was einer durchschnittlichen Chlorzugabe von 6,9 g/m³ entspricht. Im ersten Drittel der Kampagne wurde weniger Chlor angewandt (4 bis 6 g/m³), im zweiten Drittel 6 bis 8 g/m³ und im letzten Drittel 16 g/m³. Diese Steigerung erfolgte mit Rücksicht auf die Anreicherung des Wassers an fäulnisfähigen Stoffen. Aus der Tatsache, daß der Chlorgehalt im Wasser nur sehr wenig steigt — er hätte rein rechnerisch auf über 1000 mg/l ansteigen müssen —, muß man schließen, daß das zugesetzte Chlor durch Anlagerung an organische Verbindungen verbraucht wird. Während der Zuckergehalt allmählich im Kreislaufwasser verschwindet, findet eine Anreicherung an buttersaurem Kalk bis zu einer Gesamtmenge von 4 bis 5 g/l statt. Bei anderen Fabriken, wo nicht ein so großer Wassermangel besteht, kann die durchschnittlich zuzusetzende Chlormenge auf 5 g/m³ beschränkt werden.

Der Abwasserkreislauf mit Benutzung von Chlorsodalauge nach dem Verfahren der Deutschen Solvay-Werke, Bernburg, ist aus Abb. 88 er-

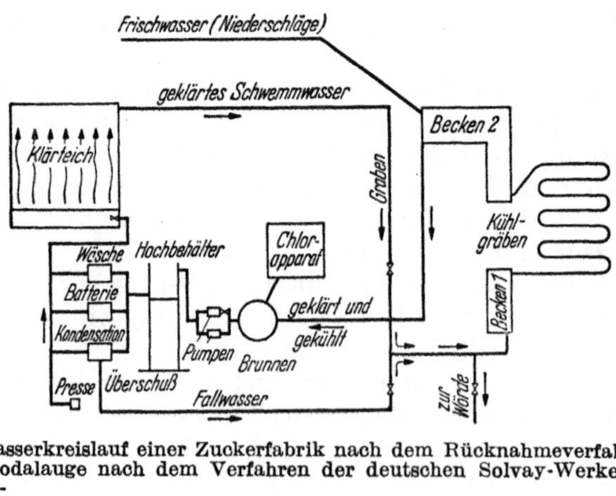

Abb. 88. Abwasserkreislauf einer Zuckerfabrik nach dem Rücknahmeverfahren mit Hilfe von Chlorsodalauge nach dem Verfahren der deutschen Solvay-Werke, Bernburg

[1] NOLTE, E.: Z. Ver. dtsch. Zuckerind. Bd. 79 (1929) S. 463; Bd. 81 (1931) S. 595.

sichtlich. Das Betriebswasser wird zunächst einem Hauptsammelbrunnen zugeleitet, von dem es durch Pumpen auf die Hochbehälter gehoben wird. Von da aus verteilt es sich auf die einzelnen Stationen des Betriebes, wie Wäsche, Batterie und Kondensation. Die Abwässer der Wäsche, der Batterie und der Pressen gehen zum Klärteich. Das geklärte Schwemmwasser nimmt später noch das Fallwasser auf und wird dann im Becken *1*, im Kühlgraben und im Becken *2*, dem auch das zur Verfügung stehende Frischwasser zugeführt wird, abgekühlt. Das geklärte und abgekühlte Wasser wird in Sammelbrunnen gechlort. Die Zuführung der Chlorsodalauge zum Betriebswasser erfolgt durch eine Steinzeugleitung in den Hauptsammelbrunnen.

Eine Abart des Magdeburger Rücknahmeverfahrens ist das *Wieschauer Verfahren*, das mit Kalk und Chlor arbeitet und auch die Pressewässer mit in den Umlauf einbezieht. Je nach dem angewandten Verfahren erhält man Abwässer von verschiedener Zusammensetzung. Bei dem kalten Rücknahmeverfahren beobachtet man eine allmähliche bakteriell bedingte Umwandlung des Zuckers in organische Säuren, wobei viel Essig- und wenig Buttersäure gebildet wird. Dieses Wasser enthält nur Spuren freier Säure, weil der Kalkgehalt der Rübenerde die entstandene Säure dauernd neutralisiert. Die mit Kalk und Chlor arbeitenden Verfahren hemmen die Baktierentätigkeit, so daß besonders bei ununterbrochener Kalkung kaum freie Säure auftritt. In diesen so behandelten Wässern findet man daher reichliche Mengen von unzersetztem Zucker. Alle beim Rücknahmeverfahren entstehenden Wässer reichern sich je nach der Größe der angewandten Wassermengen bis zum Ende der Kampagne an. In vielen Fällen verwendet man aber auch das zurückgenommene Schwemmwasser als Einspritzwasser für die Kondensation und erhält dadurch ein Fallwasser von Schwemmwasserbeschaffenheit. Man kann aber auch umgekehrt das als Fallwasser anfallende Abwasser zum Schwemmen und Waschen der Rüben benutzen.

Nach GREVEMEYER[1] soll für jede Abwasserart ein in sich geschlossener besonderer Kreislauf eingerichtet werden, und zwar Kreislauf I für Rübenwasch- und Schwemmwässer, die in Teichen mit einer kurzen Klärdauer von nicht über 3 bis 5 Std. eventuell unter Zusatz von Kalk geklärt werden. Das heiße Wasser vom Kreislauf III für Fallwasser darf nicht zum Kreislauf I gegeben werden. Kreislauf II ist für Preß- und Diffusionswässer, während Kreislauf III das Fallwasser umfaßt. Um eine Zersetzung der Abwässer und damit eine Schwefelwasserstoffbildung zu verhindern, kann man eine Chlorung zwischenschalten. Der Kreislauf II erfordert eine möglichst vollkommene Entpülpung und die Führung eines kurzfristigen Kreislaufs, wobei Speicherbehälter möglichst vermieden und die Temperatur möglichst auf 72 bis 75 °C, der p_H-Wert auf 6,0 gehalten und 2 bis 4 g/m³ Chlor zugegeben werden sollen. Werden die Fallwässer im Kreislauf III gehalten, so muß für eine gute Abkühlung gesorgt werden.

---

[1] GREVEMEYER, M.: Zucker Bd. 2 (1949) S. 48.

Meinck[1] faßt die bei der Abwasserrücknahme zu beachtenden Gesichtspunkt wie folgt zusammen:

I. Allgemeine Vorbedingung: Scharfe Trennung der Kreisläufe der einzelnen Abwasserarten.

II. Kreislauf der Rübenschwemm- und Waschwässer:

1. Temperatur möglichst niedrig halten.
2. Rasche Abtrennung der ungelösten Bestandteile durch kurz andauernde Klärung des Abwassers in Absetzanlagen mit Schlammräumvorrichtungen. Frischwasserzusatz nach Maßgabe des Abstoßes von Schlammwasser.
3. Unterbindung der bakteriellen Zersetzung der gelösten organischen Verunreinigung durch Chlorung oder Kalkung des Abwassers. Die Chlorung ist nach, die Kalkung vor der Klärung vorzunehmen.

III. Kreislauf der Diffusionsablauf- und Schnitzelpreßwässer:

1. Heißhalten des Rücknahmewassers der Diffusion und Pressen auf mindestens 65 °C.
2. Denkbar beste Entpülpung.
3. Führung des Kreislaufwassers auf möglichst engem Kreis.
4. Keine Zwischenschaltung von Aufspeichermöglichkeiten für die Kreislaufwässer.
5. Vergrößerung der freien Siebfläche in den Diffusören (Einbau von Wellsieben).

IV. Kreislauf der Fallwässer:

1. Kühlung der Abwässer in Gradierwerken oder Verdüsungsanlagen. (Letztere sind wirksamer, erfordern aber mehr Platz.)
2. Unterbindung der bakteriellen Zersetzung und der Entwicklung von Abwasserpilzen durch Chlorung. Zusatz des Chlors hinter der Rückkühlanlage.

Das Druckwasser bildet nach Entfernung der Schnitzel das *Diffusionswasser*. Es hat neben geringen Pülperesten einen hohen Gehalt an gelösten und feinverteilten organischen, zersetzungs-, gärungs- und fäulnisfähigen Stoffen. Unter ihnen spielen die Kohlehydrate (im wesentlichen Saccharose 0,15 bis 0,3% Zucker, das ist 1,5 bis 3,0 kg/m^3 und ihre Spaltungsprodukte) die Hauptrolle, während die eiweißartigen und anderen stickstoffhaltigen Stoffe mehr in den Hintergrund treten. Außer Eiweiß und eiweißhaltigen Stoffen sind auch noch andere Stickstoffverbindungen, ferner Pentosen, Oxalsäure, Pektin und anorganische Salze, insbesondere Kalium-, Magnesium-, Phosphorsäure und salzsaure Salze vorhanden. Die ungelösten Verunreinigungen, die ebenfalls in großer Menge vorhanden sind, sind hauptsächlich feine Pülpeteilchen. Die Anwesenheit dieser Stoffe bedingt eine andere Art der Zersetzung als bei den städtischen, häuslichen Abwässern. Während häusliche Abwässer ohne weiteres bei alkalischer Reaktion der fauligen Zersetzung unter Bildung von Schwefelwasserstoff anheimfallen, gehen diese Zuckerfabrikabwässer zunächst in saure Gärung unter Bildung von Milch- und Buttersäure über. Erst nach allmählichem Abbau der gärungsfähigen Stoffe beginnt auch bei diesen Abwässern die faulige Zersetzung unter Bildung von Schwefelwasserstoff.

Das *Schnitzelpreßwasser* wurde bisher im Kreislauf nicht mit verwandt. Da die Schnitzelpreß- bzw. Diffusionsablaufwässer (rund 120 kg mit 0,1% Zucker und das Preßwasser rund 50 kg mit 0,3% Zucker für je 100 kg verarbeitete Rüben) durch ihren Gehalt an Zucker und den

[1] Meinck u. a.: Industr. Abwässer 3. Aufl., S. 250.

sonst noch in ihnen enthaltenen Nichtzuckerstoffen, die hauptsächliche Verunreinigung der aus der Fabrik ablaufenden Abwässer ausmachen, und ihre Reinigung sehr große Schwierigkeiten verursacht, hat man immer wieder nach einer Verwendungsmöglichkeit gesucht. Die beste Lösung ist wohl, sie ebenfalls durch das Rücknahmeverfahren möglichst bald wieder in den Betrieb zurückzuführen.

Vorbedingung[1] für die Anwendung des Rücknahmeverfahrens bei den Diffusionsablauf- und Schnitzelpreßwässern auf den Batterien ist eine möglichst sorgfältige Herstellung der auszulaugenden Schnitzel, eine weitestgehende Zurückhaltung der Pülpe und eine möglichst schnelle Zurückführung der Wässer. Die Temperatur der Wässer muß auf 60 bis 80 °C gehalten werden, um das Auftreten von sauren Gärungen zu vermeiden. Um Schaumbildungen zu verhindern, erfolgt die Einführung der Rohrleitungen stets unter dem Flüssigkeitsspiegel (Einbau der LEHNERschen Taschen). Bei der Rücknahme der Diffusions- und Preßwässer soll der p_H-Wert möglichst auf 6,0 gehalten werden. Nähert er sich dem Nullpunkt, so verläuft die Abpressung nicht mehr so günstig. Durch die Kontrolle des p_H-Wertes kann man vor allem nach längerem Stillstand durch geeignete Ergänzung des Rücknahmewassers die Wasserstoffionenkonzentration einstellen. Das Auftreten von Gasbildungen ist immer ein Vorgang sekundärer Art, den die Folgen einer ungenügenden Entpülpung verstärken können, aber nichts mit der Rücknahme des Abwassers zu tun hat. Es ist eine ganze Reihe sehr befriedigend arbeitender Pülpefänger auf dem Markt. Unter anderen werden diese geliefert von den Firmen Büttner-Werke, Krefeld-Uerdingen, Braunschweigische Maschinenanstalt, Braunschweig, Jörning und Sauter, Magdeburg-Buckau.

Bei dem in vielen Zuckerfabriken angewandten Heerbrandt-Hochleistungspülpefänger der Fa. Gottl. Heerbrandt, Raguhn in Anhalt, fließt das Pülpewasser durch ein gelochtes Einströmrohr in das Innere einer rollenden Trommel, deren gelochter Blechmantel mit Gewebe ausgekleidet ist. Während das Wasser durch die großen Flächen der Trommel nach außen abfließt, wird die Pülpe von Schöpfblechen, die über die ganze Fläche reichen, erfaßt und in eine über dem Einströmrohr liegende Transportmulde geworfen. Diese besteht aus gelochtem Blech und ist im Innern mit dünnem feingeschlitzten Blech ausgekleidet, so daß die Pülpe hier abtropfen kann. In der Mulde befindet sich eine Transportschnecke, die die Pülpe einer angebauten Pülpepresse zuführt. Mit der Reguliermuffe der Pülpepresse kann der Trockensubstanzgehalt der ausfallenden Pülpe eingestellt werden.

Bei diesem Rücknahmeverfahren fallen während der Wochentage keine Diffusionsablauf- und Schnitzelpreßwässer an. Da sich die Wässer aber allmählich mit Stoffen anreichern, werden sie kurz vor der Sonntagspause abgelassen. Allwöchentlich pflegt aus Zweckmäßigkeitsgründen eine völlige Erneuerung des Betriebswassers stattzufinden. Man muß

---

[1] SPENGLER: Dtsch. Zuckerind. Bd. 62 (1937) S. 775. — DEHN: Z. Wirtschaftsgruppe Zuckerind. Bd. 87 (1937) S. 547.

vermeiden, diese am Wochenende anfallenden Abwässer direkt in den Vorfluter zu leiten, da sie dort zu großen Schwierigkeiten führen müssen. Auch dürfen sie nicht in die Absetzteiche für die Rübenwasch- und Schwemmwässer abgelassen werden. Für ihre Reinigung empfiehlt sich eine gesonderte Behandlung auf Rieselland oder eine Aufspeicherung in größeren Teichen, in denen sie langsam ausgären können, um dann später, d. h. nach Beendigung der Betriebszeit der Zuckerfabrik, möglichst bei stärkster Wasserführung des Vorfluters mit abgelassen zu werden. Über die bei der Wasserrücknahme in den Diffuseuren auftretenden Gärungen und ihre Bekämpfung haben REINDEL[1] und seine Mitarbeiter eingehende Untersuchungen gemacht. Buttersäuregärung, kenntlich an einer auftretenden Gasentwicklung, setzt die Leistung der Diffuseure stark herab. Die Desinfektion mit unterchloriger Säure oder Magnesiumhypochlorit, das in Mengen von 2 kg je 100 m³ stündlich anfallendem Rücknahmewasser zugesetzt wird, oder eine Hitzesterilisation haben sich gut bewährt. In letzterem Falle ist eine Sterilisationstemperatur von 85 bis 90 °C notwendig, damit vor allem alle gasbildenden Bakterien abgetötet werden. Temperaturen unter 75 °C bewirken das Gegenteil, nämlich eine Vermehrung der Bakterien. Hitzesterilisation ist in den Anlagekosten etwas höher, sonst aber zweckmäßiger und billiger zumal die anfallende Melassemenge nicht vermehrt wird, wie dies beim Unterchlorigsäureverfahren der Fall ist. Im Gegensatz zu diesen Befun-

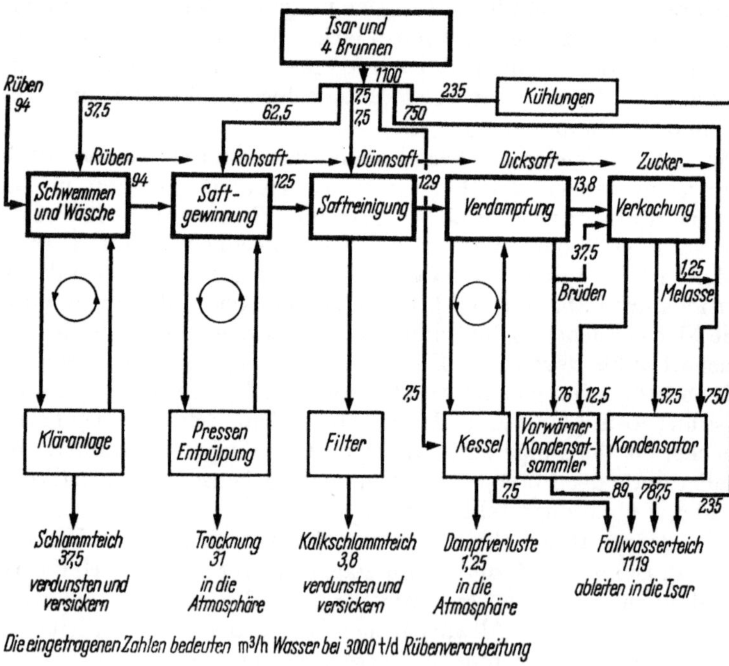

Abb. 88a. Gesamtübersichtsbild (nach OFFHAUS)

[1] REINDEL, F., A. FREY u. B. MÄNDL: Z. Wirtschaftsgruppe Zuckerind. 1939, S. 255.

den stellt MÜCK[1] fest, daß Temperaturen über 80 °C eine wesentliche Verschlechterung der Eigenschaften des Preßwassers bedingen, und daß dann ein wesentlicher Unterschied in der Reinheit der Preßwässer von der Batterie und nach dem Rapidverfahren besteht. Er vertritt die Ansicht, daß schnelles Arbeiten (verkürzte Diffusionsdauer) bessere Vorteile bringt. Der p_H-Wert sank bis 5,4 herunter und hatte erhebliche Korrosionen zur Folge.

Abb. 88a zeigt ein von OFFHAUS[2] zusammengestelltes Gesamtschema der verschiedenen Aufbereitungsstufen mit den vorhandenen Kreisläufen in einer in Bayern liegenden Zuckerfabrik.

Die übrigen Abwässer von der Tücherwäsche, vom Reinigen der Räume und Geräte sind mehr oder weniger verunreinigt und enthalten neben organischen Stoffen die bei der Reinigung benutzten Chemikalien, wie Salzsäure, Soda. Diese, sowie die sonntäglichen Reinigungswässer, die nur periodisch und in geringen Mengen anfallen, werden am besten einer besonderen Teichanlage zugeführt, in der sie verdunsten und versickern können. Bei ihrer Zuführung zu anderen biologisch abbaubaren Abwässern können sie durch ihren Gehalt an Chemikalien erhebliche Störungen der Abbauvorgänge erzeugen.

c) Schädlichkeit der Zuckerfabrikabwässer

Die Schädlichkeit der Zuckerfabrikabwässer für die Vorfluter ist bedingt durch ihren hohen Gehalt an gelösten organischen Verbindungen. Diese leicht der sauren Gärung unterliegenden Abwässer wirken im allgemeinen durch den starken Sauerstoffentzug, die Säuerung und Verpilzung des Vorfluters mit all den üblen Nebenerscheinungen, schädlich. Die Wirkung der einzelnen Abwasserarten ist verschieden. Direkt giftig auf Fische wirken die Rübenzuckerfabrikabwässer durch ihren Gehalt an Saponinen, die auch das starke Schäumen der Abwässer hervorrufen. Durch die Saponine werden die empfindliche Oberhaut der Fische und besonders die Kiemenpithelien angegriffen, so daß sie sich allmählich in Fetzen loslösen. Die Schädlichkeitsgrenze liegt bei 2 mg Saponin je Liter. Bei dieser Konzentration werden auch die sonst sehr widerstandsfähigen Aale getötet. Unter 2 mg/l dagegen tritt nach den Untersuchungen von EBELING[3] bei sonst günstigen Verhältnissen keine Schädigung der gegen Saponin empfindlichen Aale ein. Bei einer 5- bis 6fachen Verdünnung der saponinhaltigen Abwässer, z. B. der Diffusionsablauf- und Schnitzelpreßwässer, hört die giftige Wirkung der Saponine bereits auf. Bei den saponinarmen Wasch- und Schwemmwässern genügt zwar schon eine geringere Verdünnung, um die Saponine unschädlich zu machen, dafür tritt dann aber meist der Sauerstoffschwund mit seiner verheerenden Wirkung ein. Noch 20 km unterhalb der Einleitungsstelle konnte EBELING Saponine nachweisen. Durch die biologischen Reinigungs-

[1] MÜCK, G.: Dtsch. Zuckerind. Bd. 64 (1939) S. 511.

[2] OFFHAUS, K.: Münchener Beiträge zur Abwasser-, Fischerei- und Flußbiologie, Bd. 11. München: Oldenbourg 1964, S. 228.

[3] EBELING: Z. Fischerei Bd. 29 (1931) S. 3.

verfahren werden die Saponine mit abgebaut und verlieren hierdurch ihre unmittelbare Giftigkeit.

Neben den grobsinnlich wahrnehmbaren Einflüssen durch die Abwässer gehen fast immer noch stoffliche Änderungen der Wasserbeschaffenheit des Vorfluters einher, die sich im Vergleich zu städtischen Abwässern erst in längeren Zeiträumen auswirken und daher auch längere Flußstrecken zum Abbau benötigen. Es tritt allmählich eine völlige Verschiebung der Tierwelt nach der Schmutzwasserfauna auf. Diese länger dauernde Beeinflussung wirkt sich nach PRITZKOW[1] vor allem auf den Sauerstoffhaushalt in der Weise aus, daß zunächst der im Wasser enthaltene gelöste Luftsauerstoff zum Abbau der organischen Stoffe aufgebraucht wird. Ist der im Wasser und in Nitraten und Nitriten vorhandene Sauerstoff aufgebraucht, so treten an Stelle der Oxydationsvorgänge Reduktionsvorgänge unter Änderung der Mikrofauna auf. Bei diesen Vorgängen werden die mitgeführten, eiweißhaltigen Stoffe und auch die sauerstoffhaltigen anorganischen Verbindungen, z. B. Sulfat, bis zu Schwefelwasserstoff abgebaut. Hierdurch entsteht für die niedere Tierwelt und für Fische, wenn eine rechtzeitige Abwanderung in reineres Wasser nicht möglich ist, die größte Gefahr.

Die verschiedenen in Betracht kommenden Abwasserpilze (Sphaerotilus, Leptomitus, Beggiatoa) entwickeln sich meistens sehr schnell im Vorfluter. Schon bald, nachdem die Kampagne begonnen hat, sieht bei ungenügender Reinigung der Abwässer das Bett des Vorfluters wie mit Schafpelzen ausgekleidet aus. Die unteren Pilzschichten werden von oben her durch ständig frisch gebildete Pilze herabgedrückt. Sie sterben allmählich ab, lösen sich von ihrer Unterlage und treiben als Pilzflocken den Vorfluter abwärts. An ruhigen Stellen, z. B. vor Wehren und innerhalb der Buhnenfelder, sammeln sich die abgerissenen Flocken an und bilden Schlammbänke, die allmählich in Fäulnis übergehen. Hierbei entstehen die Faulgase und bei saurer Gärung auch Schwefelwasserstoff. Bei normaler Wasserführung werden die Gase zunächst im Schlamm festgehalten. Überschreitet die gebildete Gasmenge eine bestimmte Grenze, steigen sie an die Oberfläche. Hierbei reißen sie eine Menge Schlamm mit hoch, der schnellen Sauerstoffschwund und unter Umständen bei höherem Schwefelwasserstoffgehalt auch Fischsterben hervorruft. Bei schnell absinkendem Luftdruck zerfallen die Pilzpolster besonders rasch; dadurch werden die üblen Folgeerscheinungen gesteigert. Eine gute Übersicht über die Möglichkeit des Wachstums von Sphaerotilus natans, seine Ökologie und Physiologie gibt der von L. SCHEURING und G. HÖHNL in der Schriftenreihe des Vereins der Zellstoff- und Papierchemiker und Ingenieure herausgegebene Band 26.

d) Die Reinigungsverfahren

Bei der Verschiedenheit der Abwässer ergibt es sich, daß auch die Reinigungsverfahren verschieden sein müssen. Durch die verschiedenen Betriebsweisen und durch die durch die örtlichen Verhältnisse bedingten

[1] PRITZKOW: Kleine Mitt. Bd. 12 (1936) S. 295.

Verschiedenheiten bei den Zuckerfabriken ist es erklärlich, daß es ein für alle Zuckerfabriken geeignetes Verfahren zur Reinigung und Beseitigung ihrer Abwässer nicht gibt. Jeder Fall muß für sich einzeln behandelt und den örtlichen Verhältnissen angepaßt werden. In fast allen Fällen wird man eine Trennung und gesonderte Behandlung der Abwässer und vor allem die Rücknahmeverfahren zur Entlastung des Wasserkreislaufes und der Abwasserbeseitigung so weit wie möglich durchführen. Auf alle Fälle müssen alle ungelösten Stoffe, die geeignet sind, im Vorfluter Schlammbänke zu bilden, entfernt werden. Wie weit die weitere Reinigung gehen muß, richtet sich ganz nach der Größe des zur Verfügung stehenden Vorfluters. Da schon viele Fabriken aus Mangel an Frischwasser gezwungen sind, das ganze oder einen großen Teil der in der Rübenwäsche anfallenden Abwässer in den Betrieb zurückzunehmen, so sind die Verfahren zur Reinigung dieser Wäsche sehr weitgehend durchgearbeitet.

Während in früheren Jahren die Rüben mit einem Teil des Laubes bzw. der Blätter angeliefert wurden, werden die Rüben heute auf den Äckern geköpft, wodurch das ganze Laub, das etwa $1^1/_2\%$ des Rübengewichtes ausmacht, entfernt wird. Da die Rüben auch nicht mehr auf mit Stroh ausgelegten Wagen angefahren werden, können die früher notwendigen Kraut- und Strohfänger fehlen.

α) *Entfernung der Rübenschwänze*

Die Menge der abgefangenen Rübenschwänze schwankt je nach Beschaffenheit der Rüben und der Konstruktion der Wäsche zwischen 1—3% des verarbeiteten Rübengewichtes. Schlanke, gerade Rüben ohne viel Nebenwurzeln ergeben wenig Schwänze. Bei der Wäsche spielt die Drehzahl und die Länge der Wäsche eine Rolle. Die in der Wäsche abge-

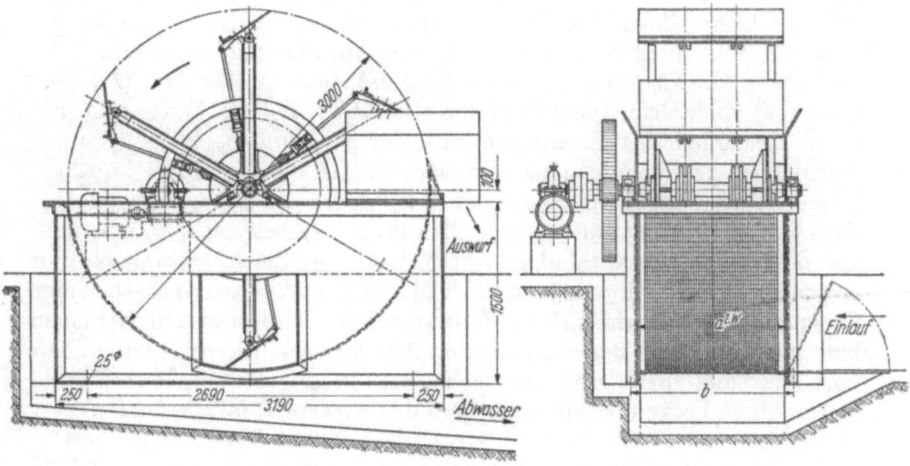

a b

Abb. 89a u. b. Laub- und Rübenschwänzelfänger. a) Seitenansicht, b) Vorderansicht (Fa. Köllmann & Gruhn, Wuppertal-Oberbarmen)

schlagenen Rübenschwänze werden in Rübenschwanzfängern abgefangen, die nach Art der sich drehenden Sortiermaschinen gebaut sind. Diese Apparate haben Siebe verschiedener Schlitzweite, 10, 7 und 3 mm. Je nach den Anforderungen, die an die Reinheit des Wassers gestellt werden, werden zwei oder sogar drei solcher Fänger mit verschiedenen Schlitzweiten hintereinandergeschaltet.

Bei dem in Abb. 89a u. b dargestellten Rübenschwanzfänger, System WURL DRP 212048 der Fa. Köllmann & Gruhn, Wuppertal-Barmen, werden die ungelösten Stoffe auf einem muldenförmig ausgebildeten Sieb abgefangen. Durch langsam rotierende Schaufeln, die durch Federn an das Siebblech gedrückt werden, werden die Rübenschwänze hochgehoben und ausgeworfen. Die abgefangenen Rübenschwänze werden als Viehfutter, seltener als Dungstoffe verwertet. Zur vollkommenen Verwertung der Rübenschwänze hat man diese in verschiedenen Fabriken in einer besonderen Wäsche gewaschen und dann zerkleinert. Sie können nach dieser Vorbereitung mit den Schnitzeln in den Diffusionsbatterien vollständig entzuckert werden.

β) Die Beseitigung der erdigen Bestandteile

In den meisten Fällen werden die erdigen Bestandteile in großen Schlammteichen, welche durch einfaches Errichten von genügend hohen Wällen hergestellt werden und die die ganzen während einer Kampagne anfallenden Schlammassen aufzunehmen vermögen, abgefangen. Der Ablauf geht in den meisten Fabriken in den Betrieb zurück. Um eine Fäulnis des Wassers in den Teichen zu verhindern, wird das Wasser am Einlauf gechlort. Gelegentlich entstehen durch Gärung der mitgeführten Zuckerstoffe Säuren, die aus der tonigen Rübenerde Eisenverbindungen herauslösen, so daß unter dem Einfluß des gleichzeitig gebildeten Schwefelwasserstoffs sich Eisensulfid bilden kann, das das ganze Becken schwarz färbt. Dieser Zustand verschwindet aber meist ebenso schnell wieder wie er aufzutreten pflegt. In den Abwasserteichen wechselt die Farbe von Grauschwarz (typische *Fäulnisbakterien*) über Rot (*Purpurbakterien*) nach Grün (planktonische *Grünalgen*) je nach Witterung und Stauhöhe. Nach der Kampagne wird der Schlamm nach genügendem Abtrocknen zu Geländeaufschüttungen von Ödländereien oder in aufgelassene Sand-, Ziegel- oder Kiesgruben gefahren. Da bei den langen Aufenthaltszeiten in den außergewöhnlich großen Absetzteichen Zersetzungen nicht immer zu verhindern waren, baut man die Absetzanlagen nur so groß, daß wohl ein genügender Klärerfolg erzielt wird, daß aber eine Zersetzung des Wassers auf alle Fälle vermieden wird. Derartige Anlagen baut man an Stelle der vorhandenen Absetzteiche, die selbst dann nur noch als Sand- bzw. Schlammteiche Verwendung finden. Der Vorteil dieser Absetzbecken ist auch der, daß das Abwasser, falls es in den Vorfluter abgestoßen werden muß, stets frisch in den Vorfluter gelangt.

In neuerer Zeit waschen viele Fabriken in einer *Sandwäsche* den Sand aus, wodurch die gesamte Schlammasse um ein Drittel verringert wird. Der ausgewaschene Sand kann zu Bauzwecken benutzt werden, während die übrigbleibende Schlammasse eine gute Ackererde ergibt. Zur Absonderung des spezifisch schwereren Sandes können die in der Abwassertechnik angewandten Sandfänge, wie der Tiefsandfang von Blunk oder von Geiger, sowie auch der Dorr-Sandfang benutzt werden. In den Sandfängen kann der sich absetzende Sand laufend während des Betriebes entfernt und auf Trockenbeete geleitet werden, wo er sehr schnell entwässert. Die Tiefsandfänge von Blunk haben den Vorteil, daß sie wenig Platz beanspruchen und eine besonders scharfe Trennung des Sandes von den feinen erdigen und den organischen Stoffen bzw. Schlamm erreicht wird. Wie aus Abb. 90 ersichtlich, wird das ankommende Abwasser durch den Einlaufrechen senkrecht in den Sandfang geführt. Hierbei sondern sich alle leicht schwimmenden Stoffe, wie Holzstücke, Blatt- oder Strohreste usw., ab und können durch eine Siebschaufel leicht fortgenommen und aus dem weiteren Klärvorgang ausgeschieden werden. Die durch die verhältnismäßig kleine Fläche der Vorkammer abwärts strömenden Wassermengen steigen in der breiten Sandfangfläche wieder hoch und dabei sinken infolge der stark herabgesetzten Fließgeschwindigkeit die mitgeführten Sandteile ab. Oben fließen die vom Sand befreiten Wassermengen über eine rings um den Sandfang angeordnete Überfallschwelle in eine Rinne und gelangen von dort in das Absetzbecken. Der eingebaute Tauchzylinder, dessen Überfallkante höher liegt als der Wasserspiegel, läßt erst dann Wasser überströmen, wenn der Wasserspiegel infolge größerer Wassermengen, z. B. bei Regenwetter, ansteigt. Der Tauchzylinder regelt auf diese Weise die Geschwindigkeit des aufsteigenden Wassers im Sandfang. Bei stark schwankenden Wasserspiegeln werden mehrere derartiger Tauchkörper mit nach der Mitte zunehmenden Überfallhöhen eingebaut, die sich nach der Höhe mit zunehmenden Wasserspiegeln einschalten. Bei dieser Fließweise können nur diejenigen Stoffe, deren Fallgeschwindigkeit größer ist als die entgegengesetzte Wasserbewegung, zu Boden sinken, während alle leichteren Stoffe, vor allem die organischen Stoffe, mit dem Wasser fortgeschleppt werden (*Gegenstromklassierung*). Der im Sohlentrichter abgelagerte Sand wird

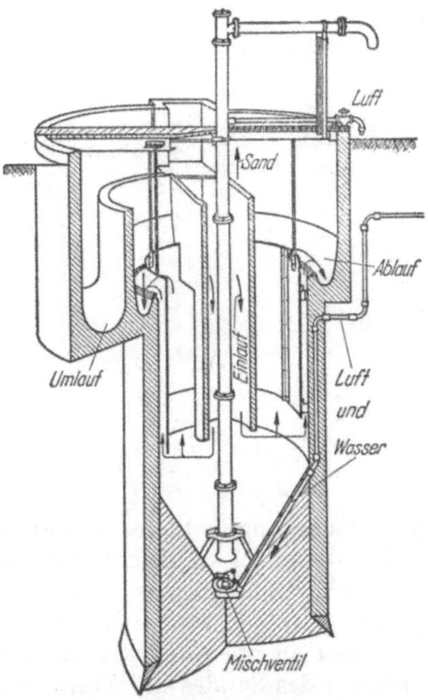

Abb. 90. Schnitt durch einen Bamag-Meguin-Spülsandfang nach Blunk mit einem Tauchzylinder zur Erzielung einer gleichbleibenden Wassergeschwindigkeit bei wechselndem Zufluß, einer Spülvorrichtung zum Auswaschen des Sandes und einem Drucklufttheberrohr zum Entfernen des Sandes

durch einen Wasserstrahl in Bewegung gehalten und daher zur weiteren Klassierung noch durchgespült, bevor er durch Mammutpumpen in die Transportgefäße bzw. auf den Lagerplatz gepumpt wird. Ein weiterer Vorteil dieses Sandfanges ist der, daß die Arbeiter nicht mit dem Abwasser oder Sand in Berührung kommen.

Bei dem in Abb. 90a im Schema dargestellten DORR-Sandfang erfolgt die Abscheidung des Sandes meistens in länglichen oder quadratischen Absetzbecken mit flacher Sohle und einem Kratzer, der den an der Sohle des Beckens abgeschiedenen Sand einem neben dem Becken liegenden Troge zuführt. Hier wird er dann durch ein besonderes, auf einer schrä-

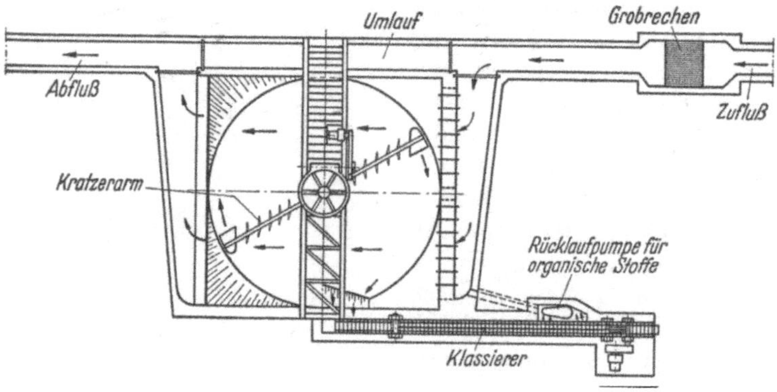

Abb. 90a. DORR-Sandfang

gen Fläche angeordnetes Schiebewerk aus der Flüssigkeit nach oben befördert, wobei er gleichzeitig im Gegenstrom von leichteren Stoffen, wie Laub, Schlamm usw., befreit und gleichzeitig in verschiedene Korngrößen getrennt werden kann.

Besser als die Absetzteiche eignen sich zum Abfangen der nach Beseitigung des Sandes im Wasser verbleibenden erdigen Bestandteile die in der Abwassertechnik bekannten Absetzbecken mit der Schlammausräumung unter Wasser.

Diese Absetzbecken sind sowohl als längliche Becken mit Zu- und Ablauf an den beiden Stirnseiten wie auch als kreisrunde Absetzbecken gebaut worden. Bei letzteren wird das zu klärende Abwasser zentral aufgegeben und das Becken radial durchströmt. Hierbei nimmt die Durchflußgeschwindigkeit vom Einlauf zum Ablauf stetig ab. Das Abwasser paßt sich also den günstigsten Absetzbedingungen der festen Stoffe automatisch an. Zu diesen Rundbecken mit Kratzer gehört auch das in letzter Zeit mehrfach bei Zuckerfabriken eingebaute BRUCKNER-Becken.

Wie die in Tab. 31 dargestellten Untersuchungsergebnisse einer 12stündigen Probenahme mit einstündigen Durchschnittsproben zeigen, wird der Feststoffgehalt von durchschnittlich 50 cm^3 auf im Mittel 0,1 cm^3/l herabgesetzt. Dabei war das Wasser bereits 120mal im Kreislauf verwendet worden, wobei es sich sicherlich mit Feinstoffen angereichert hatte. In einem Vergleich der verschiedenen Absetzbecken zur Klärung und Entsandung von Rübenschwemm- und Waschwasser kommt BRUCKNER[1] zu dem Ergebnis, daß bei den Absetzbecken in erster Linie die Oberfläche entscheidend sei.

Tabelle 31. *Wirkungsweise einer Frischwasserkläranlage System Aquapura*

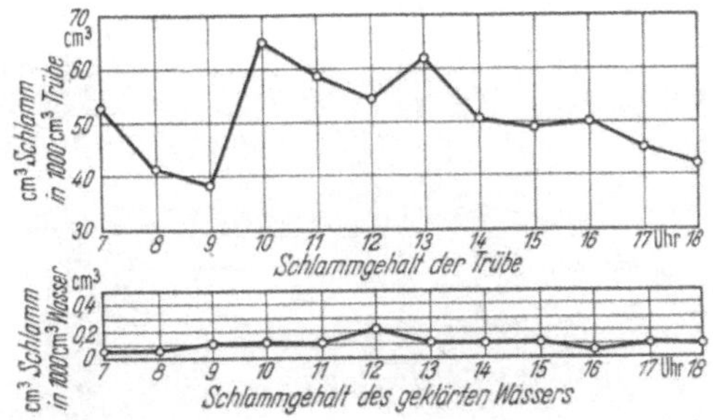

Außer den vorgeschilderten, in verschiedenen Zuckerfabriken angewandten runden Absetzbecken kommen auch viereckige, langgestreckte Becken in Frage, wie sie z. B. in der Bauart Aquapura, Peter Franke, Aquapura AG., Berlin 19, und der Bamag-Meguin AG., Gießen und Berlin, der Passavant Werke, der Fa. Scheven, Düsseldorf, und als Leipziger Becken vielfach in der Abwassertechnik angewandt werden.

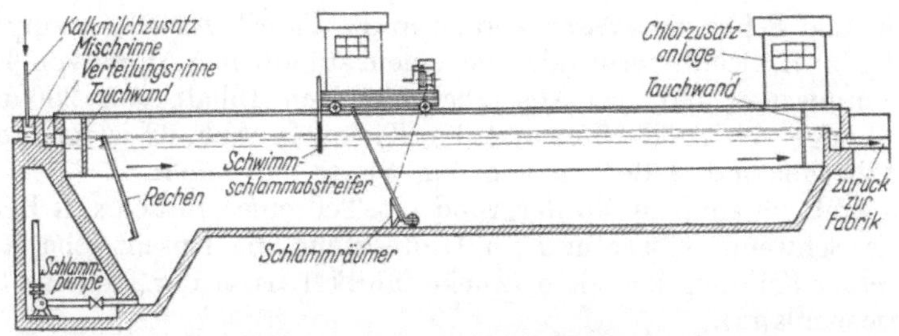

Abb. 91. Längsschnitt durch eine Frischwasserkläranlage für Rübenwasch- und Schwemmwässer (Aquapura, Berlin-Charlottenburg)

Der am Boden des länglichen Beckens sich absetzende Schlamm wird durch Kratzer zu dem am Einlauf liegenden Pumpensumpf befördert, aus dem er dann durch Pumpen zu den Schlammteichen befördert wird. In Abb. 91 ist der Längsschnitt durch eine Aquapura-Frischwasserkläranlage für Rübenwasch- und Schwemmwässer dargestellt.

Nachdem diesen Wässern in der Mischrinne etwas Kalkmilch zugesetzt worden ist, unterfließen sie eine Tauchwand und werden anschließend durch einen Verteiler- und Beruhigungsrechen auf die ganze Breite und Tiefe des Beckens gleichmäßig verteilt. Die Verunreinigungen setzen sich in Form von Schlamm größtenteils im Schlammsumpf ab, der Rest

[1] BRUCKNER, B.: Zucker No. 4 (1954). — BRUCKNER, B.: Ber. A. T. V. Bd. 8 (1957) 138.

verteilt sich auf der Beckensohle. Mit Hilfe eines hohen verstellbaren Schabers, der an einer fahrbaren Brücke aufgehängt ist, wird der Schlamm von der Beckensohle zwei- bis dreimal täglich in den Schlammsumpf geschoben, wo er mit einer Pumpe auf Trockenbeete gepumpt wird, so daß ständig der ganze Inhalt des Klärraumes für Klärzwecke zur Verfügung steht. Das geklärte Wasser verläßt die Kläranlage in frischem Zustand. Um das Wasser dauernd in diesem Zustand zu erhalten, wird

Abb. 92. Aquapura-Frischwasser-Kläranlage mit vier nebeneinander angeordneten Absetzbecken für Rübenwasch- und Schwemmwasser

es am Ablauf nach Bedarf mit Chlor versetzt. Die gereinigten Rübenwasch- und Schwemmwässer werden in die Fabrik zurückgepumpt und ständig im Kreislauf verwandt. Bei einem stündlichen Anfall von 600 m^3 Schwemmwasser hat das Absetzbecken einen Inhalt von 900 m^3 bei einer Länge von rund 25 m und 3 m Tiefe. In Abb. 92 ist ein solches Absetzbecken mit 4 Becken von 6 m Breite dargestellt.

In Abb. 93 sind im Vordergrund ein Teil eines Bruckner-Beckens für die Schwemmwässer und im Hintergrund die Düsenteiche für die Fallwasser-Kühlung zu sehen (Zuckerfabrik Larissa der Hellenie Sugar in Griechenland).

Abb. 94 zeigt das Wasserschema der Rübenverarbeitung einer Zuckerfabrik, mit einer Rübenverarbeitung von 5000 t/Tag. Wie Offhaus[1] feststellt, wird durch diese Kreislaufführung des Wassers eine Wasserersparnis von 96 bis 99% erzielt. Eine Kalkfällung bei einem p_H-Wert von 9 bis 11 vor der Bruckner-Anlage hat sich mit einer wechselweise Formalinzugabe und Chlorung bewährt.

Für die Schlammförderung kommen fast ausschließlich die Dickstoffpumpen wie sie z. B. Krofta-Apparatebau, Frankfurt, liefert und die pneumatischen Förderanlagen in Frage, die man allgemein als Mammutbagger bezeichnet. Derartige Anlagen gestatten ohne Schwierigkeiten, Schlamm mit dem halben Gewichtsanteil Wasser auf eine Entfernung von mehreren Kilometern zu fördern.

[1] Offhaus, K.: Münchener Beiträge zur Abwasser-, Fischerei- und Flußbiologie. München: Oldenbourg 1964, S. 237.

Abb. 93. Im Vordergrund: Bruckner-Anlage für die Schwemmwasser, im Hintergrund: Düsenteiche für die Kühlung von Fallwässern

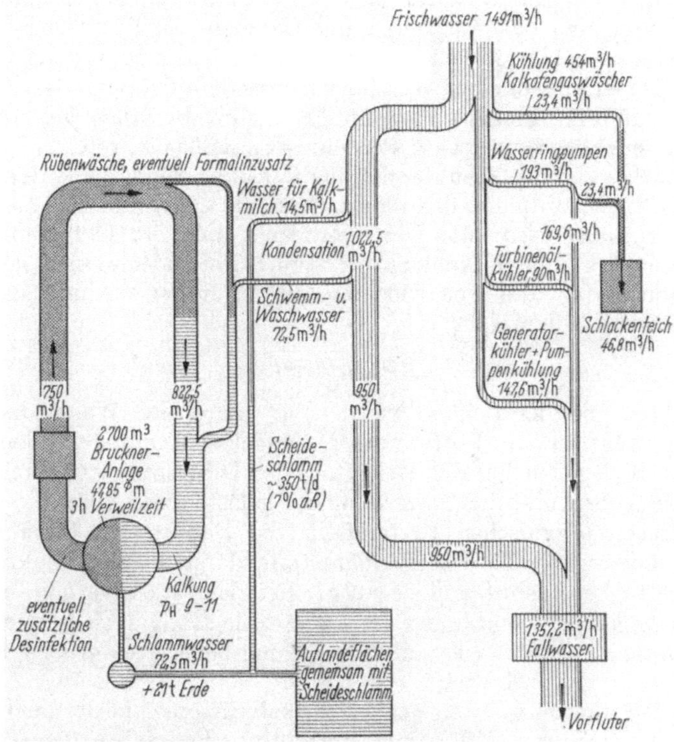

Abb. 94. Wasserschema einer Zuckerfabrik. Rübenverarbeitung: 5000 t/Tag mit Rübenschwemm- und waschwasserkreislauf (nach OFFHAUS)

Zur Förderung des Absetzvorganges hat man verschiedene chemische Fällungsmittel vorgeschlagen, doch verursachen solche bei den großen Abwassermengen zu hohe Kosten. Als einziges Fällungsmittel findet man noch hier und da die Anwendung von Kalk (etwa 0,01%).

Der in den Schlammteichen abgesetzte und nach längerem Stehen getrocknete Schlamm wird in vielen Zuckerfabriken von den Landwirten im Frühjahr wieder geholt und zur Verbesserung ihrer Felder benutzt. Da diese Abfuhr des Schlammes meist in die Frühjahrsbestellung fällt und daher gelegentlich unterbleibt, haben viele genossenschaftlich betriebene Zuckerfabriken den Rüben anliefernden Landwirten die Abnahme des Schlammes zur Bedingung gemacht.

Statt den Schlamm in den Schlammteichen zu stapeln, kann man ihn auch auf Vakuumfiltern entwässern. Der 85% Wasser enthaltende Schlamm wird mit Kalk versetzt und kann dann auf Vakuumfiltern bis auf einen Wassergehalt von 45 bis 50%, was einer Gesamtvolumenabnahme von 70% entspricht, entwässert werden. Der anfallende Schlamm ist leicht zu handhaben und kann infolge eines hohen Gehaltes an Humus- und Dungstoffen direkt auf Feldern oder in den Gärten verwandt werden.

Der bei der Saturation anfallende 100 °C heiße Schlammsaft wird ungeklärt mittels Schlammpumpen in Rahmen- oder Kammerpressen gedrückt. Da die Pressen den Nachteil haben, daß sie nur diskontinuierlich arbeiten und das Auspacken der Rahmen viel Handarbeit macht, verwendet man hierfür neuerdings Vakuumzellenfilter, wie sie von den Firmen Imperial, München, Westfalia-Dinnendahl-Gröppel AG., Bochum, Maschinenfabrik Buckau, R. Wolf, Grevenbroich, Filtro KG., Aachen, in höchster Vollendung gebaut werden. Der anfallende Preß- und Scheideschlamm, der in der Hauptsache aus Calciumcarbonat mit den ausgeflockten Eiweißstoffen und Kolloiden besteht, und der noch 0,1 bis 0,2% Zucker enthält, wird entweder getrocknet und im Glühofen wieder auf Calciumoxyd und Kohlensäure verarbeitet, oder man gibt ihn als Düngemittel für kalkarme Böden. Auf 1 t Rüben rechnet man mit 80 kg Scheideschlamm.

γ) Rieselfeldverfahren

Während bei der Behandlung der Schwemm- und Waschwässer das Hauptgewicht auf die Entfernung der ungelösten, mineralischen Stoffe gelegt wird, spielen bei der Reinigung der Diffusions- und Preßwässer auch der Abbau und die Entfernung der gelösten und kolloid verteilten zersetzlichen organischen Bestandteile die Hauptrolle. Da alle diese Bestandteile wertvolle Pflanzennährstoffe darstellen, wäre ihre landwirtschaftliche Ausnutzung gegeben. Bei dem Rieselverfahren findet eine weitgehende Ausnutzung der Dungstoffe statt, doch ist ein Reinigungserfolg wegen der zur vollen Reinigung benötigten großen Flächen nicht immer gewährleistet.

Bei den zumeist warmen Zuckerfabrikabwässern geht der Zucker bald in organische Säuren (Milchsäure, Buttersäure, Essigsäure, Propionsäure) über. Werden solche sauren Wässer den Rieselfeldern zugeführt, so wird der im Boden vorhandene Kalk ausgelaugt. Besonders bei flachen drainierten Rieselfeldern muß man mit einem Kalkentzug aus dem Boden rechnen. Bei Oberflächenberieselung und bei einer Rieselung auf mindestens 1,50 m tiefen drainierten Flächen ist die Gefahr nicht so groß, da die Bodenbakterien die Kalksalze der genannten Säuren bald wieder in Calciumcarbonat umwandeln. Bei den mit Kalk und Chlor behandelten Abwässern ist die Gefahr zu hohen Säuregehaltes nicht vorhanden.

Folgende *Richtlinien* sollten *für die Vorbehandlung der Abwässer*, die zur Verrieselung gelangen sollen, beobachtet werden:

1. Es muß durch möglichst häufige Verwendung der Abwässer im Kreislauf angestrebt werden, die Abwässer in einer möglichst konzentrierten Form zu erhalten, um mit einem Minimum an Rieselflächen auszukommen.
2. Es muß vermieden werden, die Abwässer in stark saurer Beschaffenheit auf die Rieselfelder zu schicken, weil sonst der Reinigungserfolg gering ist und eine Säuerung und Kalkentzug des Bodens eintreten kann.
3. Es soll entweder auf tief drainierten Flächen gerieselt oder Oberflächenberieselung, wenn möglich in mehreren Stufen hintereinander, angewandt werden.
4. Stehen nicht genügend große Flächen zur Verfügung, so muß auf Grund der örtlichen Verhältnisse geprüft werden, welches Reinigungsverfahren als Vorreinigung in Frage kommt.
5. Es sollen möglichts nur gut vorbehandelte Abwässer verrieselt werden. Eine direkte Verrieselung der Preßwässer ist als schädlich anzusehen.

Für die Größe der anzuwendenden Fläche ist die Konzentration des Abwassers ausschlaggebend. Die Preußische Landesanstalt für Wasser-, Boden- und Lufthygiene hält zur Erreichung eines günstigen Erfolges für etwa 40 bis 90 m³, im Mittel 65 m³ Abwasser je Tag, eine Rieselfläche von 1 ha für erforderlich. Dies ergibt aber bereits so außergewöhnlich große Flächen, daß das Verfahren nur in ganz besonderen Fällen, wo die Zuckerfabrik über eigene, große Landflächen verfügt, zur Anwendung kommen dürfte. Die Hauptwiderstände für die Verwendung der im Zuckerfabrikabwasser vorhandenen Dungstoffe kommen gewöhnlich aus den Landwirtschaftskreisen. Hinzu kommen noch die großen Kosten für die Herrichtung des Geländes, die mit rund 1000 bis 2000 DM je Hektar zu veranschlagen sind. Als Nachreinigung hinter anderen Verfahren, die vorher größere Mengen Schmutzstoffe abbauen, hat das Rieselverfahren bessere Aussichten. SPENGLER[1] weist darauf hin, daß 70% aller deutschen Zuckerfabriken ihre Diffusions- und Preßwässer auf Rieselfeldern reinigen, die aber fast überall zu klein sind. Er schlägt daher vor, die Zuckerfabrikabwässer zusammen mit den häuslichen Abwässern der Dörfer und Städte zu verrieseln, um so die Landwirte zu veranlassen, größere Flächen zur Verfügung zu stellen. MEYER[2] hat ausführliche Untersuchungen über die Möglichkeit der

[1] SPENGLER: Dtsch. Zuckerind. 1939, H. 20.
[2] MEYER, E. J.: Vom Wasser Bd. 13 (1938) S. 110.

Reinigung der Zuckerfabrikabwässer sowohl auf Staufiltern wie auch auf drainierten Grünflächen gemacht. Trotz eines guten durchlässigen Bodens, der in der Betriebszeit von 100 Tagen mit 1600 mm berieselt wurde, und bei dem ein 90%iger Reinigungserfolg festgestellt wurde, zeigten die Entwässerungsgräben und der wasserarme Vorfluter eine sehr starke Verpilzung und völligen Sauerstoffschwund unterhalb der Einleitungsstelle. Bei einer Verrieselung auf drainierten Grünflächen konnte nur eine 30%ige Abnahme der Verschmutzung festgestellt werden. Auch bei einer doppelten Verrieselung hinter dem Gärfaulverfahren ist ein Erfolg nur dann zu erzielen, wenn die zur Verfügung stehenden Flächen groß genug sind. MEYER[1] kommt daher zu dem Ergebnis, daß für die Reinigung der Zuckerfabrikabwässer nur die weiträumige Berieselung oder Beregnung in Frage kommt. Das *Proskowitz-Verfahren*, das in einer Kombination von doppelter Rieselung mit einer Zwischenkalkung besteht, erfordert genügend große Flächen, da sonst die Rieselfelder verschlammen.

SCHULZE-FALKENHAIN[2] gibt das aus Rübenschwemm- und Waschwässern (nach Klärung mit Fallwässern, Entschlammung und Wiederverwendung im Betriebe) und Vermischung mit den Preß- und Diffusionswässern und den Abwässern aus dem Kalkofenbetriebe bestehende Gesamtabwasser nach einer gründlichen Entschlammung mit einem Gehalt an 30 mg/l Stickstoff, 100 mg/l Kali (K_2O), 150 mg/l Kalk und einem Kaliumpermanganatverbrauch von 1000 bis 3000 mg/l auf gedrainte Grünflächen. Bei einer Gesamtwassergabe von 600 mm Gesamthöhe wurde eine Abnahme von 70% des Kaliumpermanganatverbrauchs und eine Minderung des Pilzbewuchses im Vorfluter erzielt. Bei etwa gleicher Belastung auf nicht gedrainten Grünlandflächen konnte er ohne Schwierigkeiten während der Frostperiode eine für den Vorfluter ausreichende Reinigung erzielen. Für die Verrieselung des Abwassers von je 1000 t Rüben hält er eine Fläche von 20—30 ha Wiesen oder Acker für erforderlich.

δ) *Verregnung der Abwässer*

Die Verregnung der Abwässer ist auf Vorschlag der Emschergenossenschaft in Essen während der Kampagne 1929/30 durch die Zuckerfabrik Soest versucht worden. Die von Schwebestoffen gut vorgereinigten Abwässer werden in ein Rohrsystem gedrückt und durch Düsen versprüht. Hierzu dienen die bekannten Weitstrahlregner. Beim Versprühen wird das Wasser mit Sauerstoff angereichert und so für die weitere Reinigung auf dem Acker oder Grünland günstig beeinflußt.

Die Kosten des Verfahrens sind von der Größe und Lage des Geländes, der Höhe der Wasserentnahmestelle sowie der Entfernung von der Fabrik und den Kosten des elektrischen Stromes abhängig. Sie belaufen sich nach Angaben von MÜLLER auf etwa 400 DM je Hektar. Der Vorzug der Beregnungsanlagen besteht darin, daß die Rohrleitungen unter

---

[1] MEYER, H. J.: Vom Wasser Bd. 13 (1938) S. 110.
[2] SCHULZE-FALKENHAIN, H.: Zucker Bd. 4 (1951) S. 389.

Gelände verlegt werden können und somit die landwirtschaftliche Nutzung nicht beeinträchtigt wird. Die Beregnung ist auch bei unebenen Flächen anwendbar, so daß Kosten für die Einebnung des Geländes fortfallen. NOLTE[1] hatte mit der weiträumigen Verregnung von Zuckerfabrikabwässern recht gute Erfolge.

ε) *Das Doppelgärverfahren und das Gärfaulverfahren*

Das von PRÜTZ und NOLTE eingeführte Verfahren, nach dem Hildesheimer Flußwasseruntersuchungsamt auch Hildesheimer Doppelgärverfahren genannt, benutzt die Eigenschaft der zuckerhaltigen Abwässer, bei geeigneten Temperaturen leicht in Gärung und dann in Fäulnis überzugehen, um durch rasch aufeinanderfolgende Gärungen den Abbau der Stoffe durchzuführen.

Die gut entpülpten Diffusions- und Preßwässer werden gemäß Abb. 95 unter möglichster Erhaltung ihrer warmen Temperatur von 40 bis 50 °C dem ersten Gärteich zugeführt. Hier tritt alsbald Milchsäuregärung ein.

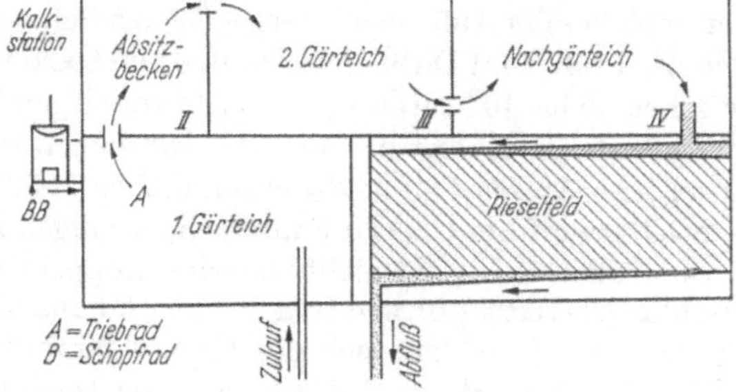

Abb. 95. Schema des Doppelgärverfahrens (nach PRUETZ und NOLTE, Hildesheimer Verfahren)

Auf dem Wasser bildet sich eine starke Schaum- und Schwimmdecke, welche die Abkühlung des Wassers verhindert. Da bei zu starkem Ansteigen der Säuerung die Milchsäuregärung von einem bestimmten Zeitpunkt an aufhören würde, wird am Auslauf des ersten Gärteiches Kalk in Form von Kalkmilch in Mengen von 50 kg je 50 t Rüben zugegeben, wobei höchstens der Neutralpunkt ($p_H = 7{,}0$) erreicht werden soll. Durch diese Kalkzugabe wird die bisher gebildete Säure abgestumpft und es setzt eine zweite, ebenso starke Gärung ein, bei der wieder reichliche Mengen von Milch- oder Buttersäure — je nach Innehaltung einer höheren, 40 bis 45 °C oder einer etwas niederen, 35 bis 40 °C betragenden Temperatur — gebildet werden. Gleichzeitig tritt eine Ausflockung stickstoffhaltiger Stoffe ein, die in dem folgenden, als Absetzbecken wirkenden dritten Teich abgefangen werden. In dem zweiten Gärteich wird die zweite Gärung zu Ende geführt. Der vierte Teich dient als Nachgär-

[1] NOLTE, E.: Beiträge zur Wasser-, Abwasser- und Fischereichemie, Magdeburg Bd. 1 (1946) S. 24.

teich und zum Absetzen der bei der Gärung ausgeschiedenen Stoffe. Von hier aus wird das ausgegorene Abwasser auf ein gut drainiertes Rieselfeld geleitet.

Die Wirkung des Doppelgärverfahrens wurde durch die Einführung des Gärfaulverfahrens (Salzwedeler Verfahren) wesentlich verbessert. Durch eine verstärkte Kalkzugabe bis zur alkalischen Reaktion (p_H-Wert 7,6 bis 8,0) werden die beim Doppelgärverfahren auftretenden Schwierigkeiten beseitigt. SCHUDT und NOLTE[1] haben als Verbesserung das Gärfaulverfahren eingeführt, das den Zweck hat, die bisher im Vorfluter sich abspielenden Faulvorgänge nach Beendigung der sauren Gärung in die Kläranlage zu verlegen. In einer nach dem in Abb. 96 wiedergegebenen Schema arbeitenden Anlage werden die Preß- und Diffusionsabwässer im Gärteich *I* bei Temperaturen zwischen 35 bis 40° vergoren. Es tritt vorwiegend Buttersäuregärung ein, welche die Faulvorgänge und die Methangärung erleichtert. Das sauer gewordene Abwasser, das durchschnittlich 1500 bis 2000 mg/l Buttersäure enthält, wird am Überlauf durch eine genügende Kalkzugabe neutralisiert. Die Kalkzugabe geht nicht wie beim Doppelgärverfahren bis zum Neutralpunkt (p_H-Wert 7,0), sondern darüber hinaus bis etwa p_H 9,0. Schon im Absetzteich *II*, in dem sich der Kalkschlamm und die ausgeflockten Eiweißstoffe absetzen, stärker aber noch im Teich III tritt starke Fäulnis, verbunden mit Methan- und Wasserstoffgärung ein. Hierbei werden die bei der Gärung übriggebliebenen Eiweißstoffe und die Kalksalze der bei der ersten Gärung gebildeten Säure zersetzt. Auf allen Teichen bildet sich eine für die Erhaltung der Temperatur wichtige Schaumdecke. Das aus dem Teich *IV* abfließende Wasser ist neutral und kann daher auf den beiden nachgeschalteten eng drainierten Rieselfeldern gut weiterbehandelt werden. Der Platzbedarf ist nach NOLTE sehr gering. Auf einer Fläche von $60 \times 100 = 6000\ m^2$ werden in Salzwedel täglich 3000 m^3 Diffusions- und Preßwässer durch Fäulnis und Methangärung gereinigt. Die angeschlossenen Rieselfelder sollen eine Größe von 3 ha je 1000 t Rübendurchsatz haben. Die Reinigungswirkung ist als sehr gut zu bezeichnen. Das aus den Teichen abfließende Wasser läßt sich auch durch eine einfache Nachbehandlung durch chemische Fällungsmittel, Belüftung in flachen Stauteichen und Sandfiltration so weit reinigen, daß es unbedenklich in jeden Vorfluter abgelassen werden kann. Bei einer Verdünnung von 1:10 der nach dem Gärfaulverfahren gereinigten Abwässer tritt keine Sauerstoffzehrung mehr ein. Pilzbildungen treten im Vorflu-

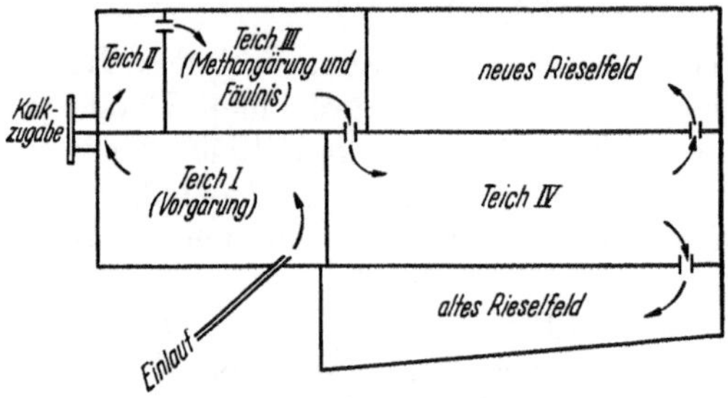

Abb. 96. Schema des Gärfaulverfahrens (nach NOLTE, Salzwedeler Verfahren)

[1] NOLTE, E.: Vom Wasser Bd. 2 (1928) S. 272.

ter nicht mehr auf. Bei dem Gärfaulverfahren auftretende Mißerfolge beruhen nach den Beobachtungen der Preuß. Landesanstalt für Wasser-, Boden- und Lufthygiene[1] fast stets auf einer ungenügenden chemischen Überwachung, besonders hinsichtlich des Kalkzusatzes, der auf jeden Fall maschinell zu erfolgen hat und durch stationär eingebaute p_H-Wert-Meßgeräte überwacht werden sollte.

ζ) *Reinigung auf Tropfkörpern*

Die von Normann[2] durchgeführte Reinigung von Zuckerfabrikabwässern auf Tropfkörpern verlangt eine weitgehende Verdünnung des Abwassers. Das Diffusions- und Preßwasser muß bis auf einen Zuckergehalt unter 0,1% verdünnt werden. Auch müssen die Abwässer möglichst frisch, d. h. bevor saure Gärung eingetreten ist, behandelt werden. Die aus Schlacke oder Kies von 1 bis 2,5 cm Korngröße bestehenden Tropfkörper haben eine Höhe von 1,8 m und können mit 600 l des verdünnten Abwassers je Kubikmeter Tropfkörpermaterial beschickt werden. Bei einer derartig geringen Beschickungsmenge und den großen Mengen anfallenden Abwassers hat das Verfahren wenig Aussicht, obwohl der Reinigungserfolg gut ist. Es ist zu erwarten, daß die mit Dauerbeschickung und zusätzlicher Belüftung arbeitenden Hochleistungstropfkörper bessere Wirkungen haben werden, wenn man die biologischen Vorgänge durch Zugabe von Phosphaten unterstützt.

Brandon[3] hat die in einem großen Teich aufgespeicherten gemischten Abwässer einer Zuckerfabrik im Laufe des der Kampagne folgenden Jahres auf einem halbtechnischen Versuchstropfkörper von 4 m Durchmesser, der mit 2,5 bis 3,5 cm großem Filtermaterial gefüllt war, behandelt. Bei Beginn der Versuche im April 1945 hatten die gemischten Abwässer einen hohen biochemischen Sauerstoffbdarf (550 mg/l), so daß sie mit Flußwasser verdünnt werden mußten. Mit fortschreitender Einarbeitung sank der BSB_5 im Ablauf sehr schnell. Selbst bei der hohen Belastung von 1779 g/m³ Tropfkörpermaterial hatte der endgültige Abfluß nur noch einen BSB_5 von 5 mg/l, obwohl nach 2 Monaten Einarbeitungszeit unverdünntes Teichwasser auf die Tropfkörper gegeben wurde.

Zur Entlastung der Tropfkörper kann man diese hinter eine Vergärungsanlage schalten. Nachdem das Abwasser in hintereinandergeschalteten Teichen durch Gärung oder Faulung vorgereinigt ist, wird das Abwasser auf Tropfkörper oder in eine Schlammbelebungsanlage geleitet. Die von der Aquapura angestellten Versuche ergaben die in der Tab. 32 dargestellte Wirkung. Während das unbehandelte Pülpewasser eine Sauerstoffzehrung von 150 mg/l im Mittel hatte, beträgt die Sauerstoffzehrung nach Verlassen der Teiche noch etwa 15 mg/l. Hiervon können auf dem Tropfkörper nochmals 40% abgebaut werden, so daß

---

[1] Pritzkow: Kleine Mitt. Bd. 12 (1936) S. 308.
[2] Normann: Food Manufact. London Bd. 9 (1934) S. 237.
[3] Brandon: Int. Sug. J. Bd. 49 (1947) S. 98.

das so behandelte Abwasser ohne Bedenken in kleine Vorfluter abgelassen werden kann, da sein Reinheitsgrad dem von Flußwasser sehr nahe kommt.

Tabelle 32

Ergebnisse einer kombinierten Anlage aus Gärteichen und Tropfkörpern für Zuckerfabrikabwasser

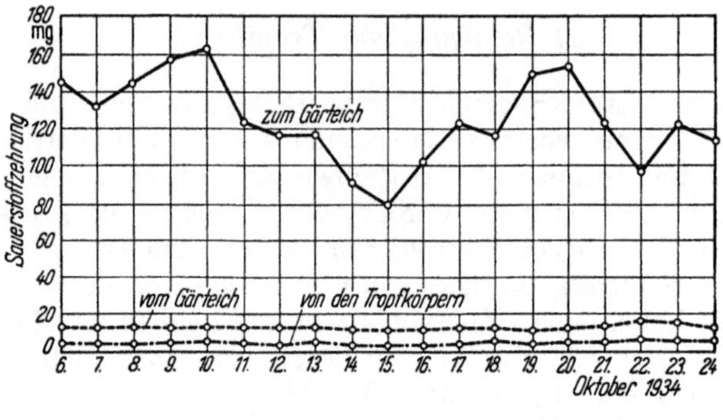

η) Reinigung durch das Belebtschlammverfahren

Schon 1922 hat KESSENER in Holland Versuche zur Anwendung künstlicher biologischer Verfahren durchgeführt. Die gut vorgereinigten Preß- und Diffusionsabwässer werden in einem KESSENER-Becken mit Oberflächenbelüftung durch Bürstenwalzen 15 Std. belüftet. Durch Zugabe von Kalk kann die Belüftungszeit auf 13 bis 14 Std. verkürzt werden.

Eine bedeutend verstärkte Wirkung des Belebtschlammverfahrens für Zuckerfabrikabwässer erzielten NOLTE, MEYER und FROMKE[1], wenn sie den zur Reinigung benutzten belebten Schlamm nach dem Magdeburger P-Verfahren durch Zugabe von Stickstoffverbindungen und Phosphaten, z. B. von Ammonphosphat, einarbeiteten und dem zu reinigenden Wasser laufend kleine Mengen Ammonphosphat als Nährsalz zugaben. Die bei früheren Versuchen ohne Nährsalzzugabe auftretenden Blähschlammbildungen hörten sofort auf.

Bei der Prüfung der Frage, ob Zucker oder Buttersäure leichter durch das Belebtschlammverfahren abgebaut wird, wodurch gleichzeitig die Frage, ob ein Zuckerfabrikabwasser vor oder nach der Gärung dem Belebtschlammverfahren unterworfen werden muß, geklärt werden sollte, zeigte es sich, daß der in buttersauren mit Phosphaten und Ammonsalzen versetzten Abwässern gebildete Schlamm nicht ohne weiteres imstande ist, Zucker abzubauen. Die Buttersäure verschwand restlos, nicht aber der Zucker. Dies hing wohl damit zusammen, daß Zucker wohl leicht in Gärung geht, nicht so leicht aber dem biologischen Abbau durch Belebtschlamm unterliegt wie Buttersäure.

---

[1] NOLTE, E., MEYER u. FROMKE: Vom Wasser Bd. 8 (1934) S. 126.

ϑ) *Speicherung der Abwässer*

Einige Fabriken haben die Entlastung ihrer Vorfluter durch Fernhalten der Abwässer dadurch erreicht, daß sie nach ganz oder teilweiser Einführung des Rücknahmeverfahrens die anfallenden Restabwässer in großen Teichanlagen und ausgedehnten Wiesenflächen aufspeicherten. Das Ablassen der durch Versickerung und Verdunstung allmählich an Menge verringerten Abwässer erfolgt nach der Kampagne allmählich, nachdem der größte Teil der zersetzungsfähigen organischen Stoffe durch biologische Fäulnis- und Oxydationsvorgänge abgebaut worden ist.

e) Untersuchung von Kläranlagen

Bei der Untersuchung von Kläranlagen für Zuckerfabrikabwasser kommt außer der Feststellung der Zucker- und Eiweißstoffe vor allem die Bestimmung der bei den Zersetzungen gebildeten organischen Säuren in Frage. Die sonst in der Abwasseruntersuchungstechnik angewandte Bestimmung des Kaliumpermanganatverbrauchs gibt keine eindeutigen Resultate. NOLTE gibt folgende Werte für die verschiedenen Wässer an (s. Tab. 33).

Tabelle 33

Zusammensetzung der verschiedenen Zuckerfabrikabwässer (nach NOLTE)

	Fallwasser mg/l	Schwemmwasser mg/l	Pressewasser mg/l
Permanganatverbrauch	50—250	90—2000	15000—25000
Gesamtstickstoff	5—10	10—50	30—100
Ammoniakstickstoff	2—9	5—30 u. m.	5—10
Organischer Stickstoff	2—5	5—30 u. m.	25—90
Organische Säure	—	10—2000	—
Zucker		bis 4 g/l	
BSB_5		200	1250

In neuerer Zeit wendet man daher zur Beurteilung besser die Bestimmung des biochemischen Sauerstoffbedarfs an. Das Abwasser wird zunächst durch Ammoniumbikarbonat neutralisiert und dann unter Zusatz kleiner Mengen von Phosphaten und nach Impfung mit häuslichem Abwasser der zum biologischen Abbau notwendige Sauerstoff bestimmt. Wird der Kaliumpermanganatverbrauch als ein Maßstab für den Gehalt an Zucker benutzt, so ist nach SCHMIDT 1 mg/l Zucker = 2,65 mg/l Permanganatverbrauch. Bei der sauren Gärung der Zuckerfabrikabwässer bilden sich u. a. die niederen Fettsäuren, die einen niederen Permanganatverbrauch, aber einen normalen BSB haben, so daß bei der Beurteilung der Frage der Beeinflussung eines Vorfluters durch Zuckerfabrikabwässer der BSB die richtigeren Werte ergibt.

f) Abwässer der Nebenbetriebe

In den *Zuckerraffinerien* wird Rohzucker auf Feinzucker, sog. Raffinade, verarbeitet. Hierbei wird eine möglichst weitgehende Trennung der im Rohzucker enthaltenen, den Geschmack stark beeinträchtigenden Salze und organischen Nichtzuckerstoffe durchgeführt. Der von den Zuckerfabriken angelieferte, oft auch vom Ausland bezogene Rohzucker (Kubazucker) wird nach einer Vorwäsche in Wasser aufgelöst, durch Aktivkohle oder andere Entfärbungsmittel entfärbt. Nach dem Abtrennen dieser Stoffe wird die Lösung in der gleichen Weise wie beim Rohzucker in Vakuumapparaten eingedampft und dabei in die gewünschte Form gebracht. Die teure Aktivkohle wird wiedergewonnen und regeneriert. Bei der Raffination des Rohzuckers fallen Ablaugen und Waschwässer von der Regeneration der Kohle und die beim Eindampfen üblichen Fallwasser, die in gleicher Weise wie früher angegeben ist, behandelt werden.

In den Melasse-Entzuckerungsfabriken kann der Zucker aus der Melasse auf verschiedene Art gewonnen werden. Außer besonderen Osmoseapparaten wendet man das STEFFENsche Verfahren oder die Strontiumentzuckerung an. Das letztere am meisten angewandte Verfahren besteht darin, daß in die kochende Melasselösung Kristalle von Strontiumhydroxyd gegeben werden. Es scheidet sich Bistrontiumsaccharat aus, das abgetrennt und gewaschen wird. Dieses wird zunächst durch Behandeln mit kaltem Wasser in Strontiumhydroxyd und Zucker getrennt. Aus der von dem Stroniumhydroxyd abgetrennten Zuckerlösung wird noch vorhandenes Strontium durch Kohlensäure ausgeschieden. Aus der reinen Zuckerlösung wird der Zucker durch Vakuumverdampfapparate gewonnen. Hierbei fällt wieder eine braun gefärbte Schlempe an, die nach Eindickung durch Destillation auf Schlempekohle, Teer, Ammoniak und Blausäure verarbeitet wird. Die oft stark cyanhaltigen Waschwässer werden durch Behandeln mit Chlorkalk, Chlorgas nach Alkalisierung, oder anderen Oxydationsmitteln gereinigt.

Zu den in den Nebenbetrieben der Zuckerfabriken anfallenden Abwässern muß man auch noch die Sack- und Filtertuchwaschwässer sowie die sonstigen Betriebs- und Reinigungswässer rechnen. Sie sind aber in ihrer Anfallmenge so gering, daß sie mit den anderen Abwässern zusammen gereinigt werden können.

In manchen Fällen ist mit der Zuckerfabrik auch eine *Aufbereitungsanlage für Rübenblätter* und *Trocknungsanlage für Zuckerrübenschnitzel* verbunden. Im ersteren Falle entstehen in der Hauptsache beim Waschen und Abpressen der Blätter die Waschwässer und die meist chlorophyllhaltigen Preßwässer. Während die Waschwässer nach einer schwachen Chlorung möglichst im Kreislauf benutzt werden sollen, zeigen die Preßwässer zu hohe Konzentrationen. Die Waschwässer sind mehr oder weniger stark gelbbraun gefärbt und haben einen stark schwankenden Gehalt an erdigen Bestandteilen. Dagegen sind die Preßwässer durch Chlorophyll meist grün gefärbt und hochkonzentriert. Bei einer Rübenblattverarbeitung von 1500 Ztr. je Tag fallen nach HUSMANN[1] in drei Schichten an

Waschwässer	156 m³/Tag	mit	6400	Einwohnergleichwerten
Preßwässer	24 m³/Tag	mit	9400	„
	180 m³/Tag		15800	„

[1] HUSMANN, W.: Wasser u. Boden Bd. 11 (1956) S. 381.

Er empfiehlt, die Abwässer in Erdbecken zu speichern und später dann wegen ihres Gehaltes an Pflanzennährstoffen zu Düngezwecken zu benutzen. Bei der Weiterverarbeitung werden dann die Blätter in gleichen Trocknungsanlagen wie die Rübenschnitzel getrocknet, wobei die Kondenswässer anfallen, die dann zusammen mit den Preßwässern und Kondenswässern der Zuckerfabriken behandelt werden können.

21. Abwässer der Rübenkrautfabriken

Ein Nebenzweig der Zuckerrübenverarbeitung ist die Herstellung von „Rübenkraut". Die Rüben werden in der gleichen Weise wie bei den Zuckerfabriken gewaschen. Hierbei fallen stark mit Erde, Rübenblätterresten, Rübenstückchen, Wurzelteilchen durchsetzte Abwässer an, die infolge ihres hohen Saponingehaltes eine hohe Schaumkraft haben.

Die gewaschenen Rüben werden in Druckautoklaven 2 Std. mit Dampf von 2 bis 4 atü gekocht. Hierbei zerfallen sie zu einem dunkelbraunen Brei, der in Pressen abgepreßt wird. Das auf den Filtertüchern zurückbleibende, wie Pappe aussehende Preßgut wird zur Viehfütterung benutzt. Der abfließende Saft wird zur Entfernung etwaiger bei Pressen durchgegangener fester Stoffe filtriert und dann im Vakuum zur Sirupdicke eingedampft.

Die Abwässer der Rübenkrautfabriken zeigen die bei den Zuckerfabrikabwässern beschriebenen unangenehmen Eigenschaften (s. unter Zuckerfabrikabwasser) und gehen wie diese sehr schnell in saure Gärung über. Infolge ihrer ähnlichen Zusammensetzung wie die Zuckerfabrikabwässer haben sie durch ihren Kali- und Phosphorsäuregehalt hohen Dungwert, wohingegen der hohe Kalkgehalt der Zuckerfabrikabwässer fehlt.

Die Reinigung kann in ähnlicher Weise wie für Zuckerfabrikabwässer angegeben geschehen. Hierbei ist zu berücksichtigen, daß die Leistungen der Rübenkrautfabriken und damit auch die Abwassermengen meistens ganz bedeutend kleiner sind als die der Zuckerfabriken. Hinzu kommt, daß diese Fabriken in den meisten Fällen auf dem flachen Lande liegen, wo für die düngenden Abwässer günstigere Abnahmeverhältnisse vorliegen. Die einfachste Beseitigungsart ist daher, die Abwässer während der Kampagne auf ein genügend großes Feld, das durch Umpflügen mit einem etwa 30 cm hohen Deich umgeben ist, und dem das Abwasser zwecks besserer Verteilung der erdigen Bestandteile an mehreren, abwechselnd betriebenen Zuläufen zugeleitet wird, zu pumpen. Man kann aber auch mehrere kleine Felder umdeichen und diese dann abwechselnd betreiben. Hier kann das Abwasser im Laufe des Winters versickern. Die erdigen und übrigen ungelösten Bestandteile setzen sich hierbei ab. Der Boden hält die in den Abwässern enthaltenen Dungstoffe durch Adsorption und durch Basenaustausch fest, so daß der Boden bei genügend gleichmäßiger Beschickung eine ausreichende Düngung erfährt. Wo diese Reinigung nicht möglich ist, erfolgt die Reinigung der Abwässer großer Rübenkrautfabriken nach den für die Zuckerfabrikation angegebenen Richtlinien.

22. Abwässer von Waschmittelfabriken

a) Seifenfabriken und Fettspaltereien

Bei der Seifenherstellung werden pflanzliche oder tierische Fette und Öle oder künstliche und natürliche Fettsäuren mit Lauge gekocht. In einer Seifenfabrik fallen an:

1. Verschiedene Abwässer von der Reinigung der Rohfette;
2. glycerinhaltige Abwässer der Fettspaltung bzw. die Kondenswässer der Glycerinraffination;
3. Unterlaugen vom Verseifungsvorgang;
4. Waschwässer;
5. ferner Kondens-, Spül- und Kühlwasser.

Als Rohfette werden hauptsächlich solche Fette verwandt, die zum menschlichen Genuß nicht geeignet sind, wie z. B. Pferdefett, Knochenfett, Hammeltalg, die geringeren Sorten von Rindertalg, Abfallfette, Abwasserfette, hydrierte Trane, Fett der Kadaververwertungsanlagen usw. Für die Herstellung der Kernseifen und feineren Toilettenseifen werden pflanzliche Fette, wie Olivenöl, Sesamöl, Maisöl und Sojaöl u. a., benutzt. Bei der Herstellung der Seifen werden die angewandten Rohfette zumeist einer sehr eingehenden Reinigung unterzogen. Zur Entfärbung und Desodorierung der Fette werden die Fette mit adsorbierenden Stoffen, wie Holz-, Knochen- und aktiver Kohle, Kieselgur, Bleicherde, Walkerde, Silikagel bei Temperaturen von 70 bis 90° behandelt. Nach genügender Einwirkung läßt man absetzen, filtriert oder wäscht aus, wobei mit dem jeweiligen Entfärbungsmittel beladene, schwach alkalische Abwässer anfallen, aus denen man in Absetzbecken das angewandte Entfärbungsmittel leicht entfernen und unter Umständen sogar wiedergewinnen kann.

Erfolgt das *Bleichen* durch Natriumperoxyd, Perkarbonate, Hypochlorite, Natriumbichromat, Kaliumpermanganat und Schwefelsäure und andere sauerstoffabspaltende Stoffe, so fallen mit diesen Stoffen bzw. ihren Umwandlungsstoffen beladene Abwässer an.

Die vorgereinigten Fette werden in Fettsäuren und Glycerin gespalten. Die technisch angewandten Verfahren sind die Autoklavenspaltung, die Spaltung mit Schwefelsäure, das TWITCHEL-Verfahren, die fermentative Spaltung und das Kalkverfahren.

Bei der *Autoklavenfettspaltung* werden die Fette mit der halben Menge Wasser und mit dem als Katalysator dienenden Zink-, Calcium- oder Magnesiumoxyd versetzt und in geschlossenen Gefäßen auf hohe Temperaturen bei 6—7 atü erwärmt. Auf 2500 kg Öl werden z. B. 15 kg Zinkoxyd, dem etwa 7 kg Zinkstaub zugesetzt sind, in Wasser angerührt zugegeben. Es bilden sich Zinkseifen, die sich auf dem Glycerinwasser abscheiden.

Die Zinkseifen werden bei +80 °C mit 30% Schwefelsäure gründlich durchgemischt und dabei zersetzt. Es bildet sich Zinksulfat und freie Fettsäure. Nach vollendeter Spaltung wird das Säurewasser, das neben etwas Öl, freie Schwefelsäure und das Zinksulfat enthält, als Abwasser abgelassen. Wegen der hohen Preise für Zinksalze sollten sie aus diesen konzentrierten Abwässern wiedergewonnen werden. Große Wassermengen, die schwankende Gehalte an vorstehenden Stoffen haben, fallen beim weiteren Auswaschen der Fettsäuren an. Ein von mir untersuchtes Waschwasser aus einer Fettspaltung hatte einen Sulfatgehalt von 49,2 g/l mit 6,3 g/l freier Schwefelsäure und einen Zinkgehalt von 28,4 g/l. Der Gesamtabdampfrückstand betrug 199,8 g/l. Der Kaliumpermanganatverbrauch betrug 125000 mg/l. 1 m^3 dieses Säureabwassers entsprach im Vergleich mit einem häuslichen Abwasser von etwa 300 bis 400 mg/l Kaliumpermanganatverbrauch einem Einwohnergleichwert von 3000.

Das *Glycerinwasser* wird abgetrennt, durch Adsorptionsmittel, wie aktive Kohle, gereinigt und dann in Destillierapparaten auf Glycerin verarbeitet. Hierbei fallen glycerinhaltige Abwässer an, die durch Kondenswasser stark verdünnt sein können. In vielen Fällen haftet ihnen, besonders bei der Spaltung minderwertiger Fette, der mehr oder weniger üble Geruch der Rohfette an. Steigert man den Druck bei der Autoklavenspaltung auf 25—26 atü, so tritt die Spaltung der Fette auch ohne Katalysatoren ein. Nach Abtrennung des Glycerinwassers kann die Verseifung der Fettsäuren sofort erfolgen. Das Auswaschen ist dann nicht mehr erforderlich, so daß keine weiteren Abwasser entstehen.

Bei der *Fettspaltung mit Schwefelsäure* wird durch Erhitzen auf 115° getrocknetes Öl oder Fett mit konzentrierter Schwefelsäure gespalten. Neben freien Fettsäuren bilden sich die üblichen Waschwässer und das schwefelsäurehaltige Glycerinwasser, das auf Glycerin weiterverarbeitet wird. In manchen Fällen wird bei schlechten Glycerinpreisen dieses als Abwasser mit den weiteren Waschwässern abgestoßen.

Bei dem *Twitchel-Verfahren* erfolgt die Fettspaltung mit 1 bis 2% Schwefelsäure als Katalysator mit direktem Dampf. Das Glycerinwasser wird in besonderen Pfannen auf Rohglycerin verarbeitet. Bei der Waschung der Fettsäuren fallen die sauren, organisch stark verschmutzten, öl- bzw. fetthaltigen Waschwässer mit einem mehr oder weniger großen Glycerin- und Säuregehalt an.

Bei der *enzymatischen Fettspaltung* benutzt man die aus den Ricinussamen gewonnene Lipase bzw. das Enzym des Pankreas.

Zur Glyceringewinnung eignen sich nur die zuerst anfallenden konzentrierteren Wässer mit rund 10—14% Glycerin. Das bei der Autoklavenspaltung gewonnene Glycerinwasser zeigt 6 bis 7 °Bé und ist ziemlich rein, wenn die Fette rein und gut waren. Es wird in Vakuumapparaten bis auf eine Konzentration von 28 °Bé eingedampft, nachdem es durch Behandeln mit Kalkmilch und Ammonoxalat von störenden Verunreinigungen befreit ist. Die anfallenden, meist übelriechenden Kondenswässer gehen als Abwässer ab. Die Glycerinwässer aus der Spaltung mit Schwefelsäure und der Twitchel-Spaltung sind stark sauer, stark verunreinigt und riechen schlecht. Das bei der enzymatischen Spaltung anfallende Glycerinwasser enthält Mangansulfat, Schwefelsäure, Fettsäure und Eiweißstoffe, die mit Kalkmilch in der Siedehitze gefällt werden. Der Überschuß des Kalkes und der gebildete Gips werden durch Zusatz von Barythydrat und Oxalsäure beseitigt.

Noch stärker verschmutzt als die Säurewaschwässer der Fettspaltung sind die beim eigentlichen Verseifungsvorgang in etwa gleicher Menge anfallenden *Unterlaugen.* Es sind dies die beim Aussalzen des durch Verseifen der Fette, Öle bzw. der Fettsäuren mit Alkali anfallenden Seifenleims entstehenden, stark braun gefärbten, nach Seife riechenden Flüssigkeiten. Die Abwässer sind stark alkalisch, haben einen hohen Kochsalzgehalt (12 bis 15%) und infolge ihres hohen Gehaltes an organischen Stoffen auch eine hohe Oxydierbarkeit. Beim Abkühlen der meist mit einer Temperatur von 90 bis 100° anfallenden Abwässer scheiden diese größere Mengen plattenförmige Seifen und leimige Bestandteile aus. Durch Abkühlen der Abwässer und Abfangen dieser Stoffe lassen sich etwa 10 bis 12 g/l abscheiden. Hierdurch sinkt die Oxydierbarkeit dieser Wässer auf die Hälfte. Wurden neben Fettsäuren auch Neutralfette verarbeitet, so enthalten die Unterlaugen auch neben den Verunreinigungen der Rohmaterialien noch das bei der Fettspaltung entstehende Glycerin. Der Glyceringehalt ist um so größer, je mehr Neutralfett verarbeitet wurde. Nur die ersten Unterlaugen werden, wenn der Glycerinpreis es lohnt, auf Glycerin verarbeitet.

Weiterhin fallen in den Seifenfabriken beim Reinigen der Transportkübel, Apparate, Fabrikräume *Putz- und Spülwässer* und sehr große Mengen *Kondens- und Kühlwässer* an. Der Gesamtverbrauch wird von KEHREN[1] mit 1—5 m^3/t Fertigware angegeben.

NICHTERLEIN[2] berichtet über das in den letzten Jahren in vielen Fabriken eingeführte *CTP-Conti-Thermo-Preß-Verfahren.* Nach diesem Verfahren wird das sorgfältig vorgereinigte Rohfett in einem einzigen Arbeitsgang von 80 Minuten Dauer in einer kontinuierlichen und automatisch betriebenen Apparatur bei Temperaturen bis etwa 200 °C unter Luftabschluß durch eine Karbonatverseifung in fertige Seife verwandelt. Ein Glycerin von 85—90% Gehalt wird durch Destillation als Nebenprodukt gewonnen. Je 1 t Seife werden 0,7 t Dampf und 15 m^3 Kühlwasser benötigt.

Die bei der Rohfettraffination und die bei den Einspritzkondensatoren der Glycerineindampfanlage anfallenden Abwasser haben meist einen sehr üblen Geruch, den man durch eine Chlorung des Abwassers weitestgehend beseitigen kann. Alle fetthaltigen Abwässer sind durch genügend große Fettabscheider von Öl und Fett zu befreien.

Bei Fabriken, die ihre Abwässer in die Kanalisation ablassen können, müssen die Abwässer zunächst auf unter 30 °C abgekühlt werden. Die sich hierbei auf den Unterlaugen abscheidende Leimschicht kann durch Abschöpfen oder Abseihen entfernt werden. Bei der Fettspaltung anfallende Abwässer können durch ihren hohen Säuregehalt den städtischen Kanälen sehr schädlich werden; sie müssen aus diesem Grunde vorher neutralisiert werden. Hierzu können zum Teil die bei der Verseifung von Fettsäuren anfallenden Unterlaugen benutzt werden; doch reicht zumeist die gesamt anfallende Menge an Unterlauge zur Neutralisation

[1] KEHREN, M.: Z. ges. Textilind. Bd. 55 (1953) S. 802.
[2] NICHTERLEIN, A.: Seifen, Öle, Fette, Wachse Bd. 76 (1950) S. 485; Bd. 79 (1953) S. 182.

nicht aus. Durch gegenseitiges Vermischen gleicher Mengen Säurewaschwasser und Unterlaugen aus Ausgleichsbecken, die gleich als Kühlbecken dienen, wird etwa $^1/_4$ bis $^1/_3$ der vorhandenen Säure abgebunden. Der Rest muß dann noch durch Kalk entfernt werden. Die Abkühlung der Seifenabwässer ist auch nötig, weil sie einen, je nach Art des angewandten Fettes mehr oder weniger intensiven Geruch haben. Ferner empfiehlt es sich, in der Nähe des Zulaufs aus der Fabrik dicht schließende Kanaldeckel, sog. Hochwasserdeckel, zu verwenden. Erst wenn durch Vermischung mit anderem Abwasser der städtischen Kanalisation erreicht ist, daß keine Geruchsbelästigungen mehr auftreten, können Kanaldeckel mit Lüftungsöffnungen verwandt werden.

Vor dem Ablassen in die städtische Kanalisation müssen mit Rücksicht auf biologische Anlagen und die biologischen Vorgänge im Vorfluter die Zinksalze aus den Säurewaschwässern entfernt und im Interesse der Wirtschaft wiedergewonnen werden. Nur bei sehr starker Verdünnung mit häuslichem Abwasser ist eine Gefährdung nicht zu erwarten. Ein günstiger Umstand für die Seifenfabriken ist, daß die anfallenden Abwassermengen nicht sehr groß sind und daß sich ihre Hauptverschmutzungsstoffe, die aus Glycerin und Eiweißstoffen bestehen, leicht abbauen lassen. Das sonst noch im Wasser enthaltene Kochsalz ist weniger schädlich. Die in großen Mengen anfallenden Kondens- und Kühlwässer können, wenn sie durch einen mit Koks- oder Aktivkohlefilter versehenen Fettfänger vom Öl und Fett befreit worden sind, direkt in die Vorfluter abgelassen werden.

b) Synthetische Waschmittel

In neuerer Zeit werden besonders in der Textilindustrie, den Wäschereien und in zunehmendem Maße auch in den Haushaltungen die Seifen durch die synthetischen Waschmittel, die sog. Detergentien ersetzt. Um das Jahr 1900 wurden als erste Anfeuchtungs- und Emulgierungsmittel in der Textilindustrie verschiedene sulfurierte Öle angewandt. In der Zwischenzeit ist eine sehr große Anzahl synthetischer Waschmittel auf den Markt gebracht worden, so daß man nach den Feststellungen von Husmann und seinen Mitarbeitern[1] heute mit einem Verbrauch von 80 bis 90% Detergentien und 10 bis 20% Seife rechnet. Bei den oberflächen- oder grenzflächenaktiven Stoffen handelt es sich um verschiedene Gruppen, die man nach ihrer elektrischen Ladung bzw. nach ihrer Ionisation in drei verschiedene Arten unterteilen kann:

1. Die *anionischen Detergentien,* wie z. B. Alkylsulfate und Alkylarylsulfonate, die am meisten im Haushalt gebraucht werden.

2. Die *nicht ionisierten Detergentien,* die auf der Basis der Polyoxyäthylene beruhen und in Verbindung mit Fettsäuren und Alkylphenolen verwandt werden. Diese Detergentien finden hauptsächlich in der Industrie Anwendung.

---

[1] Husmann, W., F. Malz u. H. Jendreyko: Forschungsberichte des Landes Nordrhein-Westfalen No. 1153. Köln: Westdeutscher Verlag 1963.

3. Die *kationischen Detergentien,* wie Pyridinderivate und quaternäre Ammoniumbasen, die wegen ihrer keimtötenden Eigenschaften hauptsächlich in der sanitären Behandlung, zum Waschen der Babywindeln, in den Spülküchen der Restaurants, der Krankenhäuser und dgl. Anwendung finden.

Die beiden Hauptkomponenten synthetischer Reinigungsmittel sind grenzflächenaktive Stoffe, meist Alkylbenzolsulfonat (ABS), und ein Waschhilfsmittel, im allgemeinen Phosphate (Natriumtripolyphosphat und Tetranatriumpyrophosphat). Die synthetischen Reinigungsmittel gelangen über die Abwässer in die Oberflächen- und Grundwässer und können hier zu den schwersten Schädigungen u. a. bei der Wasseraufbereitung führen. Die bei der Herstellung anfallender Betriebsabwässer sind von Betrieb zu Betrieb je nach Art der Produktion, der benutzten Rohstoffe und der angewandten Arbeitsverfahren sehr verschieden. Charakteristische Eigenschaften der Abwasser solcher Betriebe sind nach MEINCK[1]:

a) Ausgesprochene Neigung zur Schaumbildung,
b) Gehalt an Leichtstoffen, insbesondere Fett und Öl,
c) plötzliche Veränderungen in der Zusammensetzung und Reaktion infolge stoßweisen Ablassens einzelner Anteile.

Für die Reinigung wird empfohlen, die Kühl- und Kondenswässer von den verunreinigten Betriebsabläufen zu trennen. Für die letzteren sind auf alle Fälle gute Fett- und Ölabscheider einzubauen, um Verstopfungen in den Abflußleitungen zu verhindern und hierbei verwertbare Produkte wiederzugewinnen. Die eigentliche Reinigung hat dann in einer möglichst groß bemessenen mechanischen Kläranlage, eventuell mit Hilfe chemischer Fällungsmittel, zu erfolgen, da hierdurch eine gegenseitige Neutralisation der alkalischen und sauren Abwasser, eine Spaltung etwa vorhandener Fett- und Ölemulsionen und daher wirksamere Abscheidung der Leichtstoffe, ein Ausgleich der Abwasserstöße und ein gleichmäßiger zusammengesetzter Endablauf erzielt wird. Als Fällungsmittel dürften auch hier die in der Abwassertechnik allgemein üblichen Eisen- oder Aluminiumsalze in Frage kommen, mit denen man aber nur höchstens einen etwa 50% Reinigungseffekt erzielt.

Während die gewöhnlichen Seifen bei der Behandlung mit hartem Wasser als Kalkseifen gefällt werden, werden diese Verbindungen durch hartes Wasser in keiner Weise beeinflußt. Sie wirken durch die Beeinflussung der Oberflächenspannung des Wassers. Durch ihre elektrischen Eigenschaften und ihre Nichtreaktionsfähigkeit mit hartem Wasser ist die Bildung der Schwebestoffe in rohem Abwasser und die Absetzfähigkeit der Schwebestoffe bei der mechanischen Reinigung verringert. Durch ihre Zusammensetzung im Vergleich zu Seifen wird der BSB des Abwassers verringert. Auch die Gasbildung in den Faulräumen wird geringer, da die methanbildenden Fettsäuren fehlen. Die quaternären Ammoniumbasen beeinträchtigen als kationische Verbindungen das Wachstum der Bakterien. Bei Gegenwart von 1 mg/l Detergentium im

[1] MEINCK, C.: Zit. 3. Aufl., S. 207.

Abwasser wird zur Koagulierung bei der chemischen Fällung eine größere Menge Fällungsmittel benötigt.

Sehr groß ist die Zahl der Veröffentlichungen über den Einfluß der grenzflächenaktiven Stoffe auf die Abwasserreinigung und auch auf die Selbstreinigung der Flüsse. SIERP und THIELE[1] haben gezeigt, daß mit steigenden Gehalten an Detergentien eine Dispergierung der im Wasser verteilten suspendierten Stoffe stattfindet und hierdurch eine stärkere Belastung der nachfolgenden chemischen wie auch biologischen Reinigung bedingt. Bei der Prüfung der Frage der Wirkung auf die biologische Reinigung zeigt es sich, daß durch die Zugabe von Detergentien die für die biologische Reinigung in Frage kommenden Mikroorganismen stark durch eine Störung der Symbiose Protozoen-Bakterien beeinflußt werden, indem eine verstärkte Keimvermehrung in den Belebtschlammbecken auftritt, die eine verminderte Reinigung vorzutäuschen vermag.

Die im Belebungsbecken auftretenden Schaumentwicklungen können durch eine verstärkte Schlammzugabe vermindert werden, aber bei den großen Mengen, die bei höheren Detergentiengehalten gebraucht werden, ist dieses praktisch nicht möglich, so daß es sich am besten empfiehlt, das schon vom Niersverband angewandte Verfahren der Zumischung des mechanisch bzw. chemisch gereinigten Abwassers in dünnem Strahl in die Belebungsbecken anzuwenden.

Bei der Untersuchung der Einflüsse auf die Mikroorganismenwelt im Vorfluter wurden die von amerikanischen und auch englischen Forschern festgestellten Tatsachen, daß die abtötende Wirkung auf Daphnien schon bei Mengen von 50 mg Alkylsulfat und 25 mg Alkylarylsulfonat schon nach kurzer Zeit hundertprozentig ist, bestätigt. Bei der Prüfung der Frage des Nachweises der Detergentien in den für Aquarienversuche angewandten Fischen zeigte es sich, daß die Detergentien sowohl in den Kiemen als auch im Darm und in den Gonaden nachgewiesen werden können.

Da auf diese Weise die biologischen Anlagen stärker belastet werden, müssen diese in Zukunft größer gebaut und die Luftmengen beim Belebungsverfahren vergrößert werden. Nach den bisherigen Erfahrungen geht etwa die Hälfte der Reinigungsmittel in den Schlamm der Vorreinigung, ein weiteres Viertel wird in der biologischen Anlage abgebaut, und ein Viertel verbleibt im Ablauf, der dadurch einen höheren Kaliumpermanganatverbrauch und BSB hat.

Durch den zunehmenden Gebrauch an Detergentien kommen diese immer mehr und mehr in die Flüsse, was zur Folge hat, daß sich unterhalb von Abstürzen und beim Durchgang durch Turbinen oft große Schaumberge entwickeln, die stets einen stark erhöhten Gehalt an Detergentien aufweisen (475 mg/l) s. Abb. 97. Auf den großen schiffbaren Flüssen machen sich besonders bei Niedrigstwasserständen hinter den Schiffen starke Schaumfahnen bemerkbar, die sehr unästhetisch wirken. Auf den Betrieb der Kläranlagen, besonders auf die sich in den Flüssen abspielenden biologischen Vorgänge haben die Detergentien einen sehr

---

[1] SIERP, F., u. H. THIELE: Vom Wasser Bd. 21 (1954) S. 197.

nachteiligen Einfluß. Da die im großen Maßstabe durchgeführten Versuche, die handelsüblichen Detergentien durch besondere klärtechnische Maßnahmen aus dem Abwasser zu entfernen, nicht zum Ziele geführt haben, hat der Bundestag mit Gesetz vom 5. September 1961 Anordnungen über den Gehalt der Waschmittel an biologisch schwer abbaubaren Stoffen erlassen. Die Industrie hat daraufhin zur Lösung dieses schwierigen Problems eine Reihe von neuartigen Detergentien angeboten, die von einem besonderen Ausschuß, an dem die zuständigen Dienststellen des Bundes und der Länder, die Industrie, die entsprechenden

Abb. 97. Entwicklung von Schaumbergen nach dem Durchgang durch Turbinen durch Detergentien im Flußwasser

Fachorganisationen, die Vertreter der Städte und Gemeinden, sowie Fachleute der Chemie und Wasserwirtschaft beteiligt sind, auf ihre Brauchbarkeit und vor allem auch auf ihre biologische Abbaubarkeit untersucht werden. Wenn auch das Problem noch nicht restlos gelöst worden ist, so erscheint doch das Problem der Beseitigung der Detergentien aus den Abwässern und damit aus unseren Gewässern näher gerückt zu sein, nachdem sich die seit 1964 zugelassenen Detergentien wesentlich schneller biologisch abbauen lassen (85 bis 90%). Damit dürfte sich auch der von den Fischereifachleuten erhobene Einwand, daß die neuen Detergentien gegenüber den alten Detergentien mit einer Letalitätsgrenze von 10 bis 15 mg/l eine viel höhere Giftigkeitsgrenze (5 bis 6 mg/l) haben, durch den stärkeren Abbau und die große Verdünnung in den Vorflutern erledigen.

23. Abwässer von Fabriken zur Herstellung künstlicher Fettsäuren

a) Abwässer von Fettsäurefabriken

Die Herstellung künstlicher Fettsäuren erfolgt nach dem Verfahren von IMHAUSEN[1] aus den bei den Benzinsynthesen anfallenden Neben-

[1] IMHAUSEN: Kolloid-Z. Bd. 85 (1938) S. 234.

produkten, vorwiegend den höheren Kohlenwasserstoffen, den sog. Gatschen, oder nach dem Verfahren von PETROW aus Mineralölen[1]. Diese Stoffe werden in flüssigem Zustande bei 100 °C durch Oxydation mit Hilfe eingeblasener Luft, wobei früher Nickel, heute Kaliumpermanganat als Katalysator dient, in Carbonsäuren übergeführt. Daneben entsteht eine Reihe verschiedener Verbindungen, so unter anderem die wasserlöslichen niederen Fettsäuren, wie Essigsäure, Buttersäure usw., die in das Abwasser gelangen. Die synthetische Fettsäureherstellung zerfällt also demnach

1. in die Oxydation und 2. in die Aufarbeitung.

Die Aufarbeitung unterteilt sich wiederum in die

a) Verseifung des Oxydationserzeugnisses, b) Abtrennung des Unverseifbaren, c) Spaltung der Rohseife, d) Destillation der rohen Fettsäure.

Zwischen den einzelnen Stufen und vor der Oxydation müssen je nach Bedarf noch Reinigungsvorgänge, wie Waschen, Bleichen, Filtern usw. eingeschaltet werden.

Bei derartigen vielseitigen chemischen Vorgängen, Umsetzungen und sonstigen Maßnahmen fallen verschiedene Abwässer an. Ein Teil des Abwassers entsteht nach HUSMANN[2] schon bei der Oxydation der Paraffine. Die bei der Oxydation entweichende Luft enthält flüchtige Oxydationserzeugnisse der Kohlenwasserstoffe, wie Alkohole, Ketone, Aldehyde, Säuren und sauerstofffreie Kohlenwasserstoffe der Paraffine. In der Gaswäsche dieser Luft fällt dann ein Abwasser an, das diese meist stechend und intensiv riechenden Stoffe gelöst enthält.

Nach einer Verseifung, wobei das Unverseifbare abgetrennt wird, und einer Säurespaltung werden die für die Seifenbildung notwendigen Fettsäuren durch eine fraktionierte Vakuumdestillation herausgeschnitten. Bei der Behandlung des Oxydationsgemisches, das neben Fettsäuren auch Produkte höheren sowie niederen Oxydationsgrades neben unzersetztem Gatsch, ferner Alkohole und Ketone enthält, fällt ein Abwasser an, das freie Schwefelsäure enthält. Beim Verseifungsvorgang fällt ein Abwasser an, das neben freier Schwefelsäure auch Alkalisulfate enthält. Im Gesamtabwasser schwankt der Gehalt an flüchtiger organischer Säure, berechnet auf Essigsäure zwischen 5000 und 9000 mg/l und an freier Schwefelsäure zwischen 1500 und 4500 mg/l. Durch einen Gehalt an diesen Stoffen und an Schwefelsäure sind daher diese Abwässer mehr oder weniger sauer und müssen, ehe sie in die Kanalisation abgelassen werden sollen, gut neutralisiert werden (Kontrolle durch p_H-Wert-Meßgeräte). Bei den großen Abwassermengen und der hohen Konzentration der Abwässer an diesen Säuren hat man zunächst versucht, diese Stoffe wiederzugewinnen. Dies kann auf dem Wege der Veresterung geschehen, was aber zur Folge hat, daß dann in den Abwässern wohl weniger organische Säuren, dann aber die zur Veresterung

[1] Chemiker-Ztg. Bd. 60 (1936) S. 115.
[2] HUSMANN, W.: Gesundh.-Ing. Bd. 62 (1939) S. 299.

benutzte Schwefelsäure enthalten ist. Nach einer ausreichenden Entfettung zur Entfernung etwa mitgerissener Gatsches und Neutralisation durch Kalk und Abscheidung des gebildeten Gipses im Absetzbecken mit einstündiger Absetzzeit können diese Abwässer in genügend großen Städten in den weitaus meisten Fällen in die Kanalisation abgelassen werden und mit den übrigen häuslichen Abwässern gereinigt werden.

Nach einer guten Neutralisation der vorwiegend organisch verschmutzten Abwässer, die unter Umständen auch in belüfteten Kalkstein- oder Marmorfiltern erfolgen kann, lassen sich diese Abwässer nach genügender Verdünnung, besonders in Mischung mit häuslichem Abwasser, durch die bekannten biologischen Verfahren, wie Tropfkörper, Schlammbelebung, Magdeburger-P-Verfahren reinigen. Wegen der sehr großen Wassermengen kommt eine Reinigung auf Rieselfeldern wohl nicht in Frage.

CHRIST[1] hat eingehende Untersuchungen und Versuche mit dem Abwasser eines Großbetriebes durchgeführt. Der Gehalt an organischen Säuren schwankte zwischen 5000—12000 mg/l. Die besten Erfolge hatte er mit einer zweistufigen Anlage, bestehend aus einem Turmtropfkörper und einem Belebtschlammbecken. Der Turmtropfkörper nach SCHULZ[2] konnte mit 1,8 kg BSB_5/m^3/Tag belastet werden. Als Füllmaterial wurde Synthoporit, eine sehr leichte, bei der Phosphatherstellung anfallende Schlacke, verwandt. Bei einer Belastung des Belebungsbeckens mit 2,5—3 kg BSB_5/m^3/Tag wurde bei einer Aufenthaltszeitdauer von 3 Stunden eine 90% Reinigung erzielt.

In manchen Fällen enthalten die Abwässer aus dem Herstellungsvorgang stammendes Benzin, das mit Rücksicht auf Explosionsgefahr in den Kanälen am besten direkt auf dem Werk durch genügend große gut wirkende Benzinabscheider abgefangen werden muß. Besonderer Wert muß auch auf das Abfangen der aus dem Ausgangsmaterial stammenden oft großen Gatschmengen gelegt werden.

b) Abwässer von Kerzenfabriken

Während man früher fast ausschließlich Wachs oder Talg zur Herstellung von Kerzen benutzte, findet man heute im Handel vorwiegend Stearin- oder sog. Mischkerzen (aus Stearin und Paraffin). In kleineren Fabriken werden die fertigen Rohstoffe zu ihrer Herstellung bezogen und mit ihnen in Kerzengießmaschinen die Kerzen hergestellt. In diesen Fabriken fallen nur die Kühlwässer der Gießmaschinen an. Wachskerzen werden heute fast nur noch für kirchliche Zwecke gebraucht. Während die Paraffine ein Abfallprodukt der Erdölraffinerien darstellen, werden die Stearine und Palmitine durch schwefelsaure Spaltung aus tierischen und pflanzlichen Abfallfetten gewonnen. Bei dieser Spaltung verwendet man als Katalysatoren Zink- oder Magnesiumoxyd, die später durch Schwefelsäure wieder aus den Verbindungen herausgelöst werden. Nach-

[1] CHRIST, W.: Mitt. des Institutes für Wasserwirtschaft H. 3, 1957.

[2] SCHULZ: Wasserwirtschaft — Wassertechnik Bd. 2 (1952) S. 179; Bd. 6 (1956) S. 199.

dem die Rohfettsäuren mit Wasser gewaschen und getrocknet sind, werden sie zur weiteren Reinigung mit überhitztem Wasserdampf im Vakuum destilliert. Die bei der Reinigung und Trennung der Fettsäuren anfallenden Abwässer gleichen den im vorhergehenden Abschnitt beschriebenen Abwässern von der Herstellung der Fettsäuren und können auch wie diese behandelt werden. Der bei der Destillation der Rohfettsäuren anfallende teerartige Rückstand wird durch mehrmalige Destillation gereinigt und den Kaltpreßfettsäuren zugesetzt. Die bei der Destillation von Braunkohlenteer in den Mineralölfabriken gewonnenen Paraffingemische werden mit Schwefelsäure und Natronlauge gewaschen oder neuerdings durch die Spritwäsche mit Alkohol behandelt und dann für die Kerzenherstellung benutzt.

Gegenüber den großen Mengen Kühlwässern der Gießmaschinen sind die durch Stearin- und Oleinteilchen verschmutzten Reinigungs- und Spülwässer der Arbeitsräume, der Behälter und Apparate an Menge viel geringer. In Vorflutern mit geringer Wasserführung können sich diese meist sauren Abwässer sehr schädlich auswirken. Darum müssen in erster Linie die schädlichen Öl- und Fetteilchen beseitigt werden und dann die Abwässer durch eine Kalkzugabe neutralisiert werden. Diese beiden Vorreinigungsmaßnahmen müssen einschließlich der Abkühlung auf eine Temperatur von unter 30 °C zum mindesten erfüllt werden, wenn die Möglichkeit besteht, die Abwässer in eine Kanalisation abzulassen. Bewährt haben sich für die Vorreinigung Absetzbecken mit zweistündiger Aufenthaltszeit. Für die weitere Nachreinigung haben sich genügend große Klärteiche in der Form von Erdbecken oder Oxydationsteichen bewährt. Vor der in manchen älteren Fabriken angewandten Versickerung muß man wegen der damit verbundenen Verschlickung des Bodens und der Möglichkeit der Grundwasserverunreinigung warnen.

24. Abwässer der Erdölindustrie, Erdölraffinerien, Crackanlagen und Benzindestillationen

Die vermehrte Abwanderung von der Kohle zum Öl hat in der Mineralindustrie eine starke Entwicklung der gesamten Ölindustrie zur Folge. Diese zeigt sich nicht nur in einer Vergrößerung und Modernisierung der bestehenden Verarbeitungsanlagen, sondern auch in der Errichtung zahlreicher neuer Anlagen für die Erdölraffinerien und petrochemischen Betriebe. Durch den Bau von Pipelines, die das Rohöl in das Binnenland transportieren, wird diese Vorwärtsentwicklung weiter gefördert.

Den Rohölvorkommen sind meistens Salzwässer vergesellschaftet, die vor oder mit der Ölförderung aus den Bohrlöchern ausbrechen oder ausgepumpt werden müssen. Der Salzgehalt dieser Solen ist stark schwankend. Die Beschaffenheit und Schädlichkeit der Abwässer der Erdölindustrie, der Erdölraffinerien und der Crackanlagen sind nach den örtlichen Verhältnissen verschieden. Der Schaden, der durch die Abwässer der Ölindustrie in den Vorfluter auftritt, kann durch den hohen Salzgehalt und durch Ölreste hervorgerufen werden. Bei den Ölbohrungen werden in den verschiedenen Tiefen unter Umständen auch Grundwasserhorizonte angeschnitten, die vor den Einfilterungen der Öle und salzhaltigen Abwasser unbedingt geschützt werden müssen. Schon der bei dem modernen *Rotaryverfahren* anfallende Bohrschlamm kann bei seiner Lagerung in der Nähe der Bohrungen zu starken Beeinträchtigungen führen. Besonders übel können sich aber die plötzlichen Ausbrüche auswirken, die oft in kurzer Zeit große, mit Öl durchsetzte Abwassermengen zu Tage fördern, so daß ihre Erfassung und Ableitung oft große Schwierigkeiten bereiten.

Durch die Versalzung wird infolge Zunahme der Härte das Wasser für die meisten industriellen Zwecke unbrauchbar. Auch für landwirtschaftliche Zwecke muß das Wasser je nach der Konzentration ausscheiden. In Flüssen, die für die Trinkwasserversorgung in Frage kommen, wirken schon 250 mg/l Chloride ungünstig auf den Geschmack. Geringste Mengen Öl machen sich durch üblen Geschmack sogleich bemerkbar.

Ganz anderer Art sind die Schäden, die durch die Rohöle im Vorfluter selbst verursacht werden. Sie überziehen die Oberfläche des Vorfluters mit einer dichten Ölschicht und schließen ihn so von der ungehinderten Sauerstoffzufuhr aus der Luft ab. Diese Sauerstoffzufuhr ist aber mit Rücksicht auf die in den Gewässern sich abspielenden biologischen Vorgänge und für die in den Flüssen lebenden Fische und die Pflanzen unbedingt notwendig. Die Fischerei wird dadurch meist völlig zerstört, denn nicht nur die Fische, sondern auch der Fischlaich werden vernichtet. Wassergeflügel ist ebenfalls stark bedroht, da es mit veröltem Gefieder nicht mehr fliegen kann. Am schädlichsten sind die Phenole sowie Teer- und Schwefelverbindungen, die schon in sehr kleinen Mengen dem Wasser einen äußerst unangenehmen Geschmack und Geruch verleihen. Veröltes Wasser scheidet für die meisten industriellen Zwecke, auch als Kühl- und Speisewasser, aus. Es muß vorher einer oft schwierigen und kostspieligen Entölung unterzogen werden. Vorbeugungsmaßnahmen gegen die Einschwemmung der schädlichen Flüssigkeiten in die zu schonenden Wasserläufe sind daher erforderlich. Was zunächst die Bohrfelder anbelangt, sollte man das Einpumpen in aufnahmefähige Sande versuchen. Am besten ist die Infiltration der Salzsole in tiefe Erdschichten (1500 m) durch Brunnen. Ein Brunnen kann das Abwasser von 60 Ölquellen aufnehmen. Durch die Rückleitung des Abwassers in den Untergrund bleibt der natürliche Druck im Tiefenwasser erhalten. Wo dies Verfahren nicht möglich ist, sollte man die salzigen und mit Rohöl beladenen Abwässer entölen und in besonderen Kanälen so weit ableiten, bis ein Vorfluter erreicht wird, dessen Wasserführung eine ausreichend starke Verdünnung der Salze gewährleistet.

Das aus den Bohrlöchern austretende rohe Erdöl wird meist schon am Gewinnungsort oder nach dem Transport in die Tanklager von den mechanischen Verunreinigungen, wie Ton, Sand, Kalkverbindungen und vom Salzwasser durch Absetzenlassen oder schnellaufende Separatoren getrennt. Treten Emulsionen des Rohöls mit dem Salzwasser auf, so werden sie entweder durch Anwärmen oder Zusatz von emulsionsspaltenden Chemikalien entmischt. Oft werden die Rohöle noch zur völligen Entfernung der Solen mit Wasser gewaschen, wobei dann öl- und salzhaltige Abwasser entstehen, die auch mit abgeleitet werden müssen.

In die Abflußkanäle sollten auch so weit als möglich die Regenwässer des Ölfeldes aufgenommen werden, weil mit den Niederschlägen unter Umständen beträchtliche Mengen verstreuter Rohöle in die Flüsse gespült werden können. Je nach den Geländeverhältnissen sind ferner entweder am Anfang oder im Zuge des Abflußkanales Staubecken anzuordnen, in denen die Fließgeschwindigkeit des Wassers auf etwa 6 bis 8 mm/sek herabgesetzt wird. Hierdurch wird eine Scheidung von Öl und Wasser stattfinden und es wird möglich sein, mittels geeigneter Einrichtungen den größten Teil des Öls abzufangen. Der sich im Becken absetzende, verölte Schlamm wird in gewissen Zeitabständen mechanisch ausgeräumt und geeignet gelagert. In dem so entschlammten und grob entölten Abwasser werden noch Ölreste und gelöste Stoffe enthalten sein, deren Beseitigung durch eine geeignete Filterung durch adsorbierende Stoffe, besonders Koks aus Stein- oder Braunkohlen, Torf, Sägemehl und dgl. erfolgen kann. RUNGE[1] weist auf das amerikanische Präparat *Floridin*, ein aktiviertes Bauxitpräparat hin, das 140% seines Eigengewichtes an Öl adsorbieren kann. Bei günstigen Bodenarten kann auch die sog. „intermittierende Bodenfilterung" in Betracht kommen. Die Filter sind den Staubecken nachzuschalten und in betriebsfähigem Zustand zu erhalten. Der ausgenommene verölte Koks wird meist verheizt werden können. Eine gewisse Filterreserve ist erforderlich, damit Erneuerung des Füllmaterials keine Betriebsunterbrechung verursacht.

Die Einleitung der so vorbehandelten Abwässer in einen Vorfluter geschieht durch ein in die Mitte des Flußquerschnittes verlegtes Rohr, damit eine rasche Vermischung des Abwassers mit dem Flußwasser erfolgt.

Abb. 98. Ölabschöpfgeräte (R. Harmstorf, Wasserbau und Travewerft GmbH., Hamburg-Altona)

Eine große Gefahr für die Verölung unserer Flüsse und Häfen stellen auch die großen Tanklager für Rohöle und Fertigfabrikat dar. Beim Entladen der Tanker und beim Beladen der Schiffe mit Treibstoffen können zu leicht durch undichte Schläuche oder auch Unachtsamkeiten Ölverluste in die Gewässer gelangen. Durch sorgfältige Absperrung, z. B. durch Preßluft-Ölsperren, und Absaugung durch Ölabschöpfgeräte, wie sie in Abb. 98 dargestellt sind, und von der Fa. R. Harmstorf, Hamburg-Altona, gebaut werden, sollte unbedingt ein Abfließen dieser Ölverluste verhindert

[1] RUNGE, H.: Gas- u. Wasserfach Bd. 96 (1955) S. 470.

werden. Eine Wäsche der Tankschiffe sollte in den Häfen und Flüssen verboten sein.

Die Reinigung der Abwässer von den Ölfeldern muß sich in erster Linie darauf erstrecken, den Ölgehalt zu beseitigen und möglichst weit den Sulfidgehalt und den BSB zu erniedrigen. Durch Abscheidung der hohen Härtegrade müssen Inkrustationen verhindert und gleichzeitig in Leitungen Korrosionen unterbunden werden. POMEROY[1] empfiehlt, die Abwasser nach der Abscheidung der Öle in großen Becken durch Zugabe von 30 mg/l Alaun und 6 mg/l aktivierte Kieselsäure zu reinigen. Um die Inkrustationen zu verhindern, empfiehlt er die Zugabe von 1 mg/l Tetranatriumpyrophosphat.

a) Abwässer der Erdölraffinerien

Während auf den *Bohrfeldern* selbst sehr große Abwassermengen zu beseitigen sind, fallen in den *Ölraffinerien* ähnliche Abwässer, aber in viel geringerer Menge, an. Bei der Raffination werden dem Öl die unerwünschten Bestandteile durch Waschen mit sauren (Entfernung der Basen) oder alkalischen (Entfernung der Säuren) Flüssigkeiten entzogen. Die ausgewaschenen Verunreinigungen reichern sich in den Waschflüssigkeiten so lange an, bis diese nicht mehr verwendbar sind und als Abwasser preisgegeben werden müssen. Es liegt auf der Hand, daß je sorgfältiger die Raffination durchgeführt wird, desto mehr schädliche Stoffe ins Abwasser übergehen. Bei den Waschflüssigkeiten handelt es sich meist um Schwefelsäure und Natronlauge, jedoch wird die erstere meist überwiegen, so daß nach Vermischung der in einem Raffinationsgang anfallenden Waschflüssigkeiten das Gemisch in der Regel noch stark sauer sein wird. Nach den verschiedenen fraktionierten Destillationen bleibt als Rückstand Bitumen- oder Rohasphalt, die eine weitgehende Verwendung finden im Straßenbau, als Dichtungsmittel usw.

Bei der Raffinerie fielen an folgenden Stellen folgende Abwässer an:

1. Die *Rohöl-Entwässerungsanlagen*, die nach dem Zentrifugen- oder nach dem elektrischen Entsalzungsverfahren arbeiten und für die Entwässerung des Öles sorgen, führen ein Abwasser ab, das naturgemäß die wasserlöslichen Bestandteile des Erdöls, wie organische Säuren, Salze, Naphthensäure, Phenole usw., enthält.

2. Die *Destillationsanlage*, bei der die Destillation mittels Wasserdampf erfolgt, gibt als Abwasser das anfallende Kondensat mit den wasserlöslichen Zersetzungsprodukten, wie organische Fettsäuren, Schwefelwasserstoff und Mercaptane, ab.

3. Die *Crackanlage* führt ein Abwasser ab, das die bei der thermischen Druckbehandlung der Rohöle bzw. ihrer Fraktionen entstandenen wasserlöslichen Zersetzungsprodukte in der Hauptsache die unter Punkt 2. aufgeführten organischen Fettsäuren, Mercaptane und Schwefelwasserstoff enthält.

---

[1] POMEROY, R.: Chem. Zbl. Bd. 126 (1955) S. 583. — Sew. and Ind. Wastes Bd. 26 (1954) S. 59.

4. Bei der *Raffination des Benzins*, des Petroleums und des Gasöls fallen die bei der üblichen Lauge- und Säurebehandlung entstehenden Waschwässer an, die in der Hauptsache die Reste der anorganischen Säuren und Laugen, wie Natron und Schwefelsäure, enthalten. An organischen Bestandteilen sind insbesondere Phenole und die Naphthensäuren zu erwähnen.

5. Die *Unisolanlage*, die die Nachbehandlung des Benzins zwecks restloser Entfernung der übelriechenden Geruchsstoffe, insbesondere Mercaptane, zur Aufgabe hat, gibt ein Abwasser ab, das naturgemäß starke Verunreinigungen an Mercaptanen und Phenolen aufweist.

6. In den *Verarbeitungs- und Veredelungsanlagen* des Schmieröls fallen stark ölhaltige Abwässer an, die unter anderem Lösungsmittel wie Furfurol, Aceton, gechlorte Kohlenwasserstoffe und deren Zersetzungsprodukte neben Ölemulsionen, Ölharzen und ähnlichem aufweisen.

7. Die von den Aufarbeitungs- und Betriebsanlagen abgegebenen Abwässer (insbesondere aus den einzelnen Anlagen der Erdölprodukte) enthalten vorwiegend Öl und Ölemulsionen neben den sonstigen organischen Stoffen. Hinzu kommt hier die aus den Betriebsanlagen anfallenden Abwässer mit rein fäkalem Charakter, die möglichst für sich in die städtischen Kanalisationen abgeleitet werden sollen.

Die Menge der anfallenden Abwässer richtet sich ganz nach der Art des verwandten Rohöles. Nach MEINCK[1] beträgt die Abwassermenge etwa das 17fache der verarbeiteten t Rohöl, wohingegen in einer anderen Raffinationsanlage, die mexikanisches Rohöl verarbeitet, nur 3,0 bis 3,5 m³ Abwasser je t Rohöl anfallen.

Reinigung der Abwässer

Die Aquapura, Berlin, hat im Jahre 1950 eine nach dem Magdeburger P-Verfahren arbeitende Kläranlage für eine Raffinerie gebaut, die täglich 1500 m³ Abwasser mit einem $KMnO_4$-Verbrauch von 800 mg/l und einem BSB_5 von 330 mg/l hatte. In der Anlage der Aquapura wird das Abwasser wie folgt gereinigt: Das anfallende Abwasser wird, nachdem die groben Ölverunreinigungen durch Ölseparatoren (s. Abb. 99) entfernt sind, durch eine Pumpe in einen Sammelbehälter mit einem Fassungsvermögen von 2400 m³ gefördert (s. Abb. 100). Der Sammelbehälter hat den Zweck, die anfallenden Tagesspitzen mengen- sowie

Abb. 99. Ölseparatoren und die Belebungsbecken zur biologischen Reinigung von Raffinerieabwässern nach dem Magdeburger P-Verfahren (Aquapura, Berlin)

[1] MEINCK, C.: Zit. 3. Aufl., S. 385.

konzentrationsmäßig auszugleichen und der biologischen Anlage ein möglichst gleichmäßiges Abwasser zur Verfügung zu stellen. Durch Einblasen von Preßluft durch Filterplatten an der Sohle wird der Gesamtinhalt des Sammelbehälters durchmischt. Die Strömungsrichtung des Wassers ist vom Mittelpunkt aus gesehen radial.

Abb. 100. Runder Sammelbehälter zur innigen Durchmischung der gesamten Abwässer der Reinigungsanlage für Raffinerieabwässer

Die erste Stufe der biologischen Reinigung besteht aus drei Belüftungsbecken mit je 300 m³ Inhalt und den nachgeschalteten drei Dortmund-Trichtern mit einem Inhalt von je 70 m³.

Die Belüftungsbekken sind trogartig ausgebildet und haben eine mittlere Wassertiefe von 4 m und eine Breite von ebenfalls 4 m. Der Sauerstoff wird durch eine Belüftungsvorrichtung, die aus Bürstenwalzen mit zusätzlicher Lufteinblasung besteht, dem Abwasser zugeführt. Für jedes Belüftungsbecken ist eine Umwälzvorrichtung in Form einer Pumpe vorgesehen, die den Gesamtinhalt jedes Beckens entsprechend 300 m³ stündlich einmal umwälzt. Durch die gleichzeitige Einspeisung des Rohwassers am Saugstutzen der Umwälzpumpe wird eine Vermischung im Verhältnis 1:15 erzielt. Hierdurch wird außerdem erreicht, daß die Einlaufkonzentration im Belüftungsbecken einen maximalen Wert selbst bei kurzer Überlastung nicht überschreitet. Der Schlammgehalt im Belüftungsbecken wird nach den bisherigen Betriebserfahrungen in der ersten Stufe auf 6 bis 8% gehalten.

Das aus den Belüftungsbecken abgezogene vorgereinigte Abwasser wird den drei Dortmund-Trichtern zugeleitet. Entsprechend der Normalbeaufschlagung jedes Trichters mit 21 m³ ist die Aufenthaltszeit etwas über 3 Std. Der sich absetzende Schlamm in den Dortmund-Trichtern wird laufend zurück zu den Belüftungsbecken gepumpt. Erhöhen sich die Schlammprozente durch die Neubildung des Schlammes, so wird zwecks Einhaltung des Gleichgewichtes der anfallende Schlamm der Dortmund-Trichter als Überschußschlamm zu den hierfür vorgesehenen Schlammbeeten gefördert. Das ablaufende Abwasser der drei Dortmund-Trichter wird zusammengefaßt und durch einen Umlaufbeschleuniger der zweiten Stufe zugeführt.

Die zweite Stufe besteht aus einem Belüftungsbecken mit 300 m³ Inhalt und einem nachgeschalteten Dortmund-Trichter mit 120 m³ Nutzinhalt. Die Belüftungsvorrichtung ist die gleiche wie in der ersten Stufe. Die Aufenthaltszeit im Belüftungsbecken beträgt entsprechend der maximalen Beaufschlagung von 53 m³/h rund 5 Std. Diese Zeit reicht für die biologische Nachbehandlung dieses vorgereinigten Abwassers vollkommen aus. Gleichfalls dürfte die Aufenthaltszeit im Dortmund-Trichter mit 2 Std. als ausreichend zu bezeichnen sein, obwohl der an und für sich spezifisch leichte Belebtschlamm der zweiten Stufe leicht zu Abtreibungen neigt, wodurch Schlammverluste im Belüftungsbecken der zweiten Stufe entstehen können. Der abgesetzte Schlamm wird genau so behandelt wie der der ersten Stufe.

Durch die Behandlung in der zweistufigen Anlage wird der im Mittel mit 1900 mg/l angegebene $KMnO_4$-Verbrauch auf 150 mg/l und der Phenolgehalt von 75 mg/l auf 0,3 mg/l abgebaut. Der im Zulauf 140 mg/l betragende Ölgehalt liegt im Auslauf mit 0,6—0,7 mg/l an der Grenze der Nachweisbarkeit.

Jung[1] hatte mit den Abwässern einer nach modernen amerikanischen Verfahren arbeitenden Erdölraffinerie weder mit der chemischen Fällung mit den verschiedensten Chemikalien und Absorptionsmitteln noch mit der Anwendung des Magdeburger P-Verfahrens ausreichende Erfolge. In einer Versuchsanlage wandte er dann eine Kombination der beiden Verfahren an. Vor dem Durchfluß durch die Anlage wurde die Hauptmenge des Öles durch einen Ölseparator entfernt. Wie aus dem in Abb. 101 dargestellten Schema der Anlage hervorgeht, wird dann das Abwasser

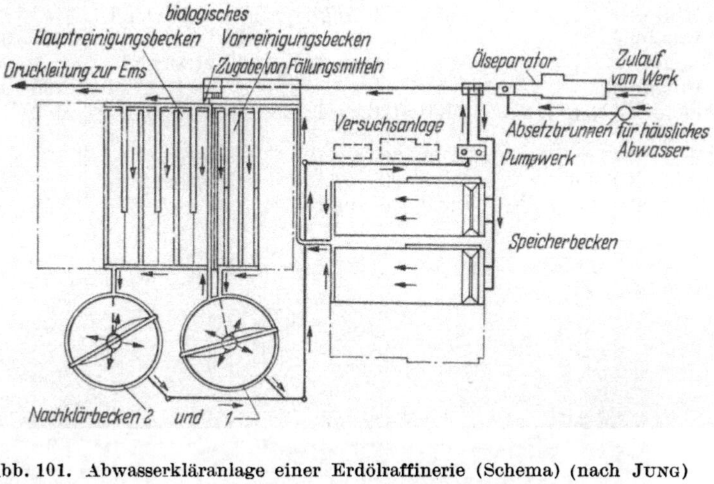

Abb. 101. Abwasserkläranlage einer Erdölraffinerie (Schema) (nach Jung)

zum qualitativen und quantitativen Ausgleich der stark wechselnden Abwasserstöße in zwei große Speicherbecken geleitet. Dann wird das Abwasser in einer zweistufigen biochemischen Reinigungsanlage weiter behandelt. Die vor der biologischen Reinigung zuzugebenden Chemikalien werden mit 250—300 g/m³ Eisensulfat und 125—150 g/m³ Kalk angegeben. Das sich hierbei bildende Ferrohydroxyd wird zu Ferrihydroxyd in den beiden Belüftungsstufen aufoxydiert und „biochemisch" aktiviert. Damit das Eisen für die Reinigung phenolhaltiger Ab-

[1] Jung, H.: Ber. A. T. V. Bd. 8 (1957) S. 100.

wässer stets wirksam ist, muß unter Bedingungen gearbeitet werden, die eine Umwandlung des Eisens zu aktiviertem Eisenhydroxyd ermöglichen. Dieses kann dann in vielfältiger Weise wirksam werden: Physikalisch durch die Adsorption von Öl und anderen Schmutzstoffen, chemisch als Binde- und Koagulationsmittel z. B. für den Schwefelwasserstoff, biochemisch als Sauerstoffüberträger und schließlich biologisch als stabilisierender wie auch stimulierender Faktor. Stabilisierend wirkt das Eisenhydroxyd, weil es der Kleinlebewelt als Grund- und Haftsubstanz sowie als Schutzhülle gegenüber ungünstigen Abwassereinflüssen dient. Die stimulierende Wirkung sieht JUNG darin, daß das Eisenhydroxyd rasch zur Bildung hochwertigen biologischen Schlammes führt und gleichzeitig das Schlammalter verringert.

Tabelle 34. *Zweistufige biochemische Reinigung von Abwasser einer Erdöl-Raffinerie, Wirkung der Großanlage* (Mittelwerte einer mehrwöchigen Untersuchung)

	1 Ablauf Speicherbecken	2 Ablauf der biochemischen Vorstufe	3 Ablauf der biochemischen Hauptstufe
Geruch	penetrant nach Mercaptan	wie 1, doch stark verringert	geruchlos
p_H	8—9	8—8,5	7—7,5
Kaliumpermanganatverbrauch	650—1200 mg/l	500—1000 mg/l	50—150 mg/l
% Abnahme	—	17—23%	77—92%
Phenole	50—150 mg/l	40—120 mg/l	1—7 mg/l
% Abnahme	—	20%	95—98%
Ammoniak (NH_4^*)	100—120 mg/l	100—120 mg/l	100—120 mg/l
Mineralöl	20—80 mg/l	—	negativ
Schwefelwasserstoff	10—30 mg/l	negativ	negativ
organischer Schwefel	30—60 mg/l	negativ	negativ
Sulfate (SO_4'')	300—400 mg/l	—	450—800 mg/l

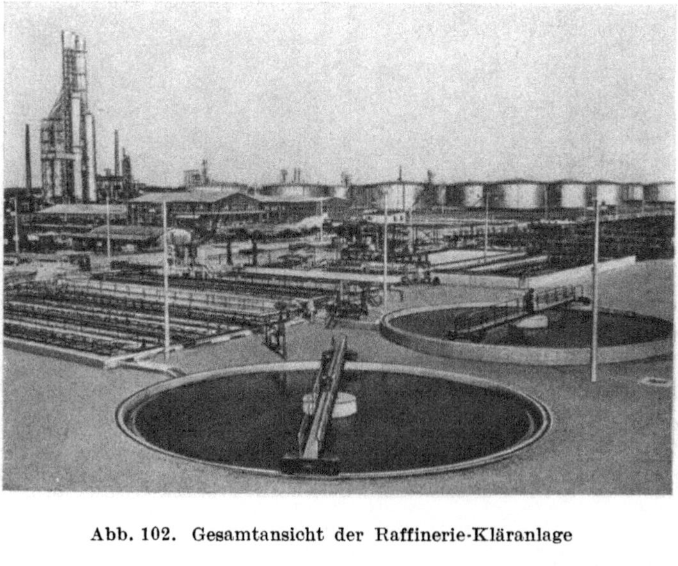

Abb. 102. Gesamtansicht der Raffinerie-Kläranlage

Dem Schutz der gegen Abwasserstöße besonders empfindlichen Hauptstufe dient die „verteilte Abwasserbeschickung“ nach SCHMITZ-LENDERS, bei der das Abwasser durch gelochte Bleche auf der Längsseite der Belüftungsbecken eingeleitet wird. Die Gesamtbelüftungszeiten werden mit 17—22 Stunden angegeben, wovon $^1/_4$ in der Vorreinigung und $^3/_4$ in der Hauptstufe erfolgt. In den Nachklärbecken hat das Abwasser eine Aufenthaltszeit von 2 bzw. 4 Stunden. In Tab. 34 ist die Wirkung der Großanlage zur zweistufigen biochemischen Reinigung der Abwasser einer Erdöl-Raffinerie dargestellt. Abb. 102 zeigt die Gesamtansicht dieser Großanlage.

Bei den modernen Raffinerien, die mit Konvertierungsanlagen ausgerüstet sind, treten auch solche Abwässer auf, die neben wasserunlöslichem Mineralöl in Wasser gelöste organische und anorganische Verunreinigungen enthalten. Unter Konvertierungsanlagen sind dabei im weitesten Sinne solche Anlagen verstanden, in denen die hier eingesetzten Öle chemische Umwandlungen erfahren. Es entstehen dabei aus den in den Einsatzprodukten enthaltenen Sauerstoff-, Schwefel- oder Stickstoff-Verbindungen Stoffe, die meistens wasserlöslich und im Abwasser sehr unerwünscht sind. Wie Versuche der Raffinerie Hamburg-Harburg der deutschen Shell AG. ergeben haben, unterliegen diese Verunreinigungen dem biologischen Abbau, wenn auch erheblich langsamer als dies bei den häuslichen Verunreinigungen der Fall ist. Da auch hinsichtlich der Milieubedingungen wesentlich höhere Forderungen gestellt werden müssen, sind vor der Zuführung der Abwässer in die biologische Reinigung eine Reihe von Vorbedingungen zu erfüllen:

1. Die zu reinigenden Abwassermengen müssen auf ein Minimum reduziert werden.

2. Vor der biologischen Reinigung müssen Ölverschmutzungen weitgehend aus dem Abwasser entfernt werden.

3. Die Raffinerie-Abwässer müssen in solche Abwässer getrennt werden, die sowohl Entölung als auch biologische Nachreinigung erfordern.

In Abb. 103 ist ein vereinfachtes Fließschema der Abwasseraufbereitungsanlagen der Raffinerie Hamburg-Harburg der Deutschen Shell AG. mit einer Rohölverarbeitung von 3 Mio Jahrestonnen dargestellt. Um ein gutes Arbeiten der Kläranlage sicherzustellen, mußten verschiedene Forderungen erfüllt werden, und zwar:

1. Der gesamte Wasserverbrauch der Raffinerie wurde durch Einrichtung eines Kühlwasser-Kreislaufsystems wesentlich verringert. Verringerung durch Verwendung der Luftkühlung an Stelle der Wasserkühlung.

2. Der Regenwasseranfall wird, soweit er ölfrei bleibt, in einem eigenen Sielsystem erfaßt und damit aus den Raffinerie-Abwässern herausgehalten bzw. an Stelle von Frischwasser verwandt.

3. Die ölarmen Prozeßabwasser werden unter Umgehung der chemischen Flockung direkt der biologischen Endstufe zugeführt.

Der bei der Abwasser-Reinigung anfallende Schlamm (Eisenhydroxyd-Schlamm aus der chemischen Flockung + biologischer Schlamm) wird nach dem von der Deutschen Shell AG. auf dem Werk Grasbrook entwickelten Verfahren der Heißfiltration auf einen Wassergehalt von rund 50% entwässert und dann verbrannt.

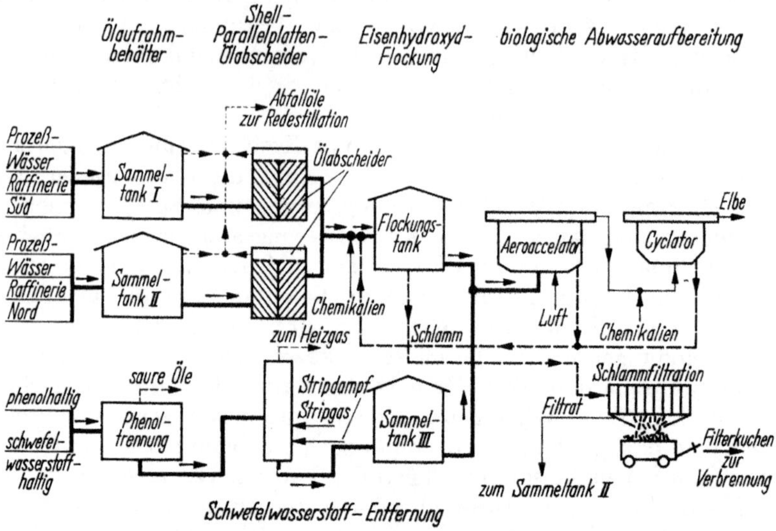

Abb. 103. Vereinfachtes Fließschema der Abwasseraufbereitungsanlage der Raffinerie Hamburg-Harburg der Deutschen Shell AG.

In den Münchener Beiträgen zur Abwasser-, Fischerei- und Flußbiologie Band 11 (R. Oldenbourg Verlag, München) berichtet K. Huber (S. 146) über die neuere Entwicklung bei der biologischen Reinigung von Erdölraffinerieabwässer. Er hat eine große Anzahl der größeren Erdölraffinerien nnd ihre Kläranlagen untersucht und ihre Wirksamkeiten verglichen. So berichtet er u. a. auch über die DEA-Raffinerie Heide und die Reinigung der hier anfallenden Abwässer. Die in dieser Raffinerie anfallenden Abwässer sind dadurch gekennzeichnet, daß sie durch den Betrieb einer katalytischen Crackanlage und die Durchführung verschiedener petrolchemischer Verfahren sehr stark mit organischen Stoffen, vor allem Phenolen, Kohlenwasserstoffen und Mercaptanen angereichert sind und in dieser Form nicht in die Nordsee eingeleitet werden dürfen. Die in einer Menge von etwa 150 bis 200 m^3/h anfallenden Prozeßabwässer einschließlich ölhaltiger Abwässer werden zunächst einem Parallelplattenabscheider zugeführt, dort entölt und von absetzbaren Stoffen befreit. Anschließend gelangt das Abwasser in einen Sammel- und Ausgleichstank, von dem aus es in die Biolatoranlage zur biologischen Reinigung fließt. Die Biolator der Firma WABAG stellt eine neue Entwicklung bei Belebtschlammanlagen dar (Abb. 104).

Dieses Verfahren weist eine Reihe von Besonderheiten auf, die im wesentlichen durch die Notwendigkeit bestimmt sind, daß bei einem derartig stark verschmutzten Abwasser längere Aufenthaltszeiten im

Belüftungsbecken eingehalten werden müssen als bei einer Anlage mit häuslichem Abwasser. So wird für den Sauerstoffeintrag eine Plattenwalze Bauart Passavant verwendet, während für die Umwälzung ein langsam laufendes Paddelrad mit etwa 12 Upm benützt wird. Der Vorteil dieser Anordnung liegt in einer erheblichen Verminderung der

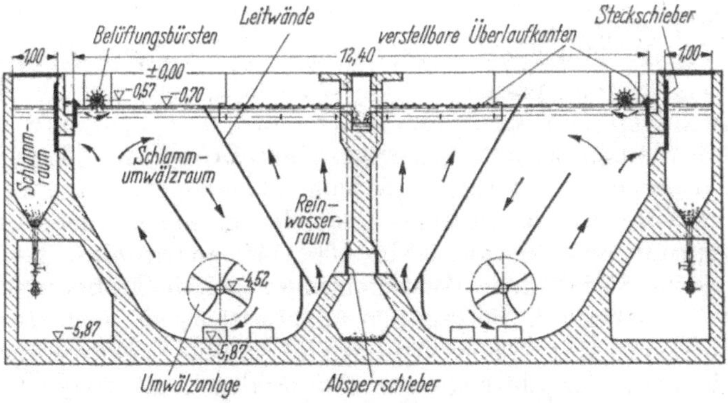

Abb. 104. Querschnitt des Biolators der Firma WABAG

Energiekosten gegenüber einem System, bei dem die Plattenwalze sowohl die Umwälzung als auch den O_2-Eintrag besorgt. Eine weitere Eigenart des Biolatorsystems besteht darin, daß Belüftungs- und Nachklärraum in einer Baueinheit zusammengefaßt sind. Die Reinigungswirkung dieser seit 1962 im Betrieb befindlichen Anlage gibt HUBER wie folgt an:

	Zulauf	Ablauf
p_H-Wert	8,5—9,5	7,5—8,1
BSB_5 (mg/l)	400	12—20
$KMnO_4$-Verbrauch (mg/l)	673	156
Phenol (mg/l)	72	2,0
Schwefelwasserstoff (mg/l)	10—15	n. n.
Belebtschlammkonzentration	2600—3400 mg/l	
Nährsalzzugabe	5 g Trinatriumphosphat/m³	

In sechs großen Erdölraffinerien in Kansas hat man nach HODGKINSON[1] sehr gute Erfahrungen mit den *Oxydationsteichen* als erste Behandlung gemacht. Diese lassen sich besonders dort anwenden, wo Land zu erschwinglichem Preis zur Verfügung steht. Durch die Anwendung von Teichen gelingt es, den Ölgehalt in dem Ablauf unter 20 mg/l Gesamtölgehalt zu halten, wie auch der Sulfidgehalt meistens unter 10 mg/l liegt. Der Phenolgehalt oxydiert sich in den Teichen sehr schnell, wenn die Konzentrationen nicht zu hoch sind. Die Phenolkonzentration sollte nicht höher als 5 bis 7 mg/l sein. Nach allgemeiner Beobachtung soll die Aufenthaltszeit mindestens 25 Tage sein, um eine genügende Oxy-

[1] HODGKINSON, C. F.: Sew. and Ind. Waster Bd. 31 (1959) S. 1304.

dation des freien Ammoniaks hervorzurufen. Wenn der Auslauf der Oxydationsteiche frei von Ammoniak sein soll, ist es notwendig, daß der Einlauf bei einer Aufenthaltszeit von 60 Tagen nicht mehr als 12 bis 15 mg/l Ammoniak enthält. Es sind aber noch Oxydationsteiche mit längeren Aufenthaltszeiten in Betrieb. Eine Erdölraffinerie hat einen Tropfkörper oberhalb der Oxydationsteiche gebaut. Der Ablauf der Tropfkörper wird zurückgeleitet zu der Wasserbehandlungsanlage für die Wiederverwendung.

Das DRP 741852 vom 26. März 1939 sieht ein Verfahren zur Wiedergewinnung von Schwefelsäure aus Abfallsäure bei der Benzol- oder Benzinreinigung vor, das darin besteht, daß die Abfallsäure, nachdem sie durch Verdünnen mit Wasser auf einen Gehalt von 48 bis 55% gebracht worden ist, mit höher siedenden, besonders etwa über 200 °C siedenden Ölen, die harzlösende Eigenschaften haben, unter Umrühren bei Temperaturen von etwa 50 bis 100 °C behandelt wird. Nach 12 bis 24stündigem Stehen in der Wärme trennen sich die Mischungen in zwei Schichten, wobei sich die gereinigte Säure leicht von den harzhaltigen Ölen abtrennen läßt. Die elektrischen Mercaptan-, Schwefelwasserstoff- und die Aminosalzschwefelwasserstoffverfahren, die eine billige Entgeruchung und Entschwefelung bei der Raffination der anfallenden Öle vorsehen, werden von ZANDONA und RIPPIE[1] beschrieben.

In vielen Fällen wird der auf der Abfallsäure beim Stehenlassen abgesetzte Goudron oben abgeschöpft und entweder mit Sägespänen vermischt und verbrannt oder auf Asphalt verarbeitet. Die verdünnte, schmutzige Säure kann an Düngemittelfabriken abgegeben werden.

Auch beim Zusammenleiten der Säure- und Laugewaschwässer scheiden sich Harze aus, die noch verwertet werden können. Zur Zersetzung der Petrolseifen wird die noch deutlich saure Mischung gekocht. Nach dem Abschöpfen des Öles wird die untere wäßrige Flüssigkeit nach vollständiger Neutralisation wie vorher angegeben in Absetzbecken weiterbehandelt.

b) Abwässer von Ölwerken

Bei Ölwerken, die gebrauchte Öle reinigen, fallen oft stark ölhaltige Emulsionen an, die sich erst später im Vorfluter trennen und dann zu landwirtschaftlichen Schäden führen können. PRÜTZ[2] versetzte solches Abwasser mit saurer Chlorcalciumlösung, ließ es über einen Ölabscheider gehen und dann über Kalksteinbrocken rieseln. Er erzielt auf diese Weise einen klaren Abfluß.

Muß mit Rücksicht auf die Größe des Vorfluters, oder weil der Vorfluter zur Trinkwasserversorgung dient, eine Feinreinigung durchgeführt werden, so kommen Filter mit adsorbierenden Stoffen in Frage. Als adsorbierende Stoffe kommen außer den schon öfters erwähnten Stoffen Crack, Koks und in ganz besonderen Fällen aktive Kohle in Anwendung.

---

[1] ZANDONA, O. J., u. C. W. RIPPIE: Oil and Gas J. Bd. 53 (1954) S. 29, 89.
[2] PRÜTZ: Kleine Mitteilungen der Landesanstalt für Wasser-, Boden und Lufthygiene Bd. 10 (1934) S. 47.

Die in diesen Betrieben sonst noch anfallenden Niederschlagswässer sowie die Fallwässer können in den meisten Fällen ohne weitgehende Behandlung in die Kanalisation abgelassen werden.

25. Abwässer der Benzinsynthese

Bei der Benzinsynthese, die nach dem *Hochdruckhydrierungsverfahren* der IG. arbeitet (Benzinfabriken), entsteht neben großen Mengen eines an sich wenig verschmutzten Abwassers eine geringe Menge von sehr stark verschmutztem Abwasser mit einem hohen Gehalt an Schwefelammon und Phenol.

Bei der Hydrierung von Kohle, Teeren oder anderen kohlenstoffhaltigen Stoffen arbeitet man in der Regel in zwei Phasen. In der Sumpfphase werden zuerst die hochmolekularen Verbindungen aufgespalten und in der Gasphase die Mittelöle zu Benzin weiterhydriert. Dabei ist es zweckmäßig, die Erzeugnisse der Sumpfphase vor ihrer Weiterhydrierung durch Destillation von hochsiedenden Stoffen zu befreien, die dann in den Arbeitsgang des Sumpfofens zurückgeleitet werden. Führt man diese Trennung in bekannten Destillationskolonnen in üblicher, schneller Weise unter Zusatz von Wasserdampf durch, so löst dieser bei der Kondensation so viel Phenol aus dem Öl, daß es nicht ohne weitgehende Reinigung als Abwasser abgelassen werden kann. Auch bei der Schwelung der Hydrierungsrückstände fallen phenolhaltige Abwässer an. Nach dem bisherigen Verfahren fallen beim Verarbeiten von 1000 t Hydrierkohle/Tag mit 1,5% Wassergehalt bei 80 m^3 Frischspülwasserzugabe zusammen mit dem aus dem Sauerstoffgehalt der Kohle gebildeten Wasser etwa 160 m^3/Tag Hydrierabwässer an mit einem Phenolgehalt von etwa 2,5 g/l. Außerdem fallen in der zugehörigen Destillation der Kohleöle mit Dampfzusatz 60 m^3 Abwasser mit 45 g Phenol/l und etwa 40 m^3 Schwefelwasser mit 50 g Phenol/l an. Insgesamt müssen 200 m^3 mit 3,3 t Phenol aufgearbeitet werden. Bei dem durch DRP 679974 patentierten Verfahren von Urban werden die phenolreichen Abwässer als Spülwässer in den Hochdruckkreislauf an einer Stelle nach dem Wärmeaustauscher eingeführt, wo das zum Teil noch dampfförmige Hydrieröl durch Wasserkühlung abgeschieden wird.

Spritzt man an Stelle der 80 m^3 Frischwasser die gesamte Menge des phenolhaltigen Destillations- und Schwefelwassers in das Hochdrucksystem als Spülwässer ein, so fallen statt 160 m^3 Hydrierwasser 180 m^3 an, aber überraschenderweise mit einem nur unwesentlich höheren Phenolgehalt von etwa 2,5 bis 3 g/l, so daß nur etwa 0,5 t Phenol/Tag ins Abwasser gelangen. Durch diese Maßnahme wird in einfacher Weise eine Entphenolungswirkung von 85% erreicht.

Die bei der Benzindestillation anfallenden Kondenswässer enthalten bis etwa 1,8 kg/m^3 Benzin. Diese Abwässer werden am besten in Wasserscheidern zunächst von der Hauptmenge der ungelösten Stoffe befreit.

Zum restlosen Abfangen dieser für die Vorfluter sehr schädlichen Stoffe haben sich Filter mit aktiver Kohle bewährt. Enthält das Abwasser keine der aktiven Kohle schädlichen Stoffe, so kann die in den

Tabelle 35

Zeit der Entnahme		13^{30} bis 17^{30}	17^{30} bis 21^{30}	21^{30} bis 1^{30}	1^{30} bis 5^{30}	5^{30} bis 9^{30}	9^{30} bis 13^{30}	im Mittel
Temperatur Luft	°C	9,3	6,6	6,1	5,6	8,2	10,1	7,6
Temperatur Wasser	°C	34,4	35,2	44,1	45,5	37,0	42,7	39,8
Aussehen		grünlich gefärbt, mit feinen Schlamm-teilchen	grünlich gefärbt, mit feinen Schlamm-teilchen	schwach grünlich trübe	schwach grünl. trübe, mit feinen Schlamm-teilchen	fast klar, mit wenig Schlamm-teilchen	grünlich gefärbt, mit feinen Schlamm-teilchen	grünlich gefärbt, mit feinen Schlamm-teilchen
Geruch		nach Schwefelammon						
Reaktion		alkalisch	alkalisch	alkalisch	alkalisch	alkalisch	alkalisch	alkalisch
Gelöste Stoffe:								
Insgesamt	mg/l	665	560	730	1045	365	470	639
Mineralisch	mg/l	505	175	140	160	95	90	194
Organisch	mg/l	160	385	590	885	270	380	445
Gebundenes Chlor	mg/l	156	68	132	120	80	116	112
Bezogen auf Kochsalz	mg/l	258	112	228	198	132	191	186
Stickstoff:								
Insgesamt	mg/l	5740	13020	14810	13650	5880	3990	9515
Ammoniakstickstoff	mg/l	5628	12950	14490	13440	5628	3500	9237
Organischer Stickstoff	mg/l	112	70	0	210	252	490	189
Nitrit-Nitrat-Stickstoff	mg/l	0	0	0	0	0	0	0
Schwefel:								
In Sulfaten (SO_3)	mg/l	63	32	27	6	9	43	30
In Sulfiden	mg/l	3902	10200	4620	2480	1361	917	3913
Permanganatverbrauch	mg/l	10405	24800	47088	37555	24485	24171	29751
Phenole	mg/l	1330	2058	3607	2665	1788	1788	1788
Absetzbare Stoffe nach 2 Stunden	m^3	0,7	0,1	Spur	0,25	0,1	Spur	0,19

Filtern erschöpfte Kohle durch Ausdämpfen regeneriert werden. Die Aufnahme der a-Kohle ist verhältnismäßig groß.

Für den vorgenannten Zweck sind besondere Spezialkohlen entwickelt worden, die in den meisten Fällen so arbeiten, daß das von Benzin, Benzol oder Leichtöl befreite Wasser wieder im Betrieb verwandt werden kann.

Nach Untersuchungen von HUSMANN[1] schwankt die Zusammensetzung dieser konzentrierten Abwässer sehr stark. Das Abwasser hat etwa die in der Tab. 35 angegebene Zusammensetzung (s. S. 344).

Zur Behandlung und Reinigung dieser Wässer schlägt HUSMANN folgende Verfahren vor:

1. *Gewinnung der wertvollen Stoffe des Abwassers*, wie Phenol (s. Kokereiabwasser), Schwefel (s. Gerbereiabwasser) und Ammoniak nach den bekannten Verfahren, wodurch die Konzentration und Schädlichkeit der Abwässer beträchtlich vermindert wird. Diese Behandlung muß auf dem Industriewerk selbst vorgenommen werden und kann in manchen Fällen für die Ableitung der Abwässer ausreichend sein, z. B. dann, wenn im Vorfluter genügend sauberes und wenig verschmutztes Verdünnungswasser zur Verfügung steht, und wenn der Vorfluter genügend gesund, d. h. in seiner Selbstreinigungskraft noch nicht geschwächt ist, so daß er für den weiteren Abbau dieser industriellen Abwässer sorgen kann.

2. Eine weitere Reinigungsart besteht in der *Vernichtung der Phenole und der Ammoniak- und Schwefelverbindungen* durch chemisch-biologische Verfahren.

Tabelle 36

Probeentnahmestelle			Zulauf zum Tropfkörper	Ablauf des Tropfkörpers
Aussehen			schwarz-grau getrübt mit geringem schwarzen Bodensatz	schwach gelblich getrübt mit bräunlichen Flocken
Geruch			nach Schwefelammon	geruchlos
Reaktion			alkalisch	neutral bis schwach alkalisch
Durchsichtigkeit	ungefiltert	cm	1,7	8,5
	gefiltert	cm	7,5	30,0
Stickstoff	Insgesamt	mg/l	292	150
	Ammoniakstickstoff	mg/l	266	136
	Organischer Stickstoff	mg/l	26	6
	Nitrit-Nitrat-Stickstoff	mg/l	0	8
Schwefel	Insgesamt	mg/l	170	133
	in Sulfiden	mg/l	49	0,56
	freigelöster Schwefelwasserstoff	mg/l	52	0,60
Kaliumpermanganatverbrauch		mg/l	1146	85
Phenole		mg/l	50	0,1
Sauerstoffgehalt		mg/l	0	4,27
Sauerstoffsättigung in %			0	49,9

[1] HUSMANN, W.: Gesundh.-Ing. Bd. 61 (1938) S. 148.

3. Noch richtiger wird es sein, in einer Vorstufe die wertvollen Stoffe des Abwassers aus dem Abwasser zu entfernen, und die dann noch im Abwasser verbleibenden Reste durch eine anschließende chemisch-biologische Behandlung des Wassers in einer zweiten Stufe zu zerstören.

Nach den Untersuchungen von HUSMANN läßt sich das auf den Hydrierwerken anfallende Abwasser nach hinreichender Verdünnung mit häuslichem Abwasser auf einem Hochleistungstropfkörper sehr gut abbauen. Bei den in einem Versuchskörper von 3,1 m^3 Schlackeninhalt durchgeführten Versuchen wurde das Abwasser im Verhältnis 1:20 verdünnt, wobei das Belastungsverhältnis von Mischwasser zu Tropfkörpermaterial 1,4:1 war. Die Reinigungswirkung geht aus der Tab. 36 (S. 345) hervor.

Soll das Abwasser einer Benzinfabrik in eine städtische Kanalisation aufgenommen werden, so entscheidet auf Grund der vorstehenden Versuche das Mischungsverhältnis, in dem dieses Abwasser zum häuslichen Abwasser steht, vorausgesetzt, daß nicht andere schädliche Fabriken da sind, die bereits dieses Mischungsverhältnis stark beeinträchtigen.

26. Zerstörung von Ölemulsionen

Ölemulsionen finden in der metallverarbeitenden Industrie bei den verschiedensten Arbeitsprozessen als Bohr- und Schleifmittel mit kühlenden und schmierenden Eigenschaften Verwendung. Je nach dem vorgesehenen Zweck fordert man eine erhöhte Stabilität, außergewöhnliche Druckbeständigkeit, Rostschmutz sowie Oxydationsbeständigkeit und Widerstandsfähigkeit gegen Bakterienbefall. Das Wachstum von Bakterien beschleunigt das Brechen der Ölemulsion, was meist mit einer Schaumbildung und dem Auftreten eines unangenehmen Geruches verbunden ist. Die Bohr- und Schleifemulsionen werden während der Arbeit oft viele Wochen im Kreislauf verwendet.

Liegen ölartige Abwässer als Emulsionen vor, so ist ihre Beseitigung wie bereits S. 260 angegeben, bzw. ihre Zerstörung oft sehr schwer. MILNE[1] hat den Charakter von verschiedenen Ölemulsionen untersucht und kommt hierbei zu folgenden Feststellungen:

Eine Öl-Wasser-Emulsion muß drei Komponenten enthalten. Die disperse Phase (Öl), einige emulgierende Agenzien und die äußere Phase, in diesem Falle Wasser, sind abhängig von ihrer Stabilität und von der Art des emulgierenden Agenzes. Demnach muß der Emulgator als der wichtigste Anteil in diesem System gelten. Die verschiedenen Klassen von *Emulgatoren*, die zur Bildung von Ölemulsionen gebraucht werden, sind die folgenden:

1. Eine elektrische Ladung an der Oberfläche des Ölpartikelchens.
2. Verschiedene gemischte natürliche Agenzien, wie z. B. Eiweißstoffe, Gummi.
3. Verschiedene fein verteilte Schwebestoffe, wie z. B. Lehm, Kohlenstoff.
4. Eine positive Ladung des Agenzes, wie z. B. Seife.

[1] MILNE, D.: Character of Waste Oil Emulsions. Sew. and Ind. Wastes Bd. 22 (1950) S. 326.

Emulsionen der ersten Art kommen vorwiegend in der Krafthauspraxis vor, wo der kondensierte Dampf zu der Kraftanlage zurückkehrt und dann häufig voll Schmutz ist mit emulgierten Schmierölen. Emulsionen der zweiten Art findet man hauptsächlich in der Kosmetik und in der Lebensmittelindustrie, wo als Emulgatoren außer den natürlichen Gummiarten, wie vor allen Dingen Gummi arabicum, auch Stärke und die Proteine als Emulgatoren benutzt werden. In die 4. Gruppe gehören die Emulgatoren, wie Natrium- und Kaliumseifen, die als Salze der Fettsäuren, wie Olein-, Palmitin- oder Stearinsäure, in Frage kommen. Ferner gehören hierhin die Seifen, die durch Reaktion der Aminoverbindungen mit Fettsäuren auftreten, wie dies bei Triäthylamin der Fall ist. Auch sulforierte Öle und Alkohole und die sulforierten aliphatischen und aromatischen Verbindungen müssen in diese Gruppe gezählt werden. Auch Bohröle gehören in diese Gruppe.

Offhaus[1] berichtet über Versuche der Bayerischen Biologischen Versuchsanstalt, die sich mit der Giftigkeit von Schleif- und Bohrmitteln befassen. Nach diesen Versuchen sind solche Schleif- und Bohrmittel noch in Verdünnungen von 1 : 5000 bis 1 : 25000, bezogen auf das Konzentrat, noch stark giftig für Fische. Schleif- und Bohrmittel, die in 2% Lösung in einer Verdünnung von 1 : 500 noch giftig sind, dürfen daher weder in Kanalisationen noch in die Vorfluter abgelassen werden. Zur Zeit ist man damit beschäftigt, gut brauchbare aber weniger giftige Präparate zu entwickeln.

Die Brechung von Emulsionen kann auf verschiedene Weise erfolgen und hängt von der Art der Emulsionen ab. Zur Brechung der Emulsionen können einmal physikalische wie auch chemische Verfahren angewandt werden. U. a. seien folgende Verfahren hervorgehoben:

1. *Elektrische Verfahren*, bei denen das Öl an einer Elektrode abgeschieden wird und dann in tropfbar-flüssigem Zustand gesammelt werden kann. (Verfahren der Fa. Passavant, s. unten für Gunk-Kerosin-Anlage.)

2. *Temperaturänderung*. Kochen der Emulsionen hat häufig eine Zusammenballung der emulgierten Öle zur Folge. In gleicher Weise wie eine Erhöhung der Temperatur kann auch eine Erniedrigung der Temperatur durch Ausfrieren eine Brechung der Öl-Emulsion hervorrufen.

3. *Chemische Behandlung*, durch Zugabe anorganischer Elektrolyte wie $NaCl$, $CaCl_2$, $Al_2(SO_4)_3$, $FeSO_4$ usw. Bosenic[2] beschreibt die von der Fa. Geiger, Karlsruhe, gebaute Anlage (s. Abb. 105). Die verbrauchten Emulsionen gelangen in den Vorratsbehälter *1*, aus dem sie kontinuierlich in den Ölabscheider *2* gepumpt werden. Die freien Öle werden durch eine Rinne abgeführt. Die entölten Emulsionen gelangen in einen Reaktionsbehälter, der aus drei Abteilungen besteht. In der ersten erfolgt die Brechung mit $FeSO_4$, in der zweiten die Abtrennung des entstandenen freien Öles und in der dritten die Fällung mit Kalk. Von hier aus gelangen die Wässer in das Belüftungsbecken *4*, das zwei Aufgaben zu erfüllen hat:

[1] Offhaus, K.: Ztg. für Kommunale Wirtschaft, August 1964.
[2] Bosenic, G.: Österr. Abwasser-Rundschau Bd. 10 (1965) S. 28.

1. Die Überführung des 2wertigen Hydroxydes in das 3wertige, wasserunlösliche und leichter filtrierbare.

2. Die Flotation noch vorhandenen Restöles.

In dem Klärbecken *5* erfolgt die Klärung des Schlamm-Wasser-Gemisches. Der klare Ablauf mit einem p_H-Wert von 8 bis 9 wird mit verdünnter H_2SO_4 auf einen solchen von 7 bis 8 gebracht und fließt in

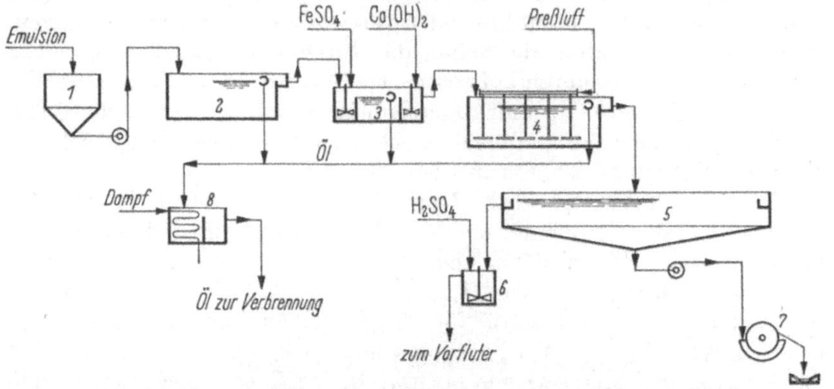

Abb. 105. Schema einer Bohröl-Trennanlage (Maschinenfabrik G. Geiger, Karlsruhe)
1 Vorratsbehälter, *2* Ölabscheider, *3* Flockungsbehälter, *4* Belüftungsbecken, *5* Klärbecken, *6* Neutralisationsbecken, *7* Vakuumfilter, *8* Öl-Reinigungsbehälter

den Vorfluter ab. Der Schlamm wird auf einem Vakuum-Trommelfilter entwässert und verbrannt. Er enthält — bezogen auf Trockensubstanz — etwa 60% Organisches. Das Öl-Wasser-Gemisch wird in einem Trennbehälter auf etwa 80° erhitzt. Das dabei gewonnene Altöl hat einen Restwassergehalt von 8 bis 10%, es wird verbrannt und dient zur Stromerzeugung. Die in den Anlagen erzielten Resultate sind recht beachtlich:

Emulsion

p_H-Wert	8,1
$KMnO_4$-Verbrauch	21500 mg/l
freie Öle	15,7 g/l

Ablauf aus der Anlage

p_H-Wert	7,5
$KMnO_4$-Verbrauch	367 mg/l
$KMnO_4$-Abbau	etwa 98%
petrolätherlösliches	weniger als 5 mg/l
Feststoffgehalt.	weniger als 10 mg/l

In dem *Institut für Industrielle Abwasser-Technik und Werkstoff-Rückgewinnung* hat H. WIEDMANN eine kombinierte Emulsions-Spalt- und Flockungsanlage (s. Abb. 106) konstruiert.

Es handelt sich um ein stehendes, zylindrisches Gefäß *A* mit je einem konischen Boden unten und oben. Am oberen konischen Boden befindet sich ein spezielles Schauglas *C*, das mit einer Bürsteinrichtung leicht gereinigt werden kann. Das gleiche gilt für den Spitzboden unten. Auf den Behälter ist ein Elektro-Rührwerk *G* montiert, ebenso ein Heizregister *H*, das vielfach entfällt, wobei die Öffnung mit einem Blindflansch verschlossen wird. Wesentlich ist ein Siebkorb *E* mit Verschluß-Flansch. In diesem werden die Spalt- bzw. die Flockungschemikalien deponiert. Beim Füllen des Behälters mit Hilfe eines Schlauchs wird der Siebkorb *E* herausgenommen und an der nun freien Öffnung das Niveau der zu spaltenden Emulsion beobachtet. Hierzu ist noch eine Lampe *F* zweckmäßig eingebaut. Das Ventil mit der Rohrleitung *L* gestattet eine Druckluftleitung. Über das Ventil *M* kann der Schlamm und die Salzlösung über ein Filter *P* abgelassen werden. Bei besonders hohen Ansprüchen bezügl. der Reinigung des Abflusses wird hier ein oliophiles Filter nachgeschaltet. Über das Ventil *O* wird der Behälterinhalt direkt in den Kanal abgelassen. Über das Ventil *N* wird mit Hilfe von Druckwasser das Öl nach oben abgedrückt. Um also einen Spalt- bzw. einen Flockungsvorgang in *einem* Behälter durchführen zu können, geht man folgendermaßen vor: Der Siebkorb *E* wird abgenommen und volumen- bzw. gewichtsmäßig mit den berechneten Spaltchemikalien beschickt. Hierauf läßt man in den Behälter die zu spaltende Emulsion einfließen und verschließt mit dem Siebkorb bzw. dessen Flansch das System. Anschließend wird bedarfsweise das Heizregister *H* betätigt und hiernach eine gewisse Zeit das Rührwerk *G* eingeschaltet. Nach einem Öl-Aufschwimmer-Vorgang wird über die Leitung *J* das Öl mit Hilfe von Druckwasser, das über das Ventil *N* einströmt, abgedrückt. Nun senkt man das Niveau über das Ventil *M* und das Filter *P* wieder ab, öffnet den Flansch mit Siebkorb *E* und beschickt den Siebkorb mit der notwendigen Menge an Flockungschemikalien. Diese werden nun durch Betätigung des Rührwerks *G* aufgelöst. Gegebenenfalls kann man über *L* noch Luft einleiten. Nach dem Absetzvorgang (ölhaltiger Schlamm) wird der Schlamm über das Ventil *M* und die Filtereinrichtung *P* abgelassen. Hierauf kann das Salzwasser über das Ventil *O* insgesamt in den Kanal abgeführt werden. falls nicht bzgl. des noch vorhandenen Restölanteils in der geflockten wässerigen Phase vor der Ableitung in den Kanal oder Vorfluter noch eine oliophile Filtration notwendig ist.

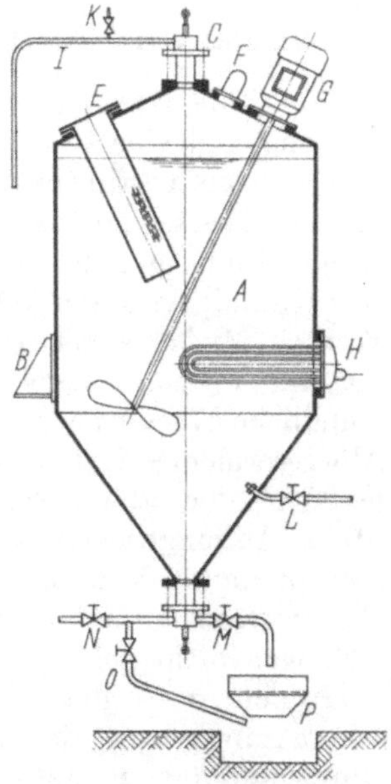

Abb. 106. Emulsions-Spalt- und Flockungsanlage (Chemie-Technik Dr.-Ing. H. Wiedmann, Stuttgart)

Die Brechung der Emulsion durch *Zentrifugen* ist am Beispiel der Milch allgemein bekannt. *Ultraschallschwingungen* können häufig auch zur Trennung der Ölteilchen von der Wasserphase führen. Starke Umwälzungen der emulgierten Flüssigkeit zeigen am Beispiel der Butter, daß auch hier eine Abtrennung des Fettes vom Wasser möglich ist. *Filtration* wird häufig angewandt, indem man die zu reinigende Emulsion durch bestimmte adsorptive Stoffe hindurchschickt. Am wenigsten geeignet erscheint immer noch die Sedimentation, da diese zu lange Zeit in Anspruch nimmt.

Reinigung von Flugzeugabwässern durch eine Gunk-Kerosin-Anlage

Auf Flugplätzen werden Flugzeuge dadurch gereinigt, daß man sie zunächst mit einer *Gunk-Kerosinlösung*, eine Mischung von roher Seife und Kerosin, bestreicht und nach kurzer Einwirkung dann diese Lösung mit viel Wasser mit dem Schmutz abspritzt. Hierbei entsteht eine sehr stabile Emulsion, die sich nur schwer trennen läßt. Der tägliche Abwasseranfall wird mit 30 m^3 angegeben. In einem von den Passavant Werken, Michelbacher Hütte entwickelten Verfahren, dem nur die Gunk-Kerosin-Abwässer zugeführt werden dürfen, wird die Anlage für eine stündliche Wassermenge von 3 m^3 ausgebaut. Um die täglich anfallende Abwassermenge restlos abfangen zu können, sind *zwei Auffangbecken* mit je 20 m^3, die abwechselnd betrieben werden können, errichtet. Den beiden Auffangbecken wird ein *Sandfang*, um Sande und Feststoffe abzufangen, damit Verstopfungen in den Pumpen und Störungen in der Elektrolysenkammer vermieden werden, sowie ein *Fettabscheider* zum Abfangen nicht gelöster Gunk-Kerosin-Lösung angeschlossen.

In den Auffangbecken wird dann eine sich nach der Stärke der Verschmutzung richtende Menge Eisensulfat (200 mg/l) unter kräftigem Durchrühren zugesetzt. Aus den Auffangbecken wird die Mischung in die von unten nach oben durchflossene *Elektrolysenkammer* gepumpt, in der die Brechung der Gunk-Kerosin-Emulsion durch eine an den Elektrodenplatten angelegte Spannung, die durch einen Gleichrichter erzeugt wird, erfolgt. Der Gleichrichter soll bei 8 Volt Spannung etwa 20 Amp. liefern. Der sich hier bildende Schaum wird laufend auf das Schlammbeet abgestreift und nach der Trocknung verbrannt.

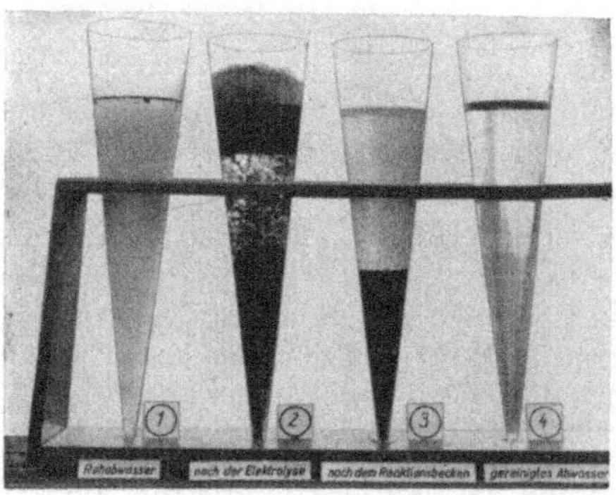

Abb. 107. Abwasserprobe aus der Gunk-Kerosin-Trennanlage

Auf dem Wege von der Elektrolysenkammer *zum Reaktionsbecken* wird eine in einem Kalk-Misch- und Dosiergerät zubereitete Menge Kalkmilch zugegeben. In dem Reaktionsbecken sorgt dann ein Rührwerk für gute Durchmischung und Ausflockung. Zum Schluß wird das gut ausgeflockte Abwasser in ein Absetzbecken nach dem Prinzip der Dortmundbrunnen geleitet, aus dem dann das gereinigte Abwasser abfließt. Die Aufenthaltszeit im Absetzbecken soll 6 Stunden betragen. Der sich in den Absetzbecken bildende Schlamm wird dann auf Trockenbeete abgelassen, wo er schnell trocknet. Der getrocknete Schlamm kann in einer Ölfeuerungs- bzw. Ölverbrennungsanlage verbrannt werden. Abb. 107 zeigt in den verschiedenen IMHOFF-Gläsern den Gang des Verfahrens und auch gleichzeitig den guten Reinigungserfolg. Während das Rohwasser einen $KMnO_4$-Verbrauch von 16300 mg/l hatte, zeigte der Ablauf nur noch einen $KMnO_4$-Wert von 146 mg/l.

27. Abwässer der Papierindustrie

Die Papierindustrie gliedert sich in die Halbstoffindustrie, nämlich die Zellstoff- und Holzschliffindustrie, und die eigentliche Papierherstellung aus diesen Halbstoffen und Zusätzen. Überall fallen bei der Herstellung Abfallstoffe an, denen man früher wenig Beachtung schenkte und die man bisher mit den Abwässern in die Vorfluter schickte. Mit der Zeit hat man jedoch gelernt, sie wiederzugewinnen und zum Nutzen der Industrie zu verwenden.

In der Papierindustrie fallen in der Hauptsache folgende, in ihrer Zusammensetzung sehr verschiedene Abwasserarten an:

a) Abwässer der *Weißschleiferei*, die in der Hauptsache suspendierte Faserstoffe und wenig organische Auslaugstoffe enthalten.

b) Abwässer, die bei der *Herstellung von Braunschliff* entstehen; bei diesen gehen bereits organische Auslaugestoffe in das Abwasser.

c) Abwässer der *Sulfitzellstoffabriken*; sie gehören zu den am stärksten verschmutzten und für die Vorfluter schädlichsten Abwässern.

d) Abwässer der *Natronzellstoffabriken*; die stark verschmutzten Ablaugen werden in den meisten Betrieben aufgearbeitet. Zu behandeln sind die Waschwässer, die durch gelöste organische Stoffe verschmutzt sind.

e) Abwässer aus der *Lumpenkocherei*; sie enthalten die beim Kochprozeß gelösten Schmutzbestandteile.

f) Abwässer der *Pappen-* und *Strohpappenfabriken*.

g) Abwässer der eigentlichen *Papiererzeugung*.

Die *Papierherstellung* kann aus vielen verschiedenen Stoffen geschehen. Außer Holz, Stroh, Lumpen, Altpapier, Textilabfällen werden auch Flachs, Hanf, Bambusrohr und Zuckerrohr verwandt. Seide ist reine Cellulose und eignet sich am besten zur Papierherstellung. Holz ist eine Lignozellulose und Flachs besteht aus sog. Pectozellulose. Jeder dieser Rohstoffe erfordert seine besondere Behandlung, um die Stoffe aus ihm herauszubringen, die bei der Papierherstellung schaden. In Deutschland wird das meiste Papier aus Holz hergestellt. Zur Vermeidung von Holzverlusten macht SCHWABE[1] eine ganze Reihe verschiedener Vorschläge, wie Ersatz des Zellstoffs durch Holzschliff, Verwertung der Zellulosebegleitstoffe, Verwendung anderer Faserstoffe von Stroh,

[1] SCHWABE: Die Technik Bd. 3 (1948) S. 123.

Altpapier, Kartoffelkraut, Schilf, Torf, Stärke, Baumwollinters, Faserrückgewinnung aus den verschiedenen Abwässern.

	Einwohnergleichwert je t Erzeugnis	m^3 Abwasser je t Erzeugnis
Weißschliff	600—2000	260—360
Braunschliff	1200—6000	175—200
Papierfabriken	200—1150	85—150

a) Abwässer von Holzverarbeitungs-, Holzstoffabriken, Holzschleifereien

Bei den durch die Wasserkraftanlage direkt am Vorfluter liegenden Sägemühlen sowie auf den Holzhöfen, auf Zimmerplätzen u. dgl. fällt fein zerkleinertes Holz in Form von Spänen oder Sägemehl an. Es wird, wenn kein Absatz da ist, aus Bequemlichkeitsgründen in den Vorfluter abgelassen und erzeugt hier Schlammbildungen und Sauerstoffschwund. Die Stoffe bilden Schwimmschlämme, die durch das Wasser ausgelaugt werden und so den Sauerstoff des Vorfluters zur Oxydation verbrauchen, so daß sie sogar Fäulnisvorgänge im Vorfluter hervorrufen können. Auch auf die Fischzucht haben diese Faserstoffe einen weitgehenden Einfluß. Sie hemmen das als Fischnahrung dienende Plankton in seiner Entwicklung und können auch den Fischlaich verschlammen und so seine Weiterentwicklung stören. Schädigungen der Kiemen der Fische durch Faserstoffe sind hauptsächlich bei den durch Sauerstoffschwund geschwächten bzw. erkrankten Fischen beobachtet worden (s. Einfluß der Sulfitabwässer auf die Vorfluter). Bei diesen Fabriken kann in vielen Fällen Abhilfe nur durch scharfe polizeiliche Maßnahmen, die das Ablassen von Sägemehl u. dgl. verbieten, geschaffen werden, zumal es heute genügend Verwertungsmöglichkeiten für Holzabfälle gibt. In einem zusammenfassenden Bericht zählt GRANT[1] die mannigfachen Arten der verwertbaren Holzabfälle und deren technische Nutzbarmachung auf.

Für das bei der Holzverarbeitung anfallende Sägemehl ist eine ganze Reihe verschiedener Verwendungszwecke, wie z. B. in der Holzverzuckerung, bekannt. Ergänzend erwähnt GRANT die Herstellung von Kunstholz. Das Sägemehl wird mit Leim gebunden, dem man zur Erzielung einer besseren Wasserfestigkeit Kaliumbichromat zufügt. Aus der Masse werden Formstücke gegossen, die nach der Entfernung des Grates noch durch Anstrich, Lackierung usw. weiterbehandelt werden. Zugabe von Holzstoff erhöht die Festigkeit so weit, daß die Masse auch für Kistenbretter, Behälter und leichte Konstruktionsteile benutzt werden kann. Zur Anfertigung von Feueranzündern wird Harz zugegeben. Ferner kommt noch die Herstellung von Carbid, Verwendung als Kehrmasse, Wärmeisoliermassen, Streumittel in Ställen, Herstellung einer Holzpaste aus Sägemehl und kleineren Holzabfällen, die man mit Kunstharzen auf der Grundlage Zelluloseacetat, Phenolformaldehydharz, Benzylzellulose, Thioharnstoff usw. imprägniert.

[1] GRANT, I.: Ind. Chem. 1940, S. 87. — Ref. Chemiker-Ztg. 1940, S. 273.

Bei den *Holzschleifereien* wird das entrindete Holz in besonderen Maschinen unter Aufwendung großer Spülwassermengen auf groben Steinen fein geschliffen. Der feine Holzschliff wird auf Papiermaschinen ähnlichen Filtern abgefangen und zur Herstellung von Zellstoffaser- oder Füllmaterial für Papiere oder auch als Füllmaterial bei der Herstellung minderwertiger Papiere benutzt. Da die Filter nicht dicht genug sind, gehen mit dem Abwasser große Mengen feinster, wertvoller Faserstoffe ab, die den Vorfluter in derselben Weise beeinflussen, wie es oben von den Holzmehlen angegeben wurde. Das Bett des Vorfluters ist unterhalb derartiger Fabriken durch Faserstoffe weiß gefärbt. Im Bachbett schwindet die für die Fischerei wichtige Ufernahrung. Es empfiehlt sich, die Faserstoffe in Absetzbecken (s. später) herauszufangen und wieder zu verwerten. Nach Entfernung aller mechanischen Verunreinigungen (Fasern) kann das Abwasser als wertvolles Rieselwasser Verwendung finden.

In gut geführten *Weißschleifereien*[1] ist der Wasserkreislauf so eng geschlossen, daß nur wenig oder überhaupt kein Abwasser im Betrieb entsteht. Alles Wasser, das beim Produktionsgang gebraucht wird, endet mit Holzstoffresten beladen im Siebschiff. Von hier wird es mit einer Pumpe in ein Rohrsystem gepumpt, aus dem dann der am Schleifer und am Splitterfang benötigte Wasserbedarf direkt wieder gedeckt wird. Das Rohrsystem hat Verbindung zu einem hochgelegenen Ausgleichsbehälter (s. Abb. 108). Durch das ebenfalls in diesen Kreislauf einmün-

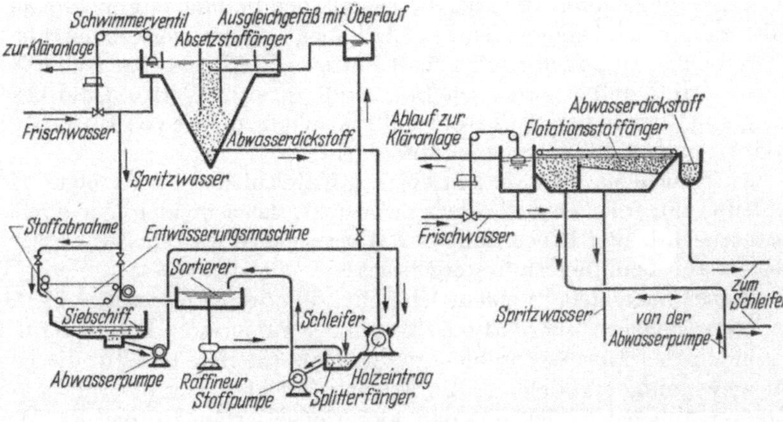

Abb. 108. Wasserwirtschaft einer Holzstoffabrik (Weißschliff) mit den verschiedenen Abwasserkreisläufen zur Verminderung des Bedarfes an Frischwasser und damit Verringerung des Abwasseranfalls

dende Spritzrohrwasser (abzüglich des beim Stoffaustrag verlorengehenden Wassers) entsteht ein Überschuß an Wasser. Das Ausgleichsgefäß erhält deshalb einen Überlauf. Dieser Überlauf endet in einem Stofffänger. Der im Stoffänger sich absetzende oder flotierte Stoff wird ständig, d. h. kontinuierlich abgenommen und durch eine besondere Rohr-

[1] ROHDE, H.: Gesundh.-Ing. Bd. 75 (1954) H. 15/16.

leitung dem Schleifer zugeführt. Die abgesetzten Stoffe nimmt man mit einem so hohen Wassergehalt zurück, daß keine Verstopfung der Rücklaufleitung eintritt. Die notwendige Menge läßt sich durch ein Ventil regeln. Das im Stoffänger gereinigte Wasser wird als Spritzrohrwasser wieder verwendet. Dabei muß man in Kauf nehmen, die Spritzrohre mittels eingebauter Stahlbürste des öfteren zu reinigen oder sich-selbstreinigende Spritzrohre zu verwenden. Infolge des mit dem Stoff ausgetragenen Wassers entsteht im Wasserkreislauf ein Wasserfehlbetrag. Dieser wird durch Zugabe von Frischwasser gedeckt. Die Zugabe von Frischwasser erfolgt automatisch durch ein mit dem Wasserspiegel im Stoffänger gekoppeltes Schwimmerventil. Wenn ein festgelegter Wasserspiegel im Stoffänger unterschritten wird, öffnet sich das Ventil und gibt so lange Frischwasser zu, bis daß der Kreislauf wieder gefüllt ist. Da, im Gegensatz zu Papierfabriken, keine Füllstoffe, Farben u. a. zugegeben werden, braucht man nicht zu befürchten, daß sich solche Stoffe mit der Zeit im Kreislauf anreichern würden. Infolge des durch den nassen Stoffaustrag erforderlichen ständigen Frischwasserbedarfs ist auch die Anreicherung sonstiger Schadstoffe im Kreislauf nicht zu befürchten. Dadurch läßt sich in Weißschleifereien der Abwasserabstoß gänzlich unterbinden. Diese Maßnahmen führen zu einer vollkommenen Ausnutzung des Stoffes. Stoffverluste durch Abwässer können nicht mehr eintreten. Wenn man bedenkt, daß diese heute noch in manchen Holzschleifereien bis zu 17% betragen, so liegt die Wirtschaftlichkeit obiger Maßnahmen auf der Hand.

Van Horn[1] konnte den bei der chemischen Fällung mit nachfolgender Filtration entstehenden Wasseranfall nicht weiter verwenden, da die Fasern einen zu hohen Aschegehalt hatten. Die Behandlung von Weißwasser auf Tropfkörpern nach Einstellung des p_H-Wertes, Chlorbeseitigung und Zugabe von Stickstoff und Phosphorsäure ist von Eden, Jones und Wheatland[2] eingehend untersucht.

An Stelle des oben beschriebenen Kaltschleifens wird beim Heißschleifen nur sehr wenig Wasser gebraucht, das sehr lange im Kreislauf benutzt wird. Bei Erneuerung der Wassermenge wird das Abwasser am besten auf Landflächen untergebracht.

Emes[3] behandelt in einem Überblick über die Abwasserprobleme in den verschiedenen Fabrikationszweigen der Papier- und Pappenindustrie besonders das Abwasserproblem in den Holzschleifereien. Für die Faserrückgewinnung empfiehlt er die Arledter Trichter oder die Niethammer Kratzer-Anlagen. Auch mit den Flotationsfaserfängern der Fa. Wolff, Magdeburg-Buckau, Grevenbroich hatte er gute Erfolge.

b) Abwässer von Braunschliff

Zum Weißschliff wird ein weißes harzarmes Holz, z. B. Fichte, ohne weitere Vorbereitung verwendet. so daß man einen weißen Faserstoff

[1] Van Horn, W. M.: Paper Ind. Bd. 35 (1953) S. 331.
[2] Eden, G. E., E. E. Jones u. Wheatland: Sew. and Ind. Wastes Bd. 26 (1954) 119.
[3] Emes: Werkbl. Papierfabr. Bd. 78 (1950) S. 176.

gewinnt. Zum Braunschliff, zu dem außer Fichte auch Kiefernholz verwandt werden kann, werden die Holzrollen in Dampffässern von 2 m Durchmesser und 15 m Länge etwa 5 Std. lang bei 6 atü und 170 °C gedämpft. Hierbei werden die Harzstoffe größtenteils ausgelaugt. Das Material nimmt eine braune Farbe an, dafür ist aber die gewonnene Faser länger. Der Braunschliff wird vorwiegend zu Packpapier und Pappe verwandt. Etwa 12,5 bis 15% der Holzsubstanz gehen in die Abwässer über. Der Wasserverbrauch je t Braunschliff liegt bei 175 bis 200 m^3 je t Fertigprodukt.

Die beim Braunschliff entstehenden Abwässer enthalten unter anderem Harze, Pentosen, Huminstoffe, Vanillin, Methylalkohol, Essigsäure, Ameisensäure. Für ihre Behandlung kommen nach PRITZKOW die für Natronzellstoffabwässer angewandten Verfahren in Frage, doch können auch für die Reinigung und Beseitigung die für Zellstoffabriken angewandten Verfahren benutzt werden. Das Abwasser hat je t Braunschliff einen Einwohnergleichwert von 1200 bis 6000.

In *Braunschleifereien* sind es nach ROHDE[1] die nach dem Dämpfen im Holz verbliebenen Reste der gelösten Stoffe, die das Abwasser stark verschmutzen. In der Praxis hat sich bisher gezeigt, daß, wenn man den Kreislauf genau so einrichtet wie in der Weißschleiferei, der Kreislauf sich u. U. mit diesen Schadstoffen so stark anreichert, daß im Erzeugungsvorgang Schwierigkeiten auftreten. Bei sehr engem Kreislauf steigen die Temperaturen des Umlaufwassers infolge der beim Schleifen hervorgerufenen Wärmeentwicklung, wodurch dann wieder eine noch weitere Herauslösung der Schadstoffe aus Holz und Holzfasern eintritt. Es muß deshalb angestrebt werden, das Kreislaufwasser durch geeignete Maßnahmen abzukühlen und ihm gegebenenfalls solche Flockungsmittel zuzuführen, die es gewährleisten, daß die bei der Produktion störenden, jedoch dem Produkt, d. h. dem Holzschliff, nicht schädlichen Stoffe mit der Stoffbahn ausgetragen werden und so das Umlaufwasser immer wieder verwendet werden kann.

Verbesserungen im Abwasserkreislauf sind erzielt worden durch Einrichten von zwei Kreisläufen. Der eine Kreislauf umfaßt das als Spritzrohrwasser verhältnismäßig gering verschmutzte Abwasser. Dieses wurde getrennt von dem übrigen Abwasser (aus der Stoffentwässerung), für sich abgefangen und in einen Stoffänger geleitet. Der Überlauf kam zum Ablauf. Der im Stoffänger zurückgehaltene Stoff wanderte mit Wasser vermischt zum Schleifer.

Der zweite Kreislauf umfaßt das aus der Stoffentwässerung anfallende Abwasser. Dieses Abwasser wurde vom Siebschiff in ein großes Becken geleitet. Das Abwasser erhielt hier eine Kühlzeit von 12—16 Stunden. Diese Zeit reichte aus, um die Temperatur des Kreislaufwassers nicht über 16 °C ansteigen zu lassen. Im Winter sank die Temperatur sogar auf 4 °C herab. Das für den Schleifvorgang bzw. zur Stoffverdünnung benötigte Wasser wurde durch eine Pumpe aus dem Klärbecken entnommen. Dieser Kreislauf ist dadurch also ganz geschlossen.

---

[1] ROHDE, H.: Gesundh.-Ing. Bd. 75 (1954) H. 15/16.

c) Sulfitzellstoffabriken

In Deutschland wird der Sulfitzellstoff aus Fichten-, Tannen- oder Buchenholz gewonnen. Das Fichten- und Tannenholz besteht zu etwa 50% aus den wertvollen Fasern und zu 50% aus inkrustierenden Stoffen. Aufgabe der Zellstoffabrik ist es, durch geeignete Mittel diese inkrustierenden Stoffe aus dem Holz herauszulösen, ohne dabei die Fasern zu schädigen. Es gibt zwei Verfahren, mit deren Hilfe dies geschehen kann. Das erste und in Deutschland zu 90% angewandte Verfahren ist das saure oder Sulfitverfahren. Das zweite Verfahren ist das alkalische oder Natronsulfatverfahren. In beiden Fällen gehen die inkrustierenden Stoffe in die Ablaugen, so daß rund 50% des eingebrachten Holzes an organischen Stoffen verlorengehen. Von diesen Stoffen werden 80 bis 90% für den Fall, daß eine gute Verwendungsmöglichkeit gefunden würde, leicht erfaßbar sein. Aus 2 t Holz werden nur 950 kg Zellstoff gewonnen, während 1050 kg Holzsubstanzen in den Ablaugen in Lösung gehen. Von diesen Holzsubstanzen sind 750 kg Ligninverbindungen, die die Zellstoffasern im Holz verbinden, neben 250 kg Holzzucker und 50 kg Harzen. Eine Zellstoffabrik mit einer Produktion von 100 t Zellstoff am Tag verbraucht 210 t Holz und hat eine Abwassermenge von 20000 bis 40000 m^3 mit etwa 110 t gelösten Stoffen[1].

Zwecks Herstellung des Sulfitzellstoffs wird Holzschliff oder in großen Maschinen zerspanntes Holz in großen eisernen Kesseln längere Zeit unter Druck mit einer Lösung von Calciumsulfit ausgelaugt. Diese Sulfitlauge wird auf den Werken in großen Türmen, die mit Kalkstein gefüllt sind, hergestellt, indem man den in der Mitte eingeleiteten, durch Verbrennen von Schwefelkiesen gewonnenen Schwefeldioxyddämpfen Wasser entgegenrieseln läßt. Die gebildete Calciumsulfitlauge wird in bleiausgeschlagenen Gefäßen aufgefangen. Das überschüssige gelöste Schwefeldioxyd wird in den Turm zurückgeleitet oder in einen Zwischenbehälter, aus dem das Rieselwasser entnommen wird, geleitet. Bei richtiger Anwendung entstehen bei der Herstellung der Sulfitlöselauge keine Abwässer. Bei den nach diesem sog. Mitscherlich-Verfahren arbeitenden Fabriken fallen die Turmwaschwässer an, die etwas freie schweflige Säure und Calciumsulfit enthalten und am besten im Betriebe mit verwandt werden.

Auf 210 kg Holzspäne werden 1000 l Sulfitlauge gebraucht. Bei dem 12 bis 24 Std. dauernden Kochprozeß löst die Sulfitlauge rund 50—55% der Holzbestandteile, hauptsächlich inkrustierte Saccharide und Ligninverbindungen aus dem Holz heraus, so daß rund 100 kg Zellstoff entstehen. Nach beendigtem Kochprozeß werden die verbrauchten Laugen abgelassen; dies geschieht in den meisten Fällen in der Weise, daß man die verbrauchte Lauge durch die ersten Waschwässer aus dem Kessel ausdrückt. Rund 700, im günstigsten Falle 900 l der zugesetzten Lauge lassen sich auf diese Weise abziehen. Der Rest von 100 bis 300 l verbleibt in der Faser und muß durch einen gründlichen Waschprozeß

[1] Holderby, J. M., u. A. J. Wiley: Sew. and Ind. Wastes Bd. 22 (1950) S. 61.

ausgewaschen werden. Die Menge des Waschwassers beträgt oft das 30- bis 40fache der eigentlichen Kocherlaugen.

Die zunächst abfließende Kocherlauge, die sog. „Urlauge", enthält bei Fichte 10 bis 12% Trockensubstanz. Die Urlauge von Buchenholz hat bis zu 16 bis 18% Trockensubstanz. Hiervon sind etwa 2% Saccharide wie Pentosen, Hexosen, ferner Furfurol. Die restlichen 10% werden als „ligninsulfosaurer Kalk" bezeichnet. Die Lignine sind in ihrem chemischen Aufbau noch nicht endgültig aufgeklärt. Durch die Arbeiten von FREUDENBERG und seiner Schule ist erwiesen, daß als Grundkörper des Lignins substituierte Phenyloxypropane anzusehen sind. Ihre Verknüpfung erfolgt durch Bildung von Ätherbrücken zwischen phenoligen und aliphatischen Hydroxylen und eventuell Bildung von Furan- und Chromanringen. Bei der Sulfitkochung werden die Ätherbrücken unter Anlagerung von SO_2 und Bildung von OH teilweise gespalten, außerdem werden OH-Gruppen mit schwefliger Säure verestert. Molekulargewichtsbestimmungen von Ligninsulfosäuren durch Dialyse haben ergeben, daß mindestens drei verschiedene Säuren in den Ablaugen vorhanden sind, und zwar solche mit einem Molekulargewicht von 300 bis 400, 1000 bis 2000 und über 20000. Außerdem enthält die Lauge noch Aldehyde, organische Säuren, wie Ameisensäure, Essigsäure, ferner mehr oder weniger große Mengen schweflige Säure, entweder noch als überschüssiges Calciumbisulfit oder in freier Form. Eine Zellstoffabrik hat demnach in ihren Abwässern ebensoviel Abfallstoffe wie ihre Produktion an dem Fertigfabrikat Zellstoff beträgt. Eine Zellstoffabrik, die täglich 10 t Zellstoff herstellt, liefert rund 100 m^3 Abfallauge mit etwa 100 bis 120 g/l Trockensubstanz. Diese Abfallaugenmenge mit rund 12 t Trockensubstanz enthält 10 t organische Stoffe, weil die Trockenstubsanz zu etwa 90% aus organischen und zu etwa 10% aus mineralischen Stoffen besteht.

Um mit den Vorräten an Fichtenholz zu sparen, wird neuerdings in vielen Zellstoffabriken statt des Fichtenholzes Buchenholz aufgeschlossen. Da der Anteil der inkrustierenden Stoffe im Buchenholz höher ist als im Fichtenholz, sind die in den Buchenholzzellstoffabriken anfallenden Abwässer auch viel konzentrierter als die in den Fichtenholz verarbeitenden Fabriken anfallenden Abwässer und damit auch die Ausbeute an Fasern geringer. Buchenholzlauge hat gegenüber Fichtenholz oft bis 18% Trockensubstanz. Während in den Fichtenholzlaugen die leicht vergärbaren Hexosen vorherrschend sind, findet man in den Buchenholzablaugen mehr Pentosen, so daß eine Vergärung der Buchenholzablaugen zur Gewinnung von Äthylalkohol nicht in Frage kommt. Abgesehen von den durch Kohlehydrate bedingten Veränderungen, macht auch die weitere Aufarbeitung der Buchenholzabwässer viel größere Schwierigkeiten, so daß zu wünschen ist, daß bald ein Verfahren zur wirtschaftlichen Behandlung dieser Abwässer ausgearbeitet wird. Zur Zeit kommt nur weitestgehende Eindampfung in Frage. (Über Verfahren zur Verwertung der Sulfitablaugen s. später.)

Beim Waschen des Zellstoffs fallen etwa 30- bis 40fache Mengen der Kocherlaugen an Waschwässern an. Diese stellen ihrer Entstehung nach eine mehr oder weniger stark verdünnte Kocherlauge dar und enthalten dieselben Stoffe, nur in entsprechender Verdünnung. Der gut gewaschene Zellstoff wird auf Sieb- oder Entwässerungsmaschinen abgefangen und in den Papierfabriken oder in den Zellwolle- oder Kunstseidenfabriken weiterverarbeitet. Das Merkblatt 14 vom Mai 1942 (2. Aufl.) zusammen mit dem Merkblatt 25 des Vereins der Zellstoff- und Papier-Chemiker und -Ingenieure gibt die Einheitsmethoden für die Untersuchung von Sulfitablaugen an. Dagegen enthält das Merkblatt 26 Angaben über die physikalischen Konstanten der Sulfitablaugen. Außer dem qualitativen Nachweis und der Untersuchung von Nadelholz- und Laubholzablaugen sind in die Einheitsmethoden u. a. auch die Beziehungen zwischen spezifischem Gewicht und Trockensubstanz, Bestimmung des p_H-Wertes, des Säuregrades, der gesamten SO_2 und der freien SO_2, Bestimmung der Alkoholausbeute und die Bestimmung der Gerbstoffgehaltes aufgenommen.

α) *Einfluß der Abwässer auf den Vorfluter*

Schädlicher als die Faserstoffe selbst sind die in der Sulfitablauge und den Waschwässern enthaltenen gelösten Stoffe. Der ungewöhnlich hohe Gehalt der Ablaugen an organischen Stoffen, wie Pentosen, Hexosen, Ameisensäure, Furfurol, die als fischgefährdend anzusehen sind, besonders aber der hohe Gehalt an schwefligsauren Verbindungen (Lignosulfite), rufen im Vorfluter sehr starke Pilzbildungen (Sphaerotilus, Leptomitus, Fusarium) hervor. Über die Möglichkeit der Pilzbildungen berichten die Arbeiten von SCHEURING und HÖHNLE in ihrem vom Verein der Zellstoffchemiker Bd. 26 im Jahre 1956 herausgegebenem Buche: Sphaerotilus natans, seine Ökologie und Physiologie (s. S. 303). Die Pilzmassen reißen sich von Zeit zu Zeit los und verursachen dann im Vorfluter das sehr unangenehme Pilztreiben. An ruhigen Stellen, in Buhnenfeldern, lagern sie sich ab und verursachen mit den gleichfalls abgeführten Faserstoffen größere Schlammablagerungen mit all ihren üblen Nebenerscheinungen, wie Zersetzungen, Fladenbildungen usw. An Rechen und Sieben rufen diese schleimigen Stoffe sehr unerwünschte Verstopfungen hervor. Außer der besonders bei Flüssen mit niedriger Wasserführung stark in die Erscheinung tretenden Verfärbung, zeigen diese Flüsse auf weite Strecken starke Schaumbildungen, die sich bei allen Abstürzen an Wehren u. dgl. immer wieder erneuern. Bei der Benutzung des Vorflutwassers als Kesselspeise- und Kühlwasser stören sie sehr. Klagen über Verpilzung von Vorflutern haben schon mancher Zellstoffabrik erhebliche Kosten verursacht[1]. Der hohe Gehalt des Abwassers an organischen Stoffen hat im Vorfluter starke Sauerstoffzehrungen zur Folge. Diese sind bei der Menge der Abwässer meistens so groß, daß selbst bei größeren Vorflutern alles tierische und pflanzliche Leben zerstört wird. Schon allein mit Rücksicht auf die durch die Abwässer bedingten Schwierigkeiten sollten Zellstoffabriken nur an sehr wasserreiche Vorfluter gelegt werden. Nur $^1/_3$ der mit den Ablaugen abgeführten organischen Stoffe wird im Fluß durch die bei der Selbst-

[1] Fischerei-Ztg. Bd. 36 (1933) S. 522.

reinigung sich abspielenden Vorgänge schnell abgebaut. Der Rest belastet sehr lange den Vorfluter. Aber auch an sehr großen Vorflutern können sie durch das unangenehme Pilztreiben sehr schädlich wirken (Elbe, Rhein). Das zur Bekämpfung der Sphaerotilusbildung angewandte *Chlorkupferverfahren* ist nur eine kurze Zeit wirksam, da sich allmählich kupferresistente Stämme bilden, auf die die Chlorkupferung nicht wirkt. In den meisten Fällen wird durch die Chlorkupferung die Sphaerotilusbildung nur weiter unterhalb verschoben. Im Vorfluter wirkt die freie schweflige Säure durch Erniedrigung des p_H-Wertes und durch plötzlichen Sauerstoffentzug stark schädlich. Sie sollte daher vorher durch Abstumpfen mit frisch gelöschtem Kalk abgebunden und durch eine Belüftung oder Chlorung aufoxydiert werden. Im Vorfluter treten beim Abbau, wenn der Sauerstoff verbraucht ist, Reduktionserscheinungen auf, die zur Bildung von schädlichem Schwefelwasserstoff, der besonders für den Fischbestand verhängnisvoll ist, führen. Hohe Konzentrationen, wie sie in unmittelbarer Nähe der Einlaufstellen vorkommen, wirken tödlich auf Fische. Bei stärkeren Verdünnungen hängt die Schädlichkeit in erster Linie vom Sauerstoffschwund ab. Während Cole[1] nur bei Verdünnungen unter 1:200 auf Fische toxische Wirkungen feststellen konnte, hält Vallin[2] noch Verdünnungen von 1:2000 für schädlich, schon allein aus dem Grunde, weil die Fischnahrung vernichtet wird.

Die Frage, ob Holzfasern für die Fischkiemen schädlich sind, verneint Cole. Solange der Fisch gesund und der Faserstoffgehalt im Vorfluter nicht zu groß ist, hält der Fisch seine Kiemen von selbst sauber. Erst wenn der Faserstoffgehalt im Wasser sehr groß ist, oder der Fisch krank wird, ist er nicht mehr imstande, die Kiemen sauber zu halten. Es kann zu Entzündungen und stärkeren Schädigungen kommen. Nach Ebeling[3] sind die aus dem Holz stammenden Harzsäuren für Fische sehr schädlich. Zellstoffabwässer wirken auch durch die Geschmacksbeeinträchtigungen des Fischfleisches für die Fischerei stets nachteilig. Nach Emde[4] und Daneel[5] gehen die im Holz enthaltenen Harzsäuren nicht in die Ablaugen über, dafür finden sich aliphatische Fettsäuren in der Lauge.

Welchen großen Einfluß die Ablaugen einer Zellstoffabrik haben, zeigen die Arbeiten von Liebmann[6] und Scheuring über die Wirkung von Sulfitzelluloseabwasser auf den Chemismus der Bleilochtalsperre, die bei einem Gesamtinhalt von 215 Mill. m^3 und einer Länge von 28 km und einer Wasserführung der Saale von MQ = 6,97 m^3/sek (Jahresmittel 1932—1950) täglich rund 500 m^3 Kocherlauge aufnehmen muß. Infolge der besonderen Betriebsweise der Talsperre und der dadurch bedingten

[1] Cole: Sewage Works J. Bd. 7 (1935) S. 280.
[2] Vallin: Engng. News Rec. Bd. 116 (1936) S. 125.
[3] Ebeling: Z. Fischerei Bd. 30 (1932) S. 342.
[4] Emde: Angew. Chem. Bd. 48 (1935) S. 129.
[5] Daneel: Arch. exp. Pathol. Pharmakol. Bd. 177 (1935) S. 248.
[6] Liebmann, H.: Chemiker-Ztg. Bd. 62 (1938) S. 470. — Gesundh.-Ing. Bd. 62 (1939) S. 515. — Vom Wasser Bd. 13 (1938) S. 58.

Stauverhältnisse (Aufspeicherung im Frühjahr, verstärkte Wasserabgabe im Sommer) kommt es in der 50 m tiefen Sperre zu Schichtenbildungen, bei der schwefelwasserstoffhaltige und sauerstofffreie Schichten sich zwischen den schwefelwasserstofffreien und sauerstoffhaltigen Schichten bilden. Besonders im Sommer nehmen die Schwefelwasserstoffschichten sehr stark zu und verursachen dann die außergewöhnlich starken, sich jedes Jahr wiederholenden Fischsterben.

Die sich über mehrere Jahre erstreckenden Versuche haben weiter ergeben, daß es ziemlich belanglos ist, ob das Jahr niederschlagsarm oder -reich ist, und daß die Selbstreinigungskraft selbst einer Talsperre von der Größe der Bleilochtalsperre sehr bald erschöpft ist, wenn sie die Abwässer einer Zellstoffabrik aufnehmen muß. Die Untersuchungen haben weiter ergeben, daß die Kocherlaugen zunächst mindesten 1:100 verdünnt sein müssen, ehe sie biologisch abgebaut werden können. Erst von dieser Verdünnung an treten die Schwefelwasserstoffbildungen und der Abbau der organischen Substanz auf. In flachen Schichten ist der Abbau schneller als in tiefen Schichten.

Diese Tatsache des Einflusses der Verdünnung spielt bei der Bestimmung des BSB eine große Rolle. MARTIN[1] und MÜLLER haben ebenfalls den Einfluß der Verdünnung bei der Bestimmung des BSB von Sulfitablauge und von Flußläufen, die durch Sulfitablauge verunreinigt sind, untersucht. Bei diesen Untersuchungen wurde als Verdünnungswasser sowohl das in Amerika übliche carbonathaltige Standardwasser als auch das Flußwasser, das die Sulfitablauge aufnehmen muß, benutzt.

Letzteres Wasser ist für die Bestimmung des BSB am geeignetsten, besonders wenn es vor dem Gebrauch 10 bis 20 Tage lang belüftet wird. Die mit diesem gealterten Wasser erhaltenen Werte ergaben Schaulinien, die sich am besten verwerten ließen. Der nach dieser Methode gefundene Einwohnergleichwert schwankte zwischen 2830 und 5790 je t Sulfitzellstoff.

Noch eine unangenehme Eigenschaft macht die Aufnahme der Sulfitablaugen für einen Vorfluter, der unterhalb für industrielle Zwecke benutzt wird, sehr unerwünscht. Durch ihren Gehalt an ligninsulfosauren Salzen wirken die Laugen als Schutzkolloide und können hierdurch die für die Kesselspeisewässer notwendige Enthärtung erschweren.

β) Wiedergewinnung der Faserstoffe

Die in den Abwässern enthaltenen Zellulosefasern müssen, da sie beim Ablassen in den Vorfluter einen erheblichen Verlust für den Betrieb darstellen und im Vorfluter sehr starke Schäden hervorrufen, möglichst restlos wiedergewonnen und dem Betrieb wieder zugeführt werden. Das Abfangen der Fasern geschieht in besonderen *Stoffängern, Filtern oder Absetzbecken.* Für das Abfangen der Faserstoffe ist es sehr nachteilig, daß die Zellfaser dasselbe spezifische Gewicht wie Wasser hat und mit Luftbläschen behaftet schwimmfähig bleibt, so daß sie sich nur schwer zu Boden setzt. Zum Abfangen der gröberen Faserstoffe filtriert man

[1] MARTIN, G., u. E. P. MÜLLER: Sew. Works J. Bd. 13 (1941) S. 659.

daher das Abwasser durch feinmaschige Siebe, Filterstoffe oder Holzwolle, von denen die Faser laufend selbsttätig abgenommen werden muß, damit die Filter ständig wirksam sind. Bekannt sind auch die feinen Spülsiebe, System GEIGER, das DORR-Spülsieb, das FÜLLNER-Filter mit Filzband und Filzwäsche, die Trommelfilter von Imperial- und Oliverfilter der DORR-Gesellschaft. In Abb. 109 ist ein Trommelfilter der Krauss-Maffei-Imperial GmbH., München, zur Klärung und Faserrückgewinnung von Abwässern aus Holzschleifereien, Papier-, Zellstoff-, Schwarzlauge dargestellt.

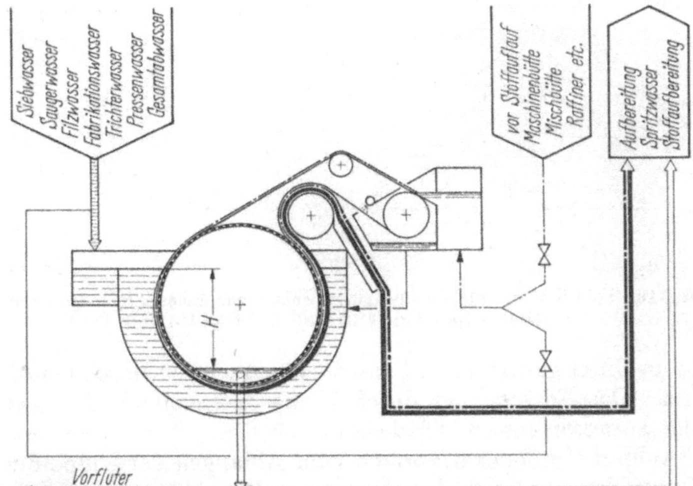

Abb. 109. Trommelfilter (Krauss-Maffei-Imperial GmbH., München)

Das Wacofilter ist ein rotierendes Filter, dessen Trommel mit größtmöglichem freien Querschnitt versehen ist. Auf dem endlosen Sieb wird im Vorfilter eine Hilfsschicht gebildet, welche die im Abwasser enthaltenen Feststoffe auffängt. Das Sieb selbst ist nur tragendes Medium für die Hilfsschicht und kann entweder als reines Metallgewebe oder als Mischgewebe aus Stahldraht und Kunststoffäden geliefert werden. Lebensdauer 7 bis 12 Monate. Eine automatische Siebsteuerung mittels Steuerwalze garantiert geraden Sieblauf. Das Sieb wird von der Innenseite her gereinigt. Hilfsschicht und rückgewonnene Feststoffe werden mittels Schaber an der Abnahmewalze abgenommen und können direkt im kontinuierlichen Stoffablauf weiterverwendet werden. Durch entsprechende Verdünnung kann der Abnahmestoff den vorhandenen Verhältnissen angepaßt werden. Die Drehgeschwindigkeit der Trommel und damit der Filterdurchsatz können den jeweils anfallenden Abwassermengen automatisch angeglichen werden. Ebenso können Hilfsschichtmenge pro m² Siebfläche und Konsistenz proportional zur Siebgeschwindigkeit automatisch eingestellt werden. Die Niveaudifferenz zwischen Trogfüllung und Filtrat (*H*) ermöglicht den Wasserfluß — die kontinuierliche Erneuerung des Filtermediums bewirkt den Filtrationseffekt.

Bei dem in Abb. 110 dargestellten Schaltschema für eine Anlage zum Herausarbeiten des Fangstoffes in nassen Rollen wird ein Wacofilter der Imperial-Gesellschaft, München, verwandt. Für die Bildung der Filterschicht wird dasselbe Material, das aus dem Rückwasser der betreffenden Fabrikation gewonnen werden soll, angewandt. In diesem Falle wird die Filterschicht aus Sulfitzellulose mit etwa 15 g/m² im Vorfilter gebildet.

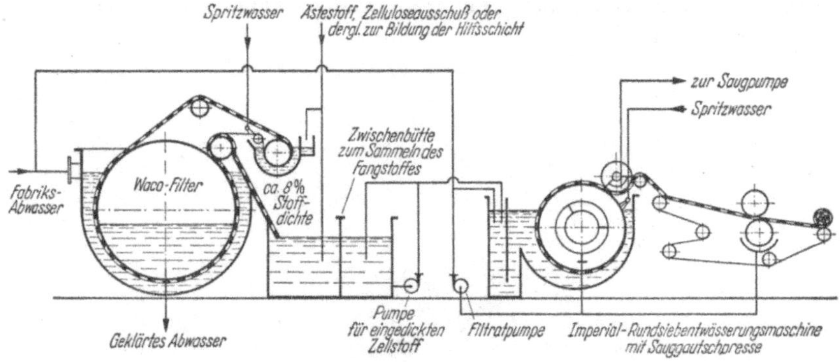

Abb. 110. Schaltschema für eine Wacofilteranlage zur Faserstoffrückgewinnung in nassen Rollen (Krauss-Maffei-Imperial GmbH., München)

Die im Filter gewonnenen Fasern werden wieder Maschinenbütten zugeführt. Das Filtrat zeigt durch kleine oder kolloide Teilchen, die sich nicht filtrieren lassen, Opalescenz.

Auch die in Zuckerfabriken zum Abfangen der Pülpe angewandten Trommelsiebe haben sich nach entsprechender Bespannung mit feineren Sieben sehr bewährt (s. S. 269). Für die feineren Faserstoffe sind *Trichterstoffänger* mit nach unten gerichteter Spitze gebräuchlich. Bei den meisten tritt das faserstoffhaltige Abwasser von oben ein, bewegt sich im Innern des Trichters zunächst nach unten, wobei die Fasern infolge stärkerer Sinkgeschwindigkeit in die Spitze absinken, während das Wasser seine Bewegungsrichtung umkehrt und am oberen Ende getrennt durch Zwischenwände wieder abfließt.

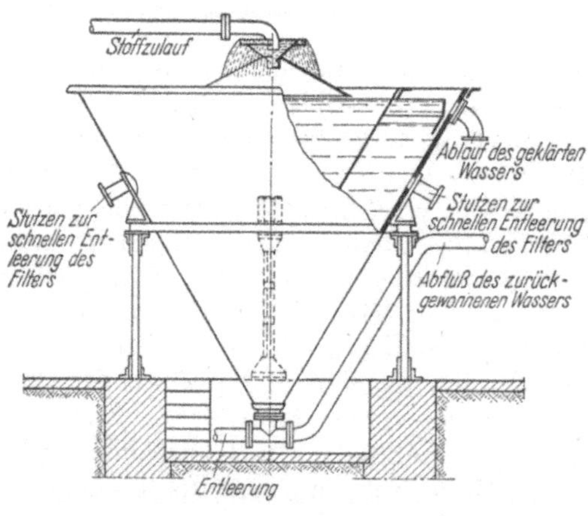

Abb. 111. Trichterstoffänger für faserstoffhaltige Abwässer der Papier-, Pappen-, Karton-, Stroh- und Zellstoffabriken, Holzschleifereien (nach den Patenten Kropp der Fa. Claros, Dresden)

Um die Fasern besser zum Absinken zu bringen, hat man die Abwässer zwecks Befreiung der Fasern von den Luftbläschen zunächst eine gewisse

Höhe frei herab auf eine konische Fläche fallen lassen. Ein nach vorstehendem Verfahren arbeitender Stoffänger ist in Abb. 111 dargestellt.

Sie haben sich nach HAUPT in sehr vielen Fällen bewährt, da mit ihnen 99% der sonst verlorengehenden Faserstoffe wiedergewonnen werden können. Der in der Trichterspitze angesammelte Faserstoff wird dauernd abgezogen und entweder für sich zu Abfallpappe verarbeitet oder in den meisten Fällen direkt in den Fabrikationsgang zurückgegeben. Im Gegensatz zu den Kroppfiltern, die die Entlüftung über Wasser durchführen, erfolgt bei den sehr viel angewandten FÜLLNER-Trichtern die Zuführung der zu entfasernden Stoffe in einer unter Wasser liegenden Haube. Wie aus Abb. 112 hervorgeht, wird die Hauptmenge der Fasern schon unter der Haube entlüftet und nach unten abgeschieden. Der Rest setzt sich beim langsamen Aufsteigen des Wassers ab, da die Haube als Prallfläche wirkt, an der sich die Luftblasen von der Faser trennen.

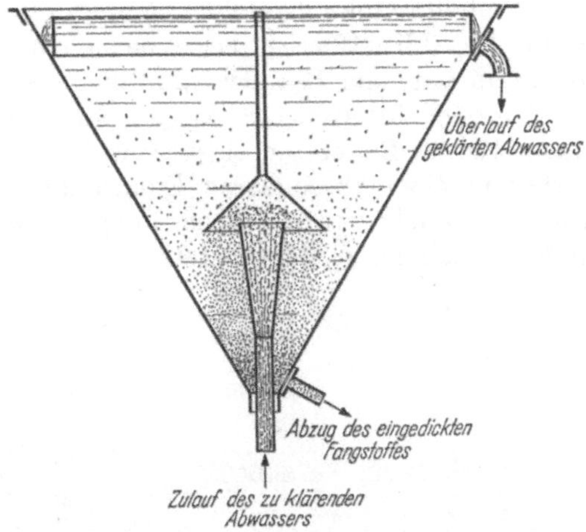

Abb. 112. Faserstoffänger, System Füllnerwerk, der sog. FÜLLNER-Trichter

Eine Weiterentwicklung des Füllner-Trichters stellt das HW-Schlammfilter der Fa. Hermann Wangner, Reutlingen, dar. Es wird anschließend an die Stoffgewinnung ausschließlich zur Entschlammung

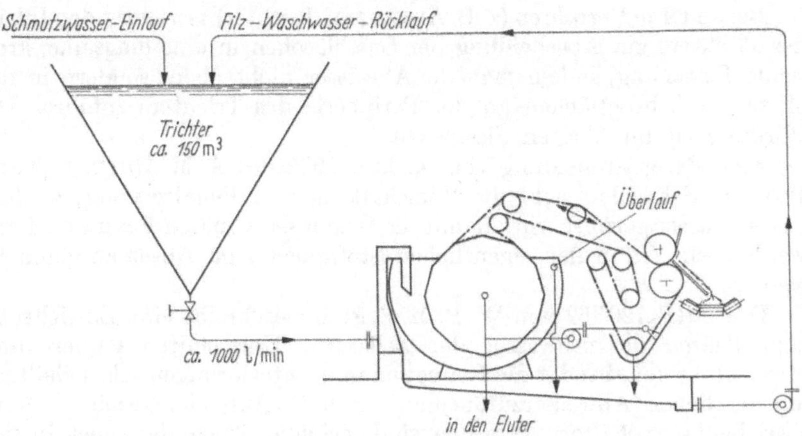

Abb. 112a. Schema der Verbindung eines Füllner-Trichters mit dem HW-Schlammfilter

von Endabwasser eingesetzt. Das HW-Schlammfliter verwendet als Filtermedium einen vollsynthetischen Filz besonderer Art und Oberflächenbeschaffenheit mit hohem Rückhaltevermögen und guten Durchflußeigenschaften. Mit Hilfe dieses Filterfilzes wird die Trennung von Feststoffen und Flüssigkeiten vollzogen. Der abgefangene Filterschlamm wird in diesem Falle nicht mehr verwendet, da er in der Regel ein wertloses Abfallprodukt darstellt, das man evtl. im Kesselhaus verbrennen kann. In Abb. 112a ist das Schema einer Verbindung eines Füllner-Trichters mit dem HW-Schlammfilter dargestellt.

Bei dem in Abb. 113 dargestellten Trichter der Linke-Hofmann-Busch-Werke findet die eigentliche Entlüftung der Fasern aber schon vorher in einem besonderen Entschäumungskasten statt. Der in der Spitze des Trichters abgefangene Fangstoff wird über den Fangstoffkasten in den Holländer zurückgeleitet.

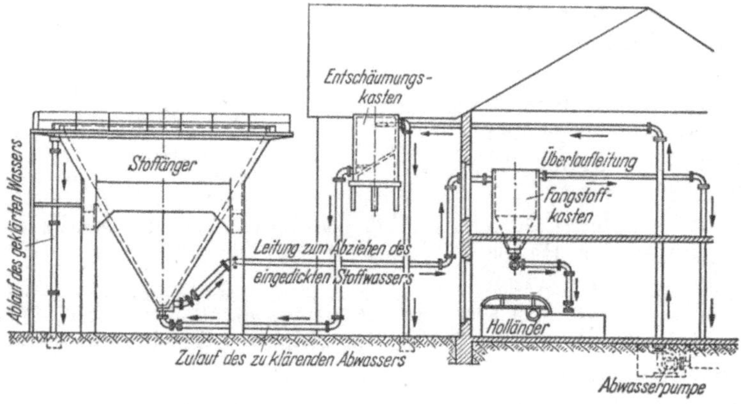

Abb. 113. Schematische Anordnung der gesamten Faserrückgewinnungsanlage nach dem System der Linke-Hofmann-Busch-Werke

Bei anderen Verfahren (z. B. Arledter-Trichter) setzt man den Inhalt des Trichters zur Abscheidung der Luftbläschen in eine langsame, kreisende Bewegung, indem man die Abwässer nicht oben, sondern in der Mitte der Schrägflächen an der Peripherie des Trichters zuführt. Die Wirkung ist im übrigen die gleiche.

Eine Patentanmeldung vom 4. Jan. 1939 des A. M. Rupert, Kartström in Schweden sieht die Vorschaltung eine Behälters vor, in dem das Abwasser gerührt wird, damit die Gasblasen von den Fasern entfernt werden, ehe sie in den eigentlichen Stoffänger zum Absetzen gebracht werden.

Das DRP 720362 von W. P. M. Schulz beschreibt eine Einrichtung zum Klären der Abwässer der Zellstoff-, Holzschliff-, Papier- und Pappenfabriken, bei der die Reinigung in trichterförmigen Klärbehältern mit seitlicher Abwasserzuführung, die mit Ausgleichsbehältern und Zwischenfangbehältern versehen sind, erfolgt. Auch die sonst in der Abwassertechnik viel benutzten langgestreckten und runden Absetzbecken mit zentraler Wasserzuführung und Kratzern, die den abgesetzten Fangstoff zu dem Pumpensumpf schieben, finden vielseitige Anwendung. In Abb. 114 ist die Kläranlage einer großen schwäbischen Zellstoffabrik dargestellt. In zwei Rundbecken von 30 m Durchmesser mit Pendelräumer Bauart SCHEVEN der Passavant-Werke, Michelbacher Hütte, wird der Fangstoff abgesetzt und in den Betrieb zurückgepumpt.

Abb. 114. 2 Rundbecken von je 30 m Durchmesser mit Pendelräumer Bauart SCHEVEN zum Abfangen der Faserstoffe in einer Zellstoffabrik (Passavant-Werke, Michelbacher Hütte, Michelbach)

Die *Flotationsstoffänger* haben durch die Einführung des ADKA-Stoffängers und des WOLF-Schwimmstoffängers sowie des SVEN-PETERSEN- und des SAVALLA-Filters auch bei uns Eingang gefunden. Bei diesen erfolgt die *Faserstoffrückgewinnung* im Gegensatz zu den bisher beschriebenen Verfahren nach der Auftriebmethode. Die Abwässer werden mit Stoffen versetzt, die die Oberflächenspannung des Wassers so weit verändern, daß die im Wasser enthaltenen Faserstoffe jetzt besser Luftblasen festhalten können. Zum besseren Festhalten der Luft auf den Faserstoffen gab man zunächst Terpentinöl zu. Bei den ADKA-Stoffängern gibt man an dessen Stelle Türkischrotöl zu. In Finnland nimmt man seit einiger Zeit den SVEEN-Leim, der noch besser sein soll als Türkischrotöl. Auf 100 kg Papier benötigt man 1 kg Leim. Die Kosten für den Leimverbrauch sind geringer als die Ersparnisse an Harz und Kaolin.

Eine norwegische Patentanmeldung von A. M. RUPERT, Karlström vom 8. Febr. 1937 beschreibt ein Verfahren zur Behandlung von faserstoffhaltigen Abwässern, dadurch gekennzeichnet, daß ein oder mehrere sulfonierte, vegetabilische, animalische oder mineralische Öle, deren Salze oder Derivate, sulfonierte Petroleumsäuren oder Naphthensäuren oder deren Salze mit dem Zweck dem Abwasser zugefügt werden, um mit anwesenden oder beigefügten Aluminium-Verbindungen oder anderen Metallverbindungen die suspendierten Partikelchen auszuflocken und dadurch ihre Gewinnung zu erleichtern. Die weiteren Patentansprüche sehen die Anwendung von Türkischrotöl an Stelle der vorgenannten Verbindungen und das Einblasen von Luft oder Gas vor, wobei die zugegebenen Stoffe helfen sollen, die eingeblasene Luft an die suspendierten Partikel zu binden.

Das Schema eines Wolf-Schwimmstoffängers ist in Abb. 115 dargestellt. Das Abwasser wird durch das Rohr *1* dem Apparat zugeführt. Ein kleiner Teil dieses Wassers wird durch das Rohr *2* abgezweigt und in dem Schaumerzeuger *3* nach Zugabe der Chemikalien, die in einer Dosieranlage zugeteilt werden, in Schaum verwandelt. Durch die Leitung *4* wird der Schaum dem Abwasser wieder zugeführt und mischt sich im Mischraum *5* mit dem zufließenden Abwasser. Aus dem Mischraum fließt das Abwasser in den Teigraum *6*. Bei der verringerten Fließgeschwindigkeit erfolgt hier der Auftrieb des gesamten Faserstoffes. Die durch den Schaum mit Luftblasen beladenen Schwimmstoffe steigen an die Oberfläche, wo sie sich in dicker Schicht sammeln. Die sich bei *7* sammelnde Schicht der Faserstoffe wird von einem Abstreicher in die Faserstoffrinne *8* und von dort aus bei *9* aus dem Apparat befördert (s. Abb. 116). Das geklärte Abwasser verläßt von unten her durch den Überlauf *10* den Apparat bei *11*. Durch die Zugabe der Chemikalien ist der Auftrieb sehr groß, so daß die Stoffänger viel kleiner als früher sein können (etwa $^1/_{10}$ so groß). Das abfließende Abwasser hat noch etwa 15 bis 20 mg/l Faserstoffe. (Siehe DRP 642618 vom 19. Jan. 1935 der Maschinenfabrik Wolf AG in Magdeburg: Vorrichtung zur Schaumerzeugung für Einrichtungen zur Klärung von Abwässern nach dem Schaumschwimmverfahren.)

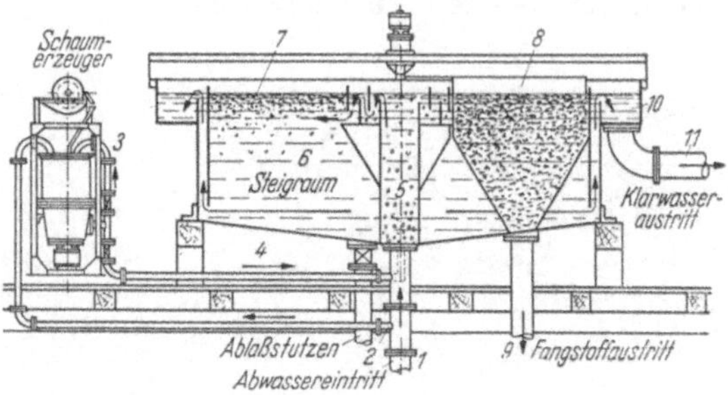

Abb. 115. Schnitt durch einen Wolf-Schwimmstoffänger zur Wiedergewinnung von Faserstoffen

Abb. 116. Der an die Oberfläche gebrachte Faserstoff wird durch einen Schaber in den Fangstoffauffangschacht befördert

Bei dem in Abb. 117 dargestellten Sveen-Pedersen-Filter wird das zu reinigende Abwasser durch eine Belüftung mit sehr feinen Luftblasen durchsetzt und nach Zusatz mit der Sveen-Lösung (Leimverbindungen) durch das Pedersen-Ventil, das den Druck regelt, in das Filter gedrückt. Der Zusatz der Sveen-Lösung soll die Flockenbildung begünstigen. In der Sveen-Pedersen-Apparatur steigen die Luftbläschen hoch und reißen die Fasern und Füllstoffe mit sich an die Oberfläche. Von dort schiebt sie ein sich dauernd im Kreis bewegender Schaber zu dem Stoffauslauf. Der Stoff läuft dann in die Stoffbütte zurück. Das geklärte Abwasser läuft durch das Rohrsystem am Boden, das auch die

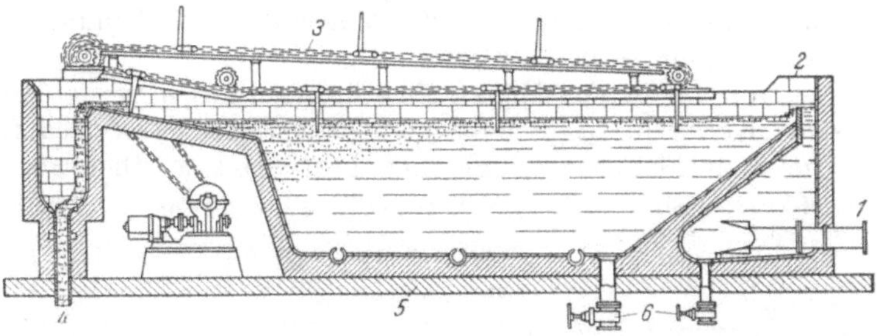

Abb. 117. SVEEN-PEDERSON-Apparatur zum Abfangen von Faserstoffen. *1* Einlauf des zu reinigenden Wassers und Zugabe der SVEEN-Lösung, *2* Umstellbarer Überlauf, *3* Schabevorrichtung, *4* Stoffauslauf, *5* Auslauf des geklärten Wassers, *6* Bodenventil

Konstanz des Wasserniveaus aufrechterhält, ab und kann unter Umständen weiter im Betrieb benutzt werden. Die Wiederverwendung des Abwassers im Kreislauf ist in der in Abb. 118 wiedergegebenen Schemazeichnung dargestellt. Bei dem ähnlich arbeitenden SAVALLA-Apparat

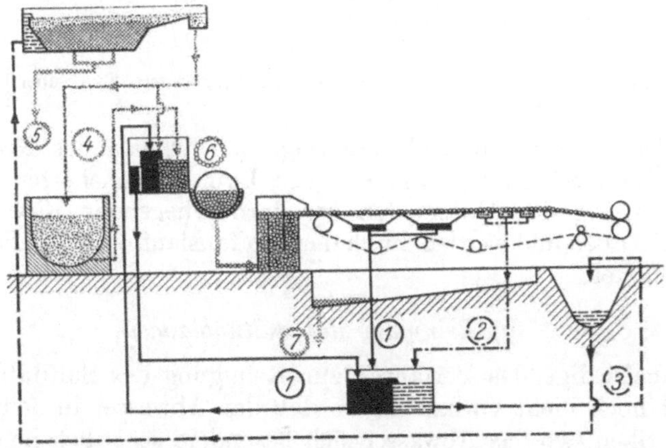

Abb. 118. Schema eines Wasserkreislaufes bei Anwendung eines SVEEN-PEDERSEN-Filters *1* Siebwasser zum Konsistenzregler, *2* Saugkastenwasser, *3* Mischwasser von (*1*) und (*2*) über die Gautschgrube zur SPF, *4* Rückgewonnener Stoff von der SPF zur Stoffbütte oder zum Konsistenzregler sowie Dickstoff von den Bütten zum Konsistenzregler, *5* Geklärtes Wasser von der SPF zu den Holländern, den Spritzrohren oder zum Abwasserkanal, *6* Stoff zur Papiermaschine, *7* Siebspritzrohrwasser usw., stoffarm, zum Abwasserkanal

wird zur Beschleunigung und Vervollständigung der Flotation den Abwässern Harzleim und Aluminiumsulfat zugesetzt. Diese Flotations-Stoffänger reinigen oft bis auf einen Restgehalt von 10 mg/l Faserstoffe.

Bei den Adka-Stoffängern der Deutschen Adka-Ges., Gießen, erfolgt die Luftzuführung durch ein Vakuum. Dies ist insofern nachteiliger, weil es nicht immer leicht ist, die abschließende Betondecke dicht zu bekommen. In dem DRP 673267 ist eine Vorrichtung zur Schaumerzeugung für Einrichtungen zur Klärung von Abwässern nach dem Schaumschwimmverfahren, bestehend aus einem Behälter mit Rührwerk, beschrieben, gekennzeichnet durch den Schaumspeicherraum, der den Schaumerzeugungsraum ringförmig umgibt. Im Anspruch 2 ist dann die unter dem Schaumerzeugungsbehälter angeordnete Luftpumpe, z. B. eine Wasserringpumpe, beschrieben.

Bei den von der Krofta-Apparatebau in Frankfurt hergestellten Flotationsstoffängern wird das Abwasser in einem Druckkessel nach Zusatz von bestimmten Flotationsmitteln mit Luft versetzt. Die Einbauten des Druckkessels sind so vorgesehen, daß keine groben Luftblasen in

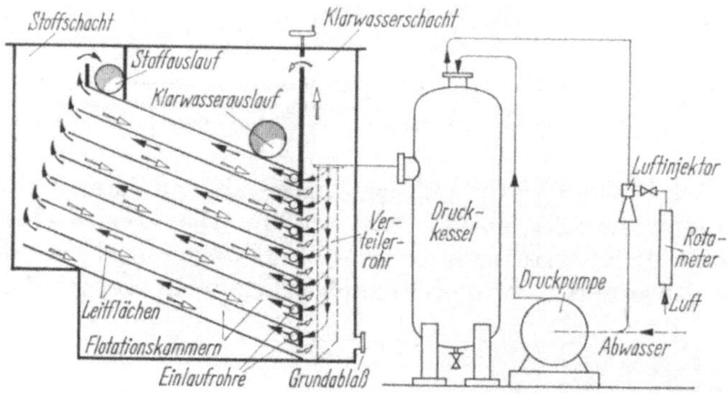

Abb. 119. Schema eines Krofta-Flotations-Stoffängers, Typ Superfloat

den Behälter gelangen. Abb. 119 zeigt das Schema des Krofta-Stofffängers, Typ Superfloat. Die mit der Luft angereicherten Faserteile gleiten entlang den Unterseiten der darüberliegenden Flotationskammern nach oben und werden durch den Stoffauslauf wieder in den Betrieb zurückgeleitet.

γ) *Reinigung der Sulfitablaugen*

Ein befriedigendes Verfahren zur Reinigung der Sulfitablaugen ist bis jetzt noch nicht vorhanden, so daß das Abwasser in den Fällen in den Fabriken, wo das Abwasser sich besonders schädlich im Fluß auswirkt, durch restloses Verdampfen beseitigt werden muß. Die Reinigung der Sulfitablaugen erstreckt sich daher zur Zeit im wesentlichen auf die mechanische und chemische Behandlung zwecks Zurückhaltung der Faserstoffe, auf die Wiedergewinnung bzw. Neutralisation der überschüssigen schwefligen Säure, auf die Abkühlung und auf die teilweise Wiedergewinnung der in Lösung befindlichen organischen Stoffe. Eine Verrieselung der konzentrierten Sulfitablaugen kommt nicht in Frage, da diese auf die Dauer eine Sterilisation des Bodens herbeiführen wird. Auch bei sehr starker Verdünnung durch andere Abwässer ist mit Rücksicht auf den hohen Gehalt an schwefliger Säure und mit Rücksicht auf den sich aus der Ligninsulfosäure bildenden Schwefelwasserstoff, der bekanntlich ein Wurzelgift ist, Vorsicht am Platze. Nur dort, wo eine sehr reichliche Verdünnung mit fäulnisfähigem Abwasser z. B. mit etwa der zwanzigfachen Menge städtischen Abwassers möglich ist, scheint die Verrieselung Erfolg zu haben. Auch das Magdeburger P-Verfahren, das ist die biologische Reinigung nach dem Schlammbelebungsverfahren unter Zusatz von Stickstoff- und Phosphatverbindungen, kommt für die Reinigung der Sulfitablaugen nicht in Frage. Auch mit diesem Verfahren ließ sich nur eine Teilreinigung erzielen, da nur die übrigen organischen Stoffe, wie Kohlehydrate, nicht aber die ligninsulfosauren Verbindungen abgebaut werden.

NÖTHLICH[1] hat Untersuchungen über die Beschaffenheit und Veränderung eines mit Zellstoffabwässern vermischten Abwassers durchgeführt. Je nach der Wasserbeschaffenheit des Vorfluters ändern sich die Verhältnisse. Bei mit Zellstoffabwasser versetzten Abwässern geben weder *Rieselbetrieb noch Bodenfiltration* oder Landbehandlung auf die Dauer befriedigende Verhältnisse, weil die Rieselfelder verschlammen und verfilzen. Ein amerikanischer Ausschuß zur Prüfung der bekannten Verfahren in der Abwasserreinigung kommt zu folgendem Ergebnis:

Das *Belebtschlammverfahren* scheitert daran, daß die Sulfitablauge zu oberflächenaktiv ist und daher sehr stark zur Schaumbildung neigt. Chemische Entschäumungsmittel, wie sulfonierte Öle, können zwar helfen, doch müssen sie in solchen Mengen angewandt werden, daß sie unwirtschaftlich werden. Bei weitgehender Verdünnung kann eine Abnahme bis zu 95% des BSB erreicht werden, doch bereitet außer der Schaumbildung auch die Absetzbarkeit des Schlammes große Schwierigkeiten.

Bei Anwendung von *Tropfkörpern* kann eine Abnahme von 65% erreicht werden, doch kann unter besonderen Bedingungen die Wirkung bis auf 75% gesteigert werden, wenn man mit dem Verdünnungswasser neben Stickstoff auch Phosphatsalze zugibt und in zwei Stufen arbeitet. Die Belüftung der Filter wird durch ein starkes Pilzwachstum, das zu Pfützenbildungen führt, behindert. Saisonbedingte Temperaturänderungen haben großen Einfluß. Säurebildungen beeinflussen die charakteristische biologische Fauna. Für 100 t Zellstoff müssen rund 60000 m^3 Tropfkörper vorhanden sein. Das Tropfkörpermaterial muß säurebeständig sein. Die Tropfkörper, Nachklärbecken und alle anderen Behälter müssen gewöhnlich aus Zement hergestellt werden und mit Tonschalen verkleidet sein. Alle Leitungen, Hähne, Schieber und Pumpen müssen aus rostfreiem Stahl bestehen.

Belüftete *Tauchkörper* können etwas stärker belastet werden und ergeben eine Abnahme von 70 bis 75% des BSB. Doch zeigte es sich, daß es sehr schwer ist, genügend Luft einzuführen, da die Belüftungsplatten sich sehr schnell mit anorganischen Stoffen zusetzen. Auch die anaerobe Ausfaulung mit Methanbildung wurde mehrere Jahre untersucht, doch ist der Hauptnachteil der anaeroben Ausfaulung, daß die

[1] NÖTHLICH, F.: Gesundh.-Ing. Bd. 68 (1947) S. 170.

Methanbildung zu gering und die Aufenthaltszeit viel zu groß ist, um einen einigermaßen guten Abbau zwecks Entlastung der Vorfluter zu erzielen.

δ) *Verwertung der Sulfitablaugen*

Die unverdünnte Sulfitablauge ist eine dunkelbraune bis schwarze Flüssigkeit mit schwach säuerlichem Geruch und wechselnder Zusammensetzung. Das spezifische Gewicht schwankt bei einem Trockensubstanzgehalt von 10 bis 12% zwischen 1,045 bis 1,06. Bei der großen Menge und der Konzentration der anfallenden Abwässer ist es klar, daß man immer wieder versucht hat, die Abwasserstoffe irgendwie zu verwerten, zumal es bis jetzt noch nicht gelungen ist, die organischen Stoffe restlos mit wirtschaftlichen Mitteln aus dem Abwasser zu entfernen. Außergewöhnlich groß ist die Patentliteratur, die die Gewinnung wertvoller Stoffe bzw. die Aufarbeitung der Sulfitablaugen betrifft.

Auch eine vor dem letzten Krieg gegründete Studiengesellschaft zur Verwertung der Sulfitablaugen hat keine befriedigende Lösung dieser Frage gefunden. In seinem Buch über Sulfitablaugen führt H. Vogel, nachdem er die Eindickung und Verbrennung behandelt hat, folgende technische Verwertungsmöglichkeiten auf:

Regenerieren von $CaSO_3$ oder SO_2 — Gewinnung der gesamten organischen Substanz — Herstellung von Vanillin, — von Klebstoffen, — von Kitten — Vergären der Ablaugen auf Butanol und Zitronensäure-Sulfitsprit — Verhefung der Sulfitablauge (biologische Eiweißsynthese) — Gerbstoffe — Brikettierung — Brennstoffe — Aktivkohlen — Kondensationsprodukte — Kunststoffe — Destillation mit Verschwelung und Hydrierung — Kernbindemittel in der Metallurgie — Verwendung in der Textilindustrie und zur Herstellung von Farbstoffen — Desinfektion — Schädlingsbekämpfungsmittel — Staubbekämpfung — Unkrautvertilgung — Waschmittel — Baustoffe in der Keramik — Ionenaustauscher (Organolyte) — Bodenverbesserungsmittel — Herstellung von Gipssteinen, Farbstoffen, Keramiken und Linoleumzement.

Die Chemikalien der Kocherlaugen, Kalk und Schwefeldioxyd, werden in Deutschland aus den Ablaugen mit Ausnahme des freien Schwefeldioxyds nicht zurückgewonnen. In Amerika wird nach dem *Marathonverfahren* $CaSO_3$ durch Fällen mit Kalk abgeschieden und den Frischlaugen zugegeben.

Die Patente DRP 671984 und 677084 beschreiben ein Verfahren zur vollkommenen Wiedergewinnung der beim Sulfitzellstoffkochverfahren anfallenden schwefligen Säure, dadurch gekennzeichnet, daß außer der beim Entspannen der Ablauge außerhalb des Kochers anfallenden SO_2 auch die Schwefligsäuregase, die durch Entspannen während und nach dem Ablassen der noch im Kocher befindlichen heißen Laugen frei werden, zweckmäßig zusammen mit den außerhalb des Kochers in einem besonderen Entspannungskessel entbundenen SO_2-Gasen dem als Absorptionsgefäß dienenden Gasometer zugeführt, und dort in der Sperrflüssigkeit zur beliebigen Konzentration gelöst wird. Die Hydrierung der Ablaugen nach FREUDENBERG bietet die Möglichkeit, Lacklösemittel und andere in der Industrie verwertbare Produkte herzustellen.

Im Zuge von Versuchen, mit rein physikalischen Methoden die Hauptbestandteile der Sulfitablaugen voneinander zu trennen, wurde von ERDTMANN[1] hochmolekulare a-Ligninsulfosäure mit stark oberflächenaktiven Eigenschaften erhalten, die für die Herstellung von Kunststoffen und Permutiten und als Emulgierungsmittel und Reinigungsmittel verwendbar ist.

Das amerikanische Patent 2159411 vom 23. Juni 1939 beschreibt ein Verfahren zur Herstellung von Kondensationsprodukten aus Sulfitablaugen, Phenolen und Formaldehyd. Die Ablauge wird gekalkt und dann bis auf 50% Trockensubstanz eingedampft. Die Ligninsulfosäure der Sulfitablauge wird durch Erhitzen in Gegenwart katalytisch wirkender Säuren, Basen oder Salze mit Phenolen und Formaldehyd zu harzartigen Produkten kondensiert.

Das bei der Einwirkung von Ätzkali auf Sulfitablauge u. a. entstehende *Vanillin* hängt mengenmäßig von der Zusammensetzung der Lauge ab, die ihrerseits von der Beschaffenheit des Holzes und der Art der Führung des Kochprozesses beeinflußt wird; ferner ist die Menge des Alkalis, die Temperatur während des Kochprozesses und der Druck maßgebend. Bei günstigen Verhältnissen sollen auf 1 l Abfallauge rund 100 g Ätznatron bei 160 bis 170° und 5 bis 6 atü bei dreistündiger Einwirkungszeit zugegeben werden. Es werden dann etwa 1 bis 2,5 g/l Vanillin gewonnen. Nur Fichtenholzablaugen ergeben befriedigende Vanillinausbeuten. Die Wiedergewinnung der bei dem Verfahren angewandten Chemikalien Kalk oder besser Alkali macht das Verfahren erst wirtschaftlich. TOMLINSON[2] will die heiße Lauge unter Druck mit kaustischer Soda behandeln und daran anschließend Kohlensäure in die Lösung einleiten. Aus der geklärten Lösung wird das Vanillin im Gegenstromprinzip durch Benzol extrahiert. Nach dem Abdestillieren des Benzols ergibt sich ein Vanillin von großer Reinheit in einer Menge, die 7 bis 8% des Lignins entspricht.

Die Sulfitablauge wird nach entsprechender Reinigung als *Klebemittel* verwandt, nachdem durch Behandeln mit Säuren, Sulfiten u. dgl. die dunkle Farbe und der unangenehme Geruch beseitigt sind, und die Lauge auf 32 °Bé eingedampft ist. Umfangreich ist die Anwendung als Bindemittel, so z. B. als *Staubbindemittel* auf den Straßen, als *Formsandbindemittel* in den Gießereien, als *Bindemittel* zur *Brikettierung* der Abfall- und Staubkohlen und des Gichtstaubes, als Bindemittel zur Verpressung von Putzpulver, zu Putzsteinen oder zur Herstellung von Silicasteinen, als *Bestandteil von Schädlingsbekämpfungsmitteln* und von Schlauchdichtungsmitteln u. a. Für den Gebrauch der Sulfitablauge als Staubbindemittel hat FREEMANN[3] ein Patent für ein Verfahren zur Ver-

---

[1] ERDTMANN, H.: Svensk Papp. Tidn. Bd. 44 (1941) S. 105.

[2] TOMLINSON: Chem. Ind. 1938, S. 1047.

[3] FREEMANN, H.: Stabilization of road surfaces. Canadisches Patent 559612 (1. Juli 1958).

besserung dieses Straßenbindemittels durch eine Mischung von Sulfitablauge mit Teerrückständen von der Kohledestillation erhalten.

Nach DRP 370972 und 393551 wird durch Behandeln mit nitrosen Gasen bei Anwensenheit von Katalysatoren in verdünnter Salpetersäure *Oxalsäure* hergestellt.

Zur Verwendung der Sulfitablaugen in der *Seifenindustrie* werden die Sulfitablaugen durch Chlor gebleicht und zu 10 bis 15% den sog. Industrieseifen zugesetzt. Durch Zumischung von 60% vorbehandelter Sulfitablauge zur Schmierseife können bis zu 40% Fettersparnis erzielt werden.

Die bis jetzt ausgearbeiteten und angewendeten Verfahren können nur einen kleinen Teil der anfallenden Laugen unterbringen. Die meisten Verfahren zur Ausnutzung der in den Sulfitablaugen enthaltenen Brennstoffe sind über das Versuchsstadium nicht hinausgekommen. Mit Rücksicht auf die starke Belästigung unserer Vorfluter wäre es wünschenswert, wenn bald ein Verfahren gefunden würde, das eine Verwertung oder aber Vernichtung mit wirtschaftlichen Mitteln gestattet.

ε) *Alkohol- und Hefegewinnung aus Sulfitablaugen*

Die Sulfitablaugen aus Fichtenholz enthalten etwa 2% gärungsfähigen Zucker, der größtenteils aus Hexosen, und zwar dem Mannan und Galactan des Holzes stammt. In Schweden war durch die Arbeiten von ECKSTRÖM und HÄGGLUND die Alkoholgewinnung schon früher ausgebildet. In Deutschland fand sie nur langsam Anwendung und weitere Verbreitung. Im Gegensatz dazu enthalten die Sulfitablaugen aus Buchenholz Pentosen, die sich nicht zur Alkoholgewinnung eignen. Neuerdings werden sie zur Erzeugung wertvoller Hefen benutzt.

Die mit Kalkschlamm vorsichtig neutralisierten, heißen Abwässer werden filtriert und auf ein Gradierwerk zur Abkühlung geleitet. Dann werden sie nach genügender Verdünnung als Maischen vergoren und aus den vergorenen Maischen der Alkohol durch Destillation in Kolonnenapparaten abgetrieben. Bei rationeller Leitung des Kochprozesses und der Vergärungsvorgänge können aus 1 m^3 Ablauge 9 l Alkohol gewonnen werden. Der Dampfverbrauch zum Abtreiben des Alkohols ist erheblich und beträgt für den Kubikmeter etwa 150 bis 180 kg Dampf. Der gewonnene Spiritus ist durch Methylalkohol, Aceton usw. verunreinigt. Er wird in der Hauptsache als Streckungsmittel für Motorenbetriebsstoffe benutzt. In neuerer Zeit wird empfohlen, auf die Hefeherstellung zur Verwendung als Futterhefe bei der Sulfitablaugenvergärung mehr Wert zu legen. Bei der Spiritusgewinnung werden nur die rund 2% ausmachenden Kohlehydrate der Sulfitablauge abgebaut. Da die zurückbleibende Schlempe noch etwa 8% organische Stoffe enthält, stellt diese Vorbehandlung der Abwässer nur eine schwache Entlastung für den Vorfluter dar, zumal durch den Vergärungsprozeß auch andere Stoffe durch die Stoffwechselprodukte der Hefen in das Abwasser gelangen. Eine endgültige Lösung ist demnach durch die Alkoholgewinnung noch nicht gegeben. Die vergorenen Sulfitablaugen müssen daher weiter aufgearbeitet werden. LIEDTKE[1] gibt als Durchschnittszahlen einer ganzen Reihe untersuchter Sulfitschlempen an:

Farbe	rötlichbraun	Gesamt-SO_2	2,11 g/l
Spez. Gewicht (15 °C)	1,044	Gebundene SO_2	1,92 g/l
p_H-Zahl	4,5	Freie SO_2	0,19 g/l
Abdampfrückstand	8,56%	Biochem. O_2-Bedarf	8000 mg/l
Glührückstand	1,36%	$KMnO_4$-Verbrauch	250000 mg/l
C-Gehalt	0,395%	Gesamtschwefel	5,5 g/l

Neben Alkohol wird aber auch noch Hefe gewonnen, die auf Zellenfiltern in einer Menge von 300 bis 400 g je m³ Sulfitablauge abfiltriert und gewaschen wird. Nach den von BROMAN[2] während längerer Zeit durchgeführten Versuche mit Verfütterung von Futterhefe an Kühe ist damit zu rechnen, daß 1 kg absolut trockene Futterhefe 6 l Milch ergibt.

Im Gegensatz zu den Fichtenholzablaugen enthält die Trockensubstanz der Buchenholzablaugen bis zu 30% Pentosane, die sich nicht auf Alkohol vergären lassen. Es hat sich aber gezeigt, daß die in den Buchenholzablaugen enthaltenen Pentosen (Xylose, Arabinose), die etwa 17% der in den Ablaugen vorhandenen monomeren Kohlehydrate ausmachen, von den Schimmelpilzen als Nahrung benutzt werden. Am besten eignen sich Reinzüchtungen von Monilia candida und besonders Torula utilis. Die zu Futterzwecken gut geeignete Hefeausbeute betrug bis zu 49%. Der Rohproteingehalt der Trockensubstanz schwankte zwischen 40 bis 50%. Mit Lactobacillus pentosus kann eine Milchsäuregärung durchgeführt werden, bei der je 1 t erzeugten Zellstoffes 125 kg Milchsäure von 90% und 30 kg Essigsäure gewonnen werden können.

GFELLER[3] benutzt verschiedene Stämme von Lactobacillus, die sehr schnell Zucker abbauen, und zwar sowohl die Hexosen wie auch die Pentosen, um hierbei dann Milchsäure zu erzeugen. Von verschiedenen Clostridiumstämmen wurde festgestellt, daß sie sich sehr gut für die Fermentierung von Sulfitablaugen zur Gewinnung von Aceton und Butylalkohol eignen. MÜLLER[4] fand, daß unter optimalen Bedingungen bis zu 80% des Zuckers und 50 bis 80% der Essigsäure bei der Butyl-Acetonvergärung umgewandelt werden.

PARTANSKY und HENRY[5] haben aus See- und Flußschlamm 5 verschiedene Bakterienarten isoliert, die Sulfitablaugen unter Bildung von Buttersäure, Essigsäure und größeren Mengen brennbaren Gases vergären. Bei diesem anaeroben Abbau wird nur $^1/_5$ des gesamten biochemischen Sauerstoffbedarfs, also auch nur die Kohlehydrate, abgebaut.

---

[1] LIEDTKE: Dissertation Königsberg 1936.

[2] BROMAN, L.: Papierfabrikant Bd. 39 (1941) S. 106.

[3] GFELLER, P.: Dissertationsarbeit der Eidgenössischen Technischen Hochschule in Zürich (1954).

[4] MÜLLER, H. P.: Beiträge zum Verständnis der Butyl-Acetonvergärung in Sulfitablaugen. Zürich: Juris-Verlag 1954.

[5] PARTANSKY u. HENRY: J. Bacteriol. Bd. 30 (1936) S. 559. — BENSON u. PARTANSKY: Industr. Engng. Chem. Bd. 28 (1936) S. 738.

ζ) *Verwertung der Sulfitablaugen durch Eindicken für verschiedene Zwecke und als Brennstoff*

Die radikalste Beseitigung der Sulfitablaugen ist die Eindampfung und Verwendung des Rückstandes als Brennstoff. Außerdem findet die Lauge nach der Eindickung als Zellpech, Gerbstoffextrakt, Bindemittel für Briketts, zur fälscherischen Streckung von Badeextrakten und ähnlichen Verwendung. Die Dünnlauge wird zunächst auf Dicklauge verarbeitet, die bei 26 °Bé etwa 40%, bei 46 °Bé etwa 85% Trockensubstanz hat. Die Eindickung der Sulfitablaugen ist eine der schwierigsten Fragen der Konzentrationstechnik. Drei Eigenschaften der Lauge gestalten die Eindickung sehr schwierig, und zwar

1. die heftige Schaumbildung, 2. das Entweichen flüchtiger Bestandteile, die sich auf den Verdichtungsflächen abscheiden, 3. das Bestreben der Lauge, an den Verdampferflächen rasch störende Ansätze zu bilden.

Da beim Ablassen der Laugen aus dem Kocher noch ein großer Teil der Laugen (30%) in den Fasern bleibt, so sollte man zur Erfassung dieser Mengen durch ein Rücknahmeverfahren oder durch einen Diffuseurbetrieb der Waschwässer erreichen, daß man die ersten und zweiten Waschwässer mit eindampft. Die dann noch anfallenden dünnen Waschwässer enthalten nur noch einen kleinen Teil der Laugen. Die Verwendung der Ablauge, zu Brennzwecken ist von vielen Seiten, am ersten von DORENFELDT, empfohlen worden; sie scheiterte bisher an dem hohen Wassergehalt von 88%. Der Heizwert der Trockensubstanz beträgt etwa rund 4500 W. E., der aber in der Verdünnung auf etwa 500 W. E. je m^3 sinkt. Die Lauge muß daher vorher, meist unter Anwendung großer Wärmemengen, eingedickt werden. KREBS dickt die Lauge zunächst auf 37 °Bé (60% Trockensubstanzgehalt) und dann auf Walzentrocknern zu Zellpech ein. Das Zellpech wird unter Anwendung von Wirbelbrennern verbrannt, um ein möglichst schnelles Verbrennen zu erreichen. Die Verbrennung der Sulfitablauge als Zellpechpulver hat sich in Schweden[1] als nicht durchführbar erwiesen, da sich in den Kesselrohren Ansätze bilden.

Bei der Eindampfung fallen die Kondenswässer an, die die aus der Lauge mitgerissenen wasserdampfflüchtigen Stoffe enthalten und hierdurch das Sphaerotiluswachstum ganz besonders stark begünstigen. Um sie zu beseitigen, benutzt man sie zum Ansetzen der neuen Laugen im Laugenturm. Über die bei der Laugenerfassung wegzudampfende Wassermenge gibt die nachfolgende Tab. 37 von SCHMIDT[2] Auskunft:

Tabelle 37

Erfaßte Laugenmenge in % vom Anfall	Wegzudampfende Wassermenge je t Zellstoff	
	Fichte ungebl.	Buche ungebl.
40%	2,4 t H_2O	1,6 t H_2O
60%	3,4 „ „	2,3 „ „
85%	7,9 „ „	5,5 „ „
90%	10,0 „ „	6,7 „ „

[1] Report of the Evaporation and Burning of Calcium Base Sulphite Liquor in Skandinavia. Paper Trade J. Bd. 130 (1950) S. 19.

[2] SCHMIDT, E.: Chemiker-Ztg. Bd. 80 (1956) S. 37.

Früher hat man das Eindampfen in Flammenöfen vorgenommen. Neuerdings gibt man Verdampferapparaten, und zwar drei- oder vierstufigen Mehrfachverdampfern, den Vorzug. Solche Verdampferapparate liefern die Firmen: Escher-Wyss, Ravensburg, Lurgi, Frankfurt am Main, Kühnle, Kopp und Kausch, Frankenthal, Wiegandt, Karlsruhe, Becker, Beckum.

Die von KUNZE[1] empfohlene Eindickung von Sulfitablaugen in Verdunstungskanälen in dünner Schicht in Pfannen von 50×100 cm, durch die dann atmosphärische Luft mit 1 bis 4 m/sek Geschwindigkeit geleitet wird, ist abhängig von dem Sättigungsgrad der Luft. Diese Eindampfung ist aber nach SCHMIDT[2] zu teuer, so daß die Eindickung fast allgemein in den *Mehrstufenverdampfern* durchgeführt wird. Hinderlich ist hierbei das Abscheiden von Gips auf den Verdampfungsflächen. Durch Einführung des Kanal-Wechsel-Prinzips, das ist frühzeitiges Umschalten der Rohre, so daß die Rohre abwechselnd als Heizfläche und als Verdampferfläche dienen, kann man diesen Übelstand beseitigen.

Der aus Gips und gleichzeitig mitausgeschiedenen organischen Verbindungen bestehende Ansatz in den Verdampferrohren ist sehr dicht und haftet sehr fest an den Wandungen an. In den meisten Fällen muß er durch Bohrer entfernt werden. Da diese Bohrungen sehr kostspielig sind und außerdem auch das Material gefährden, wendet man heute *Ultraschallwellen* an, die die Inkrustationen weicher werden lassen, so daß sie sich leichter aus den Rohren durch Bürsten entfernen lassen. Die Fa. Escher-Wyss wendet zur Verhütung der Krustenbildung das Gipsschlammverfahren an. Es besteht darin, daß der Lauge Gipskristallschlamm von einer bestimmten Art, in geeigneter Feinheit und Menge beigemischt wird. Die Beimischung wird während des Eindampfprozesses durch Zugabe und Abzug von Schlamm geregelt. Der zurückgewonnene und regenerierte Gispschlamm wird in die zu konzentrierende Lauge eingespeist. Durch die Einführung des Gipsschlammverfahrens konnte die Leistung der Verdampferanlage auf das Doppelte gesteigert werden.

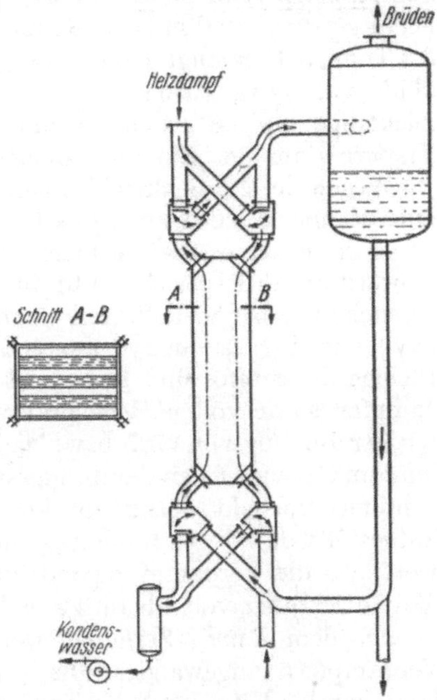

Abb. 120. ROSENBLAD-Verdampfer mit Lamellenerhitzer und umschaltbarer Heizfläche

Bei der in Abb. 120 wiedergegebenen Verdampferkonstruktion

[1] KUNZE, W.: Dtsch. Wasserw. Bd. 37 (1942) S. 123.
[2] SCHMIDT, E.: Dtsch. Wasserw. Bd. 37 (1942) S. 378.

wird die schwache Löslichkeit von Gips in reinem Kondensat ausgenützt zur Beseitigung von Gipsablagerungen an den Heizflächen (Deutsche Patentanmeldung Kl. 17f. p 1106 B von Rosenblad Patenters, Stockholm, und Roca, Apparatebau, Düren). Der Verdampfer ist mit einem Plattenheizkörper ausgerüstet, bei welchem durch Betätigung von Umschaltorganen die Dampf- und Flüssigkeitsseite in periodischen Zeitabständen vertauscht wird. An der Heizfläche abgelagerte Gipskrusten lösen sich nach der Umschaltung in dem an der Heizfläche vorbeifließenden Heizdampfkondensat, so daß die Heizfläche bei der nächsten Umschaltung wieder frei ist. Die Umschaltperioden werden derart gewählt, daß die während einer solchen Periode ausgeschiedenen Krusten noch keine ins Gewicht fallenden Leistungsverschlechterungen ergeben. Mit dieser Verdampferkonstruktion gelingt es, Sulfitablaugen mit hohem Gipsgehalt im Dauerbetrieb einzudampfen, ohne daß eine mechanische Reinigung der Heizfläche erforderlich ist[1].

Nach den Feststellungen der Roca Apparatebau GmbH., Düren, die als deutsche Herstellerin die Rosenblad-Patente vertritt und diese Apparate baut, kommen die Laugen mit einem Trockensubstanzgehalt von 10 bis 13% zur Eindampfanlage, wo sie bis auf 50 bis 55% eingedampft werden. Da die Temperatur der Dicklauge am Ausgang der Eindampfanlage etwa 90 °C beträgt, ist ihre Viskosität so niedrig, daß sie leicht gepumpt und in einer Brennkammer zerstäubt werden kann. Etwa 3,3 Tonnen Dicklauge haben den gleichen Heizwert wie 1 Tonne Steinkohle von etwa 7000 kcal/kg. Sind die Selbstkosten von 3,3 Tonnen Dicklauge billiger als der Tonnepreis der Kohle, so ergibt sich eine Ersparnis aus der Eindampfanlage.

Wegen der Löslichkeit des Gipses in Sulfitablauge[2] empfehlen Tomlinson und Wilcoxson[3], das Calcium durch Magnesium zu ersetzen, da es dann keine Ansätze beim Verdampfen mehr ergibt. Die bei der Howard Smith Paper Mills Ltd. in Cornwall (Ont.) durchgeführten Großversuche ergaben viele Vorteile, wenn die Kocherlauge statt mit Calciumoxyd mit Magnesiumoxyd angesetzt wurde, besonders wirtschaftlichere Bleiche des Stoffes und bedeutend geringere Schwierigkeiten beim Eindampfen sowie völlige Regeneration des Schwefels zu SO_2 unter gleichzeitiger Bildung von MgO bzw. $MgCO_3$. Rosenblad[4], der die Eindampfung im Gegendruckeindampfungssystem in mit Platten versehenen Verdampfern vorsieht, denen eine Voreindampfung vorausgegangen ist, hat festgestellt, daß durch Rauchgase nur 20% eingedampft werden können. Dort, wo die Verdampfung möglichst weit getrieben werden muß, ist die Anwendung von überhitztem Dampf mit am wirtschaftlichsten.

Bei dem *Ramén-Verfahren* werden hohe Geschwindigkeiten in den Verdampfern angewandt. Die Ausfällung der Kesselsteinbildner erfolgt durch „Hitzeschockbehandlung“, indem man die auf 30% einge-

[1] Ullmanns Encyklopädie der technischen Chemie, 3. Aufl., 1. Bd., S. 544.

[2] Siehe Referat von H. Bergström, K. G. Trobeck u. H. Tyden im „Papierfabrikant“ Bd. 38 (1940) S. 125.

[3] Tomlinson, G. H., u. L. S. Wilcoxson: Paper Trade J. Bd. 110 (1940) S. 31.

[4] Rosenblad, C.: Papierfabrikant Bd. 40 (1942) S. 9/10, 9.

dickte Lauge in einem dem Feuerungsraum entzogenen Rauchgasstrom von 1000° in 4 m hohe Rohre einspritzt. Das sich hierbei bildende Pulver wird durch Cyklone abgeschieden und in die Feuerung geblasen. Es soll eine 20 bis 25%ige Kohlenersparnis ergeben. In Lenzing hat sich das RAMÉN-Verfahren nicht bewährt, so daß es jetzt in eine Dicklaugenverbrennung umgebaut worden ist.

KABE benutzt zur Eindickung eine Unterwasserverbrennung. Unter dem Spiegel der Abfallauge wird eine Gasflamme eingeführt, wodurch eine Wärmeausnutzung von 90% erreicht wird. Das DRP 361 741 von SCHWARZMAUER benutzt ebenfalls eine Tauchflamme, wie sie zur Erzeugung von Stickoxyden benutzt wird.

LADISCH sprüht die Dicklauge von 23 bis 30 °Bé (36 bis 47% Trockensubstanz) mit Hilfe einer Zerstäubungsdüse in die Feuerung ein. In jede Feuerung wurden 4 Düsen eingebaut, die je nach der Laugenkonzentration 300 bis 720 kg Lauge verarbeiteten. 100 kg Dicklauge von 29,5 °Bé entsprechen rund 25 kg Kohle. Ein Nachteil der Verbrennung der flüssigen Dicklauge ist, daß oft eine nicht vollkommene Verbrennung eintritt und daher ein Gemisch von Flugstaub und halbverbranntem zähflüssigem Material entsteht, das leicht zu unliebsamen Verstopfungen der Feuerkanäle und zu Belästigungen in der Umgebung führen kann.

In der Anlage Hallstavik werden nach den Angaben von AHLSTRÖM[1] Druckdüsen vom Zentrifugaltyp verwendet, wobei die zugeführte Lauge einen Druck von 6 atü hat. Der Kessel besitzt eine Heizfläche von 300 m^2 und ist mit einem Wanderrost für die Verbrennung von Kohle und Holzabfall ausgerüstet. Auf Grund der großen Aschemengen muß der Kessel öfter entschlammt werden, wie dies bei der Feuerung mit Kohle und Holzabfall alleine der Fall ist. In Loddby, wo der Ablaugenbrennstoff 80 bis 85% des Kalorienverbrauchs im Kesselhaus deckt, hat man im Zusammenhang mit der Projektierung eines neuen, modernen Kessels auch eine besondere Verbrennungskammer konstruiert. In dieser Verbrennungskammer, die nicht gekühlt wird, wird die Ablauge durch einen gewöhnlichen Ablaugebrenner axial und die Luft tangential über die ganze Kammerlänge zugeführt. Dadurch bekommt man eine sehr intensive Mischung von Ablauge und Verbrennungsluft und somit eine vollständige Verbrennung bei niedrigem Luftüberschuß. Wenn die Verbrennungskammer durch einen Ölbrenner angewärmt ist, kann sie leicht auch bei relativ geringer Belastung ohne Zusatzbrennstoff in Betrieb gehalten werden.

STREHLENERT entwickelte eine Naßverkohlung durch Einpressen von Luft in die erhitzte Lauge (200 °C und 20 atü). Durch die Zersetzung der Ablauge erreichte er eine Abscheidung des Lignins in Form einer als Brennstoff verwendbaren hellbraunen Masse. In neuerer Zeit sind verschiedene *Verfahren der Naßverbrennung*[2] entwickelt. BERGSTRÖM und

---

[1] AHLSTRÖM, A.: Das Papier Bd. 5 (1951) S. 19/29.

[2] SCHMIDT, E.: Ber. A. T. V. Bd. 8 (1957) S. 78. — Österreichische Abwasserrundschau Bd. 2 (1957) S. 22. — Österreichische Wasserwirtschaft Bd. 9 (1957) S. 186.

Cederquist zeigen in dem schwedischen Patent Nr. 90896, daß man bei Sulfitablauge mit Luftsauerstoff eine vollständige Oxydation der organischen Substanz zu Kohlensäure und Wasser bei entsprechend hohem Druck und hoher Temperatur erreichen kann. Cederquist hat dann 1949 das schwedische Patent 143765 erhalten. Gleichzeitig meldete Zimmermann für die Fa. Sterling Drug, New York ein Patent zur Naßverbrennung an. In Abb. 121 ist das Schema einer Naßverbrennung von Sulfitablauge nach Zimmermann dargestellt. Die mit Dampf auf 150 °C

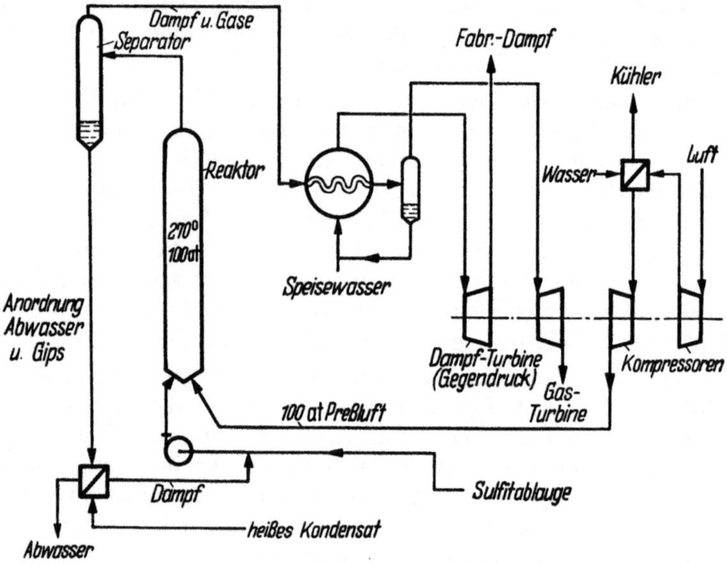

Abb. 121. Schema einer Naßverbrennung von Sulfitablauge (nach Zimmermann)

vorerwärmte Sulfitablauge wird dem unter einem Druck von 100 atü stehenden Reaktor zugepumpt. Gleichzeitig wird die unter dem gleichen Druck stehende Luft eingepreßt. Bei 270 °C und 100 atü Druck erhält er eine vollständige Oxydation zu Kohlensäure und Wasser. Cederquist wendet 225 °C und 50 atü Druck an und erreicht dabei eine partielle Verbrennung, bei der ein kohliger Niederschlag anfällt, der aber abgetrennt und in normalen Kesseln verbrannt werden kann. Für die Naßverbrennung von 1 t Trockensubstanz sind 5,7 t Luft notwendig, entsprechend 4400 N-m^3 Luft.

Schwalbe hat verschiedene Arten der Naßverkohlung durchgeführt, um die in den Ablaugen vorhandenen Heizwerte dem Werke wieder zuzuführen. Er verkohlte die Sulfitablauge unter Druck mit Schwefelsäure und verwendete die erkaltete Kohle zu Feuerungszwecken. Nach einem anderen Verfahren stellte er aus dem Holz- oder Rindenabfall der Zellstoffabrik durch Behandeln mit Salzlösung und Säure eine Adsorptionskohle her, die imstande ist, die Dicklauge bei einem Druck von 10 atü vollständig aufzunehmen. Durch die Einführung des Thorne-Entschalers ist aber in modernen Betrieben der Anfall von Rinden- und Holzabfall von 15 auf 3% gesunken, so daß nicht mehr genügend Abfall zur Verfügung steht.

Weiterhin hat man versucht, die Sulfitablaugen durch Verschwelen und Hydrieren zu verwerten. Bei der Verschwelung werden die Ablaugen zuerst eingedickt, dann brikettiert und im Schwelschacht vergast. Die aus dem Schwelvorgang nach Abtrennung der Öle, Aceton usw. abgehenden Ablaugekokse werden unter dem Dampfkessel verbrannt[1].

Sierp und Fränsemeier[2] scheiden die in den Sulfitablaugen enthaltenen organischen Stoffe vor oder nach der Vergärung aus den mit Ätzkalk neutralisierten Sulfitablaugen durch Versetzen mit dem durch Vergärung der Laugen gewonnenen Alkohol aus. Bei einem Mischverhältnis von 1 Teil Alkohol auf 1 Teil alkalisierte Sulfitablauge werden bereits bis zu 95% aller organischen Stoffe in Form eines feinen Schlammes abgeschieden, der auf Nutschen, Filtertrommeln usw. abgefangen und entweder direkt oder nach Wiedergewinnung der noch in ihm enthaltenen Spritreste getrocknet wird. Er stellt ein braunes Pulver entsprechend den nach anderen Verfahren hergestellten Trockenmassen dar.

An Stelle von Alkohol verwendet O. Homann als Fällungsmittel wasserlösliche Ketone, vorzugsweise Aceton. Die Fällung soll stufenweise erfolgen, nachdem die vergorene Sulfitablauge mit Kalk oder Ammoniak alkalisch gemacht worden ist.

Chatzet[3] dickt die Sulfitablauge durch Ausfrierenlassen und teilweises Auftauen und Abscheiden der gebildeten Eiskristalle ein. Dadurch wird Sulfitablauge von 10% auf 50% eingedickt.

Es gibt eine ganze Reihe verschiedener Verfahren zur Herstellung von aktiven Kohlen aus Zellstoffablauge. Da diese Kohlen eine immer stärkere Anwendung in der Wasserreinigung finden, ist zu hoffen, daß dadurch ein weiterer Teil der Sulfitablauge verarbeitet wird.

η) Verwertung der Sulfitablauge als Gerbstoffersatz

Zur Verwendung der Sulfitablauge als Gerbstoffersatz muß die Ablauge kalk- und eisenfrei gemacht werden, da Kalk das Leder brüchig macht und Eisen in Verbindung mit Gerbstoffen das Leder schwarz färbt. In den Eindampfapparaten darf daher die Lauge nicht mit Eisen in Berührung kommen. Bei der Reinigung der Sulfitablaugen mit Schwefelsäure bereitet die Beseitigung des gebildeten Gipses Schwierigkeiten. Besser ist daher die alkalische Aufbereitung[4] im heißen oder kalten Zustand. Eine so vorgereinigte Ablauge kann zu etwa 50% echten Gerbstoffextrakten zur Streckung beigemischt werden. Da der Weltverbrauch an Gerbextrakt nur etwa 100000 t beträgt, kann, da nur eine Beimischung von höchstens 50% in Frage kommt, von der großen Menge anfallender Sulfitablauge nur ein verhältnismäßig kleiner Teil abgesetzt

---

[1] Lassberg, V.: Chemiker-Ztg. Bd. 61 (1937) S. 73.
[2] Sierp, Fr. u. Fränsemeier: DRP 647234 Kl. 85c.
[3] Chatzet: Chem. Zbl. Bd. 2 (1930) S. 3495. — Z. Lederind. u. Handel 1929, S. 448.
[4] Masner: Angew. Chem. Bd. 48 (1935) S. 668.

werden. Als gerberisch wirksamer Bestandteil ist die „Ligninsulfosäure" anzusehen. Diese wird von den basischen Gruppen der Haut salzartig, jedoch unauswaschbar gebunden. Besonders bei der Chromgerbung können die Sulfitzellstoffextrakte gut angewandt werden. Zur quantitativen Bestimmung der „Ligninsulfosäure" in Gerbstoffextrakten kann die Cinchoninmethode angewandt werden, da sie gegen p_H-Wertschwankungen und Konzentrationseinflüsse am unempfindlichsten ist[1]. VAN DER HOEVEN[2] legt zum Nachweis des Gehaltes von „Ligninsulfosäure" in Gerbstoffextrakten die Methoxylgruppe frei und weist dann kolorimetrisch den Methylalkohol nach.

Das DRP 389470 behandelt die Sulfitablaugen mit Chlorat und Schwefelsäure oder mit gasförmigem Chlor und benutzt die erhaltenen Produkte als Gerbstoffe.

ϑ) Sulfitablauge als Düngemittel

Eine unmittelbare Verwertung der Sulfitablauge als Düngemittel kommt nach STUTZER nicht in Frage, zumal, wie HÄGGLUND festgestellt hat, der Boden selbst bei vorsichtigster Berieselung so hart wird, daß biologische Zersetzungen überhaupt nicht mehr stattfinden können. Die zunächst auftretende Ertragssteigerung macht bald einer Vernichtung der Ernte Platz, weil der Boden mit nicht oxydierbaren Stoffen überlastet und verklebt wird. Auch die Herstellung streufähiger Dünger, z. B. durch Behandeln mit Kalk bis p_H-Wert 9,6, Filtration des ausgeschiedenen Gipses und Behandeln mit Ammoniak unter Druck in Autoklaven und Eindampfung, wodurch man eine 10 bis 11% stickstoffhaltige organische Masse erhält, hat nicht zum Ziele geführt. Verschiedene Patente der Zellstoffabrik Waldhof handeln von streufähigen Düngern, die unter Zugabe von Kalk und Magnesia zur eingedickten Lauge und Torfmull hergestellt werden können. Diese Verfahren haben aber auch keine Lösung der Frage gebracht (s. auch Patent 660622). Verschiedene Vorschläge befassen sich mit der Vermischung der eingedickten Lauge mit Calciumcyanamid und Verwertung des Gemisches als Düngemittel zur Erhaltung des Humingehaltes der Böden.

Bessere Ergebnisse scheint der biologische Abbau nach Vermischung mit häuslichem Abwasser zu liefern. In sehr kleinen Mengen unter 10% dem häuslichen Abwasser zugesetzt, kann Sulfitablauge auf Rieselfeldern oder in biologischen Verfahren, wie Tropfkörpern, Belebtschlammanlagen, behandelt werden. Bei der großen Menge der anfallenden Abwässer wird nur in den seltensten Fällen dies günstige Mischungsverhältnis erreicht werden. Bei den biologischen Verfahren werden von den vorhandenen organischen Stoffen nur etwa 25 bis 30% abgebaut, doch genügt dieser Abbau, um die im Vorfluter sonst auftretenden starken Pilzwucherungen zu mildern.

PRINGSHEIM schlägt dagegen einen anaeroben Abbau in 5%iger Lösung bei 32 °C unter Zugabe von Mist und Lauberde vor. Hierbei bildet

[1] KÜNTZEL: Angew. Chem. Bd. 48 (1935) S. 668.
[2] VAN DER HOEVEN: Angew. Chem. Bd. 48 (1935) S. 670.

sich ein aus Methan, Wasserstoff und Kohlensäure bestehendes verwertbares Gasgemisch. In gleicher Weise haben PARTANSKY und BENSON[1] versucht, die organischen Bestandteile der Sulfitablauge anaerob zu vergasen. Mit Ausnahme der „Ligninsulfosäure" ließen sich die organischen Stoffe in 30%iger Verdünnung bei 36 °C vergasen. Da das Lignin die Vergasung der übrigen Bestandteile verzögert, muß es zweckmäßigerweise vorher entfernt werden.

d) Natron- und Sulfatzellstoffabriken

In Mitteleuropa hat die Sulfatzellstoffindustrie weniger Bedeutung. Größere Bedeutung hat sie in Skandinavien, Finnland, Rußland, USA. und Kanada. Erfolgt der Aufschluß des Holzes bei diesen Fabriken mit Hilfe von Ätznatron allein, so erhält man Natronzellstoff. Erfolgt er mit Ätznatron (60 g), dem man 22 g Natriumsulfit zugesetzt hat, so erhält man *Kraft- oder Sulfatzellstoff*. Die Sulfatkochung erlaubt zum Unterschied von der Sodakochung ein weit leichteres Herauslösen des Lignins aus dem Holz bei qualitativ besserer und höherer Ausbeute. Als Grund hierfür gibt HÄGGLUND[2] die leichtere Löslichkeit des Schwefellignins gegenüber reinem Alkalilignin an. Bei der Einwirkung von Natriumsulfhydrat auf isoliertes Lignin (Salzsäurelignin aus Fichte) gebildetes Schwefellignin besteht überwiegend aus einem Säure gegenüber sehr stabilen Produkt mit 5% Schwefel. Durch ein stufenweises Herauslösen der Lignine wäre eine größere Faserausbeute bei der Sulfatkochung möglich, doch würde hierdurch das Verfahren erheblich verteuert. Durch ihren Gehalt an Harzsäuren und an organischen Schwefelverbindungen können die bei diesem Verfahren anfallenden Abwässer auf Fische direkt tödlich wirken. Außerdem enthalten die Laugen größere Mengen reduzierbarer Stoffe, so daß sie auf den Sauerstoffvorrat des Vorfluters großen Einfluß ausüben können.

Die stark alkalischen Kochlaugen und ersten Waschwässer werden von den übrigen stark verdünnten Abwässern getrennt. Die konzentrierten Ablaugen werden zur Wiedergewinnung der Chemikalien eingedampft, indem man sie zuerst im Mehrstufenverdampfer, dann im Scheibenverdampfer eindickt und schließlich im Drehofen verascht. In Abb. 122 ist ein Spinnbadverdampfer mit 4 Heizkörpern, welche auf einem gemeinsamen Abscheider arbeiten, der Fa. Wiegand Apparatebau, Karlsruhe dargestellt. Die Rohrbündel bestehen aus Graphit und sind ausziehbar. Der Verdampfapparat arbeitet in Verbindung mit einem elektrisch angetriebenen Turbo-Brüden-Kompressor. Der Durchsatz beträgt 25 m^3/h Spinnbad. Abb. 123 zeigt zwei Siebschleudern „Konturbex" der Siebtechnik GmbH., Mülheim in einer Aufbereitung für Spinnbäder zum Wiedergewinnen der Chemikalien.

Die Wiedergewinnung des Alkali kann auch in der Weise geschehen, daß man die Ablaugen unter Zusatz organischer Stoffe, wie Sägemehl

[1] PARTANSKY u. BENSON: Proc. Acad. Sci. USA. Bd. 22 (1936) S. 153. — Ref. Chem. Techn. Übers. d. Chemiker-Ztg. 1396, S. 152.
[2] HÄGGLUND, E.: Svensk Papp. Tidn. Bd. 44 (1941) S. 103.

oder Torf, zu einem Teig anrührt und dann in Retorten kalziniert. Die dabei entweichenden Gase können zur Beleuchtung oder Feuerung dienen. Der Rückstand wird in üblicher Weise auf Alkali verarbeitet.

Abb. 122. Spinnbadverdampfer mit 4 Heizkörpern, welche auf einem gemeinsamen Abscheider arbeiten (Wiegand Apparatebau, Karlsruhe)

WAGNER[1] leitet die eingedickten Ablaugen in einen zylindrischen, vorgewärmten Gebläseofen, der mit einer säurebeständigen Auskleidung und wassergekühlter Bedachung versehen ist, von oben her durch Düsen besonderer Konstruktion in Form eines feinen Sprühregens ein. In den oberen Zonen des Ofens wird die Lauge weiter entwässert und in den unteren Zonen verbrannt. Durch Luftzuführung an verschiedenen Stellen wird die vollständige Verbrennung der flüchtigen Bestandteile erzielt. Die abziehenden, mit Salzstaub beladenen Gase werden nach Ausnutzung ihrer Wärme in einem

Abb. 123. Zwei Siebschleudern „Konturbex" (Siebtechnik, Mülheim/Ruhr)

[1] WAGNER: Industr. Engng. Chem. Bd. 22 (1930) S. 122.

Wäscher gereinigt. Die konzentrierte Waschflüssigkeit dient zum Lösen der kalzinierten Laugenrückstände, aus denen dann durch Behandeln mit Ätzkalk erneut Natronlauge hergestellt wird. Dieses Auswaschen der Rauchgase ist in vielen Fällen erforderlich, da bei der Aufarbeitung der Sulfatablaugen sehr unangenehme Geruchsbelästigungen durch Mercaptane und ähnliche organische Sulfide entstehen, die die Sulfatfabriken in dicht besiedelten Gegenden oft unmöglich machen. Diese Geruchsbelästigungen sind der Hauptgrund für die verhältnismäßig geringe Anwendung des Natronzellstoffverfahrens in Deutschland. Die Ursache der Geruchsbelästigungen sind Rohterpentine mit 1 bis 3% Dimethylsulfid neben kleinen Mengen Alkylsulfide und Äthyl-Mercaptane, die beim Abblasen der Kocher und beim Regenerieren der Schwarzlaugen entstehen. Sie sind in den Abgasen zwar in sehr geringen Mengen enthalten, so daß eine unmittelbare gesundheitsschädigende Wirkung vollkommen ausgeschlossen ist. In den Abgasen einer schwedischen Fabrik wurden im Kubikmeter Abgas 13 mg Mercaptan gefunden neben 4 mg Schwefelwasserstoff. Obwohl in den Abgasen einer deutschen Fabrik von TESCHNER[1] nur 0,4 mg/m^3 Mercaptan und 0,3 mg/m^3 Schwefelwasserstoff gefunden wurden, waren die Geruchsbelästigunegn unerträglich. Da die Grenze der Wahrnehmbarkeit für Mercaptan bei 1:640 Millionen liegt, machen sich diese Gehalte auf weite Strecken hin bemerkbar. Es ist eine ganze Reihe von Vorschlägen zur Beseitigung der Geruchsbelästigungen gemacht worden, die alle in der Hauptsache auf eine Oxydation oder eine Adsorption der Geruchsstoffe hinausgehen. Da es aber schwer ist, die großen Gasmengen (in der Sekunde etwa 30 m^3) zu behandeln, so haben diese Verfahren bis jetzt nicht zum Ziele führen können. Bei der Waschung der Gase zur Entfernung der Geruchsstoffe, zu der große Wassermengen benötigt werden, fallen stark korrodierende Abwasser an, so daß man dieses Verfahren auch wieder verlassen mußte. Neuerdings ist empfohlen worden, die Gase durch Verbrennen, wobei die Gase durch die Feuerung geleitet werden müssen, oder durch ein elektrisches Abscheiden der übelriechenden Stoffe zu beseitigen.

LOGAU dickt die Rückstände ein und brennt sie an. Die erzeugte Wärme wird zum Eindampfen weiterer Laugenmengen benutzt. Aus der Asche wird das Alkali als Soda wiedergewonnen.

Um die bei der Verbrennung entstehenden Kosten zu verringern, hat TOMLINSON[2] zusammen mit der Babcock & Wilcox Comp. Hochleistungsverbrennungsöfen konstruiert, die eine erschöpfende Ausnutzung der Brennstoffe in der Weise gewährleisten, daß die erzeugte Wärme nicht nur für die Veraschung, sondern auch gleich für die in der Papierfabrik benötigte Dampferzeugung ausreicht.

HÄGGLUND[3] weist auf ein von ihm und BERGIUS erfundenes Verfahren hin, nach dem es möglich ist, die organischen Stoffe der Schwarzlauge durch Erhitzen derselben, ohne das Wasser vorher zu entfernen, bei

---

[1] TESCHNER: Technologie und Chemie der Papier- und Zellstoffabriken Bd. 25 (1928) S. 45.

[2] TOMLINSON, G. H.: Chemiker-Ztg. Bd. 63 (1939) S. 65.

[3] HÄGGLUND, E.: Holz als Roh- und Werkstoff Bd. 2 (1939) S. 18.

hohem Druck und hoher Temprateur zu zersetzen, so daß sie in Teere bzw. Kohle übergehen, wobei große Mengen Essigsäure, neben Methanol, Azeton und großen Mengen Gasen, hauptsächlich Wasserstoff gebildet werden. Wenn es gelingt, für die großen Mengen an Essigsäure Absatz zu schaffen, soll hier eine Möglichkeit vorliegen, aus der Schwarzlauge größere Werte zu erzeugen als der Zellstoff selbst verkörpert. Auch das flüssige Harz enthält außer Fett- und Harzsäuren nicht verseifbare Bestandteile von phenoligem Charakter. Die Fettsäuren können zur Seifenherstellung benutzt werden.

Zur Gewinnung von Tallöl aus den beim Soda- und Natriumsulfatverfahren anfallenden Laugen werden bei dem Verfahren die im Holz enthaltenen Fette und Harze verseift. Sie ergeben dann nach Reinigung das bekannte leicht gefärbte Öl mit ungefähr gleichem Gehalt an Harz- und Fettsäuren. Tallöl findet in der Industrie, besonders in der Lackindustrie, ausgedehnte Anwendung. Die Ausbeute hängt von der angewandten Holzart ab. Fichten enthalten nur $^1/_3$ bis $^1/_5$ soviel Harz wie Kiefern[1].

Das DRP 726423 beschreibt ein Verfahren zur *Gewinnung von Schwefel* aus natronsulfidischen, Zelluloseabbauprodukte enthaltenden Abwässern, dadurch gekennzeichnet, daß der Schwefel, nachdem er in an sich bekannter Weise in kolloider Form ausgefällt worden ist, dadurch in eine absetzbare und filtrierbare Form gebracht wird, daß die Flüssigkeit auf einen Gehalt von mindestens 35 bis 40 g Na_2SO_4/l und zwischen 15 bis 25 g/l, am besten 20 g/l Schwefelsäure eingestellt und dann erwärmt wird. Zum Abkühlen läßt man dann die Flüssigkeit mehrere Stunden stehen.

Rimman sättigt die durch Zusatz löslicher Salze auf eine bestimmte Dichte gebrachten Laugen mit Kohlensäure, wobei ein Teil der organischen Stoffe ausfällt.

Die nach der Aufarbeitung der eigentlichen Kocherlaugen, denen man wegen der Konzentration auch die ersten Waschwässer zufügt, noch übrig bleibenden verdünnteren Waschwässer sind dunkelbraun gefärbt, stark alkalisch und enthalten neben einer großen Menge Faserstoffe stets einen hohen Gehalt an gelösten organischen Stoffen.

Durch den hohen Gehalt an organischen Stoffen gehen diese Abwässer leicht in Fäulnis über und können beim Einleiten in den Vorfluter durch ihren Gehalt an Faserstoffen, durch die starke Verfärbung des Wassers, durch Auftreten von Schaumbildungen, vor allem aber durch die starke Pilzbildung und die starke Inanspruchnahme des Sauerstoffs zu starken Mißständen im Vorfluter führen. Sulfatablaugen haben eine viel größere Giftigkeit auf Fische als Sulfitablaugen. Verdünnungen von 1:2000 wirkten bei den von Vallin durchgeführten Versuchen noch tödlich auf Fische. Die in den Laugen enthaltenen Harzseifen und flüssiges Harz wirkten bereits in Konzentrationen von 2 mg/l. Durch Zugabe von Schwefelsäure in Verdünnungen von 1:1000

[1] Dickerson, B. W., W. T. Laffoy u. R. O. McNeil: Sew. and Ind. Wastes Bd. 31 (1959) S. 191.

konnte die Giftwirkung der Harzsäuren aufgehoben werden. Am empfindlichsten waren die Lachse und Bachsaiblinge, dann folgten dem Grade der Empfindlichkeit nach Äsche, Barsch, Plötze und in großem Abstand die Karausche. Auch die Fischnahrung, wie Daphnien, zeigte große Empfindlichkeit gegen Harzsäuren.

Für das Abfangen der Faserstoffe können die unter Sulfitzellstofffabriken beschriebenen Faserstoffänger benutzt werden. Obwohl die Konzentration der Abwässer an organischen Stoffen durch die Wiedergewinnung der Kocherlaugen nicht so groß ist wie bei den Sulfitablaugen, so bereitet ihre Weiterbehandlung doch große Schwierigkeiten. Stehen genügend große Flächen geeigneten Landes zur Verfügung, so kann die Beseitigung ohne weitere Vorbehandlung durch Berieselung erfolgen. Sehr vorteilhaft wirkt sich hierbei eine vorsichtig durchgeführte Neutralisation der stark alkalischen Abwässer bis zur neutralen Reaktion aus. Ein ständiger Wechsel der berieselten Flächen ist notwendig.

Wo nicht genügend Flächen zur Verfügung stehen, müssen die Abwässer vor der Verrieselung durch eine chemische Fällung von dem größeren Teil der organischen Stoffe befreit werden. Als Fällungsmittel kommen in erster Linie Aluminiumsalze mit und ohne Kalkzusatz in Frage. Eisensalze bewirken ebenfalls eine weitgehende Fällung der organischen Substanzen, doch besteht bei ihrer Anwendung die Gefahr, daß die im Wasser enthaltenen Gerbstoffe starke Schwarzfärbung hervorrufen. Statt der Bodenberieselung kann auch die weitere Reinigung der chemisch vorgereinigten Abwässer auf intermittierend betriebenen Sandfiltern erfolen.

Für die biologische Reinigung auf Tropfkörpern oder durch das Belebtschlammverfahren gilt das für Sulfitablauge (s. S. 380) Gesagte sinngemäß.

Moggio und Gelem[1] haben das Abwasser einer Sulfatzellstoffabrik mit angeschlossener Bleicherei und Papierfabrik mit dem häuslichen Abwasser und dem Kantinenabwasser gemischt. Der BSB_5 der Mischung schwankte zwischen 100—200 mg/l. Nach Zugabe von Ammonsulfat (10 mg/l N) und Phosphaten (5 mg/l P_2O_5) zeigte das Abwasser nach 6—8stündiger Belüftung eine Abnahme von 80—90% des BSB_5. Die zugegebene Schlammenge betrug 1000—1600 mg/l Schwebestoffe. Der Schlamm setzte sich gut ab. Auch Pearman und Burns[2] erzielten nach Zugabe von Ammoniaklösung und Phosphorsäure in einer $3^1/_2$stündigen Belebungszeit mit einer nachfolgenden $2^1/_2$stündigen Aufenthaltszeit im Nachklärbecken eine 75—80% Abnahme des BSB. Es zeigte sich, daß es erforderlich ist, den Rücklaufschlamm gut zu belüften. Bishop und Wilson[3] schalteten bei einer Natronzellstoffanlage mit Bleicherei vor die Belebtschlammanlage einen 20 ha großen Teich mit einer Tiefe von 1,50 m, in dem das Abwasser eine Aufenthaltszeit von 25 Tagen

[1] Moggio, W. A., u. H. W. Gelem: Sew. and Ind. Wastes Bd. 22 (1950) S. 1326.
[2] Pearman, V. B., u. O. B. Burns: Sew. and Ind. Wastes Bd. 29 (1957) S. 1145.
[3] Bishop, F. W., u. J. W. Wilson: Sew. and Ind. Wastes Bd. 26 (1954) S. 1485.

hatte. Bei BSB-Werten bis 350 mg/l wurde eine 85% Reinigung erzielt. Bei höheren Werten ging die Wirkung sehr stark zurück.

Über die Anwendung von Oxydationsteichen zur Reinigung von Zellstoff- und Papierabwässern berichtet GLEHM[1]. Nach seinen Feststellungen benutzen in Amerika 23 große Natronzellstoffabriken die Oxydationsteiche zum Abbau des BSB. Die meisten dieser *Oxydationsteiche für Natronzellstoffabwässer* sind im Süden des Landes, da hier große Flächen geeigneten Landes zur Verfügung stehen und die hohen Temperaturen eine günstige mikrobiologische Aktivität in den Teichen während des größten Teiles des Jahres begünstigen. Die Ausläufe von modernen Natronzellstoffabriken haben eine ähnliche Konzentration wie häusliches Abwasser (BSB von 150 bis 300 mg/l). Sie oxydieren im gleichen Maße und enthalten keine Stoffe, die die Bakterientätigkeit nachteilig beeinflussen. Es müssen aber Nährsalze hinzugegeben werden, besonders wenn man das Belebtschlammverfahren anwendet. Wenn die Anlagen richtig entworfen und betrieben werden, sind sie ebenso so zuverlässig wie die mechanischen Reinigungsverfahren. Sie dürfen aber in keinem Falle überladen werden, da ein Tag Überladung die günstige Wirkung der Teiche aufheben kann. Bei einem unbelüfteten Abwasser betrug der BSB-Abbau während einer vierzehntägigen Aufenthaltszeit nur 40%. Bei einer künstlichen Oberflächenbelüftung dagegen konnte innerhalb vier Tagen ein 90%iger Abbau erzielt werden. Es sollen möglichst *mehrere Teiche* errichtet werden, die man, um Kurzschlüsse zu vermeiden, hintereinander schaltet. Alle Teiche müssen sehr sorgfältig gebaut werden. Die Becken sollen von allen Stümpfen gereinigt werden und der Boden, wenn nötig, mit Ton gedichtet werden. Die Einläufe und Ausläufe müssen so eingerichtet werden, daß Änderungen im Wasserspiegel vermieden werden und sich keine Brutstätten für Moskitos entwickeln können. Die Aufenthaltszeit schwankt in den verschiedenen Fabriken sehr stark und liegt zwischen 20 und 180 Tagen.

Werden die Kocherlaugen durch Kalk regeneriert, so werden die Kalkrückstände, falls sie nicht durch sofortigen Verkauf als Dünger oder durch Unterbringung auf eigenen Ländereien der Fabrik beseitigt werden können, am besten auf drainierten Trockenbeeten abgefangen. Das Drainwasser wird dann in den Zulauf der Reinigungsanlage zurückgeführt. Der Kalk selbst wird bei der Kompostierung von Torf bzw. anderen organischen Stoffen, wie Laub, Stroh usw. verwandt, wobei dann auch die mit ausgefällten organischen Stoffe beseitigt werden.

Vor der Versickerung der Abwässer in den Untergrund muß besonders in den Fällen, wo die Fabrik oder andere in näherer oder weiterer Umgebung liegende Werke ihr Wasser aus dem Untergrund entnehmen, dringend gewarnt werden.

Gegen eine Aufnahme der Abwässer aus den Natronzellstoffabriken und den Strohpapierfabriken in die Kanalisation ist nach Absonderung der eigentlichen Kocherlaugen mit den ersten Waschwässern dann nichts

---

[1] GLEHM, H. W.: J. Wat. Poll. Contr. Feder. Bd. 35 (1963) S. 1174.

einzuwenden, wenn das Mischungsverhältnis so günstig ist, daß der p_H-Wert der Mischung nicht über 8,5 steigt.

e) Abwässer der halbchemischen Verfahren

SHAFFER[1] erörtert drei verschiedene halbchemische Verfahren. Alle drei Verfahren benutzen die Verbrennungsanlagen, wie sie auch bei dem Natronzellstoffverfahren verwandt werden. Das Mead-Verfahren arbeitet mit der Abtrennung des Schwefels von der Soda durch die Behandlung der grünen Flüssigkeit mit der Kohlensäure aus den Verbrennungsgasen des Schornsteins. Das Western-Fällungsverfahren benutzt die Verbrennung zur Kohlensäuregewinnung und zur Konzentration der grünen Flüssigkeit, wobei dann Natriumkarbonat ausgesalzt wird. JAKSON und BROWN[2] beschreiben die Oxydation des Abwassers von den halbchemischen Verfahren durch den Zimmermann-Prozeß. Ohne daß Korrosionen auftraten konnten 92% des Sauerstoffbedarfs entfernt werden.

Über die Anwendung der Naßverbrennung beim ZIMMERMANN-Verfahren ist bereits S. 378 berichtet. BERGER[3] gibt eine Übersicht über die Versuche der Wiedergewinnung von Chemikalien und der biologischen Oxydationsprozesse für derartige neutrale Sulfitlösungen. O'DONOGHUE[4] beschreibt die verschiedenen entwickelten Prozesse für die Verdampfung, Verbrennung und Wiedergewinnung. EDWARDS[5] kommt zu dem Ergebnis, daß die wirtschaftliche Wiedergewinnung von Chemikalien und Wärme viel schwieriger bei den halbchemischen Prozessen sei als bei dem Sulfit- und Sulfatprozeß. OWEN und MOGGIO[6] benutzen für die Verbrennung der neutralen Sulfitabwässer *Unterwasserbrenner*. Bei einem Kostenvergleich mit Mehrfachverdampfern zeigte die Unterwasserverbrennung höhere Kosten, jedoch ist ihre Anwendung unter Umständen gerechtfertigt.

Das Abwasser von halbchemischen Anlagen kann auch bei warmem Wetter ohne Erzeugung von Geruchsbelästigungen in Teichen behandelt werden, wenn die Konzentration der Gesamtstoffe 15% nicht übersteigt[7]. Gerucherzeugende Stoffe kommen nicht zur Entfaltung bei hohen Konzentrationen von Natriumhyperchlorit und bei Zugabe von Kalk.

Das Belebtschlammverfahren zur Behandlung dieser Abwässer ist von ROBBINS[8] durchgeführt. Bei einer Belastung von 5200 g/m³ erzielte er eine BSB_5-Abnahme von 73 bis 99%, wobei die anfängliche Lösung einen BSB von 9600 mg/l hatte. Die Impfschlammenge soll so hoch wie möglich gehalten werden, bis zu 12000 mg/l.

---

[1] SHAFFER, M. R.: Paper Trade Journal Bd. 142 (1958) 5, 36.
[2] JAKSON, D. T., u. R. W. BROWN: Pulp and Paper Bd. 32 (1958) 2, 69.
[3] BERGER, H.: Paper Trade J. Bd. 139 (1955) S. 18, 20.
[4] O'DONOGHUE, R.: Tappi Bd. 38 (1955) S. 162.
[5] EDWARDS, V. P.: Paper Trade J. Bd. 138 (1954) S. 42, 60.
[6] OWEN, J. J., u. W. A. MOGGIO: Tappi Bd. 38 (1955) S. 2, 144.
[7] National Council for Stream Improvement. Tech. Bull. 1955, S. 79.
[8] ROBBINS, M. H.: Natl. Council for Stream Improvement, Techn. Bull. No. 105, New York, N. Y. (Mar. 24. (1958).

f) Abwässer der Lumpenkocherei

In der Lumpen- oder Hadernkocherei werden alte Abfälle von Lumpen, Stoffresten usw. zunächst sortiert und in kleine Stücke geschnitten. Knöpfe, Gummiteile, Schnallen und andere Materialien werden beseitigt. In besonderen Maschinen werden die Lumpen dann entstaubt und vorgewaschen. Dann werden sie mehrmalig einem 8—9stündigen Kochprozeß mit soda-, natronlauge- oder ätzkalkhaltigen Wässern mit nachfolgender Wäsche unterworfen, wobei die stark verschmutzten und konzentrierten Kocherlaugen anfallen, die oft einen p_H-Wert bis 12,0 haben. Neben Kalk wird auch kaustische Soda zum Aufschluß der Lumpen angewandt. Nach der Kochung in zylindrischen Boilern werden die Lumpen gewaschen und gehen von dort in die Holländer. Der hier anfallende *Halbstoff* wird mit Hypochlorit oder Chlor gebleicht und ist dann nach einer zweiten Wäsche und Entwässerung fertig für die Papierherstellung. Hierbei fallen die gering verschmutzten Waschwässer an. Die Abwässer enthalten außer seifigen Bestandteilen die aus den Lumpen herausgelösten Schmutzstoffe, Farben, Stärke, Wachse, Fett, Öl und andere Unreinigkeiten und Faserstoffe. Ferner enthalten sie die Waschwässer von der Bleicherei. Man rechnet mit rund 2 m^3 Abwasser für eine Tonne fertigen Papierstoffes. Die gemischten Abwässer haben einen BSB_5 von 7200 mg/l und einen Gehalt von 1200 mg/l an Schwebestoffen. Der Einwohnergleichwert wird je t Fertigware mit 400 angegeben.

Durch eine chemische Fällung läßt sich nur ein verhältnismäßig kleiner Teil der Schmutzstoffe aus dem Abwasser entfernen. Können diese Abwässer nicht in eine Kanalisation abgelassen werden, so sollten sie nach geeigneter Verdünnung und Neutralisation auf genügend großen Flächen verrieselt werden. Stehen diese nicht in genügender Größe zur Verfügung, so können die Abwässer auch ausgefault und dann mit chemischen Fällungsmitteln behandelt werden. Wenn auch in besonderen Fällen die Eindampfung der konzentrierten Ablaugen und Wiedergewinnung des Alkalis die radikalste Beseitigungsart der Laugen darstellt, so scheitert sie meistens daran, daß die Abwässer aus der Hadernkocherei in den Papierfabriken nur einen kleinen Teil der gesamten Abwässer ausmachen, und daß sie oft stark wechselnd anfallen. In einigen Fällen hilft man sich dadurch, daß man die Abwässer der Lumpenkocherei mit den Ablaugen aus Natronzellstoff- oder Strohpapierablaugen zusammen eindampft und kalziniert. Die Neutralisation kann auch durch Feuerungsgase geschehen, wobei sich bei ätzkalkhaltigen Laugen Calciumcarbonat abscheidet, das die kolloid verteilten Stoffe mit ausscheidet.

Für diese sehr stark verschmutzten Abwässer kommt auch ein amerikanisches Verfahren[1] in Frage. Bei diesem Verfahren werden die Laugen zunächst in Absorptionstürmen durch entgegenströmende Abgase aus der Kraftanlage karbonisiert und dann mit Chlorcalciumlauge versetzt, wobei unter Bildung von Calciumcarbonat und Koch-

[1] Chem. metall. Engng. Bd. 37 (1929) S. 167.

salz die kolloid gelösten Bestandteile ausgeflockt werden, die dann durch den sich bildenden Kalkniederschlag zu Boden gerissen werden. Durch dieses Verfahren können etwa 80% der schädlichen organischen Stoffe entfernt werden. Hierbei ist eine Versalzung des Vorfluters wegen der geringen Abwassermenge bei gleichmäßiger Verteilung nicht zu befürchten.

g) Abwässer der Papierfabriken

Je nachdem die Papierfabriken die im Betriebe nötigen Rohstoffe, wie Zellstoff, ganz oder teilweise selbst herstellen oder Halbfabrikate beziehen und weiterverarbeiten, ist auch das in den Fabriken anfallende Abwasser verschieden. Außer Zellstoff, Holzschliff, Lumpen oder Hadern werden in den Papierfabriken als weitere Rohstoffe Füll-, Leim- oder Farbstoffe (Kaolin, Glanzweiß, Titanweiß, Harzseifen, Stärke, Anilinfarben usw.) verwandt. Ferner wird zum Bleichen der Papiere Chlor oder Chlorkalk angewandt. Während für Druckpapiere vorwiegend Sulfitzellstoff angewandt wird, verwendet man für widerstandsfähige Papiersorten (für Säcke, Tüten u. dgl.) hauptsächlich Natronzellstoff. Zur Herstellung von Papieren von geringerer Güte und Haltbarkeit findet in der Hauptsache Holzschliff und Altpapier Anwendung. Für die Herstellung besonders wertvoller Papiersorten (Banknotenpapier, Urkunden- und Dokumentenpapier und Zigarettenpapier) benötigt man Hadern, Lumpen und andere Textilabfälle.

Die Menge der in Papierfabriken anfallenden Abwässer ist sehr groß. Man versucht daher, sie soviel wie möglich in den Betrieb nach vorheriger Klärung zurückzunehmen. In mittleren Fabriken werden für 1 kg fertiges Papier verbraucht für:

Schrenzpapier	350—400 l	Wasser
Druckpapier	500 l	„
Feinpapier.	900—1000 l	„
Zeitungspapier	200 l	„
Packpapier	125 l	„

Innerhalb des Betriebes fallen die Abwässer an folgenden Stellen an:

1. an den *Holländern*, 2. am *Knotenfänger der Papiermaschine*, 3. an den *Sieb- und Saugvorrichtungen der Papiermaschine*, 4. an den *Druck-(Gautsch)Walzen* in kleineren Mengen.

Die Abwässer enthalten neben Faserstoffen auch die Füllstoffe sowie Harzseifen und Stärke, gelöste mineralische und organische Substanzen, und vom Bleichprozeß freies Chlor und Mineralsäure. Bei der Herstellung farbiger Papiere können auch noch Farbreste in ihnen enthalten sein.

Bei der Prüfung der Frage der Schädlichkeitsbewertung des industriellen Abwassers hat BUCKSTEEG[1] auch die Einwohnergleichwerte der verschiedenen Papier- und Pappenfabriken bestimmt. Aus den zahlreichen Untersuchungen gibt er folgende Werte an:

[1] BUCKSTEEG, W.: Desinfektion u. Gesundheitsw. H. 2/3, 1957.

	Einwohnergleichwert je t Erzeugnis	Abwasserabstoß je t Erzeugnis
Papierfabriken	51—1254	22—144
Pappefabriken	84— 299	17—138
Weißschliffabriken	613—2007	263—360
Braunschliffabriken	52—1230	116—158
Strohpappenfabriken	1665—1862	18—118

Die Reinigung der Abwässer erstreckt sich in erster Linie auf die Zurückhaltung der Faserstoffe. Die für diesen Zweck zur Verfügung stehenden Hilfsmittel, wie Absetzbecken, Rundfilter, Kastenfilter, Absetztrichter sind allmählich so gut durchgebildet worden, daß es nicht mehr vorkommen dürfte, daß öffentliche Gewässer durch Faserstoffe aus Papierfabriken belastet werden. Schon im Interesse des Werkes muß man die Einrichtungen von Stoffanganlagen verlangen.

Eine Dauerkontrolle durch das von Ott[1], Kempten, entwickelte Probeentnahmegerät (s. S. 9, Abb. 2), mit dessen Hilfe sich auf einfache, betriebsmäßig zuverlässige Weise der Gehalt des Abwassers, besonders an Faserstoffen, zahlenmäßig genau prüfen läßt, hat schon manchen Betriebsführer veranlaßt, auf den guten Betrieb seiner Fangstoffanlagen besseren Wert zu legen. Auch lassen sich durch eine eingehende Überprüfung des Wasserkreislaufes oft recht gute Ersparnisse erzielen. Über die Wiedergewinnung von Faserstoffen s. a. S. 360 u. f.

α) Absetzbecken

Als Absetzbecken können alle in der Behandlung häuslicher Abwässer benutzten Flachbecken mit Schlammausräumung unter Wasser, wie Bamagbecken, Dorrbecken, Leipziger Becken, Neustädter Becken, Schevenbecken usw. benutzt werden. Bei größeren Wassermengen werden stets mehrere derartige Becken hinter- oder nebeneinander geschaltet. Die in Holz oder besser in Mauerwerk oder Beton errichteten Becken haben eine Tiefe zwischen 2 bis 3 m. Ihre Länge schwankt nach der Wassermenge. Je nach dem Kaolingehalt im Abwasser kann man am Zufluß noch etwas Aluminiumsulfatlösung mit und ohne Kalkmilchzusatz zur besseren Fällung hinzugeben. Das Abwasser tritt an einem Ende des Beckens über eine genau waagerechte, glatte oder gekerbte Rinne oder durch Stengeleinläufe gleichmäßig verteilt in langsamem, ruhigem Strome ein. Der Boden der Becken ist entweder geneigt oder trichterförmig aufgeteilt, so daß die abgesetzten Faserstoffe an den tiefsten Stellen dauernd entnommen werden können, ohne daß die darüber stehende Wassermasse bewegt wird. Der Ablauf erfolgt dann am entgegengesetzten Ende in gleicher Weise über einer glatten oder gekerbten Rinne.

Für je 1 l in der Sekunde zufließendes Abwasser rechnet man mit 9 bis 11 m^3 Klärraum. Bei stark kaolinhaltigen Abwässern und bei Zu-

[1] Demoulin: Wbl. Papierfabr. 1950, S. 150.

gabe gut dosierter Aluminiumsulfat- oder Eisensulfatmengen mit Belüftung und Flockung sowie bei zementierten Absetzbecken kann der Klärraum etwas kleiner sein.

GEIGER benutzt für intermittierend betriebene Becken zur Entnahme des geklärten Abwassers am anderen Ende des Beckens ein Schwenkrohr mit Schwimmer. Der Ablauf wird mittels eines hinter dem Schwenkrohr eingebauten Schiebers geregelt.

Das gereinigte Abwasser kann wieder als Brauchwasser in den Betrieb zurückgehen. Um zu verhindern, daß bei einem dauernden Kreislauf allmählich eine zu starke Anreicherung an gelösten Stoffen eintritt, wird dauernd ein geringer Anteil, etwa 15 bis 20% des gut gereinigten Ablaufs abgelassen und durch Frischwasser ersetzt. Die abgefangenen Faserstoffe werden in den Fabrikationsprozeß zurückgenommen und im Betrieb mitverwandt.

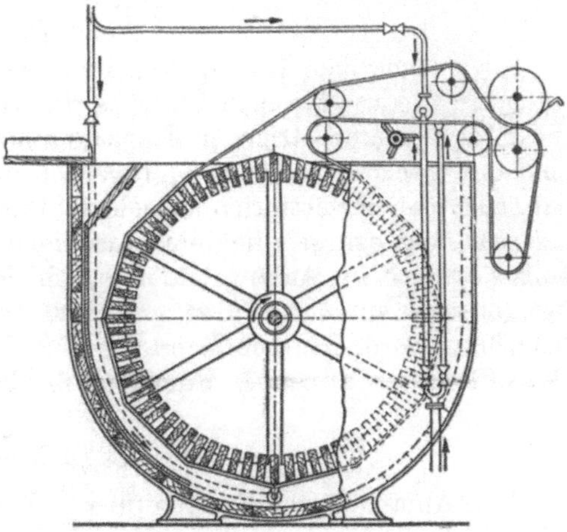

Abb. 124. FÜLLNER-Filter mit Filzwäsche (Bauart TITTEL)

β) Rundsiebfilter

Für das Abfangen der Faserstoffe können die anderweitig für diese Zwecke benutzten Filtersiebe verwandt werden. Das älteste und gebräuchlichste Rundsiebfilter ist das FÜLLNER-Filter. Die Faserstoffe werden beim Durchgang durch den auf das Sieb aufgelegten Filterfilz abgefangen, durch eine Walze entwässert und in den Betrieb zurückgegeben.

Das in Abb. 124 schematisch dargestellte FÜLLNER-Filter besteht aus einem an beiden Seiten offenen Trog, dem das Abwasser durch einen über die ganze Breite des Troges gehenden Kanal am Boden zugeführt wird, und in dem sich die Filtertrommel dreht. Der Trog ist der Filtertrommel angepaßt, damit am Boden keine Stoffe liegenbleiben können. Um die Filtertrommel läuft ein endloses Filtertuch oder ein Naßfilz über Walzen. Bei schmierigen Stoffen und stark harzhaltigem Abwasser ist noch eine Kastenfilzwäsche zur fortwährenden Reinigung des Filzes im Filter eingeschlossen. Der Filz wird durch den Kasten geführt, der mit angewärmtem Wasser unter Beimengung eines Waschmittels (Soda, Persil usw.) gefüllt ist. Durch einen im Kasten eingebauten Schlager wird die Wäsche befördert. Durch eine nachfolgende Reinigung des Filzes durch Spritzrohr und Schlager wird der Filz wieder vollständig durchlässig und aufnahmefähig.

Die Wirksamkeit des Filters leidet darunter, daß der Filz allmählich undurchlässiger wird. Um zu vermeiden, daß die Leistungsfähigkeit des Füllner-Filters in qualitativer und quantitativer Hinsicht abnimmt, muß das Filter oft ausgewechselt oder mit einer Filzwäsche versehen werden. Die Leistungsfähigkeit der Füllner-Filters beträgt in der Papierfabrikation bei einem Trommeldurchmesser von 160 cm bis 2500 l/min, in der Zellulosefabrikation, wo keine Verschmierung mit Kaolin in Frage kommt, das Doppelte bis Dreifache.

Auch die von den Firmen, Maschinenfabrik Imperial, München, nach dem Patent Fuchs und die von der Dorr-Gesellschaft, Wiesbaden, sowie von der Maschinenfabrik Gröppel, Bochum, der Maschinenfabrik Buckau R. Wolf, Grevenbroich, hergestellten Saugzellenfilter haben sich für diesen Zweck bewährt.

γ) *Kastenfilter*

Nach demselben Prinzip wie die Zellenfilter arbeiten unter Anwendung des hydrostatischen Druckes die verschiedenen Kastenfilter, die mehr für kleinere Betriebe in Frage kommen. Die Böden der Filterkästen sind mit Löchern versehen und werden mit feinmaschigen Sieben oder Filterfilz oder Filterstoffen ausgelegt. Das Abwasser wird in die Kästen gelassen und dringt allmählich ansteigend durch das Filter hindurch, wobei die sich im Anfang bildende Schicht als Filter wirkt. Bei einem Wasseranfall von 180 m^3/Std. und einer Filtergeschwindigkeit von 50 bis 60 m^3/Std. wird eine Siebfläche von 150 bis 200 m^2 benötigt (s. auch das Wacofilter der Imperial, München, S. 362).

δ) *Absetztrichter*

Zum Abfangen der Faserstoffe ist eine Reihe verschiedener Absetztrichter konstruiert worden. Es können die gleichen Absetztrichter, wie sie auf S. 362 zum Abfangen der Faserstoffe beim Holzaufschluß angegeben sind, angewandt werden, nur wird man die Fließgeschwindigkeit je nach der Art des Stoffes ändern müssen. Im Vergleich zu den Rundsieben oder Kastenfiltern holen sie 98 bis 99% des Fangstoffes heraus.

Sehr gut bewährt hat sich der in den letzten Jahren in vielen Papier- und Pappenfabriken eingebaute *Dunsch-Hochleistungs-Stoffänger*, wie er in Abb. 125 a im Schema und in Abb. 125 b in doppelter Ausführung dargestellt ist. Das zu reinigende Abwasser wird durch das Rohr *A* in den inneren Zylinder *B* geführt. Das Rohr *A* mündet tangential in den Zylinder *B* ein, wodurch das Abwasser in demselben eine rotierende Bewegung annimmt. Dadurch wird die im Abwasser befindliche Luft nach der Zylindermitte gedrängt und entweicht nach oben in die konische Haube *D*. Sobald das nunmehr entlüftete Abwasser die obere Kante *E* des Zylinders erreicht hat, kehrt es nach unten in den Zwischenraum, welcher von dem Zylinder *B* und dem Mantel der Haube *D* gebildet wird. Von hier tritt das Abwasser in den eigentlichen Ausscheideraum. Die schweren Stoffe sinken sofort nach der Stoffängerspitze, während die leichteren Stoffe nur noch so lange steigen als es die immer kleiner werdende Geschwindigkeit des Abwassers zuläßt. Die Stoffe verfilzen sich zu größeren

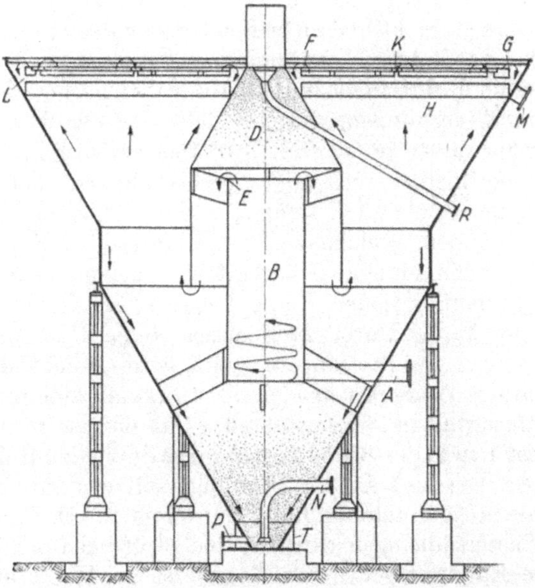

Abb. 125a. Schema des Dunsch-Hochleistungs-Stoffängers

Abb. 125b. Dunsch-Hochleistungs-Stoffänger in doppelter Ausführung

Flocken und sinken ebenfalls am Außenmantel entlang nach der Stofffängerspitze. Das entfaserte Wasser steigt indessen mit immer kleiner werdenden Geschwindigkeit nach oben, wobei auch die allerfeinsten Fasern ausgeschieden werden. Am konischen Außenmantel, wie auch an der konischen Haube *D*, sind in Höhe des Wasserspiegels Überlaufrinnen *F* und *G* angebracht. Diese beiden kreisrunden Rinnen sind durch radial angeordnete Rohre *H* miteinander verbunden. Die Rohre *H* sind wieder durch Rohrstutzen mit den darüber liegenden U-förmigen Überlaufrinnen *K* verbunden, durch welche der Zweck erreicht wird, daß das Überlaufwasser im ganzen Stoffängerquerschnitt gleichmäßig verteilt mit immer kleiner werdender Geschwindigkeit nach den gezackten Überlaufrinnen *F*, *G* und *K* strömt, so daß sich keine toten Wassermassen bilden können, welche an der Klärarbeit nicht teilnehmen. Sämtliche Überlaufrinnen sind in ihrer Höhe zueinander einstellbar, so daß der Wasserüberlauf jeder Rinne beliebig während des Betriebes eingestellt werden kann. Durch die reichlich langen Überlaufrinnen, wie auch durch die Form des Stoffängers selbst, wird erreicht, daß die Endgeschwindigkeit des Wassers sehr klein ist und somit eine praktisch vollkommene Entfaserung gewährleistet ist. Das entfaserte und geklärte Wasser vereinigt sich in der Rinne *L*, von wo es durch den Rohrstutzen *M* abgeführt wird. Der sich in der Stoffängerspitze ansammelnde Stoff wird durch das Stoffentnahmerohr *N* entnommen. Der im Stoffänger herrschende Wassersäulendruck drückt den Stoff nach der Verbrauchsstelle. Für die Entleerung des Stoffängers ist ein Rohrstutzen *P* vorgesehen. Sofern sich in der konischen Einbauhaube *D* Schwimmstoffe ansammeln, werden diese mit einem kleinen Teil Wasser durch das Rohr *R* in die Fabrikation zurückgeleitet. Wenn der Stoffänger hoch genug aufgestellt wird, kann aber auch durch das Rohr *R* das gesamte Fabrikationswasser entnommen werden, so daß es nicht nötig ist, ein besonderes Fabrikationswasserbassin aufzustellen. Alle Innenflächen des Stoffängers sind von oben sichtbar und können zum Zwecke einer Reinigung mittels Spritzschlauch in wenigen Minuten leicht abgespült werden. Soll der Stoffängerinhalt gegen äußere Verschmutzung, wie Flugasche und Staub, geschützt werden, so kann auf dem Stoffänger ein Dach mit Laufpodest angebracht werden.

ε) *Rotorkreislaufanlagen*

Die VIB-Apparatebau-Gesellschaft Frankfurt a. M. hat *Rotorkreislaufanlagen* in den Handel gebracht, die die direkte Wiederverwendung des ungeklärten Abwassers bei den Holz- und Papierstoffentwässerungsmaschinen, den Langsiebmaschinen usw. gestatten und auch zur Schaumzerstörung in den Papiermaschinen benutzt werden können. Das Ansetzen der Stoffteilchen in den Spritzdüsen und Zuleitungen wird durch besondere VIB-Rotor-Krümmer verhindert.

ζ) *Chemische Fällung*

Nach dem kanadischen Patent 440481 wird die Ausfällung von fein verteilten, im Abwasser suspendierten festen Stoffen durch Zusatz oberflächenaktiver Verbindungen mit positiver elektrischer Ladung und Regelung des p_H-Wertes auf etwa 6,5 wesentlich beschleunigt.

η) Kreislaufverfahren mit Hilfe des Pista-Eisenungsgerätes

Die Fa. P. E. Hösch, Düren[1], hat das von der Fa. Passavant-Werke, Michelbach, entwickelte Kreislaufverfahren (s. Abb. 126) mit bestem Erfolg eingeführt. Das von der Papierfabrik zeitlich in Quantität und Qualität stark schwankend anfallende und durch die Altpapieraufbereitung besonders schwierige Schmutzwasser mit hohen kolloiden Anteilen wird in einem Sammel- und Ausgleichsbecken *1* aufgenommen; sein

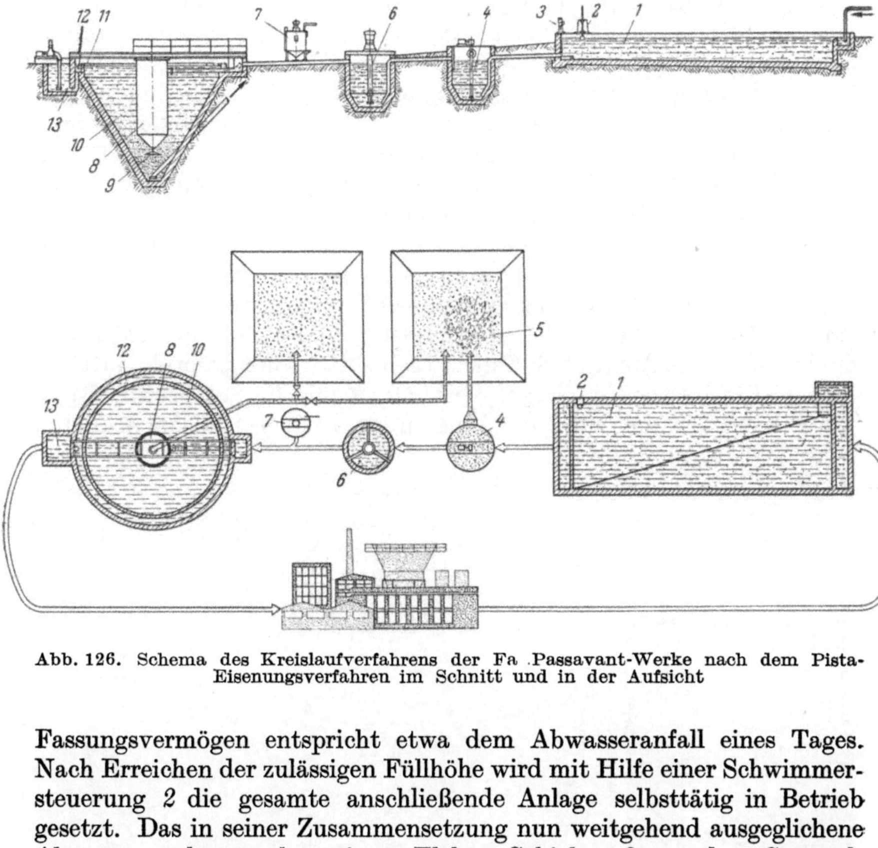

Abb. 126. Schema des Kreislaufverfahrens der Fa. Passavant-Werke nach dem Pista-Eisenungsverfahren im Schnitt und in der Aufsicht

Fassungsvermögen entspricht etwa dem Abwasseranfall eines Tages. Nach Erreichen der zulässigen Füllhöhe wird mit Hilfe einer Schwimmersteuerung *2* die gesamte anschließende Anlage selbsttätig in Betrieb gesetzt. Das in seiner Zusammensetzung nun weitgehend ausgeglichene Abwasser gelangt über einen Elektro-Schieber *3* aus dem Sammelbecken in den Vorbelüfter *4*, wo die Detergentien in Schaumform durch grobblasige Druckluftbehandlung ausgetrieben werden. Der Schaum wird gesondert abgezogen und in einem Schlammbeet *5* niedergeschlagen. Anschließend gelangt das vorbelüftete und entschäumte Abwasser in das *Pista-Eisenungsgerät 6*, wo durch Umwälzung von Graugußspänen unter gleichzeitiger Luftzufuhr zweiwertiges Eisen gebildet wird, das im Abwasser in Lösung geht. In Verbindung mit der anschließenden Zugabe *7* einer gesättigten Kalzium-Hydroxyd-Lösung (Kalkmilch) setzt in dem im Absetzbecken zentral aufgehängten Mischbehälter *8*

[1] Österr. Abwasserrundschau Bd. 3 (1937) S. 57.

eine Flockenbildung ein. Die im Abwasser enthaltenen Schwebestoffe und kolloiden Verschmutzungen werden durch Adsorption an die entstehenden Flocken gebunden, so daß — begünstigt durch den Prallteller *9* am Auslauf des Mischbehälters — im anschließenden Absetzbecken *10* ein Sedimentieren der schmutzbeladenen Flocken erfolgt. Der abgesetzte leichte Flockenschlamm wird dann durch hydrostatischen Druck in tiefergelegene Schlammbeete *5* abgezogen, wo er nach Lufttrocknung stichfest entnommen wird.

Das jetzt gereinigte Wasser tritt hinter einer Tauchwand *11* über eine auf den ganzen Beckenumfang ausgedehnte gezackte Überlaufkante in die ringförmige Ablaufrinne *12* innerhalb des Trichterbeckens über und von hier aus in den Sammelschacht *13*. Mit einer Pumpe wird das so zur Wiederverwendung ausreichend gereinigte Wasser dem Werksnetz zugeführt, um seinen Kreislauf neu zu beginnen. Der Eisengehalt des so gereinigten Wassers ist sehr niedrig, so daß eine Bildung von Rostflecken auf dem Papier nicht zu befürchten ist.

An Stelle des Pista-Eisenungsgerätes, in dem erst das Fällungsmittel hergestellt wird, baut die Fa. Passavant heute Koagulatoren, eine nach dem Prinzip der Schlammkontaktanlagen arbeitende Hochleistungseinheit. Man verwendet die im Handel befindlichen Flockungsmittel direkt, und zwar Aluminium-Sulfat, Eisensulfat, Eisenchlorid, Natrium-Aluminat, u. a. meist auch in Verbindung mit Flockungshilfsmitteln, wie aktivierte Kieselsäure und anderen synthetischen hochmolekularen

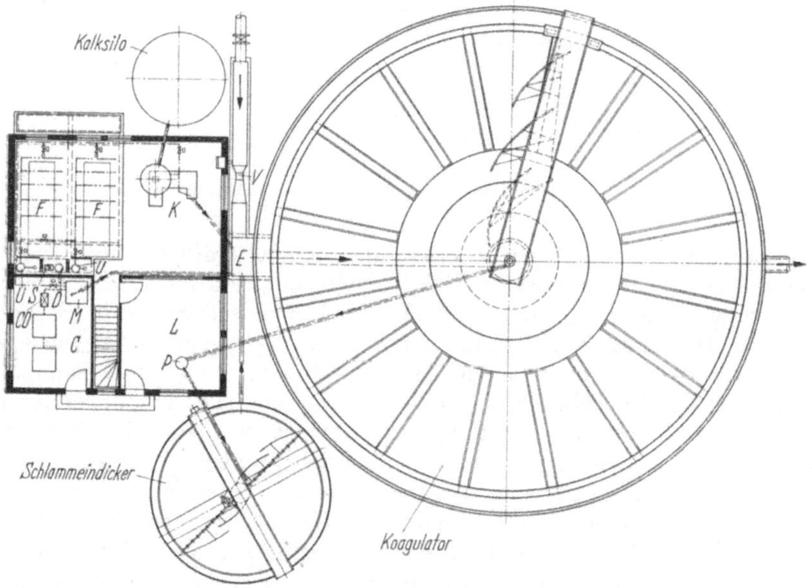

Abb. 127. Koagulator für Papierfabrikabwasser (Fa. Passavant)

F $FeSO_4$-Einsumpfbecken, *K* Kalklösch- u. Dosieranlage, *C* Chlorraum, *L* Labor- u. Steuerraum, *E* Einlaufschacht, *D* Dosierpumpe ($FeSO_4$-Lösung), *U* Umwälzpumpen, *S* Schwimmersteuerung (Wasserspiegel-F) *CD* Chlor-Dosieranlage, *M* Mischbecken, *V* Venturi-Meßrinne (Rohwasserzulauf). —·—·— Wasserleitung, —·-·— $FeSO_4$-Lösung, – – – – Chlorgas

Stoffen, z. B. Separan und Sedipur sowie Alkalien, wie Kalk, Soda usw. In besonderen Fällen ist auch die Zugabe von Oxydationsmitteln wie Luft, Chlor, $KMnO_4$ und anderer Mittel zusätzlich erforderlich. Die geeignetsten und wirtschaftlichsten Flockungsmittel müssen durch Versuche ermittelt werden. Zum Abfangen der gebildeten Flocken benutzt man den in Abb. 127 dargestellten Koagulator der Fa. Passavant. In dem links liegenden Gebäude erfolgen die Speicherung und Zugabe der Flockungsmittel. Der Koagulator selbst ist durch ringförmige Einbauten in eine zentrale Misch- und Aktivierungszone, in eine innere und äußere Reaktionszone und in die Trenn- und Sedimentationszone unterteilt.

Zur Einschränkung der Abwassermenge soll nach den Forderungen des Ruhrverbandes Frischwasser nur an solchen Stellen zugegeben werden, wo seine Verwendung unumgänglich notwendig ist, z. B. an den *Zerstäuberdüsen* oder an den inneren *Spritzrohren der Siebe* oder — bei besonders feinen und empfindlichen Papieren — an den *Spritzrohren der Filzwäsche.* In den meisten Betrieben kann man die Verwendung von Frischwasser auf die inneren Spritzrohre der Siebe und auf die Zerstäuberdüsen beschränken. Die Spritzrohre für Knotenfänger und Filzwäsche sowie die äußeren Siebspritzrohre können fast immer mit geklärtem

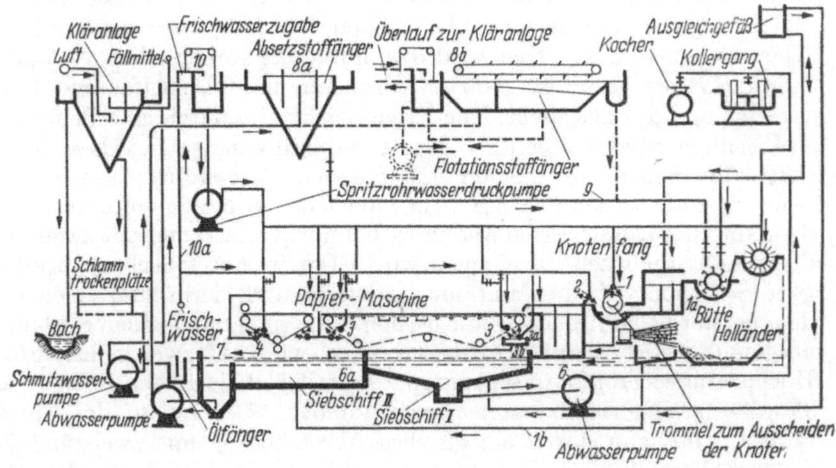

Abb. 128. Wasserwirtschaft einer Papierfabrik mit Wasser- und Abwasserbehandlung in verschiedenen Kreislaufsystemen

Abwasser beschickt werden. Dabei muß man in Kauf nehmen, die Spritzrohre gegebenenfalls mittels eingebauter Stahlbürsten des öfteren zu reinigen oder sich selbstreinigende Spritzrohre einzubauen. Rohde[1] hat den in Abb. 128 dargestellten Wasserwirtschaftsplan einer Papierfabrik mit Wasser- und Abwasserbehandlung in verschiedenen Kreisläufen aufgestellt.

[1] Rohde, H.: Gesundh.-Ing. Bd. 75 (1954) H. 15/16.

ϑ) *Weitere Behandlung der Papierfabrikabwässer*

Die aus den Papierfabriken kommenden Abwässer haben einen mehr oder weniger großen Gehalt an feinsten Faserstoffen, Leim und organischen Stoffen und neigen durch ihren Gehalt an Leim sehr zum Schäumen. Aus diesem Grunde sollten sie nicht durch Abstürze, sondern durch unter Wasser liegende Einläufe in die Vorfluter abgelassen werden.

Je nach der Art der Reinigung und dem Verhältnis des Frischwassers zum Rücklaufwasser können die Abwässer durch einen mehr oder weniger höheren Gehalt an organischen Stoffen verschmutzt sein und ähnliche Übelstände, wie sie bei der Herstellung der Halbfabrikate entstehen, hervorrufen. Schlammansammlungen durch abgelassene Faserstoffe oder Kaolin sollten unterhalb einer Papierfabrik nicht mehr vorkommen. Dort, wo gefärbte Papiere hergestellt werden, sind auch die Abwässer sehr stark gefärbt und können den Vorfluter sehr stark belasten dadurch, daß sie das biologische Leben je nach der abgestoßenen Farbe sehr stark beeinflussen, wenn nicht sogar ganz stillegen. Solche Farbänderungen sind oft auf sehr langen Strecken sichtbar.

Dort, wo die Möglichkeit besteht, die Abwässer in eine städtische Kanalisation zu geben, kann man sie zusammen mit den städtischen Abwässern reinigen. Auf der Kläranlage Arnsberg werden in der Sekunde 50 l häusliches Abwasser mit 110 l Papierfabrikabwasser gemischt zur Kläranlage geschickt. Hier wird das durch das vorherrschende Papierfabrikabwasser grauweiß gefärbte Abwasser mit Eisensulfat und Kalk versetzt und das ausgeschiedene Eisenhydroxydul durch eine Belüftung in Eisenhydroxyd übergeführt, das dann durch seine guten Adsorptionskräfte die feinen, aus Kaolin und feinsten Faserstoffen bestehenden Schwebestoffe zusammen mit dem häuslichen Schlamm niederschlägt, der dann in langgestreckten Absetzbecken mit Kratzerband mit zweistündiger Aufenthaltszeit abgefangen wird. Der in Absetzbecken abgefangene Schlamm wird in Faulräume gepumpt und hierin zusammen mit dem bei der nachfolgenden biologischen Reinigung anfallenden Schlamm ausgefault. Der Ablauf der Absetzbecken wird auf zwei gleich große Hochleistungs-Tropfkörper gepumpt, die mit 750 bis 1000 g BSB_5 je m^3 Tropfkörpermaterial belastet werden können. Der Ablauf der Tropfkörper geht dann durch ein gleiches Absetzbecken mit zweistündiger Aufenthaltszeit und wird in klarem, völlig gereinigtem Zustand in die Ruhr abgelassen. Die Gesamtabnahme des BSB_5 ist 90%. Das Wasser hat eine hohe Durchsichtigkeit und kann jetzt in dem Vorfluter, der Ruhr, keinen Schaden mehr anrichten. In Abb. 129 ist die Kläranlage Arnsberg mit ihren Absetzbecken, zwei Tropfkörpern und Faulraum dargestellt.

Nach Haupt hat eine fortschrittlich eingerichtete Fabrik die mechanische Reinigung der Abwässer so weit zu treiben, daß nur noch 25 g/m^3 an Schwebestoffen im Abwasser enthalten sind. Die in den Trichterabläufen enthaltenen Reste an Aluminiumsulfat hat er noch für die Reinigung des Betriebsrohwassers ausgenutzt. Er erzielte durch die Vermischung der Abläufe mit dem Rohwasser eine genügende Ausflockung, da der Alaunrest der Trichterabläufe mit den Carbonaten des Flußwassers reagierte. Das so behandelte Betriebsrohwasser wurde durch einen Absetzteich geleitet, in dem es sich völlig klärte, so daß es im Betriebe wieder verwandt werden konnte. Um die in den Papierfabrikabwässern enthaltenen kolloiden Stoffe, vor allem aber die Farbstoffe, zu entfernen, gibt man vor den Trichter zum Abfangen der

Abb. 129. Kläranlage Arnsberg des Ruhrverbandes, in der sekundlich 110 l Papierfabrikabwasser mit 50 l häuslichem Abwasser nach chemischer Fällung und mechanischer Reinigung in langgestreckten Absetzbecken auf Hochleistungstropfkörpern mit Nachklärbecken gereinigt werden. Im Hintergrunde der Faulraum für den gesamten anfallenden Schlamm

Faserstoffe noch geeignete Fällungsmittel zu, wie Aluminiumsulfat oder Alaun, wenn man diese Stoffe im Betriebe wieder verwenden kann. In allen anderen Fällen führt man die Entfärbung des farbstoffhaltigen Abwassers durch Behandlung mit Chlor oder durch Filterung über Braunkohlenschlacke durch. Auch CHURCHILL[1] empfiehlt besonders bei stark gefärbten Papierfabrikabwässern die Zwischenschaltung eines Staubeckens mit längerer Aufenthaltszeit, in dem er infolge natürlicher Reinigungsvorgänge und durch Bleichung eine erhebliche Abnahme der Farbe erzielte. Durch zwei Stauteiche mit 13tägiger Aufenthaltszeit mit dazwischenliegender 15 km langer Zwischenstrecke erreichten PORTER und BISHOP[2] eine 70%ige Reinigung, wobei der BSB_5 von 230 mg/l auf 30 bis 40 mg/l herunterging. Neben der Wiedergewinnung von Faserstoffen ist besonders wichtig bei den stark gefärbten Abwässern der Papierfabriken, die auch Altpapier verarbeiten, die Beseitigung der Druckerschwärze. Der in Vorbecken mit und ohne Fällungsmittel abgeschiedene Schlamm setzte nach MORGAN[3] den BSB_5 um 20 bis 25% herab. Der in einer Menge von 1,25 bis 2% der Abwassermenge anfallende Schlamm hat einen Wassergehalt von 90 bis 92%. Auf Saugfiltern wurde er auf 64 bis 68% gebracht und war dann stichfest. Er konnte auch ohne starke Geruchsbelästigungen in Schlammteichen behandelt werden. Nach 6 Monaten hatte er noch 50% Wasser und konnte wie Erde ausgeräumt werden.

---

[1] CHURCHILL, M. A.: Sew. and Ind. Wastes Bd. 23 (1951) S. 661.
[2] PORTER, C. C., u. F. W. BISHOP: Industr. Engng. Chem. Bd. 42 (1950) S. 102.
[3] MORGAN, PH. F.: Sew. Works J. Bd. 21 (1949) S. 512.

Bei der biologischen Nachreinigung nach dem Belebtschlammverfahren mit sechsstündiger Belüftungszeit ist eine Zugabe von Stickstoffsalz als Bakteriennahrung erforderlich. Die Abnahme des BSB_5 betrug 68%. Um die nach der biologischen Reinigung dem Wasser noch eine unangenehme Trübung verleihenden Tonteilchen zu beseitigen, empfiehlt sich eine chemische Fällung, bei der dann auch der überschüssige belebte Schlamm auf Saugfiltern mit beseitigt werden kann.

Zur Bekämpfung der starken Verpilzung ist für die Abwässer der Sulfitzellulose wie der Papierfabrikabwässer das *Chlorkupferverfahren* vorgeschlagen worden. Nur wenn das Verhältnis der Sulfitablauge zum Vorflutwasser sehr günstig ist, hat sich die Chlorkupferung bewährt. Dies ist besonders der Fall, wenn der den Ablauf aufnehmende Vorfluter bald in einen so großen Vorfluter einmündet, daß die große Verdünnung ausreicht, die Pilzschäden aufzuheben. In allen anderen Fällen tritt nur eine Verlegung der Schäden auf eine weiter unterhalb liegende Strecke ein. Hinzu kommt noch, daß das Verfahren sehr hohe Kosten erfordert und daß die Gefahr besteht, daß sich gegen Chlorkupfer resistente Stämme von Sphaerotilus bilden können, und dann die Chlorkupferung nicht mehr wirkt.

h) Abwässer aus Pappenfabriken, besonders Strohpappenfabriken

In den Pappenfabriken wird als Rohmaterial Altpapier, alte Pappe und Pappdeckel, Stroh und Lumpen benutzt. Das Stroh wird zum Aufschluß mit Kalkmilch gekocht. Als Zusätze zu dem Stoffbrei dienen Tonerde, Aluminiumsulfat und in geringer Menge Harz zur Leimung. Die gesamten anfallenden Abwässer bestehen demnach aus den schwach alkalischen Abläufen der Kollergänge, der Altpapiermühle, des Holländers und der Papiermaschine. Durch den hohen Gehalt an organischen Stoffen gehen sie schon bei mäßiger Verdünnung im Vorfluter in stinkende Fäulnis über. Die unter Druck mit Kalk aufgeschlossene schwefelhaltige Substanz des Strohes, wobei etwa 30% des Gewichtes der Strohmasse in Lösung gehen, bildet unter dem Einfluß anaerober Bakterien Schwefelwasserstoff. 1 t Weizenstroh enthält 2,5 kg Schwefel, von dem wenigstens 1,5 kg in das Abwasser übergehen. Um die durch den Schwefel bedingten Schwierigkeiten in dem Abwasser zu verhindern, schlägt BACH[1] vor, dem Stroh vor seiner Verarbeitung durch eine alkalische Gärung einen erheblichen Teil seines Schwefels zu entziehen. Man erhält hierbei ein äußerlich unverändertes, für die Pappenherstellung brauchbares Stroh, und die Schädlichkeit der Abwässer für die Vorflut ist stark herabgesetzt.

In *Strohpappenfabriken* fällt eine große Menge gelbbraun gefärbten stark trüben Abwassers mit vielen feinen Strohpartikelchen und freiem Kalk an. KESSENER gibt für 1 t fertigen Pappkartons 30 m^3 Abwasser an. Infolge ihres Kalküberschusses und hohen Gehaltes an organischen Stoffen von 3,5 bis 12 g/l, wovon $^1/_4$ ungelöst und $^3/_4$ gelöst sind (Zellulose,

[1] BACH, H.: Chemiker-Ztg. Bd. 56 (1932) S. 701.

Hemizellulose und Lignin), hat es auf den Vorfluter sehr nachteilige Wirkungen. Der BSB wird mit 2500—30000 mg/l angegeben. Die Reinigung bereitet oft große Schwierigkeiten. Der Einwohnergleichwert wird mit 2500 bis 10000 je t Fertigprodukt angegeben.

Das Abwasser kann durch Absetzenlassen in Absetzbecken oder in Sickerbecken mit mindestens einstündiger Aufenthaltszeit von der Hauptmenge der absetzbaren Schwebestoffe (98 bis 99%) befreit werden. Der Gehalt an Schwebestoffen macht aber nur einen kleinen Teil der Gesamtverschmutzung (etwa 25%) aus, so daß durch das Absetzverfahren allein die durch die Abwässer hervorgerufenen Schwierigkeiten nicht beseitigt werden können. Der Reinigungseffekt der Absetzbecken kann durch Zugabe von chemischen Fällungsmitteln noch etwas erhöht werden. Bei Anwendung von Ferrosulfat mit und ohne Belüftung kann man von den nach der mechanischen Reinigung noch im Abwasser verbleibenden Schmutzstoffen, gemessen am Kaliumpermanganatverbrauch, etwa 50% entfernen. Es fließt ein gelblich opaleszierendes Abwasser ab, das nur ungern in den Betrieb zurückgenommen wird. An Stelle von Ferrosulfat hat SJOLLEMA als Fällungsmittel Superphosphat empfohlen. Das Monocalciumphosphat des Superphosphates bildet mit dem überschüssig zugesetzten Kalk Tricalciumphosphat, das sehr leicht ausfällt und einen großen Teil der kolloiden Stoffe adsorbiert. Der Niederschlag kann nach TILLMANS nach der Trocknung als Düngemittel verwandt werden. Die je Kubikmeter Abwasser zuzusetzende Menge Phosphat beträgt nach KESSENER 4,5 kg. Bei diesen Mengen werden die aufzuwendenden Kosten aber so hoch, daß sie in keinem wirtschaftlichen Verhältnis zu dem erzielten Reinigungserfolg von $^1/_3$ Abnahme der gesamten organischen Substanz stehen. Um die Kosten herabzudrücken, hat man vorgeschlagen, aus dem Niederschlag das Phosphat durch Behandeln mit Schwefelsäure wiederzugewinnen. Die Kosten lassen sich dadurch auf etwa die Hälfte vermindern.

Um die Konzentration der Abwässer herabzusetzen, beschreibt SCHOLZ[1] die von A. KNEPPER schon früher empfohlene Anwendung *saurer Huminlösungen* zur Fällung von Papier- und Pappenabwasser. Das Verfahren eignet sich besonders für Schrenzpapier-, Lederpappenfabriken, Braunholzschleifereien, Strohpappen- und Dachpappenfabriken. Der p_H-Wert soll nicht unter 4,6 liegen. Die Huminsäurelösung wird schon im Holländer zugegeben und anschließend vor der Papiermaschine das Flockungsmittel, am besten Aluminiumsulfat, zugegeben, damit eine gleichmäßige Ausfällung der groben und feinen Flocken und Schleimstoffe in der Pappe erzielt wird. Durch die Wiedergewinnung der feinen Faserstoffe und beschleunigte Laufzeiten der Maschinen werden die Kosten des Verfahrens getragen.

Die in den Abwässern von Strohpappenfabriken enthaltenen organischen Stoffe wirken bei der chemischen Fällung zum Teil als Schutzkolloide. Um sie aus dem Abwasser entfernen zu können, muß man sie vorher zerstören. Die Anwendung von Oxydationsmitteln, wie Chlor

---

[1] SCHOLZ, W.: Das Papier Bd. 7 (1953) S. 255.

oder Permanganat, ist bei den großen Abwassermengen zu teuer. Auch bei der aeroben biologischen Zersetzung sind die Abfallstoffe sehr widerstandsfähig. Besser hat sich dagegen die anaerobe Zersetzung bewährt. Die durch Zugabe von Verdünnungswasser oder Einleiten von Kohlensäure bzw. sehr vorsichtige Zugabe von Schwefelsäure neutralisierten Abwässer werden in einfachen Erdbecken oder noch besser in geschlossenen Faulkammern der anaeroben Zersetzung unterworfen. Die etwa 1,50 bis 3 m tiefen Erdbecken haben verschiedene Unterteilungen. Ihr Gesamtinhalt entspricht etwa der 2- bis 5fachen Menge des täglich anfallenden Abwassers. Durch die Unterteilungen soll erreicht werden, daß der Inhalt gut ausgenutzt wird. Dies geschieht in der Weise, daß abwechselnd einmal das Oberwasser und einmal das Bodenwasser in das nächste Becken gelangt. Zur Unterstützung der Fäulnis werden die Faulkammern mit Umwälz- und Heizvorrichtungen versehen. Über den Einfluß der Temperatur auf die Größe der Faulräume macht KESSENER[1] für ein normales Rohwasser mit $7^1/_2$ g/l organische Stoffe folgende Angaben:

Bei Temperaturen:

unterhalb 20 °C	muß	der	Tank	die	14fache	Tagesmenge	fassen
von 20—25 °C	„	„	„	„	13 „	„	„
von 25—30 °C	„	„	„	„	12 „	„	„
oberhalb 30 °C	„	„	„	„	11 „	„	„

Für jedes Gramm organische Substanz je Liter mehr oder weniger muß der Tankinhalt so viel größer oder kleiner sein, als die Tagesanfallmenge ausmacht, d. h. bei 8,5 g/l organische Substanz muß bei 20° der Tank die 15fache Menge und bei 6,5 g/l nur die 13fache Tagesmenge fassen. Bei so großen Becken kann mit einer Abnahme der organischen Stoffe bis zu 80% gerechnet werden. Bei der Zersetzung wird hauptsächlich ein aus Methan bestehendes Gas entwickelt, das, falls keine andere Abfallwärme oder heiße Wässer zum Erwärmen des Faulraumes zur Verfügung stehen, als Heizquelle benutzt werden kann. Zur Einarbeitung werden die in die Becken abgelassenen Abwässer in der ersten Zeit mit Fäkalien und in guter Zersetzung befindlichem Kanal- oder Kläranlagenschlamm gemischt. Die Einarbeitung erfolgt am besten im Sommer, da dann die wärmere Außentemperatur die Zersetzung unterstützt. In besonders schwierigen Fällen kann man durch Zugabe von Calciumacetatlösungen die Einarbeitung unterstützen, da Methanbakterien hierbei besonders schnell zur Entwicklung kommen. Je nach der Konzentration sind die Abwässer nach 4 bis 10 Tagen so weit ausgefault, daß die in ihnen als Schutzkolloide wirkenden Stoffe zerstört sind. Führt man jetzt die chemische Fällung durch, so werden rund 95% der gesamten Schmutzstoffe entfernt. Der in den Faulräumen anfallende Schlamm kann auf Trockenbeeten getrocknet oder als Dünger aufs Feld gefahren werden. Verlangt der Vorfluter eine weitere Reinigung, so

[1] KESSENER: Rapport der Commissie voor de Reiniging van Stroocartonfabrieken. s'Gravenhage 1912.

kann an die Ausfaulung auch noch das Berieselungsverfahren oder das Tropfkörperverfahren angeschlossen werden.

Diese schon im Jahre 1912 von der holländischen Kommission für die Reinigung der Strohpappenabwässer gemachten, aber praktisch nie angewandten Vorschläge sind durch neuere Untersuchungen an verschiedenen anderen Stellen bestätigt worden. Der Ruhrverband hat auf Grund eingehender Vorversuche eine zweistufige Anlage zur anaeroben Ausfaulung des Abwassers einer Strohpappenfabrik mit einer täglichen Produktion von 30 t errichtet. Das Schema dieser Anlage ist in Abb. 130 dargestellt. Der aus 3 Doppelbecken von je 22 m Länge und 6 m Breite

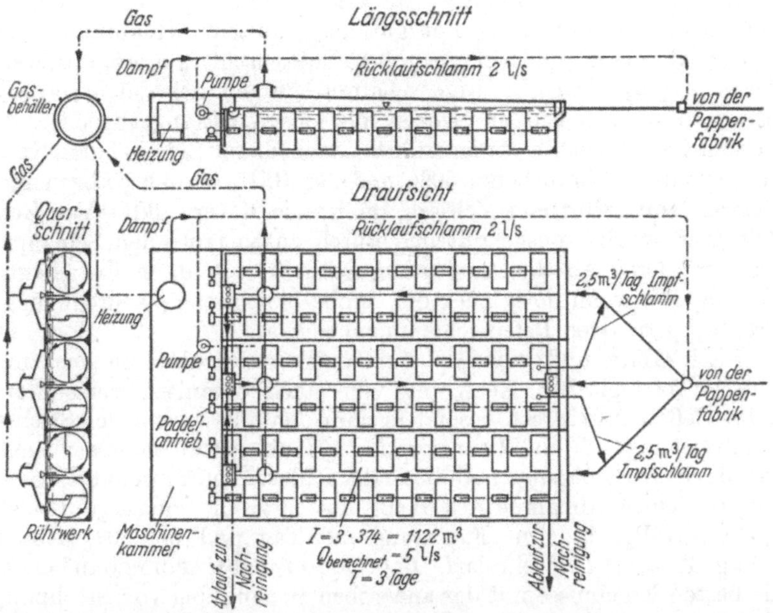

Abb. 130. Schemaskizze einer Anlage zur anaeroben Ausfaulung des Abwassers einer Strohpappenfabrik (Ruhrverband)

bestehende Faulraum faßt bei einer Tiefe von 3 m 1100 m³. Je 2 Reihen Holzpaddel in der Längsachse der Doppelbecken eingebaut, halten das Abwasser in kreisender Bewegung. Der Faulraum wird täglich mit 270 l/m³ Inhalt oder mit 4,7 kg Feststoffe/m³ (2,6 kg organ. + 2,1 kg mineral. Substanz) belastet. Die Gasausbeute ist 1,25 m³/m³ Abwasser bzw. 150 l/kg organische Substanz. Das von der Pappenfabrik kommende Abwasser wird mit Impfschlamm aus der 2. Stufe geimpft und in den beiden Stufen innerhalb von 3 Tagen so weit ausgefault, daß es in einer chemischen Fällungsanlage unter Zugabe von Eisensulfat aus Beizereiabwasser weiter behandelt werden kann. Das mit einem p_H-Wert von 9 bis 11 zur Faulanlage kommende Abwasser hat am Ablauf einen p_H-Wert von 7,0. Der BSB_5 ist um mindestens 77% von 5400 mg/l auf

1250 mg/l herabgesetzt. Der hohe Gehalt an Schwefelwasserstoff wird durch die Zugabe des Eisensulfates unschädlich gemacht. Ob an die chemische Fällung noch eine aerobe Behandlung angeschlossen werden muß, richtet sich nach den Vorflurverhältnissen.

Das holländische Patent Nr. 55396 vom 15. Oktober 1943 will alkalische Abwässer, besonders solche der Strohpappenfabriken, mit Zellulose vergärenden und Methan bildenden Bakterien vergären, wobei die entweichenden kohlensäurehaltigen Gase durch die alkalischen, kalkhaltigen Abwässer geführt werden, damit der p_H-Wert auf 7,5 gebracht wird. Gleichzeitig soll hierdurch das Methan enthaltende Gasgemisch vorgereinigt werden.

JUNG[1] beschreibt ein Verfahren der Schnellfaulung zur Behandlung stark organisch verschmutzter Abwässer. Durch vorsichtiges Verrühren von Strohpappenabwasser mit gut ausgefaultem Schlamm von häuslichem Abwasser kann ein anaerober Flockenschlamm erhalten werden, der sehr gute adsorptive Eigenschaften hat und sich gut absetzt. Das Abwasser wird 15 Std. in Becken mit maschinell angetriebenen Rührwerken bei 12 bis 14 °C umgerührt. Nach dieser Zeit hat der Kaliumpermanganatverbrauch um 50% und der BSB_5 um 40% abgenommen. Der Schlamm wird eine Zeitlang im Kreislauf verwandt. Von Zeit zu Zeit muß er aber ausgefault und durch guten faulenden Schlamm ersetzt werden. An die Ausfaulung schließt sich dann die chemische Fällung und wenn nötig auch die aerobe biologische Nachreinigung auf Tropfkörpern oder Belebtschlammanlagen an.

Nach GEHM und MORGAN[2] haben Abwasserfaulräume sich zur anaeroben biologischen Reinigung von stark organisch verschmutzten industriellen Abwässern besonders dann bewährt, wenn der Stickstoffgehalt wenigstens ein Zwanzigstel des Kohlenstoffgehaltes ausmacht, wie dies beim Strohpappenabwasser der Fall ist. TRUBNIK hat festgestellt, daß bei einer Abnahme des BSB_5 um 90% die zulässige Belastung 0,64 kg BSB_5 auf 1 m^3 Faulraum und Tag und bei 80% Abnahme 1,6 kg BSB_5/m^3/Tag sein darf. BLOODGOOD und HARGLEROAD[3] erzielten die besten Ergebnisse mit der anaeroben Behandlung von Strohpappenabwasser, wenn sie die Temperatur in den Faulräumen auf 25 °C hielten.

An Stelle der anaeroben Vorbehandlung sind auch Versuche zur aeroben Vorbehandlung vor der chemischen Fällung durchgeführt worden. Wegen der einseitigen Zusammensetzung der Abwässer soll sich hierzu das Magdeburger P-Verfahren, bei dem das Abwasser vor der aeroben Behandlung in Schlammbelebungsbecken mit Ammonphosphatsalzen versetzt wird, besonders eignen. Wieweit hierbei die in den Abwässern enthaltenen Kalksalze, die auch eine Behandlung der Abwässer auf Tropfkörpern erschweren, stören, ist bis jetzt in der Literatur nicht behandelt. NOLTE hat in einer 20 m^3 großen Versuchsanlage zwei Jahre lang das Abwasser einer Strohpappenfabrik mit einem Kaliumpermanganatverbrauch von rund 10000 mg/l und einem BSB_5 von 4200 mg/l und einem

[1] JUNG, H.: Angew. Chem. Bd. 61 (1949) S. 41.
[2] GEHM, H. W., u. PH. F. MORGAN: Sew. Works J. Bd. 21 (1949) S. 851.
[3] BLOODGOOD, D. E.: Tappi Bd. 33 (1950) S. 317.

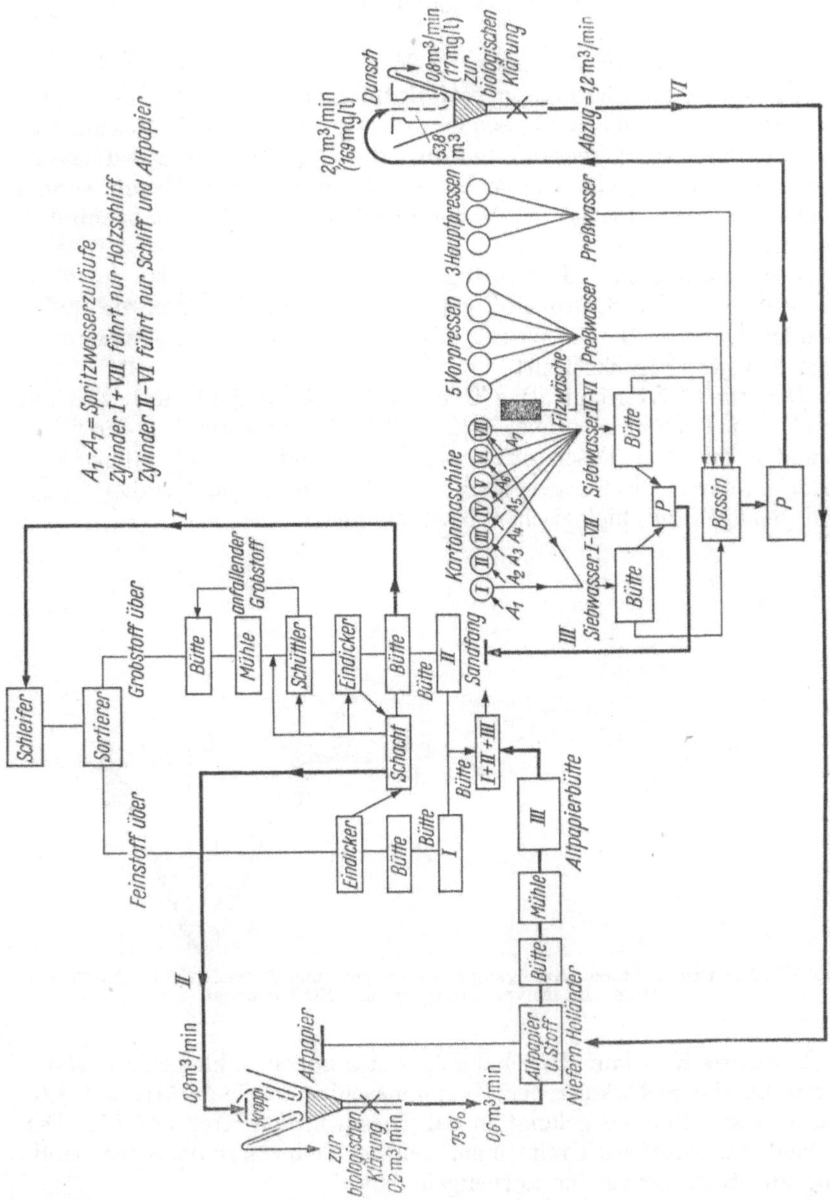

Abb. 131. Wasserkreislauf einer Braunpappenfabrik (nach OFFHAUS)

Essigsäuregehalt von 1600 mg/l nach dem Magdeburger P-Verfahren behandelt. Hierbei war die Zugabe von Phosphaten und Ammonsalz erforderlich, da im Strohpappenabwasser nur 2 bis 4 mg/l Ammoniakstickstoff vorhanden ist. Gleichzeitig hat er aber auch Versuche zur anaeroben Behandlung der Strohpappenabwässer durchgeführt. Bei einer Raumbelastung von 1,3 kg BSB_5 /m^3 Faulraum im Tag konnte er einen Abbau des Kaliumpermanganatverbrauchs von 68 bis 70% erzielen.

Offhaus[1] hat die Abwässer der Kocherei, Schleiferei und der Altpapiermühle einer Braunpappenfabrik untersucht. Um die bisher sehr stark den Kochelsee beeinflussenden Abwasser zu reinigen, war zunächst eine vollkommene Kreislaufschaltung, die Aufstellung von wirksamen Stoffängern nötig, ehe an die biologische Reinigung gedacht werden konnte. In Abb. 131 ist der Wasserkreislauf einer Braunpappenfabrik dargestellt.

Der erste Kreislauf: Der Stoff gelangt vom Schleifer in den Sortierer, wo der Feinstoff vom Grobstoff getrennt wird, von dort über die beiden Eindicker, wo Stoff und Wasser geschieden werden. Das Wasser wird zum Schleifer zurückgeführt.

Der zweite Kreislauf: Das Überschußwasser (0,8 m^3/min) wird auf den Kropp-Trichter gepumpt; 75% (= 0,6 m^3/min) werden aus der Trichterspitze mit den Faserstoffen abgelassen und zur Kartonmaschine zurückgeführt. Die übrigen 25% (= 0,2 m^3/min) sind Überlaufwasser und gelangen zur biologischen Nachreinigung.

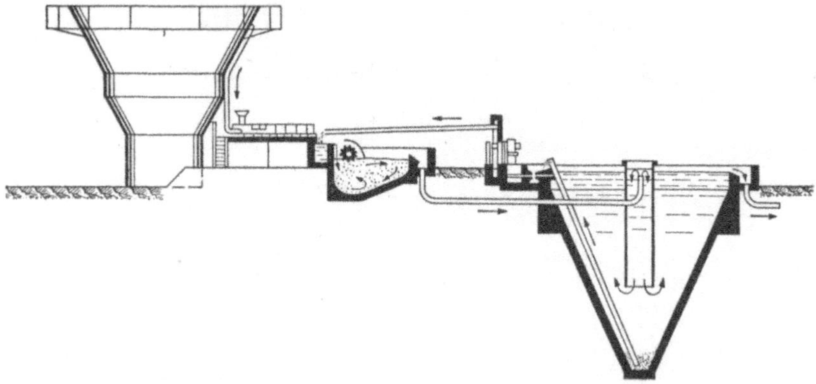

Abb. 132. Biologische Abwasserreinigung einer Pappen- und Holzschliffabrik durch neuartige „Intensivbelüftung" nach TNO-Passavant

Der dritte Kreislauf: Hier handelt es sich um einen kleinen Kreislauf, der sämtliche Siebwässer der Kartonmaschine in eine Bütte abführt. Das Überschußwasser gelangt in das Bassin in den Kreislauf *IV*. Der verbleibende Stoff wird mit einem Teil der Siebwässer über den Sandfang zur Kartonmaschine zurückgebracht.

Der vierte Kreislauf: Die Preß- und Überlaufwässer werden zum Dunschtrichter gepumpt (2,0 m^3/min). Dort werden 1,2 m^3 aus der Trichterspitze mit Faserstoffen abgelassen und gelangen mit dem Altpapierstoff zurück zur Kartonmaschine. 33% (= 0,8 m^3/min) sind Überlaufwasser und gelangen zur biologischen Nachreinigung.

[1] Offhaus, K.: Ber. A. T. V. Bd. 8 (1957) S. 126.

Bei einem Gesamtwasserverbrauch von 36000 m^3/Tag fallen nur noch 2500—3500 m^3/Tag als Abwasser an. Nach einem Vergleich aller bisher bekannten biologischen Verfahren wurde das in Abb. 132 dargestellte Verfahren mit Hilfe der Intensivbelüftung nach TNO-Passavant eingebaut. Nach dem in Abb. 132 gezeigten Schema besteht die Anlage aus zwei Belüftungsbecken, die mit KESSENER-Bürsten nach dem TNO-Passavantverfahren ausgerüstet sind, mit zwei dazugehörigen Nachklärbecken. Letzteres Verfahren wurde gewählt, nachdem die durchgeführten Versuche gezeigt hatten, daß es bedeutende Vorteile gegenüber der grobblasigen Belüftung hat.

i) Abwässer von Sperrholz- und Faserplattenfabriken

Bei der Herstellung von Sperrholz werden vorwiegend ausländische Hölzer verarbeitet. Zur Vorbehandlung werden die Hölzer in gemauerte Dämpfgruben gebracht und hierin durch Dämpfen ausgelaugt. Hierbei fällt ein stark organisch verschmutztes Abwasser von brauner Farbe und strengem Geruch an. Nach einer von LEHMANN[1] aufgeführten Analyse hat das Abwasser einer Sperrholzfabrik folgende Zusammensetzung:

Schwebestoffe, gesamt . .	76 mg/l	Sulfate (SO_3)	79,7 mg/l
„ , glühbeständig .	11 mg/l	Chlor (Cl) gebunden . . .	204 mg/l
Gelöste Stoffe, gesamt . .	1425 mg/l	Ammoniak . . .	nicht nachweisbar
„ „ , mineralisch .	820 mg/l	Phosphorsäure	0,8 mg/l
Kalk (CaO)	197,5 mg/l	Kali (K_2O)	77,5 mg/l
Magnesia (MgO)	41,6 mg/l	Gesamtstickstoff (N) . . .	22,8 mg/l
Gesamthärte	25,6 DH°	$KMnO_4$-Verbrauch	1365 mg/l

Es gleicht in seiner Zusammensetzung und Aussehen dem bei der Herstellung von Braunschliff erhaltenen Abwasser. Es geht leicht in Fäulnis über und stellt durch seinen hohen Gehalt an organischen Stoffen beim Ablassen in den Vorfluter recht hohe Anforderungen an den Sauerstoffgehalt des Vorfluters. Bei seinen Untersuchungen über den Einfluß dieser Abwässer auf die verschiedenen Fischarten und Fischnährtiere kommt LEHMANN zu dem Ergebnis, daß die Abwässer durch die durch die Sauerstoffzehrung bedingte Sauerstoffabnahme, aber nicht durch direkte Giftwirkung schädlich sind, da selbst konzentriertere Abwässer keine Giftwirkung auf Fische oder Fischnährtiere äußerten.

Nach dem Dämpfen werden die Hölzer in Rundschälmaschinen geschält, wobei Fourniere in 0,1 bis 10 mm Stärke hergestellt werden. Diese dünnen Fourniere werden dann getrocknet, wobei *Kondenswässer* anfallen. Anschließend werden sie dann verleimt, wobei die früher viel verwandten Glutinleime durch die Kunstharzleime, die Phenolharzleime ersetzt sind. Da die zum Sperrholz benötigten ausländischen Hölzer zu teuer sind, machen die Sperrholzplatten immer mehr den Hartfaserplatten oder Faserholzplatten Platz. Rohstoffe für derartige Platten sind nicht mehr die hochwertigen Stammhölzer, sondern schwaches Nadelholz und Sägewerksstückabfälle (Spreißel, Schwarten) mit Rinde

[1] LEHMANN, C.: Z. Fischerei Bd. 27 (1929) S. 111.

Zu Holzspanplatten können sogar Säge- und Hobelspäne von Laubholz benutzt werden. Nach dem Troisdorfer Verfahren werden die Holzfasern durch intensives Mahlen zu Schleimstoffen zermahlen, die bei höheren Temperaturen auch ohne Preßdruck eine gute Verleimung ergeben. Bei dem Aufschluß des Holzes durch Behandeln mit heißem Dampf und Wasser entstehen die *Kocherlaugen*, die nach NOLTE und BANDT[1] einen Kaliumpermanganatverbrauch von 750000 mg/l, einen Gehalt von 100 mg/l organischem Stickstoff, 6 mg/l Ammoniakstickstoff, dazu flüchtige organische Säure 1400 mg/l (auf Buttersäure berechnet) und etwa 15 mg/l Phenol haben. Irgendwelche chemischen Stoffe werden beim Aufschluß nicht zugesetzt, so daß die im Abwasser enthaltenen Stoffe aus dem Holz allein stammen.

Nach dem Zerreiben der Holzmasse werden die Fasern mit einem Kunstharz (Phenol-Formaldehyd-Kondensat) versetzt und auf einer Papiermaschine zu einer Pappe verarbeitet, die dann nach Vortrocknung unter hohem Druck zu Platten gepreßt wird. An der Papiermaschine und den Pressen fallen die anderen verdünnteren Abwässer an, die nur 1600 mg/l Kaliumpermanganatverbrauch, 9 mg/l Gesamtstickstoff, 53 mg/l flüchtige Fettsäuren und 15 mg/l Phenole aufweisen. Auf 1 m^3 konzentrierte Kocherlaugen kommen 30 m^3 verdünnte Pressenwässer.

Für die Reinigung dieser Abwässer eignet sich nach der Neutralisation und Einstellung der richtigen Konzentration nach Zugabe von Phosphaten und Ammonsalzen entsprechend dem Magdeburger P-Verfahren die biologische Reinigung, und zwar sowohl das Belebtschlamm- wie das Tropfkörperverfahren.

Der Reinigungserfolg betrug, gemessen am Kaliumpermanganatverbrauch, 75%, am Phenol- und Fettsäuregehalt 100%. Zucker wurde bis auf geringe Spuren abgebaut. Die mehrstufige Behandlung ergab keinen höheren Reinigungserfolg, jedoch konnten aus den am Ablauf noch ungereinigten Abwässern die huminartigen Stoffe aus den bakterientrüben Abwässern durch eine Fällung mit Aluminiumsulfat entfernt werden, wodurch 50% der restlichen Schmutzstoffe aus dem Abwasser entfernt wurden.

k) Abwässer von Linoleumfabriken

Bei der Herstellung von Linoleum oder ähnlichen Fußbodenbelägen fallen eine große Anzahl Abwässer an, die durch einen hohen Gehalt an absetzbaren und kolloiden und auch gelösten Stoffen verschmutzt sind. Vorwiegend sind es die Wässer aus der Lumpenkocherei und auch vor allen Dingen die Abwässer der Filzmaschinen und der Farbküche. Der Gehalt an Schwebestoffen ist sehr groß und kann Werte bis zu 45 cm^3/l erreichen. Die neben den Schwebe- und kolloiden Stoffe enthaltenen gelösten Stoffe geben dem Wasser einen hohen Permanganatverbrauch, der rund 600 mg/l beträgt. Auch der BSB_5, der zwischen

[1] NOLTE, E., u. H. J. BANDT: Mitt. Flußwasseruntersuchungsamt Magdeburg Bd. 2 (1947) S. 27.

150 und 300 mg/l schwankt, zeigt eine erhebliche Verschmutzung dieser Abwässer an.

Zur Wiedergewinnung von Faserstoffen hat man in diesen Fabriken, wie auch an anderen Stellen, Flotationsstoffänger, wie ADKA-Filter, Savalla- und SVEN-PETERSEN-Filter angewandt. Da aber bei diesen Verfahren, die nur die im Betriebe verwertbaren Faserstoffe entfernen, nur eine verhältnismäßig geringe Teilreinigung der Abwässer stattfindet, muß man die Ausscheidung der restlichen Schwebestoffe zusammen mit den kolloiden Stoffen durch eine chemische Fällung durchführen. Als Fällungsmittel haben sich die bei der chemischen Fällung allgemein angewandten Fällungsmittel, wie Aluminiumsulfat, vor allen Dingen auch Eisensulfat mit und ohne Chlor, Eisenchlorid sowie aktiviertes Natriumsilikat, bewährt.

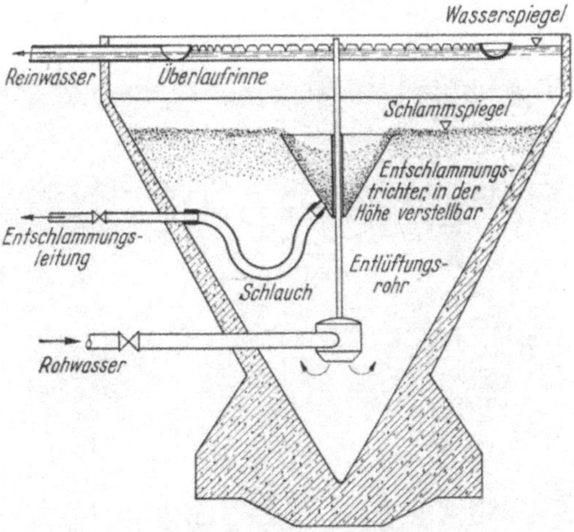

Abb. 133. Schema eines Flockers nach dem Krefelder Schwebefilter-Verfahren (Fa. Heinrich Scheven, Düsseldorf)

Die Firma Heinrich Scheven, Düsseldorf hat eine Versuchsanlage zur Reinigung von derartigen Abwässern längere Zeit mit bestem Erfolg betrieben. Sie wandte hierbei Eisensulfat unter Zugabe von Chlor unter Bildung von Eisensulfatchlorid und Ausfällung des Eisens mit Kalk an. Die Ausscheidung der sich bildenden Hydroxydflocken, auf denen sich dann die Schwebestoffe und Kolloide niederschlagen, erfolgt in einem besonderen Flokkungsapparat, wie er in Abb. 133 dargestellt ist. Die Abbildung zeigt das Schema eines Flockers nach dem Krefelder Schwebefilterverfahren. Das Wasser wird durch einen besonderen Cyklon in ein großes trichterförmiges Becken eingeleitet. Das Abwasser tritt nach Zugabe der Chemikalien tangential in diesen Cyklon ein und tritt unten gegen die Beckenspitze gerichtet als rotierender Strahl aus. Hierdurch wird eine gleichmäßige Verteilung des Wassers auf den ganzen Beckeninhalt erreicht und gleichzeitig der Flockenschlamm in eine sanfte Bewegung versetzt.

Das Trichterbecken ist nun bis zum Schlammspiegel mit Flockenschlamm gefüllt, der ein schwebendes Filter bildet. Wenn sich genügend Schlamm gebildet hat, wird ein Teil des Schlammes über den Rand des Entschlammungstrichters abgeleitet. Der Entschlammungstrichter ist in seiner Höhe verstellbar, so daß man die als Filter wirkende Schlammschicht dauernd in ihrer Größe verändern kann. Der Schlammabzug kann kontinuierlich oder auch periodisch erfolgen. Dies wird sich im wesentlichen nach der anfallenden Schlammenge richten. Das über den

Schlammspiegel aufsteigende Wasser ist vollkommen klar, und es zeigt sich eine scharfe Trennung zwischen Flockenschlammspiegel und dem darüber mit klarem, reinem Wasser gefüllten Absetzraum.

In Abb. 134 ist eine Flockungsanlage nach dem Krefelder Schwebefilterverfahren dargestellt. Man kann sehr gut durch die klare Wasserschicht des Absetzraumes hindurch den in wolkiger Bewegung befindlichen Schlammspiegel sehen und daher auch den ganzen Vorgang der Ausflockung und auch der Trennung vom Schlamm sehr gut verfolgen.

Abb. 134. Modellanlage eines Flockers nach dem Krefelder Schwebefilter-Verfahren. Man kann gut durch die Klarwasserschicht des Absetzraumes hindurch den in wolkiger Bewegung befindlichen Schlammspiegel und Schlammtrichter erkennen (Fa. Heinrich Scheven, Düsseldorf)

Über eine ringförmige Verteilerrinne mit beiderseitigem Überlauf tritt das Wasser aus dem Absetzraum des Flockungsbeckens aus. Durch diese chemische Fällung wird eine sehr weitgehende Reinigung des Abwassers erzielt. Durch Zugabe von aktiviertem Natriumsilikat zu den anderen Fällungsmitteln konnte erreicht werden, daß der zwischen 300 bis 500 mg/l liegende Schwebestoffgehalt im Ablauf bis auf 100 mg/l zurückgedrängt wurde. Auch die übrigen in der Abwasserreinigung angewandten Verfahren, wie das Pista-Verfahren, das Niersverfahren und das Ferrobionverfahren dürften hier sehr wertvolle Dienste leisten können. Ob hinter diese chemische Fällung dann noch eine biologische Reinigung geschaltet werden muß, richtet sich ganz nach den örtlichen Verhältnissen und nach den zur Verfügung stehenden Vorflutern.

l) Abwässer von Pergamentpapierfabriken

Bei der Herstellung von Pergamentpapier wird ungeleimtes aus Zellstoff hergestelltes Papier sehr schnell durch eine 50% Schwefelsäure gezogen, die überschüssige Schwefelsäure auf Walzen abgenutscht und dann in dem ersten Waschwasser gewaschen. Dieses aus dem Gegenstrom kommende Wasser steigert seinen Schwefelsäuregehalt bis auf 55—60 °Bé = 30% Schwefelsäure an. Dieses Spülwasser wird in ein großes Bassin geleitet und kann dann zum Ansetzen der 50% Säure benutzt werden. In dem nächsten Spülbehälter wird dann mit Wasser und im nächsten Spülbehälter mit 25% Ammoniak gewaschen. Nachdem in zwei weiteren Spülbehältern im Gegenstrom mit Wasser gewaschen wurde, durchläuft das Papier noch eine Kochsalz- oder Zuckerlösung, um das Papier geschmeidig zu machen.

Die anfallenden Abwässer sind stark sauer (p_H-Wert = 1,0). Der Gehalt an Schwebestoffen ist gering. An gelösten Stoffen enthalten die Abwässer außer einem hohen Gehalt an Schwefelsäure eine verhältnismäßig große Menge aus dem Papier gelöster organischer Substanz. Bei einem Abdampfrückstand von 3244 mg/l waren 2576 mg/l organischer Natur.

Der Säureverbrauch wird mit 0,8 kg Schwefelsäure je kg Papier angegeben. Um an Säure zu sparen, kann man die beim ersten Waschwasser anfallende 30% Schwefelsäure durch Eindampfen und Behandeln mit Oxydations- oder Adsorptionsmitteln so weit regenerieren, daß der Säureverbrauch auf 0,35—0,4 kg heruntergeht, entsprechend einer 50% Säureersparnis. Die dann noch übrigbleibende Säure muß durch Zugabe von Kalk neutralisiert werden, besonders bei solchen Vorflutern, die über kein ausreichendes Säurebindungsvermögen verfügen. Auch bei großen Vorflutern mit einem hohen Gehalt an Calciumcarbonat sollte die Einleitung in der Strommitte erfolgen, um eine schnelle Neutralisation zu erreichen.

28. Abwässer der Gummiindustrie und Kunstharzfabrikation

a) Künstlicher Kautschuk

Von den vielen Verfahren zur Herstellung des künstlichen Kautschuks geben die Polymerisationsprodukte aus Butadien und Styren, aus Isobutylen und Isopren und schließlich die Polymerisationsprodukte der Chloroprene die besten Gummi. Bei der Fabrikation muß größter Wert auf die Gewinnung der Nebenprodukte gelegt werden. An folgenden Stellen fallen Abwässer an:

1. *Aldehyderzeugung*: (Schwach saures Abwasser (H_2SO_4). Schwach gefärbt von Eisen, sonst aber klar. Außerdem sind enthalten Aldehyde und Essigsäure. Die Abwasser neigen sehr zu einer Ausharzung und sondern hierbei geringe Mengen eines rostbraunen flockigen Niederschlages ab. Der Kaliumpermanganatverbrauch liegt bei 2000 bis 3000 mg/l, hoher BSB_5 (600 mg/l).

2. *Äthylenerzeugung*: Kondenswasser mit Spuren von Olefinen, Acetylen und Aldehyden. (Kaliumpermanganatverbrauch etwa 800 bis 2000 mg/l).

3. *Aldolherstellung*: Die Abwässer enthalten gewisse Mengen Rohaldol, Kaliumphosphat, Aldehyde und harzige Bestandteile.

4. *Butoldestillation*: Hier fallen schwach saure, aber am stärksten verschmutzte Abwässer mit einem Ammonsulfat- und Crotonaldehyd-, gewissem Salzgehalt und wenig Butanol an. Sie haben einen stechenden Aldehydgeruch und hohen Kaliumpermanganatverbrauch (14 g/l). Der BSB_5 liegt zwischen 1500 und 2000 mg/l.

5. *Butadienfabrikation*: Die hier anfallenden milchig trüben Abwässer enthalten Aldehyde und Alkohole der C_5-Reihe, außerdem Kaliumhydroxyd, Kaliumcarbonat und Kaliumacetat. Infolge seines Gehaltes an Butadienöl in emulgierter Form hat es einen hohen Kaliumpermanganatverbrauch (70 g/l) und einen hohen BSB_5 (20 g/l). Diese Abwässer besitzen den stechenden charakteristischen *Buna*-Geruch, der sich auch sehr intensiv den anderen Abwässern mitteilt.

6. Das Abwasser der *Polymerisation* enthält Kochsalz und Natriumacetat, Kautschukflocken, Emulgator.

In einer Zusammenstellung bringt MEINCK[1] die für die einzelnen Stationen anfallenden Abwassermengen je t Fertigprodukt und die Hauptschmutzstoffe.

Tabelle 38

Herkunft des Abwassers	Anfall je Tonne fertigen Produktes	Verunreinigungen
1. Carbidfabrik	200 m³	2—4 kg/m³ Kalkkohlenstaub
2. Trockenvergasung	39 m³	ges. Kalkwasser, H_2S
3. Chlorfabrik	60 m³	$CaCl_2$, NaCl
4. Aluminiumchlorid	28 m³	$AlCl_3$, $TiCl_4$, $CaCl_2$, SiO_2, Cl_2
5. Aldehydfabrik	168 m³	schwach aldehydhaltig, Essigsäure
6. Butol-Aldol-Triol-Betrieb .	47 m³	Aldehyde, höhere Alkohole
7. Kontaktfabrik	1—2 m³	Graphitstaub
8. Äthylbenzol	1—2 m³	etwa 15 kg/m³ $AlCl_3$
9. Acetylenhydrierung . . .	15 m³	Spuren von Öl, Aldehyde
10. Butadien	5 m³	organ. Säuren, unges. Aldehyde
11. Styrol	6,5 m³	benzolhaltig
12. Polymerisation und Aufarbeitung	175 m³	Kautschukflocken, Essigsäure, NaCl, Emulgator

Von anderer Seite wird die Gesamtabwassermenge je t Fertigprodukt mit 500 m³ angegeben.

Bei den einzelnen Bunafabriken werden je nach dem angewandten Verfahren auch verschiedenartig zusammengesetzte Abwässer anfallen. Bei den nach dem GR-S-Verfahren arbeitenden Fabriken fällt nach

[1] MEINCK, F.: Zit. 3. Aufl., S. 487.

HEBBARD[1] und seinen Mitarbeitern ein Abwasser an, das im Durchschnitt einen Abdampfrückstand von 5772 mg/l mit 323 mg/l organischen (flüchtigen) Stoffen, 136 mg/l Schwebestoffen, 79 mg/l ausfällbaren (kolloiden) Stoffen, einem Kaliumpermanganatverbrauch von 79 mg/l und einem BSB_5 von 50 mg/l aufweist. Je Tonne Produktion fallen 3 m^3 Abwasser an.

Ganz andere Werte finden aber NOLTE und BANDT bei ihren Untersuchungen über die bei der Herstellung synthetischen Kautschuks anfallenden *Bunen- oder Butadienabwässer.* Sie geben einen Kaliumpermanganatverbrauch von 20000 bis 40000 mg/l und einen BSB_5 von 20000 mg/l im Mittel an. Sie warnen davor, derartige Abwässer im Untergrund versickern zu lassen, da die Abwässer durch den intensiven Bunageruch das Grundwasser unbrauchbar machen können. Bei Trinkwassergewinnung au dem Vorfluter oder bei Grundwasseranreicherung aus dem Vorfluter stört der üble Bunageruch.

Werden die bei der Bunafabrikation anfallenden Abwasser in einen Vorfluter abgelassen, so können sie zu den größten Schädigungen führen besonders dann, wenn ihre Verdünnung unter der 400—500fachen Verdünnung liegt. Außer dem auf einer langen Strecke wahrnehmbaren Geruch, der sich auch auf die Fische überträgt, stellen die leicht abbaubaren Abwasser an den Sauerstoffhaushalt große Anforderungen. Ein starkes Pilzwachstum von Sphaerotilus oder Leptomitus mit allen seinen üblen Nebenerscheinungen, wie Einfluß auf Fischerei, Bildung von Schlammbänken, Rechenverstopfungen vor Kraftwerken und Wassergewinnungsanlagen ist die Folge des Einleitens. Durch den Einfluß auf viele Wasserorganismen wird die Selbstreinigungskraft der Vorfluter erheblich gestört. Die Abwässer der Bunafabriken verleihen den Fischen einen Geschmack, der dem bekannten aromatischen, süßlich-stechenden Bunageruch ähnelt und auf die Gegenwart von ungesättigten Aldehyden und ungesättigten Kohlenwasserstoffen, wie Styrol, zurückgeführt wird.

Vor der Reinigung der Abwässer müssen wertvolle Stoffe aus dem Abwasser wiedergewonnen und in den Betrieb zurückgeleitet werden. Unlösliche flüssige Kohlenwasserstoffe, z. B. aus dem Styrolbetriebe, werden durch Separatoren wiedergewonnen, während die gelösten Kohlenwasserstoffe durch Destillation gewonnen werden müssen. Manche Stoffe können auch durch Abschäumen gewonnen werden. Andere Materialien, wie Latex und Seifen, werden koaguliert und dann durch Flotation oder Absetzenlassen vom Abwasser getrennt. Können die Stoffe nicht im Betrieb wieder verwandt werden, so müssen sie durch Verbrennen beseitigt werden. Ölemulsionen werden durch Änderung des p_H-Wertes unter Zugabe von Schwefelsäure gebrochen, das abgeschiedene Öl wird gewonnen und nach Reinigung im Betrieb wieder verwandt. Durch diese getrennte Aufbereitung einzelner Betriebsabläufe können wertvolle Stoffe wiedergewonnen werden. Der in der Carbidfabrik anfallende Kalk kann zur Ausfällung der aluminiumchloridhaltigen Abwässer benutzt werden. Der in Absetzbecken abgefangene

[1] HEBBARD, G., S. T. POWELL u. R. E. ROSTENBACH: Industr. Engng. Chem. Bd. 39 (1947) S. 589.

Calciumcarbonatschlamm stellt ein gutes Bodenverbesserungsmittel dar. Um den BSB der Abwässer aus der Aldehydfabrik herabzusetzen, verdüst BAUMANN[1] das Abwasser am Anfange eines Absetzbeckens durch eine Verdüsungsanlage. Hierbei wird das Abwasser durch Fontänen versprüht, um es so möglichst stark mit Sauerstoff anzureichern s. Abb. 135. In ein 0,2 qkm großes Becken leitet er die mit Flugasche beladenen Waschwässer mit bestimmten stark verschmutzten Abwässern zusammen, wodurch die Schmutzstoffe, z. T. verharzt, zu einem weiteren Teil oxydiert werden. Um leicht flüchtige Stoffe aus den großen Abwassermengen zu entfernen, werden Ausblasetürme mit normalem Luftzug

Abb. 135. Belüftungsrohre für das Abwasser einer großen Bunafabrik (nach BAUMANN)

und mit durch Ventilatoren verstärktem Luftzug eingesetzt. Gesundheitsschädliche Stoffe werden in Emscherbrunnen mit Faulräumen behandelt und die Abläufe über Tropfkörper geschickt. Der ausgefaulte Schlamm wird auf Trockenbeeten getrocknet. Der endgültgie Ablauf wird noch gechlort.

Zur Verbesserung der Abwasserreinigung empfehlen DOURGAN und BELL[2] zur Sammlung der Gummiabgänge aus den Buthylen- und Isobuthylenstoffen hinter die Ölseparatoren ein Schlammbecken zu schalten, in das der Schwimmschlamm aus den Separatoren abgezogen wird. Hinter der Polymerisationsstufe muß die Styrolrückgewinnung in offenen, häufig abzuschäumenden Becken erfolgen. H. E. ORFORD[3] berichtet über das Einfahren einer Anlage zur Reinigung der beim Waschen von Naturgummi anfallenden Abwässer, die vorwiegend gelöste organische

[1] BAUMANN, P.: Wasser, Luft u. Betrieb Bd. 1 (1957) S. 6.
[2] DOURGAN, D. D., u. J. C. BELL: Sew. and Ind. Wastes Bd. 23 (1951) S. 171.
[3] ORFORD, H., E.: Sew. and Ind. Wastes Bd. 23 (1951) S. 313.

Stoffe und einen BSB_5 von 1500 bis 2500 mg/l haben. Die Reinigung erfolgt durch Ausgleichsbecken, Absetzbecken mit Faulbehältern, Tropfkörper mit Rücklaufwasser oder besser Leitungswasser, Sandfilter und Chlorungsbecken. Bei dem hohen Sulfatgehalt von 900 mg/l ist zur Vermeidung von Schwefelwasserstoffbildungen die Verwendung von Leitungswasser als Verdünnungswasser besser als das Rücklaufwasser. Bei genügender Größe der Anlage können 98% Reinigung erzielt werden.

Die Abwasserbehandlung der Bunafabriken erfolgt am besten durch eine chemische Fällung, wozu man das in den einzelnen Bunafabriken, in der Aluminiumchloridfabrik und im Äthylbenzolbetrieb in großen Mengen anfallende Aluminiumchlorid, die ätzkalkhaltigen Abwasser der Carbidfabrik und der Trockenvergasung benutzt. Nach vollendeter Ausflockung und Aufenthalt in einem Absetzbecken von $2^1/_2$ Stunden fließt ein völlig klares Abwasser ab, das aber noch biologisch weiterbehandelt werden muß. Nachteilig bei der chemischen Fällung ist die große Menge des anfallenden voluminösen, stark wasserhaltigen Schlammes, der etwa 5—6% der gesamten Abwassermenge ausmacht. Die Weiterbehandlung des Schlammes durch Imperial-Trommelfilter versagte infolge Verstopfen der Filter. Da auch eine Ausfaulung nicht möglich ist, pumpt man ihn auf Halde und leitet die Sickerwasser in die Werkskanalisation. Das durch chemische Fällung vorgereinigte Abwasser läßt sich in Mischung mit häuslichem Abwasser in einem Mischungsverhältnis 1:1 auf Hochleistungstropfkörpern bei einer Belastung von 1 m^3 Abwasser auf 1 m^3 Tropfkörpermaterial gut reinigen.

Die von NOLTE durchgeführten Versuche mit der Anwendung des Belebtschlammverfahrens in einem mit Paddeln versehenen HAWORTH-Becken nach dem Magdeburger P-Verfahren ergaben ebenfalls sehr befriedigende Ergebnisse. Wurde die Belastung der 127 m^3 großen Versuchsanlage über 15 m^3 konzentriertes Abwasser gesteigert, so bildete sich der belebte Schlamm um, und es traten vorwiegend Hefen auf, wobei infolge Fehlen der puffernden Substanzen beim Absinken des p_H-Wertes auf 5,8 flüchtige Fettsäuren gebildet wurden. Bei einer Belastung von 15 m^3, entsprechend einer Belastung von 3,5 kg BSB_{20} auf 1 m^3 Belüftungsraum im Tag, wurde eine Abnahme des Kaliumpermanganatverbrauches zwischen 87 und 98% erzielt. Das gereinigte Abwasser hat einen schwach lackartigen Geruch.

Auch RUCHHOFT[1] und seine Mitarbeiter gebrauchten eine 24stündige Aufenthaltszeit bei Anwendung des Belebtschlammverfahrens und einem BSB_5-Gehalt des Abwassers von 81 mg/l. Chloranwendung zur Aufoxydation der Abwässer versagte, wenn der Gehalt von Styrol und Butadien größer als 2 bis 3% ist.

Wegen der Explosionsgefahr durch das in den Styrolabwässern enthaltene Benzol und der starken Alkalität (p_H-Wert 12,0) können die Abwässer nicht in die städtische Kanalisation eingelassen werden, da

---

[1] RUCHHOFT, C. C., O. R. PLACAK u. F. E. DE MARTINE: Civ. Engng. Bd. 17 (1947) S. 59.

sie die weitere Reinigung der städtischen Abwasser stören. Auch die Versickerung und die landwirtschaftliche Verwertung der Abwasser ist wegen des hohen Gehaltes an pflanzenschädlichen Stoffen nicht möglich.

M. NEGULESCU und seine Mitarbeiter[1] berichten über die aus verbrauchten Maischen von Mais bestehenden Abwässer einer Fabrik zur Herstellung von *Butanol*, die in einer Menge von täglich 600 m^3 anfallen. Sie haben etwa folgende Zusammensetzung:

Temperatur	90—92 °C
p_H-Wert	4,2—4,5
BSB_5	6500—17000 mg/l
$KMnO_4$.	20000—22000 mg/l
Schwebestoffe	8500— 9500 mg/l

Zur Reinigung dieser den Vorfluter stark belastenden Abwässer wurden Großversuche mit der aeroben und anaeroben Reinigung in Teichen durchgeführt. Bei der aeroben Behandlung wurde nach 20 Tagen ein Abbau des BSB_5 von 55% und nach 60 Tagen ein Abbau von 70% festgestellt. Eine vorherige Neutralisation der Abwässer brachte keine wesentliche Steigerung des Abbaues. Auch bei der anaeroben Behandlung konnte kein größerer Reinigungserfolg erzielt werden. Die Menge des erzeugten Schlammes wurde mit 50 mg/l angegeben.

b) Abwässer von Kaugummifabriken

Zur Herstellung von Kaugummi werden 14% Naturgummi, 14% Dextrose, 1% Karamelpaste, 57% Puderzucker und Aromastoffe innigst gemischt, zu Streifen ausgewalzt, dann quaderförmig in die gewünschte Länge geschnitten, getrocknet und verpackt. Das zur Herstellung benutzte Chicle-Gummi oder dessen billigere Austauschstoffe müssen einer eingehenden Reinigung unterzogen werden. Dabei fallen mit Säure, Staub, Rindenteilen und gelösten organischen Stoffen verschmutzte Abwässer an. Durch die bei der Reinigung gebrauchten Lösungsmittel sind sie stark alkalisch und haben einen hohen biochemischen Sauerstoffbedarf (2500 bis 4800 mg/l). Die stark rot gefärbten Abwässer haben dazu noch eine hohe Temperatur von 60 °C. Die leicht absetzbaren Schwebestoffe können in Absetzbecken mit einstündiger Aufenthaltszeit entfernt werden. LOGAN und RUDOLFS[1] haben Versuche mit chemischer Fällung, Chlorierung, aerober und anaerober Behandlung und Sandfiltration der mechanisch gereinigten Abwässer gemacht. Die besten Erfolge hatten sie mit der mesophilen Ausfaulung mit nachfolgender Sandfiltration und Chlorierung. Durch die Ausfaulung wird der biochemische Sauerstoffbedarf von durchschnittlich 3800 mg/l auf 250 bis 500 mg/l und durch die anschließende Sandfiltration auf 60 mg/l gesenkt. Nach Zugabe von Chlor hatte das Abwasser noch einen restlichen biochemischen Sauerstoffbedarf von 35 mg/l.

---

[1] NEGULESCU, M., V. GHEDERIM u. I. TOMA: Studii de Protectia si epurarea apelor III Bukarest (1962) S. 27.

[2] LOGAN, R. P., u. W. RUDOLFS: Industr. Engng. Chem. Bd. 39 (1947) S. 1673.

c) Abwässer von Kunstharzfabriken

Die Kunstharze bestehen in ähnlicher Weise wie die Naturharze aus den verschiedenartigsten Bestandteilen, z. B. Kohlenwasserstoffen, Zellulose, Alkoholen, Aldehyden, Äthern, Estern, Ketonen, Phenolen, organischen Säuren, Aminen u. dgl. Die meist großen Moleküle sind entweder durch Polymerisation oder durch Kondensation aus einfacheren Verbindungen entstanden. Als Kunstharze in engerem Sinne kommen in Frage: Phenolharze, Anilin-Formaldehydharze, Aldehydharze, Harnstoffharze, Alkylharze, Glyptalharze, Polystyrole, Polyacrylsäure-Ester, Silicone, Polythene, Vinylpolymerisate usw. An der Spitze stehen die Phenolharze mit etwa 45%. 15% sind Polyvinylharze, 15% Zelluloseabkömmlinge, 6% Kaseinprodukte, 3% Harnstoffharze. Die *Phenoplasten* (Phenolharze, Bakelite) sind Kondensationsprodukte aus Phenol und Formaldehyd. Bei der Herstellung werden 50 Teile Phenol, 30 bis 70 Teile 40% Formaldehyd und 1 bis 10 Teile Ammoniak als Katalysator in großen mit Rührwerken versehenen Retorten vorsichtig erhitzt. Das frei werdende Wasser destilliert im Vakuum ab. *Galalith* ist ein aus gereinigtem Casein mit Formaldehydlösung hergestelltes Kunstharz. Zunehmende Verwendung finden heute die auf Polystyrol aufgebauten *Styrolharze*, die als Basen- und Wasserstoffaustauscher in der Wasserreinigung und der Industrie eine immer mehr zunehmende Verwendung finden. In Abb. 136 ist das Schema der Gewinnung der Phenoplasten und Aminoplasten nach MEINCK[1] dargestellt.

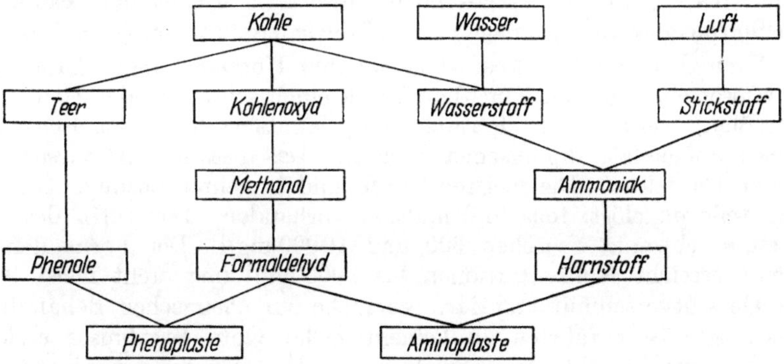

Abb. 136. Schema der Gewinnung von Phenoplasten bzw. Aminoplasten (nach MEINCK)

Je nach der Art des hergestellten Kunstharzes sind auch die in den Werken anfallenden Abwässer verschieden, besonders dann, wenn im Werk auch noch die Rohstoffe für die Herstellung der Kunstharze hergestellt werden. Während Phenol früher ein Abfallprodukt bei der Kokerei und den Teerproduktenfabriken darstellte, gewinnt man es heute nach dem RASCHIG-Verfahren, indem man Benzol mit Salzsäure und Sauerstoff über Katalysatoren leitet und hierbei Monochlorbenzol

[1] MEINCK, F.: Zit. 3. Aufl., S. 483.

bildet, das dann durch Überleiten über andere Katalysatoren in Phenol umgewandelt wird. Die ersten Abwässer enthalten chlorierte Benzole, Salzsäure, alkalische Waschwässer und Teer. Die Chlorbenzole werden im Laufe der weiteren Behandlung größtenteils wiedergewonnen als rohes Dichlorbenzol. Die täglich anfallenden salzsauren Abwässer werden in hölzernen Behältern gesammelt und nach Neutralisation durch Kalk in den Abwasserkanal abgelassen. Da sie etwa 0,2% Phenol enthalten, müssen sie vorher durch eine Entphenolungsanlage vom Phenolgehalt befreit werden, zumal sie an einzelnen Stellen periodisch, an anderen Stellen laufend anfallen. Bei der zweiten Phenolsynthese durch Sulfurieren von Benzol entstehen konzentrierte Natriumbisulfitlaugen neben konzentrierten Natriumsulfatlaugen. Letztere enthält nach MEINCK bei einem p_H-Wert von 2—3, einen Abdampfrückstand von 350 g/l, Sulfate 180 g/l und rund 14 g/l gebundene und freie schweflige Säure. Der Phenolgehalt beträgt 5,5 g/l, der BSB_5 15,2 g/l und der Kaliumpermanganatverbrauch 84 g/l.

In der Formaldehydanlage wird Methylalkohol in einem geschlossenen System zu Formaldehyd oxydiert, wobei keine Abwässer anfallen. Bei der Herstellung von Phenolharzen aus Phenol und Formaldehyd wird ein Destillat erhalten, das einen hohen Prozentsatz an Phenolen enthält. Um das Phenol wiederzugewinnen, werden die Abwässer durch einen Destillierapparat geleitet, in dem die größte Menge des Phenols wiedergewonnen wird. Die dann noch übrig bleibenden Abwässer werden zusammen mit den bei der Entwässerung der Harze entstehenden 2 bis 8% Phenol enthaltenden Abwässern in einer der bekannten Phenolrückgewinnungsanlagen zu 90% wiedergewonnen (s. S. 510).

Nach den von DICKERSON[1] gemachten Untersuchungen haben die Abwässer einer großen Kunstharzfabrik einen schwankenden Gehalt an Harzölen, verdünntem Formaldehyd, Pentaerythrit, Ameisensäure, Natriumphenolat, organischen Säuren. Das gesamte Abwasser hat sauren Charakter. Die meisten Stoffe sind in echter Lösung. Die Öle sind teils ungelöst, teils in Emulsion vorhanden. Der BSB_5 des Abwassers schwankt zwischen 300 und 10000 mg/l. Der Formaldehydgehalt erreicht Konzentrationen bis 5000 mg/l und stellt meist 90% der Gesamtverschmutzung dar. Versuche zur chemischen Behandlung dieser Abwässer führten zu keinem Ziele. Gute Ergebnisse erzielte er mit einem Hochleistungstropfkörper. Das Abwasser wird mit der 40fachen Menge Rücklaufwasser bzw. dem in großen Mengen anfallenden Kühlwasser so weit verdünnt, daß der Formaldehydgehalt unter 500 mg/l bleibt. Der p_H-Wert des formaldehydhaltigen Abwassers wurde mit Ammoniak auf 7,0 eingestellt und durch Zugabe von Ammonphosphat das Verhältnis von Kohlenstoff zu Stickstoff auf 25 : 1 eingestellt. Nachdem durch das Formalin der normale biologische Rasen zum Absterben gebracht war, entwickelte sich ein besonderer Rasen, der fähig war, Formaldehyd abzubauen. Die Abbauleistung stieg von 425 g

---

[1] DICKERSON, B. W.: Sew. and Ind. Wastes Bd. 22 (1950) S. 536. — Water and Sewage Works Bd. 97 (1950) S. 33.

auf 1550 g Formaldehyd je m^3 Tropfkörpermaterial. Um die Filter einzuarbeiten, wurde Dünger und entrahmte Frischmilch zugegeben. Das Ablaufwasser der Nachklärbecken geht noch in Staubecken, in denen das Abwasser eine Aufenthaltszeit von 13 Tagen hat. Zum Aufbau der Tropfkörper sind von anderer Seite kleinere Steine empfohlen worden. An Stelle von Ammonphosphat soll Hexamethylentetramin angewandt werden, da dieses nicht giftig ist. Im Jahre 1948 wurde die Mansfeld-Anlage der Herkules Kraft-Kompanie in Betrieb genommen. Um die Abwassermenge möglichst gering zu halten, wurden zunächst die Einspritzkondensatoren durch Oberflächenkondensatoren ersetzt. Am Ende der Kunstharzherstellung wurden alle Öle und Harze durch einen Ölseparator entfernt. Das Abwasser hat einen Formaldehydgehalt von 800 bis 1500 mg/l und beträgt im Mittel 1300 mg/l. Der BSB_5 schwankt von 1400 bis 3100 mg/l und beträgt im Mittel 2500 mg/l. Durch Rücklaufwasser wird der Gehalt des Rohwassers an Formaldehyd auf 200 mg/l eingestellt. Aus dem Nachklärbecken mit einer Aufenthaltszeit von 15 min geht das Abwasser in einen großen Teich, in dem es eine Aufenthaltszeit von 9,5 Tagen hat. Am Ablauf des Teiches wird das Abwasser durch die großen Mengen Kühl- und reines Betriebswasser verdünnt, ehe es in den Vorfluter abgelassen wird.

Bei der *Herstellung von Bremsplatten* findet der Kunststoff Bakelit Verwendung. Das zum Abfluß gelangende Abwasser dieser Fabrikation war durch einen geringeren Gehalt an Phenolen und flüchtigen Fettsäuren und durch größere Mengen von Aldehyden (3300 mg/l) gekennzeichnet; es war vorher mit Phenosolvan von dem größten Teil der ursprünglich darin enthaltenen Phenole befreit worden. Bei der biologischen Behandlung im P-Verfahren (Verdünnung 1 + 5) bildeten sich Fettsäuren als Zwischenprodukt der Aldehydoxydation in wechselnden Mengen bis zu 822 mg/l. Im biologischen Bild traten große Mengen von Hefezellen auf. Der BSB_5 stieg im Ablauf entsprechend auf Werte von 640 mg/l an. Auffallend war, daß die so gebildeten Fettsäuren im gleichen Arbeitsgang nicht mit oxydiert wurden, obwohl noch ausreichend gelöster Sauerstoff im Belüftungsbecken vorhanden war. Hier lag also im Auftreten von Hefe eine störende Umbildung des Belebtschlammes vor. Dieses Ergebnis ist besonders von Interesse im Hinblick auf die Arbeit von Fink[1], die die Gewinnung von Hefen aus Aldehyden im Verfolg der biologischen Eiweißsynthese behandelt. Die bei den Versuchen von Nolte und Bandt[2] gefundenen Fettsäuren waren, wie ihre weiteren Untersuchungen lehrten, nicht etwa durch unabgebautes Phenolsolvan bedingt, das bei der Fettsäurebestimmung verseift wird und somit einen Fettsäuregehalt im Ablauf vortäuschen könnte; Abbauversuche mit reinem Phenolsolvan ergaben vielmehr dessen vollständige Abbaufähigkeit. Erst als Phenosolvan mit Formaldehyd zusammen in einem Kontrollversuch dem Abbau unterworfen wurde, zeigte sich wieder die Bildung von Fettsäure aus dem Aldehyd.

---

[1] Fink, H.: Z. Untersuchg. Lebensm. Bd. 73 (1937) S. 86.

[2] Nolte u. Bandt: Wasser-, Abwasser- u. Fischereiabwasser 1947, S. 26.

Ausführliche Untersuchungen über die Möglichkeit der biologischen Oxydation von Formaldehyden haben GELLMANN und HEUKELEKIAN[1] gemacht und kommen hierbei zu dem Ergebnis, daß formaldehydhaltige Abwässer bei normalen biochemischen Prozessen in den vorkommenden Konzentrationen von 135 bis 175 mg/l giftig wirken. Durch einen Prozeß der Auswahl und der Anpassung kann die durch biochemische Prozesse oxydierbare Konzentration von 135 mg/l bis auf 1750 mg/l gesteigert werden. Hierzu ist es erforderlich, daß durch Stickstoffzugabe das Verhältnis des BSB_5: N wie 40:1 eingestellt wird. Als Nährsalze verwenden sie Ammoniumchlorid und Kaliumphosphat (1,5%), das dann gleich als Puffersubstanz wirkt. Bei ungenügender Pufferung bilden sich organische Säuren, die den p_H-Wert bis auf 3 absinken lassen. Der bei der Belüftung gebildete Schlamm büßte bei 5tägiger Lagerung nichts von seinem Abbauvermögen ein. In diesem Falle kann man einen Abbau bis zu 95% erreichen. Der gebildete Schlamm besteht aus dichten Ansammlungen von Bacterium methylicum und hat eine charakteristische Rosafarbe. Der Schlamm setzt sich leicht ab. Die zuzugebende Menge richtet sich nach den jeweiligen Verhältnissen.

29. Abwässer der Textilindustrie

Die Textilindustrie ist wohl wie kaum ein anderer Industriezweig auf sehr große Wassermengen von guter Beschaffenheit angewiesen. Im Zuge der Herstellung der Textilien werden als wichtigste Rohstoffe gebraucht:

1. Hanf und Flachs; 2. Rohwolle, wie sie vom Schafe kommt; 3. Baumwolle bzw. Baumwollinters, wie sie aus dem Handel bezogen wird; 4. Rohseide (Bast); 5. Ausgangsstoffe der Kunstseiden und Zellwollen; 6. Kunstfasern.

Bei der Verarbeitung dieser Rohstoffe auf Textilien können Abwässer anfallen:

1. Bei der Reinigung und Vorbereitung der Rohstoffe, z. B. zu Halbfabrikaten (Flachsrösten, Wollwäschereien, Seidenkochereien, Baumwollbleichereien); 2. Bei den eigentlichen Herstellungs- und Verarbeitungsverfahren, in den Spinnereien, Webereien, Färbereien, Wäschereien, Appreturanstalten, Bleichereien, Druckereien, Tuchfabriken usw.

Die bei der Veredelung der Fasern anfallenden Abwässer sind nach ihrer Menge und Art sehr verschieden. Die im Abwasser enthaltenen Stoffe stellen große Anforderungen an die aufnehmenden Gewässer, wie die von KUISEL[2] gebrachte Tabelle deutlich zeigt.

	Abwassermenge m³ je t Ware	Einwohnergleichwert je t Ware
Bleicherei (Baumwolle)	50— 100	250— 300
Apparatefärberei (z. T. Schwefelfarben) . .	80— 100	2000—3500
Tuchfabrik (Rohwolle bei Tuch)	600—1000	2000—5000

[1] GELLMANN, J., u. H. HEUKELEKIAN: Sew. and Ind. Wastes Bd. 22 (1950) S. 1321.

[2] KUISEL, F. H., u. R. OTT: Textilrundschau Bd. 5, 1952.

KEHREN[1] gibt folgenden Wasserverbrauch in m³ Abwasser je t Fertigprodukt, einschließlich aller Spülwässer, an:

Wollwäscherei	20— 70 m³
Färbereien	20— 50 m³
Bleichereien	50— 100 m³
Tuchfabriken	600—1000 m³
Viskose-, Reiswolle- oder Seidenfabriken	50— 100 m³
Zellstoffabriken	350—1000 m³

Das Abwasser fällt meistens in zwei Phasen der Textilveredelung an, nämlich bei den Aufschluß- und Waschprozessen (Wollwäscherei, Baumwollbeuche, Flachsrösterei, Seidenentbastung) und den Bleicherei- und Färbeverfahren.

An die Abwasserreinigungsanlagen von Textilfabriken, die in einen kleinen Vorfluter entwässern, sind nach MERKEL[2] folgende Anforderungen zu stellen:

1. Von mechanisch ausscheidbaren Stoffen (Faserstoffen) sollten wenigstens 70%, besser 90% oder bis zu einer Restmenge von 25 mg/l zurückgehalten werden;

2. Es darf nur frisches, nicht angefaultes Abwasser zum Abfluß gelangen;

3. Das Abwasser muß sorgfältig neutralisiert werden, d. h. es darf weder sauer noch alkalisch sein;

4. Das geklärte Wasser darf keine giftigen Gase, z. B. Schwefelwasserstoff, enthalten.

Die Entfärbung der meist farbstoffhaltigen Abwässer soll nicht nur dort, wo ästhetische Rücksichten auf den Charakter des Vorfluters dazu zwingen, erfolgen, sondern möglichst weitgehend durchgeführt werden, nachdem zahlreiche Untersuchungen gezeigt haben, welch großen Einfluß Farbwässer auf die chemischen und biologischen Vorgänge im Vorfluter haben.

a) Flachsrösten

Der geerntete Flachs wird durch Riffeln von den Samenkapseln befreit, entknotet und danach „geröstet". Die Lein- und Hanffaser besteht zu 65 bis 89% aus Cellulose und enthält neben Pektin- und Ligninstoffen auch Eiweißstoffe und harzige und schleimige Stoffe (Kitte), die bei der „Röste" der Gespinstfasern durch einen Gärungs- und Fäulnisvorgang entfernt werden müssen, um die Fasern freizulegen. Bei diesem Vorgang werden die Stoffe mit Hilfe der zersetzenden Wirkung gewisser Mikroorganismen, die sich auf dem Flachsstroh befinden, zersetzt und schwinden unter Bildung von Buttersäure, Propion- und Essigsäure und sehr übelriechenden Gasen. Zum Freilegen der Faser bedient man sich der Tau-, Fluß-, Teich- oder Kastenrotte. Bei der *Tauröste*, die etwa 3 bis 6 Wochen dauert, treten nachteilige Stoffe nicht in Erscheinung, weil die Leinpflanze durch die Ausbreitung auf

[1] KEHREN, M.: Z. ges. Textilindustr. Bd. 55 (1953) S. 802.
[2] MERKEL: Städtereinigung Bd. 27 (1935) S. 235.

den Feldern eine langsame Zersetzung erleidet, und die Zersetzungsprodukte durch die Luft mehr oder weniger rasch fortgeführt werden. Bei der *Teichröste* oder *Wasserröste* wird die Leinpflanze in Bündeln gebunden und unter dem Wasserspiegel festgehalten. Nach einigen Tagen tritt der Fäulnisvorgang ein. Durch technische Veränderungen und Verbesserungen haben sich im Laufe der letzten Jahre aus den früheren einfacheren Verfahren der Land- oder Tauröstén und der Wasser- oder auch Kaltröste die für den Großbetrieb besser geeigneten neueren Verfahren, die *Warmwasserröste*, entwickelt, die dazu noch das ganze Jahr über betrieben werden können. Der Wasserverbrauch beträgt bis zu 10 m^3 für 1 Ztr. verarbeitetes Flachsstroh. Bei einer normalen Kanalröste, die täglich etwa 35 Ztr. Flachstroh verarbeitet, beläuft sich der stündliche Wasserdurchfluß auf etwa 6 bis 10 m^3. Bei der Kastenröste erfolgt das Rotten in Bottichen oder Kanälen und in Räumen bei einer Temperatur von 30 bis 35°. In Großbetrieben wird immer mehr zur Warmwasserröste übergegangen, weil man dabei eine schnellere Abwicklung und bessere Kontrolle des Röstvorganges erreicht. Sie ermöglicht die Röstreife schon in 3 bis 4 Tagen, während die anderen Verfahren 12 bis 15 Tage benötigen. Hierbei rechnet man auf 1 Ztr. Strohflachs 1 m^3 Wasser. Durch die Tätigkeit der Röstorganismen wird vor allem das Pektin der Mittellamellen zersetzt. Während früher die Ansicht vertreten wurde, daß die Pektinzerstörung unter Luftabschluß erfolgen solle, hat man in neuester Zeit erkannt, daß die aerobe Pektingärung manche Vorteile bietet und daß bei einer Röste mit Luftzufuhr durch aerobe Bakterien die gleiche Röstleistung erzielt werden kann. Durch die Luftzufuhr wird die unter Umständen schädliche Säurebildung dadurch vermieden, daß die organischen Säuren zu Kohlensäure und Wasser weiter oxydiert werden. Die aerobe Röste ist auf die Zusammensetzung des Röstwassers von besonderem Einfluß.

Bei dem chemischen Aufschlußverfahren wendet man auch wohl zum Rotten verdünnte Schwefelsäure (0,5 bis 0,9% bei 90 bis 100 °C oder Kochen in Laugen mit oder ohne Zusatz von Seife an. Diese Arten von Abwässern lassen sich auf die gleiche Weise reinigen, wenn man das säurehaltige Rottewasser mit Kalk gut neutralisiert. Die laugenhaltigen Wässer können zum Begießen von Komposthaufen benutzt und die Seifen auf ähnliche Weise, wie dies bei Wollwaschwässern angegeben ist, unschädlich gemacht werden.

Zu den eigentlichen Röstwässern treten dann noch zeitweise Spülwässer vom Reinigen der Räume und Röstbehälter. Die Abwässer sind hellgelb bis dunkelbraun gefärbt und führen im allgemeinen nur wenig Schwebestoffe, vornehmlich solche organischer Natur, desto mehr aber gelöste und kolloid verteilte Stoffe mit sich.

Die bei der Aufbereitung von Hanf und Flachs anfallenden gär- und fäulnisfähigen Abwässer gehören zu den konzentriertesten Abwässern, die wir kennen. Sie enthalten außer den Zersetzungsstoffen ausgelaugte Stickstoff-, Phosphorsäure-, Kali- und Kalkverbindungen flüchtige organische Säuren wie Ameisensäure (0,7%), Essigsäure (61%), Propionsäure (6,5%), Buttersäure (31,7%), Baldriansäure (0,6%) und an nicht flüchtigen Säuren Milchsäure. Sie gehen bei Luftabschluß schnell in faulige Zersetzung über. Wenn die aus den Bassins abfließenden Röstwässer in einen Vorfluter abgelassen werden, tritt in diesem sofort starker Sauerstoffschwund auf, der leicht bis zur Schwefelwasserstoffbildung führt und ein Fischsterben zur Folge haben kann. Etwas weiter unterhalb treten dann die bei organisch-verschmutzten Abwässern bekannten häßlichen Pilzbildungen mit all ihren üblen Nebenerscheinungen auf. Für Bakterien, besonders auch die der Coligruppe, stellen sie einen guten Nährboden dar, so daß die Gesamtkeimzahl, wie auch die Colikeime unterhalb der Einleitungsstellen, stark ansteigen. Über den Einfluß dieser Abwässer auf den Vorfluter und die Fischerei liegen ausgedehnte Untersuchungen von LEHMANN und KISKER[1] vor. Nach ihrer Zusammensetzung können Flachsröstabwässer, wenn sie in kleine Bäche oder Flüsse abgelassen werden, für die Fischzucht und andere Nutzungszwecke ebenso wirken wie andere faulige Abwässer. Besonders auf kleinere Vorfluter wirken sie durch starken Sauerstoffentzug und lebhafte Pilzbildung sehr schädlich. Nach den Untersuchungen von E. REICHARDT, KISKER und C. LEHMANN sind die unterhalb Flachsrösten auftretenden Fischsterben durch den völligen Sauerstoffschwund hervorgerufen worden. Dagegen ist eine unmittelbare Giftwirkung nicht beobachtet worden. Die Abwässer riechen meist typisch säuerlich und enthalten oft, besonders bei Bassinröstung, Schwefelwasserstoff. Für das Abwasser einer modernen Warmwasserröste gibt HAUPT[2] bei einem Wasserverbrauch von 2 bis 3 m^3 je 100 kg Flachs folgende Zusammensetzung des vorgereinigten und neutralisierten Abwassers an:

Abdampfrückstand	500—1300 mg/l
Kaliumpermanganatverbrauch	290— 870 mg/l
BSB_5	1450 mg/l

Nach STOOFF[3] schwanken die Werte sehr stark:

Gesamtschwebestoffe	7— 159 mg/l
Abdampfrückstand	1050—6571 mg/l
Glühverlust	551—3465 mg/l
Gesamtstickstoff	7— 109 mg/l
Ammoniak	3— 19 mg/l
Phosphate (P_2O_5)	5— 235 mg/l
Kali (K_2O)	101— 918 mg/l
Kaliumpermanganatverbrauch	1122—6045 mg/l

Der Einwohnergleichwert wird von WAGNER mit 300 je 100 kg Flachsstroh angegeben.

Nach den Untersuchungen von NOLTE[4] hat das bei der Warmwasserröste von Flachs anfallende Abwasser einen Kaliumpermanganatverbrauch von 1650 mg/l, Ammoniakgehalt 15 mg/l, flüchtige organische Säuren (Buttersäure) 3910 mg/l und einen BSB_5 von 3600 mg/l. Bei

[1] LEHMANN, C., u. KISKER: Z. Fischerei Bd. 24 (1926) S. 97. — LEHMANN, C.: Z. Fischerei Bd. 27 (1929) S. 139.

[2] HAUPT, H.: Gesundh.-Ing. Bd. 58 (1935) S. 194.

[3] STOOFF, H.: Gesundh.-Ing. Bd. 46 (1923) S. 16.

[4] NOLTE, E.: Beiträge zur Wasser-, Abwasser- und Fischereichemie Bd. 4 (1949) S. 3.

der Veredelung der Flachsfaser wird eine alkalische Behandlung mit Bleichlauge und anschließend mit Wasserstoff, wobei man als Stabilisator Wasserglas zugibt, durchgeführt. Die hierbei anfallenden Abwasser, einschließlich der Spülwässer, werden mit den übrigen Abwässern vereinigt.

Die Reinigung der Abwässer darf sich im allgemeinen nicht auf rein mechanische Behandlung beschränken, sondern sie muß auch die gelösten Stoffe weitgehend beeinflussen. In erster Linie kommt hierfür wegen des hohen Gehaltes an Pflanzennährstoffen, und zwar an Kali- und Phosphorsalzen, nach entsprechender Vorreinigung die Verrieselung oder Verregnung auf drainierten Rieselwiesen oder Rieselfeldern von genügend großen Flächenausdehnungen oder die intermittierende Bodenfiltration in Frage. Ein stärkerer Säuregehalt der Abwässer ist bei der Anwendung dieser Verfahren durch Beigabe von Kalk oder, wo die Verhältnisse es gestatten, durch Beimischung von häuslichem Abwasser zu beheben.

Heitz[1] schlägt vor, die mit etwa 0,5 kg CaO je 1 m^3 Abwasser versetzten Flachsröstabwässer unter Umständen nach Vermischung mit bereits vorgereinigtem häuslichem Abwasser zu verregnen. Die Regenhöhe kann bis 15 mm, die jährliche Regenhöhe bis 400 mm betragen. Für je 100 m^3 Abwasseranfall je Tag braucht man 4 bis 8 ha drainierter Rieselfläche, bzw. 0,5 bis 1 ha Staufilter. Ein Zusatz von $^1/_3$ sauerstoffreichem Frischwasser zu $^2/_3$ Abwasser soll die noch übrigbleibende, sauerstoffzehrende Wirkung des verregneten Abwassers völlig beheben. Auf 1 ha Fläche können jährlich etwa 1000 bit 1500 m^3 Flachsröstwasser verregnet werden. Als Anbaufrüchte für berieselte und beregnete Flächen kommen in Frage Hanf, Gras, Pferdebohnen, Rüben, Roggen, Gerste, Senf und Hafer. Unter Berücksichtigung der Ersparung an Düngerkosten sowie der Erntesteigerung rechnet Heitz den wirtschaftlichen Nutzen mit 17,1 Pf/m^3 Röstwasser aus. Das auf biologischem Wege gereinigte Wasser sollte im Vorfluter mindestens die 4- bis 5fache Menge sauerstoffreichen Reinwassers vorfinden. Wo das nicht der Fall sein kann, muß der Ablauf zur weiteren Aufbereitung noch durch größere Teiche fließen, die bei etwa 3- bis 10facher Verdünnung als Fischteiche betrieben werden können. Meyer[2] hat mit der Behandlung von Flachsröstabwasser auf drainierten Stau- oder Bodenfiltern auch nach genügender Verdünnung keinen befriedigenden Erfolg gehabt. Bei einer Verregnung von 300 m^3 Abwasser auf einer Fläche von 50 ha nach einer Verdünnung mit der doppelten Reinwassermenge erzielte er nur einen 57%igen Reinigungsgrad. Er empfiehlt daher, die doppelte Fläche anzuwenden, entsprechend einer jährlichen Zusatzmenge von 1200 mm. Für die Beregnung eignet sich am besten Kartoffel-, Flachs- und Grünland. Sind die zur Verfügung stehenden Flächen nicht groß genug, so kann eine Entlastung durch eine Vorbehandlung durch chemische Fällung mit Ferrosulfat und Kalk (am besten

---

[1] Heitz: Kulturtechniker Bd. 28 (1949) S. 191.
[2] Meyer, J. H.: Jb. vom Wasser Bd. 8 (1938) S. 110.

mit zusätzlicher Belüftung) Abhilfe schaffen. Auch das künstliche biologische Verfahren (Behandlung auf Tropfkörpern) kann nach den bisher gemachten Erfahrungen für die Reinigung der Röstabwässer mit befriedigendem Erfolg benutzt werden. Bei der Anwendung dieses Verfahrens müssen die Abwässer sehr gut neutralisiert, mit der zwei- bis dreifachen Menge reinen Wassers verdünnt oder durch chemische Fällung vorgereinigt werden. Stehen genügende Mengen häuslichen Abwassers zur Verfügung, so kann durch diese Beimischung unter Umständen zugleich die erforderliche Neutralisation erreicht werden.

NOLTE wendet für die Reinigung der mit der 2- bis 3fachen Menge Reinwasser verdünnten Flachsröstabwässer das Magdeburger P-Verfahren an. Da der Gehalt an Stickstoff und Phosphat nicht ausreicht, muß ein geringfügiger Zusatz vor allem an Stickstoffverbindungen in Form von Ammoncarbonat oder Ammonphosphat gemacht werden. Bei einem BSB_5 des rohen Abwassers konnten die Belebungsbecken nach entsprechender Verdünnung mit 3700 g BSB_5/m^3 Belebungsraum belastet werden. Bei einem Abwasseranfall von 300 m^3/Tag muß das Belebungsbecken eine Größe von 450 m^3 haben. Nach sowjetischen Erfahrungen[1] kann man das Abwasser auch unverdünnt und ohne chemische Vorbehandlung nach dem Belebtschlammverfahren reinigen, wenn man bei Zugabe von 20% Belebtschlamm 9 Std. belüftet. In dieser Zeit nahm der BSB_5 um 90% ab. Bei der chemischen Fällung mit 0,7 bis 1 mg/l Schwefelsäure oder 2 bis 19 mg/l Salzsäure und 200 bis 700 mg/l Chlor erhält man bessere Werte als mit Eisensulfat.

In die städtische Kanalisation sollten Hanf- und Flachsröstabwässer nicht eingeleitet werden.

b) Wollwäschereien

Die in den Tuchfabriken eingelieferte Wolle ist meist mehr oder weniger stark verschmutzt. In der Schafwolle wurden gefunden:

	SCHULE und MAERKER	ULRICH G. KRÜGER
Wasser	10,83—23,48%	2—24%
Wollfett	7,17—14,66%	12—47%
Wollschweiß	20,50—22,98%	3—24%
Schmutz	2,93—23,44%	
Reine Wollfaser	20,83—50,08%	15—72%

Um die der Wolle anhaftenden Schmutzstoffe, wie vor allem Wollschweiß, Wollfett und andere Schmutzbestandteile, wie erdige Bestandteile, pflanzliche Verunreinigungen, ferner Staub und Kot, zu beseitigen, erfolgt eine oberflächliche Reinigung der Wolle meist schon auf dem Rücken der Tiere vor der Schur (rückengewaschene Wolle). Da es aber nicht möglich ist, allen Schmutz zu entfernen, erfolgt eine gründliche Reinigung der Wolle in der Fabrik auf den Wollwaschmaschinen (Leviathan).

[1] BELINSKY: Gesundh.-Ing. Bd. 64 (1941) S. 373.

Hierbei werden zunächst die in kaltem Wasser unter Zusatz von wenig Soda löslichen Bestandteile des Wollschweißes, bestehend aus Kaliseifen der Öl- und Stearinsäure und etwas Essig- und Baldriansäure, ferner Salze, wie Sulfate, Phosphate, Chloride und Ammonsalze mit den Abwässern entfernt. Dann wird die Wolle einer Waschung mit heißen alkalischen Lösungen, wie Seifenlaugen, Soda, Ammoniak in besonderen Waschmaschinen unterzogen. Bei Anwendung nicht ionogener Waschmittel vom Typus der Polyglykoläther erhält man einen einwandfreien Wascheffekt. Allgemein üblich ist bei den Wollwaschverfahren die Anwendung von 4 bis 6 hintereinandergeschalteten Waschbottichen, von denen der erste als Einweichgefäß, der nächste als eigentliches Waschgefäß unter Zusatz der Waschmittel und die übrigen als Spülbottiche dienen. Diese Trennung ermöglicht unter Umständen eine getrennte Behandlung der entfallenden Abwässer, besonders dann, wenn aus den konzentrierten Waschwässern das Wollfett gewonnen werden soll. Bei dieser Bearbeitung entstehen hochkonzentrierte Abwässer, in die je nach der Herkunft der Rohwollen, nach dem Grad der Wäsche der Schafe vor der Schur usw. 25 bis 60%, unter Umständen auch noch mehr, vom Wollrohgewicht an Nichtwolle, wie Wollfette, Schweiß, organischer und mineralischer Schmutz, in ungelöster, kolloider und emulgierter Form in die Wasch- und Spülwässer gelangen. Hinzu kommen noch die Zusätze an Waschmitteln, wie Soda, Seife, mitunter auch Öle zur Geschmeidigmachung der Wolle, die am Ende der Wäsche wieder abgespült werden.

Nach FABER[1] fallen je 1 kg Wolle gewöhnlich bis rund 100 l Abwasser an, das je nach der angewandten Menge Wasser eine stark schwankende Zusammensetzung haben kann.

Tabelle 39. *Zusammensetzung von Wollwaschwasser*

	Maximum	Minimum	Mittel
Fett . . . . mg/l	25800	3000	8650
Schwebestoffe . . . . mg/l	30300	2400	11520
Alkalinität . . . . mg/l	29400	3430	6780
Kaliumpermangantverbrauch 4 Std. bei 28 °C	7400	398	1830
BSB_5 . . . . mg/l	22000	1200	5500

Die anderen Angaben über den BSB_5 von Wollwaschabwasser schwanken zwischen 5000 und 6500 mg/l. McCARTHY[2] gibt die anfallende Abwassermenge bei der Wollwäsche mit 8,3 bis 12,5 im Mittel mit 10,4 m³ Abwasser je t Wolle an.

Für eine Wollwäscherei gibt KUISEL[3] einen Abwasseranfall von 40 m³ je t Rohwolle mit einem Einwohnergleichwert von 2000 bis 3000 an.

[1] FABER, H. A., u. P. F. HOWARD: Water and Sew. Works Bd. 93 (1946) S. 467.
[2] McCARTHY, J. A.: Sew. Works Journ. Bd. 21 (1949) S. 85.
[3] KUISEL, H. F., u. R. OTT: Textilrundschau (1952), H. 5.

Je t Ware werden in den Abwässern 350 bis 400 kg Gesamtschmutzstoffe abgeschieden, von denen bis 200 kg je t organische Stoffe sind.

Die in den Wollwäschereien anfallenden Abwässer sind stark trübe, von schmutzig gelber Farbe. Sie haben eine alkalische Reaktion und sind durch organische und anorganische Stoffe stark verschmutzt. In einem schwachen Vorfluter können sie arge Mißstände hervorrufen. Sie verleihen dem Wasser eine sehr starke Schaumkraft, die dann an Abstürzen, Wehren und Mühlenrädern immer erneut auftritt. Durch ihren Gehalt an Soda und fetthaltigen Stoffen können sie der Fischerei bzw. der Fischzucht durch Einfluß auf die Befruchtung der Eier schädlich werden. Nachdem sie den Sauerstoff im Vorfluter verbraucht haben, gehen sie bei ungenügender Verdünnung in stinkende Fäulnis über und verleihen dann besonders kleineren Vorflutern durch eine grauschwarze Färbung und stinkenden Geruch das häßliche Bild eines Abwassersammlers, in dem infolge Sauerstoffmangel jedes Leben erstickt ist.

Die in Wollwäschereien anfallenden Abwässer enthalten als wertvolle verwertbare Stoffe das für Pharmazie und Kosmetik wichtige Wollfett, das in gereinigtem Zustand als Lanolin in den Handel kommt und als Salbengrundlage früher eine sehr verbreitete Anwendung fand, und das Kaliumcarbonat. Die Rückgewinnung des Wollfettes ist eine Preisfrage, doch dürfte die Gewinnung des Wollfettes in Deutschland stets lohnend sein.

Die Verarbeitung der noch fetten Laugen auf Kaliumcarbonat bedingt das Eindampfen der Lauge. So sehr diese weitgehende Reinigungsart im Interesse der Reinhaltung unserer Flüsse erwünscht ist, ist sie doch nicht immer lohnend. Da sich diese Rückgewinnungsmöglichkeit auch nur auf die ersten Konzentrate erstreckt, während die Spülwässer wegen der stärkeren Verdünnung nicht in Frage kommen, wird sie nur noch selten durchgeführt. Eine direkte Verwendung der in den Abwässern durch die Kali- und Phosphorsalze enthaltenen Dungwerte durch Verrieseln der Abwässer ist wegen des hohen Fettgehaltes der Abwässer, der den Boden undurchlässig machen würde, nicht möglich. Die aus der Wollwäscherei kommenden Abwässer müssen zunächst durch Absetzbecken von Sand, Dreck und Staub und anderen ungelösten Stoffen und durch Feinsiebe oder Siebtrommeln von mitgerissenen Wollfasern befreit werden. Zur Unterstützung des Absetzvorganges wird je Kubikmeter etwa 1 kg Kalk zugegeben.

α) *Reinigung der Wollwaschwässer mit chemischen Fällungsmitteln*

Schwefelsäure. In vielen Wollkämmereien erfolgt die Zersetzung der stark alkalischen Abwässer mit Schwefelsäure. Für die Wirtschaftlichkeit der Zerstörung der Emulsion durch Schwefelsäure und die Ausfällung des Wollfettschlammes ist es erforderlich, daß täglich mindestens die Waschwässer von drei Waschmaschinen zur Verfügung stehen. Das im Abwasser enthaltene Wollfett zusammen mit den Seifen und Fettsäuren und den gesamten Schmutzstoffen und feinem Sand scheidet sich nach der Zugabe der Schwefelsäure in Form eines Fettschlammes ab.

Die Abscheidung erfolgt entweder in säurefesten Beton- oder in Eisenbehältern, die mit einer Säureschutzschicht ausgekleidet sind oder auch in gußeisernen Behältern mit einem Fassungsvermögen von 8 bis 10 m³. Zum Abscheiden verwendet man am besten Abfallsäure oder technische Schwefelsäure von 60 °Bé, die vor ihrer Zugabe auf 6 bis 8 °Bé verdünnt wird. Das im Abwasser enthaltene Fett scheidet sich nach der Zugabe von Schwefelsäure und inniger Vermischung als Fettschicht oben auf der unteren säurehaltigen Abwasserschicht aus. Der wäßrige Anteil wird durch Stufenhähne abgelassen. Er kann nach Neutralisation mit Kalk und Durchgang durch weitere Absetzbecken, in denen die Schwefelsäure als Gips wieder abgeschieden wird, in den Vorfluter abgelassen werden. Die obere Fettschlammschicht wurde früher in hydraulischen Pressen möglichst vom Wasser befreit. Die Masse wurde dann bei 180 bis 200° ausgeschmolzen und nochmals abgepreßt. Der in den Pressen zurückbleibende schmierige Rückstand wird mit Benzin extrahiert. Der Rückstand von der Benzinextraktion wird als Düngemittel verwertet. Das gewonnene Rohfett wird auf reines Wollfett verarbeitet.

Nach dem vorbeschriebenen *Schwefelsäurecrackverfahren* behandelt auch die Stadt Bradford in England das städtische Abwasser, das zum größten Teil aus Wollwaschwasser besteht. Das gesamte städtische Abwasser wird mit Schwefelsäure versetzt, bis es gegen Methylorange sauer reagiert. Das angesäuerte Wasser wird in Becken eine Zeitlang langsam gemischt. Hierbei scheidet sich das Fett allmählich auf der Oberfläche ab und kann leicht abgeschöpft werden. Das entfettete Abwasser wird mit Ferrosulfat als Flockungsmittel ausgefällt, in Absetzbecken geklärt und schließlich auf Tropfkörpern oder durch Belebtschlamm gereinigt. Der bei der chemischen Fällung gewonnene Schlamm wird in großen Kesseln erwärmt und dann in Pressen ausgepreßt; dabei trennt sich in den Auffanggefäßen das Wasser selbsttätig vom Fett. Zur biologischen Nachreinigung dienen aus Steinkohle aufgebaute Tropfkörper von 1,8 m Höhe, 1,50 m Breite und 19 m Länge. Die Verteilung des Wassers erfolgt durch Wandersprenger. Bei der Säurebehandlung schadet es nichts, wenn beim Waschprozeß ein großer Teil der Seife durch andere Reinigungsmittel ersetzt ist.

Kalkmilch. Da bei der Abscheidung des Wollfettes stark saure Abwässer anfallen, die durch Zusatz von Kalk neutralisiert werden müssen, hat man die Ausflockung der Abwässer auch direkt mit Kalk durchgeführt. Der in Absetzbecken abgeschiedene Schlamm wird auf Trockenbeeten getrocknet und kann dann zur Fettgewinnung extrahiert werden. Um die im Wollwaschwasser enthaltenen Seifen und Fette wiederzugewinnen, mischt TUPHOLME[1] das Abwasser mit feinstverteiltem Kalk oder Kalkmilch, die so bemessen sein muß, daß sie auch die Seifen erfaßt. Dann wird in die Mischung Kohlensäure eingeblasen. Das sich bildende Calciumcarbonat schlägt die in feinster Suspension vorhandenen Fette als Schlamm nieder. Die Reinigungswirkung kann noch durch Zugabe von FULLER-Erde, Bentonit oder durch Zugabe sorgfältig dosier-

[1] TUPHOLME, C. H. S.: Industr. Engng. Chem. News Edit. Bd. 17 (1939) S. 789.

ter Salze, wie Aluminiumsulfat, Calcium- oder Magnesiumchlorid oder -sulfate oder Ferrosulfat gesteigert werden. Aus dem abfiltrierten und getrockneten Schlamm wird das Fett durch Lösungsmittel (Benzol oder Toluol) extrahiert. Das Filtrat wird gekocht, wobei sich das in Lösung gegangene Calciumbicarbonat als Carbonat abscheidet. Das hierbei anfallende zweite Filtrat kann in die Wollwaschmaschine zurückgeleitet werden. Durch die Wiederverwendung im Kreislauf reichert sich die Lösung allmählich an Pottasche an, die von Zeit zu Zeit in Eindampfanlagen wiedergewonnen werden sollte.

Verschiedene Verfahren. Das DRP 656111 der Hansawerke Lürmann, Schütt & Co., Hemelingen vom 29. Januar 1938 beschreibt ein Verfahren zur Aufbereitung von Abwässern aus Wollwäschereien, die Waschmittel mit erhöhter Seifenbeständigkeit enthalten, gekennzeichnet dadurch, daß eine aufeinanderfolgende Behandlung mit Schwefelsäure und Alkali vorzunehmen ist. Für die alkalische Behandlung wird Kalk empfohlen.

Ein in Australien viel benutztes Verfahren zielt darauf hin, die die Emulsion bildenden, als Schutzkolloide wirkenden gelatineartigen Stoffe zu zerstören. Im Jahre 1936 untersuchte FABER[1] vom Chlorine Institute New York die Zerstörung der Emulsion durch Zugabe von Chlor(gas) in Verbindung mit Vorbelüftung. Von 1943 an ersetzte er das gasförmige Chlor durch Calciumhypochlorit. Dieses entfernte die Fette bis auf 95 bis 98%, von denen sich 80% gewinnen ließen. Der BSB_5 geht durch diese Behandlung von 5000 bis 6500 mg/l auf etwa 600 bis 700 mg/l herunter, wobei der restliche BSB hauptsächlich durch die im Abwasser verbleibenden Stickstoffverbindungen bedingt wird.

Ein auf der Anwendung von Calciumchlorid und Kohlensäure (aus Verbrennungsgasen) bei einem p_H-Wert von 8,3 beruhendes Verfahren, unter gleichzeitiger Anwendung von Kartoffelstärke und Calciumchlorid, wobei man von der Hoffnung ausging, daß die Stärke als Impfkeim für die Ausflockung wirken werde, ist einige Zeit von McCARTHY[2] ausprobiert. Hierbei weist er darauf hin, daß sich die zunehmende Verwendung von nicht ionisierten Waschmitteln in der Zusammensetzung der Abwässer immer mehr und mehr auswirkt. In vielen Fällen wird die Seife bereits zu 50% durch die nicht ionisierten Weichmachungsmittel ersetzt. In großen Wollwäschereien, in denen die Seife zum größten Teil oder sogar ganz durch diese nicht ionisierten Waschmittel ersetzt ist, soll eine bessere Gewinnung der Fette erzielt werden als früher.

β) Reinigen der Wolle durch Gefrierenlassen

Bei dem vorwiegend als Vorreinigung anzuwendenden Gefrierverfahren wird die gesamte Wolle durch Räume geleitet, die auf eine Temperatur von — 38° bis — 51 °C abgekühlt sind. Das auf der Faser sitzende Fett mit Schmutz gefriert hierbei und läßt sich dann in besonderen,

[1] FABER, H. A., u. P. F. HOWARD: Water and Sew. Works Bd. 93 (1946) S. 467.
[2] McCARTHY, J. A.: Sew. and Ind. Wastes Bd. 22 (1950) S. 801.

ebenfalls unterkühlten Maschinen abklopfen. Der abgeklopfte fetthaltige Staub wird in Zyklonen aufgefangen und weiter behandelt. Wenn auch durch dieses Verfahren 60 bis 94% der organischen Verschmutzungen und 30 bis 70% des Fettes von der Wolle entfernt wurden, so hat sich dieses Verfahren doch nicht weiter einbürgern können, da die Wolle hinterher noch stets dem normalen Waschprozeß unterworfen werden mußte, wobei allerdings dann das anfallende Waschwasser eine nicht so starke Verschmutzung aufwies.

γ) Reinigung durch Zentrifugen

Für die Gewinnung des wertvollen Wollfettes durch hochwertige Zentrifugen muß das Abwasser vorher durch Separatoranlagen oder durch Absetzbecken mit mechanischer Ausräumung von Staub, Erde, Fasern und anderen Schwebestoffen befreit werden. Für diese Zwecke werden die Schälzentrifugen von Escher-Wyss, Ravensburg oder die besonderen Wollfettzentrifugen von Ramesohl & Schmidt, Oelde oder die hochtourigen Zentrifugen der Bergedorfer Eisenwerke, Hamburg oder die ebenfalls hochtourigen Zentrifugen von C. Padberg, Lahr i. Schwarzwald (s. Abb. 137a) und die CHARPLES-Zentrifugen angewandt. Das auf je nach Art der Zentrifuge 70 bis 95 °C erwärmte Abwasser wird durch die Zentrifugen, die bis zu 30000 Umdrehungen haben, geschickt. Hierbei fließt ein verhältnismäßig reines Wollfett ab. Nachteilig ist der hohe Kraftbedarf und die verhältnismäßig geringe Leistungsfähigkeit der einzelnen Zentrifugen. Bei größeren Fabriken sind stets Reihen von Zentrifugen nötig, was bei dem hohen Preis und dem Verschleiß so hochtouriger Zentrifugen erhebliche Kosten erfordert (s. Abb. 137b). Aus diesem Grunde sollte man eine Trennung der einzelnen Spülwässer durchführen und nur die stärker verschmutzten reinen Waschwässer und die ersten Spülwässer durch die Zentrifugen schicken. Da mit der Wollzentrifuge nur ein Teil des in den Abwässern enthaltenen Fettes

Abb. 137a. Schnellzentrifuge zur Entfettung von Wollwaschwasser (Fa. C. Padberg, Lahr)

ausgeschieden werden kann, und ein großer Teil mit dem von der Zentrifuge abfließenden Abwasser verloren geht, so ist die Ausbeute verhältnismäßig gering. Aus diesem Grunde ist das Zentrifugenverfahren nur dann ratsam, wenn die Wollwäsche gleichzeitig im Kreislauf (nach dem sog. DURAMEL-Verfahren), d. h. mit dem eigenen Wollschweiß betrieben wird, wobei die von der Zentrifuge abfließende Flotte der Wäsche wieder zufließt. Bei diesem durch die DRP 513094 und 526351 der Leipziger Wollkämmerei geschützten Kreislaufverfahren wird durch die automatische Ausnutzung der Waschkraft der Wollschweißsalze eine Waschmittelersparnis von mindestens 40% und eine höhere Fettausbeute erzielt.

Abb. 137b. Teil einer Zentrifugenanlage zur Lanolingewinnung (Fa. C. Padberg, Lahr)

Um die oft teure Reinigung der Wollwässer zu umgehen, hat KING[1] Versuche durchgeführt, die große reinigende Wirkung des Wollschweißes durch Waschen mit fettfreier Wollschweißflüssigkeit ohne Zusatz eines anderen Reinigungsmittels auszunutzen. Man wird künftig eine wirksamere Reinigung der gebrauchten Wollwaschwässer durchführen können, wobei das Crackverfahren mit Schwefelsäure ausscheidet, da hierdurch die reinigende Wirkung des Wollschweißwassers zerstört wird, Die vom Fett und Schmutz befreiten Abwässer werden im Kreislauf zum heißen Einweichen benutzt.

δ) Verdampfung mit nachfolgender Zentrifugierung

Das von SCHMIDT und LEACH eingeführte Verfahren sieht die Konzentrierung der Abwasser in einem vierfach Vakuumverdampfer vor und gibt dann das fetthaltige Konzentrat heiß über eine Spezialzentrifuge, in der rund 90% des Fettes entfernt werden. Die übrigbleibende wäßrige Flüssigkeit hat 16 bis 18% Kaliumcarbonat und wird zur Gewinnung der Pottasche eingedampft und verbrannt. Das

[1] KING, A. T.: Z. angew. Chem. Bd. 44 (1931) S. 156.

bei der Vakuumverdampfung erhaltene destillierte Wasser wird als Waschwasser benutzt, wodurch eine 14%ige Ersparnis an Seife erzielt wurde. Dieses Verfahren eignet sich besonders für fettreiche Wollen.

ε) Reinigung durch Druckluft

Die Ausscheidung des im Abwasser emulgierten Fettes läßt sich auch durch Preßluft in sehr feiner Verteilung in ähnlicher Weise wie in den belüfteten Ölfängern durchführen. Das von ungelösten Stoffen, wie Staub, Haare und Erde, durch Absetzbecken und Siebe befreite Abwasser wird in belüftete, mit Koks gefüllte Tauchkörper geleitet. Die Luftzufuhr erfolgt durch am Boden liegende feste Rohre oder besser durch Pendelrohre, da diese eine wirtschaftlichere Ausnutzung der zugeführten Luft gestatten.

Ähnlich wie bei den Flotationsvorgängen wird das im Wasser enthaltene Fett in Form eines dichten Schaumes an die Oberfläche befördert, von der es durch das Umwälzgefälle an den Rand des Tauchkörpers getrieben wird. Hier streifen dann Paddel- oder Schaufelräder (s. Abb. 138a) den Schaum in eine Rinne ab, die den Schaumschlamm zur Aufbereitungsanlage befördert.

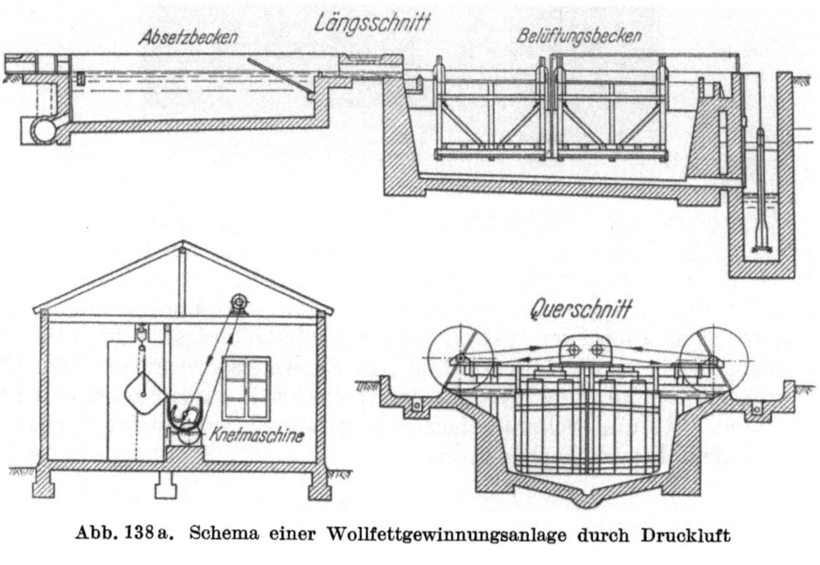

Abb. 138a. Schema einer Wollfettgewinnungsanlage durch Druckluft

In der Aufbereitungsanlage wird der schaumige Schlamm, der etwa 80% Wasser enthält, in einer Knetmaschine unter Zugabe geringer Mengen Schwefelsäure verdichtet. Das hierbei gewonnene Rohfett hat noch 20 bis 30% Wasser. Es ist bereits sehr rein und kann leicht auf reines Wollfett verarbeitet werden. Abb. 138b zeigt die Kläranlage Kettwig, wo das Verfahren mit gutem Erfolg angewandt wird. Der Vorteil gegenüber den bisher geschilderten Verfahren liegt in einer größeren Reinheit des gewonnenen Rohfettes, vor allem gegenüber dem beim Crackverfahren mit Schwefelsäure direkt aus dem Abwasser gewonnenen Fett.

Abb. 138b. Wollfettgewinnungsanlage mit Hilfe belüfteter Tauchkörper auf der Kläranlage Kettwig des Ruhrverbandes. Rechts das Absetzbecken mit Fangsieb für Fasern, in der Mitte die Belüftungsanlage und im Häuschen die Knetmaschine zum Abscheiden des Rohfettes

Bei dem BARBER-Verfahren[1] wird auch das Fett durch besondere Apparate (BARBER-Röhren) verschäumt und dann in besonderen Autoklaven vom Wasser getrennt.

ζ) *Extraktion durch Lösungsmittel*

Bei Anwendung vom Lösungsnitteln wird die Wolle vor der eigentlichen Wäsche mit Schwefelkohlenstoff, Benzin, Trichloräthylen, Tetrachlorkohlenstoff oder Petroläther extrahiert und aus den Auszügen das Wollfett durch Abdestillation des Lösungsmittels gewonnen. Die dann noch bei der Wollwäsche entstehenden, fast wollfettfreien Abwässer lassen sich durch Verrieseln oder in Mischung mit häuslichem Abwasser durch die bekannten biologischen Reinigungsverfahren behandeln.

Die Reinigung des Wollfettes erfolgt nach verschiedenen patentierten Verfahren, deren Prinzip meist in einer Ausscheidung der verseifbaren Fette und einer oxydativen Zerstörung der Geruchs- und Farbstoffe besteht, wobei aber besondere Abwässer nicht anfallen.

η) *Weiterbehandlung der Abwässer durch anaerobe Behandlung*

Da mit den bisher beschriebenen Verfahren eine wirtschaftlich befriedigende Lösung nicht erzielt werden konnte, schlägt SINGLETON[2] in den Fällen, in denen eine Gewinnung des Wollfettes sich nicht lohnt, vor, die dicken, stark braungelb getrübten Wollwaschwässer, die das Fett und die übrigen organischen Substanzen in hochdisperser Form ent-

[1] The Industrial Chemist (1932), S. 175.
[2] SINGLETON, M. T.: Sew. and Ind. Wastes Bd. 21 (1950) S. 286.

halten, durch einen anaeroben biologischen Prozeß zu behandeln. Das in einer 2 m³ großen Versuchsanlage über einen längeren Zeitraum zu den Faulversuchen benutzte Abwasser hatte 28000 mg/l organische Stoffe, von denen 11000 mg/l Fett waren, und einen mittleren BSB_5 von 10000 mg/l. Die zunächst durch die Angewöhnung des Faulschlammes an das neue Medium auftretenden Schwierigkeiten gingen mit der stärkeren Entwicklung des Schlammes zurück. Bei einer über dreiwöchentlichen Aufenthaltszeit konnte der Faulraum mit 960 g organischer Substanz je Kubikmeter Faulraum belastet werden. Die erzeugte Methan enthaltende Gasmenge schwankte zwischen 530 bis 870 l/kg organische Substanz. Die organische Substanz wurde bei den mit Umwälzung versehenen Faulräumen um 65% und das Fett zu 90% abgebaut. Bei einer 20tägigen Aufenthaltszeit konnte später die Belastung auf 1600g/m³ organische Substanz/m³ Faulraum gesteigert werden. Das durch die weitgehende Ausfaulung vorgereinigte Abwasser kann dann durch natürliche oder künstliche biologische Verfahren aerob weiter gereinigt werden.

ϑ) Behandlung der übrigen Abwässer

Zur weiteren Reinigung müssen die meist sauren Abwässer zunächst neutralisiert und dann durch eine chemische Fällung vorgereinigt werden. Hierbei bereitet die meist ständig wechselnde Beschaffenheit der Abwässer bei der richtigen Bemessung der Fällungschemikalien oft große Schwierigkeiten, so daß eine dauernde sachkundige Überwachung erforderlich ist. Die auch nach der chemischen Fällung oft noch stark verschmutzten Abwässer können, wenn genügend Flächen geeigneten Bodens zur Verfügung stehen, auf Rieselfeldern oder Staufiltern weiter gereinigt werden. Auch die künstliche biologische Reinigung auf Tropfkörpern oder durch das Belebtschlamm-Verfahren können bei guter Überwachung angewandt werden.

Nach BACH[1] wird das Abwasser einer großen Wolldeckenfabrik (täglich etwa 1800 m³), in dem außer erschöpften Farbbrühen viel Seife, gelöste organische Stoffe, Wollfasern und Öl enthalten sind und das hochgradig verschmutzt, verfärbt und trübe ist, wie folgt behandelt: Die Wollfasern werden zunächst in einem mechanischen Feinsieb (Siebtrommel) abgefangen und finden nach Spülung und Trocknung als Matratzenfüllstoff oder zur Schallabdichtung Verwendung. Das entfaserte alkalische Abwasser wird mit so viel Schwefelsäure versetzt, daß der p_H-Wert auf 6,0 zurückgeht und hierauf Aluminiumsulfat als Flockungsmittel hinzugefügt. Nach Vermischung mit diesem wird das Abwasser in Absetzbecken von etwa 2500 m³ nutzbarem Inhalt geleitet, in welchen die Abscheidung eines großen Teiles der Verunreinigungen als Schlamm unter teilweiser Entfärbung des Wassers stattfindet. Die so geklärte Flüssigkeit, die jedoch noch reichlich gelöste und kolloide, besonders aber sauerstoffzehrende Stoffe enthält, wird nunmehr zur Beseitigung der Fäulnisfähigkeit auf einem biologischen, intermittierend beschickten Sandfilter behandelt. Die Gesamtfläche der Sandfilteranlage beträgt

[1] BACH, H.: Melliands Textilberichte, Heidelberg (1936), Nr. 2.

etwa 1,6 ha. Der in den Klärbecken anfallende Schlamm wird auf drainierten Beeten von etwa 2000 m^2 Gesamtoberfläche entwässert.

c) Rohbaumwolle

Die Rohbaumwolle enthält etwa 5% natürliche Inhaltsstoffe, wie Baumwollwachs, Fettsäuren, Pektine, Eiweiß und stickstoffhaltige Farbstoffe, die alle entfernt werden müssen, weil sie die Beschaffenheit der Fertigwaren beeinträchtigen. Während die Rohwolle, besonders bei der Erzeugung von Verbandswatte noch vor dem Verspinnen von den Verunreinigungen befreit wird, pflegt man allgemein die Rohbaumwolle zunächst zu Garnen zu verspinnen und diese gegebenenfalls zu verweben, unter Umständen sogar noch mit gewissen Zusätzen, der sog. Schlichte, zu versehen, um dann erst die unerwünschten und bei der endgültigen Weiterverarbeitung, insbesondere bei der Färbung störenden Stoffe aus den Garnen oder Geweben zu entfernen.

Der Kettenfaden, der beim Weben einer starken mechanischen Beanspruchung unterworfen ist, wird durch eine Dispersion von gequollener Stärke oder einem sonstigen Klebmittel wie Leim, Celluloseäther usw. hindurchgezogen, so daß die einzelnen Fäden innig verklebt werden. Diese Schlichte muß vor den späteren Behandlungsverfahren der Tuche wieder durch eine Behandlung mit Enzymen wie Pankreas-Amylase bzw. Malzamylase, Bakterienamylase entfernt werden.

Die übrige unter der Sammelbezeichnung *Bleicherei* bekannte Behandlung der Baumwollgarne und -stücke umfaßt eine Reihe von „Bädern", in denen die Ware nacheinander mit (möglichst weichem) Wasser, Kalkmilch, verdünnten Säuren, Soda, Seife, Hypochloriten, abermals mit Säuren behandelt und schließlich mit reinem Wasser klargespült wird. Außer den Entschlichtungsbädern fallen alkalische Kocherlaugen, alkalische gebrauchte Chlorbäder, saure verbrauchte Säurebäder, alkalische Merzerisierungsbäder und große Mengen Spülwässer an. Die Menge der stoßweise anfallenden Kocherlaugen wird mit 4 bis 5 m^3, die der laufend anfallenden Spülwässer mit 400 m^3 je t verarbeiteten Materials angegeben.

Bei jeder dieser Behandlungsstufen fallen Abwässer an, die gemäß den in den Bädern verwendeten Chemikalien teils sauer, teils alkalisch sind. Die Baumwollwaschwässer enthalten neben vegetabilischen Fetten, Wachse, Harze, Stärke und Leime, die beim Kochen der Faser unter Druck in einer stark alkalischen Lösung von Soda und Ätznatron und anderen Chemikalien in Lösung gehen. Bei der Zusammenführung der Abfallflüssigkeiten aus den einzelnen Betrieben in ein gemeinsames ausreichend großes Becken wird zweierlei erreicht: gegenseitige Abstumpfung der Säuren und Alkalien, so daß ein meist nur geringer Überschuß an Alkali verbleibt, und als Folge dieser Aufeinanderwirkung die Ausflockung eines mehr oder minder großen Anteiles der anwesenden organischen Kolloide, also Abscheidung von Verunreinigungen als Schlamm. Die Zusammenführung der Abwässer der einzelnen Betriebe in einem Ausgleichs- und Klärbecken, das mit den erforderlichen Einrichtungen zum Ausbringen des anfallenden Schlammes ausgerüstet sein muß, wird in jedem Falle die erste Behandlungsstufe für Abwässer einer Großbleicherei bilden. Die weitere Behandlung des ausgeglichenen und entschlammten Abwassers hängt dann von dem Gehalt an noch anwesenden mineralischen und organischen Stoffen und den örtlichen, insbesondere den Vorfluterverhältnissen, ab. Es kommt je nach Lage des Falles in Betracht: kräftige Durchlüftung, Beseitigung des freien Chlors mit Thiosulfat oder einem anderen Entchlorungsmittel, Verrieselung auf sandigen Böden, Filtrierung durch adsorbierende Stoffe, wie Koks, Torf u. a. m., schließlich, bei noch hohem Gehalt an organischen Stoffen, künstliche biologische Reinigung auf Tropfkörpern, durch Schlammbelebung oder auf biologischen Staufiltern. Nur auf Grund genauer Untersuchung per Abwasserzusammensetzung und der örtlich gegebenen Möglichkeiten lassen sich Vorschläge für eine angemessene Behandlung des Abwassers machen. Besonderes Augenmerk ist bei Anlage des Entwässerungsnetzes der Bleicherei dem Kanalmaterial zu widmen. Die abzuführenden Abwässer sind meist aggressiv und können vor allem in städtischen Kanalisationen Betonrohre und mit Zementmörtel gefugtes Ziegelmauerwerk in kurzer Zeit zerstören. Am zweckmäßigsten sind Steinzeugrohre, bei denen jedoch für geeignete Dichtung der Stoßfugen zu sorgen ist, wenn heiße Abwässer zum Abfluß gelangen. Bei Einleitung in die städtische Kanalisation muß die Reaktion der abfließenden Abwässer laufend durch ein registrierendes p_H-Meßgerät überwacht werden. Die Temperatur darf nicht über $+30\,°C$ sein.

Ist mit der Bleicherei eine Garn- oder Stückfärberei verbunden, so wird es sich meist empfehlen, auch die erschöpften Farbbrühen und Beizbäder dem gemeinsamen Klärbecken zuzuleiten. Ein Teil der Farbstoffe wird hierbei mit dem ausfallenden Schlamm niedergerissen und der Rest durch Wasserzugabe so weit verdünnt, daß, wenn nötig, eine weitere Behandlung bis zur völligen Entfärbung jedenfalls erleichtert wird. Weiteres siehe unter Färbereien und Zeugdruckereien auf S. 459. Um die anfallende Abwassermenge möglichst niedrig zu gestalten, sollte stets von Zeit zu Zeit eine Überprüfung des gesamten Wasserwirtschaftsplanes durchgeführt werden, damit die Wässer dort, wo die Möglichkeit dazu besteht, möglichst lange im Kreislauf gehalten werden. Durch eine verstärkte Wiederverwendung der Spülwässer im Betrieb oder zum Ansetzen der neuen Bäder lassen sich oft die Kosten für die Herstellungsverfahren und für die Behandlung der Abwässer erheblich erniedrigen. Auf Dialysen beruhende Verfahren werden zur Wiedergewinnung der stark kaustischen Lösungen benutzt.

d) Rohseide

Die Rohseide wird durch Kochen der von der Raupe zu Kokons versponnenen Faser in konzentrierten Seifenlösungen von dem sog. „Serecin“ und den gummösen Stoffen, welche die Rohfaser umgeben, befreit und dann in lauwarmem Wasser, das mit Soda leicht alkalisch gemacht wird, gespült, um ein Niederschlagen von Kalkseifen auf den

Fasern zu verhindern. Schließlich wird in kaltem Wasser nachgewaschen. Diese weniger verschmutzten Waschwässer werden zur Wasserersparnis zum Ansetzen der ersten Seifenbäder benutzt. Das Gesamtabwasser der Seidenkocherei, das neben den schon genannten organischen eiweißhaltigen Stoffen, Seifen, Netz- und Waschmitteln, den Seidenleim, auch den natürlichen Farbstoff der Rohseide, mitunter auch Reste des Koköninhaltes und abgetötete Raupen enthält, bildet eine in der Regel sehr konzentrierte braune, seifige Flüssigkeit von oft gallertartiger Beschaffenheit mit hohem Gehalt an organischen Stoffen, die schon im frischen Zustand übel riecht und in kurzer Zeit in stinkende Fäulnis (Geruch ähnlich faulendem Schweinemist) verfällt. 7 bis 9 kg durch Wasserdampf behandelter Kokons ergeben 1 kg Rohseide. Für je 100 kg gewonnener Reinseide pflegen etwa 1,5 bis 2 m^3 einer solchen dicken Brühe anzufallen, in der neben den organischen Verunreinigungen 25 bis 30 kg und mehr Seife enthalten sein können. Das Entbasten kann auch auf enzymatischem Wege mit proteolytisch wirkenden Produkten vorgenommen werden.

Nach KUISEL[1] fallen bei der Seidenkocherei sogar je t Ware 30 bis 50 m^3 Abwasser mit einem Einwohnergleichwert von 2000 bis 3000 an. Diese Abwässer enthalten je t Ware 250 bis 350 kg Gesamtschmutzstoffe, von denen bis 250 kg organischer Natur sind. Die Behandlung der Seidenkochereiabwässer geschah früher meist durch Fällung mit Aluminiumsulfat oder Ferrosulfat, wodurch der Hauptteil der Verunreinigungen als Schlamm soweit ausgeschieden werden konnte, daß das resultierende, noch immer stark fäulnisfähige „Klarwasser" auf Land verrieselt oder auf künstlichen biologischen Körpern gereinigt werden konnte. Diese Behandlungsweise ist indes aus zweierlei Gründen unvorteilhaft: Zunächst ist hierbei der Verbrauch an Fällungschemikalien sehr groß und, was vielleicht noch mehr ins Gewicht fällt, der anfallende Schlamm bildet einen zähen, schwierig austrocknenden Brei, dessen mechanische Entwässerung sich nur durch sehr dünnes Ausbreiten auf sandigen Flächen ermöglichen läßt. Richtiger ist es vielleicht, die Kochbrühe unmittelbar einem Ausfaulprozeß am besten dem Schnellfaulverfahren zu unterwerfen, was nach Zersetzung der organischen Stoffe die weitere Behandlung durch anschließende biologische Verfahren jedenfalls erleichtern dürfte.

RATH[2] verwendet die anfallenden Bastseifenlösungen in der Seidenfärberei als Egalisiermittel, nachdem das Bastseifenbad durch Säurezusatz gebrochen wurde. In dem gebrochenen Bastseifenbad werden die ausgeschiedenen Fettsäuren durch die gelösten Eiweißkörper in feinster Dispersion gehalten.

Auch bei der Weiterverarbeitung der Seide fallen erhebliche Mengen, wenn auch dünnere Abwässer an, welche die bei der Zurichtung der Seidengarne und -stücke verwendeten Stoffe, wie Öle, Seifen, Chemi-

[1] KUISEL, H. F., u. R. OTT: Textilrundschau 1952, H. 5.

[2] RATH, H.: Lehrbuch der Textilchemie, 2. Aufl., S. 268. Berlin/Göttingen/Heidelberg: Springer 1963.

kalien verschiedener Art, Farbstoffe, aber auch unter Umständen beträchtliche Mengen Seidenfasern enthalten. In einem amerikanischen Werke, das 3200 Angestellte und Arbeiter beschäftigt, war man in langjährigen, vielfach von Mißerfolgen begleiteten Versuchen bestrebt, das zweckmäßigste Verfahren zur Reinigung des Abwassers zu ermitteln. Täglich fallen dort im Durchschnitt etwa 6700 m³ Abwasser an, in welcher Menge allerdings auch die Abläufe einer angeschlossenen Papierfabrik mit enthalten sind. Das Abwasser wurde nach BACH[1] zunächst in Absetzbecken von zusammen etwa 20000 m³ nutzbaren Inhaltes geklärt und dann durch Feinsiebe geschickt, welche die noch verbliebenen Fasern usw. weitgehend abfingen. Das so von mechanisch abscheidbaren Verunreinigungen so gut wie möglich befreite Abwasser wurde dann biologisch auf einem Tropfkörper zu Ende gereinigt. Zur Zeit ist diese Reinigungsstufe erst für einen Teil des Abwassers ausgebaut, um weitere Erfahrungen zu sammeln. Der in den Klärbecken anfallende Schlamm wird auf drainierten Beeten bis zu einem Wassergehalt von etwa 85% herunter entwässert, worauf die Masse ausgestochen und weggekarrt werden kann.

Die ausgenutzten Seifenbäder der Seidenfabriken kann man noch heiß mit Ferrosulfatlösung fällen. Man sammelt dann das an der Oberfläche der Flüssigkeit sich abscheidende Gemenge von Eisenseife, Fettsäuren und aus der Seide stammenden Stoffen und erhitzt dasselbe mit Schwefelsäure von 15 °Bé. Die so erhaltenen Fettsäuren werden zur Herstellung von Seifen verwandt, die erhaltene Sulfatlösung dagegen zur Fällung neuer Mengen Seidenabwasser benutzt. Nach TURPIN[2] werden zur Fällung von Seidenabwasser 200 mg/l Ferrosulfat und 240 mg/l Kalk verbraucht. Die Mischung wird etwa 20 bis 30 min lang belüftet und dann noch 30 min lang in einem Flockungsbecken behandelt, ehe man den ausgeschiedenen Eisenhydroxydschlamm, der auch die adsorbierbaren Schmutzstoffe enthält, in bekannten Absetzbecken mit laufender Schlammausräumung und zweistündiger Aufenthaltszeit weiter behandelt. Bei der Prüfung der Frage, welche Menge Seidenfabrikationsabwasser mit häuslichem Abwasser ohne Schädigung der biologischen Anlagen gemischt und in die städtische Kanalisation aufgenommen werden kann, zeigte es sich, daß die Menge der Abkochlauge nicht mehr als 6% der gesamten übrigen Abwässer übersteigen darf. Eine derartige Mischung enthält noch 150 mg/l Fett.

FOSTER[3] empfiehlt für die Abwässer eines Betriebes, der Seide und seidengemischte Produkte färbt, die aus konzentrierten Fabrikabwässern, säurehaltigen Abwässern, Kocherabwässern, kaustischen Abwässern und verdünnten Färbereiabwässern bestehen, folgende Behandlung. Die Abwässer werden in einem als Ausgleichsbecken dienenden Absetzbecken mit zweistündiger Aufenthaltszeit gesammelt. Nach der mechanischen Reinigung gehen sie zu einem Behandlungsbecken, wo sie mit 0,8 kg aktiver Kohle je m³ etwa 5 min lang gemischt werden.

[1] BACH, H.: Melliands Textilberichte 1936, Nr. 2.
[2] TURPIN: Engng. News Rec. Bd. 109 (1932) S. 780.
[3] FOSTER: Industr. Engng. Chem. Bd. 27 (1935) S. 825.

Die Kohle wird abfiltriert und das Filtrat geht direkt in den Fluß. Die Kohle wird mehrere Male verwendet, ehe sie regeneriert wird. Durch die häufigere Wiederverwendung verringern sich die Kosten für das Verfahren erheblich. Durch die Behandlung mit aktiver Kohle wird der Sauerstoffverbrauch der Abwässer nur ganz unwesentlich verringert. In erster Linie wird eine Entfärbung der Abwässer durch Adsorption der Farbstoffe an die aktive Kohle erreicht.

Bei der Zinn-Phosphat-Silikatbeschwerung wird Zinn(IV)-hydroxyd auf der Faser fixiert, das mit dem Phosphat ein basisches Zinnphosphat bildet. Bei der Wasserglasbehandlung bildet sich dann ein Zinntrisilikat. Zur Wiedergewinnung des Zinns aus der Seidenerschwerung werden die Abwässer mit Kalk gefällt und der ausgeschiedene Schlamm in Absetzbecken bekannter Konstruktion gesammelt. Aus dem eingedickten Schlamm kann dann die Wiedergewinnung des Zinns erfolgen. Man kann aber auch das hydrolytisch gespaltene Zinnchlorid durch Rieseln über Kalkstein neutralisieren und als Zinnhydroxyd abscheiden.

e) Kunstseide- und Zellwollefabriken (Chemiefaserindustrie)

α) Viscoseverfahren

Der Rohstoff der Kunstseidenfabriken ist Sulfitzellstoff, der nach verschiedenen Verfahren auf Kunstseide verarbeitet wird. In den deutschen Fabriken wird überwiegend nach dem Viscoseverfahren gearbeitet, bei dem Cellulose, früher in Form der Baumwolle und heute besonders in Form von Buchen-, Fichten- und Strohzellstoff oder als Linters, durch Behandeln mit Alkali und Schwefelkohlenstoff in Xanthogenat übergeführt wird. Daraus wird durch Lösen in verdünnter Natronlauge eine dunkelbraune, sirupartige Flüssigkeit, die sog. Viscose, gewonnen, die als Spinnflüssigkeit Verwendung findet. Zur Erzeugung des Fadens wird diese Flüssigkeit durch feine Düsenöffnungen in ein aus verdünnter Schwefelsäure und Sulfat bestehendes Spinnbad gespritzt. Der hierbei entstehende Faden wird gewaschen und auf Spulen aufgewickelt oder in Strangform gebracht und dann weiteren Reinigungs-, Bleich-, Seif- und Waschprozessen unterworfen, bis schließlich nach dem Färben, Sortieren und Trocknen das fertige Produkt, die frühere Kunstseide und die Zellwolle oder Chemiefaser, entsteht.

Für die Umwandlung werden bedeutende Mengen Chemikalien benötigt, die restlos wieder aus dem Endprodukt ausgeschieden und in abgeänderter Form mit dem Abwasser abgeführt werden. Für je 1 t Zellstoff werden für die Herstellung von Viscoseseide und Zellwolle benötigt: 800 kg Ätznatron, 1100 kg Schwefelsäure, 290 kg Schwefelkohlenstoff, 49 kg Zinksulfat.

Der Wasserbedarf und der Abwasseranfall eines Viscosebetriebes sind sehr erheblich. Je nach der angewandten Betriebsweise werden zwischen 400 und 800 l Wasser je kg erzeugter Faser benötigt. An Abwässern fallen nach SANDER[1] die folgenden an, die in den modernen

---

[1] SANDER, P.: Jahresbericht der A. T. V. Essener Tagung 1951, S. 134.

deutschen Werken fast durchweg in getrennten Leitungen erfaßt und zur Kläranlage geführt werden:

1. *Alkalische Abwässer* aus der Dialysestation, der Viscoseherstellung, der Filtertücherwäsche, vom Anspinnen und Einsetzen der Spinndüsen und in manchen Fällen auch noch von der Entschwefelung und von der Naßentaschung des Kesselhauses.

2. *Saure Abwässer* aus der Spinnerei, vom Spinnbadkreislauf einschließlich der Spinnbadfiltration und aus den ersten Waschpartien des Spinngutes. Das wässerige Fällbad enthält 240—280 g/l Natriumsulfat und 12 g/l Schwefelsäure.

3. *Neutrale Abwässer* aus der Faserwäsche und der Nachbehandlung aus der Wasserenthärtungs- und Aufbereitungsstation von der Reinigung der Betriebsräume und dgl.

4. *Wirtschaftsabwasser* aus den Küchen- und sanitären Betrieben, den Abortanlagen, Bädern usw.

5. *Kühlwässer* aus dem Kesselhaus, den Verdampferstationen für das Spinnbad, den Kälteanlagen, der Klimatisierung und dgl.

Die Abwässer können Sulfide, Sulfate, Säuren, Hypochlorite, Seifen, Glucose, Hemicellulose, Viscosebestandteile, Schwefelkohlenstoff, Schwefelwasserstoff, freien Schwefel u. a. m. in gelöster, kolloider und ungelöster faseriger Form enthalten. Schädlich sind die an den Spinnmaschinen durch Abspritzen von Celluloseschleim entstehenden Abwässer. Sie enthalten etwa 0,2 bis 0,7 g/l Schwefelsäure. Weiter sind sehr unangenehm die bei den verschiedenen Waschvorgängen anfallenden natriumsulfidhaltigen Abwässer, die bei den vielen im Betrieb anfallenden sauren Abwässern leicht Geruchsbelästigungen ergeben. Im weiteren Gang wird mit Seife, mit verdünnter Salz- oder Schwefelsäure und mit Wasser gewaschen. Im allgemeinen haftet ihnen ein schwacher Geruch nach Schwefelwasserstoff und Schwefelkohlenstoff an. Wird die Kunstseide gefärbt, so kommen noch die verschiedenfarbigen Waschwässer der Färbereiabteilung dazu.

LIEBMANN[1] berichtet über die von der Bayerischen Biologischen Versuchsanstalt durchgeführten umfangreichen Untersuchungen, die Aufschluß über die biologischen und chemischen Wirkungen der Abwässer der Chemiefaserindustrie auf die untersuchten Vorfluter geben sollten. Bei den gleichzeitig durchgeführten Untersuchungen über die Eingruppierung der Abwässer nach Einwohnergleichwerten kommen LIEBMANN und OFFHAUS[2] zu dem Ergebnis, daß nach Durchführung verschiedener Reinigungsmaßnahmen in den Chemiefaserfabriken der Einwohnergleichwert je Tonne Chemiefaser nicht mehr mit 500 bis 700 Einwohnergleichwerten, sondern nur noch mit 300 bis 500 einzusetzen ist. Bei den Untersuchungen über den Einfluß des Zinksulfates in den Abwässern zeigt es sich, daß bereits ein Gehalt von 0,25 mg/l Zink sich auf die biologischen Verhältnisse hemmend auswirkt.

Im Interesse der Wirtschaftlichkeit der Produktion ist es notwendig, die in die Fabrikation hineingesteckten Chemikalien sowie die während des Prozesses entstehenden Nebenprodukte möglichst weit wieder zu gewinnen. Der an der Spinnmaschine entstehende Schwefelwasserstoff

---

[1] LIEBMANN, H.: Gas- und Wasserfach Bd. 104 (1963) S. 1222.

[2] LIEBMANN, H., u. K. OFFHAUS: Berichte der A. T. V. Bd. 16. München: Oldenbourg 1963, S. 71.

und Schwefelkohlenstoff wird abgesaugt und in einer Rieselanlage mit Abfallnatronlauge abgefangen, die dann zum Entschwefeln Verwendung findet.

Es gibt bis heute noch keine unbedingt bewährten, zuverlässig arbeitenden und wirtschaftlich tragbaren Verfahren zur Reinigung großer Mengen Kunstseidenabwässer. Was bis jetzt in dieser Hinsicht vorgeschlagen oder praktisch ausgeführt wurde, hat teils den Erwartungen nicht entsprochen, teils handelt es sich um Versuche, deren Brauchbarkeit erst nach längerer Zeit übersehen werden kann. Zweifellos ist es technisch möglich, die faserigen Stoffe in Feinsieben abzufangen, die sonst noch aufgeschwemmte Substanz allein durch Absetzwirkung ohne oder mit Flockungsmitteln als Schlamm abzuscheiden und das so erzielte Klärprodukt schließlich biologisch zu oxydieren, so daß es im Vorfluter keine Sauerstoffzehrung sowie keine Mißstände infolge Reduktionserscheinungen mehr auslösen kann. Jedoch erfordert gerade in letzterer Beziehung der meist hohe Gehalt der betreffenden Abwässer an Schwefelverbindungen einen bedeutenden Aufwand an Oxydationsenergie, die sich in entsprechender Größe der Bauwerke und der Betriebskosten auswirken muß, so daß die wirtschaftliche Tragbarkeit solcher Anlagen von Fall zu Fall unter Berücksichtigung aller örtlichen Verhältnisse sorgfältig geprüft werden muß.

Eine Patentanmeldung der Vereinigten Glanzstoffabriken, Teltow-Seehof, vom 29. September 1938 beschreibt ein Verfahren zur Rückgewinnung von Schwefel aus natronsulfidischen Abwässern der Viscosekunstseidenindustrie. Die mit der folgenden Zusammensetzung anfallenden schwefelhaltigen Abfallbäder

Freies Natriumhydroxyd	0,1 g/l
Natriumcarbonat	2,5 g/l
Natriumthiosulfat ($Na_2S_2O_3$)	1,5 g/l
Natriumsulfide	3,5 g/l
Hemicellulose	5,0 g/l

werden mit 25 g Natriumsulfat versetzt. Dann wird Schwefelsäure bis zur deutlich sauren Reaktion hinzugegeben. Der freigemachte Schwefelwasserstoff bleibt in der Flüssigkeit gelöst. Dann wird schweflige Säure eingeleitet, bis aller Schwefelwasserstoff umgesetzt ist; das ist der Fall, wenn die Flüssigkeit nach schwefliger Säure riecht. Schließlich wird der Gehalt an Schwefelsäure ergänzt bis 20 g H_2SO_4/l titriert werden. Dann wird auf 80° erwärmt und das ganze 15 Std. stehengelassen. Die über dem Schwefelschlamm stehende Flüssigkeit wird abgehebert und nach der Filtration in den Betrieb zurückgegeben. Um den Verlust wertvoller Chemikalien zu vermeiden, müssen die Betriebe auf die Rückgewinnung der eingesetzten Rohstoffe den größten Wert legen. In der Tab. 40 von BARKHOLT[1] ist eine Gegenüberstellung der wiedergewinnbaren und mit dem Abwasser verlorengehenden Stoffe gegeben.

Diese Rückgewinnung der Stoffe erfolgt durch eine Aufarbeitung des Spinnbades durch Verdampfung derart, daß man je t Abwasser

[1] BARKHOLT, H.: Kunstseide u. Zellwolle Bd. 25 (1947) S. 312.

Tabelle 40. *Gegenüberstellung der gewinnbaren und mit dem Abwasser verlorengehenden Stoffe* (nach BARKHOLT)

	Abfallstoffe insgesamt kg	im Betrieb zurückzuhalten kg	in der Klg. abzuscheid. kg	im Abwasser verbleiben kg
H_2SO_4	400	200 } durch Kristallisation	100	100
SO_3 als Na_2SO_4 u. $CaSO_4$	900	250 }	—	650 + 80 = 730
Natronlauge	100	80 } durch Eindampfung der Dyalysenabl.	20	—
Cellulosen	100	60 }	30	10
Schwefelwasserstoff .	10	—	8	2

rund eine t kristallisiertes Glaubersalz (entsprechend 250 kg SO_3) abscheidet und 200 kg Schwefelsäure in den Kreislauf zurückgibt.

Geht man nach SANDER von der normal zusammengesetzten Viscose aus, die rund 8% Cellulose, 7% Natronlauge und 83% Wasser enthält — hierbei ist der Schwefelgehalt unberücksichtigt geblieben — und von einem Fällbad mit 300 g/l Natriumsulfat und 145 g/l Schwefelsäure, so ergibt sich für 1 t Faser ein Verlust von 3,2 t Natriumsulfat und 1,5 t Schwefelsäure. Durch Aufstellung von Verdampfern kann erreicht werden, daß je t Faser nur noch 1,3 t Natriumsulfat und 0,5 t Schwefelsäure in die Abwässer abgelassen werden. Um die Verluste noch mehr zu verringern, wurde die Verdampfung verstärkt und eine Glaubersalzkristallisation eingerichtet. Hierdurch wurden die Verluste je t Faser auf 800 kg Natriumsulfat und 300 kg Schwefelsäure verringert.

Durch Abquetschen der Faserstränge im Dreiwalzenwerk können weitere Säuremengen gewonnen werden, die dem Fällbad zugeführt und mit diesem aufgearbeitet werden können. Auch die sog. Spritzsäure, das ist die nach der Berieselung des einmal abgequetschten Faserstranges mit Wasser beim Durchgang durch das zweite Dreiwalzenwerk (Streckwerk) anfallende Säure, kann erfaßt und ebenfalls mit dem Spinnbad aufgearbeitet werden. In Verbindung mit der Rückgewinnung des Schwefelkohlenstoffs können durch eine weitere heiße Wäsche des Stranges oder der geschnittenen Faser noch weitere Natriumsulfat- und Schwefelsäuremengen zurückgewonnen werden.

Ein vollständig neues Verfahren beschreibt SCHULZ[1] für die Abwässer der Sächsischen Zellwolle in Plauen. Diese Fabrik stößt im Tag 10000 m^3 Abwasser mit einem Gesamtgehalt von 43 t Glaubersalz und 6,5 t Schwefelsäure in die Weiße Elster ab. Durch die Einleitung der stark sulfathaltigen Abwässer in den Fluß wird der Salzgehalt mitunter bis an die Grenze des als betonschädigend bekannten Wertes von 300 mg/l Sulfat erhöht. Um die in den Abwässern der Zellwollefabrikation noch enthaltenen Werte wiederzugewinnen, hat er mit dem Weißelster-Verband ein Verfahren ausgearbeitet, bei dem mit der Reinigung des Abwassers die Rückgewinnung von konzentrierter Säure aus dem Natriumsulfat

[1] SCHULZ, G.: Wasserwirtsch. — Wassertechn. Bd. 2 (1952) S. 48.

und den Resten der freien Säure im Abwasser möglich ist. Unter Verwendung von Bariumverbindungen wird das gesamte Sulfat des Abwassers als Bariumsulfat ausgefällt und nach bekannten technologischen Arbeitsvorgängen auf Schwefelsäure und Bariumverbindungen aufgearbeitet,

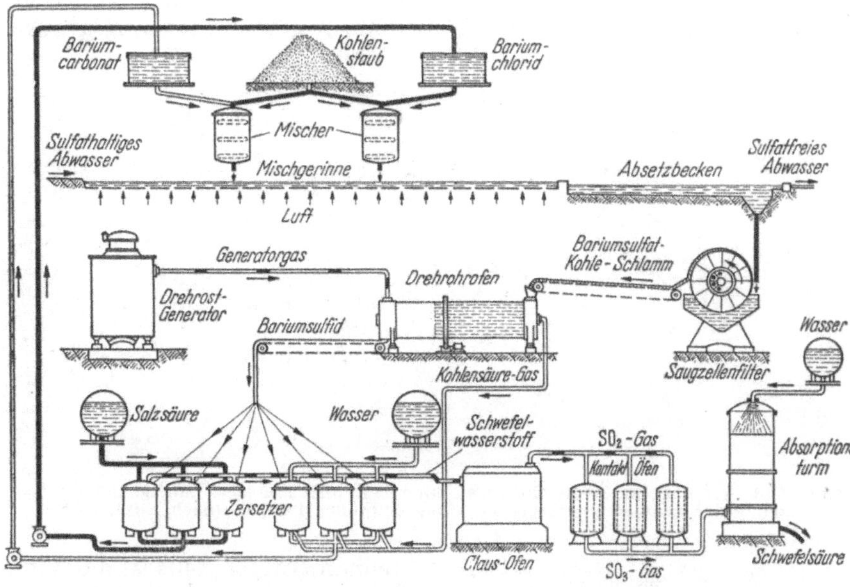

Abb. 139. Schema der Aufbereitung von Viscoseabwässern

die wieder im Kreislauf verwandt werden. Gemäß dem in der Abb. 138 dargestellten Schema beruht das Verfahren im einzelnen auf folgenden Arbeitsgängen:

1. Fällung der freien Schwefelsäure und des Natriumsulfats mit Bariumhydroxyd, Bariumcarbonat bzw. Bariumchlorid und Kohlenstaub.
2. Gewinnung des Bariumsulfat-Kohle-Schlammes durch einen Absetzvorgang in Becken und anschließend Filterung des Schlammes über Saugzellenfilter.
3. Reduktion des Bariumsulfats zu Bariumsulfid in einem Drehofenrohr.
4. Zersetzung des Bariumsulfids teilweise mit Dampf zu Bariumhydroxyd, teilweise mit Kohlensäure oder Salzsäure zu Bariumcarbonat bzw. Bariumchlorid.
5. Oxydation des Schwefelwasserstoffs durch Verbrennung im KLAUS-Ofen und Überführung der SO_2 in Schwefelsäure nach dem Kontaktverfahren.

Nach dem geschilderten in einer großen Versuchsanlage durchgeprüften Verfahren können am Tag 35 t konzentrierter Schwefelsäure hergestellt werden bei Einsparung von etwa 15 t Kalk. Der Nachteil dieses Verfahrens besteht darin, daß statt der freien Schwefelsäure und der Sulfate eine zusätzliche Menge Salzsäure gebraucht wird und etwa dem Gewicht nach die Hälfte Kochsalz mit den Abwässern abgestoßen wird.

Auch aus den Tauchlaugen lassen sich durch Eindampfung und Dialyse viele wertvolle Stoffe gewinnen, so daß der Einbau der Eindampfanlagen für die Spinnbäder, Spritzsäuren, Tauchbäder schon beim

Bau der Fabrik mit vorgesehen werden muß, da er ein Teil der Produktion ist. Aber auch bei sorgfältigster Arbeit in der Viscose- und Spinnereiabteilung fällt immer noch ein Abwasser an, das Schwefelsäure, Natriumsulfat, Cellulose, Natronlauge, Hemicellulosen und Spinnbadzusätze enthält. Im allgemeinen hat das Mischwasser eine saure Reaktion. Da es besonders bei Betriebsstörungen auch einmal alkalische Reaktion haben kann, ist der Einbau von Ausgleichsbecken sehr vor-

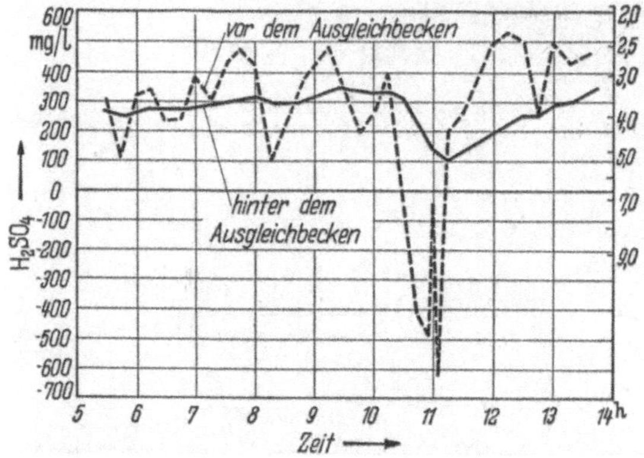

Abb. 140a. Wirkung der Ausgleichsbecken einer Zellwollekläranlage. Säureganglinien vor und hinter dem Ausgleichsbecken einer Zellwollekläranlage (nach BOHRISCH)

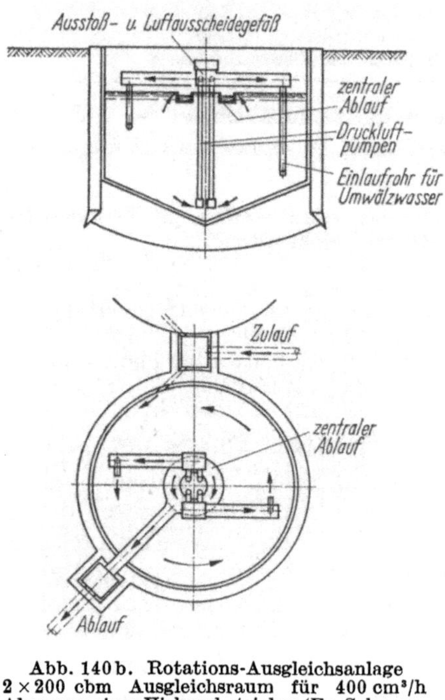

Abb. 140b. Rotations-Ausgleichsanlage 2 × 200 cbm Ausgleichsraum für 400 cm³/h Abwasser eines Viskosebetriebes (Fa. Scheven, Düsseldorf)

teilhaft. In Abb. 140a ist die Wirkung derartiger Ausgleichsbecken einer Zellwollekläranlage dargestellt. Bei der Zusammenführung der alkalischen Abwässer aus der Laugenstation, Tücherwäsche, Filtration und Spinnerei mit den sauren Abwässern von der Auswaschung der rohen Fasern flockt die im Abwasser enthaltene Cellulose aus. Beim Zusammentreffen der sauren und alkalischen Abwässer muß für eine gute Vermischung durch Preßluft oder Rührwerke gesorgt werden. Die Preßluft wird wieder abgesaugt und der Abluftreinigungsanlage zugeführt. Bei schwach saurer Reaktion bildet sich ein stark wasserhaltiger Schlamm mit 2% Trockensubstanz, der nach einiger Zeit bis auf 3,5 bis 5% heraufgeht. Je niedriger der p_H-Wert ist, um so schneller die Absetzbarkeit der Flocken, um so größer die Ausscheidung. Sehr wirkungsvoll sind zu Ausgleichsanlagen erweiterte Rotationsmischer, bei denen sich das neu zugeleitete Abwasser beim spiralförmigen Durchfluß des Beckens mit dem ungewälzten Abwasser von außen nach innen schichtweise übereinanderlegt. BOHRISCH[1] beschreibt die in Abb. 140b dargestellte Ausgleichanlage von 2 · 200 m³/h für einen Viskosebetrieb. Das Abwasser tritt am Beckenrand über ein Einlaufrohr tangential ein, so daß es zur kreisenden Bewegung des Abwassers beiträgt. Das umzuwälzende Abwasser wird in der 3- bis 4fachen Menge des Durchflusses in Beckenmitte durch vier Druckluftpumpen je Becken entnommen, in einem Ausstoß- und Luftabscheidegefäß zum Beckenrand geleitet und hier über Einlaufrohre wiederum tangential so in das Becken eingeleitet, daß die kreisende Bewegung im Becken hierdurch unterstützt wird. Der Ablauf erfolgt in Beckenmitte in Spiegelhöhe. Die zum Betriebe der Druckluftpumpen eingeblasene Luft wäscht die im Abwasser enthaltenen Gase wie H_2S und CS_2 aus, so daß sie mit der Abluft der Pumpen der Abgasanlage des Werkes zugeführt werden können. BARKHOLT[2] gibt folgende Werte an (Tab. 41).

Tabelle 41. *Absetzbarkeit der aus Viscoseabwasser ausgeschiedenen Flocken*

p_H-Wert	Absetzzeit der Flocken	$KMnO_4$ des gefilterten Wassers mg/l
3—5	2— 4 Std.	250
5—7	10—12 „	300— 700
8—9	2— 4 Tage	500—2000

BOHRISCH[3] hat zur Berechnung der Absetzfähigkeit der Zellwollefasern und zur Klärung der Klärzeitkurve die in Abb. 141 dargestellte Säure-Dauerlinie eines Zellwollabwassers aufgestellt. Die Kurve, die für jeden Betrieb besonders aufgestellt werden muß, zeigt, daß 92% der Zeit im sauren Bereich gefahren wird und 87% der Zeit der Schwefelsäuregehalt über 100 mg/l liegt.

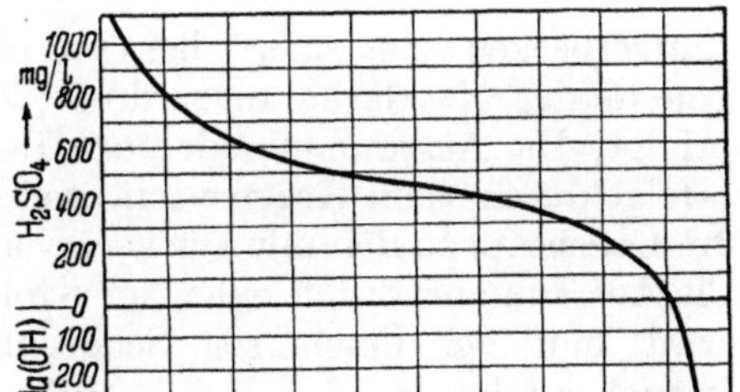

Abb. 141. Säure-Dauerlinie eines Zellwollabwassers (nach BOHRISCH)

Die früher allgemein üblichen Erdbecken von $1^1/_2$ m bis 2 m Tiefe, 90 m Länge und 30 m Breite sind durch die modernen Absetzanlagen, wie sie uns in den Rundbecken mit Kratzereinrichtung bzw. in den gestreckten Längsbecken mit laufender Schlammausräumung in sehr guten Ausführungen in großer Auswahl zur Verfügung stehen, ersetzt worden.

---

[1] BOHRISCH, G.: Industrieabwasser Maiheft 1964, Deutsch. Kommunal-Verlag Düsseldorf.
[2] BARKHOLT, H.: Kunstseide u. Zellwolle Bd. 25 (1947) S. 312.
[3] BOHRISCH, G.: Gesundh.-Ing. Bd. 73 (1952) S. 81.

In Abb. 142 ist eine große aus Längsbecken bestehende Absetzanlage für ein großes Zellwollwerk der Fa. H. Scheven mit Räumern der Passavant-Werke, Michelbach dargestellt. Die Anlage kann in zwei Stufen betrieben werden. Nach genügender Ausfällung, wozu allgemein 6 Std. als ausreichend angesehen werden, wird so viel Kalk zugesetzt, daß nach nochmaligem Absetzenlassen ein neutrales Abwasser abfließt. Das endgültig abfließende Abwasser soll nur noch höchstens 0,1 bis 0,2 cm^3 an absetzbaren Stoffen enthalten. Trotz aller Eindampfanlagen enthält das Abwasser meist noch bis 2000 mg/l Sulfate, die natürlich auf den Vorfluter einen sehr starken Einfluß haben können.

Abb. 142. Absetzanlage für ein großes Zellwollewerk der Fa. H. Scheven mit Räumern der Fa. Passavant-Werke,

Mit Rücksicht auf die Möglichkeit der Ausscheidung der sehr voluminösen Flocken, die sich beim Mischen der alkalischen und sauren Abwässer aus den Viscoseresten bilden können, hält BOHRISCH[1] die sonst übliche Zuführung der Abwässer durch Dücker in die Rundbecken für bedenklich. Aus diesem Grunde hat er das in Abb. 143 dargestellte Rundkratzerbecken konstruiert, bei dem die Zuführung der Abwässer durch eine an der Oberfläche angeordnete, leicht zugängliche Zuführungsrinne erfolgt. Die Ausräumung der am Boden sich absetzenden Faserstoffe erfolgt durch einen Kratzer mit zwei bzw. drei Reihen Dreiecksblechen. Im Gegensatz zu den mit Dückern versehenen Kratzerbecken, bei denen die Ausräumung durch einen im Kreis geführten Schaber durchgeführt wird, muß bei diesem sog. Schevenbecken die Räumung im Pendelbetrieb erfolgen.

Der anfallende Schlamm mit 98% Wassergehalt kann auf einer Schälzentrifuge oder auf Trockenbeeten weiter entwässert werden. Eine Entwässerung auf Drehfiltern gelang nicht. Die Zusammensetzung des getrockneten Schlammes ist folgendes:

Organische Substanz (Cellulose)	90%
Glührückstand	5,7%
Durch Schwefelkohlenstoff extrahierbarer Schwefel	3—4%

Mit 15 bis 20% Trockensubstanz ist der Schlamm stichfest. Er kann dann zum Auffüllen von Gelände benutzt oder noch weiter getrocknet werden. Der Heizwert der getrockneten Masse beträgt 4000 WE/kg.

[1] BOHRISCH, G.: Gesundh.-Ing. Bd. 72 (1951) H. 11/12.

MEINCK und TOMASCHK[1] haben eine große Anzahl Versuche über den anaeroben Abbau von Viscoseschlamm durchgeführt. Die praktischen Folgerungen, die sich aus diesen Untersuchungen ergeben und

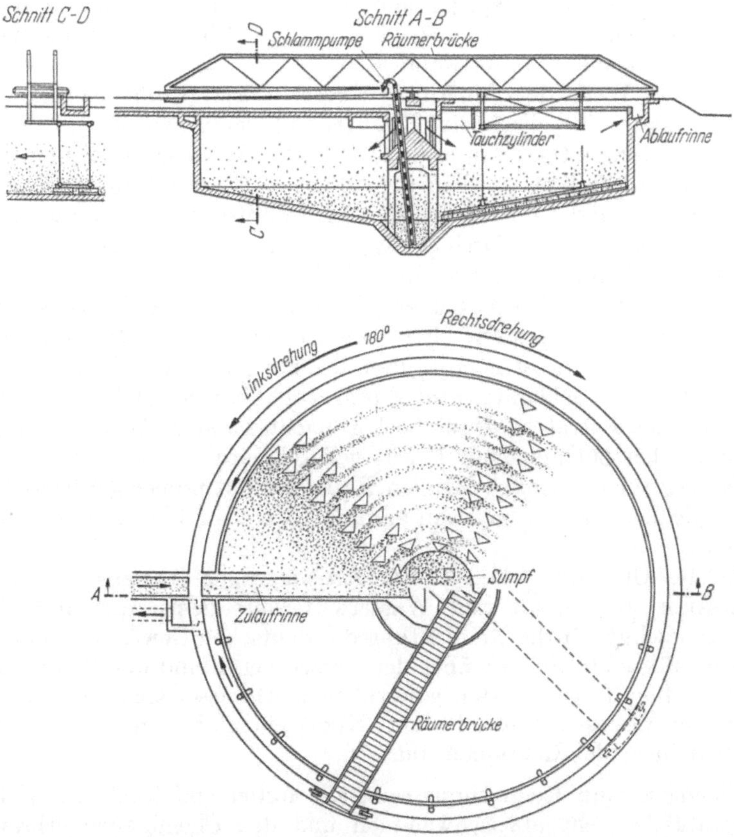

Abb. 143. Schema eines Rundräumers (Bauart Scheven, Düsseldorf)

bei der Durchführung eines biochemischen Abbaues des Viscoseschlammes durch Methanbakterien Berücksichtigung finden müssen, sind:

1. Abtrennung der Hauptmenge des löslichen Zinksulfates und anderer für den Abbau wertloser Stoffe, z. B. des Eisen- und Natriumsulfates, durch Filtration.
2. Beseitigung der nach der Filtration im Schlammkuchen verbleibenden giftigen Zinksalze durch Schlammwäsche und Zusatz von gelöschtem Kalk zur schnellen Alkalisierung und Ausfällung der Zinksalze.
3. Zugabe von Nährsalzen in Form von Ammonsulfat und primären Kaliumphosphat.
4. Die vorsichtige Einarbeitung der Faulanlage durch allmähliche und geringe Steigerung des Viscoseschlammzusatzes, um eine Störung des biologischen Gleichgewichtes in den Fauläumen durch zu starke und zu plötzliche Konzentrationsänderungen zu vermeiden.

[1] MEINCK, F., u. G. TOMASCHK: Schriftenreihe des Vereins für Wasser-, Boden- und Lufthygiene Bd. 9. Stuttgart: G. Fischer 1955.

Um die noch im Wasser verbleibenden Stoffe, die im Vorfluter leicht zu Sphärotilusbildung Veranlassung geben, zu beseitigen, hat man Reisig- oder Holzwollfilter gebaut, durch die das Abwasser nach dazwischen geschalteter Belüftung durchgeleitet wird. Leider ist der Aufbau der Anlage so kostspielig und die Reinigung so teuer, daß der erzielte Reinigungserfolg (3 bis 5 kg flockige Cellulose je t Faser) in keinem Verhältnis zum Aufwand steht.

Auf dem Werk der American Viscose Corp., Front Royall wird nach Busatz[1] eine vierfache Unterteilung der Abwässer (sanitäres, schwefelnatriumhaltiges, saures und alkalisches Abwasser) vorgenommen. Das sanitäre Abwasser wird in den üblichen Emscherbrunnen mechanisch gereinigt und dann verrieselt. Das sulfidische Abwasser wird auf einem Tropfkörper mit Drehsprenger chemisch aufoxydiert und dem Ablauf der sanitären Anlage zugemischt. Wenn es nicht verrieselt wird, werden die beiden Abwässer mit dem sauren und alkalischen Abwasser vermischt, wodurch eine teilweise gegenseitige Neutralisation erreicht wird. Zu dieser noch sauren Mischung wird Kalkbrei gegeben. Der entstehende Schlamm wird durch Drehfilter möglichst weit entfernt und das Filtrat in Absetzbecken nachbehandelt, bevor es in den Vorfluter, den Shennandoah River, geleitet wird.

Da man für die großen Mengen Natriumsulfat immer geringere Absatzmöglichkeit hat, so hat man empfohlen, sie zur Elektrolyse zu verwenden.

Der im Oktober 1944 von der Arbeitsgruppe Abwasserwesen im Arbeitskreis Wasserbau und Wasserwirtschaft gemeinsam mit dem Gesamtausschuß für die Reinhaltung der deutschen Gewässer erstattete zusammenfassende Bericht über den derzeitigen Stand der Reinigungsverfahren für die wichtigsten gewerblichen Abwässer stellt für die Abwässer der Viscose-, Zellwolle- und Kunstseidenfabriken (Chemiefaserfabriken) folgende Richtlinien auf:

Allgemein muß Richtschnur sein, alle festen und trockenen Fabrikationsabfälle nicht abzuschwemmen und den Chemikalienverbrauch weiter zu senken.

Für die *basische Seite* der Abwässer ist zu fordern:

1. Aus allen Rest- und Abpreßlaugen ist in Dialysatoren Natronlauge zurückzugewinnen.
2. Hemicellulosehaltige Dialysatorenrückstände sind auf Zucker, Hefe oder Pilzeiweiß zu verarbeiten, wenn nicht im eigenen Betriebe, so nach ihrer Ausfällung in Fremdbetrieben.
3. Viscoseverluste sind durch geeignete Maßnahmen — Abpressen der Filtertücher, Nichtabschwemmen von Viscose und Fehlreifungen in den Viscosekellern — tunlichst niederzuhalten.
4. Die basischen Abwässer sind bereits vor der Kläranlage mit sauren Abwässern zu vermischen, damit das Ausflocken der Cellulose nicht erst in der Kläranlage erfolgt.

---

[1] Busatz, H.: Kunstseide u. Zellwolle Bd. 28 (1950) S. 247.

Für die *saure Seite* wird verlangt:

1. Gebrauchte Spinnbäder sind, soweit sie nicht zur Neutralisation der basischen Abwässer gebraucht werden, in Verdampfer- und Kristallisationsanlagen auf Rückgewinnung von Schwefelsäure und Natriumsulfat zu verarbeiten.

2. Die beim Reinigen der Kristallisatoren anfallenden stark schwefel- und eisenhaltigen Schlämme können zur Schwefelsäurefabrikation verwandt werden.

3. Gröbere Bestandteile — fehlgesponnene Fasersträhnen, Zellwollecoagulate und Watte aus den Viscosefiltern — dürfen nicht abgeschwemmt werden und sind durch geeignete Rechen und Siebtrommeln bereits im Spinnsaal zurückzuhalten.

4. Schwefelkohlenstoff ist aus dem Spinnbad bzw. den Kabelwaschwässern möglichst vollständig zurückzugewinnen.

5. Stärker schwefelwasserstoffhaltige Abwässer und Abgase sind auf die Rückgewinnung von Schwefel zu verarbeiten.

6. Da die bei der Mischung der basischen und sauren Abwässer ausflockende Cellulose sehr fein verteilt ist, braucht sie lange Absetzzeiten, und selbst Großteiche haben als Absetzbecken bisher nur zweifelhafte Erfolge gezeigt. Aussichtsreicher erscheint, durch geeignete Maßnahmen — schwache Belüftung und Wirbelung — die Flocken zu vergrößern und sie durch Flotation und Filter an der Oberfläche der Klärbecken abzufangen. Die Klärbecken müssen völlig dicht sein, um eine Verunreinigung des Grundwassers zu vermeiden. Die Kläranlagen sind kontinuierlich zu betreiben und die sich ansammelnden Schlammmengen maschinell zu entfernen.

7. Der in den Kläranlagen anfallende Cellulosenschlamm kann perkoliert und auf Zucker, Hefe oder Pilzeiweiß weiter verarbeitet werden.

8. Die Versuche, Natriumsulfat auf Schwefelsäure und Natriumhydroxyd bzw. Natriumcarbonat zu verarbeiten, sollten möglichst rasch und intensiv weiter getrieben werden.

Außer dem Viskoseverfahren gibt es noch das *Nitrose*verfahren, die Kollodium-Seide (Chardonet-Seide), das *Acetatverfahren*, bei dem die Acetatseide gewonnen wird, die *Äther-(Alkyl)*Seide, die *Thiourethan*-Seide, dann noch in erster Linie das *Kupfer-Oxydammoniakverfahren*, nach dem die sog. Kupfer-Seide (Pauly-Seide) hergestellt wird.

β) Kupferoxydammoniakverfahren

Die mit Natronlauge vorbehandelte Sulfitcellulose wird in einer Lösung von Kupferhydroxyd in 22%igem Ammoniak gelöst. Unter Zusatz von Natronlauge wird die Cellulose in Rührkesseln gelöst (10% Cellulosegehalt) und die erhaltene Lösung nach Zugabe organischer Hydroxydverbindungen (Weinsäure, Zuckerarten) unter Druck durch Filterpressen filtriert. Die filtrierte Flüssigkeit wird durch Nickeldüsen in verschiedenen Fallbädern mit enthärtetem, luftfreiem Wasser, dann mit verdünnter Schwefelsäure, Salzsäure oder Essigsäure ausgeschieden. Sollen dickere Fäden erhalten werden, z. B. bei der Herstellung künstlichen Roßhaares, so wird nicht mit Säure, sondern mit Lauge ausgefällt. Der hierdurch kupferhaltige Faden wird mit 2% Schwefelsäure zur Entfernung des Kupfers gewaschen und gehärtet. An Abwässern fallen bei diesem Verfahren die ammoniakhaltigen Blauwasser, die neben Ammoniak rund 30% des zur Herstellung benutzten Kupfers enthalten, und die verbrauchten kupferhaltigen Fallbäder, die sog. Spinnsäure mit 70% des eingesetzten Kupfers. Ferner fallen noch die Spül- und Waschwässer und die verbrauchten Seifenbäder an. Der gesamte Wasserverbrauch wird mit 1300 m³ je fertige t Faser angegeben. Auch der Chemikalienverbrauch bei diesem Verfahren ist sehr beträchtlich. Für 1 t Fertigprodukt gebraucht man 600 kg Ammoniak, 258 kg Kupfersulfat, 100 kg Natronlauge und 1000 kg Schwefelsäure.

Bei den hohen Preisen der Chemikalien hängt die Wirtschaftlichkeit des Verfahrens von der möglichst weitgehenden Rückgewinnung der Chemikalien, und zwar in erster Linie des Kupfers und des Ammoniaks ab. Treibt man aus dem Fällbad Ammoniak mit Dampf aus, so fällt das Kupfer als Oxyd aus und wird durch Absetzen und Filtration gewonnen. Den Niederschlag löst man in der kupferhaltigen Waschschwefelsäure, aus der man dann das Kupfer elektrolytisch abscheiden kann.

Wiedergewinnung des Kupfers. Die Fallbäder werden gemischt und je nach dem p_H-Wert mit Schwefelsäure oder Lauge bis zur schwach sauren Reaktion versetzt. Aus den kupfersalzhaltigen Fallbädern wird das Kupfer in Zementierungsanlagen wiedergewonnen (s. S. 595). Zur Reinhaltung der eisernen Oberfläche werden die Zementierungsanlagen am besten mit einer Druckbelüftung durch Filterplatten oder mit schnelldrehenden Rührwerken versehen. Das gebildete Zementkupfer wird dann in Säure gelöst und geht in den Betrieb zurück. Die entstehende Ferrosulfatlösung wird zur Ausfällung der übrigen Abwässer unter Zugabe von Kalk benutzt. Nach dem DRP 547559 erfolgt die Wiedergewinnung von Kupfer aus den schwach kupferhaltigen Abwässern, die beim Kupferseide-Streckspinnverfahren anfallen, durch Ausfällen des Kupfers mit Aluminiumsulfat oder Ferrisulfat

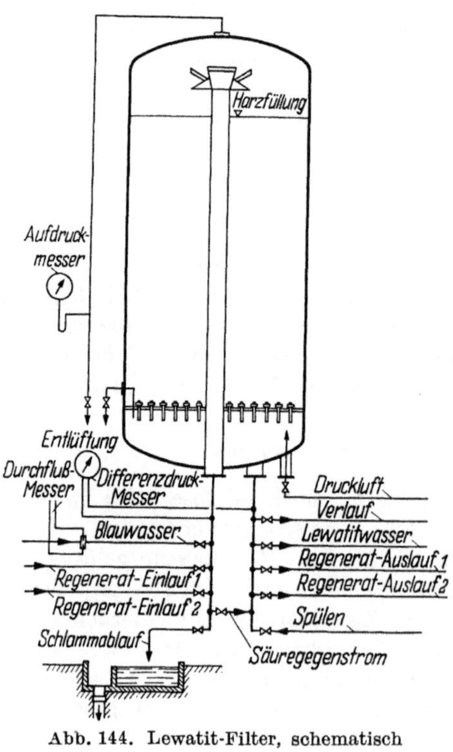

Abb. 144. Lewatit-Filter, schematisch

und Kalk. Das Kupfer wird dann aus dem Schlamm durch fraktioniertes Lösen von dem Fällungsmittel getrennt.

Die chemischen Verfahren haben nach GERSTNER[1] den Nachteil, daß sie das Spinnabwasser in seiner Zusammensetzung verändern und damit eine Wiederverwertung des Wassers ausschließen. Statt der alten Verfahren wendet man daher heute die wirtschaftlicheren Adsorptionsverfahren an. Diese Verfahren beruhen auf der Austauschfähigkeit, die bestimmte auf Phenol-Formaldehyd-Basis beruhende Kunstharze gegenüber Kupfer haben. Vor allem hat sich das Lewatit DN als besonders guter Austauscher des Kupfers aus Blauwasser bewährt. Zur Regenerierung der beladenen Austauscher wendet man die anfallende kupferhaltige Spinnsäure aus den Spinnbetrieben an. Abbildung 144 zeigt das Schema eines Lewatit-Filters und Abb. 145 den Wasserkreislauf unter Einschaltung eines Lewatit-Filters, der aus dem kleinen Kreislauf und dem großen Kreislauf besteht.

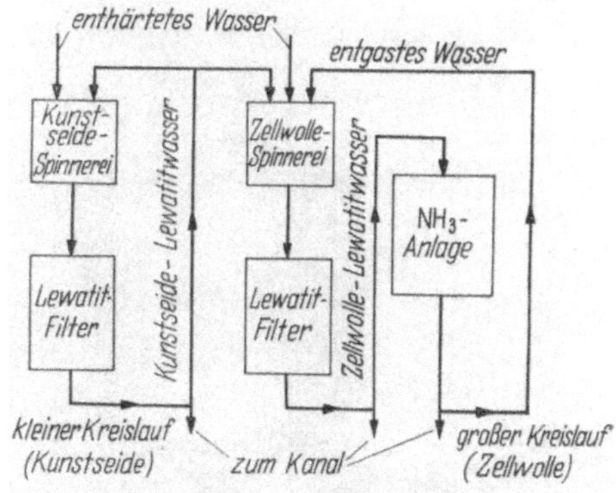

Abb. 145. Wasserkreislauf

γ) *Verschiedene Verfahren*

Bei der Herstellung der *Acetylcellulose* fällt beim Ausfällen mit Wasser aus der Acetylierungsflüssigkeit, die aus Essigsäureanhydrid, Eisessig und einem Katalysator besteht, eine hochprozentige Essigsäure an. Die Konzentration kann bis 275 g Essigsäure/l steigen. Aus dieser Rohsäure kann man die Essigsäure in Gegenstromextraktoren mit dem doppelten Volumen Äthylacetat extrahieren. Bei Anwendung eines Luwesta-Extraktors (s. Abb. 146 u. 147), der einer dreistufigen Extraktion entspricht, kann man die Essigsäure bis auf 28 bis 35 g/l wiedergewinnen. Schaltet man noch einen zweiten Luwesta-Extraktor (Lurgi, Frankfurt) dahinter, was einer 6stufigen Gegenstromextraktion entspricht, so steigt die Ausbeute auf 99% bei einem Restgehalt des ablaufenden Wassers von 2 bis 3 g/Essigsäure.

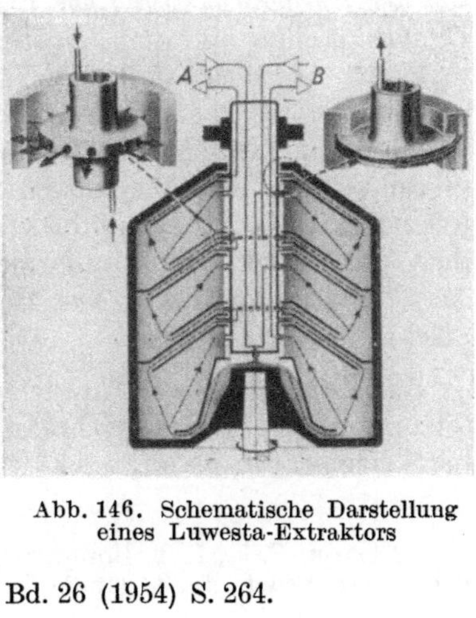

Abb. 146. Schematische Darstellung eines Luwesta-Extraktors

[1] GERSTNER, F.: Chemie-Ing. Technik Bd. 26 (1954) S. 264.

Die bei der Herstellung von Acetylcellulose in einer Menge von 12 bis 15 m^3 je t Fertigprodukt anfallenden Abwässer sind stark sauer. Die organischen Stoffe wie Aceton, Essigsäure und Alkohol werden größtenteils wiedergewonnen. Aus den zinkchloridhaltigen Abwässern wird das Zink durch Ausfällen wiedergewonnen. Sollen die übrigen Abwässer in die städtische Kanalisation aufgenommen werden, so ist eine vollständige Neutralisation erforderlich. Am Auslauf des Werkes zur Kanalisation ist ein registrierendes p_H-Meßgerät möglichst mit Signaleinrichtungen einzubauen.

Abb. 147. Ansicht des Luwesta-Extraktors

TAYLOR[1] und seine Mitarbeiter berichten über eine große, im Jahre 1929 errichtete Fabrik zur Herstellung von Azetatseide. In der in der Zwischenzeit stark ausgebauten Fabrik werden jetzt neben der Azetatseide auch Azella und die Akrylfaser Orlon hergestellt. Bei der in den Südfluß entwässernden Fabrik, der später in den Potomac-Fluß einmündet, stellten sich sehr bald große Schwierigkeiten in bezug auf die Flußverschmutznug, dann aber auch durch Geruchsbelästigungen ein. Bei den anfallenden Abwässern handelt es sich zunächst um *Abwässer von der Wiedergewinnung der Lösungsstoffe.* Diese enthalten etwa 0,3% Dimethylamine, die dem Wasser den unangenehmen fischigen Geruch verleihen. Weiterhin fallen die Abwasser von der Acrylnitrilgewinnung an, die eine Temperatur von 170 °C haben und hauptsächlich anorganische und organische Verbindungen, wie Acrylnitril- und die Zwischenprodukte von der Acrylnitrilherstellung enthalten. Die übrigen anfallenden Abwässer enthalten ebenfalls anorganische Salze und organische Stoffe, wie Dimethylformamid, Dimethylaminameisensäure und Acrylonitrilendprodukte. Der BSB dieser Abwässer schwankt zwischen 300 kg und 2000 kg/Tag.

Zur Beseitigung der Abwässer wurden zunächst *Versuche* der direkten und katalytischen Verbrennung durchgeführt, wobei als Katalysator Platindrähte benutzt wurden. Die Verbrennung erfolgte bei einer

[1] TAYLOR, E. F., F. T. BODURTHA, R. F. ROCHELEAU u. G. C. GROSS: J. Wat. Poll. Contr. Feder. Bd. 33 (1961) S. 1076.

Temperatur von 300 °C und ergab eine Abnahme der Geruchs- und Verspritzungsstoffe bis auf weniger als 10 mg/l, wobei die erforderliche Luft etwa den 5- bis 6fachen Betrag der stöchiometrisch berechneten Menge ausmachte.

Nachdem der gesamte BSB aber durch Ausbau der gesamten Anlage auf täglich über 2200 kg angestiegen war, wurden auch Versuche mit der Biochemischen Oxydation durchgeführt, wobei es sich herausstellte, daß das Abwasser genügend Stickstoff enthielt, denn das Verhältnis des BSB : Stickstoff betrug etwa 6 : 1. Jedoch mußte laufend Phosphorsäure zugegeben werden, um eine genügende Menge an Nährstoffen in sich zu haben. Die Vorbereitung der mit ziemlich hohen Temperaturen anfallenden Abwässer erfolgte durch hölzerne Kühltürme, wobei die Temperaturen dann von 107 °C bis auf 30 bis 35 °C heruntergesetzt wurden. Die seit 1958 in Betrieb befindliche Anlage hat bisher gut gearbeitet. Eine der größten bestehenden Schwierigkeiten liegt in der starken Schaumbildung, ein Problem, das bei den Vorversuchen im Laboratorium nicht festgestellt wurde. Verschiedene Arten von Spritzvorrichtungen, die den Auslauf benutzten, waren nicht wirksam genug. Kerosin und verschiedene Arten von Antischaummitteln wurden ohne Erfolg versucht. Schließlich wurde Ölsäure als das wirksamste Mittel festgestellt.

Bei einer Belastung der Anlage mit 2250 bis 3000 kg BSB/Tag zeigte die Anlage eine BSB-Abnahme bis zu 95%. In der Anlage traten Schwankungen des p_H-Wertes von 4,5 bis 10,5 innerhalb von 8 bis 12 Std. auf, ohne Schlammverluste zu erzeugen. Diese extrem niedrigen p_H-Werte ergaben Verluste an Protozoen und damit auch eine Verringerung des BSB-Abbaues. Trotzdem zeigte es sich, daß bei einer Verlängerung der Belüftung auf 24 Std. die normalen Verhältnisse wiederhergestellt wurden. Bei einer weiteren Überprüfung zeigte es sich, daß die Einhaltung einer Temperatur von 35 bis 37 °C den besten Reinigungsgrad für den Betrieb der Anlage darstellt. Die gemeinsame Behandlung der Abwässer in dem Werk durch die direkte *und* katalytische Verbrennung und durch die Biochemischen Oxydationsmethoden ergab einen Abbau von über 90% des gesamten Biochemischen Sauerstoffbedarfes, so daß es möglich war, die Orlonfabrikation in der Fabrik weiter durchzuführen, ohne daß Belästigungen in der Nachbarschaft auftraten.

Außer diesen auf Cellulose als Grundstoff basierenden Zellwollen gibt es auch Zellwollen, die sich auf Eiweißgrundstoffen und sogar auf anorganischen Rohstoffen aufbauen. Bekannt ist die in Italien hergestellte Caseinwolle, die sich wegen ihres wollähnlichen Charakters vor allem für die Filz-, Decken- und Hutindustrie eignet. Auch die auf Fischeiweiß sich aufbauenden Zellwollen werden gern als Zumischung zur Cellulose benutzt. Über die Behandlung der hierbei anfallenden Abwässer ist in Deutschland noch wenig bekannt. Die Abwasserfrage dürfte aber in Anlehnung an die deutschen Verfahren zur Reinigung der bei der Herstellung der Cellulosezellwolle anfallenden Abwässer nicht zu schwer zu lösen sein.

f) Bleichereien

Vor der eigentlichen Bleicherei muß besonders die Baumwolle durch einen alkalischen Aufschluß von allen störenden Bestandteilen befreit werden. Wendet man hierzu Kaliumverbindungen an, z. B. Kaliumcarbonat oder -hydroxyd, so kann es wirtschaftlich sein, das Lösungsmittel wiederzugewinnen. Wendet man aber statt Alkali Kalk an, so lohnt sich eine Wiedergewinnung nicht.

Die *Adsorptionsbleiche* kommt für Textilien kaum in Frage. Da bei der *Reduktionsbleiche* ein Vergilben der Textilien nicht sicher vermieden werden kann, beschränkt sich ihre Anwendung auf wenige Sondergebiete. Sie wird insbesondere für Wolle, Seide und Haare angewandt und verwendet freie schweflige Säure und ihre Salze, die Sulfite, Bisulfite und Hydrosulfite oder Wasserstoffsuperoxyd. Bei der Anwendung der schwefligen Säure, die man in Gaskammern auf das zu bleichende Gut einwirken läßt, fallen nur wenige Abwässer an.

Eine größere Bedeutung kommt nach STRAUSS[1] der Oxydationsbleiche zu. Die Oxydationsmittel, Chlor und die bleichenden Chlorverbindungen sowie die Peroxydverbindungen, zerstören die Farben, so daß ihre Rückbildung nicht oder kaum möglich ist. Es besteht aber die Gefahr, daß sie auf die Faser, z. B. bei der Cellulose unter Bildung von Oxycellulose, einwirken und unter Verlust an Substanz die Faser schädigen. Man unterscheidet bei der Oxydationsbleiche die Chlorbleiche und die Sauerstoffbleiche.

Bei der *Chlorbleiche* werden zum Bleichen der Leinen- und Baumwollfasern, der Garne und Gewebe Lösungen von Chlorgas, unterchlorigsaure Salze, wie Chlorkalk oder Natriumhypochlorit, verwendet. Die Stoffe werden zuerst mit Soda oder Natronlauge oder einem Gemisch beider gekocht, um sie für den Bleichprozeß vorzubereiten. Dann werden sie mit einer Chlorgaslösung mit einer Anfangskonzentration von 1,2 g Cl im Liter oder einer verdünnten Chlorkalk- bzw. Hypochloritlösung behandelt. Der Chlorkalk oder Hypochlorit wird in einem Säurebad durch Schwefel- oder Salzsäure zersetzt, wobei unter Bildung von freier unterchloriger Säure der eigentliche Bleichprozeß einsetzt. Wenn die Endkonzentration des Chlors auf 0,3 bis 0,6 Cl/l herabgesunken ist, läßt man die Bleichlaugen ab, und die Stoffe müssen einen kräftigen Waschprozeß zur Entfernung aller zugesetzten Chemikalien unterworfen werden, wobei zur Entfernung der letzten Säurereste den Waschwässern Soda oder Ätznatron und zur Entfernung der letzten Chlorreste Antichlor zugesetzt werden muß.

In den Bleichereien fallen demnach an:

1. Die tiefdunkel gefärbten, stark alkalischen *Kocherlaugen*, die beim Kochprozeß sehr viele organische Stoffe, wie leim- und gummiartige Stoffe, ferner Fette, Schmutz usw. aufnehmen. Es sind hochkonzentrierte Laugen von tiefbrauner Farbe und aromatischem laugen-

---

[1] STRAUSS: Chemiker-Ztg. Bd. 61 (1937) S. 53.

haften Geruch. Auf je 100 kg Leingarn rechnet man 4 bis 5 m^3 konzentrierte Kocherlaugen.

2. Die ausgenutzten *Chlorbäder*. Sie sind milchig weiß, reagieren alkalisch und enthalten reichliche Mengen suspendierter und gelöster Bestandteile neben einem höheren Gehalt an freiem, nicht ausgenutztem Chlor.

3. Die *Säurebäder*; sie sind trüb und weißlich und reagieren stark sauer.

4. Die *Spül- oder Waschwässer*; sie wechseln in ihrer Zusammensetzung je nach der Art der zu verarbeitenden Faser und auch nach der Art des angewandten Prozesses. Man rechnet auf 100 kg Garn ungefähr 100 m^3 Spülwasser.

In öffentliche Gewässer abgelassen fallen die Kocherlaugen durch ihre tiefbraune Farbe stark auf. Durch ihren hohen Gehalt an organischen Stoffen rufen sie leicht Pilzwachstum und Sauerstoffschwund hervor. Die Chlorbäder müssen sorgfältig vom freien Chlor durch Belüftung oder Zugabe von Antichlor befreit werden. Die weitere Behandlung kann in der gleichen Weise, wie dies für die in der Bleicherei der Rohbaumwolle anfallenden Abwässer angegeben ist, erfolgen (s. S. 435).

Während bei der Zellstoffbleiche mit ihrem ungewöhnlich großen Bedarf an Bleichmitteln die Chlorbleiche als unersetzlich angesehen wird, wird in der Textilbleiche schon an vielen Stellen die *Sauerstoffbleiche* angewandt. Bei den mit Chlor allein gebleichten Waren besteht die Möglichkeit, daß sie beim Lagern, oder wenn sie längere Zeit dem Licht ausgesetzt werden, vergilben. Da ferner die Gefahr der Faserschädigung eine sehr sorgfältige Überwachung des Bleichprozesses verlangt und die Nacharbeiten (Absäuern, Behandlung mit Antichlor, wiederholtes Spülen) viel Zeit, Arbeit und Aufwand an Chemikalien erfordern, wurde der Sauerstoffbleiche der Weg geebnet. Sie wird bei Temperaturen nahe dem Siedepunkt durchgeführt. Die Nacharbeit besteht in einfachem Spülen.

Bei der Sauerstoffbleiche mit einer 1,2 bis 1,5%igen Wasserstoffperoxydlösung werden der Flotte Stabilisatoren, wie Wasserglas, Natriumbiphosphat, Natriumpyrophosphat, Borax, Magnesiumsilicat, und außerdem Metaphosphate zugesetzt. Wegen der besseren Haltbarkeit und des leichteren Transportes benutzt man auch Natriumperoxyd, bei dessen Lösung im Wasser Wasserstoffperoxyd und freies Ätznatron entsteht, so daß Schwefelsäure zugegeben werden muß. Die Oxydation der gefärbten Stoffe erfolgt durch den nascierenden Sauerstoff, der bei dem Zerfall der Peroxyde auftritt. Die Reaktion geht am besten im schwach alkalischen Bereich vor sich. Natriumsilicat ist ein schwaches Alkali und beeinträchtigt die Faser nicht.

Die „Einmalkochmethode“ wird beim Bleichen von Seide angewandt, wohingegen bei der Baumwolle das doppelte Kochverfahren angewandt wird. Im ersteren Falle werden je t Stoff etwa 12 m^3 und im zweiten Falle je t Stoff 14 m^3 Abwasser anfallen.

Das Abwasser von der Peroxydbleiche von Baumwolle mit der doppelten Kochung hatte

eine Alkalität von	250 mg/l
Gesamtschwebestoffe von	1520 mg/l
einen BSB_5 von	218 mg/l
einen Einwohnergleichwert je t von	57

Da die Sauerstoffbleiche nicht in allen Fällen zum gewünschten Ziel führt — sie ist bei den Bastfasern, besonders bei Leinen kaum durchführbar —, hat man die *Kombinationsbleiche* ausgebildet. Bei dieser wird die Chlorbleiche neben der Sauerstoffbleiche, unter Umständen für besondere Fälle mit Zwischenschaltung reduzierender

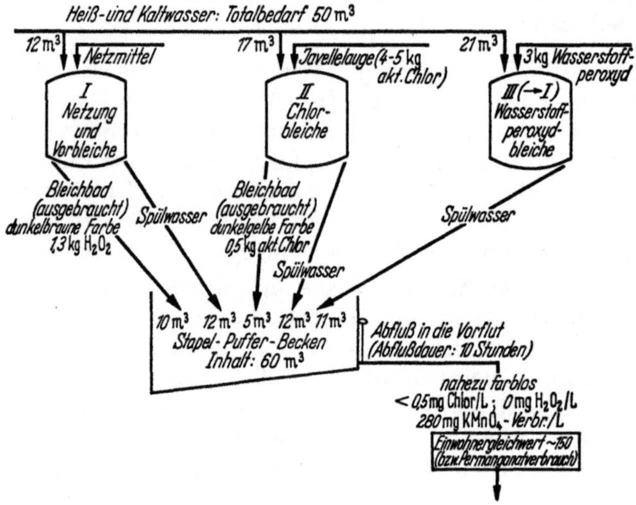

Abb. 148. Schema einer kombinierten Bleiche für 1 t Baumwolle

Flotten, angewandt. Abb. 148 zeigt das Schema einer Kombinationsbleiche. Die Abwässer werden in einem Stapelbehälter, der als Puffer wirkt, gesammelt.

Für die Abwässer der Sauerstoffbleiche eignen sich als Reinigungsverfahren nach genügender Neutralisation alle biologischen Verfahren. Die von BROCHTER[1] für eine Kombinationsbleiche beschriebene Kläranlage besteht aus:

1. Mischeinrichtung mit kleinem Rückhaltbecken; 2. Vorklärung nach dem Frischwassersystem durch Absetzbecken; 3. Biologische Reinigung auf Tropfkörpern.

Um ein möglichst neutral reagierendes Abwasser zu erhalten, sammelt WITTMANN[2] alle Abwasser in einem gemeinsamen Becken, in dem unter Umständen noch vorhandenes freies Chlor durch gegenseitige Umsetzungen zersetzt wird. Diese Ausgleichsanlage faßt bei 300 m^3 Inhalt den Abwasseranfall von 10 Stunden. Die dann noch deutlich alkalisch

[1] BROCHTER: Gesundh.-Ing. Bd. 48 (1925) S. 658.
[2] WITTMANN, J.: Melliand Textilberichte Bd. 38 (1957).

reagierenden Abwässer werden dann in einem mit Rührwerk versehenen Becken unter Zugabe von Eisenfüllspänen und Luft chemisch gefällt. Bei stark verschmutzten Abwässern kann man geringe Mengen Eisensulfat zugeben. In einem Nachklärbecken mit 2 Stunden Aufenthaltszeit wird der Schlamm abgeschieden. Muß das Abwasser mit Rücksicht auf den Vorfluter noch weiter gereinigt werden, so kann dieses durch eines der bekannten natürlichen oder künstlichen biologischen Verfahren geschehen.

Im Abwasser sind an organischen Produkten vorwiegend abgebaute Stärke (Schlichte) und Eiweißstoffe, an anorganischen Stoffen neben verdünnten Säuren (verdünnte Schwefelsäure), Alkalien (verdünnte Natronlauge, verdünnte Wasserglaslösungen), verdünnte Chlorlaugen und verdünnte Wasserstoffsuperoxydlösungen enthalten. Durch eine Mischvorrichtung soll eine gegenseitige Neutralisation erreicht werden. Da die Bleichereien meistens mit den übrigen Zweigen der Textilindustrie in einem Unternehmen vereinigt sind, wird man die in der Bleicherei anfallenden Abwässer am besten zusammen mit den übrigen Abwässern durch eine Neutralisation mit nachfolgender chemischer Fällung und nachfolgender biologischer Reinigung behandeln. Nach den Untersuchungen von HAUPT[1] kann die Konzentration der Abwässer an den verschiedenen Chemikalien durch eine wiederholte Verwendung der Kocherlaugen und durch die Rückgewinnung des Alkalis in den Mezerisierungslaugen durch Eindampfung oder Dialyse ganz erheblich vermindert werden. Wegen der hohen Salzkonzentrationen und der fehlenden Düngesalze scheiden die Wässer für Riesel- und Verregnungszwecke aus. Erst nach genügender Verdünnung können sie zur Ausnutzung des Wasserwertes für diese Zwecke verwandt werden. In städtischen Kanalisationen können sie leicht Korrosionen verursachen. Auf alle Fälle ist die Einhaltung von p_H-Werten zwischen 6,5 und 8,5 vorzuschreiben und durch p_H-Wert-Messer zu kontrollieren.

g) Tuchfabriken

In den Tuchfabriken können je nach der Art des Arbeitsprozesses ganz verschiedene Abwasserarten anfallen. Die Abwässer enthalten im wesentlichen Fette, Seifen-, Sodalaugen, Öle (Schmelzöle), Beizstoffe, Farbstoffe und vor allem Faserreste. Die Faserstoffe werden beim Walken mit verdünnten alkalischen Lösungen und dem nachfolgenden Waschen, Färben und Spülen von den Stückwaren oder dem Rohmaterial, wie Wolle, Baumwolle oder Lumpen, abgerieben und abgespült.

Bei der Abführung faserstoffhaltiger Abwässer setzen sich die Fasern an den Rändern der Kanäle, Gräben und Flüsse ab und bilden hier Filzschichten und Wülste. Je nach der Jahreszeit gehen diese früher oder später in Fäulnis über. Hierbei bilden sich meist sehr üble Gerüche, die zu berechtigten Beschwerden der Anlieger führen. Auch bei der Einleitung der Abwässer in die Kanalisationen sollten die Fasern mit

[1] HAUPT, H.: Jahrbuch Vom Wasser Bd. 9 (1935) S. 58.

Rücksicht auf mögliche Verstopfungen vorher aus dem Abwasser entfernt werden.

Die zum Abfangen der Faserstoffe vielfach benutzten großen Absetzbecken mit eingebauten Faschinenvorlagen haben sich nicht immer bewährt, da es sehr häufig vorkam, daß sich das Abwasser an einzelnen Stellen Wasserwege bildete, durch die die Faserstoffe abgeschwemmt wurden. Besser haben sich die von REICHLE und ZAHN beschriebenen Trommelfilter bewährt. Der Apparat besteht aus einer beweglichen Trommel, die mit Messingdrahtnetz von 1 mm Maschenweite bespannt ist. Das Abwasser strömt durch die Trommel und läßt die Fasern im Innern zurück. Bei einer Firma wurden in $^3/_4$ Jahren 22000 kg Wollabfälle wiedergewonnen.

Sehr gute Wirkungen erzielte man nach BOEHM auch mit dem Siebtrommelfilter, System BABROWSKI-GRUENBERG (s. Abb. 149). Die im Wasser enthaltenen Faserstoffe werden beim Durchströmen des Trommelmantelsiebes auf der Oberfläche des Filters festgehalten und bilden hier für die nachfolgenden Wässer eine Filterschicht, die während der ganzen Tauchzeit die Filterfläche bedeckt, so daß auch feinere Stoffe zurückgehalten werden. Der Höhenunterschied zwischen dem Flüssigkeitsspiegel im Inneren und Äußeren der Trommel ist sehr gering. Die Filterfläche wird deshalb von der Flüssigkeit fast drucklos durchströmt und die feinen Stoffe können nicht durch die Filterfläche gedrückt werden. Durch einen zurückflutenden Spülwasserstrom, der an der Stelle auftrifft, wo sich die Trommel aus der Flüssigkeit herausdreht, erfolgt eine automatische Selbstreinigung der feinen Siebflächen. Durch im Innern angebrachte Schöpfleisten werden dauernd kleine Mengen der gesiebten Flüssigkeit hochgehoben, die dann die auf der Oberfläche angesetzten Stoffe abspülen. Die abgespülten Faserstoffe fallen in ein Becherwerk, das die Stoffe aus dem Apparat heraushebt. Das gesiebte Wasser läuft im Innern ab und kann weiter im Kreislauf verwandt werden. Die zurückgewonnenen Fasern ergeben ein spinnfähiges Material, das die Beschaffung des Apparates oft in kurzer Zeit bezahlt macht. Die Leistung beträgt bei einem Durchmesser der Filtertrommel von 0,6 bis 2 m bei einer Breite von 0,3 bis 1,5 m 20 bis 60 m³/Std. Die Siebmaschenweite beträgt 0,08 bis 0,5 mm.

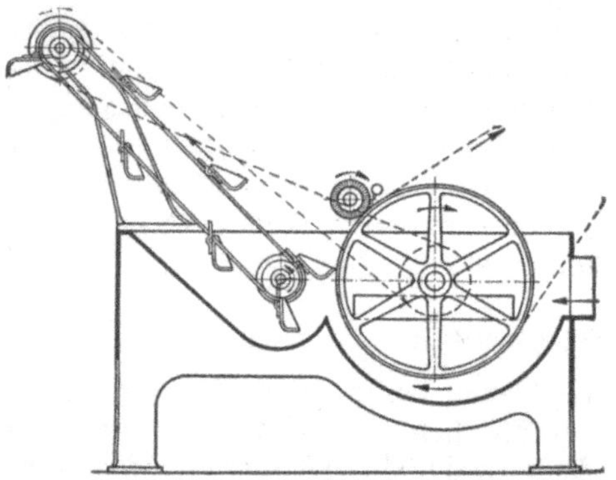

Abb. 149. Siebtrommelfilter, System BABROWSKI. Durchmesser der Filtertrommel 0,6–2,0 m, Breite der Filtertrommel 0,3–1,5 m, lichte Siebmaschenweite 0,5–0,08 mm. Leistungsvermögen 20–60 cbm/Std.

Auch das GEIGERsche Siebschaufelrad hat sich sowohl in den Fabrikbetrieben wie auch zum Entfernen von Textilfasern aus städtischen

Reinigungsanlagen (z. B. Forst i. L.) bewährt. Auch die mit entsprechenden feinmaschigen Sieben oder Tüchern bespannten Drehfilter der verschiedenen Firmen, wie Imperial, München, Westfalia-Dinnendahl-Gröppel, Bochum, Dorr-Gesellschaft, Wiesbaden, Wolf, Grevenbroich haben sich sehr gut zum Abfangen der feinen Faserstoffe bewährt.

h) Färbereien und Zeugdruckereien

Die große Mannigfaltigkeit der Fabrikationsmethoden und Verschiedenheit der einzelnen Farbstoffarten und Farbstoffe bedingt in diesen Betrieben das Anfallen sehr verschiedener Abwassersorten, die selbst in dem gleichen Betriebe großen Schwankungen unterworfen sind. So gelangen von den Färbereien und Zeugdruckereien die ausgenutzten und unbrauchbar gewordenen Farbreste, ferner die zur Vorbereitung der Fasern beim Färben erforderlichen Metallsalze, Beizen, Gerbstoffe, Seifen, Fette usw., und endlich die großen Mengen Wasch- und Spülwässer in das Abwasser, das dann sauer, alkalisch oder neutral sein kann. Da die Farbbäder meist weitgehend ausgenutzt werden, ist der Gehalt an Farbstoffen im allgemeinen gering. Die große Menge der stark gefärbten Farbabwässer wechselt sehr und hat eine stark wechselnde Wirkung auf den Vorfluter. Sie macht sich meistens in einer starken Verfärbung des Flußwassers bemerkbar, das hierdurch für andere häusliche und viele industrielle Zwecke unbrauchbar wird.

Die Farbflotten ergeben in gleicher Weise wie die Bleichbäder infolge der stärkeren Verdünnung mit Spülwässern erheblich geringere Konzentrationen der Abwässer an Abwasserstoffen. In Einwohnergleichwerten je t behandelte Ware ergeben sich für eine Baumwollfärberei nach Kuisel[1] folgende Werte:

	Abwassermenge in m³ je t Ware	Einwohnergleichwert je t Ware
Direktfarben	etwa 70	160
Schwefelfarben	„ 60	700
Indigo	„ 100	60

Die Farbwässer von der direkten Färbung, und zwar sowohl die alkalischen wie die sauren Farbstoffe, sind nicht so stark verschmutzt wie die Schwefelfarbenabwässer. Die ersteren Abwässer enthalten große Mengen von neutralen Natriumsalzen, die gebraucht werden, die Farben auf den Fasern zu fixieren. Die vollständige Entfärbung dieser Abwässer ist wegen der großen Löslichkeit der Farbstoffe und der dadurch bedingten großen Verdünnung oft sehr schwer. Schwefelfarbstoffe sind alkalisch und stark giftig, schon allein durch ihren hohen Gehalt an Natriumsulfid. Faßfarben werden ebenfalls in alkalischer Lösung unter Zugabe eines Reduktionsmittels angewandt. Die eigentliche Farbbildung auf der Faser erfolgt in besonderen Fällen durch Küpenfarbstoffe, die aus der alkalischen Lösung ihrer Leukoverbindung auf die

[1] Kuisel, H. F., u. R. Ott: Textilrundschau 1952, Nr. 5.

Faser gelangen und dann durch Zugabe eines besonderen Oxydationsmittels zurückgebildet werden.

Nach den Untersuchungen von McCarthy[1] sind die Abwässer einer Wollfärberei meist viel stärker verschmutzt als häusliches Abwasser. Sie sind zwar weicher als häusliches Abwasser, dafür ist ihre Menge aber meist sehr groß. Die Wolle wird in den meisten Fällen in sauren Bädern, und zwar gewöhnlich in essigsauren Bädern, gefärbt. Dem eigentlichen Färbeprozeß folgt eine Behandlung mit Chromsalzen, die einen Chromlack auf der Faser erzeugen. Die Konzentration des Bades ist je nach der angewandten Farbe verschieden. Die gelösten Stoffe schwanken zwischen 1300 und 2700 mg/l, der BSB_5 zwischen 1000 und 4000 mg/l, der Schwebestoffgehalt zwischen 10 und 200 mg/l, der $KMnO_4$-Verbrauch zwischen 500 und 1400 mg/l. Der p_H-Wert liegt zwischen 4,3 und 6,4. Nach dem Färben wird etwa die 10fache Menge an Spülwasser benötigt. Auf 1 kg Wolle entfallen 10 l Abwasser. Der Einwohnergleichwert, einschließlich der Spülwässer, wird mit 26 bis 33 je 100 kg Wolle angegeben. Jung[2] gibt folgende Zusammensetzung der Färbereiabwässer an, wobei ein deutlicher Unterschied, ob Wolle oder Baumwolle verarbeitet wird, vorhanden ist (s. Tab. 42).

Tabelle 42. *Zusammensetzung von Textilabwasser*

Art des Betriebes	Färberei	Färberei	Bleicherei u. Färberei
Verarbeitung	Wolle	Baumwolle	Baumwolle
Äußeres	rötlich trübe	dunkelblau undurchsicht. trübe	braun undurchsicht. trübe
p_H-Wert	6,8	9,1	11,5
Abdampfrückstand (filtriert)	2068 mg/l	1240 mg/l	2327 mg/l
davon: organisch	460 mg/l	437 mg/l	838 mg/l
mineralisch	1608 mg/l	803 mg/l	1489 mg/l
Kaliumpermanganatverbrauch	312 mg/l	733 mg/l	534 mg/l
Biochemischer Sauerstoffbedarf (BSB_5)	93 mg/l	188 mg/l	191 mg/l
Chloride (Cl)	114 mg/l	118 mg/l	255 mg/l
Organischer Stickstoff	4 mg/l	16 mg/l	22 mg/l
Ammoniak (NH_3)	6 mg/l	Spur	Spur
Schmutzwert	1	2	2

Da der p_H-Wert der Färberei- und Bleichereiabwässer im allgemeinen vorwiegend im alkalischen Bereich liegt, haben Bran & Lübbe, Hamburg zur Neutralisation der Abwässer die in Abb. 150 dargestellte Anlage errichtet. In einem mit einem Kreiselmischer versehenen, gleichzeitig als Ausgleich dienenden Behälter wird die Säurezugabe durch ein registrierendes p_H-Meßgerät aus zwei Behältern in der Weise gesteuert, daß aus dem großen Behälter die Grobdosierung und aus dem kleinen Behälter die Feindosierung erfolgt.

[1] McCarthy, I. A.: Sew. and Ind. Wastes Bd. 22 (1950) S. 77.
[2] Jung: Ber. A. T. V., Essener Heft 1952, S. 98.

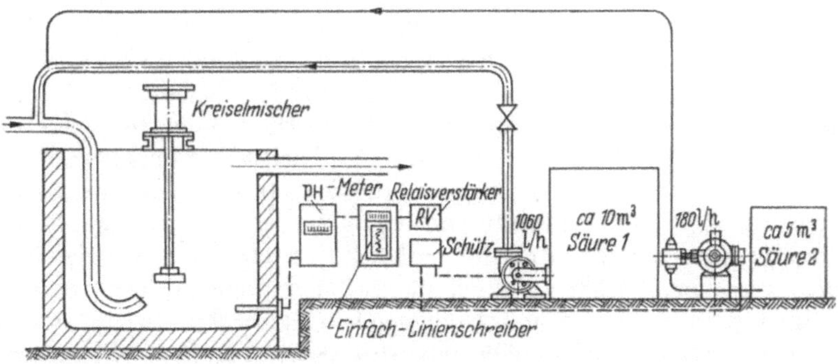

Abb. 150. Neutralisation von Färbereiabwasser (Bran & Lübbe, Hamburg)

α) *Einfluß der Abwässer auf den Vorfluter*

Ein schädigender Einfluß auf die Fischerei kann in der Hauptsache durch saure und basische Farbstoffe, die eine starke Änderung des p_H-Wertes bringen, und durch giftige Farbstoffe hervorgerufen werden. Schon manches Fischsterben unterhalb einer Färberei mußte auf eine zu starke Säuerung des Vorflutwassers zurückgeführt werden. Auch durch die Verfärbung kann das Abwasser für Fische unerträglich werden; es ergeben sich durch die Änderungen der Belichtungsverhältnisse oft stärkere Schädigungen. Rotgefärbte Abwässer haben auf das Plankton ganz andere Wirkungen als blaue Abwässer. Nach den Untersuchungen von THIENEMANN wirken außerdem viele Farbstoffe, wie sie nicht nur in Färbereien, sondern auch bei der Papierfabrikation benutzt werden, obwohl sie für den Menschen ganz ungiftig sind, auf die verschiedenen Wasserbewohner schon in großen Verdünnungen stark giftig. Besonders Viktoriablau, Methylviolett, Kohlschwarz und Diamantgrün erwiesen sich auch in sehr starker Verdünnung für die Süßwasserorganismen noch tödlich. Da die Farbstoffe entsprechend der Mode stark wechseln, sollten die von THIENEMANN[1] durchgeführten Versuche auf alle neu in die Betriebe einzuführenden Farbstoffe ausgedehnt werden. Auch die beim Färben angewandten Beizen (Aluminium-, Ferri- und Zinnsalze) können sich schädlich für den Vorfluter auswirken.

Nach den Untersuchungen von SCHIEMENZ können sich manche Anilinfarben im Fischfleisch speichern und so das Fischfleisch mehr oder weniger stark anfärben.

MASARU HIURA[2] hat den schädigenden Einfluß verschiedener organischer Farbstoffe auf das Bakterienwachstum untersucht und hierbei auch Versuche über den Einfluß der in den Färbereien der Stadt Kioto benutzten Farbstoffe auf die biologische Reinigung von Abwässern, vor allem auf das Belebtschlammverfahren, durchgeführt. Es

---

[1] THIENEMANN, A.: Z. Untersuchg. Nahrungs- u. Genußm. Bd. 22 (1911) S. 465.
[2] MASARU HIURA: Mitt. med. Akad. Kioto Bd. 25 (1939) S. 639.

handelt sich dabei um folgende elf Farbstoffe: Seidenponceau G, Benzopurpurin B, Kongorot, Japonal Dark Green B, Phosphin, Methylenblau B, Benzobraun B, Chrysophenin G, Auramin O, Kristallviolett und Rhodamin B. Es wurde hauptsächlich die Veränderung der stickstoffhaltigen Substanzen sowie die Oxydierbarkeit beobachtet. Es wurde dem häuslichen Abwasser 0,01 bis 1,0% Farbstoff zugesetzt.

Die Versuche ergaben, daß sowohl die Konzentration als auch die Beschaffenheit der Farbstoffe im Abwasser, außer den gewöhnlichen Abwasserfaktoren, wie Acidität, Alkalität, Stickstoffgehalt, Sauerstoffumsatz, Schwebestoffe, Fettgehalt und den verschiedenen schwefelhaltigen Substanzen, von ausschlaggebender Bedeutung für die biologische Reinigungsmöglichkeit des Abwassers sind. Von den genannten Farbstoffen, die zu den Azofarbstoffen, den Stilbenfarbstoffen, den Diphenylmethanfarbstoffen, den Triphenylmethanfarbstoffen, den Xanthenfarbstoffen, den Acridinfarbstoffen und den Thiazinfarbstoffen gehören, wirken die basischen Farbstoffe im allgemeinen auf die Belebtschlammfunktion viel stärker als die sauren Farbstoffe schädigend ein, soweit die Nitrifikation und die Oxydierbarkeit in Frage kommen. Der basische Farbstoff Kristallviolett zeigte die stärkste schädigende Wirkung auf den Belebtschlamm; wenn das Abwasser über 1,0% dieses Farbstoffes enthält, ist kaum eine biologische Reinigung zu erzielen. Von den Säurefarbstoffen wirkte Seidenponceau G am stärksten auf den Schlamm ein. Bei zunehmender Schädlichkeit eines Farbstoffes wurde die Abnahme des Gesamtstickstoffs, des organischen Stickstoffs und des Albuminoidstickstoffs und die Zunahme des Ammoniakstickstoffs, Nitrat- und Nitritstickstoffs und Aminostickstoffs geringer. Während manche Farbstoffe schon bei verhältnismäßig geringer Konzentration einen stark schädigenden Einfluß auf den Belebtschlamm haben, wirken andere Farbstoffe erst bei relativ hohen Konzentrationen ein. Jeder Farbstoff verzögert mehr oder minder stark die Reinigungswirkung des Abwassers.

An den Sauerstoffvorrat stellen die Farbabwässer meist keine zu großen Anforderungen, wie auch faulige Zersetzungen durch Farbstoffe nicht hervorgerufen oder begünstigt werden. Nur bei Schwefelfarbstoffen kann sich Schwefelwasserstoff durch das benutzte Schwefelnatrium entwickeln.

β) Reinigung der Abwässer aus Färbereien

Die Behandlung der Färbereiabwässer ist durch den Umstand sehr erschwert, daß es sich meist nicht um die Beseitigung eines bestimmten Farbstoffes oder einer Farbstoffgruppe handelt, sondern daß vielmehr die Farbstoffe einem dauernden Wechsel unterliegen. Es ist daher oft sehr schwer, ein bestimmtes Verfahren und eine bestimmte Anlage in einer bestimmten Richtung einzuarbeiten bzw. man muß längere Zeit Erfahrungen sammeln. Durch eine verstärkte Wiederverwendung der Spülwässer im Betrieb oder zum Ansetzen der neuen Bäder lassen sich oft die Kosten für die Herstellungsverfahren und für die Behandlung der Abwässer stark erniedrigen.

Die Entfärbung der Farbbrühen, die synthetische Farbstoffe, insbesondere Anilinfarbstoffe führen, ist meist leichter als die Entfärbung der früher verwendeten natürlichen, aus Pflanzen gewonnenen und daher als echt bezeichneten Farbstoffe. Die Entfärbung kann oftmals durch Reduktion erfolgen, wobei der Farbstoff zur farblosen Leukobase reduziert wird. Die Reduktion ist aber ein sehr unsicheres Verfahren und daher nicht zu empfehlen. Durch den Sauerstoffgehalt des Wassers oxydieren sich die Leukobasen im Wasser sehr bald zu den gefärbten Verbindungen, wobei sie den zur Oxydation erforderlichen Sauerstoff aus dem Vorfluter entnehmen. Auf diese Weise erscheinen die Farben nicht nur im Flusse wieder, sondern der sonst nicht auftretende Sauerstoffentzug aus dem Flußwasser kann eine viel stärkere und erheblichere Schädigung als vorher ohne Reduktion erzeugen.

Die Behandlung der Farb- und übrigen Textilabwässer hängt ganz von den jeweiligen Verfahren in den Fabriken ab und erstreckt sich auf Trennung, Ausgleichung, gegenseitige Fällung, chemische Fällung, Filtration und biologische Nachreinigung. Um dem Abwasser eine größere Gleichmäßigkeit zu geben, damit man es besser behandeln kann, haben sich Ausgleichsbehälter mit Umwälzvorrichtungen, die am besten ein Fassungsvermögen der gesamten in 24 Std. anfallenden Abwassermenge haben, bewährt. Die *Entfärbung* kann mit Hilfe von *Ausflockungsmitteln* besonders dann erfolgen, wenn durch die Flockungsmittel außer dem Farbstoff auch noch andere Verunreinigungen beseitigt werden können. Als Flockungsmittel kommen hauptsächlich Kalk, Schwefelsäure, Aluminiumsulfat und Ferri- und Ferrosulfat, Ferrichlorid und Calciumchlorid in Betracht.

Eingehende von Kehren[1] durchgeführte wissenschaftliche Untersuchungen über das Verhalten wäßriger Farbstofflösungen gegenüber Eisen haben zu folgenden Ergebnissen geführt:

1. Die Eisenung mit Eisen(3)chlorid arbeitet mit geringeren Eisenmengen als die metallische Eisenung.
2. Bei Anwendung von Ferroeisen ist der Eisenverbrauch größer als bei Ferrieisen.
3. Das zweiwertige Eisen bleibt bei optimaler Klärung zum Teil als ungeflocktes Eisen in der geklärten Flotte und gibt Anlaß zur Nachflockung.
4. Die günstigste Flockung mit Eisen(3)chlorid findet im p_H-Bereich zwischen 5,5 und 6,1 — also im leicht sauren Medium statt.
5. Im neutralen Bereich können nur geringe Farbstoffkonzentrationen durch relativ große Eisenmengen geflockt werden.
6. Im alkalischen Bereich findet bei Eisen- und Farbstoffkonzentrationen zwischen 20 und 100 mg/l trotz quantitativer Eisenflockung keine Klärung statt.
7. Im stärker sauren Bereich werden bei gleicher Eisenkonzentration größere Farbstoffmengen geflockt bei steigendem Anteil an ungeflocktem Eisen.

---

[1] Kehren, M.: Ber. A. T. V. Bd. 8 (1956) S. 110.

8. Die für eine eisensparende Flockung günstigste Farbstoffkonzentration liegt zwischen 100 und 150 mg/l.

Die Wirkung ist bei konzentrierten Lösungen besser als bei sehr verdünnten Abwässern, weil sich in letztem Falle nur schwer absetzende, feinflockige Niederschläge bilden. Vielfach kann auch eine Vermischung mit anderen Abwasserarten, z. B. aus der Wäscherei, Bleicherei und anderen Betrieben, die Ausfällung wesentlich erleichtern, so daß man nach Ausfällung in genügend großen Absetzbecken hinterher eine weitere Landbehandlung oder Filtration durch Sand- oder Schlackenfilter anwenden kann. Wichtig ist bei der Anwendung von Flockungsmitteln, daß der anfallende Schlamm laufend und rasch beseitigt wird, so daß eine Rücklösung des Farbstoffes aus dem Schlamm und damit eine Wiederverfärbung des Wassers vermieden wird. In vielen Fällen kann man an Fällungsmitteln sparen, wenn man einen Teil der ausgeflockten Koagulierungsmittel im Kreislauf verwendet. Der anfallende Schlamm wird am besten verbrannt.

Kuisel trennt die in einem Textilbetriebe anfallenden Abwässer nach den nur schwach verunreinigten Spülwässern, die er nach Durchgang durch ein Ausgleichsbecken direkt in den Vorfluter ableitet, und den stark verunreinigten Abwässern. Diese werden gemäß dem in Abb. 151 wiedergegebenen Schema nach Durchgang durch ein Meßwehr

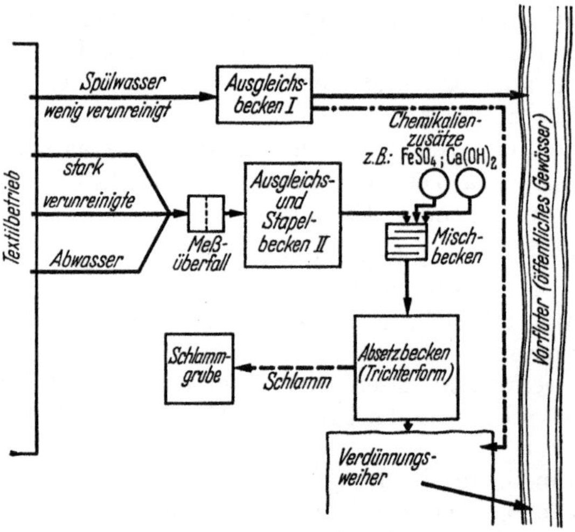

Abb. 151. Schema einer Abwasserbehandlung für einen Textilbetrieb nach dem Fällungsverfahren und nachgeschaltetem Verdünnungsweiher

zu einem Ausgleichs- oder Stapelbehälter geleitet. In einem besonderen Mischbecken erfolgt dann die Zugabe der Flockungsmittel in Form der billigen Eisensalze (Eisensulfat oder Eisenchlorid) oder auch unter Verwendung der Abfallbeizen direkt. Die Absetzbecken für den anfallenden Flockenschlamm sollen am besten Trichterform und eine Absetzzeit von möglichst 3 Std. haben. Wenn dann noch die Möglichkeit besteht, das soweit gereinigte Abwasser durch einen größeren Verdünnungsweiher zu leiten, ist ein größerer Schutz des Vorfluters sichergestellt.

An Stelle der chemischen Fällungsmittel kann man auch das *Kohlensäure-Eisenverfahren* von JUNG[1] benutzen. Die Abwässer werden hierbei unter Zugabe von Kohlensäure aus Feuerungsgasen durch ein mit Eisenabfällen gefülltes Filter geleitet. Das Wasser nimmt hier Ferrobicarbonat auf, das in den nächsten Becken durch starkes Belüften unter Abspaltung von Kohlensäure in Eisenhydroxyd übergeführt wird. Dieses schlägt dann auf seiner Oberfläche die Farbstoffe nieder. Das unter der Bezeichnung *Niersverfahren* bekannte Verfahren verwendet metallisches Eisen in Form von Gußspänen, wie sie als Schrott in den Maschinenfabriken anfallen. Die Eisenspäne werden in dem in Abb. 152 dargestellten Fällungsbecken zur chemischen Abwasserreinigung dem zu reinigenden Abwasser zugesetzt und durch einen Schraubenmischer unter ständiger Bewegung und unter Kohlensäure- und Luftzufuhr mit dem Abwasser in innige Berührung gebracht. Durch die Einwirkung des Luftsauerstoffs bildet sich schließlich Eisenhydroxyd, das dann seine adsorptiven Eigenschaften äußert. Die durch das Wasser fallenden Eisenspäne und Eisenhydroxydflocken werden durch ein bis in die untere Trichtersohle reichendes Tauchrohr durch den Schraubenschaufler hochgehoben und oben wieder durch die Luft gewirbelt und im Abwasser verteilt. Die Betriebsweise der Fällungsanlage ist sehr leicht und einfach und weitgehend selbsttätig. Man braucht nur die durch Erfahrung festgelegte richtige Abwasserbelastung einzustellen und für eine ausreichende Menge Eisenspäne im Reaktionsraum zu sorgen, die je nach Verbrauch von oben in den Reaktionsraum eingeschüttet werden, am besten in längeren Zeitabständen einmal täglich oder besser stündlich in kleinen Mengen. Der untere Teil des Trichterrohres ist beweglich gemacht, damit man ihn bei Betriebsstillstand hochziehen kann, wodurch Verstopfungen vermieden werden. Mit einem Trichterbecken von 150 m^3 Inhalt lassen sich stündlich 300 m^3 Abwasser reinigen. Die Abscheidung der Eisenhydroxydflocken kann dann in einem Nachklärbecken mit kurzer Aufenthaltszeit erfolgen. In Abb. 153 ist das Schema einer Färbereikläranlage nach dem Niersverfahren dargestellt. Der anfallende Schlamm kann laufend oder in bestimmten Zeitabständen aus dem

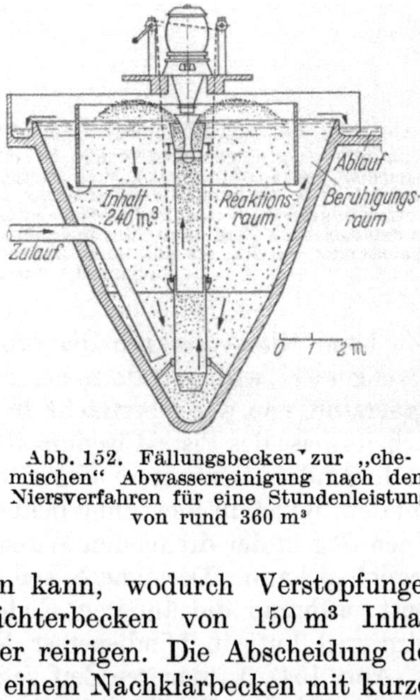

Abb. 152. Fällungsbecken zur „chemischen" Abwasserreinigung nach dem Niersverfahren für eine Stundenleistung von rund 360 m^3

[1] JUNG, H., u. W. SCHRÖDER: Textil-Praxis Bd. 5 (1950) S. 534. — M. KEHREN: Melliand Textilberichte Bd. 31 (1950) S. 363. — M. KEHREN: Wasser und Abwasser in der Textilindustrie im Schweiz. Verein. d. Färbereifachleute 1951.

Absetzbecken entfernt und in vorhandenen Geländemulden oder auf besonderen Trockenbeeten getrocknet werden. Eine Ausfaulung des Schlammes zum Zwecke der Methangasgewinnung ist für Textilbetriebe unrentabel, da sie zu wenig fäulnisfähige Stoffe enthalten.

An Stelle des von JUNG beim Niersverfahren angewandten Fällungsbeckens beschreibt BENDEL[1] den von der Fa. W. Passavant, Michelbach herausgebrachten Pista-Eisenungs-Belüfter, bei dem nicht

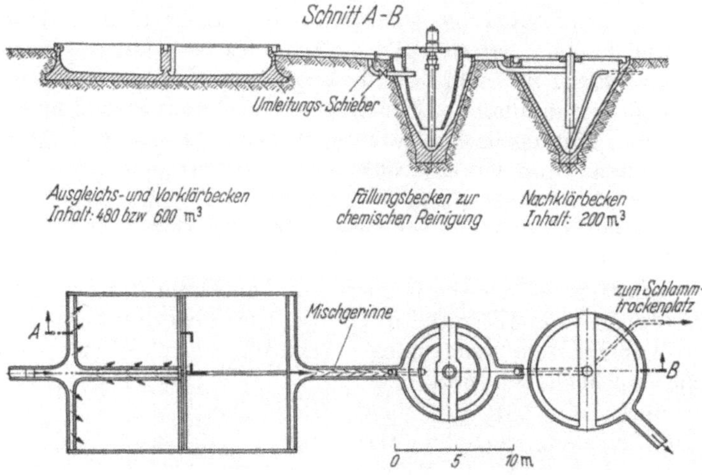

Abb. 153. Färberei-Kläranlage nach dem Niersverfahren (Schnitt *AB* und Aufsicht) Schaubild einer Färbereikläranlage mit chemischer Reinigung kombiniert mit einer biologischen Nachreinigung nach dem Niersverfahren für eine tägliche Abwassermenge von 1000 m³. Die Wirkung der chemischen Behandlung erstreckt sich vorwiegend auf die Entfernung der Farb- und Trübstoffe, also der Hauptverunreinigung eines Färbereiabwassers. In den meisten Fällen dürfte das aus dem Nachklärbecken austretende Wasser nicht mehr beanstandet werden, so daß seine Ableitung ohne die in der Abbildung eingezeichnete biologische Nachreinigung möglich ist

wie beim Niersverfahren das Abwasser-Eisen-Gemisch durch die Luft geschleudert wird, sondern bei dem durch die Eigenart des Belüfters Sauerstoff von der Oberfläche in das Wasser hineingezogen wird. Die Arbeitsweise des Pista-Eisenungs-Belüfters zur Eisenhydroxyderzeugung ist folgende: Der untere Umwälzflügel sorgt dafür, daß die Gußspäne auf dem Boden in Bewegung bleiben. Der obere Belüftungsflügel erzeugt einen Sog in der drehenden Wassermasse, wodurch die Luft den Flügel erreichen kann. Der innere Teil des Flügels dreht sich sodann in der Luft, während die äußeren Enden sich im Wasser drehen. Dadurch wird viel Luft in feindisperser Verteilung in das Wasser eingebracht (s. Abb. 154). In neuerer Zeit setzt man statt der Eisessigsäure Ferrosalze zu, die zu Ferrihydroxyd aufoxydiert werden.

Das DRP 380891 von FRANK reinigt die Färbereiabwässer mit Hilfe des elektrischen Stromes, ein Verfahren, das in seinen Grundsätzen auf einer Fällung durch elektrolytisch gebildetes Eisenhydroxyd beruht. In

[1] BENDEL, H. L.: Gesundh.-Ing. Bd. 72 (1951) H. 13/14, S. 231.

manchen Fällen hat man eine hinreichende Entfärbung der Abwässer aus Tuch- und Filzfabriken, die unter Zusatz von Seifenlösung walken, durch Zusatz von Kieserit erzielt. Das Magnesiumsulfat des Kieserits setzt sich mit den gelösten Seifen zu einer unlöslichen Magnesiaseife um, die sich in Flocken abscheidet und dabei den suspendierten Farbstoff mit niederreißt. Ein Zusatz von Kochsalz und Tonerde wirkt auf die Ausscheidung der Farbstoffe und der Seife günstig. Die Entfärbung beruht in diesem Falle nicht nur auf dem mechanischen Niederreißen des Farbstoffes mit der ausfallenden Seife, sondern auch auf dem Aussalzen von Seife und Farbstoff und der Bildung und Ausscheidung der Farbstoffverbindungen mit den Aluminiumsalzen als Farblacke. Nach MERKEL[1] hat sich der zur Reinigung von Gerbereiabwasser durch chemische Fällung (S. 171) benutzte Accelator der Fa. Lurgi, Frankfurt a. M. zur Reinigung von Textilabwässern bestens bewährt. Dieses Verfahren vereinigt Misch-, Flockungs- und Absetzbecken in einem Bauwerk und benötigt nur Aufenthaltszeiten von 30 bis 60 min. Die günstigste Form der Absetzbecken zum Abfangen des bei der chemischen Fällung sich bildenden Flockenschlammes sind nach MERKEL[2] trichterförmige Becken mit aufwärts gerichteter Durchströmung (sog. Dortmund-Brunnen).

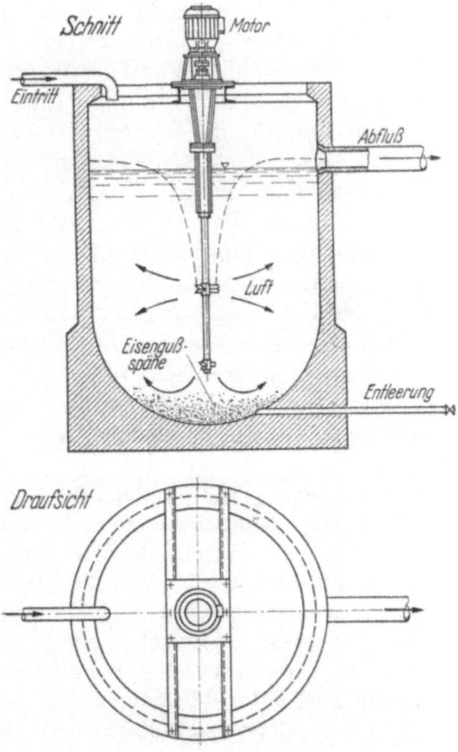

Abb. 154. Querschnitt durch einen Pista-Eisenungs-Belüfter

THORNTON und MOORE[3] haben, nachdem sie mit gepulverter Fuller-Erde oder Bauxit gute Erfolge erzielt hatten, granulierte Fuller-Erde und Bauxit in Filtern mit freiem Durchfluß oder als Staufilter benutzt. Es wurden sowohl die Farbstoffe in saurer wie in alkalischer Lösung untersucht. Als Gesamtergebnis fassen die Verfasser ihre Versuche dahin zusammen, daß sowohl Fuller-Erde wie aktivierter Bauxit für die Entfernung von Farben geeignet sind. Bei Farben, die keine metallischen Verbindungen enthalten, läßt sich das Adsorbens durch

[1] MERKEL, W.: Melliand Textilberichte Bd. 36 (1955) S. 293.
[2] MERKEL, W.: Textil-Praxis Bd. 5 (1950) S. 530.
[3] THORNTON, H. A., u. J. R. MOORE: Sew. and Ind. Wastes Bd. 23 (1951) S. 497.

Verbrennen regenerieren und kann dann wieder in den Betrieb zurückwandern.

Bei der Reinigung durch Adsorption können die Abwässer durch andere stark adsorbierende Stoffe, wie aufgebrauchte Gerberlohe, Torf, Torfmull, Torfschlacke, Torfkohle, Asche, Grudekoks, Eisenerz, Sand und vor allem a-Kohle, geleitet werden. Das DRP 457467 mit Zusatzpatent 438268 sieht die Verwendung tierischer Abfälle, wie Haare, Lederabfälle usw. vor. Foster[1] mischt alle im Betrieb vorkommenden Abwässer, um eine möglichst weitgehende Neutralisation zu erreichen, läßt 1 bis 2 Std. absetzen und gibt dann 0,8 kg/m^3 aktive Kohle zu, die 5 min lang innig mit dem Abwasser gemischt wird. Für Abwässer von Färbereien mit vorwiegendem Gehalt an Anilinfarben hat sich in USA folgendes Verfahren bewährt[2]: Die Abwässer werden mit Ferrosulfat und Natriumcyanid versetzt. Das sich bildende Natriumferrocyanid wird in Absetzbecken abgefangen und wiedergewonnen. Am Ablauf wird Eisenalaun zugegeben, der in zwei Ausgleichsbecken wieder abgefangen wird. Hierauf fließt das Abwasser durch Becken, in denen es belüftet wird, um auf Tropfkörpern mit nachgeschaltetem Nachklärbecken endgültig gereinigt zu werden. Der in den einzelnen Stufen anfallende Schlamm wird in Filterpressen behandelt.

Den sichersten Weg zur Entfärbung bildet die Zerstörung der Farbstoffe, die auf chemischem Wege durch die Zugabe von stark wirkenden Oxydationsmitteln, wie Chlor, Ozon oder Kaliumpermanganat, oder auf biologischem Wege geschehen kann, wobei freilich die Anpassung des Verfahrens an die Art des Farbstoffes, an die Gesamtbeschaffenheit des Abwassers sowie an die örtlichen Verhältnisse erforderlich ist.

Von den in Deutschland angewendeten biologischen Verfahren zur Reinigung von Färbereiabwässern beruht die von Friese und Beil[3] empfohlene Anwendung von Tropfkörpern für anilinfarbenhaltige Abwässer teils auf einer adsorptiven Wirkung, teils auf einem biologischen Abbau der organischen Stoffe. Hüttenkoksasche mit einer Korngröße von 3 bis 5 mm ist gewöhnlichem Koks überlegen. Mit Ausnahme der Farbstoffe der Phtaleingruppe, wie Eosin, Phloxin, Rose bengale u. a., sowie Croceinscharlach und Carmin ergibt das Verfahren ein völlig farbloses Filtrat. Wesentlich hierbei ist, daß die ungünstigen Farben, die meist nur in sehr geringen Mengen gebraucht werden, die Filter in ihrer Adsorptionskraft für die übrigen Farben nicht stören. Die Ausnutzung der Filterstoffe ist um so größer, je geringer der Alkoholgehalt des Wassers ist. Durch Zwischenlagerung von waagerechten Schichten von staubfreier Asche als Verteilerschicht gelingt es, durch Verhinderung der Bahnbildung den Wirkungsgrad um 50% zu erhöhen.

Dort, wo geeigneter Boden in ausreichendem Maße zur Verfügung steht und die Textilabwasser keine für Pflanzen und Böden schädlichen Stoffe enthalten, wie Sulfide, Schwefelfarben, Laugen, kann die landwirtschaftliche Verrieselung und Verregnung mit bestem Erfolg ange-

---

[1] Foster: Industr. Engng. Chem. Bd. 27 (1935) S. 825.
[2] Public Works Bd. 67 (1936) S. 16.
[3] Friese, W., u. H. Beil: Gesundh.-Ing. Bd. 52 (1929) S. 155.

wandt werden. Die Großfärberei Flehmig & Co., Sparneck/Ofr. (Ldkr. Münchberg) hat bei einer Abwassermenge von 1200 m^3 140 ha Acker, Wiese und Weide zur Verfügung. Das Gelände hat sandigen Lehm, lehmigen Sand und anmoorigen Boden zur Verfügung. Die durch die regelmäßige Beregnung verursachte unvermeidliche Auslaugung der Böden (Entkalkung) muß durch eine erhöhte Zufuhr von Nährstoffen, insbesondere von Kalk, ausgeglichen werden. Bei sauer reagierendem Abwasser sollte mit Rücksicht auf Korrosionen die Neutralisation möglichst schon vor dem als Speicherbecken dienenden Ausgleichsbecken geschehen.

Können die in einem Textilbetrieb anfallenden Färbereiabwässer in eine Kanalisation abgelassen werden, deren Abwasser nachher in einer Belebtschlammanlage gereinigt wird, so kann dies unbedenklich hinsichtlich der Reinigung der häuslichen Abwässer geschehen, wenn die Abwässer im neutralen Zustand anfallen. Für die Behandlung mit häuslichem Abwasser haben sich nach Einarbeitung durch häusliche Abwässer Tropfkörper, deren Belastung durch Zugabe von Rückspülwasser erheblich gesteigert werden kann, am besten bewährt. Hohe und niedrige p_H-Werte erniedrigen die Belastungsmöglichkeit und die Wirksamkeit der Filter. Der Schlammanfall in den Tropfkörperabläufen ist gering.

Auch das Belebtschlammverfahren ist von verschiedenen Forschern empfohlen worden. GREYER[1] fällt die mechanisch gereinigten Abwässer mit 60 g Alaun, wodurch der BSB_5 von 350 mg/l auf 160 mg/l herabgedrückt wird. Der Ablauf wird in einer Schlammbelebungsanlage mit 12stündiger Belüftungszeit bis auf einen Rest-BSB_5 von 15 mg/l gereinigt.

MILES und PORGES[2] beschreiben Versuche in einer großen Schlammbelebungsanlage, in der in die 4 Belebungsbecken bei verschiedener Belüftungszeit mit wechselnder Belüftungsstärke und wechselnder Menge an gelösten Stoffen verschiedene Mengen Schwefelfarbenabwasser zugegeben wurden. Veränderungen in der Menge der zugeführten Luft hatten nur geringen Einfluß auf die Verminderung des biochemischen Sauerstoffbedarfs und auf die Beseitigung der Farbe. Dagegen hatte die Belüftungsstärke einen beträchtlichen Einfluß auf die Verringerung der ungelösten Stoffe. Die 6stündige Belüftung erwies sich als bedeutend besser als die 4stündige. Die in den Belüftungsbecken enthaltenen Mengen an ungelösten Stoffen hatten einen deutlichen Einfluß auf die Beseitigung der Farbe. Bei Mengen von 2500 bis 3000 mg/l war die Reinigung fast direkt proportional der Menge der Flocken. Unter allen Versuchsbedingungen widerstand das Belüftungsbecken mit den meisten Flocken am besten plötzlichen Änderungen in der Zusammensetzung der Abwasser-Farben-Mischung. Bei der Vermischung der Textilabwässer mit den städtischen Abwässern erzielten SOUTHER und ALSPAUGH[3]

[1] GREYER, J. C.: Industr. Engng. Chem. Bd. 39 (1947) S. 653.
[2] MILES, H. J., u. R. PORGES: Sew. Works J. Bd. 10 (1938) S. 856.
[3] SOUTHER, R. H., u. T. A. ALSPAUGH: Sew. and Ind. Wastes Bd. 28 (1956) S. 166.

die besten Erfolge, wenn sie die gemischten Abwasser nach der mechanischen Reinigung durch eine zweistufige Tropfkörperanlage mit anschließender Belebtschlammanlage behandelten. Die Menge des Rücklaufwassers schwankt zwischen 2:1 und 4:1. Der Reinigungserfolg stieg bis 97,4%.

Porges und Miles[1] haben Proben eines aus Abwasser mit und ohne Gehalt an Schwefelfarbstoffen gewonnenen Belebtschlammes unter gleichen Bedingungen mit Eisenchlorid versetzt und durch Buechner-Trichter genutscht. Hierbei zeigte es sich, daß der Eisenchloridverbrauch bei Belebtschlamm aus farbstofffreiem Abwasser nur 4% des Trockenrückstandes gegenüber 8 bis 10% bei Belebtschlamm aus farbstoffhaltigem Abwasser beträgt. Auch die Entwässerungsgeschwindigkeit ist in ersterem Falle wesentlicher größer (12 g/min gegenüber 6 bis 10 g/min). Die Entwässerungsgeschwindigkeit des Belebtschlammes aus farbstoffhaltigem Anwasser ist dem Gehalt desselben an festen Bestandteilen umgekehrt proportional, was darauf zurückzuführen ist, daß die Farbstoffteilchen die Filterporen verstopfen. Ferner beobachteten sie, daß ein unmittelbar nach dem Absetzen gefilterter Belebtschlamm bei geringerem Eisenchloridverbrauch rascher entwässert werden kann als ein Schlamm, der über Nacht stehen gelassen wird.

i) Abwässer von Waschanstalten, Stückwäschereien, Federreinigungsanstalten, chemischen Reinigungsanstalten

In den großen Waschanstalten der Kasernen, Krankenhäuser, Hotels, Landheime, Erziehungsanstalten, Strafanstalten u. dgl. und den gewerblichen Anstalten wird die Wäsche im allgemeinen wie im Haushalt behandelt; vorherrschend ist die Anwendung von Waschmaschinen, Zentrifugen, Wringmaschinen und anderen Hilfsmaschinen. Auf 1 kg verschmutzte Wäsche rechnen Wollner und seine Mitarbeiter[2] mit 33 bis 42 l Wasser. Für ein vollbesetztes Krankenhaus mit 1000 Betten werden je Bett 28,6 kg verschmutzte Wäsche in der Woche gerechnet. In den städtischen Kanalisationen in Amerika macht das Wäschereiabwasser 5 bis 10% des gesamten Wasserverbrauchs aus.

Während früher fast ausschließlich Seifen zum Lösen des Schmutzes von den Fasern gebraucht wurden, finden heute die sog. Detergentien (s. Abschn. 22, S. 325) immer mehr und mehr eine verstärkte Anwendung.

Die in den *Waschanstalten* anfallenden Abwässer sind alkalisch und stark gefärbt. Sie enthalten neben den aus der Wäsche entfernten emulgierten Schmutz- und Fettbestandteilen Stärketeilchen, Stoffasern und auch noch Reste unverbrauchter Waschmittel (Detergenzien) sowie Kalk- bzw. Magnesiaseifen, Natriumcarbonat und Farbstoffe. Sie ähneln in ihrer Zusammensetzung den Abwässern, wie sie in den Reinigungsbädern, in den Waschkauen der Fabriken und in den Haushaltungen anfallen. Die an Schwebestoffen (5 bis 8 cm^3/l), Alkalisalzen der Fett-

[1] Porges, R., u. H. J. Miles: Sew. Works J. Bd. 11 (1939) S. 1038.
[2] Wollner, H. J., V. M. Rumin u. P. A. Kalen: Sew. and Ind. Wastes Bd. 26 (1954) S. 509.

säuren (100 bis 200 mg/l) und an organischen Stoffen reichen, stark getrübten, alkalisch reagierenden Abwässer neigen stark zur Fäulnis. Die Seifen und die übrigen Waschstoffe erzeugen in der Lösung eine haltbare Emulsion der Schmutzteilchen, so daß diese sich sehr schwer absetzen. So kann es vorkommen, daß die faulige Zersetzung vor dem völligen Absetzen der Schwebestoffe eintritt. Die reinigende Wirkung der Seifen und der übrigen oberflächenaktiven Stoffe erhöht sich mit der Steigerung der Zugabe von Alkalien oder Alkalicarbonat. Auch Trinatriumphosphat und kieselsaure Alkalien werden hierzu benutzt. Die industriellen Wäschereien enthärten nach SPADE[1] im allgemeinen das Wasser, wenn es mehr als 15° Härte besitzt. Der Betrag an Seife und Alkali ist direkt abhängig von der Menge und Art des Schmutzes, der in den Stoffen enthalten ist. Der BSB_5 und der $KMnO_4$-Verbrauch sind meistens sehr hoch und liegen höher als beim häuslichen Abwasser. Zum Spülen der Wäsche wird eine große Menge Frischwasser benutzt, das eine sehr willkommene Verdünnung der eigentlichen konzentrierten Waschlaugen ergibt. Der Abwasseranfall je 100 kg Wäsche wird mit 3,75 m^3 angegeben. In dieser Verdünnung können die Abwässer in den meisten Fällen nach einer mechanischen Reinigung direkt in genügend große Vorfluter abgelassen werden. Da es infolge des oft hohen Seifengehaltes des Abwassers beim Vermischen mit hartem Flußwasser zu weiteren Ausflockungen von fettsauren Salzen kommt, sollte die Ableitung nur unter der Wasseroberfläche möglichst in der Mitte des Vorfluters im Stromstrich erfolgen, damit für eine baldige, gute Vermischung mit dem Vorflutwasser Sorge getragen ist. Besser ist es aber, sie in die städtische Kanalisation zu geben, um sie mit den häuslichen Abwässern vor dem Ablassen in den Vorfluter einer Reinigung zu unterziehen. Der BSB_5 von Wäschereiabwasser schwankt je nach dem Wasserverbrauch zwischen 400 bis 1000 mg/l und darüber. Der Einwohnergleichwert beträgt nach IMHOFF[2] 700 bis 2300 je t Wäsche.

Früher hat man zum Ersatz der Rasenbleiche oder bei besonders stark vergilbter Wäsche das Waschwasser gechlort. Zu dem Zweck wurde dem Waschwasser Chlorkalk oder Hypochloritlauge oder Chlorgas zugesetzt. Solche Abwässer enthielten dann stets einen mehr oder minder hohen Gehalt an freiem Chlor, der sich bei größeren Wassermengen besonders an kleinen Vorflutern sehr schädlich auswirken konnte. Auch störte der Gehalt an freiem Chlor die Selbstreinigung des Wäschereiabwassers im Vorfluter. Durch den Widerstand der Hausfrauen, hervorgerufen durch die schnellere Zerstörung der Wäsche, ist die Anwendung von Chlorpräparaten ganz oder fast ganz aufgegeben worden. Aus den gleichen Gründen ist auch der Verbrauch an Chlor und seinen Präparaten in den Anstaltswaschanstalten immer mehr und mehr zurückgedrängt worden. In der Klein- und Großwäscherei werden nunmehr Waschmittel mit sauerstoffabspaltenden Peroxyden, Perboraten usw. viel gebraucht. An Stelle der Seifen werden heute die in immer

---

[1] SPADE, J. F.: Water and Sew. Works Bd. 109 (1962) S. 110.

[2] IMHOFF, K.: Taschenbuch der Stadtentwässerung. 20. Aufl. München: Oldenbourg 1963, S. 233.

größerer Zahl auf den Markt kommenden Detergentien (100 bis 1500mg/l) benutzt, deren Beseitigung schwieriger ist und die auch oft eine Kreislaufverwendung der Abwässer unmöglich machen, zumal bei der chemischen Fällung die normalen Fällungsmittel versagen. Die besten Ergebnisse erzielt man bei Verwendung von Alaun und aktiver Kieselsäure. Ein hiermit gereinigtes Abwasser kann im Kreislauf benutzt werden, wodurch man eine 87% Wasserersparnis erzielte. Nachdem sich die *Anwendung von Diatomeenerde* in der letzten Zeit zur Reinigung von Trink- und Badewasser besonders bewährt hat, hat man dieses Verfahren mit bestem Erfolg auch zur Reinigung der Wäschereiabwässer benutzt. Durch die große Anzahl von Poren auf der Oberfläche stellt diese ein besonders gutes Absorbens dar. Besonders in der letzten Zeit sind sehr gute Filter zum Abfangen der Diatomeenerde entwickelt. Da die Diatomeenerde auch die Detergentien stark absorbiert, finden sie immer mehr Anwendung zur Behandlung der Wäschereiabwässer.

Die Abwässer können unbedenklich einer Kanalisation zugeführt werden, wenn dafür gesorgt wird, daß durch Mischung mit kaltem Spülwasser die heißen, stoßweise abgelassenen Kochlaugen auf mindestens 30° abgekühlt werden. Wenn mit freiem Chlor oder Chlorpräparaten gearbeitet wird, muß das Chlor vorher völlig zerstört werden. Besteht keine Möglichkeit des Ablassens in einen genügend großen Vorfluter oder in eine Kanalisation, so ist die Verwendung der mit Spülwassern verdünnten Kocherlaugen zur Bodenberieselung die beste Beseitigungsart, wobei glrichzeitig die in diesen Abwässern vorhandenen Dungwerte weitgehend ausgenutzt werden. Ist auch diese Beseitigungsart nicht möglich und eine Reinigung erforderlich, so erhält man die besten Werte durch eine chemische Fällung. Nach BOYER[1] sollte vor Zugabe der Fällungsmittel der für das jeweilige Fällungsmittel geeignete p_H-Wert eingestellt werden, da man hierdurch sehr viel Fällungsmittel sparen kann. BOYER gibt folgende Mengen an:

Tabelle 43. *Menge der Fällungsmittel für Wäschereiabwässer* (nach BOYER)

	Ferrisulfat $Fe_2(SO_4)_3$ mg/l	Ferrichlorid $FeCl_3$ mg/l	Aluminiumsulfat $Al_2(SO_4)_3$ mg/l	Ferrosulfat $FeSO_4 \cdot 7\,H_2O$ mg/l
p_H-Wert nicht eingestellt	400	400	520	1000
p_H-Wert eingestellt . .	240	160	200	400

V. POHL[2] erreichte durch Zugabe von 250 bis 270 mg/l Kalk bei Anwendung von Absetzbecken die beste Klärwirkung.

Die ausgeflockten Schmutzstoffe (etwa 5% der Abwassermenge) werden in Absetzbecken abgefangen und können direkt oder nach Kompostierung mit Erde oder Torf als Düngemittel verwandt werden.

Für die biologische Reinigung muß das Abwasser in einem Sammelbecken mit dem Fassungsvermögen von mindestens 60 bis 70% des

[1] BOYER: Sew. Works J. Bd. 6 (1934) S. 1197.
[2] POHL, V.: Gesundh.-Ing. Bd. 10 (1937) S. 422.

täglichen Abwasseranfalls abgesetzt werden. Nach mindestens 2- bis 3-stündiger Absetzzeit wird das Abwasser über einen Tropfkörper geleitet, nachdem es, wenn nötig, vorher durch Rücklaufwasser verdünnt worden ist. Der Tropfkörper muß so groß bemessen sein, daß je kg BSB 2500 l Tropfkörpermaterial zur Verfügung stehen. Aus der Belastung der Oberfläche ergibt sich bei einer Tiefe des Tropfkörpers von 2 m eine Oberfläche von 1,2 m^2 je 1 kg BSB. Das hinter den Tropfkörper geschaltete Nachklärbecken hat eine Aufenthaltszeit von 2 Std. SPADE[1] empfiehlt die Anwendung von Hochleistungstropfkörpern. Diesen muß wie bei der chemischen Fällung zur Entfernung der abgeriebenen Fasern ein Rechen vorgeschaltet werden. Die hydraulische Belastung wird mit 1,874 m^3/m^3 und die Belastung mit BSB mit 754 g/m^3 angegeben. Für die Nachklärbecken wird eine Aufenthaltszeit von nur einer Stunde vorgeschrieben.

In den *Federreinigungsanstalten* werden die Federn und Daunen von dem ihnen anhaftenden Schmutz befreit. Zu dem Zweck werden die Federn zunächst mehrere Stunden lang in Wasser unter Zugabe von Weichungsmitteln (s. Detergentien, S. 325) aufgeweicht und in einem mit Rührwerk versehenen Waschzylinder unter dauerndem Durchfluß von reinem Wasser gereinigt. Der Waschprozeß wird so lange fortgesetzt, bis das abfließende Wasser völlig klar ist, was gewöhnlich nach $^3/_4$ bis 1 Std. erreicht ist. Die Waschlauge vom Einweichen der Federn sowie die eigentlichen Spülwässer enthalten an Schwebestoffen neben staubigen und sandigen Bestandteilen Reste von Federn, Dung- und Strohteilchen, die leicht durch einfache Filtration zu beseitigen sind. Die Waschlauge und die ersten Waschwässer sind stark braungelb gefärbt. Infolge ihres Gehaltes an organischen und eiweißhaltigen Stoffen gehen sie bei Luftabschluß bald in faulige Zersetzung über. Das Abwasser selbst nimmt dabei einen sehr unangenehmen, an Vogeldung erinnernden Geruch an. Die einfachste Reinigungsart unter Ausnutzung der stickstoffhaltigen Dungstoffe ist auch hier, wie bei den Wäschereiabwässern, die Anwendung der Bodenberieselung. Falls die Verrieselung oder die Aufnahme in eine städtische Kanalisation nicht möglich ist, können sie auch auf Tropfkörpern, wie vorher bei dem Wäschereiabwasser geschildert, gereinigt werden.

Chemische Waschanstalten (Putzereien) weichen in ihrem Betriebe sehr weitgehend von den bisher geschilderten Wäschereien ab. Chemische Vorgänge oder besondere chemische Mittel, die den Namen rechtfertigen könnten, werden in diesen Betrieben nicht angewandt. Die Reinigung von Anzügen, Stoffen, Teppichen, Wäschen u. dgl. geschieht in diesen Betrieben in großen geschlossenen Trommeln mit Benzin, Benzol oder ähnlichen Lösungsmitteln. Diese lösen die Schmutzstoffe, vor allem aber alle Fettstoffe, die die übrigen Schmutzstoffe festhalten und daher die hauptsächlichen Fleckenbildner sind, aus den zu reinigenden Stoffen heraus. Das aus den Trommeln abgelassene Lösungsmittel wird als wertvoller Betriebsstoff in einer besonderen Anlage abdestilliert und wiedergewonnen. Der im Kessel als dunkle schmierige Masse zurück-

[1] SPADE, J. F.: Water and Sew. Works Bd. 109 (1962) S. 110.

bleibende Schmutz kann gesammelt und zur Aufarbeitung auf Rohfett an Seifenfabriken abgegeben werden. Es fallen demnach in diesen Waschanstalten nur Kühlwasser an, die aber, weil sie gar nicht verschmutzt sind, direkt in den Vorfluter abgelassen werden können. In den meisten Fällen sind Wäschereien mit chemischen Waschanstalten zu einem Betrieb verbunden, so daß die in den letzteren Betrieben anfallenden Kühlwasser als Verdünnungswässer benutzt werden können.

Mit den chemischen Waschanstalten (Putzereien) sind vielfach Färbereien verbunden, in denen Färbereiabwässer anfallen, wie sie bereits auf S. 459 geschildert worden sind.

Die in den Färbereibetrieben anfallenden Abwässer sollten, wenn sie nicht mit den übrigen Abwässern in eine Kanalisation abgelassen werden können, zunächst auf die bei den übrigen Färbereiabwässern angegebenen Arten gereinigt werden, ehe sie mit den übrigen im Betrieb anfallenden Waschwässern gemischt werden.

Es sind eine Reihe weiterer Verfahren zur *Beseitigung der Wäschereiabwässer ohne vorherige Behandlung* durchgeführt. Hierhin gehört das Einlassen der Abwässer in Tiefbrunnen, in Spalten oder Hohlräume von Kalksteinbrüchen oder in künstliche Seen. Bei den ersteren besteht die Gefahr der Verschmutzung des Grundwassers, die auch bei den Teichen durch Versickerungen auftreten kann.

II. Abwässer mit vorwiegend anorganischer Verschmutzung

30. Abwässer der Stein-, Braun- und Holzkohlenindustrie

a) Steinkohlenindustrie

Bei der Förderung, Veredelung, Weiterverwendung der Steinkohle fallen verschiedene Abwasserarten an, die ihrer Zusammensetzung, wie auch der Menge nach sehr stark verschieden sein können. U. a. fallen im Steinkohlenbergbau folgende Abwasserarten an:

1. Eigentliche Grubenwässer; 2. Abwässer vom Spülversatz; 3. Zechenabwässer, und zwar die Kohlenwaschwässer, sowie die Brausewässer für Nußkohlen und Feinkohlen; 4. Auswasch- und Auslaufwasser der Schutthalden; 5. Waschkauenwasser; 6. menschliche Abfallstoffe, das ist Abwasser der Aborte und der unter Tage benützten Kübel; 7. Abwässer, die bei der Aufbereitung bzw. Verkokung der Kohle anfallen (Kokereiabwässer).

Bei der Größe der erzeugten Güter ist auch der Wasserverbrauch ein entsprechend großer. Für die Förderung bzw. Herstellung von

1 t Kohle benötigt man 2,5 bis 5 m³ Wasser
1 t Koks „ „ 5,0 m³ Wasser
1 t Stahl „ „ 10 bis 12 m³ Wasser
1 t synthetischem Treibstoff 60 bis 90 m³ Wasser.

Aus der Tatsache des großen Wasserverbrauchs ergibt sich die Forderung, kein Mittel ungenutzt zu lassen, womit man diesen großen Wasserverbrauch einschränken kann. Ausgedehnte Wasserwirtschaftspläne, die das Wasser möglichst lange im Kreislauf halten, oder es nach geeigneter Reinigung dem Betrieb zur Wiederverwendung wieder zuführen, müssen bei jedem Werk durchgeführt werden.

α) *Grubenwässer*

Bei der Förderung von Kohlen aus dem Erdinnern, gleichgültig, ob aus großer oder geringer Tiefe, sammeln sich in den Stollen der Bergwerke von unterirdischen Zuflüssen aus den Grubenbauen selbst, aus der Lagerstätte, dem Hangenden und Liegenden gespeiste Wassermengen, die zur Aufrechterhaltung des Bergwerksbetriebes aus der Grube durch Wasserhaltungsmaschinen herausgeholt werden müssen. Im Emschergebiet mußte nach Prüss[1] bei einer Kohlenförderung von rund 89 Millionen t im Jahre 1934 ein ständiger Grundwasserstrom von über 2 m^3/sek aus 600 bis 800 m tiefen Stollen gehoben und abgeleitet werden. Nach den Feststellungen von Kampschulte[2] beträgt der Anfall von Grubenwasser bei Zechen ohne Deckgebirge 7,75 m^3/t geförderter Kohle, bei Zechen mit Deckgebirge nur 0,96 m^3/t.

Die Grubenwässer der Steinkohlengruben bestehen bei stärkerem und undurchlässigem Deckgebirge vorwiegend aus Grundwasser, dessen Menge und chemische Zusammensetzung sich ganz nach der geologischen Beschaffenheit des Deckgebirges richtet.

Die Grubenwässer sind bei den Steinkohlenwerken meistens so rein und klar, daß sie direkt in den Vorfluter abgelassen werden können. Ihre Reaktion ist in den meisten Fällen neutral oder schwach alkalisch (p_H-Wert über 7,0). Sie kann aber auch in besonderen Fällen sauer sein, und zwar entweder durch überschüssige freie Kohlensäure oder durch Zersetzung von Eisensalzen schwefelsauer sein. In einigen Fällen enthalten sie mehr oder weniger große Mengen Erde- und Kohleteilchen, die durch Absetzanlagen in Absetzbecken, Absetzteichen, Auflandungsbecken entfernt werden müssen. Die Entschlammung vollzieht sich meist sehr leicht, wenn das Wasser zur Ruhe kommt. Nur selten bedarf es des Zusatzes von Fällungsmitteln, um eine ausreichende Ausfällung der Schwebestoffe zu erzielen.

Lästiger als die Schwebestoffe sind die im Grubenwasser gelösten Stoffe. Je nach den Bodenschichten, durch welche die in den Gruben sich sammelnden Sickerwässer vorher gelaufen sind, ist die Art und Menge der gelösten Stoffe verschieden. Grubenwässer weisen oft einen hohen Gehalt an Kochsalz, an Calcium- und Magnesiumchlorid oder an Ferrosulfat bzw. freier Säure auf. Im allgemeinen steigt der Kochsalzgehalt mit der größeren Tiefe, aus der die Kohle gefördert wird. Das von Zimmermann[3] bei Grubenwässern einiger linksniederrheinischer Steinkohlengruben festgestellte Vorkommen von Barium- und Strontiumsalzen in Mengen bis über 1 g/l ist auf die Mischung barium- und strontiumchloridhaltiger Wässer aus Buntsandsteinschichten mit sulfat-

---

[1] Prüss, M.: Gesundh.-Ing. Bd. 57 (1934) S. 672.
[2] Kampschulte: Bergabu-Archiv Bd. 17 (1956) Heft 1/2.
[3] Zimmermann, E.: Glückauf Bd. 62 (1926) S. 270.

haltigen Wässern aus pyritcarbonischen Ablagerungen zurückzuführen. Ihre Ausscheidung im Erdinnern wird durch die Gegenwart von Natriumchlorid verzögert, ihre Löslichkeit durch höhere Temperatur und höheren Druck vergrößert.

Viele Flöze, die Pyrite usw. führen, liefern saure Abwässer. In diesen Fällen enthält das Wasser meist auch noch Metallsalze, wie Ferri- und Ferrosulfat, oft auch in geringen Mengen Nickel- und Mangansulfat sowie Arsenverbindungen. Solche Wässer scheiden beim Stehen an der Luft infolge Hydrolyse und Sauerstoffaufnahme rotbraune Flocken von Ferrihydroxyd ab; sie können durch ihren Säuregehalt, aber auch durch ihren Eisengehalt, beim Ablassen in den Vorfluter vor allem der Fischerei sehr schädlich werden. Sie müssen daher vorher durch Zugabe von Kalk neutralisiert werden, wobei gleichzeitig das Eisen ausgeflockt wird. Das als Ferrohydroxyd ausgeschiedene Eisen muß durch eine Belüftung in Ferrihydroxyd übergeführt werden, da es sonst den Sauerstoffvorrat des Flusses zu stark in Anspruch nimmt. Zur Oxydation läßt man die Wässer am einfachsten nach der Neutralisation über ein Gradierwerk gehen. Da die Neutralisation der sauren Grubenwässer sehr hohe Kosten verursacht und zu einer starken Salzanreicherung führt, schlägt HOFFERT[1] vor, die Bildung saurer Grubenwässer durch Verschließen aller Öffnungen verlassener Gruben bzw. Bedeckung schwefelhaltiger Schichten in abgebauten Stollen zu verhindern.

Der Chlorid- bzw. Kochsalzgehalt ist ebenfalls großen Schwankungen unterworfen. Im rheinisch-westfälischen Kohlenbecken enthält das Grubenwasser oft 10 bis 20 g/l Chloride des Natriums, Calciums und Magnesiums. Vereinzelt steigt der Gehalt bis auf 50 g/l an. In einzelnen Fällen erreicht der Gehalt an Gesamtmineralien Werte von 200 g/l. Eine Gewinnung von Kochsalz, wie es bei den Salinen geschieht, kommt wegen der zu geringen Konzentration in den meisten Fällen nicht in Frage. In manchen Fällen wird die Grubensole, wenn sie sonst hygienisch einwandfrei zutage kommt, zu Badezwecken benutzt. Nach WIEGMANN[2] bestehen im rheinisch-westfälischen Kohlenbezirk ein Freiluftsolbad und 5 Anstaltssolbäder mit Grubensole; sie werden stark besucht (s. Abb. 155). Wenn man dadurch das hochgepumpte Grubenwasser auch vorübergehend nutzbar macht, so hat man es aber noch nicht für den Vorfluter unschädlich gemacht. Da eine andere Beseitigungsmöglichkeit für die salzhaltigen Abwässer nicht besteht, so müssen sie in die Vorfluter abgelassen werden. Ein Ablassen stark versalzener Grubenwässer in einen Vorfluter ist aber nur dann ohne Schädigung durch starke Versalzung der Vorfluter möglich, wenn eine genügende Verdünnung vollzogen ist.

In wasserarmen Vorflutern muß beim Einleiten stark salzhaltiger Grubenwässer eine Versalzung eintreten, die das Wasser für hauswirtschaftliche, viele gewerbliche Zwecke, Benutzung in der Landwirtschaft

[1] HOFFERT, J. R.: Industr. Engng. Chem. Bd. 39 (1947) S. 642.

[2] WIEGMANN: Vom Wasser Bd. 9 (1935) S. 70. — Ber. A. T. V., Essener Heft 1952, S. 81.

zur Viehtränke und Berieselung unbrauchbar macht. Bei der Verwendung des Vorflutwassers zu gewerblichen Zwecken sind solche kochsalzhaltigen Wässer im Vorfluter unerwünscht, weil sie die Verwendung des Wassers für Kesselspeisezwecke verhindern und es für manche andere Zwecke, wie für Wäschereien, für Zuckerrübenfabriken u. a., unbrauchbar machen. Fische können verhältnismäßig große Mengen Kochsalz vertragen, so daß Gefahren nur bei ungewöhnlich hohen Gehalten vorhanden sind. Bei Ansteigen des Kochsalzgehaltes im Vorfluter tritt eine Änderung der Mikrofauna ein, die sich in der Ernährung der Fische bemerkbar macht.

Abb. 155. Solbad Beckmannshof bei Essen: das warme Grubenwasser wird als Sole benutzt

Die im Zusammenhang mit der Verminderung der Salzfracht des Rheines in den letzten Jahren angestellten Überlegungen, die Grubenwässer getrennt von den übrigen Abwässern des Steinkohlenbergbaues zu erfassen und in einer gesonderten Leitung in die Nordsee zu pumpen scheitert nach HUSMANN[1] an den betrieblichen, technischen und chemischen Schwierigkeiten. Um die einzelnen Grubenwässer zu erfassen, müßten etwa 900 km Druckrohrleitungen gebaut werden (Bruchgefahren in den Bergsenkungsgebieten). Die Kosten werden mit 2 bis 3 DM/m³ Grubenwasser angegeben.

Salzhaltige Wässer eignen sich nicht für Bewässerungs- oder Rieselzwecke, weil durch die Ansammlung von Chloriden und durch Auswaschen wichtiger Kali- und Kalksalze die Wachstumsvorgänge im Boden gestört werden. Unter Umständen kann es in diesen Fällen zu einer unerwünschten Versalzung der Grundwässer kommen. Die schädlichen Wirkungen des Chlornatriums beruhen unter anderem auch darauf, daß Salzlösungen, welche in tonigen Massen keine chemischen Veränderungen erleiden, zu kapillaren Bewegungserscheinungen Veranlassung geben, deren Ergebnis bei dem Wiederausspülen des Salzes

---

[1] HUSMANN, W.: Münchener Beiträge zur Abwasser-, Fischerei- und Flußbiologie, Bd. 11. München: Oldenbourg 1964, S. 67.

ein Zusammenschlämmen (Dichteschlämmen) des Tones ist. Dadurch wird der Boden schwer durchlässig und schwerer zu bearbeiten. Wasser mit 0,5 bis 1,0 g/l Kochsalz wirkt für Rasenflächen schon schädlich, wenn es in Mengen, die einer täglichen Regenhöhe von 3 bis 4 mm entsprechen, zufließt. Der Kochsalzgehalt wirkt um so schädlicher, je weniger meteorische Niederschläge niedergehen, und je mehr Wasser während des Flößens verdunstet.

Ist der Salzgehalt der Grubenwässer nicht zu hoch, so können sie nach AMMER[1] nach Enthärtung als Kesselspeisewasser, als Kühlwasser für Oberflächenkondensatoren sowie als Hilfsmittel der Wasserreinigung mittels basenaustauschender Filterstoffe Verwendung finden. Da der Pumpbetrieb in vielen Gruben periodisch erfolgt, muß vor dem Ablassen in den Vorfluter durch ein Ausgleichsbecken für eine gleichmäßige Verteilung der Grubenwässer gesorgt werden. Bei Vorflutern, die zur Trinkwasserversorgung dienen, kann ein zu hoher Salzgehalt zu Geschmacksbeeinträchtigungen Veranlassung geben (s. weiter bei Abwässern vom Kalibergbau).

β) Abwässer vom Spülversatz

In vielen Gruben erfolgt die Sicherung der ausgebauten Flöze durch Ausfüllung mit Bergeversatz nach dem Spülversatzverfahren. In den allerseltensten Fällen verfügen die mit Spülversatz arbeitenden Gruben über reinen Spülsand. Als Bergeversatz werden meistens Abfallstoffe aus den Gruben, ferner alte Haldenbestände benutzt. Bei Anwendung dieser Stoffe nach dem Spülversatzverfahren entsteht in der Grube ein Abwasser, das viele mineralische Verunreinigungen enthält. Das aus den Versatzstellen abfließende Wasser enthält eine große Menge Schmutzstoffe, welche die Sümpfe verschlämmen und hierdurch einen hohen Pumpendruck und eine stärkere Abnutzung der Pumpen verursachen. Dies hat aber weiter zur Folge, daß ein Teil des mühselig herabbeförderten eingespülten Gutes wieder nutzlos an die Tagesoberfläche befördert wird, um bestenfalls im Kreislauf wieder eingespült oder mit dem Vorfluter weitergefördert zu werden.

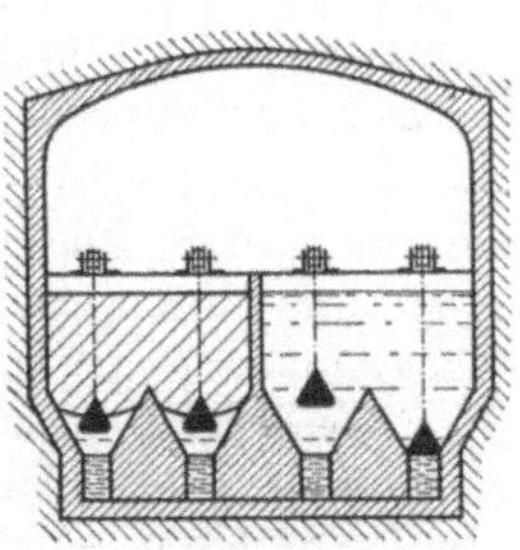

Abb. 156a. Querschnitt durch ein in eine Grube eingebautes Neustädter Becken zur Reinigung von Abwässern beim Spülversatzverfahren

Um die beim Spülversatz mit dem abfließenden Abwasser abgehenden Stoffe wiederzugewinnen, hat man für diese Ablaufwässer unter Tage Kläranlagen errichtet. In diesen meist als einfache Absetzbecken gebauten Kläranlagen setzen sich die Schmutzstoffe schnell zu Boden, von wo sie dann erneut zum Bergeversatz benutzt werden. Eine von der Wasser- und Abwasserreinigungs-GmbH, Neustadt a. d. Weinstraße, nach dem System der Neustädter Becken auf der 300 m-Sohle der Ferdinandgrube in Kattowitz für eine Leistung von 4 m³/min errichtete Kläranlage

[1] AMMER: Glückauf Bd. 73 (1937) S. 424.

ist in Abb. 156a, 156b, und 156c während der Klärung dargestellt. Sie besteht aus zwei parallel geschalteten Neustädter Becken von 20 m Länge und je 3 m Breite. An Versatzgut werden im Tag rund 2000 m³ eingespült, und zwar etwa 1400 m³ Letten und Sand, 400 m³ gebrochene Berge

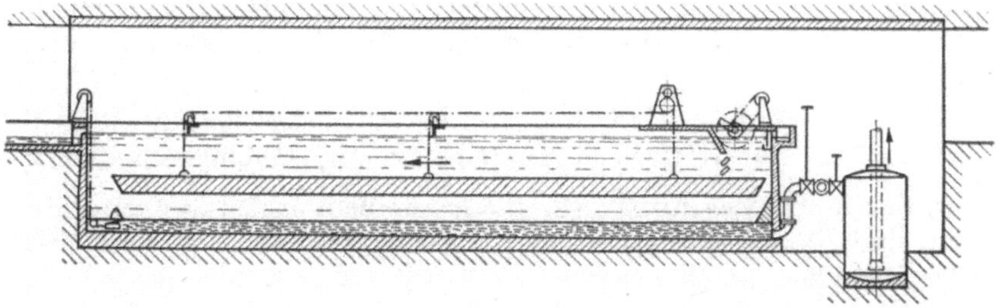

Abb. 156b. Längsschnitt durch ein Neustädter Becken während der Klärung

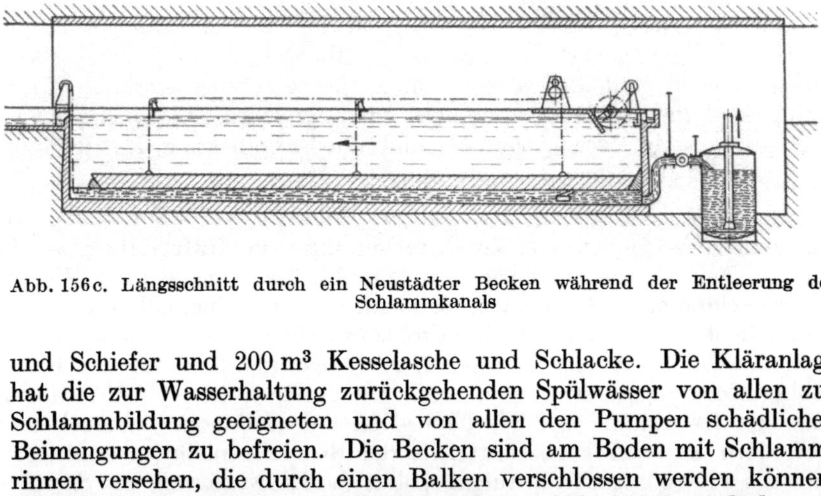

Abb. 156c. Längsschnitt durch ein Neustädter Becken während der Entleerung des Schlammkanals

und Schiefer und 200 m³ Kesselasche und Schlacke. Die Kläranlage hat die zur Wasserhaltung zurückgehenden Spülwässer von allen zur Schlammbildung geeigneten und von allen den Pumpen schädlichen Beimengungen zu befreien. Die Becken sind am Boden mit Schlammrinnen versehen, die durch einen Balken verschlossen werden können. Durch die so gebildeten Schlammkanäle (s. Abb. 156c) wird der am Boden abgesetzte Schlamm in einen Druckkessel gebracht, der ihn dann in einen entfernteren oder höhergelegenen Versatzraum befördert. Der Platzbedarf, die Betriebs- und Anlagekosten werden als gering angegeben.

γ) *Zechenabwässer (Kohlenwaschwässer)*

Die frisch gebrochene Kohle enthält neben der wertvollen, Hitze gebenden Kohle auch noch die wertlosen Berge bzw. Aschen. Die Aufbereitung der Kohle zu versandfertiger klassierter Reinkohle oder entsprechend ihren Anteilen an Feinkohle zur Kokskohle oder zu brikettierfähigem Gut erfolgt nach verschiedenen Verfahren. Bei den Trockenaufbereitungsverfahren, wie dem Auslesen der Berge und des Verwachsenen aus den Rohkohlen von Hand oder der mechanischen Luftaufbereitung des Rohmittelkorns von 60 mm bis auf 0,5 bis 1 mm auf

Luftsetzmaschinen oder Luftherden, Anwendung von Klassierrosten sowie auch bei der elektrostatischen Aufbereitung der Steinkohle fallen keine Abwässer an. Anders ist es aber bei der Naßaufbereitung. Die Anreicherung der Rohkohle erfolgt in Flüssigkeitsbehältern in ruhender, aufwärtsbewegter Flüssigkeit unter Ausnutzung von Dichteunterschieden der in der Regel vorklassierten Rohkohle. Die Trennung erfolgt als Zwei- oder Dreigutscheidung. Die Naßaufbereitung kann erfolgen:

a) durch Setzen auf *luftgesteuerten Stromsetzmaschinen* für Dreigutscheidung mit selbsttätigen Setzbrettreglern und Hubhöhensteuerung;

b) durch *Waschen in Rinnen.* Sie haben den Vorteil des geringeren Platz- und Raumbedarfs und des geringeren Aufwandes je t durchgesetzte Rohkohle.

c) Bei der *Schwerflüssigkeitsaufbereitung* erfolgt die Zweigut- und Dreiguttrennung in Scheidekästen mit Suspensionen von feingemahlenem Schwerspat, Magnesit oder Löß als Beschwerungsmittel im Wasser. Ihr Vorteil besteht in großer Durchsatzleitung (20 t/m^2 und h), ausgezeichneter Trennschärfe, die fast bis an theoretisch mögliche Ausbringungen reicht, und in besonders hoher Mittelgutanreicherung. Nachteilig sind die betriebsnotwendigen umfangreichen Hilfseinrichtungen für Abbrausung, Rückgewinnung und Wiedereindickung des Beschwerungsstoffes für erneute Verwendung.

d) *Die Schaumschwimmaufbereitung* (Flotation) des Feinstkorns ist das einzige betrieblich gut bewährte Verfahren zur Aufbereitung aschearmen Feinstkorns in Form von Staubkohle, eingedickten Waschwasserschlämmen, Abrieb von Zerkleinerungen, Feinstmahlungen. Sie ermöglichen besonders in Kokskohlenwäschen das Ausbringen mit hohem Anfall aschearmen Feinstkorns, das unaufbereitet der Kokskohle nicht zugesetzt werden darf. Die Anlagen (s. Abb. 157) haben sehr großen Raum- und Flächenbedarf, hohen Energieverbrauch und erfordern oft teure Flotiermittel (in der Regel Steinkohlenteer-Mittelöl 800 bis 1200 g/t trockene Aufgabe). Für die Entwässerung der Konzentrate und Abgänge auf rotierenden Saugzellenfiltern (Trommelfilter, Seitentrogfilter, Innenfilter und Scheibenfilter), die außerdem noch meist teurer zusätzlicher Hilfseinrichtungen (Vakuumpumpen, Schaumzerstörer) bedürfen, müssen hohe Aufwände gemacht werden. Auch die Endfeuchtigkeit der gefilterten Konzentrate ist mit 22 bis 25% unbefriedigend.

Die Menge des umlaufenden Waschwassers richtet sich ganz nach der Art der aufzubereitenden Kohle, nach dem zur Aufarbeitung angewandten Verfahren und nach dem von den Endprodukten geforderten Reinheitsgrade. Sie kann nach GLUUD[1] durchschnittlich mit 3 bis 4 m^3 je t Feinkohle, und mit 5 bis 6 m^3 je t Nußkohle angenommen werden.

[1] GLUUD, W., C. SCHNEIDER u. H. WINTER: Handbuch der Kokerei, Bd. I, S. 118/152. Halle/S.: W. Knapp 1927.

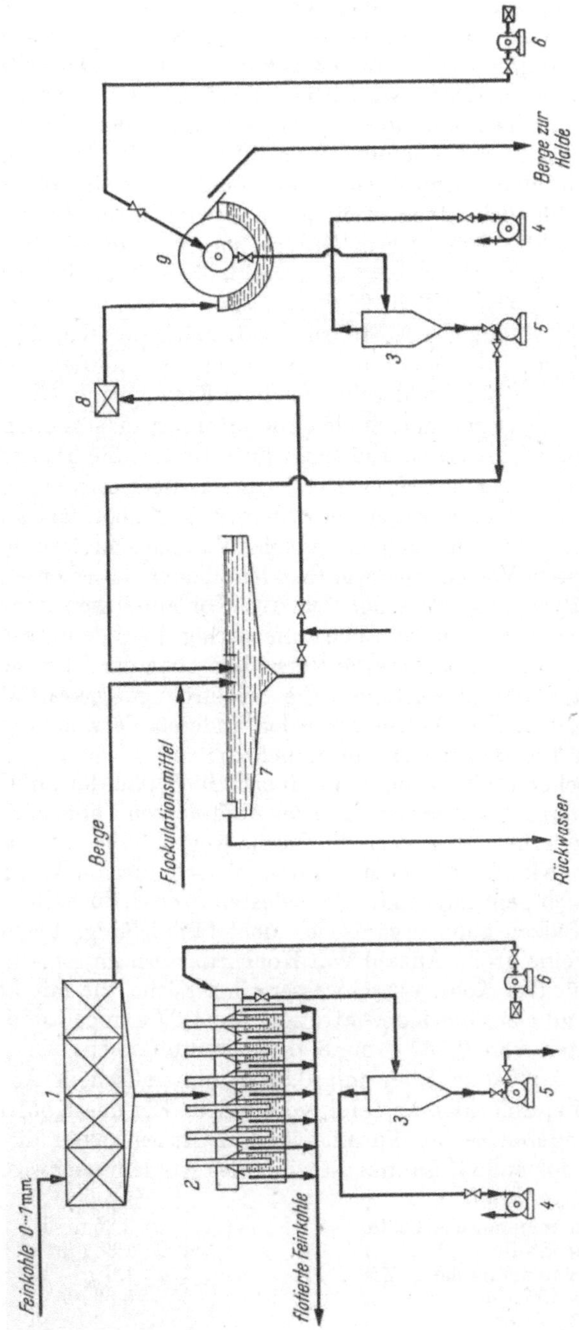

Abb. 157. Schema einer Kohlen-Flotationsanlage (Maschinenfabrik Buckau, Grevenbroich)

1 Flotationszellen, *2* Wolf-Scheibenfilter, *3* Filtratabscheider, *4* Vakuumpumpen, *5* Filtratpumpen, *6* Gebläse, *7* Eindicker, *8* Schlammpumpe, *9* Wolf-Trommelfilter

Art der Abwässer und Einfluß auf den Vorfluter. Zum Waschen der Kohlen wird auf den Zechen in den meisten Fällen das aus der Grube hochgepumpte Grubenwasser benutzt. Nur in den Fällen, wo das Grubenwasser zu stark salzhaltig ist, pflegt man Leitungswasser oder sonst billig zu beschaffendes Flußwasser zu nehmen. Diese Waschwässer werden möglichst lange im Kreislauf verwandt. Der sich hierbei ständig vermehrende Feststoffgehalt an Feinkohle sollte die Konzentration von 60 g/l nicht überschreiten, da er von dieser Konzentration an nachteilig wirkt. Aus diesem Grunde soll, um gleichzeitig eine zu hohe Anreicherung des Salzgehaltes zu verhindern, stets ein bestimmter Prozentsatz Frischwasser dem Kreislaufwasser zugefügt werden. Bei den Wäschen gewöhnlicher Ausführung setzt sich der Kohlenschlamm langsam ab. Er verstopft leicht die Abläufe und verschmutzt die Kanäle. Reichert sich der Kohlenschlamm bei dem Kreislauf zu stark an, so behindert er das Waschen und Spülen und erfordert umständliche Spitzkästen, Reiniger, Schlagsiebe und feine Filtertücher, die aber trotzdem noch ein unklares, nur schwer verwertbares Wasser durchlassen.

Die abgehenden Kohlenwaschwässer haben ein trübes, fast schwarzes Aussehen, sie enthalten je nach der Art der Wäsche sehr viele ungelöste Stoffe in feinster Verteilung, wie Kohlenschlamm, Letten, Schiefer, Quarz, Sand, Pyrite, Lehm u. dgl. Die aus Kohlenteilchen und tonigen Bestandteilen bestehenden Schwebestoffe wirken im Vorfluter sehr unästhetisch und erzeugen eine starke Verschlammung der Ufer. Sie stören den Abflußvorgang und schädigen die Selbstreinigungskraft des Vorfluters und machen das Wasser für jeden anderen Verwendungszweck, besonders aber für Badezwecke unbrauchbar.

Für die Fischerei wirken sie dadurch schädlich, daß der am Ufer und Boden sich niederschlagende Schlamm das Aufkommen jeglicher Ufer- und Bodennahrung verhindert und so die Fische wegen Nahrungsmangel zur Abwanderung zwingt. In einem derartig verschmutzten Wasser etwa abgesetzter Laich geht zugrunde. An gelösten Stoffen enthalten die Abwässer neben Salzen auch organische, nicht fäulnisfähige Bestandteile.

Bach[1] hat eine große Anzahl von Kohlenwässern im Emschergebiet untersucht. Für das Kohlenwaschwasser einer Zeche, die mit Leitungswasser wusch, gibt er eine Konzentration von 1,27 g ungelösten Stoffen mit einem Anteil von 0,747 g mineralischen Stoffen an. An gelösten Stoffen waren 0,575 g je Liter mit 0,515 g mineralischem Anteil, der nur zu 0,08 g aus Chloriden bestand, vorhanden. Für das Kohlenwaschwasser einer anderen Zeche, die mit eigenem Grubenwasser die Kohlen wusch, gab er folgende Zusammensetzung des Kohlenwaschwassers an:

Ungelöste Stoffe	18 g/l
davon mineralische Stoffe	3,85 mg/l
gelöste Stoffe	1,38 g/l
davon mineralische Stoffe	1,3 g/l
davon Chloride	0,56 g/l
$KMnO_4$-Verbrauch	30—40 mg/l

Dieses Waschwasser wurde längere Zeit im Kreislauf verwandt.

[1] Bach, H.: in 25 Jahre Emschergenossenschaft (1900 bis 1925). Essen: Selbstverlag der Emschergenossenschaft.

Reinigung der Kohlenwaschwässer. Die Reinigung sollte schon aus wirtschaftlichen Gründen mit einer Wiedergewinnung und Weiterverwertung der Kohleteilchen und des Wassers verbunden sein. Aus diesem Grunde erfolgt die Reinigung am besten auf den Zechen selbst, weil eine Vermischung mit häuslichem Abwasser die Weiterverwendung der abgefangenen Kohle und des Abwassers aus hygienischen Gründen unmöglich macht, und auch der Absetzvorgang durch die Vermischung ganz erheblich erschwert wird.

Die einfachste Art der Reinigung ist, sie in einfache, durch Erdaushub hergestellte Erdteiche mit möglichst langer Durchflußzeit zu leiten. Diese Teiche können dort angewandt werden, wo genügend große Flächen zur Verfügung stehen, so daß mehrere Teiche nebeneinander angelegt werden können, und wo der Untergrund so durchlässig ist, daß er ein Abdrainieren und Austrocknen des Schlammes in den gefüllten Teichen gestattet. Am Ablauf der Teiche wird ein mit Feinkoks gefülltes Filter eingebaut, damit dieses etwa abtreibende gröbere Teilchen oder Schaumschlamm zurückhält. Wenn auch die Teiche eine sehr große Entlastung für den Vorfluter bedeuten, so geht doch eine Menge Trübstoffe durch. Der in den Teichen abgesetzte

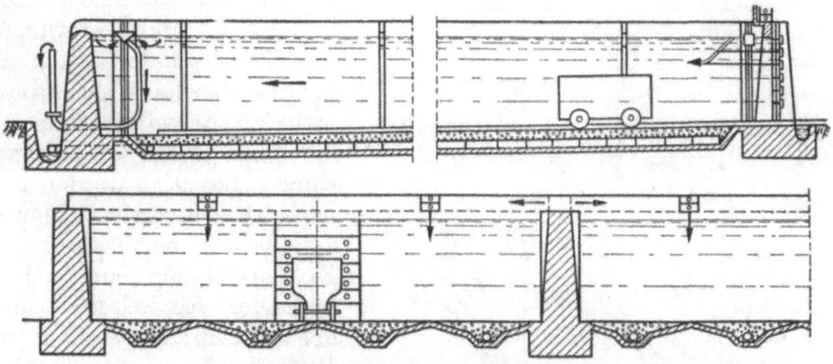

Abb. 158. Längen- und Querschnitt durch eine Kohlenkläranlage (nach IMHOFF-LAGEMANN)

Kohlenschlamm kann nach dem Austrocknen im Betrieb als Feuerungsmaterial oder zu Brikettierungszwecken benutzt werden. Besser als die Erdteiche sind die Absetzbecken nach IMHOFF-LAGEMANN mit verschließbarer Sohlensickerung (s. Abb. 158). Diese nach dem Prinzip der Schlammtrockenbeete, aber mit einer Stauhöhe bis zu 2 m gebauten; meist langgestreckten Absetzbecken mit Klärzeiten von 4 bis 6 Std. werden solange wie möglich mit geschlossener Sohlensickerung betrieben. Läßt die Reinigung infolge Verringerung des Stauraumes nach, so öffnet man die Sohlensickerung, und das Wasser wird bei geschlossenem Beckenabfluß gezwungen, durch den am Boden bereits abgelagerten Schlamm zu filtrieren, wobei auch die feinsten Schwebeteilchen zurückgehalten werden. Ist das Becken gefüllt, so wird der Zulauf abgestellt und das im Schlamm sitzende Wasser durch die Sohlensickerung abgelassen.

Während bei den vorstehend beschriebenen Becken sich der abgesetzte Schlamm anreichert, wird bei anderen Absetzverfahren der an der Sohle sich absetzende Kohlenschlamm dauernd aus dem Becken entfernt und dann auf Trockenbeeten nach IMHOFF-LAGEMANN mit Stautiefen von höchstens 70 cm getrocknet. Becken, die sich durch geringen Platzbedarf auszeichnen, sind die KREMER-Kläranlagen mit kontinuierlichem Schlammabzug. In Abb. 159a bis c ist eine derartige zweiteilige Absetzanlage mit kontinuierlichem Schlammabzug dargestellt. Das an der Stirnseite bei *a* durch geeignete Verteilungsvorrichtungen über den ganzen Querschnitt verteilte Abwasser durchfließt langsam den Klärraum (a) und setzt hierbei seine Sinkstoffe auf der trichterförmig unterteilten Sohle des Klärbeckens in den Schlammtrichtern *c* ab. Die Tauchwände halten die auf der Oberfläche sich ansammelnden Schwimmstoffe ab, die dann durch die Abzugsrinne *b* beseitigt werden können. Der in den Schlammzylindern *c* sich absetzende Kohlenschlamm wird nach genügender Eindickung durch das Schlammablaßrohr *d* mit Hilfe des Eigenenwasserüberdruckes, der durch die Hebelrohre *e* reguliert wird, laufend abgelassen und auf Trockenbeeten, Filtertrommeln usw. in bekannter Weise abgefangen, getrocknet und zur Verwendung als Brenn-, Verkokungs-

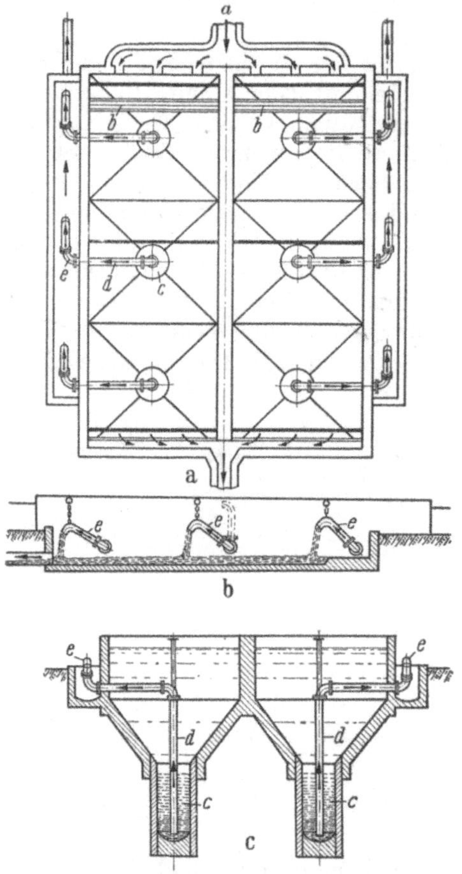

Abb. 159a–c. Zweiteilige KREMER-Kläranlage mit kontinuierlichem selbsttätigem Schlammabzug für eine Stundenleistung von 300 m³

und Vergasungsmaterial benutzt. In Abb. 160 ist eine zentral durchflossene Kläranlage für Kohlenwaschwasser der Bamag-Meguin, Berlin, dargestellt. Aus dem unteren kreisförmigen Klärbecken erfolgt der Austrag des Naßschlammes durch kreisende Schaber und wird dann in ein daneben liegendes Trockenbecken gepumpt. Der lufttrockene Schlamm wird durch eine kreisende Greiferbrücke nach Auflockerung durch Zumischung von anderen körnigen Brennstoffen aus dem Becken befördert und im benachbarten Kesselhaus verbrannt.

Es hat sich nach WIEGMANN[1] gezeigt, daß der Betrieb der Kläranlagen den Bergwerksbetrieben nicht liegt. Die Betriebe ziehen es vor, durch Maßnahmen bei der Aufbereitung der Kohle möglichst alle Verluste an Wasser und Kohle zu vermeiden, da hierdurch die Gewinnungskosten der Kohle kaum belastet werden, während der Betrieb

Abb. 160. Kläranlage für Kohlenwaschwasser, System Bamag-Meguin. Austrag des nassen Schlammes durch kreisende Schaber. Aus dem hinteren Becken wird der lufttrockene Schlamm durch eine kreisende Greiferbrücke entfernt

der nachgeschalteten Kläranlagen mit Unkosten verbunden ist. Die Unkosten lassen sich aber nur dann aufheben, wenn der zurückgehaltene Schlamm wertvoll genug ist und die Einnahmen aus der Verwendung des Schlammes höher sind als die Betriebskosten. Nach den Erfah-

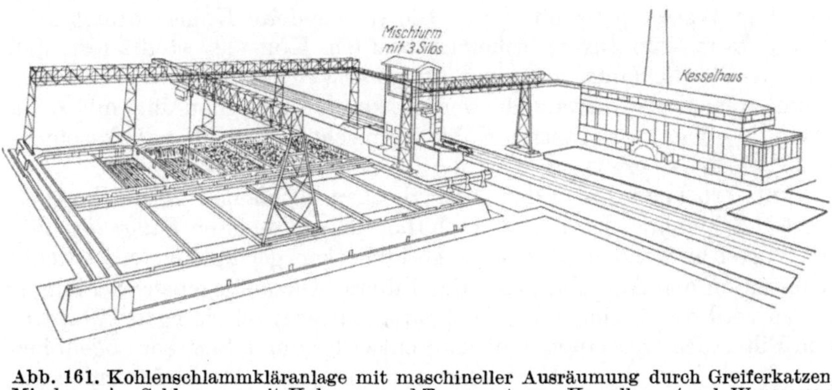

Abb. 161. Kohlenschlammkläranlage mit maschineller Ausräumung durch Greiferkatzen, Mischung des Schlammes mit Koksgrus und Transport zum Kesselhaus (nach WIEGMANN)

[1] WIEGMANN: Berichte der Abwassertechnischen Vereinigung 1952, Essener Heft, S. 81.

rungen der Emschergenossenschaft wird man aber nie ohne eine Nachklärung des Abwassers der Bergwerke auskommen. Die Emschergenossenschaft hat daher in einem besonderen Falle das Abwasser von drei Bergwerken zusammengefaßt und reinigt das Abwasser in der in Abb. 161 dargestellten Kläranlage. Der in langgestreckten Absetzbecken abgefangene und später an der Luft getrocknete Schlamm wird mit dem Greifer zur Mischanlage gefahren und hier mit Koksgrus gemischt und das Gemisch mit demselben Greifer sofort in das Kesselhaus befördert. Bei der in Abb. 162 dargestellten Kläranlage wird der Schlamm durch einen kreisenden Kratzer im Absetzbecken in den Pumpenschacht geschoben, und die Schlammpumpe fördert den Schlamm in ein hochliegendes Trockenbecken, aus dem der Schlamm dann wieder mit einem Greifer in eine Mischanlage gebracht wird. Das früher unter

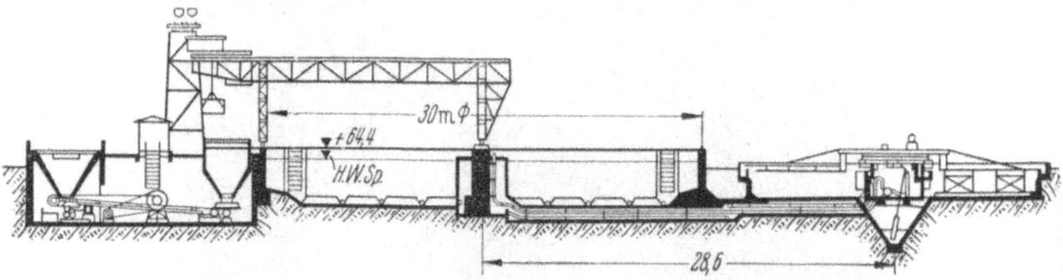

Abb. 162. Rundes Absetzbecken für Kohlenwaschwasser mit rundem Trockenbecken und tief liegender Mischanlage (nach WIEGMANN)

der Bezeichnung *Phasenumkehrverfahren* oder *Langenbrahmverfahren* bekannte Verfahren ist von dem Bergwerksverband zur Verwertung von Schutzrechten der Kohletechnik ausgebaut und hat sich unter der Bezeichnung *Convertolverfahren* an verschiedenen Stellen bestens bewährt. Es besteht darin, daß der Schlamm, wie er aus der Kohlenwäsche abgelassen wird, in einem sehr einfachen Arbeitsgang mit Öl versetzt und anschließend in einer Siebschleuder die Kohle von den Letteteilchen und dem Wasser getrennt wird. Die so veredelte Kohle enthält alles Öl und kann ohne Zusatz brikettiert werden. KOPPERS[1] stellte fest, daß ein flottierter Schlamm von einer Anthrazitwaschanlage leicht zu einem brennbaren Koks verwandelt werden kann, wenn man ihn mit etwa 10 bis 15% einer stark gasigen Kohle vermischt und nachher die Mischung noch bei 800 °C preßt.

Zum Trocknen des in den Absetzbecken abgefangenen und konzentrierten Schlammes kann man auch die viel gebrauchten *Saugzellenfilter* mit Vorteil anwenden. Aus den Absetzbecken gelangt der eingedickte Schlamm in den Aufgabekasten des Filters. Die aufgegebene Schlammmenge wird durch einen Zugabeapparat automatisch geregelt. Das auf dem Filtertuch abgesaugte Gut wird entweder durch Schaber abgehoben oder durch besondere Abnahmeschnüre entfernt. Als Lieferfirmen für derartige Saugzellenfilter kommen die nachfolgenden Firmen in Frage:

[1] KOPPERS, H.: Brit. Patent 726301 (1955); Fuel Abs. Bd. 18 (1955) 1.29.

1. Westfalia-Dinnendahl-Gröppel AG., Bochum.
2. Imperial-Maschinenfabrik, München.
3. Wolf-Maschinenfabrik, Grevenboich.
4. Dorr-Gesellschaft, Wiesbaden.
5. Fil-Tro K.-G., Düren.

Auch die von der Fa. Haas, Lennep erbauten Kontakttrockner finden zunehmende Verwendung in der Trocknung des bei der Kohlenwäsche anfallenden Kohlenschlammes. Dieser *Kontakttrockner* besteht

Abb. 163. Feinkohlenschleuder „Konturbex" zur Entwässerung von Kohlenschlamm (Siebtechnik, Mülheim/Ruhr)

aus einem festen Gehäuse, in welchem leicht erwärmbare metallische Wärmeübertragungskörper auf einer umlaufenden Achse montiert sind, Die Heizgase strömen durch einen Heizgasstutzen in den Trockner ein und durchziehen den oberen Teil des Apparates, um dann durch einen Ventilator abgesaugt zu werden. Die Brüdengase werden durch das Brüdenrohr über einen Entstauber ins Freie geblasen. Sehr bewährt hat sich auch die von der Gesellschaft für Siebtechnik in Mühlheim/Ruhr hergestellte in Abb. 163 dargestellte Feinkohlenschleuder, in der die mit einem Wassergehalt von 25 bis 35% aufgegebene Feinkohle bis auf eine Endfeuchtigkeit von 6 bis 8% entwässert wird.

Unterstützung der Kohlenabscheidung durch chemische Fällungsmittel. Da das abfließende Abwasser immer noch durch eine große Menge feinstverteilter Schmutzstoffe verunreinigt ist, hat man immer wieder versucht, die Abscheidung durch chemische Fällungsmittel zu unterstützen. Petersen[1] hat eine große Anzahl der sonst bei den Fällungsverfahren angewandten Chemikalien auf ihre ausflockende Wirkung für Kohlenwaschwässer untersucht. An organischen Stoffen benutzte er Kalkmilch, Natronlauge, Soda, Dinatriumphosphat, Ferrichlorid und Aluminiumsulfat. Sie alle bewirkten keine wesentliche Beschleunigung der Klärung. Bessere Erfolge erreichte er mit organischen Fällungs-

[1] Petersen: Glückauf Bd. 70 (1934) S. 125. — Das Henry-Verfahren. Engng. 1934. Ref. Gesundh.-Ing. Bd. 58 (1935) S. 235.

mitteln. Von diesen organischen Fällungsmitteln benutzte er verschiedene pflanzliche Kolloide, wie gefrorene und in Natronlauge gequollene Stärke (Verfahren von HENRY), ferner Leim, Carragen, Eiweiß, Gelatine und Ölemulsionen. Am besten wirkte Kartoffelstärke. Ein Zusatz von Elektrolyten neben den Fällungskolloiden hatte in diesem Falle auf die Absetzgeschwindigkeit keinen Einfluß, wie auch eine besonders gesteigerte Zugabe von Flockungsmitteln eher einen ungünstigen Einfluß auf die Klärung ausübte.

Nach dem HENRY-Verfahren wird dem Kohlenwaschwasser, das mit Natronlauge oder Soda auf einen p_H-Wert von 11,0 gebracht wurde, eine bei 90 °C bereitete 2%ige Lösung von gefrorener Stärke zugefügt. Die auf 100 g/l Feststoffe erforderliche Stärkemenge beträgt 6,5 bis 30 g/m³. Das Verfahren ist durch das DRP 591266 geschützt.

PARTON[1] verwendet bei der Fällung des Kohlenschlammes mit Stärke an Stelle der Natronlauge Ätzkalk und benötigte dann für die Klärung kleinere Becken bei gleichzeitig besseren Ergebnissen. GARDNER und RAY[2] behandeln die zur Fällung benutzte Stärke nicht mit Kälte vor, sondern erhitzen die Stärke unter Druck bei einer Temperatur von 100 bis 150 °C. Die auf diese Weise unter Zugabe von Natronlauge erhaltenen Lösungen behalten zwei Wochen lang ihre Wirksamkeit. Der für die Zugabe der Stärkelösung günstigste p_H-Wert liegt bei 10, der durch Zugabe von Kalk erreicht wird. Unter der Bezeichnung *Mifloc Process* ist in England ein Verfahren bekannt, das Stärke in Vermischung mit Metallsalzen anwendet. Zunächst wird eine Stärkemischung aus 3 Teilen Natriumhydroxyd und 30 Teilen Kartoffelstärke in 100 Teilen Wasser hergestellt. Die intensiv durchgeführte Mischung läßt man dann 3 Tage ruhig stehen und vermischt sie dann mit der 5fachen Menge Wasser. Ein Nachteil in der Anwendung der Stärke als Flockungsmittel ist der, daß sie keine selektiven Eigenschaften hat und sowohl die Kohle als auch die Berge niederschlägt. Erst bei den im nachfolgenden beschriebenen Flotationsverfahren unter Zugabe von Seifen und löslichen Ölen ist eine Trennung der Kohleteilchen von den Bergen möglich.

Nach ELDRIDGE werden auf der Emlyn-Grube, die Anthrazit fördert, 454 m³ mit einem Gehalt von 10% Schwebestoffen im Kreislauf gehalten; hiervon werden 900 l in der Minute abgezweigt und nach dem Mifloc-Prozeß behandelt, indem man 50 g/m³ Kalk und 40 g/m³ *Unifloc-Stärke-Reagenz* zugibt. Die gut durchgerührte Mischung wird in einem Absetzbecken mit einem rotierenden Kratzer behandelt und die überstehende Flüssigkeit in den Kohlenwaschprozeß zurückgegeben.

Das britische Patent 618895 der Imperial Chem. Industries Ltd. von J. E. EDWARDS benutzt als Flockungsmittel Aluminiumsulfat oder Natriumaluminat in Verbindung mit Kieselsäuresol. Von letzterem bereitet man eine 0,1 bis 3%ige Lösung und setzt sie in Mengen von 10 bis 100 mg/l dem Kohlenwaschwasser zu. Der Vorteil dieses Ver-

---

[1] PARTON, W. J.: Industr. Engng. Chem. Bd. 39 (1947) S. 646.

[2] GARDNER, G. R., and K. B. RAY: Amer. Inst. Min. Metallurg. Engng. 1939. Techn. Public. Nr. 1052.

fahrens soll in einer erheblichen Herabsetzung der sonst erforderlichen Fällungsmittelmengen liegen.

Die neuerdings benutzten synthetischen Klär- und Fällungsmittel gehören meist der Gruppe der Hochpolymeren an. Diese Gruppe umfaßt eine große Anzahl von organischen Stoffen. Diese sogenannten Polymere, fadenförmige Großmoleküle, haben die Eigenschaft, die feinsten im Abwasser suspendierten Teilchen an sich zu reißen, größere Flocken zu bilden und die Absetzgeschwindigkeit der Flocken zu erhöhen. Bei hochpolymeren Fällungsmitteln ist je m^3 Kohlewaschwasser eine Zugabe von 0,1 bis 1,0 g notwendig, bei weniger hochpolymeren steigt die Menge auf 2 bis 5 g/m^3 Kohlewaschwasser an. Bekannte Flockungsmittel sind Sedipur, Aerofloc, Separan, Prestol usw.

Aufarbeitung durch Flotation. Um die in den Kohlenwaschwässern enthaltenen hochwertigen Kohlenanteile von den wertloseren Letten zu trennen, flotiert man heute die von der Kohlenwäsche kommenden Abwässer unter Zugabe von Alaun oder einem anderen geeigneten Flotationsmittel. Die mit dem Schaum abgehende Kohle wird an der Oberfläche abgefangen und auf Saug- oder Zellenfiltern vom Wasser befreit und wandert dann als gutes Heizmaterial unter die Feuerungen oder in die Brikettfabriken, wo sie mit Feinkohle zusammen brikettiert wird. Bei der Anwendung der Flotation fallen die fetthaltige Flotationsabwässer an, die oft sehr schwierig zu klären sind und möglichst lange im Kreislauf gelassen werden sollten. Der auf drainierten Trockenplätzen zurückgehaltene Schlamm ist sehr wasserhaltig und wegen des hohen Lettengehaltes schlecht unterzubringen. In diesem Falle müssen alle Unkosten, auch die der Beseitigung des Restschlammes, von der zurückgewonnenen veredelten Schlammkohle getragen werden.

Nach einer Patentanmeldung der Guten Hoffnungshütte vom 2. Dez. 1931 sollen die mit Kalk oder anderen entsprechend wirkenden Stoffen versetzten schlammhaltigen Abwäseer mittels Harzemulsion dadurch gereinigt werden, daß Öl-in-Wasser-Emulsionen solcher öl- oder harzartigen Kohlenwasserstoffe angewendet werden, die als Säureharze bzw. harzartige und harzhaltige Destillationsrückstände der Steinkohlen-, Braunkohlen-, Holz- und Erdölverarbeitung anfallen. Zur Beschleunigung des Absetzvorganges ist das auch bei anderen Abwässern benutzte elektrische Fällungsverfahren anzuwenden. Obwohl Versuche, die unter anderem auf verschiedenen Zechen des rheinisch-westfälischen Kohlenreviers und auch von der Fa. Bamag-Meguin durchgeführt wurden, gute Erfolge zeigten, ist von einer Anwendung in größerem Maßstabe noch nichts bekannt geworden.

Man kann bereits in der Kohlenwäsche durch eine Nachbehandlung, z. B. durch Abspritzen mit Wasser, den Schlamm weiter aufarbeiten. Die dabei gewonnene gute Kohle wird der Kokskohle zugesetzt, während nur die übrigbleibenden stark bergehaltigen Schlämme in die Kläranlage geleitet werden. Der hier abgefangene Restschlamm muß auf Halde gebracht oder kann als Bergeversatz in der Grube benutzt werden.

Aufarbeitung durch Klärzyklone. Die Abb. 164 a u. b zeigt die Ausführung eines Klärzyklons, Bauart Wedag, wie er heute in den

Aufbereitungsanlagen für Kohle und Erz zur Klärung der dort anfallenden Schlammwässer und in Walzwerken zur Abscheidung von Walzensinter aus dem Kühlwasserkreislauf eingesetzt ist. Der Innendurchmesser im zylindrischen Oberteil dieses Zyklons ist 350 mm. Charakteristisch für die Ausführung ist die flanschlose Bauart, bedingt durch das verwendete Material (Spezialweißguß), das infolge seiner außerordentlichen Härte nicht gebohrt werden kann. Die einzelnen Zyklonteile werden durch Ringe *1* zentriert. An den Stoßstellen werden zwei Arten von Flanschen verwendet. Die Flanschen *2* liegen an dem Zyklonkörper an, die Flanschen *3* lassen sich über die Stoßstellen zwischen je zwei Zyklonkörpern überschieben und kommen mit Hilfe von Sprengringen *4* zum Eingriff. Diese Konstruktion ermöglicht es, ungeteilte Flanschringe zu verwenden und die einzelnen Zyklonteile nach Verschleiß leicht auszuwechseln. Das zu klärende Schlammwasser tritt mit einem Druck von 1 bis 2 atü in den Zyklon ein.

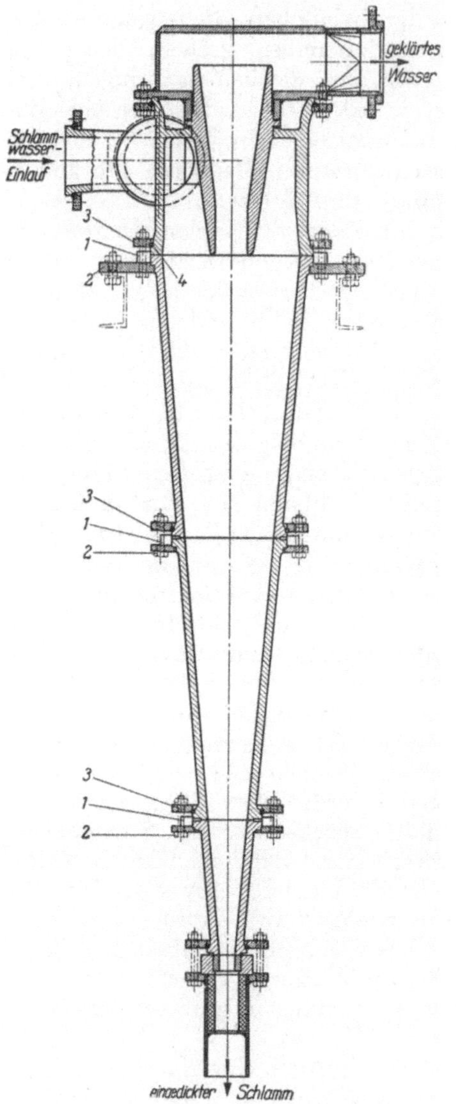

Abb. 164a. Klärzyklon (Bauart Wedag)

Welche Art der Gewinnung und Aufbereitung des Schlammes für eine Steinkohlenzeche richtig ist, läßt sich nur nach genauer Prüfung aller örtlichen Verhältnisse entscheiden. Ausschlaggebend ist hierbei auch die gesamte wirtschaftliche Anordnung des Zechenbetriebes, die sich aus der Art der geförderten Kohle und deren Weiterverwendung und Verarbeitungsmöglichkeit ergibt. Die einzelnen Verfahren zur Wiedergewinnung der Feinkohle und der Reinigung der Abwässer sind aber jetzt schon so weit ausgebildet, daß es nicht mehr vorkommen sollte, daß Kohlenschlamm weiter unsere Flüsse verschmutzt.

δ) *Auslauf- und Auswaschwasser der Schutthalden*

Die Auslauf- und Auswaschwässer der Schutthalden und der Schlakkenhalden von Steinkohlen-Eisenhüttenwerken entstehen durch die Niederschläge, wie Regen, Schnee, Tau- und Wasserdampfkondensationen. Enthält der Abraum Pyrite oder andere Schwefelkiese, so bildet sich durch Oxydation dieser Schwefelkiese Eisen- und Aluminiumsulfat und freie Schwefelsäure bzw. schweflige Säure. Die Folge davon ist, daß die ablaufenden Abwässer je nach dem Gehalt der Wässer an diesen

Abb. 164b. Eingebaute Klärzyklone (Bauart Wedag)

Stoffen mehr oder weniger sauer sind und beim Ablassen in bestehende Kanalisationen oder in mit Betonplatten ausgebaute Bachläufe Anfressungen und Ausflockungen hervorrufen. Gelegentlich (viel Schwefelkies) zeigen diese Wässer sogar einen hohen Gehalt an Schwefelwasserstoff, der nicht nur durch seine starken Geruchsbelästigungen, sondern auch durch seine aggressiven Eigenschaften schon an vielen Abläufen Schaden verursacht hat, und im Vorfluter giftig wirken und unter Umständen das Grundwasser verunreinigen kann.

Die Unschädlichmachung und Reinigung dieser Abwässer hat in ähnlicher Weise wie bei den Grubenwässern durch eine Neutralisation, am billigsten mit Kalkmilch, zu erfolgen. Das sich hierbei ausscheidende Ferrohydroxyd wird durch eine Belüftung, die gleichzeitig den vorhandenen Schwefelwasserstoff zerstört, in leicht absetzendes Ferrihydroxyd übergeführt, das dann zusammen mit den übrigen Stoffen, wie Gips und Aluminiumhydroxyd, in Absetzbecken abgefangen wird. Nachteilig wirken hierbei die oft stark schwankenden Wassermengen, die eine geordnete Zugabe der Neutralisationsmittel erheblich erschweren. Es empfiehlt sich auch hier der Einbau von registrierenden p_H-Meßgeräten, die gleichzeitig die Kalkzugabe steuern können.

ε) *Die menschlichen Abfallstoffe und Waschkauenwässer im Bergbaubetrieb*

Die *menschlichen Abfallstoffe* müssen aus hygienischen Gründen und mit Rücksicht auf eine Übertragung der Wurmkrankheit in der Grube in besonderen Kübeln gesammelt werden, die täglich über Tage befördert und entleert werden müssen. Die Entleerung erfolgt am einfachsten in die Kanalisation, in die dann auch die zum Reinigen der Kübel benutzten Spülwässer entleert werden können. Gegen die Aufnahme in die Kanalisation dürften, solange die Kübelleerung oft genug erfolgt und keine Fäulniserscheinungen bemerkbar sind, keine Bedenken bestehen. Ist keine Möglichkeit gegeben, die Abwässer in die Kanalisation abzulassen, so können die Kübelinhalte und die Spülwässer in Mischung mit Torf oder Müll unter Zugabe von Kalk kompostiert oder in geeigneten Faulräumen, wie sie zum Ausfaulen häuslichen Abwasserschlammes benutzt werden, gesammelt und ausgefault werden. Eine Hauptbedingung ist hierbei, daß die Faulräume genügend groß und nicht zu kalt sind, damit sich eine gute alkalische Gärung entwickeln kann. Unter Umständen muß beim Einsetzen saurer Gärung durch Zugabe von Kalk, Impfen mit gutem Schlamm und Mischen zu Beginn der Fäulnis nachgeholfen werden. Der kompostierte oder ausgefaulte Schlamm stellt allein oder in Mischung mit Müll oder Torf ein vorzügliches Düngemittel dar, für das überall bei Gärtnern, Kleingärtnern, Gartenanlagen u. dgl. genügend Absatz vorhanden sein dürfte.

Die *Waschkauenwässer* fallen beim Schichtwechsel an. Sie enthalten außer Seifenemulsionen feine Kohlenteilchen und die übrigen beim Waschen der aus der Grube kommenden Bergleute anfallenden Schmutzstoffe. Nach den von Bach[1] durchgeführten Untersuchungen reagieren sie meistens schwach alkalisch und haben bis über 1 g/l ungelöste Stoffe (vorwiegend organischer Natur). Der Chloridgehalt beträgt mehrere 100 mg/l und der Kaliumpermanganatverbrauch über 300 mg/l. Die pro Kopf anfallende Menge schwankt zwischen 30 bis 100 l/Kopf/Tag. Sie werden am besten in die Kanalisation abgelassen. Falls dies nicht möglich ist, müssen sie wenigstens mechanisch gereinigt werden und, wenn sie mit Fäkalien in Berührung gekommen sind, wie häusliche Abwässer behandelt werden.

---

[1] Bach, H.: 25 Jahre Emschergenossenschaft. Selbstverlag Essen 1925.

ζ) *Abwässer aus Brikettfabriken (auch Braunkohlenbrikettfabriken)*

In den Brikettfabriken wird Pulverkohle oder feine Abfallkohle oder vorgetrocknete Braunkohle in Formpressen unter starkem Druck zu Briketts gepreßt. Bei der Mahlung und Pressung fallen große Staubmengen an, deren Beseitigung von jeher wegen der erheblichen Belästigung der Nachbarschaft und des Betriebes gefordert wurde. Die Entstaubung kann auf trockenem und auf nassem Wege erfolgen. Bei der nassen Entstaubung, die für sich allein nur noch selten angewandt wird, und in der kombinierten trocken-nassen Entstaubung fallen kohlenstaubhaltige Abwässer an. Die Reinigung erfolgt am einfachsten mit den bei der Kohlenwäsche anfallenden Abwässern oder sie kann aber auch über Saugzellenfilter erfolgen, wobei das Wasser ständig im Kreislauf verwandt wird, und das abgefangene Gut in die Brikettherstellung gegeben werden kann.

Entstaubungsanlagen. Man unterscheidet die Innenentstaubung und die Schlotentstaubung. Die Innenentstaubung umfaßt die Transportschnecken, Elevatoren, Sammelräume, Kohlenzuführungsapparate, Pressenkanäle u. a. Bei der Schlot-(Wrasen- oder Brüden-)Entstaubung werden die aus den Dampftrockenapparaten mit den Wrasen (Brüden) entweichenden Kohlenteilchen, deren Menge bis 5% der getrockneten Braunkohlenmenge ausmachen kann, zurückgehalten. Beide Arten der Entstaubungen können sowohl trocken (durch Kammern, Exhaustoren, Ventilatoren, Windsichter, Zentrifugalabscheider, mechanische und Elektrofilter), wobei also Abwasser nicht entsteht, oder naß (durch Brausen, Streudüsen, Windsichter und Wasserspülung) oder kombiniert trockennaß (durch Verbundentstaubungen) ausgeführt werden. Bei den Entstaubungsanlagen wird auf die Wiedergewinnung und -verwertung des abgeschiedenen Staubes, sei es für Brikettierungs- oder für direkte Feuerungszwecke, größter Wert gelegt. Für die Schlotentstaubung hat sich das trockene elektrische Niederschlagsverfahren sehr gut bewährt, während bei der Innenentstaubung nach dem elektrischen Verfahren noch nicht alle Schwierigkeiten (Explosionsgefahr) überwunden sind. Man wendet daher für die Innenentstaubung noch gerne das nasse oder kombinierte trocken-nasse Verfahren an. Bei der oft einsamen Lage der Braunkohlenfabriken zwingt der Mangel an gutem Betriebswasser, besonders an Kühlwasser, dazu, die im Betrieb anfallenden Abwässer möglichst weit zu reinigen, um sie im Betrieb, z. B. während der trockenen, heißen Jahreszeit, wieder verwenden zu können.

b) Braunkohlenindustrie

α) *Die anfallenden Abwasserarten*

Im Gegensatz zum Steinkohlenbergbau erfolgt die Gewinnung der Rohbraunkohle vorwiegend im Tagebau. Die hierbei anfallenden Abwässer sind ein Gemisch von Niederschlags- und Grubenwasser, Preßwasser der hydraulischen Maschinen, ferner Kühl- und Spülversatzwasser. Die Grubenwässer enthalten vorwiegend ungelöste Stoffe mineralischer Natur. und zwar neben Braunkohlenteilchen meistens tonige und sandige Beimengungen, die in Form feinster Trübungen vorhanden sind und sich verschieden schnell absetzen. An gelösten Stoffen enthalten die Abwässer Humine, Kochsalz, Kalk- und Magnesiasalze (Härtebildner), mitunter bei pyrithaltigen Braunkohlen Ferrosulfat, das durch Hydrolyse und Sauerstoffaufnahme in Ferrihydroxyd übergeht und dem Wasser durch Bildung freier Säure saure Reaktion verleiht. Das Abwasser aus Braunkohlengruben ist ähnlich dem Wasser aus Mooren und ist mehr oder weniger stark braun gefärbt. Mit häuslichem oder anderem stark organisch verschmutzten Abwasser, z. B. mit Brennerei- und Brauereiabwasser, vermischt, entstehen unter Umständen flockige Niederschläge, die zu starken Verschlammungen von Bächen und Teichen führen können. Die Menge der anfallenden Abwässer ist bei Tagebauten der Niederschlagsmenge entsprechend. Sie beträgt etwa 1 m^3/min; sie kann aber unter Umständen bis auf 30 bis 60 m^3/min ansteigen. In der Ober- und Niederlausitz rechnet man je t Braunkohle mit der 6- bis 16fachen Menge Grubenwasser.

Kohlenwaschwässer, wie sie bei der Steinkohlenaufbereitung eine große Rolle spielen, kommen in der Braunkohlenindustrie nur vereinzelt dort vor, wo man durch Sand, Kies, Ton und andere diluviale Einlagerungen verunreinigte, aber noch abbauwürdige Kohle gewinnen kann. Die aus der Kohlenaufbereitung (Mahlung, Trocknung und Brikettierung) stammenden Kohlentrüben enthalten neben großen Mengen Kohlenstaub (z. B. 10 g/l) meistens tonige und sandige Beimengungen, die sich verschieden schnell absetzen, ferner an gelösten Stoffen Huminstoffe, die ihnen eine mehr oder weniger braune Farbe verleihen. An mineralischen Stoffen sind Natriumchlorid, Calcium- und Magnesiumsalze und bei pyrithaltiger Braunkohle auch schwefelsaures Eisen vorhanden.

β) Schädlichkeit für den Vorfluter

Gelangen die Abwässer der Braunkohlenindustrie, und zwar die Gruben- und die Brikettfabrikabwässer, in den Vorfluter, der in den meisten Fällen sehr klein ist (Wasserläufe zweiter und dritter Ordnung), so können sie hier große Schäden hervorrufen. Die durch Ausflockungen sich bildenden starken Schlammablagerungen können den Abfluß hindern, das Pflanzen- und Tierleben (einschließlich der Fischerei) stören und den Gemeingebrauch des Wassers (Baden, Waschen, Viehtränken, Feuerlöschen, Benutzung als Brauchwasser in industriellen Betrieben usw.) stark beeinträchtigen. Die mit Abwässern aus Braunkohlenbetrieben gespeisten Fischwässer pflegen bei einer Neuanlage nicht sofort Schäden zu zeigen. Mit fortschreitendem Abbau der Braunkohle werden sie aber mit Eisensalzen und Säure so stark angereichert, daß diese zunächst schwach, dann stark sauer werden, so daß sie dann Fischsterben hervorrufen. Gerade alte, schon abgebaute Braunkohlengruben sind in dieser Hinsicht sehr gefährlich. Beim Einlassen in Fischwasser ist dauernde Kontrolle des p_H-Wertes erforderlich[1]. Bei Über-

[1] Fischerei-Ztg. Bd. 40 (1937) S. 264.

schwemmungen und Überstauungen können Wiesen und Äcker stark geschädigt werden, wie überhaupt der Gemeingebrauch allgemein stark beeinträchtigt wird.

γ) *Mechanische Reinigung*

Die Braunkohlenabwässer müssen daher vor dem Ablassen in den Vorfluter sorgfältig neutralisiert und dann einer sorgfältigen mechanischen und chemischen Reinigung unterzogen werden. Die einfachste Art der Reinigung ist die Klärung in natürlichen Erdbecken, wie sie oft in verlassenen Tagebauten, Bruchfeldern, Senkungssümpfen, Tunnelstrecken, verschilften Teichen u. dgl. zur Verfügung stehen. Der Raum muß genügend groß sein, so daß eine genügende Aufenthaltszeit gewährleistet ist. Diese einfachen und meist sehr billigen Becken haben oft den Vorteil, daß sie nicht geräumt zu werden brauchen, dagegen den Nachteil, daß sie nach Austrocknung des Schlammes zu Staubbelästigungen und zu Brandgefahr Veranlassung geben können.

Die Reinigung kann aber auch in künstlichen Klärbecken, wie sie zur mechanischen Reinigung der Abwässer der Steinkohlenwäsche und auch sonst in der Abwassertechnik benutzt werden, durchgeführt werden. Wegen der viel geringeren Klärfähigkeit müssen die Abwässer aber viel längere Aufenthaltszeiten und zwar mindestens 6 bis 10 Std., besser aber noch 1 bis 2 Tage haben. Als Absetzbecken kommen bis zu 1 m tiefe Sickerbecken für Schlammtrocknung nach Bauart IMHOFF-LAGEMANN in Frage. Bewährt haben sich aber auch die mit maschineller Naßentschlammung für durchgehenden Betrieb eingerichteten Lang- oder Rundbecken (mit Bagger, Dickstoffpumpe, drehbarem Kratzer, Sauger, Längskratzer). Bei Platzmangel werden auch Klärtürme, -schächte oder -kessel (mit mechanischer Entschlammung und Schlammbeförderung, z. B. nach Bauart VOGT-BORNA) verwendet.

Der in den Absetzbecken usw. anfallende Schlamm hat einen hohen Wassergehalt (80%), der eine unmittelbare Verwendung im Betrieb verhindert. Seit längerer Zeit werden in der Braunkohlenindustrie mit bestem Erfolg die mit Filtertüchern und Preß- und Saugluft arbeitenden Schlammfilter und Saugzellenfilter sowie Filterpressen angewandt. Der in den Absetzbecken oder in Eindickern zurückgehaltene Kohleschlamm kann auf den Saugzellenfiltern bis auf etwa 50 bis 60% Wassergehalt vorgetrocknet und der Kohlenstaubfeuerung oder der Brikettierung zugeführt werden. Eine weitere Minderung des Wassergehaltes kann durch Stapeln der Filterkuchen (Ziegeltrocknung), evtl. unter Verwendung von warmer Abluft, erreicht werden. Die Reinigungswirkung der Saugzellenfilter ist gut. Die ablaufenden Abwässer haben unter 50 mg/l Ungelöstes. Nachteilig ist meistens der hohe Anschaffungspreis. Das filtrierte Wasser wird im Kreislauf verwandt, während der gewonnene Schlamm entweder unter den Kesseln verbrannt, der zum Trocknen vorbereiteten Rohkohle zugesetzt, zu Briketts verpreßt und in Ausnahmefällen auch zur Herstellung poröser Steine benutzt wird.

δ) *Chemische Reinigung der Braunkohlenabwässer*

Die Braunkohlenabwässer enthalten sehr viele kolloide Stoffe, die nur zum Teil, und zwar in den meisten Fällen in großer Verdünnung als Schutzkolloide wirken und in der städtischen Kläranlage dann die mechanische Reinigung erheblich erschweren. Es lag daher nahe, die Ausscheidung der kolloiden Feinstoffe in den konzentrierten Abwässern vorzunehmen und durch Zugabe chemischer Fällungsmittel (Eisen-, Aluminiumsalze, Kalk, Chlormagnesiumlauge, Kalkwasser u. a.) zu beschleunigen. Der Preis für die Chemikalien, deren Verbrauch bei den oft großen Wassermengen (1 bis 10 m^3/min) sehr groß ist, die bedeutend vergrößerte Schlammenge und die schlechtere Verwendbarkeit des abgefangenen Schlammes stehen der Anwendung der chemischen Fällungsmittel entgegen. Die chemische Fällung wird aber bei sauren, eisenhaltigen Grubenwässern notwendig, die in kleine Vorfluter abgelassen werden müssen. Die Enteisenung und Neutralisation, die mit Rücksicht auf die Pflanzen- und Tierwelt (Fischerei) erforderlich werden kann, richtet sich nach den örtlichen Verhältnissen, d. h. nach dem Säuregehalt (p_H-Wert), Säurebindungsvermögen, Eisengehalt der umliegenden Gewässer, die bisweilen — auch ohne die Zuleitung von Grubenwässern, — in solchen Braunkohlengegenden eisenhaltig, sauer und daher von sich aus organismenarm sind.

Als Neutralisations- bzw. Fällungsmittel kommen Kalkmilch oder Abfallstoffe mit alkalischer Reaktion (Asche, Kesselrückstände, Waschbergematerial u. ä.) in Betracht. Nach der durch ein p_H-Meßgerät gesteuerten Zugabe des Neutralisationsmittels muß durch eine intensive Belüftung die Ausscheidung vervollständigt und die ausgeschiedenen Stoffe durch eine mehrstündige Nachklärung oder eine Filtration entfernt werden. Ob und wieweit der getrocknete Eisenschlamm weiter verwandt werden kann, richtet sich nach den örtlichen Verhältnissen.

Nolte[1] berichtet über einen Kalkungs-Großversuch zur Entsäuerung und Enteisenung von Braunkohlengrubenwässern, bei dem die Aufsichtsbehörde die Neutralisation der Abwässer bis zu einem p_H-Wert von 6,0 gefordert hatte. Zur Neutralisation der Grubenwässer wurde auf Grund von Laboratoriumsvorversuchen Kalkwasser, das aus Speckkalk hergestellt wurde, verwandt. 2 m^3 Speckkalk, entsprechend 400 kg Weißkalk, werden mit Grubenwasser zu einer Kalkmilch angerührt und dann unter ständigem Rühren und Wasserzusatz in einem 15 m^3-Becken zu Kalkwasser verarbeitet. Durch eine Kreiselpumpe wurde das Kalkwasser dem Grubenwasser in einem alten Tagebau zugemischt. Schon einige Meter hinter der Kalkzugabe machte sich die Eisenflockung durch eine starke Gelbfärbung bemerkbar. Die Zugabe wurde durch registrierende Meßgeräte kontrolliert. Zur Prüfung nach der fischereilichen Nutzungsmöglichkeit des neutralisierten Wassers wurde ein Teil des Abwassers durch neu eingerichtete Fischteiche geleitet, von denen der eine mit Forellen und der andere mit Karpfen besetzt wurde. Da die

---

[1] Nolte, E.: Beiträge zur Wasser-, Abwasser-, Fischereichemie. Magdeburg H. 3, 1948.

Naturnahrung gering war, wurde mit Lupinen beigefüttert. Die Anwachserträge waren als sehr befriedigend zu bezeichnen.

PETERSEN[1] hat eine Reihe von Fällungsversuchen von Braunkohlenschlamm enthaltenden Abwässern mit verschiedenen Elektrolyten (Salzen) und verschiedenen Nichtelektrolyten (Dextrin, Leim, Gelatine) durchgeführt. Die Versuche ergaben, daß die Klärung besonders durch Alkalien und sauer reagierende Salze (z. B. des dreiwertigen Eisens und des Aluminiums) sowie durch Ölemulsionen stark gefördert werden kann. Als besonders wirksam erwies sich eine Kombination von Natronlauge und Eisenchlorid. Bei der Fällung kommt es darauf an, daß die

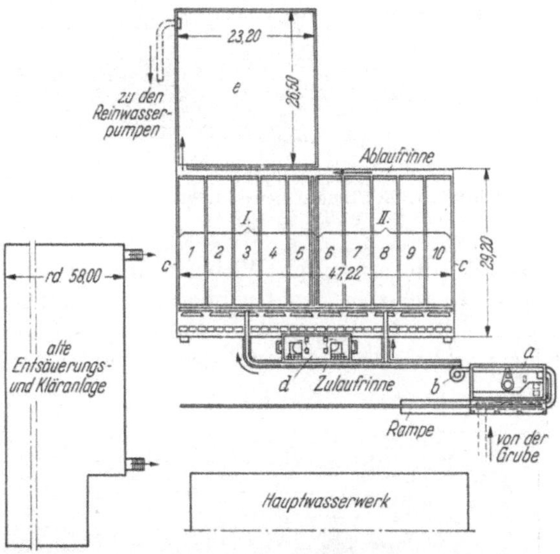

Abb. 165. Schema einer Kläranlage für Tagebauabwässer beim Braunkohlen- und Großkraftwerk Böhlen bei Leipzig (nach Dr. E. STEUER). *a* Chemikalienhaus, *b* Mischschnecke (s. Abb. 161), *c* Absetzbecken, *d* Maschinenhaus, *e* Reinwasserbehälter

peptisierende Wirkung der Huminsäure auf die Braunkohlenteilchen unschädlich gemacht wird. STEUER[2] beschreibt eine Reinigungsanlage für das Grubenwasser eines Tagebaues, das als Betriebswasser benutzt werden muß. Das Rohwasser hat 2500 mg/l Schwebestoffe, 2 bis 3 mg/l Eisen, 15 bis 30 mg/l aggressive Kohlensäure. Durch Zugabe von 8 bis 12 g/m³ Tonerde und 160 g/m³ Kalk erfolgt die Ausfällung. Die Entschlammung, bei der täglich 20 bis 30 m³ Schlamm anfallen, erfolgt in Neustädter Becken. Die in Abb. 165 schematisch und in Abb. 166 im Bild dargestellte Kläranlage für Tagebauabwässer des Braunkohlen- und Großkraftwerkes Böhlen bei Leipzig zeigt das Gebäude für die Zugabe der Chemikalien. Hier befinden sich die Behälter für die Her-

[1] PETERSEN: Braunkohle Bd. 31 (1932) S. 851.
[2] STEUER: Braunkohle Bd. 31 (1932) S. 213.

stellung von Tonerdelösung und Kalkmilch. Diese Fällungsmittel fließen in den von der Druckleitung gesteuerten Mengen ständig zu und werden in der Mischschnecke (s. Abb. 167) durch die in ihr unter Ausnutzung

Abb. 166. Kläranlage für Braunkohlenabwässer, errichtet von der Wasser- und Abwasserreinigung Dr. E. Steuer, Neustadt an der Weinstraße

einer kleinen Gefällstufe erzeugten Wirbelströme innigst mit dem Abwasser vermischt. In zehn, in zwei Gruppen von je fünf nebeneinandergeschalteten Neustädter Becken (s. Abb. 156b u. c, s. S. 479) mit einem nutzbaren Klärraum von 2500 m^3, wird der sich unter dem Einfluß der

Abb. 167. Mischschnecke zum Zumischen von Chemikalien (nach Dr. E. Steuer)

chemischen Fällung bald abscheidende Schlamm vom Wasser getrennt. Der anfallende Schlamm wird in ein Erdbecken gedrückt. Das geklärte Abwasser fließt in einem Sammelbehälter und geht von dort als Betriebswasser in den Betrieb zurück.

c) Abwässer von Kokereien, Gasanstalten, Nebenproduktengewinnungsanlagen und Schwelereien

Bei der trockenen Destillation wird bituminöse Steinkohle durch Erhitzen in Koks verwandelt, wobei Teer, Benzol, Ammoniak, Gas und Abwasser anfallen. Je nachdem, wie weit die Erhitzung der Kohlen bei der Wärmezersetzung getrieben wird, unterscheidet man

Tieftemperaturverkokung oder Schwelung bis 600 °C
Mitteltemperaturverkokung 600 bis 800 °C
Hochtemperaturverkokung 800 bis 1000 °C und darüber.

Diese Temperaturgrenzen können sich je nach der Art der verwendeten Kohlen oder den Betriebserfordernissen nach oben oder unten verschieben. Grundsätzlich unterscheiden sich die drei Verfahren nur durch die Endtemperatur der Erhitzung. Wenn sich theoretisch auch alle Kohlen auf Koks und Kohlenwertstoffe verarbeiten lassen, so ist entscheidend, ob der Koks in verwertbarer Form anfällt. Die drei oben angegebenen Verfahren stellen daher auch besondere Anforderungen an die Kohle. Je nach den angewandten Verfahren sind auch die bei der Verkokung anfallenden Abwässer, wie Kokslöschwasser, die Schwel- oder Gaswaschwässer, verschieden. Je nachdem, ob der größere Wert auf die Gasentwicklung, wie dies bei den städtischen Gaswerken für die öffentlichen Gaswerke der Fall ist, gelegt wird, oder andererseits die Haupterzeugung der für metallurgische Zwecke benötigte Koks ist, wie dies in den großen Kokereien geschieht, ist auch die Größe der Anlagen verschieden. Um einen guten harten, für metallurgische Zwecke geeigneten Koks zu erhalten, muß man höhere Temperaturen anwenden als bei der Gaserzeugung. Die Erhitzung kann in horizontalen und vertikalen Retorten erfolgen. Die Garungszeit schwankt in weiten Grenzen und richtet sich einmal nach den rein örtlichen Verhältnissen der verwandten Kohle und dem Endprodukt. Die Mindestgarungszeit dürfte 8 Std. betragen. Wenn der Verkokungsprozeß beendigt ist, wird die Tür geöffnet und der Kokskuchen durch eine Ramme ausgestoßen. Beim Ausstoßen wird er mit Wasser abgelöscht, damit er zerfällt. Hierbei fällt das Kokslöschwasser an.

Das von den Retorten kommende Gas ist eine Mischung von Gas, Wasserdampf und fein verteilten flüssigen Bestandteilen. Diese Gasmischung geht zunächst durch ein Druckausgleichsgefäß und dann zu dem Luft- oder wassergekühlten Kondensator. In beiden scheiden sich Ammoniakwasser und Teerverbindungen ab. Das durch ein Gebläse weitergedrückte Gas wird in den Teerfängern entteert, in den Skrubbern vom Ammoniak befreit und in den Rasenerzfiltern entschwefelt. Nachdem noch Naphthalin durch Waschen mit Wasser in den Kühlern und Benzol in den Benzolwäschern mit Waschöl entfernt ist, wird das Gas in die Vorratsbehälter geleitet, aus denen es an die Verbraucher abgegeben wird.

Der in Kokereibetrieben benötigte Wasserbedarf beträgt je t Kohledurchsatz 1,2 bis 1,5 m^3 bzw. je t erzeugten Kokses bis 5,0 m^3. Hiervon werden gebraucht:

1.	In der Kokerei und zur Kokslöschung . .	30—35%
2.	Zur Gaskühlung und Wäsche	35%
3.	Zur Ammoniak- und Benzolgewinnung . .	30%
4.	Sonstige Verbrauchsstellen	2—3%

Die in den letzten Jahren mit Rücksicht auf den früher sehr hohen Wasserbedarf durchgeführten Wasserwirtschaftsprüfungen haben gezeigt, daß an vielen Stellen das Abwasser im Kreislauf benutzt und dadurch stark an Menge eingespart werden kann.

Die Erzeugung an Koks und Nebenprodukten beträgt nach ELDRIDGE je t Kohle

Koks	640 kg	Ammoniak	3,25—3,75 kg
Gas	312—375 m³	Ammonsulfat	11 kg
Teer	40—60 l	Leichtöle	13—18 l

α) *Kokslöschwasser*

Der aus den Koksöfen herausgedrückte Kokskuchen muß sofort mit Wasser abgelöscht werden. Nur dort, wo das Grubenwasser salzarm ist, verwendet man das in genügender Menge zur Verfügung stehende Grubenwasser. Bei höheren Salzgehalten verleiht das Grubenwasser dem Koks ein blindes Aussehen. Er verliert dadurch an Verkaufswert, so daß man in diesen Fällen trotz der höheren Kosten lieber Leitungswasser verwendet. Beim Kokslöschen entsteht trotz der erheblichen, bis zu 30 bis 40% betragenden Verdampfung ein Abwasser, das gelöste Gase und Koksteilchen enthält sowie einen dumpfigen Geruch aufweist. Die Menge des anfallenden Abwassers, wird mit 0,3 bis 1 m³, im Mittel etwa 0,5 m³, je t verkokte Kohle angegeben. Wenn es auch zur Erzielung eines silberglänzenden Aussehens des Kokses zweckmäßig ist, das Ablöschen mit reinem, frischem Wasser durchzuführen, ist es doch mit Rücksicht auf den Vorfluter wünschenswert, das beim Kokslöschen anfallende Abwasser durch eine mechanische Reinigung (Absetzbecken) so zu reinigen, daß es zu demselben Zweck stets wieder im Kreislauf verwandt werden kann. Ist eine Wiederverwendung ausgeschlossen, so kann das entstehende Abwasser gemeinsam mit den Kohlenwaschwässern gereinigt werden.

Um die bei der Gaswäsche anfallenden stark phenolhaltigen Abwässer zu vernichten, hat man versucht, diese im Betrieb anfallenden lästigen Abwässer dadurch zu beseitigen, daß man sie als Kokslöschwasser benutzte. Ganz abgesehen davon, daß auch die mit salzhaltigen Abwässern auftretenden Mängelerscheinungen des Kokses sich hier besonders stark bemerkbar machten, traten durch die Verdunstungen der Phenole in der Nachbarschaft so starke Geruchsbelästigungen für die Arbeiter auf, daß dieses Verfahren schon aus rein gesundheitlichen Gründen aufgegeben werden mußte.

Die *Reinigung des Kokslöschwassers* kann sich auf die bekannten mechanischen Verfahren beschränken. Es kommen in erster Linie die bei Abwässern mit vorwiegendem Gehalt an mineralischem Schlamm benutzten Absetzbecken in Betracht, wie sie unter anderem beim Entsanden von Zuckerfabrikabwasser, zum Reinigen des Kohlenwaschwassers usw. verwendet werden. WINKELHÖFER[1] beschreibt eine von der Fa. Bamag-Meguin beim Hörder Verein erbaute Kläranlage für Kokslöschwasser. Das Abwasser wird einem kreisrunden, trichterförmigen Klärbrunnen von 10 m oberem Durchmesser und 3,5 m Tiefe in der Mitte durch einen Wasserverteilungszylinder zugeleitet. Die absinkenden festen Teilchen sammeln sich als Schlamm in zwei auf der Sohle des Brunnens konzentrisch angeordneten Schlammrinnen von dreieckigem Querschnitt, aus denen sie mit drehbar angeordneten Schalen in den unter den Schlammrinnen liegenden Sumpf geschoben werden. Das von der Mitte nach dem Brunnenrande fließende Wasser durchströmt vor dem Ablauf in der Abflußrinne noch in der Richtung von unten nach oben ein auf gelochten Blechen lagerndes Koksfilter, in dem die restlichen Schwebestoffe zurückgehalten werden. Das geklärte Wasser geht in den Betrieb zurück. Bei dem kontinuierlichen Betrieb wird nur das durch Verdampfung verlorengehende Wasser ersetzt. In Abb. 168 ist eine Kläranlage für das Kokslöschwasser einer Kokerei dargestellt.

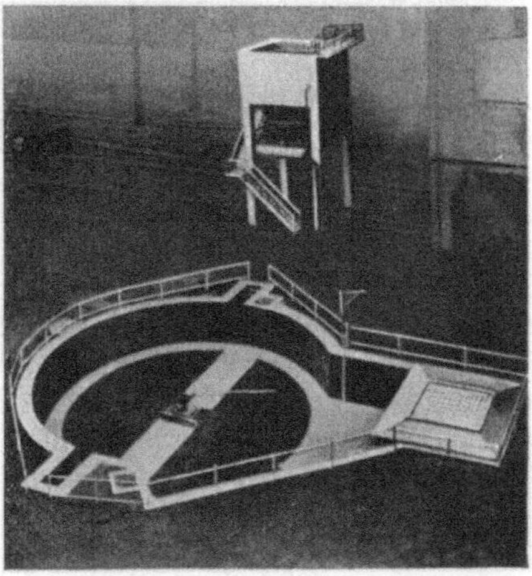

Abb. 168. Kläranlage für Kokslöschwasser mit Schlammverladebunker (Bamag-Meguin, Gießen)

Bei einigen Kokereien des Ruhrgebietes werden die Abwässer auf eine Halde gepumpt. Beim Durchrieseln der Halde tritt eine intensive Belüftung und gleichzeitig ein Abbau des Schwefelwasserstoffs, des Phenols u. a. ein. Das am Fuße der Halde abgefangene Sickerwasser kann in Abfanggräben gefaßt und dann in den meisten Fällen in den Vorfluter abgelassen werden.

HUSMANN[2] gibt folgende Zusammensetzung eines Kokslöschwassers an:

Ammoniak (HN_3)	50 mg/l
Cyanide (CN)	nachweisbar
Rhodanide	Spuren
Phenole, flüchtige (C_6H_5OH) .	2 mg/l
$KMnO_4$-Verbrauch	50 mg/l

Die Entstehung des Kokslöschwassers kann durch Trockenkühlverfahren, bei denen der Kokskuchen in einem indifferenten Gas, z. B. Stickstoff, abgekühlt und bei dem auch die Koksbeschaffenheit verbessert wird, vermieden werden. Obwohl bei diesen Trockenkühlver-

---

[1] WINKELHÖFER: Glückauf Bd. 65 (1929) S. 1462.

[2] HUSMANN, W.: Münchener Beiträge zur Abwasser-, Fischerei- und Flußbiologie, Bd. 11. München: Oldenbourg 1964.

fahren eine große Wärmemenge gewonnen werden kann, ist es nur an sehr wenigen Stellen eingeführt worden.

β) Gaswaschwasser, Menge und Zusammensetzung der Gaswaschwässer, Schwelwasser

Nachdem das bei der trockenen Destillation entstehende Gas durch eine Teervorlage von der Hauptmenge des Teers und des Naphthalins befreit ist, wird es in Kühlern auf 15° abgekühlt, wobei sich weitere Mengen Teer und Naphthalin und das Gaswasser, bei den Schwelverfahren auch Schwelwasser genannt, abscheiden. Das in einem Naphthalinwäscher vom letzten Rest Naphthalin befreite Gas wird mit Wasser im Gegenstrom gewaschen. Das Wasser nimmt hierbei das im Gas enthaltene Ammoniak und die Ammoniumsalze, ferner lösliche Bestandteile, wie Phenole usw. auf. Die verdünnte Lösung bildet das „zweite" Gaswasser, das mit dem ersten zur Ammoniakgewinnung vereinigt wird. Es enthält neben Chloriden (1 bis 2%) freies und gebundenes Ammoniak (1 bis 5%), verschiedene Schwefelverbindungen als Sulfide, Thiocyanate, Thiosulfate, Sulfate (auf S berechnet etwa 0,5 bis 0,8%), Cyanverbindungen, Amine, Phenole (0,1 bis 0,9%), Pyridinbasen. Der Gehalt des Gaswassers an diesen Stoffen ist von verschiedenen Umständen abhängig, und zwar von der Zusammensetzung und dem Wassergehalt der Kohle selbst, von der bei der Verkokung angewandten Temperatur und den Garungszeiten. Auch die Menge des anfallenden Gaswassers ist verschieden. Sie schwankt je nach der angewandten Kohle und den Arbeitsmethoden, wie die Zusammenstellung von WIEGMANN zeigt (s. Tab. 44).

Tabelle 44. *Nebenprodukte bei der Verkokung*

Zusammensetzung der Kohle				Auf 1 t Koks entfallen				
Nr.	Wasser %	Asche %	Flüchtige Bestandt. %	Teer kg	Leichtöl kg	Gas-wasser kg	Ammon. kg	Phenol kg
1	12,25	6,67	22,57	35	14,8	0,52	4,4	0,85
2	11,86	7,09	24,16	39	14,8	0,40	3,0	0,67
3	12,36	6,43	24,68	44	14,7	0,65	4,8	1,03
4	12,32	7,37	28,41	49	15,7	0,66	7,2	2,27

Das Gaswasser fällt zunächst zusammen mit Teer als Kondensat in der Ofenanlage und sodann in der Gaskühlung an. Auf 100 t Rohkohlen rechnet man mit

3 —12 m^3 Feuchtigkeitswasser, entsprechend der Feuchtigkeit der Kohlen,
3,5— 5 m^3 Zersetzungswasser, das bei der Erhitzung aus der trockenen Kohle abgespalten wird.

Nach THUMM[1] ergeben 100 kg gute Gaskohlen etwa 8 kg Gaswasser; diese Menge kommt aber nur für Gasanstalten in Frage. Das in Betrieben mit Horizontalretorten anfallende Ammoniakrohwasser ist ärmer an Phenolen und sonstigen organischen Verbindungen als das

[1] THUMM, K.: Kl. Mitt. Ver. f. Wasser-, Boden- u. Lufthygiene Bd. 1 (1925) S. 141.

Abwasser aus Betrieben mit Vertikalretorten. Dieses letztere Abwasser hat aber einen höheren Ammoniakgehalt. Die im Wasser enthaltenen Stoffe haben unbeschadet ihres Kaliumpermanganatverbrauches verschieden starkes Reduktionsvermögen. Nach der Reduktionsstärke geordnet ergibt sich folgende Reihenfolge: Phenole, höhere Homologen des Phenols, Thiosulfate, Thiocyanate. Bei gleichem Kaliumpermanganatverbrauch würde demnach ein Wasser mit höherem Rhodangehalt schwieriger zu behandeln sein als ein an Phenolen reiches Abwasser, das schon an der Luft gierig Sauerstoff aufnimmt. Bei Vertikalretorten fällt mengenmäßig mehr Ammoniakrohwasser an (290 l/t Kohle) als bei den Horizontalretorten (170 l/t Kohle). NÜBLING[1] rechnet mit einer Abwassermenge, die 2% der erzeugten Gasmenge entspricht. Das Gaswasser wird zu den Abtreibeapparaten geleitet und nach Zusatz von Kalk der Ammoniak abdestilliert. Die Zusammensetzung eines solchen, durch Absetzbecken von dem Kalkschlamm befreiten Abwassers von der halbdirekten Kokereinebenproduktengewinnungsanlage der Gewerkschaft Helene-Amalie gibt BACH[2] wie folgt an:

Phenole (bezogen auf C_6H_5OH)	1300 mg/l	bis	2700 mg/l
Rhodanide (bezogen auf CNS)	90 mg/l	„	260 mg/l
Gesamtstickstoff (ohne CN) als NH_3 und organ. Stickstoff	160 mg/l	„	350 mg/l
Gesamtschwefel (als Sulfat- u. Sulfidschwefel, organ. Schwefel)	260 mg/l	„	1400 mg/l
Freier Kalk	400 mg/l	„	900 mg/l
Kaliumpermangantverbrauch	10000 mg/l	„	40000 mg/l

Die Farbe kann nicht als Maßstab der Schädlichkeit dieser Abwässer benutzt werden, da gerade die färbenden Bestandteile (höhere Phenole) bei der Reinigung am wenigsten stören. In dicht besiedelten Industriegebieten, wie z. B. dem rheinisch-westfälischen Industriegebiet fallen große Phenolmengen an. PRÜSS[3] rechnet mit jährlich 25000 t Phenol, von denen 10000 t gewonnen werden.

γ) Schädlichkeit der Abwässer

Je nach dem Verdünnungsverhältnis dieser Abwässer im Vorfluter kann das Vorfluterwasser für häusliche und landwirtschaftliche sowie für gewerbliche Zwecke ganz oder teilweise unbrauchbar werden. Infolge seiner sehr hohen Oxydierbarkeit, die etwa 30- bis 150fach größer als für normales häusliches Abwasser ist, stellt es sehr hohe Anforderungen an den Sauerstoffvorrat des Vorfluters. Die in ihm enthaltenen ungelösten Teerverbindungen bilden auf der Oberfläche feine Häute und wirken durch Abschluß der Oberfläche, ähnlich wie andere Öl- und Fettverunreinigungen, ungünstig.

Das biologische Gleichgewicht des Vorfluters kann durch das Einleiten phenolhaltiger Abwässer empfindlich gestört werden. Bei schlechten Verdünnungsverhältnissen wirken die Phenole, Rhodanverbindun-

[1] NÜBLING: Gas- und Wasserfach Bd. 73 (1930) S. 909.

[2] BACH, H.: Z. angew. Chem. Bd. 39 (1926) S. 1093; Jb. vom Wasser Bd. 1 (1926) S. 193; Gas- u. Wasserfach Bd. 69 (1926) S. 912.

[3] PRÜSS, M.: Gas- u. Wasserfach Bd. 72 (1929) S. 791.

gen, der freie Kalk und die Pyridinbasen als Giftstoffe. Sehr starke Sauerstoffverbraucher und Giftstoffe für Fische sind auch die im Abwasser enthaltenen Schwefelverbindungen, vor allem die Sulfide. Phenol scheint auch katalytische Eigenschaften für den Sauerstoffabbau anderer Stoffe zu haben. Über die Giftigkeit der phenolhaltigen Abwässer berichten unter anderem die Arbeiten von HOLZINGER[1], HARTL[2] und STEINMANN[3]. Die Belange der Fischerei können durch phenolhaltige Abwässer stark beeinträchtigt werden. Bei stärkeren Konzentrationen sind die unterhalb der Einleitungsstellen auftretenden Fischsterben direkt auf eine Giftwirkung zurückzuführen. Bei geringeren Konzentrationen kann der durch den biologischen Abbau bedingte Sauerstoffschwund die Ursache sein. Tierische Planktonsorten (Krustaceen und andere) können durch mäßige Phenolmengen (45 mg/l) stärker geschädigt werden als pflanzliche. Auf Forellen, Hechte, Karpfen wirken Mengen von 5 bis 10 mg/l Phenol schädlich bzw. tödlich. Bei Laboratoriumsversuchen über den Einfluß von Phenolen zeigen sich nach den Untersuchungen von KALABINA[4] Fische in Aquarien mit reinen Phenollösungen bis zu 4 bis 15 mg/l Phenol widerstandsfähig, wohingegen in freien Gewässern schon bei Gehalten von 0,2 mg/l Fischsterben beobachtet werden. Diese Wirkung liegt offensichtlich nicht am Phenol allein, sondern auch wesentlich an den anderen im Abwasser enthaltenen Stoffen, wie Naphthalin, Cyaniden, Rhodaniden usw. Nach genügender Verdünnung unterliegt das Phenol im Vorfluter sehr stark dem biologischen Abbau. Die strittige Frage, ob es sich bei der stattfindenden Abnahme des Phenols um einen biologischen oder chemischen Vorgang handelt, ist wohl endgültig dahin entschieden worden, daß es sich in erster Linie um einen biologischen Vorgang handelt. Der 5tägige biochemische Sauerstoffbedarf beträgt nach SIERP und FRÄNSEMEIER[5] 1,85 g für 1 g Phenol und nach MÖLLER[6] 1,65 g für 1 g Phenol. Bei längerem Aufenthalt in phenolhaltigem Wasser nehmen Fische einen eigentümlichen Carbolgeschmack an, wodurch sie für den menschlichen Genuß unbrauchbar werden. Zum Hervorbringen dieses widerwärtigen Geruchs und Geschmacks des Fischfleisches genügt schon ein sehr geringer Gehalt an Phenolen. Die Fische nehmen diese Stoffe durch die Haut auf. Auch eine sehr lange Hälterung der Fische in reinem Wasser kann nicht diesen schlechten Geschmack durch Auswässern beseitigen. Das im Abwassser enthaltene Cyan wirkt schon in kleinen Mengen auf Lachse und Seeforellen tödlich. Nach den Untersuchungen von TUPHOLME[7] werden Forellen schon in weniger als einer Stunde in einem Wasser, das bei $+5\,^{\circ}C$ 0,14 mg/l Cyankalium enthält, getötet. Eine wesentliche Verminderung des Cyangehaltes erreichte er durch eine Zer-

---

[1] HOLZINGER: Z. Fischerei Bd. 25 (1927) S. 155.
[2] HARTL: Z. Fischerei Bd. 32 (1934) S. 459.
[3] STEINMANN: Z. Hydrologie (1920), S. 1.
[4] KALABINA: Z. Fischerei Bd. 33 (1935) S. 295.
[5] SIERP-FRÄNSEMEIER: Vom Wasser Bd. 8 (1934) S. 85.
[6] MÖLLER: Techn. Gemeindebl. Bd. 35 (1932) S. 148.
[7] TUPHOLME: Ind. and Engng. Chem. News Edit. Bd. 11 (1933) S. 211.

stäubung der Abflüsse bei 58 °C, wodurch sich die Giftigkeit auf $^1/_{16}$ ihres ursprünglichen Wertes verringerte. Auch durch Zugabe von Formalin läßt sich die Giftigkeit stark herabsetzen. Bei Phenolgehalten unter 0,02 mg/l nehmen nach WIEGMANN[1] die Fische keinen Phenolgeschmack mehr auf.

Zur rationellen Entfernung von Blausäure und Schwefelwasserstoff aus Kokerei- und anderen Industrieabwässern haben KAUNERT und DÖRING[2] ein Ausblaseverfahren entwickelt, bei dem die Blausäure zu Natriumcyanid und der Schwefelwasserstoff zu Schwefelsäure verarbeitet werden. In Abb. 168a ist das Schema einer derartigen Anlage auf der Kokerei der Gewerkschaft Auguste Victoria dargestellt.

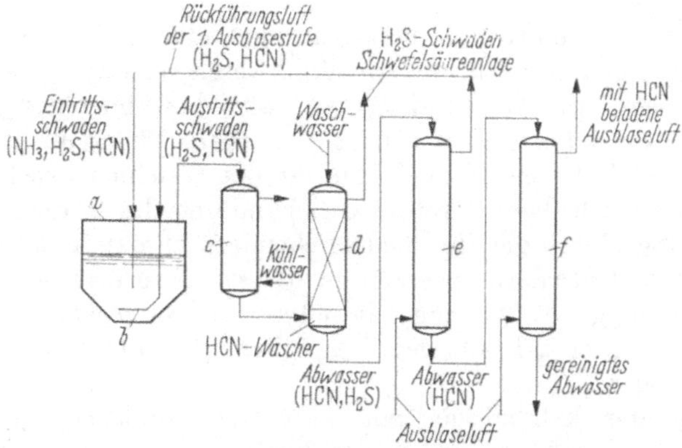

Abb. 168a. Schema einer Anlage zur Gewinnung von Blausäure und Schwefelwasserstoff aus Kokereiabwässern
a Ammoniumsulfat-Sättiger, *b* Ringbrause, *c* Schwadenkühler, *d* Wasserwäsche, *e* 1. Ausblasestufe, *f* 2. Ausblasestufe

Um die Gaswasser zu entschwefeln, ist vorgeschlagen worden, die Gaswässer durch ein mit Gasreinigungsmasse gefülltes Filter mit einer Schichthöhe von 25 bis 40 cm mit einer Belastung von 150 l/Std. und m² zu leiten. Vom vorhandenen Eisen können etwa 10% in Schwefeleisen übergeführt werden.

Einfluß auf Trinkwasserwerke. Wird der Vorfluter zu Trinkwasserzwecken benutzt, so können sich, wie die Verhältnisse an der Ruhr und am Rhein gezeigt haben, katastrophale Verhältnisse entwickeln. Muß das Trinkwasser mit Rücksicht auf seinen Keimgehalt mit Chlor behandelt werden, so genügen schon sehr kleine Phenolmengen von 0,01 mg/l, um dem Trinkwasser nach der Chlorung einen widerlichen Geschmack, den sog. Jodoform- oder Apothekengeschmack, zu verleihen. Dieser Geschmack ist auf die Bildung von Chlorphenolen zurückzuführen. Die Grenze für die Geschmacksempfindlichkeit ist sehr weit. Während sie bei unempfindlichen Personen bei Verdünnungen von 1 : 10 Mill. liegt,

---

[1] WIEGMANN, H.: Glückauf Bd. 75 (1939) S. 965.
[2] KAUNERT, P., u. H. DÖRING: Chemie-Ing.-Technik Bd. 34 (1962) S. 808.

nehmen empfindliche Personen den Geschmack noch in Verdünnungen von 1 : 750 Mill. wahr.

MEINCK und SPALTENSTEIN[1] haben durch Geschmacksversuche die Schwellenwerte für die Bildung des Chlorphenolgeschmackes untersucht und hierbei festgestellt, daß nur flüchtige Phenole beim Zusammentreffen mit Chlor stark schmeckende Chlorphenole bilden, nicht aber z. B. p-Amidophenol, Brenzkatechin und andere, nicht flüchtige Phenole, und zwar selbst nicht in Konzentrationen von 500 mg/l. Eine p_H-Werterhöhung läßt den Chlorphenolgeschmack zurücktreten.

Bei Anwendung von Chloramin bzw. Chlorammoniak wird der Phenolgeschmack ebenfalls reduziert. Auch das zur Entphenolung angewandte Verfahren hat einen Einfluß auf den Schwellenwert des Phenolgemisches.

Aus dem gleichen Grunde muß man auch mit dem Ablassen phenolhaltiger Abwässer in Seen, die zur Trinkwasserversorgung dienen, sehr vorsichtig sein. Bei Windänderungen kann das phenolhaltige Wasser bis zu den Entnahmestellen getrieben werden (Chikago).

Treten auf Chlorphenol zurückzuführende Geschmacksbelästigungen auf, so lassen sich diese durch eine Behandlung des Wassers mit einer Überchlorung, durch die die Phenole chemisch aufoxydiert werden, mit nachfolgender Entchlorung zerstören. Besser kann man sie aber durch eine Behandlung des Wassers mit pulverförmiger *a*-Kohle oder durch ein mit gekörnter *a*-Kohle gefülltes Filter oder durch Behandeln mit Ozon beseitigen.

Gelangt der kalkhaltige, mit Teer und Naphthalin durchsetzte Schlamm von den Abtreibern in den Vorfluter, so lagert er sich unterhalt der Einleitungsstelle ab. Bei stärkeren Strömungen, wie an Wehren, Schleusen, bei Hochwässern und Spülungen kann er dann stets von neuem die Ursache von Fischsterben werden.

δ) *Braunkohlenschwelwässer*

Beim Schwelen (Entgasen) und Vergasen von Braunkohlen entstehen neben Gasen Teer und Wasserdampf auch die beim Abkühlen mit Gasen und Teerstoffen angereicherten, den Gaswässern der Steinkohlendestillation entsprechenden Abwässer. Infolge des höheren Wassergehaltes der Braunkohle (50 bis 60%) ist ihre Menge viel höher als bei der Steinkohle. 100 kg Schwelkohle liefern etwa 50 bis 70 kg Abwasser. Durch Vortrocknung oder Brikettierung der Braunkohle kann die Menge des anfallenden Abwassers stark vermindert werden. Das ursprünglich bei den Anfallstemperaturen von 80° klare und gelblich gefärbte, teerartig, manchmal auch nach Schwefelwasserstoff riechende und zugleich schwach basische Schwelwasser trübt sich beim Abkühlen und Stehen an der Luft durch Teer- und Schwefelausscheidungen und nimmt allmählich eine braunrote bis dunkelbraune Farbe an. Der Gehalt an freiem oder gebundenem Ammoniak schwankt zwischen 0,03 bis 0,1%. Ihm und einem geringen Gehalt an Pyridin-

[1] MEINCK, F., u. A. SPALTENSTEIN: Gesundh.-Ing. Bd. 68 (1947) S. 7.

basen verdankt das Schwelwasser seine alkalische Reaktion. Der Schwefelgehalt der Braunkohle geht hauptsächlich in das Gas, den Teer und in den Koks, weniger in das Schwelwasser über. An sauerstoffhaltigen Kohlenstoffverbindungen finden sich außer Alkoholen, Aldehyden und Ketonen (insgesamt unter 0,01%) in größerer Menge Phenole. Letztere sind im Gegensatz zum Gaswasser der Steinkohle zum geringsten Teil reines Phenol (Carbolsäure), sondern vorwiegend Kresole, sowie zwei- und mehrwertige Phenole. Man belegt sie daher in diesem Falle besser mit der Bezeichnung Kreosote (das sind alkalilösliche saure Bestandteile). Man trennt sie durch Wasserdampf in flüchtige (Phenol, Kresol, Thymol, Brenzkatechin) und nicht flüchtige Körper (neben Resten von Brenzkatechin, Hydrochinon, Resorcin, Pyrogallol, Phloroglucin, Naphthole u. a.). Der Kaliumpermanganatverbrauch liegt bei 10000 bis 30000 mg/l.

Diese Abwässer sind in gleicher Weise wie die Gaswässer im Vorfluter sehr schädlich. Im Bodenschlamm können diese Stoffe ohne zersetzt zu werden längere Zeit gespeichert und dann beim Aufrühren des Schlammes oder bei Strömungserscheinungen wieder an das Wasser abgegeben werden (s. Schädlichkeit der Gaswässer S. 503). Für Kesselspeisezwecke sind diese Abwässer wegen des Gehaltes an Schwefel, Ammoniak und organischen Verbindungen ungeeignet. Sie können wie Gaswasser in gut geklärtem (teerfreiem) Zustand zum Kokslöschen und zum Rieseln auf Wiesen und Ackergelände (vor der Saat) benutzt werden.

In den neueren Schwelöfen, in denen getrocknete Braunkohle bzw. Briketts verarbeitet werden, fallen geringere Wassermengen (auf 1 t Braunkohle = 0,1 — 0,15 m^3 Abwasser) mit höheren Konzentrationen an. Diese Wässer haben etwa 0,1 bis 0,2% Stickstoff, 0,4 bis 0,8% ein- und mehrwertige Phenole, 20000 bis 70000 mg/l Kaliumpermanganatverbrauch.

In den den Schwelereien oft angeschlossenen Mineralölfabriken, die hauptsächlich Schwel- und Schwelgeneratorteer zu Leichtöl (Benzin u. a.), Solar-, Putz-, Treib-, Schmier-, Heizöl, Paraffine und Teerkoks aufarbeiten, fallen bei der chemischen Reinigung der Destillate (mit Schwefelsäure und Natronlauge) mehr saure, weniger alkalische, mit organischen Verbindungen (u. a. auch Phenolen) beladene Waschwässer an, die in Aufhaltebecken durch richtige Mischung gegenseitig soweit wie möglich neutralisiert und gegebenenfalls noch durch Zugabe reiner Kühlwässer vor der Ableitung in den Vorfluter verdünnt werden müssen. Die Entstehung dieser Abwässer wird bei dem neueren Alkoholwaschverfahren (sog. Spritwäsche der Riebeckschen Montanwerke) größtenteils vermieden.

Die bei der Braunkohlenschwelung oder -vergasung oder bei der Teeraufbereitung anfallenden Abwässer können entweder restlos vernichtet oder von den in ihnen enthaltenen störenden Bestandteilen, unter denen die Phenole und ihre Homologen zweifellos die Hauptrolle spielen, weitgehend befreit werden. Eine restlose Vernichtung kann, wenn genügend billige Abfallwärme zur Verfügung steht, durch Verdampfen erfolgen. Doch führt dies Verfahren meistens zu starken Geruchsbelästigungen und Vegetationsstörungen in der Umgebung. REINHARD benutzt zum Verdampfen die Fuchsgase der Schwelöfen in den mit besonderen Berieselungskörpern besetzten Rauchgaskanälen. Die Deutsche Erdöl AG spritzt die Abwässer in die Gasfeuerungen ein. Das DRP 455307 verdunstet das Wasser durch Belüftung unter Mitverwendung von heißen Feuerungsabgasen, nachdem vorher ein dem Phenolgehalt entsprechender Natronlaugegehalt zugesetzt worden ist.

Eine Versickerung der Abwässer ist mit Rücksicht auf den Bergbau und die Grundwasserverhältnisse (Trinkwasserversorgung) nur in ganz besonderen Fällen möglich. Auf alle Fälle sollten die Abwässer vorher einer chemischen oder Aschenbehandlung unterzogen werden.

Die für die Gaswässer benutzten Verfahren der Phenolextraktion zur Gewinnung der Phenole können bei den Braunkohlenschwelwässern dann mit Aussicht auf wirtschaftlichen Erfolg angewandt werden, wenn der Phenolgehalt über 2 g/l liegt. Einer Aufnahme dieser Abwässer in die Kanalisation steht nichts im Wege, wenn die Menge dieser Abwässer nicht mehr als 5 bis 10% der häuslichen Abwässer ausmacht. Die anaerobe Zersetzung häuslicher Abwässer wird nach STOOFF[1] erst durch Zusatz von 25% Schwelwasser aufgehoben. Das für die biologische Zersetzung der Gaswässer Gesagte gilt bei entsprechendem Verhältnis des Phenolgehaltes auch für die Braunkohlenschwelwässer (s. S. 504).

Ein Verfahren der Kohlenveredlungs- und Schwelwerke AG, Berlin, setzt zur Gewinnung harzartiger Produkte zu 1000 cm^3 Braunkohlenschwelabwasser neutraler Reaktion 4 cm^3 20%iges Formalin zu und läßt die Mischung 24 Std. stehen, worauf man die ausgeschiedenen Reaktionsprodukte entfernt. Zur Unterstützung des Vorganges kann man das Schwelwasser vor der Zugabe des Formalins ansäuern, indem man z. B. Rauchgase einleitet.

ε) Reinigung der phenolhaltigen Abwässer

Alle Verfahren zur Reinigung der phenolhaltigen Abwässer haben das Bestreben, das Phenol unter möglichst gleichzeitiger Gewinnung dem Vorfluter fernzuhalten; daher laufen die meisten Reinigungsverfahren in erster Linie darauf hinaus, das Phenol als den schädlichsten Stoff aus dem Abwasser zu entfernen. Das hierbei gewonnene Phenol findet heute eine sehr ausgedehnte und vielseitige Anwendung in der Herstellung der Kunstharze, den sog. Phenoplasten, die ihrerseits in den Preßstoffabriken Verwendung finden.

MUNDERLOH[2] bringt in seinen Betriebserfahrungen mit der Entphenolungs-Anlage für Schwelwasser im Schwelwerk Offleben der Braunschweigischen Kohlen-Bergwerke eine in Abb. 169 gezeigte Übersicht der Lurgi über die Zusammensetzung der hauptsächlichsten Arten phenolhaltiger Abwässer. Wie aus der Übersicht hervorgeht, zeigen die

[1] STOOFF: Veröff. Med. verw. Bd. 30, H. 9, S. 131.
[2] MUNDERLOH, H.: Erdöl u. Kohle Bd. 4 (1951) S. 177.

verschiedenen Abwasserarten starke Unterschiede in der Zusammensetzung.

Durch Vergasung möglichst trockener Kohlen läßt sich die Menge des Gaswassers verringern. Die Phenolmenge kann durch Vergasung möglichst sauerstoffarmer Kohle und durch Waschen des Gases mit Teer über den Taupunkt hinaus vermindert werden. Der Gehalt an

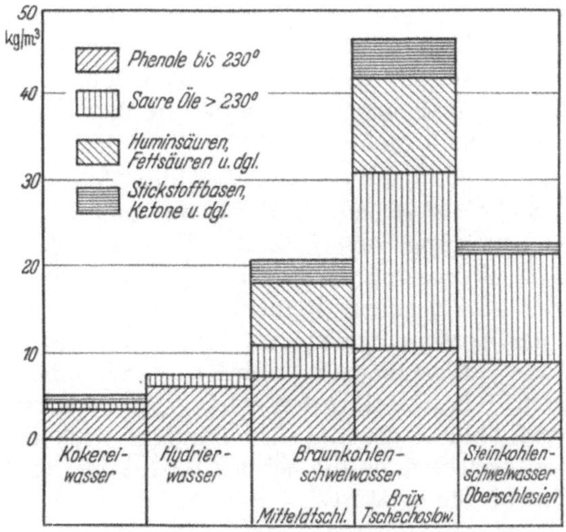

Abb. 169. Zusammensetzung typischer Phenolwässer

höheren Homologen des Phenols läßt sich in ähnlicher Weise herabsetzen. Den Thiocyanat- und Thiosulfatgehalt kann man durch möglichst baldige Verarbeitung des Ammoniakwassers verringern, da Thiosulfat und Thiocyanat durch Einwirkung des Luftsauerstoffs auf das cyanid-, sulfid- und schwefelkohlenstoffhaltige Wasser zum Teil erst nachträglich beim Speichern entstehen.

Je nachdem, ob das Phenol bei der Reinigung der phenolhaltigen Abwässer gewonnen wird oder nicht, unterscheidet man zwischen

I. Verfahren der Phenolgewinnung

1. Extraktion mit Benzol, Toluol und ähnlichen Lösungsmitteln.
2. Extraktion mit Leichtölen der Schwelindustrie.
3. Trikresylphosphatverfahren.
4. Phenosolvanverfahren.
5. Koppers-Verfahren.
6. *a*-Kohle-Verfahren.
7. Weißelsterverband-Verfahren.
8. Extraktion mit Kunstharzen.

II. Verfahren der Phenolvernichtung

1. Verwendung als Kokslöschwasser.
2. Ascheberieselung.
3. Verwendung in der Landwirtschaft zu Düngezwecken.

4. Verbrennung der Phenole.
5. Zugabe von Chemikalien und Fällungsmitteln.
6. Künstliche biologische Verfahren. a) Emscherfilter, Tropfkörper, Tauchkörper. b) Belebtschlammverfahren. Magdeburger P-Verfahren.
7. Entphenolung durch Druckluft oder Ozon.

I. Verfahren der Phenolgewinnung

Es sind verschiedene Verfahren zur Extraktion der phenolhaltigen Abwässer ausgearbeitet worden. Für die Frage, ob und welches Extraktionsverfahren angewandt werden kann, sind außer den Vorflutverhältnissen auch die örtlichen Verhältnisse im Werk und die Konzentration des Abwassers ausschlaggebend.

Die Größe und die weiteren Aufgaben des Vorfluters spielen eine große Rolle. Steht ein großer Vorfluter mit gutem Selbstreinigungsvermögen zur Verfügung, und wird das Wasser nicht unterhalb der Einleitung zu Trinkwasserzwecken benutzt, so kann ein Verfahren angewandt werden, bei dem der Reinigungsgrad nicht sehr weitgehend ist. Ist aber der Vorfluter klein, und wird das Wasser unterhalb für Trinkwasser- oder Fischereizwecke benutzt, so sollte das Verfahren angewandt werden, das am stärksten wirkt. In besonders schwierigen Fällen kann man hinter die Extraktionsanlage noch eine biologische Anlage schalten, welche dann die bei der Extraktion im Abwasser verbleibenden Phenolreste zerstört.

Von entscheidendem Einfluß sind aber die Abwasserverhältnisse im Werk selbst. Je nach dem in der Kokerei angewandten Verfahren ist auch der Phenolgehalt ein sehr verschiedener. Mit diesem Phenolgehalt hängt aber auch die Wirtschaftlichkeit des Verfahrens eng zusammen, die außerdem durch die stark schwankenden Preise für Phenole stark beeinflußt wird. Wenn auch die Phenole in Zeiten allgemeiner guter Konjunktur hoch bewertet werden und gute Erlöse bringen, so sind doch die Aufwendungen für die Zurückgewinnung aus dem Wasser meist so hoch, daß sie nicht durch die Erlöse gedeckt werden können. HUSMANN[1] bringt eine Gegenüberstellung der Bau- und Betriebskosten von drei verschiedenen Verfahren (Podbielniak-Extraktoren, Phenosolvan- und Benzollauge-Verfahren). Während die Baukosten in Abhängigkeit von der Wassermenge ziemlich nahe beieinander liegen, zeigt eine Gegenüberstellung der Höhe des Verlustes und des Gewinnes weitgehend, daß dieser von dem Wasserdurchsatz der Anlage und von dem Phenolgehalt des behandelten Abwassers abhängig ist. Bei kleinen Durchsätzen ist bei allen drei Verfahren nur ein Verlust aber kein Gewinn festzustellen.

Von Bedeutung ist weiter der Auswaschungsgrad der einzelnen Verfahren. Während man bei Anwendung von flüssigen Lösungsmitteln im Durchschnitt bis auf einen Restgehalt von 50 bis 150 mg/l Phenol

---

[1] HUSMANN, W.: Münchener Beiträge zur Abwasser-, Fischerei- und Flußbiologie. Bd. 11. München: Oldenbourg 1964, S. 83.

kommt, kann die Auswaschung bei den mit *a*-Kohle arbeitenden Verfahren sogar bis auf durchschnittlich 50 mg/l heruntergedrückt werden.

Sehr schwierig ist oft auch die Einpassung des Entphenolungsverfahrens in die bestehenden Betriebsverhältnisse.

1. Gewinnung der Phenole durch Extraktion mit Benzol, Toluol und ähnlichen Stoffen. Will man das Phenol aus den Abwässern der Abtreibekolonnen, in denen es an Kalk gebunden als Calciumphenolat vorliegt, durch Extraktion mit Benzol, Benzin, Toluol u. dgl. gewinnen, so muß man das Calciumphenolat vorher durch Ansäuern zerlegen, um die Phenole in Freiheit zu setzen. Das Ammoniumphenolat ist in Benzol und ähnlichen Lösungsmitteln leicht löslich. Man führt daher die Extraktion des Phenols aus ammoniakhaltigem Rohwasser nach den Patenten von Pott und Hilgenstock vor den Abtreibekolonnen, also vor der Zugabe des Kalkes, durch.

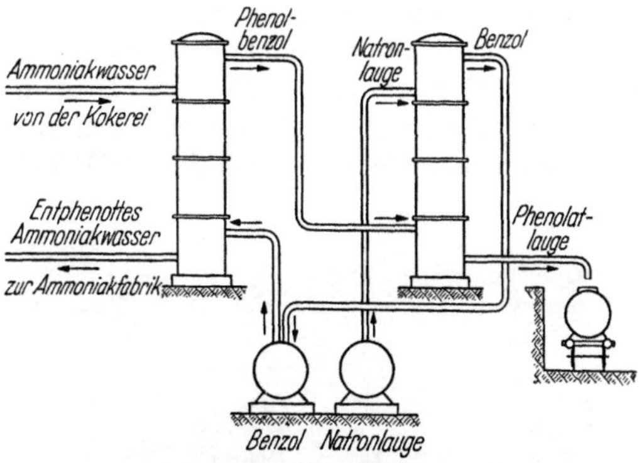

Abb. 170. Schema einer Entphenolungsanlage nach dem Phenolatverfahren

Eine große Anzahl der Verfahren der Auswaschung ist durch Patente geschützt. Nach Wiegmann[1] kommen hauptsächlich folgende Patente in Frage: DRP 387375, 370151, 397466, 375309, 399676, 418623, 436522. Nach diesen Patenten wird das Ammoniakrohwasser bei einer Temperatur von 40 bis 60° mit Benzol, Toluol oder einer anderen geeigneten Waschflüssigkeit, wie Leichtöl, besonders Leichtteer, gewaschen und das mit Phenol angereicherte Waschmittel abgetrieben. Als Rückstand wird Rohphenol gewonnen, während das Waschmittel, z. B. Benzol, in den Waschkreislauf zurückkehrt. Statt das Benzol abzutreiben, kann man das Phenol auch aus dem Benzol mit Natronlauge auswaschen. Während bei dem ersteren Verfahren Rohphenolöl gewonnen wird, erhält man im zweiten Falle eine Natriumphenolatlauge, die auf Rohphenolöl durch Zersetzen mit Kohlensäure verarbeitet wird.

In der Abb. 170 ist das Schema einer Anlage zum Auswaschen der Phenole aus dem Gaswasser und zur Gewinnung der Phenole unter Bindung an Natronlauge dargestellt. Das Gaswasser wird mit Benzol oder einem ähnlichen Lösungsmittel gewaschen. Das mit Rohphenol angereicherte Benzol wird in einen zweiten Wäscher geleitet, in dem sich Natronlauge befindet. In diesem werden die Phenole an die Natronlauge gebunden, während das entphenolte Benzol in den ersten Wäscher zur weiteren Extraktion zurückwandert. Die mit Phenol gesättigte

[1] Wiegmann, H.: Glückauf Bd. 64 (1928) S. 397, 435.

Natronlauge wird als verkaufsfähige Phenolnatronlauge abgezogen. Da die im Gasrohwasser enthaltenen öligen und teerigen Bestandteile die Phenolnatronlauge unnötig belasten würden, so empfiehlt es sich, diese vor der Anlage durch eine Entteerungsanlage oder durch eine Schnellfilteranlage, wie sie allgemein üblich in der Wasserreinigung benutzt wird, zu entfernen. Außerdem ist es wichtig, daß das von dem Phenolwaschturm ablaufende Benzol-Phenolgemisch gut vom Wasser befreit ist, da sonst eine sehr unerwünschte Verdünnung der Phenolnatronlauge eintritt und Stoffe in die Lauge gelangen, die ihren Auswaschungsgrad beeinträchtigen (s. Abb. 171). Das Umlaufbenzol muß von Zeit zu Zeit erneuert oder regeneriert werden. Um eine bessere Trennung der Phenolatlauge zu erreichen, setzt das DRP 741853 der Lauge vor oder nach

Abb. 171. Entphenolungsanlage für das Natriumphenolat-Verfahren neuerer Bauart aus dem Jahre 1950. Erzeugung 50 t Phenol im Monat

der Abtrennung des Phenols geringe Mengen leicht siedender Kohlenwasserstoffe zu und wandelt sie dann in bekannter Weise in Alkalilauge um.

Eine von der Fa. Heinrich Koppers, Essen in Gladbeck-Brauck errichtete Anlage für einen täglichen Durchsatz von 300 m³ Gaswaschwasser zeigte folgenden Wirkungsgrad:

Durchschnittlicher Durchsatz je 24 Std.	341 m³
Phenolgehalt des Rohwassers	2,1 g/l
Phenolgehalt des entphenolten Wassers	0,2 g/l
Phenolauswaschung.	90,4%
Benzolgehalt des entphenolten Wassers.	0,46 g/l

Für den Entwurf und Bau derartiger Phenolgewinnungsanlagen kommen folgende Firmen in Frage: Walter Feld & Co., Essen; Heinrich Koppers, Essen; Carl Still, Recklinghausen; Dr. C. Otto, Bochum; Bamag-Meguin, Gießen.

Das Verfahren kommt in erster Linie für Kokereinebenproduktenanlagen der Steinkohlenzechen sowie für solche Gaswerke in Betracht, die ihre Nebenproduktion auch auf die Gewinnung von Benzol erstrecken. Wichtig ist, daß die im Kreislauf verloren gehenden, zwar geringen, jedoch sich immerhin summierenden Benzolanteile letzten Endes in der Benzolstation abgefangen werden können.

Für die Phenolauswaschung benutzt man heute im allgemeinen ein über 145° siedendes Schwerbenzol, das eine verhältnismäßig geringe Löslichkeit in Wasser hat und sehr geringe Verdunstungsverluste aufweist. Man rechnet im allgemeinen mit einem Verlust an Waschbenzol von 0,25 bis 0,2 kg/m³ durchzusetzendes Ammoniakwasser. Da aber alle Apparate und Behälter in eine gemeinsame Entlüftungsleitung, die über einen kleinen Entlüftungskühler zur Rohgasleitung geführt wird, entlüften, können die Verluste sehr gering gehalten werden.

Kärner[1] berichtet über eine von der Fa. C. Still, Recklinghausen errichtete Phenolatanlage für die Gaskokerei Mariendorf, die mit 20% Natronlauge entphenolt und selbst auch in den kältesten Wintertagen gut gearbeitet hat.

Nach DRP 567895 (Koppers AG, Essen) werden die bei der Entfernung der Phenole aus dem Gaswasser mittels einer Benzolwäsche noch in dem entphenolten Wasser verbleibenden Benzolreste durch Nachwaschen mittels einer hochsiedenden Ölfraktion entfernt, solange das Wasser noch warm ist. In dem DRP 590476, einem Zusatzpatent zu DRP 431244, schlägt die Fa. Dr. C. Otto, Bochum, vor, die Entphenolung während der Abtreibung des freien Ammoniaks oder vor der Abtreibung des fixen Ammoniaks mit Benzol oder Gemischen von Benzol mit anderen Lösungsmitteln, wie Trichloräthylen usw., durchzuführen.

Wurm und Gräwe[2] berichten über die Entschwefelung von Phenolatlaugen in Entphenolungsanlagen. Die Emschergenossenschaft und der Lippeverband betreiben auf Kokereien zahlreiche Entphenolungsanlagen nach dem Benzol-Lauge-Verfahren, bei deren Betriebsweise sich Schlämme absetzen, die den Wirkungsgrad der Laugewascher beeinträchtigen und die Betriebskosten erhöhen können. Schon früher wurden Versuche unternommen, Schwefelverbindungen durch eine vorgeschaltete Entschweflerstufe von der Phenolatlauge fernzuhalten. — Versuche bestätigen erneut, daß eine Aufnahme von Schwefelverbindungen in Phenolatlaugen durch Verwendung der ersten Laugestufen als Entschwefler verhindert werden kann. Erstmalig wurde versucht, die Schwefellauge dem phenolhaltigen Gaskondensat *vor* der Entphenolungsanlage zuzusetzen, um die Phenole aus den Schwefellaugen zurückzu-

[1] Kärner, J.: G. W. F. Bd. 97 (1956), H. 9/10.
[2] Wurm, H., u. K. Gräwe: Gas- und Wasserfach Bd. 106 (1965) S. 195.

gewinnen. Diese Betriebsweise ist in wirtschaftlicher, betrieblicher und abwassertechnischer Hinsicht vorteilhaft.

2. *Extraktion mit Leichtölen der Schwelindustrie.* An Stelle von Benzol, Xylol und ähnlichen Lösungsmitteln sind als Ersatz in zahlreichen Patenten andere Waschmittel, wie z. B. eine Pyridin-Chinolin-Mischung, ferner die vom Benzolabtreiber fließenden heißen Waschöle sowie Leichtöle usw. vorgeschlagen. Im DRP 545413 sucht RASCHIG den Übergang der Phenole in die Gaswässer zur Erzielung phenolfreier Abwässer in Kokereien, Gasanstalten, Schwelwerken und ähnlichen Anlagen dadurch zu verhindern, daß das Phenol mit an sich bekannten Lösungsmitteln bereits aus den Destillationsgasen bei oberhalb des Taupunktes des Gasgemisches liegenden Temperaturen ausgewaschen wird.

HAGER hat in der deutschen Patentanmeldung Nr. 42584 vom 9. Jan. 1941 ein Verfahren zur Entphenolung von Schwelwässern mittels Waschölen beschrieben, das dadurch gekennzeichnet ist, daß die Absorption des Leichtöls aus dem Gas und das Auswaschen des Phenols aus dem Schwelwasser mit dem gleichen Waschöl vorgenommen wird, und die von diesem aufgenommenen Leichtöle und Phenole in einem einzigen Destillationsvorgang aus dem Waschöl abgetrieben werden. Aus den beim Abtreiben übergehenden Destillaten des Waschöls sollen diejenigen Fraktionen, welche die Hauptmenge der wertvollen Schwelwasserphenole enthalten, herausgeschnitten und in sich bekannter Weise mittels Natronlauge vom Phenol befreit werden.

3. *Trikresylphosphatverfahren.* Bei den Anlagen, die selbst kein Benzol zur Verfügung haben und das Benzol kaufen müssen, treten die Nachteile der Verwendung des Benzols, wie Löslichkeit im Wasser und die Unmöglichkeit der völligen Wiedergewinnung der im Kreislauf abhanden kommenden Benzolanteile auf, so daß meistens von einer Rentabilität der mit Benzol betriebenen Entphenolungsanlagen nicht mehr gesprochen werden kann. Dies kann besonders der Fall bei Braunkohlenschwelwässern sein. Nach SCHÖNBURG[1] kann in solchen Fällen als Ersatz für Benzol und ähnliche Lösungsmittel das Trikresylphosphat oder Triaryl- oder Trialkylphosphate in Frage kommen (DRP 633895). Die Absorptionsfähigkeit des Trikresylphosphats gegenüber Phenolen ist etwa 10- bis 20fach größer als bei Benzol. Für die Extraktion von 100 Teilen Gaswasser mit einer Phenolkonzentration von 3 g/l werden rechnerisch etwa 4 bis 5 Teile Trikresylphosphat gebraucht. Ein weiterer sehr wesentlicher Unterschied zwischen dem Trikresylphosphatverfahren, auch kurz *Triverfahren* genannt, und dem Benzolverfahren besteht in der Isolierung der in Trikresylphosphat aufgenommenen Phenole. Infolge des hohen Siedepunktes des Trikresylphosphates (280 bis 285°/10 mm) werden die Phenole durch Erhitzen, am besten durch Destillation mit Wasserdampf im Vakuum, ausgetrieben. Das phenolfreie Trikresylphosphat wandert dann in den Waschprozeß zurück. Bei

[1] SCHÖNBURG: Brennst.-Chemie Bd. 12 (1931) S. 19. — GÖSMEIER-KRESS: Brennst.-Chemie Bd. 17 (1936) S. 466.

einem Gaswasser mit 3 g/l Phenol kann das Trikresylphosphat mit 6 bis 8% Phenolen beladen werden. Zur Austreibung der Phenole aus dem Trikresylphosphat sind erfahrungsgemäß 5 bis 6 Teile Dampf auf 1 Teil Trikresylphosphat erforderlich. Im gereinigten Gaswasser bleiben noch etwa 50 mg/l Trikresylphosphat gelöst, die mit dem Abwasser verlorengehen. Nachteilig ist für das Verfahren der verhältnismäßig hohe Preis für das Waschmittel. Durch dieses Verfahren werden die sonst lästigen Emulsionsbildungen vermieden.

4. Phenosolvanverfahren. Ähnlich wie das „Triverfahren" arbeitet das Phenosolvanverfahren der Lurgi mit einem organischen Lösungsmittel, dem Phenosolvan, in dem nicht nur die einfachen, sondern auch die mehrwertigen und die höher siedenden Phenole löslich sind. Es stellt ein Gemisch verschiedener aliphatischer Ester mit optimalen Extraktionseigenschaften dar. Bei der Prüfung der Leistungsfähigkeit der verschiedenen Extraktionsmittel zur Phenolgewinnung hat RIEDINGER[1] den Leistungskoeffizienten einiger bei der Phenolgewinnung angewandten Lösungsmittel gegen eine 2%ige wäßrige Phenollösung mit folgendem Ergebnis untersucht:

Leichtbenzin	0,2	Butylalkohol	19
Chlorbenzol	2,0	Trikresylphosphat	28
Benzol	2,2	Isopropylester	45
Diäthyläther	17	Phenosolvan	49

Bei dem hohen Verteilungsfaktor für die Phenole im Phenosolvan brauchen nur 10 bis 15% Extraktionsmittel, bezogen auf die Abwassermenge, im Umlauf gehalten werden. Das Phenosolvan siedet bei 120 °C und kann daher nach der Extraktion abdestilliert werden. Da es in großer Reinheit anfällt, wird es dauernd im Kreislauf angewandt. Die während der Extraktion vom Wasser gelösten geringen Mengen Phenosolvan werden nach beendigter Extraktion durch Wasserdampf wiedergewonnen. Der Esterverbrauch wird mit 200 bis 220 g/m³ und der Kühlwasserverbrauch mit 250 l/m³ Schwelwasser angegeben.

Vor Eintritt in die Phenosolvananlage wird das Abwasser durch ein Kiesfilter von mechanischen Verunreinigungen und durch Teerabscheider von teerigen Bestandteilen befreit, da diese sonst auch in das Phenosolvan übergehen würden. In der Begasungskolonne rieselt das Schwelwasser dem von unten heraufziehenden Abgasstrom aus der Abtreibekolonne entgegen, der zu 90% aus CO_2 und 10% H_2S mit geringen Mengen Ester besteht. Durch die CO_2 wird NH_3 weitgehend neutralisiert. In dem mit mehreren Kammern eingerichteten Extrakteur läuft das Wasser dem Ester entgegen und wird in jeder Kammer durch eine Tauchpumpe intensiv durcheinandergewirbelt. Das Schwelwasser wird von Kammer zu Kammer ärmer an Phenol, während die Extraktlösung beim Aufstieg von Kammer zu Kammer phenolreicher wird. Das aus der letzten Kammer abfließende entphenolte Dünnwasser enthält noch 1% Ester, der durch einen Wärmeaustauscher und eine Austreibe-

[1] RIEDINGER, R.: Z. VDI Beiheft 4, 1943, S. 119.

kolonne durch eingeblasenen Niederdruckdampf ausgetrieben und wiedergewonnen wird. Gleichzeitig werden in der Abtreibekolonne CO_2 und H_2S ausgetrieben. Das esterfreie Dünnwasser hat noch einen Phenolgehalt von 25 mg/l und einen Estergehalt von 10 bis 30 mg/l. Der Dampfverbrauch wird je m³ Abwasser mit 100 kg und der Stromverbrauch mit 1,5 bis 3 kWh/m³ angegeben. Das gewonnene Rohphenol hat nach MUNDERLOH[1] folgende Zusammensetzung bei einem Braunkohlenschwelwasser:

Ester	0,1%	Xylenol (225°)	5%
Neutralöl	1,5%	Brenzkatechin	8%
Phenol	30%	Höhere Phenole	15%
Kresol	27%	Rückstand	15%

Das Schema der Phenosolvananlage ist in Abb. 172 dargestellt. Die Stoffbilanz der Schwelwasserentphenolung geht aus Abb. 173 hervor. Man kann auch aus den gut entphenolten Abwässern die Reste an Lösungsmitteln durch eine Filterung über aktive Körper (Kesselasche,

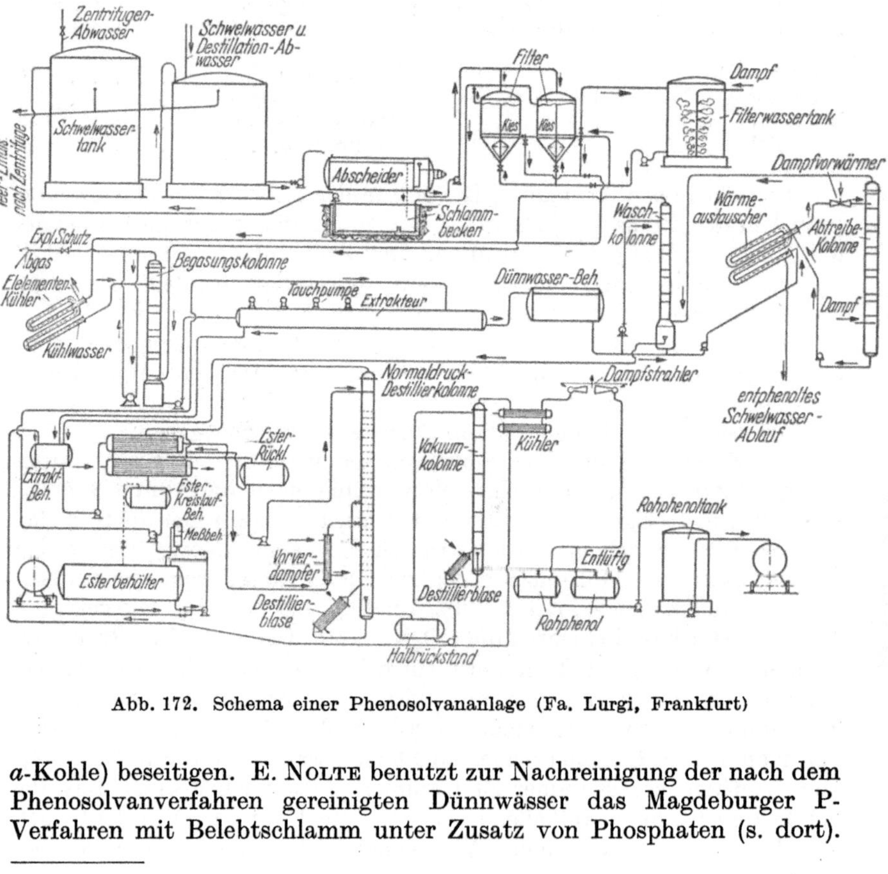

Abb. 172. Schema einer Phenosolvananlage (Fa. Lurgi, Frankfurt)

a-Kohle) beseitigen. E. NOLTE benutzt zur Nachreinigung der nach dem Phenosolvanverfahren gereinigten Dünnwässer das Magdeburger P-Verfahren mit Belebtschlamm unter Zusatz von Phosphaten (s. dort).

[1] MUNDERLOH, H.: Erdöl u. Kohle Bd. 4 (1951) S. 177.

5. Auswaschen durch einen heißen Gasstrom nach dem Verfahren der Fa. H. Koppers & Co., Essen. Eine große Gasmenge von 2000 Raumteilen auf 1 Raumteil Gaswasser wird im Gegenstrom zum Gaswasser

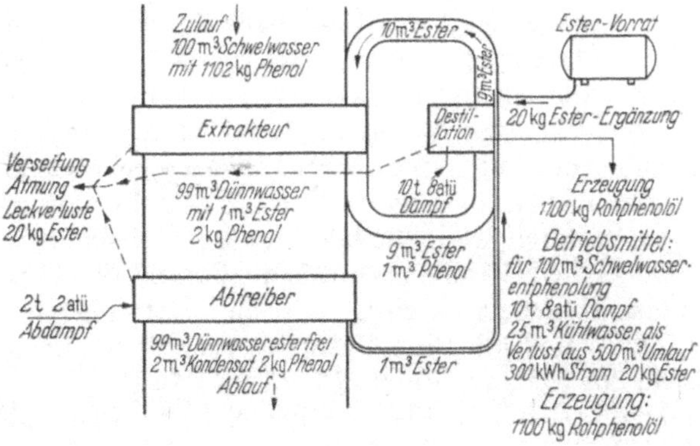

Abb. 173. Stoffbilanz der Schwelwasserentphenolung im Schwelwerk Offleben

bewegt, wobei die Phenole zu 95% ausgetrieben werden, d. h. sie verdunsten und gehen vom Gaswasser auf den Gasstrom über. Dieses Auswaschen muß bei 102 °C geschehen. Der mit den Phenoldämpfen beladene Gasstrom wird dann durch eine 10%ige Natronlauge geschickt, wobei die Phenole als Phenolnatrium gebunden werden, während der vom Phenol befreite Gasstrom zum weiteren Auswaschen von Gaswasser benutzt werden kann. Als Waschgas kann sowohl Luft als auch Koksofengas benutzt werden. Die in verhältnismäßig dünner Lösung anfallende Phenolnatronlauge wird bei dem hauptsächlich in USA angewandten Verfahren meist auf den Kokereien selbst auf Phenolöl verarbeitet. In Abb. 174 ist das Schema einer derartigen Anlage dargestellt.

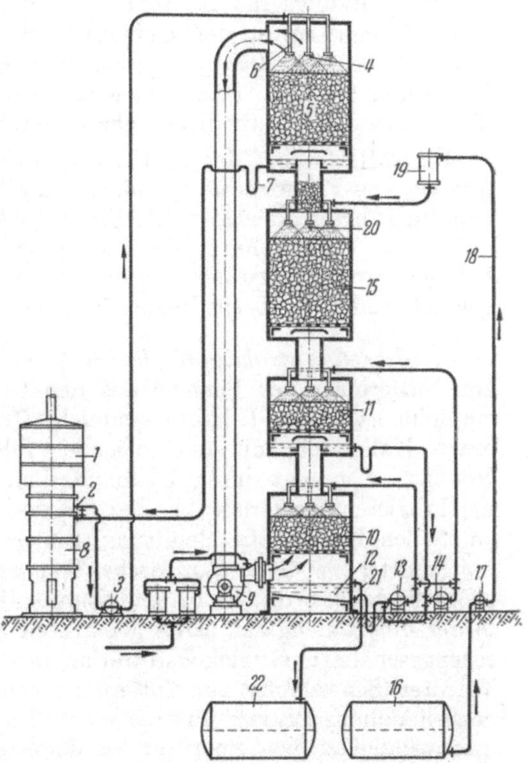

Abb. 174. Schema einer Entphenolungsanlage nach dem KOPPERS-Verfahren zum Auswaschen der Phenole aus dem Gaswasser durch einen heißen Gasstrom

Nachdem das Gasrohwasser in diesem Apparat *1* von freiem Ammoniak befreit ist, wird es bei *2* abgezogen und durch die Pumpe *3* auf den Turm *4* gehoben. Die oberste Kammer *5* des Entphenolungsturms ist mit Raschigringen oder ähnlichem Material aus Porzellan gefüllt.

Auf dieses Material wird das Gaswasser durch die Düsen *6* und *20* verspritzt. Beim Durchrieseln bewegt sich das Gaswasser im Gegenstrom zu dem von unten kommenden Gasstrom und fließt, vom Phenol befreit, durch die Leitung *7* in den unteren Teil der Abtreiberkolonne *8* zurück, wo unter Zugabe von Kalk in bekannter Weise das gebundene Ammoniak freigemacht und ausgetrieben wird. Der mit dem Phenol beladene Gasstrom wird im unteren Teil durch die entgegenrieselnde Natronlauge entphenolt, wobei die Natronlauge durch die Pumpen *9*, *13* und *14* längere Zeit im Kreislauf gehalten wird. Die mit Natronlauge beschickten Rieseler *10*, *11*, *15* sind mit Eisendrehspänen gefüllt. In demselben Maße, in dem frische Natronlauge durch *17*, *18* und *19* aus dem Behälter *16* zufließt, sammelt sich mit Phenol angereicherte Phenol-Natronlauge bei *12* und fließt durch den Überlauf *21* in den Vorratsbehälter *22*. Um Wärmeverluste zu vermeiden, muß die ganze Anlage sehr gut isoliert werden.

Der Wirkungsgrad ist sehr gut. Bei einem Anfangsphenolgehalt von 1500 mg/l betrug der Endgehalt des entphenolten Abwassers noch 75 mg/l, was einer 95%igen Auswaschung entspricht. Leider sind die Baukosten bei dem hohen Auswaschturm (bis 135 m^3 Abwasser etwa 25 m) und den notwendigen sehr guten Isolierungen sehr hoch.

Das DRP 666504 der IG-Farben beschreibt ein Verfahren zur Entfernung von Phenolen und ähnlichen Stoffen aus Abwässern durch Behandlung dieser Abwässer mit heißen Gasen, dadurch gekennzeichnet, daß heiße Verbrennungsgase, die zuvor zur Trocknung von wasserhaltigen Stoffen verwandt wurden, in der Weise durch das Abwasser geleitet werden, daß ein kleiner Teil des Abwassers verdampft.

6. Adsorption an aktive Kohle. Die Anwendung von Adsorptionsmitteln zur Entfernung der Phenole aus den Gewässern ist verschiedentlich empfohlen worden. J. König empfiehlt Zusatz von Calciumbisulfit und etwas Kalkmilch mit nachfolgender Filtration über Knochenkohle, Rosenthal reinigt durch Luftoxydation, Ansäuern mit Schwefelsäure und Filtrieren über Grudekoks. Seidenschnur und Frank[1] (DRP 401457) empfehlen Kalkzusatz, Belüftung, Einleiten von Kohlensäure, Entfärbungsmittel bzw. Generatorwäsche. Hellthaler und Borchers wenden ebenfalls Luftoxydation in der ursprünglichen ammoniakalischen und in der mit Rauchgasen sauer gemachten Flüssigkeit mit jedesmal zwischengeschalteter Grudekoksfiltration an. Witt und Schuster[2] wenden Vorfilter (Schwelkoks) zur Entfernung von Schwefelwasserstoff, Rauchgasbehandlung (bis zur schwach sauren Reaktion) und Reinfilter (Filtergeschwindigkeit von ungefähr 1 g Wasser/g Schwelkoks/Std.) an. Die

[1] Seidenschnur u. Frank: Braunkohle Bd. 21 (1922) S. 398.
[2] Witt u. Schuster: Gas- u. Wasserfach Bd. 71 (1928) S. 241.

Adsorption der Phenole durch Braunkohlenkoks, der ein der Holzkohle ähnliches Kapillargefüge und nach Vorbehandlung, z. B. mit Wasserdämpfen, gutes Adsorptionsvermögen ähnlich wie a-Kohle hat, kann zur Beseitigung der Phenole benutzt werden. WEINDEL wendet in dem DRP 375309 als adsorbierenden Stoff Calcium-, Magnesium- oder Bariumcarbonat, Aluminiumhydroxyd, Kieselsäure, Holzmehl, Kohle oder feinkörnigen Koks an. Durch Extraktion der Stoffe nach der Beladung konnten 75% der Phenole gewonnen werden. FEIGE schlägt in dem DRP 523785 vor, die aus Schwelereien oder ähnlichen Betrieben stammenden Abwässer mit Eisensulfat und Kalk auszufüllen, wobei dann das Phenol an das ausgeflockte Eisen geht. Das von der Lurgi-Gesellschaft für Wärmetechnik, Frankfurt, ausgearbeitete Verfahren benutzt als Adsorptionsmittel aktive Kohle. Es wurde in Deutschland zum ersten Male vom Ruhrverband auf der Zeche Bruchstraße, Langendreer angewandt.

Die Gaswässer werden wegen ihres mehr oder weniger hohen Gehaltes an suspendiertem Teer zunächst über eine Entteerungsanlage geleitet. Der Teer muß vor der Anwendung des Aktivkohleverfahrens aus dem Gaswasser entfernt werden, da er sonst zu stark die Oberfläche der aktiven Kohle beansprucht. Bewährt haben sich die KÖNIGschen Teerabscheider, wie sie im Schema in Abb. 175 dargestellt sind. Der Teerabscheider besteht aus den beiden eigentlichen Teerwäschern B_1 und B_2 und einer Nachreinigung C. Der untere Teil der Teerwäscher ist mit Teer gefüllt. R ist ein Sammelbehälter für Rohwasser, D ein Sammelbehälter für den abgefangenen Teer und F ein Sammelbehälter für das entteerte Abwasser. Der flüssige Teer löst den in Tröpfchenform vorhandenen Teer aus dem Abwasser heraus. Der etwa 2 g/l betragende Teergehalt sinkt durch die Teerwäsche bereits auf etwa 0,7 g/l herunter. Der übrige Teil der Entteerungsanlage stellt ein Filter dar, das mit Eisendrehspänen gefüllt ist. Beim Durchgang durch diese Filter sinkt der Teergehalt weiter bis auf 0,05 bis 0,1 g/l. Der auf der Oberfläche der Eisendrehspäne sich ansetzende Teer nimmt allmählich Tropfenform an. Er gleitet dann allmählich dem Wasserstrom entgegen in die Teerschicht ab. Das im Behälter C untergebrachte Filter ist mit feinen Koksstückchen gefüllt, die durch ihre große Adsorptionskraft den Teer bis auf einen Restgehalt von 20 bis 30 mg/l herausholen. Mit dem Teer werden auch wechselnde Mengen Harze und ähnliche Stoffe abgefangen, die von Zeit zu Zeit durch heißen Dampf von der Oberfläche der Drehspäne und des Kokses entfernt werden müssen. Nach einer solchen Dampfbehandlung haben die Teerreiniger ihre frühere Wirksamkeit.

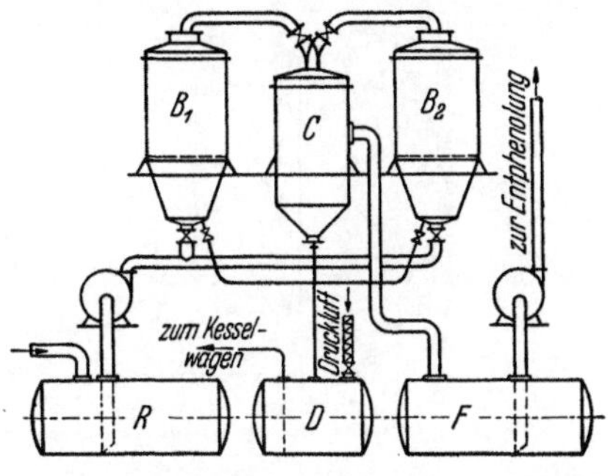

Abb. 175. Entteerungsanlage für Ammoniakrohwässer (nach KÖNIG)

Da sich diese Teerfänger sehr gut bewährt haben, sollten sie auf allen Anlagen, die irgendwie Teer in den Vorfluter ablassen könnten, im Interesse der Reinhaltung der Vorfluter von den übel aussehenden Teerhäuten, die den Luftzutritt zum Wasser verhindern, eingebaut werden. Der Betrieb und die Wartung sind sehr einfach. Die Bau- und Betriebskosten sind sehr gering. Sie amortisieren sich bald aus dem Verkauf des Teers. Auch vor den mit Extraktionsmitteln arbeitenden Entphenolungsanlagen haben sie sich zur Entlastung gut bewährt. In neuerer Zeit wendet man als Vorreinigung vor Entphenolungsanlagen die in der Wasserreinigung allgemein angewandten Schnellfilter an. Der abgesetzte Teer wird aus dem Rückspülwasser gewonnen.

Das Entphenolungsverfahren mit a-Kohle besteht darin, daß man die im Gaswasser enthaltenen Phenole zunächst bei Temperaturen von 60 bis 70° auf der Oberfläche der a-Kohle absorbiert. Die adsorbierten Phenole werden dann durch heiße Gase oder Dämpfe abgetrieben oder

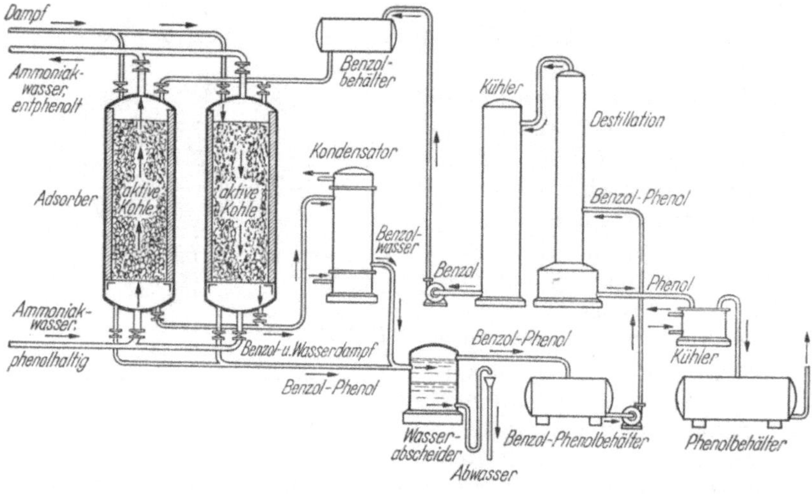

Abb. 176. Schema einer Entphenolungsanlage nach dem Aktivkohleverfahren

besser durch wasserunlösliche oder schwerlösliche Lösungsmittel, z. B. Benzol, Xylol usw., abgewaschen. Die auf der Kohle verbleibenden geringen Reste des Lösungsmittels werden durch Wasserdampf ausgetrieben. Die aktive Kohle ist dann wieder für eine neue Adsorption brauchbar. In Abb. 176 ist das Verfahren dargestellt.

Die Anlage besteht aus 1. mindestens zwei, bei größeren Wassermengen aus drei Adsorbern, die mit a-Kohle gefüllt sind, 2. dem Kondensator, 3. dem Wasserabscheider, 4. dem Benzol-Phenolbehälter, 5. der Benzoldestillationsanlage, 6. dem Vorratsbehälter für gewonnenes Rohphenolöl, 7. dem Benzolvorratsbehälter.

Die Adsorber sind runde Eisenkessel, die zum Schutze gegen Korrosionen mit Steinen ausgelegt sind. Die Adsorber sind mit a-Kohle gefüllt, die zur Verhinderung des Abspülens und Zerreibens durch V2A-Siebe fest gelagert ist. Von den verschiedenen Metallen haben sich Siebe aus Nickel- und Chromnickelstählen am widerstandsfähigsten gegen Korrosionen durch Ammoniakwasser bzw. gegen flüssige und gasförmige Phenole und Teere gezeigt. Blei wird nicht angegriffen, Kupfer unterliegt jedoch sehr stark dem Angriff[1]. Jeder Adsorber faßt rund 2000 kg a-Kohle mit einer Korngröße von 1,5 bis 2 mm. Als Füllkohle wird die von der Lurgi, Gesellschaft für Wärmetechnik, Frankfurt a. M., gelieferte Spezialkohle mit einem hohen Adsorptionsvermögen für Phenole benutzt.

Der Wascheffekt hängt ganz von der Kohlenmenge und der Betriebsweise ab. Bei genügender Kohlenmenge konnte die Auswaschung bis zur restlosen Entphenolung getrieben werden. In der Praxis begnügt man sich aber mit einem Auswaschungsgrad bis auf einen mittleren Phenolgehalt von 50 mg/l. Die Kohle nimmt in einer vierstündigen Beladungszeit etwa 5% ihres Gewichtes an Phenolen auf und ergibt dann einen Wascheffekt von über 99%. Hierbei beträgt der Kohlenbedarf rund 15 bis 20 kg a-Kohle auf 1 l erzeugtes Rohphenolöl. Zusammen mit den Teeren werden auch die durch den Teerabscheider hindurchgehenden und daher im Gaswasser verbleibenden Reste von Teeren, Harz- und Farbstoffen abgefangen. Diese setzen sich auf der a-Kohle fest, so daß sie von Zeit zu Zeit ersetzt werden muß.

Das von den Adsorbern abfließende Wasser ist klar. Es läßt sich in den Ammoniakabtreibern viel besser als das phenol- und teerhaltige Gaswasser behandeln und ergibt auch ein reineres Ammoniumsalz. Der Vorteil des Verfahrens gegenüber den Extraktionsverfahren liegt außer dem sehr hohen Wascheffekt auch darin, daß bedeutend geringere Benzolmengen gebraucht werden und daher abdestilliert werden müssen (etwa 10 m³ Benzol auf 80 m³ Abwasser).

Das in der Anlage gewonnene Rohphenolöl hatte etwa folgende Zusammensetzung:

Wasser	0,5%	Pech	12,5%
Heizöl	22,5%	Phenole	32,5%
Benzol, bis 100° absiedend	9,5%	Kresole	32,5%
Pyridin	6,0%	Saure Öle	65,0%

Das Verfahren mit a-Kohle kommt besonders in den Fällen in Frage, wo Wert auf eine möglichst weitgehende Entphenolung gelegt werden muß, z. B. dann, wenn der Vorfluter zu Trinkwasserzwecken benutzt wird. Es kann aber auch als Stufenreinigung hinter eine Benzolextraktionsanlage geschaltet werden, um die bei der Benzolextraktion noch im Wasser verbleibenden Phenolreste aus dem Abwasser zu entfernen. Eine solche Stufenreinigung sieht DRP 573103 der Fa. Dr. C. Otto, Bochum, vor. Die phenolhaltigen Abwässer werden zunächst mit flüssigen Phenollösungsmitteln und dann mit festen Absorptionsmitteln, vorwiegend a-Kohle, behandelt.

---

[1] RHODES: Industr. Engng. Chem. Bd. 26 (1934) S. 533.

An Stelle der der Lurgi-Gesellschaft durch DRP 534204 geschützten Anwendung der a-Kohle benutzt DRP 427519 von SEIDENSCHNUR als Entfärbungsmittel für Abwasser der Urteergewinnungsanlagen gemäß DRP 401467 Kieselsäure und eisenhaltige Rückstände von Generatoraschen oder Aschen aus anderen Öfen.

7. Verfahren des Weißelsterverbandes. Der Weißelsterverband hat ein Verfahren entwickelt, das mit Hilfe von Austauschstoffen (Wofatit der Farbenwerke Bayer in Leverkusen eine weitgehende Entphenolung (0 bis 0,02 g/l) sowohl der konzentrierten Schwelwässer als auch bereits vorbehandelter Wässer ermöglicht bei gleichzeitiger Gewinnung der Phenole. Das durch DRP 729549 geschützte Verfahren ist bisher nur in einer halbtechnischen Versuchsanlage erprobt und soll hierbei zufriedenstellende Ergebnisse gebracht haben. Nach den Arbeiten von SCHULZ[1] und ANDERS[2] kann man außer Wofatit auch Levatit als Adsorbens benutzen. Die Regeneration erfolgt durch Methylalkohol, mit dem eine 99% Abnahme des Phenols erzielt wurde, oder bei Schwelereien mit betriebseigenen Ketonölen. BECKER-BOOST[3] beschreibt eine kombinierte Anlage zur Reinigung von Kondensat und Ammoniakabwasser mit Anionenaustauschern und Aktivkohle, bei der auch Rhodan- und Cyanverbindungen abgeschieden werden.

8. Podbielniak-Extraktoren. Statt der Entphenoler und der Laugenwäscher mit den angeschlossenen Scheideräumen und Absetzbehältern

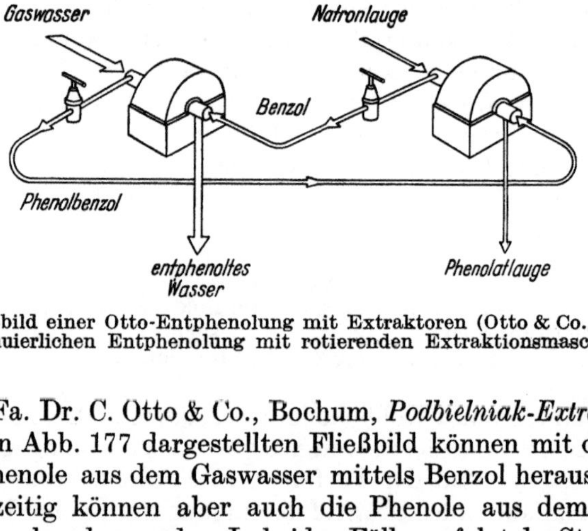

Abb. 177. Fließbild einer Otto-Entphenolung mit Extraktoren (Otto & Co., Bochum) zur kontinuierlichen Entphenolung mit rotierenden Extraktionsmaschinen

wendet die Fa. Dr. C. Otto & Co., Bochum, *Podbielniak-Extraktoren*[4] an. Nach dem in Abb. 177 dargestellten Fließbild können mit den Extraktoren die Phenole aus dem Gaswasser mittels Benzol herausgeholt werden. Gleichzeitig können aber auch die Phenole aus dem Benzol an Natronlauge gebunden werden. In beiden Fällen erfolgt der Stoffübergang

[1] SCHULZ, G.: Wasserwirtschaft u. Wassertechnik Bd. 2 (1952) S. 410.

[2] ANDERS, H.: Gas- u. Wasserfach Bd. 92 (1951) S. 238.

[3] BECKER-BOOST, E.: Schweiz. Gas- u. Wasserfachmänner Bd. 36 (1956) S. 282; Bd. 37 (1957) S. 1.

[4] BECKER-BOOST, E.: Bullet. d. Schweiz. Vereins d. Gas- u. Wasserfachmänner Bd. 36 (1956) S. 282; Bd. 37 (1957) S. 1. — Technische Mitteilungen Bd. 57, H. 3 (1958) S. 139.

stetig im Gegenstrom durch wiederholtes Mischen und Wiederabsetzen, wobei die Flüssigkeiten durch die Fliehkraft getrennt werden. Der Vorteil der Podbielniak-Extraktoren (s. Abb. 178) liegt in einer hohen Trennschärfe bei niedrigen Verweilzeiten und geringem Platzbedarf. KAISER[1]

Abb. 178. Podbielniak-Extraktor für die Entphenolung von Ammoniakabwasser

hat ebenfalls die Extraktion durch die Zentrifugierung mit großem Erfolg durchgeführt. Der Phenolgehalt wurde bei einem Mischungsverhältnis von $1^1/_2:1$ von 2000 mg/l auf 5 mg/l gesenkt, bei einem Durchsatz von 75 m^3/h je Zentrifuge. Bei den Podbielniak-Extraktoren kann man nach WURM[2] mit einem Auswascheffekt von 97 bis 98% rechnen.

II. Verfahren der Phenolvernichtung

Eine Zerstörung der Phenole kommt in allen den Fällen in Frage, wo sich wegen zu geringen Phenolgehaltes oder zu kleiner Abwassermengen eine Gewinnung des Phenols nicht lohnt, z. B. bei den phenolhaltigen Abwässern der Ammoniakfabriken und dort, wo der Vorfluter z. B. als Trinkwasserlieferant, eine restlose Beseitigung der Phenole verlangt.

[1] KAISER, H. R.: Sew. and Ind. Wastes Bd. 27 (1955) S. 311.

[2] WURM, H. J.: Industrieabwässer. Düsseldorf: Deutsch. Kommunal-Verlag Mai 1962.

1. Verwendung als Kokslöschwasser. Das einfachste und billigste Verfahren zur Beseitigung der schädlichen Phenolabwässer ist die Verwendung als Kokslöschwasser. Während dies Verfahren in den USA für ein Drittel des gesamten Kokereinebenproduktenabwassers angewandt wird, hat es sich in Deutschland nicht einführen lassen, weil der Koks durch das Löschen mit dem Gaswasser ein blindes Aussehen erhält, dann aber hauptsächlich wegen der starken Geruchsbelästigungen. Aus letzterem Grunde wurde das Verfahren in Deutschland als gesundheitsschädlich aufgegeben. In Hüttenkokszechen jedoch, die den gewonnenen Koks im eigenen Betrieb verwenden, und die Geruchsbelästigungen durch moderne Abspritzvorrichtungen vermieden werden, kann das Verfahren angewandt werden. Das Verfahren läßt sich in kürzester Zeit einrichten; man braucht nur ein Sammelbecken für das phenolhaltige Abwasser, aus dem das Abwasser durch eine Pumpe zum Kokslöschen benutzt wird. Bei dem Absorptionsverfahren von LORENZ[1] werden die bei der Wassergaserzeugung anfallenden Vergasungsrückstände des eingesetzten Grudekokses, Generatorasche und Multizyklonstaub zur Absorption benutzt.

2. Ascheberieselung. Bei der Abschwemmung der Kesselhausasche wird Schwelwasser zum Abschwemmen der heißen Kesselasche benutzt, wobei die Hitze der Kesselasche einen mehr oder weniger großen Teil der im Abwasser enthaltenen Phenole verdampft. Man kann aber auch das Schwelwasser auf einer Halde verrieseln. Bei einer brennenden Halde verdunstet ein Teil der Phenole. Sonst ist die Beseitigung nur eine teilweise, da nach einiger Zeit das Sickerwasser an einer Stelle zutage tritt und dann noch 60 bis 70% seines ursprünglichen Phenolgehaltes hat.

3. Verwendung zu Düngezwecken. Ausgehend von dem Gedanken, das in den Gaswässern enthaltene Ammoniak unter Ausnutzung des biologischen Abbaues der Phenole im Boden zu Düngezwecken zu benutzen, haben KOLKWITZ, WELDERT, ZIEHE und NEHM[2] Versuche über die Verrieselung von Gaswasser mit städtischem Abwasser durchgeführt. Die Versuche ergaben, daß man im Winter etwa 1%, im Sommer bis höchstens 3% dem häuslichen Abwasser zusetzen darf.

Tabelle 45. *Wirkung der Verrieselung auf die Entphenolung*

	Bei 1% Zusatz		Bei 3% Zusatz	
	Phenolgehalt mg/l	$KMnO_4$-Verbrauch mg/l	Phenolgehalt mg/l	$KMnO_4$-Verbrauch mg/l
Abwasser ohne Zusatz	10	219	9	259
Abwasser mit Gaswasser	47	588	160	1760
Drainwasser ohne Zusatz	3,4	72	4	109
Drainwasser mit Zusatz	5,4	136	20	548

[1] LORENZ, K.: Wasserwirtschaft u. Wassertechnik Bd. 4 (1954) S. 44; Gesundh.-Ing. Bd. 75 (1954) S. 189.

[2] KOLKWITZ, R., R. WELDERT, ZIEHE u. NEHM: Gas- u. Wasserfach Bd. 74 (1931) S. 1005; Bd. 75 (1932) S. 926.

Das Drainwasser war selbst bei Phenolrestgehalten von 2 bis 5 mg/l für Fische unschädlich. Die Fische und die auf den Feldern geernteten Früchte zeigten auch keine Geschmacksverschlechterungen. Gemüsepflanzen gediehen bei 3% Gaswassergehalt am besten, wenn sie in Beetanlagen erstellt wurden, so daß das Abwasser von den Beetfurchen aus an die Pflanzen gelangte. Auf den Rieselfeldern in Berlin und Tegel wird seit 1908 das Abwasser der städtischen Gasanstalten im Verhältnis 1:10 mit häuslichem Abwasser gemischt und ohne jegliche Schädigung auf Rieselfeldern gereinigt.

4. Vernichtung der Phenole durch Verbrennung. In besonders schwierigen Fällen, z. B. bei sehr kleinen Vorflutern, bei denen auch die bis jetzt beschriebenen Verfahren nicht ausreichen, kann es notwendig sein, die gesamten Abwässer dem Vorfluter durch eine Verdampfung der Abwässer fernzuhalten. Die Verdampfung erfolgt in den bekannten Mehrstufenverdampfern, wobei die anfallenden Brüden durch eine Feuerung geleitet werden, damit die in den Brüden enthaltenen schädlichen Verbindungen verbrannt werden, bzw. ihre Verbrennungsprodukte durch die Esse mit in die Luft gelangen, wo sie dann eine genügend weite Verteilung in der Umgebung erfahren, so daß sie auch hier nicht stören. Das Verfahren ist sehr teuer. Es erfordert je m^3 allein 3.— DM an Kosten für den Brennstoff. 500 m^3 Abwasser benötigen rund 200 t Braunkohle täglich. Man wird es nur in ganz besonderen Notfällen anwenden.

5. Zugabe von Chemikalien bzw. Fällungsmitteln. Von verschiedenen Seiten sind zur Reinigung chemische Fällungsmittel vorgeschlagen worden. Nach dem britischen Patent 405155 werden für 10 l Gaswasser mit 12 g freiem Ammoniak und 11 g Schwefelwasserstoff 100 g Ferrosulfat, das in Form verbrauchter Eisenbeizereiabwässer zugegeben wird, angewandt.

CHULKOW gibt zu einem Abwasser, das 10 g/l Phenol enthält, 40 g Natronlauge oder eine entsprechende Menge Kalk und leitet dann 30 g Chlor ein. Es scheiden sich 7 g Harze/Liter ab. Das überschüssig zugesetzte Chlor wird durch Einblasen von Luft, der letzte Rest durch eine Filterung über a-Kohle beseitigt. Durch das Verfahren werden auch Schwefelwasserstoff, Ammoniak, Sulfite, Rhodanide und Cyanide zerstört.

Von anderer Seite ist empfohlen worden, bestimmte Chemikalien, wie Kaliumpermanganat, Ozon oder Chlorkalk, zuzugeben, um durch eine Oxydation die Phenole zu zerstören. CHAMBERLIN und GRIFFIN[1] konnten mit Kaliumpermanganat bei einer über 95° liegenden Temperatur eine Abnahme von 62,4% des Phenolgehaltes erzielen. Bei Anwendung von 5000 mg/l Chlor, 700 mg/l Ozon und 1800 mg/l Natriumhypochlorit werden gleiche Abbaue erzielt. Hierbei muß bei Chlor eine Einstellung des p_H-Wertes zwischen 7 bis 10 erfolgen, wohingegen bei Ozon und Chlordioxyd keine Einstellung des p_H-Wertes erforderlich ist.

---

[1] CHAMBERLIN, N. S., u. A. E. GRIFFIN: Sew. and Ind. Wastes Bd. 24 (1952) S. 750.

Ein evtl. vorhandener starker Schwefelwasserstoffgehalt muß vorher durch eine Intensivbelüftung beseitigt werden. Phenolgehalte von 38 bis 11600 mg/l konnten auf 0 bis 2,5 mg/l beseitigt werden. Für konzentrierte Abwasser ist das Verfahren reichlich teuer. Dagegen hat die Ozonisierung zur Beseitigung von Geschmacksfehlern von Trinkwässern und zur Sterilisierung sich mit bestem Erfolg auch in Deutschland bewährt. GARNER und WISHART[1] schlagen außerdem noch Kalk und Formaldehyd vor. Kaliumpermanganat ist für den vorgenannten Zweck zu teuer. Chlorkalk und Kalk gaben nur eine ganz geringe Abnahme der Oxydierbarkeit (5,2 bzw. 3,8%). Formaldehyd, das mit den Phenolen Kondensationsprodukte bildet, ergab bei 1% Zugabe eine Abnahme von 22% und bei einer 5%igen Zugabe eine Abnahme von 36% des Kaliumpermanganatverbrauches. Auch die Anwendung von Fällungsmitteln, wie Ferrichlorid und Kalk, Aluminiumsulfat mit und ohne Kalk führten nicht zum Ziel.

6. Künstliche biologische Verfahren: Tropfkörper, Tauchkörper, Emscherfilter, Belebtschlammverfahren. Schon 1904 wies der englische Abwasserchemiker FOWLER nach, daß die Rhodanide sowohl wie die Phenole auch ohne Zumischung häuslicher Abwässer in Tropfkörpern und Füllkörpern biologisch abgebaut werden können. 1910 isolierten FOWLER, ARDERN und LOCKETT[2] aus Gaswässern ein Bacterium, das Phenol oxydierte. Es ist ein dem Bacterium helveolum ähnlicher Spaltpilz. HAPPOLD und KEY[3] fanden 1932 einen gramnegativen Vibrio, der Phenol spaltete. Bei einer Nachprüfung der FOWLERschen Versuche durch die Emschergenossenschaft zeigte es sich aber, daß es doch notwendig ist, die Abwässer vorher durch häusliches Abwasser oder gereinigte Abläufe zu impfen. Bei seinen Versuchen zur Reinigung Phenol und flüchtige Fettsäure enthaltender Abwässer beimpfte WOLMER[4] zur Isolierung der diese Stoffe abbauenden Mikroben Schlamm aus biologischen Reinigungsanlagen und versetzte die Mischungen mit täglich steigenden Phenol- und m-Kresolmengen. Nach 14 Tagen hatten sich große Mengen an Mikroorganismen entwickelt, unechte Hefen, die die üblichen Zuckerarten nicht abbauen, grampositive von einer Schleimhaut umgebene Kokken und grampositive webschiffchenartige Bazillen. Die Mikroben vertrugen bis zu 900 mg/l Phenol und 1000 mg/l m-Kresol. Bei dem biologischen Abbau der Phenole macht das Phenol selbst die geringsten Schwierigkeiten. Die in den Gaswaschwässern enthaltenen Rhodanverbindungen werden zunächst erst nach einer Woche abgebaut, bis sich besondere Organismen entwickelt haben. KEY und GARNER und WISHART[5] geben als günstigste Verdünnung für Phenolabwasser mit häuslichem Abwasser 0,5 bis 1% an. Nach den an verschiedenen Stellen durchgeführten Versuchen dürfte aber eine Verdünnung von 1 Teil

[1] GARNER u. WISHART: West Riding of Yorkshire River Bord 1936.
[2] FOWLER, G., E. ARDERN u. W. T. LOCKETT: J. Soc. Chem. Ind. Bd. 30 (1911) S. 174. — [3] KEY: The Surveyor Bd. 88 (1935) S. 629.
[4] WOLMER: Z. Hyg. u. Infekt.-Krankh. Bd. 129 (1949) S. 643.
[5] GARNER u. WISHART: The Surveyor Bd. 88 (1936) S. 287.

phenolhaltigem Abwasser (je nach dem Phenolgehalt) mit 10 bis 20 Teilen häuslichem Abwasser noch genügen. Bei diesen Verdünnungen wird man bei Tropfkörpern mit der für das häusliche Abwasser üblichen Belastung von 1 Teil Abwasser auf 1 bis 2 Teile Tropfkörpermaterial auskommen. Andere Forscher geben sogar Konzentrationen von 30% Gaswasser an. Doch dürfte hierbei die Konzentration des angewandten Gaswassers ausschlaggebend sein, oder die Belastungsmöglichkeit der Tropfkörper sinkt entsprechend dem Phenolgehalt auf eine viel kleinere Wassermenge herunter. Gaswasser verhindert Geruchs- und Fliegenbelästigungen. Garner empfiehlt, die phenolhaltigen Abwässer in einem genügend großen Absetzbecken (450 m³) zu sammeln und dann in langsamen Strome gleichmäßig im häuslichem Abwasser zu verteilen. Am Ablauf des Beckens schaltet er ein Holzwollfilter von 75 cm ∅ und 105 cm Höhe ein, um den Teer zu entfernen.

Das Tauchkörperverfahren hat der Ruhrverband lange Jahre auf der Kläranlage Hattingen angewandt. Durch häusliche Abwässer wurde die Phenolkonzentration des Kokereiabwassers bis auf etwa 100 mg/l heruntergedrückt. Schon nach verhältnismäßig kurzer Einwirkungszeit war das Phenol restlos abgebaut. Wegen des hohen Luftverbrauchs in den Tauchkörpern ist diese Anlage später in eine Belebtschlammanlage umgebaut worden, in der Mengen bis zu 150 mg/l ohne Beeinträchtigungen der Belebungsanlage gut mit abgebaut werden.

Bach[1] benutzte zum biologischen Abbau der verdünnten Gaswässer das Emscherfilter, einen künstlich belüfteten biologischen Tauchkörper. Während Fowler auf einen Tagesanfall von 1 m³ unverdünntem Abwasser 18 m³ Tropfkörpermaterial brauchte, erzielte Bach denselben Reinigungseffekt bei einer Verdünnung des Abwassers von 1 : 4 mit nur 2 m³ Tauchkörpermaterial für 1 m³ unverdünntes Abwasser. Die Aufenthaltszeit beträgt etwa 2 Std. Die belüfteten Tauchkörper wurden mit kleingeschlagener Kesselschlacke, Lattenrosten oder ähnlichem Füllmaterial angefüllt. Zur Belüftung dienen feststehende gelochte Rohre, die in Abständen von 30 cm am Boden eingebaut werden, oder gelochte Pendelrohre.

Der Reinigungserfolg der Emscherfilter ist als sehr gut zu bezeichnen. Wegen der hohen Betriebskosten für die Belüftung hat das an und für sich gute Verfahren keine größere Verbreitung in der Reinigungstechnik gefunden.

Tropfkörper. Eldridge hat den biologischen Abbau auf Tropfkörpern von 3 m Höhe eingehend untersucht. Je größer die Verdünnung durch häusliche Abwasser war, um so besser der Abbau. Bis zu einem Gehalt von 20 mg/l Phenol erhielt er einen 100%igen Abbau. Schon bei 70 mg/l Phenol war der Phenolabbau nur noch 88%. Bei 270 mg/l Phenol sank der Abbau bis auf 20% herunter. Den günstigsten Abbau erzielte er bei einer Belastung von 75 g Phenol je m³ Tropfkörpermaterial. Bessere Ergebnisse erzielte er mit einem zweistufigen Tropfkörper. Das

---

[1] Bach, H.: Z. angew. Chem. Bd. 39 (1926) S. 1093; Jb. v. Wasser Bd. 1 (1926) S. 193.

mit Flußwasser je nach dem Phenolgehalt, aber mindestens 1 : 1 verdünnte Abwasser mit einem Phenolgehalt unter 180 mg/l wird auf einen offenen, mit guter Sohlendrainage versehenen Tropfkörper gegeben, wobei die Belastung 80 g Phenol je m^3 Tropfkörpermaterial nicht überschreiten soll. Der Ablauf des ersten Tropfkörpers geht durch ein langgestrecktes Absetzbecken mit Kratzerband, aus dem der anfallende Schlamm laufend entfernt wird. Von dem Absetzbecken geht das Abwasser nochmals über einen gleich großen Tropfkörper, dessen Ablauf dann direkt in den Vorfluter abgelassen werden kann.

Sehr eingehend hat CROTOGINO[1] den biologischen Abbau von phenolhaltigen Abwässern studiert. Er kommt hierbei zu dem Ergebnis, daß für den praktischen Betrieb nur zwei Verfahren in Frage kommen, und zwar Hochleistungstropfkörper, möglichst nach dem Prinzip der DORRschen Biofiltration, und das ZIEGERLI-Verfahren in KESSENER-Becken, ein Belebtschlammverfahren unter Zugabe von Asbestfasern als Stützsubstanz für den biologischen Rasen, dessen Wirksamkeit man noch durch Zugabe von Düngesalzen, wie Phosphaten, Kali-Stickstoffverbindungen, verbessern kann. Der BSB_5 des auf die Tropfkörper gegebenen Abwassers darf 1000 mg/l nicht überschreiten.

CLIFFORD[2] konnte die Beigabe von Gaswasser von 1,1 auf 5,1% steigern, wenn er die Tropfkörperbelastung von 688 g/m^3 und Tag einstellte und die Verdünnung durch 100% Rücknahme bewirkte. Er erzielte eine 60%ige Abbauleistung der Tropfkörper. GAILLARD[3], der mit einem Tropfkörper nach genügender Verdünnung mit häuslichem Abwasser gute Erfolge hatte, schaltete hinter dem Nachklärbecken noch ein Sandfilter.

Das Belebtschlammverfahren kann in gleicher Weise wie die vorstehend beschriebenen künstlichen biologischen Verfahren zur Reinigung phenolhaltiger Abwässer benutzt werden. Es kommt aber wohl nur dort in Frage, wo städtisches Abwasser an sich nach diesem Verfahren gereinigt werden soll. Das Mischungsverhältnis des phenolhaltigen Abwassers zum häuslichen Abwasser sollte je nach der Konzentration nicht unter 1:10 bis 1:15 liegen. Bis zu diesen Verdünnungen kann das Belebtschlammverfahren mit den normalen Luftmengen und Aufenthaltszeiten das Phenol mit abbauen. Steigt der Anteil an phenolhaltigem Abwasser, so stiegen auch entsprechend der Luftverbrauch und die Aufenthaltszeit. Bei 20% Phenolwasser dürfte die Grenze des Mischungsverhältnisses für eine wirtschaftlich mögliche Behandlung ohne Schädigung des belebten Schlammes liegen. SCOTT[4] hat Versuche mit Oberflächenbelüftung durchgeführt. Ohne Zugabe von Gaswasser betrug der Kraftverbrauch 4,4 PS für 1000 m^3 Abwasser. Nach Zugabe von Gaswasser konnte die Anlage statt mit 4540 m^3 nur noch mit 2750 m^3 Abwasser betrieben werden, wobei außerdem der Kraftverbrauch auf 6,8 PS für 1000 m^3 Abwasser stieg.

---

[1] CROTOGINO, H.: Gesundh.-Ing. Bd. 70 (1949) S. 10.
[2] CLIFFORD: J. Prov. Inst. Sew. Purific. 1949, S. 458.
[3] GAILLARD, J. R.: The Surveyor Bd. 113 (1954) S. 114.
[4] SCOTT: The Surveyor Bd. 85 (1934) S. 327.

Eine Stufenreinigung mit Emscherfilter in der ersten Stufe und Belebtschlammverfahren in der zweiten Stufe ist durch den Ruhrverband längere Zeit auf der Kläranlage Werne für die Abwässer der Zeche Mansfeld bis zu ihrer Stillegung mit bestem Erfolg betrieben worden (s. Abb. 179).

Bei dem bilogischen Abbau von Phenolen im Vorfluter und auch bei den biologischen Reinigungsmethoden treten nach den Untersuchungen von SIERP und FRÄNSEMEIER[1], BACH[2], KALABINA und ROGOWSKAJA[3] bald Ermüdungserscheinungen auf, die nach den Untersuchungen von SIERP und FRÄNSEMEIER auf den Mangel an Ammon- bzw. Phosphatsalzen zurückzuführen sind. Um die beim Schlammbelebungsverfahren

Abb. 179. Zweistufige Anlage für mit häuslichem Abwasser gemischte Phenolabwässer auf Zeche Mansfeld. Vorstufe belüftete Tauchkörper, Hauptstufe Schlammbelebung

auftretenden Ermüdungserscheinungen und Überlastungen zu beseitigen, haben NOLTE und seine Mitarbeiter[4] das Magdeburger P-Verfahren ausgearbeitet. Durch Zugabe von Ammonphosphat, schon bei der Einarbeitung des Schlammes, werden dem Belebtschlamm von Anfang an diese fehlenden Stoffe zugesetzt. Die Folge ist, daß sich in ihm gerade die für den Phenolabbau wichtigen Organismen besser entwickeln können und er dadurch eine größere Leistungsfähigkeit hat. NOLTE[5] berichtet über eine Reihe verschiedener Anlagen zur Behandlung phenolhaltiger Abwässer nach dem Magdeburger P-Verfahren. Für die ersten Anlagen wurden die HAWORTH-Becken gewählt, bei denen das Abwasser mit dem belebten Schlamm in langen Rinnen durch Paddelräder bewegt wird. Wie aus Abb. 180 hervorgeht, wurden die Paddelräder später durch Unterwasserschrauben ersetzt und gleichzeitig Filterplatten bis zu 20% der Grundfläche eingebaut, durch die dann die Belüftung erfolgte. Die Zugabe des Phosphates erfolgt zweimal am Tage direkt in

[1] SIERP u. FRÄNSEMEIER: Vom Wasser Bd. 8 (1934) S. 85.
[2] BACH, H.: Gesundh.-Ing. Bd. 52 (1929) S. 796.
[3] KALABINA u. ROGOWSKAJA: Z. Fischerei Bd. 32 (1934) S. 153. — KALABINA: Z. Fischerei Bd. 33 (1935) S. 295.
[4] NOLTE, E., MEYER u. FROMKE: Vom Wasser Bd. 8 (1943) S. 126.
[5] NOLTE, E.: Beiträge zur Wasser-, Abwasser- u. Fischereichemie Bd. 2 (1947) S. 3.

die Belüftungsbecken. Für die Trennung des entstehenden Belebtschlammes wurden für kleinere Anlagen Seitentaschen benutzt, die unten am Boden den Schlamm durch einen Schlitz wieder in das Belüftungsbecken gleiten ließen. Bei größeren Anlagen werden Klärtrichter nach dem Prinzip der Dortmundbrunnen errichtet.

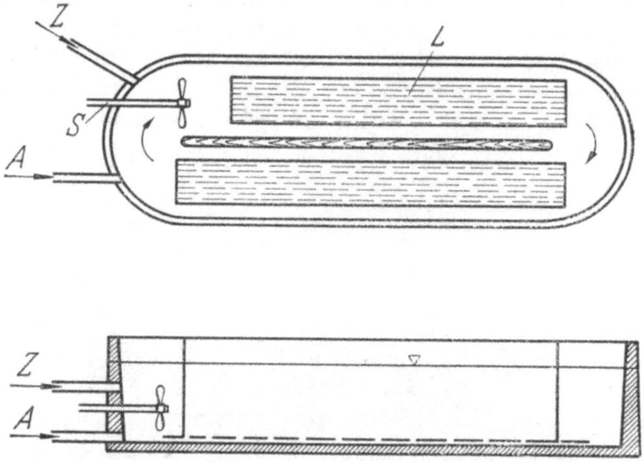

Abb. 180. Schema einer Anlage nach dem Magdeburger P-Verfahren, *Z* Zulauf, *A* Ablauf, *S* Schraubenfilterschaufler, *L* Belüftungsplatten oder Belüftungsrohre

Über eine Großbetriebsanlage nach diesem Verfahren zur biologischen Behandlung von Braunkohlenschwelwasser berichtet SCHMIDT[1]. Das in dieser Anlage vom Phenol gereinigte Abwasser wurde anschließend für Rieselzwecke mit gutem Erfolge angewandt. Die in 15 m hohen Türmen mit Holzhorden, über die das Schwelwasser rieselt, entölten Phenolabwässer müssen durch Gruben-, Kühl- oder Rücklaufwasser bis auf einen BSB_5 von 2000 mg/l verdünnt werden. In einem großen Werk hatte das Schwelwasser einen BSB_{20} von 75000 mg/l. Erst nachdem durch eine Entphenolungsanlage nach dem Phenosolvan-Verfahren der BSB_{20} auf 30000 mg/l herabgedrückt war, konnte das Abwasser wirtschaftlich behandelt werden. Die Raumbelastung im Belebungsbecken soll 2,5 kg BSB_5 je m^3 und Tag bzw. 3,75 kg BSB_{20} je m^3 und Tag im Belebungsraum nicht überschreiten, zumal diese Zahl gegenüber häuslichem Abwasser mit 0,5 kg BSB_5 je m^3 und Tag bereits sehr hoch ist. Bei einer 15%igen Ausnutzung der Luft rechnet man mit der 700fachen Luftmenge am Tage. Die Menge des Belebtschlammes in den Belebungsbecken soll möglichst 15% betragen.

Bei der Durchführung des P-Verfahrens mit der Plattenbelüftung kommt es immer wieder nach einiger Zeit vor, daß sich die Platten nach kürzerer oder längerer Zeit anscheinend durch Kalksalze verstopfen. Sie müssen dann durch eine Salzsäurebehandlung gereinigt oder durch neue ersetzt werden. Aus diesem Grunde empfiehlt NOLTE

[1] SCHMIDT, H.: Braunkohle 1941, S. 365.

für kleinere Anlagen die Benutzung des KESSENER-Belüftungsverfahrens mit der Bürstenwalze. In Abb. 181 ist eine Anlage der Aquapura-Berlin-Charlottenburg des Magdeburger P-Verfahrens mit KESSENER-Bürsten und Zusatzluft für eine Abbauleistung von 240 kg BSB_{20} dargestellt.

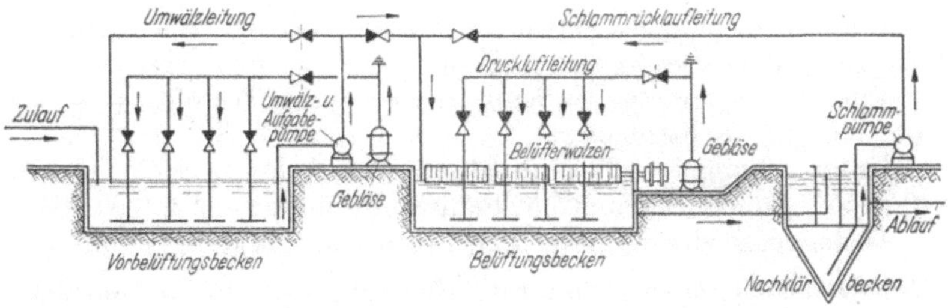

Abb. 181. Schema einer Belebtschlammanlage nach dem Magdeburger P-Verfahren

Nach einer erforderlichen Klärung und kurzer Kohlensäurebegasung, um einen zu hohen p_H-Wert herunterzudrücken, wird das Abwasser dem Sammelbecken mit einem Inhalt von 120 m^3 zugeführt, in das zur Sauerstoffanreicherung und zur innigen Durchmischung Luft eingeblasen wird, und das zum Ausgleich der Belastungsspitzen dient. Die Konzentration soll im Sammelbecken 1500 mg/l BSB_{20} nicht übersteigen. Das in Beton aufgeführte Belüftungsbecken hat einen Inhalt von 100 m^3 und ist mit 4 Bürstenwalzen nach KESSENER als Stahlkammwalzen ausgestattet. Die Zusatzbelüftung erfolgt durch ein am Boden liegendes Luftverteilungssystem. Die Leistungsfähigkeit und Stabilität des Schlammes wird durch Zugabe geringer Mengen Nährsalz sichergestellt.

Das Nachklärbecken hat einen Nutzinhalt von 27 m^3. Es ist nach dem Prinzip der Dortmund-Brunnen gebaut und hat eine Aufenthaltszeit von 3 bis 4 Std. Der abgesetzte Schlamm wird laufend als Rücklaufschlamm dem Belebungsbecken zugeführt.

Eine Patentanmeldung 59124 aus dem Jahre 1937 der IG-Farbenindustrie beschreibt ein Verfahren zur Reinigung phenolhaltiger Abwässer, insbesondere von solchen aus Entgasungs-, Vergasungs- oder Hydrieranlagen, in denen Steinkohle, Braunkohle oder Teer verarbeitet werden, dadurch gekennzeichnet, daß man nach an sich bekanntem Entfernen des größten Teiles der Phenole aus dem Abwasser durch Extraktion mit Lösungsmitteln oder durch Adsorption mittels adsorbierender Stoffe das so vorgereinigte Wasser belüftet und dann in an sich bekannter Weise mit Hilfe eines biologischen Tropfkörpers unter Anwendung einer künstlichen Belüftung nachreinigt.

Über die Möglichkeit der Reinigung der Kokereiabwässer in Oxydationsteichen berichten ADEMA und TIETMA[1]. Bei ihren Untersuchungen

[1] ADEMA, D., u. R. TIETMA: Techniques et sciences municipales Bd. 57 (1962) S. 77, Ref. in GWF Bd. 103 (1962) H. 24, S. 617.

haben sie Vergleiche zwischen dem Belebtschlammverfahren und den Oxydationsteichen angestellt. Bei den Oxydationsteichen wandten sie eine Aufenthaltszeit von zwei bis drei Tagen an, während man beim Belebtschlammverfahren nur eine Aufenthaltszeit von drei bis fünf Stunden hatte.

Die Untersuchung erstreckte sich auf folgende Punkte:

1. Einfluß der plötzlich auftretenden Zunahmen der Konzentrationen auf die Zusammensetzung der Abläufe;
2. Einfluß von gewissen Unreinigkeiten (Säuren, Teeröle, Zyane usw.) auf die biologische Reinigung;
3. Untersuchung über die Mineralisation des belebten Schlammes und die Trocknungsmöglichkeiten auf Schlammbeeten;
4. Feststellung des Kraftverbrauches bei den beiden Verfahren.

Die Versuche ergaben, daß für die Reinigung der Abwässer der Kokereien das Verfahren der Oxydationsgräben vorzuziehen ist. Die gesamte *Anlage* bestand aus einer gemeinsamen mechanischen Vorreinigung, daran anschließend parallel geschaltet aus einem Oxydationsgraben mit einem Nachklärbecken und einer Belebtschlammanlage ebenfalls mit einem Nachklärbecken. Der Schlamm aus jedem Nachklärbecken wird in den Zulauf der dazu gehörenden biologischen Anlage gepumpt. Der Oxydationsgraben hatte eine Länge von 90 m und eine Breite von 7,50 m, mit einem Gesamtinhalt von 450 m^3. Die Umwälzbürsten hatten eine Länge von 5 m, einen Durchmesser von 90 cm und eine Eintauchtiefe von 13 cm. Der in dem Nachklärbecken abgefangene biologische Schlamm wurde laufend in den Zulauf zu den Oxydationsgräben gepumpt.

Das Belüftungsbecken der Belebtschlammanlage war 7 m lang, 3 m breit und 1,80 m tief und hatte ein Fassungsvermögen von 35 m^3. In der Längsrichtung war das Becken in zwei Hälften mit je drei Abteilungen eingeteilt. Das Nachklärbecken hatte ebenfalls einen Inhalt von 50 m^3, und der abgesetzte Schlamm wurde auch laufend in den Zulauf zum Belebungsbecken zurückgepumpt. Die zugegebene Luft betrug 36 m^3 auf 1 m^3 Abwasser.

Die Verfasser fassen die *Ergebnisse* ihrer Untersuchungen wie folgt zusammen:

1. Das beste Verfahren zur Reinigung der Abwässer der Kokereiabwässer ist das Verfahren der Oxydationsgräben. Der größte Vorteil dieser Methode besteht in der relativ langen Kontaktzeit, die das Abwasser mit der Luft hat.
2. Bei der drei- bis fünfstündigen Belüftung in den Belebungsbecken reicht die Belüftungszeit nicht aus, um einen genügend gereinigten Ablauf zu erhalten. Die Zusammensetzung des zugeführten Abwassers muß daher so gleichmäßig wie eben möglich gehalten werden.

Durch Anwendung von Oxydationsteichen hat man die in den vorgereinigten Abwässern noch verbleibenden Reste von Phenol und Düngesalzen auszunutzen versucht. Die Kläranlage der Stadt Lund in Schweden leitet ihre mechanisch gereinigten Abwasser nach erfolgter Belüftung in vier hintereinander geschaltete Oxydationsteiche. In den ersten drei

Teichen findet die biochemische Oxydation unter Mitwirkung von Algen und Bakterien statt. Im vierten Teich kam es zu einer Massenentwicklung des bekannten Wasserflohs Daphnia magna. Nach Einleitung von phenolhaltigen Abwässern in Konzentrationen von 500 bis 1000 mg/l Phenol blieben die Algen bestehen. In dem vierten Teich waren die Daphnien nach 10 bis 12 Tagen vernichtet.

Bei den in Buxton durch OLIVER[1] durchgeführten Versuchen wurden Phenol, Ammoniak und Schwefelwasserstoff durch Einleiten von Wasserdampf aus den Gaswässern ausgetrieben und die abgehenden Abgase der Frischluft eines Müllverbrennungsofens zugeführt.

ζ) *Gasgeneratorenabwässer*

In vielen industriellen Betrieben (Walz-, Stahl-, Emaillier-, Kalkwerke, keramische Fabriken, Glashütten, Eisenbetriebswerkstätten usw.) wird in Generatoren durch abwechselndes Überleiten von Wasserdampf und Luft über zum Glühen gebrachten Koks bzw. Kohlen, Anthrazit, Braunkohlen oder Holz das billige Wassergas zum Heizen der Muffel- oder Glühöfen, zum Betriebe der Sauggasmotore usw. erzeugt. Je nach der Art der Generatoren, des angewandten Brennstoffs und der Gaswäsche fallen mehr oder weniger stark verschmutzte Abwässer in wechselnden Mengen an. Außer durch Teer und Ruß, die sich in den Gaswäschern leicht entfernen lassen, können diese Abwässer durch geringen Gehalt an Phenolen, aber sehr hohen Gehalt an Schwefelwasserstoff und Cyanverbindungen sowie Ammoniak sehr schädlich werden. Schwefelwasserstoff kann besonders in Betrieben, die messing- und kupferhaltige Metalle verarbeiten, dadurch, daß schwefelwasserstoffhaltige Dämpfe in die Werkstätten, Vorratslager und Verpackungsräume dringen, sehr unangenehme Fleckenbildungen auf den Roh- und Fertigwaren erzeugen. Gelangt ein solches Abwasser in Vorfluter mit geringem Gefälle und deshalb geringer Belüftung, so kann sich der Schwefelwasserstoffgehalt über eine längere Strecke erhalten und auch noch unterhalb liegende Werke, besonders auch Mühlen (Geschmacksverschlechterung des Mehls) gefährden.

BANDT hat die Abwässer von Sauggasanlagen mit Rücksicht auf ihre Schädlichkeit für Fische und Fischnährtiere untersucht. Für die Waschung des Gases werden je m^3 Gas 12 l Wasser benötigt. Das Abwasser enthielt 50 mg/l Schwefelwasserstoff, bis 90 mg/l Cyan, bis 80 mg/l Ammoniak, bis 3 mg/l Phenol.

Mit Rücksicht auf die Schwierigkeiten und auf den hohen Gehalt an Schwefelwasserstoff sollte man versuchen, den in den Abwässern enthaltenen Schwefel zu gewinnen, um ihn zu verwerten. Dies kann auf folgende Weise geschehen: Der im Abwasser enthaltene Teer und Ruß wird durch Absetzbecken oder Koksfilter beseitigt. Dann wird das Abwasser mit ausgefälltem Eisenhydroxyd versetzt, das den Schwefelwasserstoff sofort als Schwefeleisen bindet. Das sich hierbei nach der

[1] OLIVER: The Surveyor Bd. 85 (1934) S. 55.

Formel

$$2\,Fe(OH)_3 + 3\,H_2S = 2\,FeS + S + 6\,H_2O$$

bildende Schwefeleisen und der Schwefel scheiden sich ab und können in Absetzbecken abgefangen werden. Um aber an Eisensalz zu sparen, wird die Mischung stark belüftet. Hierbei setzt sich das Schwefeleisen unter Bildung von Ferrihydroxyd gemäß der Formel

$$2\,FeS + 3\,H_2O + 3\,O = 2\,Fe(OH)_3 + 2\,S$$

um, während der Schwefel sich allmählich im Eisenhydroxyd anreichert. Der abgesetzte Schlamm von dem mit Schwefel sich immer mehr anreichernden Eisenhydroxyd geht in den Kreislauf zurück und wird zur Entschwefelung weiterer Gasmengen benutzt. Durch Nebenreaktionen bildet sich auch etwas freie Schwefelsäure. Deshalb muß durch Zugabe von etwas Soda oder Ammoniumbicarbonat stets für eine gute alkalische Reaktion der Mischung gesorgt werden. Hat sich genügend Schwefel im Ferrihydroxyd angereichert, wird der Niederschlag mit Salzsäure aufbereitet. Das Eisen wird herausgelöst und zur Herstellung neuen Ferrihydroxyds benutzt. Der Schwefel wird als solcher verwertet. Der Schwefel kann auch durch Schwefelkohlenstoff extrahiert werden.

Holz wird im allgemeinen nur für kleinere Gaskraftanlagen bis etwa 100 PS Leistung verwendet und nur dort, wo Holz als Abfallstoff anfällt. Es entstehen ähnliche Abwässer wie bei den Braunkohlengeneratoren.

Bei *Braunkohlengeneratoren* treten oft Abwässer mit höherem Gehalt an Phenolen auf (über 1000 mg/l). Zur Beseitigung dieser Abwässer können die für phenolhaltige Abwässer auf S. 509ff. angegebenen Verfahren angewandt werden. Auch das Magdeburger P-Verfahren (s. S. 531) hat sich für diese Zwecke bewährt.

Bei Erzeugung von Kraftgas aus Braunkohle verwendet man heute ein sog. Doppelfeuerofenverfahren, bei dem das gebildete Gas nochmals verkrackt wird, wodurch das hierbei anfallende Gas frei von Schwefelwasserstoff, Phenol und Cyan ist. Die anfallende Abwassermenge beträgt nur 45 l je t Braunkohle und hat einen p_H-Wert von 6 bis 6,5.

Das aus einer *Anthrazitgaserzeugeranlage* anfallende Abwasser hatte bei einem Anfall von 45 l Abwasser je t Anthrazit

p_H-Wert	7 bis 8
Schwefelwasserstoff	50 „ 70 mg/l
Cyanwasserstoff	5 „ 40 mg/l
Ammoniak	80 „ 120 mg/l
Phenole	0 „ Spuren

Die bei der trockenen Destillation von Torf entstehenden Torfgase werden in gleicher Weise zum Betriebe von Sauggasmotoren, zur Heizung von industriellen Anlagen, die in der Nähe sind, z. B. Teerschwelereien, Glashütten usw. benutzt. Die hierbei anfallenden Abwässer enthalten neben reichlich Ammoniumacetat auch Essigsäure und Methylalkohol und zwar in größeren Mengen als in Braunkohlenschwelwässern. Die Abwasser werden daher auf Essigsäure und Methylalkohol verarbeitet.

Die übrigbleibenden Abwässer können nach guter Entteerung zu Dungzwecken benutzt werden.

Die einfachste, sicherste und vollständigste Behandlung der Abwässer aus den Generatoranlagen ist die, das für die Gaswäsche benutzte Wasser zur Erzeugung des Wasserdampfes zu verwenden, den man in den

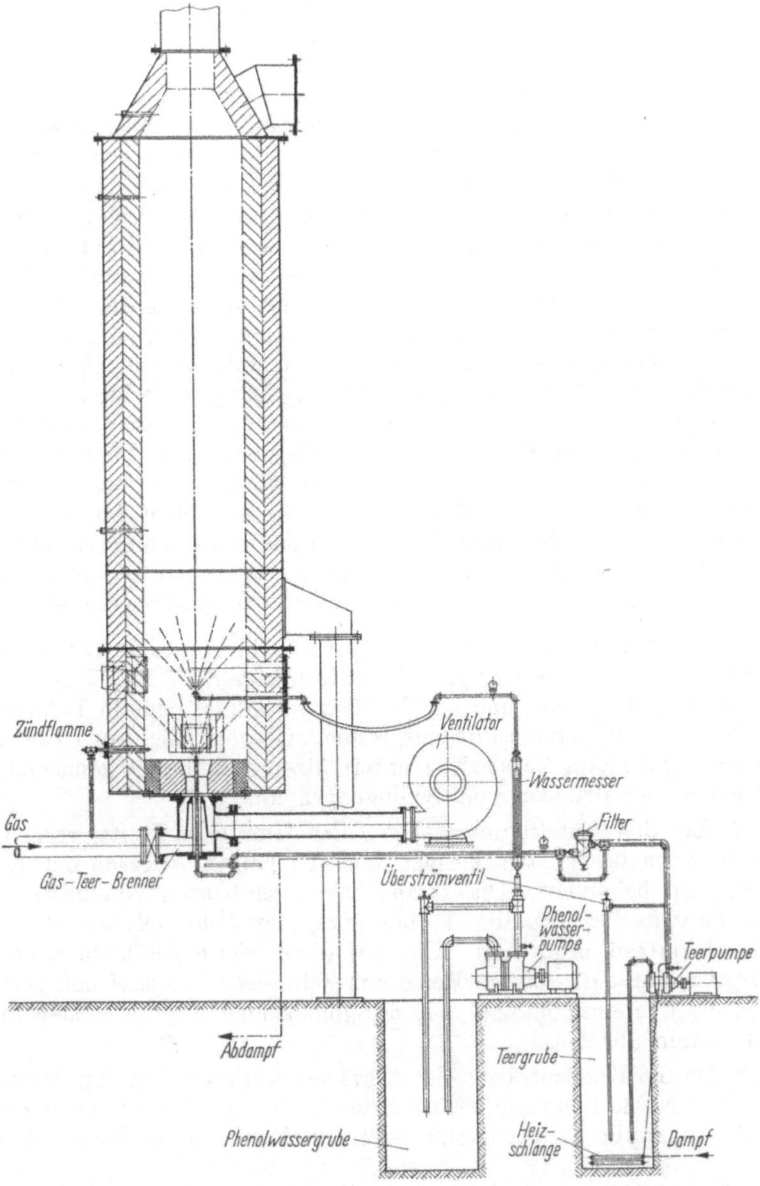

Abb. 182. Anordnung einer Phenolwasser-Vernichtungsanlage

Generatoren zur Erzeugung des Gases über die glühenden Kohlen leitet. In den Schwelwasservernichtungsanlagen der Klöckner-Humbold-Deutz AG, Köln, kann die Vernichtung der phenolhaltigen Generatorgasanlagenabwasser entweder nach dem Verdampferverfahren oder nach dem Verbrennungsverfahren erfolgen. In Abb. 182 ist die Anordnung einer Phenolwasservernichtungsanlage der Fa. Klöckner-Humbold-Deutz, Köln-Kalk, die sich für jede beliebige phenolhaltige Abwassermenge eignet, dargestellt. Bei diesem Verfahren muß mit sehr hohen Temperaturen und daher auch mit einem relativ hohen Wärmeverbrauch gerechnet werden. Der Wärmeverbrauch kann durch eine entsprechende Wärmenutzung der Abgase, z. B. Warmwassererzeugung, gesamtwirtschaftlich gesehen, reduziert werden. Der ausgemauerte Verbrennungsofen kann — da mit kombiniertem Brenner versehen — sowohl mit Gas als auch mit Teer oder Teerölen oder beiden betrieben werden. In die heißen Flammgase wird das phenolhaltige Abwasser durch eine Spezialdüse fein zerstäubt eingespritzt. Die Abgase im oberen Schacht sollen eine Temperatur von 500 bis 600 °C aufweisen. Bei ordnungsmäßigem Betriebe sind die Abgase unsichtbar, geruchlos und unschädlich. Tritt eine gräuliche Färbung ein, ist die Temperatur zu niedrig, d. h. die Anlage ist überlastet, bzw. es wird zu wenig Brennstoff oder zu viel Abwasser zugeführt. Wichtig ist ferner, daß mit der richtigen Verbrennungswindmenge gefahren wird, um den Brennstoffverbrauch nicht unnötg hoch zu treiben. Der Platzbedarf ist gering. Gegebenenfalls können mehrere Anlagen nebeneinander errichtet werden. 75% des Abwassers werden im Kreislauf verwandt und der Anfall an schädlichen Abwässern entweder ganz vermieden oder doch wenigstens stark gemildert. Wo diese Möglichkeiten der Verwendung des Waschwassers zur Dampferzeugung nicht bestehen, empfiehlt BANDT[1] folgende Behandlungsweise:

1. Belüftung des Abwassers zur Austreibung des Schwefelwasserstoffs und Oxydation der Cyanide auf Gradierwerken, Rieseltürmen, die mit Koks gefüllt sind und durch Düsenverteilung oder in Belüftungsbecken mit Druckluftbelüftungsplatten. Ob man die Entschwefelung durch Zugabe von Eisensalzen unterstützen will, hängt ganz von den örtlichen Verhältnissen und Bedingungen ab.

2. Bei den Entstinkungsanlagen der Humboldt-Deutz werden die Abwässer in besonderen Türmen mit den heißen Abgasen der Kraftmaschinen behandelt. Die Türme haben Einbauten von besonderem Kontaktmaterial, das die Verbrennung des Schwefelwasserstoffs zu Schwefeldioxyd begünstigt. Das auf diese Weise gebildete Schwefeldioxyd zersetzt die letzten Reste von Schwefelwasserstoff und zersetzt auch die Cyanammonsalze. Die übrigbleibenden Abgase werden durch den Kamin abgeleitet.

3. Da die Konzentration der Abwässer stark von der Art der angewandten Kohle abhängig ist, da Braunkohle viel stärker verschmutzte Abwässer ergibt als Steinkohle oder gar Anthrazit, so kann oft auch

[1] BANDT, H. J.: Gesundh.-Ing. Bd. 63 (1940) S. 19.

ein Wechsel im Brennstoff mit möglichst geringem Schwefel- oder Stickstoffgehalt (Anthrazit- oder Zechenkoks) eine Abhilfe schaffen.

Das DRP 716468 beschreibt ein Verfahren zur Erzeugung eines schwefelwasserstoffarmen Abwassers beim Waschen bzw. Kühlen der Generatorgase, dadurch gekennzeichnet, daß das als Abwasser abfließende Waschwasser während des Waschens durch Säurezusatz dauernd möglichst neutral gehalten wird.

Während das DRP 701758 zum Entfernen von organisch gebundenem Schwefel aus Wassergas eine besondere nach DRP 463772 hergestellte aktive Kohle benutzen will, ergänzt das DRP 702605 als Zusatzpatent das erste Patent durch Zugabe oxydierend wirkender Mittel, die man dem zu reinigenden Gas in Form von Chlor, Wasserstoffsuperoxyd oder Ozon zufügt. Hierbei ist besonders im Falle der Verwendung von Chlor dafür Sorge zu tragen, daß sich die Reaktion im alkalischen Medium vollzieht.

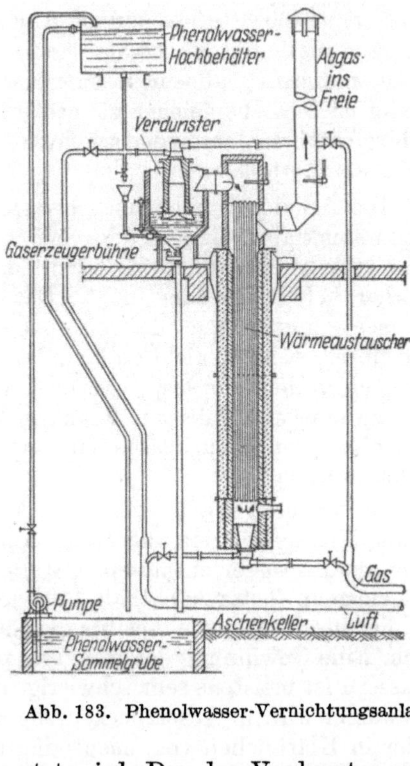

Abb. 183. Phenolwasser-Vernichtungsanlage

Stebel und Engelbrecht[1] haben in dem DRP 817423 vom 27. Febr. 1949 eine Phenolvernichtungsanlage entwickelt, die bei geringem Wärmeaufwand eine vollständige Verbrennung der Phenole gestattet. Wie Abb. 183 zeigt, besteht die Anlage aus zwei Teilen, nämlich dem Wasserverdunster und einem Wärmeaustauscher, dem eine Verbrennungskammer vorgeschaltet ist. Aus einem Hochbehälter läuft das Abwasser stetig dem Verdunster zu, wo es durch Tauchbrenner, die nur 150 mm eintauchen, verdunstet wird. Das den Verdunster verlassende stark riechende Gemisch aus Abgas und Phenolwasserbrüden stellt sich auf eine Temperatur zwischen 87 und 88 °C ein. Die aus dem Verdunster austretenden Brüden durchströmen die Rohre des Wärmeaustauschers und werden hier bei 620 bis 650 °C verbrannt.

η) *Abwässer der Ammoniakfabriken*

In den Ammoniakfabriken wird das aus den Gasanstalten und Kokereien kommende Gaswasser (Ammoniakrohwasser) durch Destillieren unter Kalkzusatz in Kolonnenapparaten auf Ammoniak verarbei-

[1] Stebel, O. J., u. H. Engelbrecht: Stahl u. Eisen Bd. 75 (1955) S. 346.

tet. Das Ammoniak, dessen Gehalt zwischen 1 bis 2% schwankt, ist als freies, das ist leicht abtreibbares, und als gebundenes Ammoniak, das erst durch Behandlung mit Kalk frei gemacht werden muß, im Rohwasser enthalten. Je nach dem herzustellenden Produkt, Ammoniumsulfat, Salmiak oder Salmiakgeist, erfolgt daher der Zusatz des Kalkes zeitlich verschieden und bemißt sich der Gehalt des Abwassers an den einzelnen Stoffen, insbesondere an Kalk in gelöster oder suspendierter Form. Entsprechend dem Zulauf des Gaswassers zu den Kolonnenapparaten läuft aus dem unteren Teil ständig das erschöpfte Gaswasser als Abwasser ab. KRES[1] berechnet den Kalkbedarf für einen Kohlendurchsatz von 2400 t in 24 Std. (11% Feuchtigkeit und 4% Konstitutionswasser): $2400 \times 0{,}15 = 360\ m^3$ Abwasser. Wird das Ammoniak durch Wasser aus dem Gas ausgewaschen, so werden nur 880 kg Kalk gebraucht. Man verwendet allgemein eine Kalkmilch mit einem Kalkgehalt von 46 kg/m³. Da bei einem zu großen Zusatz von Kalk die Gefahr der Abtreiberverschlammung besteht, so hat ein Kalküberschuß mehr Nachteile als Vorteile.

Die Art des anfallenden Abwassers richtet sich danach, ob das zur Ammoniakfabrik kommende Gaswasser durch eine Entphenolungsanlage von den sehr übelwirkenden teer- und phenolartigen Verbindungen vorher befreit ist oder nicht. Das Abwasser eines phenolfreien Gaswassers kann in den allermeisten Fällen den Kanalisationen bzw. dem Vorfluter, wenn er nicht zu klein ist, nach Durchgang durch ein Absetzbecken, in dem der suspendierte Kalk abgesetzt ist, abgelassen werden. Bei zu starker alkalischer Reaktion kann vor dem Absetzbecken durch Einleiten von Rauchgasen eine weitgehende Neutralisation durchgeführt werden.

Im anderen Falle stellt das Abwasser eine rötlich-braune, stark trübe Flüssigkeit dar, die außer Ammoniak in kleineren Mengen noch alle im Gaswasser enthaltenen Stoffe, dazu noch Kalk in gelöstem und ungelöstem Zustande enthält. Auf den Vorfluter wirkt dieses Abwasser in gleicher Weise, wie dies für die Gaswässer angegeben ist, sehr schädlich. Eine Gewinnung der teer- und phenolartigen Stoffe aus diesen Abwässern ist meistens sehr schwierig. Das von den Abtreibern kommende Abwasser wird in Absetzbecken, die meistens mehrere Kammern haben, oder in Klärteichen vom suspendierten Kalk befreit. KRES gibt für die Abwassermenge von 100 t Trockenkohlendurchsatz in 24 Std. eine Klärteichoberfläche von 10 m² an. In diesem Absetzbecken kann sich auch das Abwasser abkühlen, wenn es mit Rücksicht auf den Vorfluter noch weiter gereinigt werden muß.

Um den Absetzvorgang zu fördern, hat RADCLIFF[2] ein Verfahren ausgearbeitet, das sich in St. Albans, England, nach dem Urteil verschiedener Abwasserfachleute bewährt haben soll. In Absetzbecken wird zunächst der suspendierte Kalk entfernt, dann wird das Abwasser auf einen Fraktionierapparat gepumpt, rieselt über Platten herab, wäh-

[1] GÖSMEIER-KRES, E.: Brennst.-Chemie Bd. 17 (1936) S. 466.
[2] Siehe TILLMANS: Wasserreinigung u. Abwasserbeseitigung, S. 117.

rend von unten ein Gemisch von heißeren, kohlensäurehaltigen Abgasen und Luft eingeblasen wird. Dadurch wird der gelöste Kalk ausgefällt und die Phenole zerstört. Der Kalk setzt sich ab, und die Flüssigkeit wird auf einen anderen Fraktionierapparat, der als Untersatz für den ersten dient, gedrückt. Ein starker Luftstrom soll hier die Phenole und andere Stoffe entfernen. Durch Eintropfen von Schwefelsäure lassen sich auch die Rhodanverbindungen zerstören. Nach dem Durchgang durch ein zweites Absetzbecken und Filtration über Koks ist das Wasser klar.

Der gewonnene Gaskalk soll nach König nicht frisch, sondern erst nach längerem Kompostieren zu Dungzwecken benutzt werden, z. B. nach Durchsetzen mit Erde, Stroh oder anderen organischen Abfällen (Oxydation der in ihnen enthaltenen Teer-, Schwefel- und Rhodanverbindungen). Nach einem anderen Vorschlag von König soll das Abwasser in dichte, bedeckte und gut ventilierte Gruben geleitet und dort eingetrocknet werden. Weiter empfiehlt er, das Abwasser in Torf, Sägespänen, verbrauchter Lohe und ähnlichem aufzusaugen, die Mischung zu trocknen, zu pressen und schließlich zu verfeuern. Dieses Verfahren kann in Notzeiten von kleineren städtischen Gaswerken in Sommerzeiten angewandt werden, wenn der Vorfluter infolge zu geringer Wasserführung die Zuführung selbst der kleinsten Abwassermengen verbietet. Für größere Abwassermengen ist dieses Verfahren schlecht anwendbar. In den meisten Fällen bleiben daher zur Reinigung bzw. Beseitigung nur die mit einer Zerstörung der schädlichen Stoffe arbeitenden Verfahren übrig. Als solche kommen die für Kokereiabwässer angegebenen Verfahren nach entsprechender Änderung in Frage: Verwendung als Kokslöschwasser nach Entfernung des Kalkes in Absetzbecken und entsprechender Verdünnung, Behandeln mit häuslichem Abwasser zusammen auf Tropfkörpern, Rieselfeldern als Düngemittel, Aufarbeitung in Verdampferanlagen, Emscherfilter, Magdeburger P-Verfahren, Belebtschlammverfahren oder auch nach Vermischung mit häuslichem Abwasser auf Hochleistungstropfkörpern.

ϑ) Abwässer der Steinkohlenkraftwerke und Aluminiumwerke

Auf den Kraftwerken fällt neben großen Mengen Kühlwasser als eigentliches Abwasser nur das Wasser der Kesselspeisewasserreinigung und der Aschespülung an. Beide Abwasserarten lassen sich sehr gut und einfach klären. Bei den mit hohen Temperaturen (1700 °C) arbeitenden Großkraftwerken fließt die geschmolzene flüssige Schlacke in einen Wasserbehälter, in dem die Schlacke zu einem Schmelzgranulat zerfällt. Das Schmelzgranulat wird über ein Magnetfilter geleitet, um metallische Eisenteilchen zu entfernen. Das dann übrig bleibende Schmelzgranulat ist steril und unlöslich und kann ohne Bedenken zum Auffüllen von Geländeflächen, zum Straßenbau, zur Herstellung von Zementsteinen usw. benutzt werden. Die in den Kraftwerken in großen Mengen anfallenden Kühlwasser sind rein und können, wenn ihre Temperatur nicht zu hoch ist, ohne weiteres in die Vorfluter abgelassen werden. Die bei der Kesselspeisewasserreinigung anfallenden Abwasser mit ihren Schlämmen müssen für sich behandelt werden. In gleicher Weise wie bei den Aluminiumwerken, die auf Steinkohlenbasis aufgebaut sind, eignen sich die gebräuchlichen Absetzbecken für die mechanische Reinigung sehr gut. Die gelösten Mineralstoffe lassen sich jedoch nicht beseitigen.

ι) Abwässer der Zerlegung und Konvertierung des Hochofengases

Hierbei entsteht ein Abwasser, das meistens nur durch Kohlensäure, Schwefelwasserstoff und einige Rußteilchen verschmutzt ist. Der Schwefelwasserstoff läßt sich durch Ausblasen mit Kohlensäure oder kohlensäurehaltigen Gasen weitgehend, besonders auch durch Einblasen von Luft unter Zugabe geringer Ferrihydroxydmengen, beseitigen. Die Rußteilchen werden durch Absetzenlassen oder durch Filterung abgefangen. Man kann aber auch die Abwässer durch Wiederverwendung im Betriebe, z. B. bei der Gaswäsche beseitigen.

κ) Abwässer der Stickstoffwerke

Der Stickstoff dieser Werke wird nach dem LINDE-Verfahren durch Tiefkühlung und fraktionierte Destillation aus der Luft, wobei gleichzeitig Sauerstoff anfällt, und der Wasserstoff aus dem Koksofengas der Zechen durch Zerlegung des Gases gewonnen wird. Das Abwasser enthält je nach der Art der erzeugten Düngerarten noch Restmengen an Ammonsulfaten und anderen Mineralstoffen. Die Reste von Ammoniak und Schwefelwasserstoff geben dem Abwasser einen schlechten Geruch. Das gesammelte Abwasser des Werkes wird meistens in Nachklärbecken von den absetzbaren und öligen Stoffen befreit. Die gelösten Stoffe, vorwiegend mineralischer Natur, lassen sich nicht beseitigen. Ihr schädigender Einfluß kann nur durch Verdünnung aufgehoben werden.

d) Abwässer der Holzverkohlungsindustrie

Bei der trockenen Destillation des Holzes bei Temperaturen zwischen 170 bis 500° in großen luftdichten Eisenretorten erhält man das kohlensäurereiche Holzgas, Holzkohle und als flüssige Bestandteile den Holzteer und den Holzessig. Früher war die Holzkohle das Hauptprodukt. Heute spielen die Nebenprodukte eine wichtigere Rolle als die Holzkohle selbst. Der bei der direkten Wasserkühlung anfallende rohe Holzessig ist eine stechend riechende braune Flüssigkeit, die neben organischen Säuren (vorwiegend Essigsäure) den sog. Holzgeist (Methylalkohol, Methylacetat, Aceton, Aldehyde u. a. m.) ferner etwa 7% gelöste Teerstoffe, Kreosole (Phenole) und Spuren von Stickstoffverbindungen enthält. Die Aufarbeitung des rohen Holzessigs erfolgt durch Destillation nach dem Dreiblasensystem, bei dem die teerigen Bestandteile als Blasen- oder Holzteer zurückbleiben. Die bei der Destillation entweichenden Dämpfe werden durch Kalkmilch geleitet, wobei die Essigsäure zurückgehalten wird, während der Holzgeist durchgeht und in einer besonderen Vorlage kondensiert wird. Die essigsaure Kalklösung wird zur Gewinnung des essigsauren Kalkes eingedampft und anschließend aus dem trockenen „Graukalk" Aceton gewonnen. Außer der früher fast ausschließlich angewandten trockenen Destillation wendet man heute auch die Zersetzung mit Schwefelsäure an, wobei man einen 75- bis 80%igen Rohessig erhält, der dann durch mehrmalige Destillation mit Wasser gereinigt wird. Bei der trockenen Destillation muß das gebildete Aceton durch Waschen mit Wasser von den übelriechenden Acetonölen (Ketone) befreit werden. Der bei der trockenen Destillation anfallende Acetonkalk ist ein verschmutztes Calciumcarbonat, das auf Halden gekippt oder in Glühöfen in Ätzkalk übergeführt wird. Aus dem Holzgeist wird dann noch durch Ausscheiden mit Calciumchlorid oder durch fraktionierte Destillation der Methylalkohol gewonnen.

Bei den verschiedenen Destillations- und Reinigungsvorgängen der verschiedenen Produkte fallen saure, teerstoffhaltige Abwässer von wechselnder Menge und Beschaffenheit an. Sie haben eine gelbe Farbe und starken Holzteergeruch. Beim Stehen an der Luft scheiden sie langsam dunkle Öltropfen ab. Der Kaliumpermanganatverbrauch ist sehr hoch und kann bis auf 40 g/l ansteigen.

Hickerson und McMahon[1] haben die Abwässer einer großen Holzverkohlungsanlage, die täglich 500 t Holz verarbeitet, untersucht. Die verschiedenen Abwässer haben einen verschiedenen Verschmutzungsgrad. Die kalkhaltigen Abwässer haben einen p_H-Wert von 6,8, einen BSB von 1300 mg/l, einen CSB von 330 mg/l und einen Phenolgehalt von 265 mg/l. Die Abwässer der Alkoholdestillation sind dunkelbraun und haben einen p_H-Wert von 9,2, einen CSB von 4750 mg/l und einen Phenolgehalt von 2650 mg/l. Die Hauptmenge der Abwässer ist stark gefärbt, hat einen p_H-Wert von 3,4, einen BSB von 8200 mg/l, einen CSB von 180 mg/l und einen Phenolgehalt von 365 mg/l. Die gelbbraun gefärbten Abwässer von der Dekantierung haben ebenfalls einen p_H-Wert von 3,5, einen BSB von 40000 mg/l, einen CSB von 27500 mg/l und einen Phenolgehalt von 14200 mg/l. Die letzteren Abwässer werden in Teichen mit Belüftung behandelt, wobei etwa 15% des CSB abgebaut werden, während der Phenolgehalt gleich bleibt. Behandelt man diese rohen Abwässer mit 25000 mg/l Ozon, so tritt eine erhebliche Abnahme des Phenolgehaltes auf, jedoch wird der BSB wenig beeinflußt.

Zur Bestimmung der Phenole wird der Tyrosintest angewandt, der auf der Fähigkeit von Tanninen, Ligninen und anderen phenolartigen Materialien zur Reduktion von Phosphorwolfram- oder Phosphormolybdänsäuren beruht, wobei eine blaue Farbe gebildet wird, die dann photometrisch bestimmt wird.

Die in den verschiedenen Holzölen, z. B. dem aus dem Kondensat beim Dämpfen von Schleifholz erhaltenen Rohterpentin, vorkommenden Stoffen gehören vier Hauptgruppen an. Wenn sie gegenüber Bisulfit

---

[1] Hickerson, R. C., u. E. K. McMahon: J. Wat. Poll. Contr. Feder. Bd. 32 (1960) S. 55.

und Alkalien indifferent sind, bestehen sie aus Kohlenwasserstoffen. Wenn sie in alkalischer Mischung nicht, jedoch aber in saurer Mischung durch Wasserdampfdestillation abtreibbar sind, so bestehen sie hauptsächlich aus Phenolen. Ein großer Teil der Stoffe ist mit Bisulfitlösung ausziehbar und durch alkalische Behandlung in Pech überführbar.

Die in den Holzverkohlungsfabriken anfallenden sauren, teerhaltigen Abwässer, einschließlich der großen Mengen Kühlwässer von den verschiedenen Destillieranlagen, enthalten neben Holzkohlenteer mehr oder weniger saure Bestandteile, wie Essigsäure und auch niedere und höhere Alkohole usw. Der große Nachteil des Holzkohlenteers gegenüber dem Steinkohlenteer ist seine viel größere Löslichkeit. Gelangt Holzkohlenteer in den Untergrund oder in den Vorfluter, so setzt er sich hier am Boden fest und kann auf sehr lange Zeit phenolartige Stoffe an das darüberfließende Wasser abgeben, was besonders bei Vorflutern, die zur Trink- und Brauchwassergewinnung benutzt werden, sehr nachteilig ist. Eine der Hauptaufgaben der Reinigung ist daher eine möglichst weitgehende Entteerung, die bei richtig eingestellter Temperatur gut in den auf S. 519 angegebenen KÖNIGschen Entteerungsanlagen durchgeführt werden kann.

Bei der Verarbeitung des entgeisteten und entteerten Holzgeistes durch Zugabe von reinem Methylalkohol und Schwefelsäure auf Methylacetat (Essigsäuremethylester) fallen stark trübe, dunkelrötlichbraune Abwässer an, die typisch nach Brandharzen (empyreumatische Stoffe) riechen und beim Abkühlen und Stehen fest erstarrende Teermassen abscheiden. Durch ihren hohen Gehalt an freier Schwefel- und Essigsäure reagieren sie stark sauer (p_H 1). Der hohe Gehalt an gelösten Stoffen gibt ihnen einen hohen Trockensubstanzgehalt, der seinerseits wieder einen sehr hohen Kaliumpermanganatverbrauch (über 140 g/l) verursacht. Auch der BSB_5 mit 75 g/l ist als sehr hoch zu bezeichnen. Der Gehalt an flüchtigen und nichtflüchtigen Phenolen schwankt zwischen 100 und 300 mg/l.

Bei der Herstellung von Äthylacetat (Essigäther) durch Zugabe von Äthylalkohol und Schwefelsäure zu rohem Holzessig fallen ähnliche heiße und saure Abwässer an, die nach ihrer Abkühlung und Entteerung stark trübe, dunkelgoldgelb gefärbt sind und schwach nach Teerstoffen riechen. Sie reagieren stark sauer (3,2 p_H) und haben in den gelösten Bestandteilen (etwa 10 g/l) außer den organischen Säuren auch noch flüchtige wie nichtflüchtige Phenole.

Zur Reinigung der bei der Holzverkohlung anfallenden Abwässer sind viele Versuche gemacht worden. Die besten Erfolge versprechen die vom Ruhrverband durchgeführten Versuche mit einer stufenweisen Behandlung der Abwässer. In der ersten Stufe werden den Abwässern in ähnlicher Weise wie bei den Entphenolungsanlagen durch eine Benzolwaschung oder durch eine Adsorption an Kunstharze, wie Wofatit oder Levatit, die teerigen und phenolhaltigen Stoffe entzogen. Die dann noch im Wasser verbleibenden Reste dieser Stoffe und das in das Wasser übergehende Benzol werden durch eine Filterung über a-Kohle entfernt.

Für das weitestgehend entteerte und neutralisierte Abwasser kann man dort, wo geringe Mengen häuslichen Abwassers zur Verfügung stehen, auch anschließend das Magdeburger P-Verfahren anwenden, zumal dieses Verfahren bei richtiger Zugabe von Stickstoff und Phosphaten neben den im Abwasser enthaltenen Phenolen auch die niederen Fettsäuren, wie Essig- und Buttersäure, dann aber auch die Pyridine, wenn auch langsamer, abbaut. Grundbedingung ist auch in diesem Falle eine weitgehende Vorreinigung durch Abscheidung der feinen schädlichen Teerbestandteile, da diese sonst den sich bildenden Flockenschlamm durch die dauernde Abgabe schädlicher Stoffe vernichten.

Bei der trockenen Destillation (Schwelung) von *Torf und Ölschiefern* fallen ähnliche saure und teerhaltige Abwässer an. Bei neueren Torfschwelanlagen rechnet man für eine t Torf mit 25 bis 30% Wassergehalt mit etwa 0,3 m^3. Außer 1 bis 3% Ammoniak und 1 bis 4% Essigsäure enthalten sie noch 0,5 bis 1,0% Methylalkohol, ferner Aceton und Phenole. Doch sind alle diese Stoffe in so geringer Menge vorhanden, daß sich ihre Gewinnung nicht lohnt. Sie werden am besten in gleicher Weise wie die Holzverkohlungsabwässer behandelt. Die bei der Ölschieferverarbeitung anfallenden Abwässer können auf Ammoniak verarbeitet werden.

e) Abwässer von Kieselgurwerken

In der Lüneburger Heide gibt es noch bedeutende Lagerstätten von Diatomeenerde (Kieselgur). Es handelt sich um die Reste (Kieselsäuregerüste) von Kieselalgen (Diatomeen). Die Lager sind teilweise mehrere Kilometer lang und einige Meter mächtig. Sie werden seit einiger Zeit im Tagebau, früher von Hand, heute maschinell abgebaut. Kieselgurerde hat infolge seiner besonderen Eigenschaften, z. B. geringes Gewicht, geringe Wärme- und Schalleitfähigkeit, große innere Oberfläche (Verwendung als Adsorptionsmittel), starke Absaugefähigkeit, mannigfache Verwendungsmöglichkeit. Durch den Abbau der Kieselgurerde entstehen, ähnlich wie beim Braunkohlenabbau, große Gruben, die voll Wasser laufen. Da zwischen der Kieselgurerde gelegentlich mehr oder weniger große Einlagerungen von Pyriten vorkommen, sind diese Wässer verschieden stark sauer und haben einen stark schwankenden Eisengehalt. In einigen Fällen wird das Wasser auf große Ödflächen gepumpt. Wo dies nicht möglich ist, muß es in die meist nur wenig Wasser führenden Bäche geleitet werden. Durch ihren Säure- und Eisengehalt können diese Wässer einen sehr starken Einfluß auf den Chemismus und die Biologie der Gewässer haben.

Die Grubenwässer haben durch ihren hohen Säuregehalt einen sehr niedrigen p_H-Wert, der bis auf 4,0 absinken kann. Ungünstig macht sich auch der Eisengehalt der Grubenwässer bemerkbar. Der größte Teil wird ausgeflockt und setzt sich als brauner Niederschlag am Boden ab. Auch der biologische Charakter der Flüsse wird durch diese Abwässer, wie die Untersuchungen von Kühl und Mann[1] ergeben haben, sehr weitgehend

[1] Kühl, H., u. H. Mann: Der Fischwirt (1960) Heft 11.

nachteilig beeinflußt. Das Fehlen der Fische in den unterhalb liegenden Bächen ist, wie diese Untersuchungen gezeigt haben, nicht nur auf den Mangel an Nährtieren zurückzuführen, sondern beruht auch auf einer direkten Schadwirkung durch die sauren Grubenwässer. Um diese Schadwirkungen mit Rücksicht auf die kleinen Gewässer auszuschalten, ist es erforderlich, eine durch ein registrierendes p_H-Wert-Meßgerät gesteuerte Neutralisation und Ausflockung des Eisengehaltes in genügend großen Absetzteichen mit genügender Aufenthaltszeit zwischenzuschalten.

31. Abwässer der Eisen- und Metallgewinnung und -bearbeitung

Die Eisen- und Stahlindustrie liegt als Wassergroßverbraucher in der Statistik der industriellen Wasserverbraucher an dritter Stelle. Bei der Ermittelung der Abwassermenge geht man nach SCHREVE[1] im allgemeinen von der in Anspruch genommenen Frischwassermenge aus. Die Abwassermenge und -qualität hängt von sehr vielen Faktoren ab, u. a. auch davon, ob es sich um eine „trockene" oder eine „nasse" Hütte handelt. Unter einer „nassen" Hütte versteht man eine Werksanlage, die die Hauptmenge des Wassers einem leistungsfähigen Gewässer entnimmt und nach ein- oder mehrmaligem Gebrauch im Betrieb wieder in dieses zurückleitet. Hierbei wird unterstellt, daß die Belastung des Wassers nach Gebrauch nur so hoch ist, daß das Gewässer hierdurch keinen empfindlichen Schaden erleidet. Eine „trockene" Hütte entnimmt ihr Frischwasser einem nach Menge begrenzten Wasserschatz, entweder aus eigenen Anlagen oder aus dem öffentlichen Netz und gibt nur die Wassermengen an den Vorfluter ab, die nicht mehr im Werke weiter verwendet werden können. In einer „trockenen" Hütte muß also das Wasser weitgehend in Kreisläufen gehalten werden, in die zur Erhaltung der vom jeweiligen Betrieb geforderten Qualität abwassertechnische Einrichtungen eingeschaltet werden müssen.

a) Hochofenwerke

Bei Hochofenwerken fallen Abwässer verschiedener Art an. Ist eine Erzwäsche vorhanden, so fallen stark schlammhaltige Abwässer an, die in gleicher Weise wie bei der Kohlenwäsche durch Zyklone, Filter oder Absetzbecken gereinigt werden. Das in der Erzwäsche gebrauchte Wasser muß so weit gereinigt werden, daß es möglichst lange im Kreislauf benutzt werden kann. Nur ein bestimmter Prozentsatz an Frischwasser sollte stets zugefügt werden, um eine zu starke Anreicherung mit Fremdstoffen, vor allem auch mit Salzen, zu vermeiden. Ob die dieser Frischwassermenge entsprechende Abwassermenge dann noch einer besonderen Reinigung, Neutralisation, chemischen Fällung unterzogen werden muß, muß durch Spezialuntersuchungen geprüft werden. Eine Untersuchung des Schlammes muß die Frage seiner Weiterverwendung

[1] SCHREWE, H.: Münchener Beiträge zur Abwasser-, Fischerei- und Flußbiologie, Bd. 11. München: Oldenbourg 1964, S. 92.

klären. Die Hauptabwässer sind die Kondensations- und Waschwässer der Hochofengase und die Abwässer der Schlackengranulation. Während früher der Wasserverbrauch für die Erzeugung einer t Stahl mit 10 bis 20 m³ angegeben wurde, haben die Einführungen der Wasserkreisläufe bewirkt, daß der Wasserverbrauch bis auf 5 bis 6 m³ gesenkt werden konnte. ROELEN[1] gibt den Wasserbedarf eines mit weitgehender Kreislaufverwendung des Wassers arbeitenden Hüttenwerkes wie folgt an:

Gasreinigung	7%	Hochofenbetrieb	14%
Stromerzeugung	14%	Stahlwerksbetrieb	21%
Umlaufbetrieb	19%	Walzwerksbetrieb	22%
		Nebenzwecke	3%

ROHDE[2] bringt die in Abb. 184 gezeigten Wasserkreisläufe eines Hüttenbetriebes. Das Brauchwasser wird dem am Fluß liegenden Rückgewinnungs- und Klärbecken entnommen. Durch die direkte Verbindung des Beckens mit dem Fluß kann die benötigte Wassermenge dauernd zufließen. Das Brauchwasser wird im Becken nur von den groben Schwebestoffen befreit. Mit Ausnahme des unverschmutzten, dauernd im Kreislauf geführten Kühlwassers wird von den verschmutzten Kreisläufen hinter den Kläranlagen ein bestimmter Teil abgezweigt und

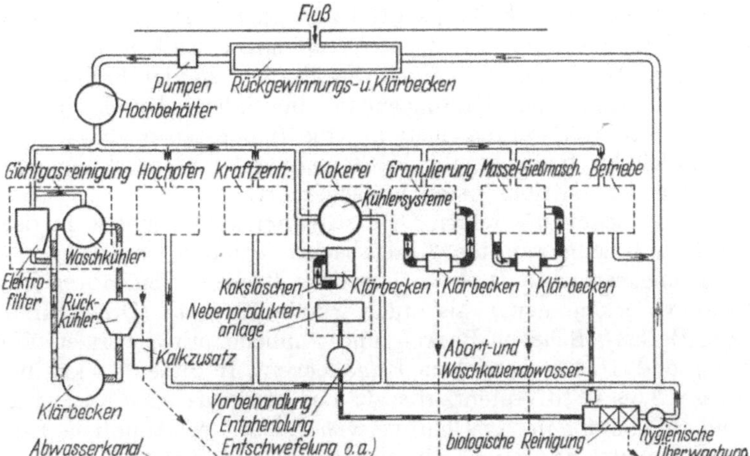

Abb. 184. Wasserkreisläufe eines Hüttenbetriebes

durch ein werkseigenes Kanalsystem dem Hauptsammler der städtischen Kanalisation zugeführt. Durch die in den Hüttenwerken eingeführten verschiedenen Kreisläufe kann nach POEHLMANN[3] eine große

[1] ROELEN, W.: Kohle-Eisen-Wasser. Gas- u. Wasserfach Bd. 92 (1951) H. 24, S. 313.

[2] ROHDE, H.: Gas- u. Wasserfach Bd. 97 (1956) H. 18, S. 778.

[3] POEHLMANN, H.: Berichte der Abwassertechn. Verein. Bd. 8 (1957) S. 120. Gas- u. Wasserfach Bd. 95 (1954) S. 37.

Wasserersparnis und eine bessere Abwasserreinigung erzielt werden. Weiterhin bekommt man durch die Trennung der Kreisläufe den Wasserverbrauch viel fester in die Hand.

α) *Waschwässer der Hochofengasreinigung*

Zur Reinigung der Gichtgase der Hochofenwerke hat sich das Naßreinigungsverfahren bewährt. Die hierbei anfallenden Abwässer enthalten außer geringen Cyan-, Schwefel- und Phenolmengen, Naphthalin, einen feinen, dichten, nur schwer absetzbaren Staub aus Asche, Eisenoxyd-, Kieselsäure-, Schlacke- und Erzteilchen, ferner Aluminium, Kohlenstoff, Kalk und Magnesia. Nach HENDERSON und BAFFA[1] gehen die in feiner Suspension in den Abwässern der Hochofengaswäsche enthaltenen Stoffe zu 90 bis 99 v. H. durch ein 100-Maschen-Sieb. Die Temperatur wird mit 35 bis 45 °C angegeben. Demgegenüber geben BLACK und MCDERMOTT[2] die Menge des bei der Gaswäsche anfallenden Abwassers mit 30 m^3/t Roheisen an. Zur Rückgewinnung des Waschwassers und Wiederverwendung im Kreislauf werden die festen Stoffe durch Absetzenlassen in Absetzbecken abgefangen. Um eine zu starke Anreicherung mit den übrigen, besonders den gelösten Stoffen zu verhindern, wird stets ein Teil des Abwassers durch Frischwasser ersetzt. Da der feine Staub nur sehr langsam niedersinkt, empfiehlt es sich, das Absetzenlassen durch Fällungsmittel zu fördern. Das einfachste Mittel ist die schon 1909 von PETERSEN[3] empfohlene Kalkzugabe (etwa 0,1 bis 0,2 g/l). Man kann aber auch die übrigen, in der Fällungstechnik bekannten chemischen Fällungsmittel anwenden. Durch die Zugabe der Fällungsmittel werden nicht nur die Baukosten niedriger, sondern es wird auch durch eine erhebliche Steigerung der Klärwirkung eine Verminderung der Betriebskosten herbeigeführt.

Zum Abfangen des feinen Gichtschlammes können alle in der Abwassertechnik angewandten Absetzbecken benutzt werden, und zwar sowohl langgestreckte Becken (Leipziger Becken, Neustädter Becken, LINKBELT-Becken usw.) als auch runde Becken (DORR-Eindicker, Bamag-Becken, Scheven-Becken und ähnliche mit zentraler Wasserführung und Kratzer betriebene Rundbecken). In diesen Becken hat das Abwasser 2 bis 4 Std. Aufenthaltszeit. Das gereinigte Abwasser wird ohne besondere Kühlung im Kreislauf verwandt. Für 1 m^3 stündliche Leistung werden etwa 0,8 m^2 Grundfläche benötigt. Durch Zusatz von Kalkmilch oder anderen Fällungsmitteln kann die Abscheidung gefördert werden. Dem Vorteil kleinerer Becken und geringen Platzbedarfs steht der Nachteil eine entsprechend vermehrten Schlammabscheidung, der aber in Neustädter Becken durch etwas häufigeren Schlammausstoß oder in den übrigen Absetzbecken durch eine kontinuierliche Schlammentfernung begegnet werden kann, entgegen. Der abgefangene Schlamm wird auf

---

[1] HENDERSON, A. D., u. A. M. BAFFA: Proc. Amer. Soc. Civ. Engng. Bd. 80 (1954), Separat No. 494.

[2] BLACK, H. H., u. G. N. MCDERMOTT: Sew. Ind. Wastes Bd. 26 (1954) S. 976.

[3] PETERSEN: Stahl u. Eisen 1909, S. 868; 1911, S. 270.

Trockenplätzen getrocknet. In Abb. 185 ist ein zentral durchflossenes kreisrundes Klärbecken der Bamag-Meguin AG., Gießen, mit einer Stundenleistung von 1000 m³ Hochofengaswaschwasser dargestellt.

Abb. 185. Kläranlage für Hochofengaswaschwasser für eine Leistung von 1000 m³ je Stunde. Das Klärbecken hat einen ⌀ von 25 m und besitzt eingebaute Koksfilter vor der Überlauftasse (Bamag-Meguin, Gießen)

Vor der Überlauftasse sind Koksfilter eingebaut, die den feinsten Restschlamm zurückhalten sollen. Der sich am Boden absetzende Schlamm wird laufend während des Betriebes durch einen Kratzer zu dem in der Mitte sitzenden Pumpensumpf befördert und von hier aus

Abb. 186. 2 Klärbecken von 30 m ⌀ für die Klärung von 3000 m³/h Hochofengaswaschwasser. Der Platz über den Becken ist durch den Bau von Kühltürmen ausgenutzt

zu den Trockenbeeten gepumpt. In Abb. 186 sind 2 Klärbecken von 30 m ⌀ für die Klärung von Hochofengaswaschwasser für eine stündliche Gesamtleistung von 3000 m³ dargestellt. Um den Platz über den

Klärbecken auszunutzen, hat man über jedes der Klärbecken einen Kühlturm errichtet.

In Abb. 187 ist der Querschnitt durch ein rundes Absetzbecken, das die Fa. Passavant für ein großes Hüttenwerk in Maubeuge für die Reinigung des Gichtgaswaschwassers errichtet hat, dargestellt. Auch ohne

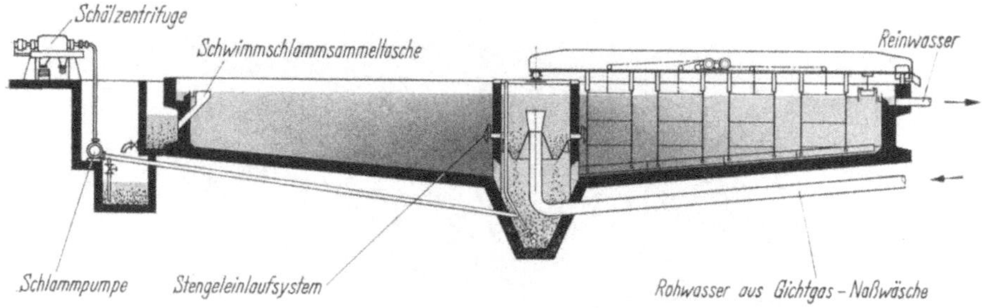

Abb. 187. Schnitt durch eine Gichtgaswaschwasserkläranlage (Fa. Passavant, Michelbach)

Zusatz von Fällungsmitteln beträgt der Gehalt an Feststoffen im Ablauf nur 14 bis 30 mg/l. Der anfallende Schlamm wird in einer Schälschleuder bis auf 30% Wasser entwässert. Durch seinen hohen Eisengehalt kann er einem weiteren Sinterprozeß zur Rückgewinnung des Eisens zugeführt werden.

Außer Schwefelwasserstoff enthält das Hochofengaswaschwasser noch an besonders schädlichen Stoffen giftige Cyanverbindungen, die sich bei der Verwendung des Wassers im Kreislauf allmählich so stark anreichern, daß sie in den Kanalisationen und den Vorflutern zu großen Schädigungen, vor allem auch zu Fischsterben usw. führen können. In neuerer Zeit zerstört man die Cyanverbindungen durch Zugabe von Chlor in alkalischer Lösung, wobei das Chlor das Cyan zu Cyanursäure aufoxydiert, die bedeutend geringer giftig ist als das Cyan und leichter in Kohlensäure und Ammoniak zerfällt. Man kann das Chlor als Natriumhypochlorit in 15%iger Lösung zugeben, oder man gibt Chlorgas aus einer Chlordosierungsanlage (Chlorator, Bran & Lübbe, Bamag-Meguin) hinzu, nachdem man es vorher durch Zugabe von Kalk oder eines anderen Alkalisierungsmittels alkalisch gemacht hat. Auf 1 mg/l Cyan rechnet man mindestens 3 Teile Chlor. Wenn das Verfahren bei den anfallenden großen Wassermengen auch nicht billig ist, so hat es doch eine gute Wirkung und ist noch billiger als das seit einiger Zeit zur Zersetzung der Cyanide empfohlene Ozon. (Weiteres s. S. 525.)

Der Wasserverbrauch kann bei der Gichtgaswäsche durch den Einbau von Elektrofiltern (Bauart Siemens, Lurgi-Cottrell, Oski u. a.) und durch die Vorschaltung von Zyklonen oder trockenen Staubsäcken erheblich eingeschränkt werden. Durch den Einbau von Elektrofiltern usw. werden vor allen Dingen die feinen, aus dem Abwasser nur schwer abscheidbaren ungelösten Asche-, Schlacke- und Erzteilchen schon vorher abgeschieden. Die übrigen Stoffe, wie vor allen Dingen die flüchtigen, giftigen löslichen Cyanverbindungen werden dann erst bei der nassen

Feinwäsche ausgeschieden. Mit Rücksicht auf die cyanhaltigen Abwässer schaltet man in den Kreislauf der Gichtgasreinigung außer den Elektrofiltern ein großes Absetzbecken und einen Kühlturm, in dem die cyanhaltigen Abwässer verdüst werden, um einen großen Teil des Cyans zu entfernen. Der Restgehalt an Cyan muß dann durch Chlor zerstört werden.

β) Abwässer von der Hochofenschlackengranulation

Die früher als wertloser Abfall auf Halden gekippte Schlacke findet heute als Baumaterial wertvolle Verwendung. Durch Zerschlagen der ausgegossenen und erkalteten Schlackenblöcke gewonnene Stückschlacke kann als Bettung für Straßen oder an Stelle von Kies oder Kleinschlag als Betonmaterial verwandt werden. Zur Verwendung als Steinmaterial für biologische Tropfkörper hat sie sich trotz der stark porösen Oberfläche nicht bewährt, da sie dem dauernden Angriff des Wassers nicht standhält und allmählich zerfällt.

Der Schlackensand, der an Stelle von Feinsand zu baulichen Zwecken Verwendung findet und in frischem Zustand den Grundstoff für den Hochofenzement bildet, wird in der Weise hergestellt, daß man die aus dem Hochofen kommende glühendheiße und daher noch flüssige Schlacke in rasch fließendes Wasser leitet. Bei der plötzlichen Abkühlung erstarrt sie unter starker Wasserdampfentwicklung und zerfällt sofort zu kleinen unregelmäßig geformten blasigen Körnern, die von dem stark erwärmten Wasser mit fortgeführt werden. Das Gemenge von Granulationsschlacke und Wasser wird in Fanggruben in Form einfacher viereckiger Becken geleitet. Die Hauptmenge des Schlackensandes setzt sich infolge seines größeren spez. Gewichtes rasch ab und wird durch Greifbagger dauernd aus den Becken entfernt, gleich verladen und nach Zementfabriken befördert. Ein Teil der Schlacke wird aber durch die bei der Granulation eingeschlossene oder durch anhaftende Luft- oder Gasbläschen mehr oder weniger lange in der Schwebe gehalten, steigt allmählich an die Oberfläche und bildet dann auf den Absetzbecken eine Schwimmschicht. Damit diese nicht in den Ablauf gelangen und im Vorfluter schädlich wirken kann, muß sie entweder durch besondere Vorrichtungen zum Absinken gebracht oder durch Feinsiebe am Ablauf abgefangen werden.

Wird der schwimmende Schlackensand mit fortgespült, so stört er bei der Wiederverwendung des Wassers, da er wegen seiner scharfen Außenhaut die Pumpen und Rohrleitungen sehr stark angreift. Beim Ablassen in den Vorfluter setzt er sich unmittelbar unterhalb der Einleitungsstellen ab und bedeckt dann oft weite Strecken des Untergrundes im Vorfluter, die dadurch „steril" werden, weil die ganze Bodennahrung zerstört wird und sich ein Pflanzenwuchs nicht mehr entwickeln kann. Sie fallen dann für die Fischzucht und die biologische Selbstreinigung aus. Noch aus einem anderen Grunde ist der Schlackensand für die Fischerei sehr unerwünscht. Gelangt der sehr feinkörnige, aber auch sehr scharfkantige Schlackensand in die Kiemen der Fische, so erzeugt er hier Entzündungen, die leicht zu stärkeren Schäden führen.

In manchen Fällen hat man auch das Wasser-Schlackensandgemenge unmittelbar in die Waggons geleitet. Das abfließende Wasser muß ebenso wie das Überlaufwasser der Fanggruben in besonders Klärbecken geleitet werden, in denen nicht nur der schwebende, sondern auch der schwimmende Schlackensand abgefangen wird. Abb. 188 zeigt den Längs- und Abb. 189 den Querschnitt durch eine von der Fa. Wasser- und Abwasserreinigung Dr. Steuer, Neustadt an der Weinstraße errichtete Anlage.

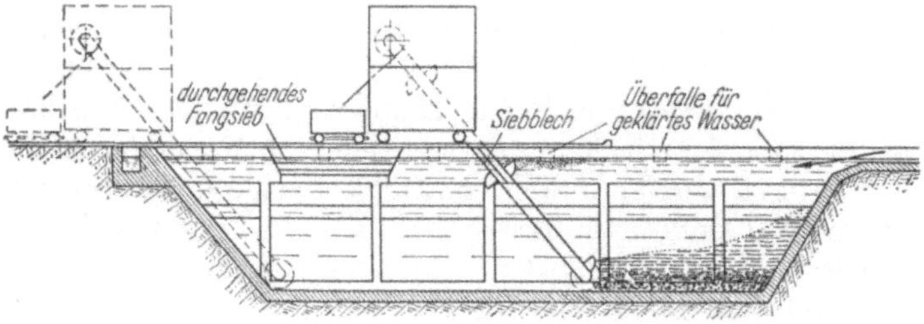

Abb. 188. Längsschnitt durch eine Kläranlage für Abwässer von der Schlackengranulation, System Neustädter Becken

In den 20 bis 25 m langen und 5 m breiten Becken zieht sich oben, im Anschluß an den zugehörigen Zweig der Zuleitung für das schlackensandhaltige Abwasser, mitten durch das Becken in dessen Längsrichtung ein Trog ohne Boden. Er soll das anfangs waagerecht in den Trog geleitete Abwasser unter allmählicher Beruhigung nach unten führen. Die Umkehrung nach oben und der Übertritt in den den Trog umgebenden Nachklärraum erfolgt nur langsam, weil die Überläufe für geklärtes Wasser auf den ganzen Beckenumfang verteilt sind. Das Trogende ist durch die hintere Beckenwand geschlossen. In dem gebrauchten Trog beruhigt sich das Wasser so weit, daß die schwimmfähigen Stoffe nach oben kommen und sich hier mit den bereits schwimmenden Stoffen in der Ruhezone ansammeln. Zugleich sinken alle nicht von Gasblasen oder Lufteinschlüssen getragenen gröberen Körner nach unten. In der fast vollkommenen Ruhe im Klärraum um den Trog setzt sich dann noch feinzerriebener Schlackensand ab. An den Abläufen

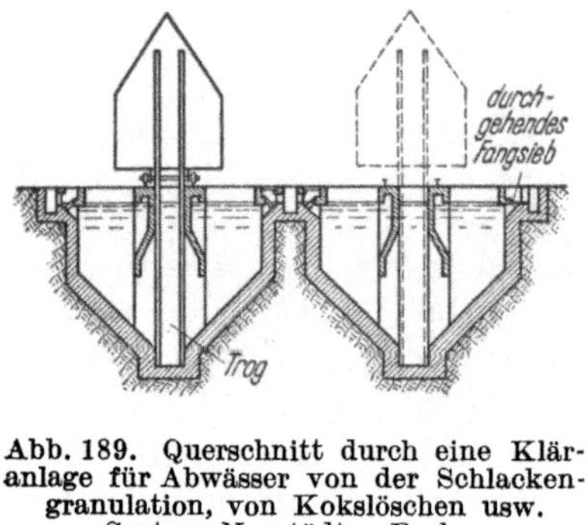

Abb. 189. Querschnitt durch eine Kläranlage für Abwässer von der Schlackengranulation, von Kokslöschen usw. System Neustädter Becken

sind schräggestellte verzinkte feine Drahtgewebe, welche die schwebenden, mit der kaum merklichen Strömung abtreibenden Sandkörnchen abfangen. Wenn überhaupt notwendig, werden die Siebe zur Reinigung von Zeit zu Zeit mit einem Wasserstrahl abgespritzt. Die Schwimmschlacke gibt in den meisten Fällen die sie in Schwebe haltende Gasmenge oder Luftblasen ab, wodurch sie selbst zur Sinkschlacke wird und sich absetzt. Sink- und Schwimmsand werden dann gleichzeitig durch ein Becherwerk aus dem Klärbecken entfernt. Die aufwärtsgehenden und zweckentsprechenden Eimer des allmählich vom Trogende zum Einlauf vorrückenden Becherwerkes nehmen gleichzeitig von der Sohle Sinkschlacke und von der Oberfläche einen Teil des Schwimmsandes mit. Der ausgehobene Schlackensand wird in Kippwagen geworfen, die als Anhänger des Baggers mitfahren.

Um die letzten Reste des Feinsandes, der am Ablauf noch mit fortgespült wird, abzufangen, hat man hinter die Absetzbecken noch die in Abb. 190 a u. b dargestellten, mit feinmaschigen Sieben bespannten Trommelfilter, wie sie die Fa. Hermann Wangner, Reutlingen herstellt, geschaltet. Der im Innern abgefangene feine Sand wird laufend aus dem Filter entfernt und zu besonderen Trockenbeeten geleitet. Das bei der Schlackengranulation abfließende Abwasser kann geringe Mengen Schwefelcalcium und andere Sulfide enthalten. Es wird laufend im Kreislauf verwandt.

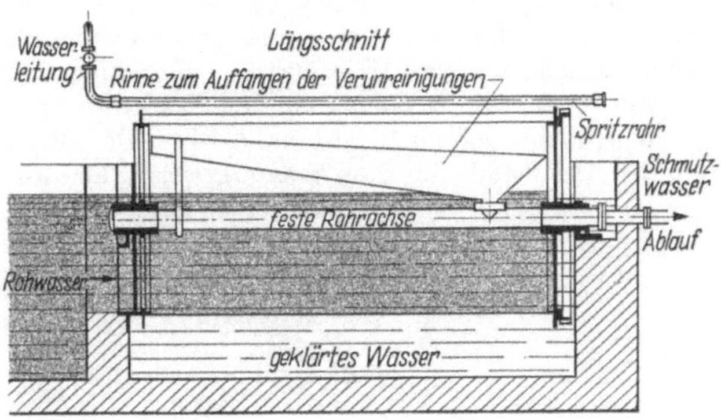

a

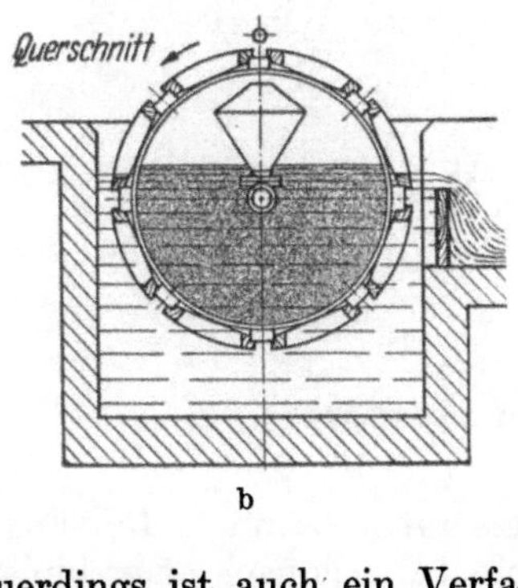

b

Abb. 190 a u. b. Trommelfilter zum Reinigen von Abwasser der Hochofenschlackengranulation (Fa. Hermann Wangner, Reutlingen)

Neuerdings ist auch ein Verfahren in Anwendung gekommen, bei welchem die Körnung der flüssigen Schlacke ohne Wasser in einer Drehtrommel mit Hilfe eines Windstrahles durchgeführt wird (Verfahren der Demag). Von einer verstärkten Einführung dieses Verfahrens ist aber nichts bekannt geworden.

b) Walzwerke

Die vom Hochofen kommenden Eisen- oder Stahlblöcke werden durch Walzen oder Walzenstraßen zu Blechen oder Bändern gepreßt oder auf Drähte verarbeitet. Bei der Kühlung der Walzen und Walzenstraßen fallen Abwässer an, die neben Walzensinter feine Staubteilchen und, je nach der Art der Schmierung, Öl bzw. Fett enthalten. Die Schädlichkeit dieser Abwässer im Vorfluter beruht darauf, daß sich die feinen Stoffe allmählich auf den Pflanzen, Tieren und am Boden niederschlagen, wodurch die Selbstreinigung gestört und die Fische und ihre Nährtiere vertrieben werden. Noch schlimmer wirkt die Verölung, die das Gewässer von der so notwendigen Sauerstoffzufuhr absperrt.

Der grobe Walzensinter wird direkt unter der Walzenstraße abgefangen und geht sofort wieder in den Hochofen. Der feine Walzensinter und der feine Staub werden in einfachen, flachen Absetzbecken abgefangen. Der Schlamm kann nach dem Trocknen und Vorbehandlung in einer Agglomerieranlage in den Hochofen zurückgehen und aufgearbeitet werden. Die Räumung der Becken kann bei Doppelbecken nach der Ausschaltung und Trockenlegung durch Hand, Bagger usw., bei Einzelbecken durch Bagger, Becherwerk oder Greifer unter Wasser erfolgen. Zum Abscheiden des Walzensinters und Feinzunders haben sich auch die auf S. 490 für die Reinigung von Kohlenwaschwasser empfohlenen Zyklone (s. Abb. 164 a u. b) bestens bewährt. Der Feinzunder wird praktisch an der Anfallstelle aus dem Wasserkreislauf herausgenommen.

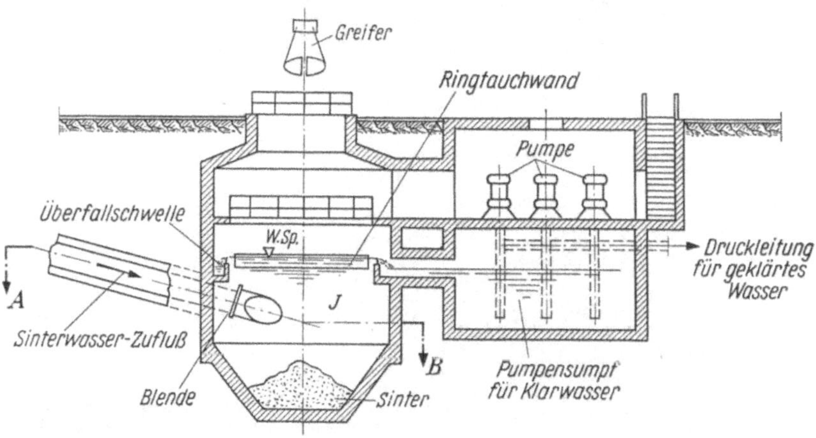

Abb. 191. Bamag-Sinterfänger

Der Wirkungsgrad wird von Haar[1] als gut bezeichnet. Der Feinzunder ist reines Eisenoxyd mit mehr als 65% Fe, das nach einer kurzen Aufbereitung direkt verhüttet werden kann. Bei dem in Abb. 191 dargestellten Sinterfänger wird das Abwasser durch das mit Blende versehene

[1] Haar, R.: Stahl u. Eisen Bd. 74 (1954) S. 1006.

Rohr *A* an der Außenwand eingeleitet, wodurch das Abwasser eine kreisende Bewegung erhält. Der Sinter setzt sich am Boden ab und wird von Zeit zu Zeit durch einen Greifer entfernt. Das gereinigte Abwasser kann in den Betrieb zurückgeleitet werden.

Abb. 192. Walzensinterkläranlage der Dortmund-Hörder Hüttenunion — Werk Hörde (Fa. Passavant, Michelbach)

Ebenso wichtig wie die Entfernung des Walzensinters ist für die Kanäle und Vorfluter die Entfernung des Öles bzw. Fettes. Abb. 193 zeigt die von der Fa. Passavant errichtete Walzensinterkläranlage des Hüttenwerkes Arbet, Braubach. Das zu reinigende Abwasser wird mit dem Grobsinter in einen Verteilerkanal gepumpt. Von dort gelangt es durch eine Vorkammer in die mit Schlammräumer versehenen Längsbecken, in denen es durch die Stengel-Einläufe gleichmäßig verteilt wird. Die Stengel-Einläufe gewährleisten eine verbesserte Absetzwirkung, eine gleichmäßige Durchströmung des Absetzraumes und verbessern die Ausscheidung des im Wasser enthaltenen Öls.

Die am Beckeneinlauf ausgeschiedenen schweren Sinterteilchen sinken sofort in den Schlammsumpf ab. Der auf der Beckensohle sedimentierte Feinsinterschlamm wird durch einen Längsräumer mittels Bodenschild in den Schlammsumpf gefördert.

Durch ein besonders am Räumer befestigtes Ölräumschild kann das auf dem Wasser schwimmende Öl vom Beckeneinlauf zum Beckenauslauf zu einer drehbaren Ölauffangrinne geschoben werden. Diese nimmt das Öl auf und leitet es in einen Sammelschacht ab. Zur Zurückhaltung des Öls vom Beckenauslauf ist eine Tauchwand unmittelbar hinter der Auffangrinne angeordnet. Ein gleichmäßiger Ablauf des geklärten Wassers in den Sammelkanal erfolgt durch eine höhenverstellbare, sägeförmige Überfallkante.

Zur Entleerung der Grob- und Feinsinterschlammsümpfe dient ein verfahrbarer Greiferlaufkran. Der Sinter wird durch den Greifer während des kontinuierlichen Wasserdurchflusses aufgenommen und auf besondere Abtropfbänder entleert. Nach ausreichender Entwässerung kann der

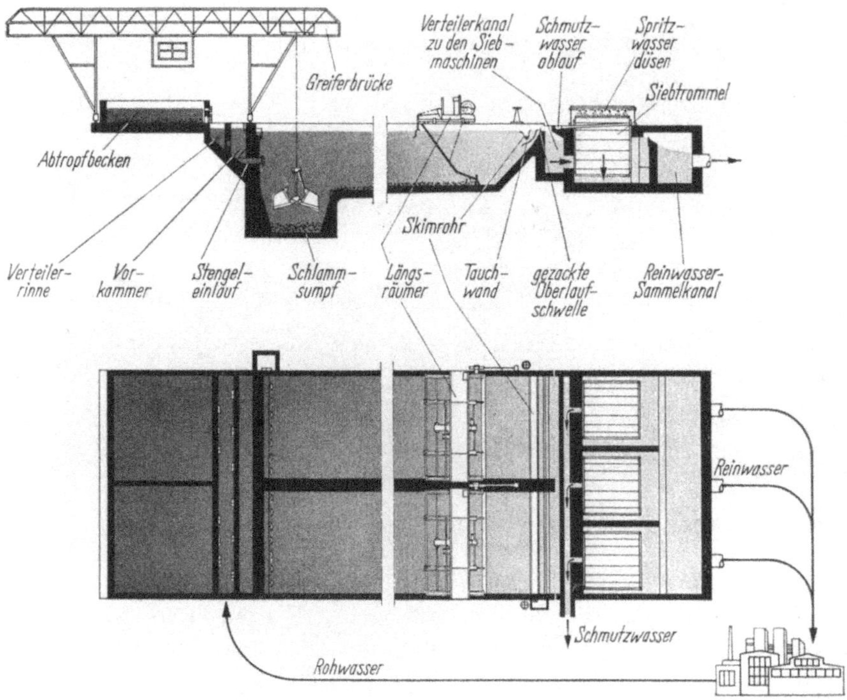

Abb. 193. Walzensinterkläranlage des Hüttenwerkes Arbet in Braubach mit nachgeschalteten Feinsiebmaschinen für eine Zulaufmenge von 2400 m³/h

Sinter mit dem Greifer aufgenommen und auf Waggons verladen werden, um ihn einer Sinteranlage zur Wiederverwendung zuzuführen. Das so vorgereinigte Abwasser wird dann noch durch eine mit feinem Drahtgewebe bespannte Siebtrommel geleitet, in der es von den letzten Schmutzstoffen befreit wird. Das so behandelte Wasser kann ohne Bedenken in den Betrieb zur erneuten Verwendung zurückgenommen werden. Der Schwebestoffgehalt hinter den Wabagfiltern wird mit 3 mg/l angegeben.

In den Fällen, wo es mit Rücksicht auf den Vorfluter oder die Tatsache, daß das gereinigte Abwasser wieder im Betrieb verwandt werden soll, darauf ankommt, das Abwasser möglichst weitgehend zu reinigen, kann man die Absetzwirkung noch durch eine chemische Fällung mit Eisensulfat und Kalk mit einer Belüftung und unter Umständen auch mit einer Flockung unterstützen. Außer Eisensulfat können auch alle anderen in der chemischen Fällungstechnik angewandten Fällungsmittel, wenn sie zu billigen Preisen zur Verfügung stehen, verwandt werden. Das Abfangen der ausgeschiedenen Flocken erfolgt in den bekannten Absetzbecken, wobei sich wegen der voluminäsen Flockenstruktur Absetzbecken nach dem Prinzip der Dortmundbrunnen besonders bewährt haben.

In neuerer Zeit ist für die Reinigung der vorgereinigten öl- und sinterhaltigen Abwässer die Benutzung der in der Trink- und Brauchwasserreinigung benutzten Schnellfilter empfohlen worden. Diese fangen alle Schmutzstoffe restlos aus dem Abwasser heraus und müssen dann von

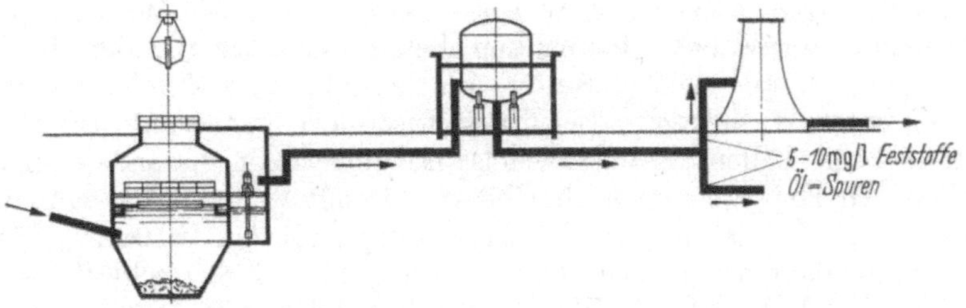

Abb. 194. Entsinterungsanlage mit nachgeschaltetem Schnellfilter

Zeit zu Zeit in üblicher Weise rückgespült werden. Abb. 194 zeigt das Schema einer solchen Kombination einer Entsinterungsanlage mit einem Schnellfilter, wie sie an verschiedenen Stellen von der Fa. Pintsch-Bamag AG. errichtet ist.

Mit Hilfe besonderer Schmiervorrichtungen kann man heute das an den Walzen verbrauchte Öl zurückleiten und nach einer intensiven Reinigung in den Betrieb zurücknehmen. Auf diese Weise werden nicht nur große Ersparnisse erzielt, sondern auch unsere Flüsse von den üblen Ölverschmutzungen freigehalten.

c) Beizereien, Drahtziehereien, Emaillierwerke, Verzinkereien, Weißblechwerke

α) Schädlichkeit der Beizereiabwässer

Die aus den Walzwerken kommenden Eisenteile, wie Drähte, Bänder, Bleche haben auf ihrer Oberfläche eine Oxydschicht, die bei der Weiterverarbeitung stark stört; sie muß daher beseitigt werden. Nur eine metallisch blanke Oberfläche ist für eine Weiterverarbeitung zum Aufbrennen von Emaille (Emaillegeschirr), zum Eintauchen in Zink- oder Zinnbäder (Herstellung von verzinkten Rohren, Formeisen, Drahtgeflecht, Weißblech, Maschinenteilen) geeignet. Zu dieser Reinigung werden außer mechanischen Mitteln, z. B. Stahlbürsten, Schleif-, Polier- und Scheuermitteln sowie Sandstrahl- und Stahlkiesbehandlung, Reinigungsstoffe verwendet, und zwar solche, die nur die Verunreinigung (Schmutz, Staub, Öl, Fett usw.) entfernen, wie die organischen Lösungsmittel (Benzin, Benzol, Petroleum, Trichloräthylen), oder alkalische, emulgierend wirkende Mittel (Ätznatron, Soda und andere Natriumsalze) und solche, die neben der Auflösung der Oxydschicht auch den Werkstoff angreifen, nämlich Säuren und saure Salze. Letztere nennt man allgemein Beizen.

Diese Beizen werden in fast allen Eisenwerken (Draht-, Stab-, Bandeisen, Profile und Rohre), Grob- und Feinblechwalzwerken, Verzinkereien, Verzinnereien (Weißblechherstellung), Hammer-, Stanz-, Emaillierwerken und Blechwarenfabriken gebraucht. Die Entfernung der Oxydschicht geschieht durch Beizen der Gegenstände in Bädern mit verdünnter Schwefelsäure oder Salzsäure, Salpetersäure allein oder in Gemischen dieser Säuren. Manchmal werden auch Flußsäure (z. B. bei siliciumhaltigen Blechen) oder saure Salze, wie Bisulfate und saure Phosphate angewandt. Durch den Beizprozeß wird die Schicht von Glühspan, Hammerschlag, Sinter, Walzensinter und Zunder beseitigt, wobei unter Wasserstoffentwicklung Eisensalze in Lösung gehen. In den meisten Fällen wird Schwefelsäure angewandt, besonders in den Fällen, wo Exportwaren nach Übersee erzeugt werden. Bei salzsäurehaltigen Beizen ist infolge der Hygroskopizität der salzsauren Salze die Möglichkeit der Fleckenbildung viel größer als bei schwefelsauren Beizen. Die Konzentration der angewandten Beizen ist je nach der Art der angewandten Säure und des zu beizenden Beizgutes verschieden. Bei Stab-, Draht-, Band- und Knüppelbeizen beginnt man meist mit einer Anfangskonzentration von 15 bis 20% der möglichst arsen-, salpeter- und nitrosefreien Schwefelsäure, die dann durch Nachschärfen dauernd auf dieser Höhe gehalten wird, bis eine Eisensulfatkonzentration von 600 bis 700 g $FeSO_4 \cdot 7\,H_2O$ erreicht ist. Bei den empfindlicheren Blechen, Feindraht usw. werden nur Säurekonzentrationen von 8 bis 12% angewandt. In letzterem Falle darf der Gehalt an Eisensulfat ($FeSO_4 \cdot 7\,H_2O$) 350 g/l nicht übersteigen, da es sonst auf den empfindlichen Blechen durch zurückbleibende Spuren von Eisensulfat zu Stippen oder Fleckenbildungen kommen kann. Während nun bei Blechen, und zwar besonders bei Feinblechen, die verbrauchten Beizen als Abfallbeize abgestoßen werden, werden beim Beizen von Bändern oder Drahteisen die verbrauchten Beizbäder durch Zugabe neuer Säuremengen nochmals angeschärft. Diese verschiedene Arbeitsweise bedingt auch die verschiedenen Konzentrationen der anfallenden Beizereiabwässer. In Blech- und Feinblechfabriken fallen Abfallbeizen mit hohem Gehalt an freier Restsäure und niederem Eisengehalt an, dagegen findet man bei Bandeisen- und Drahtziehereien geringere Säuregehalte und viel höhere Eisensalzmengen. Bei den mit den Abfallbeizen auftretenden großen Verlusten geht das Bestreben der Beiztechnik, wie später geschildert wird, dahin, in Beizbädern eine gleichmäßigere Konzentration zu halten und die bisher in die Vorfluter abgelassenen Säurereste und Eisensalze wiederzugewinnen. Diese Wiedergewinnung der Stoffe ist besonders dann wichtig, wenn hochwertige Stähle, Edelstähle, Chromnickelstahl usw. gebeizt werden. In diesen Fällen enthalten die Beizbäder bzw. Spülwässer neben Eisen die in dem Beizgut enthaltenen edleren Metalle, wie Nickel, Chrom usw. Zum Schutze der zu beizenden Bleche, Drähte, Bänder wird in sehr vielen Fällen Sparbeize hinzugegeben, welche die Auflösung der Oxydschicht nicht stört, den Angriff auf das Metall aber verringert.

Unter den verschiedenen Bezeichnungen, wie Parkern, Bondern, Atramentieren, Ferrophosphatieren, Schnellphosphatieren, Kosoletisieren sind Verfahren chemischer Natur bekannt, bei dem die gut entfettete und gereinigte Oberfläche von Eisen und Stahl, unter Umständen nach Abreiben mit Bimsstein, durch Eintauchen in ein heißes Bad mit primärer Phosphatlösung mit einem festsitzenden Überzug von praktisch unlöslichem Schwermetallphosphat überzogen wird. Die stets sehr sauber zu haltenden Bäder können sehr lange im Betrieb gehalten werden. Während beim Eintauchverfahren, abgesehen von geringen Tropfverlusten, keine Verluste auftreten, können diese beim Spritzverfahren größer sein.

Wegen des aggressiven Charakters der abfließenden Beizen dürfen zur Ableitung keine Zementrohre benutzt werden. Am besten sind Steinzeugrohre mit Muffendichtungen aus geteerten Juteschnüren, Vermauerungen mit Letten, festem oder geteertem Lehm und eingegossenem Asphalt oder Kanäle aus säurefesten Klinkern mit Bleizementverfugungen.

Die fertiggebeizten Gegenstände müssen in besonderen Spülbehältern durch einen kräftigen Spülstrom gewaschen werden. Das bedingt, daß in den Beizbetrieben zwei verschieden konzentrierte Abwässer entstehen: 1. stark verdünnte Spülwässer, 2. stark konzentrierte Abfallbeizen.

β) Einfluß der Abwässer auf die Kanalisation und den Vorfluter

Ist das Mischungsverhältnis zum häuslichen Abwasser sehr groß, so können die neutralisierten, laufend anfallenden dünnen Spülwässer in die städtische Kanalisation dann aufgenommen werden, wenn die Kanäle nicht in Zement errichtet sind. Im anderen Falle besteht die Gefahr, daß es wegen der durch Hydrolyse auftretenden freien Säure zu Anfressungen und wegen des hohen Sulfatgehaltes zu Treiberscheinungen und damit zu Zerstörungen der Kanäle kommen kann. Es müssen daher zur Ableitung Tonrohre oder Steinzeugrohre verwandt werden. Beim Zusammentreffen mit häuslichem oder anderem gewerblichen Abwasser können Gasbildungen, Ausflockungen und damit Schlammablagerungen hervorgerufen werden. Sehr schädlich können sie in den Kanalisationen werden, wenn es bei den Umsetzungen zur Bildung giftiger Gase, wie Blausäure (Galvanisierungsabwasser), Schwefelwasserstoff (beim Zusammentreffen mit Gerbereiabwasser), Schwefeldioxyd usw. kommt. Bei mechanischen Kläreinrichtungen werden Kratzer, Pumpen und Rohre leicht korrodiert. In kleinen Mengen können die Eisensalze durch eine Ausflockung der Kolloide die mechanische Reinigung häuslichen Abwassers gut unterstützen. Die Anwesenheit saurer Abwässer kann in den städtischen Kläranlagen die Ursache von Geruchsbelästigungen sein und die Wucherung bestimmter Organismen in den Leitungen, Klärbecken und Verteilungseinrichtungen der biologischen Reinigungsanlage begünstigen. Bei einem p_H-Wert unter 6 geht die Wirkung der biologischen Reinigung ganz rapide zurück, um bei p_H 5,5 zu völligem Erliegen zu kommen.

Bei kleinen Vorflutern können die in den Spülwässern und Abfallbeizen enthaltenen Säuremengen eine sehr starke Erniedrigung des p_H-Wertes hervorrufen. Schon bei p_H-Werten unter 5 sind die biologischen Störungen sehr groß, da dann die Fischnährtiere verschwinden und die Fische selbst abwandern oder sogar eingehen. Die Auseinandersetzungen über die unterhalb der Einleitungen von Beizereiabwässern aufgetretenen Fischsterben haben schon manchen Beizereibetrieben große Kosten auferlegt. Der Einfluß der Beizereiabwässer im Vorfluter kann so groß werden, daß selbst im Fluß stehende Bauwerke (Brücken, Wehre usw.) durch freie Säuren und Sulfate geschädigt werden. Bei Überschwemmungen oder bei Bewässerungen von Wiesen und Weiden kann der Ernteertrag durch die freie Säure oder durch die Eisenverbindungen stark geschmälert werden, weil die Säuren die Kalkverbindungen aus dem Boden lösen. Bei großen Vorflutern kann bei kleineren Abwassermengen die durch kohlensaure Salze des Calciums, Magnesiums usw. bedingte Alkalinität (Säurebindungsvermögen) des Vorfluters ausreichen, die mit den Spülwässern herangeführte Säure zu neutralisieren. Entscheidend ist hierbei aber eine gute Durchmischung des Abwassers mit dem Vorflutwasser. Dies geschieht am besten durch Einleiten des Abwassers in die Mitte des Vorfluters mit Hilfe eines geeigneten Verteilerbauwerks, am besten an einer gebogenen Flußstrecke, weil man dann durch Wirbelbildungen bessere Vermischungen erzielt. Durch die Ausnutzung des Säurebindungsvermögens wird die Carbonathärte in Mineralhärte verwandelt, was sich besonders in den Fällen, wo das Flußwasser unterhalb der Einleitungsstelle als Brauchwasser, z. B. in Wäschereien, Textilfabriken, als Kesselspeisewasser usw. benutzt wird, sehr unangenehm bemerkbar machen kann.

Das Säurebindungsvermögen schwankt bei kleineren Flüssen viel stärker als bei großen, was bei der Berechnung der abzulassenden Abwassermengen berücksichtigt werden muß.

Die mit den Spülwässern und auch den konzentrierten Abfallbeizen dem Fluß zugeführten Ferrosalze (Ferrosulfat, Ferrochlorid) haben einen starken Einfluß auf den Sauerstoffgehalt des Vorfluters. Unter dem Einfluß der im Wasser enthaltenen Carbonate und des Sauerstoffs gehen die Ferrosalze allmählich in Ferrisalze über. Die durch Hydrolyse frei werdende Säure wird an das im Wasser enthaltene Calciumbicarbonat gebunden, so daß das Ferrihydroxyd ausfallen kann. Nach der Gleichung

$$2\,FeSO_4 + 2\,Ca(CO_3H_2) + H_2O + {}^1/_2\,O_2 = 2\,Fe(OH)_3 + 2\,CaSO_4 + 4\,CO_2$$

werden für 278 g in Lösung befindliches Eisensulfat ($FeSO_4 \cdot 7\,H_2O$) 8 g Sauerstoff zur Oxydation gebraucht. Bei einem Spülwasser z. B., das 0,3% freie Säure und 1,5% Ferrosulfat ($FeSO_4$) = 2,5% $FeSO_4 \cdot 7\,H_2O$ enthält, wird bei einem Säurebindungsvermögen von 80 mg/l SO_3, das nur zu etwa 10% ausgenutzt werden soll, die rund 500fache

Menge Verdünnungswasser für die Säurebindung benötigt. Zur gleichen Zeit verlangt der Eisengehalt des Ablaufs mit Rücksicht auf den nur zu 10% auszunutzenden Sauerstoffgehalt auf Grund folgender Berechnung die 1000fache Verdünnung:

278 g $FeSO_4 \cdot 7\,H_2O$ = 8 g Sauerstoff,
25 g $FeSO_4 \cdot 7\,H_2O$ = rund 720 mg Sauerstoff,
bei 10% Ausnutzung = 7200 mg/l Sauerstoff.

7200 mg Sauerstoff sind in rund 1 m³ Wasser enthalten, so daß 1 l eines derartigen Abwassers mit 1 m³ Vorflutwasser verdünnt werden muß. Bei nur 100facher Verdünnung besteht bei zu schwacher Wiederbelüftung die Gefahr des völligen Sauerstoffschwundes.

Das durch Hydrolyse ausgeschiedene Ferrihydroxyd nimmt aus dem Wasser außer dem gebildeten Gips eine Menge anderer Stoffe teils organischer (Plankton-Mikroorganismen) teils mineralischer (kolloider) Natur durch Adsorption auf. Bei zu starker Adsorption der Mikroorganismen, wie Bakterien und Fischnährtiere, kann die auf der Tätigkeit dieser Lebewesen beruhende Selbstreinigungskraft und die Fischerei des Vorfluters stark gestört werden. Die aus den abgestoßenen Beizwässern entstandenen Schlammengen, die sich leicht in unterhalb liegenden Stauweihern, Seen, Talsperren, Buhnenfeldern absetzen und so den Stauraum verringern, lassen sich leicht berechnen. Bei einem Schlamm, der bei der Analyse in der Trockensubstanz einen Eisengehalt von 40% $Fe(OH)_3$ aufweist, ergibt sich auf Grund der vorstehend angegebenen Umsetzung, daß 1 Mol angewandte Schwefelsäure demnach 1 Mol Ferrihydroxyd entspricht. Bei 75% Ausnutzung der Schwefelsäure ergibt sich für 1 t Schwefelsäure 66 °Bé folgende Berechnung:

$$\frac{0{,}75 \cdot 98 \cdot 1}{100} = 735 \text{ kg}$$

in Eisensulfat übergeführte Schwefelsäure. Diese 735 kg verbrauchte Schwefelsäure erzeugen rund 2000 kg Trockensubstanz eines Schlammes mit 20% Fe. Da der anfallende Schlamm aber rund 98% Wasser enthält, so entstehen aus 1 t Schwefelsäure rund 100 m³ Schlamm mit 98% Wasser und 20% Eisen in der Trockensubstanz. Beim Lagern zersetzt sich der Schlamm und gibt einen Teil seines Wassergehaltes ab. Unter Wasser hat er nach einiger Zeit noch etwa 80% Wasser, d. h. sein Volumen ist auf 20 m³ zurückgegangen. Bei kleinen Flüssen, wie z. B. der Lenne im westfälischen Industriegebiet, wo die an ihr liegenden Werke zur Zeit im Jahr bis zu 25000 t Schwefelsäure verarbeiten, führen diese Schlammengen zu außergewöhnlich großen Belästigungen. Bei der Zersetzung des Schlammes bildet sich Schwefelwasserstoff, der den anfänglich rotbraunen Schlamm infolge Bildung von Schwefeleisen schwarz färbt. Der feine, rotbraune Schlamm, der langsam den Fluß hinunterwandert, macht sich besonders in den Fällen, wo der Fluß für Trink- und Brauchwasserzwecke benutzt wird, sehr unangenehm bemerkbar. In den Anreicherungsbecken der Wasserwerke legt er sich auf den Filtern nieder und verstopft diese bald. Die Folge davon ist, daß die

Filter viel häufiger als sonst gereinigt werden müssen. Ein weiterer Nachteil des Einflusses von Beizenreiabwasser auf Trinkwasserwerke zeigt sich auch in der Erhöhung des Eisengehaltes des Vorflutwassers und damit des Trinkwassers selbst. Schon in Mengen von 1 mg/l verleiht Eisen dem Wasser einen unangenehmen, tintenartigen Geschmack.

Sind die Schwierigkeiten schon bei den stark verdünnten Spülwässern sehr groß, so müssen sie bei den konzentrierten Abfallbeizen ins Ungemessene steigen. Im Gegensatz zu den in gleichmäßigem Strome anfallenden Spülwässern fallen die verbrauchten Abfallbeizen stoßweise an, nämlich immer dann, wenn die Beizbäder nach völliger Erschöpfung abgelassen werden. Die Menge beträgt je nach der Betriebsweise die 3- bis 5fache Menge der angewandten Säure.

Die mit Beizereiabwässern durchsetzten Vorfluter erleiden auch bezüglich ihrer Verwendung für landwirtschaftliche Zwecke eine starke Beeinträchtigung. Unterhalb bestimmter p_H-Werte und schon von geringen Eisengehalten (5 mg/l) an können diese Wässer zu Tränkezwecken nicht mehr gebraucht werden. Schädlich ist auch der Einfluß, den diese Wässer beim Rieseln auf den Boden ausüben. Die Säure löst aus dem Boden die für die Ernährung der Pflanzen wichtigen Dungstoffe, wie Kalk- und Magnesiumverbindungen, heraus und beeinträchtigt so die Ertragsfähigkeit des Bodens. Enthalten die Beizen außer Eisen noch Kupfer-, Nickel- oder Zinksalze oder gar Bleiverbindungen, so reichern sich diese Stoffe auf den Futterpflanzen an und können dann zu schweren Schädigungen des Weideviehes führen. Nach den Untersuchungen von HASELHOFF genügt bereits ein Gehalt von 2,5 mg/l Kupfer, um Pflanzen zum Absterben zu bringen.

HENDEL und STEWART[1] haben eine Liste der in den Vorflutern besonders schädlichen Stoffe zusammengestellt. Von den Giftstoffen dürfen nur folgende Mengen in den Abwässern enthalten sein:

Kationen: Cadmium nicht mehr als 3 mg/l, Chrom 6wertig nicht mehr als 3 mg/l, Kupfer als Cu^+ oder Cu^{++} nicht mehr als 1 mg/l, Gold nicht mehr als 3 mg/l, Nickel nicht mehr als 10 mg/l, Silber nicht mehr als 3 mg/l, Rhodan nicht mehr als 3 mg/l, Zink nicht mehr als 3 mg/l.

Anionen: Chloride als Cl^- nicht mehr als 400 mg/l, Cyanate als CNO^- nicht mehr als 200 mg/l, Cyanide als CN^- nicht mehr als 1 mg/l, Fluoride als F^- nicht mehr als 6 mg/l, Phosphate als PO_4 nicht mehr als 20 mg/l.

Gase: Ammoniak nicht mehr als 2 mg/l, Chlorüberschuß nicht mehr als 5 mg/l, Schwefelwasserstoff, Stickoxyde, Schwefeldioxyd gesamt nicht mehr als 10 mg/l.

Organische Verbindungen: Phenole keine, Lösungsmittel und Öle keine, Rizinusöl nicht mehr als 15 mg/l.

Bei den neueren Aufbereitungsverfahren werden die bisher mit den Spülwässern und Abfallbeizen abgestoßenen Eisensalz- und Säuremengen wiedergewonnen und der Wirtschaft wieder zugeführt.

γ) *Ersatz der Beizverfahren*

Mit Rücksicht auf die Schwierigkeiten, die das Ablassen der verbrauchten Beizbäder in die öffentlichen Gewässer mit sich bringt, hat

[1] HENDEL, F. J., u. V. T. STEWART: Sew. Ind. Wastes Bd. 25 (1953) S. 1327.

man immer wieder versucht, die chemische Oberflächenbehandlung durch eine mechanische bzw. physikalische oder auch elektrische Behandlung zu ersetzen. Es ist eine ganze Reihe von Apparaturen erfunden worden, die die Entrostung bzw. Entzunderung durch Klopfen, durch mechanisch angetriebene Kratzerwerkzeuge und Stahlbürsten oder durch Sandstrahlgebläse mit Stahlspänen oder Quarzsand durchführen. Auch elektrische und wärmetechnische Verfahren, bei denen das Glühen in einem indifferenten Gas durchgeführt wird, sind ausgearbeitet worden. Die vor einiger Zeit propagierten sog. Rostumwandler haben sich nicht durchsetzen können. Alle diese und ähnliche Verfahren haben mit Ausnahme der Drahtentzunderungsmaschinen, die sich recht gut bewährt haben und allmählich zu einer starken Anwendung führen, zu keinem Ergebnis geführt, so daß wir auch weiterhin mit dem Anfall der Beizereiabwässer rechnen müssen. Mit der Drahtentzunderungsmaschine System Liné-Gorcy zur mechanischen Entzunderung von Eisenwalzdrähten oder gezogenen und geglühten Drähten können Drähte von 16 mm ∅ abwärts entzundert werden. Die Entzunderung mittels dieser Maschine, die sich leicht vor jedem Drahtzug einbauen läßt, erfolgt dadurch, daß der Draht über zwei rechtwinklig zueinander angeordnete Rollen geführt und in zwei Ebenen gebogen wird, wodurch die spröde Zunderschicht abplatzt. Kleine Zunderteilchen, die noch fest auf dem Draht haften, werden durch scheibenförmige Stahlbürsten entfernt.

Da das als Gleitmasse benutzte Stearat durch feinste Zunderteilchen verschmutzt wurde und der Verschleiß an den Bearbeitungswerkzeugen sehr hoch war, und auch das hergestellte Erzeugnis nicht befriedigte, hat nach Hubele[1] die Fa. K. Rätz, Aalen ein Gerät entwickelt, das den Brechrollen nachgeschaltet wird. Der Draht wird dabei induktiv erschüttert, die feinen Zunderteilchen werden abgelöst und magnetisch abgehoben.

Durch diese Entzunderungsmaschinen fällt bei der Drahtzieherei der ganze chemische Beizbetrieb mit seinen lästigen Folgeerscheinungen fort.

Wie bei anderen Abwasserfragen kann auch schon im Betrieb durch eine bessere Ausnutzung der Säuren eine große Einsparung erzielt werden. Heute werden noch an vielen Stellen sehr große Säuremengen unnütz vergeudet. Durch besseres Abtropfenlassen über den Beizbädern, durch Zwischenbleche zwischen den einzelnen Beizbottichen zum Auffangen der Abtropfsäure und vor allen Dingen durch den Einbau von nicht durchflossenen Zwischenspülbehältern läßt sich eine große Menge an Säure einsparen bzw. wiedergewinnen, was gleichzeitig auch eine erhebliche Verringerung der gesamten Abwassermenge ergibt. Die in vielen Betrieben noch angewandten Polterbänke, auf denen einfach die Salzsäure mit Kübeln auf das Metall geschüttet wird, müßten eigentlich schon längst verschwunden sein bzw. sollten verboten werden.

[1] Hubele: Berichte der Abwassertechn. Verein. Bd. 8 (1957) S. 283.

δ) Beseitigung bzw. Aufarbeitung der in Beizbetrieben anfallenden Abwässer

Behandlung der Spülwässer. Die stark verdünnten Spülwässer fallen laufend in gleichmäßiger Menge und Konzentration an. Ihre Menge und Konzentration richtet sich ganz nach der Art des Betriebes. Die Menge schwankt zwischen der 10- bis 20fachen Menge der verbrauchten Säure. Bei Feinblechen kann diese Spülwassermenge noch erheblich ansteigen (bis zum 100fachen der angewandten Säuremenge). Nach STOOFF[1] entfielen in einem Weißblechwerk auf 200 t Eisenblech täglich etwa 20 m³ verbrauchte Salzsäure (10 Gew.-% HCl) und etwa 2000 m³ Spülwasser, in einer mittelgroßen Verzinkerei mit einem Säureverbrauch von 0,6 bis 1 t Salzsäure täglich 7 m³ Spülwasser. Für ein Walzwerk gibt TAUNIG[2] für 200 t Walzdraht einen Schwefelsäureverbrauch von 4,57 t entsprechend 20 m³ Anfangs- und 20,75 m³ Schlußbeize an. Der durch die Spülwässer entstehende Verlust an Säure hängt ebenfalls ganz von der Betriebsweise und der Art des Beizgutes ab und schwankt zwischen 15 bis 40% der angewandten Säuremenge.

Verminderung der mit den Spülwässern fortgeführten Säure- und Eisenmengen. Durch das laufende Ablassen der Spülwässer gehen große Mengen an Säure und Ferrosulfat verloren. Diese können bei unvorsichtigem Arbeiten bis zu 40% der angewandten Säure betragen. Durch Zwischenschaltung eines besonderen, nicht durchflossenen Waschbehälters zwischen der eigentlichen Beize und der Hauptspülwassermenge kann diese Menge jedoch auf einen sehr geringen Bruchteil (5 bis 10%) beschränkt werden. Dieser Zwischenspülbehälter, aus dem die Ergänzung des Wasservorrats in den Beizbehälter erfolgt, fängt die Hauptmenge der anhaftenden Beizen auf und verhindert eine übermäßig große Abspülung von Beizen. Die in den Zwischenbehältern abgefangenen Eisensulfat und Schwefelsäure enthaltenden Spülwässer werden zum Ansetzen der neuen Beizbäder benutzt. Wo auf diese Weise rund 95% der Säure- und Eisenmengen dem Vorfluter ferngehalten werden, kann man, besonders bei größeren Vorflutern, oft mit deren Säurebindungsvermögen auskommen. In allen anderen Fällen müssen die abgestoßenen Spülwässer durch eine gute Neutralisationsanlage unschädlich gemacht werden (s. unter Abfallbeize).

Behandlung der eigentlichen Beizabwässer. Zur Behandlung von Abfallbeizen und den verdünnten Spülwassern sind verschiedene Vorschläge gemacht worden. Man muß zwischen den Verfahren, die eine Vernichtung der Beizen vorsehen, und den Verfahren, die eine Wiedergewinnung der in den Restbeizen enthaltenen Säuren und Eisensalze zum Ziele haben, unterscheiden.

Versickerung im Gelände

Fabriken, die weit außerhalb von Städten oder größeren Ortschaften liegen, haben sich in früheren Jahren mit Vorliebe ihrer sauren Ab-

[1] STOOFF: Gesundh.-Ing. Bd. 57 (1934) S. 698.
[2] TAUNIG: Gesundh.-Ing. Bd. 57 (1934) S. 698.

wässer dadurch entledigt, daß sie diese einfach im Boden versickern ließen. Man leitete sie in natürliche, in der Nähe liegende Senkungen im Gelände oder stellte, wenn solche nicht vorhanden waren, künstliche Senkschächte oder Mulden zur Aufnahme des Abwassers her. Diese Beseitigungsart ist nur in einem an Calciumcarbonat oder an ähnlichen carbonathaltigen Gesteinen reichen Boden zulässig, da in diesem Falle die abgelassene Säure abgestumpft wird, so daß sie nicht weiter schaden kann. In allen anderen Fällen kann nicht genug vor der Anwendung dieses Verfahrens gewarnt werden. Früher oder später gelangen die Abwässer in das Grundwasser und sind dann die Ursache, daß die in der Nähe liegenden, aus dem Grundwasser gespeisten Wasserversorgungsanlagen verdorben werden. Nach den Wassergesetzen ist die Einleitung von Flüssigkeiten in den Erdboden, sobald dadurch das unterirdische Wasser, ein Wasserlauf oder See zum Nachteil anderer verunreinigt wird, verboten. Da nicht nur die Säure selbst, sondern auch hohe Sulfatgehalte für in Grundwasser stehende Betonbauten gefährlich sein können und auch der Eisengehalt bei Wiedervereisenung stört, reicht eine einfache Neutralisation der Abwässer vor der Versickerung oft nicht aus.

Neutralisation der Beizereiabwässer

Die ältesten Verfahren der Beseitigung der Beizereiabwässer bestanden darin, die Beizereiabwässer zu neutralisieren, dann zu belüften und das ausgeschiedene Eisenhydroxyd absetzen zu lassen. Diese Unschädlichmachung der Beizereiabwässer muß stets dort erfolgen, wo Beizereiabwässer direkt in einen Vorfluter mit geringem Säurebindungsvermögen oder in eine Kanalisation abgelassen werden. Die Neutralisation darf sich aber nicht auf die in den Abwässern enthaltenen Säuren allein erstrecken, sie muß auch eine Ausfällung der Eisensalze bewirken, da diese sonst alle schädlichen Auswirkungen zur Folge haben, die die unbehandelten Abwässer besitzen, denn durch Hydrolyse der Eisensalze werden die Abwässer schnell wieder sauer. Dieses Verfahren ist sehr teuer und bereitet große Schwierigkeiten, weil die Konzentration sehr stark schwankt. Um diese Schwankungen auszuschalten, müssen vor die Neutralisationsbecken Ausgleichsbehälter für die konzentrierten Abfallbeizen geschaltet werden, aus denen diese den dünnen Spülwässern in gleichmäßigem Strome zugemischt werden, damit möglichst gleiche Konzentrationen erreicht werden. Ein weiterer Nachteil sind die anfallenden, außergewöhnlich großen Schlammengen. Für diese ist bei Sulfatbeizen keine geeignete Verwendungsmöglichkeit vorhanden, da die entstehende Eisenhydroxyd- und Gipsmischung sich selten verhütten läßt und auch ihre Verwendung zur Herstellung von Farben auf Schwierigkeiten stößt. Zur Neutralisation können alle Laugen oder Carbonate verwendet werden. In Frage kommen die vielfach in der Industrie anfallenden Ablaugen, wie Kalilauge, Natronlauge, Seifenlauge, Pottaschelauge u. dgl. Auch Seifenabwässer können unter Umständen, wenn sie in genügender Menge zur Verfügung stehen, zur Neutralisation benutzt werden. Das in der Kaliindustrie anfallende Magnesiumoxyd und -hydroxyd und die bei der Eisengewinnung entstehende basische Eisenschlacke stellen ein geeignetes Neutralisationsmittel dar. Sehr gut zum Neutralisieren von schwefelsäurehaltigen Beizereiabwässern hat sich der in Zuckerfabriken anfallende Scheideschlamm, der etwa 45% CaO enthält, bewährt. Auch Rückstände aus der Pottaschefabrikation, der Endlaugenkalk der Chlorkaliumfabriken können benutzt werden.

Kalksteinmehl, das in der chemischen Industrie wegen seiner schmutzigbraunen Farbe oder seiner Zusammensetzung wegen oft keine Verwendung finden kann, steht an verschiedenen Stellen frachtgünstig zu billigen Preisen zur Verfügung. Auch Bariumkarbonat (Witherit) ist zur Behandlung schwach schwefelsaurer Beizereiabwässer geeignet. Das Barium wird als fast unlösliches Bariumsulfat abgeschieden, das sich viel schneller und dichter als Gipsschlamm absetzt. Bei Salz- oder Salpetersäure enthaltenden Beizen darf Bariumkarbonat nicht angewandt werden, da sich für Menschen und Tiere stark giftige, leicht lösliche Bariumsalze bilden.

Am meisten wird jedoch Ätzkalk in Form der Kalkmilch oder Calciumcarbonat in Form von Kalkstein oder Marmorabfällen benutzt. Der in den mit den Fabriken oft verbundenen Schweißereianlagen anfallende Karbidschlamm ist zwar ein sehr geeignetes Neutralisationsmittel, doch ist er wegen der bei seiner Anwendung auftretenden Geruchsbelästigungen schlecht zu empfehlen. Bei schwefelsauren Beizen darf Calciumkarbonat und auch gelöschter Kalk nicht in Brocken zugegeben werden, da der sich ausscheidende Gips die Brocken mit einer dichten Gipshaut umschließt. Bei Anwendung von Marmorstücken muß bei Sulfatbeizen die Mischung längere Zeit gut durchgerührt werden.

Die Anlagen für durchgehenden Betrieb bestehen aus Kalklöser, Mischgerinne, Mischschnecke oder Mischbehälter, in denen die Mischung am besten durch eingeblasene Luft erfolgt, und Klärbecken mit Einrichtung zum regelmäßigen Ausschleusen von eingedicktem Schlamm während des Klärbetriebes. Hierzu haben sich Flachbecken mit und ohne maschinelle Ausräumung, wie Schevenbecken, Dorrbecken, Neustädter Becken, Bamagbecken usw. bewährt. Für das Abfangen des leichten Flockenschlammes eignen sich auch die tiefen Becken mit zentraler Aufwärtsbewegung, die sog. Dortmundbrunnen, in denen der niedersinkende Flockenschlamm ein Schleierfilter für das aufsteigende Wasser bildet. Gleichzeitig kann man in diese Becken Heizschlangen einbauen. Schon bei geringer Anwärmung gehen die Neutralisation und das Absetzen viel schneller vor sich als in der Kälte. Die weitere Behandlung des abgefangenen Schlammes auf Trockenbeeten ist schwierig und wegen der großen Menge auch kostspielig.

Ätzkalk wird am besten in Form einer 5- bis 10%igen Kalkmilch zugegeben. An Stelle der Kalkmilch verwendet man besonders in den Werken, wo aus Karbidanlagen keine Kalkmilch zur Verfügung steht, gern Kalkmehl, das aus Trockendosierungsmaschinen zugesetzt wird. Bei schwefelsauren Beizen scheidet sich dann ein Gemisch von Eisenhydroxyd und Gips ab, das als 98- bis 99%iger wasserhaltiger Schlamm anfällt und in langen Absetzbecken mit mindestens 3- bis 4stündiger Aufenthaltszeit abgefangen wird. Die Zugabe der Kalkmilch erfolgt mit Hilfe automatischer Kalkdosierungsmaschinen. In Abb. 195 ist eine Vorrichtung mit durch ein p_H-Meßgerät betriebenen Steuermotoren für die Zugabe von Kalkmilch zur Neutralisation von Abfallbeize dargestellt. Der eine Hahn, der auch durch ein p_H-Meßgerät gesteuert wird, besorgt die Grobeinstellung der Kalkmilch. Das im Zulaufgraben und im Neutralisationsbecken eingebaute p_H-Meßgerät kann auch den anderen Hahn für die Feineinstellung auf den günstigsten p_H-Wert einstellen.

Abb. 195. Durch ein p_H-Meßgerät betriebene Steuermotoren für die Zugabe von Kalkmilch zur Neutralisation von Abfallbeizen. Der linke Hahn ist für die Grob- und der rechte Hahn für die Feineinstellung

In Abb. 196 ist das Schema einer Kalkmilchbereiters der Maschinenfabrik Sohn, Düsseldorf, bestehend aus Sack-Aufreißeinrichtung, Entstaubungsanlage, Silo und Kalkmilchbereiter dargestellt.

Bei größeren Anlagen, besonders dort, wo auch verbrauchte Beizbäder neutralisiert werden müssen, erfolgt die Zugabe des Kalkhydrates in Pulverform. Für die Zugabe haben sich die bekannten Telleraufgabeapparate von Gröppel-Dinnendahl, Bochum und auch alle übrigen Zugabeapparaturen von Bran & Lübbe, Hamburg, Bamag, Gießen usw. bewährt. In Abb. 197 ist eine Telleraufgabeapparatur der Fa. Gröppel-Dinnendahl, Bochum, zur Zugabe von Kalkhydrat aus dem darüber angeordneten Bunker dargestellt. Der das Kalkhydrat abstreichende Schieber kann durch eine p_H-Meßapparatur reguliert werden. Das von dem Teller fallende Kalkhydrat gelangt in eine Rinne, aus der es durch ein gelochtes Wasserstrahlrohr in das Abwasser gespült wird. Die mit Kalk versetzten Lösungen werden dann in genügend großen Becken belüftet, wobei der endgültige Ablauf durch eine registrierende p_H-Meßvorrichtung laufend kontrolliert wird. Abb. 198 zeigt ein derartiges Belüftungsbecken. Nach kurzem Aufenthalt von etwa 15 min in einem Flockungsbecken mit langsam laufenden Paddeln, wie es Abb. 199 zeigt, haben sich große, leicht absetzbare Flocken von Eisenhydroxyd mit Gips gebildet, die in Absetzbecken oder auf Trockenbeeten abgefangen werden müssen. Die Mischbecken mit Druckluft haben den Vorteil, daß sich das gebildete schwarze Ferrohydroxyd sehr schnell zu rotbraunem Ferrihydroxyd oxydiert, das sich viel besser und leichter

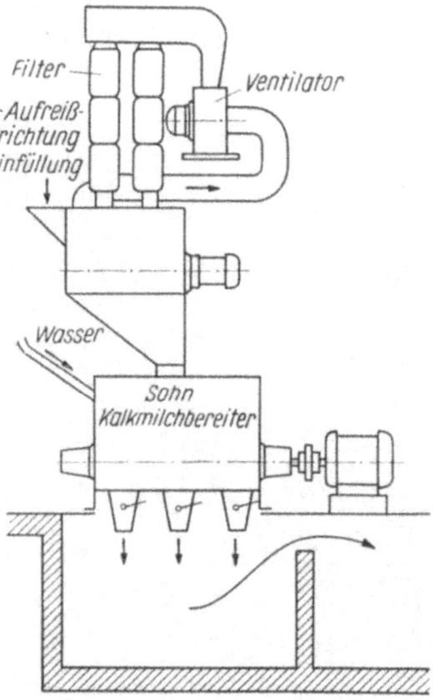

Abb. 196. Kalkmilchbereiter (Fa. Sohn, Düsseldorf)

Abb. 197. Durch ein p_H-Meßgerät gesteuerte Telleraufgabenapparatur zur Trockendosierung von Kalkhydrat. Der durch einen Schieber abgestreifte Kalk wird durch eine Spritzvorrichtung als Kalkmilch zugegeben

absetzt als jenes. Bei salpetersäurehaltigen Beizen, z. B. von Edelstählen oder nichtrostenden Stählen, hat die Druckluft ferner den Vorteil, daß sie die schädlichen Stickoxyde aus den Abwässern entfernt.

Abb. 198. Belüftungsbecken für neutralisierte Beizereiabwässer

Die Menge der zuzusetzenden Kalkmilch richtet sich nach der Konzentration der anfallenden Abwässer. 1 kg im Betrieb verbrauchte Schwefelsäure 66 °Bé benötigt theoretisch 0,725 kg Calciumhydroxyd bzw. für 1 kg 38% Salzsäure (spez. Gewicht 1,19) 0,39 kg. Zur Ausfällung von 1 kg Eisensulfat ($FeSO_4 \cdot 7\,H_2O$) werden 0,266 kg Calciumhydroxyd benötigt. Es darf nicht zu wenig, aber auch nicht zu viel Ätzkalk zugesetzt werden. Gibt man zuviel Ätzkalk zu, so treten nachträglich im Vorfluter sehr unerwünschte weiße Kalkausscheidungen auf. Gibt man zu wenig zu, so treten nachträgliche braune Ausflockungen von Eisenhydroxyd auf. Die Kontrolle, ob genügend Kalkmilch zugegeben ist, erfolgt in den meisten Betrieben durch Prüfung mit Lackmuspapier oder Phenolphthalein. Besser dürfte aber mit Rücksicht auf

Abb. 199. Blick in das kombinierte Belüftungs-Flockungsbecken einer Anlage des Ruhrverbandes zur Neutralisation und Enteisenung von Beizereiabwasser. Grobblasige Belüftung durch gelochte Rohre. Am Ablaufende hölzerne Umwälzpaddel zur Unterstützung der Flockenbildung

Überdosierungen die Anwendung von Universalindikatoren sein, wie sie in verschiedener Form im Handel sind. Diese zeigen gleichzeitig ein Überschreiten der zulässigen Grenze des p_H-Wertes von 9,0 an. In den Fällen, wo eine sehr genaue Kontrolle des Ablaufs erforderlich ist, hat sich der Einbau einer registrierenden p_H-Meßapparatur bewährt. Folgende Faktoren können die automatische Kontrolle des p_H-Wertes beeinflussen.:

1. Fließgeschwindigkeit und die Änderung der Fließgeschwindigkeit.
2. Starke Änderungen des Säuregrades.
3. Aufenthaltszeit und Verteilung in dem Behandlungssystem.
4. Die Umwälzung oder richtige Durchmischung.
5. Die schnelle Ansprechfähigkeit der Elektroden; daher sollte der Abstand in der Ansprechfähigkeit der Apparatur nicht größer als eine Minute sein.

Mit Rücksicht auf die Reinhaltung der Elektroden von dem sich laufend abscheidenden Eisenhydroxyd haben sich Bürstenapparaturen sowohl bei den Antimon- als auch bei den Glaselektroden bewährt. Derartige Apparaturen werden heute schon in bester Ausführung von den Firmen Hartmann und Braun, Frankfurt/M., Dr. B. Lange, Berlin, Dr. A. Kuntze, Düsseldorf, Lautenschläger, München, Pusel, München, Metrohm, Überlingen, Polymetron, Frankfurt/M., A. Grillo, Düsseldorf u. a. geliefert (s. S. 32).

Durch die Ausfällung bildet sich zunächst eine schmierige, schwarze Masse von Ferrohydroxyd, gemischt mit Calciumsulfat, die sich nicht weiter behandeln läßt, da sie das Wasser sehr zäh festhält. Um das Wasser abscheiden und das Eisen gut aufoxydieren zu können, muß das

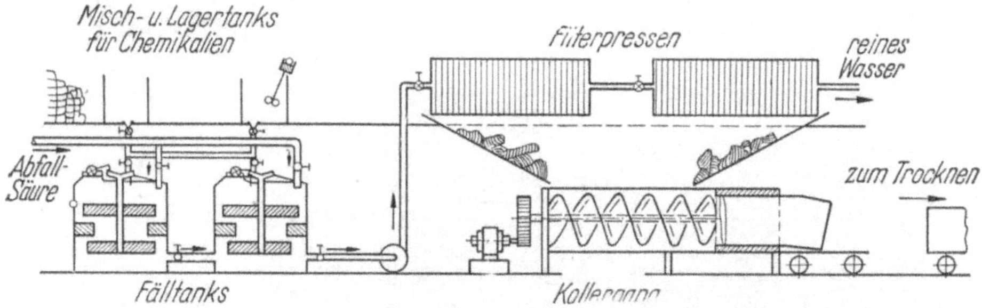

Abb. 200. Schematische Darstellung eines amerikanischen Verfahrens zur Verwertung verbrauchter Beizereiabwässer

Abwasser vor der Fällung genügend verdünnt werden, wozu man bei den konzentrierten Bädern am besten die anfallenden Spülwässer benutzt. Durch die nachfolgende Belüftung wird das Ferrohydroxyd in Ferrihydroxyd übergeführt, wobei sich ein stark voluminöser Schlamm bildet, der aber beim Stehen auf drainierten Beeten das Wasser gut abgibt. 1 kg Eisensulfat ($FeSO_4 \cdot 7\,H_2O$) ergibt 0,385 kg $Fe(OH)_3$ bzw. bei einem Anfangswassergehalt von 98% 19,2 l Schlamm.

Faust und Orford[1] berichten, daß der Schlamm von der Kalkneutralisation von Schwefelsäure dadurch konzentriert werden kann, daß man Gipspulver zugibt und hierdurch eine stärkere Kristallisation hervorruft. Roy und Allen[2] haben ein Patent für die Wiedergewinnung von wertvollen Stoffen aus Beizereiabwässern. Zu 1 m³ einer verbrauchten Beizlösung, die 15% $FeSO_4$ und 2% H_2SO_4 enthält, werden 900 l einer 10%igen Kalkmilch zugegeben und so lange gerührt, bis die Fällung vollständig ist. Der aus der Mischung abfiltrierte Kuchen wird in 300 l Wasser mit 110 kg Ammoniumcarbonat aufgenommen und im Autoklaven bei 70 °C und 2 bis 3 Atmosphären zwei Stunden mit CO_2 behandelt. 105 kg Ammoniumsulfat gehen bei der Auswaschung in das Filtrat und es bleibt ein Kuchen, der 214 kg Eisenhydroxyd und Kalciumcarbonat enthält, zurück.

[1] Faust, S. D., u. H. E. Orford: Industr. Wastes Bd. 2 (1957) 36.

[2] Roy, T. K., u. L. N. Allen: USA Patent 2798802, Chem. Abs. Bd. 51 (1957) S. 15846.

In Amerika hat sich eine Anlage bewährt, bei der die vor der Neutralisation aufoxydierten Beizen mit Kalk oder anderen alkalischen Calciumsalzen neutralisiert und bei einer Temperatur von 65 °C ausgefällt werden. Gemäß dem in Abb. 200 gezeigten Schema wird das Fällprodukt durch Rohrleitungen zu einer Batterie von Filterpressen geleitet und das gereinigte Abwasser entweder in die Kanalisation oder zur Wiederverwendung in den Betrieb zurückgegeben. Die in den Filterpressen zurückbleibende Masse wird durch einen Mischkollergang gepreßt und hierin von der Luft befreit. Die in Kuchenform aus dem Kollergang tretende Masse gelangt zu einem Trockenofen und kann nach dem Trocknen noch durch Brennen gehärtet werden. Die erhaltene homogene Masse von hellroter Farbe kann als Ziegelstein benutzt werden, zumal sie gegenüber den gewöhnlichen Ziegelsteinen den Vorteil hat, daß sie geschnitten und leicht bearbeitet werden kann. Gegenüber Ton, Holz oder Gips hat sie den Vorteil der Feuerfestigkeit, Termitenfestigkeit und Hitzebeständigkeit ohne Härteverlust. In den Fällen, wo das poröse Gefüge der Masse stört, erfolgt eine Nachbehandlung der Steine mit Natriumsilicat, wobei sich Eisensilicat bildet, das die Poren verschließt. Neben der Verwendung als Wandbelag, Rohrauskleidung, Baustein usw. wird das Material auch als Gasreinigungsmasse zur Gewinnung von Schwefelverbindungen benutzt. 40 m^3 Beizflüssigkeit ergeben etwa 25 t des neuen Materials.

Weil bei sehr vielen Neutralisationsanlagen die Behandlung der anfallenden großen Mengen stark wasserhaltigen Schlammes große Schwierigkeiten bereitet, hat die Siegener AG., Geisweid, die in Abb. 200a im Schema dargestellte Zwei-Stufen-Neutralisationsanlage mit Schlammeindickung und Entwässerungsteil geschaffen. Die zunächst durch Kalk und dann durch Zugabe von Zement ausgefällte Beize wird solange belüftet bis alles Eisen in die dreiwertige Stufe übergeführt ist. In einem besonderen Flockungs- und Absetztrichter erfolgt nicht nur die Abtrennung der Flocken, die vorher durch Zugabe von Flockungsmitteln (Polyäthylenen) unterstützt wurde, sondern auch gleichzeitig die Entwässerung des Schlammes. Zur weiteren Entwässerung des Schlammes wird er dann zu einer Drehrohrtrommel geleitet, deren Wand aus einem Sinterwerkstoff besteht, durch dessen Poren der Schlamm weiter entwässern kann. Durch diese weitgehende Entwässerung wird das Gesamtvolumen des Schlammes sehr stark vermindert[1].

Einfacher gestaltet sich die Neutralisation durch Ätzkalk oder Calciumcarbonat bei salzsäurehaltigen Beizen. Da das entstehende Calciumchlorid leicht löslich ist, entsteht nur Eisenhydroxyd als Niederschlag. Es kann also nicht zur Bildung einer abschließenden Haut kommen. König hat daher empfohlen, in die Abflußrinnen Kalksteine einzubauen, die zwischen Teichen oder Flachbehältern angeordnet sind. Da für die nötige Sauerstoffaufnahme große Flächen erforderlich sind, so empfehlen Sierp und Imhoff in dem DRP 492810 die Anwendung von belüfteten Kalksteinfiltern. In den Kalksteinfiltern wird die ge-

[1] Schick, J. H.: Industrieabwässer Mai (1962); Bänder—Bleche—Rohre Bd. 1 (1964) S. 1.

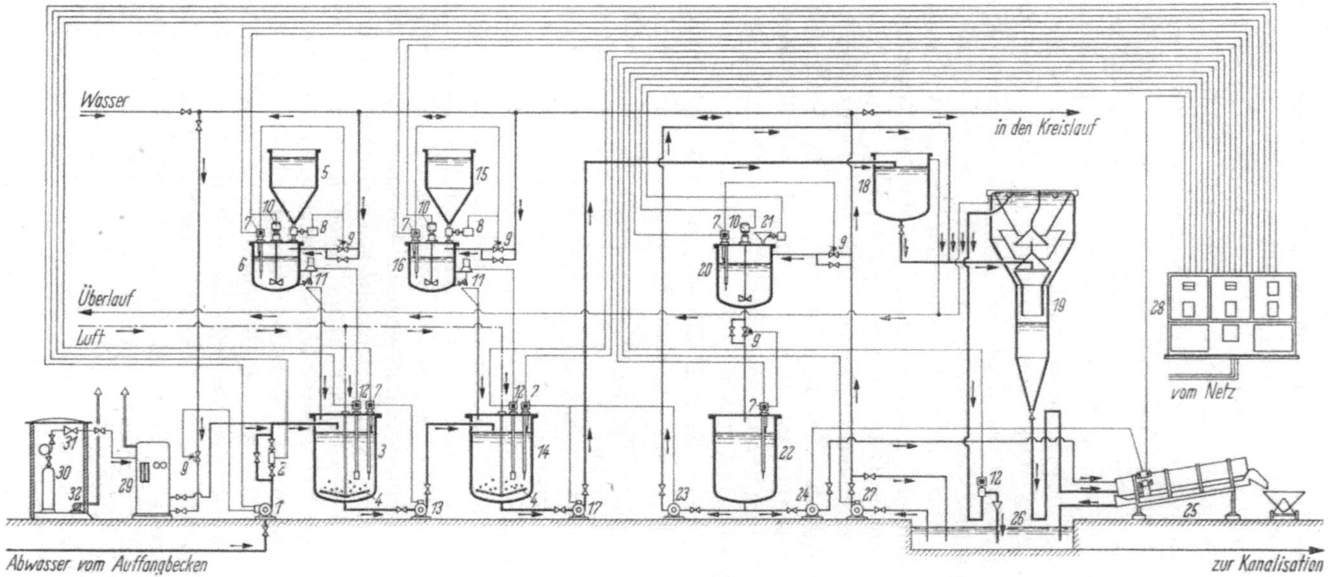

Abb. 200a. Schema der Zwei-Stufen-Neutralisationsanlage mit Schlammeindickung und Entwässerungsteil
1 Pumpe, *2* Durchflußmesser, *3* Neutralisationsbehälter I, *4* Luftrührer, *5* Silo für Neutralisationsbehälter, *6* Aufbereitungsbehälter, *7* Niveautester, *8* Dosiervorrichtung, *9* Magnetventil, *10* Rührwerk, *11* Perfektionshahn *12* p$_H$-Armatur, *13* Pumpe, *14* Neutralisationsbehälter II, *15* Silo für Neutralisationsbehälter, *16* Aufbereitungsbehälter, *17* Pumpe, *18* Hochbehälter, *19* Absetztrichter, *20* Flockungsmittel-Ansetzbehälter, *21* Dosiervorrichtung, *22* Vorratsbehälter, *23* Dosierpumpe, *24* Dosierpumpe, *25* Schlammeindickung, *26* Wasserpumpvorlage, *27* Pumpe, *28* Meß- u. Regelschrank, *29* Chloromat, *30* Chlorgasflasche, *31* Reduzierventil, *32* Entlüftung

bildete Kohlensäure entfernt und das gebildete Ferrohydroxyd schnell in Eisenhydroxyd übergeführt. Man kann die Wirkung der belüfteten Kalksteinfilter noch dadurch ganz erheblich steigern, daß man

1. das Abwasser durch Leitungswasser, Flußwasser oder Rücklauf so weit verdünnt, daß es leichter Sauerstoff aufnimmt und das gelöste Eisenchlorid stärker hydrolysiert;

2. durch stufenweise Behandlung dafür sorgt, daß stets ein großer Teil des gebildeten Eisenhydroxyds entfernt wird, so daß sich das Gleichgewichtsverhältnis immer mehr zugunsten der hydrolytischen Zersetzung der Eisensalze und der Oxydation der Ferrosalze zu Ferrisalzen verschiebt. Das Schema einer derartigen Anlage ist in Abb. 201 dargestellt.

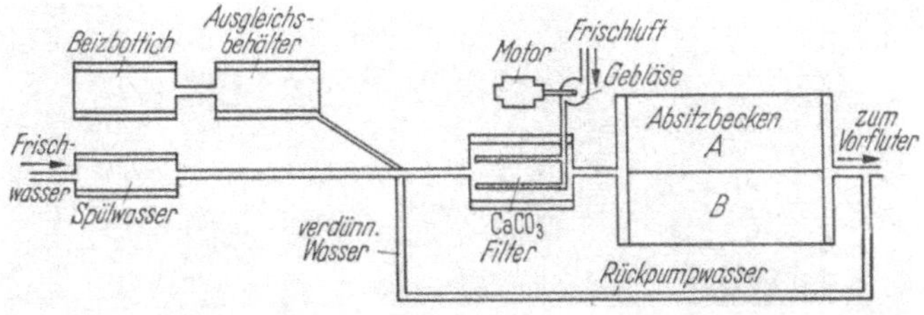

Abb. 201. Schema einer Neutralisationsanlage für verbrauchte salzsaure Beizbäder mit Hilfe belüfteter Kalksteinfilter (nach SIERP und IMHOFF)

Im Sinne der folgenden Gleichungen tritt eine Ausscheidung des Eisenchlorids unter Bildung von Eisenhydroxyd und Calciumchlorid auf.

$$FeCl_2 + 2\,H_2O \rightleftharpoons Fe(OH)_2 + 2\,HCl$$
$$2\,HCl + CaCO_3 \rightleftharpoons CaCl_2 + H_2O + CO_2$$
$$2\,Fe(OH)_2 + H_2O + O = 2\,Fe(OH)_3.$$

Für kleinere Betriebe ohne unmittelbare Ableitung in ein öffentliches Gewässer hat sich ferner gebrannter Magnesit in belüfteten Filtern nach dem Sinacid-Verfahren[1] der Chemieprodukte K.G., Berlin 47, als geeignet erwiesen. Sinacid ist ein gebrannter, körniger Magnesit, der etwa 90% Magnesiumoxyd enthält. Die Magnesiumsalze der zum Beizen benutzten Säure sind löslich, so daß

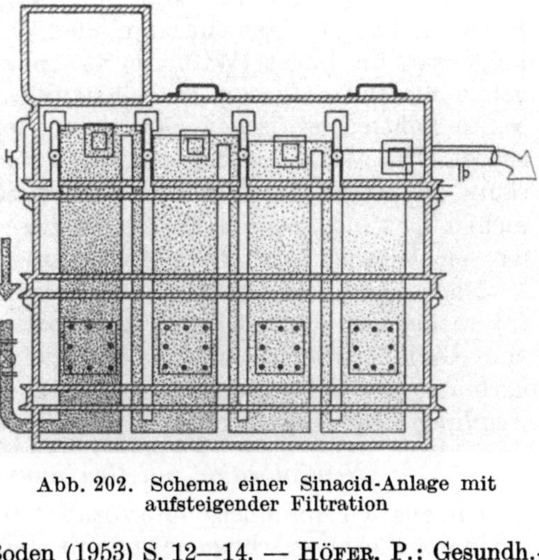

Abb. 202. Schema einer Sinacid-Anlage mit aufsteigender Filtration

[1] NÖTHLICH, F.: Wasser u. Boden (1953) S. 12—14. — HÖFER, P.: Gesundh.-Ing. Bd. 74 (1953) S. 328. — MEINCK, F.: Gesundh.-Ing. Bd. 75 (1954) S. 157. — KÖLZOW, H.: Abwassertechnik Bd. 6 (1955), Nr. 12.

keine Schlämme wie bei der Neutralisation mit Kalk entstehen. In Abb. 202 ist das Schema einer Sinacid-Anlage und in Abb. 203 ein Neutralisationsraum mit einer Sinacid-Anlage dargestellt.

Abb. 203. Neutralisationsraum mit rückspülbarer Sinacidfilteranlage

Der in derartigen Neutralisationsanlagen aus salzsauren Beizen gewonnene Eisenschlamm kann sehr gut zur Herstellung von Rostschutz- und Malerfarben, Gasreinigungsmasse, Polierrot, evtl. auch zur Verhüttung usw. benutzt werden.

Um ein besseres Absetzen des ausgeflockten Eisenhydroxyds zu bewirken, hat Delkeskamp empfohlen, die schwach sauren Abwässer mit kohlensaurem Baryt (Witherit) zu behandeln. Es wird Bariumsulfat gebildet, das im Wasser erheblich unlöslicher als Gips ist und wegen seines hohen spezifischen Gewichtes viel schneller absetzt. Bei salzsauren Abwässern und bei solchen, die neben Schwefelsäure noch Salzsäure, Salpetersäure oder eine andere Säure enthalten, darf Witherit nicht angewandt werden, da sich in diesen Fällen Bariumchlorid bildet, das leicht löslich ist und für Mensch und Tier ein starkes Gift darstellt.

Nach einem von Fischer[1] angegebenen Verfahren soll bei der Neutralisation von konzentrierten Abfallbeizen der Eisenindustrie mit Hilfe von Bariumcarbonat neben Bariumchlorid ein basisches Eisen-III-karbonat als Nebenprodukt gewonnen werden, das als Eisenrot Verwendung findet.

Neutralisation mit Gewinnung von Ferrosulfat

Um aus den Abfallbeizen Ferrosulfat zu gewinnen, werden die Abwässer in mit Blei ausgeschlagene und mit Heizschlangen versehene Behälter,

[1] Fischer, E. J.: Abfallstoffe. Dresden: Theodor Steinkopff 1936.

die mit Eisenabfällen, wie Drahtspänen, Schrott, Stanzblechen usw., gefüllt sind, gepumpt. Das Eisen bindet die Restsäure als Ferrosulfat, das dann auskristallisiert werden muß. In den Fällen, wo die Beizereien an größeren Vorflutern liegen, oder die Spülverluste weitgehend durch das Zwischenschalten eines Spülbehälters eingeschränkt sind, wird man diese Behandlung auf die konzentrierten Endbeizen beschränken. Besonders bei kleinen Vorflutern muß man die ersten Spülwässer mit eindampfen. Deshalb muß man die Neutralisation schon in den Ausgleichsbehältern vornehmen. Da mit abnehmender Konzentration die Einwirkung der Säure auf das Eisen nachläßt, muß zum Schluß stark angewärmt werden. Nach beendigter Neutralisation und wenn nötig nach genügender Eindampfung läßt man die Lösung in flachen, mit Blei ausgeschlagenen Behältern auskristallisieren. Die verbleibende Mutterlauge muß in Eindampfapparaten zur restlichen Kristallisation eingedampft werden. Das Verfahren ist sehr unwirtschaftlich; nur dort, wo genügend Abfalleisen und Abfallwärme zur Verfügung steht, läßt sich dieses Verfahren durchführen, wobei als Nachteil der Verlust der Restsäure bestehen bleibt.

Neutralisation mit Ammoniak und Gewinnung von Ammonsalzen und Eisenrot

In Zeiten, in denen Mangel an Säuren herrschte, hat man empfohlen, zur Neutralisation und Ausscheidung der verbrauchten Eisenbeizen Ammoniak aus den Abtreiberkolonnen der Gasanstalten, Kokereien usw. bzw. synthetisch hergestelltes Ammoniak zu verwenden. Man will hierbei Ammonsulfat bzw. Ammonchlorid und Ferrihydroxyd dadurch gewinnen, daß man die durch die Spülwässer verdünnten Abfallbeizen in einer Ammoniak-Sauerstoffatmosphäre verrieselt, das gebildete Ferrihydroxyd abfiltriert und die erhaltene Lösung eindampft und auskristallisiert.

Da der beim Fällen von Abfallaugen mit Ammoniak aus Ferrohydroxyd bestehende Schlamm sich sehr schlecht filtrieren läßt, schlagen Hilgenstock und Jung vor, die heißen Abfallbeizen mit Ammoniakrohgas zu begasen. Man erhält hierbei einen aus Ferrohydroxyd und Ferrosulfid bestehenden Schlamm, der sich besser abfiltrieren läßt. Hat die Schlammenge eine bestimmte Größe erreicht, so wird sie abfiltriert. Durch öftere Wiederverwendung wird allmählich alles Eisen ausgefällt und alle Schwefelsäure in Ammonsulfat übergeführt. Die Ammonsulfat enthaltende Lösung wird dann in die Sättiger gegeben, in denen das Wasser verdampft und das Ammonsulfat gewonnen wird. Der Eisensulfidschlamm kann in Schwefelsäurefabriken abgeröstet und auf Schwefelsäure und Eisenoxyd verarbeitet werden.

Aufbereitungsanlagen mit Gewinnung der Restsäure für schwefelsäurehaltige Beizen

Besser als die bisher geschilderten Verfahren der Neutralisation dürften die Verfahren sein, die eine Aufarbeitung der Beizen und damit gleichzeitig eine Wiedergewinnung der noch in den Beizbädern enthaltenen freien Säuren und des in den Beizen enthaltenen Eisensalzes vorsehen. Mit befriedigendem Erfolg sind diese Anlagen bisher für schwefelsaure Beizen so weit ausgearbeitet worden, daß sie in den meisten Fällen angewandt werden können. Der theoretische Ausbringungsfaktor beträgt für eine t Schwefelsäure 66 °Bé 1:2,7. Doch wird man diesen Wert nie erreichen können, da die Säure nicht restlos in Eisensulfat umgesetzt werden kann, und sich Spülverluste nie ganz vermeiden lassen. Die Erfahrungen der Praxis haben jedoch gezeigt, daß man bei gutem Willen sehr gut einen Wert von 1:2,3 erreichen kann. Bei gutem Abtropfenlassen beim Verlassen des Beizgutes über dem Beizbad, Zwischenschalten eines nicht durchflossenen Spülbehälters, wobei man zwischen Beizbottich und Zwischenspülbehälter in das Beizbad mündende Abtropfbleche schaltet, Auffüllen der Tropfverluste im Beizbad aus dem Zwischenspülbehälter und einer guten Kristallisieranlage muß sich in allen Fällen mindestens ein Ausbringungsfaktor von 1:2 erzielen lassen, der auch bei dem heutigen Stand der Behandlungstechnik durch die Aufsichtsbehörden den Beizbetrieben vorgeschrieben werden sollte. Für die Erzielung eines guten Ausbringungsfaktors ist es aber auch erforderlich, daß die heute noch an vielen Stellen angewandte Beheizung der Beizbäder durch Einblasen von Dampf verschwindet, da diese eine zu starke Verdünnung der Bäder ergibt, und die Aufheizung der Beizbäder durch Unterwasserbrenner oder indirekte Beheizung erfolgt. Letztere Verfahren sind heute so gut entwickelt, daß sie eine gute Wärmeübertragung ergeben. Die elektrische Aufheizung der Bäder durch Tauchsieder hat sich nicht bewährt, da sie von der Säure zu stark angegriffen werden.

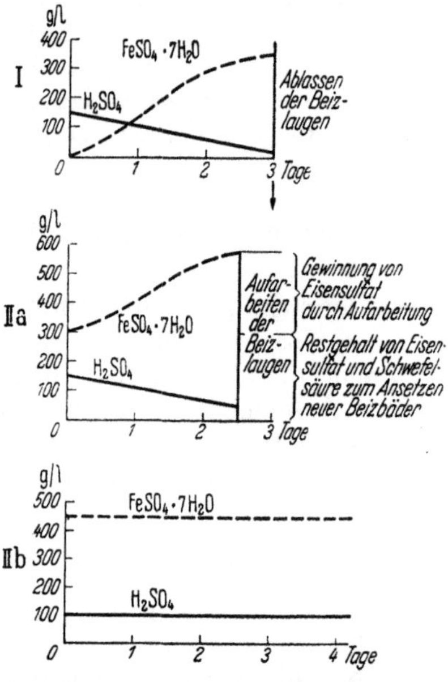

Abb. 204. Vorteile des gleichmäßigen Beizbades in Verbindung mit einer kontinuierlichen Aufarbeitung der Beizen

Bei der Aufbereitung der Beizereiabwässer kommt es darauf an, die aufzuarbeitenden Beizen möglichst konzentriert und die Spülwässer möglichst dünn zu machen. Die in den letzten Jahren durchgeführten zahlreichen Versuche haben ergeben, daß man den gesamten Beizprozeß viel besser in der Hand hat, wenn man stets mit gleichbleibenden Konzentrationen arbeitet. Je nach dem Beizgut schwanken die Badkonzentrationen zwischen 5 bis 20% freier Säure, und zwar bei Stahl und Schmiedeeisen 10 bis 20%, bei Gußeisen 5 bis 10%. Durch laufendes Nachschärfen durch Zugabe frischer Säure ist es sehr leicht, eine bestimmte Konzentration zu erhalten. Je höher die Anreicherung an

Eisensulfat ist, um so leichter ist die Ausscheidung. Aus diesem Grunde wird das Beizbad, nachdem eine bestimmte Konzentration erreicht ist, am besten durch Tauchbrenner, Unterwasserbrenner oder indirekte Beheizung, auf keinen Fall aber durch Einblasen von heißem Dampf, angewärmt. Die Zusammenstellung von MÖHLE (s. Abb. 204) zeigt deutlich die großen Vorteile, die das kontinuierliche Beizen mit einer gleichbleibenden Konzentration gegenüber den periodisch aufgearbeiteten Beizen besitzt.

Es ist in den letzten Jahren eine große Anzahl von Verfahren zur Ausscheidung des Eisensulfats entwickelt worden. In die Praxis haben aber nur verhältnismäßig wenige Verfahren Eingang gefunden, was zum Teil damit zusammenhängt, daß die Industrie sehr lange der Frage der Aufarbeitung und der Wiederverwendung der aufgearbeiteten Beizen ablehnend gegenübergestanden hat. Nur dort, wo sich der Betriebsleiter selbst intensiv mit diesen Fragen beschäftigt hat, ist ein voller Erfolg eingetreten.

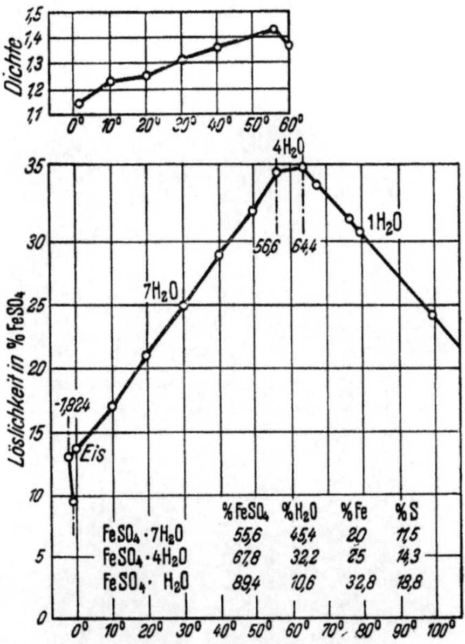

Abb. 205. Löslichkeit des Eisensulfates bei den verschiedenen Temperaturen. Zusammensetzung des Eisensulfates bei verschiedenen Gehalten an Kristallwasser

Für die Aufarbeitung der Beizen zwecks Wiederverwendung im Kreislauf kommen nun alle in der technischen Chemie bekannten Verfahren zur Ausscheidung der Eisensulfatkristalle in Frage, und zwar

1. Kristallisationsverfahren; 2. Eindampfverfahren; 3. Anwendung von Lösungsmitteln.

Die Löslichkeit des Eisensulfats in den Beizbadflüssigkeiten hängt einmal von der Konzentration an freier Säure und dann von der Temperatur ab. Wie aus der nebenstehenden graphischen Auftragung (s. Abb. 205) ersichtlich, liegt in einer gesättigten Lösung das Eisensulfat bis zu einer Temperatur von 56,6° C als Eisensulfat mit 7 Kristallwasser vor. Steigt die Temperatur bis auf 64,4°, so bleibt die Löslichkeit gleich, doch der Kristallwassergehalt sinkt bis auf 4, d. h., es bildet sich $FeSO_4 \cdot 4\,H_2O$. Geht man mit der Temperatur über 65°, etwa bis 100°, so sinkt die Löslichkeit des Eisensulfats sehr stark, wobei gleichzeitig der Kristallwassergehalt in diesem Temperaturbereich auf 1 Mol heruntergeht, so daß sich in diesem Temperaturbereich ein $FeSO_4 \cdot H_2O$ abscheidet. Je nachdem, ob man von der aufsteigenden Kurve bis 56,6° durch Abkühlen oder von der absteigenden Kurve durch Erwärmen bis

100 °C Gebrauch macht, erhält man Eisensulfat mit 7 Kristallwasser oder mit einem Kristallwasser.

Wie aus den Zahlen der Zusammensetzung der 3 Eisensulfate in Abb. 205 ersichtlich, steigt mit sinkendem Gehalt an Kristallwasser der Gehalt an Eisen und Schwefel, was für eine Aufarbeitung des gewonnenen Eisensulfats von größter Wichtigkeit ist.

Das für den jeweiligen Beizbetrieb anzuwendende Verfahren richtet sich ganz nach der Größe des Betriebes. Grundsätzlich sollte der schon erwähnte, nicht durchflossene Zwischenspülbehälter hinter jedem Beizbottich in jeder Beizerei vorgeschrieben werden, um einmal eine größere Ausbeute an Eisensulfat zu erzielen, dann aber auch, um die abfließenden Spülwässer möglichst arm an Säure und Eisensulfat zu machen. Nur so wird es möglich sein, einen möglichst guten Ausbringungsfaktor zu erreichen.

Je nach der Art des verarbeiteten Materials und dem Endverwendungszweck des gewonnenen Eisensulfats muß man den in den Beizbädern anfallenden Zunder vorher durch eine Filtration abscheiden. Soll das gewonnene Eisensulfat thermisch zu Schwefelsäure und Eisenoxyd aufgearbeitet werden, so ist es nicht nötig, den Schlamm abzuscheiden. In den meisten anderen Fällen ist es aber besser, den Schlamm aus den Beizbehältern durch Filter oder Nutschen oder Absetzenlassen abzuscheiden, um ein möglichst reines Eisensulfat zu erhalten.

Abb. 206. Eintauchkristallisator

Eintauchkristallisator. Bei kleineren Beizbetrieben haben sich ganz besonders die Eintauchkristallisatoren bewährt. Wenn das Bad bis zum Wochenende angereichert wurde, kann dann nach Zugabe der neuen Anschärfungssäure das Bad durch einen oder mehrere Eintauchkristallisatoren, an denen sich das Eisensulfat ansetzt und die durch Leitungswasser gekühlt werden, auskristallisieren. Am Wochenanfang wird dann der Eintauchkristallisator mit dem daranhängenden Eisensulfat entfernt und das Bad selbst mit dem Wasser aus dem Zwischenspülbehälter aufgefüllt und kann dann wieder nach Anschärfen mit Schwefelsäure bis zum Wochenende benutzt werden. Der mit Eisensulfat beladene Eintauchkristallisator (s. Abb. 206) wird durch Abklopfen vom Eisensulfat befreit.

Verfahren der doppelten Kristallisation. Nach dem ältesten Verfahren dieser Art, das sich besonders bei kleinen Beizereibetrieben mit hoch konzentrierten Beizen, wie sie z. B. in Draht- und Bandziehereien anfallen, eignet, werden die verbrauchten Beizen nach J. Drooff einer doppelten Kristallisation unterworfen. Die mit einer Temperatur von 60 bis 70 °C aus den Beizbottichen kommenden Beizen werden in einem mit Blei ausgeschlagenen Holzbehälter abgekühlt. Hierbei scheidet sich eine große Menge des in Lösung befindlichen Ferrosulfats ab. Hierauf wird die zur Auffrischung des neuen Beizbades benötigte Schwefelsäuremenge zugegeben und die bei der Vermischung auftretende Wärme durch einen zweiten Kühlvorgang beseitigt. Es scheidet sich eine weitere Menge Ferrosulfat ab. Die verbleibende Flüssigkeit enthält je nach dem Säuregehalt noch Ferrosulfat; sie wird nach dem Abscheiden des Salzes mit Wasser aufgefüllt und geht als gute Beize in den Betrieb zurück. Während im Sommer in beiden Behältern die Beize stark gekühlt werden muß, geht im Winter die Kristallisation von selbst vor sich. Das unter anderem bei den Stanley-Werken, Velbert angewandte Verfahren hat sich sehr gut bewährt, da es nicht nur eine große Säureersparnis, sondern auch einen stark gesteigerten Anfall von Ferrosulfat ergibt. Es eignet sich in erster Linie für höher konzentrierte Beizen, da bei den verdünnten Beizen eine zu geringe Ausscheidung stattfindet.

Verfahren von Agde. Die bei der doppelten Kristallisation auftretenden Schwierigkeiten des großen Kühlwasserbedarfs umgeht Agde dadurch, daß er die zur Anschärfung nötige Säure sofort in die noch unbehandelte, direkt aus dem Beizbottich kommende Beize gibt. Er erreicht hierdurch, daß man nur einen Abkühlungs- und Kristallisationsvorgang hat. Die Wirkung des Verfahrens hängt von der Art der Kühlung ab. Durch Einbau einer Tiefkühlanlage ist man imstande, die vorhandenen Beizen weitgehend zu enteisenen.

Ruhrverbandsverfahren. Beim Ruhrverband hat sich ein von Dipl.-Ing. Batz und seinen Mitarbeitern ausgearbeitetes und besonders auch für kleinere Beizereien mit wenig Platz geeignetes Verfahren be-

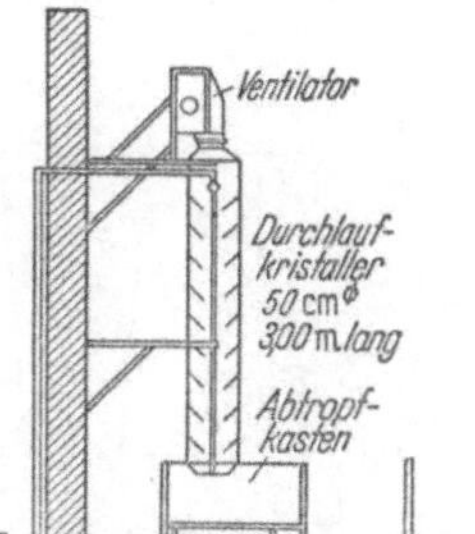
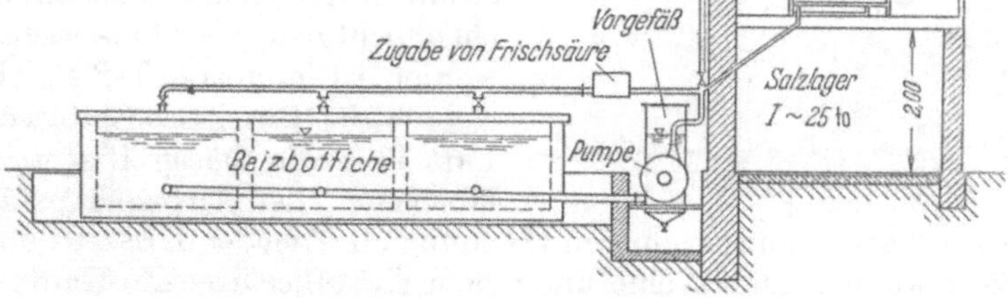

Abb. 207. Schema einer kontinuierlichen Aufarbeitung mit einem Durchlaufkristaller, System „Ruhrverband"

währt. Dieses Verfahren gestattet sowohl bei kleineren wie auch bei größeren Beizbetrieben eine kontinuierliche Aufarbeitung und damit ein Beizen mit gleichmäßigen Konzentrationen. Das Verfahren besteht darin, daß man laufend einen kleinen Teil des Beizbades (s. Abb. 207) in gleichmäßigem Strom entnimmt und über eine durch eingeblasene Luft gekühlte Kristallisierkolonne leitet. Nachdem das ausgeschiedene Eisensulfat abgeschieden ist, fließt die entsalzte Beize in den Betrieb zurück. Das Verfahren hat den großen Vorteil, daß es zum Kühlen Luft benutzt und sehr wenig Raum beansprucht. Wie Abb. 207 zeigt, kann es an der Außenseite des Beizereihauses angebracht werden, so daß die Aufbereitungsanlage im Betrieb nicht stört. In Abb. 208 ist ein nach dem Verfahren des Ruhrverbandes von der Fa. Zahn & Co., Hameln, gebauter vertikaler luftgekühlter Kristaller aus Gummi dargestellt.

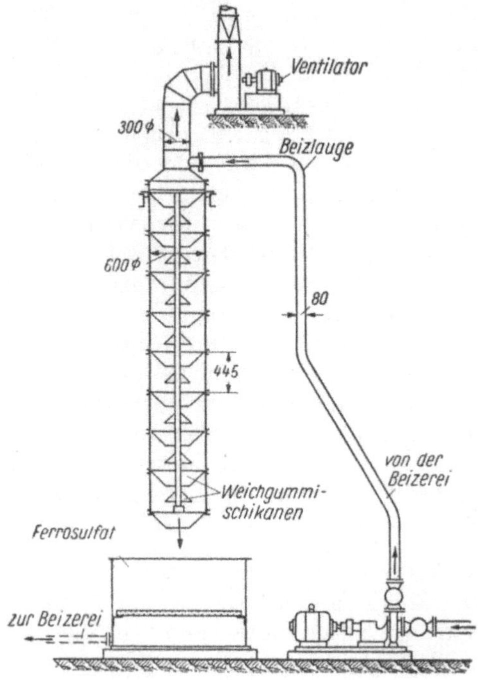

Abb. 208. Schlauchkristaller für Eisensulfat System Ruhrverband (Fa. Zahn, Hameln)

Statt die hochgepumpte Beizflüssigkeit im Kristaller herunterrieseln zu lassen, wird sie im Zyklonkristaller (s. Abb. 209) mit der Luft durch Düsen versprüht. Der Ventilator ist unten. Der Mantel des Zyklonkristallers ist ebenfalls aus Gummi, hat aber innen keine Einbauten. Damit die mit dem Luftstrom mitgerissenen feinsten Tröpfchen nicht nach oben hinausgetragen werden, ist im oberen Teil eine Prallringschicht. Durch das Einblasen der Luft über die Düsen flattert nach MONTENS[1] der Kristaller ständig, wodurch die sich an der inneren Wandung ansetzenden Kristalle ständig abgelöst werden. Durch eine unter dem Kristaller liegende Kälteanlage

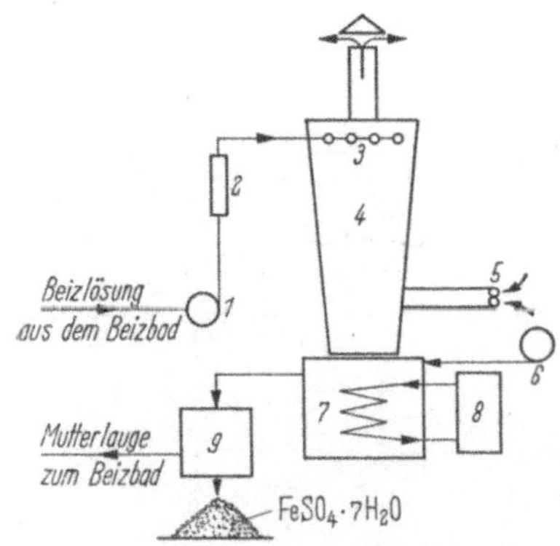

Abb. 209. Aufbau eines Zyklonkristallers (Fa. Ruthner, Wien)

[1] MONTENS, A.: Stahl und Eisen Bd. 83 (1963) S. 833.

wird die Mischung der Kristalle mit der Mutterlauge weiter abgekühlt, so daß sich ein weiterer Teil des Eisensulfates ausscheidet. Das Gemisch von Kristallen und Mutterlauge fließt in einen Filterkasten, um die Kristalle von der Mutterlauge zu trennen. Die Mutterlauge fließt nach Zugabe frischer Schwefelsäure und Wasser aus dem Zwischenspülbehälter zurück in die Beizbehälter.

Vakuumtiefkühlung. Die Verfahren mit Vakuumtiefkühlern der Lurgi-Gesellschaft für Wärmetechnik, Frankfurt/M., der Fa. Zahn & Co., Hameln, und Dr.-Otto-Säurebau, Bendorf/Rh., können auch schon bei dünneren Abfallbeizen angewandt werden, wie diese z. B. beim Beizen von Feinblechen anfallen. Bei diesem Verfahren wird in den durch Dampfstrahlejektoren betriebenen Vakuumentgasern die Konzentration der Beizen stark erhöht und durch die hierbei erzielte Tiefkühlung von 50° bis auf 2 °C gleichzeitig eine Ausscheidung des in Lösung befindlichen Ferrosulfats bewirkt. Geringen Baukosten stehen bei dem großen Dampf- und Kühlraumverbrauch hohe Betriebskosten entgegen. In den Vakuumtiefkühlapparaturen der Fa. W. Wiegand, Karlsruhe, wird durch die Verbindung mit dem AGDE-Verfahren die Ausscheidung noch verstärkt.

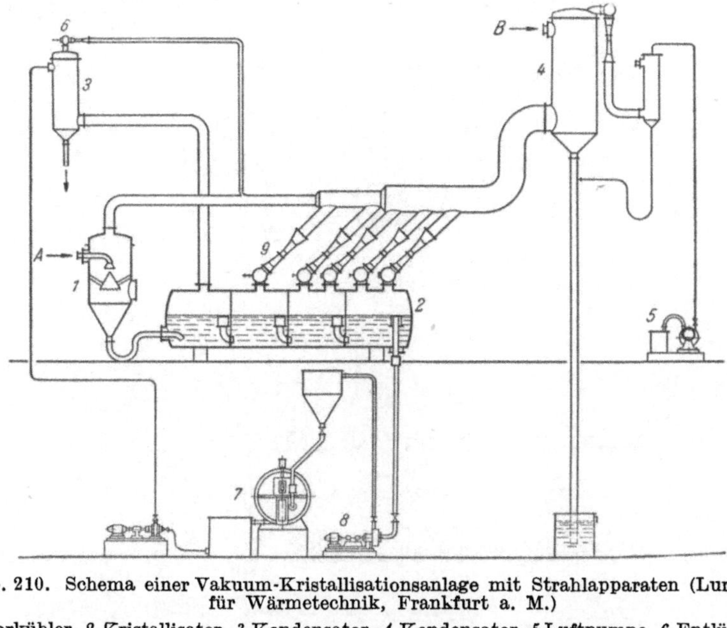

Abb. 210. Schema einer Vakuum-Kristallisationsanlage mit Strahlapparaten (Lurgi-Ges. für Wärmetechnik, Frankfurt a. M.)

1 Vorkühler, *2* Kristallisator, *3* Kondensator, *4* Kondensator, *5* Luftpumpe, *6* Entlüftungsstrahlapparat, *7* Trennschleuder, *8* Salzbreipumpe, *9* Strahlapparate, *A* Lauge, *B* Kühlwasser

In Abb. 210 ist das Schema einer Vakuumkristallisationsanlage der Lurgi-Gesellschaft für Wärmetechnik, Frankfurt a. M. dargestellt. Die aus einem Beizbottich kommende Abfallbeize gelangt zunächst in eine Vorkühlstufe *1*, in welcher unter dem Einfluß der Luftleere des

Kondensators *4* mit angeschlossener Luftpumpe *5* eine Vorkühlung durchgeführt wird. Die vorgekühlte und vorkonzentrierte Beize gelangt nun in eine liegende, mehrstufige Kristallisationsanlage *2*, deren einzelne Stufen mit verschiedenen Luftleeren arbeiten. In dem liegenden Kristallisator findet eine von Stufe zu Stufe zunehmende Kristallbildung statt. Das aus der Endstufe abfließende Gemisch von Mutterlauge und Kristallen wird mit Hilfe der Pumpe *8* nach der Trennschleuder geführt und hier das Salz von der Mutterlauge befreit, die dann in den Betrieb zurückwandert.

Elektrolytische Abscheidung. Das DRP 559451 der Siemens & Halske AG beschreibt ein Verfahren von W. Kunze zur elektrolytischen Aufarbeitung von Sulfatablaugen, bei dem die Behandlung der Sulfatablaugen in den Kathodenräumen eines durch Diaphragmen unterteilten Elektrolyseurs erfolgt. Der Anodenraum wird mit Sulfatlösung solcher Metalle beschickt, deren Sulfat mit Schwefelsäure Bisulfate bildet. Die Anwendung des Verfahrens hängt von billigen Stromkosten ab.

Rührwerkskristaller. Gute Ergebnisse lassen sich dort wo ein diskontinuierlicher Betrieb wegen der Größe der Anlage nötig ist, durch Rührkristaller erzielen, wie sie vor dem Kriege von den Firmen Zahn

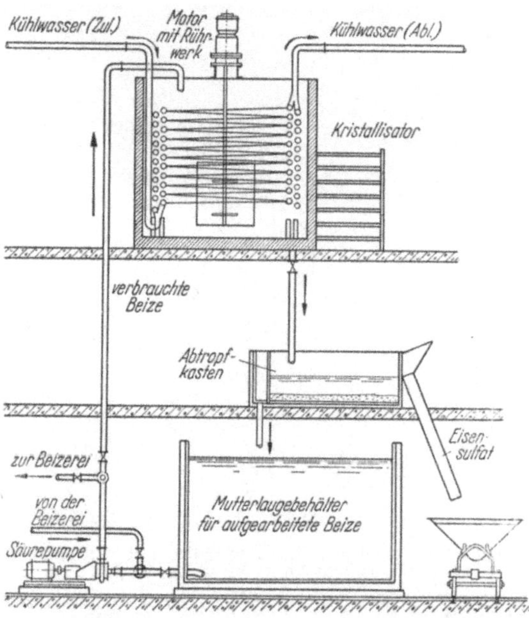

Abb. 211. Schema einer Aufbereitungsanlage für verbrauchte Beizen mit Rührkristaller

& Co., Hameln, Keramchemie, Siersdorf, Didierwerke A.G., Säurebau, Niederdollendorf/Rhein, usw. für viele Anlagen geliefert wurden. Je nachdem, ob zum Kühlen Wasser oder abgekühlte Lauge benutzt wird, ist der Wirkungsgrad verschieden. Eine Abfallbeize mit 600 g/l $FeSO_4 \cdot 7\,H_2O$ und 50 g/l H_2SO_4 ergab bei Solekühlung eine Abscheidung von 420 g/l $FeSO_4 \cdot 7\,H_2O = 70\%$, bei Wasserkühlung von 15° aber nur 290 g/l $FeSO_4 \cdot 7\,H_2O = 48\%$. Abb. 211 u. 212 zeigen einen derartigen Rührkristaller im Schema und im Bild.

Ist der Zunder vorher im Beizbehälter abgeschieden, erhält man ein sehr gutes, feinkristallines Eisensulfat, das sich sowohl in Zentrifugen als auch auf Filternutschen gut abtrennen läßt.

Abb. 212. Bild einer mit Rührkristaller arbeitenden Aufbereitungsanlage

Rollkristaller. Für größere Anlagen haben sich sehr günstige Ergebnisse im kontinuierlichen Betrieb mit den von verschiedenen Firmen, besonders der Fa. Zahn & Co., Hameln, entwickelten Rohr- bzw. Rollkristallern erzielen lassen. Diese mit Luft gekühlten Rollkristaller bestehen aus einem sich drehenden, schwach geneigten Rohr, dessen Durchmesser und Länge sich nach dem Durchsatz richten. Die Luft wird mittels Gebläse durch das Rohr geleitet. Durch die Verdunstungskälte kühlt sich die Beize ab und scheidet dadurch das Eisensulfat ab. In Abb. 213 ist eine Rollkristalleranlage im Schema und in Abb. 214 im Bild dargestellt. Die Arbeitsweise der Anlage ist folgende:

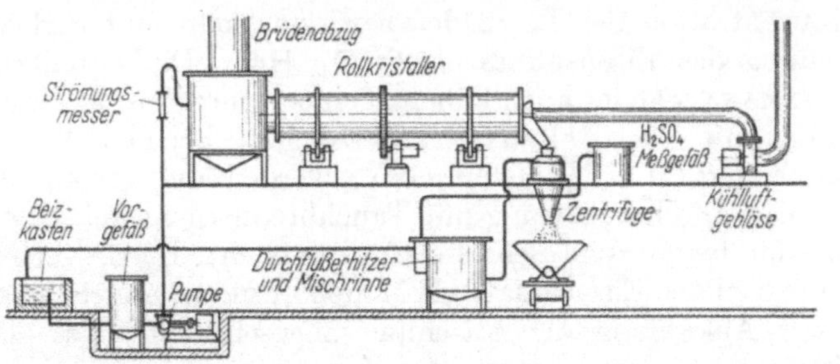

Abb 213. Schema einer mit Rollkristaller arbeitenden Aufbereitungsanlage (Fa. Zahn, Hameln)

Die zu regenerierende Beize fließt aus den Beizkästen in ein Vorgefäß. Von hier aus fördert eine Pumpe ständig eine bestimmte Menge Lösung über einen Strömungsmesser in den als Drehrohr ausgebildeten

Rollkristaller, wo Kühlluft durch einen Ventilator der Beizlösung entgegengeführt wird. Die Lösung kühlt dadurch nahezu auf Außentemperatur ab und Eisenvitriol scheidet sich aus. Sie fließt mit der Mutterlauge ununterbrochen aus dem Rollkristaller in eine vollautomatische Zentrifuge, wo sofort die Trennung und Trocknung erfolgen. Das trockene Salz geht zum Lager. Die Mutterlauge gelangt in den Durchflußerhitzer und von hier in einen Mischer, wo ihr aus dem Behälter die dem vorherigen Verbrauch entsprechende Menge frischer Schwefelsäure zugesetzt wird. Aus dem Mischer fließt dann die regenerierte Beize in die Beizkästen zurück.

Abb. 214. Rollkristaller für 7,5 tato $FeSO_4 . 7\,H_2O$ (Fa. Zahn, Hameln)

Verschiedene Verfahren. In der Drahtwelt ist 1940 bereits ein Verfahren beschrieben worden, das mit Hilfe von Unterwasserbrennern eine Konzentration der Beizbäder bewirken sollte unter gleichzeitiger Abscheidung des Eisensulfats als $FeSO_4 \cdot H_2O$. Die Patentanmeldung von Haarmann wendet auch höhere Temperaturen an, um wasserarmes Eisensulfat mit 1 Kristallwasser zu erzeugen. Bei dem Verfahren der Fa. Büsching & Co., Traunstein/Obb., werden die verbrauchten Ablaugen durch Direktbeheizung mit Tauchbrennern so weit eingedampft, daß eine 50- bis 70%ige Schwefelsäure entsteht. Hierbei scheidet sich der größte Teil des Eisensulfats als Monohydrat aus, das in einer Zentrifuge nach Abkühlung der Mischung abgeschieden wird. Die Restschwefelsäure wandert in den Betrieb zurück.

Mit Rücksicht auf die Tatsache, daß verschiedene Beizbetriebe wegen des Beizgutes die aufzuarbeitenden Abfallbeizen nicht höher als mit 70 g Fe/l, entsprechend 350 g $FeSO_4 \cdot 7\,H_2O$/l, anreichern dürfen, sind an den verschiedensten Stellen Verfahren entwickelt worden, bei denen die Beizen unter Gewinnung von wasserarmem Eisensulfat, $FeSO_4 \cdot H_2O$, aufgearbeitet werden. Die einen Verfahren verdüsen die verbrauchten Beizen in heißer Luft (Fa. Zahn & Co., Hameln, Fa. Dr. Otto, Bendorf/Rh., Ruthner, Wien). Bei dem Monohydrat-Verfahren der Fa. Zahn & Co., Hameln, wird die zu regenerierende Beizlösung aus einem mit dem Beizbottich (s. Abb. 215) in kommunizierender Verbindung stehenden Vorgefäße kontinuierlich über ein Meßgerät in den Verdampferturm gepumpt und hier mittels einer Düse zerstäubt. Gleichzeitig werden in

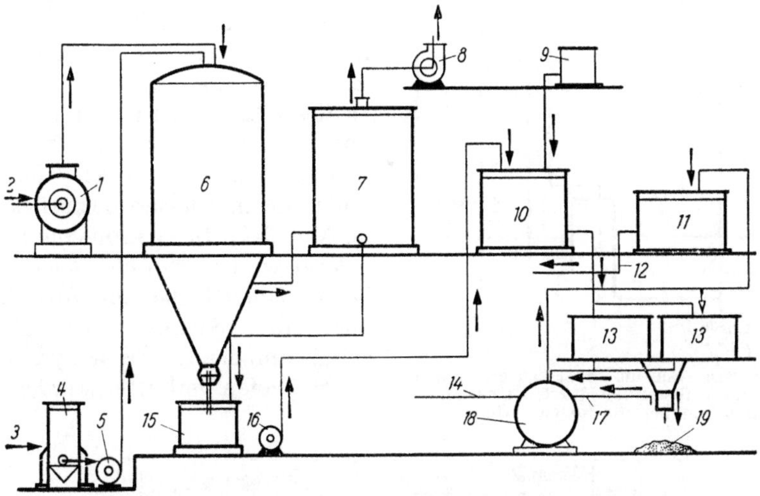

Abb. 215. Schema einer Monohydrat-Anlage (Fa. Zahn, Hameln)

1 Brennkammer, *2* Heizgas, *3* Zulauf der Beize, *4* Vorgefäß, *5* Pumpe, *6* Verdampferturm, *7* Abscheider, *8* Ventilator, *9* H_2SO_4-Meßgerät, *10* Rührbehälter, *11* Sammelbehälter für regenerierte Beize, *12* Zuleitung zur Beizerei, *13* Filter, *14* Druckluft, *15* Sammelgefäß, *16* Pumpe, *17* Vakuum, *18* Vorlage, *19* Monohydrat

den Turm heiße Gase geführt, die in einer ihm vorgebauten Öl- oder Gasverbrennungskammer erzeugt werden. Vorhandene Abgase von Glühöfen lassen sich vorteilhaft verwenden. Die innige Berührung der feinzerstäubten Beizflüssigkeit mit den heißen Gasen bewirkt eine momentane Wasserverdampfung, deren Grad sich durch entsprechende Veränderung der zugeführten Flüssigkeits- und Gasmengen beliebig regeln läßt. Die mit Wasserdampf gesättigten Gase werden von einem Ventilator aus dem unteren Teil des Turmes über einen Abscheider, der die Aufgabe hat, etwa mitgerissene Schwefelsäuretröpfchen zurückzuhalten, abgesaugt und über Dach geführt. Aus dem konischen Ende des Turmes tritt die mehr oder weniger stark eingedampfte und entsprechend stark konzentrierte Beizlösung aus und wird in einem Rührwerksbehälter gesammelt, um von dort mit einer Pumpe in einen hochgestellten zweiten Rührwerksbehälter gefördert zu werden. Hier erfolgt durch Zugabe einer dem Verbrauch der Beizerei entsprechenden Menge frischer Schwefelsäure aus dem H_2SO_4-Meßgefäß die Ausfällung des Eisensulfat-Monohydrates. Anschließend wird in den darunterstehenden Filternutschen die Abtrennung des ausgeschiedenen Salzes durchgeführt, die Mutterlauge in ein Sammelgefäß abgelassen, von wo sie nach entsprechender

Verdünnung mit Spülwasser (Einstellung der gewünschten H_2SO_4-Konzentration sowie Wiederauffüllen des Volumens) kontinuierlich in die Beizerei zurückfließt. Dagegen wendet Ruthner, Wien, ein ganz anderes Verfahren an. Abb. 216 stellt das Schema eines Ruthner-Zyklonkristallers mit Regenerationsanlage dar. Das in den Zyklonkristallern anfallende Eisensulfat ($FeSO_4 \cdot 7H_2O$) kann anschließend in einer Regenerationsanlage zu Schwefelsäure und Eisenoxyd aufgearbeitet werden. In dieser Anlage wird das Eisensulfat mit Salzsäuregas behandelt, wobei sich Eisenchlorid und Schwefelsäure bildet, die in den Betrieb zurückgeht (s. Abb. 217). Das gewonnene Eisenchlorid wird thermisch zersetzt und liefert laufend die zur Ausfällung notwendige Salzsäure. Das gleichzeitig anfallende Eisenoxyd kann im Hochofen verhüttet werden.

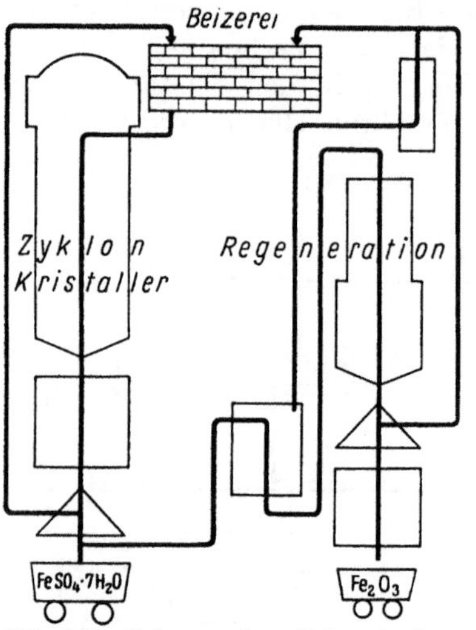

Abb. 216. Schema einer Beizereianlage mit Aufbereitung durch RUTHNER-Zyklonkristaller und Regenerationsanlage

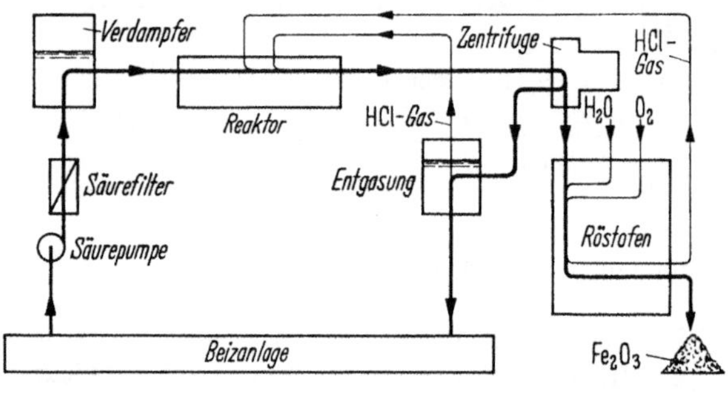

Abb. 217. Schematische Darstellung der totalen Regeneration von Schwefelsäure

Anwendung von Lösungsmitteln. In der amerikanischen Literatur ist ein Verfahren zur Ausscheidung des Eisensulfats beschrieben worden, das darin besteht, daß man die verbrauchten Eisenbeizen mit Aceton mischt. Durch eine Vermischung von 1 Teil Beize mit 1 Teil Aceton wird eine 95%ige Ausscheidung des Eisensulfats erreicht. Das Verfahren hängt von den auftretenden Acetonverlusten ab und ist nur dann wirtschaftlich, wenn es gelingt, das Aceton stets zu 99% wiederzugewinnen. In Deutschland, wo Aceton nicht in solcher Mengen billig zur Verfügung steht, ist das Verfahren kaum anwendbar, es sei denn, daß ein anderes Lösungsmittel gefunden wird, das den gleichen Effekt erzielt, zu billigem Preis zu haben ist und sich leicht wiedergewinnen läßt.

Verwendung des Eisensulfats. Die Frage der Einrichtung von Beizereiaufbereitungsanlagen und somit auch die Frage der Wiederverwendung von verbrauchten Beizen mit den Restsäuren steht und fällt mit der Frage der Verwendung des Eisensulfats. Von dem in den Aufbereitungsanlagen gewonnenen Eisensulfat wird ein Teil als Schädlingsbekämpfungsmittel, besonders in der Tabakindustrie, ein Teil in der Landwirtschaft zur Hederich- bzw. Unkrautvertilgung, ein Teil in Farbenfabriken zur Herstellung von Eisenrot, Polierrot, Rostschutzfarbe verwandt. Große Mengen braucht die Benzinsynthese, die das Eisensulfat für Katalysatorzwecke benutzt. Das Sulfat wird ferner in der Gerberei, in der Färberei (z. B. Schwarzfärben der Wolle, Reduktionsmittel für Küpenfarbstoffe), in der Berlinerblaufabrikation, zur Jauche- und Holzkonservierung, als Fällungsmittel in der Wasser- und Abwasserreinigung, zur Herstellung von Mineral- und Stempelfarben und zur Tintenherstellung gebraucht. Ein kleinerer Teil ging als Exportware ins Ausland. Leider ist ein großer Teil der Verwendungszwecke verlorengegangen, nachdem die chemische Industrie bessere Schädlingsbekämpfungsmittel herstellt und auch die Benzinsynthese neuerdings bessere und haltbarere Katalysatoren aus dem Eisensulfat gewinnt. Man wird daher gezwungen sein, entweder nach neueren Verwendungszwecken zu suchen oder Verfahren auszuarbeiten, mit deren Hilfe man im Handel absetzbare Stoffe gewinnt. Der Ruhrverband hat diese Frage schon frühzeitig erkannt und schon vor dem Kriege nach Verfahren gesucht, um das Eisensulfat unter Gewinnung von Eisen und Schwefelsäure aufzuarbeiten. In Zusammenarbeit mit dem Beizereiausschuß des Vereins Deutscher Eisenhüttenleute hat der Ruhrverband zusammen mit den Farbwerken Bayer, Leverkusen, den Chemischen Werken Rombach, Oberhausen und der Ruhrchemie, Holten drei Verfahren ausgearbeitet, die die Aufarbeitung des Eisensulfats zum Ziele haben.

Die älteren Versuche, Eisensulfat unter Zugabe von Reduktionskohle auf Schwefelsäure und Eisenoxyd abzurösten, scheiterten an der Tatsache, daß Eisensulfat beim Erhitzen in seinem eigenen Kristallwasser schmilzt, wodurch die weitere Zersetzung stark behindert wird. Man muß daher das Eisensulfat vor dem Abrösten bis auf einen Wassergehalt, der noch drei Molekülen Wasser im Molekül entspricht, das ist etwa 26%, entwässern, wie dies bei dem Verfahren der Chemical Construction Corporation und dem Verfahren der Farbwerke Bayer der Fall ist. Solches Eisensulfat schmilzt nicht mehr und läßt sich nach Zumischung von Kohle (3 bis 4%) restlos auf SO_2 und Eisenoxyd, das direkt in den Hochofen gehen kann, abrösten. Die Abröstung erfolgt am besten in einem Drehofen bei Temperaturen bis zu 1200 °C. Die abziehenden SO_2-haltigen Gase werden in eine bestehende Schwefelsäurefabrik geleitet.

Bei dem zweiten Verfahren wird ein Eisensulfat mit 3 bis 4 Kristallwasser, das durch Mischen von $FeSO_4 \cdot 7H_2O$ mit $FeSO_4 \cdot H_2O$ hergestellt wird, mit verbrauchter Gasreinigungsmasse oder mit Pyriterzen in Röst-öfen verbrannt und ebenfalls Schwefelsäure und Eisenoxyd gewonnen. Das dritte, zusammen mit der Ruhrchemie, Holten ausgearbeitete Verfahren benutzt ebenfalls ein Eisensulfat mit 3 bis 4 Kristallwassern.

Bei diesem Verfahren wird Eisensulfat mit $3\,H_2O$ mit Ammoniakgas und Luft behandelt, wobei sich Ammonsulfat, ein zur Zeit wertvolles Düngemittel, und Ferrihydroxyd bildet, das besonders gut als Entschwefelungsmasse verwandt werden kann.

Eine neuere amerikanische Veröffentlichung aus Engineering Chemistry, s. Abb. 218, zeigt eine Aufbereitungsanlage nach dem Abröstverfahren, bei dem das Eisensulfat mit Kohle und feinem Sintermaterial gemischt und dann in Flammrohröfen abgeröstet und hierbei auf schweflige Säure, die in die Schwefelsäurefabrik wandert, und Eisenoxyd, das im Hochofen verwandt wird, aufgearbeitet wird.

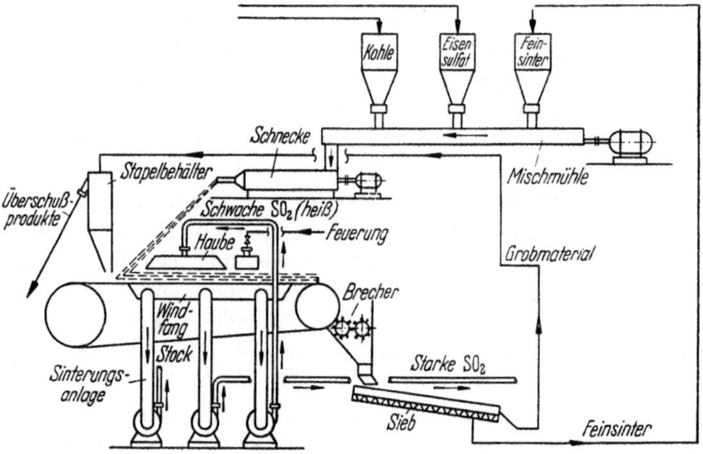

Abb. 218. Schema einer amerikanischen Abröstanlage für das in Aufbereitungsanlagen gewonnene Eisensulfat

Für die großen bei der Herstellung von Titandioxyd anfallenden Mengen an Eisensulfat wenden die Farbwerke Bayer, Leverkusen nach den Angaben von TELLER[1] das folgende Verfahren zur Aufarbeitung des Eisensulfats an. Das in Bunkern gestapelte Eisensulfat ($FeSO_4 \cdot 7\,H_2O$) gelangt über 3 Elevatoren zu den Wirbeltrocknern, in denen 6 Mol Kristallwasser ausgetrieben werden. Die Trocknung erfolgt mit durch Ölheizung auf etwa 850 °C vorerwärmter Luft; das Abgas verläßt den Trockner mit etwa 120 °C. Die sich dabei entwickelnden Monohydratstäube werden mit Zyklonen abgeschieden und den Trocknern wieder zugeführt. Diese gesamte Anlage arbeitet vollautomatisch und wird nur von einem einzigen Mann gesteuert. Das so gewonnene Monohydrat wird mit einem Zusatz an Koksstaub in einer Menge von etwa 2,5% dem Röstofen zugeführt und, da es sich dabei um einen endothermen Vorgang handelt, unter Zuführung von Wärme in Eisenoxyd und SO_2 zerlegt. Die beiden mit Braunkohlenstaub betriebenen Brennkammern befinden sich seitlich des Röstofens, und die für den Zersetzungsprozeß notwendige Wärme wird in diesen von unten her mit einer Temperatur

[1] TELLER, K.: Ber. Abwassertechn. Verein. Bd. 8 (1957) S. 328.

von etwa 1100 °C eingeführt. Die mit 420 °C abziehenden Röstgase werden z. T. dazu verwendet, die bei der Verbrennung des Braunkohlenstaubes entstehende Wärme von anfänglich 2900 °C auf die für den Zersetzungsprozeß günstigste Temperatur von 1100 °C abzukühlen. Die übrigen Röstgase gehen über EGR-Anlagen (Elektrische Gas-Reinigung) zu den Kontaktöfen und werden über SO_3 zu H_2SO_4 verarbeitet. Der verbleibende Abbrand, aus Eisenoxyd bestehend, mit einem Reineisengehalt von etwa 63% gelangt über eine wassergekühlte Kratzerrinne in einen Bunker und von dort per Schiff zur Duisburger Kupferhütte, die dieses Material auf reines Eisen weiterverarbeitet. Diese ganze Anlage wird ebenso wie die Salztrocknung nur von einem einzigen Mann bedient.

Eisensulfat-Monohydrat kann in Schwefelsäurefabriken als Beimischung zu Pyrit zur Gewinnung von Schwefelsäure benutzt werden. Nach dem neuen, von Zahn & Co. in technische Form gebrachten FACKERT-Verfahren wird Monohydrat in Gegenwart von Oxydationsmitteln thermisch zersetzt und liefert neben Schwefelsäure ein hochwertiges Eisenoxyd, das zu reinstem Eisenpulver verarbeitet werden kann.

Ein großer Teil Ferrosulfat findet bei der Aufarbeitung manganhaltiger Eisenerze Verwendung. Es gibt mehrere stark manganhaltige Eisenerze, die sich nicht ohne weiteres im Hochofen verhütten lassen. Um den Mangangehalt zu erniedrigen, werden die Erze mit Lösungen von Ferrosulfat behandelt. Es tritt dabei ein gegenseitiger Austausch ein; Eisen wandert in das Erz und es entsteht dafür eine Lösung von Manganosulfat, aus der das Manganosulfat gewonnen werden kann.

Aufbereitungsanlagen für salzsäurehaltige Beizen

Es gibt eine große Anzahl von Beizbetrieben, die in größeren Mengen Salzsäure verarbeiten. Diese Beizen lassen sich dort, wo Schwefelsäure und Salzsäure in einem geeigneten Verhältnis gleichzeitig verarbeitet werden, zusammen mit den schwefelsauren Beizen in einer Schwefelsäureaufbereitungsanlage behandeln. Dies geschieht in der Weise, daß man nach DRP 535257 von SIERP und FRÄNSEMEIER die verbrauchten Salzsäurebeizen in gleichmäßigem Strom in konzentrierte Schwefelsäure einleitet. Die Mischung erhitzt sich sehr stark, so daß das gebildete Salzsäuregas abdestilliert. Diese Salzsäure wird in mit Wasser berieselten Türmen aufgefangen und kann als Beizsäure weiter verwandt werden Man kann aber auch die Salzsäure direkt in das im Betrieb befindliche Beizbad zur Nachschärfung einleiten. Zum Schluß wird aus dem Gemisch durch Erwärmen der letzte Rest an Salzsäure ausgetrieben und die erhaltene Lösung in den Eisensulfatbeizanlagen aufgearbeitet. Bei diesen Verfahren wird das in Lösung befindliche Ferrochlorid in wasserarmes Ferrosulfat umgewandelt, das sich sogleich in Form eines feinen, leicht abfiltrierbaren Niederschlages aus der Säure entfernen läßt und in gleicher Weise, wie es bei den Aufbereitungsanlagen für Schwefelsäure angegeben ist, aufarbeiten läßt. Es hinterbleibt eine Schwefelsäure von etwa 60 °Bé, die in einem Beizbetrieb mit Schwefelsäureverbrauch verwandt werden kann. In vielen Fällen hilft man sich so, daß man die salzsaure Beize mit Schwefelsäure nachschärft und aus der bis 600 g/l mit Eisensulfat ($FeSO_4 \cdot 7\,H_2O$) angereicherten Beize das Eisensulfat auskristallisiert und die übrigbleibende Beize wieder im Beizbetrieb verwendet. Dort, wo keine Beizereiaufbereitungsanlage vorhanden ist, müssen die salzsauren Beizen für sich gesondert aufgearbeitet werden.

Es sind mehrere Vorschläge zur Aufarbeitung dieser Beizen gemacht worden:

Das Verfahren nach Brandenburger besteht darin, daß man durch Verdampfen der Beize das Eisenchlorid auf einer Drehtrommel trocknet und dann durch Wasserdampf unter Luftzutritt zur Bildung von Salzsäure und Eisenoxyd zersetzt. Die vorher abgetriebene und die neugebildete Salzsäure wird in besonderen Kühltürmen aufgefangen und kann gleich im Betrieb wieder verwandt werden.

Agde gibt zu den verbrauchten salzsauren Beizen Salpetersäure. Er scheidet hierdurch $^1/_3$ des Eisens als Eisenrot ab, während $^2/_3$ als Ferrichlorid in Lösung bleiben, das wie Salzsäure eine beizende Wirkung hat, so daß die Lösung wieder in den Beizprozeß wandern kann; es wird nur die restliche Säure ersetzt. Die aus der Salpetersäure sich entwickelnden Stickoxyde werden im Kreislauf verwandt.

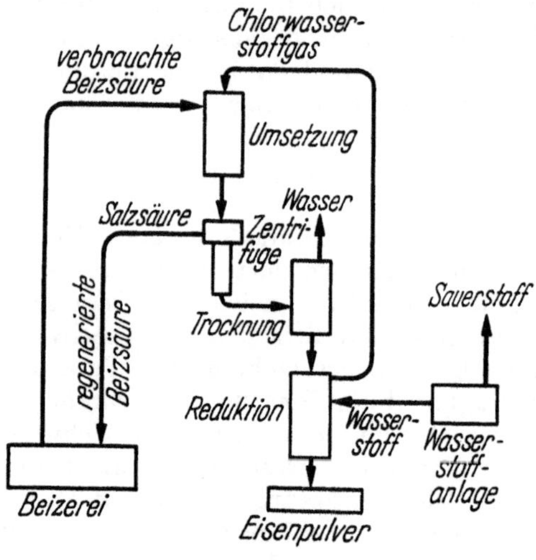

Abb. 219. Schema einer Aufbereitungsanlage für salzsaure Beizen (nach RUTHNER)

Hadamowsky will größere Mengen von Salzsäureabfallbeizen nach Oxydation mit Chlor auf festes, geschmolzenes Ferrichlorid aufarbeiten.

Ruthner, Wien, hat ein Verfahren zur Aufarbeitung salzsaurer Beizen mit Rückgewinnung der Salzsäure, die in den Beizprozeß zurückwandert, während ein hochwertiges reines Eisenpulver gewonnen wird, entwickelt. Das Verfahren besteht, wie Abb. 219 zeigt, darin, daß die verbrauchte Beizsäure mit Chlorwasserstoffgas in einer Umsetzanlage gesättigt wird. Das ausgefällte Eisenchlorid wird mit Hilfe einer Zentrifuge von der regenerierten Beizsäure, die in den Beizbottich zurückgeleitet wird, getrennt. Das abgeschiedene und getrocknete Eisenchlorid wird mit Wasserstoff zu Eisenpulver reduziert, wobei Chlorwasserstoff entsteht, der zum Ausfällen des Eisenchlorids bzw. zum Anschärfen der neuen Säure verwandt werden soll. Da reines Eisenpulver sehr hoch im Preis liegt, soll es die Kosten des

Verfahrens decken. Es wäre erwünscht, daß auch dieses Verfahren einmal an einer Stelle versucht würde, da für das anfallende reinste Eisenpulver ein sehr großer Bedarf vorhanden sein soll.

Bei dem in Abb. 220 dargestellten Verfahren der Salzsäure-Beizenregeneration fällt als Abfall Eisenoxyd an, das an den verschiedensten Stellen Verwendung findet.

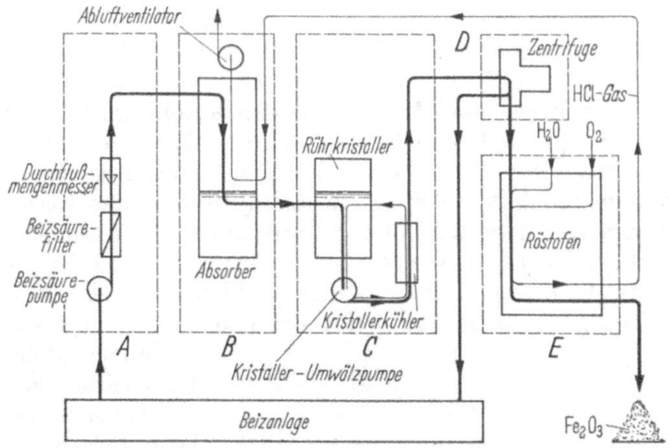

Abb. 220. Schematische Darstellung der totalen Regeneration von Salzsäure (nach Ruthner)

1 Beizsäure-Pumpe, *2* Beizsäure-Filter, *3* Durchflußmengenmesser, *4* Absorber, *5* Abluftventilator, *6* Rührkristaller, *7* Kristaller-Kühler, *8* Kristaller-Umwälzpumpe, *9* Zentrifuge, *10* Röstofen

Die Beizsäure wird durch die Pumpe *1* in die Regenerationsanlage gefördert. Im Filter *2* werden mechanische Verunreinigungen der Beizsäure zurückgehalten. Zur Einstellung der gewünschten Beizsäuremenge dient der Durchflußmengenmesser *3*. Im Absorptionsteil *B* erfolgt die Anreicherung der Beizsäure durch HCl-Gas, das in der Röstung entsteht und im Kreislauf im Absorber *4* der Beizsäure zugeführt wird. Dadurch stellen sich Konzentrationsverhältnisse ein, welche die Abscheidung des Eisens aus der Beizsäure in Form von Eisenchloridkristallen im Kristallisationsteil *C* ermöglichen. Die Absorption des aus der Röstung *E* kommenden HCl-Gases erfolgt je nach Leistung der Anlage in einer oder mehreren Stufen. Das HCl-Gas wird im Absorber *4* von der frischen, noch nicht aufgesättigten Beizsäure aufgenommen, so daß die vom Ventilator *5* abgesaugte Abluft vollständig HCl-frei ist. Der Ventilator *5* hält die gesamte in sich geschlossene Regenerationsanlage unter geringem Unterdruck, so daß niemals HCl-Gas aus Apparaten oder Rohrleitungen in den Betriebsraum entweichen kann.

Die im Absorber *4* beginnende Kristallisation des Eisenchlorids wird im Kristaller *6* zu Ende geführt. Je nach Leistung der Anlage erfolgt die Kristallisation in einer oder mehreren Stufen. Die Kristallisationswärme wird durch den Kühler *7* abgeführt. Die Pumpe *8* sorgt für die notwendige Bewegung der kristallführenden Beizsäure und für die

Beschickung der Zentrifuge *9*. Entsprechend der jahreszeitlich bedingten Kühlwassertemperatur erfolgt die Kühlung allein mit Wasser oder zuerst mit Wasser und in der Endstufe mit in einer Kühlanlage gekühlter Sole.

In den erzeugten Eisenchloridkristallen ist die Menge Eisen enthalten, die beim Beizen in Lösung gegangen ist und durch die Regenerationsanlage aus der Beizsäure ausgeschieden werden muß. Zur Abtrennung der Kristalle wird der Kristallbrei aus dem Kristallisationsbehälter *6* mittels der Pumpe *8* über ein automatisch arbeitendes Ventil der vollautomatisch arbeitenden Zentrifuge *9* zugeführt. Die abgeschleuderte Mutterlauge fließt als eisenarme HCl-reiche Säure zur Beizanlage zurück. Die Eisenchloridkristalle werden automatisch aus der Zentrifuge *9* herausgeschält und fallen durch eine Einschleusvorrichtung, die das Austreten von Ofengasen verhindert, in den Röstofen *10*.

In dem indirekt beheizten Röstofen *10* wird das Eisenchlorid bei Gegenwart von Wasserdampf und Luftsauerstoff in Eisenoxyd und HCl-Gas zerlegt. Das feinpulverige Eisenoxyd verläßt den Röstofen über eine gasdichte Austragsvorrichtung. Das gebildete HCl-Gas dient, wie oben beschrieben, zur Aufsättigung der Beizsäure im Absorptionsteil.

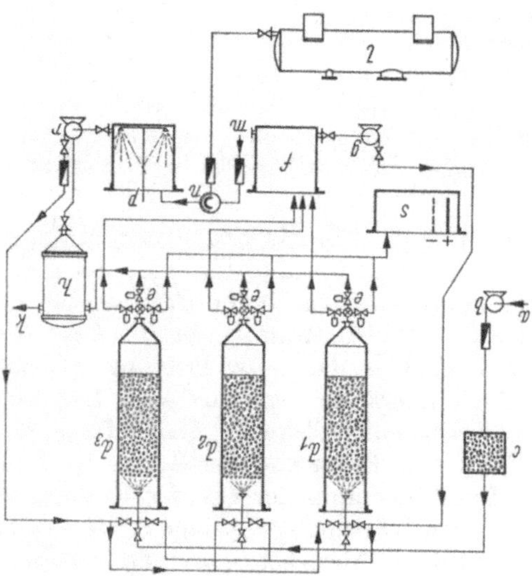

Abb. 221. Ionenaustauschverfahren für Salzsäurebeizen

Ionenaustauscher. Salzsäurebeizen können über Ionenaustauscher von dem beim Beizen entstehenden Eisenchlorid befreit werden. KEETMAN[1] beschreibt die in Abb. 221 im Schema dargestellte Anlage zur Aufarbeitung von Salzsäurebeizen nach dem Ionenaustauschverfahren. Die gefilterte Badflüssigkeit wird zwei hintereinander geschalteten Austauschkolonnen kontinuierlich zugeführt. Je nach Art des Austauschers werden die Kationen oder Anionen ausgetauscht. Von der ersten Kolonne fließt die gereinigte Lösung in einen Zwischenbehälter und wird dann der zweiten Kolonne, die als Fänger dient, aufgegeben, um einen Durchbruch von Giftstoffen auf jeden Fall zu verhindern. Erfolgt beim Ablauf aus der Kolonne *1* der Durchbruch, so wird abgeschaltet und durch Regenerieren mit verdünnter Säure oder Lauge und Spülen mit Weichwasser die Kolonne wieder betriebsbereit gemacht. Während Ko-

[1] KEETMAN, E.: Galvanotechnik (1959) S. 615.

lonne *1* regeneriert wird, dient Kolonne *3* als Fänger und so fort. Alle Schaltvorgänge können elektronisch gesteuert werden.

Ein Verfahren zur kontinuierlichen Aufbereitung salzsaurer Beizbäder unter Anwendung eines Hacelith-Adsorbers beschreibt BORGHOLTE[1]. Hier wird das in der Beize befindliche $FeCl_2$ durch Zugabe von Chlorgas in $FeCl_3$ übergeführt, das dann im Adsorber festgehalten wird. Beim Auswaschen muß es dann in einer Spülwasserneutralisation beseitigt werden.

Am einfachsten ist das beim **Ruhrverband** durchgeführte Verfahren der Ansammlung der konzentrierten Salzsäurebeizen und Versendung an chemischen Fabriken, die hieraus Eisenfarben herstellen. Eine derartige Sammelanlage für verbrauchte salzsaure Beize besteht aus einem gummierten Eisenbehälter, aus dem dann die Verschickung der Beize in gummierten Kesselwagen oder Steinzeugbehältern erfolgt.

d) Nichteisenmetall-, kupfer-, zink- und nickelhaltige Beizen

α) Art und Menge der Beizen

Kupfer selbst wird nach dem Gießen der Rohblöcke (Barren) bei der weiteren Verarbeitung auf Bleche, Bänder, Streifen, Scheiben, Stangen, Profile, Drähte, Rohre usw. zwecks Entfernung der Glühhaut (Kupferoxyd) meistens mit verdünnter Schwefelsäure gebeizt und dann mit Wasser gründlich abgespritzt oder abgespült. In den Metallwarenfabriken, Armaturenfabriken, Galvanisierungsanstalten u. dgl. werden aus Kupfer und seinen Legierungen (Messing, Bronze, Rotguß, Neusilber usw.) alle möglichen Gegenstände als Massenartikel hergestellt (Abzeichen, Beschläge, Schalterteile, Glühbirnenfassungen und -sockel, Schnallen, Schrauben, Schmuckwaren, Plaketten, Taschenlampenteile, Uhrenteile usw.). Nach der mechanischen Formgebung (Stanzen oder Pressen) werden die Teile zur Erzielung einer blanken Oberfläche gerollt und gebeizt oder gelb gebrannt. PIRK[2] beschreibt die Wiedergewinnung von Kupfer in einer Kupferdrahtfabrik, mit der gleichzeitig eine erhebliche Wassereinsparung verbunden war. In einem Eindicker werden zunächst die als Zunder abgestoßenen feinen Kupferoxyde abgefangen. Um auch das gelöste Kupfer hierbei abzuscheiden, wurde durch Zugabe von Natronlauge der p_H-Wert auf 9,5 bis 10,5 gesteigert, so daß sich das Kupfer als Kupferhydroxyd mit dem Zunder abschied und wiedergewonnen wurde. Der Cu-Gehalt konnte von 675 mg/l auf 36 mg/l erniedrigt werden.

Beim Rollen werden die Teile in ein liegendes, um seine Längsachse drehbares Holzfaß, das sog. Rollfaß, das flüssigen oder trockenen Rollzusatz enthält, gefüllt. Durch das Rollen werden die Metallteile vom anhaftenden Fett und Schmutz und von etwa anhaftenden Gratsplittern befreit. Die beim Stanzen entstandenen scharfen Kanten werden ab-

[1] BORGHOLTE, TH.: Bänder—Bleche—Rohre Bd. 1 (1964) S. 1.
[2] PIRK, G. W.: Sew. Ind. Wastes Bd. 29 (1957) S. 805.

gerundet. Beim Naßrollen verwendet man Lösungen verschiedener Stoffe, z. B. werden auf 100 l Wasser unter anderem etwa $^1/_4$ kg Seife oder 1 kg Rollzusatz (sodahaltige Gemenge bzw. Bisulfate) oder 1 l Schwefelsäure zugesetzt. Die Dauer des Rollens ist verschieden. Sie schwankt zwischen 1 Std. und 10 Tagen, je nach den Ansprüchen, die gestellt werden. Manche Gegenstände werden mit einem Zusatz von Sägemehl, Lederabfällen naß oder trocken gerollt. Danach wird das Rollgut in warmem Wasser sauber gespült und in warmem Holzmehl getrocknet oder in Zentrifugen trocken geschleudert. Nach Beendigung des Rollens fallen daraus Lösungen als Abwasser an und müssen mit den Beizwässern aufgearbeitet werden.

Nachdem die Metallteile auf diese Weise vorbereitet sind, erhalten sie durch Beizen oder Gelbbrennen eine glänzende Oberfläche. Zur Anwendung kommen hier Schwefel-, Salz- oder Salpetersäure allein oder im Gemisch, ferner Gelbbrenngemenge (Säuremischungen mit Kochsalz, Zinksulfat, Nytriumbichromat, Kienruß und anderne Zusätzen). Je nach der Legierung und der Beizgeschwindigkeit werden die säurehaltigen Bäder mit Konzentrationen zwischen 5 und 30% und bei Temperaturen zwischen 18 und 70° benutzt. In den meisten Fällen findet man Konzentrationen von 10% und Temperaturen von 40 bis 50°. Die Bäder werden in ähnlicher Weise, wie dies bei Eisenbeizen nach einiger Zeit geschieht, aufgefrischt (nachgeschärft) und reichern sich ebenfalls mit Metallsalzen (Kupfer-, Zink-, Nickelsalze u. a.) an. Beim Gelbbrennen werden nach Möhle[1] zwei Bäder benutzt. In dem ersten Bad, das eine Mischung von 4 Teilen Salpeter- und 1 Teil Salzsäure ist, werden die Gegenstände vorgebrannt. Nach dem Abtropfen der Säure und Abspülen im Wasser erhalten sie im zweiten Bad, das aus 2 Teilen Schwefel- und 1 Teil Salpetersäure unter Zusatz von etwas Salzsäure besteht, ihre eigentliche mattglänzende Farbe. Bei Verwendung von Salpetersäure müssen die durch das Brennen gebildeten nitrosen Gase abgesaugt, in einen Rieselturm geleitet und durch alkalisches oder eisensulfathaltiges Tropfwasser unschädlich gemacht werden.

Vor dem Galvanisieren werden die vorbereiteten gebeizten Gegenstände häufig noch geschliffen und poliert. Beim Entfernen der hierbei aufgenommenen Fettschicht tritt eine leichte Oxydschicht auf, die durch Decapieren, d. h. kurzes Bewegen in stark verdünnten Säuren oder Kaliumcyanidlösungen, beseitigt werden muß. Im Anschluß hieran werden die Stücke dann sofort gründlich mit Wasser gespült und unverzüglich in den galvanischen Bädern vernickelt, verchromt, verkupfert, versilbert oder vergoldet. Kupfer selbst wird häufig durch Wisch- oder Tauchverzinnung verzinnt.

Nickel wird in 20% Schwefelsäure bei 60 bis 80° gebeizt. Nickel-Kupferlegierungen werden in 10% Schwefelsäure (mit und ohne Zusätze von Bichromaten, Nitraten, Kochsalz), die säurebeständigen Chrom-Nickellegierungen in Mischungen von verdünnter Salpeter- und Flußsäure, bei höherem Eisengehalt (nichtrostende Stähle, Edelstähle)

---

[1] Möhle, H.: Techn. Gem.-Bl. Bd. 34 (1931) H. 13, S. 165.

auch zunächst in verdünnter Salzsäure mit oder ohne Zusatz von Salpetersäure gebeizt. Nach dem Beizen werden sie in heißem Wasser abgespült.

In Metallwarenfabriken (nichteisenverarbeitende Werke) fallen folgende Abwässer an:

1. Bei der eigentlichen Formgebung entsteht außer dem Waschkauenwasser der Belegschaft kein Abwasser.

2. Beim Rollen in der säurehaltigen Flüssigkeit werden durch das Aneinanderscheuern kleine Metallteilchen abgerieben, wodurch das Abwasser eine schmutzige Farbe, die noch durch den verwendeten Zusatz — Seife, Rollsalz oder Säure — stark beeinflußt wird, erhält. Bei Zusatz von Seife oder Soda schäumt das Wasser meistens stark. Oft schwemmt das Rollereiabwasser auch größere Mengen Holzmehl oder Lederspäne, Feinsand oder sonstige Rollzusätze ab.

3. Beim Beizen und Gelbbrennen fallen außer den meist stark verdünnten Spülwässern sehr unangenehme, stark konzentrierte und mit Metallsalzen angereicherte, verbrauchte Beizbäder an. Der Einfluß dieser Abwässer auf Kanalisation, Vorfluter, Tierwelt usw. ist viel stärker und nachhaltiger als jener der verbrauchten Eisenbeizen, da zu den allgemeinen Säurewirkungen noch die stark giftigen Eigenschaften dieser Metallsalze kommen, die sich besonders stark auswirken, wenn die Abfallbeizen als geschlossene Wellen abgelassen werden.

Nach den Untersuchungen von SIERP und FRÄNSEMEIER[1] wirken Kupfersalze schon in geringer Konzentration hemmend auf die Abbauvorgänge beim Schlammfaulvorgang und bei der biologischen Reinigung. Über die Schädlichkeit dieser Abwässer in landwirtschaftlicher, gewerblicher und gesundheitlicher Hinsicht kann kein Zweifel mehr sein. In Lüdenscheid wurden durch Versickernlassen von kupferhaltigen Abwässern 40 Brunnen verdorben. Im Boden werden Kupfer- wie Zink- und Eisensalze durch Basenaustausch festgehalten. Wertvolle Basen, vorwiegend Kalk, Magnesia und Kali, werden ausgewaschen. Bei längerem Rieseln reichern sich nicht unwesentliche Mengen Kupfer im Boden an und machen den Boden hierdurch steril. Zu einer Ertragsminderung infolge Nährstoffentzugs kommt aber noch die direkt schädliche Wirkung der Kupfersalze, wenn solche in gelöstem Zustand den Pflanzen dargeboten werden. Nach den Versuchen von HASELHOFF[2] traten bei Gehalten von 10 mg/l CuO in Form von Kupfersulfat starke Schädigungen auf. Nach Versuchen von OTTO stören schon 7 mg/l Kupfer (CuO) dadurch, daß sich bei den Wurzeln abnorme Entwicklungen zeigen. Bei den mit kupfersalzhaltigem Wasser berieselten Böden erfolgt in den Pflanzen eine Anreicherung von Kupfer. Nach Untersuchungen von EBELING und CZENSNY stellten Kupfersalze ein stärkeres Fischgift dar als die entsprechenden Eisensalze. Kupferhaltige Abwässer wirken besonders dadurch schädlich, daß sie von untergetauchten Wasserpflanzen gespeichert werden. Metallisches Kupfer ist für die

[1] SIERP, F., u. F. FRÄNSEMEIER: Vom Wasser Bd. 7 (1933) S. 239.
[2] KÖNIG: Verunreinigung der Gewässer Bd. 2 (1912) S. 470.

Fischerei harmlos. Außer als Nahrungsgift wirken Kupfersalze nach den Versuchen von WEIGELT[1] auch sehr ungünstig auf die Befruchtung der Fischeier ein. Schon bei einem Gehalt von 0,1% wurden nur rund 9% der Eier befruchtet, während im Kontrollversuch mit reinem Wasser 51,5% befruchtet wurden. 0,1 mg/l Kupfersulfat wirkt auf Forellen bereits tödlich. Die am wenigsten empfindlichen Weißfische gehen aber erst nach einem Aufenthalt in einem Wasser mit 5 mg/l Kupfersulfat nach 2 Tagen zugrunde. Schon bei bedeutend kleineren Gehalten sterben die Fischnährtiere ab, wodurch den Fischen die Nahrungsbedingungen entzogen werden. Bei einem Fischsterben durch Kupfersalze läßt sich das Kupfer weder chemisch noch anatomisch im Fischfleisch nachweisen, da sich das Kupfer im Fischfleisch nicht anreichert. Man muß in diesen Fällen die Pflanzen in den betreffenden Gewässern auf ihren Kupfergehalt untersuchen; hierzu eignet sich nach CZENSNY[2] das Spacuverfahren, das in der Asche der Wasserpflanzen das Kupfer unter Bildung eines Kupfer-Pyridin-Rhodanid-Komplexes nachweist.

Auf Grund der seit Jahren immer wieder auftretenden Fischsterben unterhalb der Einleitungen von stark giftigen Abwässern von galvanischen Betrieben hat W. BUCKSTEEG[3] eingehende Untersuchungen über den Einfluß dieser Abwässer auf die sich in Kläranlagen und in Vorflutern abspielenden biologischen Prozesse durchgeführt. Er weist darauf hin, daß derartige schädliche Einleitungen, noch ehe sie im Fischsterben ihren sichtbaren Ausdruck finden, bereits zu tiefgreifenden Änderungen in der biologischen Gleichgewichtsstruktur führen. Mit den schon viel früher einsetzenden Schädigungen der Mikroorganismen wird die natürliche Selbstreinigungskraft des Flusses streckenweise ganz oder teilweise blockiert, so daß auch die übrigen dem Flusse zugeführten Schmutzstoffe nicht mehr abgebaut werden können. Auf Grund seiner Feststellungen der Toxizitätsgrenzwerte und des Verhältnisses der Schädlichkeit verschiedener Inhaltsstoffe in Galvanisierungsabwässern warnt er dringend davor, die Abwässer aus Galvanisierungsbetrieben unbehandelt in die Kanalisationen oder die Flüsse aufzunehmen.

4. In den Galvanisierungsanlagen fällt meistens wenig Wasser an, weil die Werke bei dem hohen Wert der Lösungen jeden Verlust vermeiden. Lediglich als Tropf- und Spülwasser gelangen geringe Mengen in das Abwasser. Die mit diesem Tropf-Spülwasser in das Abwasser kommenden Cyanverbindungen sind bereits in geringsten Mengen Gifte für Fische oder höhere Lebewesen. Der in den Galvanisierungsanlagen anfallende Schlamm sollte im Interesse der Metallbewirtschaftung aufgearbeitet werden.

Bei den Abwässern der Metallwarenfabriken muß man in gleicher Weise wie bei den Eisenbeizereien zwischen den konzentrierten verbrauchten Abfallbeizen und den Spülwässern unterscheiden. Auch bei diesen Wässern hat es sich gezeigt, daß man die Menge und Konzentration der Spülwässer und damit die Verluste an Metallsalzen ganz

[1] KÖNIG: Verunreinigung der Gewässer Bd. 2 (1912) S. 470.
[2] CZENSNY: Vom Wasser Bd. 8 (1934) S. 163.
[3] BUCKSTEEG, W.: Metall-Reinigung und Vorbehandlung Bd. 12 (1963) S. 181.

erheblich verringern kann, wenn man direkt hinter das eigentliche Beizbad einen nicht durchflossenen Zwischenspülbehälter schaltet, in dem erst die Hauptmenge der auf der Oberfläche mitgeschleppten Beize abgefangen wird und dessen Inhalt man zum Ansetzen der neuen Bäder benutzt. Durch Schwabbelbleche zwischen den Bottichen lassen sich die Tropfverluste stark vermindern.

β) Reinigung des Abwassers

Reinigung durch Auskristallisation. Eine Aufarbeitung der angereicherten Abfallbeizen der Kupfer-, Messing- und sonstigen Nichteisenmetallindustrie erfolgt bei größeren Werken vorwiegend durch Eindickung und Auskristallisation von Kupfervitriol ($CuSO_4 \cdot 5\,H_2O$), nachdem vorher die freie Säure durch Auflösen von Kupferabfällen oder Kupferhammerschlag beseitigt ist. Eine Auskristallisation auf dem Werk, wie sie bei den Eisenbeizereiabwässern angewandt wird, hat sich bei den Abwässern der Metallwarenfabriken nicht einführen können, da einmal die Löslichkeit der Metallsalze, besonders des Zink- und auch des Kupfersulfates sehr groß ist, so daß selbst der Vorschlag von Agde, auch bei diesen Beizen die Löslichkeit durch Zufügen der Anschärfungssäure herabzusetzen, keinen nennenswerten Erfolg darstellte. Auch Eindampfanlagen haben sich nicht einbürgern können, da einmal die Menge der Beizen viel geringer als bei Eisen ist, und man andererseits nicht über 41 °Bé eindampfen darf, da sonst wasserarmes Kupfersulfat ausgeschieden wird. In wenigen Fällen macht man von den bei Eisenbeizen benutzten Einhängekristallisatoren Gebrauch, die samstags in die Bäder eingehängt und montags vor Arbeitsbeginn wieder entfernt werden.

Das gewonnene Kupfersulfat hat vielfache Verwendung: Als Ausgangsstoff für viele Kupferverbindungen, zur galvanischen Verkupferung, zur Herstellung von Kupferkalk- (Bordelaiser-)Brühe, Saatgutbeize, Schweinfurter Grün, zur Holzkonservierung, zur Nachbehandlung von Färbungen, zu Gewebeimprägnierungen, zur Schwefelwasserstoffentfernung aus Gasen, zur Metall- und Kunststeinfärbung u. a. Die Aufarbeitung der mit Kupfersalz stark angereicherten Bäder kann in den Betriebspausen (z. B. sonntags) durch Elektrolyse geschehen; das Bad kann dann weiter benutzt werden. Um die wertvollen Kupfersalze nicht verloren gehen zu lassen, senden viele Fabriken ihre verbrauchten Beizbäder an Aufbereitungsfirmen, die dann die Salze wiedergewinnen.

Reinigung durch Zementierungsverfahren. In den meisten Fällen erfolgt die Reinigung und Aufarbeitung der verdünnten Abwässer durch eine Zementierungsanlage, bei der das in saurer Lösung befindliche Kupfersulfat durch Berührung (Filter) und Austausch mit einem elektronegativen (unedleren) Metall als Metall ausgefällt wird. Als billigstes Material hierfür kommt Eisen in Frage, das in Form von Abfällen, Drehspänen, Stanzblechen Abfalldrähten in großen Mengen meist auf den Werken zur Verfügung steht. An Stelle des ausgeschiedenen metallischen Kupfers geht die entsprechende Menge Eisen in Lösung. Eine möglichst große und saubere Oberfläche des Austauschmetalles (z. B. feine oder grobere Drahtspiralen, Blechschnitzel, Drehspäne, Eisenstifte usw.) und möglichst lange Aufenthaltszeiten (mindestens 12 bis 15 Std.) sowie Berücksichtigung des nach Aufzehrung des Eisens vom Kupferschlamm eingenommenen Raumes sind erforderlich. Die in den Beizen enthaltenen Restsäuren werden durch das Eisen größtenteils verbraucht, so daß diese Zementierungsanlagen gleichzeitig als Neutralisationsanlagen dienen. In Abb. 222 ist eine Gelbbrennerei mit Absaugvorrichtung

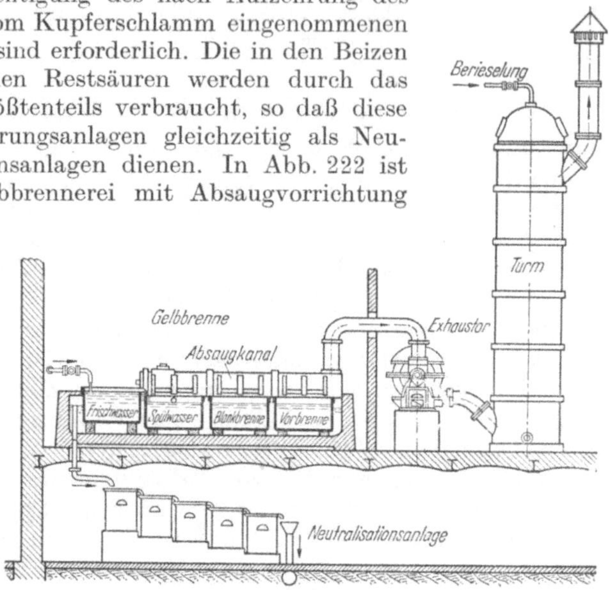

Abb. 222. Schema einer Metallbeizerei

für die nitrosen Gase, Rieselturm für die Gase und einer Zementierungsanlage schematisch dargestellt.

Es ist eine ganze Reihe von verschiedenen Verfahren, die dieses Zementierungsverfahren zur Entkupferung anwenden, ausgearbeitet worden. Je nach der Art unterscheidet man folgende Zementierungsverfahren:

I. In der Ruhe: a) WURZ-Anlage, b) GÖPFERT-Anlage.

II. In der Bewegung oder Schnellzementierungsverfahren: a) Umwälzung durch Luft oder andere Gase (SO_2), b) Verfahren nach RAMÉN, c) Verfahren nach SIERP.

I. Zementierung in der Ruhe. Bei dem ältesten, von WOLFSHOLZ ausgearbeiteten Verfahren werden die sauren kupferhaltigen Abwässer in unterteilten, säurefesten Becken oder Tonnen mit Lattenrost und Schlammsammelraum in Verbindung mit Eisenabfällen gebracht. Diese Anlagen wurden von WURZ dahin verbessert, daß er in mit Eisenabfällen gefüllten Holzkästen die Wasserbewegung durch abwechselnde Tauch- und Überlaufwände durchführte (s. Abb. 223). Die einzelnen Kammern sind mit Eisenabfällen gefüllt, auf denen sich das Zementkupfer in immer zunehmender Dicke abscheidet, bis es endlich eine genügende Schwere erreicht hat, so daß es von selbst als Schlamm zu Boden sinkt.

Der Grad der Entkupferung hängt ganz von der Aufenthaltszeit ab, die bei diesen Anlagen nicht unter 24 Std. gewählt werden sollte.

Durch das DRP 214812, Kl. 40a, Gr. 3, ließ sich GÖPFERT aus Wocklum bei Balve ein Verfahren zur Entkupferung durch Eisen schützen. Er baute hierfür die bekannten GÖPFERT-Anlagen (Abb. 224), die aus terrassenförmig aufgestellten, untereinander durch Überlaufrohre verbundenen Steinzeugtöpfen bestehen, die mit Eisenabfällen gefüllt sind, und in denen das Abwasser von oben nach unten und dann durch ein an der äußeren Wandung angebrachtes Abflußrohr zum nächsten Topf geleitet wird. Von den in Serienproduktion hergestellten und deshalb sehr billigen Töpfen werden mehrere (mindestens 6 Stück) zu einer Einheit hintereinandergeschaltet, bis eine genügende Aufenthaltszeit erreicht ist. Die Langbein-Pfannhauser-Werke AG, Neuß/Rhein empfehlen Abstumpfungsgräben aus Pitchpineholz, Mauerwerk oder säurefesten Steinen, bei denen die beiden ersten Kammern mit schmiedeeisernen Drehspänen, die beiden letzten Kammern mit ungelöschtem Graukalk in Körben gefüllt sind.

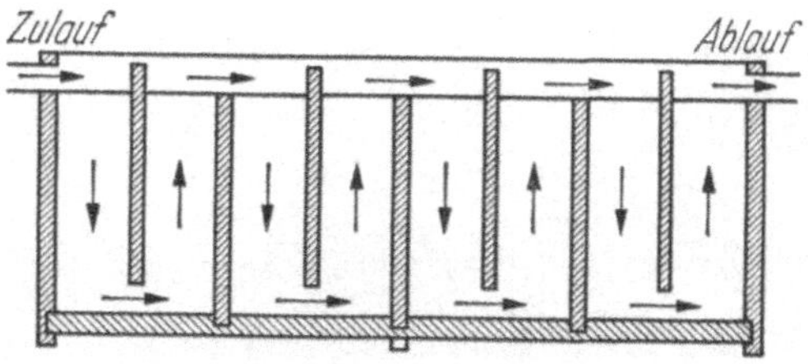

Abb. 223. Schematische Darstellung einer Entkupferungsanlage (nach WURZ)

Abb. 224. GÖPFERT-Anlage zur Entkupferung von Metallbeizen

Diese Zementierungsanlagen müssen in möglichst gut gelüfteten Räumen untergebracht werden. Bei der Entkupferung kann es unter Umständen zu spurenweiser Bildung von Arsenwasserstoff kommen, das sich in geschlossenen Anlagen ansammeln kann und dann bei der Kontrolle oder beim Reinigen der Anlage zu tödlichen Vergiftungen führen kann. Der Nachteil dieser Zementierungsanlagen besteht darin, daß sich das gebildete Zementkupfer auf die Oberfläche des Eisens legt und so an dem weiteren Austausch hindert. Die anfänglich gute Wirkung sinkt sehr schnell auf 50% und mehr. Es wird daher den Werken beim Einbau solcher Anlagen empfohlen, durch häufigeres Klopfen oder Stoßen der Eisenteile ein Abfallen des zementierten Kupfers zu bewirken oder durch Einleiten von Luft von der Sohle aus eine bessere Säuberung der Oberfläche des Eisens zu erzielen. Bei größeren Kupfergehalten versagt dieses Verfahren, da die Oberfläche nicht genügend gereinigt wird und sich durch eine Reoxydation stets neues Kupfersulfat bildet. Um letzteres zu verhindern, setzt DRP 458605 vor der Druckluftzufuhr reduzierende Stoffe, wie schweflige Säure, zu.

II. Schnellzementierungsanlagen. Um die durch Oxydationen auftretenden Schwierigkeiten zu vermeiden, will DRP 435323 von RAMÉN die Behandlung der verbrauchten Kupferbeizen mit Eisenschrot in einem um seine geneigte Längsachse kreisenden oder schwingenden Behälter, dessen beide Hälse als Drehzapfen ausgebildet sind, vornehmen (s. Abb. 225). Das in Rollfässern liegende Eisen wird hierbei umgewälzt

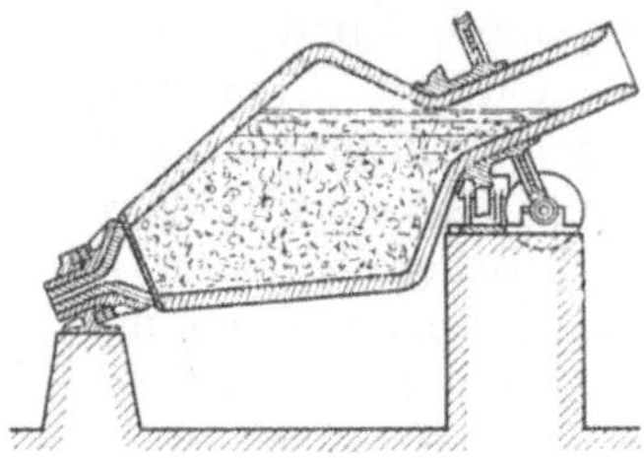

Abb. 225. RAMÉN-Anlage

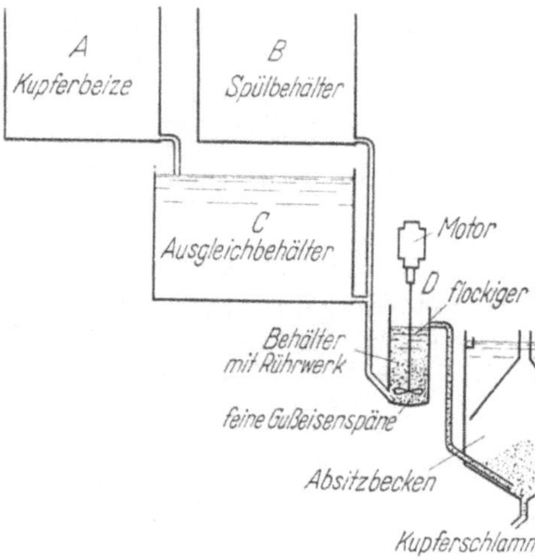
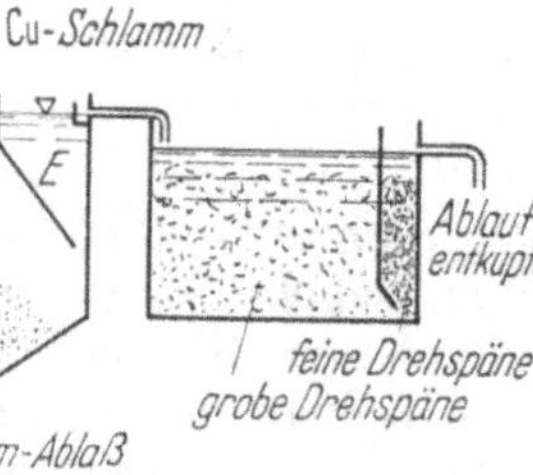

Abb. 226. Entkupferungsanlage (nach SIERP)

und gibt das auf der Oberfläche ansetzende Kupfer schnell ab. Das gleiche sucht neuerdings die sehr gut arbeitende Anlage von SIERP in kürzerer Zeit und mit kleineren Rauminhalten zu erreichen. In Abb. 226 ist eine Anwendungsform des Verfahrens dargestellt.

Außer den Spülwässern können auch die verbrauchten Kupferbäder mit aufgearbeitet werden, indem sie nach ihrer Erschöpfung im langsamen Strome den Spülwässern zugemischt und mit diesen zusammen dann entkupfert werden.

Die von den Beizen kommenden Abwässer gelangen zunächst in ein kleines Gefäß, in dem sich gußeiserne oder schmiedeeiserne Drehspäne befinden, die durch einen kleinen, mit Motor betriebenen Propeller stark umgewirbelt werden. Durch die starke Bewegung wird die Oberfläche des Eisens in stetige Berührung mit dem Abwasser gebracht und auch blank von Kupfer gehalten. Nach einer Aufenthaltszeit von nur 10 min sind die Abwässer (mit einem Kupfergehalt von 250 bis 2000 mg/l) zu über 95% entkupfert. Die spezifisch schwereren Drehspäne bleiben bei der großen Durchflußgeschwindigkeit im unteren Teil des Mischbehälters, die leichten Kupferflocken werden mit dem Wasserstrom fortgetragen und in einem Absetzbecken abgeschieden. (Aufenthaltszeit 15 bis 30 min.) Um die letzten Kupferreste zu entfernen, kann man das Abwasser noch durch die vorhandene GÖPFERT- oder WURZ-Anlage leiten, wobei man ebenfalls mit bedeutend kürzeren Aufenthaltszeiten (15 bis 20 min) gut auskommt. Ein Teil der Entkupferungsgefäße, und zwar der größere, der zuerst durchflossen wird, ist mit groben Drehspänen oder Stanzblechen, der dann durchflossene kleinere Teil mit feinen Drehspänen gefüllt. Auf diese Weise kann man auch die letzten Kupferreste entfernen. Da bei dauerndem Austausch die Eisenspäne immer feiner werden, werden sie schließlich mit dem ausgefällten Kupfer mitgerissen, so daß das gewonnene Zementkupfer einen wechselnden Eisengehalt aufweist. Um diesen möglichst gering zu halten, leitet man das Abwasser durch einen Zwischenbehälter, in dem sich der Kupferschlamm als Filter absetzt. Durch die noch in den Beizbädern enthaltene Säure wird das Eisen allmählich gelöst. An Stelle von Drehspänen kann man auch Stanzbänder verwenden, wenn man diese auf der Welle des Motors durch Kupferdraht befestigt.

An Stelle von Eisen sieht das DRP 648543 die Anwendung von metallischem Aluminium, dessen Oberfläche durch Behauchen mit Quecksilberchloridlösung aktiviert wird, vor.

Von WISE[1] und seinen Mitarbeitern ist die Anwendung von Messingspänen zur Ausscheidung des Kupfers aus den Beizereilösungen empfohlen worden. In diesem Falle geht Zink als Zinksulfat in Lösung, das später ausgefällt werden muß. Das cyankalische Zinkbad kann durch Einrühren von Zinkstaub von Kupfer, Zinn und Blei gereinigt werden. Kupfer, Zinn und Blei scheiden sich auf der Oberfläche des Zinks ab. Bei Cadmiumbädern muß man Cadmiumstaub einrühren.

Das in der Zementationsanlage entkupferte Abwasser kann dann noch zur Abscheidung der Zink- und Nickelsalze mit Kalk allein oder mit Eisensulfat und Kalk behandelt werden, um auch diese Stoffe dem Vorfluter fernzuhalten.

Elektrolytische Entkupferung. Die elektrolytische Entkupferung, die in Frankreich und Amerika schon länger angewandt wird, da sie eine ideale Lösung der Beizwässerfrage darstellt, ist nach BAISCH zum ersten Male auf dem Metallwerk der Siemens-Schuckert-Werke, Gartenfeld durchgeführt worden. Hier gehen in der Drahtbeize in 6 Tagen etwa 1000 kg Kupfer in die Beizen, das sind rund 50 t Kupfer im Jahr, die bisher in einer Zementierungsanlage behandelt wurden. Neuerdings erfolgt die Entkupferung in einer elektrolytisch arbeitenden Anlage, die in den Kreislauf der ständig umgepumpten Beizflüssigkeit geschaltet wird. Nach BAISCH arbeitet man so, daß man den Kupfergehalt der Beize mit 150 g freier Schwefelsäure nur auf etwa 60 g Cu/l kommen läßt, dann die Beize aus dem Betrieb zieht und elektrolytisch entkupfert. Man gewinnt dabei das Kupfer als reinstes Elektrolytkupfer, während je kg Kupfer etwa 1,5 kg Schwefelsäure regeneriert werden. Die entkupferte Lösung wird zu neuem Beizen verwendet, und lediglich die durch Verspritzen oder mit dem Waschwasser abgehenden Schwefelsäure-

[1] WISE, W., H. F. DODGE u. H. BLISS: Industr. Engng. Chem. Anal. Edition Bd. 39 (1947) S. 622.

mengen müssen durch neue Säure ersetzt werden. Zur Entkupferung dienen Bäder aus säurefestem Steinzeug mit unlöslichen Anoden aus Hartblei. Als Kathoden können Kupferblechabfälle aus dem Walzwerk dienen, oder man stellt sich die Kathodenmutterbleche in einem eigenen Entkupferungsbad dadurch her, daß man auf etwa 4 mm starken Kupferkathoden, die mit einem hauchdünnen Schellacküberzug versehen sind, Kupfer bis zu einer Stärke von $^1/_2$ mm niederschlägt. Dieser dünne Kupferüberzug wird dann mit Leichtigkeit von den Kathodenmutterblechen abgezogen (s. Abb. 227) und als Kathode in den übrigen Bädern benutzt. Um eine hohe Leistung bei geringem Platzbedarf zu erzielen, arbeitet man mit der hohen Stromdichte 250 A/m². Abb. 228 zeigt eine derartige Anlage mit 13 Entkupferungsbädern und einem Mutterblechbad, die in der Woche etwa 1 t Kupfer liefert und eine entsprechende Menge Beizsäure erneuert. Die Anlage arbeitet in ununterbrochenem Tag- und Nachtbetrieb, da sie mit Ausnahme des Kathodenwechsels fast keiner Wartung und Beaufsichtigung bedarf. Das gewonnene Kupfer ist von einer derart hohen Reinheit, daß es für elektrotechnische Sonderzwecke verwendet werden kann.

Abb. 227. Abziehen der Kupferüberzüge von den Kathoden-Mutterblechen

Abb. 228. Entkupferungsanlage für elektrische Entkupferung mit 13 Entkupferungsbädern und einem Mutterblechbad

Sonstige Verfahren. HÖLL hat für dünne Kupferwässer die Filtration über Magnesit und SCHILLING die Anwendung von Magnomasse empfohlen. Von einer Anwendung in der Praxis ist aber nur wenig bekanntgeworden. Außer der Abscheidung und Wiedergewinnung des Kupfers aus den Abfallbeizen, die in allen Anlagen geschehen sollte, kann auch noch eine Neutralisation der freien Mineralsäuren und eine

Ausfällung der übrigen gelösten Metallsalze erforderlich sein. Die Neutralisation kann in gleicher Weise wie bei den Eisenbeizen erfolgen. Belüftung, Erwärmung, Bewegung und andere Hilfsmittel unterstützen die Neutralisation und Abscheidung. Der anfallende Schlamm kann je nach seinem Gehalt an Kupfer und anderen verwertbaren Nichteisenmetallen aufgearbeitet oder auf landwirtschaftlich nicht nutzbarem Boden zu Geländeauffüllungen benutzt werden. Nach DRP 562 274 von LAUE soll das Entkupfern von Kupferionen enthaltenden Wässern dadurch erfolgen, daß man diese Wässer mit einer dosierten Menge Alkali- oder Erdalkalisulfidlösung versetzt, mit Kupferoxyd mischt und dann filtriert. In einer Drahtfabrik führt PIRK[1] die Ausfällung des Kupfers durch Zugabe von Natriumhydroxyd bei einem zwischen 9,5 und 10,5 liegenden p_H-Wert in einem Kreislaufverfahren durch. Der Kupfergehalt wird von 675 mg/l bis auf 35 mg/l gesenkt. Der Wasserverbrauch fiel auf die Hälfte des früheren Verbrauches.

Abb. 229. Ionenaustauschanlage für Entsalzung und Kreislaufführung alkalischer cyanidhaltiger Spülwässer nach dem Verfahren der Fa. Hydro-Chemie. Leistung: 1,2 m^3/Std.

In neuerer Zeit sind besondere Kunstharze entwickelt worden, die als Ionenaustauscher Kupfer binden, das dann später durch eine Säurelösung in konzentrierter Form gewonnen werden kann. Ionenaustauscher sind granulierte oder sphärische Kunstharzkörper, in denen saure (Kationen-Austauscher) oder basische (Anionen-Austauscher) Gruppen fixiert sind. Die Ionenaustauscher binden das in den Beizbädern enthaltene

[1] PIRK, G. W.: Sew. Ind. Wastes Bd. 29 (1957) S. 805.

Kupfer, Nickel, Zink, Cadmium usw. durch ihre selektiven Eigenschaften gegenüber den einzelnen Metallen. Nach Beendigung der Austauschreaktionen können die von den Kunstharzen fixierten Metalle durch Säuren wieder gelöst und im Betrieb wieder benutzt werden. Diese Ionenaustauscher haben sich besonders zur laufenden Reinigung von Nickelbädern bewährt. Das Nickel wird durch einen Kationenaustauscher als Nickelsulfat wiedergewonnen. Der hierbei noch vorhandene Überschuß an Schwefelsäure wird durch Zugabe von Nickelcarbonat beseitigt. FADGEN[1] berichtet über eine große Ionenaustauschanlage mit 31 m^3 Kunstharz, durch die in 10 Monaten 26500 m^3 gereinigt wurden. Nur der Abrieb mußte ersetzt werden. Abb. 229 zeigt eine Ionenaustauschanlage zur Entsalzung und Kreislaufführung alkalischer cyanidhaltiger Abwässer nach dem Verfahren der Hydrochemie, Zürich. In Fabriken, die silberplattierte und rostfreie Waren herstellen, fallen oft größere Mengen silberhaltiger Abwässer an, die für sich gesammelt werden müssen. Bei der Zersetzung der Silbercyanide zeigte es sich, daß bei Anwendung von Hypochloriten die Zementation des Silbers beeinflußt wird. Aus diesem Grunde hat man das Ozonverfahren angewandt. Für die Weiterbehandlung der entcyanisierten Silberlösungen kommt einmal die Fällung als Silberchlorid, ferner die Wiedergewinnung durch Ionenaustauscher und die Zementation durch Fällung mit Zink in Frage[2].

e) Leichtmetallbeizen

Die zunehmende Verwendung von Leichtmetallen, wie Aluminium und Magnesium, hat einen stark vermehrten Anfall von Beizabwässern dieser Metalle ergeben. Im Gegensatz zu den bisher behandelten Metallen wird Aluminium mit Natronlauge gebeizt und hinterher zur Entfernung der restlichen Natronlauge mit Salpetersäure abgespült. Bei Magnesiumlegierungen wendet man dagegen Mischungen von Bichromat in Schwefelsäurelösungen an.

Bei der Reinigung der Aluminiumabfallbeizen und deren Spülwässer, die in der Hauptsache neben freiem Alkali Natriumaluminatverbindungen enthalten, kommt es darauf an, das freie Alkali durch Zugabe von Abfallsäure restlos zu binden und die Natriumaluminatverbindungen so weit aufzuspalten, daß es zur Bildung von leicht ausflockbarem Aluminiumhydroxyd kommt. Die laufend anfallenden alkalischen und sauren Spülwässer müssen in einem derartigen Verhältnis zueinander gemischt werden, daß sie nur durch ein Absetzbecken von genügender Größe geleitet zu werden brauchen, um alles Aluminiumhydroxyd restlos abzuscheiden, so daß man diese dann unbedenklich in den Vorfluter ablassen kann. Die seltener anfallenden Beizbäder selbst, in denen es außerdem zu stärkeren Ansammlungen von feinem Schlamm kommt, müssen vor ihrem Ablassen in die Absetzbecken verdünnt und dann in der obigen Weise behandelt werden und können erst dann in langsamem gleichmäßigem Strom über einen längeren Zeitraum ver-

---

[1] FADGEN, T. J.: Sew. Ind. Wastes Bd. 27 (1955) S. 206.
[2] Sew. Ind. Wastes Bd. 26 (1954) S. 843.

teilt in den Vorfluter abgelassen werden. Die beim Beizen von Magnesiumlegierungen mit Bichromatschwefelsäuremischungen anfallenden Abwässer können in gleicher Weise, wie dies bei den Chromsäurebädern der Galvanisierungsbetriebe angegeben ist, gereinigt werden (s. S. 615).

f) Abwässer von Galvanisierungsbetrieben

Bei der Galvanisierung werden verschiedene Metalle durch einen besonderen physikalisch-chemischen Prozeß mit einem fest haftenden Überzug eines Metalles, das eine andere physikalisch-chemische Eigenschaft besitzt, überzogen. Für diese Überzüge können in erster Linie Kupfer, Messing, Zink, Chrom, Nickel, Cadmium, unter Umständen aber auch die Edelmetalle Silber und Gold in Frage kommen. Die zu diesem Galvanisierungsprozeß benutzten Bäder enthalten neben giftigen Metallsalzen vor allem auch meistens die stark giftig wirkenden Cyansalze. In der Galvanotechnik werden hauptsächlich folgende Bäder benutzt:

	alkalisch mit Cyan	sauer ohne Cyan
1. Silber	nur cyanidisch	—
2. Cadmium	vorwiegend cyanidisch	—
3. Chrom	—	vorwiegend sauer
4. Kupfer	vorwiegend cyanidisch	—
5. Nickel	—	vorwiegend sauer
6. Zink	vorwiegend cyanidisch	—
7. Messing	vorwiegend cyanidisch	—

Nach dieser Aufstellung fallen demnach in den Galvanisierbetrieben folgende Arten von Abwässern an:

1. Abwässer, die Cyanide in einfacher oder komplexer Verbindung enthalten,
2. Abwässer, in denen die Metalle in saurer Lösung vorliegen,
3. chromsäurehaltige Abwässer.

Aus Sicherheits- und Zweckmäßigkeitsgründen empfiehlt daher Meinck[1], jede dieser drei Abwasserarten für sich abzuführen und in getrennten Anlagen für sich zu behandeln. Wenn alle drei Abwasserarten anfallen, müssen auch drei Entwässerungssysteme vorhanden sein. Verstöße gegen diesen Grundsatz erschweren den Betrieb der Entgiftungsanlagen und können schwere gesundheitliche Schäden für die in den Räumen beschäftigten Personen mit sich bringen.

Haschke[2] hat die Gefährlichkeit der Einleitung blausäurehaltiger Abwässer in das Straßensiel untersucht. Schon durch Hydrolyse kann sich beim Einleiten von Galvanisierungsbädern Blausäuregas in den Kanälen bilden. Ganz besonders stark ist dies aber beim Zusammentreffen mit sauren Abwässern der Fall. Allgemein gilt für den Menschen ein Gehalt von 1 mg Blausäuregas in 1 m^3 Luft als „Sicherheitswert". Darüber hinaus ist mit Gesundheitsschädigungen und bei höheren Konzentrationen sogar mit dem Tod zu rechnen. Dem Einwand, daß eine

[1] Meinck, F.: Metallwarenind. Bd. 40 (1942) S. 225.
[2] Haschke, J.: Städtehygiene Bd. 2 (1951) S. 164.

Gefährdung der Sielarbeiter nicht eintreten könne, weil man die Blausäure an ihrem eigenartigen Bittermandelgeruch erkenne, hält HASCHKE entgegen, daß bei weitem nicht alle Menschen die Blausäure riechen oder erst dann, wenn diese bereits in hohen gefährlichen Konzentrationen vorliegt. Der Prozentsatz derjenigen, die den Blausäuregeruch nicht wahrnehmen können, ist größer als man gewöhnlich annimmt. Hinzu kommt, daß der Sielarbeiter auf diesen Geruch nicht achtet, besonders dann nicht, wenn er durch andere Kanalgerüche noch überdeckt wird.

Auch beim Ablassen in einen Vorfluter tritt durch hydrolytische Spaltung Blausäure auf. Ein Teil dieser abgespaltenen Blausäure wird dann durch Verdunstung entweichen bzw. durch Oxydation zersetzt.

Der außergewöhnlich starke Einfluß, den die Galvanisierungsabwässer auf das biologische Leben im Fluß haben, die sehr häufig Fischsterben verursacht haben, sobald die Grenze von 0,1 mg/l Cyan überschritten wird, hat die verantwortlichen behördlichen und industriellen Stellen veranlaßt, nach Mitteln und Wegen zu suchen, um diese katastrophalen Verhältnisse, die schon manche Kuh, manches Schwein, manche Ziege und vor allem recht viel Wassergeflügel, wie Enten, Gänse, die von dem Abwasser gesoffen hatten, gefordert hat, zu beendigen. Im allgemeinen nimmt man an, daß die Komplexsalze weniger giftig sind als die einfachen Cyanide. Da aber die Komplexsalze im Sonnenlicht photometrisch leicht in einfache Cyanide gespalten werden, und sie außerdem stark giftige Metallsalze enthalten, so sind sie gleichwertig zu beurteilen. Nach den Untersuchungen verschiedener Forscher wirken sich schon sehr geringe Cyanmengen sehr nachteilig auf die Symbiose der die Selbstreinigung bewirkenden Organismen aus. Beim Ablassen von Cyanverbindungen in einen Vorfluter werden zuerst die Protozoen vernichtet, was zur Folge hat, daß es dann zu einer Massenentwicklung von Bakterien kommt. In einem Fluß, der zum Baden benutzt wird, kann dies von großer Bedeutung sein. Auch beim Ablassen der Abwässer in die Kanalisation spielt diese Tatsache bei der biologischen Reinigung der städtischen Abwässer eine ausschlaggebende Rolle.

Vor der eigentlichen Galvanisierung müssen die Metallteile zunächst durch eine Entfettungsanlage soweit gereinigt werden, daß sie eine tadellos saubere Oberfläche besitzen, damit der Überzug auch gut haften kann. In den meisten Galvanisierungsanlagen erfolgt diese Entfettung durch ein mit Cyansalzen beschicktes, elektrisch betriebenes Bad. Schon hier entstehen dann in den Spülwässern stark giftige cyanhaltige Abwässer, die zusammen mit den übrigen Abwässern behandelt werden müssen.

Um den Cyangehalt möglichst zu verringern, hat man versucht, ungiftige Salze zu verwenden. An vielen Stellen hat man mit den erwärmten Grisiron- oder P_3-Bädern sehr gute Erfolge erzielt. Auch andere, stark basische Stoffe, wie Ätzkali, Soda, Pottasche, Trinatriumphosphat oder Mischungen dieser Salze hat man bei der elektrolytischen Entfettung angewandt. Ist die entfettende Wirkung der Bäder durch Anreicherung an Schmutz und Fett usw. gesunken, müssen sie abgestoßen und durch neue Bäder ersetzt werden. Vor ihrem Ablassen müssen aber die cyanhaltigen Bäder entgiftet und die alkalischen Bäder neutralisiert werden. An anderen Stellen benutzt man zur Entfettung organische Lösungsmittel, wie z. B. Tri (Trichloräthylen oder Trikresylphosphat) oder Kohlenstofftetrachlorid, Benzol usw. Wenn diese Stoffe auch durch ihren oft scharfen Geruch und ihre z. T. große Feuergefährlichkeit manchmal lästig wirken können, so hat man es durch geeignete Apparaturen völlig in der Hand, diese Belästigungen auf ein Minimum herabzudrücken und gleichzeitig den Vorteil, daß hier keinerlei Abwässer anfallen. Auch die Laugenentfettung mit 2 bis 10%iger Lösung von Ätznatron, Kali oder Soda mit Zusatz entemulgierender Mittel ergibt eine ungiftige Entfettung. Die stark alkalischen, öl- und fetthaltigen Wässer können nach Neutralisation leicht gereinigt bzw. nach Durchlaufen eines Öl- und Fettfängers in die städtische Kanalisation abgelassen werden.

Die eigentlichen Galvanisierungsbäder können sehr lange im Betrieb behalten werden, da man sie durch Zugabe der entsprechenden Salze laufend auffrischen kann. Dagegen fallen die Spülwässer dauernd an und haben bei der hohen Konzentration der Galvanisierungsbäder oft trotz reichlicher Anwendung von Spülwasser sehr hohe Konzentrationen, die bis auf 500 mg/l Cyan ansteigen können. Die bei der Aufarbeitung der sauren Eisen- und Kupferbeizereiabwässer mit den besten Erfolgen angewandten, nicht durchflossenen Zwischenspülbehälter sollten auch allgemein in der Galvanotechnik angewandt werden, denn sie haben sich bereits an verschiedenen Stellen mit besten Erfolgen bewährt, da man ihren Inhalt zum Ansetzen bzw. zum Auffüllen der eigentlichen Bäder benutzen kann. Schon beim Entwurf der Galvanisierungsanlagen muß größter Wert darauf gelegt werden, daß unnötige Verluste an Badflüssigkeit und auch an Spülwässern durch Einbau von Schwabbelblechen zwischen den einzelnen Behältern und langes Abtropfenlassen vermieden werden. Kleine Galvanisierungswerkstätten bzw. Beizereien mit geringerem Abwasseranfall (5 bis 6 m³/8 Stdn.) nehmen die Entgiftung bzw. die Entmetallisierung am besten behelfsmäßig von Hand vor (Abb. 230); in größeren Betrieben wird die Zugabe der Entgiftungs- und Fällmittel zum Spülwasser zweckmäßigerweise kontinuierlich vorgenommen.

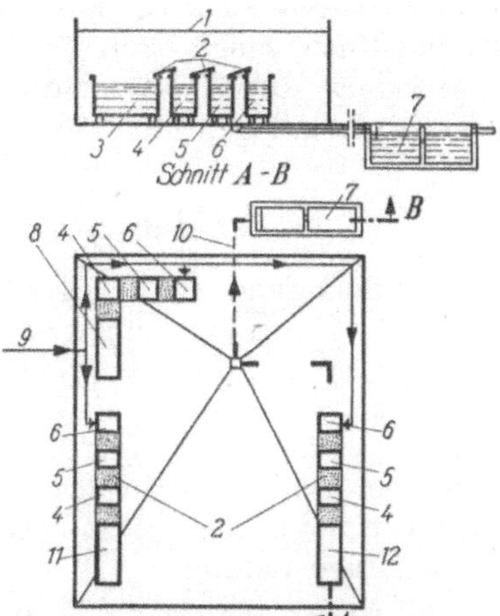

Abb. 230. Abwasserbehandlung eines kleinen galvanischen Betriebes
1 Aufhängevorrichtung zum Abtropfen, *2* Abtropfbleche, *3* Säurebad, *4* Vorspülbottich, *5* Zwischenspül- und Entgiftungsbottich, *6* Nachspülbottich, *7* Klärbecken, *8* galvanisches Chrombad, *9* Frischwasser, *10* Steinzeugrohre ø 15 cm, *11* Nicht cyanhaltige galvanische Bäder (außer Chrom), *12* Cyankalihaltige galvanische Bäder

Die eigentlichen Badlösungen reichern sich allmählich an verschiedenen Verunreinigungen an. Die sich in den Bädern ständig absetzenden Schlammengen müssen regelmäßig entfernt werden. Von Zeit zu Zeit müssen aber auch die Bäder selbst erneuert werden. Für die Frage der Aufnahme der Galvanisierungsabwässer in die städtische Kanalisation gilt sinngemäß das von den giftigen Beizbädern Gesagte. Sie hängt ganz von dem Verdünnungsgrad, den die Galvanisierungsabwässer durch die städtischen Abwässer erfahren, ab. Jedenfalls muß die Verdünnung so groß sein, daß der im Gesamtabwasser auftretende Cyangehalt und der Gehalt an giftigen Metallsalzen nicht mehr stören können, denn ein über 1 mg/l liegender Cyangehalt kann eine biologische Reinigung durch Abtöten der Protozoen und Infusorien so stark beeinflussen, daß unter Umständen die biologische Reinigung völlig zum Erliegen kommen kann. Hierbei haben sich Tropfkörper weniger empfindlich gezeigt als die Schlammbelebung.

In den Galvanisierungsanlagen fallen laufend außer den meist cyanhaltigen Spülwässern der Entfettungsbäder die ebenfalls cyanhaltigen Spülwässer der Nickel-, Zink-, Kupfer-, Cadmiumbäder sowie die chromsäurehaltigen Spülwässer der Verchromungsbäder an. Da diese Bäder in der Natur sehr verschieden sind, werden sie am besten auch getrennt behandelt. Die Abwässer der sauren Verkupferungsbäder können wie die kupferhaltigen Beizbäder behandelt werden.

Behandlung der cyanhaltigen Abwässer

Verdampfung. Bei der Behandlung der cyanhaltigen Abwässer kommt es in erster Linie darauf an, den giftigen Anteil — das Cyan — zu zerstören. COOPER[1] benutzt auf der Chevrolet-Anlage in Flint, Michigan, eine Verdampferanlage, die in die Galvanisierungsanlage eingebaut wurde. Nachdem der größte Teil des Wassers verdampft ist, wird der Rückstand in das Galvanisierungsbad zurückgegeben. Wenn das Verfahren auch recht kostspielig sein dürfte, löst es doch die Abwasserfrage radikal.

Speicherung in Teichen (Verdünnung). Eine Beseitigung der Abwässer durch Verdünnung ist nur dort möglich, wo eine außergewöhnlich große Wassermenge zur Verfügung steht, da die Abwässer je nach dem Cyangehalt oft mit der 100000- und mehrfachen Menge anderer sauerstoffreicher Wässer versetzt werden müssen. Für die Speicherung cyanhaltiger Abwässer in Teichen müssen größere Flächen zur Verfügung stehen, damit die Cyanverbindungen durch Oxydierung von der Oberfläche aus in ungiftigere Cyanursäure überführt werden können. In 48 Stunden kann eine Abnahme von 90 bis 95% erreicht werden.

Belüftung (Ausblaseverfahren). Auch die von verschiedenen Seiten vorgeschlagene Ansäuerung mit Schwefelsäure und nachfolgender Belüftung hat sich nicht einführen lassen. Es muß so viel Schwefelsäure zugesetzt werden, daß mindestens ein p_H-Wert von 4 erreicht wird. Die

[1] COOPER, J. E.: Sewage Ind. Wastes Bd. 23 (1951) S. 295.

ausgeblasene, stark giftige Blausäure muß in LAMINGscher Masse gebunden werden. Nur bei ganz hohen Schornsteinen kann direkt in die Atmosphäre geblasen werden. Außerdem erfordert das Verfahren sehr lange Belüftungszeiten. Bei einem Gehalt von 200 mg/l Cyan fand COOPER nach 70 Stunden noch einen Cyangehalt von 20 mg/l. Bessere Werte wurden erzielt, wenn man der durchgeblasenen Luft Chlor zumischte. Hinzu kommt, daß die Anwesenheit giftiger Metallsalze, wie Kupfer, stark störend wirken kann, und daß man hinterher wieder neutralisieren muß. Die hierbei ausgeschiedenen Metalloxyde müssen in Absetzbecken mit mindestens zweistündiger Absetzzeit abgefangen werden.

Entgiftungssalz. Die Entgiftung der Bäder und Spülwässer durch Zugabe des sogenannten Entgiftungssalzes, das in den meisten Fällen aus Eisensulfat und Kalk besteht und bei einem p_H-Wert von 11 bis 12 zugegeben werden soll, hat sich in den seltensten Fällen bewährt. Es ist sehr schwer, die richtigen Konzentrationen zu treffen, die zur Bildung des ungiftigen komplexen Salzes Berlinerblau führen. Bei konzentrierteren Bädern bleibt meistens noch ein größerer Restgehalt von Cyansalzen in den Bädern. Bei geringeren Cyangehalten unter 50 mg/l ist dieses Verfahren nach CORCORAN[1] nur anwendbar, wenn größere Überschüsse an Eisensulfat und Kalk unter stärkerer Belüftung angewandt werden. Kupfercyanid läßt sich nach dieser Methode nur schwer und Nickelcyanid überhaupt nicht entgiften. Als weiteres Verfahren kommt die Umwandlung der Cyanide in die weniger giftigen Thiocyanide in Frage, indem man die Abwässer mit Lösungen von Calciumpolysulfiden versetzt. Nach einer Einwirkungszeit von 2 Stunden ist die Reaktion meistens vollendet, doch müssen evtl. zu viel zugesetzte Polysulfide wieder abgeschieden werden *(DuPont de Nemours-Verfahren).*

Elektrolytische Oxydation. In Amerika wird außerdem noch für die konzentrierteren Lösungen die elektrolytische Oxydation angewandt. Hierbei bestehen die Elektroden aus Stahl. Für je 100 m^2 werden 35 Amp. angewandt. Nach 18stündiger Einwirkungszeit war der Kupfergehalt restlos abgeschieden, und der Cyangehalt war auf 1 mg/l reduziert. Eine Belüftung während der elektrolytischen Oxydation soll sich gut bewährt haben.

Chlorbehandlung. Am besten bewährt hat sich die alkalische Chlorierung des cyanhaltigen Abwassers, bei der die Cyane zu Cyanaten bzw. zu Kohlendioxyd und Stickstoffverbindungen oxydiert werden. Der p_H-Wert der Lösungen muß durch Zugabe von Alkali auf 8,5 gebracht werden. Bei Anwendung von 3 Teilen Chlor auf 1 Teil Cyan wird das ganze Cyanid in Cyanat übergeführt. Steigert man die Chlormenge genügend, so gelingt es, die Cyanate bis zur Kohlensäure und Stickstoffverbindungen zu oxydieren. In Deutschland bauen die Chlorator-Gesellschaft, Grötzingen, die Bamag-Meguin, Gießen, die Keramchemie, Siershahn, ferner die Firmen Bran & Lübbe, Hamburg,

---

[1] CORCORAN, A. N.: Sewage Ind. Wastes Bd. 22 (1950) S. 228.

Menzel & Co., Stuttgart, Degussa, Frankfurt/M. sowie Wallace & Thiernan, Wasserburg bei Günzburg, derartige Anlagen.

An Stelle des Chlors kann man bei kleineren Betrieben auch Hypochloritlösung verwenden und zwar für Abwassermengen bis zu 5 m^3/h. Bei der Entgiftung von Konzentraten (oder ganz allgemein von Lösungen mit über 1000 mg/l Cyanid) besteht nach GÖTZELMANN und SPANIER[1] bei der Oxydation mittels Chlor oder Hypochlorit die große Gefahr, daß das als erstes Reaktionsprodukt gebildete Chlorcyan nicht genügend rasch zu Cyanat weiterreagiert, so daß dieses noch giftige Gas entweichen kann. Deshalb ist für eine ausreichende Verdünnung unbedingt vor der Entgiftung Sorge zu tragen, wenn man es nicht vorzieht, in diesem besonderen Falle ein anderes Verfahren anzuwenden.

ASENDORF[2] verwendet zur Kontrolle des Cyangehaltes eine Kalomelelektrode, die gegen eine Silberelektrode geschaltet wird und über einen Meßverstärker den CN-Wert registriert. Um störende Beläge der Silberelektrode mit Silbercyanid zu beheben, wird über eine aus Gold hergestellte Hilfselektrode ein schwacher Strom von der Silberelektrode zur Hilfselektrode geschickt. Für die diskontinuierliche Entgiftung empfiehlt er folgende in Abb. 231 dargestellte Einrichtung. *1* Einfüllstutzen für cyanidhaltige Abwässer bzw. Einhängekorb für Cyanidschmelzen aus Härtereien, die langsam durch zugeführtes Frischwasser gelöst werden. Der sich absetzende Schlamm kann durch das verriegelte Bodenablaßventil *7* von Zeit zu Zeit abgezogen werden. *2* ist ein Rührer, der auch durch Preßluft ersetzt werden kann, *3* Dosierventil für Hypochloritlösung oder Chlorwasser, im einfachsten Fall ein Auf-Zu-Ventil; *4* Einleitungsrohr für Chlor; *5* Ablauf des entgifteten Abwassers durch Redox-Potential gesteuerten Ablaufhahn *6* über das vom Potentiometer *9* nach Messung durch die Elektrode *8* gesteuerte Auf-Zu-Ventil (Magnetventil); *10* Regler zur Dosierung des Oxydationsmittels entsprechend dem Cyanidgehalt. Die Anlage wird über Dach entlüftet.

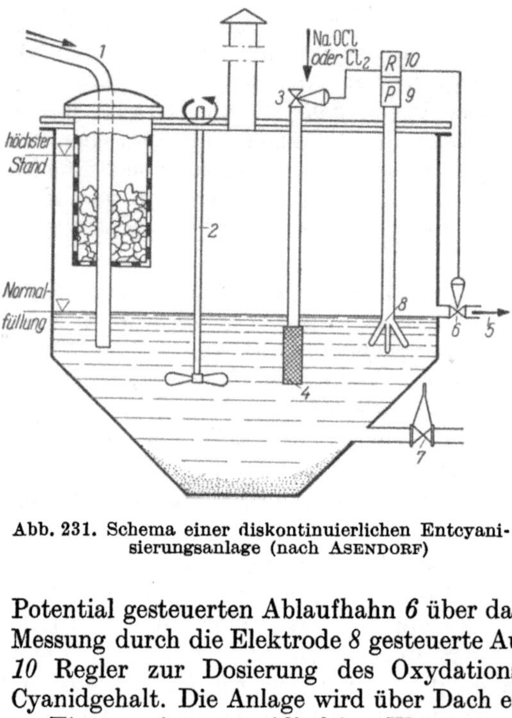

Abb. 231. Schema einer diskontinuierlichen Entcyanisierungsanlage (nach ASENDORF)

Eine gewisse cyanidhaltige Wassermenge, die kontinuierlich oder diskontinuierlich dem Entgiftungsbehälter zufließt, wird unter Rühren

[1] GÖTZELMANN, W., u. G. SPANIER: Galvanotechnik Bd. 54 (1963) S. 265.
[2] ASENDORF, E.: Ber. Abwassertechn. Verein. H. 8 (1957) S. 157.

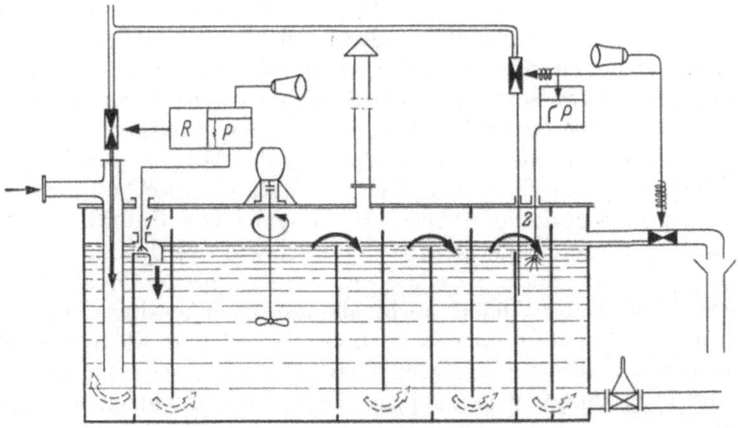

Abb. 232. Schema einer kontinuierlichen Entgiftungsanlage (nach ASENDORF)

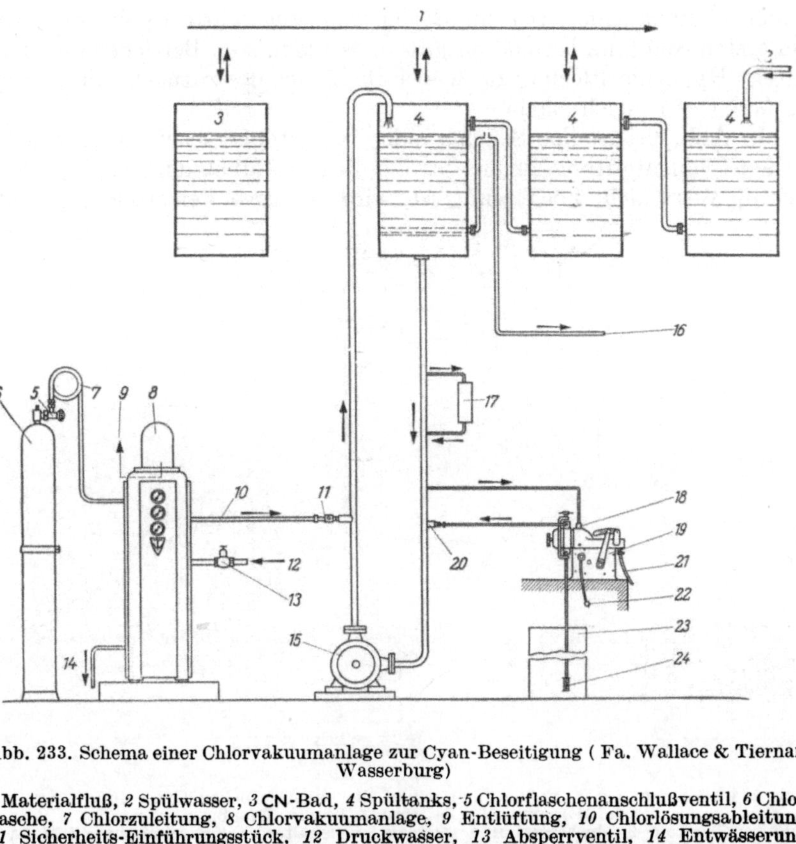

Abb. 233. Schema einer Chlorvakuumanlage zur Cyan-Beseitigung (Fa. Wallace & Tiernan, Wasserburg)

1 Materialfluß, *2* Spülwasser, *3* CN-Bad, *4* Spültanks, *5* Chlorflaschenanschlußventil, *6* Chlorflasche, *7* Chlorzuleitung, *8* Chlorvakuumanlage, *9* Entlüftung, *10* Chlorlösungsableitung, *11* Sicherheits-Einführungsstück, *12* Druckwasser, *13* Absperrventil, *14* Entwässerung, *15* Umwälzpumpe 1–2,5 m³/h, *16* Spülwasser-Entwässerung, *17* p_H-Kontrolle, *18* Druckausgleichventil, *19* Dosierpumpe, *20* Sicherheits-Einführungsstück, *21* Entwässerung, *22* Elektrokabel, *23* Chemikalienbehälter, *24* Schmutzfänger

mit Natriumhypochloritlösung versetzt. Das Wasser kann ablaufen, der Einfachheit halber durch ein Ablaufventil, wenn es restlos entgiftet ist, d. h. wenn der Cyanwert 0 angezeigt wird. Soweit Bedenken gegen das Ablassen des entgifteten, evtl. noch Metallcarbonate oder Hydroxyde enthaltenden Abwassers durch ein Auslaßventil bestehen, kann dieses durch eine Pumpe ersetzt werden, die den Behälterinhalt absaugt und in eine Anlage für die Weiterbehandlung des Wassers drückt.

Für die kontinuierliche Entgiftung benutzt Asendorf die in Abb. 232 schematisch dargestellte Anlage. Die Zugabe von Entgiftungsmitteln wird gesteuert durch die Elektrode *1*, nachdem das Cyanid im wesentlichen ausreagiert hat. Anschließend erfolgt die Nachreaktion. Zur Sicherheit wird der Ablauf nochmals mit einer zweiten Elektrode *2* kontrolliert. Als Beleg für den Betrieb arbeitet diese Elektrode auf ein schreibendes Potentiometer. Somit kann der Nachweis geliefert werden, daß die Entgiftungsanlage zu jeder Tages- und Nachtzeit einwandfrei arbeitet.

In Abb. 233 ist das Schema einer Entcyanisierungsanlage der Fa. Wallace & Tiernan dargestellt. Diese Anlage arbeitet mit einer Chlorvakuumanlage. Das im Gegenstrom zugeführte Spülwasser wird im ersten Spültank laufend entgiftet. Bei kleineren Betrieben gibt man direkt Hypochloritlösung zu, wobei die Menge des zuzugebenden Chlors je Mol Cyan gleich bleibt.

In Abb. 234 ist das Schema einer vollautomatischen diskontinuierlichen Cyanentgiftungsanlage der Fa. Bran & Lübbe dargestellt. Wenn der p_H-Wert nicht hoch genug ist, wird er durch Versetzen mit Kalk-

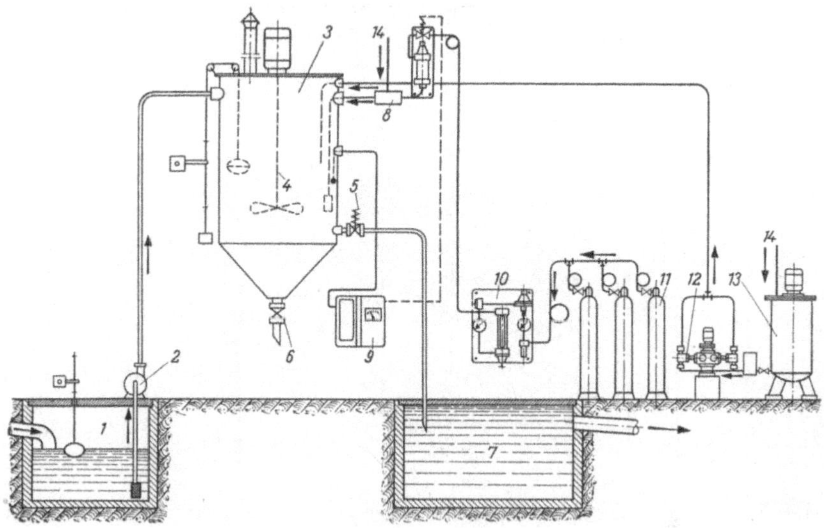

Abb. 234. Schema einer vollautomatischen diskontinuierlichen Cyan-Entgiftung mit $Ca(OH)_2$ und Cl_2 (Fa. Bran & Lübbe, Hamburg)
1 Sammelbecken, *2* Abwasserpumpe, *3* Reaktionsbehälter, *4* Kreiselmischer, *5* Magnetablaßventil, *6* Schlammablaß, *7* Rückhaltebecken, *8* Injektor, *9* CN-Messung, *10* Chlorgas-Dosiergerät, *11* Chlorflaschen, *12* Kalkmilch-Dosierpumpe, *13* Kalkmilch-Rührwerk, *14* Druckwasser

milch *13* mittels Kalkmilch-Dosiereinrichtung auf die gewünschte Höhe gebracht. Die in *9* dargestellte CN-Meßanlage steuert dann die Chlorzugabe bis alles Cyan zersetzt ist. Neben der automatisch registrierenden CN-Messung sollte man den Ablauf stets noch auf einen Chlorgehalt prüfen, da dies der sicherste Beweis ist, daß alles Cyan zersetzt ist.

In vielen Fällen haben sich auch die von der Fa. Menzel & Co., Stuttgart, hergestellten Dosierungsgeräte „Meko“ zur Zugabe von Chlorbleichlauge bestens bewährt (s. Abb. 235).

In Abb. 236 ist das Schema einer von der Chlorator errichteten Anlage in der Ansicht und in Abb. 237 in der Aufsicht gezeigt.

Eine ähnliche Anordnung zeigt die von der Keramchemie angewandte, in Abb. 238 dargestellte Entgiftungsanlage für cyanhaltige Abwässer. Das cyanhaltige Abwasser läuft durch die Leitung *1* in den Entgiftungsbehälter *7*. Aus dem Vorratsbehälter *5* für die Kalkmilchbereitung wird Kalkmilch durch die Leitung *6* zugesetzt bis zu einem p_H-Wert von

Abb. 235. Dosiergerät „Meko“ der Fa. Menzel, Stuttgart, zur Zugabe von Chlorbleichlauge zur Entcyanisierung von Abwässern

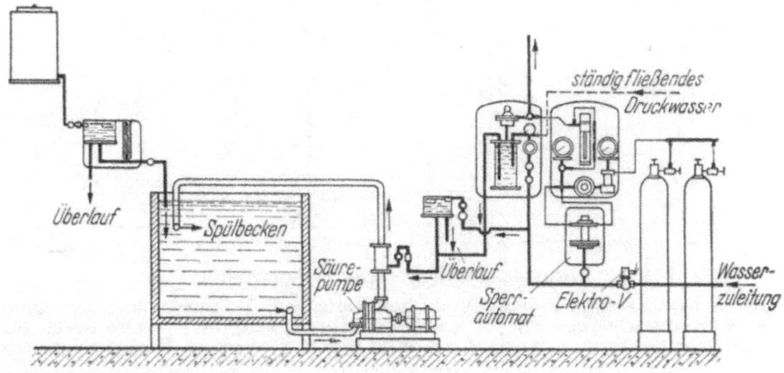

Abb. 236. Entcyanisierungsanlage mit Chlor (Chlorator, Grötzingen/Baden)

8,0. Aus der Chlorflasche wird in dem Apparat *3* Chlorwasser hergestellt, das durch Leitung *4* zugesetzt wird. Nach einer genügenden Kontaktzeit fließt das entcyanisierte Abwasser entweder in den Betrieb zur Kreislaufverwendung zurück oder kann nach einer Entkupferung usw.

in den Vorfluter abgelassen werden. Dadurch, daß die Regenerationsanlage außerhalb der Gebäude der Galvanisierung errichtet werden kann, stört sie den eigentlichen Betrieb in keiner Weise.

Das in Amerika entwickelte *Lancy-Verfahren*[1] sieht ebenfalls zunächst einen Vorspülbehälter oder bei größeren Massengütern einen Abtropfbehälter für den aus dem Galvanisierungsbad mitgeschleppten Anteil an Beizlösung vor. Der Inhalt dieser Bäder dient zum Auffüllen der Schwabbel- und Verdampfungsverluste aus den Bädern. Die so vorgespülten Gegenstände kommen dann in einen mit Hartgummi ausgekleideten Behälter, der eine besondere Lösung Lancinol I enthält und die Aufgabe hat, die noch auf der Oberfläche haftenden Restteile an Badflüssigkeit zu entgiften. Dieses Lancinol ist eine präparierte Lauge von Natriumhypochlorit, welche oberflächenaktive Stoffe verschiedener Art enthält. 100 g durch 20 m² Warenoberfläche verschlepptes Cyanid können durch 1,6 l Lancinol entgiftet werden. Im Laufe der Zeit reichert sich die Lösung mit ungiftigen Ballastsalzen, wie Kochsalz, Soda, Natrium-

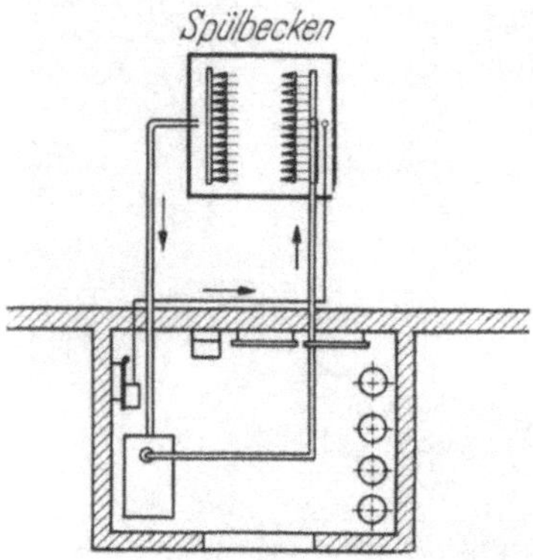

Abb. 237. Entcyanisierungsanlage in der Aufsicht (Chlorator, Grötzingen/Baden)

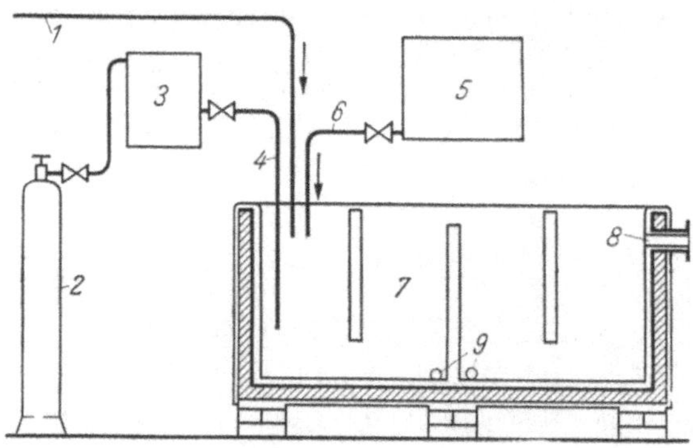

Abb. 238. Entcyanisierungsanlage (Keramchemie, Siershahn)
1 Einlauf der cyanhaltigen Abwässer, *2* Chlorgasflasche, *3* Einrichtung für Chlorwasserbereitung, *4* Chlorwasserzuleitung, *5* Kalkwasserbereitungsgefäß, *6* Kalkwasserzuleitung, *7* Entgiftungsbehälter, *8* Auslauf des entgifteten Wassers, *9* Entleerungsstutzen

sulfat usw. an, wobei die Viskosität der Lösung und der Schlammgehalt ansteigen. Das in ihr noch enthaltene Chlor muß aber vor der Beseitigung durch Zugabe von Natriumbisulfit entgiftet werden. Man

[1] Peters, W.: Metallwarenindustrie und Galvanotechnik Bd. 47 (1956) Heft 1.

kann das Lancinol auch zur Entgiftung verbrauchter cyanhaltiger Bäder benutzen, indem man das Lancinol bis zu einem deutlichen Chlorüberschuß zu den verbrauchten Bädern zugibt. Hat sich der Chlorüberschuß nach zwei Tagen gehalten, so ist alles Cyanid zerstört und der Chlorüberschuß muß vor dem endgültigen Ablassen der Bäder durch Zugabe von Natriumbisulfit zerstört werden.

Anwendung von Hypochlorit und Eisensulfat. TARMAN[1] sammelt die gesamten Abwässer in einem 20-m^3-Behälter und gibt so viel Calciumhypochlorit zu, daß ein Überschuß von 2 mg/l Chlor vorhanden ist. Dann wird der p_H-Wert auf 8,5 eingestellt. Nach einer genügenden Reaktionszeit wird Eisensulfat (Ferrisulfat) zur Ausflockung zugegeben. Nach dem Absetzen wird die klare, über dem Schlamm stehende Flüssigkeit langsam in die Kanalisation abgelassen und der abgesetzte Schlamm in Teiche gepumpt. Durch das Verfahren wird nicht nur das giftige Cyan bis auf 0 mg/l entfernt, sondern auch die giftigen Metallsalze abgeschieden.

Anwendung von Ozon. Das zur Aufoxydation des Cyans benutzte Chlor kann man durch Ozon ersetzen. Um eine gute Wirkung der Ozonisation zu erreichen, muß das Abwasser zunächst auf einen p_H-Wert von 11 bis 12 gebracht werden, der bei der Behandlung allmählich auf 8 heruntergeht. Das Abwasser wird in einem Belüftungsturm von 3 bis 4,50 m Höhe so lange mit ozonhaltiger Luft behandelt, bis freies Ozon in der durchgedrückten Luft erscheint. Als Füllung für die Belüftungstürme wendet man Kunstharze, Holz, Aluminium, Kupfer, Stahl oder Schwarzeisen an. Bei der Spaltung des Ozons entsteht Sauerstoff im statu nascendi, der dann befähigt ist, in gleicher Weise das Cyan zu Cyanursäure aufzuoxydieren. Bei genügender Zugabe von Ozon geht auch hier die Aufoxydation bis zu Kohlendioxyd und Stickstoff. Dieses Verfahren hat gegenüber der Anwendung von Chlor den großen Vorteil, daß Ozon nicht so giftig wirkt wie Chlor. Sehr leistungsfähige und für die Zersetzung der Cyanide gebrauchsfähige Apparaturen zur Herstellung von Ozonanlagen werden heute von verschiedenen Firmen geliefert, u. a. von der Demag-Elektrometallurgie, Duisburg.

Die auf die eine oder andere Weise entgifteten Abwässer müssen dann noch von ihren Metallsalzen befreit werden. Die Kupfersalze können durch die schon früher beschriebenen Zementierungsanlagen entfernt werden. Für einen Teil der übrigen Metallsalze kann man Kunstharze anwenden, die in gleicher Weise wie die Basenaustauscher in den Enthärtungsanlagen durch Säure regeneriert werden können. Die dann noch im Abwasser enthaltenen Metallsalze werden am besten durch Kalk mit oder ohne Zugabe von Eisensulfat ausgefällt. Verdünnte Silbercyanidabwässer werden in großen Tanks gesammelt und mit metallischem Zink zur Wiedergewinnung des Silbers behandelt. Das Silber scheidet sich als Zementsilber ab. Neben dem Zementierungs-

---

[1] TARMAN: Water and Sew. Works Bd. 97 (1950) S. 64.

verfahren kann man aber das Silber auch als Silberchlorid abscheiden oder auch durch Ionenaustauscher wiedergewinnen.

g) Abwässer aus Härtereien

In der Glüh- und Härtetechnik werden Werkstücke aus Eisen in geschmolzene Salzbäder von Cyankali, bestehend aus einem Gemisch von Kochsalz, Soda und Cyannatrium, zum Zwecke der Aufkohlung bei bestimmten Temperaturgraden eingetaucht, um einen bestimmten Härtegrad zu erzielen. Zum Abschrecken werden die im Bad auf Rotglut (meist über 1000°) erhitzten Eisenteile in ein Wasserbassin oder Ölbad getaucht, wodurch sich die auf der Oberfläche angesetzten Cyansalze lösen. Diese Abschreckbäder bleiben längere Zeit in Betrieb und reichern sich mit den giftigen Cyansalzen bzw. deren Zersetzungsprodukten an. Von Zeit zu Zeit müssen sie in gleicher Weise wie die Bäder selbst abgestoßen werden. Erfolgt das Abschrecken von Werkstücken aus cyanidhaltigen Bädern in Öl, so sammeln sich am Grunde der Öltanks Salzrückstände an, die von Zeit zu Zeit abgezogen und entgiftet werden müssen. Das auf der Oberfläche schwimmende Öl kann durch Abschöpfen oder Abziehen wiedergewonnen und weiterverwandt werden. Solche Salzrückstände müssen bis zur Entgiftung genau so sorgfältig verwahrt werden wie frische Cyansalze selbst. Dies gilt auch für Tiegel, welche noch cyanidhaltige Salzreste enthalten. Es ist schon vorgekommen, daß Kinder zu Schaden gekommen sind, die Regenwasser getrunken haben, das sich in einem derartigen Tiegel gesammelt hatte.

Um solche Salzrückstände zu entgiften, zerschlägt man sie in etwa faustgroße Stücke und gibt sie in ein bewegliches Sieb, das man entweder in das ebenfalls aufzuarbeitende wäßrige Abschreckbad oder in einen mit Wasser gefüllten Eisenbottich in etwa halber Höhe aufhängt. Um die Lösung zu beschleunigen, bewegt man das Sieb von Zeit zu Zeit hin und her. Nach einigen Tagen haben sich die Rückstände restlos gelöst, und die Lösungen müssen dann entgiftet werden. Dies geschieht im allgemeinen dadurch, daß man eine 20%ige Eisensulfatlösung zugibt, bis ein graugrüner bis blauschwarzer Niederschlag entsteht, der nach genügendem Umrühren nicht mehr verschwindet. Zunächst färbt sich die Lösung besonders bei hohen Cyangehalten rostrot. Zur Herstellung der Eisensulfatlösung benutzt man das gewöhnliche Eisensulfat, wie es aus den Beizereiabwässern zu billigen Preisen zu haben ist. Bei kleineren Anlagen löst man zu diesem Zweck in einem Holzeimer 1 kg Eisensulfat in 5 l heißem Wasser unter kräftigem Umrühren. Bei größeren Anlagen verwendet man einen ausgebleiten Holzbottich und bringt das Eisensulfat in einen Siebkorb etwas unter die Oberfläche des mit Wasser gefüllten Bottichs und rührt von Zeit zu Zeit um. Nach dem Entgiften läßt man den Niederschlag absetzen. Bei genügend großen Vorflutern kann man das überstehende Wasser in gleichmäßigem langsamem Strome über einen längeren Zeitraum verteilt ablassen. Bei kleinen Vorflutern, besonders bei empfindlichen Forellenbächen, muß noch eine Nachentgiftung, wie es für die Spülwässer der Galvanisierungsbäder vorgesehen ist, erfolgen (s. S. 606).

h) Chromsäurehaltige Abwässer

Chromhaltige Abwässer entstehen einerseits beim Beizen von Magnesium und seinen Legierungen, die vorwiegend mit Chromsäure-Salpetersäure-Mischungen gebeizt werden, und andererseits in der Verchromung in den Galvanisationsbetrieben, die in erster Linie Chromsäure-Schwefelsäure-Bäder verwenden. Da auch Chrom ein starkes Gift ist, so ist seine Fernhaltung von Kanalisationsanlagen und den Vorflutern eine dringende Forderung. PAGANO[1], ferner EDWARDS und NUSSBERGER haben sehr eingehend den Einfluß der Chromsäure auf die Reinigung häuslicher Abwässer untersucht. Während EDWARDS und NUSSBERGER den Einfluß auf die biologischen Verfahren geprüft haben, untersuchte PAGANO durch Reihenversuche den Einfluß der Chromate auf die Methanbildung bei der anaeroben Zersetzung von häuslichem Schlamm. Bei Zugaben bis zu 3 bis 4 mg/l dreiwertigen Chroms war kein Einfluß festzustellen. Höhere Mengen von 10 mg/l ergaben bereits eine Abnahme der Gasmengen. Viel intensiver als die dreiwertigen Chromsalze wirken jedoch Chromsäureverbindungen, die bereits in Mengen von 1,5 mg/l eine deutliche Abnahme der Wirksamkeit der Bakterien hervorriefen. Sowohl beim dreiwertigen wie beim sechswertigen Chrom tritt beim Faulprozeß eine Ausfällung ein. Trotzdem ist besonders beim sechswertigen Chrom eine Abnahme der Wirksamkeit nicht festzustellen.

Für die Reinigung der chromathaltigen Abwässer eines Magnesiumbetriebes mit etwa 60 g/l Kaliumchromat leitet GOEDERITZ die Abwässer, nachdem er sie durch Zugabe von Kalkhydrat auf einen p_H-Wert von 7,2 gebracht hat, in eine Grube, die mit säurefesten Steinen ausgekleidet ist, und in der sich Dolomit oder ein anderes basisches Gestein befindet, durch das die freien Säureionen, vor allem der Salpetersäure, abgebunden werden. Das abgeschiedene Calciumchromat und Chromhydroxyd wird in einem Klärteich von 150 m^3 abgesetzt. Am Ende des Teiches ist ein Sand- oder Kiesfilter zum Abfangen der letzten Chromreste eingebaut. Der in den Teichen abgefangene Schlamm hat bei einem Trockensubstanzgehalt von etwa 3% in der Trockensubstanz 20% Chrom, so daß er zur Wiedergewinnung von Chromsäure an Stelle des sonst verwandten 40%igen Chromeisensteins benutzt werden kann.

MEINCK[2] empfiehlt die Entgiftung der chromathaltigen Abwasser mit löslichen Bariumsalzen, wobei sich unlösliches Bariumchromat abscheidet, aus dem dann durch Umsetzen mit Schwefelsäure wieder Chromsäure gewonnen werden kann. Der Nachteil des Verfahrens liegt in der starken Giftigkeit der Bariumsalze, deren Überschüsse dann durch eine Nachbehandlung mit Soda beseitigt werden müssen. Das gleiche gilt für die von SOUTHGATE empfohlene Anwendung von Witherit, der in der 3- bis 5fachen theoretischen Menge angewandt werden muß.

Da nur das beim Beizprozeß zu dreiwertigem Chrom reduzierte Chromat als Chromhydroxyd ausgeschieden wird, wird bei dem heute allgemein angewandten Reduktionsverfahren zunächst das Chromat

[1] PAGANO: Sew. and Ind. Wastes Bd. 22 (1950) S. 336.
[2] MEINCK, F.: Metallwarenind. Bd. 42 (1944) S. 37.

durch ein billiges Reduktionsmittel reduziert. Als Reduktionsmittel werden neben Schwefeldioxyd auch Kaliumbisulfit oder Natriummetabisulfit angewandt. Besonders gut bewährt hat sich als billiges Reduktionsmittel Eisensulfat, das zu billigem Preise in den Beizereiabwässern zur Verfügung steht. Zur Durchführung des Verfahrens werden die Abwässer je nach dem Chromatgehalt mit der berechneten Menge Eisensulfat versetzt. Die Reduktion geht sehr schnell vor sich, wobei sich grünes Chromsulfat bildet, das dann durch Kalk ausgefällt werden kann. Die Zumischung des Kalkhydrates erfolgt in einem Becken mit Rührwerk, das gleichzeitig die Aufgabe hat, das ausgeschiedene Chromhydroxyd zusammen mit dem ausgeflockten Eisenhydroxyd in grobe,

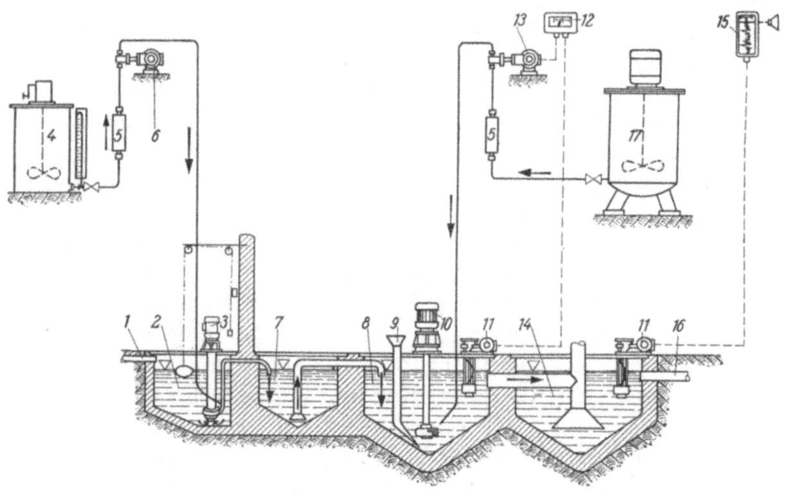

Abb. 239. Schema einer vollautomatischen Abwasser-Entchromungs- und Neutralisationsanlage (Bran & Lübbe, Hamburg)

1 Zulauf chromhaltiger Abwässer, *2* Sammelbecken mit Schwimmerschaltung, *3* Abwasserpumpe, *4* Vorratsbehälter mit Handrührwerk für Eisensulfat bzw. Natriumbisulfit, *5* Vorschaltfilter, *6* Normados N 1 für Eisensulfat bzw. Natriumbisulfit, *7* Reaktionsbecken für Chrom-Abwässer, *8* Neutralisationsbecken, *9* Zulauf der alkalischen und sauren Abwässer, *10* Kreiselmischer zur Reaktionsbeschleunigung, *11* Gebürsteter Antimon-Tauchelektrodenhalter, *12* Regler mit direkter p_H-Anzeige, *13* Normados N 1 für Kalkmilch, *14* Klärbecken, *15* p_H-Einfarbenpunktschreiber mit Alarmgabe, *16* Ablauf, *17* Kalkmilchbehälter

leicht absetzbare Flocken überzuführen. Die Abscheidung der Ferri- und Chromhydroxydflocken mit dem gebildeten Gips kann in mehreren nebeneinander liegenden, mit Sohlendrainage versehenen Absetzbecken erfolgen, in denen der Schlamm getrocknet und abgefahren werden kann. In Abb. 239 ist das Schema einer vollautomatischen Abwasser-Entchromungs- und Neutralisationsanlage der Fa. Bran & Lübbe, Hamburg 39, dargestellt. Im Behälter *4* wird die Reduktionslösung Eisensulfat oder Natriumbisulfitlösung hergestellt und nach Filterung durch *5* durch die Dosierungsanlage *6* zugegeben. Nach der Beendigung der Reduktion des sechswertigen Chroms im Becken *8* erfolgt im Becken *8* die Alkalisierung durch Zugabe von Kalkmilch. Die Anlage wird durch eine gebürstete Antimonelektrode mit Einfarbenschreiber und Alarmvorrichtung überwacht.

Das zur Entgiftung der Spülwässer benutzte Lancy-Verfahren (s. S. 612) benutzt zur Zerstörung der verschleppten Chromsäure und Chromate eine SO_2-Lösung, die verschiedene oberflächenaktive Stoffe enthält. Die Aufarbeitung der verbrauchten Bäder einschließlich der verbrauchten Entgiftungsbäder muß aber zuletzt auf einem der üblichen Wege erfolgen.

D. H. Schmittmann (DRP 840374) will die Reduktion der Chromsäure dadurch erreichen, daß er die sauren Abwässer durch ein Filter mit Eisenspänen leitet in ähnlicher Form, wie man sie bei dem Zementierungsverfahren für kupferhaltige Abwässer anwendet. In der ersten Zeit geht auch die Reduktion sehr gut vonstatten. Doch schon sehr bald tritt eine Passivierung der Oberfläche ein, die eine weitere Reduktion verhindert. Auch durch eine Reduktion in der Bewegung, die eine stets saubere Oberfläche ergibt, werden die Passivierungserscheinungen nicht unterbunden.

Die elektrolytische Regeneration der Chromlaugen[1] ist nach verschiedenen Verfahren möglich. Bei dem gebräuchlichsten Verfahren rechnet man auf 100 CrO_3 mit 400 bis 430 kWh ohne Berücksichtigung des Spannungsverlustes in der Leitung und des Energieverlustes am Transformator. Bei 200 kg Bichromatverbrauch würde man bei 3,6 V Spannung und 70% Stromausbeute rund 555 kWh benötigen. Bei einer Tagesregeneration von 200 kg Bichromat braucht man hiernach bei 500 Amp. Stromdurchgang 13 Bäder von 1 m Höhe, 1,2 m Länge und 0,4 m Breite. Bei dem MLB-Verfahren, das dem ersteren Verfahren überlegen sein soll, müssen bei einem Stromdurchgang von 500 Amp. die Anodenplatten insgesamt 1,7 m^2 Fläche haben, ebenso die Diaphragmen und Kathoden. Bei 3,5 V Spannung beträgt der Stromverbrauch bei 80% Ausbeute auf 100 kg CrO_3 350 kWh. Man hat es also in der Hand, dem Bichromatverbrauch entsprechend die Bäderanzahl und die Bädergröße so einzurichten, daß dieselben ohne Unterbrechungen in gleichem Tempo verlaufen. Die Anlage kostet nur dann Strom, wenn sie arbeitet. Die Rentabilität der elektrolytischen Regeneration ist abgesehen von den ersten Kosten der Einrichtung in der Hauptsache von den Stromkosten abhängig.

Die Behandlung der chromhaltigen Abwässer durch Ionenaustauscher ist eingehend durch Tyler, Maske und Westin[2] untersucht worden.

Wenn dreiwertiges Chrom durch das Adsorptionsmittel Zeo-Karb H geleitet wird, erfolgt ein echter Basenaustausch durch Ersatz des Wasserstoffs der Schwefelsäure durch Chrom. Dieses Harz kann aber nicht als ein Anionenaustauscher benutzt werden. Wenn sechswertiges Chrom übergeleitet wird, wird die aktive Kohle in dem Kunstharz die Chromsäure adsorbieren. Bei der sauren Regeneration wird Chrom reduziert

[1] Chemiker-Ztg. (1936) S. 239.

[2] Tyler, R. G., W. Maske u. M. J. Westin: Sew. and Ind. Wastes Bd. 23 (1951) S. 1032.

und ein entsprechender Anteil Kohle oxydiert. Diese Ergebnisse wurden auch bei Versuchen mit einer hochwertigen aktiven Kohle — Carbo-Dur — bestätigt gefunden. STROMQUIST und REENTS[1] haben ebenfalls die Anwendbarkeit der Ionenaustauscher bei der Reinigung der Abwässer einer Chromplattierungsanlage untersucht. Diese Bäder nehmen im Betriebe Eisen, Kupfer, Zink usw. auf. Wenn ihre Konzentration 10 bis 15 g je Liter beträgt, müssen sie erneuert werden. Durch Zwischenschaltung eines basenaustauschenden Harzes in den Wasserstoffkreislauf bei p_H 0,7 bis 0,8 kann man so viel von den Metallen entfernen, daß das Bad wieder verwendungsfähig ist. Die Divinylbenzolstyrenharze haben sich am besten bewährt, da sie unter extremen Bedingungen

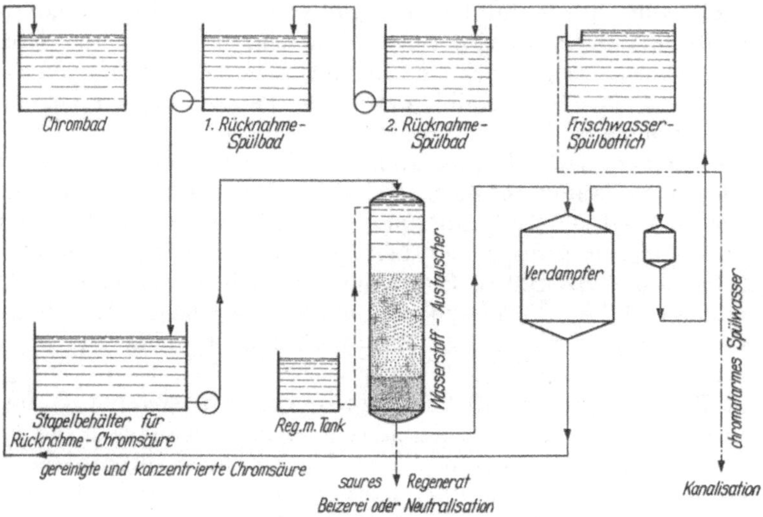

Abb. 240. Rückgewinnung und Aufbereitung von Chromsäure aus stehenden Spülbädern der Fa. Hydro-Chemie, Zürich

der Acidität, der Alkalität, der Oxydation und der Temperatur die beste Haltbarkeit zeiggten. Die Regeneration erfolgt durch eine 10%ige Schwefelsäure. In Abb. 240 ist das Schaltschema einer Anlage der Fa. Hydro-Chemie, Zürich zur Rückgewinnung und Aufbereitung von Chromsäure aus stehenden Spülbädern dargestellt. Im allgemeinen wird die Ionenaustausch-Reaktion bei einer Konzentration von 70 bis 100 g/l Chromsäure durchgeführt, wobei mit einer Erniedrigung der Fremdmetallkonzentrationen von mindestens 50% gerechnet werden kann. Die Regeneration des erschöpften Kationenaustauschers erfolgt mit 10%iger Schwefel- oder Salzsäure. Bei anodischen Chrombädern besteht die Verunreinigung vorwiegend aus Aluminium, das ebenfalls durch einen Kationenaustauscher weitgehend gebunden werden kann, so daß die abfließende Lösung normalerweise einen geringeren Gehalt als

[1] STROMQUIST, D. M., u. A. C. REENTS: Proc. 6 Ind. Waste Conference Purdue Univ. (1951) S. 285.

0,1 g/l Aluminium aufweist. Die Vollentsalzung chromathaltiger Spülwässer mit Hilfe eines Anionenaustauschers und eines nachgeschalteten Kationenaustauschers ermöglicht die vollständige Rückgewinnung der Chromsäure und des Spülwassers. Dieses Verfahren ist besonders dann angezeigt, wenn auch kleinste Mengen von Chromat im Abwasser nicht zugelassen werden können. In Abb. 241 ist das Schema einer Ionenaustauschanlage zur Entsalzung und Kreislaufführung von Spülwässern

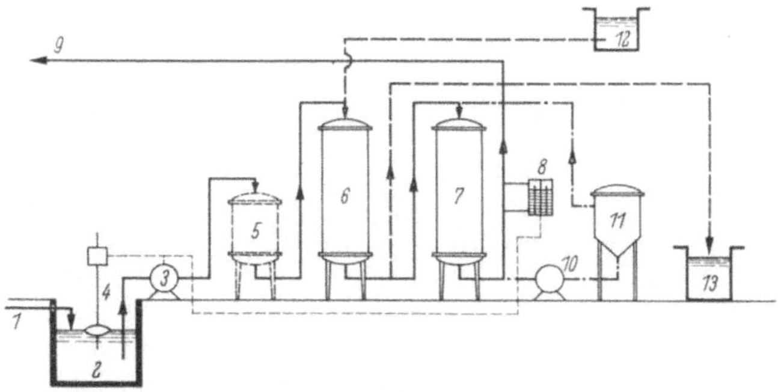

Abb. 241. Schema einer Ionenaustauschanlage zur Entsalzung und Kreislaufführung von Spülwässern

Erläuterung: *1* Abwasserzulauf, *2* Pumpensumpf, *3* Abwasserpumpe, *4* Schwimmersteuerung, *5* Filter (falls erforderlich), *6* Kationenaustauscher, *7* Anionenaustauscher, *8* Leitfähigkeitsmeßgerät, *9* Rücklauf des entsalzten Wassers in den Betr., *10* Regenerierpumpe, *11* Sodasättiger für Regeneration der Anionen-Aust., *12* Säuregefäß für Regeneration der Kationen-Aust., *13* Regeneratgefäß, — — — Regeneration des Kationen-Austauschers, —·—·— Regeneration des Anionen-Austauschers, - - - - Meß- und Steuerleitungen

nach GÖTZELMANN und SPANIER[1] dargestellt. Durch sie kann der Gesamtwasserverbrauch erheblich gesenkt werden. Eine gemeinsame Anlage zur Behandlung cyanidischer und chromsäurehaltiger Spülwässer mit anschließender Neutralisation ist in Abb. 242a und b dargestellt.

Das Verfahren ist bei nicht zu hohen Konzentrationen der Spülwässer immer wirtschaftlich. Die Chemikalien-Einschleppung in das Spülwasser läßt sich vermindern, indem man nicht durchflossene Standspülbäder aufstellt (vgl. S. 612). Konzentrate müssen aus dem gleichen Grund von den Spülwässern konsequent ferngehalten werden. Andererseits braucht man die einzelnen Spülwasserarten (cyanidhaltige, chromathaltige, saure und alkalische) nicht getrennt abzuleiten. OEHME[2] begründet die zu vernachlässigende geringe Wahrscheinlichkeit einer spontanen Freisetzung flüchtiger Blausäure aus dünnen Abwässern mit zwischenmolekularen Wechselwirkungen. Das wird auch durch langjährige Betriebserfahrungen bestätigt.

Der Ionenaustausch ist ein Anreicherungsverfahren, bei dem die als Ione im Abwasser enthaltenen Stoffe von den Austauschern reversibel gebunden und bei der Regeneration der Austauscher in einem kleinen Flüssigkeitsvolumen mit hoher Konzentration zurückgewonnen werden.

[1] GÖTZELMANN, W., u. W. SPANIER: Der Maschinenmarkt Bd. 65 (1959) Heft 67 u. 83.

[2] OEHME, F.: Galvanotechnik Bd. 56 (1965) S. 545.

Auch nichtionisierte Stoffe können durch Adsorption ebenfalls reversibel gebunden werden.

Ionenaustauscher entgiften selbst nicht, erleichtern aber die Entgiftung erheblich, weil an Stelle großer Mengen dünner Spülwässer im Durchlaufverfahren nur noch geringe Mengen konzentrierter Regenerate

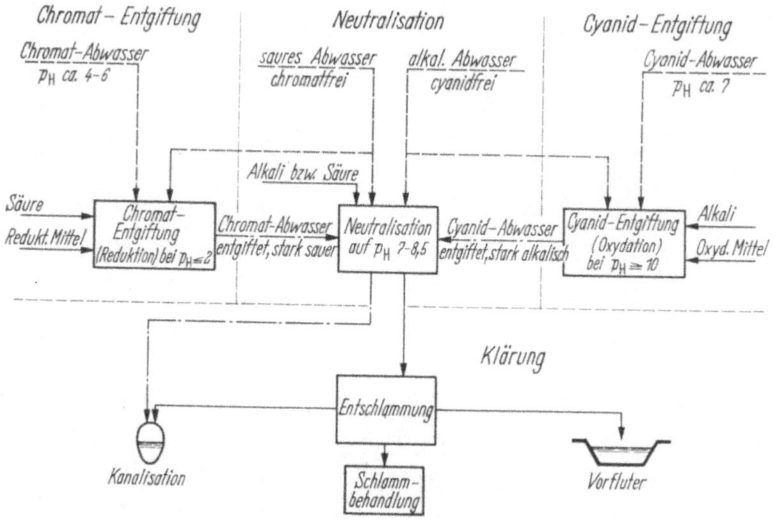

Abb. 242a. Verfahrensschema für die Behandlung von Galvanikabwässern (Götzelmann KG., Stuttgart)

Abb. 242b. Ionenaustausch-Kreislaufanlage für Galvanik-Spülwasser mit einer Leistung von 20 cbm/h (Götzelmann KG., Stuttgart)

im Standverfahren behandelt werden müssen. Die Behandlung einzelner Chargen im Standverfahren erlaubt nahezu beliebig lange Reaktionszeiten, größere Beweglichkeit in der Wahl der Dosierchemikalien, eine besssere Kontrolle des Reaktionsablaufes und eine zusätzliche analytische Überwachung. Auch die Reaktionsbedingungen, vor allem bei der Schwermetallfällung, sind bei höheren Konzentrationen günstiger.

Die Schlammabtrennung wird ebenfalls erleichtert, weil der Schlamm wasserärmer ist und schnell stichfest wird. Gegenüber dem Abwasseranfall bei herkömmlicher Durchlauf-Entgiftung und -Neutralisation werden nur geringe Mengen Abwasser in den Vorfluter entlassen, da 96 bis 99% des sonst benötigten Frischwassers als entsalztes Wasser zurückgewonnen werden. Bei höchsten Ansprüchen an die Qualität des Ablaufes, z. B. bei Einleitung in Fischgewässer, halten nachgeschaltete kleine Ionenaustauscher (Endbehandlungsanlage mit Selektivaustauschern „System Götzelmann") die letzten Spuren von Schadstoffen zurück.

Im Vergleich zu Entgiftungsanlagen herkömmlicher Bauart besitzen Ionenaustausch-Kreislaufanlagen den Vorzug der Wirtschaftlichkeit. Die Anlage- und Betriebskosten der Kreislaufanlagen einschließlich der Entgiftungskosten werden durch die Einsparung von Frischwasser finanziert. Solche Anlagen sind in den letzten Jahren in zunehmender Zahl für Leistungen von 2 bis 300 m^3/h in Betrieb genommen worden. Abb. 242a zeigt eine Ionenaustausch-Kreislaufanlage für Galvanik-Spülwässer der Firma GÖTZELMANN KG., Industrieabwasser-Anlagen, Stuttgart, mit einer Leistung von 20 m^3/h.

i) Abwasser von Schwefelkiesgruben bzw. Schwefelkieswäschereien, Schutthalden und Berliner Blau-Fabriken mit einem Gehalt an freier Schwefelsäure und Ferrosulfat

α) Art und Menge der Abwässer

Die in Eisenstein- und Schwefelkiesgruben auftretenden Grubenwässer sind in den meisten Fällen auf Niederschläge zurückzuführende Sickerwässer. Diese bilden aus dem Schwefelkies bei Zutritt von Sauerstoff nach der Gleichung $2\,FeS_2 + 7\,O_2 + 2\,H_2O = 2\,H_2SO_4 + 2\,FeSO_4$ freie Schwefelsäure und Ferrosulfat. Die freie Schwefelsäure löst weiteres Sulfid, so daß die abfließenden Grubenwässer je nach den Niederschlagsmengen oft bis zu 1000 mg/l freie Säure und 5000 mg/l Ferrosulfat enthalten können. Wenn in dem Schwefelkies gleichzeitig Zinkblende vorkommt, so enthalten die Abwässer auch Zinksulfat. An der Luft nehmen die Wässer weitere Mengen Sauerstoff auf und scheiden dann bald rotbraunen Eisenschlamm ab. Diese Ausscheidung wird durch Zusatz von Kalkmilch und im Vorfluter durch die im Wasser enthaltenen Carbonate des Calciums und des Magnesiums stark gefördert.

Auch das Sickerwasser aus Steinkohlenschutthalden, Halden von Steinkohlenaschen kann unter Umständen namhafte Mengen Eisen- und Aluminiumsulfate enthalten. Die Bildung der Salze und freien Säure ist hier darauf zurückzuführen, daß der Schutt der Kohlenzechen oft viel Schwefelkies und Schwefel enthält, aus dem bei der Verwitterung Schwefelsäure und Ferrosulfat entstehen. Die durch Regenwasser aufgenommene Schwefelsäure löst aus der Alaunerde des Schuttes die Aluminiumsalze heraus.

In den Schwefelsäurefabriken sind es die auf Halden gestürzten Kiesabbrände, die etwa gleiche Abwässer wie die durch Regenwasser bewirkten Auslaugungen von Kesselaschen liefern. Beim Lagern an der Luft wird auch hier durch Oxydation und Auslaugung Ferrosulfat neben freier Schwefelsäure gebildet, welche die Abbrände weiter auslaugt.

β) *Schädlichkeit der Abwässer*

Die Schädlichkeit dieser Abwässer ist die gleiche wie die der verdünnten Abfallbeizen und Spülwässer der schwefelsäureverarbeitenden Beizbetriebe.

Im Vorfluter binden die Erdalkalicarbonate die freie Säure unter Umwandlung der Carbonathärte in Mineralhärte und fördern hierdurch die Hydrolyse der Ferrosalze und die Oxydation des ausgeschiedenen Ferrohydroxyds. Der aus Gips und ausgeflocktem Ferrihydroxyd bestehende gelbrote Schlamm legt sich auf dem Boden oder an den Ufern der Gewässer nieder, reißt hierbei die Fischnährtiere und die die Selbstreinigung bewirkenden Mikroorganismen zu Boden. Diese Wirkungen werden durch die Beeinflussung des p_H-Wertes durch die freie Säure noch weiter nachteilig verstärkt. Auf die Fischerei wirken solche Abwässer außerdem sehr nachteilig, da sie schon in kleinen Mengen die Befruchtung stark stören. Der Einfluß dieser Abwässer auf den Vorfluter ist rein äußerlich in den meisten Fällen durch eine rotbraune Färbung und durch die weithin auffallenden, sich absetzenden Schlammengen erkennbar.

Wird ein solches Wasser zur Berieselung benutzt, so schlägt sich das im Wasser enthaltene Ferrioxyd nieder. Das im Wasser gelöste Ferrosulfat wird bei der Filtration durch den Boden festgehalten. Der Luftsauerstoff oxydiert dann das Ferrosulfat wiederum zu Ferrihydroxyd und freier Schwefelsäure, die zusammen mit der in den Wässern schon enthaltenen freien Schwefelsäure aus dem Boden wichtige Dungsalze, wie Kalk und Magnesiumsalze, löst und mit dem Rieselwasser fortführt. Enthält ein Schwefelkiesgrubenwasser gleichzeitig Zinksulfat, so setzt sich dieses mit Silicaten unter Abscheidung und Adsorption von Eisenoxyd ab, während dafür in gleicher Weise wertvolle Düngesalze in Lösung gehen und fortgeführt werden. Mit solchen Wässern berieselte Böden zeigen erheblich höhere Gehalte an Ferro- und Ferrioxyd, Zinkoxyd und Sulfaten. Der feine Eisenoxydschlamm verstopft bald die feinen Poren des Bodens und behindert so die Wasser- und Luftzirkulation. Die freie Säure versäuert zunehmend den Boden, so daß viele Nutzpflanzen auf ihm nicht mehr gedeihen. Durch die Umwandlung des Calciumbicarbonats in Calciumsulfat wird die Kalkaufnahme für die Pflanzen erschwert und die weitere Neutralisation im Boden, z. B. von Salpetersäure, fällt aus. Die auf den mit solchen Wässern berieselten Wiesen gewachsenen Nährpflanzen gehen nicht nur an Menge zurück, sondern erleiden auch infolge geringerer Stickstoffernährung erhebliche Einbuße an Wert.

Besonders nachteilig ist es, daß sich diese Wirkungen meist erst nach längerer Zeit zeigen. Am Anfang scheint es oft, als ob die Berieselung sogar eine günstige Wirkung äußern könne. Die gute Wirkung von Ferrosulfat, wie sie bei der Bekämpfung des Hederichs und bei der Zumischung kleiner Mengen Ferrosulfat zu Düngemitteln erreicht wird, kommt nur bei einmaligen Gaben in kleinen Mengen zur Geltung und nicht bei den durch Berieselung dauernd zugeführten Mengen.

Gelangen solche Abwässer in die Kanalisationen oder gar in mit Betonschalen ausgekleidete Bäche, so können sie hier in der kürzesten Zeit zu den allergrößten Zerstörungen führen. Der Gehalt an freien Säuren, der sich aus dem Ferrosulfat durch Hydrolyse stets neu bildet, und der hohe Gehalt an Sulfaten zerfressen in kürzester Zeit selbst die stärksten Betonbauwerke. Aus diesen Gründen dürfen diese Abwässer erst nach sorgfältiger Vorbehandlung in die Vorflut bzw. Kanalisation abgelassen werden, bzw. die Kanalisationen müssen nur aus Steinzeugrohren gebaut werden.

γ) Reinigung der Abwässer

Die Reinigung derartiger Abwässer muß demnach erfassen:

a) Neutralisation der freien Säure und die Ausscheidung der Eisensalze am besten durch Kalkmilch.

b) Oxydation der Ferrosalze zu Ferrisalzen durch natürliche oder künstliche Belüftung.

c) Abtrennung der ausgeschiedenen Stoffe, vor allem des Ferrihydroxyds in genügend großen Absetzbecken.

Die Zugabe von Neutralisationsmitteln kann sich auf die freie Säure beschränken. Besser ist es aber sie auf die Ausfällung der Eisen- und Zinksalze auszudehnen. Mit Rücksicht auf die meist großen Abwassermengen, die Tag und Nacht fließen, und ihre schädlichen Wirkungen ist eine dauernde Neutralisation von sehr großer Bedeutung. In den Fällen, wo man hinreichend weit von dem Vorfluter entfernt ist, wo ein genügendes Gefälle und eine genügend lange Wegstrecke zur Verfügung stehen, hat man empfohlen, die Abwässer durch ein mit genügend weichen, leicht angreifbaren Kalksteinen ausgemauertes Gerinne abzuleiten, dieses Gerinne mehrmals durch flache, ebenfalls mit denselben Kalksteinen ausgemauerte Behälter oder Teiche zu unterbrechen, um in ihnen ausgeschiedenes Ferrioxyd abzufangen. Die Verbindung zwischen den Teichen soll zur besseren Luftaufnahme stufenartig ausgebaut werden. So zweckmäßig dieses, von jeder Dosierung, besonders bei schwankenden Wassermengen und veränderlichen Konzentrationen unabhängige Verfahren auf den ersten Blick erscheint, weil nicht nur die freie Schwefelsäure gebunden, sondern auch die Bildung des Ferrihydroxyds begünstigt wird, läßt die Wirkung der Kalksteine in den meisten Fällen durch die sich bildende Gipshaut und die deckende Schlammschicht von Ferrihydroxyd bald stark nach. Das Gerinne und die Verbindungstreppen zwischen den Absetzteichen müssen daher öfter (mehrmals am Tage) gesäubert werden, damit die Kalksteine überhaupt wirken können. Auch müssen diese von Zeit zu Zeit erneuert werden. In den Teichen setzt sich ein aus Ferrihydroxyd, Gips und etwas Kalkstein bestehender, rotbrauner Schlamm ab. Dieser kann getrocknet, in Glühöfen gebrannt und nach dem Vermahlen zu verschiedenen Zwecken Verwendung finden, z. B. als Malerfarbe, Polierrot, Rostschutzmittel usw. Bekannt ist das auf diese Weise aus den Abwässern der Meggener Schwefelkiesgruben gewonnene Meggenerrot.

Da die Reinhaltung der Kalksteine Schwierigkeiten macht, hat man stets wieder von neuem versucht, als Neutralisations- und Fällungsmittel die billige Kalkmilch zu verwenden. Diese Verfahren, bei denen die Zugabe der Kalkmilch durch selbsttätige Dosierungsmaschinen erfolgt, wie sie unter anderem von den Firmen Bamag-Meguin, Gießen und Bran & Lübbe, Hamburg gebaut werden, kranken daran, daß die anfallenden Abwässer in ihrer Menge und Zusammensetzung stark schwanken. Da aber durch Kalkmilch eine sehr gute und völlige Reinigung der Abwässer erzielt werden kann, sollte man nur solche Dosierungsmaschinen anwenden, die durch p_H-Meßgeräte bis zu einem p_H-Wert von 7,4 gesteuert werden. Die durch Kalkmilch neutralisierten und ausgefällten Abwässer werden entweder auf Treppen oder durch künstliche Belüftung, die dann gleichzeitig für gute Vermischung sorgt, oxydiert; das gebildete Ferrihydroxyd wird in flachen Absetzbecken zum Absetzen gebracht. Schwieriger wird die Frage, wenn die Abwässer neben den Eisensalzen noch größere Mengen Zinksalze enthalten. Letztere stören nicht nur bei der Verwendung der anfallenden Eisenoxyde, sondern benötigen auch zu ihrer Ausfällung die Einstellung der Lösung auf einen höheren p_H-Wert. Letztere Tatsache gestattet nun, die Abwässer durch eine fraktionierte Fällung zu klären. In der ersten Stufe werden die Abwässer bis zu einem p_H-Wert von 3,6 bzw. 7,3 mit Kalksteinmehl versetzt und in einem Belüftungsbecken so lange belüftet, bis sich alles Ferrosulfat mit dem Kalkcarbonat umgesetzt hat und alles gebildete Ferrocarbonat in Ferrihydroxyd übergeführt ist. Da der Gehalt der Wässer an Ferrosulfat ein stark schwankender ist, muß die Zugabe des Kalksteinpulvers durch ein p_H-Meßgerät erfolgen und das Fällungsbecken dauernd überwacht werden. Nach vollständiger Ausfällung des Eisens wird das Abwasser in Absetzbecken normaler Bauart von dem aus Ferrihydroxyd und Gips bestehenden Schlamm getrennt, wobei der anfallende Schlamm laufend auf Trockenbeete gepumpt und hier getrocknet wird.

Der Ablauf der Becken wird dann durch eine zweite p_H-Meßapparatur mit einer Kalkmilch bis zu einem p_H-Wert von 8,5 versetzt. Durch diese Zugabe wird das Zink restlos als Zinkhydroxyd gefällt.

Die Mischung kann in einer einfachen Mischrinne erfolgen. Nach einer genügenden Absetzzeit in langgestreckten oder ruhenden Absetzbecken mit dauernder Schlammentnahme unter Wasser durch Kratzerband mit mindestens zwei Stunden Aufenthaltszeit hat sich alles Zinkoxyd zu Boden gesetzt und kann laufend zu den Trockenbeeten bzw. Schlammfiltern zur Entwässerung bzw. Trocknung gepumpt werden. Durch diese fraktionierte Fällung gelingt es, nicht nur Eisen und Zink so zu trennen, daß ihre beiderseitige Aufarbeitung möglich ist, sondern es ist auch eine völlige Reinigung des Abwassers sichergestellt.

Abb. 243. Kalkzugabehaus mit davorliegendem Belüftungsbecken auf der Kläranlage Meggen

In den nachfolgenden Abbildungen zeigt Abb. 243 das Kalkzugabehaus mit dem davorliegenden Belüftungsbecken für die Abwässer einer Schwefelkiesgrube. In dem Haus sind neben einem Kalklager auch ein Kalkbunker, aus dem laufend die Herstellung der Kalkmilch in dem in Abb. 244 dargestellten Mischbehälter erfolgt, sowie die p_H-Meß- und Registrierinstrumente untergebracht.

Abb. 244. Mischbehälter für die Herstellung von Kalkmilch

Das in Abb. 245 dargestellte Belüftungsbecken ist ein viereckiges Becken von 3 m Tiefe. Die Luftzuführung erfolgt durch gelochte Rohre, Abb. 246 zeigt eine Mischschnecke zur Vermischung des Abwassers mit Kalkmilch, wenn eine fraktionierte Fällung der Schwefelkieswässer durchgeführt wird.

Abb. 245. Belüftungsbecken für die Aufoxydation des Ferrohydroxyds zu Ferrihydroxyd (Bauart Bamag-Meguin, Gießen)

Ebenso wie die eigentlichen Schwefelkiesgrubenwässer können auch die Kiesabbrände zu Verunreinigungen der Vorfluter führen, da ihre Sickerwässer in gleicher Weise durch Säure und Eisensulfat, und wenn sie zinkblendehaltig sind, auch durch Zinksulfat verunreinigt sind. FISCHER[1] berichtet über verschiedene Fälle, z. B. Lehrte, Hagen, Nienburg, wo durch zu Wegebauaufschüttung benutzte zinkhaltige Abbrände benachbarte Brunnen stark verschmutzt wurden. Das Wasser in diesen Brunnen enthielt bis zu 100 mg/l Zinksulfat.

Nach MYLIUS[2] ist das Wasser aus einem Gemeindebrunnen zu Wittendorf mit einem Gehalt von 7 mg/l Zink, berechnet als Zinkoxyd, seit über 100 Jahren ohne merkbare Nachteile von Mensch und Tier genossen worden.

Abb. 246. Mischschnecke für die Vermischung von Schwefelkiesabwässern mit Kalkmilch

Die Schlackenhalden der Eisenwerke sind wegen ihrer löslichen Schwefelverbindungen besonders bedenklich. So fand J. KÖNIG in einem Regensickerwasser der Hörder-Eisenwerke mit 6594 mg/l Gesamtrückstand und 276 mg/l Schwefelsäure bei stark alkalischer Reaktion 2028 mg/l Schwefel in Form löslicher Schwefelmetalle (Schwefelcalcium, Schwefelkalium und andere Hydrosulfide). Solche Wässer können, wenn sie abfließen oder in das Grundwasser gelangen, für in der Nähe befindliche Betonbauwerke, Grundpfeiler und vor allen Dingen für die Kanalisationen zu den größten Schäden bzw. Zerstörungen führen. Bei der großen Giftigkeit der Schwefelwasserstoff abspaltenden löslichen Sulfide müssen solche Abwässer, wenn sie in den Vorfluter abgelassen werden, zu den schwersten Schädigungen führen. Um die Gefahren zu beseitigen, kann man diese Abwässer durch eine chemische Fällung mit Ferrosulfat von den Sulfiden befreien.

SCHWAB und seine Mitarbeiter[3] berichten über die Abwasserbehandlung der Schwefelgruben in Mexiko. Hier wird heißes frisches Wasser in die Gruben eingeleitet, um den Schwefel zum Schmelzen zu bringen und dadurch an die Erdoberfläche zu befördern. Die hierbei anfallenden Abwässer haben einen hohen Kochsalzgehalt neben $CaCl_2$, $MgCl_2$ und $CaSO_4$. Durch einen hohen Gehalt an Schwefelwasserstoff haben die Wässer einen sehr unangenehmen Geruch. Nach einer eingehenden Belüftung werden die Restgehalte an Schwefelwasserstoff durch Zugabe von Schwefeldioxyd beseitigt. Die ausgeschiedenen Schwefelverbindungen werden durch eine anschließende chemische Fällung mit Aluminiumlösung beseitigt.

---

1 FISCHER: Das Wasser (1914) S. 226.

2 MYLIUS: Z. anal. Chem. Bd. 19, S. 101.

3 SCHWAB, J. W., D. C. EDMISTON u. G. T. MCBRIDE: Sew. Ind. Wastes Bd. 26 (1954) S. 1370.

k) Abwässer aus Erzbergwerken, Zinkhütten, Blei- und Silberbergwerken

In den Abwässern aus Erzgruben der Zinkverhüttung tritt oft in recht beträchtlichen Mengen Zinksulfat auf, das durch Ausfällen mit Kalk mit oder ohne Zugabe von Ferrosulfat ausgeschieden werden kann.

Die bei der Gewinnung von Schwermetallerzen anfallenden Abwässer werden in den meisten Fällen durch eine Zugabe von Kalk von ihren schädlichen Stoffen, wie freie Säure und Schwermetallsalze, befreit. Auf diese Weise gelangen bei den meist großen Wassermengen größere Mengen von Kalksalzen (Gips, Calciumchlorid) in den Vorfluter und erhöhen so die bleibende bzw. Mineralhärte, was sich oft für unterhalb liegende Betriebe unangenehm bemerkbar macht.

Bei der *Zink-, Blei- und Silberverhüttung* aus Zinkblende, Bleiglanz (PbS), silberhaltigem Kupfer- oder Schwefelkies, entstehen ähnliche Abwässer. Außer Gangart (Ton, Quarz, Lehm u. a.) führen sie fein verteilte Sulfide, aus denen durch Einwirkung von Sauerstoff und Wasser Sulfate und freie Schwefelsäure gebildet werden können. Durch ihren Gehalt an giftigen Metallsalzen ist ihre Wirkung auf kleinere Vorfluter, auf die angrenzenden Felder und Wiesen bei Überschwemmungen auf Pflanzen und Tiere durch Verschlammung und Vergiftung äußerst schädlich (Innerste).

Für die Kupfergewinnung kommen drei Verfahren hauptsächlich in Anwendung, und zwar:

α) Kupfergewinnung auf nassem Wege, β) Röstlaugeverfahren, γ) Flotations- oder Schwimmaufbereitungsverfahren.

α) Kupfergewinnung auf nassem Wege

Nach diesem ältesten Haufen- oder Haldenlaugeverfahren werden die grob zerkleinerten kupferarmen sulfidischen Erze (unter 2% Cu) in Fässern mit Eisenchlorürlauge und Salzsäure getränkt, zu Haufen geschichtet, in Laugekästen zum Auslaugen des Kupfergehaltes (bis auf 0,7% Cu) gebracht und auf Halden geleitet, in denen durch Oxydationsvorgänge das Kupfer gelöst wird. Die anfallenden kupferhaltigen Laugen werden in Zementierungsanlagen vom Kupfer befreit. Außer den Mutterlaugen fallen noch die beim Reinigen der Kupferschlämme gebildeten Waschwässer sowie die durch Niederschläge entstehenden Sickerwässer der Halden an. Alle diese Abwässer reagieren mehr oder weniger stark sauer und haben außer ungelösten Stoffen sehr viele gelöste Salze, wie Ferro- und Ferrichlorid, sowie Chloride und Sulfate des Calciums, Magnesiums, Natriums und Aluminiums (bis zu 40 g/l Gesamtsalze, davon 15 g/l Ferrochlorid). Da diese Wässer außerdem noch mehr oder weniger große Mengen Kupferchlorid enthalten (bis zu 200 mg/l), können sie in kleineren Vorflutern (z. B. Diemel bei Niedermarsberg) große Schäden der Fischzucht und an den Fischnährtieren und bei der Benutzung zum Flößen auf den Wiesen hervorrufen. Durch eine Neutralisation bis p_H 7,5 wird nicht nur die freie Säure gebunden, sondern auch das Eisen mit dem Kupfer als Hydroxyd ausgeschieden. Durch eine Belüftung wird das Eisen in Ferrihydroxyd übergeführt, das sich dann leichter ausflocken und behandeln läßt. Es fallen große Mengen wasserhaltigen Schlammes an, dessen Beseitigung wegen des großen Platzbedarfs oft große Schwierigkeiten bereitet. Ob eine Weiterverwendung des Schlammes für Malerfarben oder zum Abrösten möglich ist, muß die jeweilige Untersuchung des Schlammes ergeben.

β) *Röstlaugeverfahren*

Bei den für die Kiesabbrände der Schwefelsäureherstellung benutzten *Röstlaugeverfahren* werden die fein zerkleinerten Kupfererze unter Zusatz von 8% Natriumchlorid in einem Drehofen chlorierend geröstet, wobei das in den Erzen enthaltene Kupfer (und Silber), ferner ein Teil der Gangart teils in wasserlösliche Salze, teils in schwachsäurelösliche Verbindungen übergeführt werden. Die gerösteten Erze werden mit Wasser ausgelaugt, das vorher in einem Rieselturm zum Waschen der aus dem Röstofen kommenden chlor- und schwefligsauren Gase benutzt wurde. In den Zementierungstrommeln nach Ramén werden die Laugen vom Kupfer befreit, wofür eine entsprechende Menge Eisensalz in Lösung geht. Um die bei dem Röstlaugeverfahren anfallenden Abwassermengen möglichst gering zu halten, sollen sie möglichst lange im Kreislauf gehalten werden. Je t Erz rechnet man mit einem Anfall von rd. 2 m^3 Gesamtabwasser mit etwa 32 kg Kochsalz und 50 kg anderen Salzen. Infolge ihres hohen Eisengehaltes können sie im Vorfluter starken Sauerstoffschwund, große Schlammablagerungen, Vernichtung der Fischnährtiere und Organismen, Störung der Selbstreinigung und in vielen Fällen auch Fischsterben hervorrufen. Infolge seines hohen Salzgehaltes stört das Abwasser den Gemeingebrauch des Vorfluters und veranlaßt den Fisch, in salzärmere Gewässer abzuwandern. Nur durch intensive Kreislaufverwendung kann man diese Schäden etwas mildern.

γ) *Flotations-(Schwimmaufbereitungs-)Verfahren*

Das letzte Verfahren ist das *Flotations- (Schwimmaufbereitungs-) Verfahren*, das mit besten Erfolgen für goldhaltige Erze und Kiese, weniger lohnend aber für kupferarme Erze angewandt wird. Die in Brechern gebrochenen und dann in Mühlen feinst zermahlenen Erze werden im Wasser zu den Erztrüben aufgeschwemmt und dann mit Flotationsmitteln wie Xanthogenaten, Toluidin, Kampherderivaten, Holzteer oder Mineralöl oder anderen Chemikalien versetzt und gegebenenfalls durch Zugabe von Lauge die Mischung auf einen für jedes Erz besonderen p_H-Wert eingestellt. In den besonderen Flotationsapparaten wird dann in die Trübe fein verteilte Luft eingeblasen. Die durch das Flotationsmittel leichter benetzbaren Erzteilchen kommen mit dem Ölschaum an die Oberfläche, wo sie durch besondere Paddel in die Ablaufrinnen abgestreift werden. Die Gangart sinkt zu Boden und wird mit den „Flotationstrüben" abgeführt. Der durch die Rinnen abgezogene Flotationsschaum wird auf Saugzellenfiltern entwässert. Hierbei bleiben die als Flotationsmittel zugesetzten Stoffe im Erz und gehen damit verloren. Die mit feinsten ungelösten Stoffen beladenen Flotationstrüben müssen, nachdem der p_H-Wert durch Zugabe von Kalk so weit erhöht ist, daß die Stoffe gut ausflocken, in runden oder langgestreckten Absetzbecken mit laufender Schlammentfernung, Eindickern oder Erdteichen von genügender Größe von dem fein gemahlenen tauben Gestein befreit werden. Im Vorfluter können sie sonst durch Schlammablagerungen, Fischsterben, Beeinträchtigung der Fischnährtiere und des Gemeingebrauchs, von Viehtränken, Schädigungen an Wasserkraftanlagen und Wasserkraftmaschinen sehr schädlich wirken.

Das im vorstehenden für die kupferhaltigen Erze für das Flotationsverfahren Gesagte gilt sinngemäß auch für zinkhaltige Erze, bei denen bei der Sortierung von dem tauben Gestein noch große Mengen sandhaltige Abwässer anfallen, die in großen Teichen leicht gereinigt und dann im Kreislauf wieder verwandt werden können.

Die Abwässer von Blei-Zinn-Bergwerken haben ähnliche Abwässer wie die Zinkgruben. Doch führen sie meistens noch geringe Mengen bleihaltigen Lehmes mit sich. Die Frage, ob und wie stark die Abwässer aus Blei-Zink-Bergwerken höhere und niedere Lebewesen schädigen, ist zur Zeit noch nicht restlos geklärt. Aus den von SCHMIDT durchgeführten Versuchen geht hervor, daß die schädigenden Wirkungen auf Fische auf das Zusammenkommen verschiedener Einflüsse zurückzuführen ist. Besonders schädlich, vornehmlich in Salmonidengewässern, ist das wellenartige Ablassen der Abwässer. Die mechanische Verschlammung führt zur Verkrustung lebenswichtiger Organe (Kiemen), die dann den Erstickungstod herbeiführen. Die Grubenwässer wirken auf die Leitorganismen Gulnaria, Ancylus fluviatilis, Planorbis, Gammarus pulex tödlich, dagegen erwies sich Planaria widerstandsfähig. Die niederen Organismen werden fast restlos, die höhere Lebewelt zum Teil vernichtet. Elodea fontinalis, Ranunculus werden durch Grubenschlamm, der Blei, Eisen, Zink in Spuren, Mangan, Cadmium in Spuren, Magnesium und Kalk enthält, zum Absterben gebracht. Von den Fischen haben die Salmoniden die geringste Widerstandsfähigkeit, weniger empfindlich sind Goldorfe, Schlammpeitzger, Mühlkoppe, Schmerle, weniger Schleie, Rotauge und Karausche.

Nach den Untersuchungen von v. ERICHSEN und KÄMMERER[1] über den Einfluß von metallsalzhaltigen Bergwerksabwässern enthält das Sumpfwasser einer Bleiglanzgrube ohne Naßaufbereitung nur Spuren an Blei, dafür aber 50 mg/l leicht lösliche Nickelsalze. Das in dem Vorfluter auf einer Strecke von 50 km eintretende Absterben der Hydroflora und -fauna ist nicht auf die Giftwirkung der leicht löslichen Metallsalze, noch auf den Sauerstoffmangel, sondern auf die feinstdisperse Eisenhydroxydtrübung zurückzuführen, die durch Ablagerung in den

[1] v. ERICHSEN, L., u. K. KÄMMERER: Gas- u. Wasserfach Bd. 91 (1950) S. 16.

Kiemen und Verstopfen der Hautatmung die Fische tötete und die primäre Nahrungsquelle vernichtete.

Bei der Berieselung landwirtschaftlich genutzter Flächen mit Abwässern von Blei- und Zinkgruben kann es in den Nährpflanzen zu einer Anreicherung schädlicher Blei-, Cadmium-, Zink- und auch Arsenverbindungen kommen, die sich bei der Fütterung des Nutzviehes und beim Weidegang schädlich auswirken können.

Bekannt sind die durch Bleivergiftungen auftretenden Tiersterben auf den Weiden an den sogenannten Bleiflüssen, wie z. B. der Innerste.

Nach PRÜTZ[1] betreffen die Weideschäden fast nur Pferde. Das Hochwasser rührt das aus den Pechkiesen der Bleihütten stammende, in Nestern abgelagerte Blei auf und schleppt den Bleiglanz über die Weiden. Das Pferd beißt das Futter bis auf die Grasnarbe ab. Dabei wird Bleiglanz mitgefaßt. Das Rind dagegen umfaßt das Futter gewissermaßen mit der Zunge und reißt es ab. Das auf der Narbe liegende Blei kommt dabei nicht in das Maul. Aus diesem Grunde ist es möglich, daß auf derselben Weide Pferde eingehen, während Rinder nicht geschädigt werden. Gänse und Enten sterben auf solchen Weiden in den meisten Fällen nur nach Hochwässern, weil diese den tiefer liegenden Bleiglanz für kurze Zeit an die Oberfläche spülen. Durch Absinken des schweren Minerals in das Innere der Sandbänke werden diese nach kurzer Zeit wieder bleifrei und dadurch für Gänse und Enten unschädlich. Bekannt ist auch die Tatsache, daß jegliches Geflügel, das zinkhaltige Wässer trinkt, in seiner Fruchtbarkeit völlig zum Erliegen kommt, so daß es in diesen Gegenden nicht möglich ist, Geflügelzucht zu treiben.

l) Abwässer von Fluorfabriken und Kryolithwerken

α) Kryolithwerke

Kryolith wird bergmännisch fast nur in Grönland gewonnen. Künstlich wird er durch Umsetzen von Aluminat mit Flußsäure oder auch durch Auflösen von Ton in Säuren und Ausfällen der Tonerde mit Flußsäure und Natriumsalzen gewonnen. Er wird im größten Maßstabe als Lösungsmittel von Tonerde bei der Herstellung von Aluminium verwandt. Hierzu wird ein sehr reiner Kryolith, der frei von Eisenoxyd und Kieselsäure ist, benötigt. Die minderwertigen Sorten werden in der Emailfabrikation benutzt. Die verwandte Flußsäure muß frei von Kieselfluorwasserstoff sein.

Das in einem Flußspatwerk geförderte Roherz hat etwa folgende Zusammensetzung: 65 bis 70% CaF_2, 10 bis 15% SiO_2, 8 bis 10% $BaSO_4$. Das Erz wird durch Waschen, Klassieren, Klauben, Setzarbeit und Flotation aufgearbeitet. Hierbei fällt ein Säurespat mit 97 bis 98,5% CaF_2 neben einem Barytprodukt mit 80% $BaSO_4$ an. Bei der Erzaufbereitung vom Waschen des Roherzes über die Setzmaschinen bis zu den Flotationszellen fallen nach RÜFER und TEICHMANN[2] Abwässer an, die bei

---

[1] PRÜTZ: Kleine Mitt. Landesanstalt Wasser-, Boden- u. Lufthygiene Bd. 10 (1934) S. 47.

[2] RÜFER, H., u. H. TEICHMANN: Gas- und Wasserfach Bd. 102 (1961) S. 603.

einem erheblichen Gehalte an feinsten Mineralteilchen und Letten zur Bildung stabiler Trübungen neigen. Der Abwasseranfall — mit 1000 m^3/t angegeben — ist ziemlich gleichmäßig, so daß man mit einem Anfall von 40 bis 45 m^3/h rechnen kann. Die anfallende Bergtrübe wird in einem *Dorr-Klassierer* von dem Grobkorn bis auf 0,1 mm befreit. Da aber die Trübe noch eine große Menge schwer absetzbarer Stoffe enthält, müssen dem Abwasser synthetische Sedimentationsbeschleuniger zugesetzt werden. Sehr bewährt haben sich Polymerisate auf der Grundlage der Polyacrilamide und Maleinsäurederivate mit einem hohen Molekulargewicht von etwa 50000. Durch langsames Mischen erreicht man bald eine gute Flockung. In einem Absetzbecken mit dreistündiger Aufenthaltszeit erfolgt eine vollständige Klärung, so daß das Abwasser wieder im Kreislauf verwandt werden kann. Die Zugabe des Fällmittels wird mit 5 g/m^3 angegeben. Der anfallende Schlamm kann auf Trockenbeeten gut getrocknet werden.

Die Kryolithwerke verarbeiten Flußspat zu Kryolith und Natriumfluorid. Als Nebenerzeugnis werden noch Aluminium- und Magnesiumsulfat hergestellt, so daß die Abwässer dieser Werke reich an Schwefel-, Fluorwasserstoff- und Kieselfluorwasserstoffsäure und deren Salze sind. Durch einen hohen Gehalt an Salzsäure und freier Flußsäure reagieren sie stark sauer (p_H-Wert 2,0). Sie enthalten ferner oft Arsen und Blei, so daß sie unbedingt einer weitgehenden Reinigung unterworfen werden müssen, ehe sie in einen Vorfluter, See usw. abgelassen werden dürfen. ANZIFEROWA[1] verwendet zur Reinigung Weißton, Tonerde, Marmor, alkalische Abfälle der Schwefelsäureherstellung, Kalkmilch und Trockenkalk, wobei beide letzteren Reinigungsmittel die besten Ergebnisse (Fluorgehalt des gereinigten Wassers unter 1%) lieferten. Der Kalkverbrauch war bei Verwendung von Kalkmilch geringer als bei Trockenkalk, dafür wurden aber mit Kalkmilch weitaus voluminösere Niederschläge erhalten, die sich ziemlich schwer absetzen, so daß die Reinigungsdauer von 2 auf 4 Stdn. erhöht werden mußte. Vor- und Nachteile dieser beiden Reinigungsmittel hielten sich ziemlich die Waage. Der Reinigungsvorgang selbst ist sehr einfach; er besteht in einer möglichst innigen Durchmischung des Abwassers mit dem Reinigungsmittel. Es ist zweckmäßig, durch vorheriges Klären den mitgeführten Kryolith zu entfernen, wodurch eine nicht unwesentliche Kalkersparnis erzielt wird.

β) Flußsäurefabriken

Außer dem Kryolith wird in den Fluorfabriken auch noch Flußsäure, die zum Beizen silizierter Bleche Anwendung findet, und deren Natrium- und Aluminiumsalze, ferner künstlicher Kryolith, ein Natrium-Aluminiumfluorid $AlF_3 \cdot 3\,NaF$, und Fluate, die Salze der Kieselfluorwasserstoffsäure, hergestellt. Der feingemahlene, natürlich vorkommende bzw. angereicherte Flußspat CaF_2 wird mit konzentrierter Schwefelsäure

[1] ANZIFEROWA: Sanitarnaja Technika Bd. 9 (1934) S. 38. — Ref. Gesundh.-Ing. Bd. 59 (1936) S. 299.

oder auch mit Bisulfat unter Zuleitung von Dampf und Zugabe von festen indifferenten Stoffen erhitzt und die sich hierbei bildende Flußsäure in mit Wasser direkt oder indirekt gekühlten Bleivorlagen zu rauchender Flußsäure verdichtet. Durch Einleiten in Sodalösung stellt man hieraus Natriumfluorid und durch Umsetzung mit Tonerde Aluminiumfluorid her. Hierbei fallen staub- und flußsäurehaltige Abgase an, die zunächst durch Berieseln mit Wasser in Holztürmen vom Staub und durch Berieseln mit Natron- oder Sodalauge von der Flußsäure befreit werden müssen.

Bei der Gewinnung von Flußsäure entstehen große Mengen reinen Kühlwassers. Der in sehr großen Mengen anfallende Gipsschlamm muß laufend entfernt werden. Er kann auf Schwefelsäure und Ammoniumsulfat verarbeitet werden. In den meisten Fällen wird er aber auf Halden gefördert, wo er sich als zähe, fest erstarrende Masse absetzen kann. Das absickernde Wasser kann längere Zeit im Kreislauf zum Befördern des Gipsschlammes auf die Halden benutzt werden.

Durch die Einleitung fluorhaltiger Abwässer in kleinere Vorfluter wird häufig eine starke Verschlammung und Versäuerung, außerdem eine Verhärtung und Versalzung des Wassers hervorgerufen, die seine Brauchbarkeit für viele Verwendungszwecke herabsetzen und zum Teil sogar unmöglich machen. Flußsäure und ihre leicht löslichen Alkalisalze sind ausgesprochene Zellgifte. Sie wirken auch auf niederste calciumfreie Organismen (Bakterien, Hefen u. a.), auf grüne Wasserpflanzen (Wassermoose), auf Fische in geringern Mengen von 10 bis 50 mg/l und auch auf höhere Lebewesen (Menschen und Haustiere) durch Beeinflussung des Calciumstoffwechsels schon in geringsten Mengen von 1 mg/l (Fleckenbildung bei Zähnen) schädigend ein. Das biologische Selbstreinigungsvermögen des Vorfluters wird erheblich gestört oder ganz unterbunden. Pflanzliche und tierische Kleinlebewesen, ferner Fische können getötet oder vertrieben werden.

Zur Behandlung der stark sauren (p_H-Wert 2,3) Flußsäureabwässer kommt neben einer völligen Neutralisation der freien Säure eine Ausfällung der Flußsäure mit Calciumsalzen und schließlich eine Verdünnung durch reine Kühlwässer in Frage. Zum Abfangen des bei der Neutralisation durch Zugabe von Kalkmilch unter Verwendung von Rührwerken sich bildenden Schlammes werden am besten die mit Kratzern zur laufenden Entnahme des Schlammes eingerichteten Klärbecken mit mehrstündiger Aufenthaltszeit angewandt. Noch besser ist es, den im Betrieb sich bildenden Gipsschlamm zunächst in Absetzbecken mit kurzer Aufenthaltszeit abzufangen, dann den Ablauf dieser Becken in einem besonderen Behälter mit Rührwerks- oder Luftumwälzung mit Kalkmilch oder Trockenkalk, z. B. Abfallkalk, zu neutralisieren und den sich hierbei bildenden Schlamm in großen Absetzbecken mit mehrstündiger Aufenthaltszeit und mechanischer Schlammausräumung unter Wasser abzufangen. Die dann noch größere Mengen Natrium- und Calciumfluorid sowie gelösten Gips enthaltenden Abwässer können nach Verdünnnug durch die Kühlwässer in die Vorfluter abgelassen werden.

Vor einer Versickerung der Abwässer in den Untergrund muß wegen der nachteiligen Beeinflussung des Grundwassers dringend gewarnt werden.

Zur Beseitigung geringer Mengen Fluoride hat sich das Magnesium-, Aluminium- und das Ionenaustauschverfahren bewährt. Beim Magnesiumverfahren wendet man am besten Magnesiumhydroxydschlamm an. Bei den Ionenaustauschverfahren ergab Fluo-Karb, ein körniges, phosphathaltiges Material, das mit 2 bis 5% Natronlauge regeneriert wird, die besten Erfolge. Nach der Regeneration mit Natronlauge muß die Restlauge mit kohlensäurehaltigem Wasser neutralisiert werden. Bei 2 bis 2,5 m Schichthöhe kann die Durchflußgeschwindigkeit 8 bis 10 m/h betragen. In einem Filter von 1800 mm ∅ konnten die Fluoride von 560 m^3 mit 4,5 g/m^3 auf 1,8 g/m^3 reduziert werden[1].

Aus den schwach flußsäurehaltigen Waschwässern der Fluorsalzgewinnung werden zunächst die löslichen Fluorverbindungen durch Fällung mit Bariumsalzen als unlösliches Kieselfluorbarium entfernt und dann mit Kalkmilch weiterbehandelt.

Eine Aufnahme der Abwässer einer Fluorfabrik in die städtische Kanalisation kommt wegen der durch die Abgase bedingten isolierten örtlichen Lage dieser Werke meist nicht in Betracht.

m) Abwässer von Acetylenanlagen

Die technische Herstellung des Acetylens erfolgt in den meisten Fällen durch Einwirkung von Wasser oder Wasserdampf auf Calciumcarbid. Bei dieser Reaktion, die unter großer Wärmeentwicklung im Sinne der folgenden Gleichung verläuft:

$$CaC_2 + 2\,H_2O = Ca(OH)_2 + C_2H_2,$$

wird Calciumhydroxyd gebildet, während Acetylen als Gas entweicht. 1 kg Carbid ergibt 250 l Rohacetylen, das nach Kühlung und Waschung zu Schweißzwecken benutzt wird. Außer zu Beleuchtungs- und Schweißzwecken wird Acetylen im großen zur synthetischen Herstellung zahlreicher organischer Verbindungen verwendet.

Bei der Herstellung des Calciumcarbids aus Ätzkalk und Kohle bilden sich neben Calciumcarbid aus den in der Kohle enthaltenen anderen Verbindungen, besonders den Phosphor-, Stickstoff- und Schwefelverbindungen, auch noch andere Stoffe, so daß die bei der Herstellung des Acetylens sich bildenden Abwässer in der Hauptsache eine konzentrierte Kalkmilch darstellen, daneben aber noch Stoffe enthalten, die den Abwässern ihren unangenehmen, scharfen Geruch verleihen, und die auch in manchen Fällen die Weiterverwendung der Kalkmilch verhindern. Bei der Trockenvergasung in sogenannten Telleröfen fällt der Carbidschlamm als ziemlich trockenes Pulver mit einem Wassergehalt von 35% an. Die bei der Trockenvergasung von Calciumcarbid entstehenden Abwässer bilden sich bei der Reinigung des Roh-

[1] Gas- u. Wasserfach Bd. 93 (1952) S. 103.

acetylens, die durch Waschen mit kaltem Wasser erfolgt, wodurch ein ähnliches Abwasser wie bei der Naßvergasung entsteht.

Die Behandlung dieser Abwässer erfolgt am besten durch eine Stufenreinigung. In der ersten Stufe wird in mechanischen Absetzbecken, wie sie für ungelöste mineralische Stoffe an den verschiedensten Stellen mit bestem Erfolg angewandt werden, oder in parallel nebeneinander geschalteten Absetzteichen das ungelöste Calciumhydroxyd in Form eines weißen, grauweißen oder grauen Schlammes abgeschieden. Nach Angaben von WAESER[1] enthält der Carbidschlamm etwa 32 bis 35% CaO die an 10 bis 11% Wasser als Calciumhydroxyd gebunden sind, ferner 34 bis 35% ungebundenes Wasser, 19 bis 20% $CaCO_3$ sowie 1 bis 1,5% Kohlenstoff, Eisenoxydul, Ferrosilicium und Kieselsäure. Nach 1- bis 2stündiger Absetzzeit fließt ein gesättigtes Kalkwasser ab, das stark alkalisch ist. Im Vorfluter führt dieses Abwasser durch Bindung an die Carbonathärtebildner zur Ausscheidung von Calcium- und Magnesiumcarbonat, die dann im Vorfluter einen sehr häßlichen weißen Schlamm bilden. In Seen eingelassen, kann es allmählich zu einer Alkalisierung des Seewassers führen. Durch die zu starke Bindung der Kohlensäure wird die Erzeugung der organischen Substanz im See gestört, die sich sehr nachteilig auf die Fischerei auswirkt, da in den meisten Fällen die Fangergebnisse sehr stark zurückgehen.

Um diese Schlammbildungen zu vermeiden, muß eine Neutralisation des Kalkwassers in einer zweiten Stufe durchgeführt werden. Dies kann ohne Bildung von Niederschlägen durch die genaue Zugabe von Salzsäure geschehen. Ganz abgesehen davon, daß diese Behandlung bei großen Abwassermengen eine starke finanzielle Belastung darstellt, zumal sie durch eine durch p_H-Meßapparatur gesteuerte Zugabevorrichtung erfolgen muß, wird durch dieses Verfahren die Mineralhärte des Vorfluters entsprechend erhöht. Dort, wo kohlensäurehaltige Rauchgase in genügender Menge zur Verfügung stehen, stellen sie das billigste Neutralisationsmittel dar. In geeigneten Becken leitet man die Rauchgase nach feinster Verteilung durch Filterplatten durch das Kalkwasser, wobei man darauf achten muß, daß es nur zur Bildung von Calciumcarbonat kommt. Leitet man zuviel Kohlensäure ein, so bildet sich nebenbei Calciumbicarbonat, das eine viel größere Löslichkeit als das Carbonat hat.

Das auf diese Weise gebildete Calciumcarbonat muß dann in einer 2. Stufe in Absetzbecken mit mindestens vier- bis achtstündiger Aufenthaltszeit abgeschieden werden. In diesem Falle genügen einfache Absetzbecken bzw. Erdbecken zum Abfangen des Kalkes. Der in diesen Anlagen sowohl in der ersten wie in der zweiten Stufe anfallende Schlamm kann zu den verschiedensten Zwecken Verwendung finden. Vor allem kann er zur Mörtelherstellung als Baukalk für Putz- und Anstrichzwecke und auch als Düngekalk zur Bodenverbesserung sehr gut verwandt werden. In vielen Fällen wird er als billiges Neutralisationsmittel in der Industrie verwandt. Auf den Werken, die neben

[1] Siehe E. J. FISCHER: Abfallstoffe. Dresden/Leipzig: Steinkopff.

einer Schweißerei auch noch eine Beizereianlage haben, können die in der Acetylenanlage anfallenden Abwässer zur Neutralisation der in der Beizerei anfallenden Spülwässer benutzt werden (s. Beizereiabwasser). Ferner findet er zur Aufarbeitung ammoniakhaltiger Abwässer, sowie zur Enthärtung von Kühlwässern Anwendung.

n) Abwässer von Schieferschleifereien

Der Betrieb in den Schieferbrüchen findet meistens im Tagebau, in einzelnen Fällen aber auch im Untertagebau statt. Es werden mittels Schrämmen und Keilarbeit große dicke plattenförmige Stücke gewonnen, die in besonderen Werkstätten durch Spalten, Sägen, Schneiden, auch Hobeln zu größeren Platten, Dach- und Tafelschiefer verarbeitet werden. Beim Sägen, Schneiden, Hobeln und Polieren werden große Mengen Wasser benötigt, die sich hierbei mit dem feinen, in großen Mengen anfallenden Schleifmaterial beladen. Läßt man die auf diese Weise entstehenden, grauweiß gefärbten Abwässer in die oft nur sehr kleinen Vorfluter, so vernichten sie durch den feinen, sich überall niederschlagenden Schlamm alles biologische Leben, so daß der Fluß vollständig steril wird. Der sich überall absetzende Schlamm ist leicht aufwirbelbar und wird bei Wasseranstiegen, besonders bei Hochwässern, leicht aufgewirbelt und mitgeschleppt, so daß sich diese Abwässer auf weite Strecken bemerkbar machen können.

Ist das begleitende Gestein pyrithaltig, so ergeben die auf Halden geschütteten, nicht brauchbaren Anteile beim Verwittern und Auslaugen durch Niederschläge schwefelsäurehaltige Sickerwässer. Durch Einwirkung dieser sauren Abwässer entsteht nach WICHDORFF[1] aus dem Pickeringit des Gesteins ein in Wasser lösliches magnesiumhaltiges Alaunsalz, das dem Abwasser einen p_H-Wert von 4 bis 5 verleiht. Diese Lösung führt in den meist kleinen, aber klaren Vorflutern zu Trübungen, die auf den Steinen der Vorfluter auf weiten Strecken stark weiß gefärbte Niederschläge erzeugen und die Pflanzen- und Tierwelt abtöten. Sind die Abwässer sauer, so genügt oft schon eine genau eingestellte Kalkdosierung, um sie auszufällen.

In den übrigen Fällen ist es zur Behandlung dieser Abwässer der Schieferschleifereien dringendst erforderlich, daß sie möglichst lange im Kreislauf benutzt werden. Die von den Sägen bzw. Hobeln kommenden Abwässer werden durch Absetzbecken mit 2- bis 3stündiger Aufenthaltszeit geleitet. In dieser Zeit hat sich der größte Teil der ungelösten Stoffe abgesetzt, so daß nur noch eine schwache Opalescenz im Wasser verbleibt. Dieses Abwasser kann unbedenklich wieder im Betrieb an den Sägen und Hobeln verwandt werden. Um aber eine zu starke Anreicherung mit gelösten Stoffen zu vermeiden, wird ein Teil des Abwassers, etwa 10%, durch Frischwasser ersetzt und das abfließende Abwasser durch eine chemische Fällung mit Eisensulfat und Kalk völlig

[1] v. WICHDORFF, H.: Jb. Preuß. Geol. Landesanst. Bd. 28 (1907) S. 529.

gereinigt. Diese täglich abgegebenen 10% der Gesamtabwassermenge werden mit etwa 50 bis 100 mg/l Ferrosulfat ($FeSO_4 \cdot 7H_2O$) versetzt und nach Zugabe von Kalk bis p_H 7,5 so lange belüftet, bis alles Ferrohydroxyd in Ferrihydroxyd übergeführt ist, was nach 1/4 bis 1/2 Std. der Fall sein dürfte. Nach einem weiteren Aufenthalt von 20 min in einem mit langsam rotierendem Rührwerk versehenen Flockungsbecken läßt man die gebildeten grobflockigen Eisenhydroxydflocken in Spitztrichtern nach dem Prinzip der Dortmund-Brunnen mit einstündiger Aufenthaltszeit absetzen. Der Schlamm wird auf Trockenbeeten getrocknet und kann zu Geländeauffüllungen benutzt werden.

32. Abwässer des Uranbergbaues und die radioaktiven Abwässer

1896 fand Henri Bequerel, daß verschiedene Uranmineralien starke radioaktive Strahlen aussenden. Einige Jahre später isolierten P. und M. Curie aus dem uranhaltigen Mineral der Pechblende die beiden Elemente Polonium und Radium. Seit dieser Zeit ist eine große Anzahl weiterer Elemente gefunden worden. 1903 bewies Rutherford, daß die radioaktiven Elemente Alpha-, Beta- und Gammastrahlen aussenden. Durch Bestrahlen der verschiedensten Elemente mit diesen Strahlen können auch andere Elemente in ihre Isotope verwandelt und dadurch radioaktiv gemacht werden. Heute hat jedes Element im periodischen System wenigstens ein radioaktives Isotop. Zur Zeit sind etwa 450 radioaktive Substanzen bekannt, von denen einige, wie C^{14}, P^{32} und J^{131}, bereits eine ausgedehnte Anwendung in der medizinischen Therapie und Forschung bzw. in der Industrie finden.

Durch die Entdeckung der Uranspaltung und die vielen Anwendungsmöglichkeiten der radioaktiven Isotope hat sich eine Atomindustrie entwickelt, deren Bedeutung auf die wirtschaftliche und kulturelle Struktur unseres Lebensraumes sich noch nicht überschauen läßt. Die Wasserversorgung, die Abwasserbeseitigung und der Gewässerschutz werden von ihr betroffen. Nicht nur bei der Gewinnung der Uranerze, sondern auch beim Betriebe der immer mehr an Bedeutung gewinnenden Atomkraftwerke fallen große Mengen radioaktiver Abwässer an. Diese unterscheiden sich nach Dietrich[1] von den üblichen Abwasserarten dadurch, daß sie nicht nur unhygienisch sind, sondern bereits in großer Verdünnung und bei sehr geringer Radioaktivität gesundheitsgefährlich sein können. Ihre gefährliche Eigenschaft, nämlich die von ihnen ausgehenden radioaktiven Strahlungen, können weder durch physikalische noch durch chemische oder biologische Vorgänge beeinflußt werden.

Auf Grund der großen Schwierigkeiten, die die radioaktiven Abwässer in Kläranlagen, Vorflutern, ja sogar in Meeren den Menschen bringen können, verlangen die amerikanischen Abwasserfachleute, daß sich der Wasser- und Abwasserfachmann in die Grundgedanken der Atomphysik so weit einarbeitet, daß er eine genügende Kenntnis dieser neuen Industrie mit ihren Nachbarproblemen besitzt. Bezüglich der Meßtechnik

[1] Dietrich, B.: Vom Wasser Bd. 25 (1958) S. 163.

für radioaktive Substanzen im Wasser steht der Geiger-Müller-Zähler zur direkten Messung der α- und β-Strahlung an erster Stelle. Ein solches Gerät kann für Aktivitäten von 0,1 bis 90 Mikrocurie pro Liter angewandt werden, wobei im allgemeinen 150 ml Wasser zum Einsatz gelangen. Für Abwasser-Anlagen werden meist automatische Geiger-Zähler als Integrationszähler angewandt. Hierbei ist die Meßgenauigkeit für die γ-Strahlung gering. Zur Messung der Niederniveau-Aktivität im Wasser wird häufig der sog. Proportionalzähler verwendet, der je nach der Spannung sowohl die α-Aktivität wie auch die β- und γ-Aktivitäten zu messen gestattet. Hierbei sei noch auf die Verwendung des seit langem erprobten Elektroskops zur Radioaktivitätsmessung hingewiesen, mit dem bei einem Einsatz von 150 ml β- und γ-Aktivitäten von mehr als 0,05 Mikrocurie pro Liter gemessen werden können. Auch α-Aktivitäten in einer Größenordnung von 10^{-6} Mikrocurie können noch erfaßt werden. Zur automatischen Aufzeichnung und Regelung ist das Elektroskop nicht geeignet. Kennzeichnend ist dessen besonders einfache Handhabung.

In Abb. 247 sind kontinuierliche Überwachungsanlagen für höherenergetische Betastrahler von der Fa. Frieseke & Höpfner, Erlangen-Bruck, dargestellt. Während die eine Anlage eine lineare Anzeige besitzt,

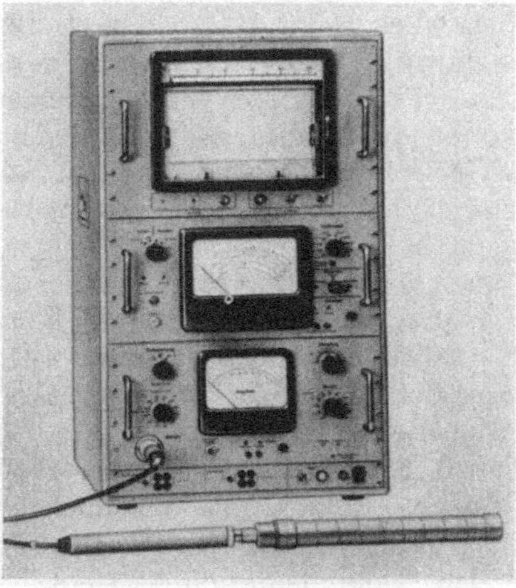

Abb. 247. Kontinuierliche Wasserüberwachungsanlage für Betastrahler (Frieseke & Höpfner, Erlangen-Bruck)

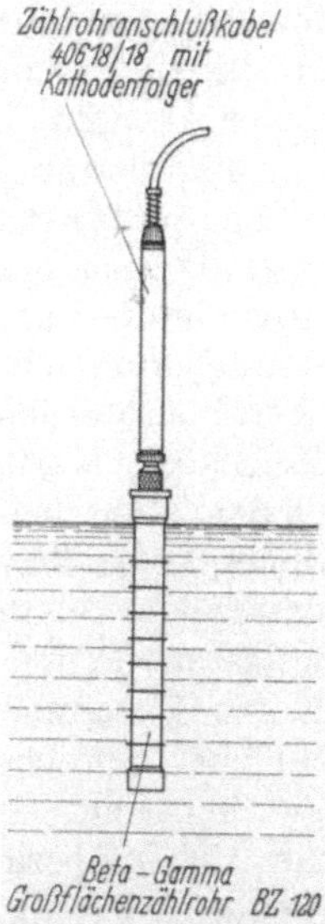

Abb. 248. Großflächenzählrohr

hat die zweite Anlage zusätzlich eine logarithmische Anzeige. Beide Anzeigen können durch das weitere Zusatzgerät mit einem Zweifachschreiber für den linearen und den logarithmischen Wert ausgestattet werden. Abb. 248 zeigt das Zählrohr mit dem Beta-Gamma-Großflächenzählrohr und dem Zählrohranschlußkabel mit Kathodenfolger.

BUCKSTEEG und DIETZ[1], die eingehende Radioaktivitätsmessungen im Einzugsgebiet der Ruhr durchführten, haben zur Untersuchung der β-Gesamtaktivität ein fensterloses Methandurchflußzählrohr von 60 mm Durchmesser verwandt, in das sie aber später ein selbstgebautes Fenster einschalteten. Da die pflanzlichen Organismen ein deutliches Wahlvermögen für die verschiedenen Substanzen haben, erfolgte die Messung an pflanzlichem Material wie an Plankton, Fadenalgen, niederen Pflanzen (Moosen) sowie an höheren Pflanzen und auch an tierischem Material, besonders auch an Fischen verschiedener Art.

Die aus dem magmatischen, kieselsäurereichen, granitischen Gestein, welches als Nebengüter uranhaltiges Gestein, Pechblende, Pechglimmer enthält, kommenden Quellen sind infolge des Zerfalls der uranhaltigen Anteile mehr oder weniger radioaktiv durch einen geringen Radiumgehalt, der als gasförmiges Zerfallsprodukt Radiumemanation an das Wasser abgibt. Die im Wasser enthaltene Emanation hat eine geringe Halbwertszeit von 3 bis 8 Tagen.

Bei der Vorbehandlung des rohen Materials müssen die radioaktiven Erze zunächst zerkleinert und gesiebt werden, bis sie so fein sind, daß sie für die einzelnen chemischen Aufschlußprozesse geeignet sind. Bei diesen physikalischen, chemischen und metallurgischen Prozessen treten Lösungen, Waschwässer, Sande, Abfallfeststoffe, Staube, Dämpfe, Nebel und feinste Atomteilchen auf, die durch ihren Gehalt an radioaktiven Stoffen auf die nähere Umgebung wirken können. Diese Abfälle verschiedener Aktivität, wie sie hauptsächlich in der Atomenergie-Industrie anfallen, sind dadurch besonders gefährlich, daß wir nicht ohne weiteres in der Lage sind, Art und Intensität der radioaktiven Stoffe mit unseren Sinnen wahrzunehmen. Die schädlichen Strahlungseinwirkungen bestimmter Isotope auf menschliche Gewebe wurden in den letzten Jahren eingehend untersucht und insbesondere in den USA veröffentlicht. Über Strahlenschäden und Strahlenschutz wie auch die zulässigen Bestrahlungshöchstwerte besteht ausführliche Literatur. Bekanntlich können dem Menschen durch außerhalb oder durch innerhalb des Körpers befindliche radioaktive Substanzen Strahlenschäden zugefügt werden, und es spielen bei der Beurteilung der radiotoxischen Isotope deren Halbwertszeiten und Konzentrationen die wesentliche Rolle. Eine eingehende Zusammenfassung haben KUMPF und seine Mitarbeiter[2] in deutscher Sprache in dem Buche „Radioaktive Substanzen und Wasser" gebracht. In dieser sich vorwiegend auf englische und französische Originalberichte stützenden Dokumentation ist eine sehr umfassende Darstellung aller mit diesen Fragen zusammenhängenden Vorgänge gegeben. Außer dem Anfall der radioaktiven Abfallstoffe werden ihre Schädlichkeit und höchstzulässigen Konzentrationen im Wasser aber auch ihre Reinigung und die Beseitigung der radioaktiven Stoffe bzw. der Abwässer behandelt.

---

[1] BUCKSTEEG, W., u. F. DIETZ: Das Gas- und Wasserfach Bd. 102 (1961) S. 774.

[2] KUMPF, W., B. DIETRICH u. J. KUMPF: Radioaktive Substanzen und Wasser. Schriftenreihe GWF Wasser und Gas Nr. 2, 2. Aufl. München: Oldenbourg 1960.

Die Abfallstoffe der Erze werden in Teichen oder Lagunen gelagert, von wo Durchsickern oder direkte Ableitung in nahegelegene Wasserläufe auftreten können. Die in den Aufbereitungsabfällen enthaltenen radioaktiven Stoffe umfassen Thorium, Proaktinium-, Radium-, Polonium- und Wismutisotope. Von diesen ist das nicht mehr gewinnbare Radium das gefährlichste aller bekannten Radionukleide. Noch mehr als in anderen Industrien muß allergrößte Sorgfalt darauf gelegt werden, daß die Arbeiter und alle Personen, die in der nächsten Nähe dieser gefährlichen Stoffe leben, vor Schaden geschützt werden, indem man Verschmutzungen des Fabrikgeländes, der Böden, der Gebäude, der Luft, der Abwasserkanäle und der nächsten Wasserläufe vermeidet. Dasselbe gilt auch für die nicht radioaktiven, aber giftigen Stoffe, wie Beryllium- und Fluorverbindungen.

Bei den Aufbereitungsarbeiten der Erze müssen die auch in anderen Industrien zum Schutze der Arbeiter angeordneten Vorsichtsmaßnahmen besonders sorgfältig und sinngemäß angewandt werden. Alle bei dieser physikalischen und chemischen Aufbereitung anfallenden Abwässer müssen sehr sorgfältig behandelt werden. bevor sie in die Vorfluter abgelassen werden. Die Unschädlichmachung kann dadurch geschehen, daß man die Abwässer in geschlossenen Systemen sammelt, so weit wie möglich durch mechanische und chemische Behandlung von allen gefährlichen gasigen und festen Bestandteilen befreit, ehe man sie durch eine wirksame Ventilation mit thermischer Behandlung in die Atmosphäre gibt. Zur Vermeidung atmosphärischer Verunreinigungen dienen Skrubber, Zyklone, elektrische Staubabscheider, Faserstoff- und körnige Filter.

Das gereinigte und verpackte Uranerz oder die daraus gewonnenen Chemikalien werden für die Atomumwandlung bzw. Zertrümmerung in galvanische Säulen bzw. Reaktoren gelegt und dort mit Neutronen

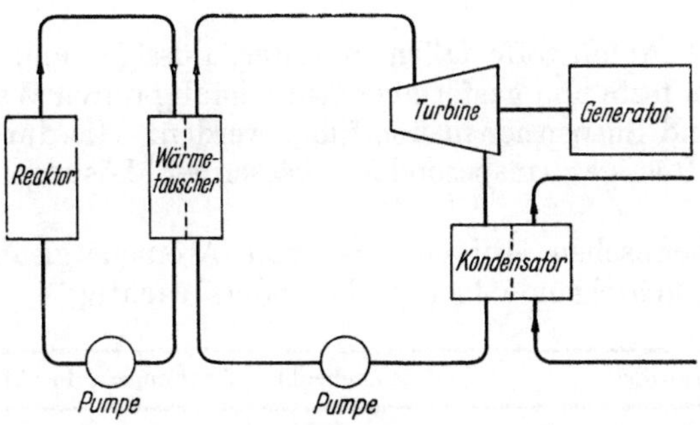

Abb. 249. Schema eines Reaktor-Kraftwerkes (nach SAUTER[1])

beschossen. In den Atomkraftwerken stellt der Reaktor die Heizungsanlage für die Erzeugung von Dampf dar. In Abb. 249 ist das Schema eines Reaktorkraftwerkes dargestellt. Dem Reaktor wird mittels einer Pumpe z. B. Wasser zugeführt, das den Reaktor durchströmt und dabei

[1] SAUTER: A. T. V. Mitt. Bd. 8 (1957) S. 52.

die in ihm freigewordene Wärmeenergie aufnimmt. Das Wasser strömt alsdann durch einen Wärmeaustauscher und gibt dort seine Wärmeenergie an einen zweiten Kreislauf zur Dampferzeugung ab. Danach fließt es über eine Pumpe zum Reaktor zurück. Der Dampf dient zum Antrieb einer Turbine, mit deren Achse der Stromerzeuger direkt gekuppelt ist.

Die bekanntesten Reaktoren sind zur Zeit 1. der Natur-Uran-Graphit-Reaktor, 2. der Druckwasser-Reaktor, wie er in Abb. 250 dargestellt ist, und 3. der Schwimmbecken-Reaktor, wie er vorwiegend für Forschungs- und Demonstrationszwecke, vor allem zur Durchführung von Materialprüfungen, Herstellung radioaktiver Isotope, Untersuchung mit

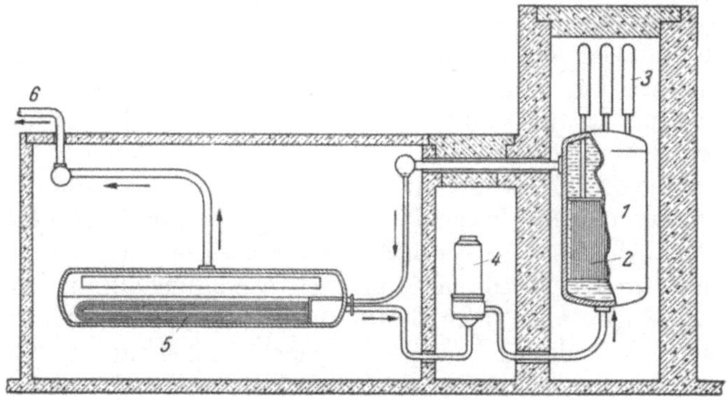

Abb. 250. Druckwasser-Reaktor (nach SAUTER)
1 Druckkessel, *2* Brennstoffelemente, *3* Regelstäbe und Antrieb, *4* Wasserpumpe, *5* Wärmeaustauscher, *6* Dampfrohr zur Turbine

Neutronen dient. Eine Ausnutzung der Wärmeenergie findet hierbei nicht statt.

Radioaktive Abfallstoffe fallen in fester, flüssiger und gasförmiger Form an, wobei feste und gasförmige Stoffe häufig durch Waschprozesse in Lösungen und Suspensionen überführt werden. Hierdurch steht die Aufarbeitung flüssiger, insbesondere wässeriger Lösungen an erster Stelle.

Bei der chemischen Aufbereitung von Atomenergieabfällen sind beispielsweise nachfolgende Isotope besonders wichtig:

Radioisotope	Massenzahl	Ordnungszahl	Halbwertszeit
Caesium	137	55	33,0 Jahre
Strontium	90	38	19,9 Jahre
Strontium	89	38	53 Tage
Jod	131	53	8,1 Tage
Niob	95	41	35 Tage
Cerium-Praseodym	144	58—59	280 Tage
Yttrium	91	39	61 Tage
Barium	140	56	12,8 Tage
Zirkonium	95	40	65 Tage

Als Beispiel dürfte hier interessant sein, daß das Strontium 90 mit seiner Halbwertszeit von 19,9 Jahren etwa 600 Jahre benötigt, bis dessen Konzentrationsabfall die für Trinkwasser zulässige Aktivität erreicht.

Dort, wo Wasser zum Kühlen benutzt wird, fallen außergewöhnlich große Abwassermengen an. Man kann zur Kühlung Luft anwenden,

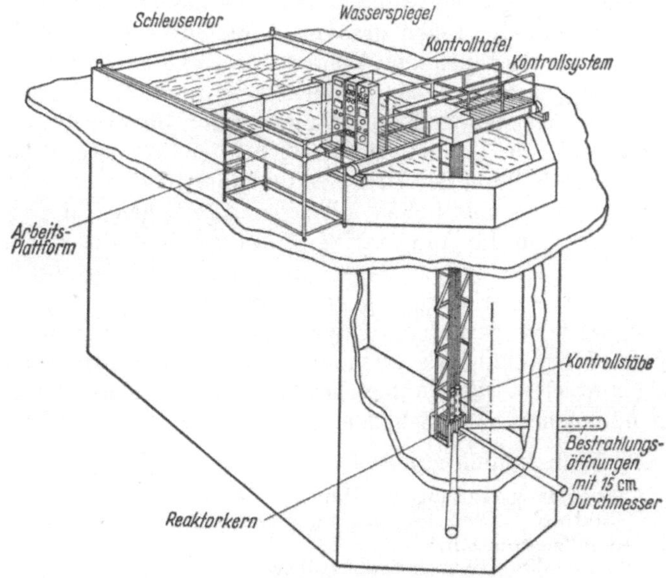

Abb. 251. Schwimmbeckenreaktor (nach SAUTER[1])

dann ist aber die aufzunehmende Luftmenge außergewöhnlich groß. Das zum Kühlen benutzte Wasser bzw. die Luft werden hierbei selbst radioaktiv und müssen sehr sorgfältig behandelt werden. Die bei der Gewinnung radioaktiver Stoffe in den großen Fabriken anfallenden Abwässer sind ein Hauptproblem der Atomenergie Commission (AEC). Mit der schnellen Zunahme der Anwendung von Radioisotopen in der Welt durch die Industrie, Medizin, Versuchslaboratorien und andere Einrichtungen ist das Problem der Beseitigung der radioaktiven Abwässer immer dringender geworden, zumal immer mehr radioaktive Abwässer an allen möglichen anderen Stellen auftreten können. Die AEC hat einen besonderen Ausschuß zur Untersuchung der Behandlung und Beseitigung radioaktiver Abwässer eingesetzt. Dieser Ausschuß hat ein Circular B 6 „*Empfehlungen für die Behandlung radioaktiver Abwässer*" herausgegeben. Das amerikanische Wirtschaftsministerium hat 1942 ein kleines Handbuch mit dem Titel „*Vorsicht beim Arbeiten mit Isotopen*" herausgegeben. Bei der Kühlung der Reaktoren mit Luft wird die Luft nach Entfernung der Staub-, Schmutz- und Chemikalienteilchen durch elektrische Staubabscheider und Gasfilter durch 120 m

[1] SAUTER: A. T. V. Mitt. Bd. 8 (1957) S. 64.

hohe Schornsteine in die Atmosphäre verteilt. Bleiben radioaktive Schmutzteilchen in der Luft, so besteht die große Gefahr, daß sie die Luft in der Nähe des Werkes verunreinigen, und daß diese Teilchen allmählich niedersinken bzw. bei Nebel und Regen niedergeschlagen werden, wobei sie den Boden und die Pflanzen, auf denen sie niedergeschlagen werden, schädigen. Auf die Witterungs- und Windverhältnisse muß daher beim Ablassen in die Atmosphäre Rücksicht genommen werden.

Die großen Mengen des anfallenden Kühlwassers werden in großen betonierten Rückhaltebecken gesammelt und dort mehrere Tage aufbewahrt, bis die Isotopen des Wasserstoffs und Sauerstoffs, die eine kurze Halbwertszeit besitzen, zerfallen sind und das Wasser eine so niedrige Radioaktivität besitzt, daß man es unbedenklich in einen Vorfluter ablassen kann. Anders ist es aber bei den Abwässern, die bei der chemischen Behandlung der Uranerze und Chemikalien anfallen. Diese haben meist Isotope mit hohen, oft sogar sehr hohen Halbwertszeiten.

Weitere Quellen für radioaktive Abwasser sind die mit Isotopen arbeitenden Krankenhäuser, Forschungsinstitute, Fabrikbetriebe, die Isotope bei der Materialprüfung verwenden.

Die langfristigen Strahlungseinwirkungen können sowohl als Ergebnis akuter Bestrahlung als auch als Ergebnis lang anhaltender Bestrahlung auftreten. Wir unterscheiden zwischen Frühschäden, Spätschäden und genetischen Schäden.

Zu den Frühschäden zählen:

1. Erythembildung (Rötung der Haut),
2. Pigmentatrophie (Verschwinden der Hauptpigmente),
3. Epilation (Haarausfall),
4. Exostosenbildung (Knochengeschwülste),
5. Wachstumshemmung bei Jugendlichen.

Als Spätschäden sind zu nennen:

1. Carcinogenese, indem die Strahlungsbelastung das Auftreten bestimmter Krebsarten vermehrt. Auftreten von Hautkrebs bei Röntgenologen, Knochentumoren bei Leuchtzifferblattmalern, gesteigertes Auftreten von Leukämie bei Röntgen-Physikern,
2. Verkürzung der Lebensdauer,
3. Bildung genetischer Mutationen,
4. Embryologische und Entwicklungswirkungen,
5. Auswirkungen auf die Fruchtbarkeit und die Kataraktbildung.

Als Einheit für die Strahlungsbelastung gilt das Röntgen (r), das die Menge einer Röntgen- oder Gammastrahlung ist, die in 1 cm^3 Luft (= 0,001293 g) eine Ionenmenge von einer elektrostatischen Einheit erzeugt. 1 Milligramm Radium = 1 Millicurie (mc) erzeugt in 1 cm Abstand 8 r/h. Für den Menschen stellt eine Strahlungsdosis von 400 r die höchste Belastung dar, bei einer natürlichen Strahlenbelastung von 0,1 Röntgen im Jahr.

Bei dem Röntgenäquivalent unterscheidet man zwischen dem biologischen und dem physikalischen Röntgenäquivalent. Ein biologisches Röntgenäquivalent [Roentgen Equivalent Man (rem] ist die Masseeinheit für sämtliche ionisierenden Strahlungen, die im Menschen die gleichen Auswirkungen hervorrufen, wie ein Röntgen. Ein physikalisches

Röntgenäquivalent [Roentgen Equivalent Physical (rep)] ist die Maßeinheit für ionisierende Strahlungen, von denen 83 erg pro g Gewebe absorbiert werden. Ein rad ist die Maßeinheit einer ionisierenden Strahlung, von der 100 erg pro g bestrahltes Material adsorbiert werden. MPC (Maximum Permissible Concentration) ist die maximal zulässige Konzentration (MZK) einer radioaktiven Substanz im Wasser oder in der Luft.

Ungünstigerweise ist der genaue Mechanismus, durch den die radioaktiven Strahlen lebende Moleküle, Zellen oder Gewebe zerstören bzw. schädigen, durch die neu geschaffene *Strahlenbiologie* noch nicht hinreichend erforscht. Zellteilungen, die in einem Körper ständig vor sich gehen, werden unterbrochen durch den Ionenweg, der durch radioaktive Teilchen zurückgelegt wird. Dieser Ionenweg hängt von seiner Stärke ab und kann für die Zelle tödlich sein.

Mit Bezug auf die Absorptionsfähigkeit des menschlichen Körpers für die Radioisotopen unterscheiden MORRIS und CARRIT[1] verschiedene Gruppen.

1. Die erste Gruppe umfaßt die Elemente, die nicht von den Lungen und dem Verdauungstraktus absorbiert werden und daher auch einen geringen Einfluß haben. Hierin gehören die Isotopen des Aluminiums und Siliciums.

2. Andere Elemente werden von der Körperflüssigkeit absorbiert, aber bald wieder ausgeschieden. Der giftige Einfluß dieser Elemente, zu denen Natrium und Chloride gehören, ist größer als der der ersten Gruppe, obwohl eine Anreicherung im Körper nicht beobachtet worden ist.

3. Die Elemente der dritten Gruppe bilden einen Bestandteil des Körpergewebes, der Knochen, des Marks. So sind Calcium und Phosphor ein lebenswichtiger Bestandteil des Knochenmarks. Bei dem radioaktiven Zerfall dieser Elemente wirken sie sehr zerstörend und haben daher eine hohe Giftigkeit, die sich dazu noch anreichert. Die Halbwertszeit ist meist sehr kurz. So hat das Phosphorisotop P^{32} eine Halbwertszeit von 14,3 Tagen, so daß nach einigen Wochen das radioaktive Material zerstört ist.

4. Elemente, die nicht Bestandteil des menschlichen Körpers sind, aber von ihm absorbiert werden, können an Stelle anderer Elemente treten. Blei und andere Schwermetalle gehören in diese Gruppe. Diese Elemente haben eine sehr lange Halbwertszeit und bleiben sehr lange im Körper wirksam, so daß ihre Schädlichkeit durch den dauernden Zerfall sich anreichern kann. Plutonium kann durch beide Lungen und wenig schneller durch den Verdauungstraktus absorbiert werden. Es setzt sich an der inneren und äußeren Hülle, welche die langen Knochen bedeckt, ab. Da es nur sehr langsam wieder ausgeschieden wird und eine Halbwertszeit von 24000 Jahren hat, behält es seine Giftigkeit solange es im Körper verbleibt. Die größte vom Körper vertragene

[1] MORRIS, C., u. J. B. CARRITT: J. of the New Engl. Water Works Assoc. Bd. 62 (1948), Nr. 1.

Plutoniummenge wurde zu 1/1000 mg festgestellt. Über die physiologischen Wirkungen der Kernstrahlen und die Gefahren beim Umgang mit radioaktiven Strahlen berichtet auch WINKLER in den Technischen Mitteilungen [Bd. 45, (1952,) S. 91].

Versenkt man langlebiges Material in den Untergrund, so muß dieses mit der größten Vorsicht geschehen und die Stellen dauernd überwacht werden, was am besten mit Hilfe des GEIGER-MÜLLERschen Zählapparates oder des „*Cutie Pie*"-Instrumentes geschieht. In diesem Falle muß besonders genau auf die Fließrichtung des Grundwasserstroms und auf die Verdünnungsverhältnisse Rücksicht genommen

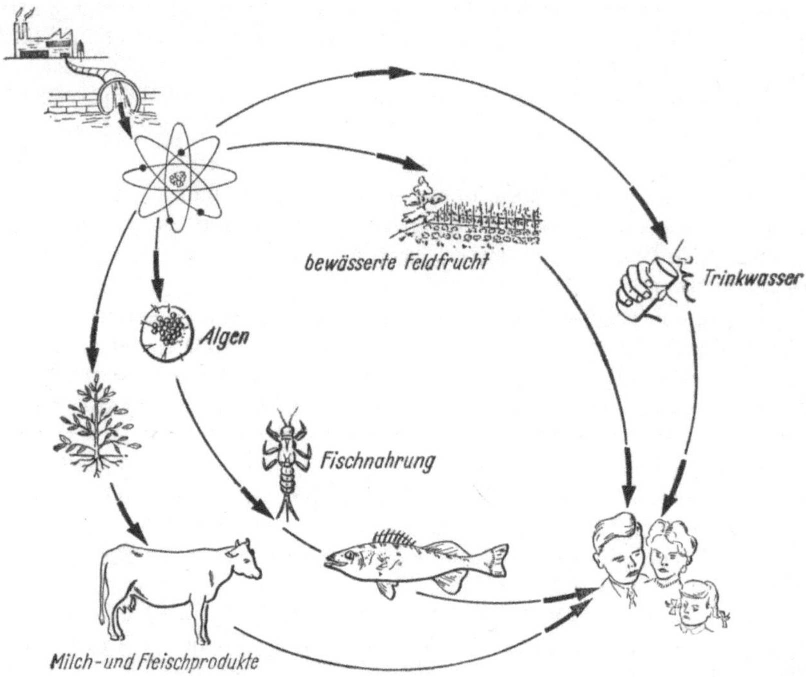

Abb. 252. Gefährdung des Menschen durch radioaktives Abwasser (nach TSIVOGLON, HARWARD u. INGRAM)

werden. Sehr günstig wirkt sich hierbei aus, daß die radioaktiven Eigenschaften infolge Basenaustausches von manchem Boden festgehalten werden, so daß sie nicht weiter von ihrem Anfallspunkt wirken können.

Besonders vorsichtig muß man beim Ablassen radioaktiv verseuchter Abwasser in die Kanalisation und damit in den Vorfluter sein. Wie aus Abb. 252 hervorgeht, konzentriert sich die Gefährdung durch radioaktive Abwasser auf den Menschen, da die radioaktiven Stoffe in ihrem Zerfall von den Halbwertszeiten abhängig sind. Bei den niedrigen Aktivitäten der Vorfluter entwickeln sich unterhalb der Einleitungen so vorbehandelter Abwässer Algen und andere Wasserformen besonders stark. Daß Fische, die von diesem Plankton leben, selbst radkioativ werden können, haben die in Bikini mit Atombomben durchgeführten Versuche gezeigt. Diese Fische fallen natürlich für die menschliche Ernährung aus.

McCullough[1] berichtet über die Möglichkeit der Beseitigung von radioaktiven Abwässern durch *Verdampfung*. Abwässer aus Laboratoriumsversuchen, Wäschereien usw. mit etwa $1{,}2 \cdot 10^4$ Teilchen/min/l und $1{,}4 \cdot 10^6$ β- und γ-Aktivität werden in einem Ausgleichsbecken von 37,8 m^3 gesammelt, gut durchgemischt und mit 5% Natronlauge auf p_H 7,5 bis 8,5 eingestellt. Die Verdampfung erfolgt in zwei Verdampfern von je 1,9 t normale Stundenleistung bei 660 mm Quecksilberdruck im Trennkörper und 130fachem Zwangsumlauf zwischen Heiz- und Trennkörper. Die Lösung wird von 0,2 auf 20%, schließlich auf 40% Rückstand eingeengt und dieses Material in zwei Vakuumtrockentrommeln aus rostfreiem Stahl zu Flocken mit 5 bis 10% Wassergehalt getrocknet. Die schwach aktive Trockensubstanz wird in Trommeln von 264 l für schwach aktives Material und das hochaktive Material in Trommeln von 19 l mit 4″ Gußeisenpanzerring verpackt. Die in einer zweiten Trennsäule durch Zentrifugalwirkung und Tropfboden gereinigten Brüden werden kondensiert und in einem Behälter von 18,9 m^3 Inhalt gesammelt. Ergibt die Prüfung, daß sie nicht mehr als 0 bis 2 Teilchen/min/l α- und 2 bis 35 Teilchen β- und γ-Aktivität besitzen, können sie in den Fluß abgelassen werden.

Auf alle Fälle muß man vermeiden, daß derartige Abwässer mit öffentlichen Wasserversorgungsanlagen in Berührung kommen können, da sie hier zu den stärksten Schädigungen führen könnten. Browder[2] berichtet über die Behandlung von hochradioaktiven Abwässern, die in einer Menge von 189 m^3 in der Woche bei der Herstellung von Radioisotopen und Versuchsarbeiten anfallen. Die Abwässer wurden zunächst durch Lagerung in unterirdischen Betonbehältern, später durch möglichst weitgehende Ausfällung der radioaktiven Stoffe mit nachfolgender vierwöchiger Lagerung in Betonbehältern bis zum Zerfall der kurzlebigen Isotopen behandelt. Danach wird das Abwasser nach der Dekantation mit inaktivem Kühlwasser auf 6000 m^3 verdünnt und in einem großen Staubecken vor der endgültigen Verdünnung 1:500000 noch eine Zeitlang gespeichert, ehe es in den Vorfluter abgelassen wird. Das Vorflutwasser hat unter normalen Bedingungen eine durchschnittliche Aktivität von $1 \cdot 10^{-7}$, unter ungünstigsten Hochwasserverhältnissen bei Abtragung von akt. Schlamm aus dem Staubecken eine maximale Aktivität von $5 \cdot 10^{-7}$ Mikrocurie je m^3, entsprechend der Radioaktivität von Quellen. Die Gesamtableitung war auf 5 Curie je Tag begrenzt. Seit 1949 wird das in einem Zwischenbehälter gesammelte Abwasser in einem mit Zyklonabscheider für die Brüden ausgestatteten einfachen Verdampfer von 1,1 t/Std. Leistung nahe bis zur Sättigung eingedampft, die Lauge nach Abkühlung in den Erdbehältern zur Abscheidung weiterer Feststoffe und Einsparung an Lagerraum nochmals

[1] McCullough, G. E.: Industr. Engng. Chem. Bd. 43 (1951) S. 1505.
[2] Browder, Fr. N.: Industr. Engng. Chem. Bd. 43 (1951) S. 1502.

eingedickt. Das durch mitgeführte Schwebestoffe und organische Stoffe sowie den zur Vermeidung des Abdestillierens von J^{131} auf 10 bis 11 erhöhten p_H-Wert verstärkte Schäumen im Verdampfer wird durch Zusatz eines schaumverhindernden Mittels und niedrige Einstellung des Laugenstandes zur Schaumvernichtung an den freistehenden Teilen der Heizrohre so weit herabgesetzt, daß der Entaktivierungsfaktor des Kondensators auf mindestens $3 \cdot 10^3$ bis $3{,}4 \cdot 10^4$ gehalten und die Belastung des Vorfluters auf $^1/_{10}$ gesenkt werden konnte.

Bei Beurteilung der Zulässigkeit der Ableitung von radioaktiven Abwässern in öffentliche Gewässer sollten nach MÜLLER-NEUHAUS[1] ganz besonders sorgfältige Überlegungen angestellt werden. Dabei unterscheidet er, ob es sich:

A. um die Ableitung radioaktiver Abwässer in fließende Gewässer oder

B. um die Ableitung radioaktiver Abwässer in stehende Gewässer (Seen, Talsperren, Teiche usw.) handelt und ob

1. radioaktive Abwässer in geringen Mengen beispielsweise aus Krankenhäusern, aus gewerblichen Betrieben oder anderen Kleinverbrauchern oder ob

2. radioaktive Abwässer in größeren Mengen aus Reaktorstationen, Kernforschungszentren, Kernkraftwerken oder Kernbrennstoffanlagen abgeleitet werden. Bei der Einleitung von radioaktiven Abwässern in Flüsse oder Seen, die der Wasserversorgung dienen, ist ganz besondere Vorsicht geboten. Der Deutsche Verein von Gas- und Wasserfachmännern hat in Verbindung mit dem Verband der deutschen Gas- und Wasserwerke, der Abwassertechnischen Vereinigung und der Fachgruppe Wasserchemie in der Gesellschaft deutscher Chemiker die „Notwendigen Maßnahmen zum Schutze der Wasserversorgung vor radioaktiven Substanzen" zusammengestellt. Die Anschrift der Kommission „Radioaktive Substanzen und Wasser" ist: Deutscher Verein der Gas- und Wasserfachmänner, Frankfurt, Beethovenstraße 17.

Das Verfahren der *Stapelung der radioaktiven Wässer* läßt sich nur bei kurzlebiger Radioaktivität des Abwassers anwenden. Für die Abwässer mit einem Gehalt an langlebigen Isotopen müssen andere Verfahren angewandt werden. Das Bestreben der AEC geht dahin, die Menge der Abwässer durch häufige Wiederverwendung im Kreislauf so gering wie eben möglich zu halten. Die günstigsten Verfahren zur Behandlung der Abwässer mit langlebigen Isotopen scheinen die auf Basenaustausch beruhenden Verfahren zu sein. Die Fähigkeit von gewissen natürlichen Böden, Zeolithen, künstlichen Zeolithen, Kunstharzen, Ionenaustauschern kann auch zur Behandlung radioaktiver Abwässer bis zu molaren Konzentrationen von 10^{-12} benutzt werden. Die hochaktiv gewordenen Zeolith- oder Kunstharzfilter können auf normale Weise regeneriert werden, wobei die Aktivität auf die Regenerationsflüssigkeit übergeht, die dann versenkt oder sonst irgendwie beseitigt werden muß.

[1] MÜLLER-NEUHAUS, G.: Das Gas- und Wasserfach Bd. 106 (1965) S. 1035.

AYRES[1] hat Laboratoriumsuntersuchungen über die Entgiftung radioaktiver Abwässer, besonders aus Versuchslaboratorien, durch Ionenaustausch durchgeführt. Mit Rücksicht auf die Konzentrierung radioaktiver Rückstände sind Harze von möglichst hohem Austauschvermögen erwünscht, wobei die Kapazität für jedes Element gesondert zu ermitteln ist. Von den von der Atomspaltung herrührenden Isotopen werden durch Kationenaustausch nur Mo, Te und Ru nicht ausgetauscht; der z. B. bei Te anfänglich aufgenommene Anteil wird zufolge des Gleichgewichtes der positiven und negativen Valenz durch Hydrolyse als Hydroxyd auf dem Harz abgeschieden, bevor eine Regeneration durchführbar ist. Dagegen werden durch Anionenaustausch Mo, Ce, W, As weitgehend ausgeschieden. Zur Kolloidbildung neigende Elemente, wie Zr, Columbium, werden durch Austauschharze adsorptiv gebunden, wobei die Desorption nicht mit Salzlösung, sondern nur mittels komplexbildender Stoffe, wie Oxalsäure, durchführbar ist. Mit Hilfe geringer Mengen radioaktiver Isotopen kann die im Austausch infolge der geringen Menge schwer feststellbare Restkonzentration des ausgetauschten Ions im Ablauf ermittelt werden. Bei nicht zu weitgehenden Ansprüchen an die Aufbereitung der Abwässer genügt Kationenaustausch, der bei saurem Abwasser auch die durch Phosphate, Citrate komplex gebundenen Ionen erfaßt, und einen Ablauf ohne in neutraler oder alkalischer Lösung adsorbierte oder gefällte Verbindungen liefert. Für weitestgehende Anforderungen ist zweistufige Entsalzung oder Behandlung über gemischten Harzen notwendig, die einen innerhalb der Nachweisbarkeitsgrenze inaktiven Ablauf ergibt. Die erschöpften Harze werden in geeigneten Öfen mit Einrichtungen zur Entgiftung der Rauchgase verascht und damit die aktiven Rückstände auf ein kleines Volumen gebracht.

Die konventionellen Fällungs-, Adsorptions-, Absetz- bzw. Filtrations-Verfahren usw. stehen insbesondere bei Abwässern mittleren und niedrigen Aktivitätsniveaus immer noch an erster Stelle, wobei allerdings meist ein Eindampfungsprozeß für die *heißen* Lösungen hinzukommt.

Nachfolgend hat H. WIEDMANN einige Durchschnittswerte über den Wirkungsgrad verschiedener Wasseraufbereitungsverfahren zwecks Entnahme von radioaktivem Strontium zusammengestellt:

Verfahren	% Entnahme
Aluminium-Fällung . . .	53%
Eisen(III)-Fällung	68%
Phosphat-Fällung	81%
Kalk-Soda-Enthärtung . .	74%
Sand-Filtration	31%
Ionenaustausch	95%
Kaolin-Adsorption	bis 50%

Diese Werte sind stark p_H-abhängig und somit nur als Richtwerte zu betrachten.

Aktive organische Substanzen werden durch Verbrennung zur Asche konzentriert.

Immer ist man bestrebt, die Volumina der aktiven Abfälle weit-

[1] AYRES, J. A.: Industr. Engng. Chem. Bd. 43 (1951) S. 1526—1531.

gehend zu verkleinern, d. h. die Lösungen zu konzentrieren, was durch Destillation, durch Ionenaustausch oder auch durch Ionen-selektive Kunstharzmembranen geschehen kann. Auch wurden schon Ausfrierverfahren erprobt. Die chemische Fällung als Verbund-Verfahren wird fast immer angewandt, gehört jedoch zu den teuersten Arbeitsmethoden, wie die nachfolgende von H. WIEDMANN aufgestellte Tabelle zeigt.

Einfache Destillation	1,2—2,6 \$/m³
Mehrzweckdestillation	1,1 \$/m³
Destillation mit Brüdenkompression	0,5 \$/m³
Sonnendestillation	0,8 \$/m³
Gefrierverfahren	0,3 \$/m³
Chemische Fällung	8,0 \$/m³
Synthetische Ionenaustauscher	5,3 \$/m³
Ionenselektive Kunstharzmembranen	0,3 \$/m³

Wenn bekannt ist, durch welche Isotopen die Radioaktivität erzeugt wird, kann die Radioaktivität durch das sog. FUHRMANN-Verfahren beseitigt werden. Dieses Verfahren besteht darin, daß man zu dem Abwasser eine ausreichende Menge der natürlich vorkommenden, nicht radioaktiven Formen der Elemente zugibt und dann das radioaktive Isotop mit dem zugegebenen Element ausfällt. Ist z. B. radioaktives Eisen zugegen, so gibt man einige mg/l Ferroion zu und fällt alles als Eisenhydroxyd aus. Die prozentuale Abnahme durch dieses Verfahren wird bestimmt durch das Verhältnis der Löslichkeit des ausgefallenen Ions zu dem Betrag des zugegebenen nicht radioaktiven Ions.

Ein großer Teil der hochaktiven Stoffe läßt sich durch eine sehr sorgfältig durchgeführte chemische Fällung mit den verschiedensten Fällungsmitteln durchführen. Verschiedene Ionen werden entweder von Aluminiumhydroxydflocken adsorbiert und mit ihnen zusammen ausgefällt und können dann mit diesen abgetrennt oder abfiltriert werden. Auch Fällungen mit Eisensulfat in alkalischer Lösung mit nachfolgender Belüftung haben sich bewährt.

Bei dem FUHRMANN-Verfahren, wie auch bei der chemischen Fällung fällt ein radioaktiver Flockenschlamm an, der am besten durch Eingraben bzw. Versenken in Erdlöchern beseitigt wird.

LANDERDALE und EMMONS[1] schlagen zur Entgiftung geringer Mengen radioaktiver Abwässer zur Reduzierung der Aktivität von 2,5 Curie auf 10^{-4} Curie je m³ die Filterung durch Stahlwolle 85% und Ton 12% vor.

Nach den Untersuchungen von CHRISTENSON[2] und seinen Mitarbeitern adsorbieren fein gepulverter Celit, Kaolin, Bimsstein und Tuffstein Plutonium. Zur Entgiftung von Abwasser ist aber wiederholte Behandlung, wobei große Mengen radioaktiven Schlammes anfallen, notwendig. Aktivkohle wirkt bei längerer Kontaktzeit stärker, in Gegenwart von Citrat aber nur bei p_H 2. Nur wiederholte Zugaben und langes

---

[1] LANDERDALE, R. A., u. A. H. EMMONS: Nucleonics Bd. 8 (1951), Nr. 5.

[2] CHRISTENSON, C. W., M. B. ETTINGER, G. G. ROBECK, E. R. HERMANN, K. C. KOHR u. J. F. NEWELL: Industr. Engng. Chem. Bd. 43 (1951) S. 1509.

Rühren führen zum Anfall begrenzter Mengen aktiven Adsorbens. In Abwesenheit organischer Stoffe führt die Fällung mit $FeCl_3$ und Kalk zu einer gut absetzenden Flockung von guter Wirksamkeit. Mit Umwälzung des Schlammes kann die Zusatzmenge auf 10 mg/l $FeCl_3$ und der Kalkzusatz zur Einstellung von p_H 7 heruntergesetzt werden. Die störende Wirkung von Citrat und Phosphat kann durch Zugabe von Ca-Ionen, aktivierter Silicatlösung, zur besseren Flockenbildung und Steigerung des p_H-Wertes auf 12 ausgeschaltet werden. Es ergibt sich ein Filterablauf mit weniger als 70 Teilchen/min/l Plutonium. Je m³ Abwasser fallen 20 l nasser Schlamm und 0,36 kg Feststoffe an. Auf Grund der Ergebnisse wurde eine Versuchsanlage mit stufenweiser Flockung und Klärung mit großen Becken und niedriger Filterbelastung betrieben, die den Erwartungen entsprach. Zur Verminderung des auf 100 mg/l ansteigenden Fluorgehaltes des Abwassers bzw. zur Verhütung einer unerwünschten Anreicherung im Trinkwasser war ein Fluorexfilter erforderlich.

Im folgenden wird eine Entgiftungsanlage für radioaktive Abwässer, wie sie die Arbeitsgemeinschaft Industrieabwasser, Stuttgart in Zusammenarbeit mit dem Radiologischen Institut der Universität Freiburg geplant hat, beschrieben. (S. Abb. 253.)

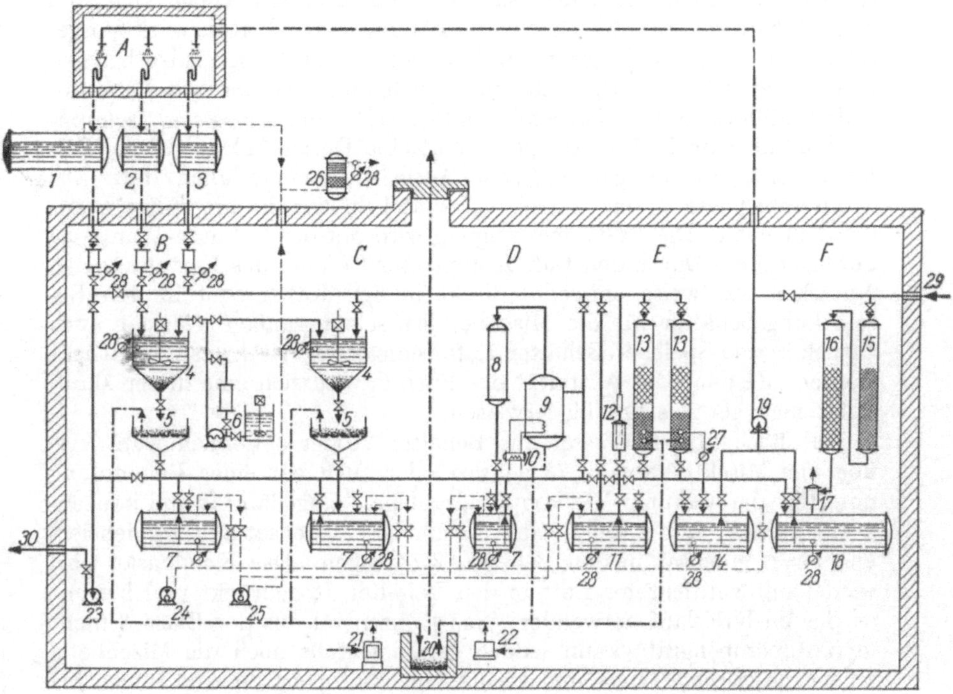

Abb. 253. Dekontaminationsanlage für radioaktive Abwässer

A Isotopenlaboratorium, *B* Chemische Fällung I, *C* Chemische Fällung II, *D* Verdampfung, *E* Ionenaustauscher, *F* Frischwasserentsalzung

Die Entgiftungsanlage befindet sich in einem unterirdischen Stahlbetonbunker, der zum Ein- und Ausfahren der Apparate und zur Beseitigung der im Isotopengrab angesammelten Abfälle mit einer über dem Boden mündenden Öffnung samt Verschlußdeckel versehen ist. Das Betriebswasser des Instituts wird zur Erzielung möglichst niedriger Ionenkonzentrationen mit Hilfe einer Ionenaustauschanlage, bestehend aus Kationenaustauschkolonne *15* und Anionenaustauschkolonne *16*, sowie einem Rieseler *17* in salz- und weitgehend CO_2-freies Wasser überführt, das im Behälter *18* eine Zwischenlagerung erführt, um entsprechend dem Bedarf mit Hilfe der Pumpe *19* zu den einzelnen Verbraucherstellen in den Isotopenlaboratorien *A* befördert zu werden. Eine Umgehungsleitung ergibt jedoch auch die Möglichkeit, unbehandeltes Stadtwasser bzw. teilweise entsalzenes Wasser zu verwenden. Die in den Isotopenlaboratorien anfallenden Abwässer verschiedener Aktivität werden getrennt in den Behältern *1*, *2* und *3* gesammelt. Die Atmung der Behälter geschieht über das Luftfilter *26*, das über eine Kombination von Aktivkohle und Kieselgel sowie ein spezielles Schwebestoff-Filter auch die übrige Abluft aus den Apparaten entgiftet. Aus jedem der drei Abwasserbehälter können mit Hilfe von Probenahmegläsern Abwasserproben gezogen und mit einem G.-M.-Zähler auf ihre Aktivität untersucht werden. Das gleiche gilt bezüglich des p_H-Wertes und evtl. auch der elektrischen Leitfähigkeit an allen Meßstellen der Anlage. Es sind zwei Behälter *4* für die chemische Fällung einschl. Rührwerk vorgesehen, um wechselweise zu fällen bzw. mit verschiedenen Adsorbenzien arbeiten zu können. Die anfallenden Schlämme werden mit Hilfe der Vakuumfilternutschen *5* anschließend filtriert. und in das sog. *Isotopen-Grab 20* überführt. Die Anlage *6* stellt eine Dosier-Anlage für die Fällungs- bzw. Flockungs- und/oder Adsorbentienmaterialien dar. Die Vakuumbehälter *7* sind zugleich Vorratsbehälter für die Filtrate aus den Nutschen. Die Vakuumerzeugung wird mit der Vakuum-Pumpe *25* durchgeführt. Durch den Luft-Kompressor *24* kann das Filtrat aus den Nutschen wahlweise entweder direkt in den Kanal oder in den Beschickungsbehälter für die Mischbett-Entsalzungsanlage *13* oder auch zurück in den Speicher-Behälter *18* für entsalztes Frischwasser gedrückt werden. Je nach der Aktivität des Filtrats wird sich eine dieser Manipulationen als zweckmäßig erweisen.

Die hochaktiven Wässer aus Behälter *2* oder *3* können wahlweise über die Mischbettanlage *13* geführt oder auch vor einer Behandlung mit Hilfe der Vakuum-Verdampfungsanlage *8* eingedampft und konzentriert werden, wobei die Brüden über den Kondensator *9* kondensiert und als Kondensat in den Behälter *7* gelangen. Das Kondensat wird wieder mit verdichteter Luft in den Behälter *18* gedrückt und hiermit wieder im Kreislauf verwendet. Das Konzentrat aus der Blase *8* fließt in das Isotopengrab, kann jedoch gegebenenfalls noch die Mischbettanlage passieren. Links und rechts vom Isotopengrab sind noch eine Ausfrier-Anlage *21* und ein Glüh- bzw. Verbrennungsofen *22* aufgezeichnet. Das Rohrleitungssystem ist so vielseitig gewählt, daß je nach Bedarf verschiedene Verfahrenstechniken ausgeführt werden können.

Die Rohrleitungsmaterialien sind vornehmlich aus Kunststoff, ebenso die kleineren Behälter und die Auskleidungen der größeren Behälter. Als Material für die Verdampferblase *8* sowie den Kondensator *9* wurde V4A gewählt, das auf jeden Fall beständig ist, wenn man die Eindampfung im alkalischen Bereich durchführt. Die Verwendung von Pumpen wurde weitgehend vermieden, außer zur Förderung von vollentsalzenem und isotopenfreiem Wasser Pumpe *19* und zur Förderung des entseuchten Abwassers in die Kanalisation Pumpe *23*. Als Pumpenmaterial wurde V4A verwendet. *10* stellt einen Durchlauferhitzer dar, *11* ist ein Beschickungstank für Ionenaustauscher, *12* ein Filter und *14* ein Speichertank für entaktiviertes Wasser.

In *27* ist ein Differenzialleitmeßgerät eingebaut, während bei *28* Meßstellen für p_H-Wert, Leitfähigkeit und Aktivität enthalten sind. Der Frischwasserzulauf erfolgt bei *29*, während der Ablauf nach der Kanalisation durch Pumpe *23* bei *30* erfolgt.

Hiermit wurde das Schema einer Anlage aufgezeigt, deren apparative Ausrüstung die wesentlichen verfahrenstechnischen Möglichkeiten einer Unschädlichmachung radioaktiver Abwässer gestattet.

In neuerer Zeit benutzt man das Schlammbelebungsverfahren, um radioaktive Stoffe aus dem Abwasser zu beseitigen. Ruchhoff[1] berichtet über neuere in Los Angeles gemachte Versuche der biologischen Behandlung der radioaktiven Abwässer. In einer zweistufigen Schlammbelebungsanlage wurden unter Zugabe bestimmter Nährstoffe und Nährsalze recht gute Erfolge erzielt. Der hierbei anfallende Überschußschlamm kann getrocknet und verbrannt werden, wobei man darauf achten muß, daß man die Möglichkeit hat, die Aktivität der Verbrennungsgase zu entfernen[2].

In Deutschland werden die verschiedenen Möglichkeiten, radioaktive Abfälle zu beseitigen, an verschiedenen Stellen wissenschaftlich geprüft. Im Vordergrund steht die Möglichkeit, radioaktive Abfälle in geologische Formationen oder Strukturen des tiefen Untergrundes einzulagern, die von der *Bundesanstalt für Bodenforschung* in Hannover in geologischer Hinsicht erkundet wird. Meereskundliche Fragen der Beseitigung der radioaktiven Abfälle durch Versenken in das Meer bearbeiten das *Deutsche Hydrographische Institut* und die *Bundesforschungsanstalt für Fischerei* in Hamburg. Das Vergraben niedrigaktiver Abfälle im Boden in geringer Tiefe wird durch eine Arbeitsgruppe bei der *Gesellschaft für Strahlenforschung* in München vorbereitend studiert. Die Einlagerung radioaktiver Abfälle im Salz wird auch in anderen Ländern erörtert und vorbereitet. Die in den USA im Gang befindlichen Untersuchungen erstrecken sich aber nur auf sehr hochaktive Abfälle wie Spaltproduktlösungen oder deren feste Rückstände aus der Wiederaufbereitung ausgebrannter Kernbrennstoffe[3].

Ein ernstes Problem stellen die bei der Behandlung radioaktiver Abwasser anfallenden hochaktiven Schlämme oder Konzentrate dar.

---

[1] Ruchhoff, C. C.: Sew. Works J. Bd. 21 (1949) S. 877.
[2] Sierp, F.: Gesundh.-Ing. Bd. 70 (1949) S. 337.
[3] Korrespondenz Abwasser (1964) Heft 10, S. 9.

Bei der Veraschung hinterbleibt die radioaktive Asche, die dann entweder vergraben oder im Meer versenkt werden muß. Im letzteren Falle werden die Schlämme, Konzentrate oder Aschen in dicken Betonblöcken eingebettet. Trotzdem muß die Vorsicht und Rücksicht auf die Schiffahrtswege, Fischereigebiet, 3-Meilen-Zone genommen werden[1].

33. Abwässer von Farbenfabriken

a) Eisenrotfabriken

Eisenrot wird aus den Abwässern der Schwefelkiesgruben und der Beizereien sowie den Abwässern der Anilinfabrikation gewonnen. In großem Maße wurden auch die in den Beizbetrieben anfallenden salzsauren Beizen, die bis auf ein spez. Gewicht von 1,3 angereichert und dann in gummierten Kesselwagen versandt werden, zur Herstellung von Eisenfarben verwandt (s. S. 540). Bei reinen Eisenfarben wird die Fällung durch Natriumhydroxyd oder Natriumcarbonat durchgeführt, wobei dann natriumchlorid- oder natriumsulfathaltige Abwässer anfallen. Bei reinen salzsauren Eisenbeizen bzw. Eisenchloridlösungen kann auch die Fällung durch Kalkmilch erfolgen, da hierbei leicht lösliches Calciumchlorid gebildet wird. Wendet man bei Eisensulfatlösungen Kalkhydrat als Fällungsmittel an, so sind sowohl die Produkte wie das anfallende Abwasser calciumsulfathaltig, die wohl die Härte des Vorflutwassers erhöhen, sonst aber unbedenklich sind. Bei Mineralfarbenfabriken fallen natriumsulfathaltige oder natriumchloridhaltige Abwässer an. Je nach der Konzentration dieser Abwässer und der Größe der zur Aufnahme zur Verfügung stehenden Vorfluter muß vor dem Ablassen ein Ausgleichsbehälter, der zugleich als Absetzbecken dienen kann, zwischengeschaltet werden. Bei schlecht klärenden Abwässern, z. B. mit kolloid verteilten Farbstoffen, unterstützt man die Abscheidung der feinen Schwebestoffe durch Zugabe von Fällungsmitteln, wie Ferrosulfat und Kalk, Aluminiumsulfat usw. Sind die Abwässer sauer, so werden sie durch Zugabe von Kalk vor den Absetzbecken neutralisiert. Die Zugabe von Fällungsmitteln bzw. Neutralisationskalk erfolgt in den meisten Fällen in einer Mischrinne mit zungenartigen Einbauten vor den Absetzbecken. Durch gute Verteilung in den Absetzbecken sorgt man für eine weitgehende Ausnutzung des Absetzraumes. Der Zulauf aus dem Mischgerinne erfolgt durch einen Überlauf über die ganze Beckenbreite, wodurch eine gleichmäßige Verteilung über den Beckenquerschnitt gegeben ist. Der Ablauf wird durch einen Überlauf mit oder ohne Einkerbungen entnommen. Entsprechend angebrachte Tauch- oder Gitterwände am Ein- und Auslauf können die gleichmäßige Durchströmung des Beckeninhaltes unterstützen und besonders an der Auslaufseite das Mitreißen von Schwebestoffen verhindern. Die Sohle des Beckens ist nach der Mitte geneigt anzulegen und hier mit einer tieferen Schlammrinne auszustatten, welcher bei der notwendig werdenden Reinigung der Becken der Schlamm zugeschoben werden kann, um ihn von hier aus besser abpumpen zu können.

[1] Weitere Verfahren Kumpf: Radioaktive Substanzen und Wasser; s. S. 583.

b) Bleiweißfabriken

In modernen Bleiweißfabriken wird Blei in Kügelchen gegossen und durch geeignete Behandlung mit Essigsäure und Kohlensäure in basisch kohlensaures Blei übergeführt. Schon aus wirtschaftlichen Gründen müssen die Waschwässer möglichst lange im Betrieb im Kreislauf gehalten werden, um alle Bleiverluste zu verhindern. Außer den allmählich abzustoßenden Waschwässern fallen auch noch die aus den wasserhaltigen Bleiweißpasten stammenden Abwässer an, wenn diese zu Bleifarbe weiterverarbeitet werden. Über die Schädlichkeit dieser Abwässer siehe die Abwässer aus Bleibergwerken.

Zur Reinigung der aus der Bleiweißfabrik kommenden Abwässer, die neben Bleiacetat Bleibicarbonat oder Essigsäure enthalten können, werden diese zunächst mit einer Sodalösung versetzt, um etwa mitgeführtes Bleiacetat und Bleibicarbonat auszufällen. Der sich bildende Schlamm wird in etwa 1 m tiefen Absetzbecken, wie vorher beschrieben, abgefangen. Da der Ablauf meistens noch kolloid feine Trübungen aufweist, so wird dem alkalischen Ablauf des ersten Absetzbeckens in einer Mischrinne oder Mischschnecke eine Ferrosulfatlösung zugesetzt. In die Mischung wird zur Bildung leicht ausflockbarer Eisenhydroxydflocken durch Filterplatten feinverteilte Luft eingeblasen. Der sich bildende Niederschlag reißt die letzten Reste Bleifarbe mit zu Boden, so daß das Wasser nach dem Durchgang durch ein zweites Absetzbecken völlig bleifrei abfließt. (Probe mit Kaliumchromat- bzw. Natriumsulfidlösung.) Man kann die bleihaltigen Abwässer auch durch ein schwebendes Gipsfilter reinigen. Der abgefangene Schlamm wird sorgfältig gesammelt und auf Blei verarbeitet.

c) Verschiedene anorganische Farbenfabriken

Wenn hier auch nicht alle anorganischen Farbstoffe behandelt werden können, da nach Boehm einzelne Betriebe bis zu 1200 verschiedene Farbkörper herstellen, so sollen im Nachfolgenden doch kurz die wichtigsten, meist im Naßverfahren gewonnenen Farbstoffe erörtert werden.

Berliner Blau (Ferriferrocyanid) hergestellt durch Fällung des gelben Blutlaugensalzes mit Eisenvitriol, Behandlung mit verdünnter Schwefelsäure, Abpressen und Auswaschen. Die Abwässer setzen sich aus der sauren Reaktionsflüssigkeit und den Waschwässern zusammen. Sie enthalten neben freier Schwefelsäure (p_H 1,5) Sulfate, Chloride, Eisen- und Cyanverbindungen. Der Gehalt an Schwebestoffen ist hoch.

Chromgelb (Bleichromat) wird durch Fällen eines löslichen Bleisalzes (Bleinitrat) mit Kaliumbichromat gewonnen. Die Abwässer enthalten Kalium- und Bleisalze.

Chromgrün (Chromoxyd) ist entweder eine Mischung von Berliner Blau mit Chromgelb oder wird durch Glühen von Kaliumbichromat mit kristallisierter Borsäure und Auskochen mit Wasser gewonnen. Im ersteren Falle enthalten die Abwässer die von der Herstellung der Ursprungstoffe anfallenden Verunreinigungen. Im anderen Falle fallen borathaltige Abwässer an.

Lithopone sind Gemische von Schwefelzink mit Bariumsulfat. Bei ihrer Herstellung fallen Abschreck- und Waschwässer an, die Natriumchlorid, Bariumchlorid und Schwefelwasserstoff oft auch Bariumsulfat enthalten.

Schweinfurter Grün ist ein essig-arsensaures Kupfer, das durch Umsetzen von Kupfersulfat mit arsenigsaurem Natrium in essigsaurer Lösung erhalten wird. Bei der Herstellung der heute nur noch wenig als Malerfarbe benutzten Verbindung fallen Essigsäure, Natriumsulfat und arsenigsaures natriumsalzhaltiges Abwasser an, das gut entgiftet werden muß.

Zinnober (Schwefelquecksilber) wird durch Umsetzung von metallischem Quecksilber mit konzentrierter Kaliumpentasulfidlösung gewonnen. Die Kaliumsulfidreste enthaltenden Waschwässer werden mit der Umsetzungslauge aufgefrischt und im Kreislauf verwandt.

Titanweiß (ein Titandioxyd TiO_2) wird aus dem dunkelblauen aus Titan und Eisen bestehenden Erz Ilmenit bzw. aus titanhaltigen Aschen durch Aufschluß mit konzentrierter Schwefelsäure gewonnen. Aus den Lösungen wird nach Abscheiden des TiO_2 das Eisensulfat im doppelten Kristallgang zu 90% als Monohydrat gewonnen. Das Monohydrat wird dann in einer Abröstanlage auf Eisenoxyd und Schwefelsäure abgeröstet, wobei neben 91% des Eisens auch 86% der Schwefelsäure wiedergewonnen werden. Die mit 17 bis 23% Schwefelsäure anfallenden Abwässer werden nach dem NORDAE-BÜSCHUNG-Verfahren (Hamburg-Bergedorf) durch öl- oder gasbeheizte Tauchbrenner eingedampft, bis eine 70% Schwefelsäure vorliegt. Das in der Lösung enthaltene Monohydrat wird in einer Zentrifuge von der 70% Schwefelsäure abgetrennt, die dann in den Betrieb zurückgehen kann.

d) Organische Farbstoffabriken

Die Anzahl der meistens auf Steinkohlenteer aufgebauten organischen Farbstoffe und die zu ihrer Gewinnung benötigten Arbeitsgänge sind so mannigfaltig, daß hier die bei der Herstellung der verschiedenen Farbstoffe entstehenden Abwässer nicht alle behandelt werden können. Die Abwässer, die dabei entstehen, enthalten demzufolge die verschiedenartigsten Verbindungen, und zwar sowohl organischer wie auch anorganischer Natur in gelöster und ungelöster Form. Besonders häufige Bestandteile sind Reste organischer Ausgangs- und Zwischenprodukte (Benzol, Anilin, zykl. Nitroverbindungen usw., Reste der Fertigprodukte (Farbstoffe), Methylalkohol, Schwefelsäure und deren Salze, Salpetersäure und deren Salze, Nitrite, Kochsalze, Eisensalze, Aluminiumchlorid, Essigsäure und deren Salze, sowie sekundäre Umsetzprodukte dieser Stoffe).

Wenn auch die Stoffe meist in sehr großer Verdünnung vorhanden sind, so sind doch die Färbungen ein sehr charakteristisches Merkmal, die dem Laien oft eine sehr starke Verunreinigung vortäuschen können, selbst in den Fällen, wo der Gehalt an Verunreinigungen geringfügig und unschädlich ist. Wo die Verschmutzung stärker ist, kann sie die

Verwendbarkeit des Wassers für häusliche und gewerbliche Zwecke stark einschränken.

Viele Farbstoffe sowie die bei der Herstellung benutzten Zwischenprodukte können eine mittelbare oder unmittelbare Schädigung der Fischerei bewirken. Durch eine Verfärbung des Wassers treten Veränderungen der Belichtungsverhältnisse ein, die ihrerseits die chemischen Reaktionen stark beeinflussen können, so daß sich die normale Organismenwelt diesen Verhältnissen nicht anpassen kann. Nach den Untersuchungen von THIENEMANN[1] können schon bei Konzentrationen von 1 mg/l Farbstoff in manchen Fällen tödliche Wirkungen auf Fische und Fischnährtiere vorkommen. Vor allem üben Nitro-, Chlor- und andere organische Verbindungen mit anorganischen Säureresten sowie manche für die Herstellung von Farbstoffen benötigten Chemikalien, wie Natriumsulfid, Cyannatrium, Arsenverbindungen, toxische Wirkungen aus.

e) Behandlung der Abwässer

Die Behandlung der Abwässer muß nach den jeweiligen örtlichen Verhältnissen ausgerichtet werden und kann folgende Maßnahmen umfassen müssen.

1. Entgiftung,	5. mechanische Klärung,
2. Entölung,	6. Entfärbung,
3. Neutralisation,	7. biologische Reinigung,
4. Behandlung mit Fällungsmitteln,	8. Ausgleich der Zusammensetzung.

Weitgehende Wiederverwendung der Abwässer im Kreislauf, gesonderte Ableitung der oft großen Kühlwassermengen können oft die Abwasserfragen vereinfachen. Für die Aufnahme in die Kanalisation müssen die Farbabwässer in den meisten Fällen vorbehandelt, zumindest aber entgiftet werden, was in den meisten Fällen dadurch geschieht, daß man den Abwässern Chemikalien zusetzt, die mit den giftigen Bestandteilen unlösliche Verbindungen bilden, die dann in Absetzbecken beseitigt werden können. Als solche kommen in Frage:

1. bei arsenhaltigen Abwässern Zugabe von Schwefelnatrium, um Arsensulfid zu bilden oder Zugabe von Ferrisalzen in alkalischer Lösung zwecks Bildung von unlöslichem Ferriarseniat;
2. für bariumhaltige Abwässer Zugabe von Soda, um das Bariumsalz als Bariumcarbonat, oder Zugabe von Sulfaten, um Bariumsulfat auszuscheiden;
3. bei bleihaltigen Abwässern Zugabe von Soda zwecks Bildung von unlöslichem Bleicarbonat;
4. für chromathaltige Abwässer (s. Galvanisierungsabwässer) Reduktion mit Ferrosalz zu Chromisalz und Ausfällen mit Kalkmilch als Chromhydroxyd.

Für Abwässer mit kolloid gelösten Farb- und Trübstoffen ist eine Fällung mit Kalk, Eisen- oder Aluminiumsalzen in einem Mischgefäß oder in einer Mischrinne mit und ohne Belüftungseinrichtung und Absetzenlassen in einer Absetzlauge, der man unter Umständen ein mit einem langsam laufenden Rührwerk ausgestattetes Flockungsbecken vorschaltet, anwendbar.

---

[1] THIENEMANN, A.: Z. Untersuchung Nahrungs- u. Genußmittel Bd. 22 (1911) S. 465.

Bei organischen Farbstoffen ist die Abwassermenge oft ganz beträchtlich und setzt sich aus zahlreichen, der Menge nach kleinen, aber zeitweise sehr konzentrierten Abwässern mit schädlichen Bestandteilen zusammen. Letztere müssen in den meisten Fällen an Ort und Stelle unschädlich gemacht werden. In gleicher Weise, wie bei den anorganischen Abwässern, müssen die Abwässer in allererster Linie von den starken Giften (Cyanverbindungen, Arsensalzen, freiem Chlor, Brom, Fluor) durch Entgiftungschemikalien in Entgiftungsgruben befreit werden. Öl- und fetthaltige Abwässer werden in den bekannten, gut eingerichteten Öl- und Fettfängern vom Öl und Fett befreit. Wo eine Neutralisation erforderlich ist, wird man diese unter Ausnutzung der gegenseitigen Reaktionsmöglichkeiten erst nach der Zusammenführung aller Abwasserarten durch Zugabe von Kalkmilch, Abfallkalk oder anderen alkalischen Mitteln vornehmen. Muß noch eine chemische Fällung zur Abscheidung kolloid gelöster Stoffe und feiner Trübungen durchgeführt werden, so wird man diese vor die Neutralisation verlegen. Da es bei der chemischen Fällung auf eine besonders gute Adsorption ankommt, wird man die mit den Fällungschemikalien versetzten und auf den richtigen p_H-Wert eingestellten Abwässer in einem Flockungsbecken mit eingebautem langsam laufenden Rührwerk $^1/_4$ bis $^1/_2$ Std. behandeln, ehe man den grobflockigen Schlamm in einem Absetzbecken mit laufender Schlammausräumung abscheidet.

Die echt gelösten Farbstoffe werden von den Fällungsmitteln nicht erfaßt. Sie müssen in den meisten Fällen erst durch ein Reduktionsmittel, wie Eisenchlorürlaugen, Natriumhydrosulfid zerstört werden. Azofarbstoffe werden durch Reduktionsmittel gespalten. Triphenylmethan- und Schwefelfarbstoffe werden in die entsprechenden Leucobasen verwandelt, die dann ausgefällt werden können. Überschüssig zugesetztes Natriumhydrosulfit wird durch Belüften in Thiosulfat übergeführt. Chlorung und Bodenfiltration können nur in besonderen Fällen zum Ziele führen, die durch eingehende Prüfungen und Versuche festzulegen sind. Sind keine giftigen und dem biologischen Leben schädlichen Stoffe in dem Abwasser, so kann eine Reinigung der Farbwässer auch durch biologische Verfahren zum Ziele führen. Das auf einer Kombination von chemischer Fällung und biologischer Reinigung beruhende Niersverfahren von Dr. JUNG hat in vielen Fällen zu einem befriedigenden Erfolg geführt.

Um die im Vorfluter besonders stark störenden Schwefelfarbenabwässer der Färberei zu beseitigen, pumpt MURDOCK[1] diese Abwässer zunächst in ein Ausgleichsbecken und leitet sie von dort über einen mit Erdgas betriebenen Unterwasserbrenner zu einem zweiteiligen Becken. Dann werden die so vorbereiteten Abwässer mit dem getrennt gehaltenen gekühlten Abwasser der Chrom-Essigsäure Bäder gemischt und in Erdbecken nachgeklärt. Es kann das angesäuerte Abwasser aber auch zur Beseitigung eines Teiles des Na_2S als H_2S-Gas erst belüftet und dann über einen zweiten Brenner geführt werden. Durch diese Behandlung wurden die Farben zu fast 98% beseitigt.

[1] MURDOCK, H. R.: Textile Industries Bd. 115 (1951) S. 118.

34. Abwässer von Pulver- und Sprengstoffabriken

a) Pulverfabriken (rauchloses Pulver, Schießbaumwolle)

Die Explosivstoffe sind chemisch einheitliche, in der Regel organische Verbindungen oder Gemische von solchen mit anorganischen Salzen (Nitrate, Chloride u. a.), Aluminiumpulver, Holzmehl, die durch thermische oder mechanische Einwirkung (Reibung, Schlag, heftige Erschütterung) zu einer plötzlichen mit Wärme- und Gasentwicklung verbundenen chemischen Umsetzung gebracht werden können. Zu den chemisch einheitlichen Verbindungen gehören einerseits Salpetersäureester mehrwertiger Alkohole, wie Nitroglycerin, Nitrolgycol, Nitropentaerytrit und die Ester der Kohlehydrate, Nitrocellulose, Kollodiumwolle sowie die höher nitrierten der aromatischen (Di- und Trinitrotoluole und -benzole, Nitrophenole, Nitraniline, Nitrodiphenylamine usw.) und der alicyklischen Reihe (Hexogen oder Cyclo-trimethylentrinitramin). Zu den Explosivstoffen muß man auch die Initial- oder Zündstoffe rechnen, die als Quecksilber- oder Bleisalze von Kohlenstoff- oder Stickstoffverbindungen als Überträger angewandt werden.

Für die Herstellung des rauchlosen Schießpulvers kommt in erster Linie Nitrocellulose (Schießbaumwolle) in Frage. Gereinigte Baumwolle bzw. Baumwollabfälle oder gereinigter Zellstoff werden mit der vielfachen Menge eines Gemisches von Salpetersäure, Schwefelsäure nitriert. Von der Nitrocellulose wird die Nitriersäure abgetrennt; sie wird durch Zusatz von konzentrierter Salpetersäure und rauchender Schwefelsäure wieder nitrierfähig gemacht. Die noch mit Säure getränkte Nitrocellulose wird sofort in eine Schwemmleitung mit kaltem fließendem Wasser eingetragen und durch diese in das Waschhaus befördert. Hier wird sie mit Wasser ausgewaschen, darauf in sogenannten Holländern zerschnitten bzw. fein gemahlen, nochmals gewaschen und zur Stabilisierung (Haltbarmachung) häufig unter Zusatz basischer Mittel, z. B. Kalk, ausgekocht. Nitropentaerytrit wird durch Nitrierung von synthetisch hergestelltem Pentaerytrit mit Schwefel- und Salpetersäure oder Salpetersäure allein hergestellt.

Bei den verschiedenen Waschvorgängen fallen mehr oder weniger stark saure Waschwässer an. Diese führen auch etwas Nitrocellulose und gelöste organische Stoffe (Ester der Oxycellulose u. a.) mit sich. Von der beim Nitrieren entstehenden „Abfallsäure", die eine Zusammensetzung von etwa 70% H_2SO_4, 20% HNO_3 und 10% Wasser hat, gehen auf 1 t Nitrocellulose etwa $^2/_3$ t in das Waschwasser über. Infolge des Gehaltes an Sprengstoffresten haben sie oft einen süßlich laugenhaften Geruch. Diese Sprengstoffreste sind wenig wasser-, dafür aber um so mehr fettlöslich und können beim Eindringen in die unverletzte Haut oder beim Einatmen Vergiftungserscheinungen (Blutdrucksenkung infolge Gefäßerweiterung, reversible Methämoglobinbildung) hervorrufen.

Da es sich in der Hauptsache um saure Abwässer handelt, gilt für ihre Schädlichkeit auf den Vorfluter das gleiche, was für die Abfallbeizen der Metallindustrie gesagt wurde, zumal auch hier durch die in den Abwässern mitgeführten organischen Stoffe neben dem Säurebindungsvermögen auch noch die Sauerstoffzehrung stark in Anspruch genommen wird.

Die Reinigung der Abwässer muß neben einer Zurückhaltung der ungelösten Stoffe in erster Linie eine Wiederverwertung der wertvollen konzentrierten Abfallsäuren vorsehen.

Das Entsäuerungswasser wird zweckmäßig für sich aufgefangen und zur Aufarbeitung geleitet, während das Schwemmwasser, nachdem es das Schwemmgut zur Waschanlage befördert hat, fortfließt. Die durch verschiedene Maßnahmen, z. B. Anreicherung durch mehrmaligen Gebrauch, konzentrierten Abwässer lassen sich verschieden aufarbeiten. Hierbei ist die Wirtschaftlichkeit unter Berücksichtigung der örtlichen Verhältnisse ausschlaggebend. Da Salpetersäure mit 32% Wassergehalt bei 120 °C unter Atmosphärendruck, Schwefelsäure dagegen erst bei 338 °C unzersetzt siedet, so kann man aus besonders konzentrierten Abwässern beide Säuren durch fraktionierte Destillation wiedergewinnen. Man verrieselt auch wie bei Denitrierungsanlagen das Abwasser und führt ihm einen heißen Luftstrom entgegen, der die nitrosen Gase aufnimmt; sie werden zu Salpetersäure oxydiert. Die Behandlung der dünnen sauren Abwässer erfolgt in gleicher Weise wie bei den Abwässern in Sprengstoffabriken (s. unten). Auf alle Fälle muß man sich vor der früher viel angewandten Versickerung und Untergrundverrieselung hüten. Im Grundwasser macht sich das Ablassen zunächst durch eine steigende Zunahme der bleibenden Härte (Sulfate und Nitrate) bemerkbar, bis schließlich die gesamte natürliche Carbonathärte aufgebraucht ist.

Zur exakten Neutralisation des hinsichtlich Menge, Temperatur und Säuregehalt (0 bis 1,5% als Schwefelsäure gerechnet) stark schwankenden Abwassers einer Nitrocellulosefabrik bei geringstem Gefällverlust haben DICKERSON und BROOKS[1] einen fünfteiligen, jeweils mit Turbomischern ausgestatteten Reaktionsraum für je 5 min Aufenthaltszeit erstellt, worin der Zusatz von Dolomitkalkmilch mittels den in der 3. und 5. Kammer eingebauten Tauchelektroden bei p_H-Werten von 3 und 5 gesteuert wird. Durch Verwendung von Dolomitkalk werden die bei höheren Sulfatgehalten störenden Gipsausscheidungen vermieden. Infolge der geringeren Reaktionsgeschwindigkeit erhöht sich der p_H-Wert von 3,0 am Austritt aus dem Reaktionsraum in der anschließenden Leitung bis zum Vorfluter auf 5,0. Die endgültige Absättigung der Säurespitze erfolgt bei gleichmäßiger Leistung des Kalklöschers aus einem entsprechenden, mit Umwälzung versehenen Kalkmilchvorrat.

b) Sprengstoffabriken

Das zur Herstellung von Dynamit verwendete Nitroglycerin wird in der Weise gewonnen, daß man Glycerin in ein abgekühltes Gemisch von Schwefelsäure und Salpetersäure tropfen läßt. Hierbei setzt sich das Nitroglycerin als ölige Flüssigkeit ab. Um die Säure zu entfernen,

---

[1] DICKERSON, B. W., u. R. M. BROOKS: Industr. Engng. Chem. Bd. 42 (1950) S. 599.

läßt man das Gemisch in die 10- bis 20fache Menge Wasser fließen. Das erste säurereiche Wasser kann zu anderen gewerblichen Zwecken, z. B. in Düngemittelfabriken zum Aufschließen von Phosphaten, verwendet werden, während die säureärmeren Abwässer für sich behandelt werden müssen. Außer Nitroglycerin werden noch andere Nitroverbindungen als Sprengstoffe hergestellt, wie Trinitrotoluol und Pikrinsäure (Trinitrophenol), Hexanitrodiphenylamin, Hexogen, Bleiacid, Knallquecksilber.

Die Abwässer der Sprengstoffabriken, die bei der Herstellung (Waschwässer), sowie bei der Mischung und Einfüllung der Sprengladungen (Spül- und Reinigungswässer) anfallen, führen außer den genannten anorganischen Säuren (in einem ähnlichen Mischungsverhältnis wie die Nitriersäure der Nitrocellulose-Fabriken) meistens noch Anteile der gewaschenen Stoffe mit. In gelöstem Zustand werden diese Stoffe in den Abwässern im allgemeinen weniger enthalten sein. Trinitrotoluol ist in kaltem Wasser sehr schwer löslich (1:5000), während die niedriger nitrierten Toluole und Nitrobenzol leichter löslich sind. Pikrinsäure ist bei gewöhnlicher Temperatur etwa im Verhältnis 1:100, Nitroglycerin 1:500 wasserlöslich. Letzteres wird als Salpetersäureester des Glycerins durch Alkalien bzw. Kalk unter Bildung von Nitraten gespalten (verseift); es schmeckt brennend und süßlich zugleich und ist stark giftig. Trinitrotoluol wird als weniger giftig bezeichnet. Pikrinsäure, die durch Eintragen von Phenolsulfosäure in konzentrierte Salpetersäure hergestellt wird, greift Metalle, wie Eisen, Zink, Kupfer an und ist wie auch ihre Salze giftig; wegen ihres bitteren Geschmacks und ihrer intensiven Farbkraft (gelb) ist sie sehr leicht zu erkennen. Im Vorfluter können sich diese Stoffe wegen ihrer Giftwirkung sehr schädlich auswirken.

Die Menge der Abwässer aus Sprengstoffabriken ist im allgemeinen viel geringer als bei den Pulverfabriken, weil die Herstellung bzw. Verarbeitung von Sprengstoffen wegen der damit verbundenen Gefahren nicht in größeren Fabriken vorgenommen wird. Vor einer Versickerung der Abwässer in den Untergrund muß auch hier eindringlichst gewarnt werden. Namentlich die Einleitung pikrinsäurehaltiger Abwässer hat sich beispielsweise in einer Fabrik sehr unangenehm bemerkbar gemacht. Durch Versickerung pikrinsäurehaltiger Wasch- und Badewässer sowie Spülwässer der Fabrikräume, wozu bei Regen noch die Abflüsse von Dachflächen, Straßen usw. kommen, wurde das weit unterhalb in 20 bis 25 m Tiefe durch Brunnen entnommene Grundwasser allmählich derartig verunreinigt, daß es stark gelb gefärbt und bitter schmeckend aus den Zapfhähnen lief. Bei längerer Berührung rief es Hautjucken hervor. Als Trink- und Brauchwasser war das Grundwasser bald völlig unbrauchbar. In Dampfkesseln rief es starke Anfressungen hervor und bedingte eine ständige Explosionsgefahr. Der Gehalt an Pikrinsäure betrug 4 bis 5 mg/l freie und 9 bis 10 mg/l gebundene Pikrinsäure. Daß derartige Abwässer ohne genügende Verdünnung durch ihre Giftigkeit, Säuregehalt, Sauerstoffbeeinflussung auf einen Vorfluter stark schädlich wirken müssen, ist selbstverständlich.

c) Reinigung der Abwässer

Für die Behandlung der *sauren Abwässer* aus Pulver- und Sprengstoffabriken sind Neutralisationen mit Kalk, Soda oder Natriumbicarbonat und Abscheidung der ungelösten Stoffe in flachen Absetzbecken mit nachgeschalteten mehrstufigen Koks- oder Schlackefiltern mit mehr oder weniger großem Erfolg in Anwendung gekommen. Die Absetzanlagen oder noch besser Absetzteiche müssen genügend große Abmessungen haben, so daß das neutralisierte Abwasser eine mindestens vierstündige Aufenthaltszeit hat. Dolomit in Brocken, ebenso Magno-Masse als mehrstufige Filter haben sich, obwohl sie weniger schlammbildend sind, bei Daueranlagen nicht bewährt. Durch die Neutralisation entsteht stark wasserhaltiger, mitunter krustenbildender Gipsschlamm, während Calciumnitrat in Lösung geht. Ein Teil der Sprengstoffreste geht in den Schlamm, während ein Teil der Salpetersäureester in Lösung bleibt und sich allmählich zersetzt. Aus diesem Grunde müssen auch die Absetzanlagen eine genügende Größe haben. Zur Sicherstellung der durchgeführten Neutralisation ist der Einbau von registrierenden p_H-Meßgeräten sowie von Wassermengenmessern unbedingt erforderlich.

In sämtlichen Sprengstoffabriken gelangen von der Reinigung von Apparaten, Behältern, Räumen insbesondere deren Fußböden, Arbeiterkleidung u. a. meistens schwach saure bis alkalische sprengstoffhaltige *Reinigungs- und Spülwässer* zum Abfluß, deren Menge bei größeren Fabriken die Menge der einzelnen Betriebsabwässer überschreiten kann. Sie werden gewöhnlich letzteren beigemischt und mit diesen zusammen gereinigt. Die gemeinsame Reinigung mit häuslichen oder Abortabwässern bereitet erhebliche Schwierigkeiten. Die Kläranlagen müssen sehr sorgfältig betrieben werden. An Stelle der Absetzteiche sind vereinzelt auch mit Schlammzylindern ausgestattete Klärtürme mit senkrecht von oben nach unten gerichteter Wasserbewegung in Anwendung oder die bekannten Dortmundbrunnen, bei denen die anfänglich abwärts gerichtete Wasserbewegung nach aufwärts geändert wird.

Selbst geringe Mengen aromatischer Nitrokörper können die bei häuslichen Kläranlagen sich abspielenden biologischen Vorgänge stören. Nach Untersuchungen der Bundesanstalt für Wasser-, Boden- und Lufthygiene beeinflussen Zusatzmengen von 3 mg/l die anaerobe Zersetzung von häuslichem Abwasser. Größere Zusatzmengen bewirkten eine starke Schwächung bis zur völligen Aufhebung der Fäulnisfähigkeit. Nach den Untersuchungen von ROGOWSKAJA[1] wird Trinitrotoluol im Wasser durch biochemische Prozesse zerstört. In Mengen bis 0,5 mg/l dient es den Mikroorganismen als Nährstoffquelle. Bei Konzentrationen von 0,5 bis 1,0 mg/l werden die Zersetzungsvorgänge schon erheblich gehemmt. Die höchstzulässige Menge an Trinitrotoluol soll daher im Abwasser nicht mehr als 1 mg/l betragen.

Bei der Einleitung von Abwässern der Sprengstoffabriken in Fischgewässer wurden tödliche Wirkungen auf Fische und Fischnährtiere bei

[1] ROGOWSKAJA, Z. J.: Mikrobiologie Bd. 20 (1951) S. 265.

folgenden Konzentrationen festgestellt:

Bei Trinitrotoluol	1—2 mg/l	Dinitrobenzol	2 mg/l
Dinitrotoluol	10 mg/l	Hexanitrophenylamin .	0,1—0,2 mg/l
Mononitrotoluol	12—20 mg/l	Pikrinsäure bei	30—50 mg/l

R. WILKINSON[1] hat bei seinen Versuchen zur Reinigung und Beseitigung von *pikrinsäure- und dinitrophenolhaltigen Abwässern* festgestellt, daß in den beim Auswaschen der Apparate, der Gießgefäße, der Zyklonenentstäuber, der Fußböden anfallenden Waschwässern von Granaten- und Bombenfabriken nur ein Teil der 12,8% betragenden Verluste enthalten ist. Die durch Pikrinsäure stark gelb gefärbten Abwässer sind nur schwer abzubauen. Auf Tropfkörpern konnten bei einer Belastung von 470 l je m^3 Tropfkörpermaterial im Tag Abwässer mit einem Gehalt von 2 mg/l Shellit (70/30 Pikrinsäure-Dinitrophenol oder Dinitrophenol allein) so weit befriedigend abgebaut werden, daß der Ablauf dann für Fische nicht mehr schädlich war. Nach vorheriger Reduktion, die bei 0,3% Pikrinsäure und 1,5% Schwefelsäure über Eisenabfälle in 3 Std. nahezu vollständig verläuft, sich aber infolge der relativ hohen Säurekonzentration nur für Abwässer von Pikrinsäurefabriken eignet, können auf Tropfkörpern bis zu 60 mg/l je m^3 und Tag abgebaut werden.

35. Abwässer von Fabriken zur Herstellung photographischer Papiere und von Filmfabriken

Zu den Betrieben der Foto- und Filmindustrie gehören die Fabriken zur Herstellung photographischer lichtempfindlicher Platten, Filme und Papiere, ferner die Kopieranstalten, Lichtpauseanstalten und die Betriebe zur Anfertigung illustrierter Postkarten und Bilder. In ihnen fallen neben konzentrierten Abwässern, die Emulsionsreste und verbrauchten Bädern mit den verschiedensten Chemikalien (Säuren, Laugen usw.), die je nach der Art des Betriebes organische Stoffe in wechselnden Mengen enthalten, auch noch große Mengen Waschwässer an. Sind in dem Abwasser keine direkten Giftstoffe enthalten, so kann man die dünnen Abwässer nach dem Vorschlag von PRITZKOW[2] in die Kanalisation einleiten oder die konzentrierten Abwässer zur Wiedergewinnung wertvoller in ihnen enthaltener Stoffe aufarbeiten. Bei der Aufarbeitung der Emulsionsreste und der verbrauchten Filmstreifen muß auf die Wiedergewinnung der wertvollen Silbersalze höchster Wert gelegt werden. Der Rest kann dann zu einem Rohstoff für die Lackindustrie aufgearbeitet werden. Die anfallenden Abwässer sind Reinigungswasser, die eine verhältnismäßig hohe Konzentration haben. Mit den anfallenden Wasch- und Spritzwässern werden die löslichen Salze und Desinfektionsmittel aus den Emulsionen herausgelöst. Die Hauptverunreinigung dieser Abwässer sind gelöste Gelatine, Salze und geringe Silbermengen. Die

[1] WILKINSON, R.: Ind. Chemist chem. Manufacturer Bd. 27 (1951) S. 9.
[2] PRITZKOW, A.: Mitteilungen des Prüfungsamtes für Wasserversorgung (1911), S. 103.

stark konzentrierten Abwässer von Färbmaschinen und von der Rückständeaufbereitung werden durch eine einzeln auszuprobierende Behandlung von Säuren, Laugen und schädlichen Salzen befreit. Für einige, z. B. die thiosulfathaltigen Wässer, lohnt sich wahrscheinlich eine Wiedergewinnung der wertvollen Stoffe. Die nach dieser Vorbehandlung erhaltenen Abwässer, aus denen die wertvollen Stoffe zurückgewonnen sind und diejenigen konzentrierten Abwässer, bei denen eine derartige Behandlung nicht möglich ist, werden nach Durchgang durch eine Mischrinne, Mischschnecke usw. in ein Sammelbecken geleitet, damit die einzelnen Wasserarten sich möglichst innig mischen. Hierbei sollen sie sich gegenseitig so weit wie möglich neutralisieren und dann ausflocken. Nach der Vermischung werden die ausgeschiedenen Stoffe in einem Absetzbecken abgefangen, wobei man zur Unterstützung der Abscheidung kolloider Schwefel- oder Silberverbindungen mit chemischer Fällung nachhilft. Der Ablauf der Absetzbecken wird mit den in einem besonderen Absetzbecken von den suspendierten Schwebestoffen befreiten Waschwässern gemischt und dann in die Kanalisation oder in den Vorfluter abgelassen. Ob und wieweit man in den Absetzbecken anfallenden Schlamm weiter auf wertvolle Stoffe aufarbeitet, hängt ganz von den Verhältnissen ab und muß durch eine besondere Untersuchung festgestellt werden.

In *Filmfabriken* fallen *gelatinehaltige Abwässer* an, die leicht in Fäulnis übergehen. KAMMANN[2] hat die verschiedenen Reinigungsmöglichkeiten bei einem Abwasser mit 50 mg/l N als Gesamtstickstoff und einem $KMnO_4$-Verbrauch von 300 bis 400 mg/l untersucht und gefunden, daß sich derartige Abwässer besser durch intermittierend beschickte Bodenfilter als durch Tropfkörper reinigen lassen. Bei einer genügenden Verdünnung, unter Umständen durch gereinigten Ablauf einer mechanischen Kläranlage für häusliches Abwasser lassen sich aber auch auf Tropfkörpern gute Reinigungserfolge erzielen.

36. Abwässer der chemischen Industrie (Anorganische Erzeugnisse)

Die in chemischen Fabriken anfallenden Abwässer enthalten in den meisten Fällen Verschmutzungen, die hauptsächlich anorganischer Natur sind. Die Abwasserarten der Kaliindustrie, Salinen und Sodafabriken unterscheiden sich je nach der Art des Betriebes wesentlich voneinander. Die *Salinenabwässer* fallen im allgemeinen nur alle 3 bis 4 Wochen an, wenn die Pfannen ausgeräumt werden, so daß dann eine Abwasserwelle den Vorfluter herunterwandert. Die *Kaliindustrieabwässer* entstehen fortlaufend Tag und Nacht. Die *Abwässer der Sodafabriken* fallen ebenfalls täglich an. Die Aufspeicherung dieser Abwässer ist praktisch undurchführbar. Sie lassen sich in den allerseltensten Fällen biologisch reinigen, meistens ist nur eine Beeinflussung mit anderen chemischen Mitteln möglich. In vielen Fällen, wo die Abwässer nur schwer ausscheidbare Salze erhalten, wie z. B. in der Kaliindustrie, den Salinen, Ammoniaksodafabriken und allen chemischen Fabriken, die haupt-

[2] KAMMANN: Techn. Gem.-Bl. Bd. 26 (1923) S. 27.

sächlich Kochsalz oder andere anorganische Salze abführen, hilft keines der bekannten Sedimentationsverfahren, keine chemische Fällung, kein biologisches oder ähnliches Verfahren. Versickerung kommt wegen der meist großen Mengen, ihrer hohen Konzentration und der Beeinflussung des Grundwasserstromes auch nicht in Frage. Es bleibt daher nur eine Unschädlichmachung durch Verdünnen im Vorfluter übrig, wobei in den meisten Fällen der geeignete Verdünnungsgrad unter genau angegebenen Sicherheitsmaßnahmen von der Behörde vorgeschrieben werden muß.

a) Schädlichkeit der salzigen Abwässer

SCHNITZLER[1] bezeichnet diejenigen Abwässer als salzige Abwässer, die keine anderen Salze enthalten als solche, die in unseren Wässern von Natur aus vorhanden sind. Das Verhalten der salzigen Abwässer im Vorfluter ist vor allen Dingen dadurch gekennzeichnet, daß die Stoffe, die sie mitbringen, im Flußwasser erhalten bleiben.

In normalen Grenzen in den Vorfluter abgelassen beeinträchtigen sie die Selbstreinigungsvorgänge nicht. Nach SCHIEMENZ[2] liegt die Versalzungsgrenze von Fischgewässern ungefähr bei dem Salzgehalt der Ostsee bei Rügen, also bei ungefähr 4000 mg/l. Bei einer Versalzung von 2600 mg/l, entsprechend 0,42% Salzgehalt, trat kein Fischsterben auf. Die in stehenden Gewässern (Seen, Teiche) durch Einleiten von Kaliabwasser aufgetretenen Fischsterben sind nicht nur durch den Salzgehalt, sondern auch durch Sauerstoffschwund verursacht. Mit der Zunahme des Salzgehaltes nimmt die Sauerstoffaufnahmefähigkeit ab. Letztere Tatsache, die in fließenden Gewässern meistens bedeutungslos ist, da hier der Sauerstoffgehalt nie unter die für Fischsterben nötige Grenze kommt, kann sich aber bei stehenden Gewässern stark auswirken. Beim Düngen der Seen mit Kalisalzen trat in der Tiefe eine so starke Abnahme des Sauerstoffgehaltes ein, daß die Düngung eingestellt werden mußte. Beim Ablassen derartiger salzhaltiger Abwässer muß man daher einen Unterschied zwischen stehenden und fließenden Gewässern machen; weiter muß man annehmen, daß Fischsterben durch salzhaltige Abwässer nur bei anormalen Zuflüssen großer Mengen stark konzentrierter Abwässer vorkommen kann.

Nach den Untersuchungen von EBELING[3] ist für Fische und Fischnährtiere der Chloridgehalt nicht allein ausschlaggebend; es ist in erster Linie das Mischungsverhältnis der einzelnen Kationen zueinander wichtig. Eine schädigende Wirkung verursachen in erster Linie Kalisalze, und zwar handelt es sich um direkte Giftwirkung und nicht um osmotische Vorgänge, wie sie sonst durch starke Salzlösungen hervorgerufen werden. Dagegen haben Natrium- und Magnesiumsalze eine viel geringere Schädlichkeit. Für Gammariden scheint die Schädlichkeitsgrenze bei 200 mg/l K zu liegen (entsprechend etwa n/200 KCl). Im Gegensatz zu Gammariden zeigten Chironomiden eine viel geringere

[1] SCHNITZLER: Gesundh.-Ing. Bd. 57 (1934) S. 448.
[2] SCHIEMENZ: Z. Fischerei Bd. 30 (1932) S. 99.
[3] EBELING: Vom Wasser Bd. 7 (1933) S. 272.

Empfindlichkeit. Durch Zugabe von Calciumsalzen kann man die giftige Wirkung der Kaliumionen stark herunterdrücken. Die Kaliabwässer sind in den meisten Fällen sehr reich an Calciumverbindungen. Aus diesem Grunde haben sie nicht den Schädlichkeitsgrad wie wenn sie Kalium- und Magnesiumsalze gleicher Konzentration führten. Nach Untersuchungen von HELFER liegt die Schädlichkeitsgrenze für Natriumchloridlösungen bei 10000 mg/l. Der Einfluß der Abwasserarten auf den Vorfluter ist aus der nachfolgenden Aufstellung ersichtlich:

Tabelle 46. *Gehalt der verschiedenen Wässer an verschiedenen Ionen*

Flußwasser enthält	Es enthalten die Abwässer von Salinen	Sodafabriken	Kaliwerken
$Na^{\cdot}$	$Na^{\cdot}$	$Na^{\cdot}$	$Na^{\cdot}$
$Mg^{\cdot\cdot}$	$Mg^{\cdot\cdot}$	—	$Mg^{\cdot\cdot}$
$C^{\cdot\cdot}$	$Ca^{\cdot\cdot}$	$Ca^{\cdot\cdot}$	—
Ci'	Cl'	Cl'	Cl'
SO_4''	SO_4''	—	SO_4''

Über die Zusammensetzung der Kaliabwässer gibt SEIFERT[1] in dem Essener Heft der Abwassertechnischen Vereinigung folgende Übersicht (s. Tabelle 47 unten).

Die Wirkung salzhaltiger Abwässer auf Pflanzen und Böden ist an verschiedenen Stellen geprüft worden. Nach KÖNIG[2] ergaben diese Versuche, daß Chlormagnesium und Chlorcalcium in Abwässern wie Chlornatrium zwar bodenauswaschende, aber auch aufschließende und dann indirekt düngende Wirkungen haben. Nach den Versuchen von HINDORF[3] können Lösungen von Chlorkalium und Chlormagnesium bis zu 0,2% die Keimfähigkeit der Samen fördern. Die Höchstgrenze für die Beeinträchtigung liegt bei $^1/_2$% = 5 g/l. Ferner hat es sich gezeigt,

Tabelle 47. *Zusammensetzung der Kaliabwässer nach* SEIFERT

Spez. Gew.	$MgCl_2$ g/l	NaCl g/l	$MgSO_4$ g/l	KCl g/l	Summe d. Salze g/l	Cl g/l	Mg g/l	SO_4 g/l	mg/l Cl auf 1° Härte	° Härte auf 100 m/gl Cl
1. Endlauge der Karnallitverarbeitung										
1,295	275	35	60	45	415	247	82	48	13	7,7
2. Steinsalzlauge der Kieseritgewinnung — Kieseritwaschwasser										
1,198	8	285	6	6	305	182	32	4	247	0,4
3. Endlauge der Sulfatfabrikation										
1,280	200	35	75	73	383	206	66	60	14	7,1
4. Endlauge der Glaubersalzfabrikation										
1,230	120	155	35	10	320	188	38	28	21	4,7
5. Mutterlauge der Chlorkaliumfabrikation										
1,280	175	100	60	65	400	222	48	17	17	5.9

[1] SEIFERT, F.: Ber. A. T. V. Bd. 3 (1952) S. 158.
[2] KÖNIG, J.: Verunreinigung der Gewässer, Bd. II. Berlin: Springer 1899.
[3] HINDORF, R.: 6. Ber. des landw. Institutes Halle 1886, S. 135.

daß man einen Unterschied zwischen einem einmaligen Aufbringen der festen Salze und einer Dauerzuführung durch Berieseln mit salzhaltigen Abwässern machen muß. Auf die Dauer sind Abwässer mit einem Salzgehalt von 1 g/l an Chloriden für die Berieselung zu verwerfen, wenn auch im Anfang der Rieselung eine günstige Wirkung auftreten sollte. Daß versalzenes Wasser in der Landwirtschaft als Viehtränke nicht gebraucht werden kann, braucht nicht näher erörtert zu werden.

Klapp, Stählin und Zapfe[1] haben sich über 7 Jahre erstreckende Untersuchungen, und zwar botanischer, chemischer und physikalischer Art, und Feststellungen der Ernteerträge von Dauerwiesen, die ständig unter dem Einfluß kaliwässerführender Überschwemmungen zu leiden hatten, durchgeführt. Eine Beeinflussung der Wiesenflächen und der Heuerträge wurde nicht festgestellt. Da auch das geerntete Heu bei der chemischen Untersuchung nirgends eine außergewöhnliche Zusammensetzung aufwies, fassen die Forscher das Ergebnis ihrer Untersuchungen dahin zusammen, daß selbst bei starker Abwasserführung des Flusses Überschwemmungswässer keine erkennbaren Folgen einer dem Wiesenwuchs schädlichen Salzwirkung hinterließen. Die Schädlichkeit der salzigen Abwässer in gewerblicher Beziehung ist darin zu suchen, daß diese Abwässer dem Vorflutwasser eine größere bleibende Härte verleihen, so daß die Anwendbarkeit des Wassers für Wasch- und für Kesselspeisezwecke sowie als industrielles Brauchwasser beeinträchtigt wird. Besonders Chlormagnesium wirkt sich im Kesselspeisewasser wegen der Zersetzlichkeit bei schon verhältnismäßig niederen Temperaturen sehr nachteilig aus. Zuckerfabriken können ein versalzenes Bachwasser für Diffusionszwecke nicht mehr verwenden, da die Salze melassebildend wirken und das Kristallisationsvermögen des Zuckers beeinträchtigen.

In gesundheitlicher Beziehung ist eine gewisse Schädlichkeit für den Menschen anzunehmen, wenn der Vorfluter noch zu Trink- und Brauchwasserzwecken benutzt wird. Von bestimmten Grenzen an wird ein Salzgehalt unangenehm empfunden. Wenn auch die Grenze der geschmacklichen Feststellung bei den verschiedenen Menschen verschieden ist, muß man auf die geschmacksempfindlichen Personen Rücksicht nehmen. Wegen des eigentümlichen Nachgeschmackes des Chlorcalciums und wegen des bitteren Geschmacks und der abführenden Wirkungen des Magnesiumsulfates wirken diese schon in geringeren Mengen nachteiliger als Chlornatrium. Wird das Flußwasser unterhalb für Trinkwasserzwecke benutzt, so müssen zur Zeit folgende Geschmacksgrenzen eingehalten werden.:

Magnesiumchlorid	160 mg/l	Calciumsulfat	500 mg/l
Magnesiumsulfat	250 mg/l	Natriumchlorid	400 mg/l
Calciumchlorid	500 mg/l	Natriumsulfat	400 mg/l

Um zu verhüten, daß durch wahlloses Ablassen von salzigen Abwässern in den Vorflutern zu arge Übelstände entstehen, hat die *Staatliche Kaliabwasserkommission*, deren Anordnungen die Unternehmer

[1] Klapp, Stählin u. Zapfe: Landw. Vers. Stationen 1935, S. 123.

unterworfen sind, für Preußen besondere Richtlinien erlassen. Die Aufsichtsbehörde setzt für jedes Werk eine bestimmte Menge Abwasser fest, die nicht überschritten werden darf. Durch diese Festsetzung werden Versalzungsgrenzzahlen geschaffen, die unter Einhaltung der für die einzelnen Vorfluter jeweils bestehenden Höchstzahl von der Kaliabwasserkommission auf der Grundlage der Beteiligungsziffer am Kaliabsatz festgestellt wird. Diese Festsetzung von Grenzmengen ist auch schon aus dem Grunde erforderlich, weil eine Vermischung der spezifisch schweren Endlaugen oft erst nach einer sehr langen Fließstrecke erfolgt. Die Durchmischung wird durch Mischrinnen, Abstürze, Wehre u. dgl. stark gefördert. Die für die Kaliindustrie zur Verfügung stehenden Vorfluter des deutschen Kaligebietes besitzen auch nicht das für die schnelle Vermischung erforderliche größere Gefälle, noch felsigen Untergrund. Auf Vorschlag des Reichsgesundheitsamtes sind folgende Grenzwerte der Erhöhung der DH° und des Chlorgehaltes für die abzuleitenden Abwassermengen festgelegt worden:

Tabelle 48

Grenzwerte der Erhöhung der Härte und des Chlorgehaltes für verschiedene Flüsse

	Härte in DH°	Chlorgehalt in mg/l
Schunter, Oker	50—55	400—450
Aller, unterhalb der Einmündung der Oker bei Minden	40—45	400—450
Wipper und Unstrut	50	300

Tabelle 49. *Grenzzahlen der Leine für 1952*

	Gesamthärte DH°	Gesamtchlor mg/l
Bei Koldringen	30	350
An der Mündung	32	420

Tabelle 50. *Grenzzahlen der Weser nach* Seifert

	Gesamthärte	Härtezuwachs	Gesamtchlor mg	Chlorzuwachs mg
Weser bei Bremen	23°	13°	350	300
Aller bei Verden	33,5°	22,4°	426,3	381
Fulda bei Hann.-Münden	11,0°	4,4°	205,8	185
Werra bei Hann.-Münden	39,8°	25,7°	963	890

Mit Rücksicht auf die Verwendung des Weserwassers als Trinkwasser für die Stadt Bremen hat das Reichsgesundheitsamt als Höchstgrenze für Gesamthärte und Chlorgehalt des Weserwassers bei Bremen 20 DH° und 250 mg/l Chlor vorgeschlagen, worin 170 mg/l Chlormagnesium enthalten sein dürfen. Da diese Zahlen von den an der Werra gelegenen Werken als zu niedrig bezeichnet wurden, sind nach Wolf[1]

[1] Wolf: Wasserkr. u. Wasserwirtsch. (1932), S. 34.

für die Werra folgende zulässigen Grenzwerte angegeben:

bei Gerstungen	1781 mg/l Chlor
unterhalb der Hörselmündung	1329 mg/l Chlor
bei Mihla	1455 mg/l Chlor
bei Hann.-Münden	1052 mg/l Chlor

Um sich von diesen Schwierigkeiten frei zu machen, bezieht jetzt die Stadt Bremen ihr Trinkwasser durch eine 250 km lange Leitung aus der Sösetalsperre.

b) Ableitung in die Vorfluter

Um eine Überschreitung der Grenzwerte nach Möglichkeit zu verhüten, hat man verschiedene Vorschläge für die Ableitung, wie Aufenthaltsbecken, Verteilervorrichtungen mit dauernder Kontrolle über die zulässigen Endlaugenmengen (Anbringung selbstregistrierender Apparate) durch Meßwehre u. dgl. gemacht.

Zur Erreichung einer gleichmäßigen, der Wasserführung des Flusses angepaßten Abwassermenge sind Sammelbehälter mit undurchlässigem Boden und Wänden anzulegen, die genügend großes Fassungsvermögen haben müssen, um als Ausgleichsbehälter dienen zu können. Diese dürfen nicht im Überschwemmungsgebiet des Vorfluters liegen. Für eine Tagesverarbeitung von je 1000 Doppelzentnern abwasserbringender Rohsalze werden Sammelbecken bis zu 4000 m^3 Fassungsvermögen als ausreichend angesehen, doch richtet sich die Größe der Sammelbecken auch nach der Art der zur Verarbeitung kommenden Rohsalze. Die Sammelbecken sollen alle Abwässer, Endlaugen (von der Carnallitverarbeitung, Sulfat- und Bromgewinnung), Kieseritwaschwässer, Abwässer von Nebenbetrieben, Haldenwässer und auch die regelmäßigen Schachtwässer aufnehmen. Wegen der Gefahr des Auskristallisierens können getrennte Abteilungen geschaffen werden.

Die Größe der Sammelbecken richtet sich nach den örtlichen Verhältnissen, in erster Linie nach dem Vorfluter und den durchschnittlichen örtlichen meteorologischen Verhältnissen. Sie sollten so bemessen sein, daß sie mindestens den gesamten Abwasseranfall von 150 Tagen aufnehmen können, besser werden sie aber so groß gemacht, daß sie für 250 Tage reichen, um auch in Katastrophenjahren mit niedrigen Niederschlägen ausreichend zu sein.

Beim Ablassen der Abwässer aus dem Sammelbecken sollen sie geklärt, gekühlt, frei von Öl und neutral sein. Sie dürfen kein freies Chlor oder Brom enthalten. Im Werragebiet soll das spez. Gewicht der Abwässer bei der Ableitung 1,2 nicht übersteigen, sonst müssen sie vorher verdünnt werden. Um dies zu kontrollieren, sind unter amtlichen Verschluß gehaltene Einrichtungen, welche die Menge und das spez. Gewicht der Abwässer selbsttätig aufzeichnen, anzubringen. Die Ableitung der Abwässer aus dem Sammelbecken hat sich der Wasserführung des Flusses anzupassen; das geschieht am besten durch von Leitfähigkeitsapparaten, die auf die höchstzulässige Salzmenge eingestellt sind, gesteuerte Meßrohre. Die Einleitung der salzigen Abwässer in den Fluß hat so zu erfolgen, daß eine schnelle und gleichmäßige Vermischung der Abwässer mit dem Flußwasser gewährleistet ist. Die beste Verteilung, wenn die örtlichen Verhältnisse es gestatten, erzielt man dort, wo man die Abwässer durch ein über die Wasseroberfläche sich erstreckendes gelochtes Rohr auf den ganzen Querschnitt des Vorfluters verteilen kann. Die Kontrolle der abgelassenen Salzmenge geschieht durch selbstregistrierende Leitfähigkeitsapparate, während die ständige Kontrolle des Chloridgehaltes und der Härte durch die Flußuntersuchungsstellen bei den Flußwasserüberwachungsämtern, z. B. in Magdeburg, Hildesheim, Gerstungen, Sondershausen und Weimar, erfolgt. In Abb. 254 ist die Bauweise eines Stapelbehälters mit Meßhaus

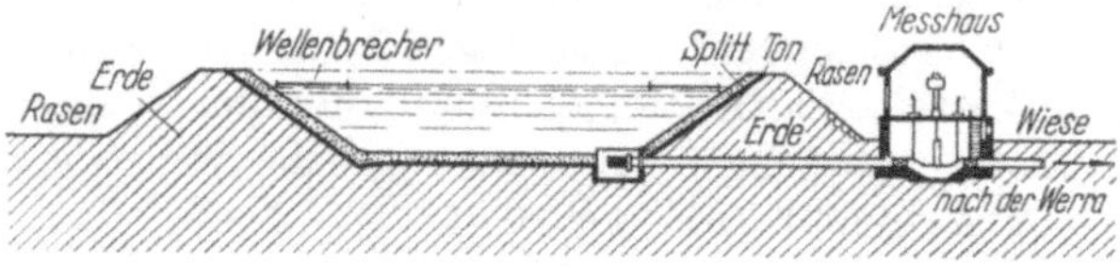

Abb. 254. Die Bauweise eines Abwasserstapelbehälters

dargestellt. Die härtereichen und härtearmen Abwässer werden in getrennten Behältern gestapelt. Die härtereichen Abwässer werden nach SEIFERT[1] vorzugsweise versenkt. Die Staubecken werden mit einer starken Tonschicht abgedichtet, auf die eine Splittschicht aufgetragen ist. Zum Schutz der Dämme sind schwimmende Wellenbrecher angebracht. Die Entleerung der Becken nach dem Meßhaus oder dem Pumpenhaus, von dem aus die Abwässer der Versenkungsanlage zugeführt werden, erfolgt durch eine am Boden liegende Rohrleitung. Vor der Rohrleitung ist zum Zurückhalten leichter mitgerissener, sperriger Stoffe ein Sieb angebracht. In einzelnen Fällen hat man Schwenkheber mit Schwimmern zur Ableitung benutzt, die mit dem Grundablaß beweglich verbunden das Abwasser an der Beckenoberfläche entnehmen. Hierdurch wird erreicht, daß der feine, aus Kieserit- und Tonschlamm bestehende Bodenschlamm im Stapelbehälter zurückbleibt.

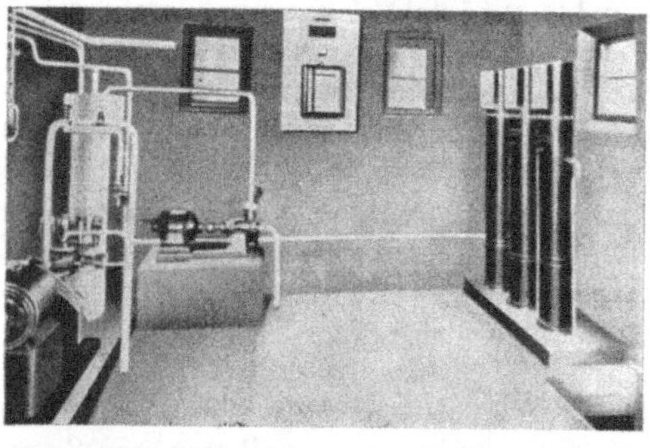

Abb. 255. Aufstellung der Meßgeräte nebst Zubehörteilen im Meßraum. Links der Kompressor für die Druckluft, die Schaugläser und das Niveaugefäß für Dichtenmessung. Der danebenliegende Motor sorgt für Abwasserförderung für das Niveaugefäß und das Elektrodenglas (dicht daneben Niveaugefäß). In der Mitte des Raumes das Schreibgerät für die Leitfähigkeitsprüfung. Rechts die Schreibgeräte für Mengen-, Dichte- und Flußpegelmessung. Im Keller die Abwasserleitung, außerhalb des Meßhauses das Meßwehr

Das Meßhaus besteht in der Regel aus zwei Stockwerken; durch den Keller führt die Rohrleitung mit den Meßwerken, im oberen Bedienungs-

[1] SEIFERT, F.: Ber. Abwassertechn. Vereinig. Bd. 3 (1952) S. 158.

raum befinden sich die Anzeige- und Schreibgeräte, die zur leichteren Bedienung hochgezogen werden oder mit elektrischer Übertragung ausgestattet sind (Abb. 255). Ferner enthält der Meßraum Laboratoriumsgeräte zur Nachprüfung des Chlorgehaltes und der Dichte des Abwassers, Fernschreiber zur Übermittlung des Salzgehaltes und des Pegelstandes der Werra, ununterbrochene Probenahme des Abwassers und des Flußwassers oberhalb und unterhalb der Einleitungsstelle sowie Tabellen für die Berechnung der Ableitungsmenge auf Grund des von der Flußüberwachungsstelle zugewiesenen zulässigen Chlorabstoßes in kg/sek. Eine Härtezuweisung ist bei den Werrawerken nicht erforderlich, da infolge der Zusammensetzung der Abwässer und der vorzugsweisen Versenkung der härtereichen Abwässer die Chlorgrenzen früher erreicht werden als die Härtegrenzen. Das Meßhaus und die benachbarte Pumpstation für die Abwässerversenkung sind bei Tag und Nacht durch einen technisch geschulten Betriebsangehörigen besetzt, der die Prüfungen vornimmt und den Ablaßschieber einstellt.

Neben der Abwässermessung mit WOLTMANN-Wassermessern, kombiniert mit der Dichtemessung nach dem Schwimmerprinzip werden Meßgeräte verwandt, die nach dem Druckluftprinzip arbeiten. Bei der ersteren Meßmethode waren getrennte Messer für größere und kleinere Ableitungsmessungen zur Erreichung genügender Meßgenauigkeit erforderlich; die letzteren Anlagen haben sich hinsichtlich der Genauigkeit besonders bewährt, waren aber da nicht anwendbar, wo das Meßhaus von der Flutmarke des Hochwassers erreicht wird.

Die von der Gesellschaft für Meßtechnik, Bochum gebauten Anlagen umfassen nach BÖHM einen Flußpegel, einen Mengenmesser, einen Dichtemesser und einen Leitfähigkeitsmesser für die Messung des Salzgehaltes der in den Vorfluter abgestoßenen Abwassermengen. Alle Instrumente sind Schreibgeräte. Die Pegelkontrolle ist wichtig, weil ja in Abhängigkeit vom Wasserstand jeweils nur eine bestimmte Abwassermenge in den Fluß abgeleitet werden darf. Die Pegel-, Mengen- und Dichtemessung erfolgt nach dem Druckluftprinzip mit Fernübertragung, erstere in Verbindung mit einem Frese-Stauwehr, letztere mit einem Niveaugefäß. Die zum Betrieb erforderliche Druckluft liefert ein Kompressor oder ein Wasserstrahlgebläse.

c) Abwässer der Kaliindustrie

Die Kalilagerstätten enthalten die Kalirohsalze in verschiedener Zusammensetzung. Die bekanntesten Rohsalzarten sind: Carnallit, Hartsalz, Kieserit und Sylvinit. Die *Kaliabwässer* entstehen bei der Verarbeitung der Kalirohsalze auf höherprozentige Kalisalze. Die in den Bergwerken gewonnenen Rohsalze kommen als solche in den Handel, oder sie werden in besonderen chemischen Fabriken, den Kalifabriken, zu Chlorkalium, Kalidüngesalz, Kieserit, Kaliummagnesiumsulfat, Chlormagnesium, Bromide und Brom weiterverarbeitet. Die weitaus größte Menge der Kalisalze wird von der Landwirtschaft zu Düngezwecken verbraucht. In der Landwirtschaft werden vorzugsweise

40%ige Düngesalze angewandt, während mit Rücksicht auf Transportkosten für das Ausland hochprozentige (80%ige) Düngesalze hergestellt werden. Als rein anorganische Kaliabwässer kommen in Frage:

1. die *Endlaugen der Carnallitverarbeitung*, 2. die *Kieseritwaschwässer und* gelegentlich 3. die *Schachtwässer*, 4. *Endlaugen der Sulfatfabrikation*, 5. *Endlaugen der Glaubersalzfabrikation*, 6. *Mutterlaugen der Chlorkaliumfabrikation*.

In den *Chlorkaliumfabriken* erfolgt die Herstellung hauptsächlich aus Carnallit und Hartsalz. In den Fabriken werden die Rohsalze mit einer heißen Löselauge so zerlegt, daß möglichst alles Chlorkalium in Form des Doppelsalzes Chlorkalium-Chlormagnesium in Lösung geht, die anderen Salze aber als Rückstand (Steinsalz und Kieserit) zurückbleiben. Aus dem Löserückstand wird durch Auswaschen das Steinsalz entfernt, so daß Kieserit zurückbleibt. Bei diesem Auswaschen entstehen die kochsalzhaltigen *Kieserit-Waschwässer*. Aus der zuerst erhaltenen heißen Salzlösung wird durch Auskristallisieren das Chlorkalium gewonnen. Es fallen hierbei als Abwässer die chlormagnesiumhaltigen Lösungen, die sog. *Endlaugen* an. Als weitere Abwässer fallen unter Umständen die unregelmäßig zur Anleitung kommenden, durch eindringende Grundwässer bedingten *Schachtwässer* an, die abgepumpt werden müssen und deren Zusammensetzung je nach den örtlichen Verhältnissen verschieden ist. Bei der Verarbeitung auf Brom können saure Abwässer mit freiem Chlor auftreten.

Die Endlaugen rufen durch ihren Chlor-Magnesiumgehalt neben der Versalzung auch eine „Verhärtung" der Flußläufe hervor.

Bei einer Verarbeitung von 1000 dz Carnallit fallen etwa 50 m^3 Endlauge mit einem spez. Gewicht von 1,3 bis 1,335 an. 1 m^3 der Endlauge enthält etwa 4 dz Salze, hauptsächlich Chlormagnesium, kleinere Mengen Magnesiumsulfat, Chlorkalium und Kochsalz. Die Mengen der Kieseritwaschwässer unterliegen beträchtlichen Schwankungen. Man rechnet für 1000 dz Rohcarnallit ebenfalls mit etwa 50 m^3 Kieseritwaschwasser.

Bei der Verarbeitung von Hartsalz mit einem höheren Gehalt an Kieserit fallen weniger Abwässer an, so daß die Verarbeitung von 4000 dz Hartsalz mit anschließender Sulfatherstellung der Verarbeitung von 4000 dz Carnallit entspricht.

Hartsalz, das neuerdings viel mehr als Carnallit verarbeitet wird, enthält 15 bis 25% KCl, 30 bis 50% Kieserit und 30 bis 60% Kochsalz. Das gemahlene Rohsalz wird mit chlormagnesiumhaltiger Lauge ausgekocht, aus der dann durch Kristallisation das Chlorkalium gewonnen wird. Dadurch, daß die Löselaugen dauernd im Kreislauf benutzt werden, fallen keine Chlormagnesium enthaltenden Endlaugen an. Der kieserithaltige Rückstand wird entweder auf Halden geschüttet, als Bergeversatz benutzt oder zur Kieseritgewinnung gewaschen. Es entstehen dann wie bei der Carnallitverarbeitung je nach der Menge des angewandten Waschwassers die sog. Kieseritwaschwässer mit einem spez. Gewicht von 1,01 bis 1,15. Dünne Kieseritwaschwässer enthalten im l 9 bis 11 g KCl, 2 bis 3 g $MgSO_4$, 70 g $NaCl$, 4 bis 5 g $MgCl_2$, 1 bis 2g

Unlösliches, bestehend aus Tonschlamm. Konzentrierte Waschwässer enthalten im l 9 bis 11 g KCl, 5 bis 10 g $MgSO_4$, 180 g $NaCl$, 4 bis 5 g $MgCl_2$, 1 bis 2 g Unlösliches. Bei kalten Waschwässern, z. B. in den Wintermonaten, beträgt der Gehalt der Kieseritwaschwässer etwa 4 bis 5 g $MgSO_4$; bei wärmeren Waschwässern und im Sommer bis 12 g/l.

Der bei der Kieseritwäsche anfallende tonhaltige Kieseritschlamm wird vor dem Abstoßen der Abwässer in den Vorfluter in besonderen Absetzbecken abgefangen, oder man läßt ihn in den als Ausgleichsbecken dienenden großen Sammelbehältern sich langsam absetzen.

Bei der *Kaliumsulfatfabrikation* wird aus Chlorkalium und Kieserit Kaliumsulfat hergestellt. Dabei fallen Sulfatendlaugen mit etwa folgender Zusammensetzung an: 80 g/l KCl, 70 g/l $MgSO_4$, 100 g/l $NaCl$, 130 g/l $MgCl_2$. Diese Abwässer werden soweit wie eben möglich in den Kalifabriken als Löselaugen für den Chlorkaliumbetrieb verwandt, ehe sie mit anderen Abwässern, z. B. den Kieseritwaschwässern, in die Vorflut gelangen.

Bei der *Glaubersalzfabrikation* wird Natriumsulfat aus Chlornatrium und Magnesiumsulfat hergestellt. Hierbei entstehen Endlaugen mit etwa folgender Zusammensetzung: 160 g/l $NaCl$, 100 g/l $MgCl_2$, 86 g/l $MgSO_4$ und einem spez. Gewicht von etwa 1,24. Auf 1000 dz calciniertes Glaubersalz oder 2280 dz kristallisiertes Glaubersalz entfallen rund 1000 m^3 Abwasser. Die Endlaugen werden wie bei der Kaliumsulfatfabrikation geklärt und dann in gleicher Weise wie die übrigen Abwässer unter Einhaltung bestimmter Verdünnungsgrenzen dem Vorfluter übergeben.

In Gegenden, wo die Belastung der Flüsse mit Kaliabwässern sehr hoch ist, hat man mit Erfolg versucht, die spez. schweren Glaubersalzendlaugen in unterirdische Bodenschichten zu versenken, so z. B. im Werragebiet in dem sehr zerklüfteten Plattendolomit des Zechsteingebirges. Das ist aber nur dort möglich, wo keine Wasserversorgungen aus dem Grundwasser gespeist werden.

Alle festen Rückstände der Fabrikation müssen entweder in die Grube zurückgebracht oder auf Halden geschüttet werden. Diese müssen so angelegt werden, daß eine Schädigung der Nachbarschaft oder eine Beeinträchtigung der Grundwasserverhältnisse vermieden wird. Die Halden sollen möglichst nicht im Überschwemmungsgebiet der Vorfluter errichtet werden.

Gewinnung und Verwendung der Magnesiumsalze aus Endlaugen

Anstatt die Endlaugen in den Vorfluter abzustoßen, sollte man ihnen vorher noch alle in ihnen enthaltenen Werte entziehen. Dies kann geschehen durch Herstellung von festem Chlormagnesium, ferner durch Überführen des Chlormagnesiums in andere Magnesiumverbindungen, wie z. B. in MgO, $Mg(OH)_2$, $MgCO_3$ und metallisches Magnesium, und durch Gewinnung der bei der Magnesiasalzherstellung anfallenden Nebenprodukte, wie Chlor und Salzsäure. Es ist zu wünschen, daß die Herstellung von metallischem Magnesium, das in den letzten Jahren in den verschiedenen Leichtmetallegierungen eine größere Verwendung gefunden hat, eine weitere Entlastung unserer Vorfluter bringen wird.

Die magnesiumchloridhaltige Endlauge kann in Form des *Magnesia- oder Sorell- oder Holzzementes* zur Herstellung von Fußböden und Wandplatten aus Steinholz sowie von Magnesiaziegeln (Preßsteinen) direkt verwandt werden. Das feste Magnesiumchlorid wird als Schlichte- oder Appreturmittel für Baumwollwebereien gebraucht. Für die Wirtschaftlichkeit der verschiedenen Aufbereitungsverfahren ist die Absatzmöglichkeit der gewonnenen Produkte von ausschlaggebender Bedeutung. Die Vorschläge der Verwendung der Endlauge zur Unkrautvertilgung auf Gartenwegen haben sich gegenüber den wirksameren Perchloratsalzen nicht durchsetzen können.

Das DRP 382042 sieht die Gewinnung von Magnesit durch Versetzen von Endlaugen mit Schlamm aus kohlensaurem Kalk und Ammonsalzen und Einleiten von Kohlensäure unter Druck vor.

Bettels[1] empfiehlt, die chlormagnesiumhaltigen Endlaugen unter Zugabe von Kalk zur Reinigung der schwierig und unangenehm zu behandelnden Abwässer aus Großschlächtereien, Gerbereien, Lederfabriken und Strohpappenfabriken auszunutzen. In vielen Fällen verwendet man die Endlauge *zur Staubbindung auf den Straßen.* Durch ihren Gehalt an Chlormagnesium und Chlorcalcium – beides sehr hygroskopische Salze — halten die Abwässer die Straßen feucht und binden auf diese Weise den Staub. Solche Sprengungen haben sich im Winter bei trockenem Frost vorzüglich bewährt; an derartigen Tagen wäre das Sprengen mit Wasser nicht möglich, da die Straßen vereisen würden. Ein Nachteil ist der, daß jeder Regen die Wirkung aufhebt und eine neue Sprengung erforderlich macht.

Zur Verminderung der Kaliendlaugen hat Sander[2] eine Reihe von Vorschlägen gemacht, und zwar zunächst eine verstärkte Eindampfung der Endlaugen. Die entstehenden Salze sollen direkt als *Bergeversatz* verwandt werden. Die stark eingedampften Laugen sollen durch Zugabe von wasserbindenden Körpern (Asche, Kalk usw.) verfestigt und als Bergeversatz verwandt werden. Ferner empfiehlt Sander Versenkung der Endlaugen in den Gesteinsuntergrund. Bau besonderer Kanäle zum Meere oder zu Ödflächen, wo Versickerungsrohre anzulegen wären. Die erste Versenkung wurde in der Nähe des Kaliwerkes Kaiserode niedergebracht, die den Plattendolomit bei 162 m Tiefe erreicht. Die Mächtigkeit des Plattendolomits betrug an dieser Stelle 22 m. Die Bohrung wurde verrohrt durch eine äußere Rohrtour, die einzementiert wurde und eine innere von einer lichten oberen Weite von 350 mm und einer unteren Weite von 280 mm. In der Plattendolomitschicht ist das Rohr perforiert. Das innere Rohr kann zu Reinigungszwecken des Bohrloches gezogen werden. In diesen Brunnen konnten bei 6 atü Druck bis zu 14000 m^3 täglich versenkt werden. Im Werragebiet sind zur Zeit 30 derartiger Brunnen mit mehr oder geringerer Schluckfähigkeit vorhanden. In den Jahren 1925 bis 1950 wurden 130 Mill. m^3 Kaliab-

---

[1] Bettels: Mitt. Landesanst. Wass.- usw. Hyg. (1931), S. 7.

[2] Sander, P.: Z. Hyg. u. Infekt.-Kr. Bd. 101 (1938) S. 208.

wasser versenkt. Die Abwässer breiten sich in den Auslaugungssenken des Werratales aus. Die ursprüngliche Vermutung, daß die Laugen mit dem Einfallen der Schichten nach Süden abwandern würden, hat sich nur in beschränktem Umfang bestätigt. Bei den ältesten Brunnen tritt allmählich ein deutliches Nachlassen der Aufnahmefähigkeit in Erscheinung. Da neuere geologische Untersuchungen ergaben, daß die Gespenroda-Horschlitter Mulde und die Hönebacher Mulde noch größere Abwassermengen aufnehmen können, ist vorgeschlagen worden, die Kaliwerke durch eine Ringleitung an die in diesen Gebieten niederzubringenden Brunnen anzuschließen.

Der Plan, die Abwässer des gesamten Wesergebietes durch einen Rohrkanal bis zur Nordsee abzuleiten, ist auf Veranlassung der Behörden von der Kaliindustrie in verschiedenen Projekten durchgearbeitet worden. Er scheitert seiner Zeit an den außergewöhnlich hohen Kosten und an den unüberwindlichen Materialbeschaffungsschwierigkeiten.

Die Frage der Verlegung der Kalifabriken ans Meer scheitert an der Transportfrage, für die täglich 24 Züge mit 1430 Waggons benötigt würden, die in keiner Weise zur Verfügung stehen.

Auch die chemische Behandlung der Endlaugen zur Gewinnung hochwertiger Produkte, z. B. Destillation der Chlormagnesiumlaugen mit Schwefelsäure, ist zur Gewinnung von Salzsäure und Magnesiumsulfat vorgeschlagen worden.

Die Behandlung der Endlaugen mit Ammoncarbonat sieht die Gewinnung von ammonchloridhaltigen Düngemitteln und Magnesiumcarbonat vor. Eine stärkere Verwendung von Magnesiumchlorid zur Herstellung von Magnesia-(Sorell-)Zement könnte einen kleinen Teil der Endlaugen verbrauchen. Dasselbe gilt für die Benutzung der Chlormagnesiumlaugen in der Abwasserreinigung.

Sander beschreibt ein *Carnallitverarbeitungsverfahren* unter Verwendung von Ammoncarbonat bzw. dessen Komponenten, das in einfacher Weise die getrennte Gewinnung von Chlorkalium, Chlorammonium und Magnesiumcarbonat gestattet. Da das Verfahren nach Fällung des Magnesiumcarbonats eine Trennung der Salze KCl, $NaCl$ und NH_4Cl ermöglicht, so dürfte es praktisch durchführbar sein. Wieweit es wirtschaftlich durchführbar ist, müßte sich noch im Großbetrieb erweisen.

Die nach DRP 224076 und 231100 von E. v. Alten vorgesehene Verwendung der mit Kalk vermischten Endlaugen als Dünger hat sich nicht durchsetzen können, da das hierfür erforderliche Eindampfen in den meisten Fällen zu teuer war. Nach DRP 377199 von Kiermayer wird eine zur Umsetzung des Magnesiumchlorids nicht ganz ausreichende Menge Kalkhydrat zugesetzt und die Mischung bei 250° getrocknet.

Das DRP 382042 von Brinkhoff stellt durch Versetzen der Endlaugen mit Schlamm aus kohlensaurem Kalk und Ammonsalzen und Einleiten von Kohlensäure unter Druck Magnesit her.

d) Abwässer aus Salinen

Im Salinenbetrieb wird möglichst reines Steinsalz im Wasser gelöst und aus den eingedampften Lösungen das Chlornatrium als Siedesalz in gewünschter Kornfeinheit zur Kristallisation gebracht. Dabei bleiben die Nebensalze des Ausgangsmaterials in der Mutterlauge, die wieder zum Lösen weiterer Steinsalzmengen im Kreislauf verwandt wird, zurück. Die Verwendung der Löselauge im Kreislauf kann so lange geschehen, bis ihr Gehalt an Nebensalzen eine gewisse Konzentration erreicht hat, so daß dann die Gefahr besteht, daß andere Salze bei der Kristallisation mit ausfallen. Sie müssen daher von Zeit zu Zeit abgelassen und durch neues Lösungswasser ersetzt werden. Die abgelassenen Löselaugen haben meistens einen hohen Sulfatgehalt. Ihr Ablassen gelegentlich der Ausräumung der Salinenpfannen ist noch weit unterhalb im Vorfluter in einer starken Steigerung des Sulfatgehaltes festzustellen. Ähnliche Verhältnisse gelten für die Salinen, die mit natürlicher Sole arbeiten. In manchen Fällen werden die Solen zu Badezwecken benutzt, ohne dadurch die Art der Abwässer zu ändern. Man wird daher auch in diesen Fällen für eine gleichmäßige Verteilung durch Ausgleichsbecken Sorge tragen müssen, daß nicht durch das stoßweise Ablassen zeitliche Übersalzungen im Vorfluter vorkommen können.

e) Abwässer aus Sodafabriken

Die Herstellung der Soda kann nach zwei Verfahren erfolgen, und zwar:

1. nach dem nassen Ammoniaksodaprozeß nach SOLVAY, 2. nach dem trockenen LEBLANCschen Sodaverfahren.

Heute erfolgt die Herstellung von Soda in Deutschland und den anderen Industrieländern fast ausschließlich nach dem nassen Ammoniaksodaverfahren, während das trockene Verfahren wegen der großen Rückstände (1 bis 1,5 t je t Soda) fast nicht mehr angewandt wird. Die Sodagewinnung nach dem SOLVAY- oder Ammoniaksodaprozeß, bei dem nach SCHNITZLER[1] die größten Abwassermengen anfallen, erfolgt in der Weise, daß eine erwärmte ammoniakalische Kochsalzlösung in einem mit durchlöcherten Querwänden versehenen Turm mit Kohlensäure behandelt wird. Hierbei bildet sich schwerer lösliches Natriumcarbonat nach der Gleichung

$$NaCl = NH_4HCO_3 + NH_4Cl + NaHCO_3 .$$

Es scheidet sich grobkörnig an den Querwänden aus und wird nach dem Abtrennen von der Mutterlauge und Waschen durch Erhitzen in Natriumcarbonat (Soda) übergeführt, wobei Kohlendioxyd entsteht, das in den Prozeß zurückgeleitet wird

$$2\,NaHCO_3 = Na_2CO_3 + CO_2 + HO_2 .$$

Aus der nach der Ausscheidung der Soda erhaltenen Mutterlauge gewinnt man durch Erhitzen mit Kalk das Ammoniak zurück, das in den Betrieb zurückgeleitet wird. Die für den Prozeß nötige Kohlensäure wird im Kalkofen hergestellt. Der hierbei gewonnene Kalk wird zum Zersetzen der Mutterlauge benutzt.

[1] SCHNITZLER: Gesundh.-Ing. Bd. 57 (1934) S. 450.

Bei der Rückgewinnung des Ammoniaks fällt die Endlauge der Sodafabrikation an, die neben Kalk große Mengen Kochsalz und vorwiegend Calciumchlorid enthält. Sie unterscheidet sich hierdurch grundsätzlich von den bei der Carnallitverarbeitung anfallenden Ablaugen. Bei 1 t calcinierter Soda entstehen rund 15 m^3 Abwasser, die je m^3 etwa 1,3 dz Salze, vorwiegend Chlorcalcium, enthalten. Die Menge kann durch rationelles Arbeiten etwas niedriger gehalten werden. Die etwa 80° warme Endlauge enthält je l 67 bis 73 g Chlorcalcium, 42 bis 45 g Kochsalz, insgesamt 70 bis 80 g gebundenes Chlor, ferner große Mengen bis 100 g/l Ätzkalk, Calciumcarbonat, Gips, Magnesiumhydroxyd, Eisen- und Aluminiumhydroxyd, Kieselsäure. Wenn sie auch nicht so konzentriert sind wie die Abwässer der Carnallitverarbeitung, ist die Menge der bei der Sodafabrikation anfallenden Abwässer viel größer. Die bei der Herstellung von 1000 dz Soda anfallenden Abwässer entsprechen bei der Ableitung in den Vorfluter den bei einer Verarbeitung von rund 5000 dz Rohcarnallit anfallenden Abwässern. Da an der Saale große Sodafabriken liegen, so ist das Elbewasser durch den Gehalt an Chlorcalcium gekennzeichnet, während im Weserwasser der Gehalt an Chlormagnesium vorherrschend ist. Außer der Chlorkaliumendlauge fallen in den Ammoniaksodafabriken beim Waschen der Kalkofenkohlensäure noch geringe Mengen Skrubber- und Laveurwässer an, die Kohlensäure, schweflige Säure, Alkalicarbonate, bituminöse Stoffe, Flugstaub usw. enthalten. Nach Zugabe von etwas Kalkmilch können sie für Düngezwecke Verwendung finden.

In vielen Ammoniaksodafabriken wird die gewonnene calcinierte Soda gleich durch Umsetzen mit Ätzkalk im Sinne der folgenden Gleichung

$$Na_2CO_3 + Ca(OH)_2 = 2\,NaOH + CaCO_3$$

in Ätznatron übergeführt, das in gleicher Weise wie das elektrolytisch gewonnene Ätznatron eine ausgedehnte Anwendung in der Seifen-, Textil-, Zellstoff-, Papier-, Öl-, Farbenindustrie findet. Der bei der Umsetzung von Soda (oder auch von Rohbicarbonat nach Austreibung der Kohlensäure mit Dampf) entstehende Kalkschlamm wird durch Zellenfilter oder in kontinuierlichem Gegenstrom-Dekantierverfahren (mit Dorr-Eindickern) abgetrennt und die klare 10- bis 11%ige Natronlauge in Mehrstufenverdampfern eingedickt.

Die Reinigung der in den Ammoniaksodafabriken anfallenden Abwässer hat sich auf eine gute Zurückhaltung des Kalkschlammes und damit auch der sonstigen Schwebestoffe zu erstrecken. Dies geschieht in den meisten Fällen in großen Teichen oder bei kleineren Fabriken in Absetzbecken. Durch ihren Chlorcalciumgehalt unterscheidet sich die Endlauge der Ammoniaksodafabriken grundsätzlich von der bei der Carnallitverarbeitung in der Kaliindustrie anfallenden Endlauge. Wenn sie auch nicht so konzentriert sind, fallen aber größere Abwassermengen an. Die Verteilung der salzhaltigen Lösungen auf den Vorfluter erfolgt in gleicher Weise wie bei den Abwässern der Kalifabriken. Die in der letzten Zeit immer mehr durchgeführte Versenkung der Kaliabwässer und die stärkere Verarbeitung von Hartsalz und Sylvinit an Stelle von Carnallit hat es mit sich gebracht, daß heute durch die Sodaerzeugung mehr Salze der Vorflut zugeführt werden als durch die Kalirohsalzverarbeitung. Die beim Klären der Chlorcalciumendlauge und beim Kaustizieren der Soda anfallenden Endschlämme haben 40 bis 50% Wassergehalt und bestehen vorwiegend aus Calciumcarbonat, Magnesiumcarbonat, Gips, Eisen- und Aluminiumoxyd sowie Silicaten. In städtische Kanalisationen dürfen solche Schlämme enthaltende Abwässer nicht abgelassen werden. Die Endschlämme können entweder durch Mischen mit Ammoniumchlorid zu Düngemitteln (Kalkammon) oder durch Mischen und Brennen mit Ton zu Zementen verarbeitet werden.

Bei den nach dem *Le Blanc-Verfahren* arbeitenden Sodafabriken wird Natriumsulfat durch Reduktion mit Kohle in Natriumsulfid verwandelt, das mit Calciumcarbonat in Calciumsulfid und Natriumcarbonat übergeführt wird. Auf 1 t Alkali fallen bei diesem Verfahren 1,5 t trockene Rückstände an, die außer Schwefelcalcium und Calciumoxyd auch Schwefeleisen, Tonerde, Sand und Kohle enthalten. Diese Rückstände wurden früher auf Halden aufgeschüttet, was zu großen Unzuträglichkeiten in der Umgebung und im Vorfluter führte. Das war besonders dann der Fall, wenn diese Haufen in Brand gerieten und wenn sich schweflige Säure bzw. Schwefelwasserstoff bildeten. Zu den schädlichen Bestandteilen kann unter Umständen noch Arsen kommen, wenn zu Herstellung des Natriumsulfats arsenhaltige Schwefelsäure verwandt wurde.

Die beim Auslaugen der Rückstände durch Regenwasser entstehenden Abwässer schaden im Vorfluter und bei Verrieselungs- oder Düngungszwecken durch den hohen Gehalt an freiem Kalk, an Schwefelwasserstoff, Arsen, gelegentlich auch durch schweflige Säure. Es sind verschiedene Verfahren zur Reinigung dieser Abgänge ausgearbeitet worden, die alle mehr oder weniger den Zweck haben, die in den Abgängen steckenden Werte wiederzugewinnen. Sie beruhen in den meisten Fällen auf einer Oxydation der Rückstände durch Luft und Darstellung löslicher Polysulfide, Sulfite des Calciums und Natriums und ähnliches. Als letztes Endprodukt fällt ein chlorcalciumhaltiges Abwasser an, das in den Vorfluter abgelassen werden muß. Nach genügend langer Verwitterung sind die Rückstände auch zu Düngezwecken benutzt worden. Besser eignen sich hierzu aber die Rückstände von der *Pottaschefabrikation*, wenn dieses analog dem LEBLANC-Sodaprozeß aus Chlorkalium hergestellt wird. Die Rückstände sind fast die gleichen, nur enthalten sie die entsprechenden Kaliumverbindungen.

37. Abwässer der Goldschwefelfabriken

Technischer arsenhaltiger Goldschwefel (Antimonsulfide wechselnder Zusammensetzung, hauptsächlich Sb_2S_5) findet in der Feuerwerkerei, in der Heilkunde und vor allem zur Vulkanisierung und zum Rotfärben des Kautschuks sowie zur Bereitung der Zündmasse von Streichhölzern Verwendung. Die Herstellung erfolgt in den meisten Fällen auf dem

Umweg über das SCHLIPPEsche Salz (Na_3SbS_4), das aus Antimonerz und Schwefelalkalien hergestellt wird. Der bei der Zerlegung des SCHLIPPEschen Salzes sich im Sinne der folgenden Gleichung:

$$2\,Na_3SbS_4 + 6\,HCl = Sb_2S_5 + 6\,NaCl + 3\,H_2S$$

bildende Schwefelwasserstoff wird in dicht geschlossenem Umsetzgefäß restlos abgesaugt und in Kalkmilch aufgefangen. Die dadurch entstehende Calciumhydrosulfidlösung wird im Betrieb restlos wieder verwandt. Wird der Schwefelwasserstoff in Natronlauge aufgefangen, so kann das gebildete Natriumhydrosulfid auch in der Gerberei verwandt werden. Der mit Schwefel und Arsenverbindungen abgeschiedene Goldschwefel wird abfiltriert, gemahlen, getrocknet, nochmals gewaschen und getrocknet.

Bei der Herstellung von 1 t Goldschwefel fallen rund 180 bis 200 m^3 Abwasser an. Das Abwasser enthält 4 bis 5 g/l Chlornatrium und 1 bis 1,5 g/l Chlorcalcium. Hinsichtlich seiner Zusammensetzung steht das Abwasser dem bei der Sodaherstellung nach dem SOLVAY-Verfahren anfallenden Abwasser am nächsten. Da die Abwässer außerdem noch geringe Mengen Goldschwefel und Schwefel enthalten, müssen sie vor ihrer Ableitung durch ein Absetzbecken mit mindestens fünfstündiger Aufenthaltszeit davon befreit werden. Die dann abfließenden Wässer sind klar und können bei genügend großen Vorflutern, bei denen eine Versalzung oder „Verhärtung" nicht zu befürchten ist, in gleichmäßigem Strome aus dem als Ausgleichsbecken dienenden Absetzbecken in mittelgroße Vorfluter (über 30 m^3/sek) abgelassen werden, nachdem sie vorher durch Kühl- und Niederschlagswasser weitgehendst verdünnt sind.

Nach einem anderen Herstellungsverfahren[1] wird das SCHLIPPEsche Salz in Lösung mit Natriumbisulfitlösung umgesetzt und das Filtrat vom abgeschiedenen Goldschwefel mit Schwefelwasserstoff behandelt. Hierbei kann als wertvolles Nebenprodukt Natriumthiosulfat gewonnen werden. Salzhaltige Abwässer entstehen nicht.

38. Abwässer von Schwerspatgruben

Schwerspat besteht aus Bariumsulfat (auch Baryt, Blancfixe, Barytweiß, Permanentweiß genannt) und kommt in der Natur in Form von weißen rhombischen Kristallen vor. Die wichtigsten deutschen Schwerspatlager sind bei Meggen in Westfalen, wo der Schwerspat in Hüttenbetrieben gewonnen wird. Der natürliche Schwerspat wird fein gemahlen und dann als Farbpulver in der Malerei verwandt. Bei der Gewinnung des Schwerspates muß der reine Schwerspat im Klassifizierverfahren von dem übrigen Begleitgestein auf dem nassen Wege getrennt werden. Die hierbei anfallenden Abwässer müssen in genügend großen runden oder eckigen Eindickern von den feinen Schwebestoffen befreit werden, ehe man sie in die Vorfluter im gleichmäßigen Strom möglichst unter Zwischenschaltung eines Ausgleichsbeckens abläßt.

[1] FISCHER, E. J.: Abfallstoffe der anorg. chem. Industrie und ihre Verwertung, S. 88. Dresden/Leipzig: Th. Steinkopff 1936.

Bei der Aufarbeitung von Baryt aus einem mit 8% Kalkspat durchsetzten metasomatischen Vorkommen wurde nach SCHNITZLER[1] der mechanisch von Schwerspat nicht abtrennbare Kalkspat mit Salzsäure herausgelöst. Hierbei fallen calciumchloridhaltige Abwässer an. Da zum völligen Aufschluß ein Überschuß an Salzsäure erforderlich ist, so werden die zunächst entstehenden Abwässer durch Eintragen von feingemahlenem Kalkspat neutralisiert und dann in ein Sammelbecken geleitet, in dem sich alle ungelösten Stoffe absetzen können. Zur Kontrolle, daß die Säure restlos gebunden wurde, muß ein registrierendes p_H-Meßgerät am Ablauf der Absetz- oder Sammelbecken eingebaut werden. Die in gleichmäßigem Strom aus dem Sammelbecken abgelassenen Abwässer ergeben im Vorfluter je nach der Wasserführung eine Erhöhung der Härte und des Chloridgehaltes. Ist das Begleitgestein eisensulfidhaltig, so scheiden die Abwässer im Vorfluter auf weite Strecken rotbraunes Eisenhydroxyd aus, das sich im Vorfluter sehr unangenehm durch seine Farbe bemerkbar macht und jegliches biologische Leben, vor allem auch alle Fische, aus dem Wasser vertreibt. Um diese Eisenverbindungen auszuscheiden, muß das Abwasser durch Kalkmilch oder Kalkhydrat auf einen p_H-Wert von 7,3 gebracht werden und dann etwa 15 bis 20 min durch Einblasen fein verteilter Luft aufoxydiert werden. Der sich ausscheidende feinflockige Eisenhydroxydschlamm wird in Absetzbecken abgefangen und auf Trockenbeeten bzw. nach dem Abfangen auf Drehfiltern gewaschen und getrocknet und dann als Malerfarbe verwandt. Enthält das Gestein auch noch Zinkblende, so muß das im Abwasser durch Aufoxydation des Zinksulfids zu Zinksulfat enthaltene Zink nach Ausscheiden des Eisenhydroxyds durch weitere Zugabe von Kalkhydroxyd bei einem p_H-Wert von 8,4 bis 8,5 als Zinkhydroxyd ausgefällt werden.

39. Abwässer aus Arsenikwerken

Bei der in früheren Zeiten primitiveren Verhüttung der Erze ging deren Gehalt an Arsenverbindungen als arsenige Säure (Hüttenrauch, Giftmehl) in die Luft; arsenhaltige Berge und Schlackenhalden wurden um die Hütte gelagert und gingen durch Verwitterung und Auslaugung dauernd in das Oberflächenwasser und damit in die Vorfluter über. In den neuzeitlich arbeitenden Hütten fallen nur noch wenige Abwässer mit arseniger Säure an. Der aus den Schornsteinen niedergehende Hüttenrauch enthält aber doch noch arsenige Säure, die in näherer oder weiterer Entfernung niederfällt und zur Vergiftung der Tagewässer beiträgt. Sie teilt sich dem Untergrund und dem Grundwasser oft in weiter Entfernung von der Fabrik und deren Abläufen mit, wodurch die Brunnen für den menschlichen Haushalt und für die Viehtränke unbrauchbar werden. BÖHM beschreibt ein Werk in Schlesien, das aus dem Bergwerk, der Erzaufbereitung, der Arsenikhütte, der Entgoldungsanlage, einem Bleiarseniatwerk und einer Farbenfabrik besteht.

[1] SCHNITZLER: Gesundh.-Ing. Bd. 58 (1935) S. 152.

In der Hütte werden die bergmännisch gewonnenen und aufbereiteten Arsenikerze (Arseneisen) mit wenig Schwefeleisen und Magnetkies in Drehöfen (schrägliegende Zylinderöfen) zum Teil auch noch in einem Fortschaufelungsofen geröstet (abgebrannt). Die abziehende arsenige Säure wird in einem ausgedehnten Kammersystem niedergeschlagen. Ein kleiner Anteil geht mit den Rauchgasen durch die Schornsteine ab. Die arsenige Säure wird erforderlichenfalls nochmals umsublimiert oder als *Pulverarsen* oder *Arsenglas* oder, nach Zusammenschmelzen mit Schwefel, als Realgar bzw. Auripigment in den Handel gebracht. Ein anderer Teil der arsenigen Säure wird zu metallischem Arsen reduziert, der größte Teil aber in den Schärfewerken zu Arsensäure oxydiert und auf Arseniate weiter verarbeitet, die zur Vertilgung von Ungeziefer dienen.

Die in der Umgebung eines Werkes aufgetretenen Gesundheitsschädigungen und Massenerkrankungen waren schon seit längerer Zeit bekannt. Die *Landesanstalt für Wasser-, Boden- und Lufthygiene* hat in Gemeinschaft mit der *Preußischen Geologischen Landesanstalt* aus Anlaß des Auftretens höherer Arsengehalte in mehreren Brunnen dieser Gegend die Verhältnisse im Jahre 1923 genauer untersucht und ein Gutachten erstattet, aus dem hier folgende Angaben interessieren dürften:

„Aus der Literatur ist bereits bekannt, daß durch die Arsen führenden Gebirgsschichten durch ihre Verwitterungs- und Abschwemmprodukte, durch den seit langem bestehenden Bergbau und durch die Anlagen zur Gewinnung des Arsens bewirkt wurde, daß das Vorkommen von Arsen in den Böden von Reichenstein und seiner Umgebung sowie in den Wasserläufen und in dem Grundwasser allgemein vorbereitet ist (Grüner[1]). Auch die Arsenvergiftungen in Reichenstein sind früher schon eingehend untersucht worden. Spuren von Arsenverbindungen sind in fast allen Nahrungsmitteln enthalten. Etwa 0,05 bis 1,0 mg/l As im Trinkwasser können nach Lehmann[2] nicht beanstandet werden, dagegen genügt eine längere Zufuhr von täglich 1 bis 3 mg As_2O_3 (0,76 bis 2,27 mg As), um eine schwere Arsenvergiftung hervorzurufen. Wässer mit einem Gehalt von 0,7 mg/l As an zählen bereits zu den Mineralwässern und dürften jedenfalls nicht zum täglichen Genuß verwendet werden. Auf Grund der bisher vorliegenden Erfahrungen kann man Mengen bis zu 0,1 bis 0,15 mg/l As (0,2 mg As_2O_3) im Trinkwasser bei täglichem Gebrauch als gesundheitlich unbedenklich ansehen.

Nach den Untersuchungsergebnissen der entnommenen Proben besaß der sog. Giftbach in seinem oberen Teil im Schlackental einen Arsengehalt von 6 mg/l. Durch die Abflüsse der Entgoldung und aus den Teichanlagen der Arsenikwerke steigerte sich, trotz Rücknahme des Hauptteils der Abwässer in den Betrieb, der Arsengehalt im Giftbachwasser ganz erheblich, so daß im Wasser des Mühlgrabens in Ober-Plottnitz 24 mg/l As festgestellt wurden. Diese beträchtliche Zunahme

[1] Grüner: Schles. Landw. Jb. Bd. 40 (1911) S. 517.
[2] Lehmann, K. B.: Die Methoden der praktischen Hygiene (1901), S. 621.

ist eine Folge der in den letzten Jahren eingetretenen erheblichen Vergrößerung der Werke. Ausgestochener Schlamm, der am linken Ufer des Mühlgrabens in Ober-Plottnitz lagerte, wies in der Trockensubstanz einen Arsengehalt von 1,3% As auf. Von den 9 Brunnen dieser Ortschaft liefert nur noch einer gesundheitlich einwandfreies Trinkwasser."

Wie TSCHERKINSKIJ und GINSBURG[1] an zwei Zechen einer russischen Fabrik festgestellt haben, enthält das Abwasser einer Fabrik, in der Schweinfurter Grün hergestellt wird, 151 bis 219 mg/l Arsen neben 114 bis 181 mg/l Kupfer und das Abwasser einer Calciumarsenitfabrik 46 bis 92 mg/l Arsen neben 1,6 bis 2,7 mg/l Kupfer bei p_H-Werten von 7,1 bis 8,8. Im ersteren Falle ist das Arsen in Form eines zusammengesetzten Kupfer-Arsensalzes zugegen. Außerdem wurde in beiden Abwässern Arsentrioxyd gefunden. Das Abwasser der Calciumarsenitfabrik konnte durch eine 10fache Verdünnung entgiftet werden, wohingegen das Abwasser der Schweinfurter Grün-Fabrik noch bei 40facher Verdünnung seine Giftigkeit behielt. Im Flußwasser waren nach 8 km noch 0,85 mg/l Arsen und 0,12 mg/l Kupfer enthalten. Diese Gehalte hatten auf die Kleinlebewesen keinen schädigenden Einfluß, jedoch hemmen sie die Entwicklung von Fischen recht wesentlich. Sie halten als Höchstmaß des Zulässigen vom gesundheitlichen Standpunkt einen Arsengehalt von 0,15 mg/l und einen Kupfergehalt von 0,2 mg/l.

Außer für Menschen und Tiere ist aber arsenige Säure auch für Pflanzen ein sehr starkes Gift. Schon in Mengen von 1 mg/l verursacht es in Rieselwässern starke Wachstumsstörungen. Arsen geht nur in geringen Mengen in die Pflanze selbst über. Die Wirkung des Arsens setzt an den Wurzeln an. Die Wurzel stirbt schließlich ohne Zuwachs ab. Die oberirdischen Organe erfahren die Wirkung des Arsens zunächst durch schnelles, von Erholungsperioden unterbrochenes Welken, dem das völlige Absterben folgt. Wegen der Giftigkeit der arsenigen Säure müssen daher alle Abwässer mit einem Gehalt an arseniger Säure für Rieselzwecke ausscheiden.

THUMANN[2] hat die Wirkung von arsenhaltigen Abwässern (mit 35,8 und 112,5 mg/l As) auf verschiedene Fische (Zander, Plötzen, Karpfen, Jungaale) und amerikanische Krebse untersucht. Brachte man die Tiere in die bis auf einen As-Gehalt von 0,35 bis 3,1 mg/l As verdünnten Abwässer, so zeigten alle Vergiftungserscheinungen (Erregungszustände, Gleichgewichtsstörungen, Seitenlage). Bei Konzentrationen über 1,1 mg/l As starben viele Fische ab. Temperaturänderungen scheinen die Arsen-Wirkungen kaum zu beeinflussen. Im allgemeinen sank die Arsenempfindlichkeit in der folgenden Reihenfolge: Zander, Plötzen, Karpfen, Aale, Krebse. Je weniger empfindlich die Tiere gegen das Gift sind, um so mehr Arsen können sie speichern. Die getöteten oder gestorbenen Tiere enthielten je kg Frischgewicht: Krebse bis zu 0,19 mg, Karpfen bis zu 0,19 mg, Plötzen bis 0,09 mg Arsen. Bei Zandern wurde im Fleisch kein Arsen gefunden. Die Fische und Krebse sind nach Angabe

[1] TSCHERKINSKIJ, S. N., u. J. J. GINSBURG: Wodosnab. i sanit. Techn. Bd. 14 (1939) S. 99. — Ref. Gesundh.-Ing. Bd. 64 (1941) S. 663.

[2] THUMANN, M. S.: Angew. Chem. Bd. 54 (1941) S. 500.

von THUMANN trotz des Arsengehaltes nicht giftig für den Menschen, weil die Mengen sehr gering sind, und das Arsen auch anscheinend in einer organischen unschädlichen Verbindung vorliegt.

Die bisher zur Reinigung derartiger Abwässer angewandten Verfahren haben nicht befriedigen können.

Um Arsen aus gewerblichen Abwässern zu entfernen, sind daher verschiedene Vorschläge gemacht worden. STOOFF[1] schlägt die Fällung des Arsens mit Eisen als Ferriarseniat in alkalischer Lösung und Oxydation durch Feinzerstäubung oder Filtration über Magnomasse vor. MEYER[1] konnte ein Abwasser mit 20 mg/l Arsengehalt durch Oxydation mit Chlor und Filterung über Magnomasse nur bis auf 10 mg/l entarsenen. Bessere Werte erhielt er, wenn er mit Chlor oxydierte, und dann das Arsen mit Eisen und Kalk ausfällte. In diesem Falle betrug der Restgehalt an Arsen nur noch 4 mg/l. Eine sehr weitgehende Verdünnung beim Ablassen ist deshalb nach wie vor dringend notwendig.

Die an anderer Stelle angewandte Ausscheidung mit Natriumsulfid zur Bildung von As_2S_3 hat sich nicht bewährt, da dieses Verfahren infolge des Überschusses an Natriumsulfid zu Schwierigkeiten wegen des Schwefelwasserstoffs führte. Die von STOOFF und HAASE[2] empfohlene Ausfällung mit Hilfe von Eisenchlorid(III) und Kalk halten TSCHERKINSKIJ und GINSBURG nur bei Abwässern mit einem Arsengehalt über 100 mg/l für möglich. Sie empfehlen, die arsenige Säure zunächst durch Zugabe von Kalk in Calciumarsenit überzuführen und erst dann mit Eisenchlorid(III) und Kalk das Calciumarsenit zusammen mit dem Kupfer auszufällen. Bei Arsengehalten über 1000 mg/l erzielten sie eine Abnahme des Arsengehaltes bis auf 15 mg/l, während der Kupfergehalt von 68 mg/l bis auf 0,05 bis 0,1 mg/l herunterging. Der Calciumarsenitschlamm läßt sich durch eine Filterung leicht entwässern. Es sind beträchtliche Schlammengen, die bei der Eisenausflockung anfallen und behandelt werden müssen.

40. Abwässer aus Kristallschleifereien und Glasätzereien

Die eigentliche Glasherstellung erfolgt aus einer Mischung verschiedener Rohstoffe, und zwar hauptsächlich Kieselsäure als Quarz oder Quarzit, Kalkstein, Alkalicarbonaten oder Sulfaten mit Kohle, Metalloxyden, die in großen, heute meist gasbeheizten Hafen- und Wannenöfen eingeschmolzen werden. Hierbei fallen große Mengen reiner Kühlwässer an, die nach Abkühlung dauernd im Kreislauf benutzt werden können. Wenn die Glasfabrik nicht an eine Gasleitung angeschlossen ist, muß sie sich das Gas in eigenen Generatoren herstellen. Je nach dem verwandten Kohlematerial findet man verschiedene Gasgeneratoren, meist Braunkohlengeneratoren, bei denen dann das dem Rohstoff eigene Generatorabwasser anfällt, das dann dementsprechend behandelt werden muß. Um die bei den verschiedenen Gasgeneratoren mit den

---

[1] STOOFF u. MEYER: Chemiker-Versammlg. in Frankfurt 1937, Fachgruppe Wasserchemie.

[2] STOOFF, H., u. L. W. HAASE: Vom Wasser Bd. 12 (1937) S. 111.

phenolhaltigen Abwässern auftretenden Schwierigkeiten zu umgehen, haben sich viele Glasfabriken auf Ölfeuerung umgestellt, bei der diese Schwierigkeiten ausfallen. Bei der Herstellung des Glases fallen sonst keine Abwässer an, wohl aber bei seiner weiteren Verarbeitung. In Spiegelglasfabriken werden die gegossenen Platten auf beiden Seiten mit Gips, Glassand, Schmirgel (Korund), Polierrot (Eisenoxyd) und Glasmehl unter ständigem Wasserzufluß klar geschliffen und poliert. Die Abwässer haben nach einer von der Landesanstalt für Wasser-, Boden- und Lufthygiene durchgeführten Untersuchung bis zu 1 g/l ungelöste, fast ausschließlich mineralische Bestandteile. Die in der Glashütte geblasenen Gläser werden mit stählernen Schleifscheiben unter Zugabe von Wasser und Schleifsand geschliffen. Diese Mischung von Wasser und Schleifsand wird möglichst lange im Kreislauf behalten. Der allmählich *totgeschliffene* Sand ist aber so fein, daß er mit dem Abwasser abgeht. Er wird in Absetzbecken abgefangen. Das abfließende Wasser enthält keine Verunreinigung, so daß es ohne weiteres in den Betrieb zurückgeleitet oder dem Vorfluter übergeben werden kann. Um den in den Abwässern der Spiegelglasschleifereien, Polierwerkstätten, Potéewerken enthaltenen, aus Schleifsand, abgeriebenem Glas, rotem Eisenoxyd, Fluorcalcium usw. bestehenden Schlamm aus dem Abwasser zu entfernen, haben sich trichterförmige Absetzbecken, wie sie in Abb. 256 dargestellt sind, bewährt. Der Schlamm setzt sich in der Spitze des Trichters ab, von wo der eingedickte Schlamm durch den Wasserüberdruck auf Trockenbeete oder Halden abgelassen wird. Wenn der im Wasser enthaltene Eisenoxydschlamm sich schlecht absetzt, gibt man zur besseren Ausflockung etwas Kalkmilch zu.

Abb. 256. Spitzklärturm für das Abwasser einer Spiegelglasschleiferei. Der Austrag des eingedickten Schlammes erfolgt an der Turmspitze durch den Wasserüberdruck (System Bamag-Meguin, Gießen)

Wie HUBELE[1] berichtet, benutzt die Fa. Carl Zeiss in ihrem Fabrikationsbetrieb in Oberkochen Polierrot, Fe_2O_3, zum Polieren von Glaslinsen. Diese Substanz gelangt ins gewerbliche Abwasser, das einer mechanischen Betriebskläranlage zugeführt wird. Obwohl dieses Eisenoxyd nur suspendiert, also nicht gelöst ist, setzt sich ein Großteil dieser feinen Teilchen in den Absetzbecken nicht ab und kommt mit dem ausfließenden Wasser in den Vorfluter.

Polierrot ist an sich nicht giftig, färbt aber den Fluß oft kilometerweit intensiv rotbzw. gelbrot. Abgesehen davon beeinträchtigt dieser

[1] HUBELE: Ber. A. T. V. Bd. 8 (1957) S. 280.

Stoff oftmals auch den biologischen Zustand des Flußwassers. Jedenfalls läßt sich unterhalb der Einmündung dieses Abwassers eine deutliche Verarmung der Lebewelt, besonders der Makroformen, feststellen. Es ist also notwendig, das Polierrot vollständig und nicht nur teilweise aus dem Abwasser zu entfernen. Zu diesem Zweck wurden Versuche mit einem von der Fa. Westphalia-Separator AG zur Verfügung gestellten sog. *Schockfiltergerät* (s. Abb. 257) durchgeführt. Bei diesem Gerät dient eine Kieselgurschicht, die auf Filterstrümpfen angeschwemmt wird, als Filter. Das Abwasser wird unter Druck, der durch eine Pumpe erzeugt wird, durch dieses hindurchgepreßt. Sobald die Poren verstopft werden und die Filtergeschwindigkeit sich maßgeblich verringert, kann die verschmutzte Kieselgurschicht durch Umsteuern des Pumpendrucks von den Strümpfen abgeschüttelt, d. h. abgeschockt werden. Nach erneuter Anschwemmung von Kieselgur wird die Filtration fortgesetzt.

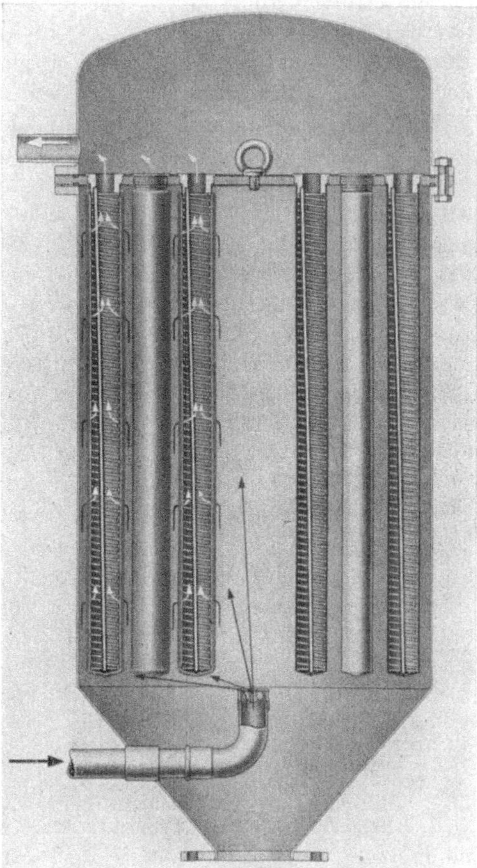

Abb. 257. Schnitt durch das Westphalia-Schockfilter

Mit dem Versuchsfiltergerät gelang es, ein vollständig farbloses und klares Filtrat zu erhalten. Nach diesen erfolgreichen Vorversuchen wurden weitere Prüfungen mit einem normalen Schockfiltergerät vorgenommen. Dieses hatte einen Durchsatz von 4 m³ pro Stunde beim Beginn der Filtration und einen solchen von 2,75 m³ pro Stunde am Ende derselben nach einer Laufzeit von 5 Stunden. Geht man von einem Wasseranfall von 9 bis 12 m³ pro Stunde aus, so würden in der Praxis zwei Schockfiltergeräte Typ 600 und ein Reservegerät notwendig werden mit zusammen DM 15000,— Anschaffungskosten. Dieser Betrag ergibt umgerechnet Betriebskosten von 15 Pfennig pro m³ Abwasser.

Der Schlamm führt im Vorfluter zu einer völligen Bedeckung des Bodens, wodurch sämtliche Grundtiere und Pflanzen zugrunde gehen und den Fischen dadurch die Grundnahrung fehlt. Infolge des Gehaltes an feinstem, aber scharfkantigem Material verursachen die Abwässer aus Potéewerken bei Fischen Unruhe und starke Schleimabsonderungen und veranlassen sie zur Abwanderung[1].

Zur Herstellung von Hochglanz werden die geschliffenen Gläser zu wiederholten Malen in ein Gemisch von zwei Teilen Schwefelsäure und einem Teil Flußsäure eingetaucht. Die noch anhängende Säure wird in Waschbottichen abgespült. Außerdem wird Flußsäure zum Mattätzen von Gebrauchsglas benutzt. Während die zum Ätzen benutzte Flußsäure nicht beseitigt, sondern von Zeit zu Zeit aufgefrischt wird, müssen die *Tauch-* und *Waschwässer* dauernd abgelassen werden. Da diese noch flußsäurehaltig sind, dürfen sie nicht ohne weiteres in den Vorfluter abgelassen werden. Flußsäure ist für Pflanzen, Tiere und Menschen sehr schädlich. Die Abwässer müssen daher durch Zugabe von Kalk neutralisiert werden. Dabei bildet sich Calciumfluorid, das in Absetzbecken und möglichst restlos noch in Filtern abgefangen werden muß. Der in diesen Absetzbecken gewonnene, aus schwefelsaurem Kalk, Calciumfluorid und Calciumsilicofluorid bestehende Schlamm kann als Dünger verwandt werden.

Auch die beim Gebrauch der Flußsäure entstehenden säurehaltigen Dämpfe müssen aus dem Arbeitsraum durch Absaugen schnell entfernt werden. Da sie den Baum- und Pflanzenwuchs in weitem Umkreis zu schädigen vermögen, müssen diese Säuredämpfe durch Auswaschen niedergeschlagen und die Waschwässer in gleicher Weise wie die vorstehend beschriebenen Tauch- und Waschwässer behandelt werden.

Die Klärgruben für die Abwässer müssen wasserdicht hergestellt werden, um eine Versickerung der Waschwässer und eine Verunreinigung des Untergrundes und der Brunnen zu verhindern. Zu dem Zweck werden Fußböden und Wände mit einer 20 cm starken Schicht von Asphalt oder Goudron belegt. Das Hauptaugenmerk ist auch auf eine gute Dosierungsanlage zu richten, die dafür sorgt, daß die Säure stets restlos neutralisiert wird.

Für die Errichtung einer Glasschleiferei mit Ätzerei schlägt Böhm[2] folgende polizeilich zu stellende Bedingungen vor:

1. Für die Ätzflüssigkeit und den ersten Spülkasten sind Behälter aus Holz zu verwenden, deren Böden und Wände mit einem gegen Schwefel- und Flußsäure widerstandsfähigen Material, also mit antimonfreiem Weichblei oder Hartparaffin oder Guttapercha oder Ceresin vollständig dicht bekleidet sind. Um eine etwaige Undichtigkeit der Behälter rechtzeitig wahrzunehmen und die aus ihnen entweichende Flüssigkeit aufzufangen, muß jeder Flüssigkeitsbehälter in einen zweiten größeren dichten Behälter eingestellt und der äußere Behälter mindestens 50 cm über dem Fußboden aufgestellt werden. Die Behälter sind von Zeit zu Zeit auf Dichtheit zu prüfen. Die Aufstellung hat so zu geschehen, daß beim Eintauchen und Herausnehmen der Glasgegen-

[1] Scheuring u. Liebmann: Städtereinigg. H. 8 (1938).
[2] Böhm: Gewerbl. Abwässer. Berlin 1928.

stände nichts von der Ätzflüssigkeit oder von den Spülwässern auf den Fußboden abtropfen kann. Die Spülbehälter sind daher dicht neben den Ätzbehältern aufzustellen oder durch eine säurefeste, ausgekleidete Rinne brückenartig mit den Ätzbehältern zu verbinden.

2. Die Räume, in denen die Gläser geätzt werden, müssen mit dichtem Zementbeton oder hart gebrannten Klinkern, deren Fugen mit Zementmörtel ausgegossen werden, ausgekleidet sein; der Stützboden muß mit antimonfreiem Weichblei dicht belegt werden. Der Bleibelag ist des öfteren zu prüfen und rechtzeitig auszubessern, wenn er beschädigt sein sollte.

3. Die Abwässer der Ätzereien sind in Behältern, die 50 cm über dem Boden stehen, zu sammeln; ihr Inhalt ist sofort mit Kalkmilch unter Verwendung mechanischer Rührwerke zu neutralisieren. Die neutralisierten Abwässer sind abzufahren und derart in den Flußlauf einzuleiten, daß sich die Ableitung von 10 m^3 auf mindestens 10 Std. verteilt.

4. Die zur Verwendung kommende Fluß- und Schwefelsäure darf nur in geschlossenen Räumen aufbewahrt werden. Sie sind aus den Flaschen mittels Ballonkippers und aus den Fässern mittels Hebers abzuzapfen. Die Arbeiter sind anzuhalten, nichts von den schädlichsten Flüssigkeiten zu verschütten oder auf den Fußboden abtropfen zu lassen.

5. Die Abdämpfe sind mittels Wasser, das durch Düsen fein verteilt wird, niederzuschlagen und ebenso wie die übrigen Abwässer zu behandeln.

Am wirksamsten wird das Eindringen von Fluorwasserstoff in den Erdboden durch die Vorschrift verhütet, daß die Ätzerei weder in Keller noch in Erdgeschosse, sondern unter Vermeidung aller Abflußleitungen ins Obergeschoß verlegt wird.

41. Abwässer von Düngemittelfabriken

Außer den Kalisalzen benötigen die Pflanzen zur künstlichen Düngung noch Stickstoff- und Phosphorsäureverbindungen. Über die in der Kaliindustrie anfallenden Abwässer s. dort (S. 664). Als Stickstoffdüngemittel kommen außer Ammonsalzen Nitrate, Cyanamide und Harnstoffverbindungen in Frage. Phosphathaltige Düngemittel sind Superphosphat, das aus Rohphosphat durch Behandeln mit Schwefelsäure gewonnen wird, ferner Rhenaniaphosphat, das durch trockenen Aufschluß mit alkalischen Zuschlägen hergestellt wird, ferner die Thomasschlacke, die durch Mahlen der bei der Gewinnung von Flußeisen nach dem basischen Verfahren in Konverten anfallenden Schlacke gewonnen wird. An organischen phosphathaltigen Düngemitteln mit Stickstoffgehalt kommen in Frage die Knochen-, Fleisch- und Fischmehle.

a) Ammoniaksynthese

Der aus dem Kokereigas stammende Wasserstoff wird nach seiner Isolierung mit dem aus der Sauerstoffgewinnung aus der Luft erhaltenen Stickstoff in besonderen Kontaktöfen gebunden und dann in

Schwefelsäure zu Ammonsulfat oder in Salpetersäure zur Herstellung von Ammonnitrat gebunden.

Ist mit der Ammoniaksynthese auch eine Gasgewinnungsanlage verbunden, so fallen alle die bei der Gasgewinnung anfallenden Gaswaschwässer (mit 7,5 cm^3 Schwebestoffen im Liter), die dem Abwasser in Form von Aschen- und Kohlenteilchen eine schwärzliche Färbung verleihen, an. Über ihre Behandlung und Reinigung s. Abwasser der Kokereien und Gasanstalten (S. 508).

Im Gegensatz zu den Waschwässern der Generator- und Wassergaserzeugung enthalten die Abwässer der Kohlensäurewäsche nur Kohlensäure, die in Entlüftungstürmen oder über Kaskaden größtenteils beseitigt werden kann. Der Rest kann dann noch durch eine Kalkbehandlung entfernt werden, worauf dann die Abwässer wieder im Kreislauf zur Kohlensäurewäsche benutzt werden können.

In einer großen chemischen Fabrik, die neben Ammoniak und Salpetersäure Düngemittel[1] herstellt, werden auch verschiedene Stickstoffderivate, die als Zwischenprodukte für die Herstellung von Farben und Medikamenten dienen, ferner Phenole und plastische Stoffe auf Phenolbasis gewonnen. Die anfallenden Kühlwässer werden durch eine Direktleitung 3 km unterhalb des Werkes eingeleitet. Da die übrigen Abwässer die Gewässer, die bisher der Fischerei gedient haben, stark beeinträchtigen, was sich an einem starken Abbau der Fischfauna zeigte, hat das Institut für Wasserbau in Bukarest eingehende Untersuchungen zur Reinigung der Abwässer durchgeführt. Nach ihrer chemischen Zusammensetzung fallen folgende verschiedene Abwasserarten an:

1. Alkalische Abwässer, die vorwiegend NO_2^- und NH_4^+-Ionen (häufig freies Ammoniak) enthalten.
2. Andere alkalische Abwässer, die Phenole und Sulfide enthalten.
3. Schwefel- und salpetersaure Abwässer, die die Nitroderivate von Benzolen, Toluol, Äthylenbenzol, Naphtalinen, Chlorbenzolen usw., ebenso die Sekundärprodukte von den Nitrierungsprozessen enthalten.
4. Eine geringe Menge durch Nitroalkohole verunreinigte Abwässer.

Am schädlichsten sind die Phenole, die durch besondere Anlagen bis zu 97% durch eine Behandlung mit aktiver Kohle gereinigt werden. Bei der Fabrikation der Phenolharze werden die Phenole durch einen Überschuß an Formaldehyd durch Kondensation beseitigt. Die Nitroverbindungen werden in saurer Lösung durch Behandlung mit Eisenabfällen reduziert und dann nach Alkalisierung durch eine Belüftung entfernt. Die sauren Abwässer werden durch Zugabe von Calciumcarbonat entsäuert.

b) Herstellung von Superphosphat

Beim Aufschließen der Rohphosphate mit Schwefelsäure entweicht ein Teil des in den Mineralien enthaltenen Fluors als Fluorwasserstoff und Fluorsilicium. Diese sauren Gase sind sehr giftig und daher sehr

[1] Popescu, V., L. Weiner, V. Negrescu u. C. Varga: Institutul de Studii si Ceretari Hidrotechnice III (1962) S. 94 Bukarest.

schädlich. Sie müssen in geschlossenen Kondensationsanlagen mit eingebauten Berieselungs- oder Zerstäubungsanlagen durch Wasser oder Kochsalzlösung niedergeschlagen werden. Aus der konzentrierten Kochsalzlösung, in der die Abgase der Superphosphatfabriken absorbiert werden, scheiden sich durch Umsetzungen der Fluorverbindungen mit Wasser und Kochsalz unlösliche Kieselsäure (SiO_2) und Natriumsilicofluorid (Na_2SiF_6) aus. Letzteres wird abfiltriert, mit Wasser gewaschen und getrocknet und bildet als Flußmittel für Emaillewerke, Glashütten usw. ein willkommenes Nebenprodukt. Sollten die Abwässer dann noch durch geringe Schwefelsäuregehalte sauer sein, so können sie leicht durch Zugabe von Kalk neutralisiert und unschädlich gemacht werden.

42. Abwässer aus Porzellanfabriken

Als Rohstoffe für die Porzellanfabriken kommen in Frage: Kaolin, Quarz und Feldspat. Der Hauptbestandteil ist das Kaolin, ein Aluminiumhydrosilikat (45 bis 60%). Kaolin und Zusätze werden im Kollergang fein, in der *Massemühle* ganz feingemahlen und dann in dünnflüssiger Form in poröse Formen gegossen, oder als plastischer Teig entweder in Pressen oder auf der Töpferscheibe von Hand geformt. Nach der Trocknung folgt der erste und nach Aufbringen der Glasur der zweite Brand. Je nach der Menge des zugegebenen Schmelzmittels unterscheidet man zwischen Weich- (niedrige) oder Hartporzellan (höhere Brenntemperaturen).

Als Hauptabwässer kommen die sogenannten „weißen“ Abwässer in Frage. Je nachdem, welche Wärmequelle man anwendet, können als weitere Abwässer phenolhaltige Abwässer auftreten. Werden Waschbecken, Spülsteine und dergleichen hergestellt, so sind mit dem Werk u. U. eine Härterei und eine Galvanik verbunden.

a) Weiße Abwässer

Die weißen Abwässer enthalten vor allem mineralische Schwebestoffe der angewandten Rohstoffe. Sie sind milchig trübe und setzen sich nur sehr langsam ab. Durch den hohen Gehalt an Schwebestoffen kommen sie für den weiteren Gemeingebrauch nicht mehr in Frage. Beim Ablassen in die meist nur wenig Wasser führenden Vorfluter scheiden sie auch für die Verwendung als Brauchwasser aus. Der Einfluß der Abwässer auf den Vorfluter zeigt sich durch ein Verschwinden der Fischnährtiere und damit auch der Fische selbst, zuerst der Forellen. Durch die Ablagerungen in den Vorflutern werden die Laichplätze bedeckt und die Eier sterben ab. Besonders gefährdet sind Perlmuscheln, die klares, weiches Wasser lieben. In den unterhalb liegenden Triebwerkstauen tritt eine erhebliche Verschlammung ein, was schon häufig hohe Schadenersatzforderungen durch die gestiegenen Räumkosten zur Folge gehabt hat.

Wegen der geringen Sinkgeschwindigkeit kommt man zur Reinigung dieser Abwässer mit einfachen Absetzbecken allein nicht aus. Man muß in den meisten Fällen eine chemische Fällung zu Hilfe nehmen. Das wohl älteste Flockungsmittel Kalk wird auch heute noch in verschiedenen Werken angewandt.

Bei der an einzelnen Stellen erfolgenden Verwendung von Aluminiumsulfat muß man darauf achten, daß der Al-Sulfatzusatz nicht zu hoch wird, da sonst der p_H-Wert zu stark absinkt, worunter die Absetzfähigkeit leidet. STEIDLE[1] hat eingehende Versuche zur Fällung der weißen Wässer durchgeführt und hierbei auf die verschiedenen Korngrößen Rücksicht genommen. Die besten Erfolge erzielte er mit den in neuerer Zeit von der chemischen Großindustrie als Flockungsmittel auf den Markt gebrachten synthetischen Sedimentationsbeschleunigern, wie DT 120 und DT 220, Aerofloc, Cyanamid, Praestol, Jaguar 507, Bikone, Separan, Sedipur usw.[2] Eine wichtige Rolle bei der Sedimentation spielt der Salzgehalt. Bei weichen Wässern sollte man geringe Mengen Kalk zugeben. Auch der p_H-Wert spielt eine große Rolle, so daß STEIDLE empfiehlt, daß sich die Art des Flockungsmittels auf den p_H-Wert einstellen muß und nicht umgekehrt. Zum Abfangen der ausgeschiedenen Flocken werden vielfach einfache Erdbecken verwandt. Besser aber haben sich die nach dem Prinzip der Dortmundbrunnen errichteten Absetzbecken bewährt, da diese infolge des niedersinkenden Schwebefilters eine bessere Reinigung und einen laufenden Abzug des anfallenden Schlammes erlauben.

b) Phenolhaltige Abwässer

Die Porzellanfabriken benötigen zum Brennen ihrer Waren große Wärmemengen. Dort, wo Gas oder Öl zur Verfügung stehen, fallen keine Abwässer an. In den meisten Fällen müssen aber die Werke dieses Gas erst in Generatoren erzeugen, was meistens in Drehrostgeneratoren durch Vergasen von Braunkohle oder Braunkohlenbriketts erfolgt. Bei der Abkühlung des Generatorgases in den Leitungen, in der Gaskühlung und der Gasreinigung fällt außer Teer phenolhaltiges Gaswasser an, das durch seinen zwischen 4000 und 8000 mg/l liegenden Phenolgehalt für die Vorfluter sehr schädlich wirken kann. Für eine dem Gewässerschutz dienende Beseitigung des Gaswassers kommt bei diesen kleinen Anlagen und meist kleinen Vorflutern aus wirtschaftlichen Gründen nur eine Vernichtung der Gaswässer in Betracht. Beim Windsättigungsverfahren rieselt das Gaswasser der kalten oder vorgewärmten Vergasungsluft entgegen, wobei sich die Luft mit Wasserdampf sättigt. Die Vergasungsluft gelangt über einen Winderhitzer in den Unterwind des Generators, wo das Phenol verbrannt wird. Nach den Angaben von STREBEL[3] ist aber die vollständige Vernichtung von Gaswässern durch Windsättigung auf Brennstoffe beschränkt, deren Wassergehalt nicht über 10% liegt. In

---

[1] STEIDLE, L.: Münchener Beiträge zur Abwasser-, Fischerei- und Flußbiologie, Bd. 11, S. 131. München: Oldenbourg 1964.

[2] Siehe die kleine Schrift der Badischen Anilin- und Sodafabrik AG. 1963 „Klären von Trüben".

[3] STREBEL, O. J., u. H. ENGELBRECHT: Stahl und Eisen Bd. 75 (1955) S. 346.

diesen Fällen müssen andere Phenolvernichtungsverfahren angewandt werden. Die Fa. Poetter KG., Düsseldorf, hat — wie auch andere Firmen — ein Verfahren ausgearbeitet, das darauf ausgerichtet ist, die Vernichtung des phenolhaltigen Abwassers nach seiner Verdampfung in den Gaserzeuger selbst zu verlegen. Entsteht bei der Gasreinigung wegen des Wassergehaltes der Kohle von mehr als 15% ein Gaswasserüberschuß, so muß dieser außerhalb der Generatoranlage vernichtet werden. Dabei muß man berücksichtigen, daß eine vollständige Verbrennung der Phenole zu Kohlensäure und Wasserdampf nur bei erheblichen Luftüberschuß und Temperaturen über 800 °C zu erreichen ist (s. Abschn. Phenolvernichtung S. 523).

Benutzte Literatur

1. Handbuch der Lebensmittelchemie, Bd. VIII, 1. Teil. F. Sierp: Technologie des Wassers. Berlin: Springer 1939.
2. Meinck, Stooff u. Weldert: Industrie-Abwässer. Stuttgart: Piscator-Verlag 1951.
3. Meinck, Stooff u. Kohlschütter: Industrie-Abwässer, 3. Aufl. Stuttgart: Fischer 1960.
4. Böhm, W.: Gewerbliche Abwässer. Berlin: Elsner 1928.
5. Imhoff, K.: Taschenbuch der Stadtentwässerung, 20. Aufl. München: Oldenbourg 1963.
6. Southgate, B. A.: Treatment and Disposal of Industrial Wastes Waters. London: His Majesty's Stationary Office 1948.
7. Eldridge, E. F.: Industrial Wastes Treatment Practice. New York and London: McGraw Hill 1942.
8. Kehren, M.: Wasser und Abwasser in der Textilindustrie, herausgegeben von der Schweiz. Vereinigung der Färbereifachleute, 1951.
9. Heiss, R.: Lebensmitteltechnologie. München: J. F. Bergmann 1950.
10. Wienacker u. Weingärtner: Chemische Technologie, 1. Bd.: Organische Technologie. München: Hanser 1952.
11. Roempp: Chemie-Lexikon, 2. Aufl. Stuttgart: Franckhsche Verlagshandlung.
12. Beiträge zur Abwasser- und Fischereichemie aus dem Flußwasseruntersuchungsamt in Magdeburg, H. 1—5.
13. Vom Wasser, Bd. 1—30, hrsg. von der Fachgruppe Wasserchemie der GDCh. Berlin: Verlag Chemie 1927—1963.
14. Brix, Imhoff u. Weldert: Die Stadtentwässerung in Deutschland. Jena: Fischer 1933.
15. Bunte, H.: Das Wasser. Braunschweig: Vieweg 1918.
16. Fischer, F.: Das Wasser, Vorkommen, Beschaffenheit usw. Leipzig: Spamer 1914.
17. Gross: Wasser und Abwasser, Sammelblatt der Wasserversorgung und Abwasserbeseitigung, verschiedene Jahrgänge.
18. Koenig, J.: Die Verunreinigung der Gewässer, 2. Aufl., Bd. I u. II. Berlin: Springer 1899.
19. Herzog, R. O.: Chemische Technologie der organischen Verbindungen. Heidelberg: Winter 1927.
20. Sewage and Industrial Wastes. Journal of the Federation of Sewage and Industrial Wastes Associations, Champaign, verschiedene Jahrgänge bis 1964.
21. Gesundheits-Ingenieur. Verschiedene Jahrgänge. München: Oldenbourg.
22. Das Gas- und Wasserfach. Verschiedene Jahrgänge bis 1965. München: Oldenbourg.
23. Fischer, E. F.: Abfallstoffe der anorganisch-chemischen Industrie und ihre Verwertung. Dresden: Steinkopff 1936.

24. Besselievre, E.: Industrial Waste Treatment. New York: McGraw-Hill 1952.
25. Berichte der Abwassertechnischen Vereinigung, Bd. 1—16. München: Oldenbourg. (1963)
26. Rath, H.: Lehrbuch der Textilchemie. Berlin/Göttingen/Heidelberg: Springer 1952.
27. Die Gasversorgung. D. V. G. W. Essen: Vulkan-Verlag 1952.
28. Thau, A.: Brennstoffschwelung. Halle: Knapp 1949.
29. Klar, M.: Technologie der Holzverkohlung, 2. Aufl. Berlin: Springer 1923.
30. Ullmann, F.: Enzyklopädie der technischen Chemie 1915—1923.
31. Liesegang, R.: Kolloide in der Technik 1943. — Kolloidchemische Technologie, 2. Aufl. 1932.
32. Ungewitter: Verwertung des Wertlosen. 1938.
33. Gundel, M., u. W. Schürmann: Lehrbuch der Mikrobiologie und Immunbiologie, 2. Aufl. Berlin: Springer 1939.
34. Ost u. Rassow: Lehrbuch der chemischen Technologie. Leipzig: Barth 1953.
35. Joly, H.: Technisches Auskunftsbuch für 1957.
36. Wasser — Abwasser, Bd. 1957. Wien: Winkler.
37. Kumpf, W., B. Dietrich u. J. Kumpf: Radioaktive Substanzen und Wasser, Schriftenreihe GWT Nr. 2, 2. Aufl. München: Oldenbourg 1960.

Sachverzeichnis

GPSR Compliance

The European Union's (EU) General Product Safety Regulation (GPSR) is a set of rules that requires consumer products to be safe and our obligations to ensure this.

If you have any concerns about our products, you can contact us on ProductSafety@springernature.com

In case Publisher is established outside the EU, the EU authorized representative is:

Springer Nature Customer Service Center GmbH
Europaplatz 3
69115 Heidelberg, Germany

Batch number: 10682269

Printed by Printforce, the Netherlands